凤凰建筑数字设计师系列

AutoCAD 建筑装饰装潢设计

张传记　白春英　主编

江苏科学技术出版社

图书在版编目(CIP)数据

AutoCAD 建筑装饰装潢设计/张传记,白春英主编.
—南京:江苏科学技术出版社,2014.3
(凤凰建筑数字设计师系列)
ISBN 978-7-5537-1896-5

Ⅰ.①A… Ⅱ.①张… ②白… Ⅲ.①室内装饰设计—计算机辅助设计—AutoCAD 软件 Ⅳ.①TU238-39

中国版本图书馆 CIP 数据核字(2013)第 202012 号

凤凰建筑数字设计师系列
AutoCAD 建筑装饰装潢设计

主　　编　张传记　白春英
责任编辑　刘屹立
特约编辑　楚鸿雁

出版发行　凤凰出版传媒股份有限公司
　　　　　江苏科学技术出版社
出版社地址　南京市湖南路 1 号 A 楼,邮编:210009
出版社网址　http://www.pspress.cn
总　经　销　天津凤凰空间文化传媒有限公司
总经销网址　http://www.ifengspace.cn
经　　销　全国新华书店
印　　刷　大厂回族自治县彩虹印刷有限公司

开　　本　787 mm×1 092 mm　1/16
印　　张　38.5
字　　数　986 000
版　　次　2014 年 3 月第 1 版
印　　次　2014 年 3 月第 1 次印刷

标准书号　ISBN 978-7-5537-1896-5
定　　价　96.00 元

图书如有印装质量问题,可随时向销售部调换(电话:022-87893668)。

内容提要

本书主要面向 AutoCAD 初、中级读者，针对那些急于投身到实际设计工作领域，而又没有操作基础和实践经验的广大读者朋友们，以目前最新版本 AutoCAD 2014 中文版为平台，循序渐进地讲述了 AutoCAD 在建筑装饰装潢设计领域的具体应用技能。

全书共由 17 章组成。第 1～6 章为基础入门篇，主要讲述各类常用二维图元的绘制修改功能以及文字、尺寸的标注等基础知识；第 7～12 章为技能提高篇，主要讲述各类常用三维模型的创建修改功能以及图形资源的组合、引用和规划管理等高效技能；第 13～17 章为案例精通篇，通过众多工程案例，详细讲述了建筑装饰装潢案例图纸的表达、绘制和输出全套技能，引导读者如何将所学知识应用到实际的行业中去，真正将书中的知识学会、学活、学精！

书中的实例经典、解说精细，与相关制图工具和制图技巧结合紧密，与设计理念和创作构思相辅相成，专业性、层次性、技巧性等特点的组合搭配，使该书的实用价值得到了最佳的体现。

通过本书的学习，能使零基础读者在最短的时间内，具备软件的基本操作技能和专业图纸的设计绘制技能，学会运用基本的绘图知识来表达具有个性化的设计效果，以体现设计之精髓。

前　言

随着计算机应用技术的飞速发展，作为计算机辅助设计的旗舰产品——AutoCAD，一直凭借其独特的优势，受到世界各地工程设计人员的青睐，它本着灵活、高效和以人为本的特点，以其强大而又完善的功能、方便快捷的操作等优势，被广泛应用于建筑、园林、装饰装潢、航天航空、机械、电子、兵器、服装等诸多设计领域，目前已成为微机 CAD 系统中应用最为广泛的图形软件之一。

本书以 AutoCAD 2014 中文版为设计平台，从实际应用和典型操作的角度出发，系统讲解了 AutoCAD 在建筑装饰装潢制图领域的全部应用技能。本书在章节编排方面一改同类电脑图书手册型的编写方式，在介绍基本命令和概念功能的同时，始终与实际应用相结合，学以致用的原则贯穿全书，使读者对讲解的工具命令具有深刻和形象的理解，有利于培养读者应用 AutoCAD 基本工具完成设计绘图的能力。

● **本书内容**

全书共由三部分 17 章内容组成。第一部分为“基础入门篇”，由第 1～6 章组成，主要讲述各类常用二维图元的绘制修改功能以及文字、尺寸的标注等基础知识。

第 1 章讲述了软件界面及相关的初级技能，使零基础读者对 AutoCAD 有一个快速的了解和认识。

第 2 章讲述了点的输入、捕捉、追踪以及视图缩放和绘图环境的设置技能，为后续章节的学习奠定良好的基础。

第 3、4 章讲述了各类常用几何图元的绘制、修改和完善技能。

第 5 章讲述了各类文字与表格的创建编辑技能。

第 6 章讲述了各类常用尺寸的标注、编辑和协调技能。

第二部分为“技能提高篇”，由第 7～12 章组成，主要讲述各类常用三维模型的创建修改功能以及图形资源的组合、引用和规划管理等高效技能。

第 7 章讲述了块及属性的定义、应用与编辑管理功能。

第 8 章讲述了图层的规划管理和控制功能。

第 9 章讲述了图形资源的查看共享、特性编辑以及信息的查询技能。

第 10～12 章讲述了各类常用几何体的创建、编辑和细化功能。

第三部分为“案例精通篇”，由第 13～17 章组成，通过众多工程案例，详细讲述了建筑装饰装潢案例图纸的表达、绘制和输出等全套技能，引导读者如何将所学知识应用到实际的行业当中去，真正将书中的知识学会、学活、学精！

第 13 章讲述了建筑装饰装潢样板的制作以及相关专业理论和制图规范等。

第 14 章，通过御景苑小区样板房装修案例，讲述了 AutoCAD 在家庭装修领域的具体应用技能。

第 15、16 章，通过帝皇夜总会 KTV 装饰装潢设计和企业办公空间装饰装潢设计两大工程案例，讲述了 AutoCAD 在工装领域的具体应用技能。

第 17 章讲述了各类图纸的后期布局、打印输出和数据交换技能。

● **随书光盘**

本书附带了 DVD 多媒体动态演示光盘，犹如老师亲自授课，使读者没有了后顾之忧。另外，本书所有实例最终效果及在制作实例时所用到的图块、素材文件等，都收录在随书光盘中，光盘内容主要有以下几部分。

“\效果文件\”目录：书中所有实例的最终效果文件按章收录在随书光盘中的“效果文件”文件夹下，读者可随时查阅。

“\图块文件\”目录：书中所使用的图块收录在随书光盘中的“图块文件”文件夹下。

“\素材文件\”目录：书中所使用的素材文件收录在随书光盘中的“素材文件”文件夹下。

“\样板文件\”目录：书中所有实例用到的样板文件收录在随书光盘中的“样板文件”文件夹下。

“\视频文件\”目录：书中所有工程案例的多媒体教学文件，按章收录在随书光盘中的“视频文件”文件夹下。

本书由张传记、白春英执笔完成，在本书的编写过程中，唐美灵、徐丽、吴海霞、黄晓光、赵建军、高勇、丁仁武、朱晓平、孙冬蕾、沈虹廷、陈松焕、张伟、宿晓辉、唐美灵、张庆记、孙美娟、张志新、王璐璐、马俊凯、杨立颂等人也参加了本书的编写工作，在此表示感谢。本书提供在线技术支持和交流，做到有问必答。

在线服务邮箱：qdchuanji@126.com

在线服务 QQ：812641116

编者

2014 年 2 月

目　录

第一部分——基础入门篇

第二部分——技能提高篇

第三部分——案例精通篇

第一部分

基础入门篇

本篇内容如下：

- 第 1 章　初识 AutoCAD 2014
- 第 2 章　AutoCAD 操作基础
- 第 3 章　常用几何图元的绘制功能
- 第 4 章　常用几何图元的编辑功能
- 第 5 章　创建文字与表格
- 第 6 章　标注图形尺寸

1

第1章 初识 AutoCAD 2014

AutoCAD 是由美国 Autodesk 公司于 20 世纪 80 年代开发研制的一款高精度的图形设计软件，其间经历了多次版本升级换代，至今已发展到 AutoCAD 2014。它集二维绘图、三维建模、数据管理以及数据共享等诸多功能于一体，使广大图形设计人员能够轻松高效地进行图形的设计与绘制工作，成为其不可缺少的得力助手。本章主要介绍 AutoCAD 2014 的基本概念、工作界面以及绘图文件设置与管理技能，使初级读者对 AutoCAD 有一个快速的了解和认识。本章学习内容如下。

◎ 了解 AutoCAD 2014
◎ 启动 AutoCAD 2014
◎ AutoCAD 2014 工作界面
◎ AutoCAD 文件设置与管理
◎ AutoCAD 命令执行特点
◎ 设置绘图环境
◎ AutoCAD 2014 退出方式
◎ 实例指导——绘制 4 号图纸边框
◎ 本章小结

1.1 了解 AutoCAD 2014

在学习 AutoCAD 2014 绘图软件之前，首先简单介绍软件的基本概念、应用范围、系统配置及新增功能等知识，使读者对其有一个快速的了解和认识。

1.1.1 基本概念

AutoCAD 是自动计算机辅助设计软件，自 1982 年问世以来，一直深受世界各国专业设计人员的欢迎，现已成为国际上广为流行的绘图工具。AutoCAD 2014 是目前 AutoCAD 最新的一个版本，其中“Auto”是英语 Automation 单词的词头，意思是“自动化”；“CAD”是英语 Computer Aided Design 的缩写，意思是“计算机辅助设计”；而“2014”则表示 AutoCAD 软件的版本号，表示 2014 年的意思。

AutoCAD 是一款集多种功能于一体的高精度计算机辅助设计软件，具有功能强大、易于掌握、使用方便等特点，不仅在机械、建筑、服装和电子等领域得到了广泛的应用，而且对地理、气象、航天、造船等领域特殊图形的绘制，甚至在石油、乐谱、灯光和广告等领域也得到了多方面的应用，目前已成为微机 CAD 系统中应用最为广泛的图形软件之一。

1.1.2 系统配置

AutoCAD具有广泛的适应性，它可以在各种操作系统支持的微型计算机和工作站上运行，下面针对 32 位和 64 位操作系统介绍软件的配置需求。

1. 32 位操作系统的配置需求

对 32 位的 Windows 操作系统而言，其硬件和软件的最低配置需求如下。

1）操作系统

（1）Windows 8 的标准版、企业版或专业版。

（2）Windows 7 企业版、旗舰版。

（3）专业版或家庭高级版。

（4）Windows XP 专业版或家庭版(SP3 或更高版本)。

2）Web 浏览器

安装 Microsoft Internet Explorer 7 或更高版本的 Web 浏览器。

3）处理器

对于 Windows 8 和 Windows 7 系统，需要使用 Intel® Pentium® 4 或 AMD 速龙双核处理器，3.0 GHz 或更高，支持 SSE2 技术。

对于 Windows XP 系统，需要使用 Pentium 4 或 Athlon 双核处理器，1.6 GHz 或更高，支持 SSE2 技术。

4）RAM

无论是在哪种操作系统下，RAM 至少需要 2 GB 内存(推荐使用 4 GB)。

5）显示分辨率

1024×768 显示分辨率真彩色(推荐 1600×1050)。

6）硬盘

6 GB 的可用磁盘空间用于安装。不能在 64 位 Windows 操作系统上安装 32 位的 AutoCAD，反之亦然。

7）定点设备

（1）鼠标、轨迹球或其他设备。

（2）DVD/CD-ROM。

（3）任意速度(仅用于安装)。

2. 64 位操作系统的配置需求

安装 AutoCAD 2014 过程中，会自动检测 Windows 操作系统是 32 位还是 64 位版本，然后安装适当版本的 AutoCAD。而针对 64 位的操作系统而言，其硬件和软件的最低需求如下。

1）操作系统

（1）Windows 8 的标准版、企业版或专业版。

（2）Windows 7 企业版、旗舰版、专业版或家庭高级版。

（3）Windows XP 专业版(SP2 或更高版本)。

2）Web 浏览器

Internet Explorer 7.0 或更高版本。

3）处理器

（1）支持 SSE2 技术的 AMD Opteron（皓龙）处理器。

（2）支持英特尔 EM64T 和 SSE2 技术的英特尔至强处理器。

（3）支持英特尔 EM64T 和 SSE2 技术的奔腾 4 的 Athlon 64。

4）RAM

无论是在哪种操作系统下，至少需要 2 GB 内存（推荐使用 4 GB）。

5）显示分辨率

1024×768 显示分辨率真彩色（推荐 1600×1050）。

6）硬盘

6 GB 的可用空间用于安装。不能在 32 位 Windows 操作系统上安装 64 位 AutoCAD，反之亦然。

7）定点设备

MS-Mouse 兼容。

1.1.3 新增功能

每一个版本的升级换代，都会有一些新增的功能出现，就 AutoCAD 2014 版本而言，新增功能内容如下。

（1）即时交流社会化合作设计。可以在 AutoCAD 2014 里使用即时通信工具，图形以及图形内的图元、图块等，通过网络交互的方式实现实时传递。

（2）命令行的功能得到了增强，输入提示也更加人性化，包括自动完成、自动更正、字符搜索、自动适配等功能，可以更智能、更高效地访问命令、系统变量以及互联网帮助等内容。

（3）新增文件选项卡功能，以方便文件间的相互切换。另外还提供了图形化切换同一文件中的不同空间布局的方案。

（4）支持 Windows 8 以及触屏操作。

（5）实景地图，现实场景中建模。可以将 DWG 图形与现实的实景地图结合在一起，利用 GPS 等定位方式直接定位到指定位置上去。

（6）图层管理器与外部参照功能增强。图层的显示数量增加了，而且图层可以根据数字顺序自然排序。图层管理器新增了合并选择功能，可以把一个或多个图层上的对象合并到另一个图层上，而被合并的图层将会自动被清理掉。另外，外部参照图形的线型选择功能和图层的显示功能增强了。

（7）此外，AutoCAD 2014 还新增加了受信任位置和连接云服务功能。所谓连接云服务，指的是通过 Autodesk ID 和 Autodesk 360 云服务连接，以方便对 AutoCAD 进行环境设置，将设计图纸等保存在 Autodesk 360 云端，在切换机器时，AutoCAD 会自动把这些自定义设置同步到当前机器上，实现本地与外地、本机与其他机上的密切协同。

1.2 启动 AutoCAD 2014

1. 启动 AutoCAD 2014 绘图软件

当成功安装 AutoCAD 2014 绘图软件之后，通过以下几种方式可以启动 AutoCAD 2014 软件。

(1) 双击桌面上的软件图标。

(2) 单击桌面任务栏【开始】/【程序】/【Autodesk】/【AutoCAD 2014】中的 AutoCAD 2014 - 简体中文 (Simplified Chinese) 选项。

(3) 单击"＊.dwg"格式的文件。

启动 AutoCAD 2014 绘图软件之后，即可进入如图 1-1 所示的经典工作界面，同时自动打开一个名为"AutoCAD 2014 Drawing1.dwg"的默认绘图文件。

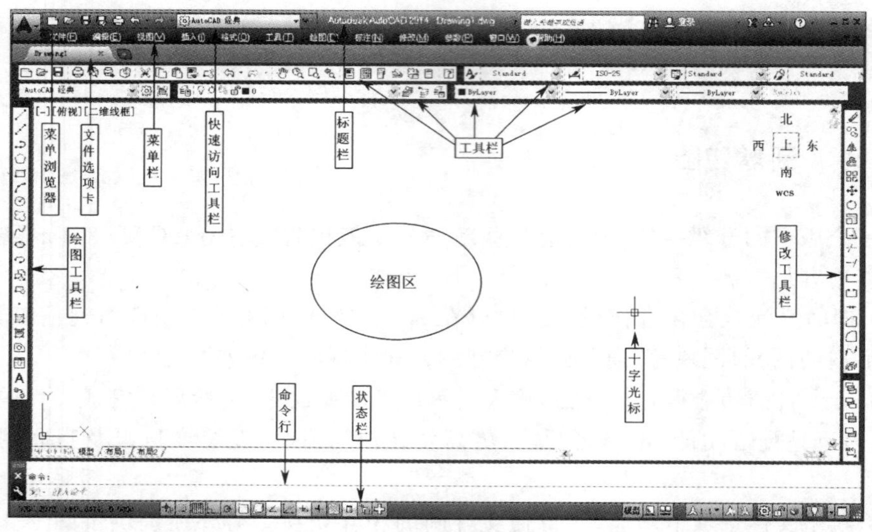

图 1-1 "AutoCAD 经典"工作空间

AutoCAD 2014 绘图软件为用户提供了多种工作空间，图 1-1 所示的界面为"AutoCAD 经典"工作空间，如果用户为 AutoCAD 初始用户，那么启动 AutoCAD 2014 后，则会进入如图 1-2 所示的"草图与注释"工作空间，此种工作空间在三维制图方面使用比较方便。

除了"AutoCAD 经典"和"草图与注释"两种工作空间外，AutoCAD 2014 软件还为用户提供了"三维基础"和"三维建模"两种工作空间，以方便创建和观察物体的三维造型。"三维建模"工作空间如图 1-3 所示，在此工作空间内可以非常方便地访问新的三维功能，而且新窗口中的绘图区可以显示出渐变背景色、地平面或工作平面(UCS 的 XY 平面)以及新的矩形栅格，这将增强三维效果和三维模型的构造。

2. 切换 AutoCAD 工作空间

由于 AutoCAD 2014 软件为用户提供了多种工作空间，用户可以根据自己的作图习惯和需要选择相应的工作空间，工作空间的相互切换方式具体有以下几种。

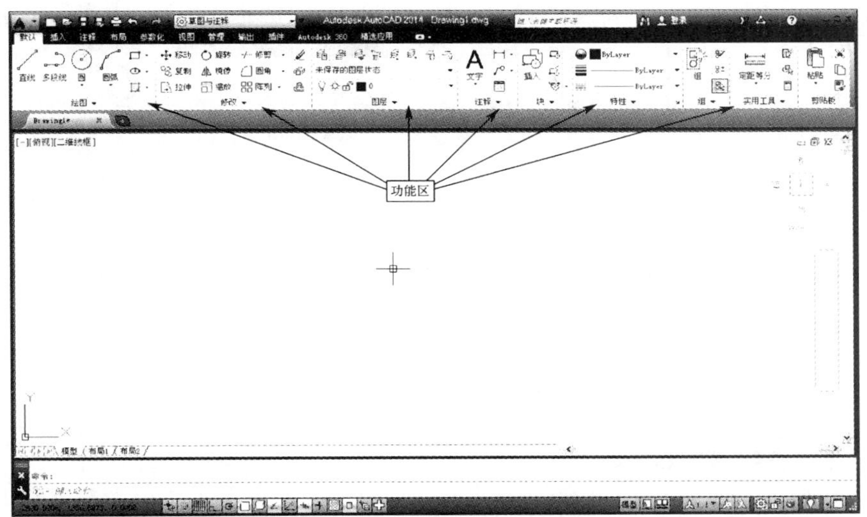

图 1-2　“草图与注释”工作空间

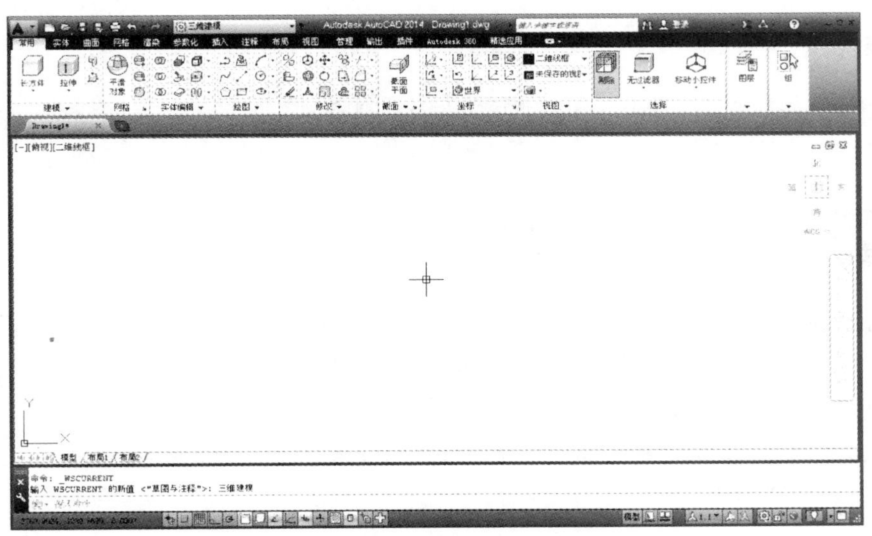

图 1-3　“三维建模”工作空间

(1) 单击标题栏上的 AutoCAD 经典 按钮，在展开的按钮菜单中选择相应的工作空间，如图 1-4 所示。

(2) 单击【工具】菜单中的【工作空间】下一级菜单选项，如图 1-5 所示。

(3) 展开【工作空间】工具栏上的【工作空间控制】下拉列表，选用工作空间，如图 1-6 所示。

(4) 单击状态栏上的 AutoCAD 经典 按钮，从弹出的按钮菜单中选择所需的工作空间，如图 1-7 所示。

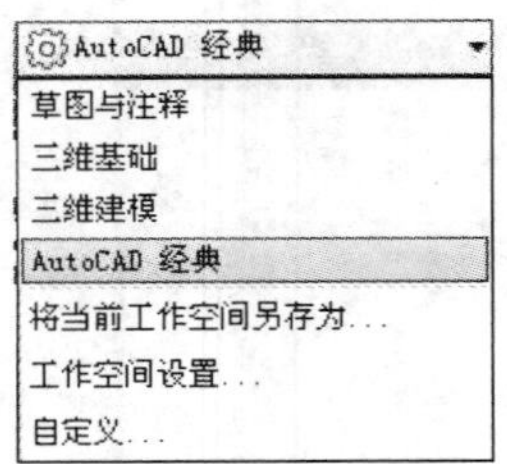

图 1-4 【工作空间】按钮菜单

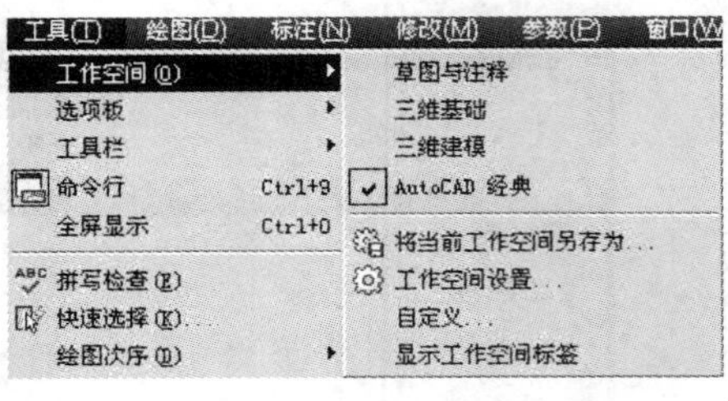

图 1-5 【工作空间】级联菜单

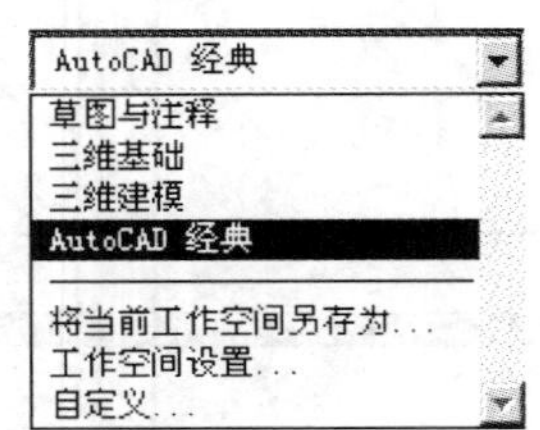

图 1-6 【工作空间控制】列表

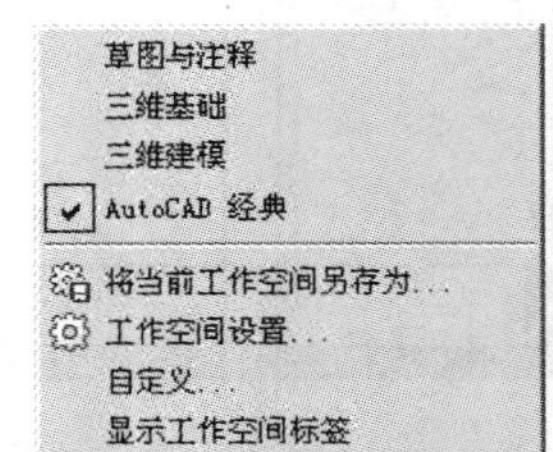

图 1-7 按钮菜单

☞技巧提示

无论选择何种工作空间，用户都可以在日后对其进行更改，也可以自定义并保存自己的自定义工作空间。

1.3 AutoCAD 2014 工作界面

AutoCAD 具有良好的用户界面，从图 1-1 和图 1-2 所示的工作界面中可以看出，AutoCAD 2014 的界面主要包括标题栏、菜单栏、工具栏、绘图区、命令行、状态栏、功能区等，本节将简单讲述各组成部分的功能及其相关的操作。

1.3.1 标题栏

如图 1-8 所示的标题栏位于 AutoCAD 2014 工作界面的顶部，包括工作空间、快速访问工具栏、程序名称显示区、信息中心和窗口控制按钮等内容。

图 1-8 标题栏

应用程序菜单。单击软件界面左上角的按钮，可打开如图 1-9 所示的应用程序菜单，用户可以通过此菜单快速访问一些常用工具、搜索常用命令和浏览最近使用的文档等。

图 1-9　应用程序菜单

(1) 快速访问工具栏不仅可以快速访问某些命令，还可以添加、删除常用命令按钮到工具栏上，控制菜单栏的显示以及各工具栏的开关状态等。

(2) 单击 AutoCAD 经典 按钮，可以在多种工作空间内进行切换。程序名称显示区主要用于显示当前正在运行的程序名和当前被激活的图形文件名称；信息中心可以快速获取所需信息、搜索所需资源等。

(3) 窗口控制按钮位于标题栏最右端，主要有"最小化"、"恢复/最大化"、"关闭"，分别用于控制 AutoCAD 窗口的大小和关闭。

1.3.2　菜单栏

菜单栏位于标题栏的下侧，如图 1-10 所示，AutoCAD 的常用制图工具和管理编辑等工具都分门别类地排列在这些菜单中，在主菜单项上单击左键，即可展开此主菜单，然后将光标移至所需命令选项上单击左键，即可激活该命令。

图 1-10　菜单栏

AutoCAD 为用户提供了【文件】、【编辑】、【视图】、【插入】、【格式】、【工具】、【绘图】、【标注】、【修改】、【参数】、【窗口】、【帮助】12 个主菜单。各菜单的主要功能如下：

(1)【文件】菜单用于对图形文件进行设置、保存、清理、打印以及发布等；

(2)【编辑】菜单用于对图形进行一些常规编辑，包括复制、粘贴、链接等；

(3)【视图】菜单主要用于调整和管理视图，以方便视图内图形的显示，便于查看和修改图形；

(4)【插入】菜单用于向当前文件中引用外部资源，如块、参照、图像、布局以及超链接等；

(5)【格式】菜单用于设置与绘图环境有关的参数和样式等，如绘图单位、颜色、线型及文字、尺寸样式等；

(6)【工具】菜单为用户设置了一些辅助工具和常规的资源组织管理工具；

(7)【绘图】菜单是一个二维和三维图元的绘制菜单，几乎所有的绘图和建模工具都组织在此菜单内；

(8)【标注】菜单是一个专用于为图形标注尺寸的菜单，它包含了所有与尺寸标注相关的工具；

(9)【修改】菜单主要用于对图形进行修整、编辑、细化和完善；

(10)【参数】菜单主要用于为图形添加几何约束和标注约束等；

(11)【窗口】菜单主要用于控制 AutoCAD 多文档的排列方式以及 AutoCAD 界面元素的锁定状态；

(12)【帮助】菜单主要用于为用户提供一些帮助性的信息。

菜单栏左端的图标是“菜单浏览器”图标，菜单栏最右边的图标按钮是 AutoCAD 文件的窗口控制按钮，如“ 最小化”、“ 还原/ 最大化”、“关闭”，用于控制图形文件窗口的显示。

☞技巧提示

默认设置下，菜单栏是隐藏的，当变量 MENUBAR 的值为 1 时，显示菜单栏；为 0 时，隐藏菜单栏。

1.3.3 工具栏

工具栏位于绘图窗口的两侧和上方，将光标移至工具栏按钮上单击左键，即可快速激活该命令。默认设置下，AutoCAD 2014 共为用户提供了 52 种工具栏，如图 1-11 所示。在任一工具栏上单击右键，即可打开此菜单；在需要打开的选项上单击左键，即可打开相应的工具栏。将打开的工具栏拖到绘图区任一侧，松开左键即可将其固定；相反，也可将固定的工具栏拖至绘图区，进行灵活控制工具栏的开关状态。

☞技巧提示

在工具栏菜单中，带有钩号的表示当前已经打开的工具栏，不带有钩号的表示没有打开的工具栏。为了增大绘图空间，通常只将几种常用的工具栏放在用户界面上，而将其他工具栏隐藏，需要时再调出。

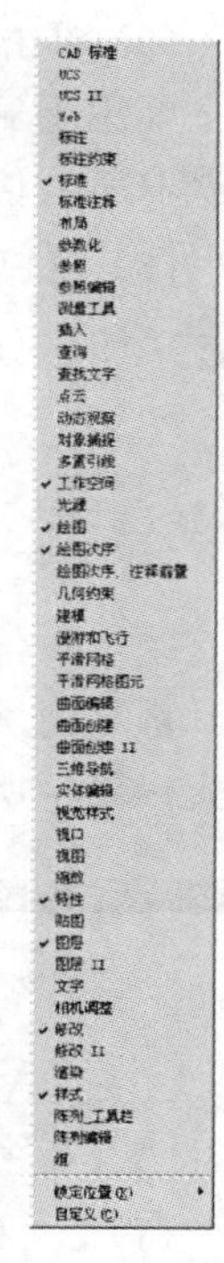

图 1-11 工具栏菜单

在工具栏右键菜单上选择【锁定位置】/【固定的工具栏/面板】选项，可以将绘图区四侧的工具栏固定，如图 1-12 所示，工具栏一旦被固定后，是不可以被拖动的。另外，用户也可以单击状态栏上的 按钮，通过弹出的按钮菜单控制工具栏和窗口的固定状态，如图 1-13 所示。

图 1-12　固定工具栏

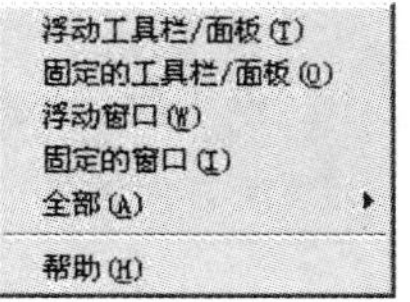

图 1-13　按钮菜单

1.3.4　绘图区

绘图区位于工作界面的中央，即被工具栏和命令行所包围的整个区域，此区域是用户的工作区域，图形的设计与修改工作就是在此区域内进行的。缺省状态下绘图区是一个无限大的电子屏幕，无论尺寸多大或多小的图形，都可以在绘图区中绘制和灵活显示。当用户移动鼠标时，绘图区会出现一个随光标移动的十字符号，此符号被称为十字光标，它是由拾点光标和选择光标叠加而成的。拾点光标是点的坐标拾取器，当执行绘图命令时，显示为拾点光标；选择光标是对象拾取器，当选择对象时，显示为选择光标；当没有任何命令执行的前提下，显示为十字光标，如图 1-14 所示。

图 1-14　光标的三种状态

在绘图区左下部有 3 个标签，即模型、布局 1、布局 2，分别代表了两种绘图空间，即模型空间和布局空间。模型标签代表了当前绘图区窗口是处于模型空间，通常我们在模型空间进行绘图。布局 1 和布局 2 是缺省设置下的布局空间，主要用于图形的打印输出。用户可以通过单击标签，在这两种操作空间中进行切换。

1.3.5　命令行

绘图区的下方则是 AutoCAD 独有的窗口组成部分，即命令行，它是用户与 AutoCAD 软件进行数据交流的平台，主要功能就是用于提示和显示用户当前的操作步骤，如图 1-15 所示。

指定圆的圆心或 [三点(3P)/两点(2P)/切点、切点、半径(T)]:
指定圆的半径或 [直径(D)] <150.0>: *取消*
键入命令

图 1-15　命令行

命令行分为命令输入窗口和命令历史窗口两部分。上面两行为命令历史窗口，用于记录执行过的操作信息；下面一行是命令输入窗口，用于提示用户输入命令或命令选项。

☞技巧提示

由于命令历史窗口的显示有限，如果需要直观、快速地查看更多的历史信息，则可以通过按 F2 功能键，系统则会以“文本窗口”的形式显示历史信息，如图 1-16 所示，再次按 F2 功能键，即可关闭文本窗口。

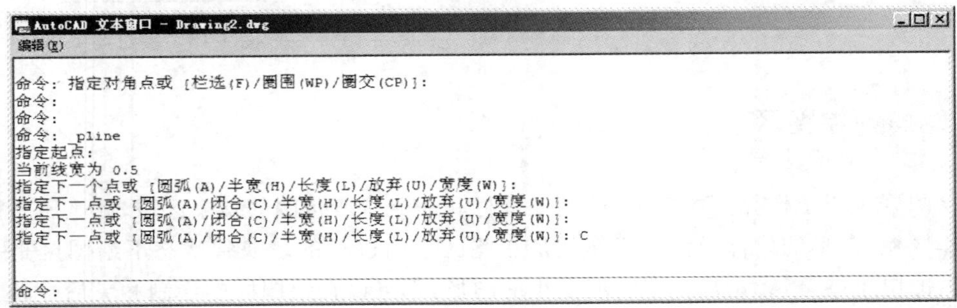

图 1-16 文本窗口

1.3.6 状态栏

如图 1-17 所示的状态栏，位于 AutoCAD 操作界面的底部，它由坐标读数器、辅助功能区、状态栏菜单三部分组成，具体介绍如下。

图 1-17 状态栏

状态栏左端为坐标读数器，用于显示十字光标所处位置的坐标值。坐标读数器右侧为辅助功能区，辅助功能区左端的按钮主要用于控制点的精确定位和追踪；中间的按钮主要用于快速查看布局、查看图形、定位视点、注释比例等；右端的按钮主要用于对工具栏、窗口等固定、工作空间切换以及绘图区的全屏显示等，是一些辅助绘图功能。

☞技巧提示

单击状态栏右侧小三角，可打开状态栏快捷菜单，菜单中的各选项与状态栏上的各按钮功能一致，用户也可以通过各菜单项以及菜单中的各功能键来控制各辅助按钮的开关状态。

1.3.7 功能区

功能区主要出现在“草图与注释”、“三维建模”、“三维基础”等工作空间内，它代替了 AutoCAD 众多的工具栏，以面板的形式，将各工具按钮分门别类地集合在选项卡内，如图 1-18 所示。

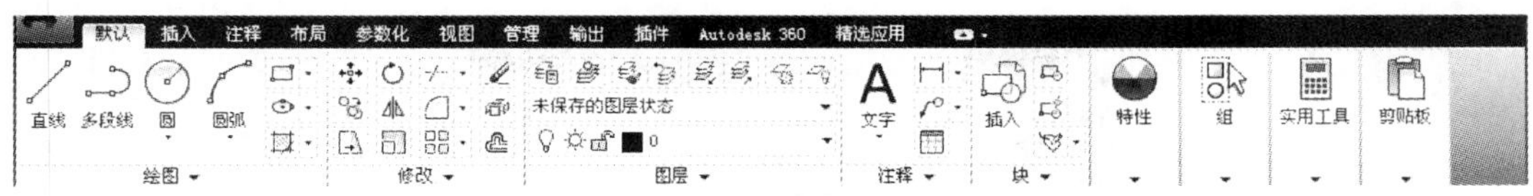

图 1-18　功能区

用户在调用工具时，只需在功能区中展开相应选项卡，然后在所需面板上单击相应按钮即可。由于在使用功能区时，无需再显示 AutoCAD 的工具栏，因此，使得应用程序窗口变得单一、简洁有序。通过这单一、简洁的界面，功能区还可以将可用的工作区域最大化。

1.4 AutoCAD 文件设置与管理

本节主要学习 AutoCAD 绘图文件的基本操作功能，具体有新建、保存、另存、打开与清理等。

1.4.1 新建文件

当启动 AutoCAD 2014 后，系统会自动打开一个名为“Drawing1. dwg”的绘图文件，如果用户需要重新创建一个绘图文件，则需要使用【新建】命令。

1.【新建】命令的执行方式

执行【新建】命令主要有以下几种方式：

(1) 单击菜单【文件】/【新建】命令。

(2) 单击【标准】工具栏或【快速访问】工具栏上的按钮。

(3) 在命令行输入 New 后按 Enter 键。

(4) 按组合键 Ctrl+N。

激活【新建】命令后，打开如图 1-19 所示的【选择样板】对话框。在此对话框中，为用户提供了多种基本样板文件，其中“acadISo-Named Plot Styles”和“acadiso”都是公制单位的样板文件，两者的区别在于前者使用的打印样式为命名打印样式，后一个样板文件的打印样式为颜色相关打印样式，读者可以根据需求进行取舍。

选择“acadISo-Named Plot Styles”或“acadiso”样板文件后单击 打开(O) 按钮，即可创建一个新的空白文件，进入 AutoCAD 的缺省设置的二维操作界面。

☞技巧提示

如果用户需要创建一个三维操作空间的公制单位绘图文件，则可以在【选择样板】对话框中，选择“acadISo-Named Plot Styles3D”或“acadiso3D”样板文件作为基础样板，即可以创建三维绘图文件，进入三维工作空间。

图 1-19 【选择样板】对话框

2.“无样板”方式创建文件

另外,AutoCAD 为用户提供了“无样板”方式创建绘图文件的功能,具体操作就是在【选择样板】对话框中单击 打开(O) ▾ 按钮右侧的下三角按钮,打开如图 1-20 所示的按钮菜单,在按钮菜单上选择“无样板打开-公制”选项,即可快速新建一个公制单位的绘图文件。

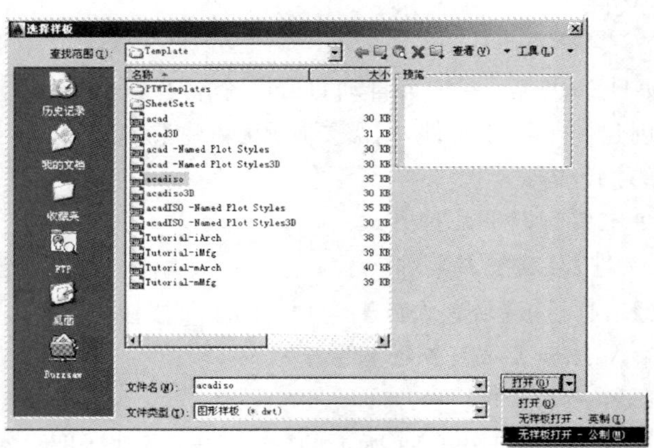

图 1-20 打开按钮菜单

1.4.2 保存文件

【保存】命令用于将绘制的图形以文件的形式进行存盘,存盘的目的就是为了方便以后查看、使用或修改编辑等。

执行【保存】命令主要有以下几种方式:

(1) 单击菜单【文件】/【保存】命令。

(2) 单击【标准】工具栏或【快速访问】工具栏上的 按钮。

(3) 在命令行输入 Save 后按 Enter 键。

(4) 按组合键 Ctrl+S。

执行【保存】命令后，可打开如图 1-21 所示的【图形另存为】对话框，在此对话框内，可以进行如下操作：

(1) 设置存盘路径。单击上方的【保存于】列表，在展开的下拉列表内设置存盘路径。

(2) 设置文件名。在【文件名】文本框内输入文件的名称，如“我的文档”。

(3) 设置文件格式。单击对话框底部的【文件类型】下拉列表，在展开的下拉列表框内设置文件的格式类型，如图 1-22 所示。

(4) 当设置好路径、文件名以及文件格式后，单击 保存(S) 按钮，即可将当前文件存盘。

☞技巧提示

默认的存储类型为“AutoCAD 2014 图形(*.dwg)”，使用此种格式将文件存盘后，文件只能被 AutoCAD 2014 及其以后的版本所打开，如果用户需要在 AutoCAD 早期版本中打开此文件，必须使用低版本的文件格式进行存盘。

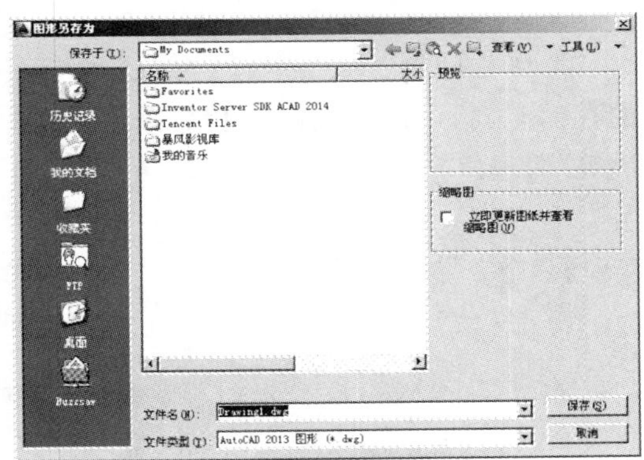

图 1-21 【图形另存为】对话框

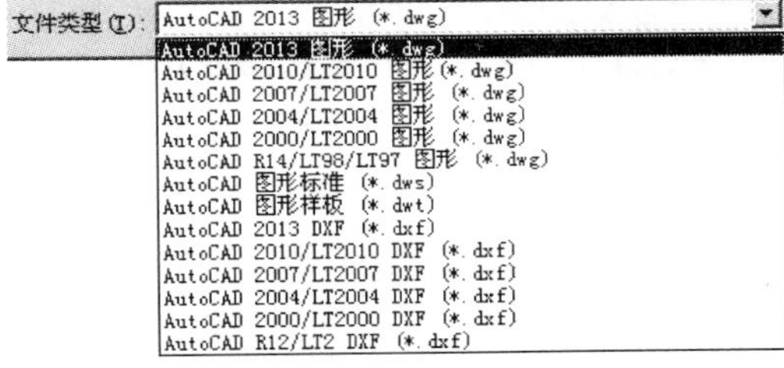

图 1-22 设置文件格式

1.4.3 另存文件

当用户在已存盘的图形的基础上进行了其他的修改工作，又不想将原来的图形覆盖，可以使用【另存为】命令，将修改后的图形以不同的路径或不同的文件名进行存盘。

执行【另存为】命令主要有以下几种方式：

(1) 单击菜单【文件】/【另存为】命令。

(2) 单击【快速访问】工具栏上的按钮。

(3) 在命令行输入 Saveas 后按 Enter 键。

(4) 按组合键 Ctrl+Shift+S。

1.4.4 打开文件

当用户需要查看、使用或编辑已经存盘的图形时，可以使用【打开】命令，将此图形所在的文件打开。

执行【打开】命令主要有以下几种方式：

(1) 单击菜单【文件】/【打开】命令。

(2) 单击【标准】工具栏或【快速访问】工具栏上的按钮。

(3) 在命令行输入 Open 后按 Enter 键。

(4) 按组合键 Ctrl+O。

激活【打开】命令后，系统将打开【选择文件】对话框，在此对话框中选择需要打开的图形文件，如图 1-23 所示。单击 打开(O) 按钮，即可将此文件打开。

1.4.5 清理文件

有时为了给图形文件“减肥”，以减小文件的存储空间，可以使用【清理】命令，将文件内部的一些无用的垃圾资源(如图层、样式、图块等)清理掉。

执行【清理】命令主要有以下几种方式：

(1) 单击菜单【文件】/【图形实用程序】/【清理】命令。

(2) 在命令行输入 Purge 后按 Enter 键。

(3) 使用命令快捷键 PU。

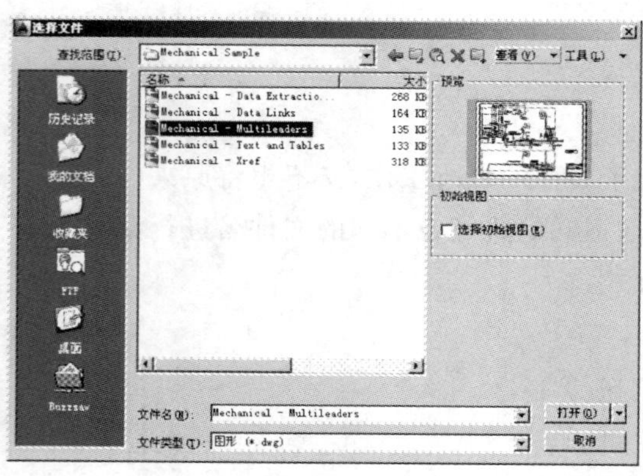

图 1-23 【选择文件】对话框

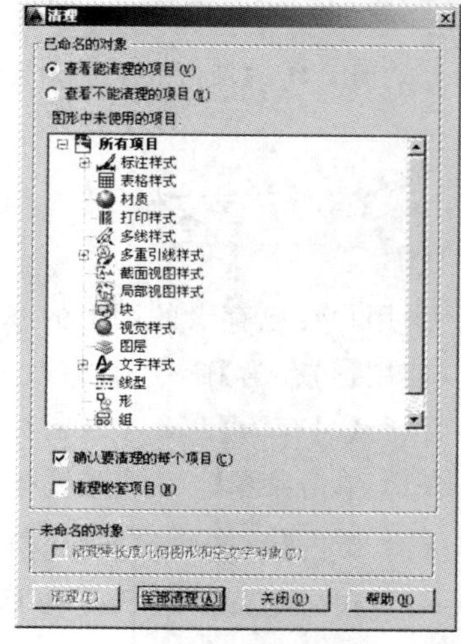

图 1-24 【清理】对话框

激活【清理】命令，系统可打开如图 1-24 所示的【清理】对话框，在此对话框中，带有“+”号的选项，表示该选项内含有未使用的垃圾项目，单击该选项将其展开，即可选择需要清理的项目。如果用户需要清理文件中的所有未使用的垃圾项目，可以单击对话框底

部的 全部清理(A) 按钮。

1.5 AutoCAD 命令执行特点

每种软件都有多种命令的执行特点，就 AutoCAD 绘图软件而言，其命令行特点有以下几方面。

1. 通过菜单栏与右键菜单执行命令

单击菜单中的命令选项来执行命令，是一种比较传统、常用的命令启动方式。另外，为了更加方便地启动某些命令或命令选项，AutoCAD 为用户提供了右键菜单，所谓右键菜单，指的就是单击右键弹出的快捷菜单，用户只需单击右键菜单中的命令或选项，即可快速激活相应的功能。根据操作过程的不同，右键菜单归纳起来共有三种：

(1) 默认模式菜单。此种菜单是在没有命令执行的前提下或没有对象被选择的情况下，单击右键显示的菜单。

(2) 编辑模式菜单。此种菜单是在有一个或多个对象被选择的情况下单击右键出现的快捷菜单。

(3) 模式菜单。此种菜单是在一个命令执行的过程中，单击右键而弹出的快捷菜单。

2. 通过工具栏与功能区执行命令

与其他计算机软件一样，单击工具栏或功能区上的命令按钮，也是一种常用、快捷的命令启动方式。通过形象而又直观的图标按钮代替 AutoCAD 的一个个命令，远比那些复杂烦琐的英文命令及菜单更为方便直接，用户只需将光标放在命令按钮上，系统就会自动显示出该按钮所代表的命令，单击按钮即可激活该命令。

3. 在命令行输入命令表达式

所谓命令表达式，指的就是 AutoCAD 的英文命令，用户只需在命令行的输入窗口中，输入 CAD 命令的英文表达式，然后再敲击键盘上的 Enter 键，就可以启动命令。此种方式是一种最原始的方式，也是一种很重要的方式。

如果用户需要激活命令中的选项功能，可以在相应步骤提示下，在命令行输入窗口中输入该选项的代表字母，然后敲击 Enter 键，也可以使用右键快捷菜单方式启动命令的选项功能。

4. 使用功能键及快捷键

使用功能键与快捷键是最快捷的一种命令启动方式。每一种软件都配置了一些命令快捷组合键，表 1-1 列出了 AutoCAD 自身设定的一些命令快捷键，在执行这些命令时只需要按下相应的键即可。

表 1-1　AutoCAD 功能键

功能键	功能	功能键	功能
F1	AutoCAD 帮助	Ctrl+N	新建文件
F2	文本窗口打开	Ctrl+O	打开文件
F3	对象捕捉开关	Ctrl+S	保存文件
F4	三维对象捕捉开关	Ctrl+P	打印文件
F5	等轴测平面转换	Ctrl+Z	撤消上一步操作
F6	动态 UCS	Ctrl+Y	重复撤消的操作
F7	栅格开关	Ctrl+X	剪切
F8	正交开关	Ctrl+C	复制
F9	捕捉开关	Ctrl+V	粘贴
F10	极轴开关	Ctrl+K	超级链接
F11	对象跟踪开关	Ctrl+0	全屏
F12	动态输入	Ctrl+1	特性管理器
Delete	删除	Ctrl+2	设计中心
Ctrl+A	全选	Ctrl+3	特性
Ctrl+4	图纸集管理器	Ctrl+5	信息选项板
Ctrl+6	数据库连接	Ctrl+7	标记集管理器
Ctrl+8	快速计算器	Ctrl+9	命令行
Ctrl+W	选择循环	Ctrl+Shift+P	快捷特性
Ctrl+Shift+I	推断约束	Ctrl+Shift+C	带基点复制
Ctrl+Shift+V	粘贴为块	Ctrl+Shift+S	另存为

另外，AutoCAD 还有一种更为方便的"命令快捷键"，即命令表达式的缩写。严格地说它算不上是命令快捷键，但是的确能起到快速执行命令的作用，所以也称之为快捷键。不过，使用此类快捷键时需要配合 Enter 键。比如【直线】命令的英文缩写为"L"，用户只需按下键盘上的 L 字母键后再按下 Enter 键，就能激活画线命令。

1.6 设置绘图环境

本节主要学习【图形界限】和【单位】两个命令，以准确地设置绘图的范围以及绘图的单位等。

1.6.1 设置绘图区域

图形界限指的就是绘图的范围，它相当于手工绘图时，事先准备的图纸。默认设置下，图形界限是一个矩形区域，长度为 490、宽度为 270，其左下角点位于坐标系原点上。

1.【图形界限】命令的执行方式

执行【图形界限】命令主要有以下几种方式：

（1）单击菜单【格式】/【图形界限】命令。

（2）在命令行输入 Limits 后按 Enter 键。

2. 图形界限的设置

下面通过将图形界限设置为 220×120，学习图形界限的设置技能。具体操作步骤如下所述。

（1）执行【图形界限】命令，在命令行"指定左下角点或［开（ON）/关（OFF）］<0.0000,0.0000>："提示下，直接按 Enter 键，以默认原点作为图形界限的左下角点。

（2）继续在命令行"指定右上角点<420.0000,297.0000>："提示下，输入"220,120"，并按 Enter 键。

（3）单击菜单【视图】/【缩放】/【全部】命令，将图形界限最大化显示。

（4）当设置了图形界限之后，可以开启状态栏上的【栅格】功能，通过栅格点，可以将图形界限直观地显示出来，如图 1-25 所示，也可以使用栅格线显示图形界限，如图 1-26 所示。

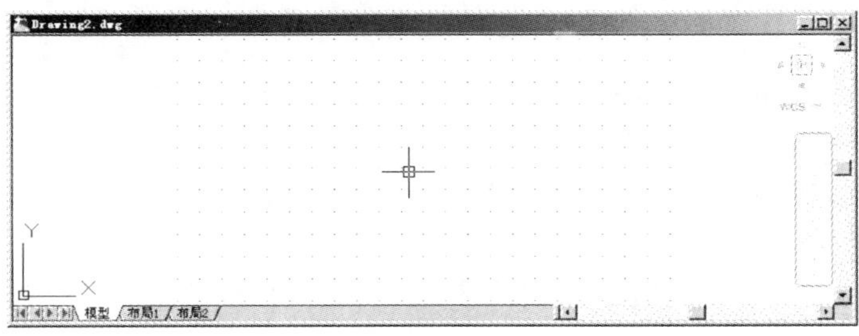

图 1-25 图形界限的栅格点显示

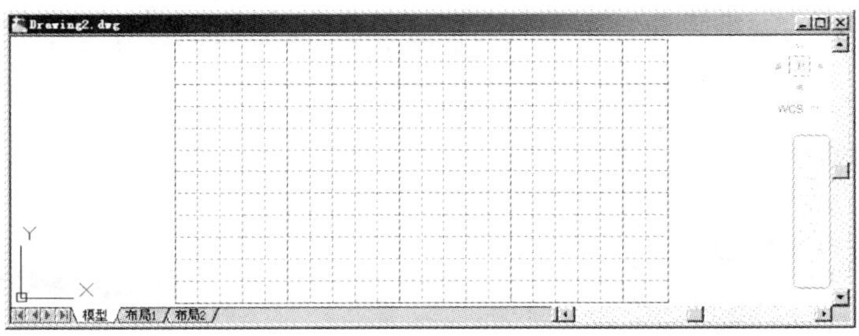

图 1-26 图形界限的栅格线显示

3. 图形界限的检测

当设置了图形界限后，如果禁止绘制的图形超出图形界限，可以开启绘图界限的检测功能，系统会自动将坐标点限制在图形界限区域内，拒绝图形界限之外的点，这样就不会使绘制的图形超出边界。开启绘图区域检测功能的操作步骤如下：

（1）在命令行输入 Limits 后按 Enter 键，激活【图形界限】命令。

（2）在命令行"指定左下角点或［开（ON）/关（OFF）］<0.0000,0.0000>："提示下，

输入 ON 后按 Enter 键，即可打开图形界限的自动检测功能。

1.6.2 设置绘图单位

使用【单位】命令可以设置绘图的长度单位、角度单位、角度方向以及各自的精度等参数。

执行【单位】命令主要有以下几种方式：

(1) 单击菜单【格式】/【单位】命令。

(2) 在命令行输入 Units 后按 Enter 键。

(3) 使用命令快捷键 UN。

执行【单位】命令后，可打开如图 1-27 所示的【图形单位】对话框，此对话框主要用于设置如下内容：

(1) 设置长度单位。在【长度】选项组中单击【类型】下拉列表框，设置长度的类型，默认为“小数”。

☞技巧提示

AutoCAD 提供了“建筑”、“小数”、“工程”、“分数”和“科学”5 种长度类型。单击该选框中的▼按钮可以从中选择需要的长度类型。

(2) 设置长度精度。展开【精度】下拉列表框，设置单位的精度，默认为“0.000”，用户可以根据需要设置单位的精度。

(3) 设置角度单位。在【角度】选项组中单击【类型】下拉列表框，设置角度的类型，默认为“十进制度数”。

(4) 设置角度精度。展开【精度】下拉列表框，设置角度的精度，默认为“0”，用户可以根据需要进行设置。

(5)【插入时的缩放单位】选项组用于确定拖放内容的单位，默认为“毫米”。

(6) 设置角度的基准方向。单击对话框底部的 方向(D)... 按钮，打开如图 1-28 所示的【方向控制】对话框，用来设置角度测量的起始位置。

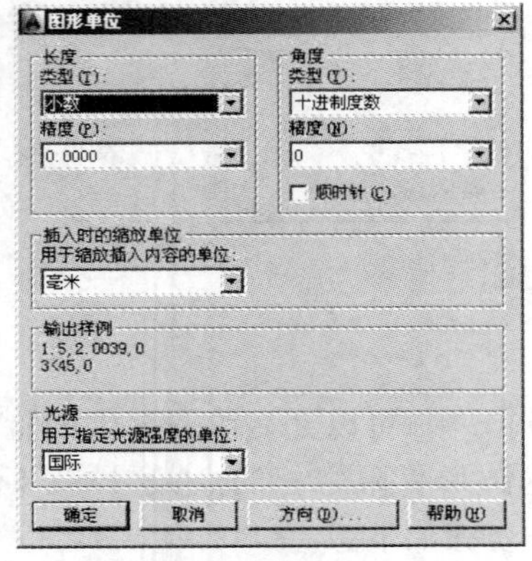

图 1-27 【图形单位】对话框

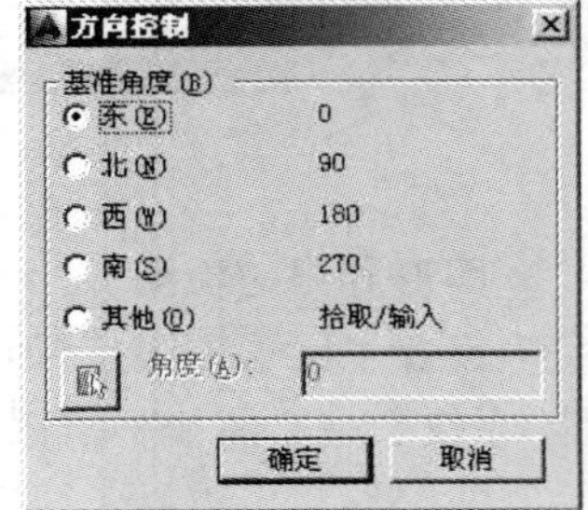

图 1-28 【方向控制】对话框

☞技巧提示

【顺时针】单选项是用于设置角度的方向的，如果勾选该选项，那么在绘图过程中就以顺时针为正角度方向，否则以逆时针为正角度方向。

1.6.3 几个最简单的命令

本节学习几个最初级的制图命令，主要有【直线】、【删除】、【放弃】、【重做】、【视图平移】和【实时缩放】等。

1. 直线

1)【直线】命令的执行方式

【直线】命令是一个非常常用的画线工具，使用此命令可以绘制一条或多条直线段，每条直线都被看作一个独立的对象。执行【直线】命令有以下几种方式：

(1) 单击菜单【绘图】/【直线】命令。

(2) 单击【绘图】工具栏或面板上的按钮。

(3) 在命令行输入 Line 后按 Enter 键。

(4) 使用命令快捷键 L。

2)【直线】命令和绝对坐标的输入

下面通过绘制边长为 100 的正三角形，了解【直线】命令和绝对坐标的输入功能，操作步骤如下。

(1) 使用【实时平移】功能，将坐标系图标平移至绘图区中央。

(2) 单击【绘图】工具栏上的按钮，激活【直线】命令。

(3) 激活【直线】命令后，根据 AutoCAD 命令行的步骤提示，配合绝对坐标精确画图。

命令：_line

指定第一点： //0,0↙，以原点作为起点

指定下一点或[放弃(U)]： // 100,0↙，定位第二点

指定下一点或[放弃(U)]： //100<120↙，定位第三点

指定下一点或[闭合(C)/放弃(U)]： //c↙，闭合图形，绘制结果如图 1-29 所示

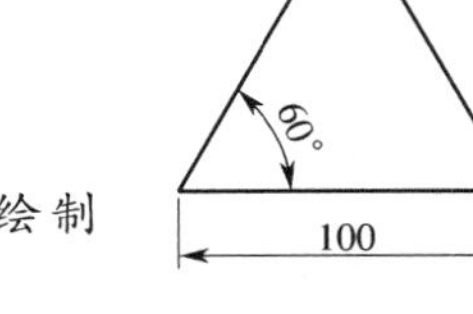

图 1-29 绘制结果

☞技巧提示

使用【放弃】选项可以放弃上一步操作；使用【闭合】选项可以绘制首尾相连的封闭图形。

2. 删除

【删除】命令用于将不需要的图形删除。当激活该命令后，选择需要删除的图形，单击右键或按 Enter 键，即可将图形删除。此工具相当于手工绘图时的橡皮擦，用于擦除无用的图形。执行【删除】命令主要有以下几种方式：

(1) 单击【修改】菜单上的【删除】命令。

(2) 单击【修改】工具栏上的按钮。

(3) 在命令行输入 Erase 后按 Enter 键。

(4) 使用命令快捷键 E。

3. 放弃和重做

若用户需要放弃已执行的操作步骤或恢复放弃的步骤，可以使用【放弃】和【重做】命令。其中【放弃】命令用于撤消所执行的操作，【重做】命令用于恢复所撤消的操作。AutoCAD 支持用户无限次放弃或重做操作。

单击【标准】工具栏上的按钮，或单击菜单栏【编辑】/【放弃】命令，或在命令行输入 Undo 或 U，即可激活【放弃】命令。同样，单击【标准】工具栏上的按钮，或单击菜单栏【编辑】/【重做】命令，或在命令行输入 Redo，都可激活【重做】命令，以恢复放弃的操作步骤。

4. 视图平移

使用视图的平移工具可以对视图进行平移，以方便观察视图内的图形。单击【视图】菜单中的【平移】下一级菜单中的各命令，如图 1-30 所示，可执行各种平移工具。

图 1-30　平移菜单

各菜单项功能如下：

(1)【实时】命令用于将视图随着光标的移动而平移，也可在【标准】工具栏上单击按钮，以激活【实时平移】工具。

(2)【点】命令是根据指定的基点和目标点平移视图。定点平移时，需要指定两点，第一点作为基点，第二点作为位移的目标点，来平移视图内的图形。

(3)【左】、【右】、【上】和【下】命令分别用于在 X 轴和 Y 轴方向上移动视图。

技巧提示

激活【实时平移】命令后光标变为形状，此时可以按住鼠标左键向需要的方向平移视图，在任何时候都可以敲击 Enter 键或 Esc 键来停止平移。

5. 实时缩放

单击【标准】工具栏上的按钮，或单击菜单【视图】/【缩放】/【实时】命令，都可以激活【实时缩放】功能，屏幕上将出现一个放大镜形状的光标，此时便进入了实时缩放状态，按住鼠标左键向下拖动鼠标，则视图缩小显示；按住鼠标左键向上拖动鼠标，则视图放大显示。

1.7 AutoCAD 2014 退出方式

当退出 AutoCAD 2014 软件时，首先要退出当前的 AutoCAD 文件，如果当前文件已经存盘，那么用户可以使用以下几种方式退出 AutoCAD 绘图软件：

(1) 单击 AutoCAD 2014 标题栏控制按钮。

(2) 按 Alt＋F4 组合键。

(3) 单击菜单【文件】/【退出】命令。

(4) 在命令行中输入 Quit 或 Exit 后，敲击 Enter 键。

(5) 展开【应用程序】菜单，单击 退出 Autodesk AutoCAD 2014 按钮。

在退出 AutoCAD 2014 软件之前，如果没有将当前的 AutoCAD 绘图文件存盘，那么系统会弹出如图 1-31 所示的提示对话框，单击 是(Y) 按钮，将弹出【图形另存为】对话框，用于对图形进行命名保存；单击 否(N) 按钮，系统将放弃存盘并退出 AutoCAD 2014；单击 取消 按钮，系统将取消执行的退出命令。

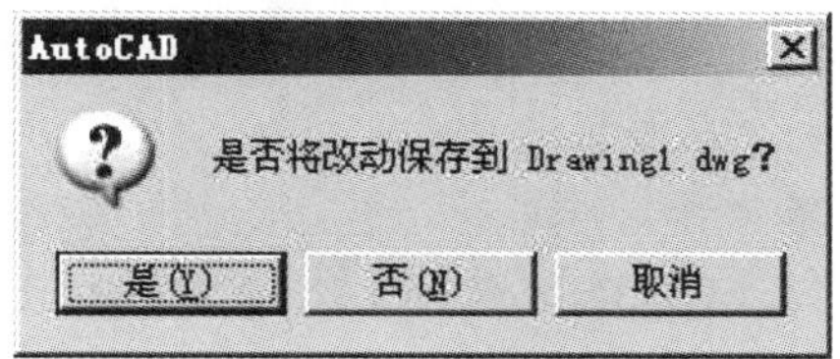

图 1-31 AutoCAD 提示框

1.8 实例指导——绘制 4 号图纸边框

下面通过绘制图 1-32 所示的 4 号标准图框，对本章知识进行综合练习和应用，体验一下文件的新建、图形的绘制以及文件的存储等图形设计的整个操作流程。

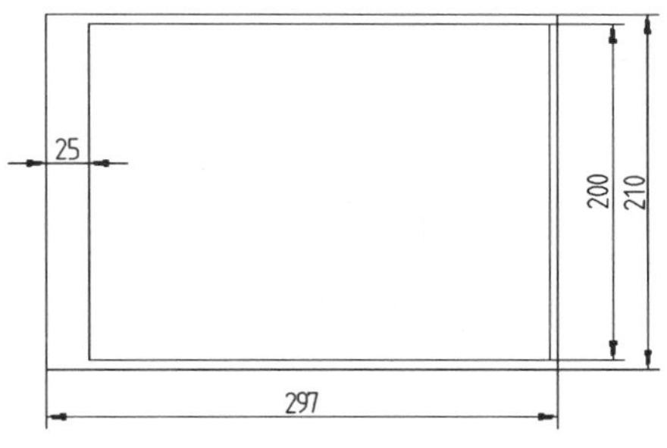

图 1-32 实例效果

操作步骤如下所述。

(1) 单击【标准】工具栏上的 按钮，在打开的【选择样板】对话框中选择"acadISO-Named Plot Styles"作为基础样板，创建空白文件。

(2) 按下 F12 功能键，关闭状态栏上的【动态输入】功能。

(3) 单击【绘图】工具栏上的 按钮，激活【直线】命令，绘制 4 号图纸的外框。命令行操作如下。

命令：_line

指定第一点： //0,0 ↙，以原点作为起点

指定下一点或 [放弃(U)]： //297<0 ↙，输入第二点

指定下一点或 [放弃(U)]： //297,210 ↙，输入第三点

指定下一点或 [闭合(C)/放弃(U)]： //210<90 ↙，输入第四点

指定下一点或［闭合(C)/放弃(U)]： //c ↙，闭合图形

☞操作提示

有关坐标点的输入功能，请参见第 2 章中的相关内容。

(4) 单击【标准】工具栏上的按钮，激活【实时平移】命令，将所绘制的图形从左下角拖至绘图区中央，使之完全显示，平移结果如图 1-33 所示。

(5) 单击菜单【工具】/【新建 UCS】/【原点】命令，更改坐标系的原点。命令行操作如下。

命令：_ucs

当前 UCS 名称：＊世界＊

指定 UCS 的原点或［面(F)/命名(NA)/对象(OB)/上一个(P)/视图(V)/世界(W)/X/Y/Z/Z 轴(ZA)］<世界>：_o

指定新原点 <0,0,0>： //25,5 ↙，结束命令，移动结果如图 1-34 所示

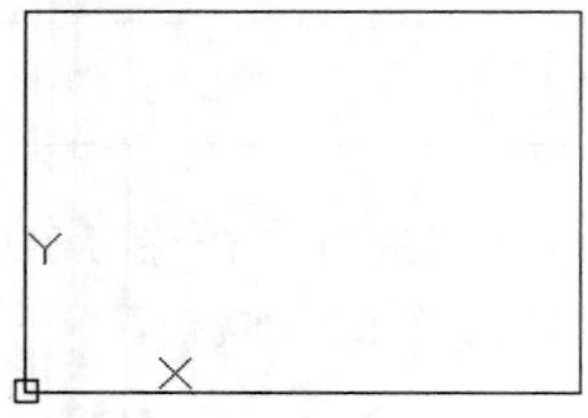

图 1-33 平移结果

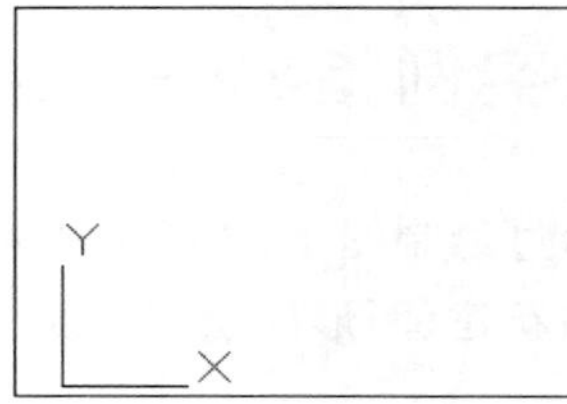

图 1-34 移动坐标系

☞技巧提示

当结束某个命令后，通过按下键盘上的 Enter 或空格键，可以重复执行该命令。

(6) 绘制内框。单击菜单【绘图】/【直线】命令，绘制 4 号图纸的外边框。命令行操作如下。

命令：_line

指定第一点： //0,0 ↙

指定下一点或［放弃(U)]： //267,0 ↙

指定下一点或［放弃(U)]： //267,200 ↙

指定下一点或［闭合(C)/放弃(U)]： //0,200 ↙

指定下一点或［闭合(C)/放弃(U)]： //c ↙，闭合图形，绘制结果如图 1-35 所示

☞技巧提示

在绘图时，如果不慎出现错误操作，这时可以使用直线命令中的【放弃(U)】选项功能撤消错误的操作步骤。

(7) 单击菜单【视图】/【显示】/【UCS 图标】/【开】命令，关闭坐标系，最终结果如图 1-36所示。

(8) 单击【标准】工具栏上的按钮，激活【保存】命令，将图形命名存储为“A4-H 图框.dwg”。

图 1-35　绘制内框

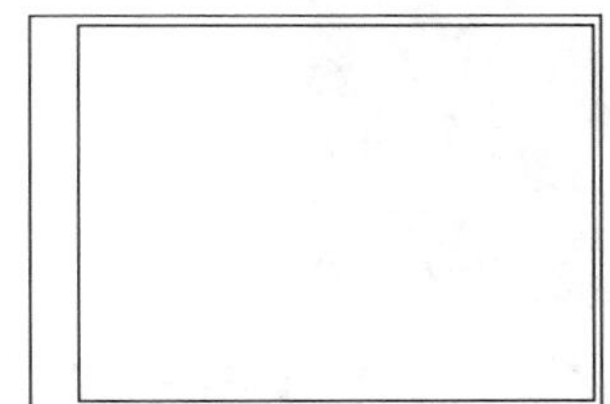

图 1-36　最终结果

☞技巧提示

当结束某个命令时，可以按下键盘上的 Enter 键；当中止某个命令时，可以按下 Esc 键。

1.9 本章小结

本章在简单介绍了 AutoCAD 2014 的基本概念、应用范围、系统配置等内容的前提下，主要讲解了软件的启动退出、软件工作空间、软件操作界面、绘图文件的设置与管理以及工作环境的简单设置等基础知识，并通过一个完整简单的实例，引导读者亲自动手操作 AutoCAD 2014 图形设计软件，使其掌握一些初级的软件操作技能。通过本章的学习，能使读者对 AutoCAD 2014 绘图软件有一个快速的了解和认识，为后续章节的学习打下基础。

第2章

AutoCAD 操作基础

通过上一章的学习，读者轻松了解和体验了 AutoCAD 绘图的基本流程，但是如果想更加方便灵活、准确高效地操控 AutoCAD 软件，还必须了解和掌握一些软件基础操作技能。本章学习内容如下：

◎ 绘图元素的实时设置

◎ 坐标点的精确输入

◎ 特征点的精确捕捉

◎ 实例指导一——使用点的输入与捕捉功能绘图

◎ 目标点的相对追踪

◎ 图形的基本选择

◎ 视图的缩放技能

◎ 实例指导二——使用点的捕捉与追踪功能绘图

◎ 本章小结

2.1 绘图元素的实时设置

本节主要学习 AutoCAD 绘图元素的设置技能，具体有设置绘图背景色、设置十字光标大小、设置拾取靶框大小以及坐标系图标的设置与隐藏等。

2.1.1 设置绘图区域的背景

默认设置下，绘图区背景色为深灰色，用户可以使用菜单【工具】/【选项】命令更改绘图区背景色。下面通过将绘图区背景色更改为白色，学习此种操作技能。操作步骤如下：

(1) 首先单击菜单【工具】/【选项】命令，或使用快捷键 OP 激活【选项】命令，打开如图 2-1 所示的【选项】对话框。

☞技巧提示

在绘图区单击右键，从打开的右键菜单中也可以执行【选项】命令，如图 2-2 所示。

(2) 展开【显示】选项卡，然后在如图 2-3 所示的【窗口元素】选项组中单击 颜色(C)... 按钮，打开【图形窗口颜色】对话框。

(3) 在【图形窗口颜色】对话框中展开【颜色】下拉列表框，将窗口颜色设置为白色，如图 2-4 所示。

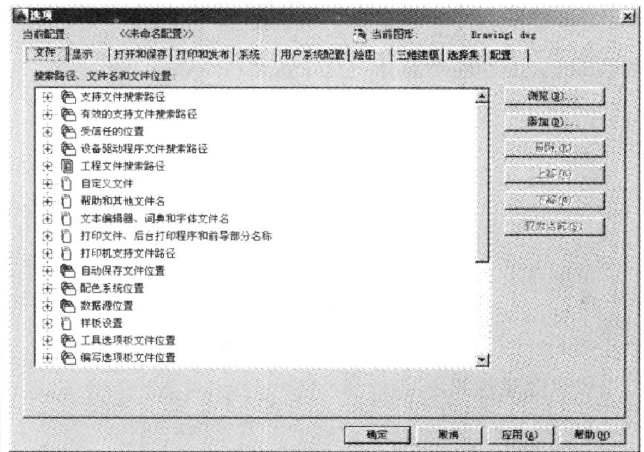

图 2-1 【选项】对话框

图 2-2 右键菜单

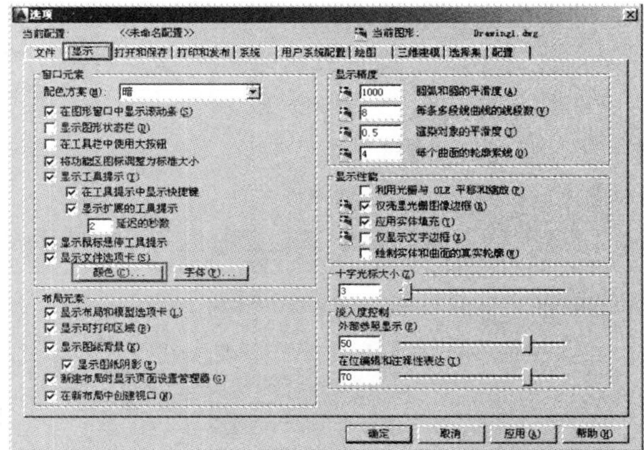

图 2-3 【显示】选项卡

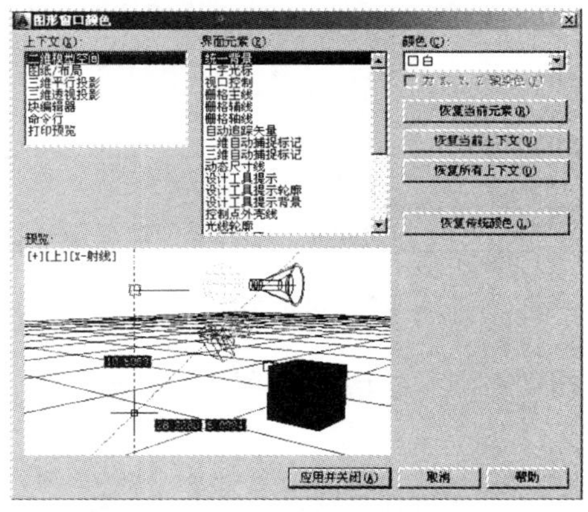

图 2-4 【图形窗口颜色】对话框

（4）单击 应用并关闭(A) 按钮返回【选项】对话框。

(5) 单击 确定 按钮，绘图区的背景色显示为白色，设置结果如图 2-5 所示。

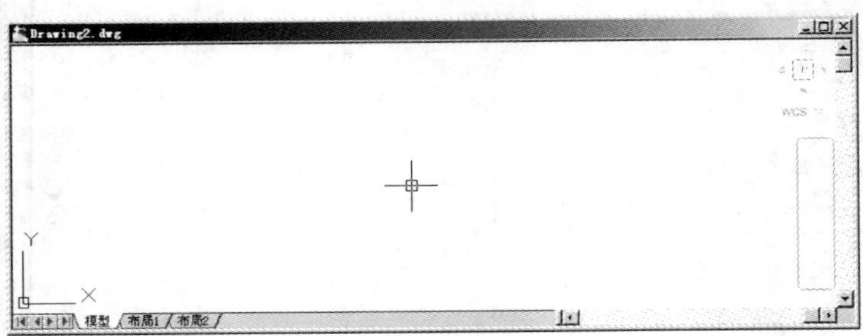

图 2-5 设置结果

2.1.2 设置光标的尺寸大小

使用【选项】命令不但可以设置绘图区背景色，还可以设置绘图区十字光标的大小。默认设置下，绘图区光标相对于绘图区的百分比为 5，下面通过将十字光标的百分比设置为 100，学习十字光标大小的设置技能。操作步骤如下：

(1) 执行【选项】命令，打开【选项】对话框。

(2) 在【选项】对话框中展开【显示】选项卡。

(3) 在【十字光标大小】选项组内设置十字光标的值为 100，如图 2-6 所示。

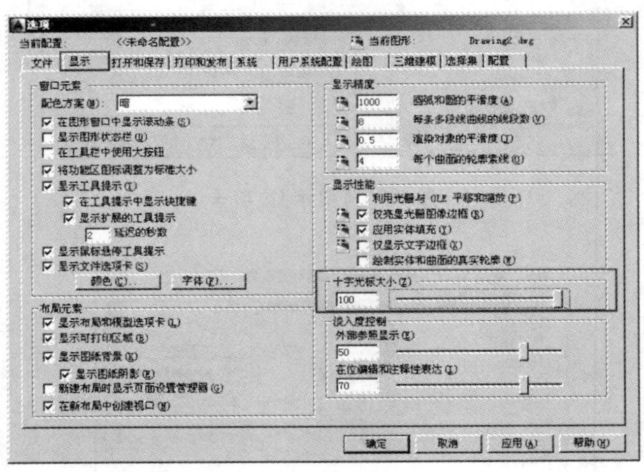

图 2-6 设置光标大小

(4) 单击 确定 按钮，绘图区的十字光标的尺寸被更改，效果如图 2-7 所示。

☞技巧提示

另外，用户也可以使用系统变量 CURSORSIZE 快速更改十字光标的大小。

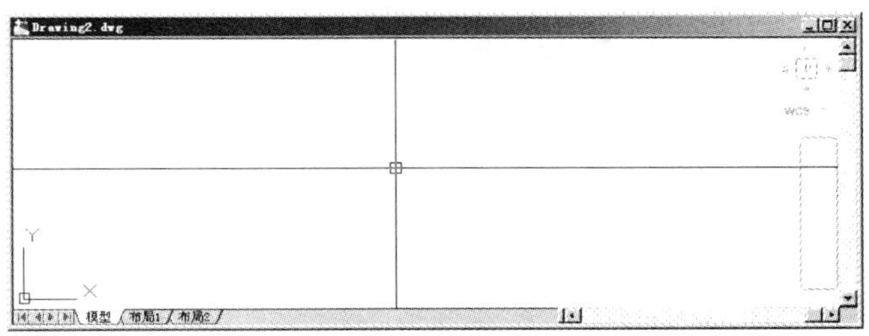

图 2-7　设置光标大小后的效果

2.1.3　设置拾取靶框的大小

由于十字光标是由拾点光标和选择光标叠加而成的，而选择光标是一个矩形靶框，如图 2-8 所示，当此靶框处在对象边缘上时单击左键，即可选择该对象。

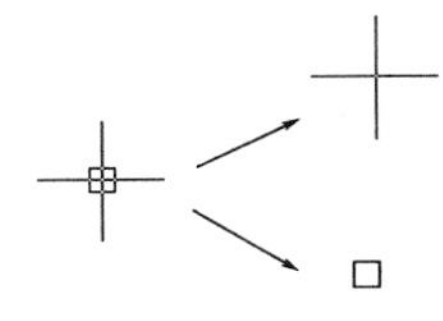

图 2-8　十字光标

有时为了方便对象的选择，需要设置该靶框的大小。下面来学习拾取靶框大小的设置技能。操作步骤如下：

(1) 执行【选项】命令，打开【选项】对话框。

(2) 在【选项】对话框中展开【选择集】选项卡，如图 2-9 所示。

(3) 在【拾取框大小】选项组内左右拖动滑块，即可设置拾取靶框的大小。

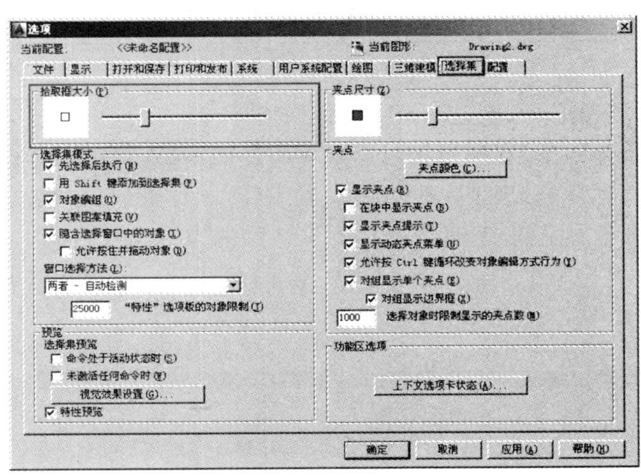

图 2-9　设置拾取靶框大小

(4) 单击 确定 按钮，关闭【选项】对话框。

☞技巧提示

另外，用户也可以使用系统变量 PICKBOX 快速设置拾取靶框的大小。

2.1.4 坐标系图标的设置与隐藏

在绘图过程中，有时需要设置坐标系图标的样式或大小，或隐藏坐标系图标，下面来学习坐标系图标的设置与隐藏技能。操作步骤如下：

（1）单击【视图】菜单中的【显示】/【UCS 图标】/【特性】命令，打开如图 2-10 所示的【UCS 图标】对话框。

☞**技巧提示**

另外，用户在命令行输入 Ucsicon 后按 Enter 键，也可以打开图 2-10 所示的【UCS 图标】对话框。

（2）从【UCS 图标】对话框中可以看出，默认设置下系统显示三维 UCS 图标样式，用户也可以根据作图需要，将 UCS 图标设置为二维样式，如图 2-11 所示。

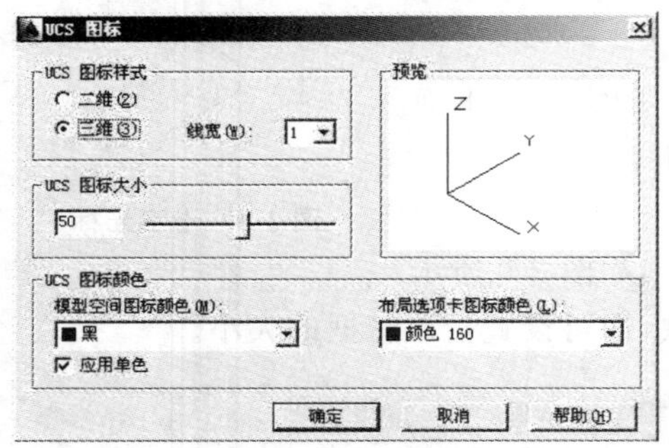

图 2-10 【UCS 图标】对话框

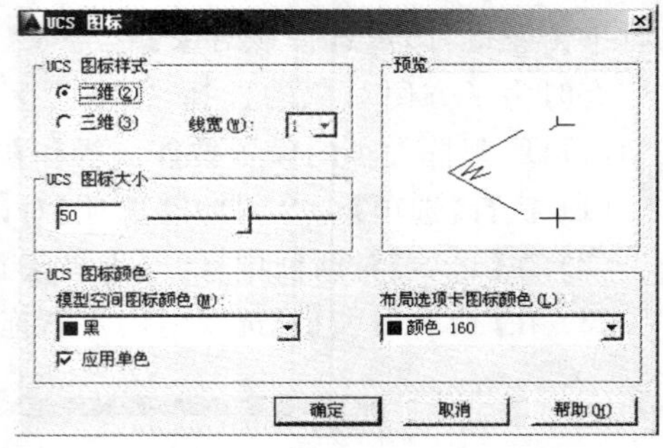

图 2-11 设置二维样式

（3）在【UCS 图标大小】选项组中可以设置图标的大小，默认为 50。

（4）在【UCS 图标颜色】选项组中可以设置 UCS 图标的颜色，模型空间中 UCS 图标的默认颜色为黑色，布局空间中 UCS 图标的默认颜色为 160 号色。

（5）单击【视图】菜单中的【显示】/【UCS 图标】/【开】命令，可以隐藏 UCS 图标，隐藏图标后的文件窗口如图 2-12 所示。

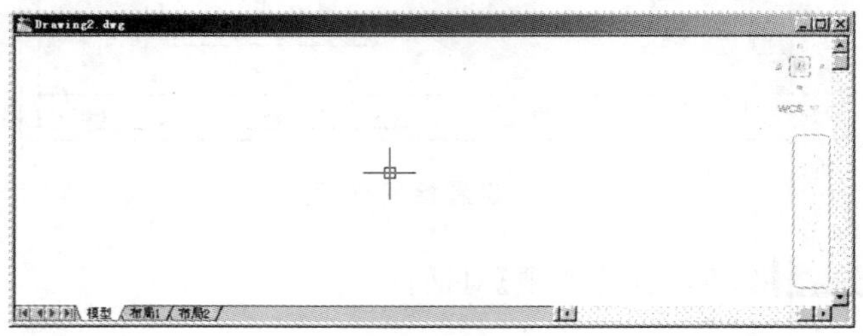

图 2-12 隐藏 UCS 图标

2.2 坐标点的精确输入

要绘制数据精确的图形，就必须准确地定位点，而利用图形点的坐标功能，定位图形上的点，是一种最直接、最基本的点定位方式。在讲解点的坐标输入功能之前，首先简单了解一下常用的两种坐标系，即 WCS 和 UCS。

2.2.1 了解两种坐标系

AutoCAD 默认坐标系为 WCS，即世界坐标系。此坐标系是 AutoCAD 的基本坐标系，它由三个相互垂直并相交的坐标轴 X、Y、Z 组成，X 轴正方向水平向右，Y 轴正方向垂直向上，Z 轴正方向垂直屏幕向外，指向用户，坐标原点在绘图区左下角，在二维图标上标有“W”，表明是世界坐标系，如图 2-13 所示。

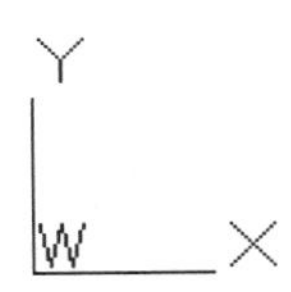

图 2-13 二维世界坐标系

为了更好地辅助绘图，用户需要修改坐标系的原点和方向，为此 AutoCAD 为用户提供了一种可变的 UCS 坐标系，即用户坐标系。在默认情况下，用户坐标系和世界坐标系是相重合的，用户也可以在绘图过程中根据需要来定义 UCS。

2.2.2 绝对坐标的输入

图形点的精确输入功能主要有绝对坐标点的输入和相对坐标点的输入两大类，其中，绝对坐标点的输入又分为绝对直角坐标点的输入和绝对极坐标点的输入两种类型，具体如下。

1. 绝对直角坐标点的输入

绝对直角坐标是以原点(0,0,0)为参照点，定位所有的点。其表达式为(x,y,z)，用户可以通过输入点的实际 x、y、z 坐标值来定义点的坐标。在图 2-14 所示的坐标系中，B 点的 X 坐标值为 3(即该点在 X 轴上的垂足点到原点的距离为 3 个单位)，Y 坐标值为 1 (即该点在 Y 轴上的垂足点到原点的距离为 1 个单位)，那么 B 点的绝对直角坐标表达式为(3,1)。

2. 绝对极坐标点的输入

绝对极坐标是以原点作为极点，通过相对于原点的极长和角度来定义点的。其表达式为($L<\alpha$)。在图 2-14 所示的坐标系中，假若直线 OA 的长度用 L 表示，直线 OA 与 X 轴正方向夹角用 α 表示，如果这两个参数都明确的话，就可以使用绝对极坐标来表示 A 点，即($L<\alpha$)。

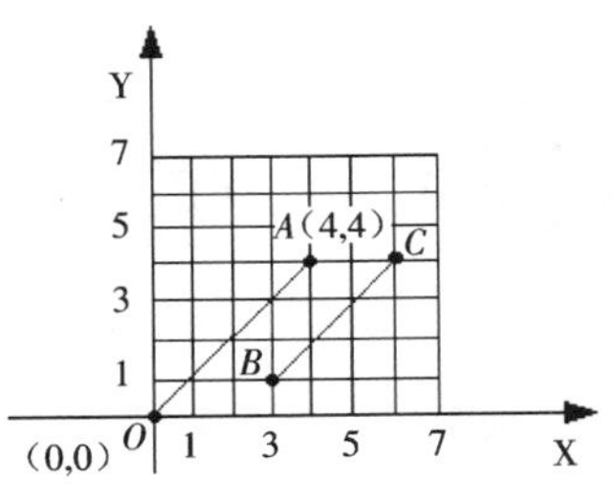

图 2-14 绝对坐标系的点

2.2.3 相对坐标的输入

相对坐标点的输入也分为两种，即相对直角坐标点的输入和相对极坐标点的输入，具体内容如下。

1. 相对直角坐标点的输入

相对直角坐标就是某一点相对于对照点 X 轴、Y 轴和 Z 轴三个方向上的坐标变化。其表达式为(@x,y,z)。在实际绘图中常把上一点看作参照点，后续绘图操作是相对于前一点而进行的。

例如在图 2-14 所示的坐标系中，C 点的绝对坐标为(6,4)，如果以 A 点作为参照点，使用相对直角坐标表示 C 点，那么表达式则为(@6－4,4－4)＝(@2,0)。

☞技巧提示

AutoCAD 为用户提供了一种变换相对坐标系的方法，只要在输入的坐标值前加"@"符号，就表示该坐标值是相对于前一点的相对坐标。

2. 相对极坐标点的输入

相对极坐标是通过相对于参照点的极长距离和偏移角度来表示的，其表达式为(@L＜α)，L 表示极长，α 表示角度。

例如在图 2-14 所示的坐标系中，如果以 A 点作为参照点，使用相对极坐标表示 C 点，那么表达式则为(@2＜0)，其中 2 表示 C 点和 A 点的极长距离为 2 个图形单位，偏移角度为 0°。

☞技巧提示

默认设置下，AutoCAD 是以 X 轴正方向作为 0°的起始方向，逆时针方向计算的，如果在图 2-14 所示的坐标系中，以 C 点作为参照点，使用相对坐标表示 A 点，则为"@2＜180"。

3. 动态输入

在输入相对坐标点时，可配合状态栏上的【动态输入】功能，当激活该功能后，输入的坐标点被看作是相对坐标点，用户只需输入点的坐标值即可，不需要输入符号"@"，因系统会自动在坐标值前添加此符号。

单击状态栏上的按钮，或按下键盘上的 F12 功能键，都可激活状态栏上的【动态输入】功能。

2.3 特征点的精确捕捉

除坐标点的输入功能外，AutoCAD 还为用户提供了点的精确捕捉功能，如【捕捉】、【对象捕捉】、【临时捕捉】等功能，使用这些功能可以快速、准确地捕捉图形对象上的特征点，比如直线的端点、圆的圆心等，以高精度地绘制图形。

2.3.1 捕捉与捕捉设置

步长捕捉指的就是强制性地控制十字光标，使其按照事先定义的 X 轴、Y 轴方向的固定距离(即步长)跳动，从而精确定位点。

例如，将 X 轴步长设置为 40，Y 轴步长设为 20，那么光标每水平跳动一次，则走过 40 个单位的距离，每垂直跳动一次，则走过 20 个单位的距离，如果连续跳动，则走过的距离则是步长的整数倍。

1.【捕捉】功能的执行方式

执行【捕捉】功能主要有以下几种方式：

(1) 单击菜单【工具】/【草图设置】命令，在打开的【草图设置】对话框中展开【捕捉和栅格】选项卡，勾选【启用捕捉】复选项，如图 2-15 所示。

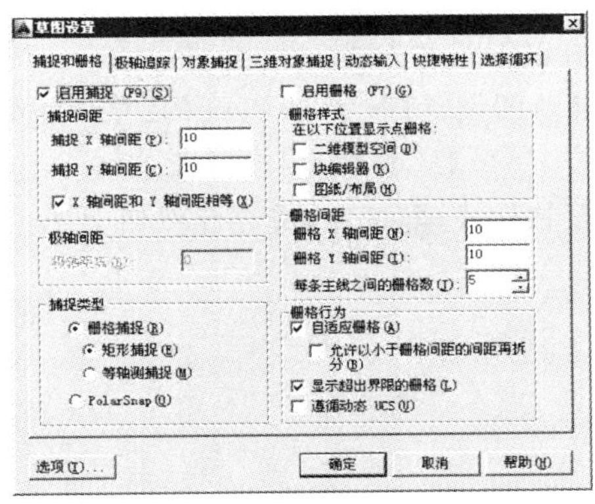

图 2-15 【草图设置】对话框

(2) 单击状态栏上 ⊞ 按钮或 捕捉 按钮，或在此按钮上单击右键，选择右键菜单上的【启用】选项。

(3) 按下功能键 F9。

2. 捕捉功能的设置与启用

下面通过将 X 轴方向上的步长设置为 30、Y 轴方向上的步长设置为 40，学习【捕捉】功能的参数设置和启用操作。

(1) 在状态栏 ⊞ 按钮或 捕捉 按钮上单击右键，选择【设置】选项，打开如图 2-15 所示的【草图设置】对话框。

(2) 勾选【启用捕捉】复选项，即可打开【捕捉】功能。

(3) 设置 X 轴步长。在【捕捉 X 轴间距】文本框内输入数值 30，将 X 轴方向上的捕捉间距设置为 30。

(4) 取消【X 轴间距和 Y 间距相等】复选项。

(5) 设置 Y 轴步长。在【捕捉 Y 轴间距】文本框内输入数值 40，将 Y 轴方向上的捕捉间距设置为 40。

(6) 最后单击 确定 按钮，完成捕捉参数的设置。

选项解析

◆ 【极轴间距】选项组用于设置极轴追踪的距离，此选项需要在【PolarSnap】捕捉类型下使用。

◆ 【捕捉类型】选项组用于设置捕捉的类型，其中【栅格捕捉】单选项用于将光标沿垂直栅格或水平栅格点捕捉点；【PolarSnap】单选项用于将光标沿当前极轴增量角方向追踪点，此选项需要配合【极轴追踪】功能使用。

2.3.2 启用栅格

栅格由一些虚拟的栅格点或栅格线组成，以直观地显示出当前文件内的图形界限区域。这些栅格点和栅格线仅起到一种参照显示功能，它不是图形的一部分，也不会被打印输出。

执行【栅格】功能主要有以下几种方式：

(1) 单击菜单【工具】/【草图设置】命令，在打开的【草图设置】对话框中展开【捕捉和栅格】选项卡，然后勾选【启用栅格】复选项。

(2) 单击状态栏上的▦按钮或栅格按钮，或在此按钮上单击右键，选择右键菜单上的【启用】选项。

(3) 按功能键 F7。

(4) 按组合键 Ctrl+G。

选项解析

◆ 在图 2-15 所示的【草图设置】对话框中，【栅格样式】选项组用于设置二维模型空间、块编辑器窗口以及布局空间的栅格显示样式，如果勾选了此选项组中的三个复选项，那么系统将会以栅格点的形式显示图形界限区域，如图 2-16 所示；反之，系统将会以栅格线的形式显示图形界限区域，如图 2-17 所示。

图 2-16　栅格点显示

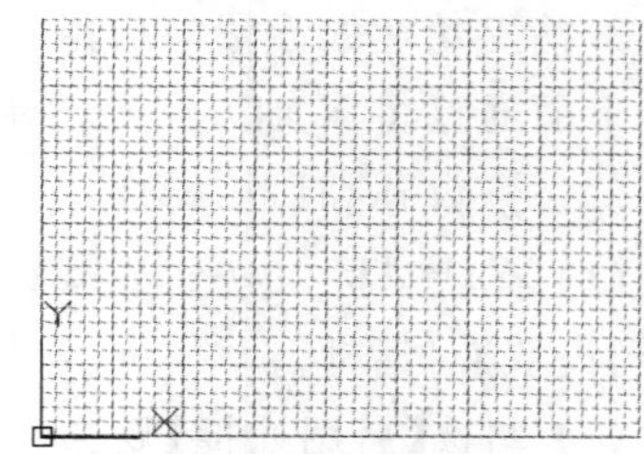

图 2-17　栅格线显示

◆ 【栅格间距】选项组是用于设置 X 轴方向和 Y 轴方向的栅格间距的。两个栅格点之间或两条栅格线之间的默认间距为 10。

◆ 在【栅格行为】选项组中，【自适应栅格】复选项用于设置栅格点或栅格线的显示密度；【显示超出界限的栅格】复选项用于显示图形界限区域外的栅格点或栅格线；【遵循动态 UCS】复选项用于更改栅格平面，以跟随动态 UCS 的 XY 平面。

2.3.3 设置自动捕捉

在【草图设置】对话框中展开【对象捕捉】选项卡，此选项卡共为用户提供了 13 种对象捕捉功能，如图 2-18 所示，使用这些捕捉功能可以非常方便、精确地将光标定位到图形的特征点上，如直线、圆弧的端点或中点，圆的圆心和象限点等。在所需捕捉模式上单击左键，即可开启该捕捉模式。

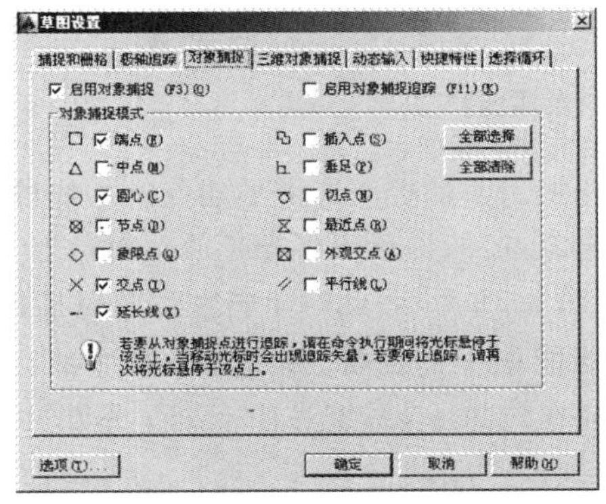

图 2-18 【对象捕捉】选项卡

在此对话框内一旦设置了某种捕捉模式后，系统将一直保持着这种捕捉模式，直到用户取消为止，因此，此对话框中的捕捉常被称为自动捕捉。

☞技巧提示

设置【对象捕捉】功能时，不要全部开启各捕捉功能，这样会起到相反的作用。

执行【对象捕捉】功能有以下几种方式：

(1) 单击菜单【工具】/【草图设置】命令，在打开的对话框中展开【对象捕捉】选项卡，然后勾选【启用对象捕捉】复选项。

(2) 单击状态栏上的□按钮或对象捕捉按钮，或在此按钮上单击右键，选择右键菜单上的【启用】选项。

(3) 按功能键 F。

2.3.4 启用临时捕捉

为了方便绘图，AutoCAD 为这 13 种对象捕捉提供了【临时捕捉】功能，所谓临时捕捉，指的就是激活一次捕捉功能后，系统仅能捕捉一次，如果需要反复捕捉点，则需要多次激活该功能。

临时捕捉功能位于图 2-19 所示【对象捕捉】工具栏和图 2-20 所示的【临时捕捉】菜单上，按住 Shift 或 Ctrl 键，然后单击鼠标右键，即可打开【临时捕捉】菜单。

13 种捕捉功能的含义与功能如下：

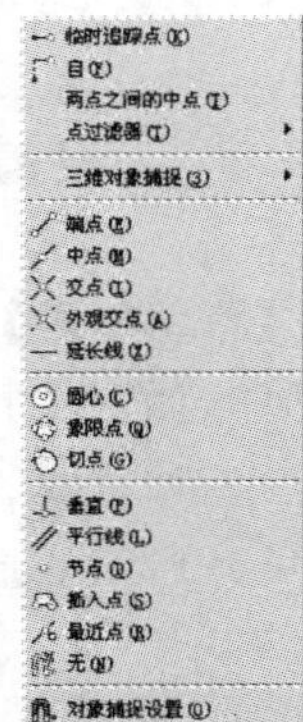

图 2-19 【对象捕捉】工具栏

图 2-20 【临时捕捉】菜单

(1) 端点捕捉。此功能用于捕捉图形上的端点。如线段的端点，矩形、多边形的角点等。激活此功能后，在“指定点”的提示下将光标放在对象上，系统将在距离光标最近位置处显示端点标记符号，如图 2-21 所示，此时单击左键即可捕捉到该端点。

(2) 中点捕捉。此功能用于捕捉线、弧等对象的中点。激活此功能后，在命令行“指定点”的提示下将光标放在对象上，系统在中点处显示出中点标记符号，如图 2-22 所示，此时单击左键即可捕捉到该中点。

图 2-21 端点捕捉

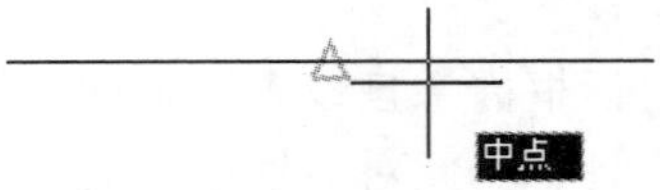

图 2-22 中点捕捉

(3) 交点捕捉。此功能用于捕捉对象之间的交点。激活此功能后，在命令行“指定点”的提示下将光标放在对象的交点处，系统显示出交点标记符号，如图 2-23 所示，此时单击左键即可捕捉到该交点。

☞技巧提示

如果需要捕捉对象延长线的交点，那么首先要将光标放在其中的一个对象上单击，拾取该延伸对象，如图 2-24 所示，然后再将光标放在另一个对象上，系统将自动在延伸交点处显示出交点标记符号，如图 2-25 所示，此时单击左键即可精确捕捉到对象延长线的交点。

(4) 外观交点。此功能主要用于捕捉三维空间内对象在当前坐标系平面内投影的交点。

(5) 延长线捕捉。此功能用于捕捉对象延长线上的点。激活该功能后，在命令行“指定点”的提示下将光标放在对象的末端稍停留，然后沿着延长线方向移动光标，系统会在延长线处引出一条追踪虚线，如图 2-26 所示，此时单击左键，或输入一距离值，即可在对象延长线上精确定位点。

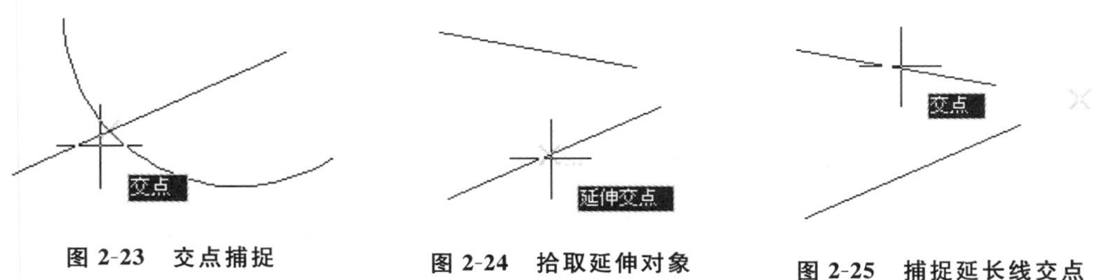

图 2-23　交点捕捉　　图 2-24　拾取延伸对象　　图 2-25　捕捉延长线交点

(6) 圆心捕捉。此功能用于捕捉圆、弧或圆环的圆心。激活该功能后，在命令行"指定点"的提示下将光标放在圆或弧等的边缘上，也可直接放在圆心位置上，系统在圆心处显示出圆心标记符号，如图 2-27 所示，此时单击左键即可捕捉到圆心。

图 2-26　延长线捕捉　　图 2-27　圆心捕捉

(7) 象限点捕捉。此功能用于捕捉圆或弧的象限点。激活该功能后，在命令行"指定点"的提示下将光标放在圆的象限点位置上，系统会显示出象限点捕捉标记，如图 2-28 所示，此时单击左键即可捕捉到该象限点。

(8) 切点捕捉。此功能用于捕捉圆或弧的切点，绘制切线。激活该功能后，在命令行"指定点"的提示下将光标放在圆或弧的边缘上，系统会在切点处显示出切点标记符号，如图 2-29 所示，此时单击左键即可捕捉到切点，绘制出对象的切线，如图 2-30 所示。

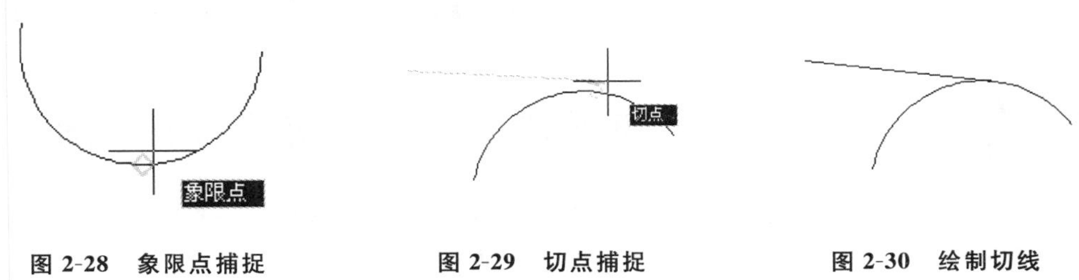

图 2-28　象限点捕捉　　图 2-29　切点捕捉　　图 2-30　绘制切线

(9) 垂足捕捉。此功能常用于捕捉对象的垂足点，绘制对象的垂线。激活该功能后，在命令行"指定点"的提示下将光标放在对象边缘上，系统会在垂足点处显示出垂足标记符号，如图 2-31 所示，此时单击左键即可捕捉到垂足点，绘制对象的垂线，如图 2-32 所示。

(10) 平行线捕捉。此功能常用于绘制线段的平行线。激活该功能后，在命令行"指定点："的提示下把光标放在已知线段上，此时会出现一平行的标记符号，如图 2-33 所示，移动光标，系统会在平行位置处出现一条向两方无限延伸的追踪虚线，如图 2-34 所示，单击左键即可绘制出与拾取对象相互平行的线，如图 2-35 所示。

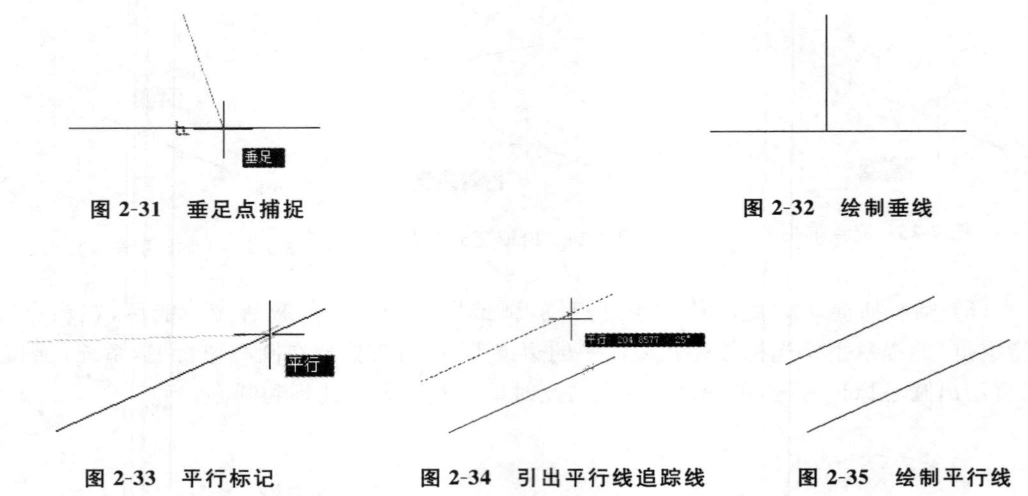

图 2-31 垂足点捕捉　　图 2-32 绘制垂线

图 2-33 平行标记　　图 2-34 引出平行线追踪线　　图 2-35 绘制平行线

(11) 节点捕捉。此功能用于捕捉使用【点】命令绘制的点对象。使用时需将拾取框放在节点上，系统会显示出节点的标记符号，如图 2-36 所示，单击左键即可拾取该点。

(12) 插入点捕捉。此种捕捉方式用来捕捉块、文字、属性或属性定义等的插入点，如图 2-37 所示。

(13) 最近点捕捉。此种捕捉方式用来捕捉光标距离对象最近的点，如图 2-38 所示。

图 2-36 节点捕捉　　图 2-37 插入点捕捉　　图 2-38 最近点捕捉

2.4 实例指导——使用点的输入与捕捉功能绘图

本例通过绘制图 2-39 所示的矮柜立面轮廓图，主要对【相对坐标】、【极坐标】、【自动捕捉】和【临时捕捉】等多种功能进行综合练习和巩固应用。

操作步骤如下所述。

(1) 单击菜单【文件】/【新建】命令，新建绘图文件。

(2) 单击菜单【格式】/【图形界限】命令，将图形界限设置为 1400×1000。命令行操作如下。

命令：'_limits

重新设置模型空间界限：

指定左下角点或[开(ON)/关(OFF)] <0.0000,0.0000>： //↙

指定右上角点 <420.0000,297.0000>： //1400,1000↙

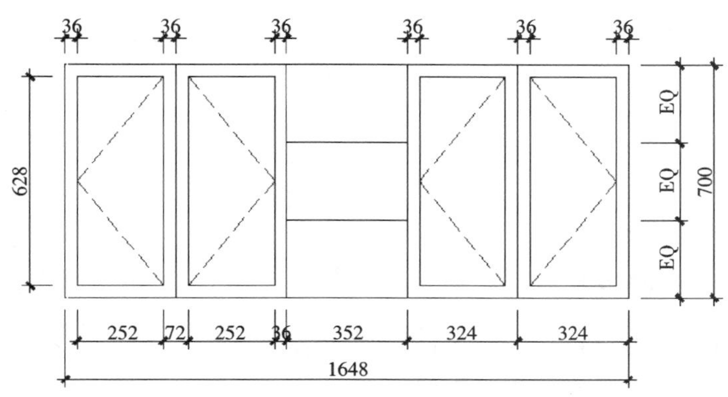

图 2-39　实例效果

(3) 单击菜单【视图】/【缩放】/【全部】命令，将图形界限全部显示。

(4) 单击【绘图】工具栏上的按钮，配合坐标输入功能绘制外框轮廓线。命令行操作如下。

命令：_line

指定第一点：　//在绘图区左下区域拾取一点作为起点

指定下一点或［放弃(U)］：　//@1000,0 ↙

指定下一点或［放弃(U)］：　//@700<90 ↙

指定下一点或［闭合(C)/放弃(U)］：　//@－1000,0 ↙

指定下一点或［闭合(C)/放弃(U)］：　//C ↙，闭合图形，结果如图 2-40 所示

(5) 在状态栏按钮上单击右键，从弹出的右键菜单上选择【设置】选项，在打开的【草图设置】对话框中设置捕捉模式，如图 2-41 所示。

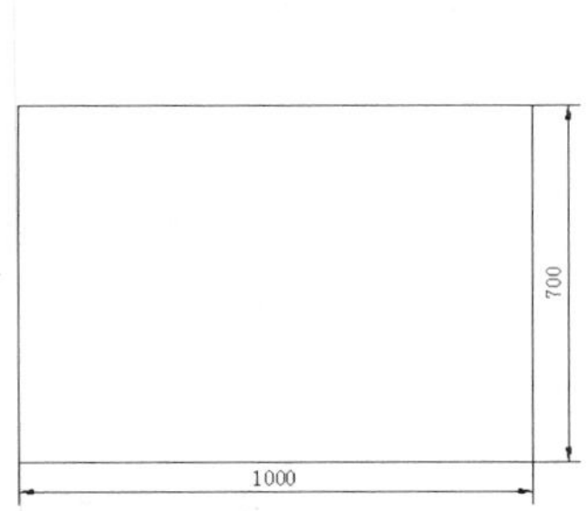

图 2-40　绘制结果

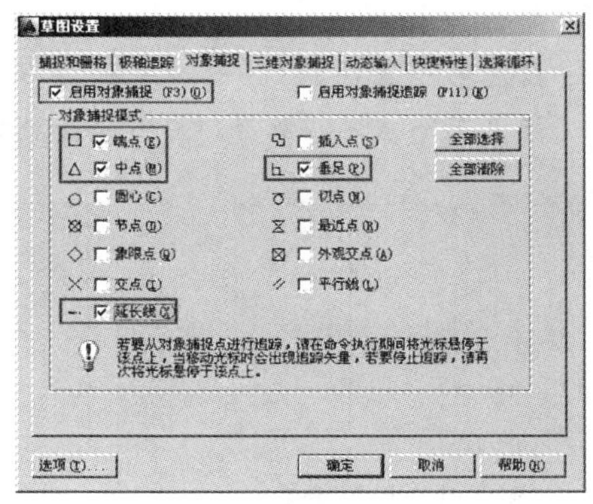

图 2-41　设置对象捕捉

(6) 单击菜单【绘图】/【直线】命令，配合点的捕捉功能绘制内部的轮廓线。命令行操作如下。

命令：_line

指定第一点：　//引出如图 2-42 所示的延伸线，输入 324 ↙

指定下一点或［放弃(U)］：　//捕捉如图 2-43 所示的垂足点

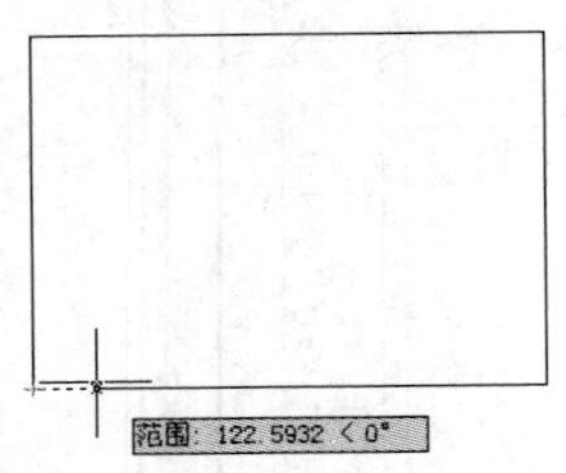

图 2-42 引出延伸线

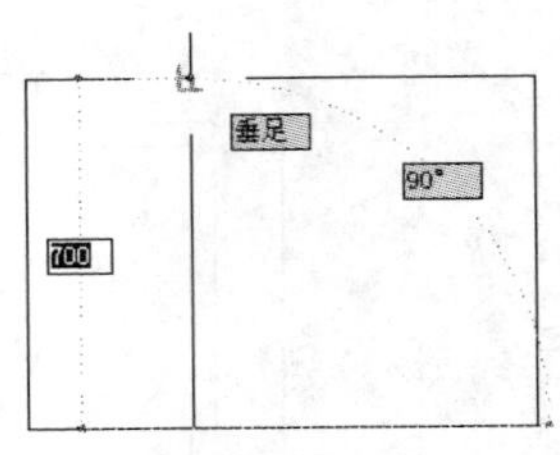

图 2-43 捕捉垂足点

指定下一点或［放弃(U)］: // ↙,结束命令

命令:LINE //↙,重复执行命令

指定第一点: //引出如图 2-44 所示的延伸线,输入 352 ↙

指定下一点或［放弃(U)］: //捕捉如图 2-45 所示的垂足点

指定下一点或［放弃(U)］: // ↙,绘制结果如图 2-46 所示

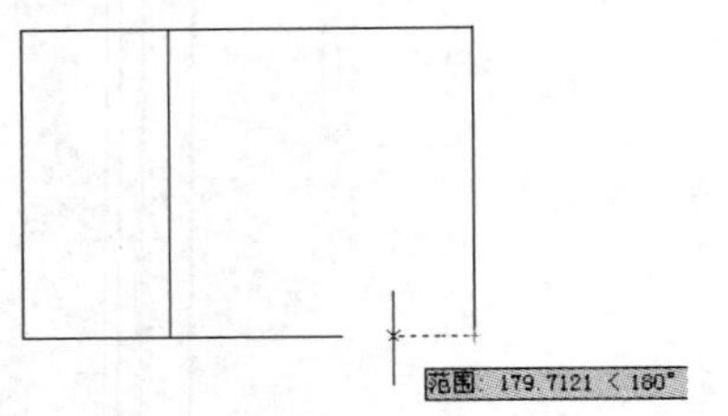

图 2-44 引出延伸线

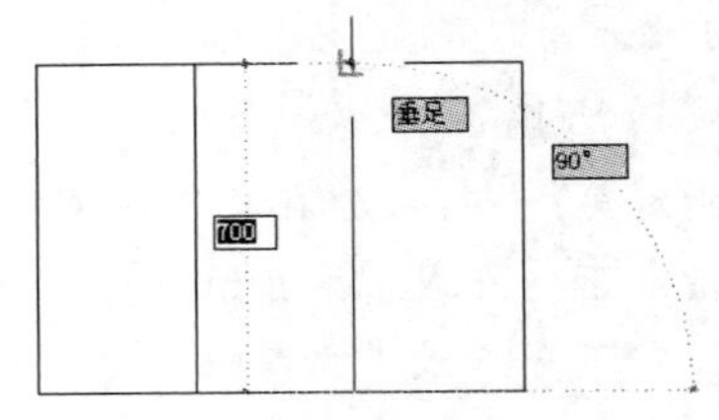

图 2-45 捕捉垂足点

(7) 重复执行【直线】命令,配合【两点之间的中点】、【垂足捕捉】和【延伸捕捉】等功能绘制内部的水平轮廓线。命令行操作如下。

命令: _line

指定第一点: //引出如图 2-47 所示的延伸线,输入 700/3 ↙

指定下一点或［放弃(U)］: //捕捉如图 2-48 所示的垂足点

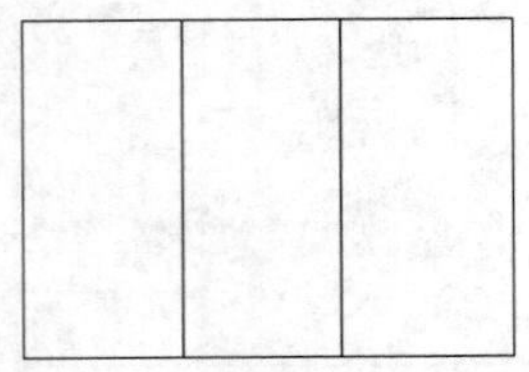
图 2-46 绘制结果

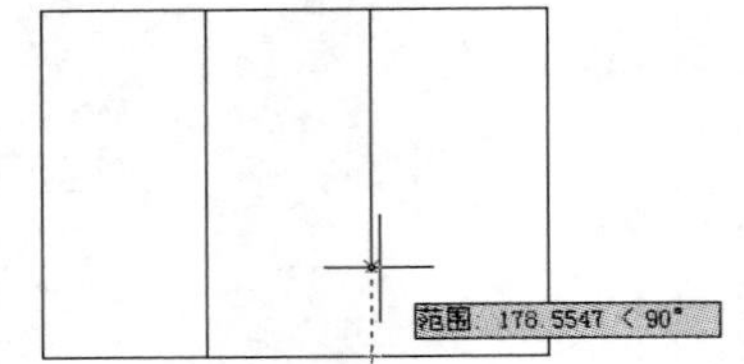

图 2-47 引出延伸线

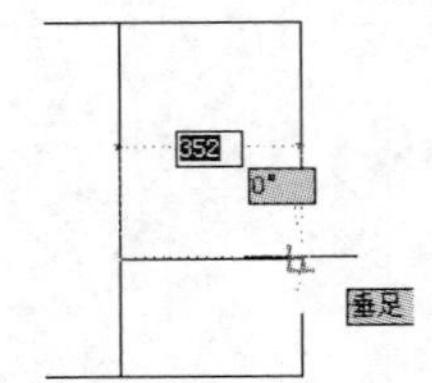

图 2-48 捕捉垂足点

指定下一点或［放弃(U)］: // ↙,绘制结果如图 2-49 所示

命令: // ↙,重复执行命令

指定第一点: //按住 Shift 键单击右键,从弹出的菜单中选择【两点之间的中点】功能

_m2p 中点的第一点: //捕捉如图 2-50 所示的端点

中点的第二点: //捕捉如图 2-51 所示的端点

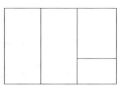

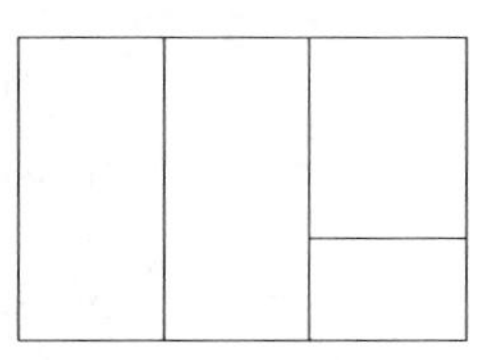
图 2-49 绘制结果

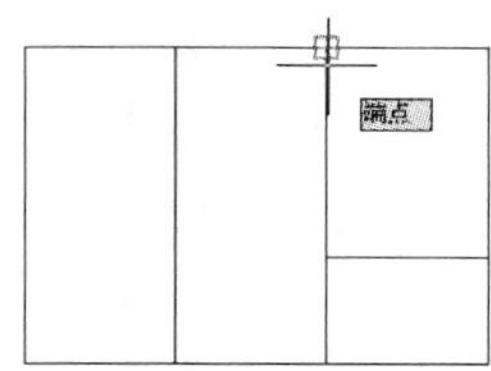

图 2-50 捕捉端点

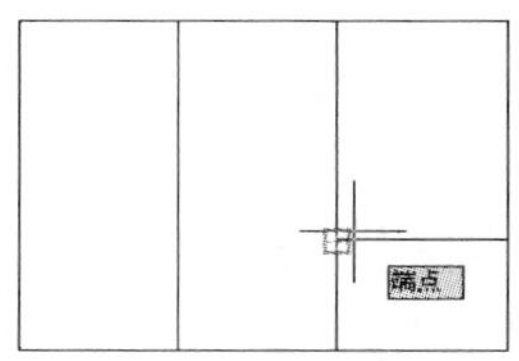

图 2-51 捕捉端点

指定下一点或 [放弃(U)]： //捕捉如图 2-52 所示的垂足点

指定下一点或 [放弃(U)]： //↙，绘制结果如图 2-53 所示

(8) 单击菜单【工具】/【新建 UCS】/【原点】命令，以左下侧轮廓线的端点作为原点，对坐标系进行位移，结果如图 2-54 所示。

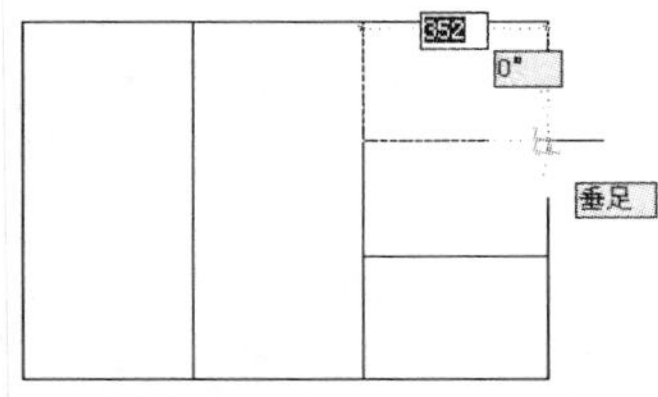

图 2-52 垂足点捕捉

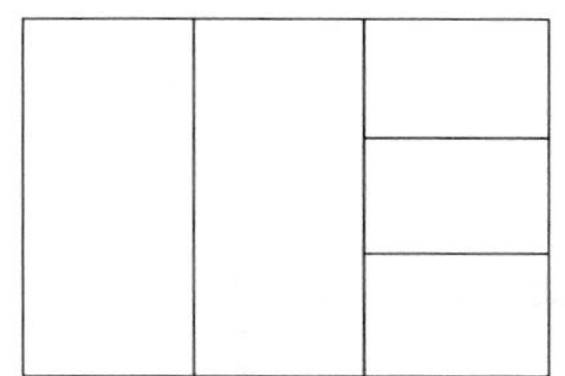
图 2-53 绘制结果

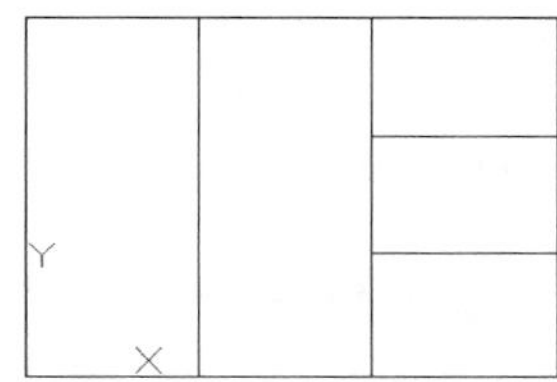

图 2-54 平移坐标系

☞技巧提示

在捕捉对象上的特征点时，只需要将光标放在对象的特征点处，系统会自动显示出相应的捕捉标记，此时单击左键，即可精确捕捉该特征点。

(9) 单击菜单【绘图】/【直线】命令，配合点的坐标输入功能绘制立面图内部结构。命令行操作如下。

命令：_line

指定第一点： //36,36↙

指定下一点或 [放弃(U)]： //@252,0↙

指定下一点或 [放弃(U)]： //@0,628↙

指定下一点或 [闭合(C)/放弃(U)]： //@－252,0↙

指定下一点或 [闭合(C)/放弃(U)]： //c↙

命令:LINE

指定第一点： //360,36↙

指定下一点或 [放弃(U)]： //@252<0↙

指定下一点或 [放弃(U)]： //@628<90↙

指定下一点或 [闭合(C)/放弃(U)]： //@252<180↙

指定下一点或 [闭合(C)/放弃(U)]： //c↙，绘制结果如图 2-55 所示

(10) 单击菜单【格式】/【线型】命令，打开【线型管理器】对话框，单击 加载(L)... 按钮，从弹出的【加载或重载线型】对话框中加载一种名为“HIDDEN”的线型，如图 2-56 所示。

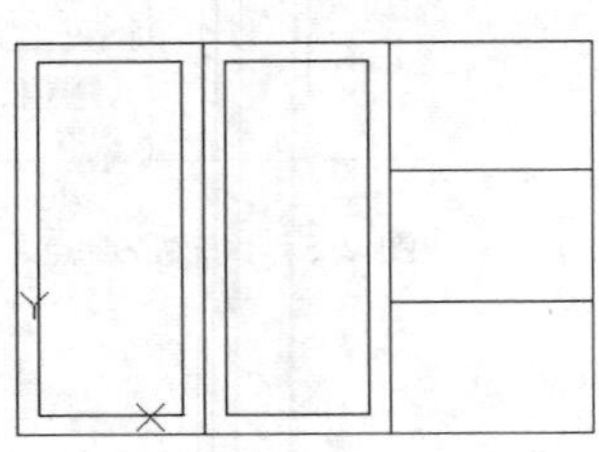

图 2-55　绘制结果

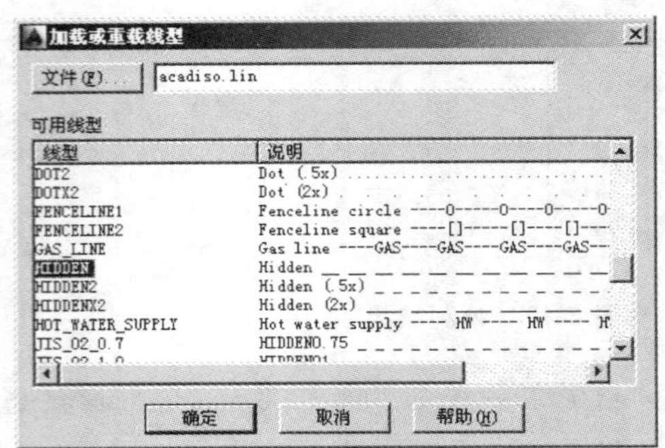

图 2-56　加载线型

(11) 选择"HIDDEN"线型后单击 确定 按钮，加载此线型，并设置线型比例参数，结果如图 2-57 所示。

(12) 将刚加载的"HIDDEN"线型设置为当前线型，然后单击菜单【格式】/【颜色】命令，设置当前颜色为"洋红"，如图 2-58 所示。

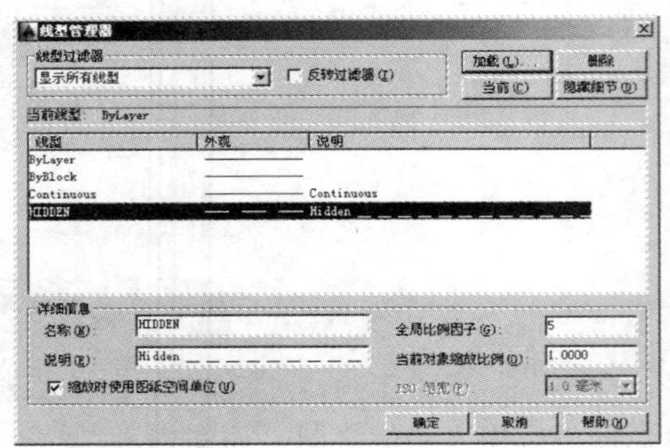

图 2-57　加载结果

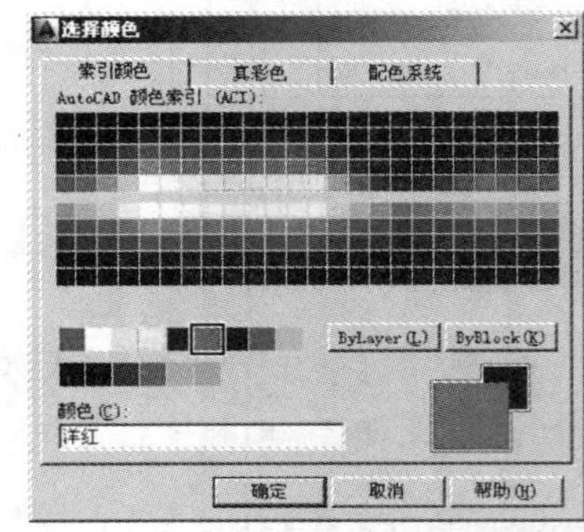

图 2-58　设置当前颜色

(13) 单击菜单【绘图】/【直线】命令，配合【端点捕捉】和【中点捕捉】功能绘制方向线。命令行操作如下。

命令：_line

指定第一点：　//捕捉如图 2-59 所示的端点

指定下一点或 [放弃(U)]：　//捕捉如图 2-60 所示的中点

指定下一点或 [放弃(U)]：　//捕捉如图 2-61 所示的端点

指定下一点或 [闭合(C)/放弃(U)]：　//↙，结束命令

命令：_line

指定第一点：　//捕捉如图 2-62 所示的端点

指定下一点或 [放弃(U)]：　//捕捉如图 2-63 所示的中点

指定下一点或 [放弃(U)]：　//捕捉如图 2-64 所示的端点

指定下一点或 [闭合(C)/放弃(U)]：　//↙，绘制结果如图 2-65 所示

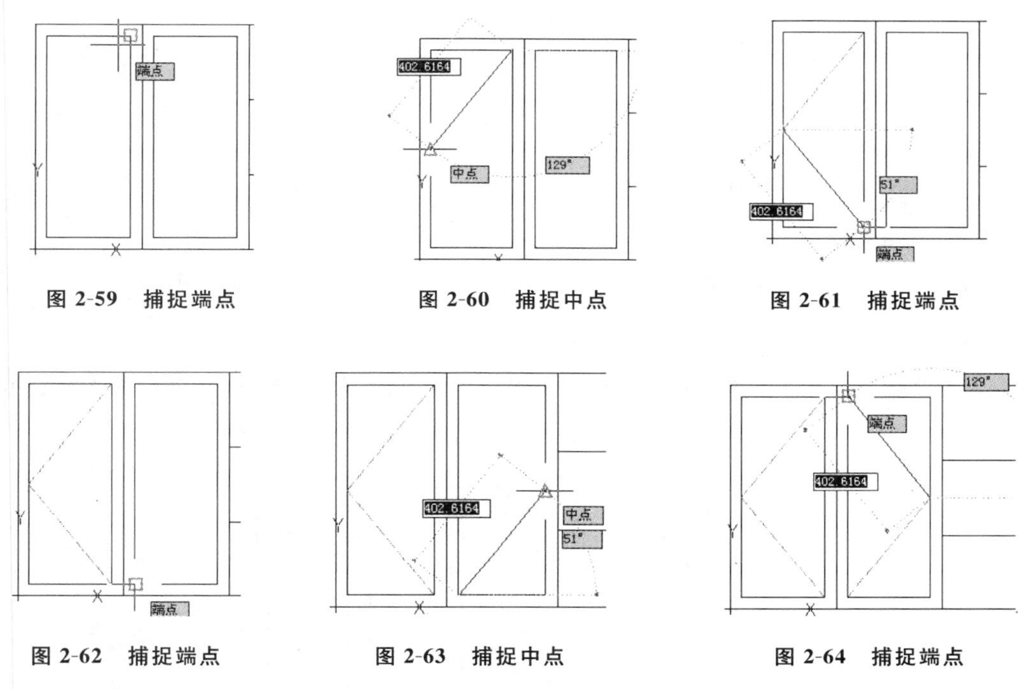

图 2-59　捕捉端点　　图 2-60　捕捉中点　　图 2-61　捕捉端点

图 2-62　捕捉端点　　图 2-63　捕捉中点　　图 2-64　捕捉端点

☞技巧提示

如果输入点的坐标时不慎出错，可以使用【放弃】功能，放弃上一步操作，而不必重新执行命令。另外【闭合】选项用于绘制首尾相连的闭合图形。

(14) 单击菜单【视图】/【显示】/【UCS 图标】/【开】命令，隐藏坐标系图标，结果如图 2-66 所示。

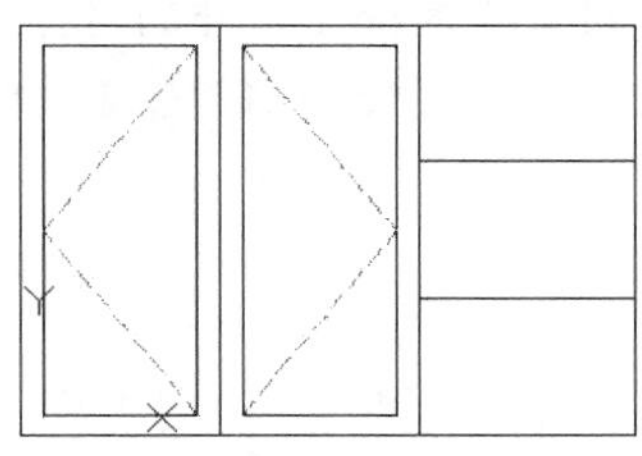

图 2-65　绘制结果

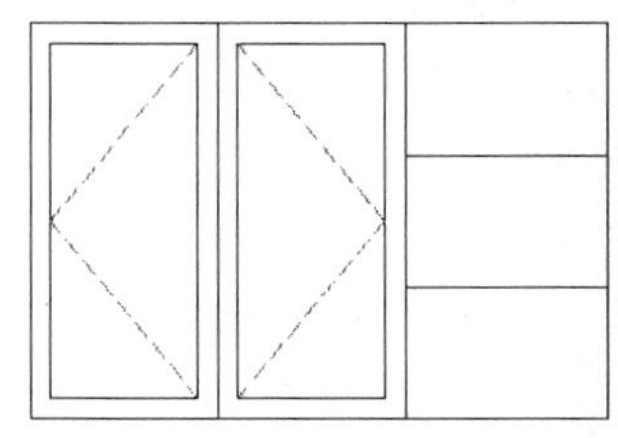

图 2-66　隐藏坐标系图标

(15) 参照上述操作，使用【直线】命令，配合坐标输入和【对象捕捉】功能绘制右侧的对称结构，也可以使用【修改】菜单中的【镜像】命令，对左侧的结构进行镜像，命令行操作如下。

命令：_mirror
选择对象：　//窗交选择如图 2-67 所示的对象
选择对象：　//↙
指定镜像线的第一点：　//捕捉如图 2-68 所示的中点

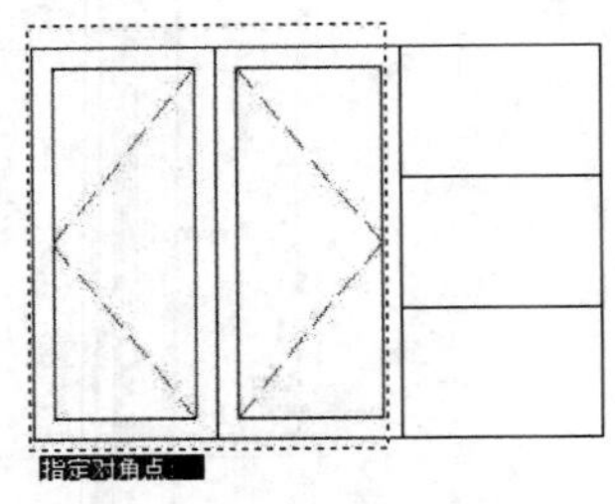

图 2-67　窗交选择

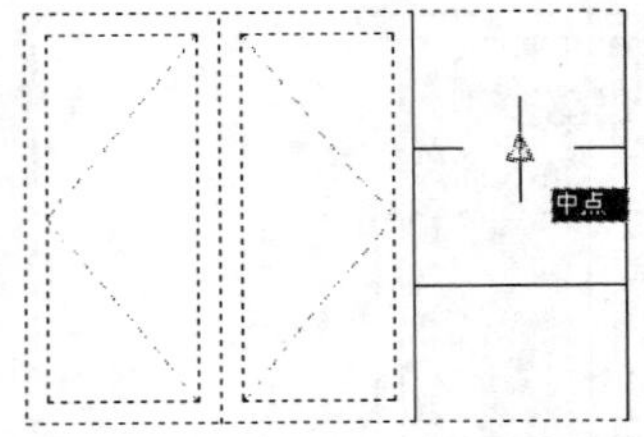

图 2-68　捕捉中点

指定镜像线的第二点：　//@0,1 ↙

要删除源对象吗？[是(Y)/否(N)] <N>：　// ↙，结束命令，镜像结果如图 2-69 所示

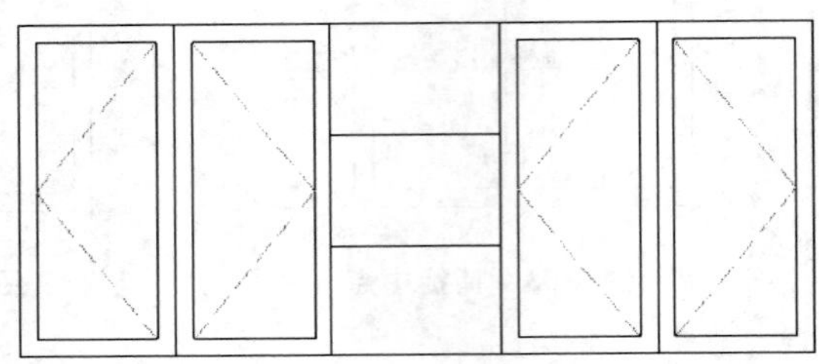

图 2-69　镜像结果

(16) 最后执行【保存】命令，将图形命名存储为“实例指导一.dwg”。

2.5　目标点的相对追踪

使用【对象捕捉】功能只能捕捉对象上的特征点，如果捕捉特征点外的目标点，可以使用 AutoCAD 的追踪功能。常用的追踪功能有【正交模式】、【极轴追踪】、【对象追踪】和【捕捉自】四种。

2.5.1　设置正交模式

【正交模式】功能用于将光标强行地控制在水平或垂直方向上，以追踪并绘制水平和垂直的线段。使用此功能可以追踪定位四个方向：向右引导光标，系统则定位 0°方向(如图 2-70 所示)；向上引导光标，系统则定位 90°方向(如图 2-71 所示)；向左引导光标，系统则定位 180°方向(如图 2-72 所示)；向下引导光标，系统则定位 270°方向(如图 2-73 所示)。

执行【正交模式】功能主要有以下几种方式：

(1) 单击状态栏上的 按钮或正交按钮，或在此按钮上单击右键，选择右键菜单上的【启用】选项。

(2) 按功能键 F8。

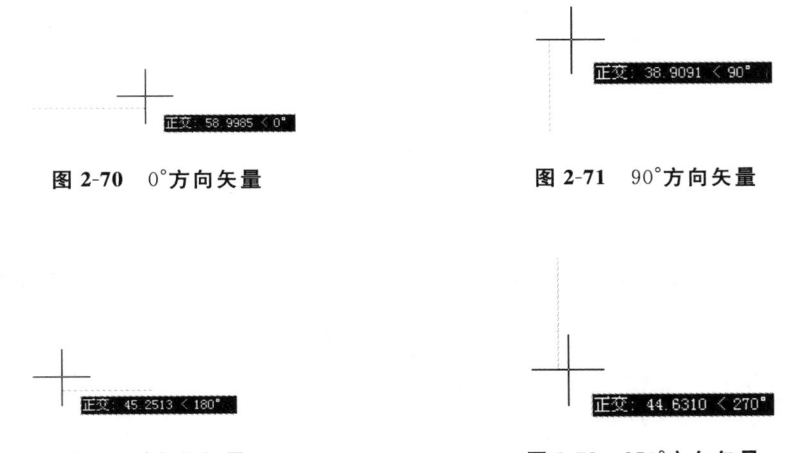

图 2-70　0°方向矢量

图 2-71　90°方向矢量

图 2-72　180°方向矢量

图 2-73　270°方向矢量

(3) 在命令行输入表达式 Ortho 后按 Enter 键。

下面通过绘制如图 2-74 所示的台阶截面轮廓图，学习【正交追踪】功能的使用方法和技巧。命令行操作如下。

命令：_line

指定第一点：　//在绘图区拾取一点作为起点

指定下一点或 [放弃(U)]：　//向上引导光标，输入 150 ↙

指定下一点或 [放弃(U)]：　//向右引导光标，输入 300 ↙

指定下一点或 [闭合(C)/放弃(U)]：　//向上引导光标，输入 150 ↙

指定下一点或 [闭合(C)/放弃(U)]：　//向右引导光标，输入 300 ↙

指定下一点或 [放弃(U)]：　//向上引导光标，输入 150 ↙

指定下一点或 [放弃(U)]：　//向右引导光标，输入 300 ↙

指定下一点或 [闭合(C)/放弃(U)]：　//向上引导光标，输入 150 ↙

指定下一点或 [闭合(C)/放弃(U)]：　//向右引导光标，输入 300 ↙

指定下一点或 [闭合(C)/放弃(U)]：　//向下引导光标，输入 600 ↙

指定下一点或 [闭合(C)/放弃(U)]：　// c ↙，闭合图形并结束命令

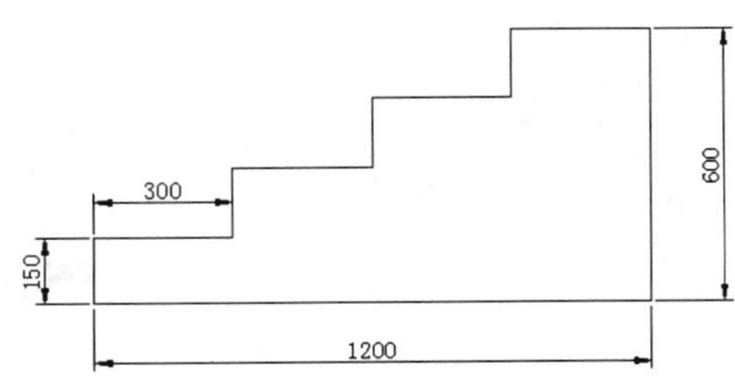

图 2-74　绘制结果

2.5.2 设置极轴追踪

【极轴追踪】功能用于根据当前设置的追踪角度,引出相应的极轴追踪虚线,追踪定位目标点,如图 2-75 所示。

☞技巧提示

【正交追踪】与【极轴追踪】功能不能同时打开,因为前者是使光标限制在水平或垂直轴上,而后者则可以追踪任意方向矢量。

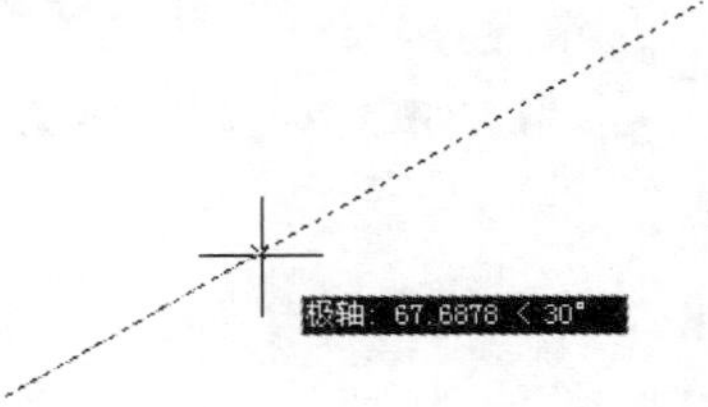

图 2-75 极轴追踪示例

1.【极轴追踪】功能的执行方式

执行【极轴追踪】功能有以下几种方式:

(1) 单击状态栏上的按钮或极轴按钮,或在此按钮上单击右键,选择右键菜单上的【启用】选项。

(2) 按功能键 F10 键。

(3) 单击菜单【工具】/【草图设置】命令,在打开的对话框中展开【极轴追踪】选项卡,然后勾选【启用极轴追踪】复选项,如图 2-76 所示。

2.【极轴追踪】功能典型应用

下面通过绘制长度为 120、角度为 45°的倾斜线段,学习使用【极轴追踪】功能。操作步骤如下:

(1) 新建空白文件。

(2) 在状态栏极轴按钮上单击右键,在弹出的上拉菜单中选择【设置】选项,打开图 2-76所示的对话框。

(3) 勾选对话框中的【启用极轴追踪】复选项,打开【极轴追踪】功能。

(4) 单击【增量角】列表框,在展开的下拉列表框中选择 45,如图 2-77 所示,将当前的追踪角设置为 45°。

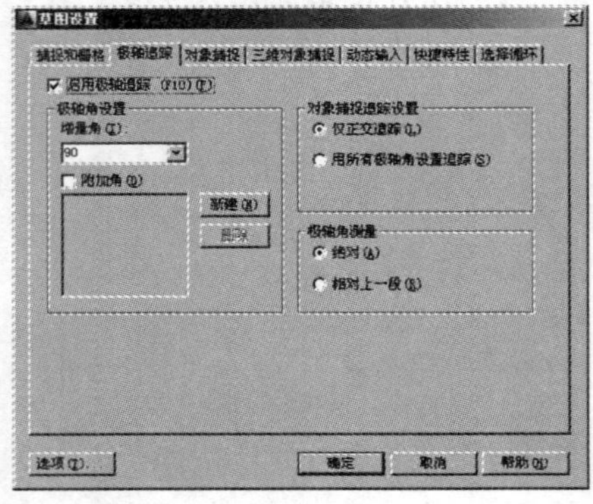

图 2-76 【极轴追踪】选项卡

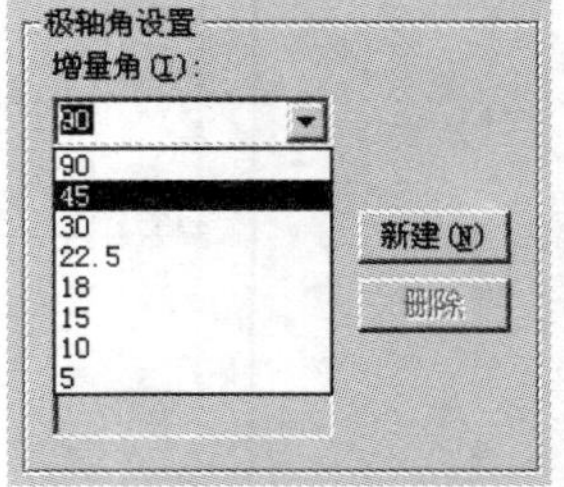

图 2-77 设置追踪角

☞技巧提示

在【极轴角设置】组合框中的【增量角】下拉列表框内，系统提供了多种增量角，如 90°、45°、30°、22.5°、18°、15°、10°、5°等，用户可以从中选择一个角度值作为增量角。

（5）单击 确定 按钮关闭对话框，完成角度追踪设置。

（6）单击菜单【绘图】/【直线】命令，配合【极轴追踪】功能绘制倾斜线段。命令行操作如下。

命令：_line

指定第一点： //在绘图区拾取一点作为起点

指定下一点或［放弃(U)］： //向右上方移动光标，在 45°方向上引出如图 2-78 所示的极轴追踪虚线，然后输入 120 ↙

指定下一点或［放弃(U)］： // ↙，绘制结果如图 2-79 所示

☞技巧提示

AutoCAD 不但可以在增量角方向上出现极轴追踪虚线，还可以在增量角的倍数方向上出现极轴追踪虚线。

3. 添加附加角

如果要选择预设值以外的角度增量值，需事先勾选【附加角】复选项，然后单击 新建(N) 按钮，创建一个附加角，如图 2-80 所示，系统就会以所设置的附加角进行追踪。如果要删除一个角度值，在选取该角度值后单击 删除 按钮即可。另外，只能删除用户自定义的附加角，而系统预设的增量角不能被删除。

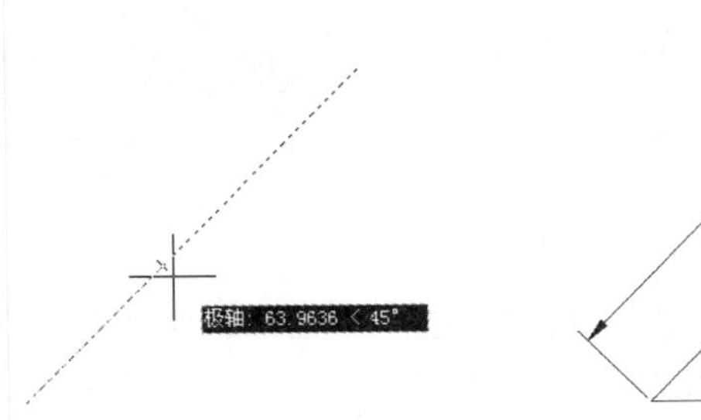

图 2-78 引出 45°极轴矢量

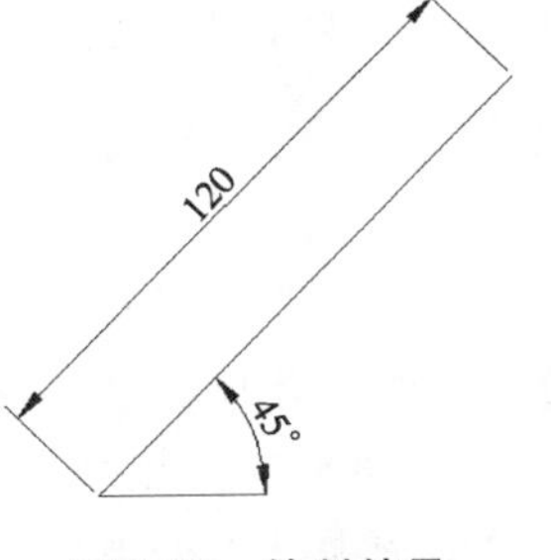

图 2-79 绘制结果

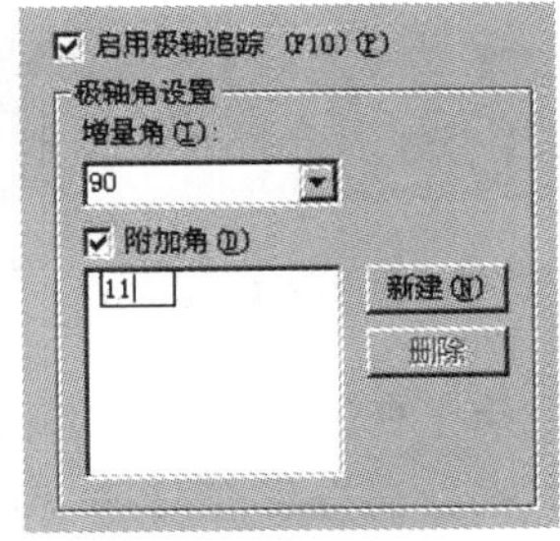

图 2-80 创建附加角

2.5.3 设置对象追踪

【对象追踪】功能用于以对象上的某些特征点作为追踪点，引出向两端无限延伸的对象追踪虚线，如图 2-81 所示，在此追踪虚线上拾取点或输入距离值，即可精确定位目标点。

执行【对象追踪】功能主要有以下几种方式：

（1）单击状态栏上的 按钮或 对象追踪 按钮。

（2）按功能键 F11 键。

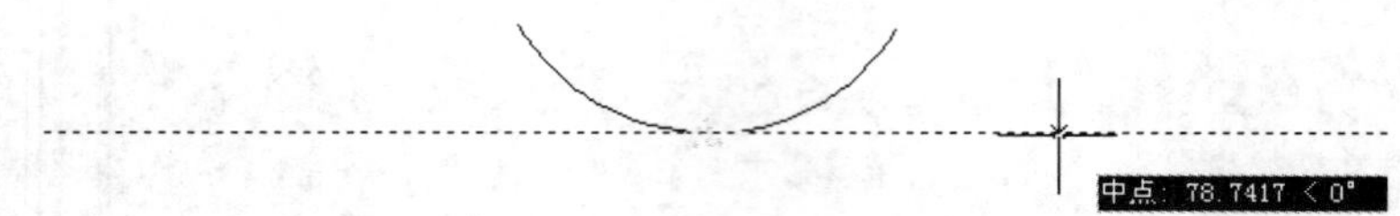

图 2-81　对象追踪虚线

(3) 单击菜单【工具】/【草图设置】命令,在打开的对话框中展开【对象捕捉】选项卡,然后勾选【启用对象捕捉追踪】复选项。

在默认设置下,系统仅以水平或垂直的方向追踪点,如果用户需要按照某一角度追踪点,可以在【极轴追踪】选项卡中设置追踪的样式,如图 2-82 所示。

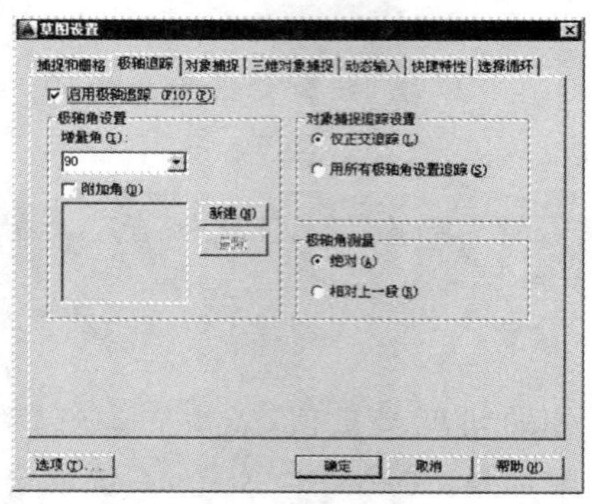

图 2-82　设置对象追踪样式

☞技巧提示

【对象追踪】功能只有在【对象捕捉】和【对象追踪】同时打开的情况下才可使用,而且只能追踪对象捕捉类型里设置的自动对象捕捉点。

选项解析

◆　在【对象捕捉追踪设置】选项组中,【仅正交追踪】单选项与当前极轴角无关,它仅水平或垂直地追踪对象,即在水平或垂直方向上出现向两方无限延伸的对象追踪虚线。

◆　【用所有极轴角设置追踪】单选项是根据当前所设置的极轴角及极轴角的倍数出现对象追踪虚线,用户可以根据需要进行取舍。

◆　在【极轴角测量】选项组中,【绝对】单选项用于根据当前坐标系确定极轴追踪角度,而【相对上一段】单选项用于根据上一个绘制的线段确定极轴追踪的角度。

2.5.4　捕捉自

【捕捉自】功能是借助捕捉和相对坐标定义窗口中相对于某一捕捉点的另外一点。使用【捕捉自】功能时需要先捕捉对象特征点作为目标点的偏移基点,然后再输入目标点的坐标值。

执行【捕捉自】功能主要有以下几种方式:

(1) 单击【对象捕捉】工具栏上的按钮。
(2) 在命令行输入 from 后按 Enter 键。
(3) 按住 Ctrl 或 Shift 键单击右键，选择菜单中的【自】选项。

2.5.5 临时追踪点

【临时追踪点】与【对象追踪】功能类似，不同的是前者需要事先精确定位出临时追踪点，然后才能通过此追踪点，引出向两端无限延伸的临时追踪虚线，以追踪定位目标点。

执行【临时追踪点】功能主要有以下几种方式：
(1) 单击【临时捕捉】菜单中的【临时追踪点】选项。
(2) 单击【对象捕捉】工具栏上的按钮。
(3) 使用快捷键 tt。

2.6 图形的基本选择

对象的选择技能是 AutoCAD 的重要基本技能之一，它常用于对图形对象修改编辑之前，下面简单介绍几种常用的对象选择技能。

1. 点选

点选是最简单的一种对象选择方式，此方式一次仅能选择一个对象。在命令行“选择对象：”的提示下，系统自动进入点选模式，此时光标指针切换为矩形选择框状，将选择框放在对象的边沿上单击左键，即可选择该图形，被选择的图形对象以虚线显示，如图 2-83 所示。

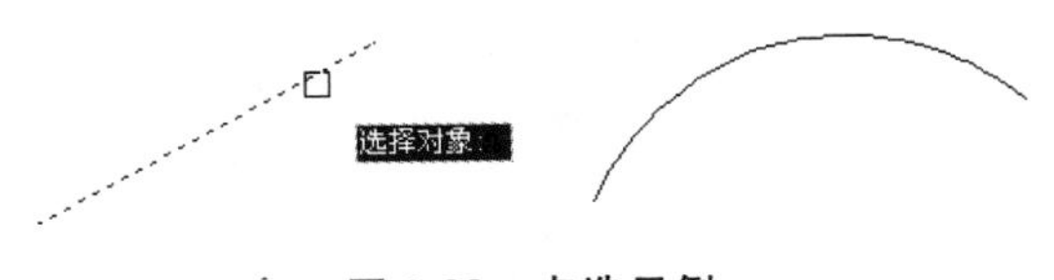

图 2-83 点选示例

2. 窗口选择

窗口选择是一种常用的选择方式，使用此方式一次可以选择多个对象。在命令行“选择对象：”的提示下从左向右拉出一矩形选择框，此选择框即为窗口选择框，选择框以实线显示，内部以浅蓝色填充，如图 2-84 所示。当指定窗口选择框的对角点之后，所有完全位于框内的对象都能被选择，如图 2-85 所示。

3. 窗交选择

窗交选择是使用频率非常高的选择方式，使用此方式一次也可以选择多个对象。在命令行“选择对象：”的提示下从右向左拉出一矩形选择框，此选择框即为窗交选择框，选择框以虚线显示，内部以绿色填充，如图 2-86 所示。当指定选择框的对角点之后，所有与选择框相交和完全位于选择框内的对象才能被选择，如图 2-87 所示。

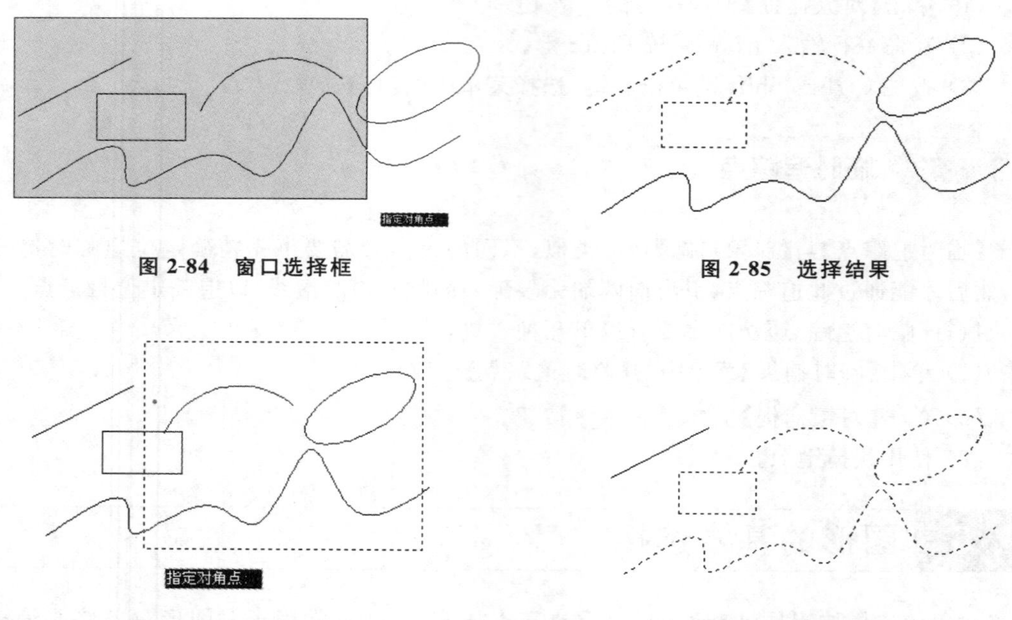

图 2-84 窗口选择框

图 2-85 选择结果

图 2-86 窗交选择框

图 2-87 选择结果

2.7 视图的缩放技能

AutoCAD 为用户提供了众多的视图调控功能，使用这些功能可以随意调整图形在当前视图的显示位置，以方便用户观察、编辑视图内的图形细节或图形全貌。视图缩放菜单如图 2-88 所示，其工具栏如图 2-89 所示，导航栏及按钮菜单如图 2-90 所示。

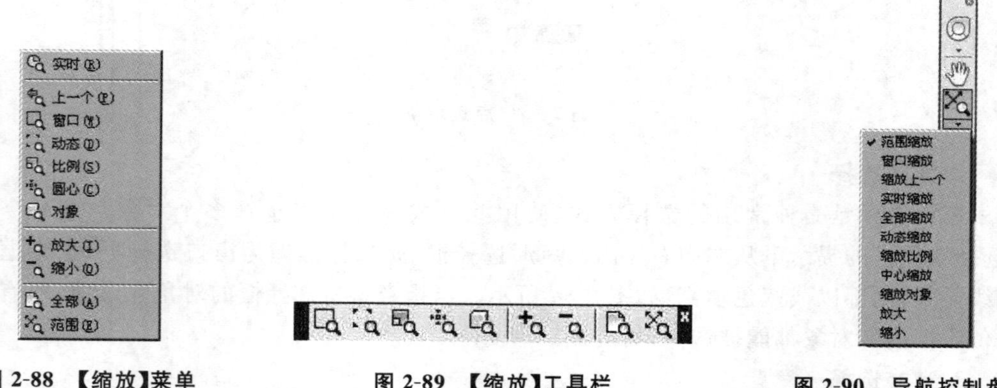

图 2-88 【缩放】菜单

图 2-89 【缩放】工具栏

图 2-90 导航控制盘

2.7.1 视图的实时调控

1. 窗口缩放

【窗口缩放】功能用于在需要缩放显示的区域内拉出一个矩形框，如图 2-91 所示，将位于框内的图形放大显示在视图内，如图 2-92 所示。当选择框的宽高比与绘图区的宽高比不同时，AutoCAD 将使用选择框宽与高中相对当前视图放大倍数的较小者，以确保所选区域都能显示在视图中。

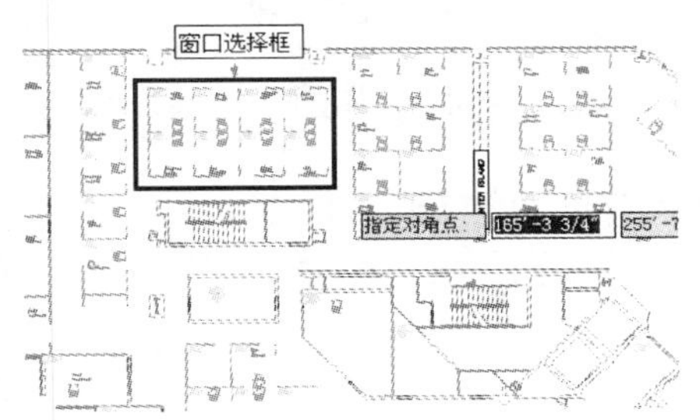

图 2-91　窗口选择框

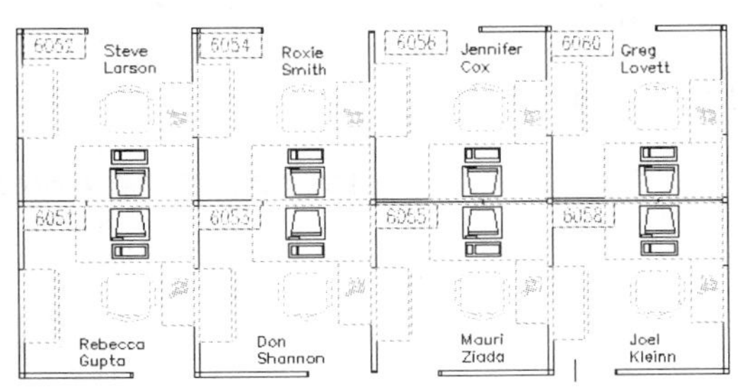

图 2-92　窗口缩放结果

2. 比例缩放

【比例缩放】功能用于按照输入的比例参数调整视图，视图被比例调整后，中心点保持不变。在输入比例参数时，有以下三种情况：

(1) 直接在命令行内输入数字，表示相对于图形界限的倍数。

(2) 在输入的数字后加字母 X，表示相对于当前视图的缩放倍数。

(3) 在输入的数字后加字母 XP，表示将根据图纸空间单位确定缩放比例。

通常情况下，相对于视图的缩放倍数比较直观，较为常用。

3. 中心缩放

【中心缩放】功能用于根据所确定的中心点调整视图。当激活该功能后，用户可直接用鼠标在屏幕上选择一个点作为新的视图中心点，确定中心点后，AutoCAD 要求用户输入放大系数或新视图的高度，具体有两种情况：

(1) 直接在命令行输入一个数值，系统将以此数值作为新视图的高度来调整视图。

(2) 如果在输入的数值后加一个 X，则系统将其看作视图的缩放倍数。

4. 缩放对象

【缩放对象】功能用于最大限度地显示当前视图内选择的图形，如图 2-93 和图2-94 所示。使用此功能可以缩放单个对象，也可以缩放多个对象。

5. 放大和缩小

【放大】功能用于将视图放大一倍显示，【缩小】功能用于将视图缩小为原来的 1/2 显示。连续单击按钮，可以成倍地放大或缩小视图。

6. 全部缩放

【全部缩放】功能用于按照图形界限或图形范围的尺寸，在绘图区域内显示图形。

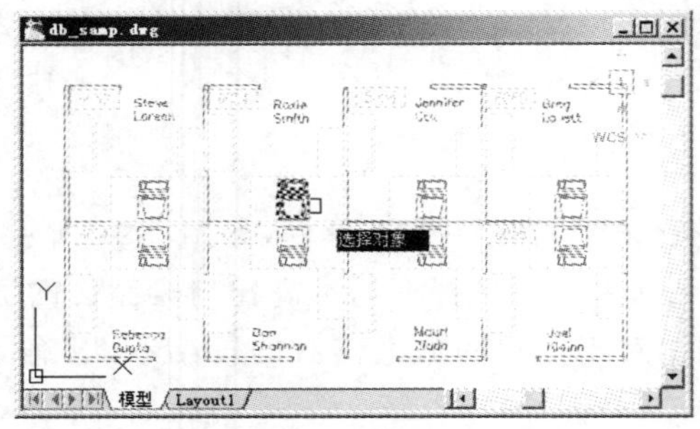

图 2-93　选择需要放大显示的图形

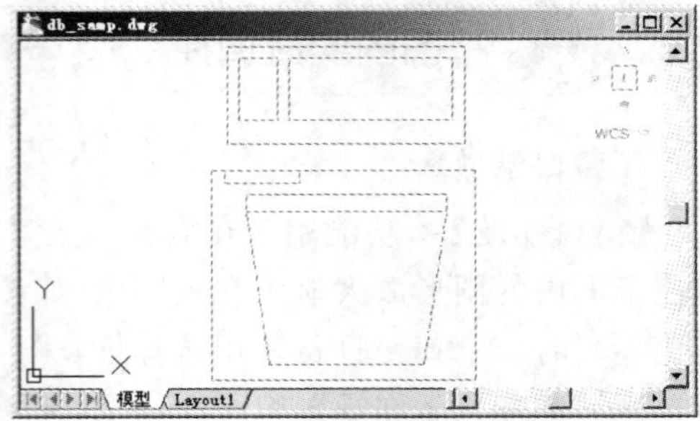

图 2-94　缩放结果

图形界限与图形范围中哪个尺寸大，便由哪个决定图形显示的尺寸，如图 2-95 所示。

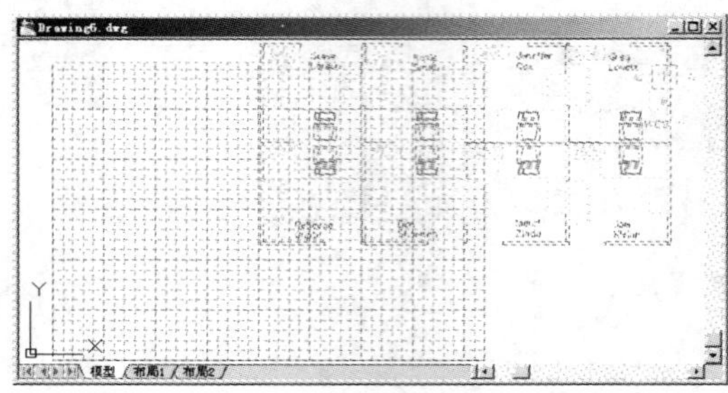

图 2-95　全部缩放

7. 范围缩放

【范围缩放】功能用于将所有图形全部显示在屏幕上，并最大限度地充满整个屏幕，如图 2-96 所示。此种选择方式与图形界限无关。

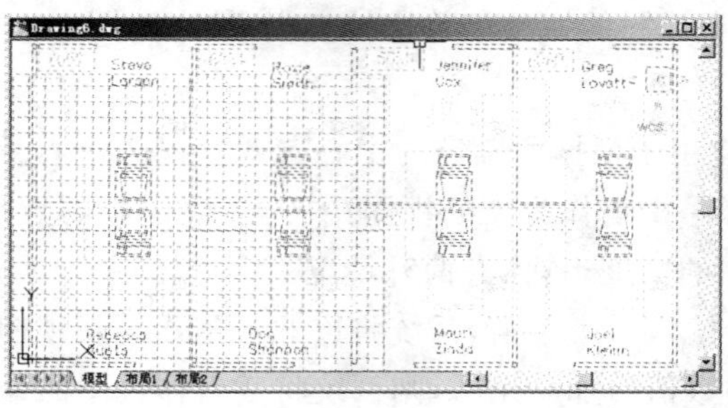

图 2-96　范围缩放

2.7.2　视图的动态调控

【动态缩放】功能用于动态地浏览和缩放视图，此功能常用于观察和缩放比例比较大的图形。激活该功能后，屏幕将临时切换到虚拟显示屏状态，此时屏幕上显示三个视图框，如图 2-97 所示。

(1) 图形范围或图形界限视图框是一个蓝色的虚线方框，该框显示图形界限和图形

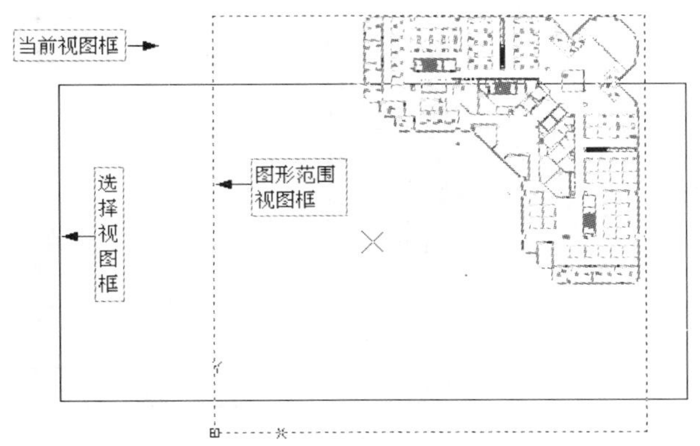

图 2-97 动态缩放工具的应用

范围中较大的一个。

(2) 当前视图框是一个绿色的线框，该框中的区域就是在使用这一选项之前的视图区域。

(3) 以实线显示的矩形框为选择视图框，该视图框有两种状态：一种是平移视图框，其大小不能改变，只可任意移动；一种是缩放视图框，它不能平移，但可调节大小。可用鼠标左键在两种视图框之间切换。

☞技巧提示

如果当前视图与图形界限或视图范围相同，蓝色虚线框便与绿色虚线框重合。平移视图框中有一个"×"号，它表示下一视图的中心点位置。

2.7.3 视图的实时恢复

当视图被缩放或平移后，以前视图的显示状态会被 AutoCAD 自动保存起来，使用软件中的【缩放上一个】功能可以恢复上一个视图的显示状态，如果用户连续单击该工具按钮，系统将连续地恢复视图，直至退回到前 10 个视图。

2.8 实例指导二——使用点的捕捉与追踪功能绘图

本例通过绘制图 2-98 所示的楼梯台阶与平台板截面结构轮廓图，主要对特征点的捕捉和目标点的追踪功能进行综合练习和巩固应用。

操作步骤如下所述。

(1) 执行【新建】命令，新建绘图文件。

(2) 单击菜单【视图】/【缩放】/【圆心】命令，将视图高度调整为 2000 个单位。命令行操作如下。

命令：'_zoom

指定窗口的角点，输入比例因子 (nX 或 nXP)，或者[全部(A)/中心(C)/动态(D)/

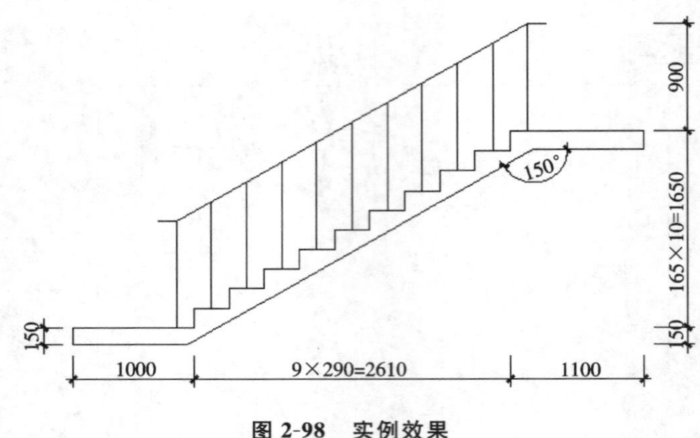

图 2-98　实例效果

范围(E)/上一个(P)/比例(S)/窗口(W)/对象(O)] <实时>: _c

指定中心点： //在绘图区拾取一点

输入比例或高度 <1040.6382>： //2000 ↙

(3) 单击状态栏上的按钮，打开【正交模式】功能。

(4) 单击菜单【绘图】/【直线】命令，配合【正交模式】功能绘制楼梯右侧平台板及楼梯台阶轮廓线。命令行操作如下。

命令：_line

指定第一个点： //在右上侧拾取一点作为起点

指定下一点或 [放弃(U)]： //向上引出如图 2-99 所示的正交追踪虚线，然后输入 150 ↙，定位第二点

指定下一点或 [放弃(U)]： //水平向左引出图 2-100 所示追踪虚线，输入 1100 ↙

指定下一点或 [闭合(C)/放弃(U)]： //向下引出图 2-101 所示追踪虚线，输入 165 ↙

指定下一点或 [闭合(C)/放弃(U)]： //向左引出图 2-102 所示追踪虚线，输入 290 ↙

指定下一点或 [闭合(C)/放弃(U)]： //向下引出图 2-103 所示追踪虚线，输入 165 ↙

指定下一点或 [闭合(C)/放弃(U)]： //向左引出图 2-104 所示追踪虚线，输入 290 ↙

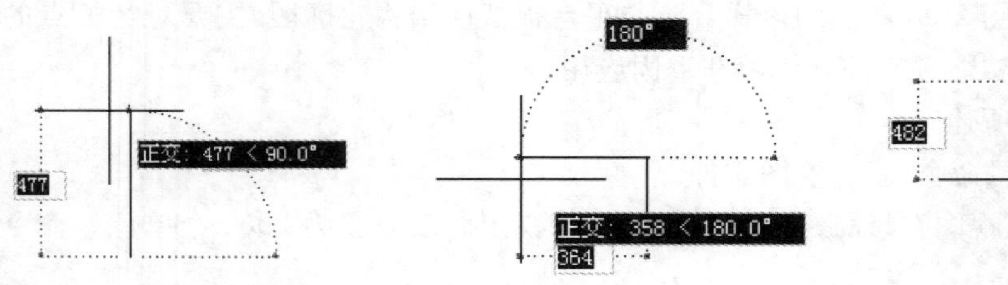

图 2-99　引出 90°矢量　　图 2-100　引出 180°矢量　　图 2-101　引出 270°矢量

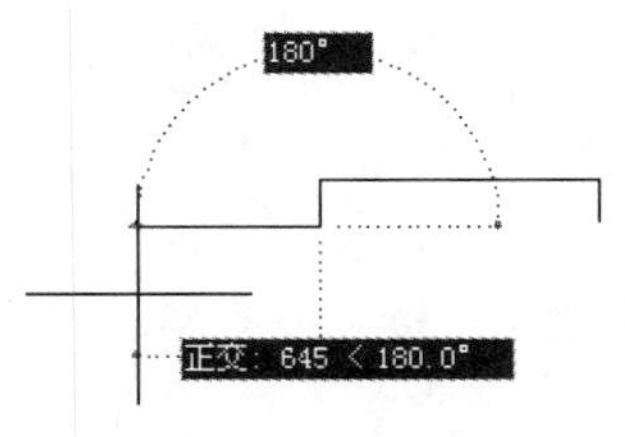

图 2-102　引出 180°矢量

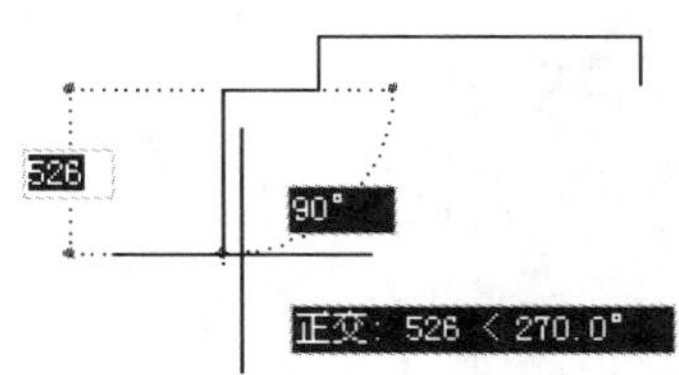

图 2-103　引出 270°矢量

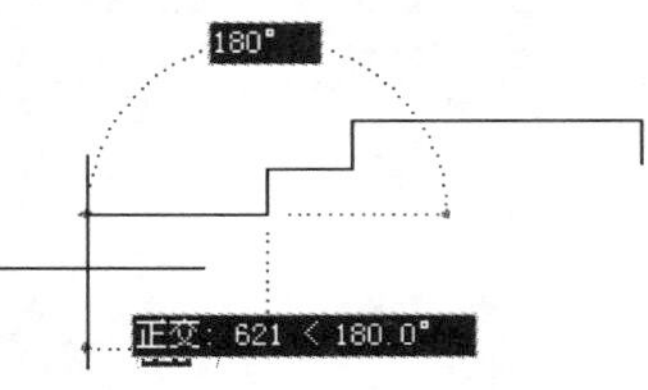

图 2-104　引出 180°矢量

指定下一点或［闭合(C)/放弃(U)］：　//垂直向下引出 270°追踪虚线，输入 165 ↙
指定下一点或［闭合(C)/放弃(U)］：　//水平向左引出 180°追踪虚线，输入 290 ↙
指定下一点或［闭合(C)/放弃(U)］：　//垂直向下引出 270°追踪虚线，输入 165 ↙
指定下一点或［闭合(C)/放弃(U)］：　//水平向左引出 180°追踪虚线，输入 290 ↙
指定下一点或［闭合(C)/放弃(U)］：　//垂直向下引出 270°追踪虚线，输入 165 ↙
指定下一点或［闭合(C)/放弃(U)］：　//水平向左引出 180°追踪虚线，输入 290 ↙
指定下一点或［闭合(C)/放弃(U)］：　//垂直向下引出 270°追踪虚线，输入 165 ↙
指定下一点或［闭合(C)/放弃(U)］：　//水平向左引出 180°追踪虚线，输入 290 ↙
指定下一点或［闭合(C)/放弃(U)］：　//垂直向下引出 270°追踪虚线，输入 165 ↙
指定下一点或［闭合(C)/放弃(U)］：　//水平向左引出 180°追踪虚线，输入 290 ↙
指定下一点或［闭合(C)/放弃(U)］：　//垂直向下引出 270°追踪虚线，输入 165 ↙
指定下一点或［闭合(C)/放弃(U)］：　//水平向左引出 180°追踪虚线，输入 290 ↙
指定下一点或［闭合(C)/放弃(U)］：　//垂直向下引出 270°追踪虚线，输入 165 ↙
指定下一点或［闭合(C)/放弃(U)］：　//水平向左引出 180°追踪虚线，输入 290 ↙
指定下一点或［闭合(C)/放弃(U)］：　//垂直向下引出 270°追踪虚线，输入 165 ↙
指定下一点或［闭合(C)/放弃(U)］：　// ↙，绘制结果如图 2-105 所示

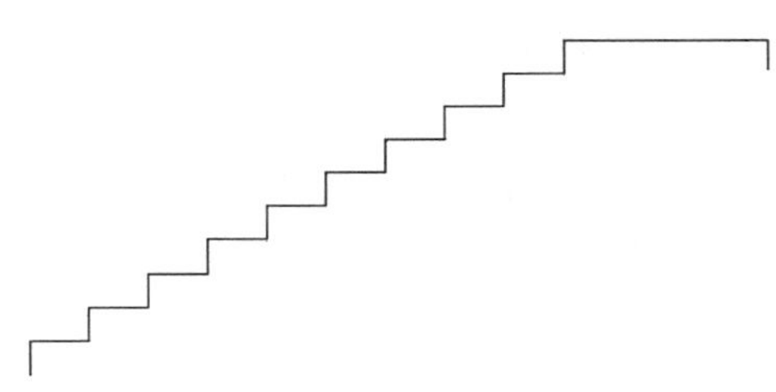
图 2-105　绘制结果

(5) 单击菜单【工具】/【草图设置】命令，在打开的对话框中启用并设置捕捉和追踪模式，如图 2-106 所示。

(6) 展开【极轴追踪】选项卡，设置极轴角并启用【极轴追踪】功能，如图 2-107 所示。

(7) 单击菜单【绘图】/【直线】命令，配合【极轴追踪】、【对象捕捉】和【对象捕捉追踪】功能绘制左侧平台及其他轮廓线。命令行操作如下。

命令：_line
指定第一个点：　//捕捉如图 2-108 所示的端点

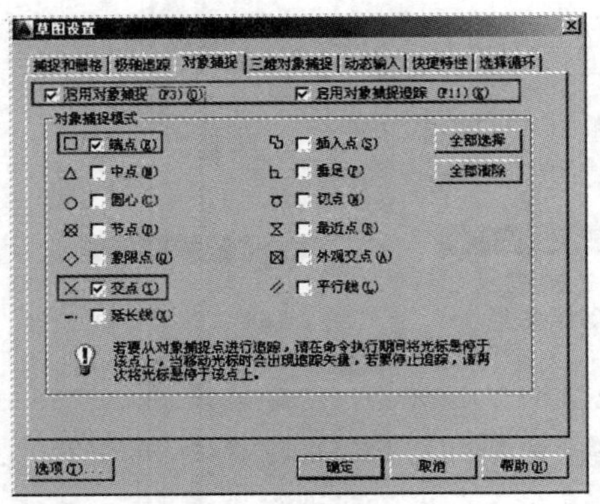

图 2-106　设置捕捉与追踪

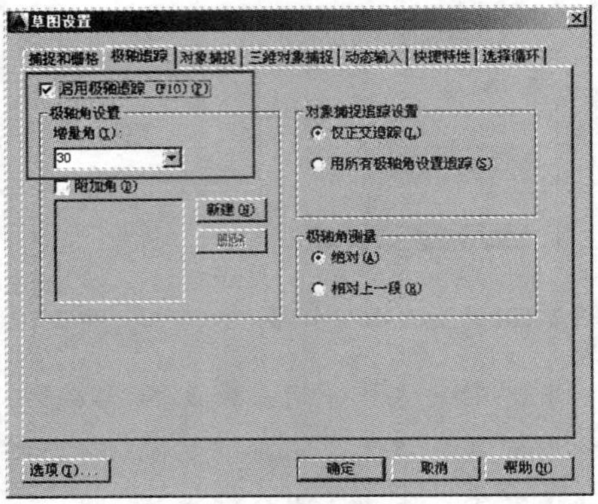

图 2-107　设置极轴追踪

指定下一点或［放弃(U)］：　//向左引出如图 2-109 所示的极轴追踪虚线，输入 1000↙，定位第二点

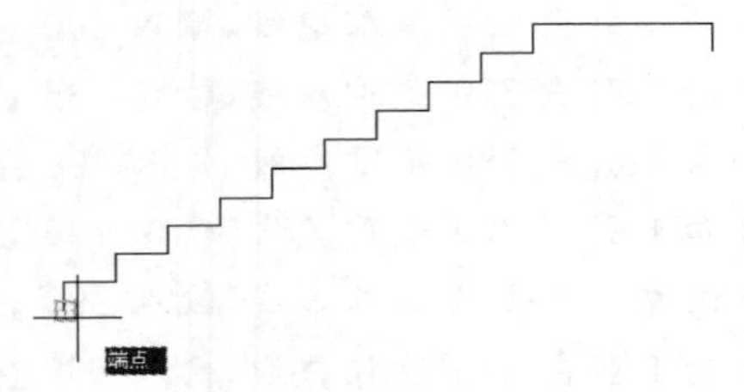

图 2-108　捕捉端点

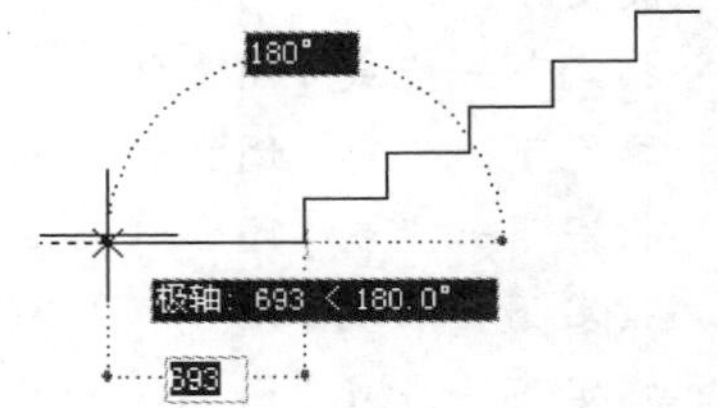

图 2-109　引出 180°极轴矢量

指定下一点或［放弃(U)］：　//向下引出如图 2-110 所示的极轴追踪虚线，然后输入 150↙，定位第三点

指定下一点或［闭合(C)/放弃(U)］：　//向右引出如图 2-111 所示的极轴追踪虚线，然后输入 940↙，定位第四点

指定下一点或［闭合(C)/放弃(U)］：　//引出 30°的极轴追踪虚线和 180°的端点追踪虚线，然后捕捉两条追踪虚线的交点，如图 2-112 所示

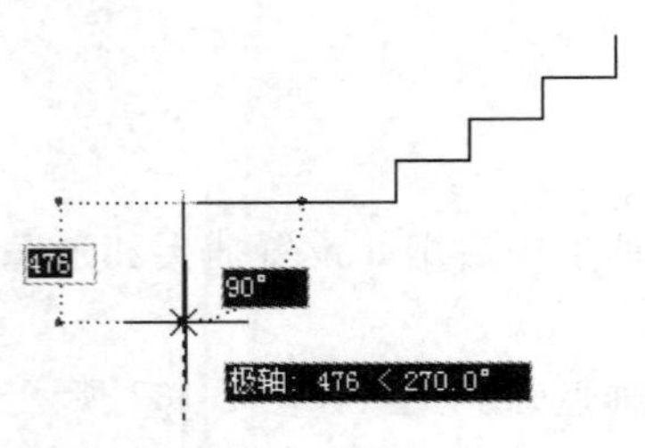

图 2-110　引出 270°极轴矢量

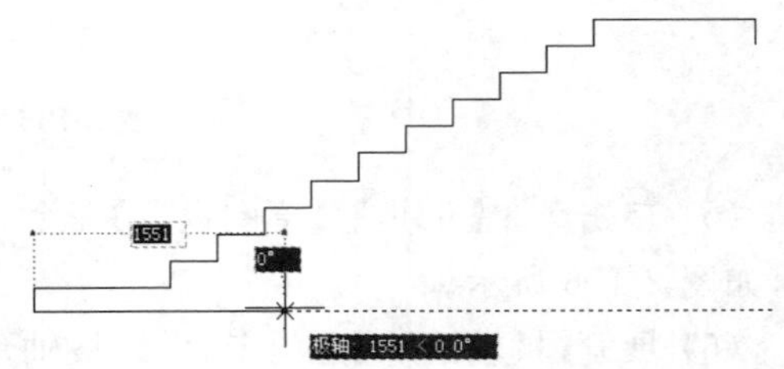

图 2-111　引出 0°极轴矢量

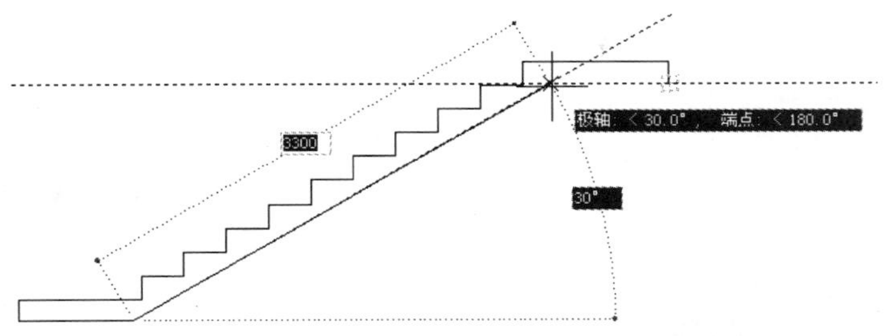

图 2-112 捕捉两条虚线的交点

指定下一点或 [闭合(C)/放弃(U)]: //捕捉如图 2-113 所示的端点

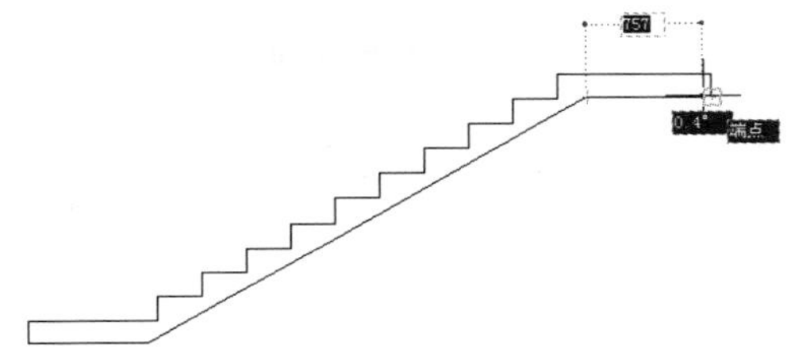

图 2-113 捕捉端点

指定下一点或 [闭合(C)/放弃(U)]: //↙,绘制结果如图 2-114 所示

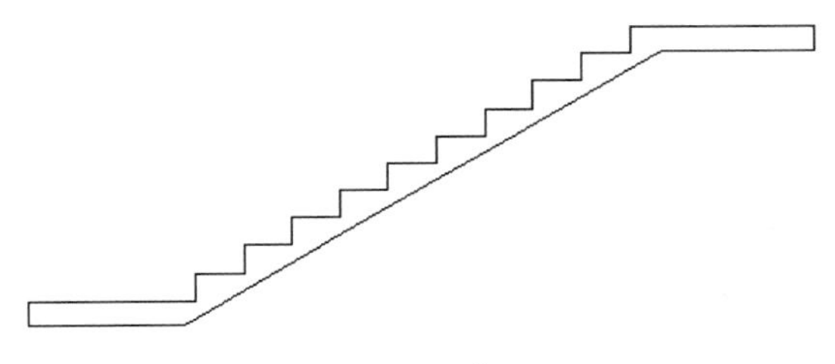

图 2-114 绘制结果

(8) 单击菜单【绘图】/【直线】命令,配合【极轴追踪】、【对象捕捉】和【对象捕捉追踪】功能绘制楼梯栏杆轮廓线。命令行操作如下。

命令: _line

指定第一个点: //水平向左引出如图 2-115 所示的端点追踪虚线,输入 145↙

指定下一点或 [放弃(U)]: //向上引出如图 2-116 所示的极轴追踪虚线,输入 900↙

指定下一点或 [放弃(U)]: //↙

命令 LINE: //↙

指定第一个点: //水平向右引出如图 2-117 所示的端点追踪虚线,输入 145↙

指定下一点或 [放弃(U)]: //向上引出如图 2-118 所示的极轴追踪虚线,输入 900↙

指定下一点或 [放弃(U)]: //↙,结束命令,绘制结果如图 2-119 所示

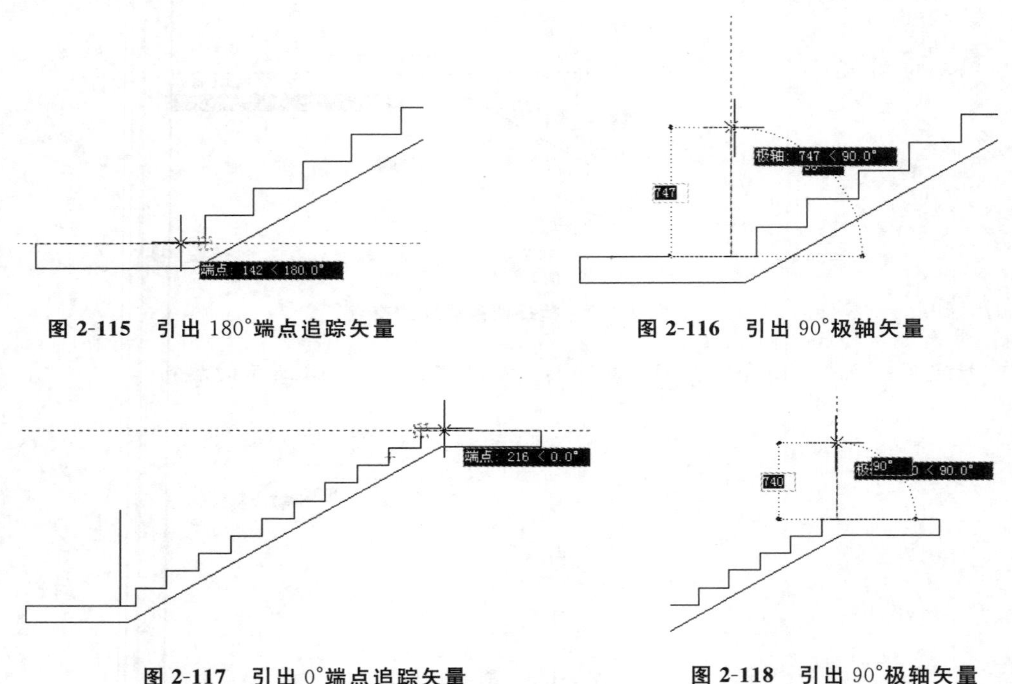

图 2-115　引出 180°端点追踪矢量　　图 2-116　引出 90°极轴矢量

图 2-117　引出 0°端点追踪矢量　　图 2-118　引出 90°极轴矢量

(9) 重复执行【直线】命令，配合中点捕捉和【极轴追踪】功能绘制其他位置的栏杆轮廓线，结果如图 2-120 所示。

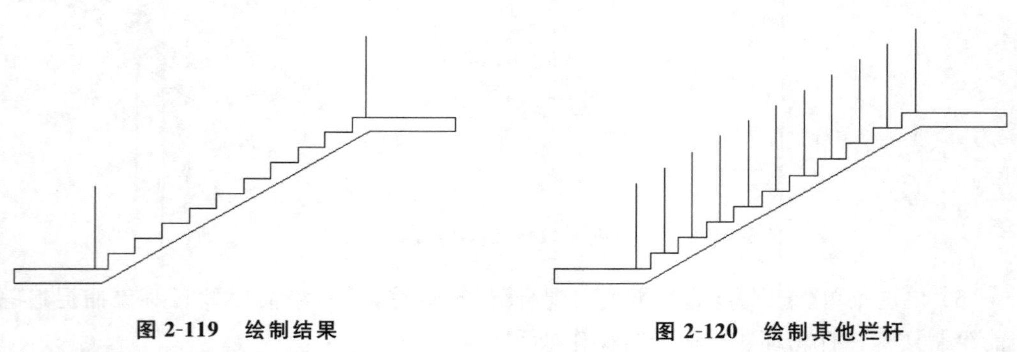

图 2-119　绘制结果　　图 2-120　绘制其他栏杆

(10) 重复执行【直线】命令，配合【对象捕捉追踪】和【极轴追踪】功能绘制楼梯扶手轮廓线。命令行操作如下。

命令：_line

指定第一个点：　//水平向左引出如图 2-121 所示的端点追踪虚线，输入 150 ↙

指定下一点或 [放弃(U)]：　//捕捉如图 2-122 所示的端点

指定下一点或 [放弃(U)]：　//捕捉如图 2-123 所示的端点

指定下一点或 [闭合(C)/放弃(U)]：　//水平向右引出如图 2-124 所示的极轴追踪虚线，输入 150 ↙

指定下一点或 [闭合(C)/放弃(U)]：　// ↙，结束命令，绘制结果如图 2-125 所示

(11) 最后执行【保存】命令，将图形命名存储为"实例指导二. dwg"。

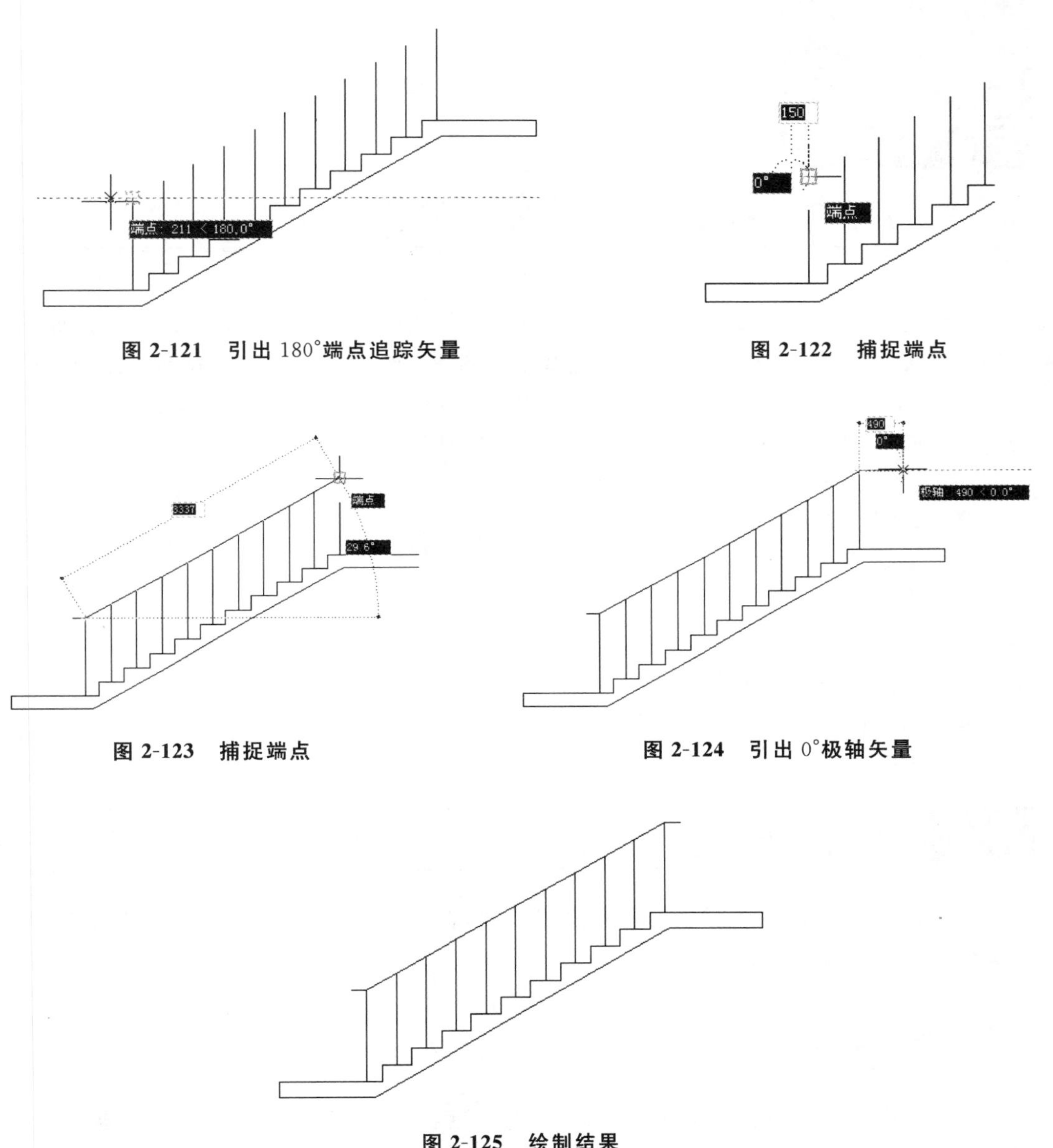

图 2-121　引出 180°端点追踪矢量

图 2-122　捕捉端点

图 2-123　捕捉端点

图 2-124　引出 0°极轴矢量

图 2-125　绘制结果

2.9 本章小结

本章主要学习了 AutoCAD 软件的一些基本操作技能，具体有绘图元素的实时设置、坐标点的精确输入、特征点的精确捕捉、目标点的相对追踪、图形的基本选择和视图的实时缩放等。熟练掌握本章所讲述的各种操作技能，不仅能为图形的绘制和编辑操作奠定良好的基础，同时也为精确绘图以及简捷方便地管理图形提供了条件，希望读者认真学习、熟练掌握，为后续章节的学习打下牢固的基础。

第3章 常用几何图元的绘制功能

一个复杂的图形大都是由点、线、面或一些闭合图元共同拼接组合构成的。因此，要学好 AutoCAD 绘图软件，就必须掌握这些基本图元的绘制方法和操作技能，为后来更加方便、灵活地组合复杂图形做好准备。本章主要学习建筑装饰装潢制图中各类常用图元的绘制功能，如点、线、圆、弧、多边形等，具体内容如下：

◎ 绘制点图元
◎ 绘制线图元
◎ 绘制多边形与面域
◎ 绘制圆、圆环与椭圆
◎ 绘制各类曲线
◎ 填充图案与渐变色
◎ 实例指导——绘制办公椅平面图
◎ 本章小结

3.1 绘制点图元

点图元是最基本、最简单的一种几何图元，本节主要学习单点、多点、定数等分点和定距等分点等各类点图元的绘制方法。

3.1.1 单点

【单点】命令用于绘制单个的点对象，执行一次命令，仅可以绘制一个点。默认设置下，所绘制的点以一个小点显示，如图 3-1 所示。

执行【单点】命令主要有以下几种方式：

(1) 单击菜单【绘图】/【点】/【单点】命令。

(2) 在命令行输入 Point 后按 Enter 键。

(3) 使用快捷键 PO。

图 3-1 单点

执行【单点】命令后，AutoCAD 系统提示如下。

命令：_point

当前点模式： PDMODE=0 PDSIZE=0.0000

指定点： //在绘图区拾取点或输入点坐标

3.1.2 点样式

由于默认模式下的点是以一个小点显示，如果该点处在某轮廓线上，那么将会看不到点，为此，AutoCAD 为用户提供了点的显示样式，用户可以根据需要设置点的显示样式。点样式的设置步骤如下：

(1) 单击菜单【格式】/【点样式】命令，或在命令行输入 Ddptype 并按 Enter 键，打开如图 3-2 所示的【点样式】对话框。

(2) 设置点的样式。在【点样式】对话框中共 20 种点样式，在所需样式上单击，即可将此样式设置为当前点样式，在此设置“⊠”为当前点样式。

(3) 设置点的尺寸。在【点大小】文本框内输入点的大小尺寸。其中，【相对于屏幕设置大小】选项表示按照屏幕尺寸的百分比显示点；【按绝对单位设置大小】选项表示按照点的实际尺寸来显示点。

(4) 单击 确定 按钮，绘图区的点被更新，如图 3-3 所示。

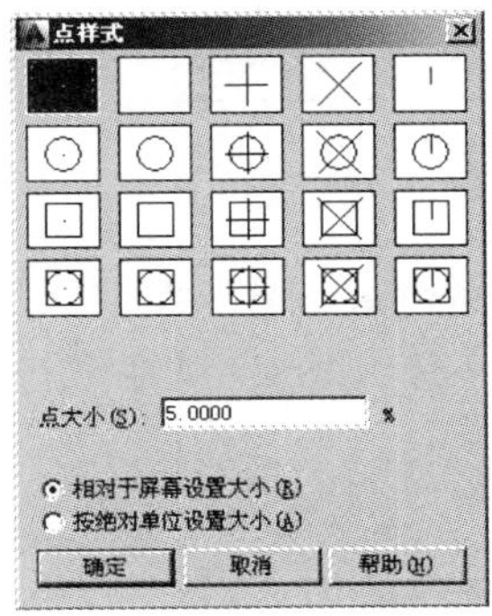

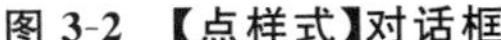

图 3-2 【点样式】对话框

图 3-3 更改点样式

3.1.3 多点

【多点】命令用于连接绘制的多个点对象，直到按下 Esc 键结束命令为止，如图 3-4 所示。

执行【多点】命令主要有以下几种方式：

(1) 单击菜单【绘图】/【点】/【多点】命令。

(2) 单击【绘图】工具栏或面板上的 · 按钮。

执行【多点】命令后 AutoCAD 系统提示如下。

图 3-4 绘制多点

命令：Point

当前点模式： PDMODE＝0 PDSIZE＝0.0000

(Current point modes： PDMODE＝0 PDSIZE＝0.0000)

指定点： //在绘图区给定点的位置

……

3.1.4 定数等分

【定数等分】命令用于按照指定的等分数目等分对象，对象被等分的结果仅仅是在等分点处放置了点的标记符号，而源对象并没有被等分为多个对象。

执行【定数等分】命令主要有以下几种方式：

(1) 单击菜单【绘图】/【点】/【定数等分】命令。

(2) 在命令行输入 Divide 后按 Enter 键。

(3) 单击功能区【默认】选项卡/【绘图】面板上的按钮。

(4) 使用快捷键 DVI。

下面通过将某线段五等分，学习【定数等分】命令的使用方法和操作技巧。操作步骤如下。

(1) 绘制一条长度为 120 的水平直线段，如图 3-5 所示。

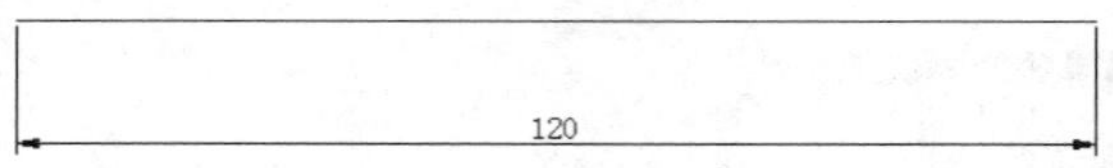

图 3-5 绘制线段

(2) 单击菜单【格式】/【点样式】命令，将当前点的样式设置为“╳”。

(3) 单击菜单【绘图】/【点】/【定数等分】命令，根据 AutoCAD 命令行提示，将线段五等分，命令行操作如下。

命令：_divide

选择要定数等分的对象： //选择刚绘制的水平线段

输入线段数目或［块(B)］： //5 ↙，设置等分数目

(4) 结果线段被五等分，在等分点处放置了四个定等分点，如图 3-6 所示。

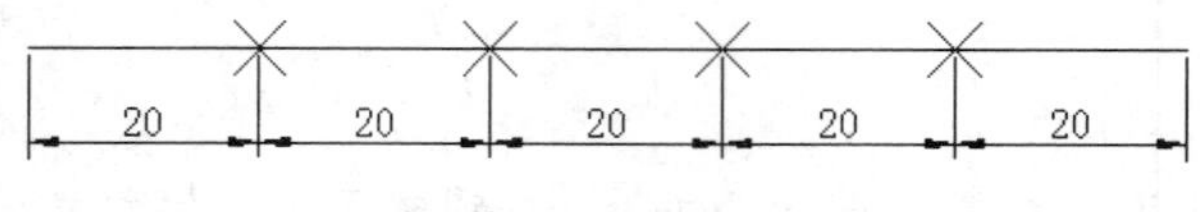

图 3-6 等分结果

☞技巧提示

使用【块(B)】选项可以在等分点处放置内部块，图 3-7 所示的图形，就是使用了点的等分工具，将圆弧等分，并在等分点处放置了办公椅内部块。

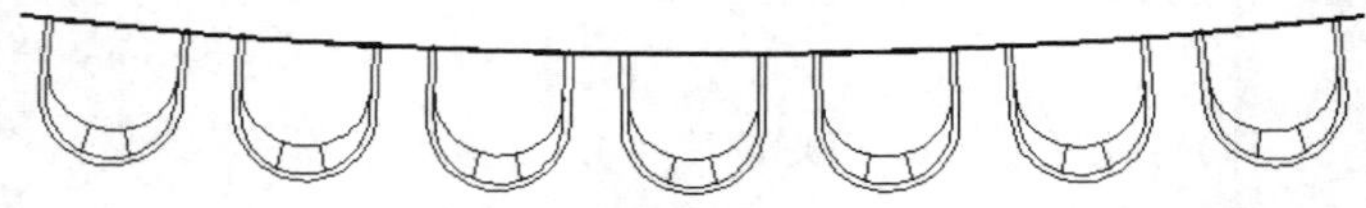

图 3-7 在等分点处放置块

3.1.5 定距等分

【定距等分】命令用于按照指定的等分距离等分对象。等分的结果仅仅是在等分点处放置了点的标记符号，而源对象并没有被等分为多个对象。

执行【定距等分】命令主要有以下几种方式：

(1) 单击菜单【绘图】/【点】/【定距等分】命令。

(2) 在命令行输入 Measure 后按 Enter 键。

(3) 单击功能区【默认】选项卡/【绘图】面板上的按钮。

(4) 使用快捷键 ME。

下面通过将某线段每隔 50 个单位的距离等分，学习【定距等分】命令的使用方法和操作技巧。操作步骤如下。

(1) 绘制长度为 250 的水平线段。

(2) 执行【点样式】命令，将点的样式设置为"⊠"。

(3) 单击菜单【绘图】/【点】/【定距等分】命令，对线段定距等分。命令行操作如下。

命令：_measure

选择要定距等分的对象： //选择刚绘制的线段

指定线段长度或［块(B)］： //50↙，设置等分距离

(4) 定距等分的结果如图 3-8 所示。

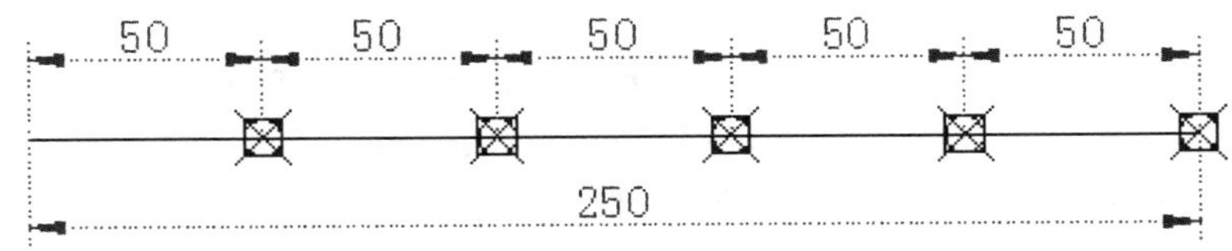

图 3-8 等分结果

3.2 绘制线图元

线图元是使用频率非常高的一类图元，除第 1 章讲述的直线外，常用的线图元还包括多段线、多线、构造线、射线等。

3.2.1 多段线

【多段线】命令用于绘制二维多段线图元，所绘制的多段线可以具有宽度，可以闭合或不闭合，如图 3-9 所示。

执行【多段线】命令主要有以下几种方式：

(1) 单击菜单【绘图】/【多段线】命令。

(2) 单击【绘图】工具栏或面板上的按钮。

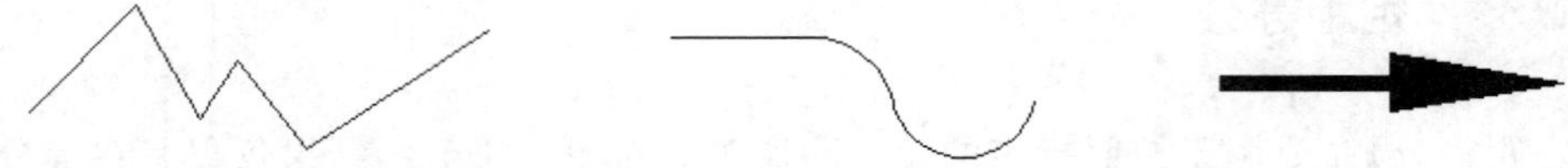

图 3-9 多段线示例

(3) 在命令行输入 Pline 后按 Enter 键。

(4) 使用快捷键 PL。

下面通过绘制一条闭合的多段线，学习【多段线】命令的使用方法和技巧，具体操作如下。

命令：_pline

指定起点： //在绘图区拾取一点作为起点

当前线宽为 0.0000

指定下一个点或 [圆弧(A)/半宽(H)/长度(L)/放弃(U)/宽度(W)]： //@650<－90 ↙

指定下一点或 [圆弧(A)/闭合(C)/半宽(H)/长度(L)/放弃(U)/宽度(W)]： //a ↙

指定圆弧的端点或[角度(A)/圆心(CE)/闭合(CL)/方向(D)/半宽(H)/直线(L)/半径(R)/第二个点(S)/放弃(U)/宽度(W)]： //s ↙，激活【第二个点】选项

指定圆弧上的第二个点： // @750，－170 ↙

指定圆弧的端点： //@750，170 ↙

指定圆弧的端点或[角度(A)/圆心(CE)/闭合(CL)/方向(D)/半宽(H)/直线(L)/半径(R)/第二个点(S)/放弃(U)/宽度(W)]： //l ↙，转入画线模式

指定下一点或 [圆弧(A)/闭合(C)/半宽(H)/长度(L)/放弃(U)/宽度(W)]： //@650<90 ↙

指定下一点或 [圆弧(A)/闭合(C)/半宽(H)/长度(L)/放弃(U)/宽度(W)]： //@－150，0 ↙

指定下一点或 [圆弧(A)/闭合(C)/半宽(H)/长度(L)/放弃(U)/宽度(W)]： //@0，－510 ↙

指定下一点或 [圆弧(A)/闭合(C)/半宽(H)/长度(L)/放弃(U)/宽度(W)]： //a ↙

指定圆弧的端点或[角度(A)/圆心(CE)/闭合(CL)/方向(D)/半宽(H)/直线(L)/半径(R)/第二个点(S)/放弃(U)/宽度(W)]： //s ↙

指定圆弧上的第二个点： //激活【捕捉自】功能

_from 基点： //捕捉如图 3-10 所示的圆弧中点

<偏移>： //@0，160 ↙

指定圆弧的端点： //激活【捕捉自】功能

_from 基点： //捕捉如图 3-11 所示的端点

<偏移>： //@－1200，0 ↙

指定圆弧的端点或[角度(A)/圆心(CE)/闭合(CL)/方向(D)/半宽(H)/直线(L)/半径(R)/第二个点(S)/放弃(U)/宽度(W)]： //l↙，转入画线模式

指定下一点或[圆弧(A)/闭合(C)/半宽(H)/长度(L)/放弃(U)/宽度(W)]： //@510<90↙

指定下一点或[圆弧(A)/闭合(C)/半宽(H)/长度(L)/放弃(U)/宽度(W)]： //c↙，闭合图形，绘制结果如图3-12所示

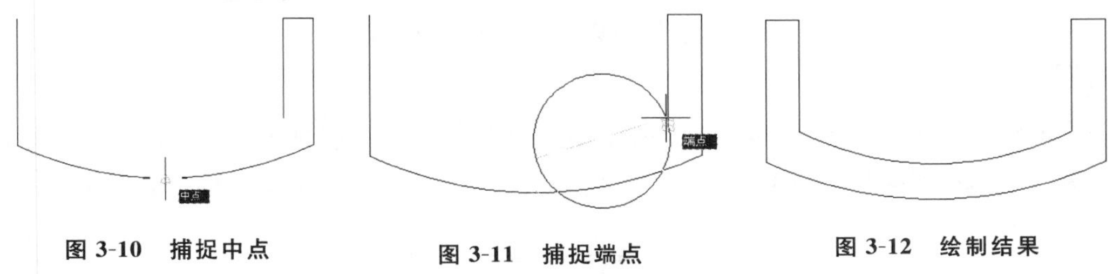

图3-10 捕捉中点　　图3-11 捕捉端点　　图3-12 绘制结果

☞技巧提示

多段线是由一系列直线段或弧线段连接而成的一种特殊几何图元，此图元无论包括多少条直线元素或弧线元素，系统都将其看作单个对象。

选项解析

● **【圆弧】选项**

【圆弧】选项用于将当前多段线模式切换为画弧模式，以绘制由弧线组合而成的多段线。在命令行提示下输入"A"，或绘图区单击右键，在右键菜单中选择【圆弧】选项，都可激活此选项，系统会自动切换到画弧状态，且命令行提示如下。

指定圆弧的端点或[角度(A)/圆心(CE)/闭合(CL)/方向(D)/半宽(H)/直线(L)/半径(R)/第二个点(S)/放弃(U)/ 宽度(W)]：

各次级选项功能如下：

◆ 【角度】选项用于指定要绘制的圆弧的圆心角。

◆ 【圆心】选项用于指定圆弧的圆心。

◆ 【闭合】选项用于用弧线封闭多段线。

◆ 【方向】选项用于取消直线与圆弧的相切关系，改变圆弧的起始方向。

◆ 【半宽】选项用于指定圆弧的半宽值。激活此选项功能后，AutoCAD将提示用户输入多段线的起点半宽值和终点半宽值。

◆ 【直线】选项用于切换直线模式。

◆ 【半径】选项用于指定圆弧的半径。

◆ 【第二个点】选项用于选择三点画弧方式中的第二个点。

◆ 【宽度】选项用于设置弧线的宽度值。

● **其他选项**

◆ 【闭合】选项。激活此选项后，AutoCAD将使用直线段封闭多段线，并结束多段线命令。

☞技巧提示

当用户需要绘制一条闭合的多段线时，最后一定要使用此选项功能，才能保证绘制的多段线是完全封闭的。

◆ 【长度】选项。此选项用于定义下一段多段线的长度，AutoCAD 按照上一线段的方向绘制这一段多段线。若上一段是圆弧，AutoCAD 绘制的直线段与圆弧相切。

◆ 【半宽】/【宽度】选项。【半宽】选项用于设置多段线的半宽，【宽度】选项用于设置多段线的起始宽度值，起始点的宽度值可以相同也可以不同。

☞技巧提示

在绘制宽度多段线时，变量 Fillmode 控制着多段线是否被填充，当变量值为 1 时，绘制的宽度多段线将被填充；变量为 0 时，宽度多段线不会被填充，如图 3-13 所示。

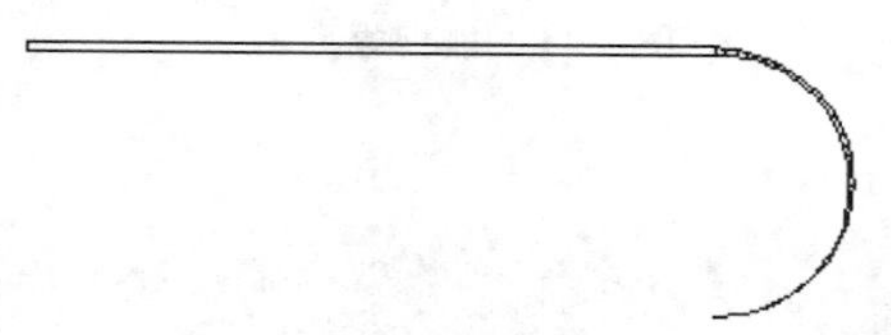

图 3-13　非填充多段线

3.2.2 多线

【多线】命令用于绘制两条或两条以上的平行线元素构成的复合对象，并且平行线元素的线型、颜色及间距都是可以设置的，如图 3-14 所示。

图 3-14　多线示例

执行【多线】命令主要有以下几种方式：

(1) 单击菜单【绘图】/【多线】命令。

(2) 命令行输入 Mline 后按 Enter 键。

(3) 使用快捷键 ML。

无论多线图元中包含多少条平行线元素，系统都将其看作一个对象。默认设置下，所绘制的多线是由两条平行元素构成的。下面通过实例学习【多线】命令的使用方法和技巧。具体操作如下。

命令：_mline

当前设置：对正＝上，比例＝20.00，样式＝STANDARD

指定起点或［对正(J)/比例(S)/样式(ST)］：//s↙

输入多线比例＜20.00＞：//15↙，设置多线比例

当前设置：对正＝上，比例＝15.00，样式＝STANDARD
指定起点或［对正(J)/比例(S)/样式(ST)］： //J ↙
输入对正类型［上(T)/无(Z)/下(B)］＜上＞： //b ↙，设置对正方式↙
当前设置：对正＝下，比例＝12.00，样式＝STANDARD
指定起点或［对正(J)/比例(S)/样式(ST)］： //在适当位置拾取一点作为起点
指定下一点： //@250,0 ↙
指定下一点或［放弃(U)］： //@0,450 ↙
指定下一点或［闭合(C)/放弃(U)］： //@－250,0 ↙
指定下一点或［闭合(C)/放弃(U)］： //c，闭合图形，绘制结果如图3-15所示

图3-15 绘制结果

选项解析

◆ 使用【比例】选项可以绘制任意宽度的多线。默认比例为20。

◆ 【对正】选项用于设置多线的对正方式，具体有上对正、下对正和无对正三种，如图3-16所示。

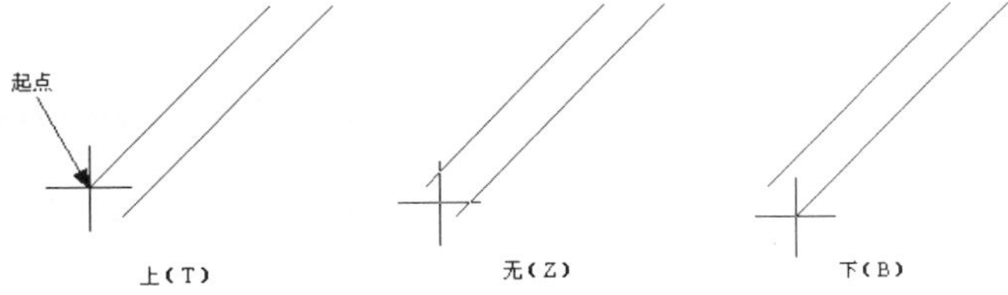

图3-16 三种对正方式

3.2.3 多线样式

默认多线样式只能绘制由两条平行元素构成的多线，如果需要绘制其他样式的多线时，可以使用【多线样式】命令进行设置。具体操作步骤如下。

(1) 单击菜单【绘图】/【格式】/【多线样式】命令，或使用命令表达式Mlstyle激活【多线样式】命令，打开【多线样式】对话框。

(2) 单击【多线样式】对话框中的 新建(N)... 按钮，在打开的【创建新的多线样式】对话框中为新样式命名，如图3-17所示。

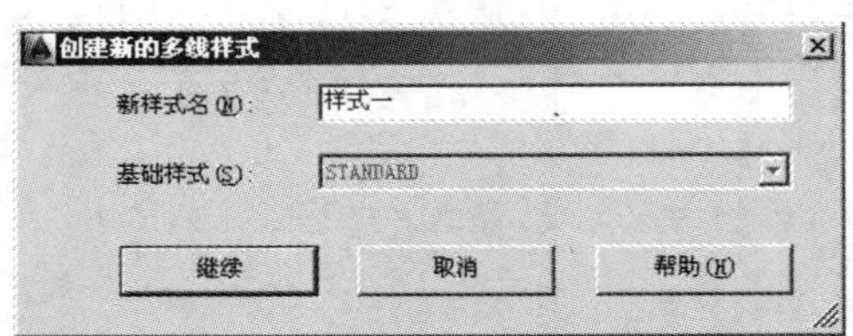

图 3-17　为新样式命名

(3) 单击 继续 按钮，打开图 3-18 所示的【新建多线样式】对话框。

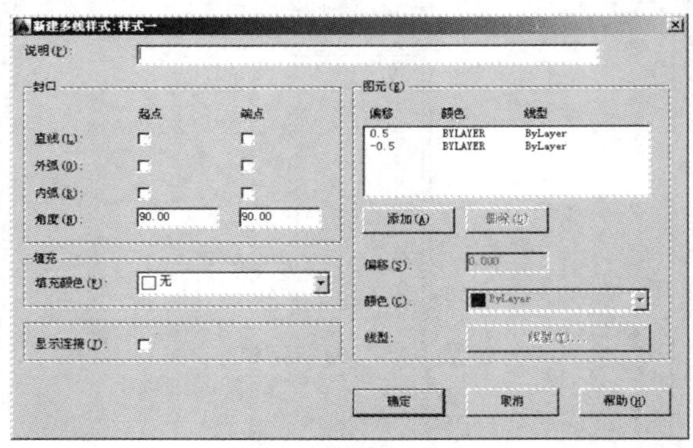

图 3-18　【新建多线样式】对话框

(4) 单击 添加(A) 按钮，添加一个 0 号元素，并设置元素颜色，如图 3-19 所示。

(5) 单击 线型(Y)... 按钮，在打开的【选择线型】对话框中单击 加载(L)... 按钮，打开【加载或重载线型】对话框，如图 3-20 所示。

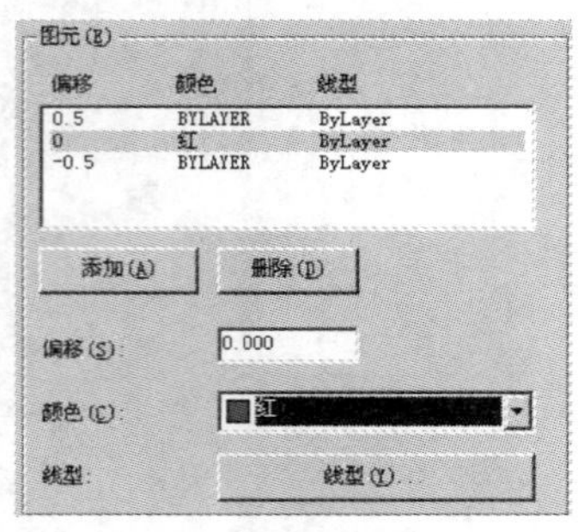

图 3-19　添加多线元素

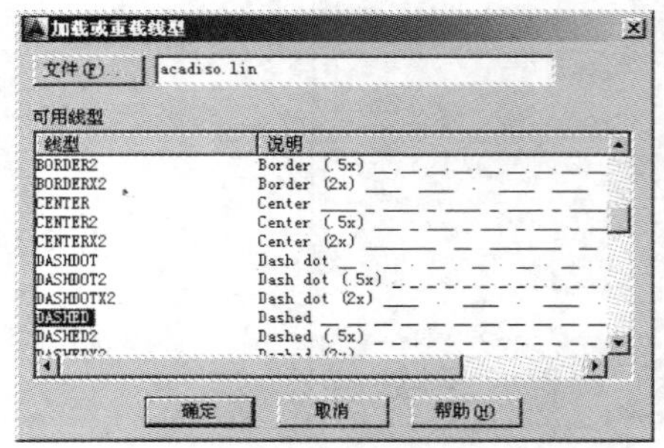

图 3-20　选择线型

(6) 单击 确定 按钮，线型被加载到【选择线型】对话框内，如图 3-21 所示。

(7) 选择加载的线型，单击 确定 按钮，将此线型赋给刚添加的多线元素，结果如图 3-22 所示。

(8) 在左侧【元素】选项组中，设置多线两端的封口形式，如图 3-23 所示。

(9) 单击 确定 按钮返回【多线样式】对话框，新样式出现在预览框中，如图 3-24 所示。

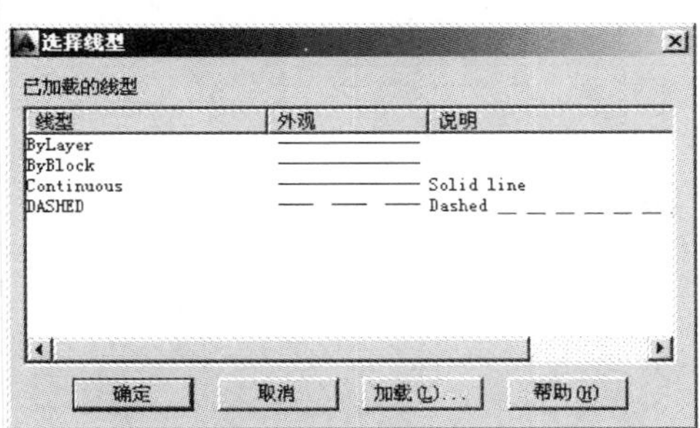

图 3-21　加载线型

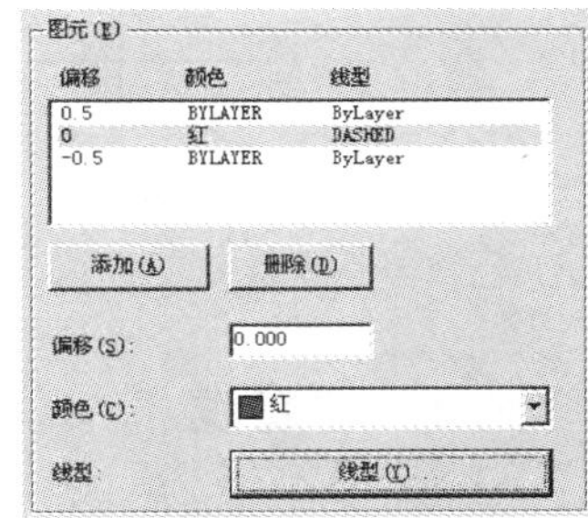

图 3-22　设置元素线型

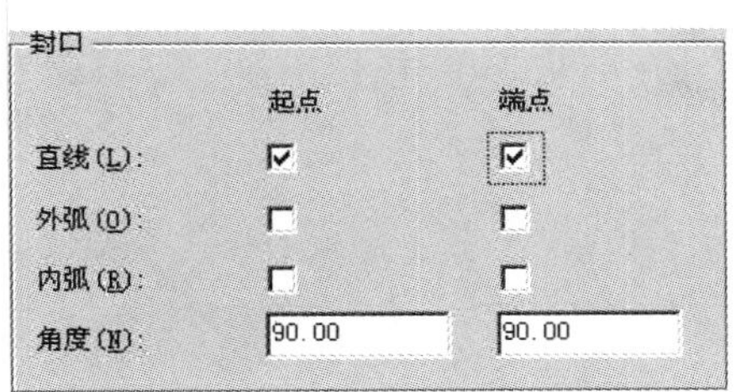

图 3-23　设置多线封口

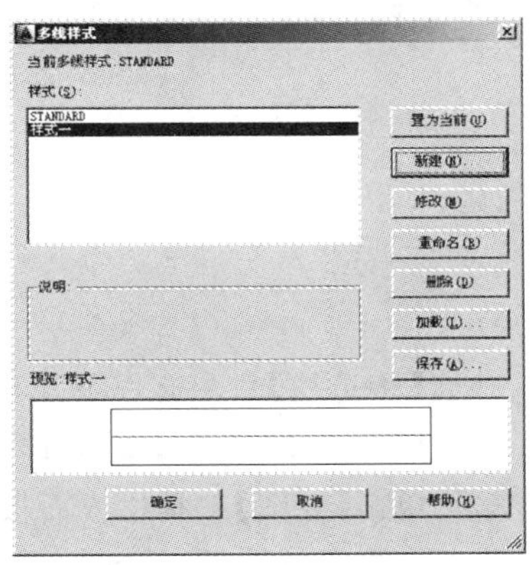

图 3-24　样式效果

(10) 将新样式设为当前样式，然后在【多线样式】对话框中单击 保存(A)... 按钮，在打开的【保存多线样式】对话框中可以将新样式以“＊.mln”的格式保存，如图 3-25 所示，以便在其他文件中使用。

图 3-25　保存多线样式

(11) 将设置的新样式置为当前，并关闭【多线样式】对话框。

(12) 执行【多线】命令，使用当前多线样式绘制一条水平多线，结果如图 3-26 所示。

图 3-26　绘制结果

3.2.4　构造线

【构造线】命令用于绘制向两端无限延伸的直线，如图 3-27 所示。此种直线通常用作绘图时的辅助线或参照线，不能作为图形轮廓线的一部分，但是可以通过修改工具将其编辑为图形轮廓线。

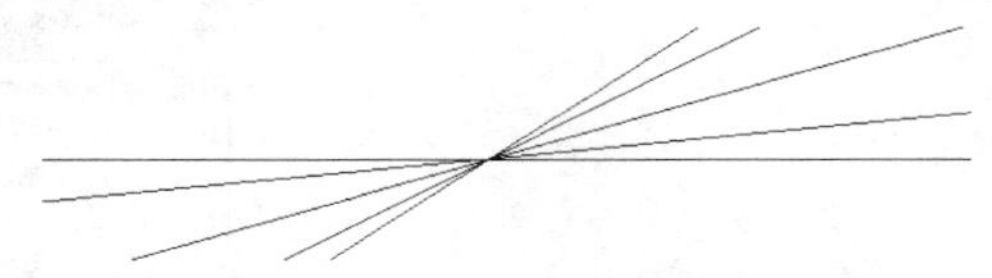

图 3-27　构造线示例

执行【构造线】命令有以下几种方式：

(1) 单击菜单【绘图】/【构造线】命令。

(2) 单击【绘图】工具栏或面板上的按钮。

(3) 在命令行输入 Xline 后按 Enter 键。

(4) 使用快捷键 XL。

执行一次【构造线】命令后，可以绘制多条构造线，直到结束命令为止。【构造线】命令的命令行操作提示如下。

命令：_xline

指定点或［水平(H)/垂直(V)/角度(A)/二等分(B)/偏移(O)］：　//定位构造线上的一点

指定通过点：　//定位构造线上的通过点

指定通过点：　//定位构造线上的通过点

……

指定通过点：　//↙，结束命令

选项解析

◆ 【水平】选项用于绘制向两端无限延伸的水平构造线。

◆ 【垂直】选项用于绘制向两端无限延伸的垂直构造线。

◆ 【偏移】选项用于绘制与参照线平行的构造线，如图 3-28 所示。

◆ 【角度】选项可以绘制具有任意角度的作图辅助线。其命令行操作如下。

命令：_xline

指定点或［水平(H)/垂直(V)/角度(A)/二等分(B)/偏移(O)］：　//A ↙，激活该选项

输入构造线的角度（0）或［参照(R)］： //22.5↙

指定通过点： //拾取通过点

指定通过点： //↙，结果如图 3-29 所示

◆ 【二等分】选项可以绘制任意角度的角平分线，如图 3-30 所示。

图 3-28 【偏移】选项示例　　图 3-29 绘制倾斜构造线

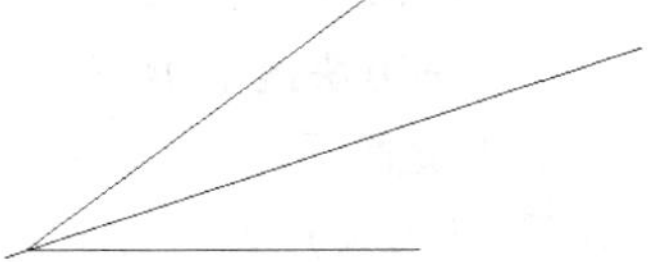

图 3-30 绘制角平分线

3.2.5 射线

【射线】命令用于绘制向一端无限延伸的作图辅助线，如图 3-31 所示。此类辅助线不能作为图形轮廓线，但是可以将其编辑成图形的轮廓线。

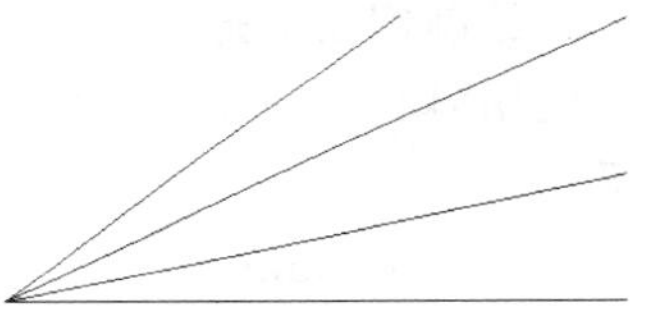

图 3-31 射线示例

执行【射线】命令主要有以下几种方式：

(1) 单击菜单【绘图】/【射线】命令。

(2) 单击【绘图】面板上的按钮。

(3) 在命令行输入 Ray 后按 Enter 键。

激活【射线】命令后，可以连续绘制无数条射线，直到结束命令为止。【射线】命令的命令行操作提示如下。

命令：_ray

指定起点： //指定射线的起点

指定通过点： //指定射线的通过点

指定通过点： //指定射线的通过点

……

指定通过点： //↙，结束命令

3.3 绘制多边形与面域

本节主要学习多边形和面域两类几何图元的具体绘制技能。具体有【矩形】、【多边形】、【边界】和【面域】四个命令。

3.3.1 矩形

矩形是一种常用的几何图元，它由四条首尾相连的直线组成，在 AutoCAD 中，将矩形看作一条闭合多段线，是一个单独的图形对象。

1.【矩形】命令的执行方式

执行【矩形】命令主要有以下几种方式：

(1) 单击菜单【绘图】/【矩形】命令。

(2) 单击【绘图】工具栏或面板上的□按钮。

(3) 在命令行输入 Rectang 后按 Enter 键。

(4) 使用快捷键 REC。

默认设置下，绘制矩形的方式为对角点方式，下面通过绘制长度为 240、宽度为 120 的矩形，学习使用此种方式。命令行操作如下。

命令：_rectang

指定第一个角点或［倒角(C)/标高(E)/圆角(F)/厚度(T)/宽度(W)］：//在适当位置拾取一点作为矩形角点

指定另一个角点或［面积(A)/尺寸(D)/旋转(R)］：//@240，120 ↙，绘制结果如图 3-32 所示

2. 绘制倒角矩形

使用【矩形】命令中的【倒角】选项，可以绘制具有一定倒角的特征矩形，命令行操作如下。

命令：_rectang

指定第一个角点或［倒角(C)/标高(E)/圆角(F)/厚度(T)/宽度(W)］：//c ↙

指定矩形的第一个倒角距离 <0.0000>：//25 ↙，设置第一个倒角距离

指定矩形的第二个倒角距离 <25.0000>：//10 ↙，设置第二个倒角距离

指定第一个角点或［倒角(C)/标高(E)/圆角(F)/厚度(T)/宽度(W)］：//在适当位置拾取一点

指定另一个角点或［面积(A)/尺寸(D)/旋转(R)］：//d ↙，激活【尺寸】选项

指定矩形的长度 <10.0000>：//200 ↙

指定矩形的宽度 <10.0000>：//100 ↙

指定另一个角点或［面积(A)/尺寸(D)/旋转(R)］：//在绘图区拾取一点，结果如图 3-33 所示

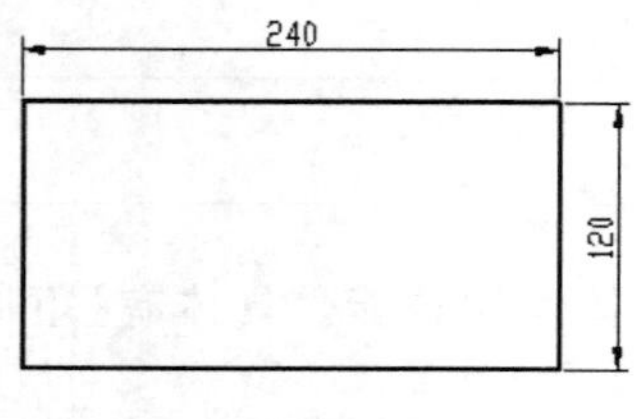

图 3-32 绘制结果

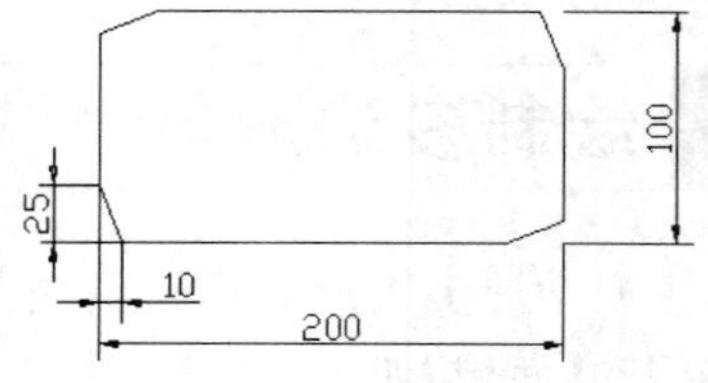

图 3-33 倒角矩形

☞技巧提示

此步操作仅仅是用来确定矩形位置，即确定另一个顶点相对于第一个顶点的位置。如果在第一个顶点的左侧拾取点，则另一个对象点位于第一个顶点的左侧，反之位于右侧。

3. 绘制圆角矩形

使用【矩形】命令中的【圆角】选项，可以绘制具有一定圆角的特征矩形，其命令行操作如下。

命令：_rectang

指定第一个角点或［倒角(C)/标高(E)/圆角(F)/厚度(T)/宽度(W)］： //f↙

指定矩形的圆角半径 <0.0000>： //20↙，设置圆角半径

指定第一个角点或［倒角(C)/标高(E)/圆角(F)/厚度(T)/宽度(W)］： //拾取一点作为起点

指定另一个角点或［面积(A)/尺寸(D)/旋转(R)］： //a↙，激活【面积】选项

输入以当前单位计算的矩形面积 <100.0000>： //20000↙，指定矩形面积

计算矩形标注时依据［长度(L)/宽度(W)］<长度>： //L↙，激活【长度】选项

输入矩形长度 <200.0000>： //↙，绘制结果如图3-34所示

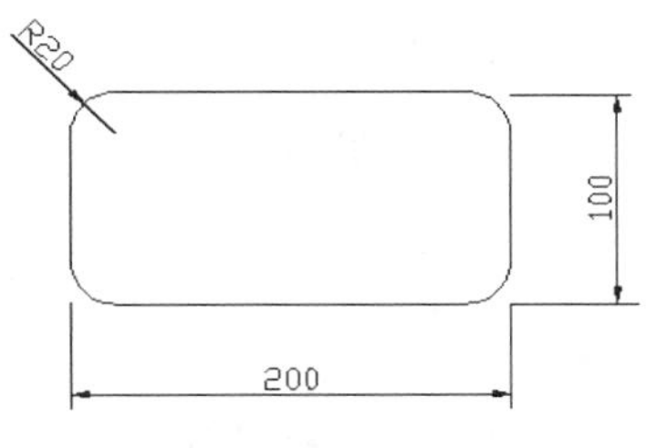

图3-34 圆角矩形

选项解析

◆ 【面积】选项用于根据已知面积和矩形一条边的尺寸，绘制矩形。

◆ 【旋转】选项用于绘制具有一定倾斜角度的矩形。

◆ 【标高】选项用于设置矩形在三维空间内的基面高度，即距离当前坐标系的XOY坐标平面的高度。

◆ 【宽度】选项用于绘制具有一定厚度和宽度的矩形，如图3-35所示。

◆ 【厚度】选项用于绘制具有一定厚度的矩形，如图3-36所示。矩形的厚度指的是Z轴方向的高度。

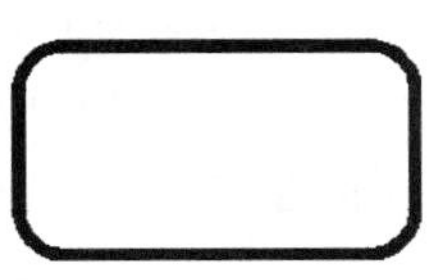

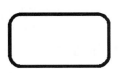

图3-35 宽度矩形

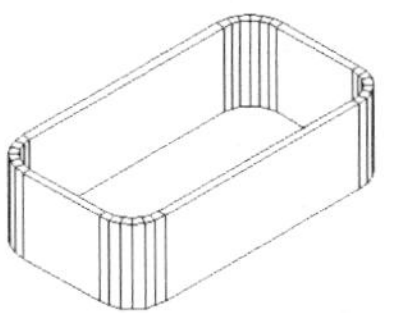

图3-36 厚度矩形

3.3.2 多边形

【正多边形】命令用于绘制由相等边角组成的闭合图形，如图 3-37 所示。正多边形也是一个复合对象，不管内部包含多少直线元素，系统都将其看作一个单一的对象。

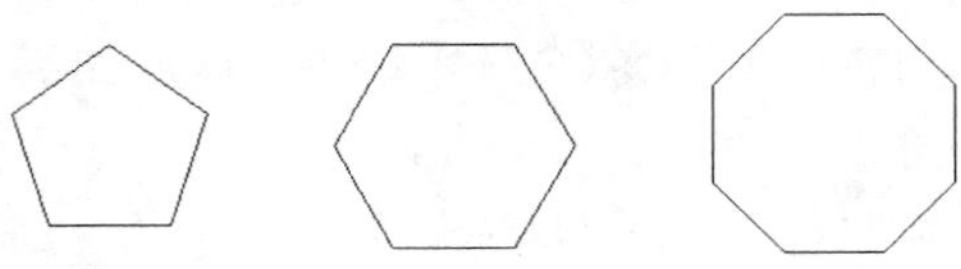

图 3-37 正多边形

1.【正多边形】命令的执行方式

执行【正多边形】命令主要有以下几种方式：

(1) 单击菜单【绘图】/【正多边形】命令。

(2) 单击【绘图】工具栏或面板上的⬠按钮。

(3) 在命令行输入 Polygon 后按 Enter 键。

(4) 使用快捷键 POL。

2."内接于圆"方式画多边形

此种方式为系统默认方式，在指定了正多边形的边数和中心点后，直接输入正多边形外接圆的半径，即可精确绘制出正多边形，其命令行操作如下。

命令：_polygon

输入边的数目 <4>： //5 ↙，设置正多边形的边数

指定正多边形的中心点或 [边(E)]： //在绘图区拾取一点作为中心点

输入选项 [内接于圆(I)/外切于圆(C)] <I>： //I ↙，激活【内接于圆】选项

指定圆的半径： //100 ↙，输入外接圆半径，结果如图 3-38 所示

3."外切于圆"方式画多边形

当确定了正多边形的边数和中心点之后，使用此种方式输入正多边形内切圆的半径，就可精确绘制出正多边形，其命令行操作如下。

命令：_polygon

输入边的数目 <4>： //6 ↙，设置正多边形的边数

指定正多边形的中心点或 [边(E)]： //在绘图区拾取一点定位中心点

输入选项 [内接于圆(I)/外切于圆(C)] <C>： //c ↙，激活【外切于圆】选项

指定圆的半径： //100 ↙，输入内切圆半径，结果如图 3-39 所示

4."边"方式画多边形

此种方式是通过输入多边形一条边的边长，来精确绘制正多边形。在具体定位边长时，需要分别定位出边的两个端点，其命令行操作如下。

命令：_polygon

输入边的数目 <4>： //6 ↙，设置正多边形的边数

指定正多边形的中心点或 [边(E)]： //e ↙，激活【边】选项

指定边的第一个端点： //拾取一点作为边的一个端点
指定边的第二个端点： //@150,0↙，绘制结果如图3-40所示

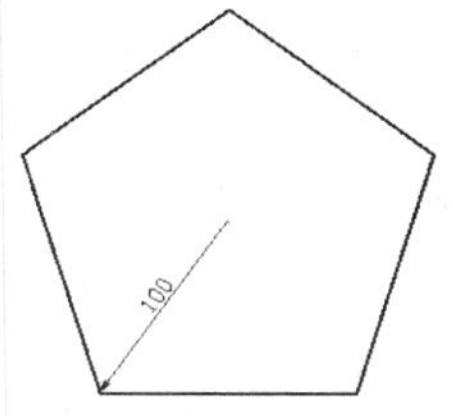

图3-38 “内接于圆”方式

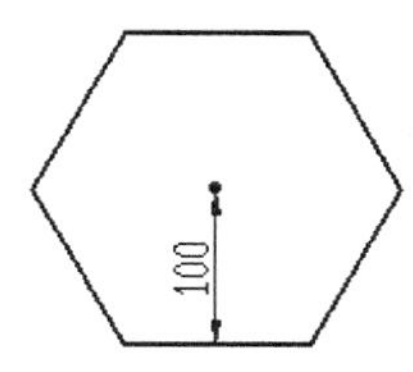

图3-39 “外切于圆”方式

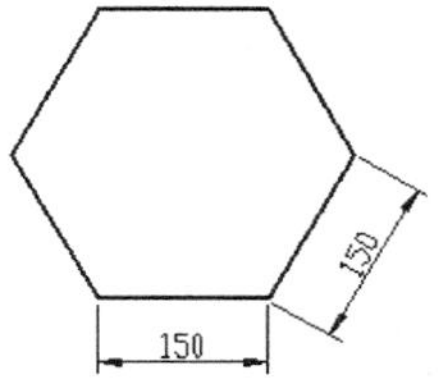

图3-40 “边”方式

3.3.3 边界

边界指的是一条闭合的多段线，此种多段线不能直接绘制，而需要使用【边界】命令，从多个相交对象中提取或将多个首尾相连的对象转化成边界。

1.【边界】命令的执行方式

执行【边界】命令主要有以下几种方式：

(1) 单击菜单【绘图】/【边界】命令。

(2) 单击【默认】选项卡/【绘图】面板上的按钮。

(3) 在命令行输入 Boundary 后按 Enter 键。

(4) 使用快捷键 BO。

2. 从对象中提取边界

下面通过从多个对象中提取边界，学习【边界】命令的使用方法和创建技能。操作步骤如下：

(1) 新建文件并绘制如图3-41所示的图形。

(2) 单击菜单【绘图】/【边界】命令，打开如图3-42所示的【边界创建】对话框。

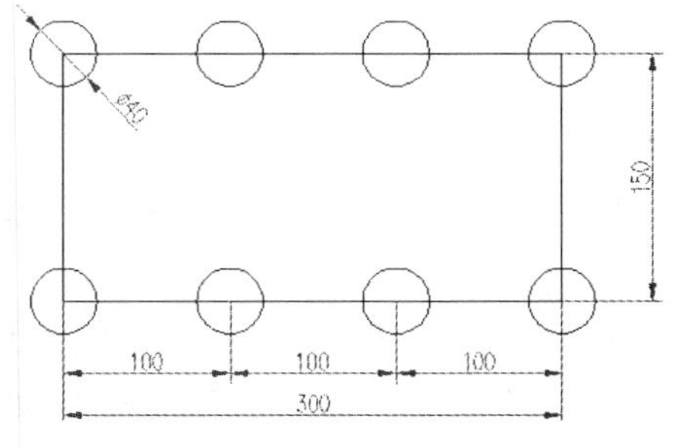

图3-41 绘制结果

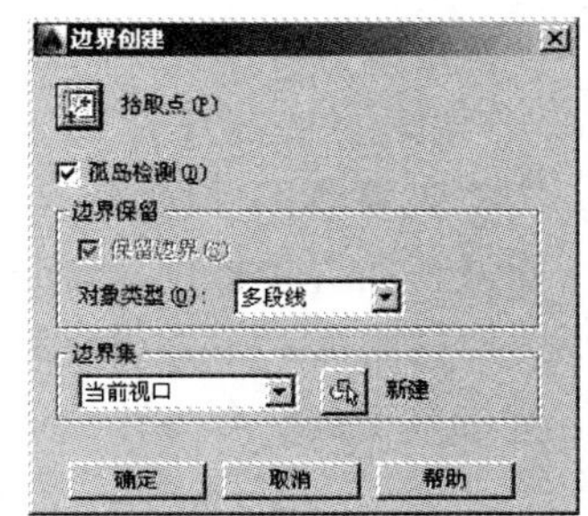

图3-42 【边界创建】对话框

(3) 单击【拾取点】按钮，返回绘图区，在矩形内部拾取一点，此时系统自动分析出一个闭合的虚线边界，如图3-43所示。

(4) 继续在命令行“拾取内部点：”的提示下，敲击 Enter 键，结束命令，结果创建出一个闭合的多段线边界。

(5) 使用快捷键 M 激活【移动】命令，使用点选的方式选择刚创建的闭合边界进行外移，结果如图 3-44 所示。

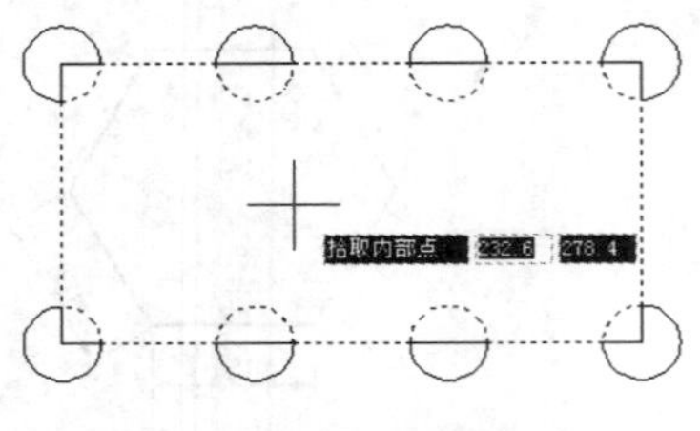

图 3-43　创建虚线边界

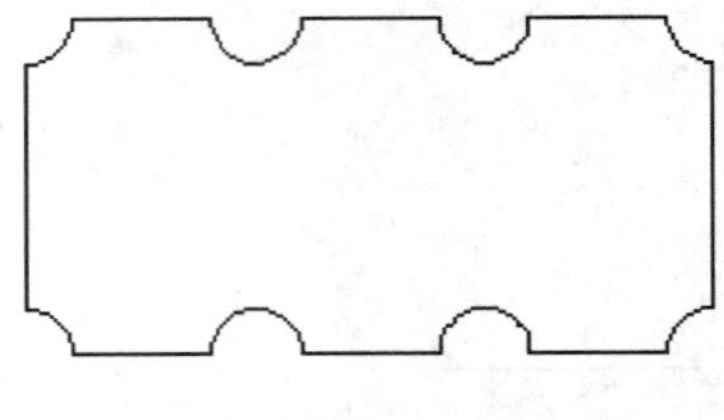

图 3-44　移出边界

📖 选项解析

(1)【边界集】选项组用于定义从指定点定义边界时 AutoCAD 导出来的对象集合，共有当前视口和现有集合两种类型。

(2) 单击【新建】按钮，在绘图区选择对象后，系统返回【边界创建】对话框，在【边界集】组合框中显示【现有集合】类型，用户可以从选择的现有对象集合中定义边界集。

(3)【对象类型】列表框用于设置导出的是边界还是面域，默认为多段线边界。如果需要导出面域，即可将面域设置为当前。

3.3.4 面域

面域其实就是实体的表面，它是一个没有厚度的二维实心区域，具备实体模型的一切特性。

1.【面域】命令的执行方式

执行【面域】命令主要有以下几种方式：

(1) 单击【绘图】菜单中的【面域】命令。

(2) 单击【绘图】工具栏或面板上的按钮。

(3) 在命令行输入 Region 后按 Enter 键。

(4) 使用快捷键 REG。

2. 将对象转化成面域

面域不能直接被创建，而是通过其他闭合图形进行转化。在激活【面域】命令后，只需选择封闭的图形对象即可将其转化为面域，如圆、矩形、正多边形等。

封闭对象在没有转化为面域之前，仅是一种几何线框，没有什么属性信息；而这些封闭图形一旦被转化为面域，就转变为一种实体对象，具备实体属性，可以着色渲染等，如图 3-45 所示。

☞技巧提示

使用【面域】命令只能将单个闭合对象或由多个首尾相连的闭合区域转化成面域，如果用户需要从多个相交对象中提取面域，则可以使用【边界】命令，在【边界创建】对话框中，将【对象类型】设置为“面域”。

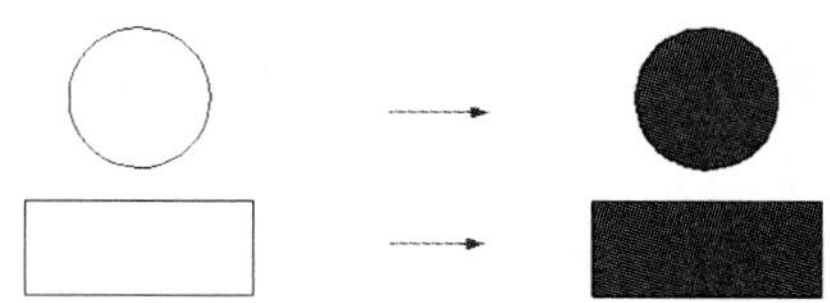

图 3-45　几何线框转化为面域

3.4 绘制圆、圆环与椭圆

本节主要学习【圆】、【圆环】和【椭圆】三个绘图命令，以绘制圆、圆环和椭圆等几何图形。

3.4.1 圆

1.【圆】命令的执行方式

AutoCAD 共为用户提供了六种画圆的方式，如图 3-46 所示。执行【圆】命令主要有以下几种方式：

(1) 单击菜单【绘图】/【圆】级联菜单中的各种命令。

(2) 单击【绘图】工具栏或面板上的按钮。

(3) 在命令行输入 Circle 后按 Enter 键。

(4) 使用快捷键 C。

2. 定距画圆

定距画圆主要分为半径画圆和直径画圆两种方式，默认方式为半径画圆。当定位出圆心之后，只需输入圆的半径或直径，即可精确画圆。其命令行操作如下。

命令：_circle

指定圆的圆心或［三点(3P)/两点(2P)/切点、切点、半径(T)］： //在绘图区拾取一点作为圆的圆心

指定圆的半径或［直径(D)］： //150↙，输入半径，绘制结果如图 3-47 所示

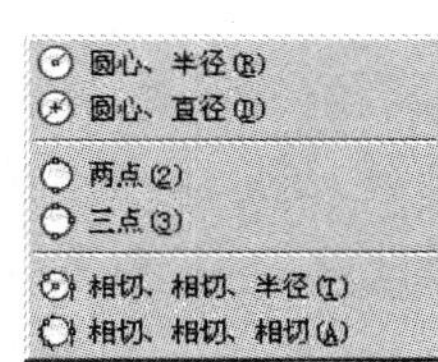

图 3-46　六种画圆方式

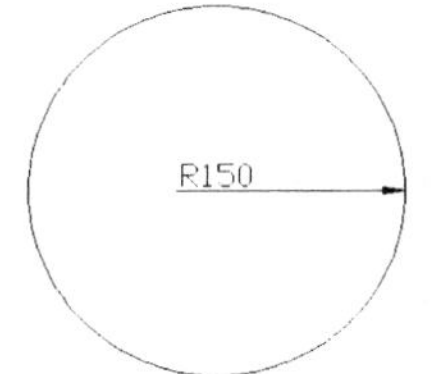

图 3-47　输入半径画圆

☞技巧提示

使用【直径】选项可以根据圆的直径精确画圆。

3. **定点画圆**

定点画圆分为两点画圆和三点画圆两种方式，两点画圆需要指定圆直径的两个端点，其命令行操作如下。

命令：_circle

指定圆的圆心或［三点(3P)/两点(2P)/切点、切点、半径(T)］：_2p

指定圆直径的第一个端点：　//指定圆直径的一个端点 A

指定圆直径的第二个端点：　//指定圆直径的另一个端点 B，绘制结果如图 3-48 所示

而“三点画圆”方式则需要指定圆上的三个点，此种画圆方式的命令行操作过程如下。

命令：_circle

指定圆的圆心或［三点(3P)/两点(2P)/切点、切点、半径(T)］：_3p

指定圆上的第一个点：　//指定圆上的第一个点 1

指定圆上的第二个点：　//指定圆上的第二个点 2

指定圆上的第三个点：　//指定圆上的第三个点 3，绘制结果如图 3-49 所示

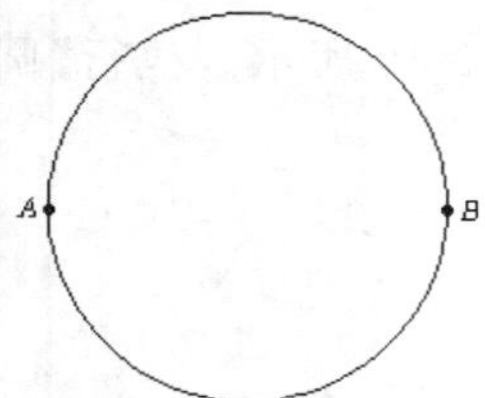

图 3-48　定点画圆

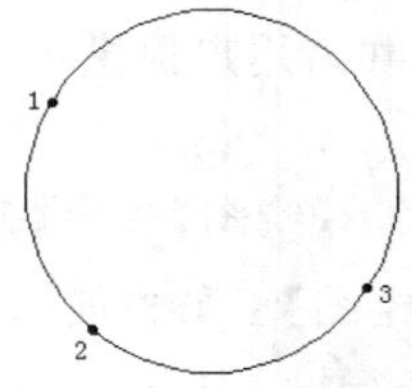

图 3-49　三点画圆

4. **画相切圆**

相切圆有两种绘制方式，即相切、相切、半径和相切、相切、相切。前一种方式需要拾取两个相切对象，然后再输入相切圆半径；后一种方式是直接拾取三个相切对象即可。下面学习两种相切圆的绘制过程。

(1) 首先绘制如图 3-50 所示的圆和直线。

(2) 单击【绘图】菜单中的【圆】/【相切、相切、半径】命令，根据命令行提示绘制与直线和已知圆都相切的圆。命令行操作如下。

命令：_circle

指定圆的圆心或［三点(3P)/两点(2P)/切点、切点、半径(T)］：_ttr

指定对象与圆的第一个切点：　//在直线下端单击左键，拾取第一个相切对象

指定对象与圆的第二个切点：　//在圆下侧边缘上单击左键，拾取第二个相切对象

指定圆的半径 <56.0000>：　//100 ↙，给定相切圆半径，结果如图 3-51 所示

(3) 单击【绘图】菜单中的【圆】/【相切、相切、相切】命令，绘制与三个已知对象都相切的圆。命令行操作如下。

命令：_circle

指定圆的圆心或［三点(3P)/两点(2P)/切点、切点、半径(T)］：_3p

指定圆上的第一个点：_tan 到　//拾取直线作为第一相切对象

指定圆上的第二个点：_tan 到　//拾取小圆作为第二相切对象

指定圆上的第三个点：_tan 到　//拾取大圆作为第三相切对象，结果如图 3-52 所示

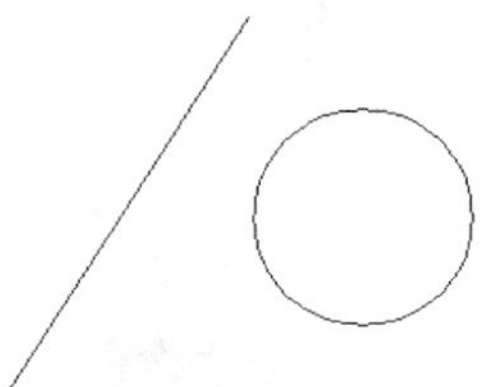

图 3-50　绘制圆和直线

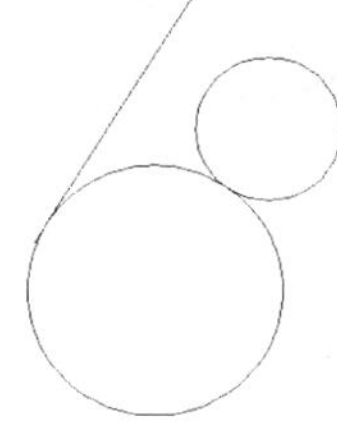

图 3-51　绘制结果 1

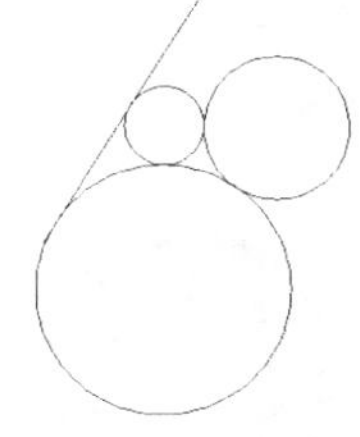

图 3-52　绘制结果 2

3.4.2 圆环

如图 3-53 所示的圆环，也是一种常见的几何图元，此种图元由两条圆弧多段线组成，是这两条圆弧多段线首尾相连而成的圆形。

填充圆环

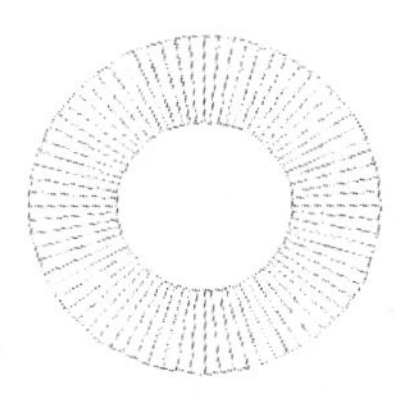

非填充圆环

实心圆环

图 3-53　圆环示例

☞技巧提示

圆环的宽度是由圆环的内径和外径决定的，如果需要创建实心圆环，则可以将内径设置为 0。

执行【圆环】命令主要有以下几种方式：

(1) 单击【绘图】菜单中的【圆环】命令。

(2) 单击【绘图】面板上的◎按钮。

(3) 在命令行输入 Donut 后按 Enter 键。

执行【圆环】命令后，命令行操作如下。

命令：donut

指定圆环的内径 ＜0.0＞：　//100 ↙，输入内径

指定圆环的外径 ＜100.0＞：　//200 ↙，输入外径

指定圆环的中心点或 ＜退出＞：　// ↙，绘制结果如图 3-53(左)所示

☞技巧提示

默认设置下绘制的圆环是填充的，用户可以使用系统变量 FILLMODE 控制圆环的填充与非填充特性。当变量值为 1 时，绘制的圆环为填充圆环，如图 3-54 所示；当变量值为 0 时，绘制的圆环为非填充圆环，如图 3-55 所示。

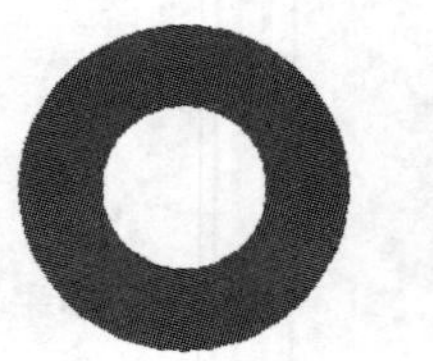

图 3-54 填充圆环

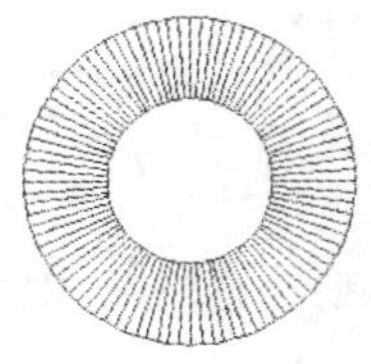
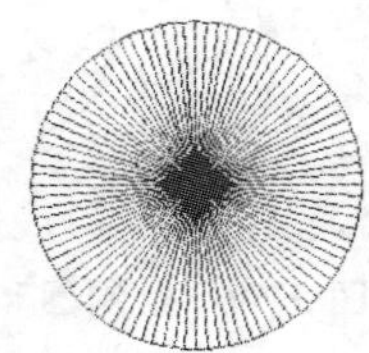

图 3-55 非填充圆环

3.4.3 椭圆

椭圆是由两条不等的椭圆轴所控制的闭合曲线，包含中心点、长轴和短轴等几何特征。

1.【椭圆】命令的执行方式

执行【椭圆】命令主要有以下几种方式：

(1) 单击菜单【绘图】/【椭圆】子菜单命令。

(2) 单击【绘图】工具栏或面板上的按钮。

(3) 在命令行输入 Ellipse 后按 Enter 键。

(4) 使用快捷键 EL。

2.“轴端点”方式画椭圆

“轴端点”方式需要指定一条轴的两个端点和另一条轴的半长，即可精确画椭圆，其命令行操作如下。

命令：_ellipse

指定椭圆轴的端点或［圆弧(A)/中心点(C)］： //拾取一点，定位椭圆轴的一个端点

指定轴的另一个端点： //@150,0 ↙

指定另一条半轴长度或［旋转(R)］： //30 ↙，绘制结果如图 3-56 所示

☞技巧提示

如果在轴测图模式下启动了【椭圆】命令，那么在此操作步骤中将增加【等轴测圆】选项，用于绘制轴测圆，如图 3-57 所示。

3.“中心点”方式画椭圆

用“中心点”方式画椭圆需要首先确定出椭圆的中心点，然后再确定椭圆轴的一个端点和椭圆另一半轴的长度，其命令行操作如下。

命令：_ellipse

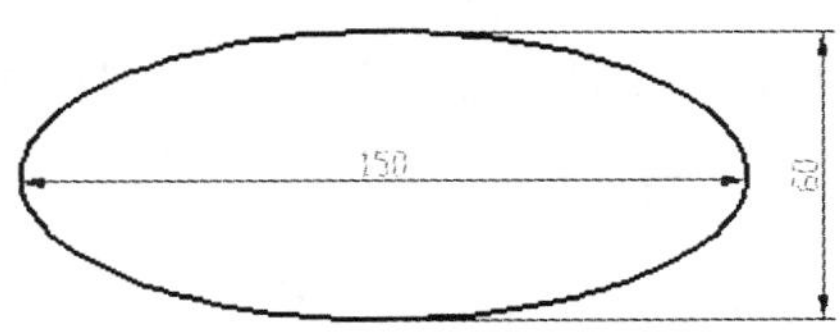

图 3-56 “轴端点”方式示例

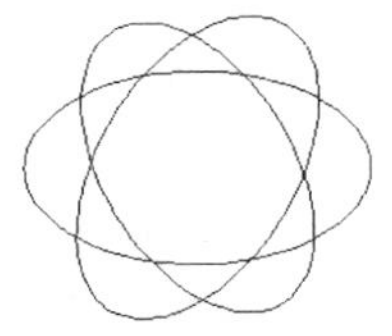

图 3-57 等轴测圆示例

指定椭圆的轴端点或［圆弧(A)/中心点(C)］：_c

指定椭圆的中心点： //捕捉刚绘制的椭圆的中心点

指定轴的端点： //@0,30 ↙

指定另一条半轴长度或［旋转(R)］： //20 ↙，绘制结果如图 3-58 所示

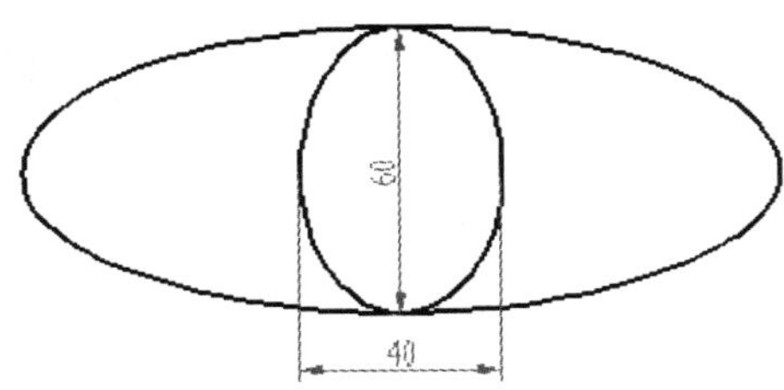

图 3-58 “中心点”方式画椭圆

☞技巧提示

使用【旋转】选项可以根据椭圆的短轴和长轴的比值，把一个圆绕定义的第一轴旋转成椭圆。

3.5 绘制各类曲线

本节主要学习【圆弧】、【修订云线】、【椭圆弧】和【样条曲线】四个命令，以绘制各类曲线。

3.5.1 圆弧

【圆弧】命令用于绘制圆弧，此命令共为用户提供了五类共 11 种画弧方式，如图 3-59 所示。

1.【圆弧】命令的执行方式

执行【圆弧】命令主要有以下几种方式：

(1) 单击菜单【绘图】/【圆弧】子菜单中的各命令。

(2) 单击【绘图】工具栏或面板上的按钮。

(3) 在命令行输入 Arc 后按 Enter 键。

(4) 使用快捷键 A。

2. 三点画弧

三点画弧指的是直接定位出三个点即可绘制圆弧，其中第一点和第三点分别被作为圆弧的起点和端点，如图 3-60 所示。三点画弧的命令行操作如下。

命令：_arc

指定圆弧的起点或［圆心(C)］： //拾取一点作为圆弧的起点

指定圆弧的第二个点或［圆心(C)/端点(E)］： //在适当位置拾取圆弧上的第二点

指定圆弧的端点： //拾取第三点作为圆弧的端点，结果如图 3-60 所示

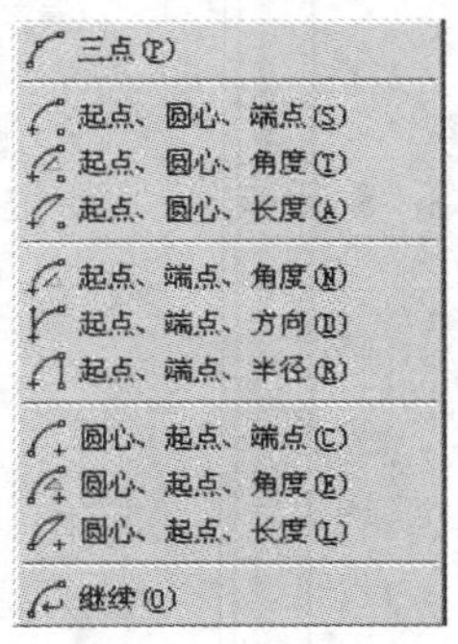

图 3-59 【圆弧】菜单

第二点
第一点
第三点

图 3-60 三点画弧示例

3. “起点、圆心”方式画弧

此种画弧方式分为“起点、圆心、端点”、“起点、圆心、角度”和“起点、圆心、长度”三种。当用户确定出圆弧的起点和圆心后，只需要定位出圆弧的端点或角度、弧长等参数，即可精确画弧。“起点、圆心、端点”画弧的命令行操作如下。

命令：_arc

指定圆弧的起点或［圆心(C)］： //在绘图区拾取一点作为圆弧的起点

指定圆弧的第二个点或［圆心(C)/端点(E)］： //c ↙

指定圆弧的圆心： //在适当位置拾取一点作为圆弧的圆心

指定圆弧的端点或［角度(A)/弦长(L)］： //拾取一点作为圆弧端点，结果如图 3-61(左)所示

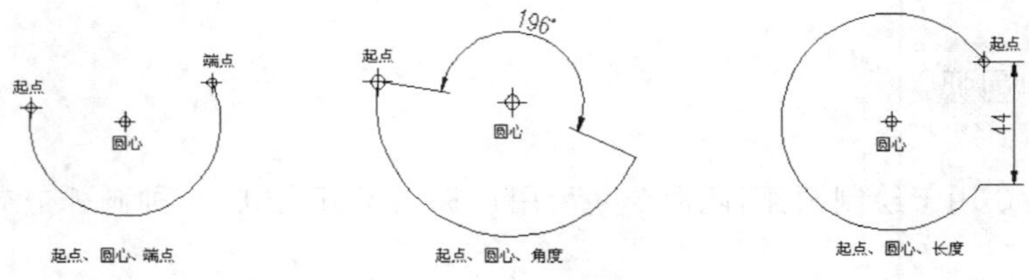

图 3-61 “起点、圆心”方式画弧

☞技巧提示

当指定了圆弧的起点和圆心后，直接输入圆弧的包含角或圆弧的弦长，也可精确绘制圆弧，如图 3-61(中)、(右)所示。

4.**“起点、端点”方式画弧**

此种画弧方式分为“起点、端点、角度”、“起点、端点、半径”和“起点、端点、方向”三种。当定位出圆弧的起点和端点后，只需再确定弧的角度、半径或方向，即可精确画弧。“起点、端点、角度”画弧的命令行操作如下。

命令：_arc

指定圆弧的起点或［圆心(C)］： //定位弧的起点

指定圆弧的第二个点或［圆心(C)/端点(E)］：_e

指定圆弧的端点： //定位弧的端点

指定圆弧的圆心或［角度(A)/方向(D)/半径(R)］：_a

指定包含角： //输入 190 ↙，定位弧的角度，结果如图 3-62(左)所示

☞技巧提示

如果输入的角度为正值，系统将按逆时针方向绘制圆弧，反之按顺时针方向绘制圆弧。另外，当指定圆弧起点和端点后，输入弧的半径或起点切向，也可精确画弧，如图 3-62(中)、(右)所示。

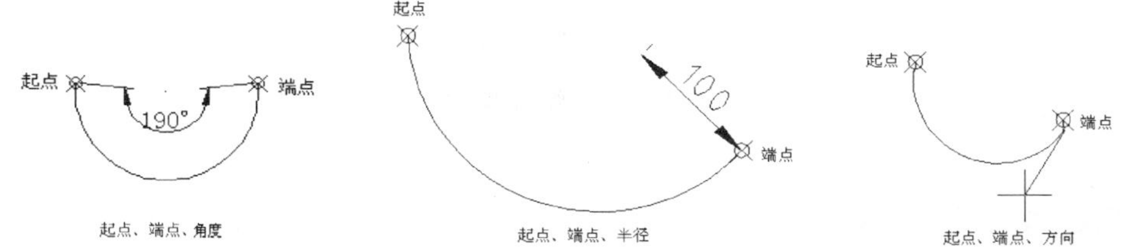

图 3-62 “起点、端点”方式画弧

5.**“圆心、起点”方式画弧**

此种方式分为“圆心、起点、端点”、“圆心、起点、角度”和“圆心、起点、长度”三种。当确定了圆弧的圆心和起点后，只需再给出圆弧的端点或角度、弧长等参数，即可精确绘制圆弧。“圆心、起点、端点”画弧的命令行操作如下。

命令：_arc

指定圆弧的起点或［圆心(C)］：_c

指定圆弧的圆心： //拾取一点作为弧的圆心

指定圆弧的起点： //拾取一点作为弧的起点

指定圆弧的端点或［角度(A)/弦长(L)］： //拾取一点作为弧的端点，结果如图 3-63(左)所示

☞技巧提示

当给定了圆弧的圆心和起点后，输入圆心角或弦长，也可精确绘制圆弧，如图 3-63(中)、(右)所示。在配合“长度”绘制圆弧时，如果输入的弦长为正值，系统将绘制小于 180°的劣弧；如果输入的弦长为负值，系统将绘制大于 180°的优弧。

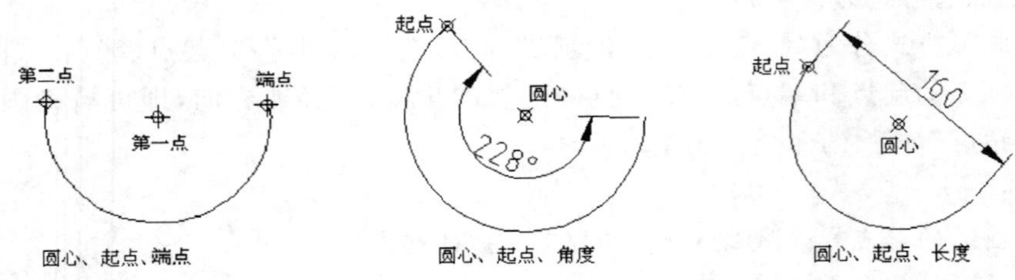

图 3-63 "圆心、起点"方式画弧

6."连续"画弧

执行菜单栏中的【绘图】/【圆弧】/【继续】命令，可进入连续画弧状态，所绘制的圆弧与上一个圆弧自动相切。

另外，在结束画弧命令后，连续两次敲击 Enter 键，也可进入"相切圆弧"绘制模式，所绘制的圆弧与前一个圆弧的终点连接并与之相切，如图 3-64 所示。

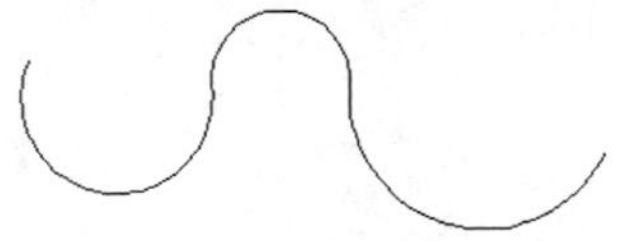

图 3-64 连续画弧方式

3.5.2 修订云线

【修订云线】命令用于绘制由连续圆弧构成的图线，所绘制的图线被看作一条多段线，此种图线可以是闭合的，也可以是断开的，如图 3-65 所示。

图 3-65 修订云线示例

执行【修订云线】命令主要有以下几种方式：

(1) 单击菜单【绘图】/【修订云线】命令。

(2) 单击【绘图】工具栏或面板上的按钮。

(3) 在命令行输入 Revcloud 后按 Enter 键。

下面通过绘制最大弧长为 25、最小弧长为 10 的云线，学习使用【修订云线】命令。

命令：_revcloud

最小弧长：30　最大弧长：30　样式：普通

指定起点或 [弧长(A)/对象(O)/样式(S)] <对象>： //a↙，激活【弧长】选项

指定最小弧长 <30>： //15↙，设置最小弧长度

指定最大弧长 <10>： //30↙，设置最大弧长度

指定起点或［弧长(A)/对象(O)/样式(S)］<对象>： //在绘图区拾取一点作为起点

沿云线路径引导十字光标... //按住左键不放，沿着所需闭合路径引导光标

反转方向［是(Y)/否(N)］<否>： //N↙，采用默认设置，结果如图 3-66 所示

修订云线完成。

图 3-66 绘制结果

☞技巧提示

在绘制云线时，如果将云线的端点放在起点处，系统会自动绘制闭合云线。

📖 选项解析

◆ 【对象】选项用于对非云线图形，如直线、圆弧、矩形以及圆图形等，按照当前的样式和尺寸，将其转化为云线图形，如图 3-67 所示。另外，在编辑的过程中还可以修改弧线的方向，如图 3-68 所示。

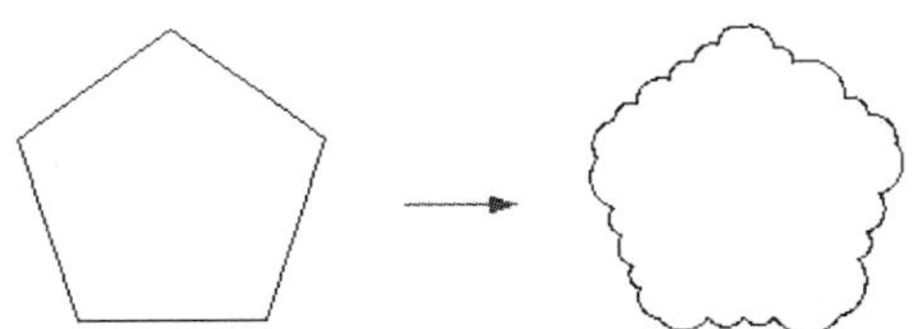

图 3-67 【对象】选项示例

图 3-68 反转方向

◆ 【样式】选项用于设置修订云线的样式，具体有普通和手绘两种样式，默认为普通样式。图 3-69 所示的云线就是在手绘样式下绘制的。

◆ 【弧长】选项用于设置云线的最小弧和最大弧的长度，所设置的最大弧长最大为最小弧长的三倍。

3.5.3 椭圆弧

椭圆弧也是一种基本的构图元素，它除了包含中心点、长轴和短轴等几何特征外，还具有角度特征。

执行【椭圆弧】命令主要有以下几种方式：

(1) 单击【绘图】菜单中的【椭圆弧】命令。

(2) 单击【绘图】工具栏或面板上的按钮。

下面绘制长轴为 120、短轴为 60、角度为 90 的椭圆弧，其命令行操作如下。

命令：_ellipse

指定椭圆的轴端点或［圆弧(A)/中心点(C)]： //A ↙，激活【圆弧】功能

指定椭圆弧的轴端点或［中心点(C)]： //拾取一点，定位弧端点

指定轴的另一个端点： //@150,0 ↙，定位长轴

指定另一条半轴长度或［旋转(R)]： //30 ↙，定位短轴

指定起始角度或［参数(P)]： //0 ↙，定位起始角度

指定终止角度或［参数(P)/包含角度(I)]： //150 ↙，定位终止角度，绘制结果如图 3-70 所示

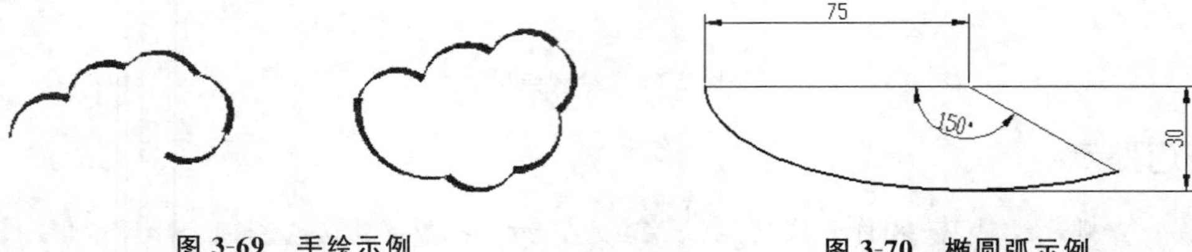

图 3-69　手绘示例　　　图 3-70　椭圆弧示例

☞技巧提示

椭圆弧的角度就是终止角度和起始角度的差值。另外，用户也可以使用【包含角】选项功能，直接输入椭圆弧的角度。

3.5.4　样条曲线

【样条曲线】命令用于绘制通过某些拟合点（接近控制点）的光滑曲线，所绘制的曲线可以是二维曲线，也可以是三维曲线。

执行【样条曲线】命令主要有以下几种方式：

(1) 单击【绘图】菜单栏中的【样条曲线】命令。

(2) 单击【绘图】工具栏或面板中的～按钮。

(3) 在命令行输入 Spline 后按 Enter 键。

(4) 使用快捷键 SPL。

执行【样条曲线】命令后，其命令行操作如下。

命令：_spline

当前设置：方式＝拟合　节点＝弦

指定第一个点或［方式(M)/节点(K)/对象(O)]： //指定第一点

输入下一个点或［起点切向(T)/公差(L)]： //指定第二点

输入下一个点或［端点相切(T)/公差(L)/放弃(U)]： //指定第三点

输入下一个点或［端点相切(T)/公差(L)/放弃(U)/闭合(C)]： //指定第四点

……

输入下一个点或［端点相切(T)/公差(L)/放弃(U)/闭合(C)]： // ↙

选项解析

◆ 【方式】选项用于设置样条曲线的创建方式，即使用拟合点或使用控制点，两种方

式下样条曲线的夹点示例如图 3-71 所示。

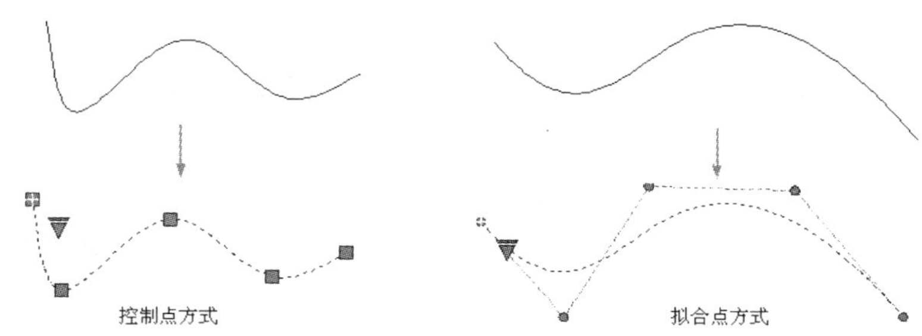

图 3-71　两种方式示例

◆ 【节点】选项用于指定节点的参数化，以影响曲线在通过拟合点时的形状。

◆ 【对象】选项用于把样条曲线拟合的多段线转变为样条曲线。激活此选项后，如果用户选择的是没有经过编辑多段线拟合的多段线，系统无法转换选定的对象。

◆ 【闭合】选项用于绘制闭合的样条曲线。激活此选项后，AutoCAD 将使样条曲线的起点和终点重合，并且共享相同的顶点和切向，此时系统只提示一次让用户给定切向点。

◆ 【拟合公差】选项用于控制样条曲线对数据点的接近程度。拟合公差的大小直接影响到当前图形，公差越小，样条曲线越接近数据点。

3.6 填充图案与渐变色

图案是由各种图线进行不同的排列组合而构成的一种图形元素，此类图形元素作为一个独立的整体，被填充到各种封闭的区域内，以表达各自的图形信息，如图 3-72 所示。

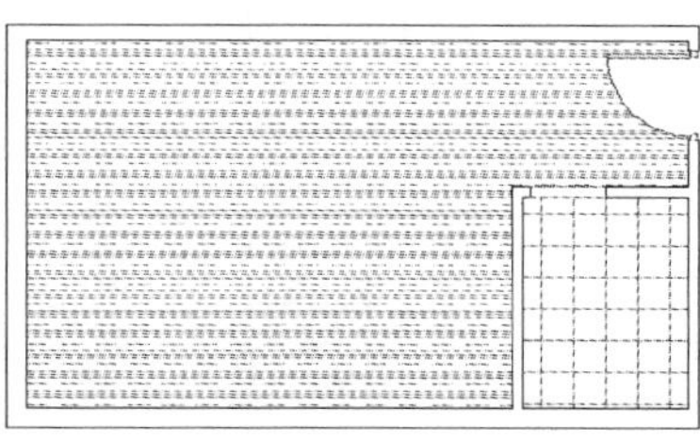

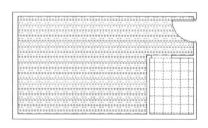

图 3-72　图案填充示例

执行【图案填充】命令主要有以下几种方式：

(1) 执行菜单栏中的【绘图】/【图案填充】命令。

(2) 单击【绘图】工具栏或面板中的▩按钮。

(3) 在命令行输入 Bhatch 后按 Enter 键。

(4) 使用快捷键 H 或 BH。

3.6.1 绘制预定义图案

AutoCAD 为用户提供了预定义图案和用户定义图案两种现有图案，下面学习预定义图案的填充过程。具体操作步骤如下：

(1) 打开随书光盘“\素材文件\图案填充示例.dwg”文件，如图 3-73 所示。

(2) 执行菜单栏中的【绘图】/【图案填充】命令，打开如图 3-74 所示的【图案填充和渐变色】对话框。

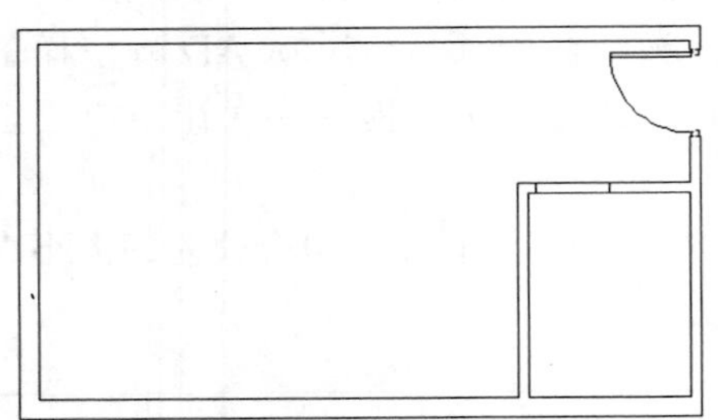

图 3-73 打开结果

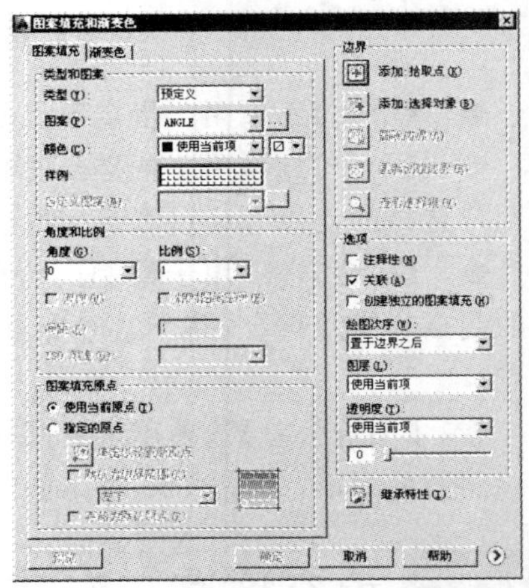

图 3-74 【图案填充和渐变色】对话框

(3) 单击【样例】文本框中的图案，或单击【图案】列表右端的按钮 ...，打开【填充图案选项板】对话框，然后选择图 3-75 所示的填充图案。

(4) 单击 确定 按钮，返回【图案填充和渐变色】对话框，设置填充角度和填充比例，如图 3-76 所示。

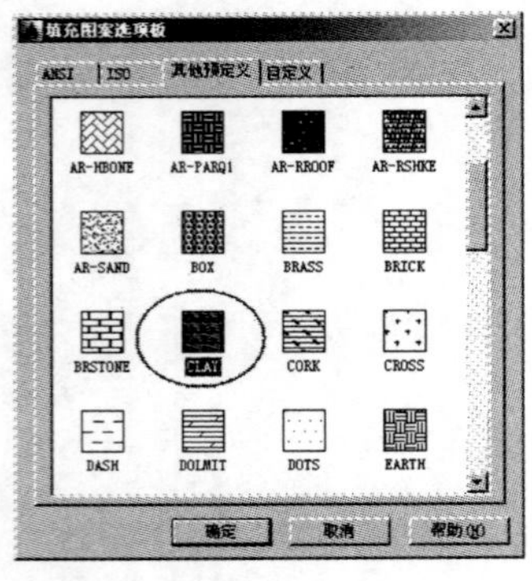

图 3-75 选择填充图案

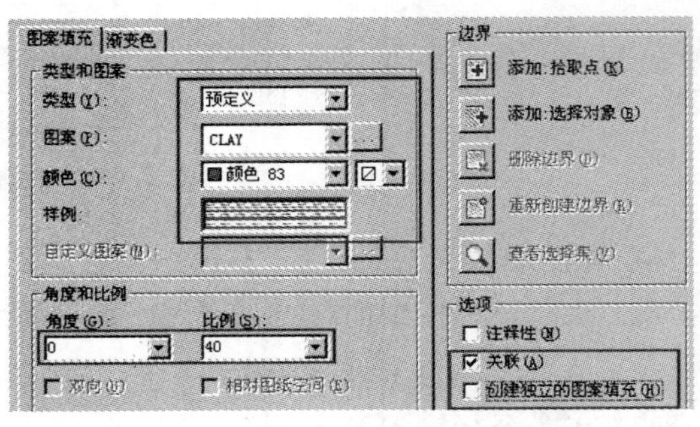

图 3-76 设置填充参数

☞技巧提示

【角度】下拉文本框用于设置图案的倾斜角度;【比例】下拉文本框用于设置图案的填充比例。

(5) 在【边界】选项组中单击【添加:拾取点】按钮,返回绘图区拾取如图3-77所示的区域作为填充边界。

(6) 按Enter键返回【图案填充和渐变色】对话框,单击 确定 按钮结束命令,填充结果如图3-78所示。

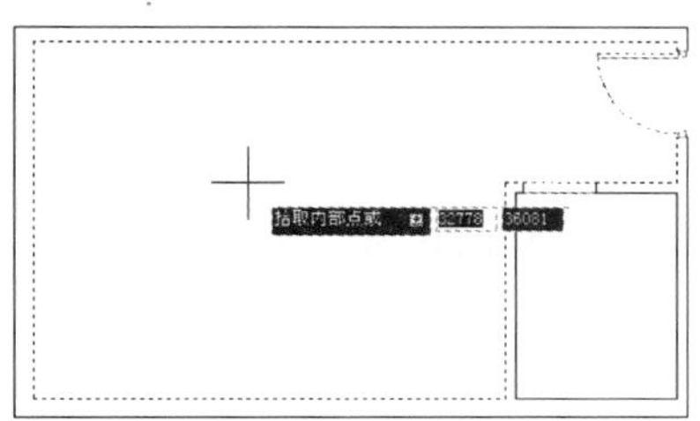

图3-77 拾取填充区域

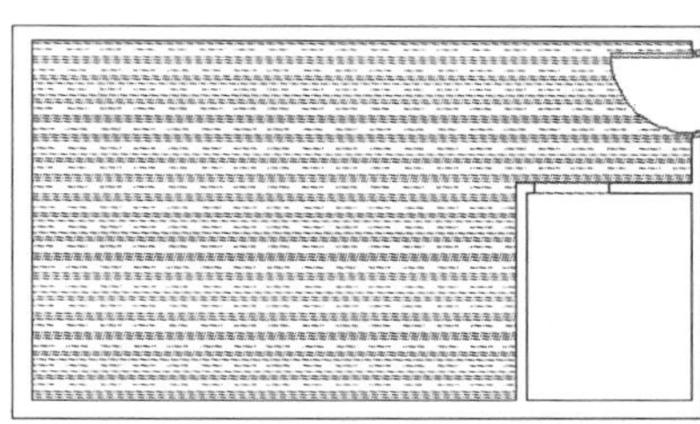

图3-78 填充结果

☞技巧提示

如果填充效果不理想,或者不符合要求,要按下Esc键返回【图案填充和渐变色】对话框重新调整参数。

选项解析

◆ 【添加:拾取点】按钮用于在填充区域内部拾取任意一点,AutoCAD将自动搜索到包含该点在内的区域边界,并以虚线显示边界。

☞技巧提示

用户可以连续地拾取多个要填充的目标区域,如果选择了不需要的区域,此时可单击鼠标右键,从弹出的快捷菜单中选择【放弃上次选择/拾取】或【全部清除】命令。

◆ 【添加:选择对象】按钮用于直接选择需要填充的单个闭合图形,作为填充边界。

◆ 【删除边界】按钮用于删除位于选定填充区内但不填充的区域。

◆ 【查看选择集】按钮用于查看所确定的边界。

◆ 【继承特性】按钮用于在当前图形中选择一个已填充的图案,系统将继承该图案类型的一切属性并将其设置为当前图案。

◆ 【关联】复选项与【创建独立的图案填充】复选项用于确定填充图形与边界的关系,分别用于创建关联和不关联的填充图案。

◆ 【注释性】复选项用于为图案添加注释特性。

◆ 【绘图次序】下拉列表用于设置填充图案和填充边界的绘图次序。

◆ 【图层】下拉列表用于设置填充图案的所在层。

◆ 【透明度】列表用于设置填充图案的透明度。当为图案指定透明度后，还需要打开状态栏上的▩按钮，以显示透明度效果。

3.6.2 绘制用户定义图案

下面通过为卫生间填充地砖图案，主要学习用户定义图案的具体填充过程。操作步骤如下：

(1) 继续上节操作。

(2) 执行【图案填充】命令，打开【图案填充和渐变色】对话框，设置图案类型及参数，如图 3-79 所示。

(3) 单击【添加：拾取点】按钮⊞，返回绘图区，拾取如图 3-80 所示的区域，对其填充如图 3-81 所示的图案。

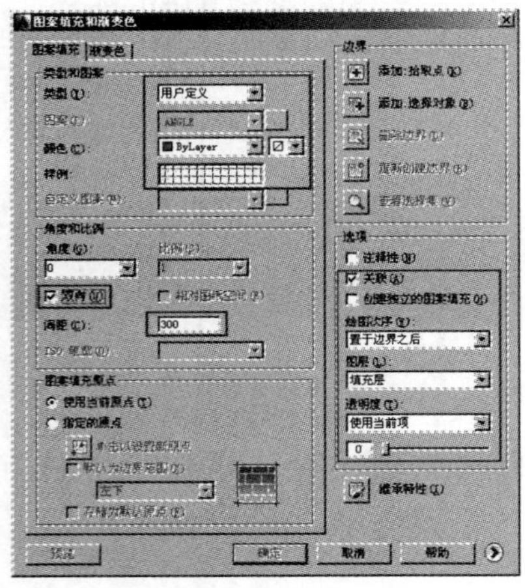

图 3-79 设置填充图案和参数

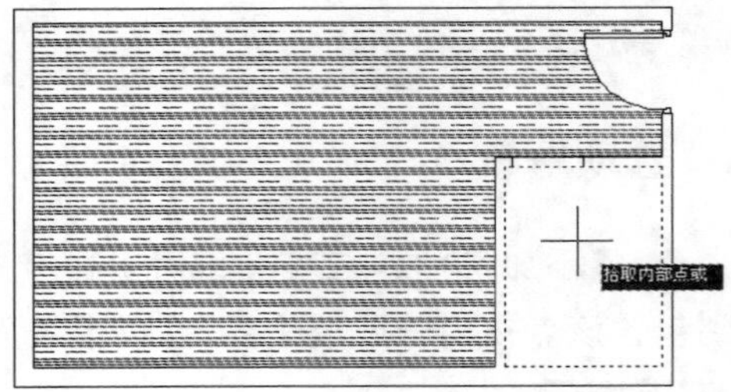

图 3-80 拾取填充区域

📖 选项解析

【图案填充】选项卡用于设置填充图案的类型、样式、填充角度及填充比例等，各常用选项如下：

◆ 【类型】列表框内包含预定义、用户定义、自定义三种图样类型，如图 3-82 所示。

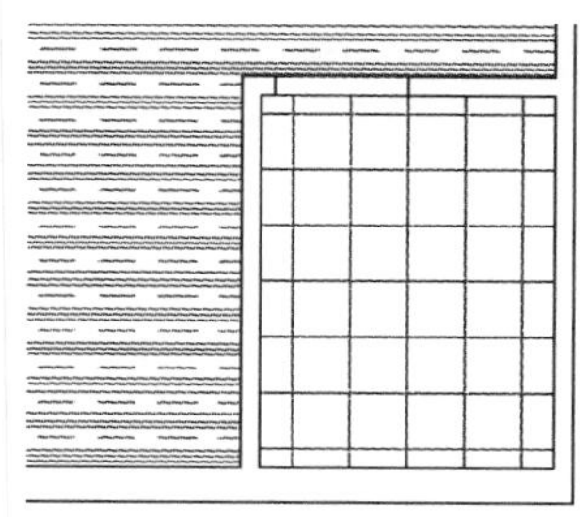

图 3-81 填充结果

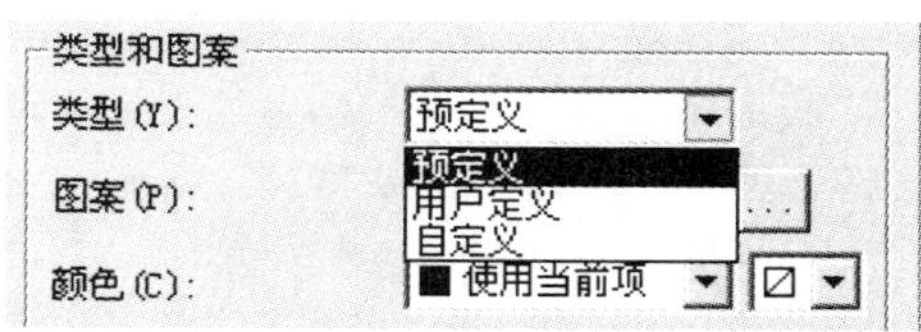

图 3-82 【类型】下拉列表框

☞技巧提示

预定义图样只适用于封闭的填充边界；用户定义图样可以使用图形的当前线型创建填充图样；自定义图样就是使用自定义的PAT文件中的图样进行填充。

◆ 【图案】列表框用于显示预定义类型的填充图案名称。

◆ 【相对于图纸空间】选项仅用于布局选项卡，它是相对于图纸空间单位进行图案的填充。运用此选项，可以根据适合于布局的比例显示填充图案。

◆ 【间距】文本框可设置用户定义填充图案的直线间距，只有激活了【类型】列表框中的【用户定义】选项，此选项才可用。

◆ 【双向】复选框仅适用于用户定义图案，勾选该复选框，将增加一组与原图线垂直的线。

◆ 【ISO 笔宽】选项用于缩放 ISO 预定义图案，调整图线之间的间隔，它只在选择ISO线型图案时才可用。

3.6.3 绘制渐变色

下面通过为台灯灯罩和灯座填充渐变色，主要学习渐变色图案的填充过程。具体操作步骤如下：

(1) 打开随书光盘“\素材文件\床头柜与台灯.dwg”文件，如图 3-83 所示。

(2) 执行【图案填充】命令，打开【图案填充和渐变色】对话框。

(3) 展开【渐变色】选项卡，然后勾选【双色】单选项，如图 3-84 所示。

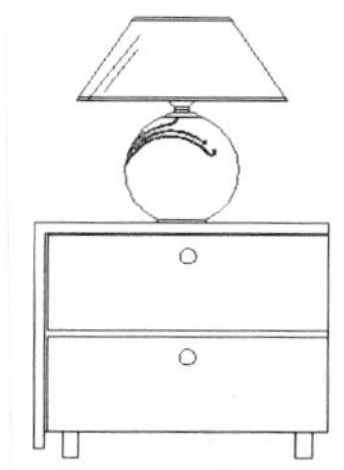

图 3-83 打开结果

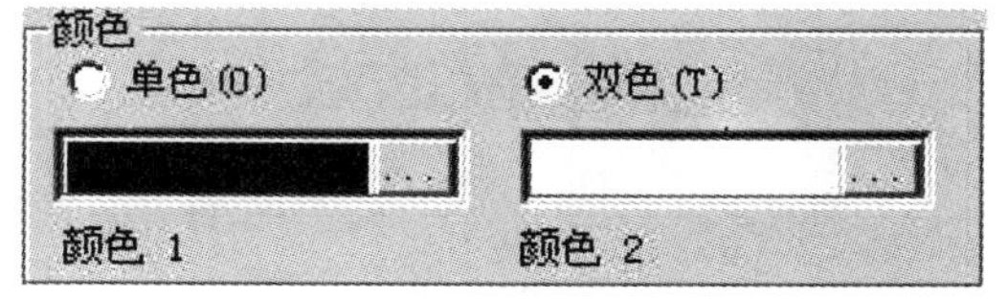

图 3-84 【颜色】选项组

(4) 将“颜色 1”的颜色设置为 211 号色，将“颜色 2”的颜色设置为黄色，然后设置渐变方式等，如图 3-85 所示。

(5) 单击【添加:拾取点】按钮,返回绘图区指定填充边界,填充如图 3-86 所示的渐变色。

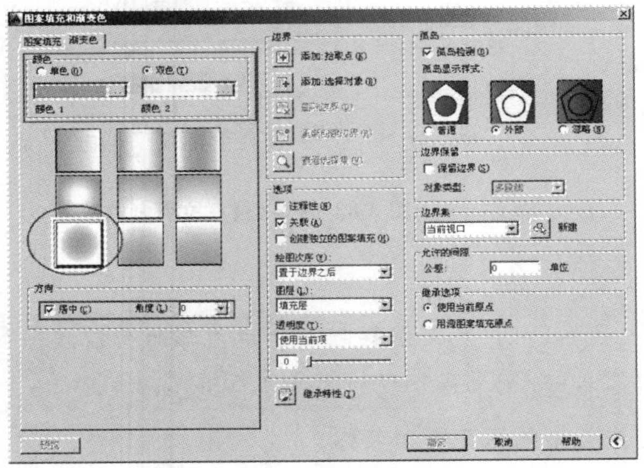

图 3-85 设置渐变色

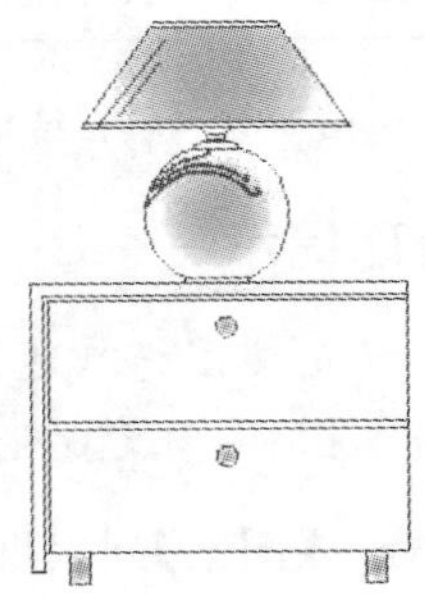

图 3-86 填充渐变色

选项解析

◆ 【单色】单选项用于以一种渐变色进行填充;显示框用于显示当前的填充颜色,单击其右侧按钮,可弹出图 3-87 所示的【选择颜色】对话框,选择所需的颜色。

◆ 勾选【单色】单选项后,可显示出【暗—明】滑动条,拖动滑动块可以调整填充颜色的明暗度,如果用户激活【双色】选项,此滑动条自动转换为颜色显示框。

◆ 【双色】选项用于以两种颜色的渐变色作为填充色;【角度】选项用于设置渐变填充的倾斜角度。

◆ 【孤岛显示样式】选项组提供了"普通"、"外部"和"忽略"三种方式,如图 3-88 所示。"普通"方式是从最外层的外边界向内边界填充,第一层填充,第二层不填充,如此交替进行;"外部"方式只填充从最外边界向内第一边界之间的区域;"忽略"方式忽略最外层边界以内的其他任何边界,以最外层边界向内填充全部图形。

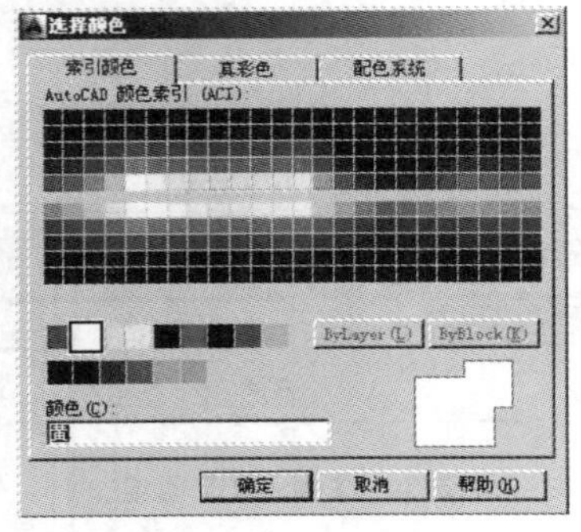

图 3-87 【选择颜色】对话框

图 3-88 孤岛显示样式

◆ 【边界保留】选项用于设置是否保留填充边界。默认为不保留填充边界。

◆ 【允许的间隙】选项用于设置填充边界的允许间隙值，处在间隙值范围内的非封闭区域也可填充图案。

◆ 【继承选项】选项组用于设置图案填充的原点，即使用当前原点还是使用源图案填充的原点。

3.7 实例指导——绘制办公椅平面图

本例通过绘制办公椅平面图，在巩固所学知识的前提下，主要对【多段线】、【椭圆】、【圆弧】、【图案填充】等命令进行综合应用。本例最终绘制效果如图 3-89 所示。

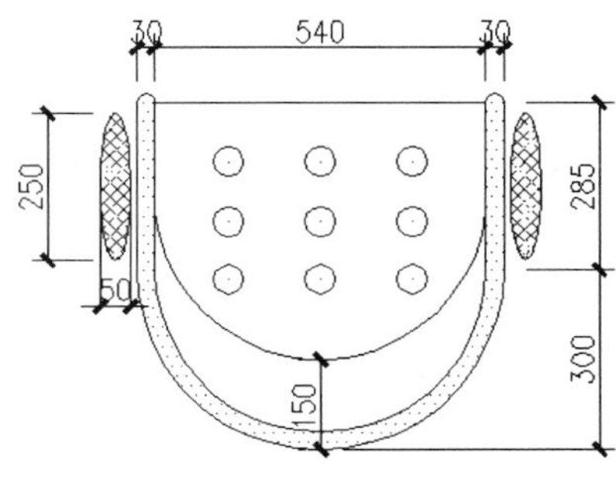

图 3-89 实例效果

操作步骤如下所述。

(1) 单击菜单【文件】/【新建】命令，创建公制单位的空白文件。

(2) 单击菜单【格式】/【图形界限】命令，设置图形界限为 750×750，命令行操作如下。

命令：'_limits

重新设置模型空间界限：

指定左下角点或［开(ON)/关(OFF)］<0.0000,0.0000>： //↙

指定右上角点 <420.0000,297.0000>： //15000,5000↙

(3) 使用快捷键 Z 激活【视图缩放】功能，将图形界限最大化显示。命令行操作如下。

命令：z //↙

ZOOM 指定窗口的角点，输入比例因子 (nX 或 nXP)，或者［全部(A)/中心(C)/动态(D)/范围(E)/上一个(P)/比例(S)/窗口(W)/对象(O)］<实时>： //a↙

正在重生成模型。

(4) 单击【绘图】工具栏上的按钮，激活【多段线】命令，配合【极轴追踪】功能绘制办公椅的轮廓线。命令行操作如下。

命令：_pline

指定起点： //拾取一点作为起点

当前线宽为 0.0000

指定下一个点或［圆弧(A)/半宽(H)/长度(L)/放弃(U)/宽度(W)］： //垂直向下移动光标，引出如图 3-90 所示的追踪虚线，输入 285↙

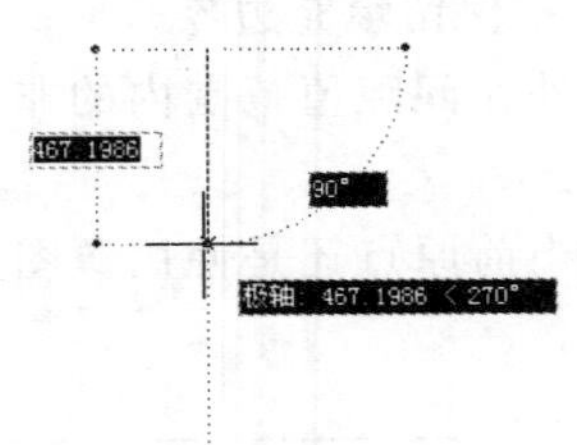

图 3-90　向下引出追踪虚线

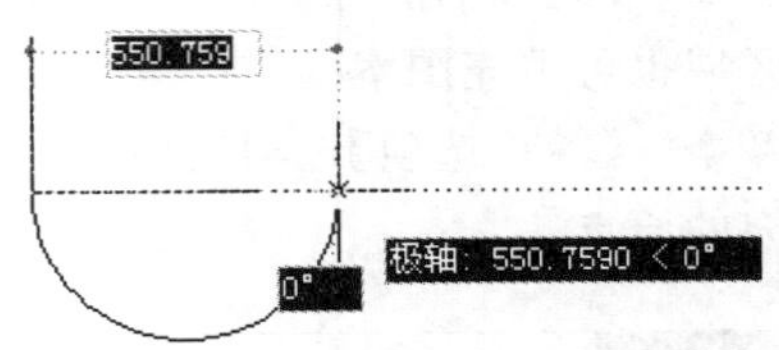

图 3-91　向右引出追踪虚线

指定下一点或 [圆弧(A)/闭合(C)/半宽(H)/长度(L)/放弃(U)/宽度(W)]： //a↙

指定圆弧的端点或[角度(A)/圆心(CE)/闭合(CL)/方向(D)/半宽(H)/直线(L)/半径(R)/第二个点(S)/放弃(U)/宽度(W)]： //水平向右移动光标,引出如图 3-91 所示的水平追踪虚线,输入 600↙

指定圆弧的端点或[角度(A)/圆心(CE)/闭合(CL)/方向(D)/半宽(H)/直线(L)/半径(R)/第二个点(S)/放弃(U)/宽度(W)]： //l↙,转入画线模式

指定下一点或 [圆弧(A)/闭合(C)/半宽(H)/长度(L)/放弃(U)/宽度(W)]： //垂直向上移动光标,引出垂直追踪虚线,输入 285↙

指定下一点或 [圆弧(A)/闭合(C)/半宽(H)/长度(L)/放弃(U)/宽度(W)]： //a↙

指定圆弧的端点或[角度(A)/圆心(CE)/闭合(CL)/方向(D)/半宽(H)/直线(L)/半径(R)/第二个点(S)/放弃(U)/宽度(W)]： //水平向左移动光标,引出水平追踪虚线,输入 30↙

指定圆弧的端点或[角度(A)/圆心(CE)/闭合(CL)/方向(D)/半宽(H)/直线(L)/半径(R)/第二个点(S)/放弃(U)/宽度(W)]： //l↙,转入画线模式

指定下一点或 [圆弧(A)/闭合(C)/半宽(H)/长度(L)/放弃(U)/宽度(W)]： //垂直向下移动光标,引出垂直追踪虚线,输入 285↙

指定下一点或 [圆弧(A)/闭合(C)/半宽(H)/长度(L)/放弃(U)/宽度(W)]： //a↙

指定圆弧的端点或[角度(A)/圆心(CE)/闭合(CL)/方向(D)/半宽(H)/直线(L)/半径(R)/第二个点(S)/放弃(U)/宽度(W)]： //水平向左移动光标,引出水平追踪虚线,输入 540↙

指定圆弧的端点或[角度(A)/圆心(CE)/闭合(CL)/方向(D)/半宽(H)/直线(L)/半径(R)/第二个点(S)/放弃(U)/宽度(W)]： //l↙,转入画线模式

指定下一点或 [圆弧(A)/闭合(C)/半宽(H)/长度(L)/放弃(U)/宽度(W)]： //垂直向上移动光标,引出垂直追踪虚线,输入 285↙

指定下一点或 [圆弧(A)/闭合(C)/半宽(H)/长度(L)/放弃(U)/宽度(W)]： //a↙

指定圆弧的端点或[角度(A)/圆心(CE)/闭合(CL)/方向(D)/半宽(H)/直线(L)/半径(R)/第二个点(S)/放弃(U)/宽度(W)]： //cl↙,闭合图形,绘制结果如图 3-92

所示

（5）单击菜单【绘图】/【直线】命令，配合【端点捕捉】功能，分别连接内轮廓线上方的两个端点，并绘制如图 3-93 所示的直线。

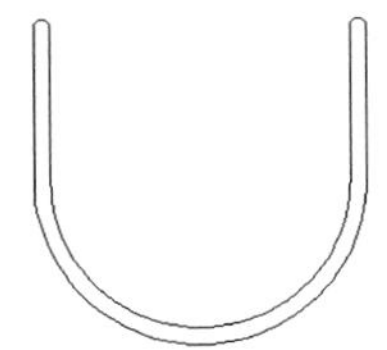

图 3-92　绘制结果

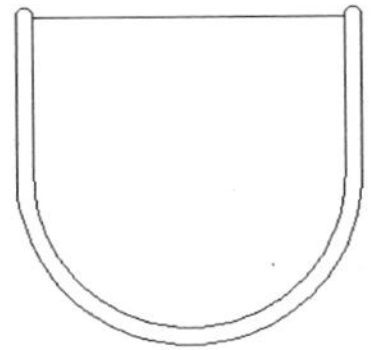

图 3-93　绘制直线

（6）单击菜单【工具】/【新建 UCS】/【原点】命令，捕捉如图 3-94 所示的中点，作为新坐标系的原点，定义结果如图 3-95 所示。

（7）单击菜单【绘图】/【圆弧】/【三点】命令，配合点的【坐标输入】功能，绘制内部的弧形轮廓线。命令行操作过程如下。

命令：_arc

指定圆弧的起点或［圆心(C)］：　//−270，−185 ↙

指定圆弧的第二个点或［圆心(C)/端点(E)］：　//@270，−250 ↙

指定圆弧的端点：　//@270,250 ↙，绘制结果如图 3-96 所示

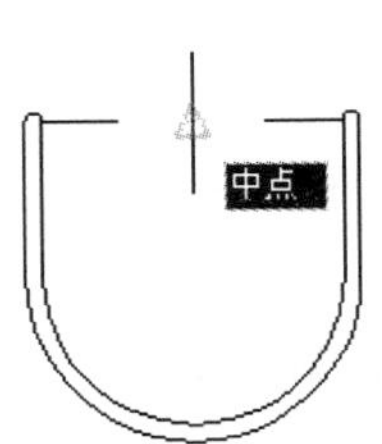

图 3-94　定位原点

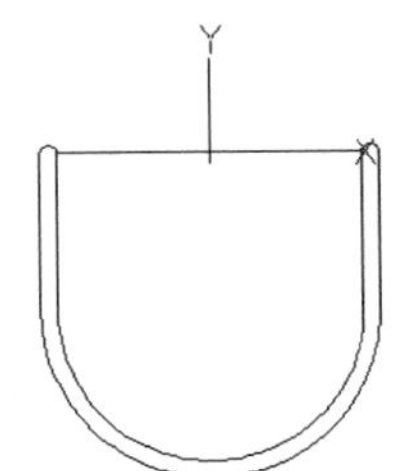

图 3-95　定义 UCS

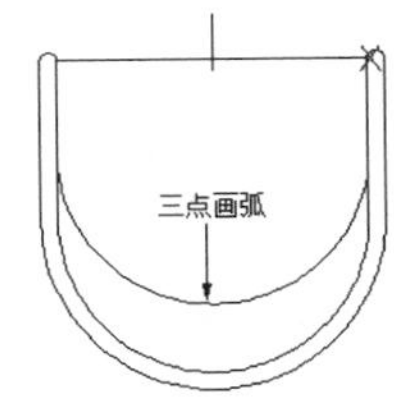

图 3-96　绘制结果

（8）单击菜单【工具】/【新建 UCS】/【世界】命令，将当前坐标系恢复为世界坐标系。

（9）单击【绘图】菜单中的【图案填充】命令，设置填充图案与参数，如图 3-97 所示，为办公椅填充如图 3-98 所示的图案。

（10）使用快捷键 C 激活【圆】命令，绘制如图 3-99 所示的 9 个示意圆，圆的直径为 50。

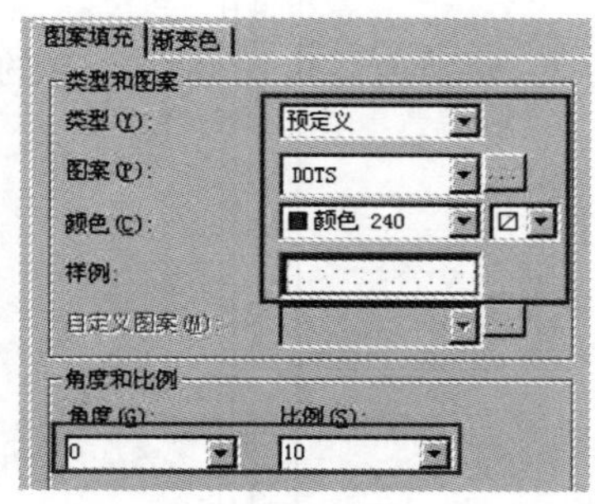

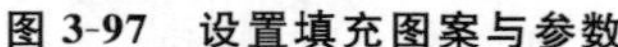

图 3-97　设置填充图案与参数

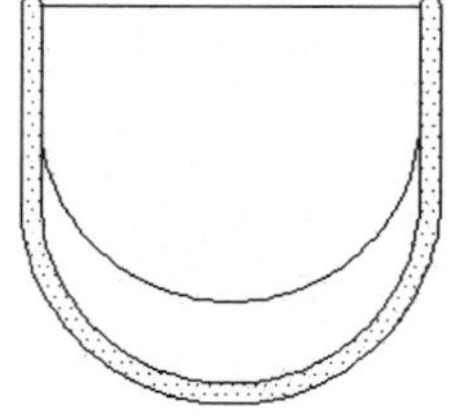

图 3-98　填充结果

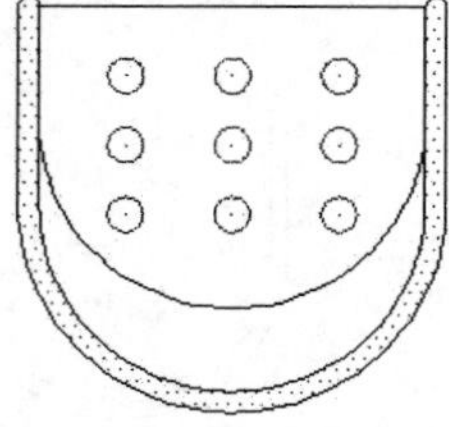

图 3-99　绘制结果

☞技巧提示

在此也可以使用【多点】命令绘制 9 个点标记，不过在绘制点之前，需要使用【点样式】命令事先设置点的样式与大小。

(11) 单击【绘图】工具栏或面板上的按钮，激活【椭圆】命令，绘制椭圆形扶手。命令行操作如下。

命令：_ellipse

指定椭圆的轴端点或［圆弧(A)/中心点(C)］：　//C↙

指定椭圆的中心点：　//向左引出如图 3-100 所示的中点追踪虚线，输入 35↙

指定轴的端点：　//@0,125↙

指定另一条半轴长度或［旋转(R)］：　//25↙

命令：_ellipse

指定椭圆的轴端点或［圆弧(A)/中心点(C)］：　//c↙

指定椭圆的中心点：　//向右引出如图 3-101 所示的中点追踪虚线，输入 35↙

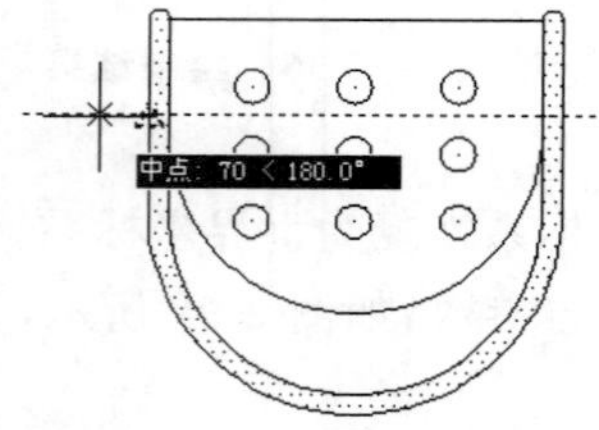

图 3-100　引出 180°追踪虚线

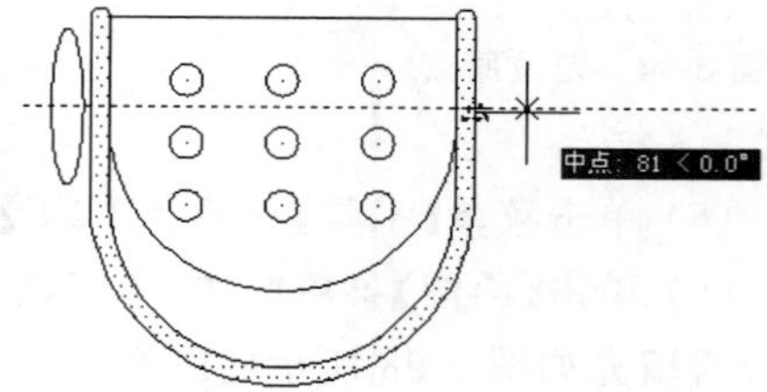

图 3-101　引出 0°追踪虚线

指定轴的端点：　//@0,－125↙

指定另一条半轴长度或［旋转(R)］：　//25↙，绘制结果如图 3-102 所示

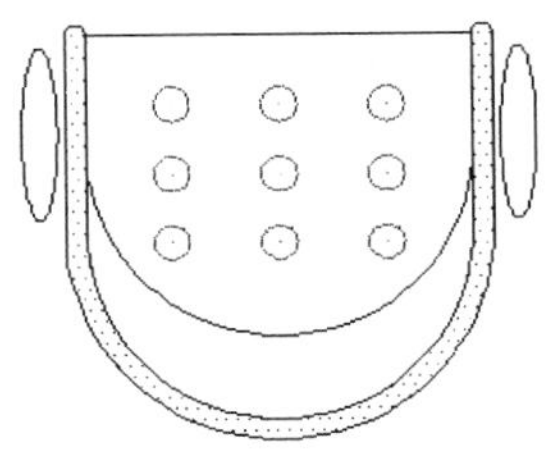

图 3-102　绘制结果

(12) 单击【绘图】菜单中的【图案填充】命令，设置填充图案与参数，如图 3-103 所示，返回绘图区拾取如图 3-104 所示的虚线填充区域，为办公椅填充如图 3-105 所示的图案。

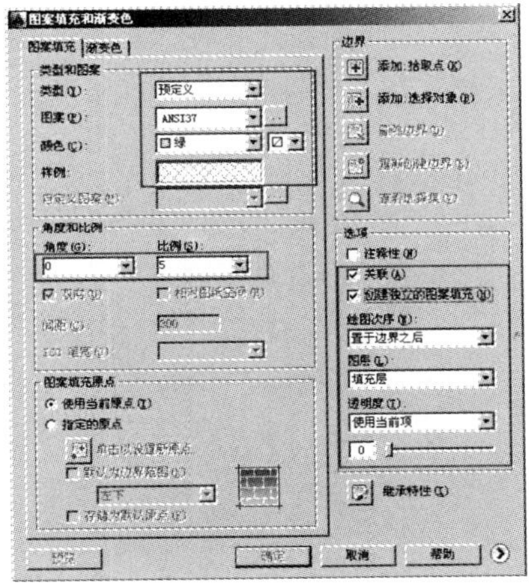

图 3-103　设置填充图案与参数

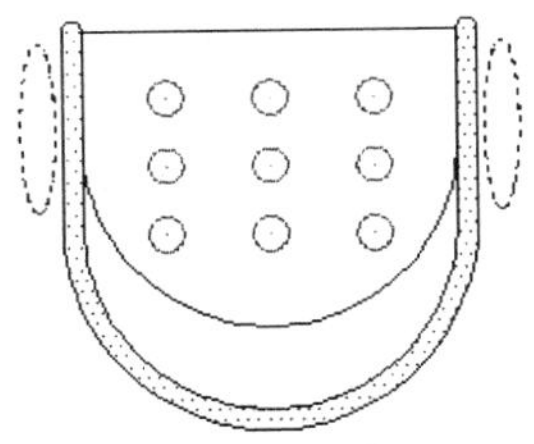

图 3-104　拾取填充区域

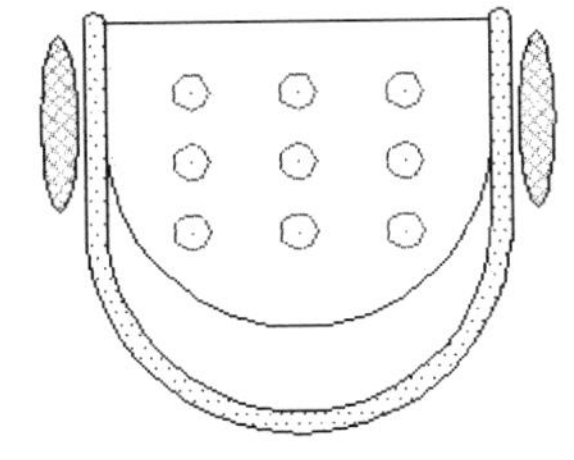

图 3-105　填充结果

(13) 最后执行【保存】命令，将图形命名存储为“绘制办公椅.dwg”。

3.8 本章小结

本章主要学习了 AutoCAD 在建筑装饰装潢方面的常用绘图工具的使用方法和操作技巧，具体有点、线、圆、弧、闭合边界以及图案填充等。通过本章的学习，读者需要重点掌握以下内容：

(1) 在讲述点命令时,需要掌握点样式、点尺寸的设置方法,掌握单点与多点的绘制以及定数等分和定距等分工具的操作方法和技巧。

(2) 在讲述线命令时,需要掌握直线、多段线、平行线、作图辅助线以及样条曲线等的绘制方法和技巧,具备基本的图元绘制技能。

(3) 在讲述多边形和面域命令时,需要重点掌握矩形和多边形的几种绘制技能以及边界面域的提取技巧。

(4) 在讲述各类曲线命令时,需要重点掌握圆、弧、椭圆的各种绘制方式和相关参数的设置技巧。

(5) 在讲述图案的填充命令时,需要重点掌握预定义图案和用户定义图案的填充技能以及参数的设置技能等。

第4章 常用几何图元的编辑功能

任何一幅设计图样都不可能仅仅通过对一些点、线、面等基本图元进行简单的拼接组合而成，而是在这些基本图元的拼接基础上，经过众多修改编辑工具的编辑细化，进一步处理为符合设计员意图、符合现场加工要求的图纸。本章将集中讲述 AutoCAD 在建筑装饰装潢行业中的图元编辑细化功能。本章具体学习内容如下：

◎ 编辑细化对象

◎ 调整对象位置及形状

◎ 对象的其他编辑

◎ 实例指导一——绘制沙发组与茶几

◎ 创建复合对象

◎ 对象的夹点编辑

◎ 实例指导二——绘制厨房矮柜立面图

◎ 本章小结

4.1 编辑细化对象

本节主要学习图形的一些常规编辑和细化功能，具体有【修剪】、【延伸】、【倒角】、【圆角】等命令。

4.1.1 修剪对象

【修剪】命令用于修剪掉对象上指定的部分，不过在修剪时，需要事先指定一个边界，而边界必须要与修剪对象相交，或其延长线相交，才能成功修剪对象，如图 4-1 所示。

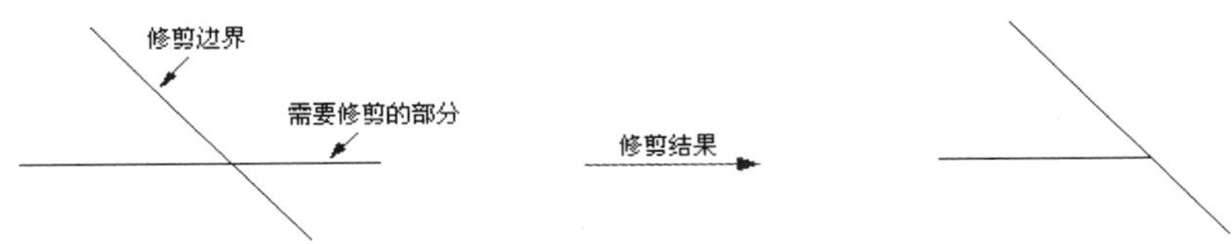

图 4-1 修剪示例

1.**【修剪】命令的执行方式**

执行【修剪】命令主要有以下几种方式：

(1) 单击菜单【修改】/【修剪】命令。

(2) 单击【修改】工具栏或面板上的 按钮。

(3) 在命令行输入 Trim 后按 Enter 键。

(4) 使用快捷键 TR。

执行【修剪】命令后，其命令行操作如下。

命令：_trim

当前设置：投影＝UCS，边＝无

选择剪切边...

选择对象或 ＜全部选择＞： //选择图 4-1(左)所示的倾斜直线作为边界

选择对象： // ↙，结束边界的选择

选择要修剪的对象，或按住 Shift 键选择要延伸的对象，或[栏选(F)/窗交(C)/投影(P)/边(E)/删除(R)/放弃(U)]： //在水平直线右端单击左键，定位需要删除的部分

选择要修剪的对象，或按住 Shift 键选择要延伸的对象，或[栏选(F)/窗交(C)/投影(P)/边(E)/删除(R)/放弃(U)]： // ↙，结束命令，修剪结果如图 4-1(右)所示

☞技巧提示

当修剪多个对象时，可以使用【栏选】和【窗交】两种选项功能，而【栏选】方式需要绘制一条或多条栅栏线，所有与栅栏线相交的对象都会被选择，如图 4-2 和图 4-3 所示。

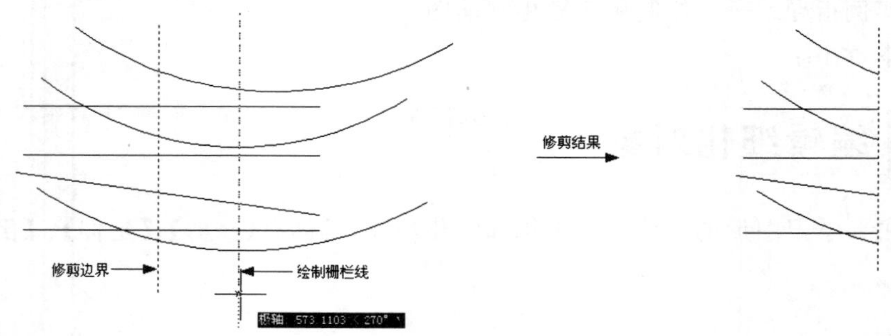

图 4-2　栏选示例

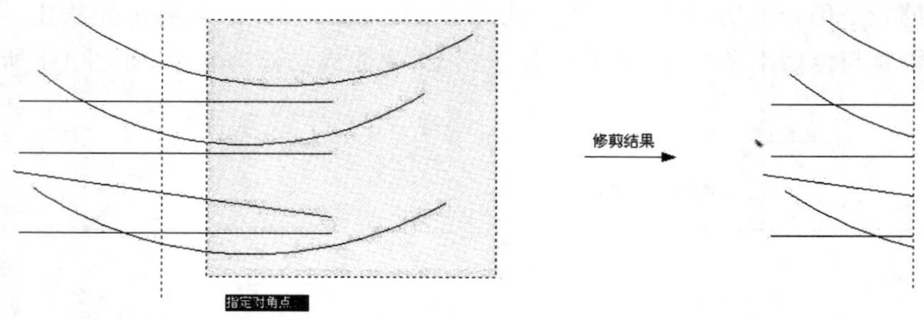

图 4-3　窗交选择示例

2. 隐含交点下的修剪

所谓隐含交点，指的是边界与对象没有实际的交点，而是边界被延长后，与对象存在

一个隐含交点，如图 4-4 所示。

图 4-4 “隐含交点”下的修剪

对隐含交点下的图线进行修剪时，需要更改默认的修剪模式，即将默认模式更改为修剪模式。下面通过实例学习此种模式下的修剪技能。具体操作步骤如下。

(1) 首先绘制图 4-4(左)所示的两条图线。

(2) 单击【修改】工具栏上的 ⁄ 按钮，对倾斜图线进行修剪，命令行操作如下。

命令：_trim

当前设置:投影＝UCS，边＝无

选择剪切边...

选择对象或 ＜全部选择＞： //↙，选择垂直图线作为边界

选择对象：

选择要修剪的对象，或按住 Shift 键选择要延伸的对象，或[栏选(F)/窗交(C)/投影(P)/边(E)/删除(R)/放弃(U)]： //E↙，激活【边】选项功能

输入隐含边延伸模式 [延伸(E)/不延伸(N)]＜不延伸＞： //E↙，设置修剪模式

选择要修剪的对象，或按住 Shift 键选择要延伸的对象，或[栏选(F)/窗交(C)/投影(P)/边(E)/删除(R)/放弃(U)]： //在倾斜图线的左下端单击左键

选择要修剪的对象，或按住 Shift 键选择要延伸的对象，或[栏选(F)/窗交(C)/投影(P)/边(E)/删除(R)/放弃(U)]： //↙，结束修剪命令

(3) 修剪图线的结果如图 4-4(右)所示。

☞技巧提示

【边】选项用于确定修剪边的隐含延伸模式，其中【延伸】选项表示剪切边界可以无限延长，边界与被剪实体不必相交；【不延伸】选项指剪切边界只有与被剪实体相交时才有效。

3.【投影】选项

【投影】选项用于设置三维空间剪切实体的不同投影方法，选择该选项后，AutoCAD 出现“输入投影选项[无(N)/UCS(U)/视图(V)]＜无＞:”的操作提示，其中：

(1)【无】选项表示不考虑投影方式，按实际三维空间的相互关系修剪；

(2)【UCS】选项指在当前 UCS 的 XOY 平面上修剪；

(3)【视图】选项表示在当前视图平面上修剪。

☞技巧提示

当系统提示"选择剪切边"时，直接敲击 Enter 键即可选择待修剪的对象，系统在修剪对象时将使用最靠近的候选对象作为剪切边。

4.1.2 延伸对象

【延伸】命令用于将图线延长至事先指定的边界上，如图 4-5 所示。用于延伸的对象有直线、圆弧、椭圆弧、非闭合的二维多段线和三维多段线以及射线等。

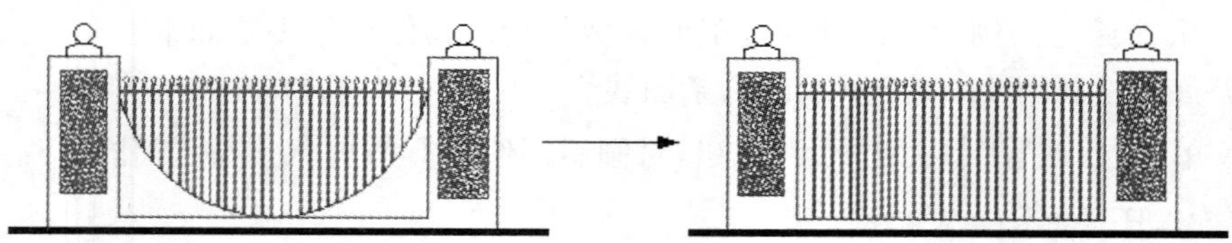

图 4-5　延伸示例

1.【延伸】命令的执行方式

执行【延伸】命令主要有以下几种方式：

(1) 单击菜单【修改】/【延伸】命令。

(2) 单击【修改】工具栏或面板上的 按钮。

(3) 在命令行输入 Extend 后按 Enter 键。

(4) 使用快捷键 EX。

2. 默认模式下的延伸

与【修剪】命令一样，在延伸对象时，也需要为对象指定边界。在指定边界时，有两种情况，一种是对象被延长后与边界存在一个实际的交点，另一种就是与边界的延长线相交于一点。

为此，AutoCAD 为用户提供了两种模式，即延伸模式和不延伸模式，系统默认模式为不延伸模式，下面通过具体实例，学习此种模式下的延伸过程。

(1) 首先绘制图 4-6(左)所示的两条图线。

(2) 单击菜单【修改】/【延伸】命令，对垂直图线进行延伸，使之与水平图线垂直相交。命令行操作如下。

命令：_extend

当前设置：投影=UCS，边=无

选择边界的边...

选择对象或 <全部选择>：　//选择水平图线作为边界

选择对象：　//↙，结束边界的选择

选择要延伸的对象，或按住 Shift 键选择要修剪的对象，或[栏选(F)/窗交(C)/投影(P)/边(E)/放弃(U)]：　//在垂直图线的下端单击左键

选择要延伸的对象，或按住 Shift 键选择要修剪的对象，或[栏选(F)/窗交(C)/投影

(P)/边(E)/放弃(U)]： //↙,结束命令

(3) 结果垂直图线的下端被延伸,延伸后的垂直图线与水平边界相交于一点,如图4-6(右)所示。

图 4-6 延伸示例

☞技巧提示

在选择延伸对象时,要在靠近延伸边界的一端选择需要延伸的对象,否则对象将不被延伸。

3. **隐含交点下的延伸**

所谓隐含交点,指的是边界与对象延长线没有实际的交点,而是边界被延长后,与对象延长线存在一个隐含交点,如图 4-7 所示。

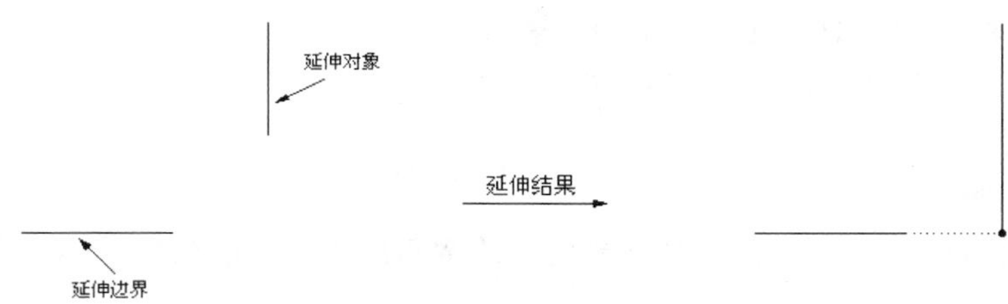

图 4-7 隐含交点下的延伸

对隐含交点下的图线进行延伸时,需要更改默认的延伸模式,即将默认模式更改为延伸模式。具体操作步骤如下。

(1) 首先绘制图 4-7(左)所示的两条图线。

(2) 执行【延伸】命令,将垂直图线的下端延长,使之与水平图线的延长线相交。命令行操作如下。

命令：_extend

当前设置:投影=UCS,边=无

选择边界的边...

选择对象： //选择水平的图线作为延伸边界

选择对象： //↙,结束选择

选择要延伸的对象,或按住 Shift 键选择要修剪的对象,或[栏选(F)/窗交(C)/投影(P)/边(E)/放弃(U)]： //e↙,激活【边】选项

输入隐含边延伸模式[延伸(E)/不延伸(N)]<不延伸>： //E↙,设置延伸模式

☞技巧提示

【边】选项用来确定延伸边的方式。【延伸】选项将使用隐含的延伸边界来延伸对象;【不延伸】选项确定边界不延伸,而只有边界与延伸对象真正相交后才能完成延伸操作。

选择要延伸的对象,或按住 Shift 键选择要修剪的对象,或[栏选(F)/窗交(C)/投影(P)/边(E)/放弃(U)]: //在垂直图线的下端单击左键

选择要延伸的对象,或按住 Shift 键选择要修剪的对象,或[栏选(F)/窗交(C)/投影(P)/边(E)/放弃(U)]: //↙,结束命令

(3) 延伸结果如图 4-7(右)所示。

4.1.3 倒角对象

【倒角】命令主要用于为对象倒角,倒角的结果则是使用一条线段连接两个非平行的图线。

1.【倒角】命令的执行方式

执行【倒角】命令主要有以下几种方式:

(1) 单击菜单【修改】/【倒角】命令。

(2) 单击【修改】工具栏或面板上的按钮。

(3) 在命令行输入 Chamfer 后按 Enter 键。

(4) 使用快捷键 CHA。

2.距离倒角

距离倒角指的就是直接输入两条图线上的倒角距离,倒角图线。下面通过实例学习此种倒角。

(1) 首先绘制图 4-8(左)所示的两条图线。

(2) 单击【修改】工具栏或面板上的按钮,对两条图线进行距离倒角。命令行操作如下。

命令:_chamfer

("修剪"模式) 当前倒角距离 1=0.0000,距离 2=0.0000

选择第一条直线或[放弃(U)/多段线(P)/距离(D)/角度(A)/修剪(T)/方式(E)/多个(M)]: // d↙,激活【距离】选项

指定第一个倒角距离 <0.0000>: //150↙,设置第一倒角长度

指定第二个倒角距离 <25.0000>: //100↙,设置第二倒角长度

选择第一条直线或[放弃(U)/多段线(P)/距离(D)/角度(A)/修剪(T)/方式(E)/多个(M)]: //选择水平线段

选择第二条直线,或按住 Shift 键选择直线以应用角点或[距离(D)/角度(A)/方法(M)]: //选择倾斜线段

(3) 距离倒角的结果如图 4-8(右)所示。

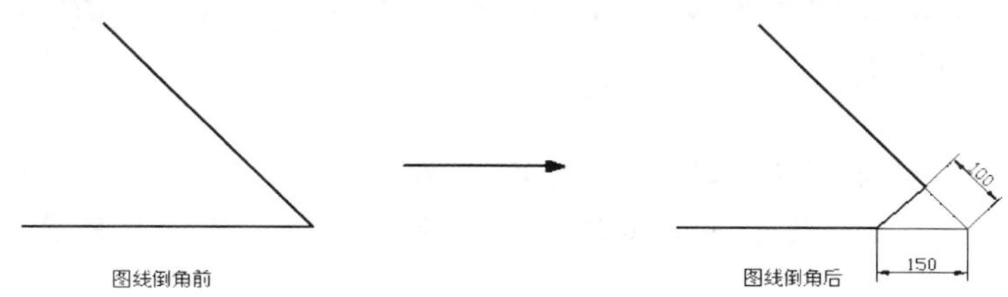

图 4-8 距离倒角

☞技巧提示

用于倒角的两个倒角距离值不能为负值，如果将两个倒角距离设置为零，那么倒角的结果就是两条图线被修剪或延长，直至相交于一点。

3. **角度倒角**

角度倒角指的是通过设置一条图线的倒角长度和倒角角度，进行图线倒角，使用此种方式为图线倒角时，首先需要设置对象的长度尺寸和角度尺寸。角度倒角过程如下。

(1) 首先使用【画线】命令绘制图 4-9(左)所示的两条垂直图线。

(2) 单击【修改】工具栏或面板上的按钮，对两条图线进行角度倒角。命令行操作如下。

命令：_chamfer

("修剪"模式) 当前倒角距离 1=25.0000，距离 2=15.0000

选择第一条直线或［放弃(U)/多段线(P)/距离(D)/角度(A)/修剪(T)/方式(E)/多个(M)］： //a↙，激活【角度】选项

指定第一条直线的倒角长度 <0.0000>： //100↙，设置倒角长度

指定第一条直线的倒角角度 <0>： //30↙，设置倒角距离

选择第一条直线或［放弃(U)/多段线(P)/距离(D)/角度(A)/修剪(T)/方式(E)/多个(M)］： //选择水平线段

选择第二条直线，或按住 Shift 键选择直线以应用角点或［距离(D)/角度(A)/方法(M)］： //选择倾斜线段

(3) 角度倒角的结果如图 4-9(右)所示。

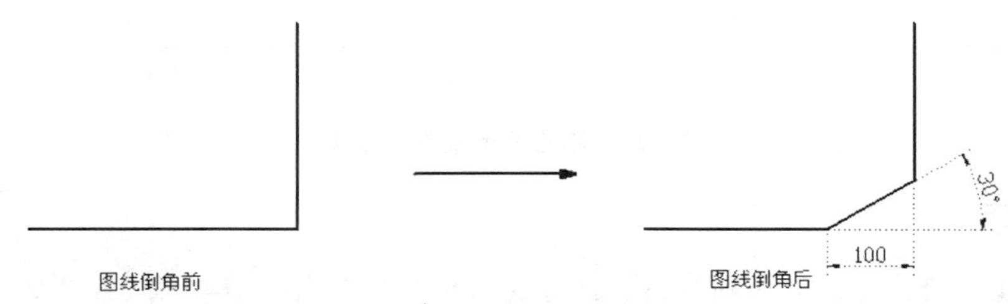

图 4-9 角度倒角

4. **多段线倒角**

【多段线】选项是用于为整条多段线的所有相邻元素边同时倒角操作。在为多段线进

行倒角操作时，可以使用相同的倒角距离值，也可以使用不同的倒角距离值。多段线倒角的命令行操作过程如下。

命令：_chamfer

（“修剪”模式）当前倒角距离 1＝0.0000，距离 2＝0.0000

选择第一条直线或［放弃(U)/多段线(P)/距离(D)/角度(A)/修剪(T)/方式(E)/多个(M)］：//d↙

指定第一个倒角距离 <0.0000>：//50↙，设置第一倒角长度

指定第二个倒角距离 <50.0000>：//30↙，设置第二倒角长度

选择第一条直线或［放弃(U)/多段线(P)/距离(D)/角度(A)/修剪(T)/方式(E)/多个(M)］：//p↙，激活【多段线】选项

选择二维多段线或［距离(D)/角度(A)/方法(M)］：//选择图 4-10(左)所示的多段线，倒角结果如图 4-10(右)所示

6 条直线已被倒角。

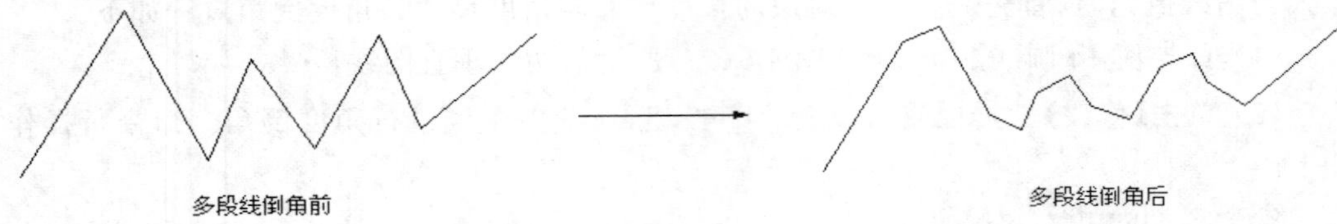

图 4-10　多段线倒角

5. 设置倒角模式

【修剪】选项用于设置倒角的修剪状态。系统提供了两种倒角边的修剪模式，即修剪和不修剪。当将倒角模式设置为修剪时，被倒角的两条直线被修剪到倒角的端点，系统默认的模式为修剪模式；当将倒角模式设置为不修剪时，那么用于倒角的图线将不被修剪，如图 4-11 所示。

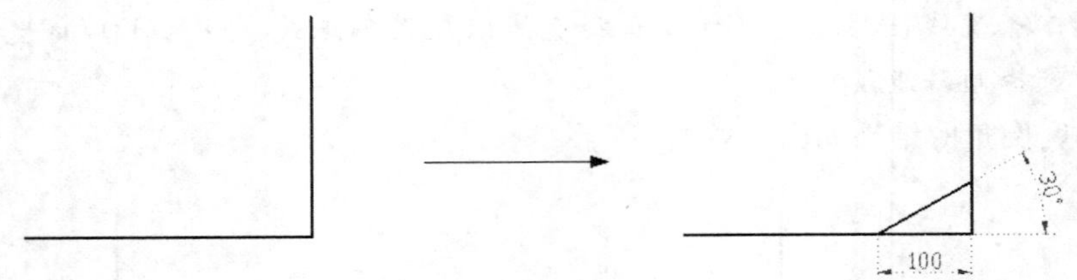

图 4-11　不修剪模式下的倒角

☞**技巧提示**

系统变量 Trimmode 控制倒角的修剪状态。当 Trimmode＝0 时，系统保持对象不被修剪；当 Trimmode＝1 时，系统支持倒角的修剪模式。

4.1.4 圆角对象

【圆角】命令是使用一段给定半径的圆弧光滑连接两条图线。一般情况下，用于圆角的图线有直线、多段线、样条曲线、构造线、射线、圆弧和椭圆弧等。

执行【圆角】命令主要有以下几种方式：

(1) 单击菜单【修改】/【圆角】命令。

(2) 单击【修改】工具栏或面板上的 按钮。

(3) 在命令行输入 Fillet 后按 Enter 键。

(4) 使用快捷键 F。

下面通过对直线和圆弧进行圆角，学习【圆角】命令的使用方法和操作技巧，具体操作过程如下。

(1) 首先绘制图 4-12(左)所示的直线和圆弧。

(2) 单击【修改】工具栏或面板上的 按钮，对直线和圆弧进行圆角。命令行操作如下。

命令：_fillet

当前设置：模式 = 修剪，半径 = 0.0000

选择第一个对象或[放弃(U)/多段线(P)/半径(R)/修剪(T)/多个(M)]： //r ↙

指定圆角半径 <0.0000>： //100 ↙

选择第一个对象或 [放弃(U)/多段线(P)/半径(R)/修剪(T)/多个(M)]： //选择倾斜线段

选择第二个对象，或按住 Shift 键选择对象以应用角点或 [半径(R)]： //选择圆弧

(3) 图线的圆角效果如图 4-12(右)所示。

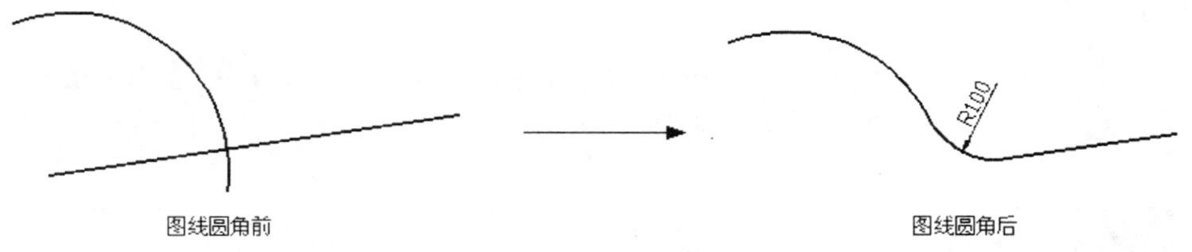

图 4-12 圆角示例

☞技巧提示

如果用于圆角的图线是相互平行的，那么在执行【圆角】命令后，AutoCAD 将不考虑当前的圆角半径，而是自动使用一条半圆弧连接两条平行图线，半圆弧的直径为两条平行线之间的距离，如图 4-13 所示。

图 4-13　平行线圆角

📖 选项解析

◆【多段线】选项用于对多段线每相邻元素进行圆角处理，激活此选项后，AutoCAD 将以默认的圆角半径对整条多段线相邻各边进行圆角操作，如图 4-14 所示。

图 4-14　多段线圆角

◆【多个】选项用于对多个对象进行圆角处理，不需要重复执行命令。

◆【修剪】选项用于设置圆角的模式，即修剪模式和不修剪模式，以上各例都是在修剪模式下进行圆角的，而不修剪模式下的圆角效果如图 4-15 所示。

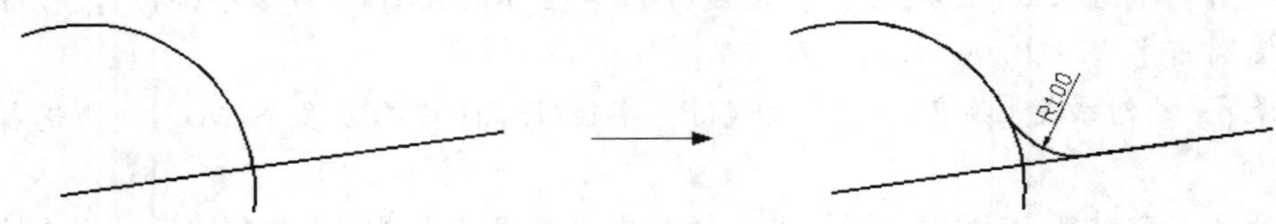

图 4-15　不修剪模式下的圆角

☞技巧提示

用户也可通过系统变量 Trimmode 设置圆角的修剪模式，当系统变量的值设为 0 时，保持对象不被修剪；当设置为 1 时，表示圆角后修剪对象。

4.2　调整对象位置及形状

本节主要学习【移动】、【旋转】、【拉伸】、【拉长】和【缩放】五个命令，以方便调整图形的位置及形状。

4.2.1　移动对象

【移动】命令用于将对象从一个位置移动到另一个位置，源对象的尺寸及形状均不发生变化，改变的仅仅是对象的位置。

执行【移动】命令主要有以下几种方式：

(1) 单击菜单【修改】/【移动】命令。

(2) 单击【修改】工具栏或面板上的按钮。

(3) 在命令行输入 Move 后按 Enter 键。

(4) 使用快捷键 M。

在移动对象时,一般需要配合点的捕捉功能或坐标的输入功能,进行精确的位移对象,下面通过实例学习使用【移动】命令,操作步骤如下。

(1) 绘制图 4-16 所示的倾斜直线和矩形。

(2) 单击【修改】工具栏上的按钮,将矩形从直线的一端移动到另一端。命令行操作如下。

命令:_move

选择对象: //选择矩形

选择对象: // ↙,结束对象的选择

指定基点或 [位移(D)] <位移>: //0,0 ↙,定位基点

指定第二个点或 <使用第一个点作为位移>: //65<135 ↙,定位目标点

(3) 位移结果如图 4-17 所示。

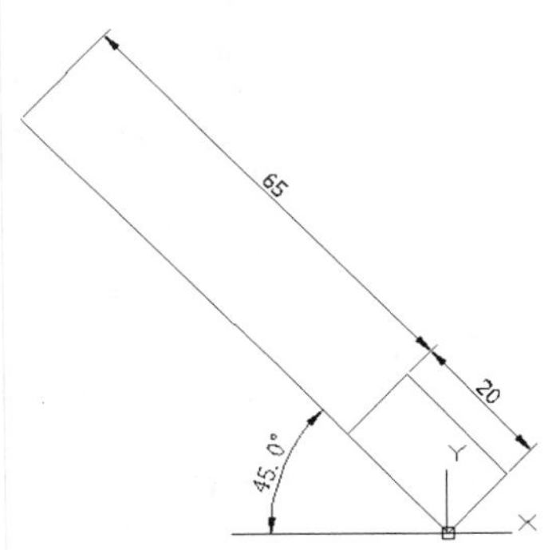

图 4-16 绘制结果

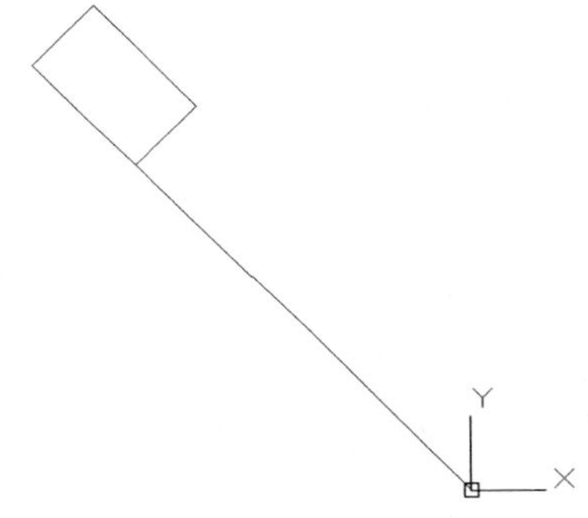

图 4-17 移动结果

4.2.2 旋转对象

【旋转】命令用于将图形围绕指定的基点进行角度旋转。在旋转对象时,输入的角度为正值,系统将按逆时针方向旋转;输入的角度为负值,系统按顺时针方向旋转。

执行【旋转】命令主要有以下几种方式:

(1) 单击菜单【修改】/【旋转】命令。

(2) 单击【修改】工具栏或面板上的按钮。

(3) 在命令行输入 Rotate 后按 Enter 键。

(4) 使用快捷键 RO。

执行【旋转】命令后,命令行操作过程如下。

命令:_rotate

UCS 当前的正角方向: ANGDIR=逆时针 ANGBASE=0

选择对象: //选择如图 4-18 所示沙发

选择对象： //↙

指定基点： //拾取任一点

指定旋转角度，或［复制(C)/参照(R)］<0>： //－90↙，旋转结果如图4-19所示

图 4-18 选择沙发　　　图 4-19 旋转结果

选项解析

◆ 【参照】选项用于将对象进行参照旋转，即指定一个参照角度和新角度，两个角度的差值就是对象的实际旋转角度。

◆ 【复制】选项用于在旋转图形对象的同时将其复制，而源对象保持不变，如图4-20所示。

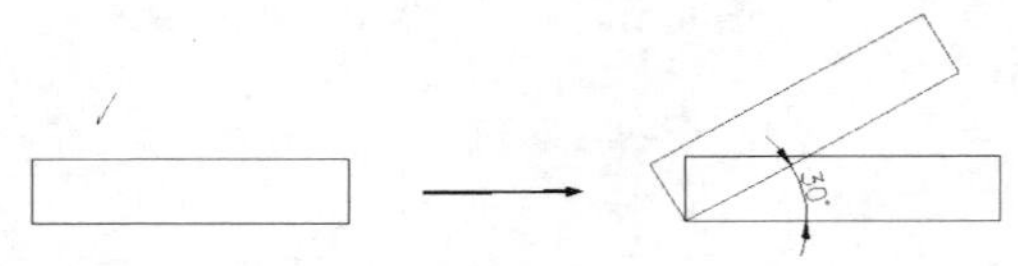

图 4-20 旋转复制示例

4.2.3 拉伸对象

【拉伸】命令用于将图形对象进行不等比缩放，进而改变对象的尺寸或形状。通常用于拉伸的基本几何图形有直线、圆弧、椭圆弧、多段线、样条曲线等。

执行【拉伸】命令主要有以下几种方式：

(1) 单击菜单【修改】/【拉伸】命令。

(2) 单击【修改】工具栏或面板上的按钮。

(3) 在命令行输入 Stretch 后按 Enter 键。

(4) 使用快捷键 S。

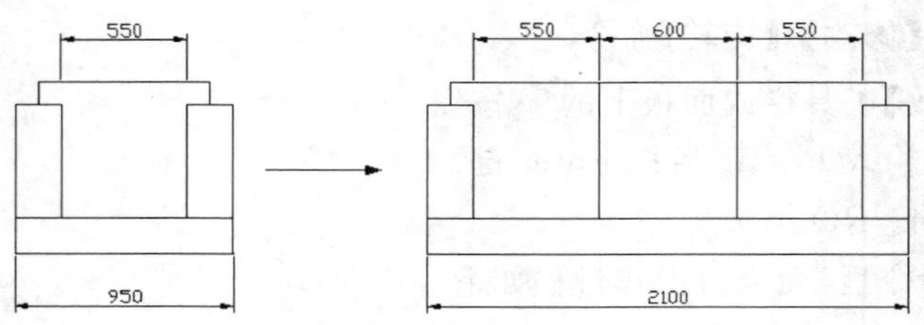

图 4-21 拉伸示例

下面通过将图 4-21(左)所示图形编辑成图 4-21(右)所示的结构，学习【拉伸】命令的使用方法与操作技巧。具体操作步骤如下。

(1) 打开随书光盘"\素材文件\拉伸对象.dwg"，如图 4-21(左)所示。

(2) 单击【修改】工具栏或面板上的按钮，对单人沙发平面图进行拉伸。命令行操作如下。

命令：_stretch

以交叉窗口或交叉多边形选择要拉伸的对象...

选择对象： //从图 4-22 所示第一点向左下拉出矩形选择框，然后在第二点位置单击左键，选择拉伸对象

☞技巧提示

在窗交选择时，需要拉长的图形必须与选择框相交，需要平移的图线只需处在选择框内即可。

选择对象： // ↙，结束选择

指定基点或[位移(D)]<位移>： //在任意位置单击左键，拾取一点作为拉伸基点，此时系统进入拉伸状态，如图 4-23 所示

指定第二个点或[阵列(A)]<使用第一个点作为位移>： //向右拉出水平的极轴虚线，输入 1150 ↙，结果如图 4-24 所示

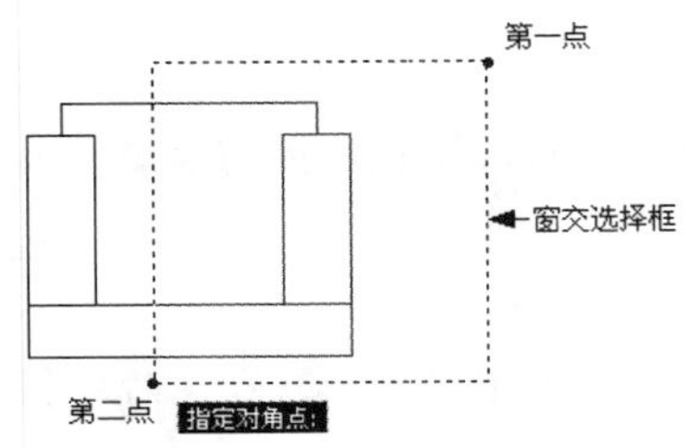

图 4-22 窗交选择

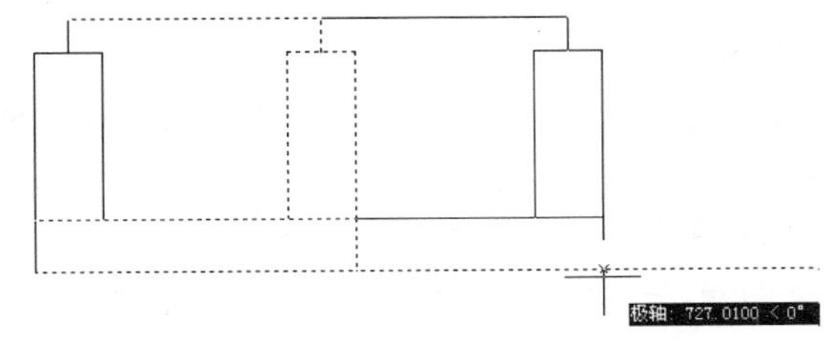

图 4-23 拉伸状态

(3) 使用快捷键 L 激活【直线】命令，绘制内部的垂直轮廓线，结果如图 4-25 所示。

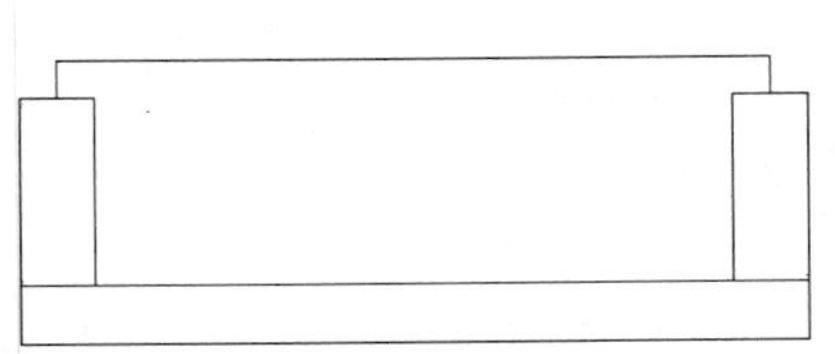

图 4-24 拉伸结果

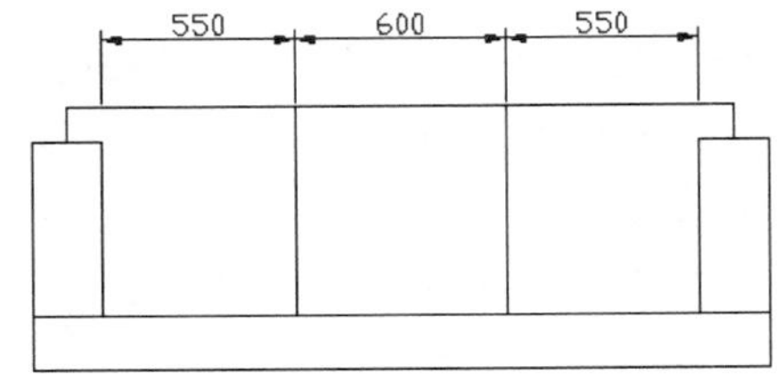

图 4-25 绘制结果

4.2.4 拉长对象

【拉长】命令用于将图线拉长或缩短，在拉长的过程中不仅可以改变线对象的长度，还

可以更改弧的角度，如图 4-26 所示。

☞技巧提示

使用【拉长】命令不仅可以改变圆弧和椭圆弧的角度，也可以改变圆弧、椭圆弧、直线、非闭合的多段线和样条曲线的长度，但闭合的图形对象不能被拉长或缩短。

图 4-26　拉长示例

1.【拉长】命令执行方式

执行【拉长】命令主要有以下几种方式：

(1) 单击菜单【修改】/【拉长】命令。

(2) 单击【常用】选项卡/【修改】面板上的按钮。

(3) 在命令行输入 Lengthen 后按 Enter 键。

(4) 使用快捷键 LEN。

2. 增量拉长

所谓增量拉长，指的是按照事先指定的长度增量或角度增量，拉长或缩短对象。操作过程如下。

(1) 首先绘制长度为 200 的水平直线，如图 4-27(上)所示。

(2) 单击菜单【修改】/【拉长】命令，将水平直线水平向右拉长 50 个单位。命令行操作如下。

命令：_lengthen

选择对象或［增量(DE)/百分数(P)/全部(T)/动态(DY)］：//DE ↙，激活增量选项

输入长度增量或［角度(A)］<0.0000>：//50 ↙，设置长度增量

选择要修改的对象或［放弃(U)］：//在直线的右端单击左键

选择要修改的对象或［放弃(U)］：//↙，退出命令

(3) 拉长结果如图 4-27(下)所示。

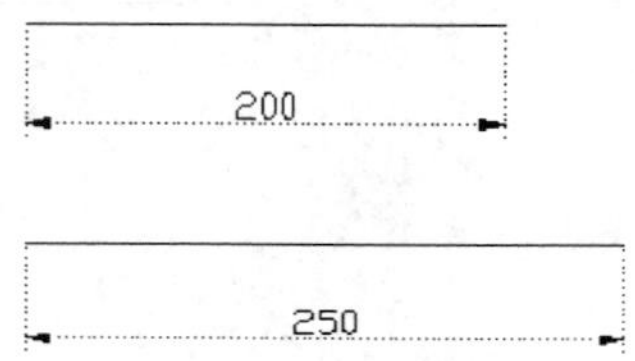

图 4-27　增量拉长示例

☞技巧提示

如果把增量值设置为正值，系统将拉长对象；反之则缩短对象。

3. 百分数拉长

所谓百分数拉长，指的是以总长的百分比值拉长或缩短对象，长度的百分数值必须为正且非零。操作过程如下：

(1) 绘制任意长度的水平图线，如图 4-28(上)所示。

(2) 单击菜单【修改】/【拉长】命令，将水平图线拉长 200%。命令行操作如下。

命令：_lengthen

选择对象或［增量(DE)/百分数(P)/全部(T)/动态(DY)］： //P ↙，激活【百分数】选项

输入长度百分数 ＜100.0000＞： //200 ↙，设置拉长的百分数值

选择要修改的对象或［放弃(U)］： //在线段的一端单击左键

选择要修改的对象或［放弃(U)］： // ↙，结束命令

(3) 拉长结果如图 4-28(下)所示。

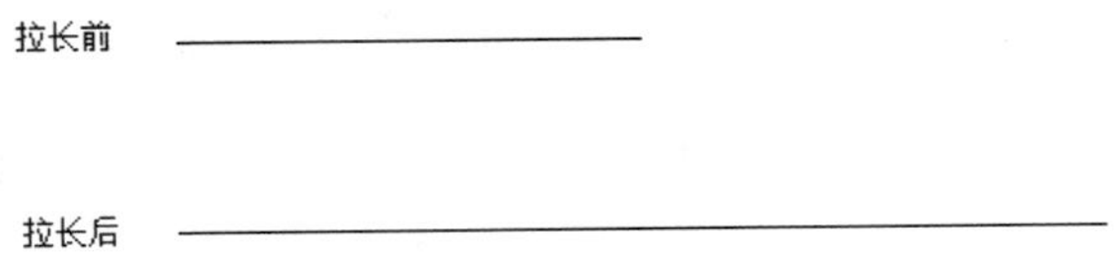

拉长前

拉长后

图 4-28　百分数拉长示例

☞技巧提示

当长度百分数值小于 100 时，将缩短对象；反之将拉长对象。

4. 全部拉长

所谓全部拉长，指的是根据指定的一个总长度或者总角度拉长或缩短对象。命令行操作过程如下。

命令：_lengthen

选择对象或［增量(DE)/百分数(P)/全部(T)/动态(DY)］： //T ↙，激活【全部】选项

指定总长度或［角度(A)］＜1.0000)＞： //500 ↙，设置总长度

选择要修改的对象或［放弃(U)］： //在图 4-29(上)所示直线的右端单击

选择要修改的对象或［放弃(U)］： // ↙，拉长结果如图 4-29(下)所示

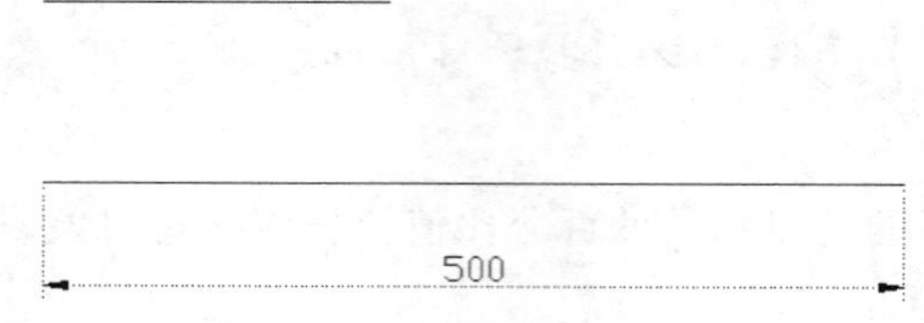

图 4-29　全部拉长示例

☞技巧提示

如果源对象的总长度或总角度大于所指定的总长度或总角度，源对象将被缩短；反之，将被拉长。

5. 动态拉长

所谓动态拉长，指的是根据图形对象的端点位置动态地改变其长度。激活【动态】选项功能后，AutoCAD 将端点移动到所需的长度或角度，另一端保持固定，如图 4-30 所示。

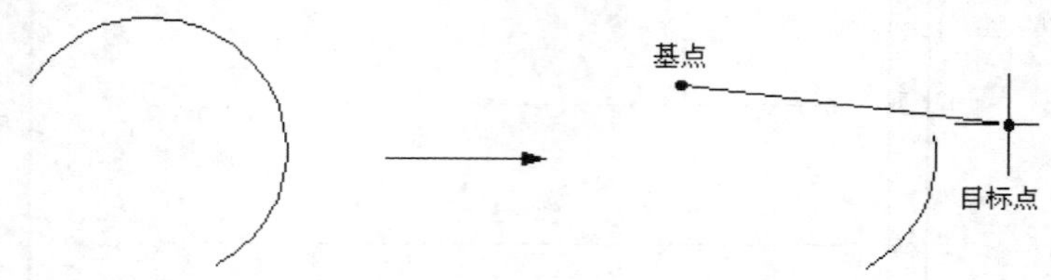

图 4-30　动态拉长示例

4.2.5 缩放对象

【缩放】命令用于将选定的对象等比例放大或缩小。使用此命令可以创建形状相同、大小不同的图形结构。

执行【缩放】命令主要有以下几种方式：

(1) 单击菜单【修改】/【缩放】命令。

(2) 单击【修改】工具栏或面板上的按钮。

(3) 在命令行输入 Scale 后按 Enter 键。

(4) 使用快捷键 SC。

执行【缩放】命令后，其命令行操作如下。

命令：_scale

选择对象：　//选择图 4-31(左)所示的图形

选择对象：　//↙，结束选择

指定基点：　//捕捉花盆下侧轮廓线的中点

指定比例因子或［复制(C)/参照(R)］<1.0000>：　//0.5↙，结果如图 4-31(右)所示

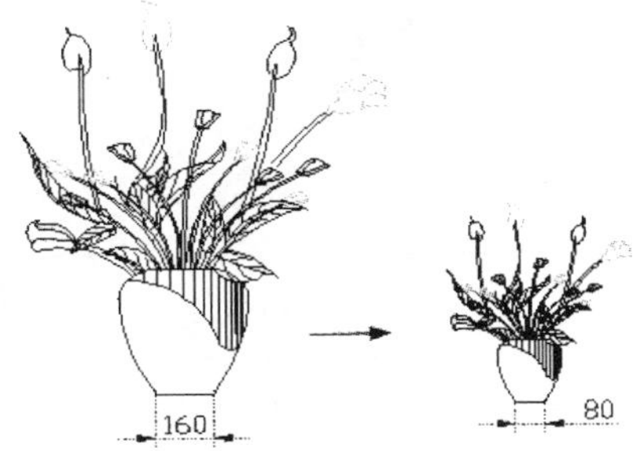

图 4-31　缩放示例

选项解析

◆ 【参照】选项使用参考值作为比例因子缩放操作对象。此选项需要用户分别指定一个参照长度和一个新长度，AutoCAD 将以参考长度和新长度的比值决定缩放的比例因子。

◆ 【复制】选项用于在缩放图形的同时将源图形复制，如图 4-32 所示。

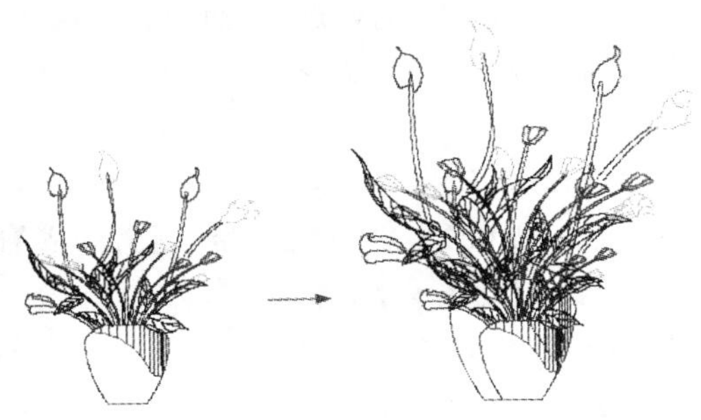

图 4-32　缩放复制结果

4.3 对象的其他编辑

本节主要学习【打断】、【合并】、【光顺曲线】、【分解】和【多线编辑工具】五个命令。

4.3.1 打断对象

【打断】命令用于将对象打断为相连的两部分，或打断并删除图形对象上的一部分，如图 4-33 所示。在对图线进行打断时，通常需要配合状态栏上的【捕捉】或【追踪】功能。

执行【打断】命令主要有以下几种方式：

(1) 单击菜单【修改】/【打断】命令。

(2) 单击【修改】工具栏或面板上的按钮。

(3) 在命令行输入 Break 后按 Enter 键。

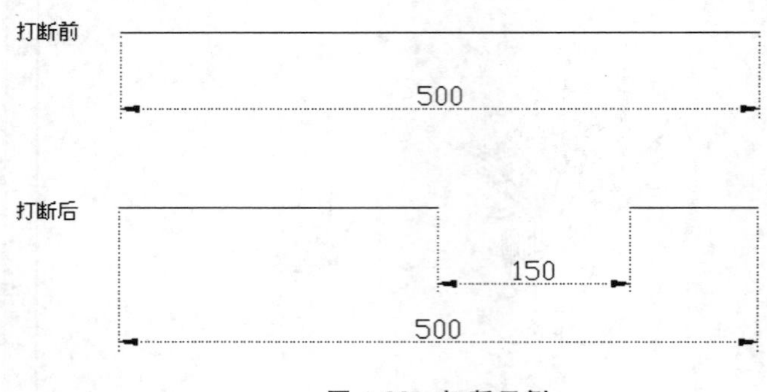

图 4-33　打断示例

(4) 使用快捷键 BR。

打断对象与修剪对象都可以删除图形对象上的一部分,但是两者有着本质的区别,修剪对象必须有修剪边界的限制,而打断对象可以删除对象上任意两点之间的部分。下面通过实例,学习使用【打断】命令。具体操作过程如下所述。

(1) 执行【打开】命令,打开随书光盘中的"\素材文件\打断对象.dwg",如图 4-34 所示。

(2) 单击【修改】工具栏上的▢按钮,配合点的【捕捉】和【输入】功能,将右侧的垂直轮廓线删除 750 个单位的距离,以创建门洞。命令行操作如下。

命令：_break

选择对象： //选择刚绘制的线段

指定第二个打断点 或 [第一点(F)]： //f↙,激活【第一点】选项

指定第一个打断点： //激活【捕捉自】功能

_from 基点： //捕捉如图 4-35 所示的端点

<偏移>： //@0,250↙,定位第一断点

指定第二个打断点： //@0,750↙,定位第二断点,打断结果如图 4-36 所示

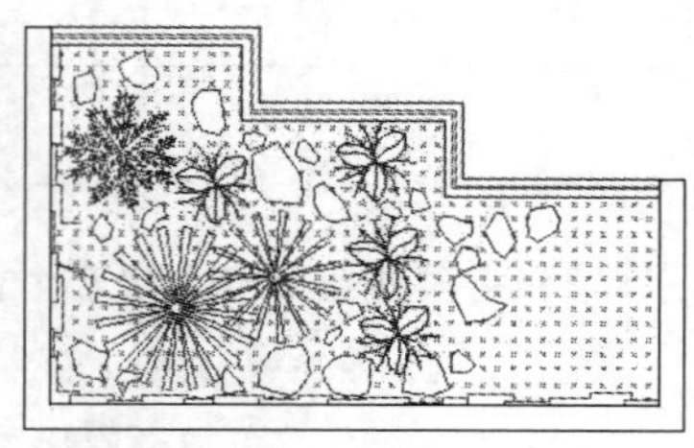

图 4-34　打开结果

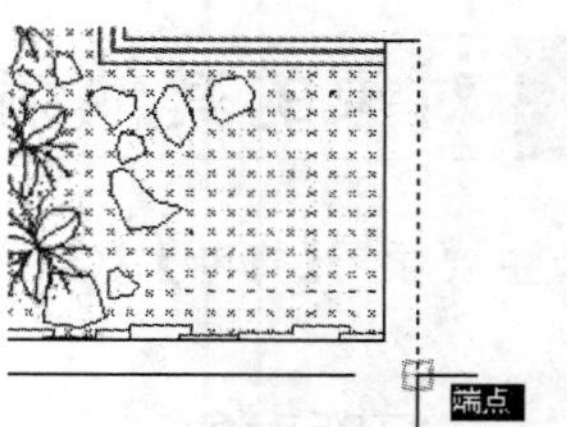

图 4-35　捕捉端点

☞技巧提示

【第一点】选项用于重新确定第一断点。由于在选择对象时不可能拾取到准确的第一点,所以需要激活该选项,以重新定位第一断点。

(3) 重复执行【打断】命令,配合【捕捉】和【追踪】功能对内侧的轮廓线进行打断。命令行操作如下。

命令：_break

选择对象： //选择刚绘制的线段

指定第二个打断点 或［第一点(F)］： //f↙，激活【第一点】选项

指定第一个打断点： //水平向左引出端点追踪虚线，然后捕捉如图4-37所示的交点，作为第一断点

指定第二个打断点： //@0,750↙，定位第二断点，结果如图4-38所示

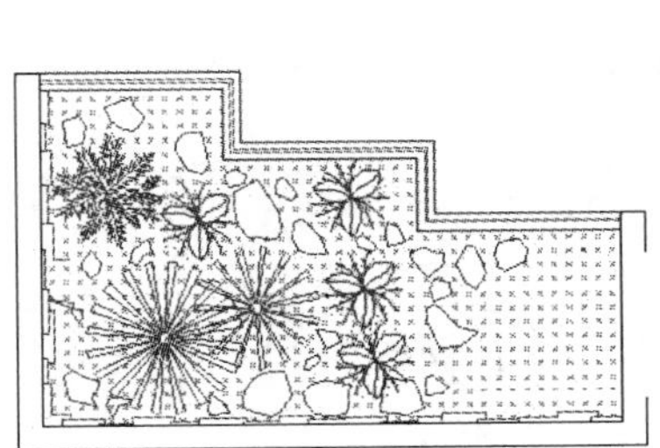

图4-36 打断结果

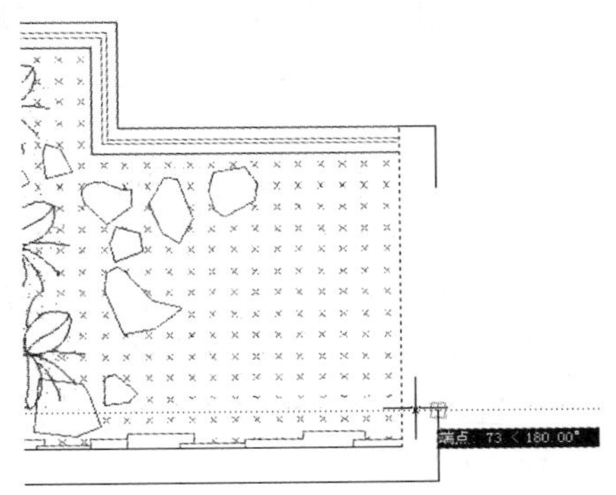

图4-37 定位第一断点

(4) 最后使用快捷键L激活【直线】命令，配合【端点捕捉】功能绘制门洞两侧的墙线，结果如图4-39所示。

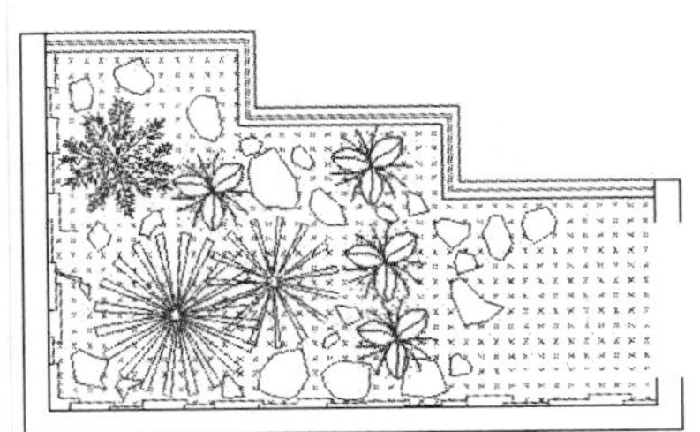

图4-38 打断结果

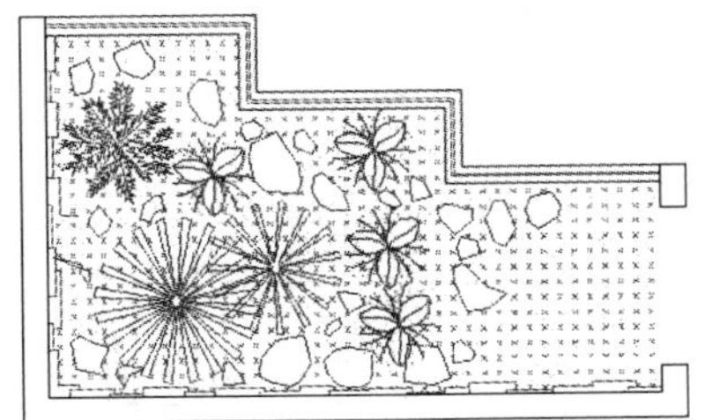

图4-39 绘制结果

☞技巧提示

要将一个对象拆分为二而不删除其中的任何部分，可以在指定第二断点时输入相对坐标符号@，也可以直接单击【修改】工具栏上的按钮。

4.3.2 合并对象

【合并】命令用于将两个或多个相似对象合并成一个完整的对象，还可以将圆弧或椭圆弧合并为一个整圆和椭圆。

执行【合并】命令主要有以下几种方式：

(1) 单击菜单【修改】/【合并】命令。

(2) 单击【修改】工具栏或面板上的⁺⁺按钮。

(3) 在命令行输入 Join 后按 Enter 键。

(4) 使用快捷键 J。

下面通过将两条线段合并为一条线段、将圆弧合并为一个整圆,学习使用【合并】命令的使用方法和操作技巧。具体操作步骤如下。

(1) 使用【画线】命令绘制图 4-40 和图 4-41(上)所示的两条线段和圆弧。

(2) 单击【修改】工具栏或面板上的⁺⁺按钮,激活【合并】命令,将两条线段合并为一条线段。命令行操作如下。

命令:_join

选择源对象或要一次合并的多个对象: //选择左侧的线段作为源对象

选择要合并的对象: //选择右侧线段

选择要合并的对象: //↙,合并结果如图 4-40(下)所示

2 条直线已合并为 1 条直线

(3) 重复执行【合并】命令,将圆弧合并为一个整圆,命令行操作如下。

命令:JOIN

选择源对象或要一次合并的多个对象: //选择图 4-41 所示的圆弧

选择要合并的对象: //↙

选择圆弧,以合并到源或进行[闭合(L)]: //L↙,激活【闭合】选项,合并结果如图 4-41(下)所示

已将圆弧转换为圆。

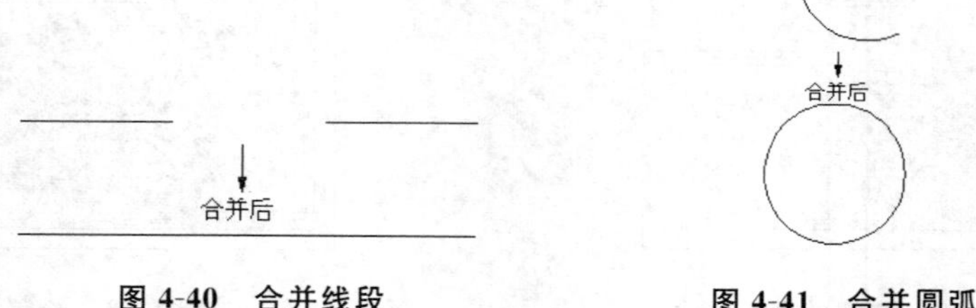

图 4-40 合并线段　　图 4-41 合并圆弧

4.3.3 光顺曲线

【光顺曲线】命令用于在两条选定的直线或曲线之间创建样条曲线,如图 4-42 所示。

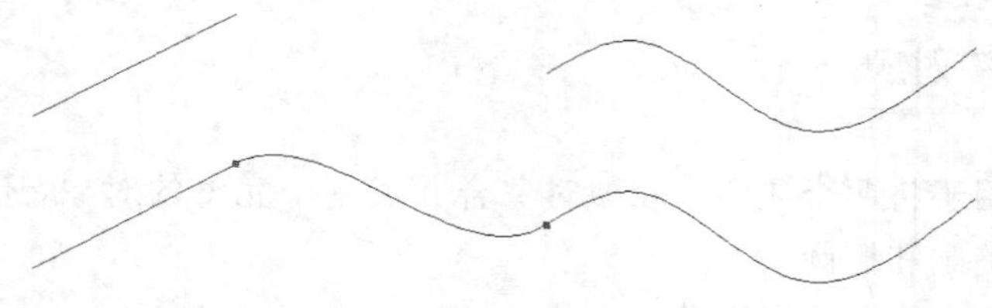

图 4-42 光顺曲线示例

执行【光顺曲线】命令主要有以下几种方式：

(1) 单击【修改】菜单中的【光顺曲线】命令。

(2) 单击【修改】工具栏或面板上的按钮。

(3) 在命令行输入 BLEND 后按 Enter 键。

(4) 使用快捷键 BL。

使用【光顺曲线】命令在两图线之间创建样条曲线时，具体有两个过渡类型，分别是相切和平滑。下面通过实例学习【光顺曲线】命令的使用方法和操作技巧。具体操作步骤如下。

(1) 首先绘制图 4-42(上)所示的直线和样条曲线。

(2) 单击【修改】工具栏或面板上的按钮，在直线和样条曲线之间，创建一条过渡样条曲线。命令行操作如下。

命令：_BLEND

连续性＝相切

选择第一个对象或[连续性(CON)]： //在直线的右上端点单击

选择第二个点： //在样条曲线的左端单击，创建如图 4-42(下)所示的光顺曲线

☞技巧提示

图 4-42(下)所示的光顺曲线是在相切模式下创建的一条 3 阶样条曲线(其夹点效果如图 4-43 所示)，在选定对象的端点处具有相切 (G1) 连续性。

图 4-43 相切模式下的 3 阶光顺曲线

(3) 重复执行【光顺曲线】命令，在"平滑"模式下创建一条 5 阶样条曲线。命令行操作如下。

命令：_BLEND

连续性＝相切

选择第一个对象或 [连续性(CON)]： //CON ↙

输入连续性 [相切(T)/平滑(S)] ＜切线＞： //S ↙，激活【平滑】选项

选择第一个对象或 [连续性(CON)]： //在直线的右上端点单击

选择第二个点： //在样条曲线的左端单击，创建如图 4-44 所示的光顺曲线

☞技巧提示

图 4-44 所示的光顺曲线是在平滑模式下创建的一条 5 阶样条曲线(其夹点效果如图 4-45 所示)，在选定对象的端点处具有曲率 (G2) 连续性。

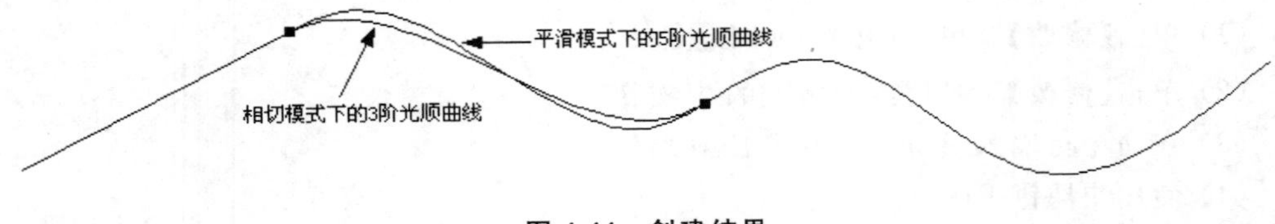

图 4-44 创建结果

图 4-45 平滑模式下的 5 阶光顺曲线

☞技巧提示

如果使用【平滑】选项，请勿将显示从控制点切换为拟合点。此操作将样条曲线更改为 3 阶，这会改变样条曲线的形状。

4.3.4 分解对象

【分解】命令用于将复合图形分解成各自独立的对象，以方便对分解后的各对象进行修改编辑。

执行【分解】命令主要有以下几种方式：

(1) 单击菜单【修改】/【分解】命令。

(2) 单击【修改】工具栏或面板上的按钮。

(3) 在命令行输入 Explode 后按 Enter 键。

(4) 使用命令快捷键 X。

在激活【分解】命令后，只需选择需要分解的对象按 Enter 键即可将对象分解，若对具有一定宽度的多段线进行分解，AutoCAD 将忽略其宽度并沿多段线的中心放置分解多段线，如图 4-46 所示。

图 4-46 分解宽度多段线

☞技巧提示

常用于分解的组合对象有矩形、正多边形、多段线、边界以及一些图块等。比如矩形是由四条直线元素组成的单个对象,如果用户需要对其中的一条边进行编辑,则首先将矩形分解还原为四条线对象,如图 4-47 所示。

图 4-47 分解示例

4.3.5 多线编辑工具

【多线编辑工具】命令是专用于控制和编辑多线的交叉点、断开多线和增加多线顶点等。单击菜单【修改】/【对象】/【多线】命令或在需要编辑的多线上双击左键可打开如图 4-48 所示的【多线编辑工具】对话框,从此对话框中可以看出,AutoCAD 共提供了四类 12 种编辑工具,具体如下。

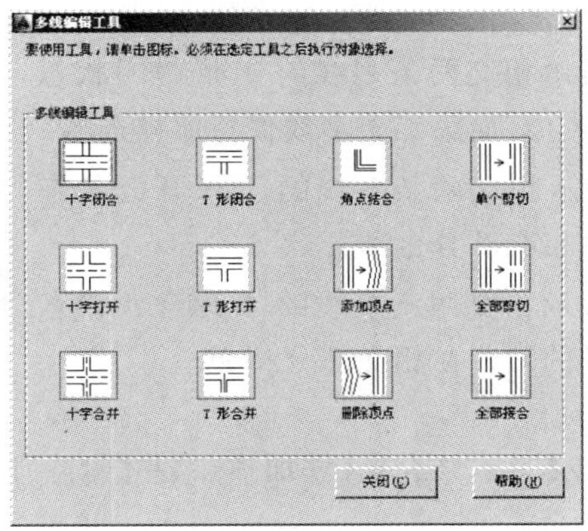

图 4-48 【多线编辑工具】对话框

1. 十字交线

所谓十字交线,指的是两条多线呈十字形交叉状态,如图 4-49(a)所示。*AB* 分别代表选择多线的次序,水平多线为 *A*,垂直多线为 *B*。此种状态下的编辑功能包括【十字闭合】、【十字打开】和【十字合并】三种,各种编辑效果如图 4-49(b)、(c)、(d)所示。

(1) 【十字闭合】:表示相交两条多线的十字封闭状态。

(2) 【十字打开】:表示相交两条多线的十字开放状态,将两线的相交部分全部断开,第一条多线的轴线在相交部分也要断开。

(3) 【十字合并】:表示相交两条多线的十字合并状态,将两线的相交部分全部断开，但两条多线的轴线在相交部分相交。

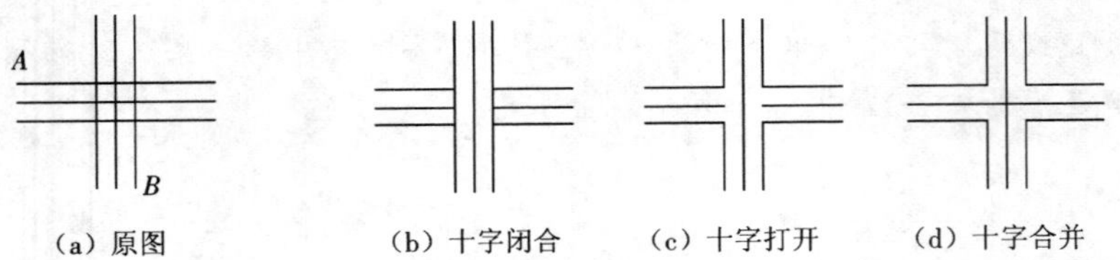

图 4-49　十字编辑

2. T 形交线

所谓 T 形交线，指的是两条多线呈 T 形相交状态，如图 4-50(a)所示。此种状态下的编辑功能包括【T 形闭合】、【T 形打开】和【T 形合并】三种，各种编辑效果如图 4-50(b)、(c)、(d)所示。

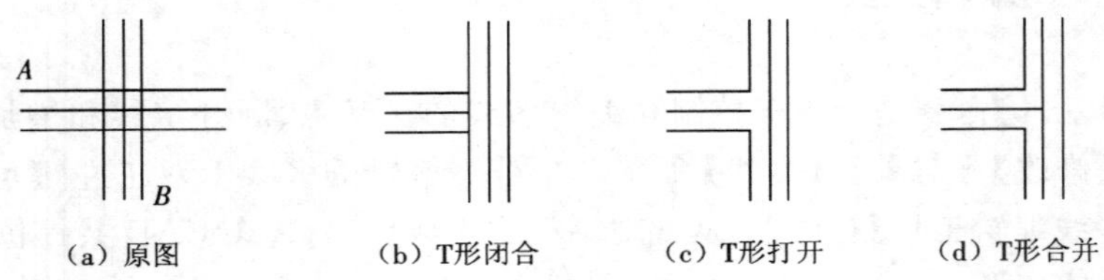

图 4-50　T 形编辑

(1) 【T 形闭合】：表示相交两条多线的 T 形封闭状态，将选择的第一条多线与第二条多线相交部分的修剪去掉，而第二条多线保持原样连通。

(2) 【T 形打开】：表示相交两条多线的 T 形开放状态，将两线的相交部分全部断开，但第一条多线的轴线在相交部分也断开。

(3) 【T 形合并】：表示相交两条多线的 T 形合并状态，将两线的相交部分全部断开，但第一条与第二条多线的轴线在相交部分相交。

3. 角形交线

角形交线编辑功能包括【角点结合】、【添加顶点】和【删除顶点】三种，其编辑的效果如图 4-51 所示。

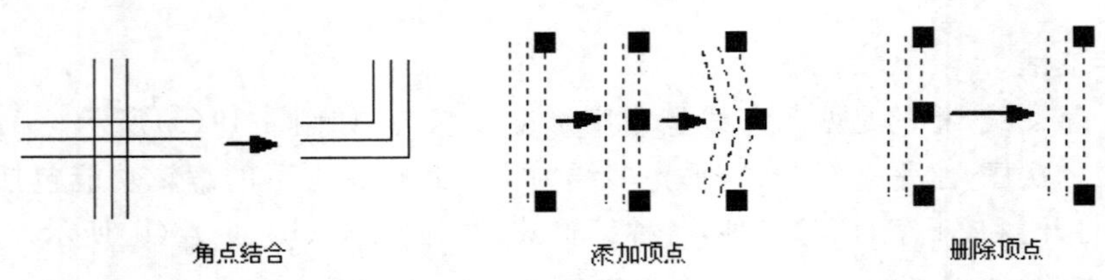

图 4-51　角形编辑

(1)【角点结合】：表示修剪或延长两条多线直到它们接触形成一相交角，将第一条和第二条多线的拾取部分保留，并将其相交部分全部断开剪去。

(2)【添加顶点】:表示在多线上产生一个顶点并显示出来,相当于打开显示连接开关,显示交点一样。

(3)【删除顶点】:表示删除多线转折处的交点,使其变为直线形多线。删除某顶点后,系统会将该顶点两边的另外两顶点连接成一条多线线段。

4. **切断交线**

切断交线编辑功能包括【单个剪切】、【全部剪切】和【全部接合】三种,其编辑的效果如图4-52所示。

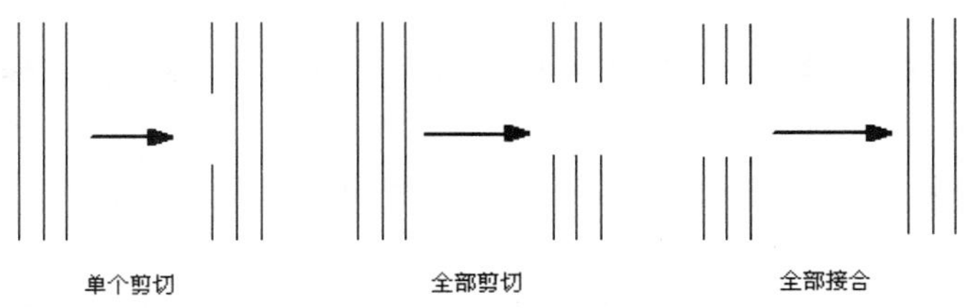

图4-52 多线的剪切与接合

(1)【单个剪切】:表示在多线中的某条线上拾取两个点从而断开此线。

(2)【全部剪切】:表示在多线上拾取两个点从而将此多线全部切断一截。

(3)【全部接合】:表示连接多线中的所有可见间断,但不能用来连接两条单独的多线。

4.4 实例指导——绘制沙发组与茶几

本例通过绘制沙发组与茶几的平面图,主要对本章所讲知识进行练习和巩固。沙发组与茶几平面图的最终绘制效果,如图4-53所示。

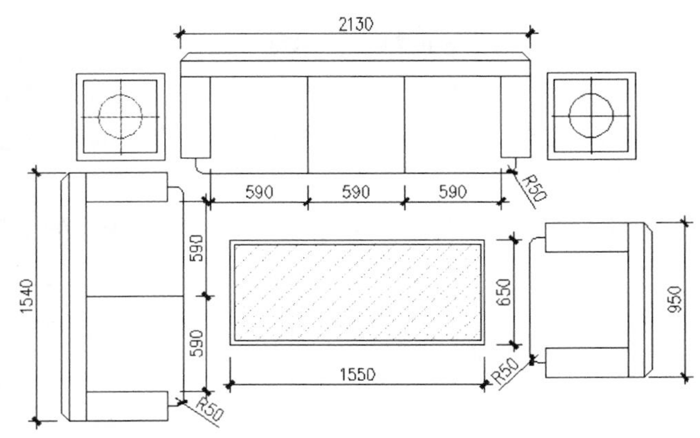

图4-53 实例效果

操作步骤如下所述。

(1) 新建文件,设置捕捉模式为中点捕捉和端点捕捉。

(2) 单击菜单【视图】/【缩放】/【中心】命令，将视图高度调整为 2200 个单位。命令行操作如下。

命令：'_zoom

指定窗口的角点，输入比例因子 (nX 或 nXP)，或者[全部(A)/中心(C)/动态(D)/范围(E)/上一个(P)/比例(S)/窗口(W)/对象(O)] <实时>：_c

指定中心点： //在绘图区拾取一点

输入比例或高度 <40.7215>： //2200 ↙

(3) 使用快捷键 REC 激活【矩形】命令，绘制长度为 950、宽度为 150 的矩形，作为沙发靠背轮廓线。

(4) 重复执行【矩形】命令，配合【捕捉自】功能绘制扶手轮廓线。命令行操作如下。

命令：_rectang

指定第一个角点或 [倒角(C)/标高(E)/圆角(F)/厚度(T)/宽度(W)]： //捕捉如图 4-54 所示的端点

指定另一个角点或 [面积(A)/尺寸(D)/旋转(R)]： //@180，−500 ↙

命令:RECTANG //↙

指定第一个角点或 [倒角(C)/标高(E)/圆角(F)/厚度(T)/宽度(W)]： //捕捉如图 4-55 所示的端点

指定另一个角点或 [面积(A)/尺寸(D)/旋转(R)]： //@−180，−500 ↙，结果如图 4-56 所示

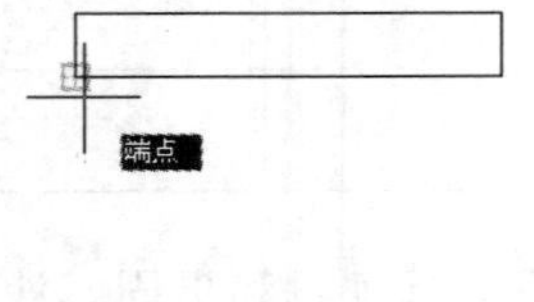

图 4-54 捕捉端点

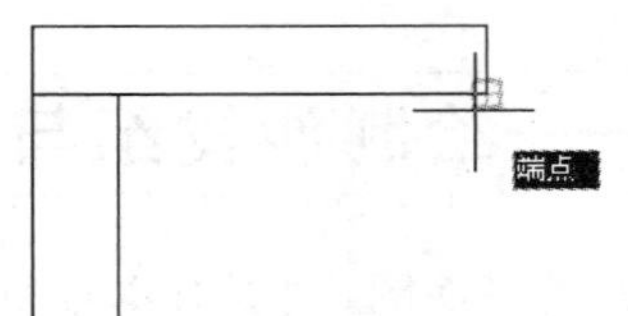

图 4-55 捕捉端点

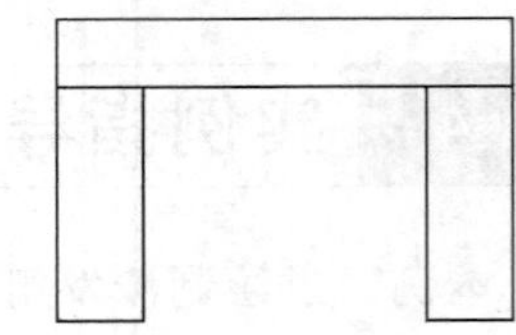
图 4-56 绘制结果

(5) 将三个矩形分解，然后单击菜单【修改】/【偏移】命令，将最上方的水平轮廓线向下偏移 750 个单位，将两侧的垂直轮廓线向内偏移 90 个单位，结果如图 4-57 所示。

(6) 单击菜单【修改】/【延伸】命令，以最下方的水平轮廓线为界，对其他两条垂直边进行延伸，结果如图 4-58 所示。

(7) 单击菜单【修改】/【修剪】命令，对下方的水平边进行修剪，结果如图 4-59 所示。

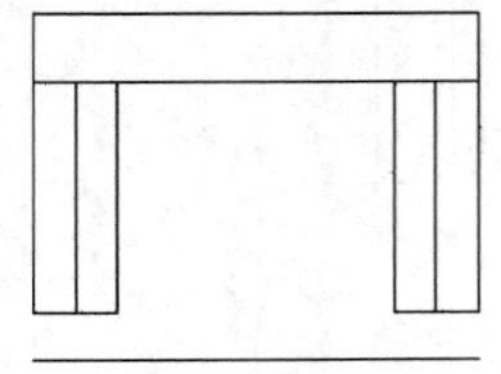
图 4-57 偏移结果

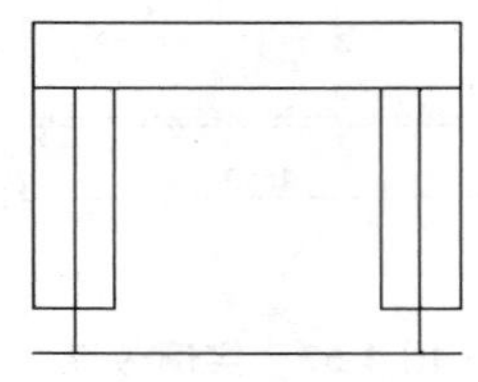
图 4-58 延伸结果

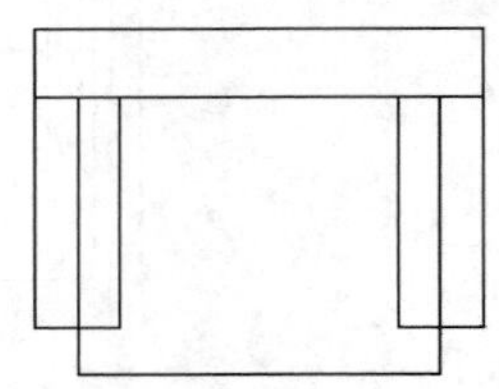
图 4-59 修剪结果

(8) 单击菜单【修改】/【拉长】命令，对内部的两条垂直轮廓边进行编辑。命令行操作

如下。

命令：_lengthen

选择对象或［增量(DE)/百分数(P)/全部(T)/动态(DY)］：//de↙

输入长度增量或［角度(A)］＜10.0000＞：//－500↙

选择要修改的对象或［放弃(U)］：//在图 4-60 所示的位置单击

选择要修改的对象或［放弃(U)］：//在图 4-61 所示的位置单击

选择要修改的对象或［放弃(U)］：//↙，操作结果如图 4-62 所示

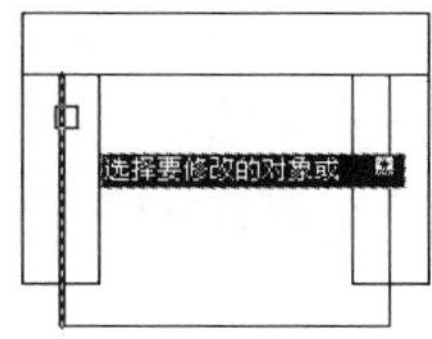

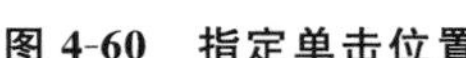
图 4-60 指定单击位置

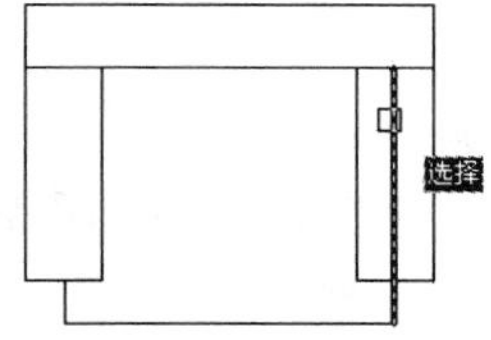

图 4-61 指定单击位置

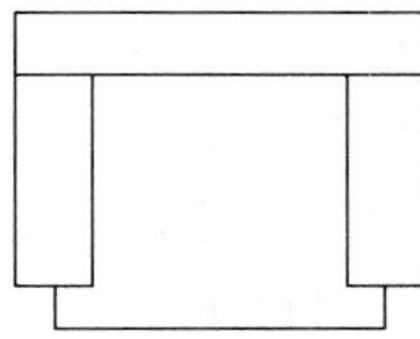

图 4-62 操作结果

(9) 单击菜单【修改】/【倒角】命令，对靠背轮廓边进行倒角编辑。命令行操作如下。

命令：_chamfer

("修剪"模式) 当前倒角距离 1＝0.0000，距离 2＝0.0000

选择第一条直线或［放弃(U)/多段线(P)/距离(D)/角度(A)/修剪(T)/方式(E)/多个(M)］：//a↙，激活【角度】选项

指定第一条直线的倒角长度 ＜0.0000＞：//50↙

指定第一条直线的倒角角度 ＜45＞：//45↙

选择第一条直线或［放弃(U)/多段线(P)/距离(D)/角度(A)/修剪(T)/方式(E)/多个(M)］：//m↙，激活【多个】选项

选择第一条直线或［放弃(U)/多段线(P)/距离(D)/角度(A)/修剪(T)/方式(E)/多个(M)］：//在图 4-63 所示轮廓边 1 的上端单击

选择第二条直线，或按住 Shift 键选择直线以应用角点或［距离(D)/角度(A)/方法(M)］：//在轮廓边 2 的左端单击

选择第一条直线或［放弃(U)/多段线(P)/距离(D)/角度(A)/修剪(T)/方式(E)/多个(M)］：//在轮廓边 2 的右端单击

选择第二条直线，或按住 Shift 键选择直线以应用角点或［距离(D)/角度(A)/方法(M)］：//在轮廓边 3 的上端单击

选择第一条直线或［放弃(U)/多段线(P)/距离(D)/角度(A)/修剪(T)/方式(E)/多个(M)］：//↙，倒角结果如图 4-64 所示

(10) 使用快捷键 L 激活【直线】命令，配合端点捕捉功能，绘制如图 4-65 所示的水平轮廓边。

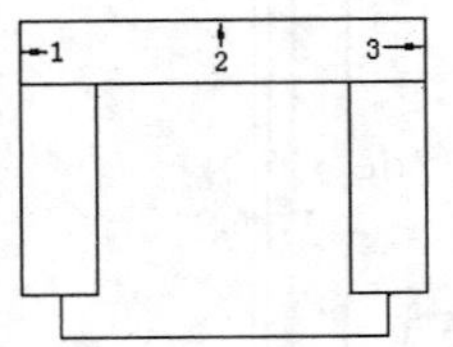

图 4-63　定位倒角边

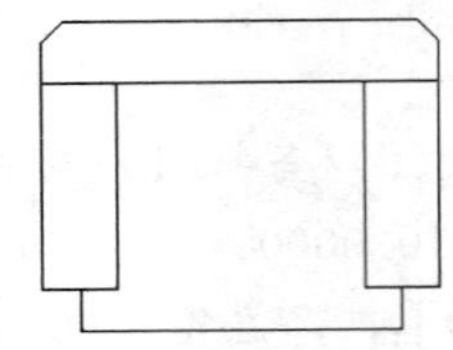
图 4-64　倒角结果

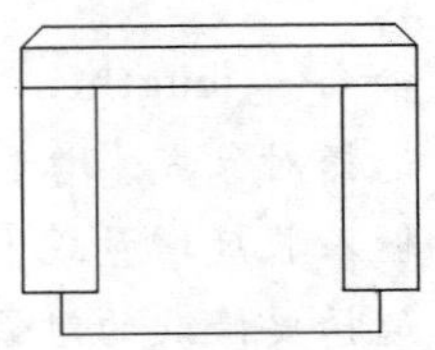
图 4-65　绘制结果

(11) 单击【修改】工具栏上的按钮，激活【圆角】命令，对下方的轮廓边进行圆角，圆角半径为 50，圆角结果如图 4-66 所示。

(12) 单击【修改】菜单中的【复制】命令，将绘制的单人沙发复制两份。

(13) 单击【修改】工具栏上的按钮，激活【拉伸】命令，配合【极轴追踪】功能，将复制出的沙发拉伸为双人沙发。命令行操作如下。

命令：_stretch

以交叉窗口或交叉多边形选择要拉伸的对象...

选择对象：　//拉出如图 4-67 所示的窗交选择框

选择对象：　//↙

指定基点或［位移(D)］＜位移＞：　//在绘图区拾取一点

指定第二个点或 ＜使用第一个点作为位移＞：　//水平向右引出如图 4-68 所示的极轴矢量，输入 590 ↙，拉伸结果如图 4-69 所示

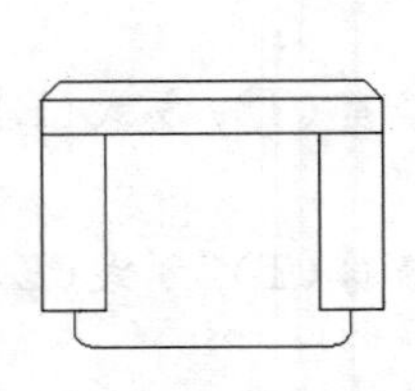
图 4-66　圆角结果

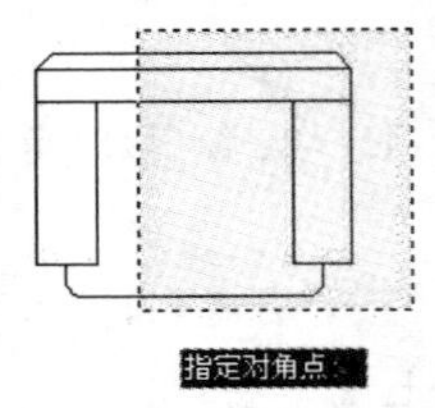

图 4-67　窗交选择

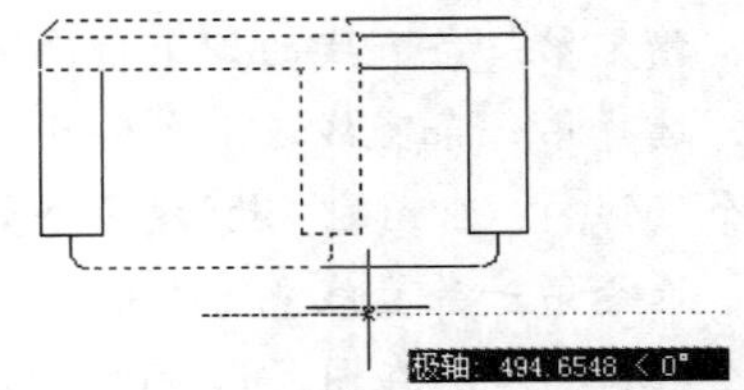

图 4-68　引出极轴矢量

(14) 使用快捷键 L 激活【直线】命令，配合【中点捕捉】功能绘制如图 4-70 所示的分界线。

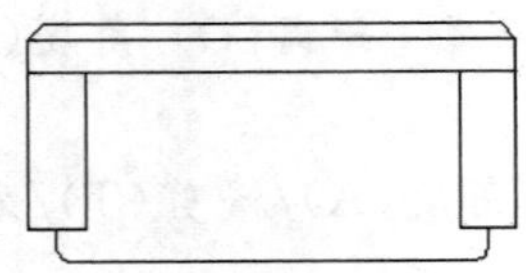
图 4-69　拉伸结果

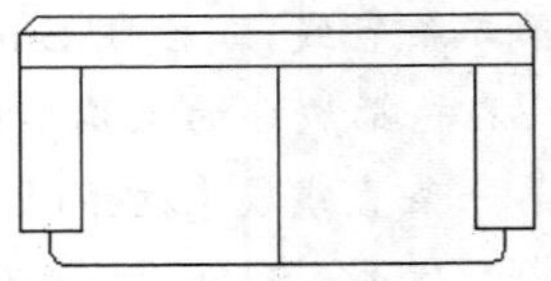
图 4-70　绘制结果

(15) 重复执行【拉伸】命令，配合【极轴追踪】功能，将另一个沙发拉伸为三人沙发。命令行操作如下。

命令：_stretch

以交叉窗口或交叉多边形选择要拉伸的对象...

选择对象：　//拉出图 4-67 所示的窗交选择框

选择对象：//↙

指定基点或［位移(D)］<位移>：//在绘图区拾取一点

指定第二个点或 <使用第一个点作为位移>：//引出 0°的极轴矢量，输入 1180↙，拉伸结果如图 4-71 所示

(16) 使用快捷键 L 激活【直线】命令，配合【对象捕捉】功能绘制如图 4-72 所示的两条分界线。

图 4-71 拉伸结果

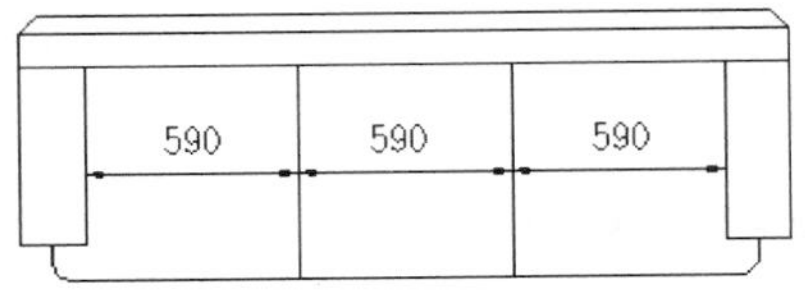

图 4-72 绘制结果

(17) 单击【修改】工具栏上的按钮，激活【旋转】命令，将双人沙发旋转 90°，结果如图 4-73 所示。

(18) 重复执行【旋转】命令，将单人沙发旋转－90°，结果如图 4-74 所示。

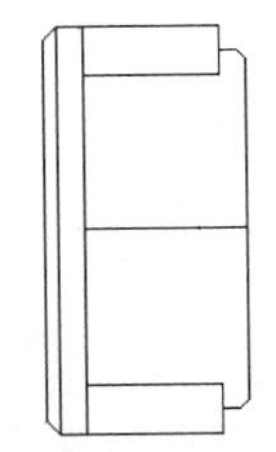

图 4-73 旋转结果

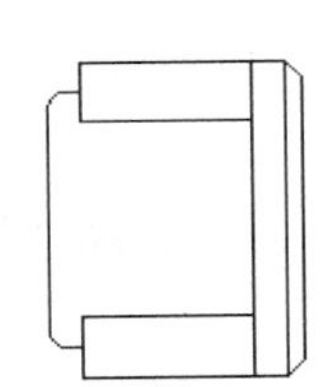

图 4-74 旋转单人沙发

(19) 使用快捷键 M 激活【移动】命令，将单人沙发、双人沙发和三人沙发进行位移，组合成沙发组，结果如图 4-75 所示。

(20) 绘制长度为 1500、宽度为 600 的矩形作为茶几，并将矩形向外侧偏移 25 个单位，结果如图 4-76 所示。

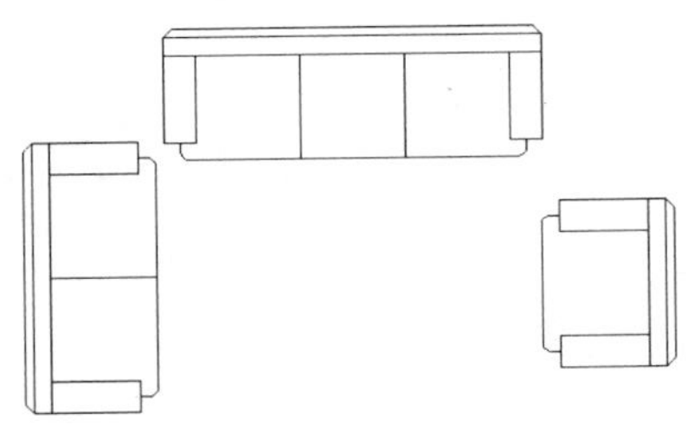

图 4-75 组合结果

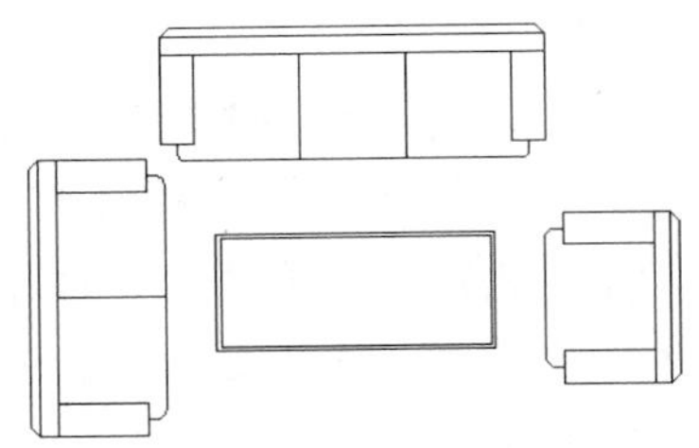

图 4-76 绘制结果

(21) 使用快捷键 H 激活【图案填充】命令，设置填充图案和填充参数，如图 4-77 所示，为茶几填充如图 4-78 所示的图案。

(22) 使用快捷键 I 激活【插入块】命令，以默认参数插入光盘中的"\图块文件\

block1. dwg”,结果如图 4-79 所示。

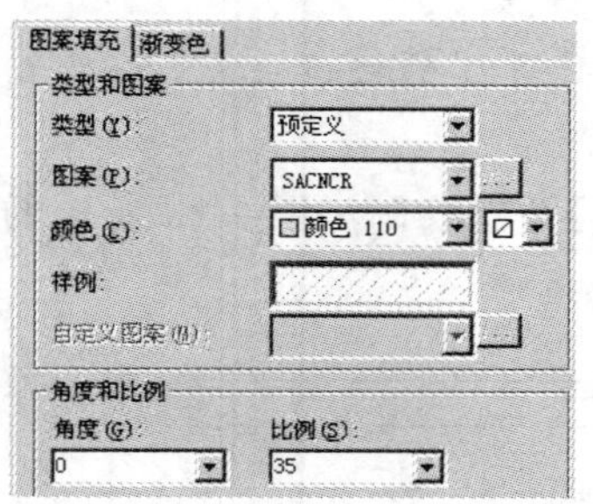

图 4-77 设置填充图案及参数

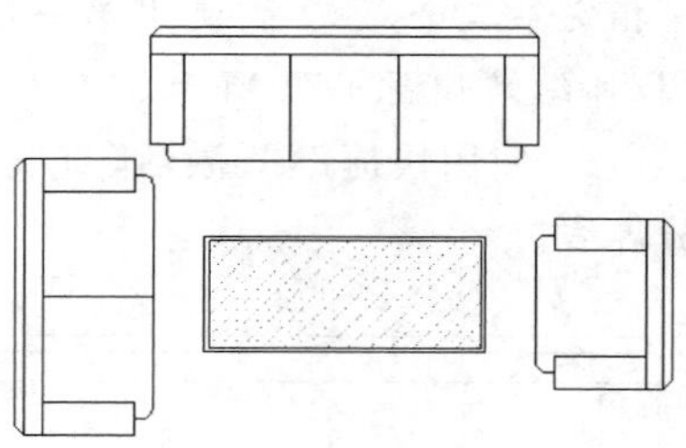

图 4-78 填充结果

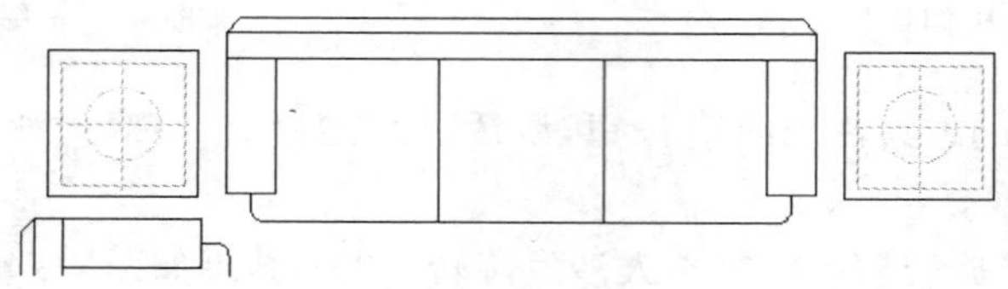

图 4-79 插入结果

(23) 最后执行【保存】命令,将图形命名存储为“实例指导一. dwg”。

4.5 创建复合对象

本节主要学习复合对象的快速创建功能,具体有【复制】、【偏移】、【镜像】、【矩形阵列】、【环形阵列】和【路径阵列】等命令。

4.5.1 复制

【复制】命令用于复制图形,通常用于创建结构相同、位置不同的复合图形。另外,此命令只能在当前文件中使用,如果用户要在多个文件之间复制对象,需使用【编辑】菜单中的【复制】命令。

执行【复制】命令主要有以下几种方式:

(1) 单击【修改】菜单中的【复制】命令。

(2) 单击【修改】工具栏上的按钮。

(3) 在命令行输入 Copy 后按 Enter 键 。

(4) 使用快捷键 CO。

下面通过绘制拱形桥两侧的立面护栏,学习【复制】命令的使用方法和操作技巧,具体操作步骤如下。

(1) 执行【打开】命令,打开随书光盘中的“\素材文件\复制图形. dwg”文件,如图 4-80 所示。

(2) 单击【修改】工具栏或面板中的按钮,对两条构造线进行复制。命令行操作

图 4-80　打开结果

如下。

命令：_copy

选择对象：　//选择两条垂直构造线

选择对象：　//↙

当前设置：　复制模式＝多个

指定基点或［位移(D)/模式(O)］<位移>：　//拾取任一点作为基点

指定第二个点或［阵列(A)］<使用第一个点作为位移>：　//a↙

输入要进行阵列的项目数：　//9↙

指定第二个点或［布满(F)］：　//@150,0↙

指定第二个点或［阵列(A)/退出(E)/放弃(U)］<退出>：　//↙，结果如图 4-81 所示

图 4-81　复制结果

☞**技巧提示**

使用命令中的【阵列】选项功能，可以在复制图形的过程中，将选择的对象进行有规则的快速复制。

(3) 重复执行【复制】命令，选择所有垂直构造线进行复制。命令行操作如下。

命令：_copy

选择对象：　//窗交选择如图 4-82 所示的构造线

选择对象：　//↙

当前设置：　复制模式＝多个

指定基点或［位移(D)/模式(O)］<位移>：　//拾取任一点

指定第二个点或［阵列(A)］<使用第一个点作为位移>：　//@3900,0↙

指定第二个点或［阵列(A)/退出(E)/放弃(U)］<退出>：　//↙，结果如图 4-83

所示

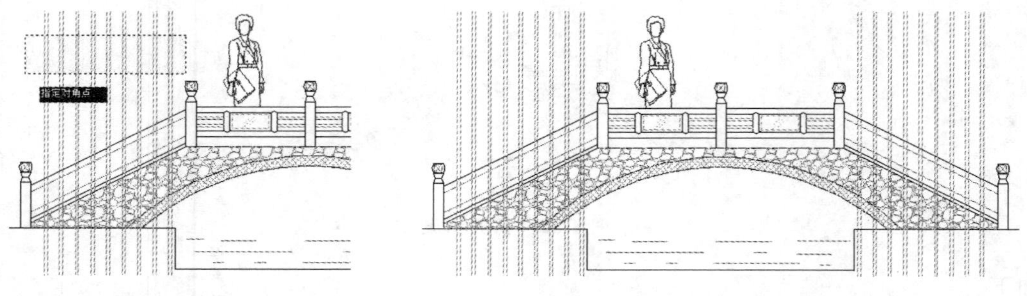

图 4-82 窗交选择　　　　图 4-83 复制结果

(4) 使用快捷键 TR 激活【修剪】命令，对所有构造线进行修剪，结果如图 4-84 所示。

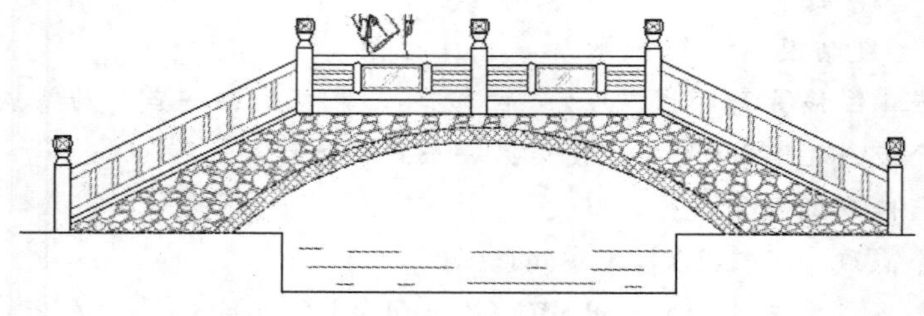

图 4-84 修剪结果

4.5.2 偏移

【偏移】命令用于将选择的图线按照一定的距离或指定的通过点，进行偏移复制，以创建同尺寸或同形状的复合对象。

执行【偏移】命令主要有以下几种方式：

(1) 单击菜单【修改】/【偏移】命令。

(2) 单击【修改】工具栏或面板上的按钮。

(3) 在命令行输入 Offset 后按 Enter 键。

(4) 使用快捷键 O。

不同结构的对象，其偏移结果也会不同。下面通过典型的实例，学习【偏移】命令的使用方法和操作技巧，具体操作步骤如下。

(1) 执行【打开】命令，打开随书光盘中的"\素材文件\偏移对象.dwg"，如图 4-85 所示。

(2) 单击【修改】工具栏上的按钮，对各图形进行距离偏移。命令行操作如下。

命令：_offset

当前设置：删除源＝否　图层＝源　OFFSETGAPTYPE＝0

指定偏移距离或［通过(T)/删除(E)/图层(L)］＜10.0000＞：　//20↙，设置偏移距离

选择要偏移的对象，或［退出(E)/放弃(U)］＜退出＞：　//单击左侧的圆图形

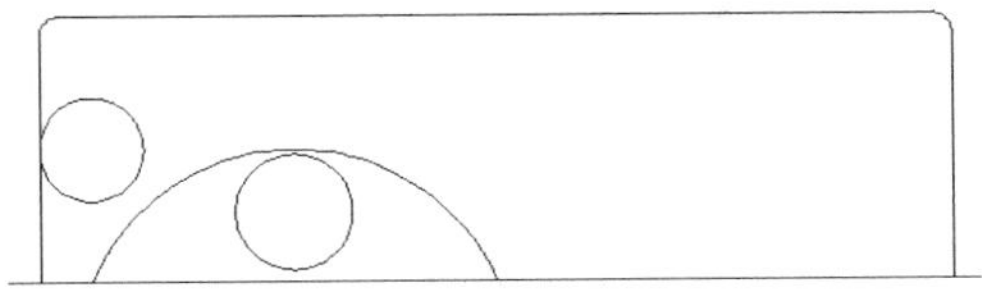

图 4-85 打开结果

指定要偏移的那一侧上的点，或［退出(E)/多个(M)/放弃(U)］<退出>： //在圆内侧拾取一点

选择要偏移的对象，或［退出(E)/放弃(U)］<退出>： //单击圆弧

指定要偏移的那一侧上的点，或［退出(E)/多个(M)/放弃(U)］<退出>： //在弧内侧拾取一点

选择要偏移的对象，或［退出(E)/放弃(U)］<退出>： //单击右侧的圆图形

指定要偏移的那一侧上的点，或［退出(E)/多个(M)/放弃(U)］<退出>： //在圆外侧拾取一点

选择要偏移的对象，或［退出(E)/放弃(U)］<退出>： //↙，偏移结果如图 4-86 所示

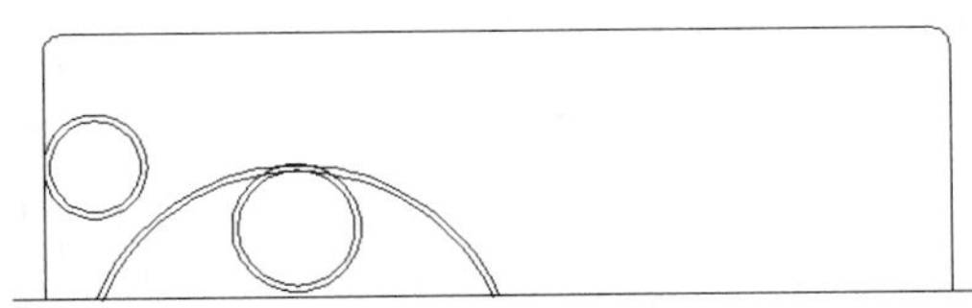

图 4-86 偏移结果

☞技巧提示

在执行【偏移】命令时，只能以点选的方式选择对象，且每次只能偏移一个对象。

(3) 重复执行【偏移】命令，对水平直线和外侧的轮廓线进行偏移，命令行操作如下。

命令：_offset

当前设置：删除源＝否　图层＝源　OFFSETGAPTYPE＝0

指定偏移距离或［通过(T)/删除(E)/图层(L)］<20.0000>： //40↙，设置偏移距离

选择要偏移的对象，或［退出(E)/放弃(U)］<退出>： //选择最外侧的轮廓线

指定要偏移的那一侧上的点，或［退出(E)/多个(M)/放弃(U)］<退出>： //在外轮廓线的外侧拾取一点

选择要偏移的对象，或［退出(E)/放弃(U)］<退出>： //单击最下侧的水平直线

指定要偏移的那一侧上的点，或［退出(E)/多个(M)/放弃(U)］<退出>： //在水平直线的下侧拾取一点

选择要偏移的对象，或［退出(E)/放弃(U)］<退出>： //↙，结果如图 4-87 所示

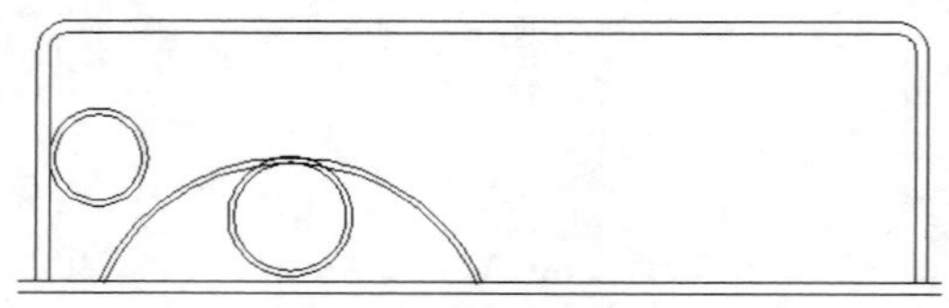

图 4-87 偏移结果

选项解析

◆ 【删除】选项用于在偏移图线的过程中将源图线删除。

◆ 【图层】选项用于设置偏移后的图线所在图层。

◆ 【通过】选项用于按照指定的通过点偏移对象，所偏移出的对象将通过事先指定的目标点。

4.5.3 镜像

【镜像】命令用于将选择的对象沿着指定的两点进行对称复制。此命令通常用于创建一些结构对称的图形，如图 4-88 所示。

图 4-88 镜像示例

执行【镜像】命令主要有以下几种方式：

(1) 单击菜单【修改】/【镜像】命令。

(2) 单击【修改】工具栏或面板上的按钮。

(3) 在命令行输入 Mirror 后按 Enter 键。

(4) 使用快捷键 MI。

【镜像】命令通常用于创建一些结构对称的图形，下面通过创建图 4-88 所示的图形结构，学习使用【镜像】命令。具体操作步骤如下。

(1) 继续上节操作。

(2) 单击【修改】工具栏上的按钮，激活【镜像】命令，对图形进行镜像。命令行操作如下。

命令：_mirror

选择对象： //拉出如图 4-89 所示的窗交选择框

选择对象： //↙，结束对象的选择

指定镜像线的第一点： //捕捉大圆弧的中点，如图 4-90 所示

指定镜像线的第二点： //@1,0↙

要删除源对象吗？[是(Y)/否(N)] <N>： //↙，镜像结果如图 4-91 所示

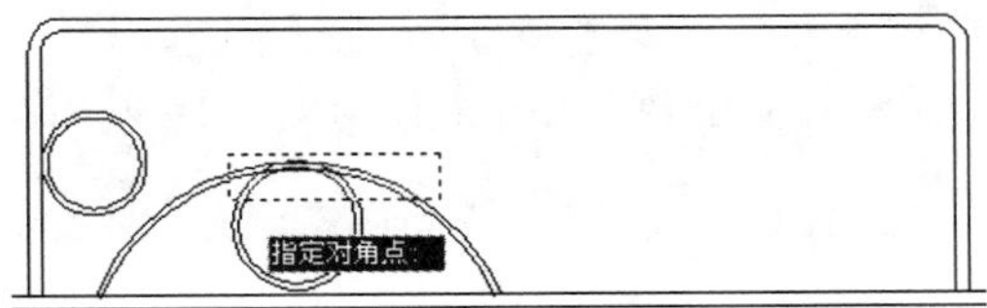

图 4-89 窗交选择

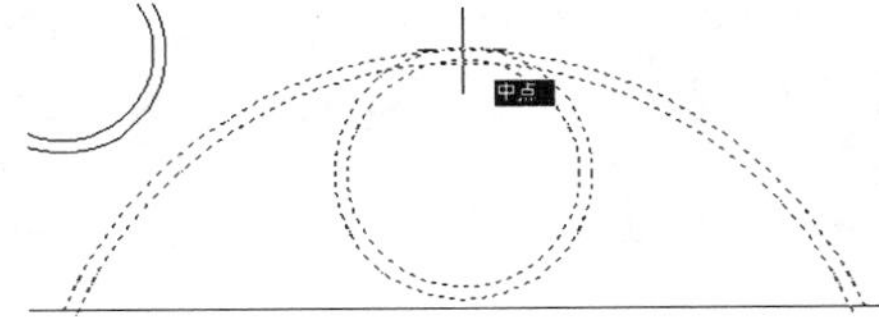

图 4-90 捕捉中点

(3) 使用快捷键 TR 激活【修剪】命令，对图线进行修整完善，结果如图 4-92 所示。

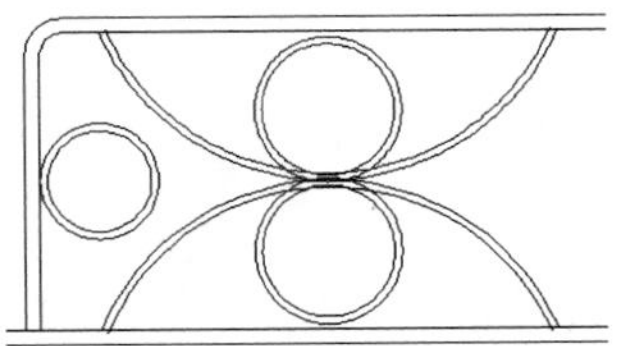

图 4-91 镜像结果

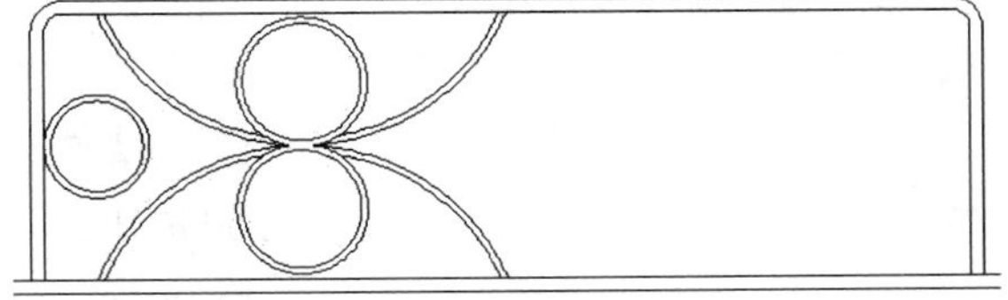

图 4-92 修剪结果

(4) 单击【修改】工具栏上的按钮，重复执行【镜像】命令，继续对内部的图形进行镜像。命令行操作如下。

命令：_mirror

选择对象： //拉出如图 4-93 所示的窗交选择框

选择对象： //↙，结束对象的选择

指定镜像线的第一点： //捕捉如图 4-94 所示的中点

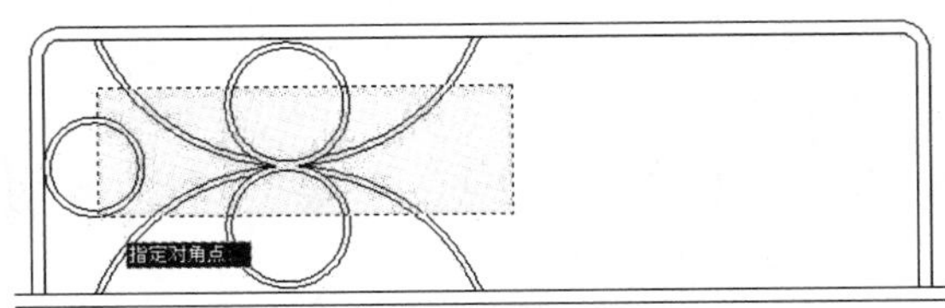

图 4-93 窗交选择

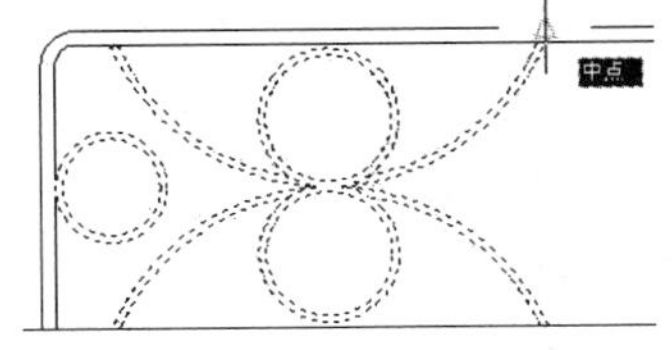

图 4-94 捕捉中点

指定镜像线的第二点： //向下引出如图 4-95 所示的极轴矢量，然后在矢量上拾取一点

要删除源对象吗？[是(Y)/否(N)] <N>： //↙，结束命令

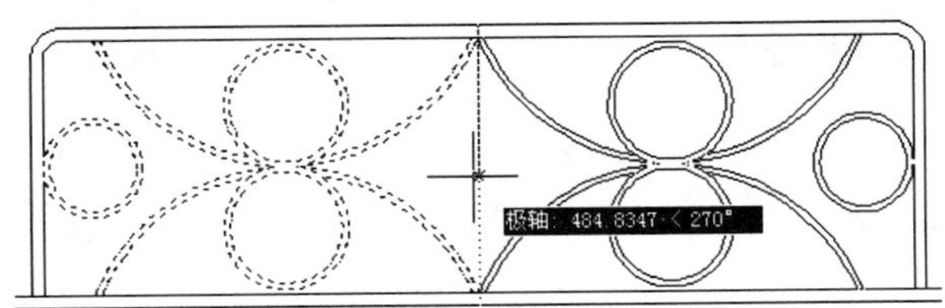

图 4-95 引出极轴矢量

☞技巧提示

如果对文字进行镜像时，其镜像后的文字可读性取决于系统变量 MIRRTEX 的值，当变量值为 1 时，镜像文字不具有可读性；当变量值为 0 时，镜像后的文字具有可读性。

4.5.4 矩形阵列

【矩形阵列】命令用于将图形按照指定的行数和列数，成“矩形”的排列方式进行大规模复制，以创建均布结构的图形。

执行【矩形阵列】命令主要有以下几种方式：

(1) 单击菜单【修改】/【阵列】/【矩形阵列】命令。

(2) 单击【修改】工具栏或面板上的按钮。

(3) 在命令行输入 Arrayrect 后按 Enter 键。

(4) 使用快捷键 AR。

执行【矩形阵列】命令后，其命令行操作如下。

命令：_arrayrect

选择对象： //选择如图 4-96 所示的对象

选择对象： //↙

类型＝矩形　关联＝是

选择夹点以编辑阵列或［关联(AS)/基点(B)/计数(COU)/间距(S)/列数(COL)/行数(R)/层数(L)/退出(X)］＜退出＞： //COU↙

输入列数数或［表达式(E)］＜4＞： //84↙

输入行数数或［表达式(E)］＜3＞： //1↙

选择夹点以编辑阵列或［关联(AS)/基点(B)/计数(COU)/间距(S)/列数(COL)/行数(R)/层数(L)/退出(X)］＜退出＞： //S↙

指定列之间的距离或［单位单元(U)］＜7610＞： //679↙

指定行之间的距离 ＜4369＞： //1↙

选择夹点以编辑阵列或［关联(AS)/基点(B)/计数(COU)/间距(S)/列数(COL)/行数(R)/层数(L)/退出(X)］＜退出＞： //↙，阵列结果如图 4-97 所示

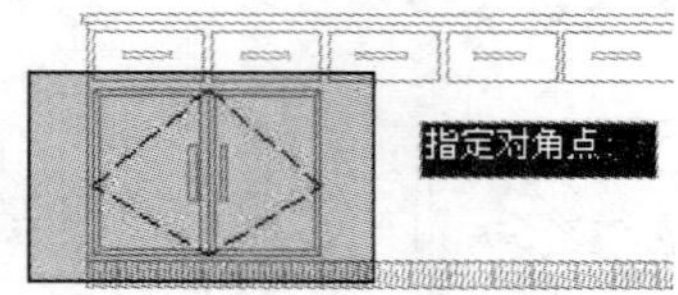

图 4-96　选择对象

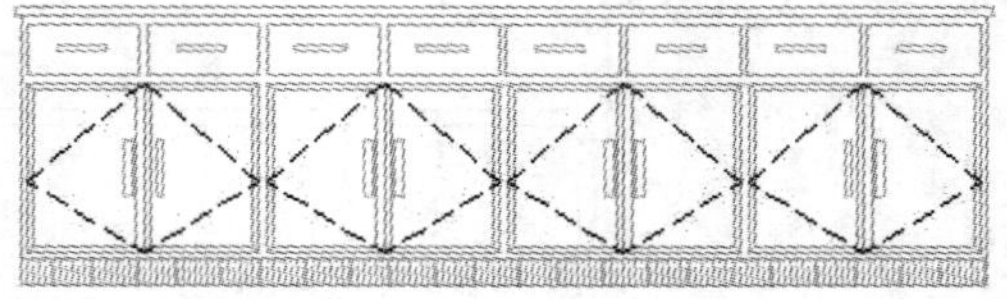

图 4-97　阵列结果

选项解析

◆ 【关联】选项用于设置阵列后图形的关联性，如果为阵列图形设定了关联特性，那

么阵列的图形和源图形一起被作为一个独立的图形结构，跟图块的性质类似。用户可以使用【分解】命令取消这种关联特性。

- 【基点】选项用于设置阵列的基点。
- 【计数】选项用于设置阵列的行数、列数。
- 【间距】选项用于设置对象的行偏移或阵列偏移距离。

4.5.5 环形阵列

【环形阵列】命令用于将选择的图形对象按照阵列中心点和设定的数目，成“圆形”阵列复制，以快速创建聚心结构图形。

执行【环形阵列】命令主要有以下几种方式：

(1) 单击菜单【修改】/【阵列】/【环形阵列】命令。

(2) 单击【修改】工具栏或面板上的按钮。

(3) 在命令行输入 Arraypolar 后按 Enter 键。

(4) 使用快捷键 AR。

下面通过典型的实例学习【环形阵列】命令的使用方法和操作技巧，具体操作步骤如下。

(1) 打开随书光盘中的“\素材文件\环形阵列.dwg”文件，如图 4-98 所示。

(2) 单击【修改】工具栏或面板上的按钮，激活【环形阵列】命令，选择图 4-98 所示的对象进行阵列。命令行操作如下。

命令：_arraypolar

选择对象： //窗交选择如图 4-98 所示的对象

选择对象： //↙

类型＝极轴　关联＝是

指定阵列的中心点或［基点(B)/旋转轴(A)］： //捕捉同心圆的圆心

选择夹点以编辑阵列或［关联(AS)/基点(B)/项目(I)/项目间角度(A)/填充角度(F)/行(ROW)/层(L)/旋转项目(ROT)/退出(X)］＜退出＞： //I↙

输入阵列中的项目数或［表达式(E)］＜6＞： //24↙

选择夹点以编辑阵列或［关联(AS)/基点(B)/项目(I)/项目间角度(A)/填充角度(F)/行(ROW)/层(L)/旋转项目(ROT)/退出(X)］＜退出＞： //F↙

指定填充角度(＋＝逆时针、－＝顺时针)或［表达式(EX)］＜360＞： //↙

选择夹点以编辑阵列或［关联(AS)/基点(B)/项目(I)/项目间角度(A)/填充角度(F)/行(ROW)/层(L)/旋转项目(ROT)/退出(X)］＜退出＞： //↙，阵列结果如图4-99所示

选项解析

- 【基点】选项用于设置阵列对象的基点。
- 【旋转轴】选项用于指定阵列对象的旋转轴。
- 【项目】选项用于设置环形阵列的数目。

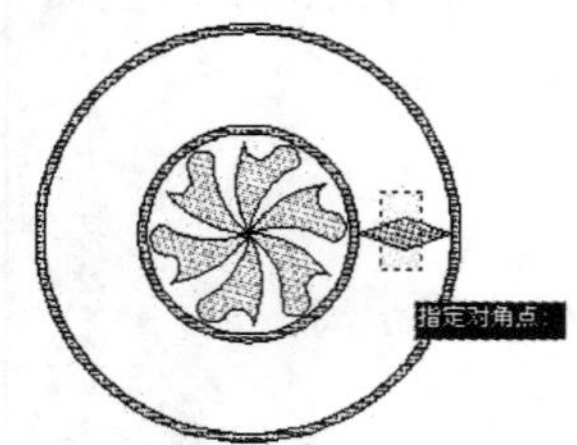

图 4-98　窗交选择

图 4-99　阵列结果

◆ 【项目间角度】选项用于设置每相邻阵列单元间的角度。

◆ 【填充角度】选项用于输入设置环形阵列的角度，正值为逆时针阵列，负值为顺时针阵列。

◆ 【旋转项目】选项用于设置阵列对象的旋转角度。

4.5.6 路径阵列

【路径阵列】命令用于将对象沿指定的路径或路径的某部分进行等距阵列。路径可以是直线、多段线、三维多段线、样条曲线、圆、椭圆和圆弧等。

执行【路径阵列】命令主要有以下几种方式：

(1) 单击菜单【修改】/【阵列】/【路径阵列】命令。

(2) 单击【修改】工具栏或面板上的按钮。

(3) 在命令行输入 Arraypath 后按 Enter 键。

(4) 使用快捷键 AR。

执行【路径阵列】命令后，其命令行操作过程如下。

命令：_arraypath

选择对象：　//选择如图 4-100(左)所示的栏杆

选择对象：　//↙

类型＝路径　关联＝是

选择路径曲线：　//选择扶手轮廓线

选择夹点以编辑阵列或［关联(AS)/方法(M)/基点(B)/切向(T)/项目(I)/行(R)/层(L)/对齐项目(A)/Z 方向(Z)/退出(X)］＜退出＞：　//M↙

输入路径方法［定数等分(D)/定距等分(M)］＜定距等分＞：　//M↙

选择夹点以编辑阵列或［关联(AS)/方法(M)/基点(B)/切向(T)/项目(I)/行(R)/层(L)/对齐项目(A)/Z 方向(Z)/退出(X)］＜退出＞：　//I↙

指定沿路径的项目之间的距离或［表达式(E)］＜75＞：　//652↙

最大项目数＝11

指定项目数或［填写完整路径(F)/表达式(E)］＜11＞：　//11↙

选择夹点以编辑阵列或［关联(AS)/方法(M)/基点(B)/切向(T)/项目(I)/行(R)/层(L)/对齐项目(A)/Z 方向(Z)/退出(X)］＜退出＞：　//A↙

是否将阵列项目与路径对齐？［是(Y)/否(N)］＜否＞：　//N↙

选择夹点以编辑阵列或［关联(AS)/方法(M)/基点(B)/切向(T)/项目(I)/行(R)/层(L)/对齐项目(A)/Z 方向(Z)/退出(X)］<退出>： //AS↙

创建关联阵列［是(Y)/否(N)］<是>： //N↙

选择夹点以编辑阵列或［关联(AS)/方法(M)/基点(B)/切向(T)/项目(I)/行(R)/层(L)/对齐项目(A)/Z 方向(Z)/退出(X)］<退出>： //↙，阵列结果如图 4-100(右)所示

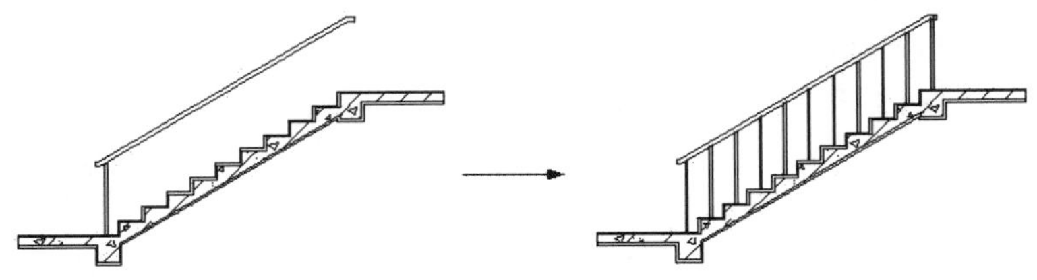

图 4-100　路径阵列

4.6 对象的夹点编辑

夹点编辑功能是一种比较特殊而且方便实用的编辑功能，使用此功能可以非常方便地编辑图形。本节主要学习夹点编辑功能的概念及使用方法。

4.6.1 关于夹点编辑

在学习此功能之前，首先了解两个概念，即夹点和夹点编辑。

在没有命令执行的前提下选择图形，那么这些图形上会显示出一些蓝色实心的小方框，如图 4-101 所示，而这些蓝色小方框即为图形的夹点，不同的图形结构，其夹点个数及位置也会不同。

而夹点编辑功能就是将多种修改工具组合在一起，通过编辑图形上的这些夹点，来达到快速编辑图形的目的。用户只需单击图形上的任何一个夹点，即可进入夹点编辑模式，此时所单击的夹点以红色亮显，称之为热点或者是夹基点，如图 4-102 所示。

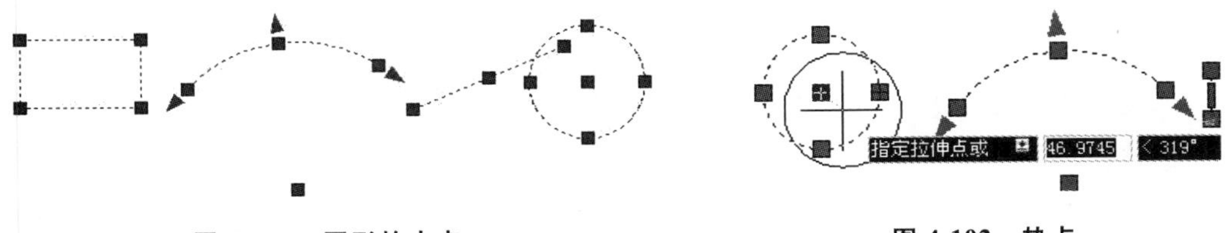

图 4-101　图形的夹点　　图 4-102　热点

4.6.2 使用夹点菜单编辑图形

当进入夹点编辑模式后，在绘图区单击右键，可打开夹点编辑菜单，如图 4-103 所示。用户可以在夹点快捷菜单中选择一种夹点模式或在当前模式下可用的任意选项。

此夹点菜单中共有两类夹点命令。第一类夹点命令为一级修改菜单，包括【拉伸】、【移动】、【旋转】、【缩放】、【镜像】命令，这些命令是平级的，用户可以通过单击菜单中的各修改命令进行编辑。

第二类夹点命令为二级选项菜单。如【基点】、【复制】、【参照】、【放弃】等命令，不过这些选项菜单在一级修改命令的前提下才能使用。

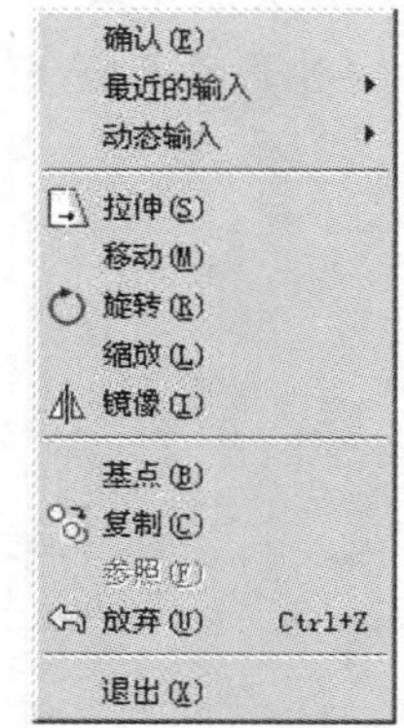

图 4-103　夹点编辑菜单

☞技巧提示

夹点编辑菜单中的【移动】、【旋转】等功能与【修改】工具栏中的【移动】、【旋转】等功能是一样的，在此不再细述。

4.6.3 通过命令行夹点编辑图形

当进入夹点编辑模式后，在命令行输入各夹点命令及各命令选项，来夹点编辑图形。另外，用户也可以通过连续敲击 Enter 键，系统即可在【移动】、【旋转】、【缩放】、【镜像】、【拉伸】这五种命令及各命令选项中循环执行，也可以通过键盘快捷键 MI、MO、RO、ST、SC 循环选取这些模式。

下面通过将图 4-104(左)所示的夹点对象编辑成图 4-104(右)所示的结构，学习使用对象的夹点编辑功能。命令行操作过程如下。

命令：
** 拉伸 **
指定拉伸点或 [基点(B)/复制(C)/放弃(U)/退出(X)]：_base
指定基点　//选择最下侧的夹点作为基点
** 拉伸 **
指定拉伸点或 [基点(B)/复制(C)/放弃(U)/退出(X)]：_rotate
** 旋转 **
指定旋转角度或 [基点(B)/复制(C)/放弃(U)/参照(R)/退出(X)]：_copy
** 旋转（多重）**
指定旋转角度或 [基点(B)/复制(C)/放弃(U)/参照(R)/退出(X)]：　//90 ↙
** 旋转（多重）**
指定旋转角度或 [基点(B)/复制(C)/放弃(U)/参照(R)/退出(X)]：　//180 ↙
** 旋转（多重）**

指定旋转角度或［基点(B)/复制(C)/放弃(U)/参照(R)/退出(X)］：//270

＊＊ 旋转（多重）＊＊

指定旋转角度或［基点(B)/复制(C)/放弃(U)/参照(R)/退出(X)］：//↙，取消夹点后的结果如图 4-104(右)所示

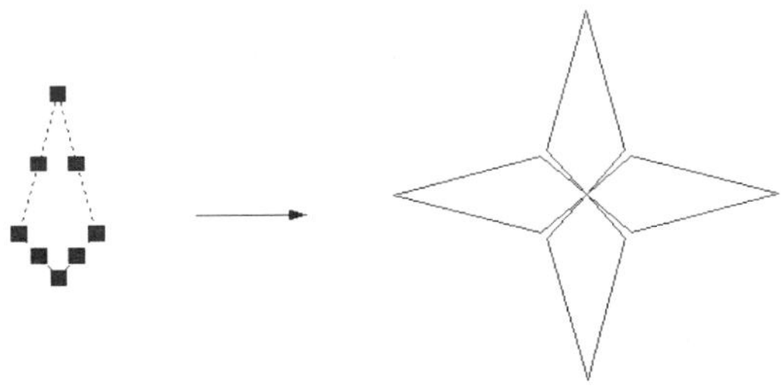

图 4-104 夹点编辑示例

☞技巧提示

如果将多个夹点作为夹基点，并且保持各选定夹点之间的几何图形完好如初，需要按 Shift 键再点击各夹点使其变为夹基点；如果要从显示夹点的选择集中删除特定对象也要按住 Shift 键。

4.7 实例指导二——绘制厨房矮柜立面图

本例通过绘制厨房矮柜立面图，主要对本章所讲知识进行练习和巩固。厨房矮柜立面图的最终绘制效果，如图 4-105 所示。

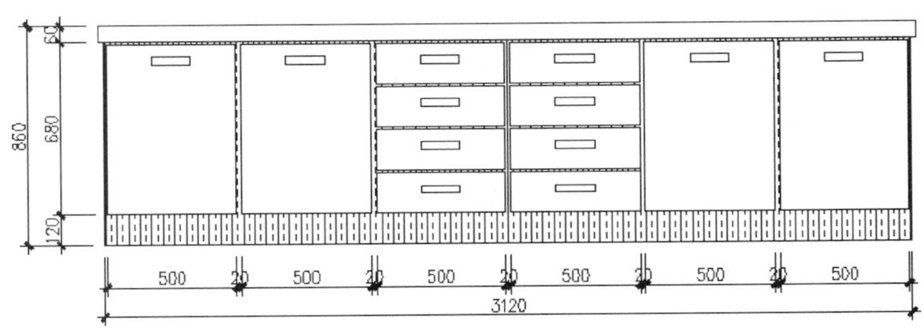

图 4-105 实例效果

操作步骤如下所述。

(1) 新建文件，并打开状态栏上的【对象捕捉】和【对象捕捉追踪】功能。

(2) 单击菜单【视图】/【缩放】/【中心】命令，将视图高度调整为 1500 个单位。命令行操作如下。

命令：'_zoom

指定窗口的角点，输入比例因子 (nX 或 nXP)，或者［全部(A)/中心(C)/动态(D)/范围(E)/上一个(P)/比例(S)/窗口(W)/对象(O)］＜实时＞：_c

指定中心点： //在绘图区拾取一点

输入比例或高度 ＜40.7215＞： //1500 ↙

(3) 使用快捷键 REC 激活【矩形】命令，绘制长度为 520、宽度为 800 的矩形。

(4) 重复执行【矩形】命令，配合【捕捉自】功能，绘制长度为 500、宽度为 670 的矩形，如图 4-106 所示。

(5) 重复执行【矩形】命令，配合【捕捉自】功能，绘制长度为 150、宽度为 30 的矩形作为把手。命令行操作如下。

命令：RECTANG

指定第一个角点或［倒角(C)/标高(E)/圆角(F)/厚度(T)/宽度(W)］ //激活【捕捉自】功能

_from 基点： //捕捉内矩形上方水平边的中点

＜偏移＞： //@－75，－50 ↙

指定另一个角点或［面积(A)/尺寸(D)/旋转(R)］： //@150，－30 ↙，结果如图 4-107所示

(6) 使用快捷键 CO 激活【复制】命令，对三个矩形进行复制，命令行操作如下。

命令：Co

COPY 选择对象： //窗交选择三个矩形

选择对象： // ↙

当前设置： 复制模式＝多个

指定基点或［位移(D)/模式(O)］＜位移＞： //捕捉任一点

指定第二个点或［阵列(A)］＜使用第一个点作为位移＞： //@520，0 ↙

指定第二个点或［阵列(A)/退出(E)/放弃(U)］＜退出＞： // ↙，结束命令，复制结果如图 4-108 所示

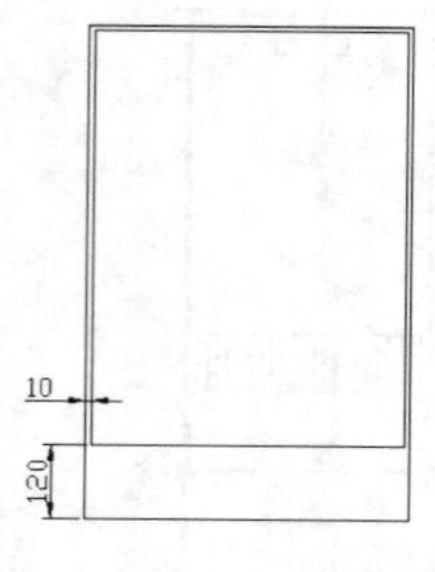

图 4-106 绘制结果

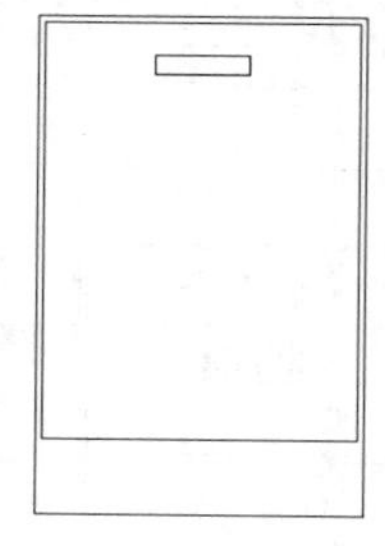

图 4-107 绘制把手

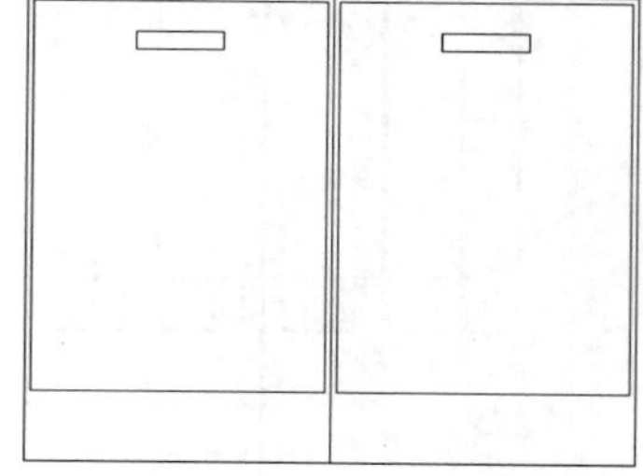

图 4-108 复制结果

(7) 使用快捷键 MI 激活【镜像】命令，配合【捕捉自】功能对图 4-108 所示的图形进行镜像，命令行操作如下。

命令：mi //↙

MIRROR 选择对象： //all ↙

选择对象： // ↙

指定镜像线的第一点： //激活【捕捉自】功能

_from 基点： //选择右侧大矩形的右下角点

<偏移>： //@520,0 ↙

指定镜像线的第二点： //@0,1 ↙

是否删除源对象？[是(Y)/否(N)] <N>： // ↙

(8) 执行【矩形】命令，配合【捕捉自】功能绘制台面轮廓线。命令行操作如下。

命令：RECTANG

指定第一个角点或 [倒角(C)/标高(E)/圆角(F)/厚度(T)/宽度(W)]： //激活【捕捉自】功能

_from 基点： //捕捉左侧大矩形的左上角点

<偏移>： //@−20,0 ↙

指定另一个角点或 [面积(A)/尺寸(D)/旋转(R)]： //@3160,60 ↙，结果如图4-109所示

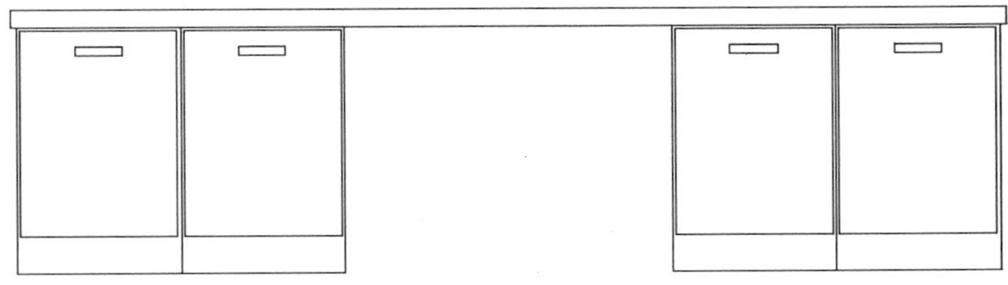

图 4-109 绘制结果

(9) 重复执行【矩形】命令，配合【捕捉自】功能绘制长度为 500、宽度为 160 的矩形作为抽屉，如图 4-110 所示。

(10) 重复执行【矩形】命令，以距抽屉上边中点水平向左 75、垂直向下 50 个绘图单位的点作为起点，绘制尺寸为“150×30”的矩形作为拉手，结果如图 4-111 所示。

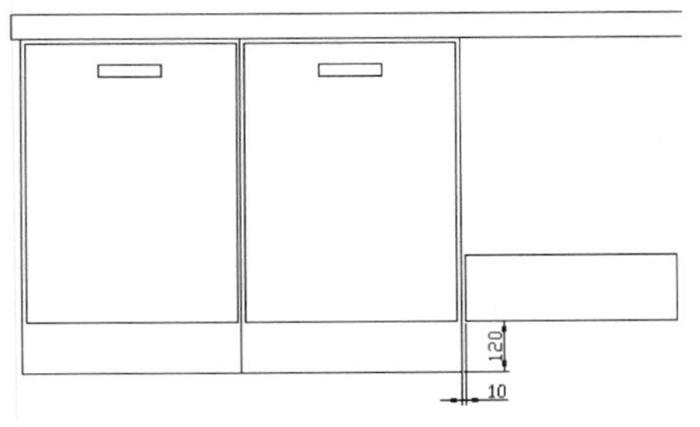

图 4-110 绘制结果

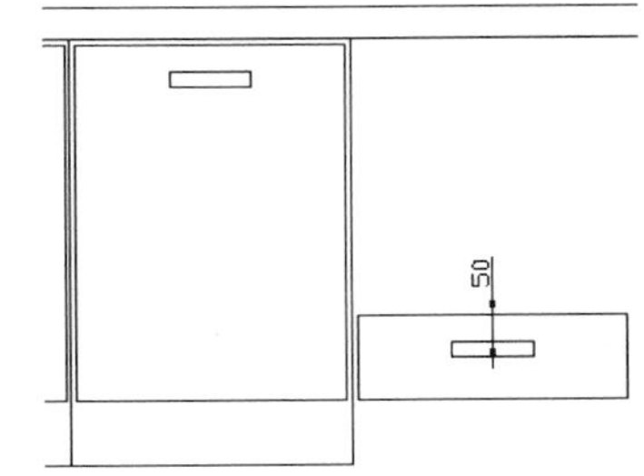

图 4-111 绘制拉手

(11) 使用快捷键 AR 激活【阵列】命令，对抽屉和拉手进行阵列。命令行操作如下。

命令：ar // ↙

ARRAY 选择对象： //选择刚绘制的抽屉和拉手

选择对象： // ↙

输入阵列类型 [矩形(R)/路径(PA)/极轴(PO)] <矩形>： //R ↙

类型＝矩形 关联＝否

选择夹点以编辑阵列或 [关联(AS)/基点(B)/计数(COU)/间距(S)/列数(COL)/

行数(R)/层数(L)/退出(X)]<退出>：//COU↙

输入列数数或[表达式(E)]<4>：//2↙

输入行数数或[表达式(E)]<3>：//4↙

选择夹点以编辑阵列或[关联(AS)/基点(B)/计数(COU)/间距(S)/列数(COL)/行数(R)/层数(L)/退出(X)]<退出>：//s↙

指定列之间的距离或[单位单元(U)]<1248.1888>：//520↙

指定行之间的距离<790.6318>：//170↙

选择夹点以编辑阵列或[关联(AS)/基点(B)/计数(COU)/间距(S)/列数(COL)/行数(R)/层数(L)/退出(X)]<退出>：//↙，阵列结果如图 4-112 所示

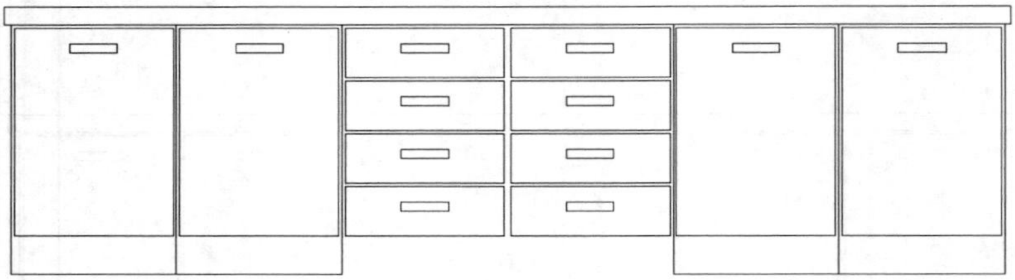

图 4-112 阵列结果

(12) 将下方的四个矩形分解，然后使用【删除】命令删除垂直的矩形边，结果如图4-113所示。

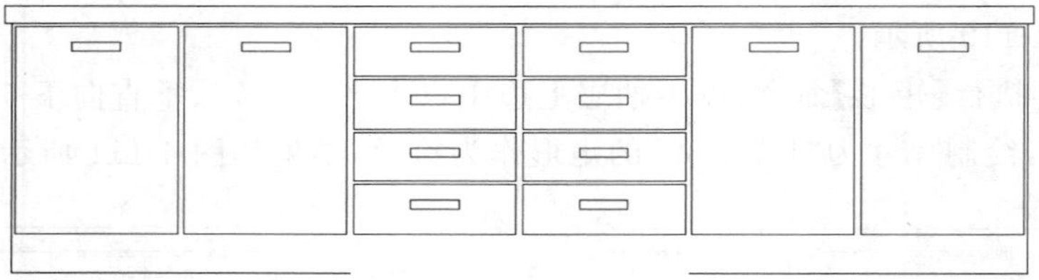

图 4-113 删除结果

(13) 使用快捷键 J 激活【合并】命令，对下方的两条直线进行合并，最终结果如图4-114 所示。

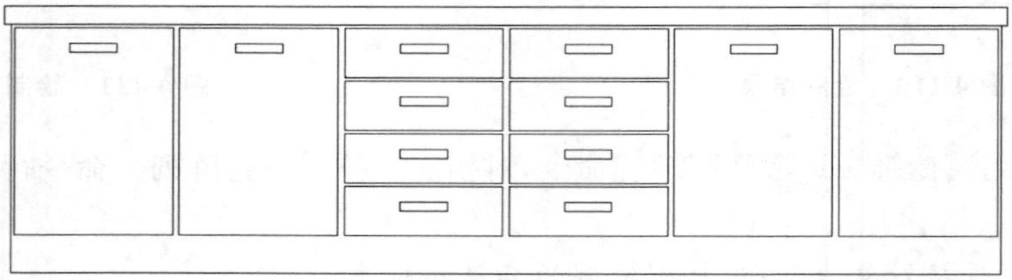

图 4-114 合并结果

(14) 使用快捷键 H 激活【图案填充】命令，在打开的【图案填充和渐变色】对话框中设置填充图案和填充参数，如图 4-115 所示。

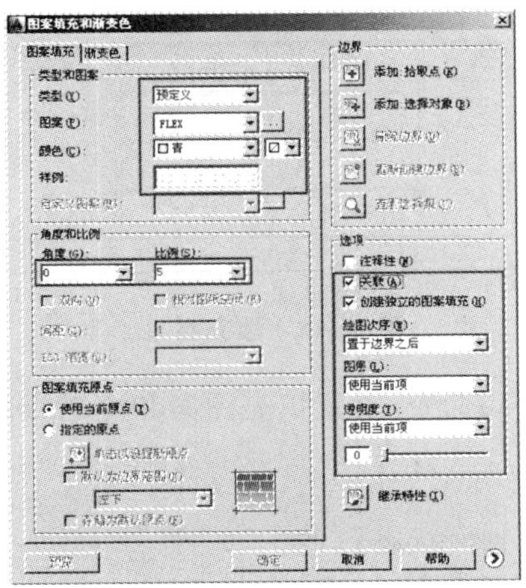

图 4-115　设置填充图案及参数

(15) 返回绘图区根据命令行的提示拾取填充区域,为立面图填充如图 4-116 所示的图案。

图 4-116　填充结果

(16) 重复执行【图案填充】命令,设置填充图案和填充参数,如图 4-117 所示,填充如图 4-118 所示的图案。

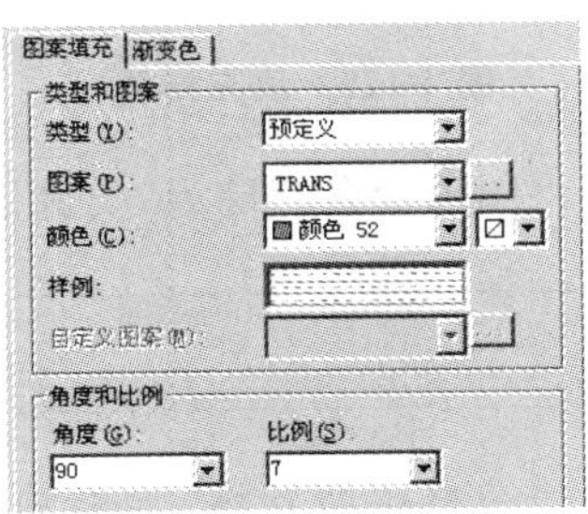

图 4-117　设置填充图案及参数

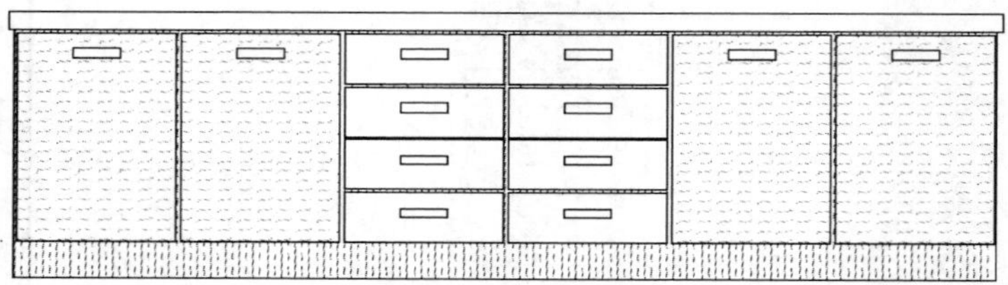

图 4-118　填充结果

(17) 重复执行【图案填充】命令，设置填充图案和填充参数，如图 4-119 所示，填充如图 4-120 所示的图案。

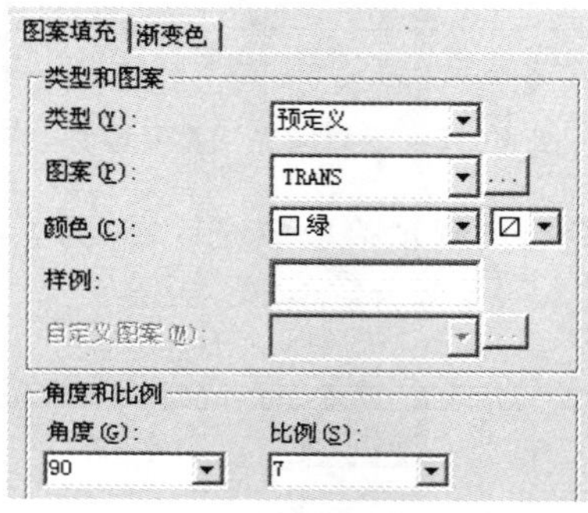

图 4-119　设置填充图案及参数

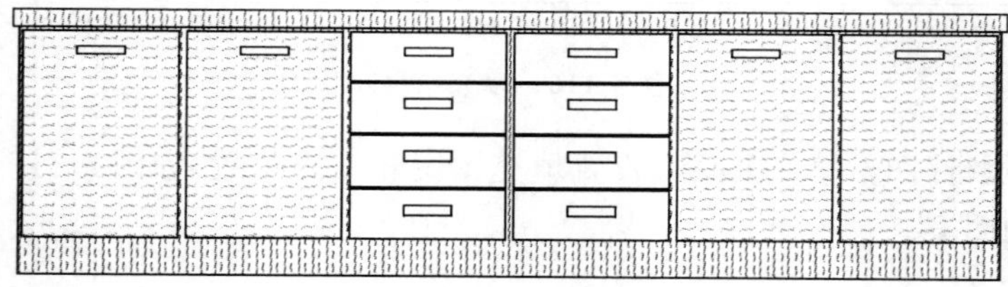

图 4-120　填充结果

(18) 最后执行【保存】命令，将图形命名存储为“实例指导二. dwg”。

4.8 本章小结

本章集中讲解了 AutoCAD 的图形修改功能，如对象的边角编辑功能，边角细化功能，更改对象位置、形状及大小等功能，掌握这些基本的修改功能，可以方便用户对图形进行编辑和修饰完善，将有限的基本几何元素，编辑组合为千变万化的复杂图形，以满足设计的需要。

第5章

创建文字与表格

文字是另外一种表达施工图纸信息的方式，用于表达图形无法传递的一些文字信息，是图纸中不可缺少的一项内容。本章主要讲述 AutoCAD 的文字与表格的创建功能。具体内容如下：

◎ 设置文字样式
◎ 创建单行文字
◎ 实例指导一——单行文字的典型应用
◎ 创建多行文字
◎ 实例指导二——填充与编辑标题栏文字
◎ 插入与填充表格
◎ 创建快速引线注释
◎ 实例指导三——为图形标注引线注释
◎ 本章小结

5.1 设置文字样式

【文字样式】命令用于控制文字的外观效果，如字体、字号、倾斜角度、旋转角度以及其他的特殊效果等，相同内容的文字，如果使用不同的文字样式，其外观效果也不相同，如图 5-1 所示。

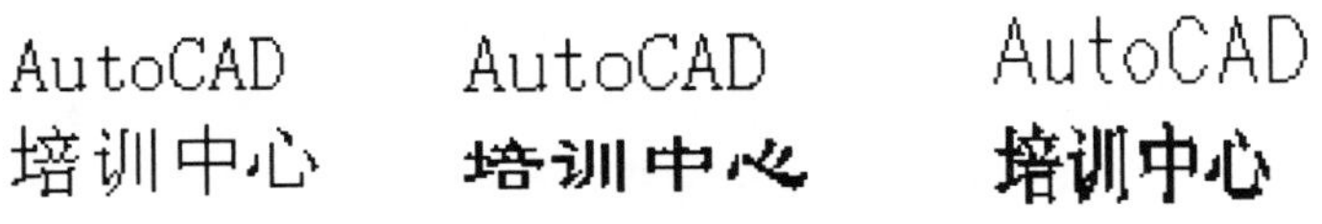

AutoCAD	AutoCAD	AutoCAD
培训中心	培训中心	培训中心

图 5-1　文字样式示例

执行【文字样式】命令主要有以下几种方式：

（1）单击菜单【格式】/【文字样式】命令。

（2）单击【样式】工具栏或【文字】面板上的 按钮。

（3）在命令行输入 Style 后按 Enter 键。

（4）使用快捷键 ST。

下面通过设置名为“汉字”的文字样式，学习【文字样式】命令的使用方法和技巧。操作步骤如下。

(1) 设置新样式。单击【样式】工具栏上的 按钮，激活【文字样式】命令，打开【文字样式】对话框，如图 5-2 所示。

(2) 单击 新建(N)... 按钮，在打开的【新建文字样式】对话框中为新样式赋名，如图 5-3 所示。

(3) 设置字体。在【字体】选项组中展开【字体名】下拉列表框，选择所需的字体，如图 5-4 所示。

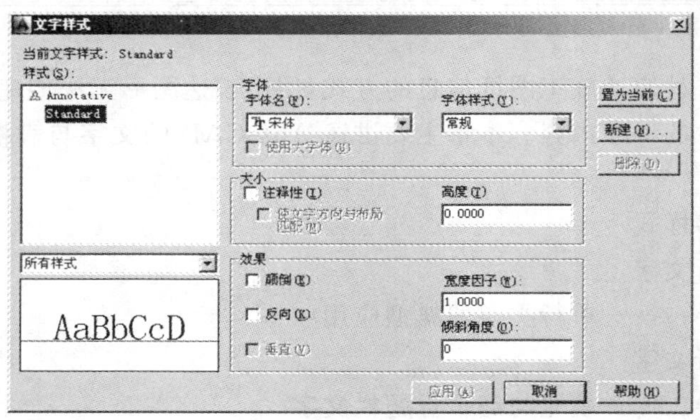

图 5-2 【文字样式】对话框

图 5-3 【新建文字样式】对话框

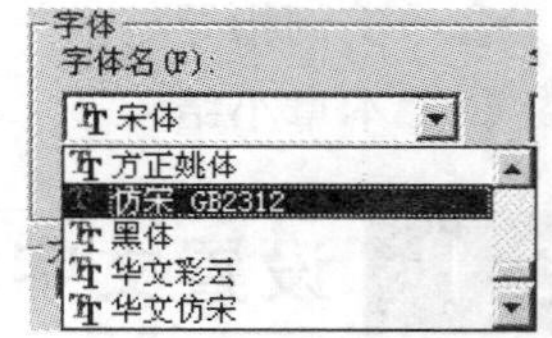

图 5-4 【字体名】下拉列表框

☞技巧提示

如果取消【使用大字体】复选项，结果所有(.SHX)和 TrueType 字体都显示在列表框内以供选择；若选择 TrueType 字体，那么在右侧【字体样式】列表框中可以设置当前字体样式，如图 5-5 所示；若选择了编译型(.SHX)字体，且勾选了【使用大字体】复选项，则右端的列表框变为如图 5-6 所示的状态，此时用于选择所需的大字体。

图 5-5 选择 TrueType 字体

(4) 设置字体高度。在【高度】文本框中设置文字的高度。

图 5-6 选择编译型(.SHX)

☞技巧提示

如果设置了高度，那么当创建文字时，命令行就不会再提示输入文字的高度。建议在此不设置字体的高度。【注释】复选项用于为文字添加注释特性。

(5) 设置文字效果。在【颠倒】复选项中设置文字为倒置状态；在【反向】复选项中设置文字为反向状态；在【垂直】复选项中控制文字呈垂直排列状态；【倾斜角度】文本框用于控制文字的倾斜角度，如图 5-7 所示。

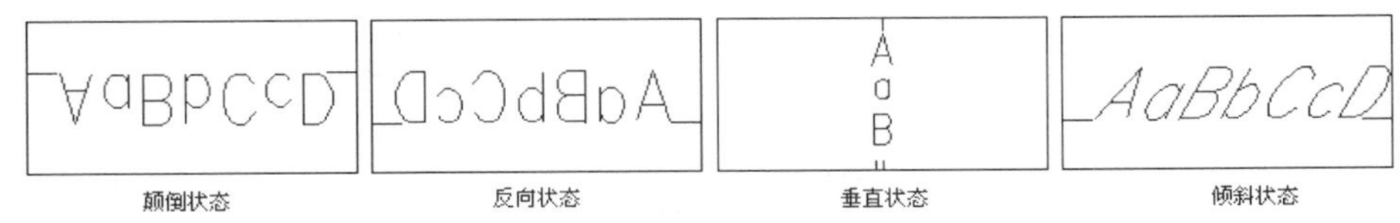

图 5-7 设置字体效果

(6) 设置宽度比例。在【宽度比例】文本框内设置字体的宽高比。

☞技巧提示

国标 GB/T 50001—2001 规定工程图样中的汉字应采用长仿宋体，宽高比为 0.7，当此比值大于 1 时，文字宽度放大，否则将缩小。

(7) 单击 预览(P) 按钮，在【预览】选项组中直观地预览文字的效果。

(8) 单击 删除(D) 按钮，可以将多余的文字样式删除。

☞技巧提示

默认的 Standard 样式、当前文字样式以及在当前文件中已使用的文字样式，都不能被删除。

(9) 单击 应用(A) 按钮，设置的文字样式被看作当前样式。

(10) 单击 关闭(C) 按钮，关闭【文字样式】对话框。

5.2 创建单行文字

单行文字指的就是每一行文字都被作为一个独立的对象。本节主要学习单行文字的创建、编辑以及单行文字的对正技能。

5.2.1 单行文字

【单行文字】命令主要通过命令行创建单行或多行的文字对象，所创建的每一行文字，都被看作一个独立的对象。

执行【单行文字】命令主要有以下几种方式：

(1) 单击菜单【绘图】/【文字】/【单行文字】命令。

(2) 单击【文字】工具栏或【文字】面板上的AI按钮。

(3) 在命令行输入 Dtext 后按 Enter 键。

(4) 使用快捷键 DT。

下面通过创建如图 5-8 所示的文字注释，学习【单行文字】命令的使用方法和技巧。具体操作步骤如下。

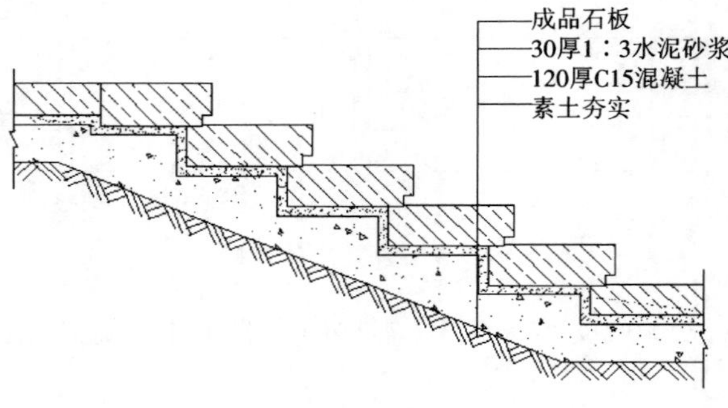

图 5-8 实例效果

(1) 执行【打开】命令，打开随书光盘"\素材文件\单行文字示例.dwg"，如图 5-9 所示。

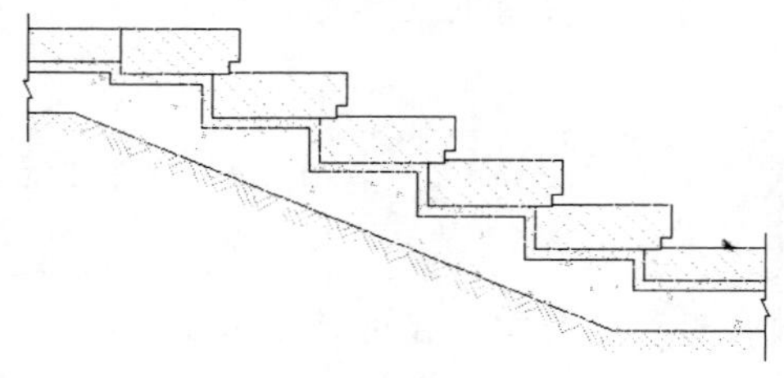

图 5-9 打开结果

(2) 使用快捷键 L 激活【直线】命令，配合【对象捕捉】或【对象追踪】功能绘制如图 5-10 所示的指示线。

(3) 单击【绘图】菜单中的【圆环】命令，配合【最近点捕捉】功能绘制外径为 100 的实心圆环，如图 5-11 所示。

(4) 单击【文字】工具栏或【文字】面板上的AI按钮，根据命令行的提示标注文字注释。命令行操作如下。

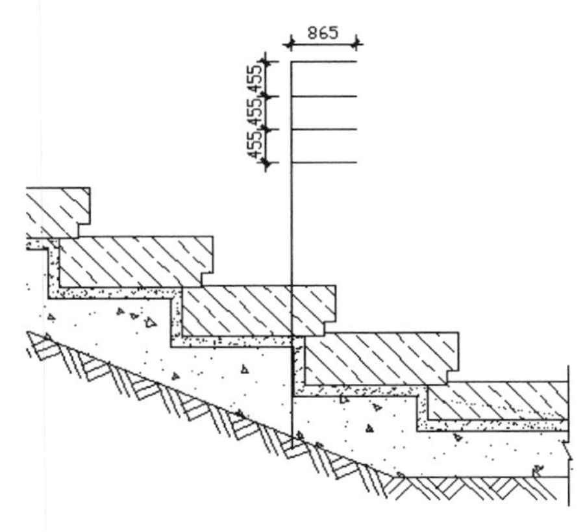

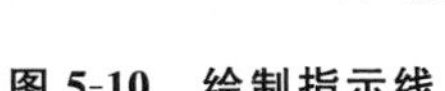
图 5-10 绘制指示线

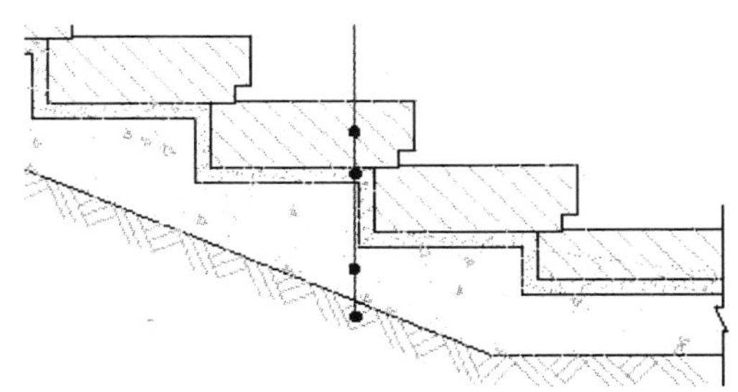
图 5-11 绘制圆环

命令：_dtext

当前文字样式： 仿宋体 当前文字高度： 0

指定文字的起点或［对正(J)/样式(S)］： //j ↙

输入选项［左(L)/居中(C)/右(R)/对齐(A)/中间(M)/布满(F)/左上(TL)/中上(TC)/右上(TR)/左中(ML)/正中(MC)/右中(MR)/左下(BL)/中下(BC)/右下(BR)］： //ML ↙

指定文字的左中点： //捕捉最上方水平指示线的右端点，如图 5-12 所示

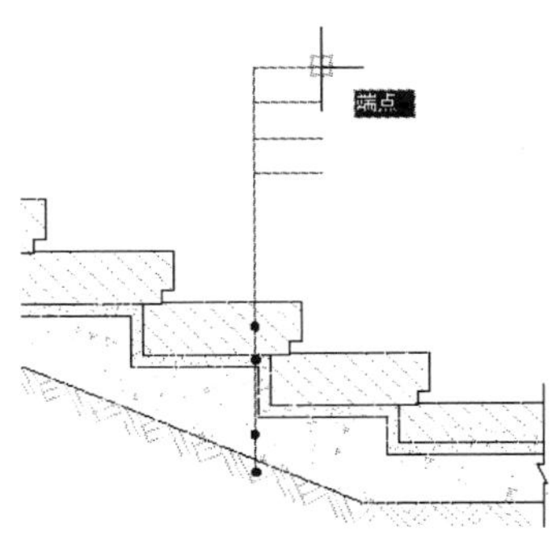

图 5-12 捕捉端点

指定高度 <0>： //285 ↙，结束对象的选择

指定文字的旋转角度 <0>： // ↙，采用当前参数设置

(5) 此时系统在指定的起点处出现一单行文字输入框，如图 5-13 所示，然后在此文字输入框内输入文字内容，如图 5-14 所示。

(6) 通过按 Enter 键进行换行，然后输入第二行文字内容，如图 5-15 所示。

(7) 通过按 Enter 键进行换行，然后分别输入第三行和第四行文字内容，如图 5-16 所示。

(8) 连续两次按 Enter 键，结束【单行文字】命令，结果如图 5-17 所示。

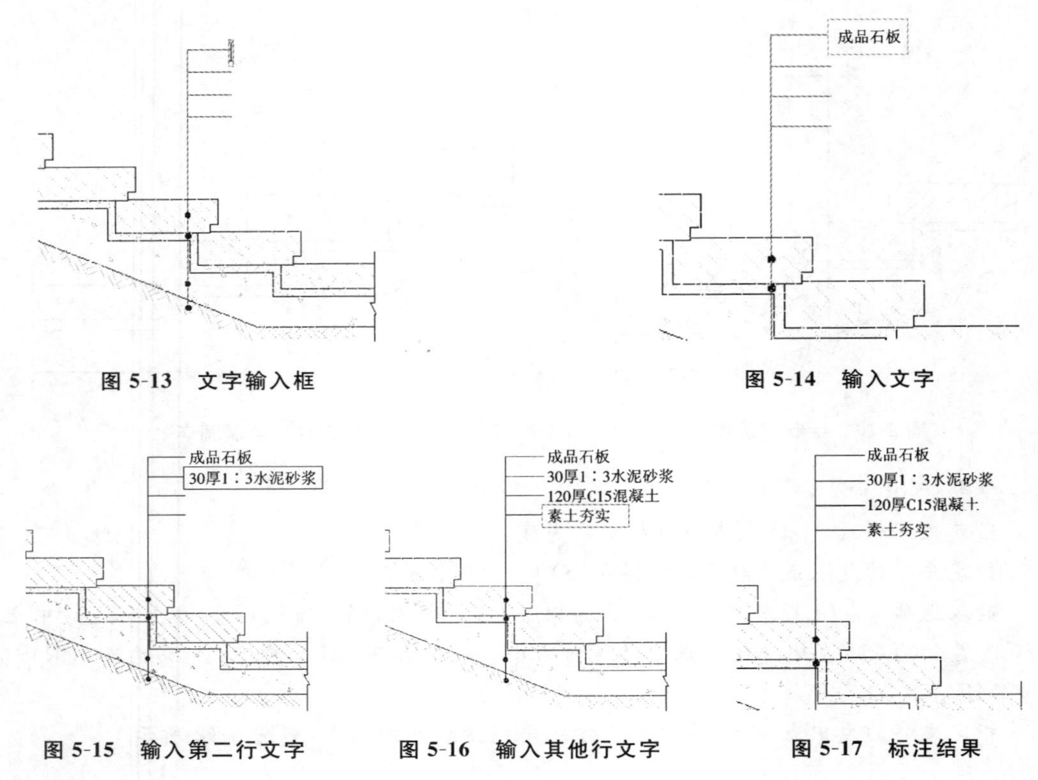

图 5-13 文字输入框　　图 5-14 输入文字

图 5-15 输入第二行文字　　图 5-16 输入其他行文字　　图 5-17 标注结果

5.2.2 文字对齐方式

文字的对正指的就是文字的哪一位置与插入点对齐，它是基于图 5-18 所示的四条参考线而言的，这四条参考线分别为顶线、中线、基线、底线。其中，中线是大写字符高度的水平中心线(即顶线至基线的中间)，不是小写字符高度的水平中心线。

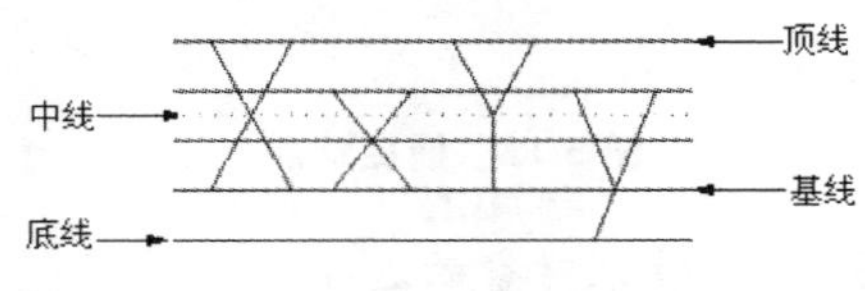

图 5-18 文字对正参考线

执行【单行文字】命令后，在命令行"指定文字的起点或［对正(J)/样式(S)］:"提示下激活【对正】选项，可打开如图 5-19 所示的选项菜单，同时命令行将显示如下操作提示：

输入选项［左(L)/居中(C)/右(R)/对齐(A)/中间(M)/布满(F)/左上(TL)/中上(TC)/右上(TR)/左中(ML)/正中(MC)/右中(MR)/左下(BL)/中下(BC)/右下(BR)］:

另外，文字的各种对正方式可参见图 5-20。

输入选项 [左(L)

- 左(L)
- 居中(C)
- 右(R)
- 对齐(A)
- 中间(M)
- 布满(F)
- 左上(TL)
- 中上(TC)
- 右上(TR)
- 左中(ML)
- 正中(MC)
- 右中(MR)
- 左下(BL)
- 中下(BC)
- 右下(BR)

图 5-19　对正选项菜单

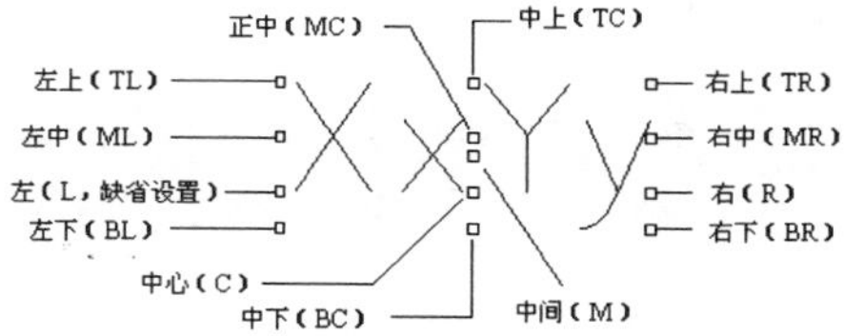

图 5-20　文字的对正方式

📖 选项解析

◆ 【左】选项用于提示用户拾取一点作为文字串基线的左端点，以基线的左端点对齐文字。

◆ 【居中】选项用于提示用户拾取文字的中心点，此中心点就是文字串基线的中点，即以基线的中点对齐文字。

◆ 【右】选项用于提示用户拾取一点作为文字串基线的右端点，以基线的右端点对齐文字。

◆ 【对齐】选项用于提示拾取文字串基线的起点和终点，系统会根据起点和终点的距离自动调整字高。

◆ 【中间】选项用于提示用户拾取文字的中间点，此中间点就是文字串基线的垂直中线和文字串高度的水平中线的交点。

◆ 【布满】选项用于提示用户拾取文字串基线的起点和终点，系统会以拾取的两点之间的距离自动调整宽度系数，但不改变字高。

◆ 【左上】选项用于提示用户拾取文字串的左上点，此左上点就是文字串顶线的左端点，即以顶线的左端点对齐文字。

◆ 【中上】选项用于提示用户拾取文字串的中上点，此中上点就是文字串顶线的中点，即以顶线的中点对齐文字。

◆ 【右上】选项用于提示用户拾取文字串的右上点，此右上点就是文字串顶线的右端点，即以顶线的右端点对齐文字。

◆ 【左中】选项用于提示用户拾取文字串的左中点，此左中点就是文字串中线的左端点，即以中线的左端点对齐文字。

◆ 【正中】选项用于提示用户拾取文字串的中间点，此中间点就是文字串中线的中点，即以中线的中点对齐文字。

◆ 【右中】选项用于提示用户拾取文字串的右中点，此右中点就是文字串中线的右端点，即以中线的右端点对齐文字。

◆ 【左下】选项用于提示用户拾取文字串的左下点，此左下点就是文字串底线的左端点，即以底线的左端点对齐文字。

◆ 【中下】选项用于提示用户拾取文字串的中下点，此中下点就是文字串底线的中点，即以底线的中点对齐文字。

◆ 【右下】选项用于提示用户拾取文字串的右下点，此右下点就是文字串底线的右端点，即以底线的右端点对齐文字。

☞技巧提示

"正中"和"中间"两种对正方式拾取的都是中间点，但这两个中间点的位置并不一定完全重合，只有输入的字符为大写或汉字时，此两点才重合。

5.2.3 编辑单行文字

【编辑文字】命令主要用于修改编辑现有的文字对象内容，或者为文字对象添加前缀或后缀等内容。

1.【编辑文字】命令的执行方式

执行【编辑文字】命令主要有以下几种方式：

(1) 单击菜单【修改】/【对象】/【文字】/【编辑】命令。

(2) 单击【文字】工具栏或面板上的 按钮。

(3) 在命令行输入 Ddedit 后按 Enter 键。

(4) 使用快捷键 ED。

2. 编辑单行文字

如果需要编辑的文字是使用【单行文字】命令创建的，那么在执行【编辑文字】命令后，命令行会出现"选择注释对象或［放弃(U)］"的操作提示，此时用户只需要单击需要编辑的单行文字，系统即可弹出如图 5-21 所示的单行文字编辑框，在此编辑框中输入正确的文字内容即可。

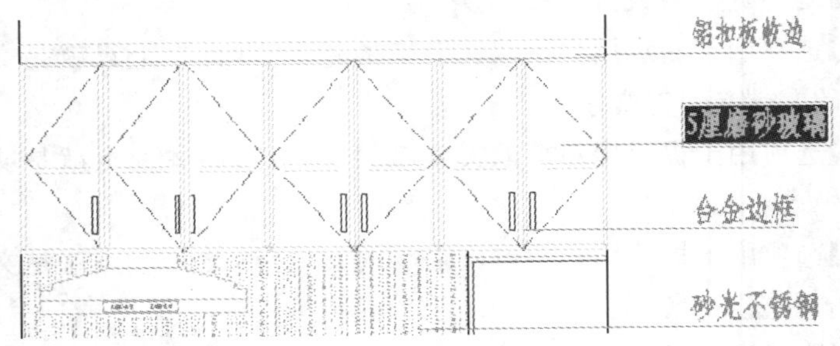

图 5-21　单行文字编辑框

5.3 实例指导——单行文字的典型应用

本例通过为某户型图标注房间功能性文字注释，对本章知识进行练习和巩固。户型图房间功能的最终标注效果，如图 5-22 所示。

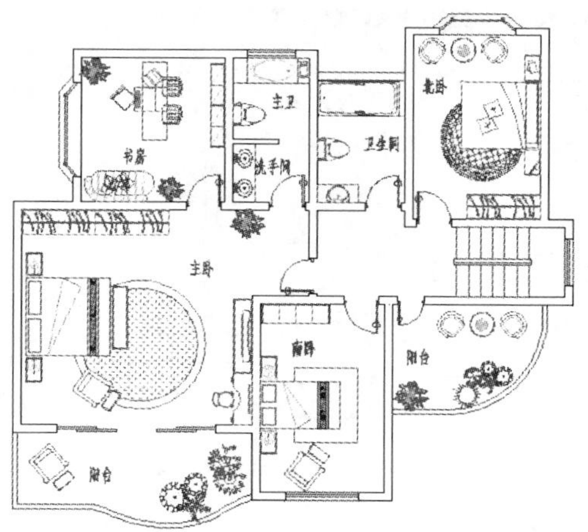

图 5-22　实例效果

操作步骤如下所述。

(1) 执行【打开】命令，打开随书光盘“\素材文件\户型布置图.dwg”，如图 5-23 所示。

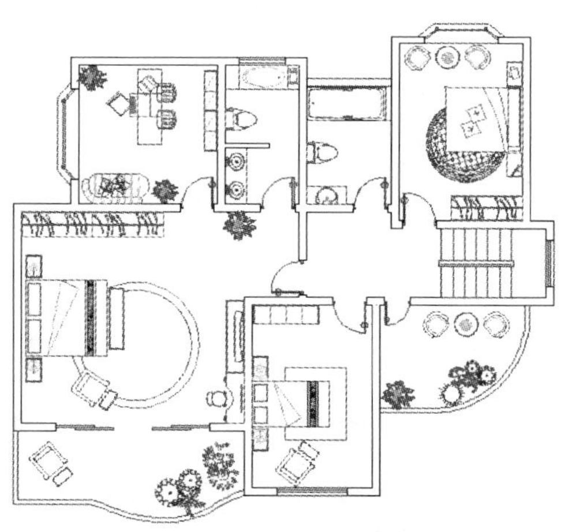

图 5-23　打开结果

(2) 单击【样式】工具栏上的按钮，打开【文字样式】对话框，创建一种名为“仿宋体”的文字样式，参数设置如图 5-24 所示。

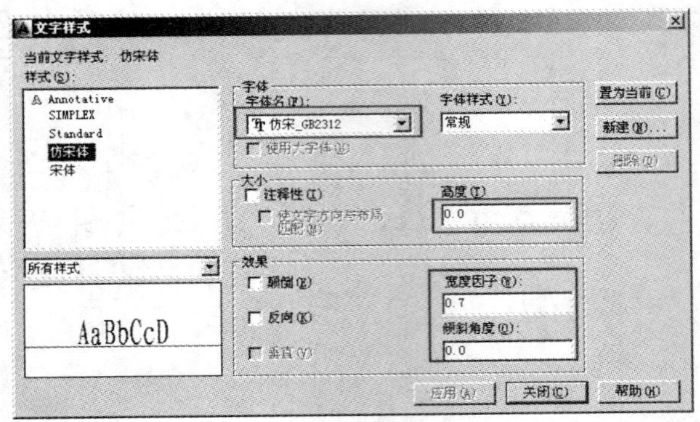

图 5-24 【文字样式】对话框

(3) 单击菜单【绘图】/【文字】/【单行文字】命令，在命令行“指定文字的起点或［对正(J)/样式(S)］:”提示下，在平面图左上方房间内拾取一点。

(4) 在“指定高度 ＜2.500＞:”提示下输入 300 后按 Enter 键，设置高度。

(5) 在“指定文字的旋转角度 ＜0.000＞:”提示下按 Enter 键。

(6) 此时系统显示出如图 5-25 所示的单行文字输入框，在此输入框内输入如图 5-26 所示的文字注释。

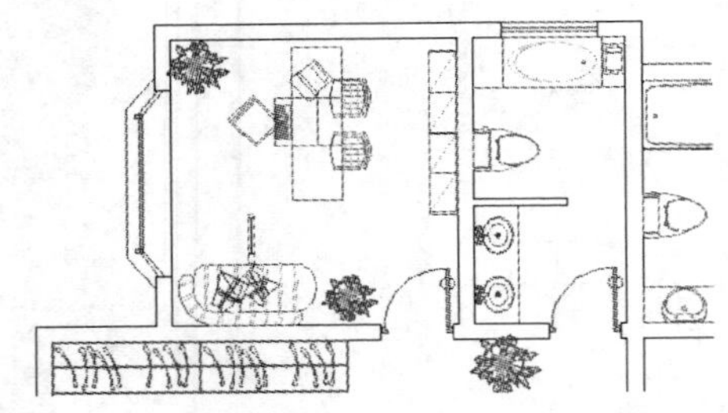

图 5-25 指定文字位置

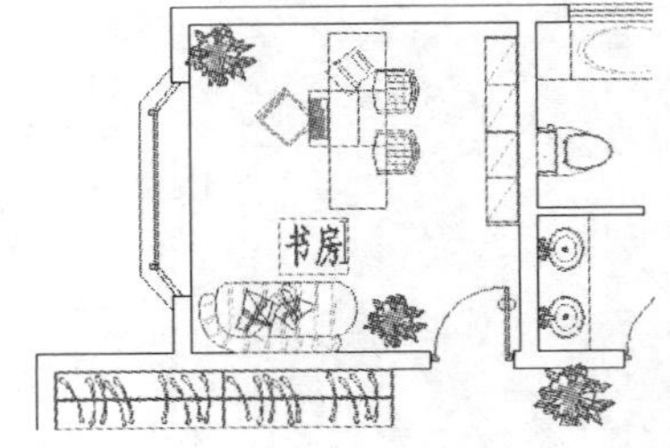

图 5-26 输入文字

(7) 结束【单行文字】命令，然后使用快捷键 CO 激活【复制】命令，将刚输入的文字分别复制到其他房间内，结果如图 5-27 所示。

(8) 使用快捷键 ED 激活【编辑文字】命令，在“选择注释对象或［放弃(U)］:”提示下选择复制出的文字，如图 5-28 所示。

(9) 此时在反白显示的文字输入框内输入正确的文字内容，如图 5-29 所示。

(10) 敲击 Enter 键，修改后的文字效果如图 5-30 所示。

(11) 参照上述(9)～(11)操作步骤，根据命令行的提示，分别修改其他房间内的文字注释，最终结果如图 5-22 所示。

(12) 最后执行【另存为】命令，将图形另名存储为“实例指导一.dwg”。

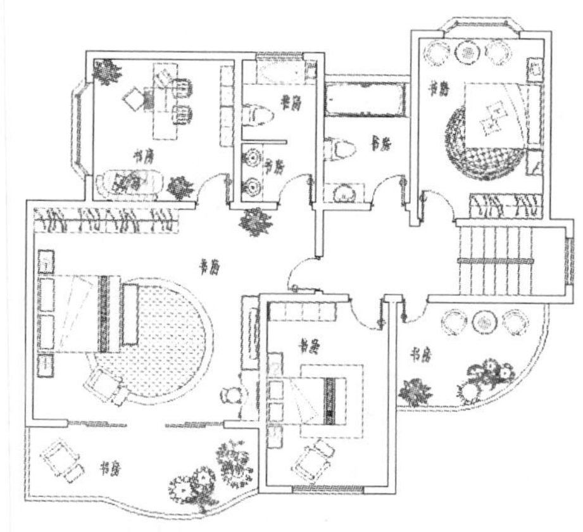

图 5-27 复制结果

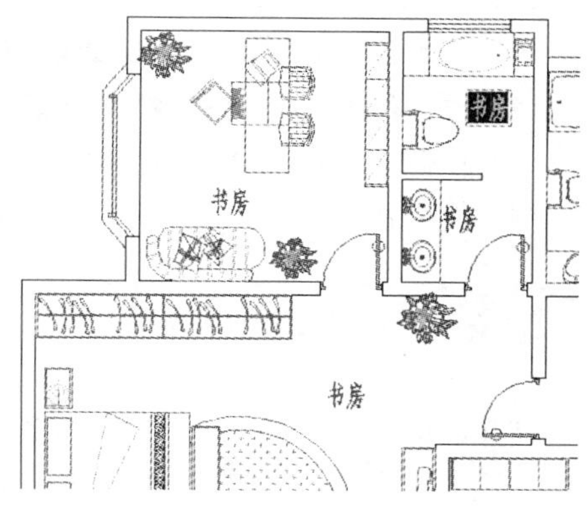

图 5-28 选择文字

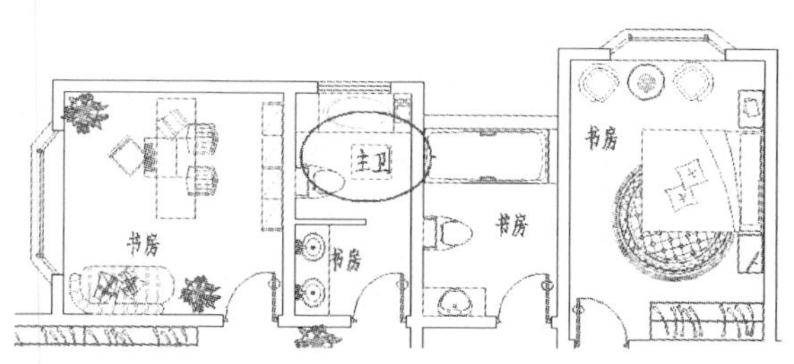

图 5-29 输入文字

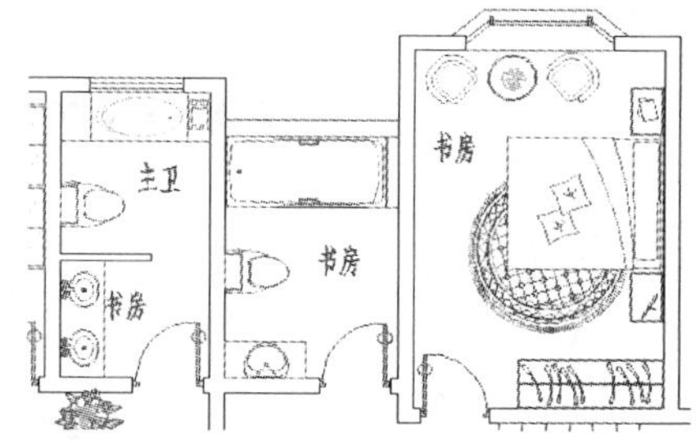

图 5-30 修改结果

5.4 创建多行文字

所谓多行文字，指的就是由【多行文字】命令创建的文字。无论创建的文字包含多少行、多少段，AutoCAD 都将其作为一个独立的对象，当选择该对象后，对象的四角会显示出四个夹点，如图 5-31 所示。

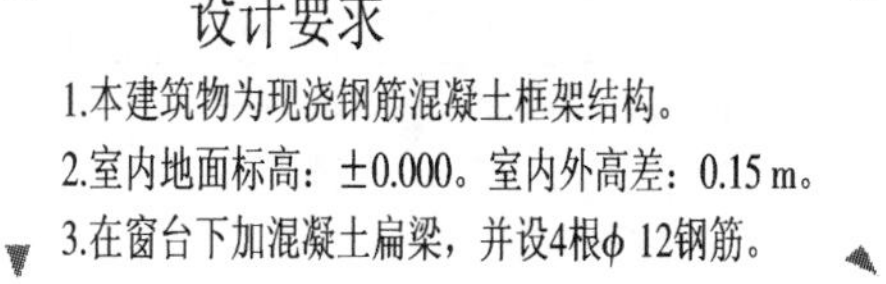

设计要求

1.本建筑物为现浇钢筋混凝土框架结构。

2.室内地面标高：±0.000。室内外高差：0.15 m。

3.在窗台下加混凝土扁梁，并设4根ϕ 12钢筋。

图 5-31 多行文字示例

5.4.1 多行文字

【多行文字】命令也是一种较为常用的文字创建工具，比较适合于创建较为复杂的文字，比如单行文字、多行文字以及段落性文字。

执行【多行文字】命令主要有以下几种方式：

(1) 单击菜单【绘图】/【文字】/【多行文字】命令。

(2) 单击【绘图】工具栏或【文字】面板上的A按钮。

(3) 在命令行输入 Mtext 后按 Enter 键。

(4) 使用快捷键 T。

5.4.2 输入段落文字

使用【多行文字】命令创建的文字，无论文字包含多少行、多少段，AutoCAD 都将其作为一个独立的对象。下面通过简单的实例，学习【多行文字】命令的使用方法和技巧。具体操作步骤如下。

(1) 使用快捷键 ST 激活【文字样式】命令，在打开的【文字样式】对话框中设置文字样式，如图 5-32 所示。

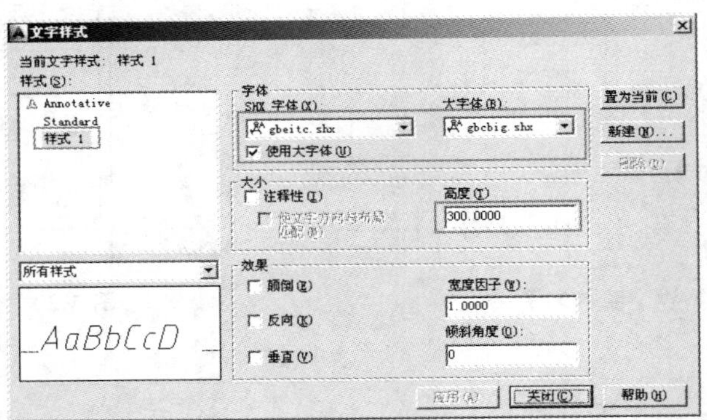

图 5-32 【文字样式】对话框

(2) 单击【文字】工具栏上的A按钮，根据命令行的提示分别指定两个对角点，打开如图 5-33 所示的【文字格式】编辑器。

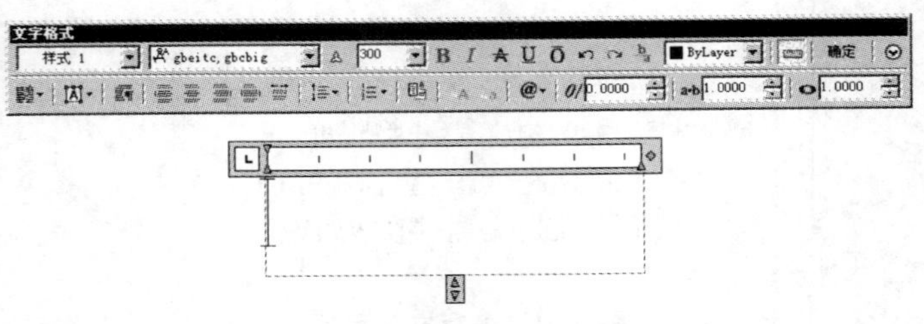

图 5-33 【文字格式】编辑器

(3) 在下方文字输入框内单击左键，指定文字的输入位置，然后输入标题内容“说明”。

(4) 敲击 Enter 键进行换行，然后输入第一行文字，结果如图 5-34 所示。

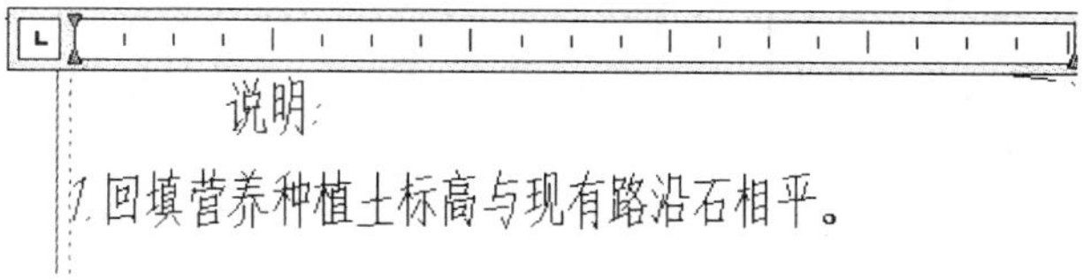

说明:
1.回填营养种植土标高与现有路沿石相平。

图 5-34　输入第一行文字

（5）敲击 Enter 键，分别输入其他行文字，如图 5-35 所示。

说明:
1.回填营养种植土标高与现有路沿石相平。
2.图中未标明植物名称的，结合总平面图植物图例。
3.雨水排放采用分区盲沟排水法，对跨度小于15米的
绿地采取自然排水。

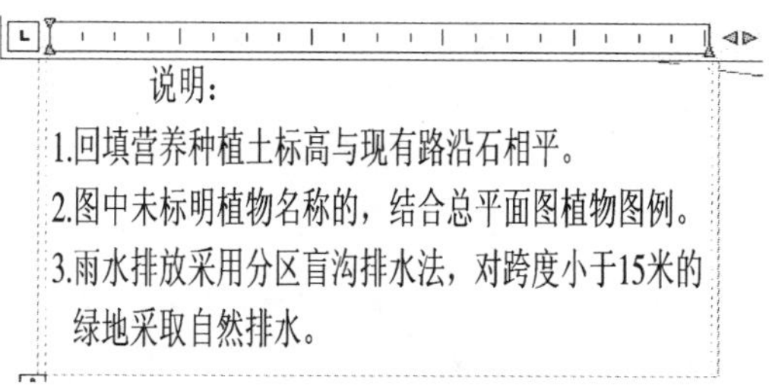

图 5-35　输入其他行文字

☞**技巧提示**

使用编辑器中的字符功能，可以非常方便地输入度数、直径符号、正负号、平方、立方等一些特殊符号。

（6）单击 确定 按钮关闭【文字格式】编辑器，文字的创建结果如图 5-36 所示。

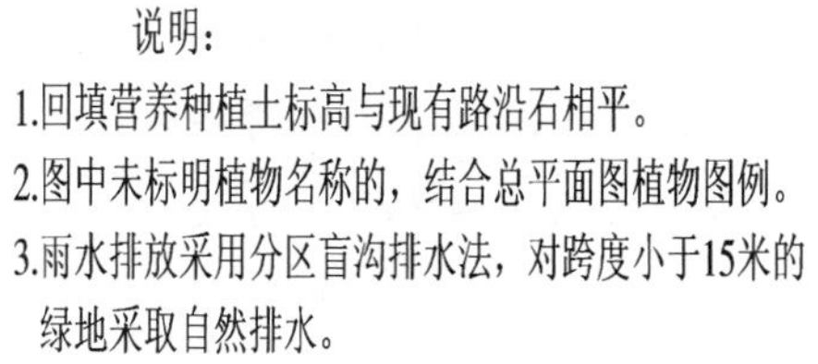

说明:
1.回填营养种植土标高与现有路沿石相平。
2.图中未标明植物名称的，结合总平面图植物图例。
3.雨水排放采用分区盲沟排水法，对跨度小于15米的
绿地采取自然排水。

图 5-36　创建结果

5.4.3　文字格式编辑器

【文字格式】编辑器，包括工具栏、顶部带标尺的文本输入框两部分，各组成部分重要功能如下。

1. **工具栏**

工具栏主要用于控制多行文字对象的文字样式和选定文字的各种字符格式、对正方式、项目编号等，其中：

（1）Standard 下拉列表用于设置当前的文字样式。

（2）宋体 下拉列表用于设置或修改文字的字体。

（3）2.5 下拉列表用于设置新字符高度或更改选定文字的高度。

(4) ByLayer 下拉列表用于为文字指定颜色或修改选定文字的颜色。

(5)【粗体】按钮 B 用于为输入的文字对象或所选定文字对象设置粗体格式。【斜体】按钮 I 用于为新输入文字对象或所选定文字对象设置斜体格式。此两个选项仅适用于使用 TrueType 字体的字符。

(6)【删除线】按钮 A 用于在需要删除的文字上画线，表示需要删除的内容。

(7)【下画线】按钮 U 用于为文字或所选定的文字对象设置下画线格式。

(8)【上画线】按钮 O 用于为文字或所选定的文字对象设置上画线格式。

(9)【堆叠】按钮 用于为输入的文字或选定的文字设置堆叠格式。要使文字堆叠，文字中须包含插入符(^)、正向斜杠(/)或磅符号(#)，堆叠字符左侧的文字将堆叠在字符右侧的文字之上。

☞技巧提示

默认情况下，包含插入符(^)的文字转换为左对正的公差值；包含正向斜杠(/)的文字转换为置中对正的分数值，斜杠被转换为一条同较长的字符串长度相同的水平线；包含磅符号(#)的文字转换为被斜线(高度与两个字符串高度相同)分开的分数。

(10)【标尺】按钮 用于控制文字输入框顶端标尺的开关状态。

(11)【栏数】按钮 用于为段落文字进行分栏排版。

(12)【多行文字对正】按钮 用于设置文字的对正方式。

(13)【段落】按钮 用于设置段落文字的制表位、缩进量、对齐、间距等。

(14)【左对齐】按钮 用于设置段落文字为左对齐方式。

(15)【居中】按钮 用于设置段落文字为居中对齐方式。

(16)【右对齐】按钮 用于设置段落文字为右对齐方式。

(17)【对正】按钮 用于设置段落文字为对正方式。

(18)【分布】按钮 用于设置段落文字为分布排列方式。

(19)【行距】按钮 用于设置段落文字的行间距。

(20)【编号】按钮 用于为段落文字进行编号。

(21)【插入字段】按钮 用于为段落文字插入一些特殊字段。

(22)【全部大写】按钮 Aa 用于修改英文字符为大写。

(23)【全部小写】按钮 aA 用于修改英文字符为小写。

(24)【符号】按钮 @ 用于添加一些特殊符号。

(25)【倾斜角度】按钮 0/ 0.0000 用于修改文字的倾斜角度。

(26)【追踪】微调按钮 a-b 1.0000 用于修改文字间的距离。

(27)【宽度因子】按钮 1.0000 用于修改文字的宽度比例。

2. 文本输入框

如图 5-37 所示的文本输入框，位于工具栏下方，主要用于输入和编辑文字对象，它是由标尺和文本框两部分组成。

在文本输入框内单击右键，可弹出如图 5-38 所示的快捷菜单，多数选项功能与工具栏上的各按钮功能相对应，个别选项功能如下：

(1)【全部选择】选项用于选择多行文本输入框中的所有文字。

(2)【改变大小写】选项用于改变选定文字对象的大小写。

(3)【查找和替换】选项用于搜索指定的文字串并使用新的文字将其替换。

(4)【自动大写】选项用于将新输入的文字或当前选择的文字转换成大写。

(5)【删除格式】选项用于删除选定文字的粗体、斜体或下画线等格式。

(6)【合并段落】选项用于将选定的段落合并为一段并用空格替换每段的回车。

(7)【符号】选项用于在光标所在的位置插入一些特殊符号或不间断空格。

(8)【输入文字】选项用于向多行文本编辑器中插入 TXT 格式的文本、样板等文件，或插入 RTF 格式的文件。

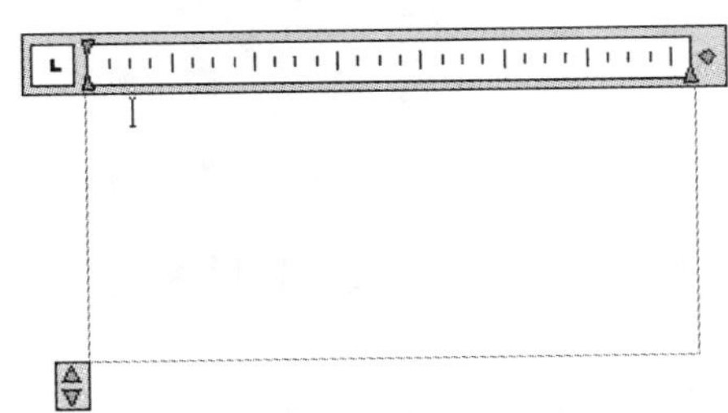

图 5-37 文本输入框

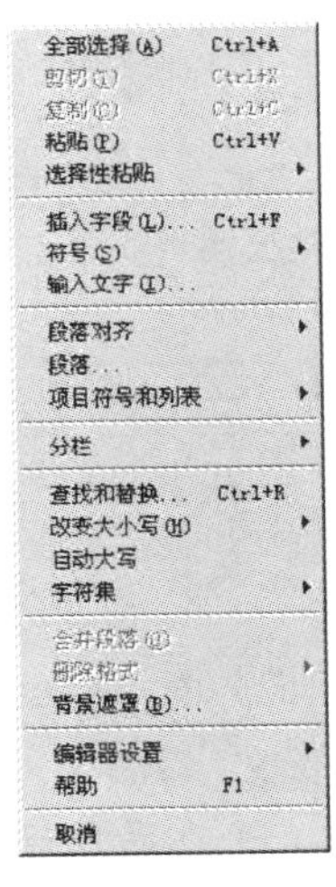

图 5-38 快捷菜单

5.4.4 编辑多行文字

如果编辑的文字是使用【多行文字】命令创建的，那么在执行【编辑文字】命令后，命令行出现“选择注释对象或［放弃(U)］”的操作提示，此时用户单击需要编辑的文字对象，将会打开【文字格式】编辑器，在此编辑器内不但可以修改文字的内容，而且还可以修改文字的样式、字体、字高以及对正方式等特性。

5.5 实例指导二——填充与编辑标题栏文字

下面通过为标题栏填充文字，主要对【文字样式】、【多行文字】、【编辑文字】等命令进行练习和应用。本例最终效果如图 5-39 所示。

设计单位				工程总称			
批 准		工程主持		图名		工程编号	
审 定		项目负责				图 号	
审 核		设 计				比 例	
校 对		绘 图				日 期	

图 5-39 实例效果

操作步骤如下所述。

(1) 执行【打开】命令，打开随书光盘中的“\素材文件\标题栏.dwg”文件，如图 5-40 所示。

(2) 按 F3 功能键，打开【对象捕捉】功能，并设置捕捉模式，如图 5-41 所示。

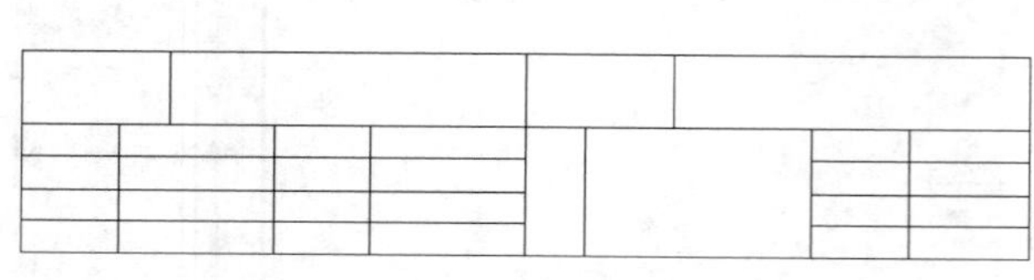

图 5-40 打开结果

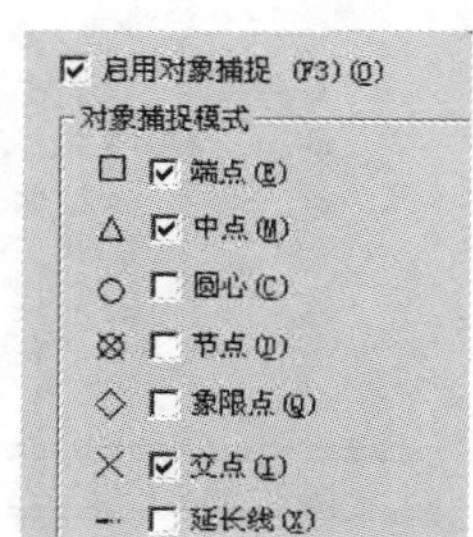

图 5-41 设置捕捉模式

(3) 单击菜单【绘图】/【文字】/【多行文字】命令，或单击【绘图】工具栏 A 按钮，激活【多行文字】命令。

(4) 在命令行“指定第一角点:”提示下，捕捉图左下角方格的左下角点作为文字边界框的第一个角点。

(5) 在“指定对角点或［高度(H)/对正(J)/行距(L)/旋转(R)/样式(S)/宽度(W)/栏(C)］:”提示下，捕捉左下角方格的右上角点作为文字边界框的对角点，打开【文字格式】编辑器。

(6) 在【文字格式】编辑器内设置字体样式、字体高度和对正方式如图 5-42 所示，然后输入如图 5-43 所示的表格文字。

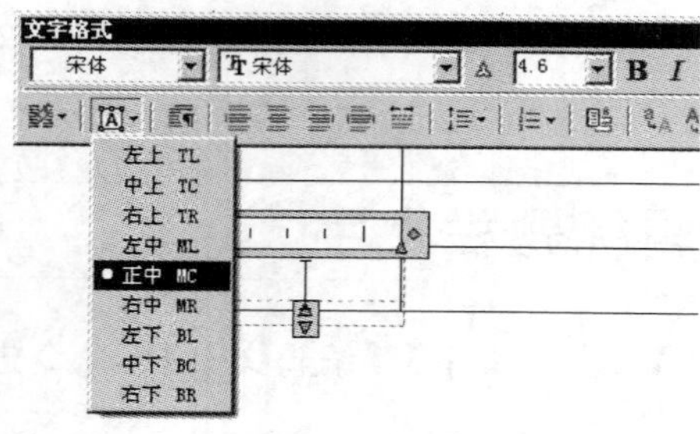

图 5-42 设置参数

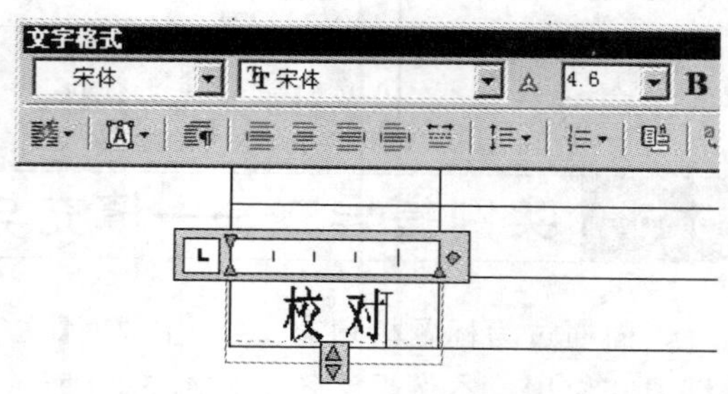

图 5-43 输入文字

(7) 单击【文字格式】编辑器中的 确定 按钮，关闭编辑器，文字的创建结果如图5-44所示。

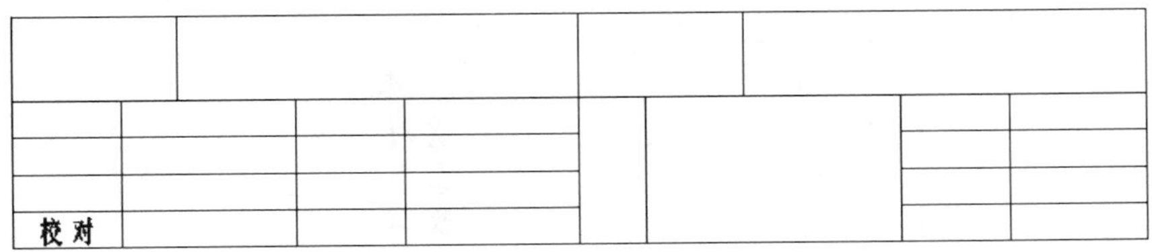

图 5-44 创建结果

☞技巧提示

在此巧妙地通过将文字的对正方式设置为“正中对正”，可以使创建的文字处在方格的正中心位置上。

(8) 单击菜单【绘图】/【多段线】命令，分别连接各表格对角点，绘制表格的对角线作为辅助线，绘制结果如图 5-45 所示。

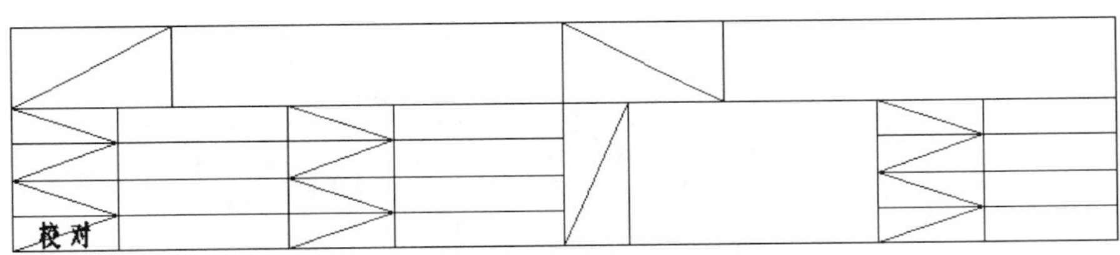

图 5-45 绘制辅助线

(9) 单击菜单【修改】/【复制】命令，选择刚创建的文字，对其进行多重复制，复制的基点为该方格对角线的中点，目标点为其他方格对角线的中点，复制结果如图 5-46 所示。

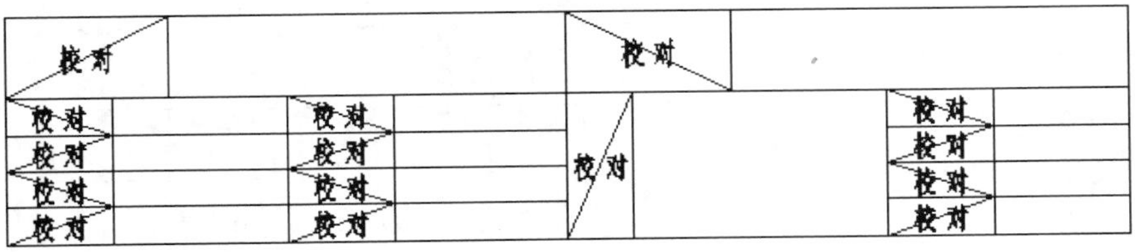

图 5-46 复制结果

(10) 单击菜单【修改】/【对象】/【文字】/【编辑】命令，在命令行“选择注释对象或［放弃(U)］:”提示下，选择复制出的文本对象，输入正确的文字，如图 5-47 所示。

(11) 继续在“选择注释对象或［放弃(U)］:”提示下，分别选择其他位置的文字对象，对其进行修改，输入正确的文字，修改结果如图 5-48 所示。

(12) 继续在命令行“选择注释对象或［放弃(U)］:”提示下，选择“图名”文字，修改字体高度和宽度比例，如图 5-49 所示。

(13) 继续在“选择注释对象或［放弃(U)］:”提示下，分别将“设计单位”和“工程总

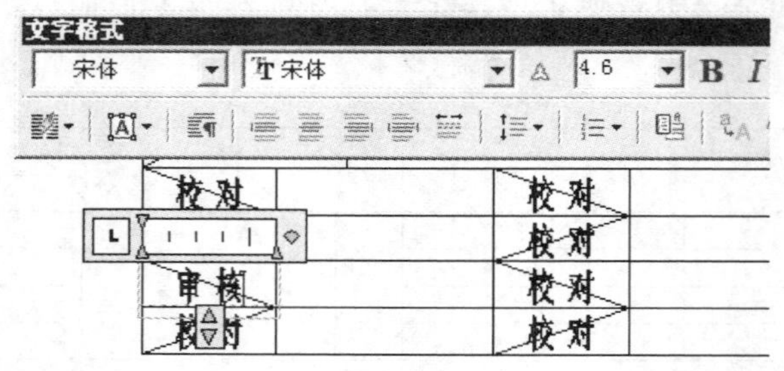

图 5-47　修改文字

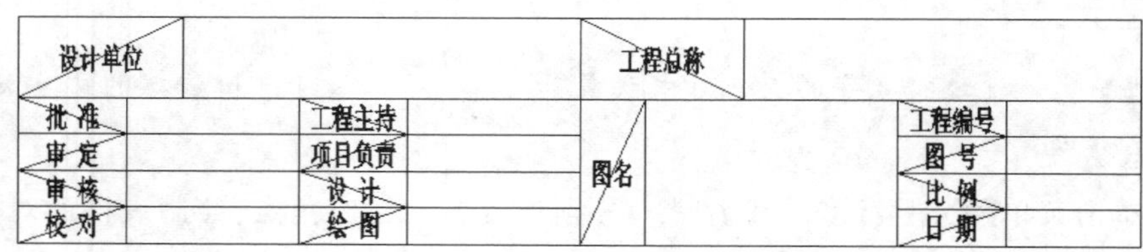

图 5-48　修改结果

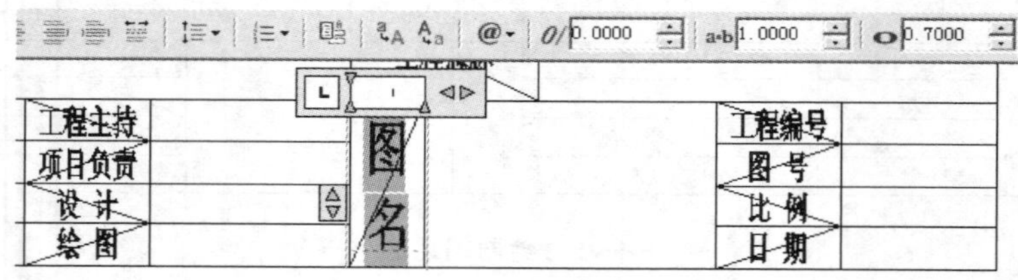

图 5-49　修改高度和宽度比例

称”两个表格文字的字体高度修改为 8，结果如图 5-50 所示。

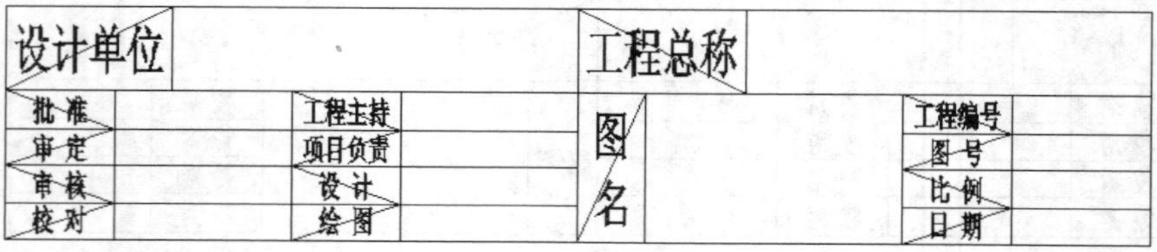

图 5-50　修改高度

(14) 单击菜单【修改】/【删除】命令，选择方格内的对角线将其删除，最终结果如图 5-39 所示。

(15) 最后执行【另存为】命令，将图形另名存储为“实例指导二.dwg”。

5.6 插入与填充表格

AutoCAD 为用户提供了表格的创建与填充功能，使用【表格】命令不但可以创建表格、填充表格，还可以将表格链接至 Microsoft Excel 电子表格中的数据。

执行【表格】命令主要有以下几种方式：

(1) 单击菜单【绘图】/【表格】命令。

(2) 单击【绘图】工具栏或【表格】面板上的按钮。

(3) 在命令行输入 Table 后按 Enter 键。

(4) 使用快捷键 TB。

5.6.1 插入表格

下面创建一个简易表格，学习【表格】命令的使用方法和操作技巧。具体操作步骤如下。

(1) 新建文件，然后单击【绘图】工具栏上的按钮，打开如图 5-51 所示的【插入表格】对话框。

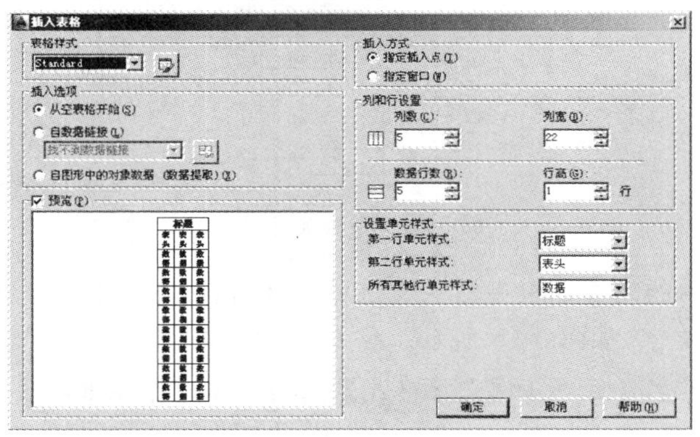

图 5-51 【插入表格】对话框

(2) 在【列数】文本列表框中输入 3，在【列宽】文本列表框中输入 20，在【数据行数】文本列表框中输入 3，其他参数不变。

(3) 单击 确定 按钮返回绘图区，在“指定插入点：”的提示下，拾取一点作为插入点，此时系统自动打开如图 5-52 所示的【文字格式】编辑器。

图 5-52 【文字格式】编辑器

(4) 在反白显示的表格框内输入“标题”，对表格进行填充，如图 5-53 所示。

文字格式
Standard
宋体
ByBlock
确定
A
B
C
1
标题
2
3
4
5

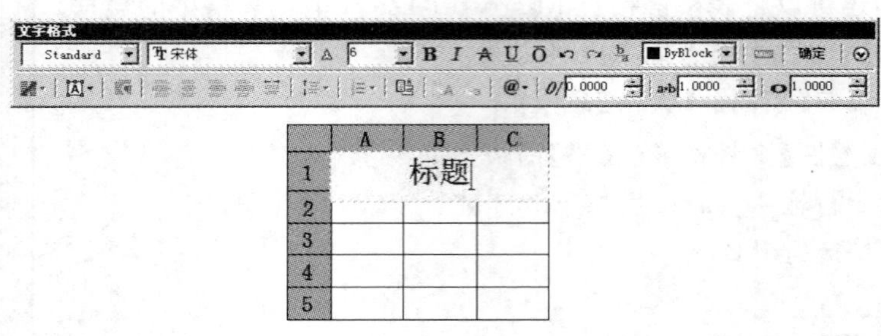

图 5-53　输入文字

(5) 按键盘上的右方向键，或按 Tab 键，此时光标跳至左下方的列标题栏中，如图 5-54所示。

文字格式
Standard
宋体
4.5
ByBlock
确定
A
B
C
1
标题
2
3
4
5

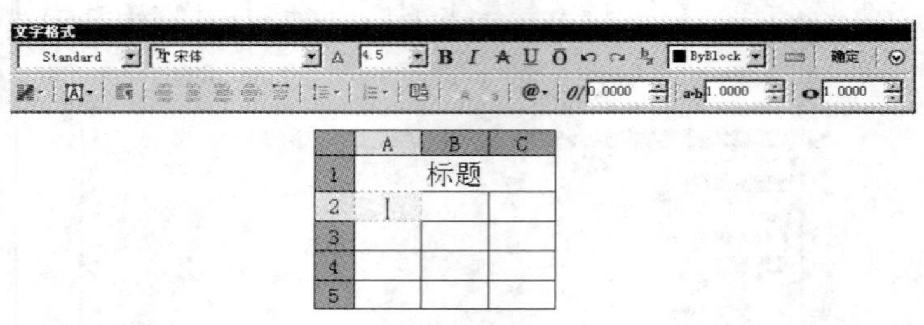

图 5-54　定位光标位置

(6) 在反白显示的列标题栏中输入文字后，继续按右方向键或 Tab 键，分别在其他列标题栏中输入表格文字，如图 5-55 所示。

(7) 单击 确定 按钮，关闭【文字格式】编辑器，创建结果如图 5-56 所示。

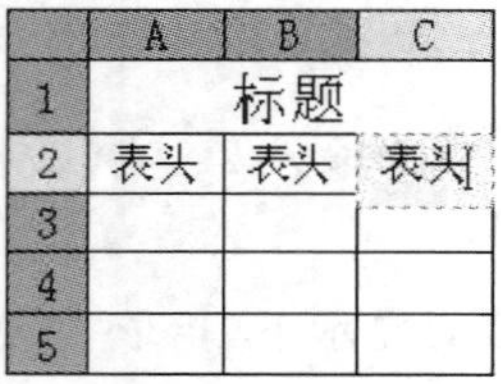

A
B
C
1
标题
2
表头
表头
表头
3
4
5

图 5-55　输入其他文字

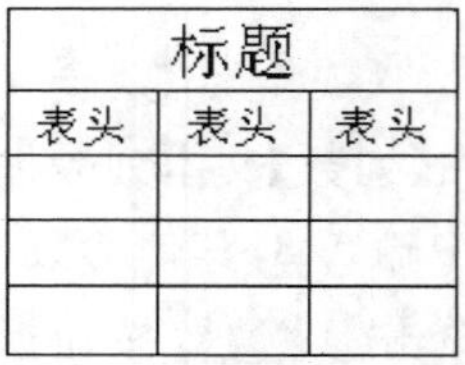

标题
表头
表头
表头

图 5-56　创建表格

☞技巧提示

默认设置创建的表格，不仅包含有标题行，还包含有表头行、数据行，用户可以根据实际情况进行取舍。

选项解析

◆ 【表格样式】选项组用于设置、新建或修改当前表格样式，还可以对样式进行预览。

◆ 【插入选项】选项组用于设置表格的填充方式，具体有“从空表格开始”、“自数据链接”和“自图形中的对象数据(数据提取)”三种方式。

◆ 【插入方式】选项组用于设置表格的插入方式。总共提供了“指定插入点”和“指定窗口”两种方式,默认方式为“指定插入点”方式。

☞技巧提示

如果使用“指定窗口”方式,系统将表格的行数设为自动,即按照指定的窗口区域自动生成表格的数据行,而表格的其他参数仍使用当前的设置。

◆ 【列和行设置】选项组用于设置表格的列参数、行参数以及列宽和行高。系统默认的列参数为5、行参数为1。

◆ 【设置单元样式】选项组用于设置第一行、第二行或其他行的单元样式。

◆ 单击Standard右侧的按钮,打开如图5-57所示的【表格样式】对话框,此对话框用于设置、修改表格样式,或设置当前表格样式。

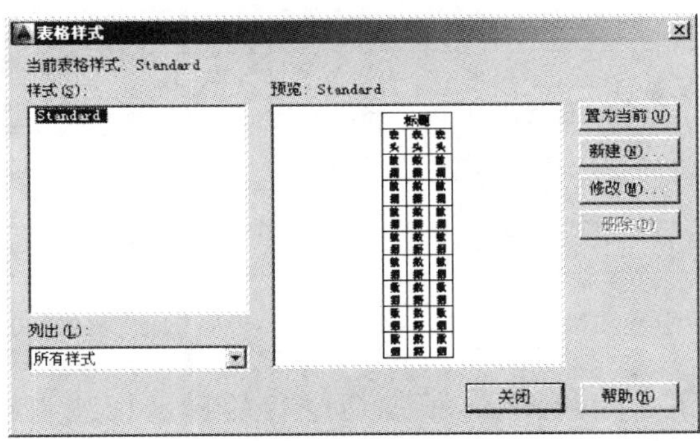

图5-57 【表格样式】对话框

5.6.2 表格样式

【表格样式】命令用于新建表格样式、修改现在表格样式和删除当前文件中无用的表格样式,激活命令后可打开如图5-57所示的【表格样式】对话框。

执行【表格样式】命令主要有以下几种方式:

(1) 单击菜单【格式】/【表格样式】命令。

(2) 单击【样式】工具栏上或【表格】面板上的按钮。

(3) 在命令行输入Tablestyle后按Enter键。

(4) 使用快捷键TS。

5.7 创建快速引线注释

【快速引线】命令用于创建一端带有箭头、另一端带有文字注释的引线尺寸,其中,引线可以为直线段,也可以为平滑的样条曲线,如图5-58所示。

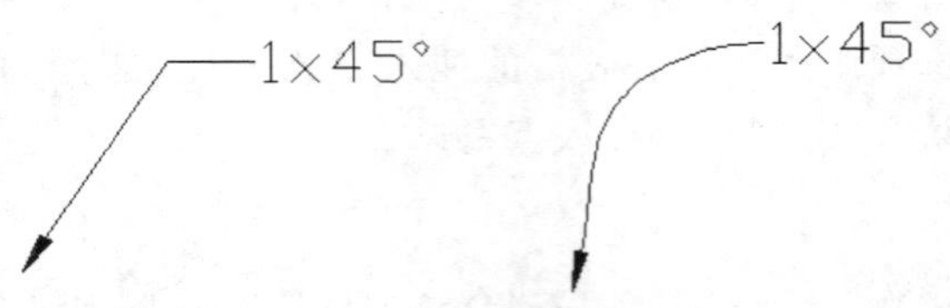

图 5-58　引线标注示例

在命令行输入 Qleader 或 LE 后按 Enter 键，激活【快速引线】命令，然后在命令行"指定第一个引线点或［设置(S)］＜设置＞："提示下，激活【设置】选项，在打开的【引线设置】对话框中设置引线参数，如图 5-59 和图 5-60 所示。

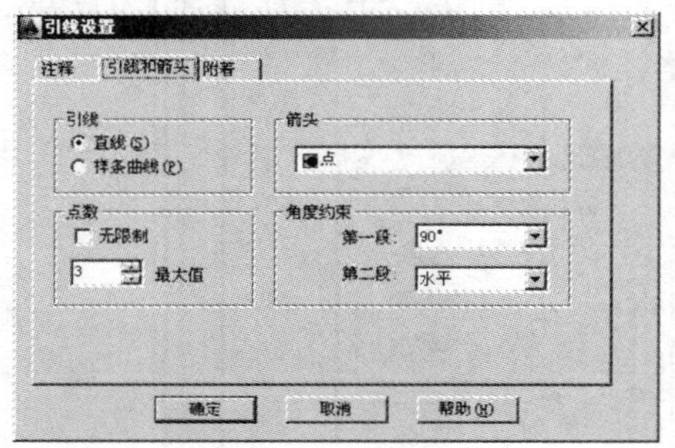

图 5-59　设置引线和箭头

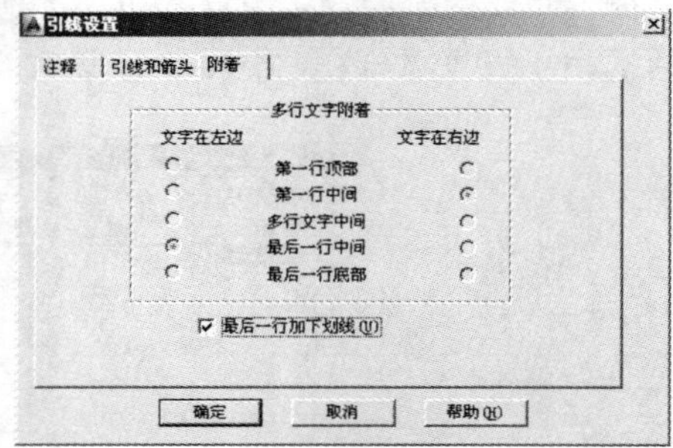

图 5-60　设置附着位置

单击 确定 按钮返回绘图区，根据命令行的提示标注引线注释。命令行操作如下。

命令：_qleader

指定第一个引线点或［设置(S)］＜设置＞：　//在适当位置定位第一个引线点

指定下一点：　//在适当位置定位第二个引线点

指定文字宽度 ＜0＞：　//↙

输入注释文字的第一行 ＜多行文字(M)＞：　//铁刀木夹板清漆↙

输入注释文字的下一行：　//↙，标注结果如图 5-61 所示

图 5-61　标注结果

5.7.1 引线注释

在【引线设置】对话框中展开【注释】选项卡，如图5-62所示，此选项卡主要用于设置引线文字的注释类型及其相关的一些选项功能。

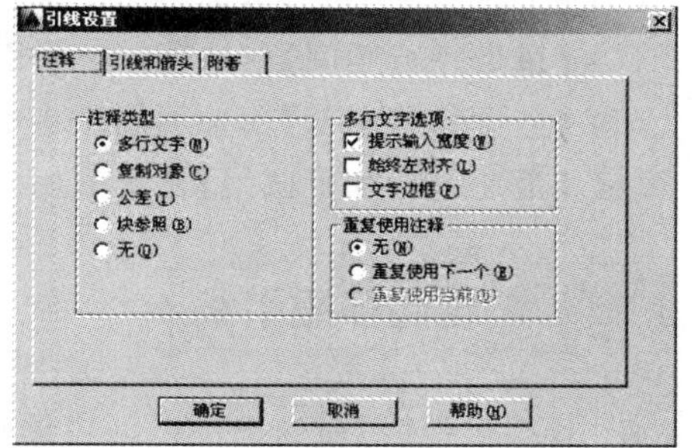

图5-62 【注释】选项卡

1.【注释类型】选项组

(1)【多行文字】选项用于在引线末端创建多行文字注释。

(2)【复制对象】选项用于复制已有引线注释作为需要创建的引线注释。

(3)【公差】选项用于在引线末端创建公差注释。

(4)【块参照】选项用于以内部块作为注释对象；而【无】选项表示创建无注释的引线。

2.【多行文字选项】选项组

(1)【提示输入宽度】复选项用于提示用户，指定多行文字注释的宽度。

(2)【始终左对齐】复选项用于自动设置多行文字使用左对齐方式。

(3)【文字边框】复选项主要用于为引线注释添加边框。

3.【重复使用注释】选项组

(1)【无】选项表示不对当前所设置的引线注释重复使用。

(2)【重复使用下一个】选项用于重复使用下一个引线注释。

(3)【重复使用当前】选项用于重复使用当前的引线注释。

5.7.2 引线和箭头

如图5-59所示的【引线和箭头】选项卡，主要用于设置引线的类型、点数、箭头以及引线段的角度约束等参数。

(1)【直线】选项用于在指定的引线点之间创建直线段。

(2)【样条曲线】选项用于在引线点之间创建样条曲线，即引线为样条曲线。

(3)【箭头】选项组用于设置引线箭头的形式。单击【实心闭合】列表内鼠标，在下拉式列表框中选择一种箭头形式。

(4)【无限制】复选框表示系统不限制引线点的数量，用户可以通过敲击Enter键，手动结束引线点的设置过程。

(5)【最大值】微调按钮用于设置引线点数的最多数量。

(6)【角度约束】选项组用于设置第一条引线与第二条引线的角度约束。

5.7.3 引线注释位置

如图5-60所示的【附着】选项卡，主要用于设置引线和多行文字注释之间的附着位置，只有在【注释】选项卡内勾选了【多行文字】选项时，此选项卡才可用。

(1)【第一行顶部】单选项用于将引线放置在多行文字第一行的顶部。

(2)【第一行中间】单选项用于将引线放置在多行文字第一行的中间。

(3)【多行文字中间】单选项用于将引线放置在多行文字的中部。

(4)【最后一行中间】单选项用于将引线放置在多行文字最后一行的中间。

(5)【最后一行底部】单选项用于将引线放置在多行文字最后一行的底部。

(6)【最后一行加下画线】复选项用于为最后一行文字添加下画线。

5.7.4 创建多重引线

使用【多重引线】命令也可以创建具有多个选项的引线对象，只不过，这些选项功能都是通过命令行进行设置的，没有对话框直观。

【多重引线】命令的执行方式如下：

(1) 单击【标注】菜单中的【多重引线】命令。

(2) 单击【多重引线】工具栏上的按钮。

(3) 在命令行输入 Mleader 后按 Enter 键。

(4) 使用快捷键 MLE。

激活【多重引线】命令后，其命令行操作如下。

命令：_mleader

指定引线基线的位置或［引线箭头优先(H)/内容优先(C)/选项(O)］＜选项＞：//↙

输入选项［引线类型(L)/引线基线(A)/内容类型(C)/最大节点数(M)/第一个角度(F)/第二个角度(S)/退出选项(X)］＜退出选项＞： //输入一个选项

指定引线基线的位置或［引线箭头优先(H)/内容优先(C)/选项(O)］＜选项＞：//指定基线位置

指定引线箭头的位置： //指定箭头位置，此时系统打开【文字格式】编辑器，用于输入注释内容

另外，使用【多重引线样式】命令也可以创建或修改多重引线样式。执行【多重引线样式】命令的方式如下：

(1) 单击【默认】选项卡/【注释】面板中的按钮。

(2) 单击【样式】工具栏中的按钮。

(3) 单击【格式】菜单中的【多重引线样式】命令。

(4) 在命令行输入 Mleaderstyle 后按 Enter 键。

5.8 实例指导三——为图形标注引线注释

本例通过为单开门立面图标注材质注解，主要学习引线注释样式的具体设置技能以及引线注释的快速标注过程和编辑技能。本例最终标注效果如图 5-63 所示。

操作步骤如下所述。

(1) 执行【打开】命令,打开随书光盘中的"\素材文件\立面门.dwg"文件,如图 5-64 所示。

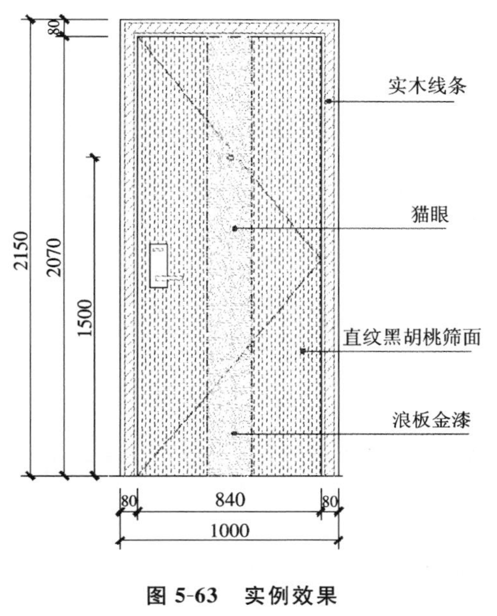

图 5-63 实例效果

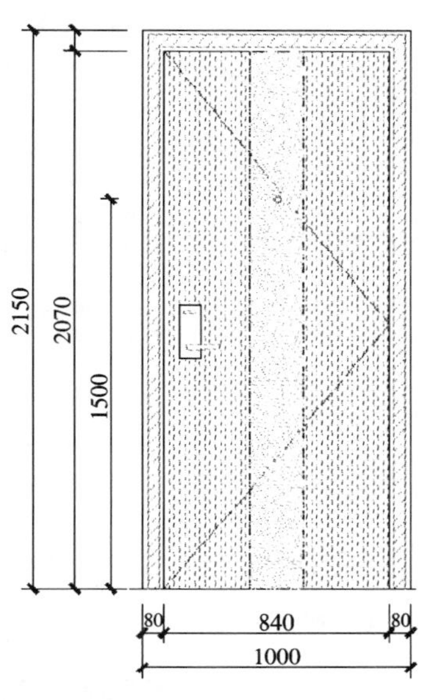

图 5-64 打开结果

(2) 单击【样式】工具栏上的 按钮,打开【文字样式】对话框,创建一种名为"仿宋体"的文字样式,字体宽度比例为 0.7。

(3) 单击菜单【标注】/【标注样式】命令,在打开的【标注样式管理器】对话框中单击 替代(O)... 按钮,在打开的【替代当前样式:建筑标注】对话框内激活【文字】选项卡,修改文字样式,如图 5-65 所示。

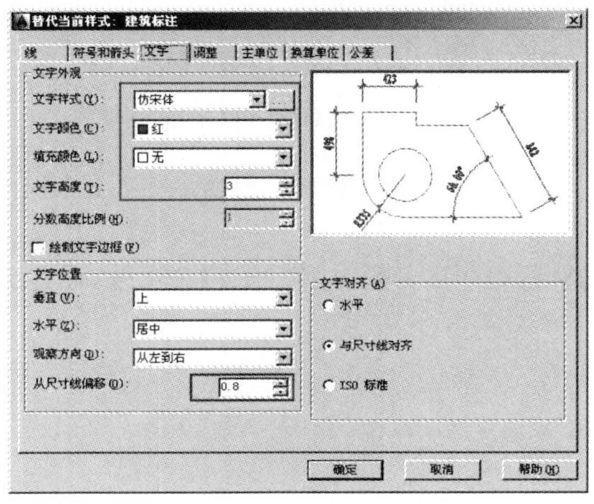

图 5-65 修改文字样式

(4) 在【替代当前样式:建筑标注】对话框内激活【调整】选项卡,修改尺寸的全局比例，如图 5-66 所示。

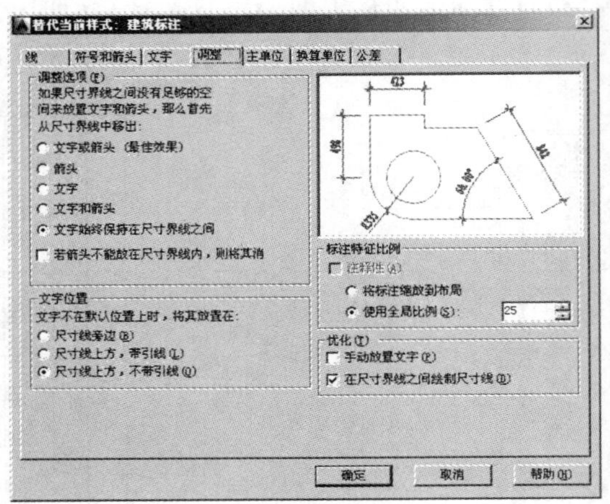

图 5-66　修改标注比例

(5) 返回【标注样式管理器】对话框，样式的替代效果如图 5-67 所示。单击 关闭 按钮，结束命令。

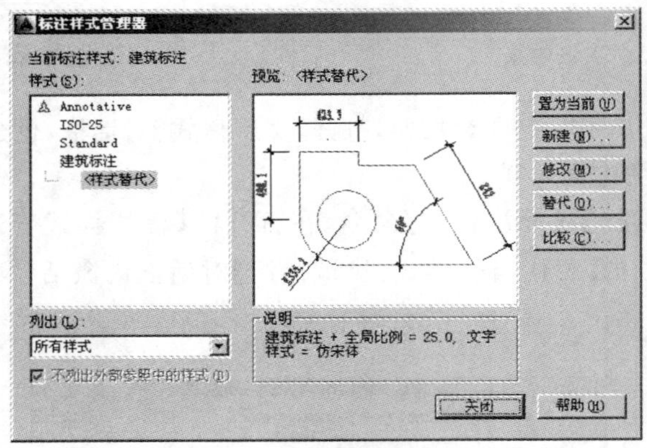

图 5-67　【标注样式管理器】对话框

(6) 使用快捷键 LE 激活【快速引线】命令，根据命令行的提示激活【设置】功能，打开【引线设置】对话框。

(7) 在【引线设置】对话框中展开【引线和箭头】选项卡，设置引线样式、点数、箭头等参数，如图 5-68 所示。

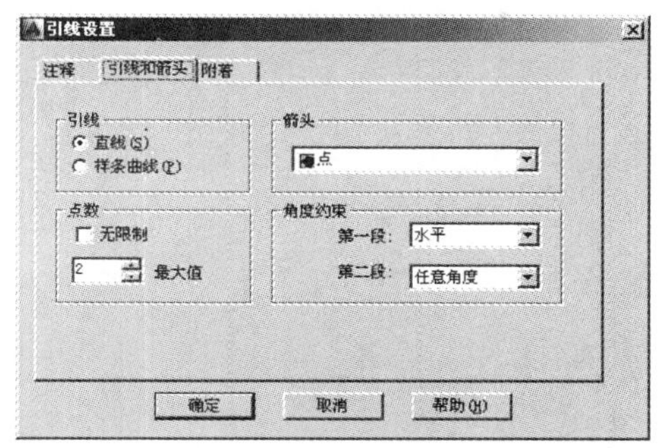

图 5-68　设置引线和箭头等参数

(8) 在【引线设置】对话框中展开【附着】选项卡，然后设置引线文字的附着位置，如图 5-69 所示。

(9) 在【引线设置】对话框中展开【注释】选项卡，然后设置引线注释参数，如图 5-70 所示。

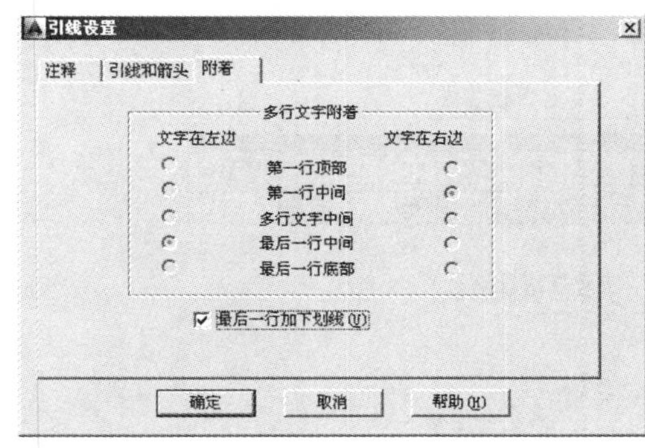

图 5-69　设置附着位置

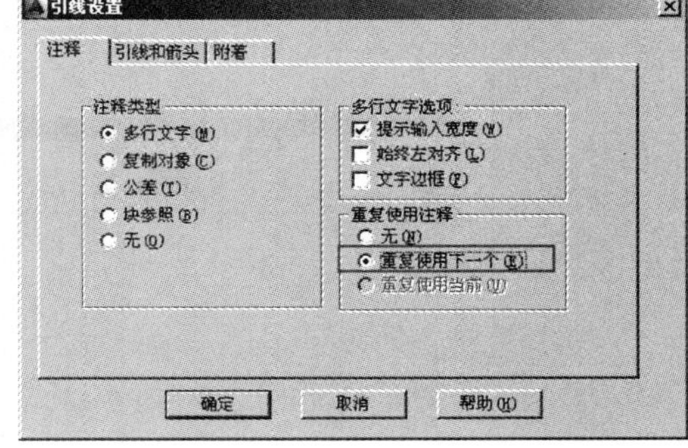

图 5-70　设置引线注释参数

(10) 单击 确定 按钮返回绘图区，根据命令行的提示，在需要标注的位置上定位出引线点，标注引线注释。命令行操作如下。

指定第一个引线点或 [设置(S)] <设置>： // ↙，在图形的适当位置上拾取一点

指定下一点： //在第一点的上侧拾取第二点

指定文字宽度 <0>： // ↙，采用默认设置

输入注释文字的第一行 <多行文字(M)>： //浪板金漆 ↙，输入文字内容

输入注释文字的下一行： // ↙，结束命令，标注结果如图 5-71 所示

(11) 重复执行【快速引线】命令，按照当前的参数设置，快速标注其他位置的引线注释，结果如图 5-72 所示。

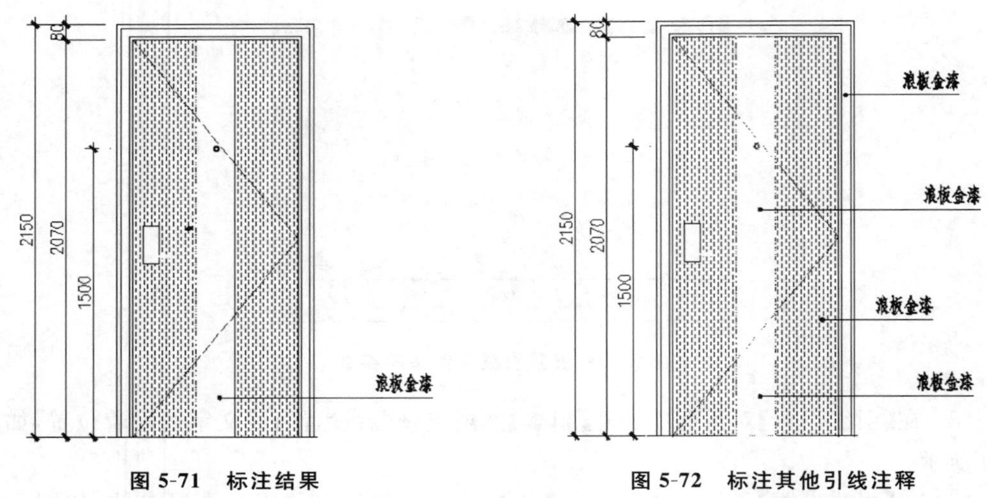

图 5-71　标注结果　　　　图 5-72　标注其他引线注释

(12) 使用快捷键 ED 激活【编辑文字】命令，选择后续标注的引线注释进行修改，输入正确的注释内容，如图 5-73 所示。

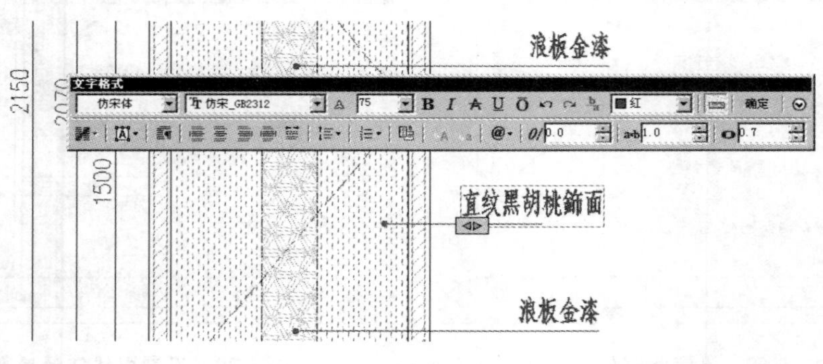

图 5-73　编辑引线注释

(13) 单击确定按钮，关闭【文字格式】编辑器，引线注释的编辑结果如图 5-74 所示。

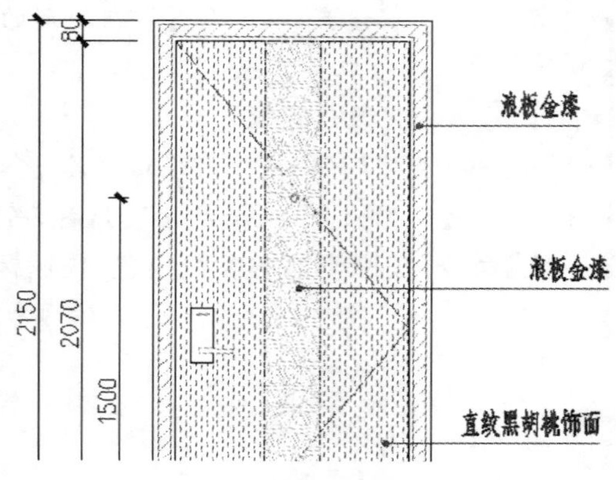

图 5-74　编辑结果

(14) 接下来重复执行【编辑文字】命令，分别对其他引线注释进行编辑，输入正确的注释内容，结果如图 5-75 所示。

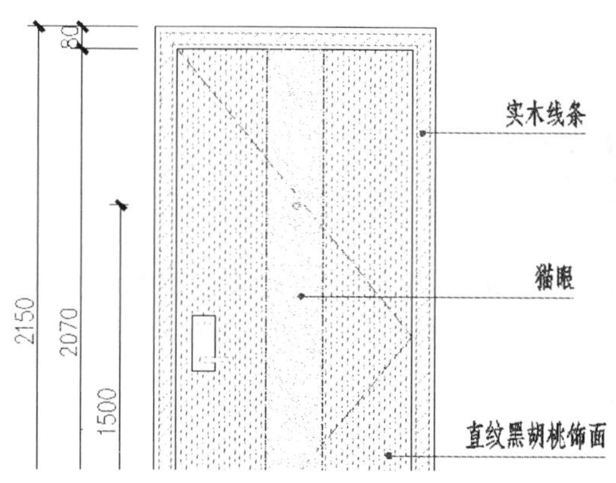

图 5-75 编辑其他注释

(15) 最后执行【另存为】命令，将图形另名存储为“实例指导三. dwg”。

5.9 本章小结

本章集中讲述了文字样式的设置、AutoCAD 各类文字的创建编辑、表格的插入与填充等技能，通过本章的学习，需要具体掌握如下知识点：

(1) 在创建文字样式时需要掌握文字样式的命名、字体、字高以及字体效果的设置技能；

(2) 在创建单行文字时需要理解和掌握单行文字的概念和创建方法，了解和掌握各种文字的对正方式；

(3) 在创建多行文字时要掌握多行文字的功能及其与单行文字的区别，并重点掌握多行文字的输入技能，掌握特殊字符的快速输入技巧和段落格式的编排技巧；

(4) 在编辑文字时，要了解和掌握“单行文字、多行文字和引线文字”的编辑方式和具体的编辑技巧；

(5) 在创建表格时要掌握表格样式的设置，表格的创建、填充和编辑技巧；

(6) 在创建引线文字时，需要重点掌握引线注释样式的具体设置过程和引线参数的协调技能。

第6章 标注图形尺寸

尺寸也是图纸的重要组成部分，它能将图形间的相互位置关系及形状进行数字化、参数化，是施工人员现场施工的主要依据。本章将集中讲述各类常用尺寸的标注方法和编辑技巧，具体内容如下：

◎ 标注基本尺寸

◎ 标注复合尺寸

◎ 设置尺寸标注样式

◎ 尺寸的编辑与修改

◎ 实例指导——标注户型装修布置图尺寸

◎ 本章小结

6.1 标注基本尺寸

AutoCAD为用户提供了多种标注工具，这些工具位于【标注】菜单栏上，其工具按钮位于【标注】工具栏或【标注】面板上。本节主要学习各类基本尺寸的标注工具。

6.1.1 线性

【线性】命令是一个非常常用的标注工具，主要用于标注两点之间或图线的水平尺寸或垂直尺寸，如图6-1所示。

执行【线性】命令主要有以下几种方式：

(1) 单击菜单【标注】/【线性】命令。

(2) 单击【标注】工具栏或面板上的按钮。

(3) 在命令行输入Dimlinear或Dimlin后按Enter键。

下面通过标注如图6-1所示的水平尺寸和垂直尺寸，学习【线性】命令的使用方法和技巧。具体操作步骤如下。

(1) 打开随书光盘“\素材文件\线性标注示例.dwg”文件，如图6-2所示。

(2) 单击【标注】工具栏上的按钮，激活【线性】命令，配合【端点捕捉】功能标注下方的长度尺寸。命令行操作如下。

命令：_dimlinear

指定第一个尺寸界线原点或 <选择对象>： //捕捉如图6-3所示的端点

指定第二条尺寸界线原点： //捕捉如图 6-4 所示的端点

指定尺寸线位置或[多行文字(M)/文字(T)/角度(A)/水平(H)/垂直(V)/旋转(R)]： //向下移动光标，在适当位置拾取点，标注结果如图 6-5 所示

标注文字＝1800

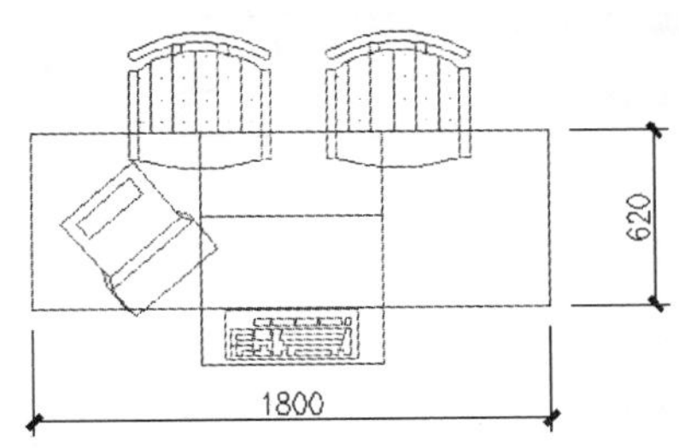

图 6-1 线性标注示例

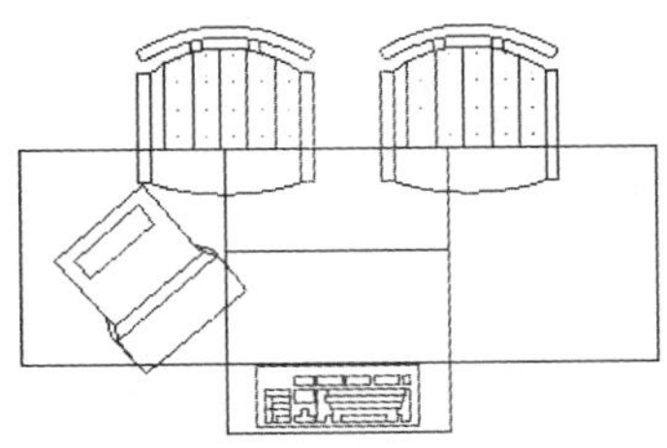

图 6-2 打开结果

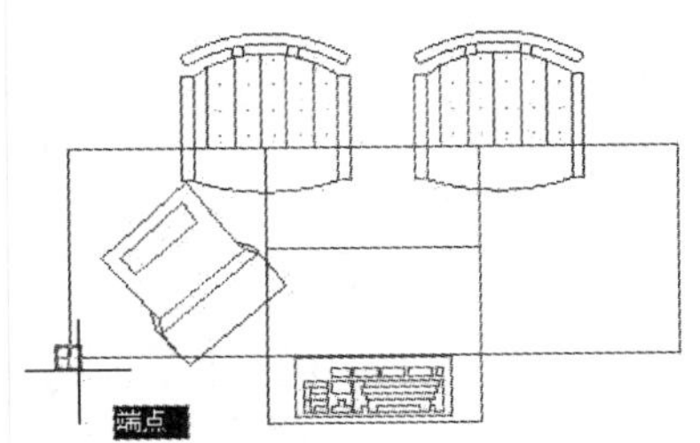

图 6-3 捕捉端点

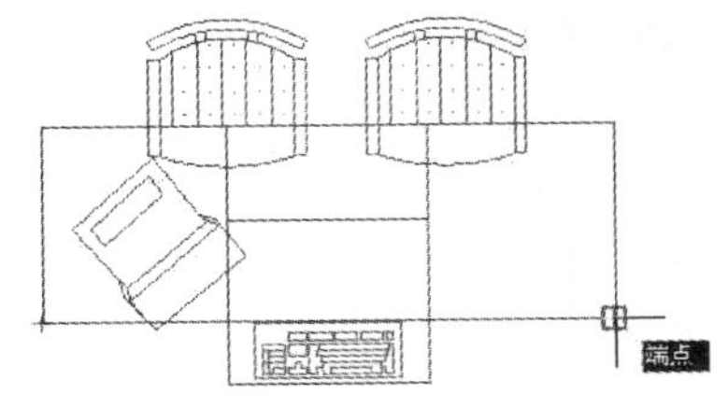

图 6-4 捕捉端点

(3) 按 Enter 键重复执行【线性】命令，标注右侧的宽度尺寸，命令行操作如下。

命令：_dimlinear

指定第一个尺寸界线原点或＜选择对象＞： //↙

选择标注对象： //选择如图 6-6 所示的垂直直线

指定尺寸线位置或[多行文字(M)/文字(T)/角度(A)/水平(H)/垂直(V)/旋转(R)]： //向右移动光标，在适当位置拾取点，标注结果如图 6-7 所示

标注文字＝620

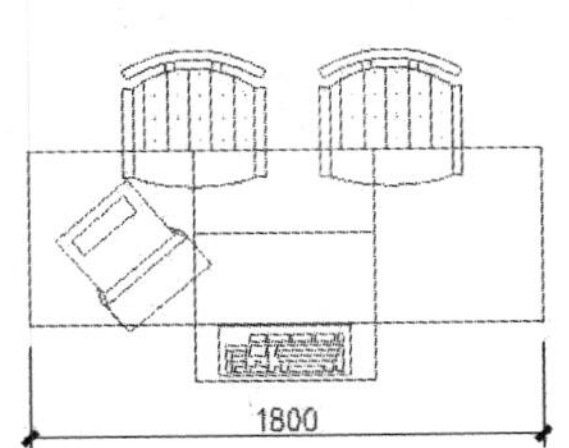

图 6-5 标注结果

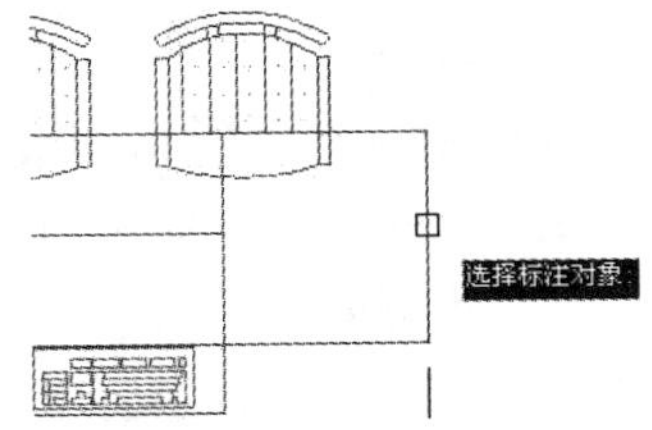

图 6-6 选择标注对象

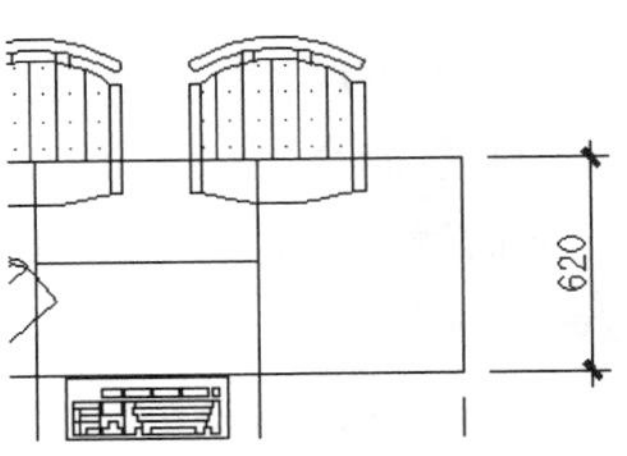

图 6-7 标注结果

选项解析

◆ 【多行文字】选项用于手动输入尺寸的文字内容，或为标注文字添加前后缀等。选择该选项后，系统将打开如图 6-8 所示的【文字格式】编辑器。

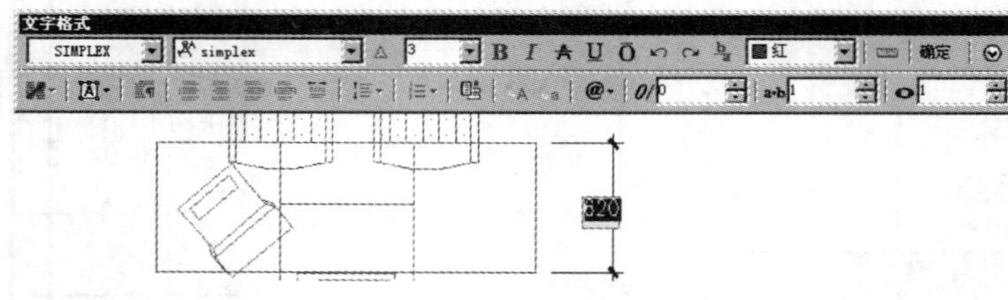

图 6-8 【文字格式】编辑器

◆ 【文字】选项是通过命令行手动输入标注文字的内容。

◆ 【水平】选项用于标注两点之间或选择图线的水平尺寸，当激活该选项后，无论如何移动光标，所标注的始终是对象的水平尺寸。

◆ 【角度】选项用于设置标注文字的旋转角度，如图 6-9 所示。

◆ 【垂直】选项用于标注两点之间的垂直尺寸。

◆ 【旋转】选项用于设置尺寸线的旋转角度。

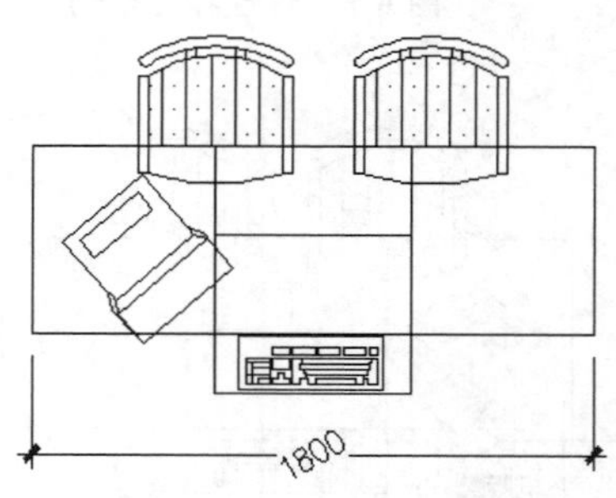

图 6-9 角度示例

6.1.2 对齐

【对齐】命令用于标注平行于所选对象或平行于两尺寸界线原点连线的对齐尺寸，如图 6-10 所示。此命令比较适合于标注倾斜图线的尺寸。

执行【对齐】命令主要有以下几种方式：

(1) 单击菜单【标注】/【对齐】命令。

(2) 单击【标注】工具栏或面板上按钮。

(3) 在命令行输入 Dimaligned 或 Dimali 后按 Enter 键。

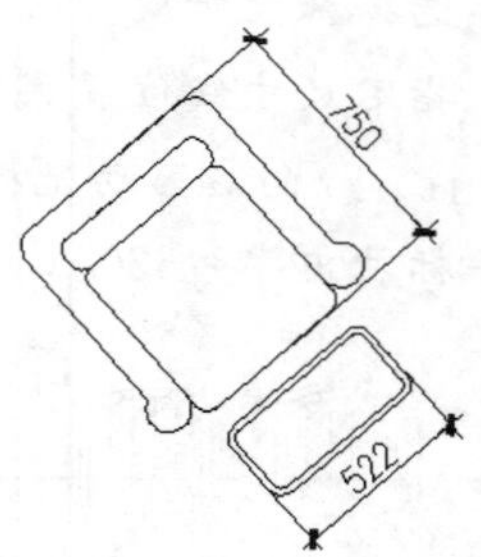

图 6-10 对齐标注示例

下面通过标注如图 6-10 所示的对齐尺寸，主要学习【对齐】命令的使用方法和操作技巧。操作步骤如下。

(1) 打开随书光盘“\素材文件\对齐标注.dwg”文件。

(2) 单击【标注】工具栏按钮，执行【对齐】命令，配合【中点捕捉】功能标注对齐尺寸。命令行操作如下。

命令：_dimaligned

指定第一个尺寸界线原点或 <选择对象>： //捕捉如图 6-11 所示的中点

指定第二条尺寸界线原点： //捕捉如图 6-12 所示的中点

指定尺寸线位置或[多行文字(M)/文字(T)/角度(A)]： //在适当位置指定尺寸线位置

标注文字＝750

☞技巧提示

【对齐】命令中的三个选项功能与【线性】命令中的选项功能相同，故在此不再讲述。

(3) 标注结果如图 6-13 所示。

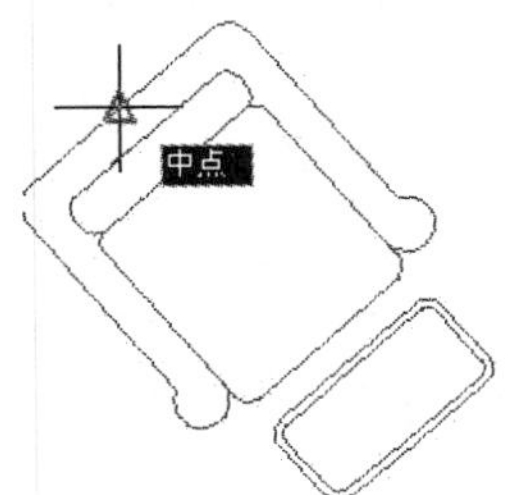

图 6-11 捕捉中点

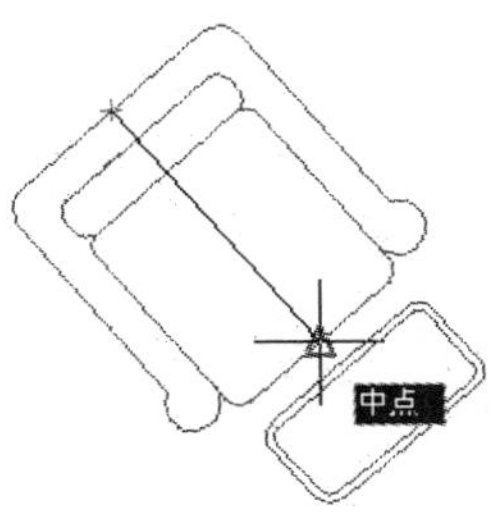

图 6-12 捕捉中点

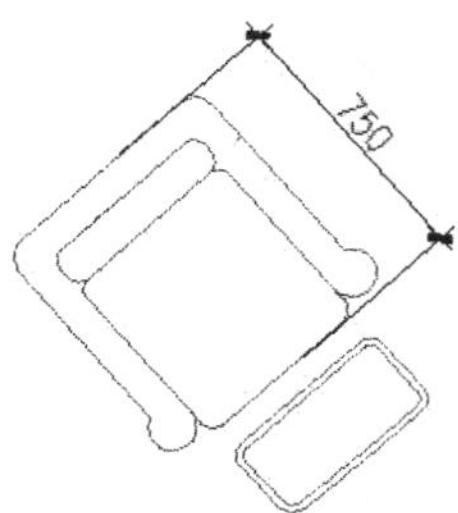

图 6-13 标注结果

6.1.3 坐标

【坐标】命令用于标注点的 X 坐标值和 Y 坐标值，所标注的坐标为点的绝对坐标，如图 6-14 所示。

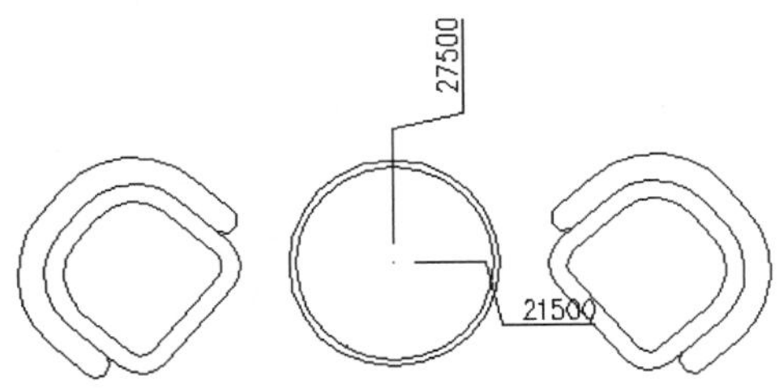

图 6-14 坐标标注示例

执行【坐标】命令主要有以下几种方式：

(1) 单击菜单【标注】/【坐标】命令。

(2) 单击【标注】工具栏或面板上的按钮。

(3) 在命令行输入 Dimordinate 或 Dimord 后按 Enter 键。

激活【坐标】命令后，命令行出现如下操作提示。

命令：_dimordinate

指定点坐标： //捕捉同心圆的圆心

指定引线端点或 [X 基准(X)/Y 基准(Y)/多行文字(M)/文字(T)/角度(A)]： //定位引线端点

☞技巧提示

上下移动光标，则可以标注点的 X 坐标值；左右移动光标，则可以标注点的 Y 坐标值。另外，使用【X 基准】选项，可以强制性地标注点的 X 坐标，不受光标引导方向的限制；使用【Y 基准】选项可以标注点的 Y 坐标。

6.1.4 弧长

【弧长】命令用于标注圆弧或多段线弧的长度尺寸，默认设置下，会在尺寸数字的一端添加弧长符号，如图 6-15 所示。

执行【弧长】命令主要有以下几种方式：

(1) 单击菜单【标注】/【弧长】命令。

(2) 单击【标注】工具栏或面板上的按钮。

(3) 在命令行输入 Dimarc 后按 Enter 键。

激活【弧长】命令后，AutoCAD 命令行会出现如下操作提示。

命令：_dimarc

选择弧线段或多段线弧线段： //选择需要标注的弧线段

指定弧长标注位置或［多行文字(M)/文字(T)/角度(A)/部分(P)/引线(L)］： //指定弧长尺寸的位置，结果如图 6-15 所示

标注文字＝4100

☞技巧提示

使用【部分】选项可以标注圆弧或多段线弧上的部分弧长，如图 6-16 所示。

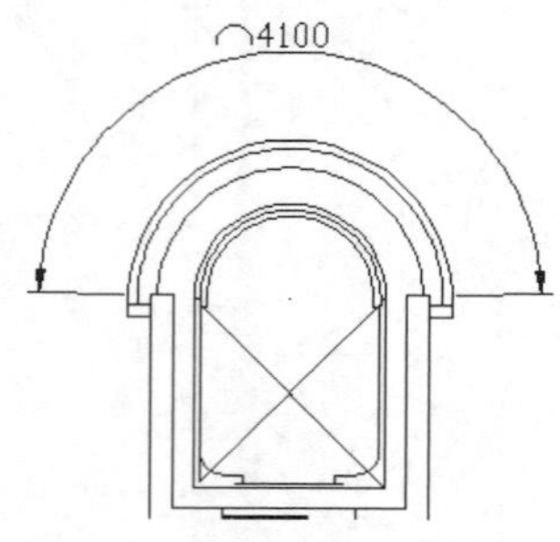

图 6-15 弧长标注示例

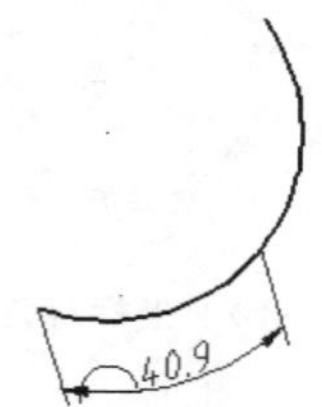

图 6-16 部分弧长标注

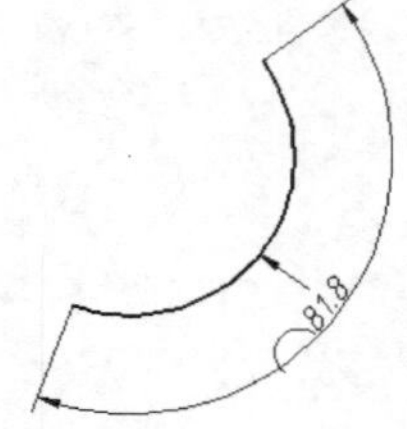

图 6-17 【引线】选项示例

☞技巧提示

使用【引线】选项可以为圆弧的弧长尺寸添加指示线，如图 6-17 所示。指示线的一端指向所选择的圆弧对象，另一端连接弧长尺寸。

6.1.5 角度

【角度】命令用于标注两条图线间的角度尺寸或者圆弧的圆心角，如图 6-18 所示。

执行【角度】命令主要有以下几种方式：

(1) 单击菜单【标注】/【角度】命令。

(2) 单击【标注】工具栏或面板上的按钮。

(3) 在命令行输入 Dimangular 或 Angular 后按 Enter 键。

【角度】命令的命令行操作如下。

命令：_dimangular

选择圆弧、圆、直线或 <指定顶点>： //选择如图 6-19 所示的直线

选择第二条直线： //选择如图 6-20 所示的直线

指定标注弧线位置或［多行文字(M)/文字(T)/角度(A)/象限点(Q)］： //在适当位置拾取一点，定位尺寸线位置，标注结果如图 6-18 所示

标注文字＝90.0

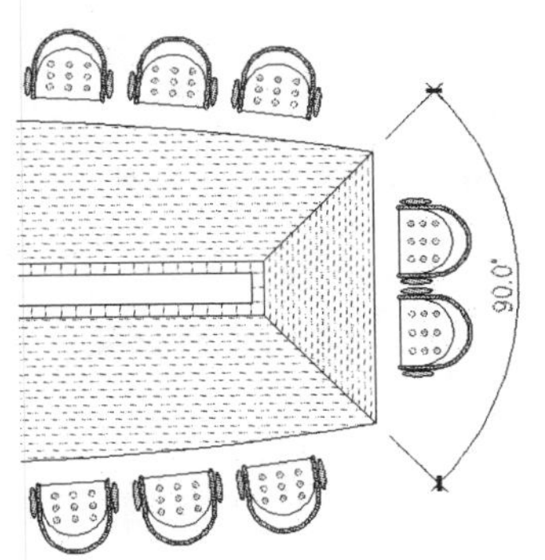

图 6-18 角度标注示例

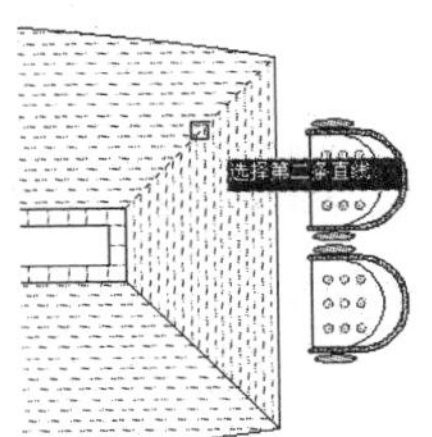

图 6-19 选择轮廓线

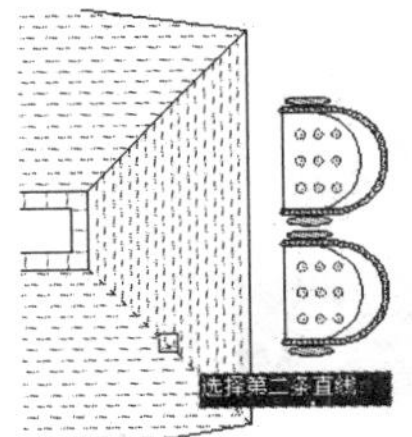

图 6-20 选择第二条直线

6.1.6 半径

【半径】命令用于标注圆、圆弧的半径尺寸，当用户采用系统的实际测量值标注文字时，系统会在测量数值前自动添加“R”，如图 6-21 所示。

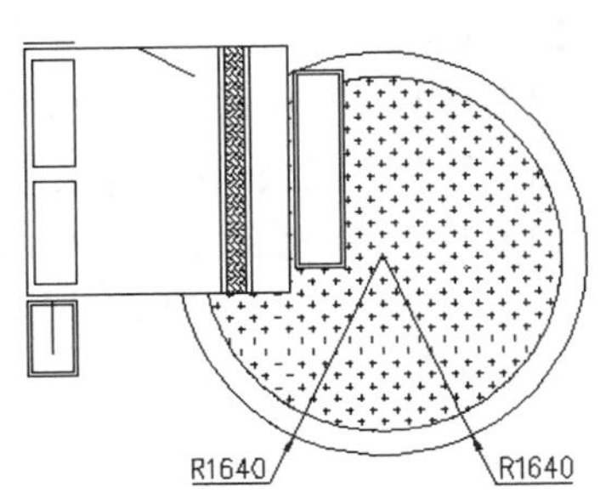

图 6-21 半径标注示例

执行【半径】命令主要有以下几种方式：

(1) 单击菜单栏【标注】/【半径】命令。

(2) 单击【标注】工具栏或面板上的按钮。

(3) 在命令行输入 Dimradius 或 Dimrad 后按 Enter 键。

激活【半径】命令后，AutoCAD 命令行会出现如

下操作提示。

命令：_dimradius

选择圆弧或圆： //选择需要标注的圆或弧对象

标注文字＝1640

指定尺寸线位置或［多行文字(M)/文字(T)/角度(A)]： //指定尺寸的位置

6.1.7 直径

【直径】命令用于标注圆或圆弧的直径尺寸，当用户采用系统的实际测量值标注文字时，系统会在测量数值前自动添加“∅”，如图 6-22 所示。

执行【直径】命令主要有以下几种方式：

(1) 单击菜单【标注】/【直径】命令。

(2) 单击【标注】工具栏或面板上的⊘按钮。

(3) 在命令行输入 Dimdiameter 或 Dimdia 后按 Enter 键。

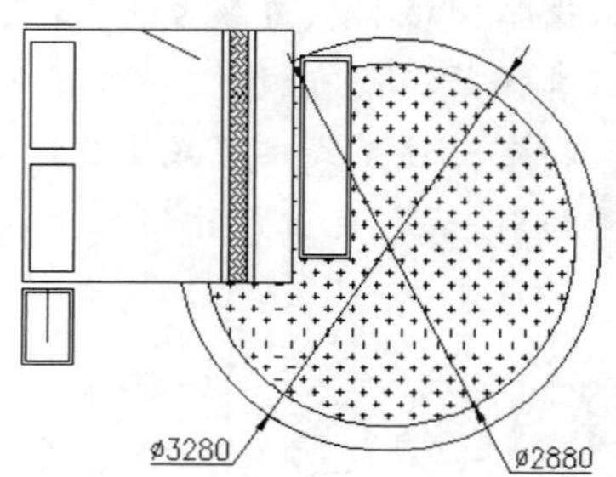

图 6-22 直径标注示例

激活【直径】命令后，AutoCAD 命令行会出现如下操作提示。

命令：_dimdiameter

选择圆弧或圆： //选择需要标注的圆或圆弧

标注文字＝3280

指定尺寸线位置或［多行文字(M)/文字(T)/角度(A)]： //指定尺寸的位置

6.2 标注复合尺寸

本节学习几个比较常用的复合标注工具，具体有【基线】、【连续】和【快速标注】三个命令。

6.2.1 基线

【基线】命令需要在现有尺寸的基础上，以选择尺寸的尺寸界线作为基线尺寸的尺寸界限，标注基线尺寸，如图 6-23 所示。

执行【基线】命令主要有以下几种方式：

(1) 单击菜单【标注】/【基线】命令。

(2) 单击【标注】工具栏或面板上的⊟按钮。

(3) 在命令行输入 Dimbaseline 或 Dimbase 后按 Enter 键。

下面通过标注如图 6-23 所示的基线尺寸，学习【基线】命令的使用方法和技巧。具体操作步骤如下。

(1) 打开随书光盘中的“\素材文件\基线标注示例.dwg”文件。

(2) 执行【线性】命令，标注如图 6-24 所示的线性尺寸作为基准尺寸。

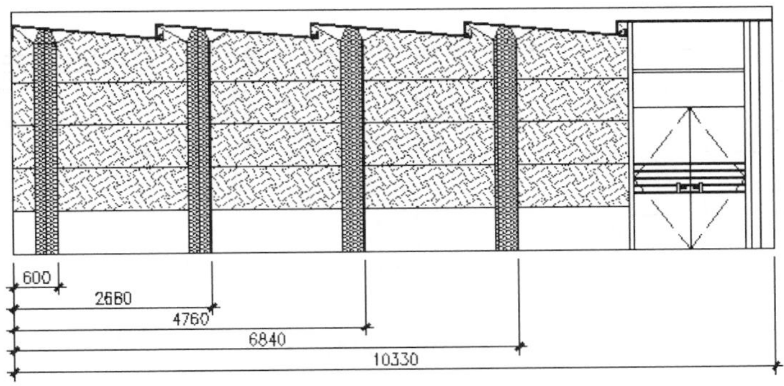

图 6-23 基线标注示例

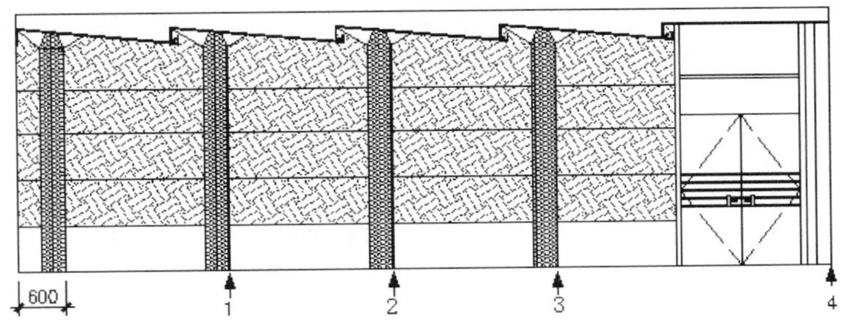

图 6-24 标注结果

(3) 单击【标注】工具栏上的按钮，激活【基线】命令，配合【端点捕捉】功能标注基线尺寸。命令行操作过程如下。

命令：_dimbaseline

指定第二条尺寸界线原点或［放弃(U)/选择(S)］<选择>： //捕捉图 6-24 所示的交点 1

☞技巧提示

当执行【基线】命令后，AutoCAD 会自动以刚创建的线性尺寸作为基准尺寸，进入基线尺寸的标注状态。

标注文字＝2680

指定第二条尺寸界线原点或［放弃(U)/选择(S)］<选择>： //捕捉交点 2

标注文字＝4760

指定第二条尺寸界线原点或［放弃(U)/选择(S)］<选择>： //捕捉交点 3

标注文字＝6840

指定第二条尺寸界线原点或［放弃(U)/选择(S)］<选择>： //捕捉交点 4

标注文字＝10330

指定第二条尺寸界线原点或［放弃(U)/选择(S)］<选择>： //↙，退出基线标注状态

选择基准标注： //↙，退出命令

(4) 标注结果如图 6-25 所示。

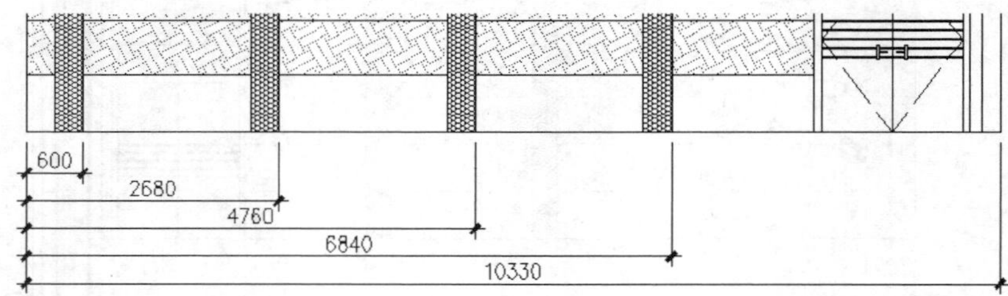

图 6-25 标注结果

☞技巧提示

命令中的【选择】选项用于提示选择一个线性、坐标或角度标注作为基线标注的基准,【放弃】选项用于放弃所标注的最后一个基线标注。

6.2.2 连续

【连续】命令也需要在现有的尺寸基础上创建连续的尺寸对象,所创建的连续尺寸位于同一个方向矢量上,如图 6-26 所示。

执行【连续】命令主要有以下几种方式:

(1) 单击菜单【标注】/【连续】命令。

(2) 单击【标注】工具栏或面板上的[按钮图标]按钮。

(3) 在命令行输入 Dimcontinue 或 Dimcont 后按 Enter 键。

下面通过标注如图 6-26 所示的连续尺寸,学习【连续】命令的使用方法和技巧。具体操作步骤如下。

(1) 打开随书光盘中的"\素材文件\连续标注. dwg"文件,如图 6-27 所示。

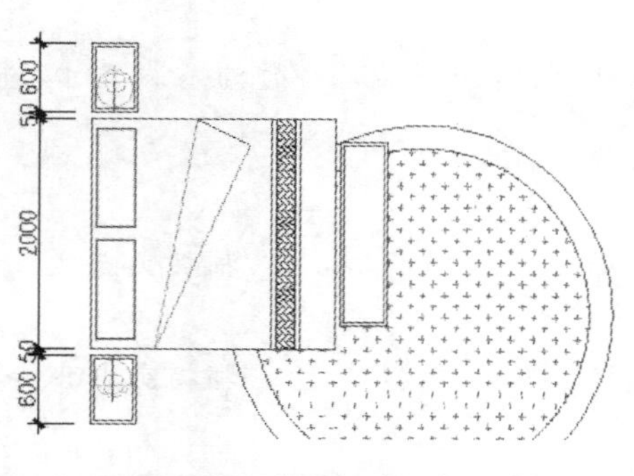

图 6-26 连续标注示例

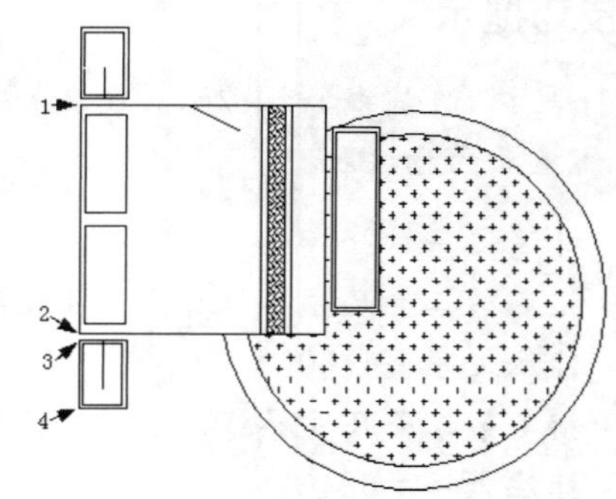

图 6-27 打开结果

(2) 执行【线性】命令,配合【端点捕捉】功能标注如图 6-28 所示的线性尺寸,作为基准尺寸。

(3) 单击菜单【标注】/【连续】命令,根据命令行的提示标注连续尺寸。命令行操作如下。

命令：_dimcontinue

指定第二条尺寸界线原点或［放弃(U)/选择(S)］＜选择＞： //捕捉图 6-27 所示的端点 1

标注文字＝50

指定第二条尺寸界线原点或［放弃(U)/选择(S)］＜选择＞： //捕捉端点 2

标注文字＝2000

指定第二条尺寸界线原点或［放弃(U)/选择(S)］＜选择＞： //捕捉端点 3

标注文字＝50

图 6-28　标注线性尺寸

指定第二条尺寸界线原点或［放弃(U)/选择(S)］＜选择＞： //捕捉端点 4

标注文字＝600

指定第二条尺寸界线原点或［放弃(U)/选择(S)］＜选择＞： //↙，退出连续尺寸状态

选择连续标注： //↙，结束命令，标注结果如图 6-26 所示

6.2.3 快速标注

【快速标注】命令用于一次标注多个对象间的水平尺寸或垂直尺寸，如图 6-29 所示，是一种比较常用的复合标注工具。

执行【快速标注】命令主要有以下几种方式：

(1) 单击菜单【标注】/【快速标注】命令。

(2) 单击【标注】工具栏或面板上按钮。

(3) 在命令行输入 Qdim 后按 Enter 键。

下面通过标注如图 6-29 所示的尺寸，学习【快速标注】命令的使用方法和技巧。具体操作步骤如下。

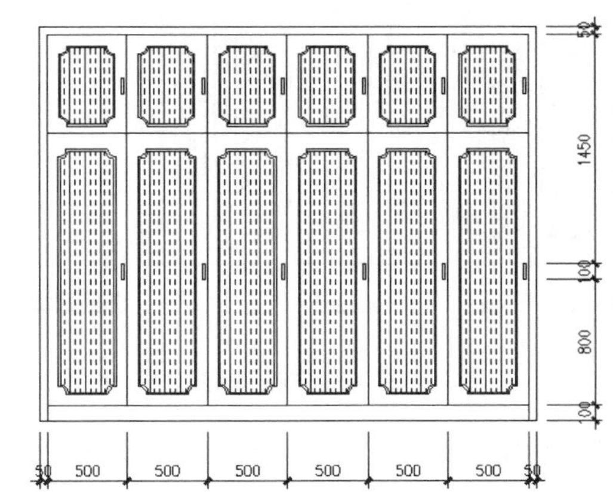

图 6-29　快速标注示例

(1) 打开随书光盘中的"\素材文件\快速标注.dwg"文件。

(2) 执行【快速标注】命令后，根据命令行的提示快速标注下方的水平尺寸。命令行操作如下。

命令：_qdim

选择要标注的几何图形： //拉出图 6-30 所示的窗交选择框

选择要标注的几何图形： //↙

指定尺寸线位置或［连续(C)/并列(S)/基线(B)/坐标(O)/半径(R)/直径(D)/基准点(P)/编辑(E)/设置(T)］＜连续＞：//向下引导光标指定尺寸线位置，标注结果如图6-31所示

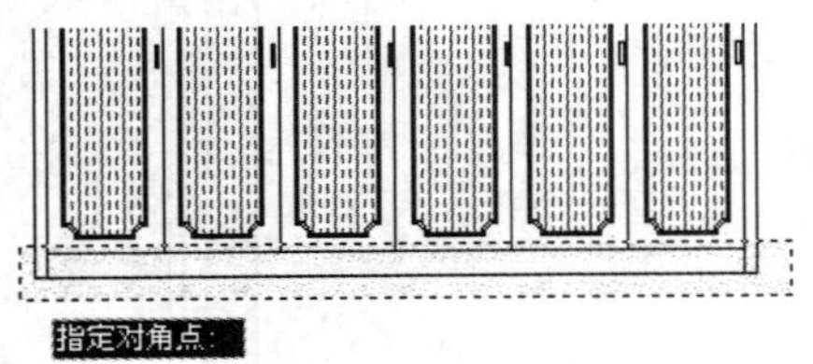

图 6-30　窗交选择框

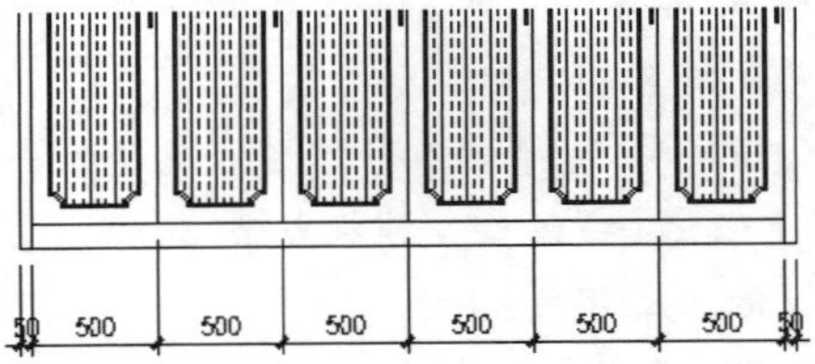

图 6-31　标注结果

(3) 重复执行【快速标注】命令，标注右侧的垂直尺寸。命令行操作如下。

命令：_qdim

关联标注优先级＝端点

选择要标注的几何图形：//拉出如图 6-32 所示的窗交选择框

选择要标注的几何图形：//↙

指定尺寸线位置或［连续(C)/并列(S)/基线(B)/坐标(O)/半径(R)/直径(D)/基准点(P)/编辑(E)/设置(T)］＜连续＞：//向下引导光标指定尺寸线位置，标注结果如图6-33所示

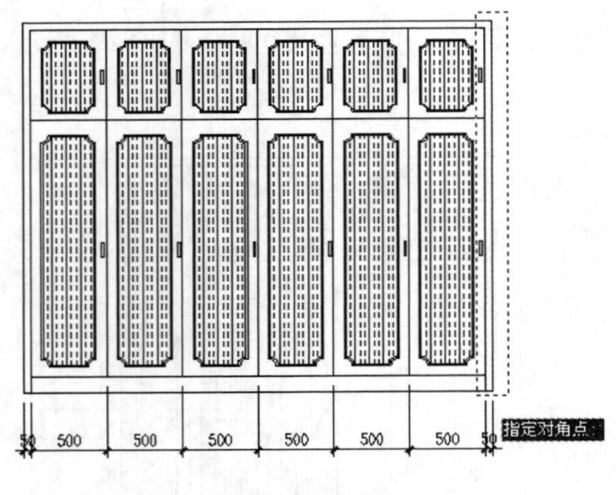

图 6-32　窗交选择框

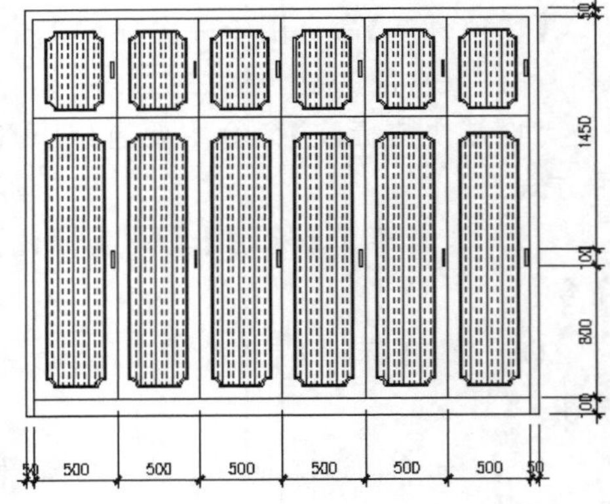

图 6-33　标注结果

(4) 使用夹点拉伸功能调整尺寸的尺寸界线的原点，结果如图 6-29 所示。

选项解析

- 【连续】选项用于标注对象间的连续尺寸。
- 【并列】选项用于标注并列尺寸，如图 6-34 所示。
- 【基线】选项用于标注基线尺寸，如图 6-35 所示。
- 【坐标】选项用于标注对象的绝对坐标。
- 【半径】选项用于标注圆或弧的半径尺寸。
- 【直径】选项用于标注圆或弧的直径尺寸。

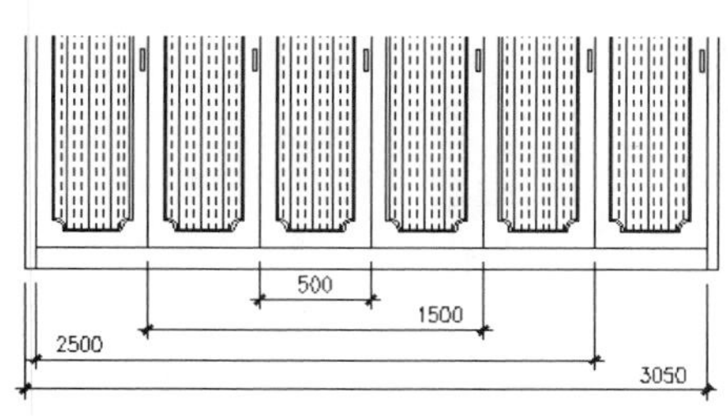

图 6-34 并列尺寸示例

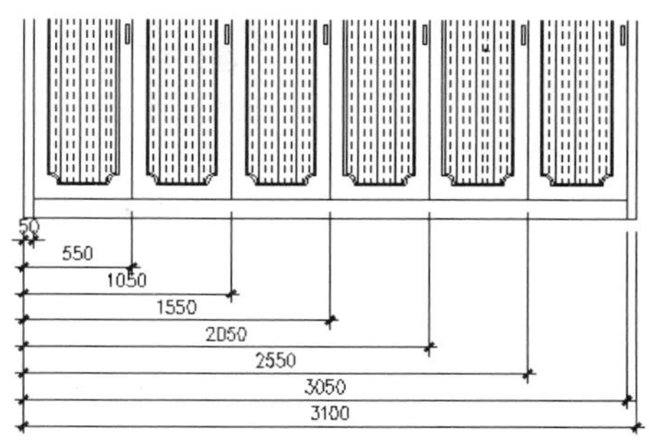

图 6-35 基线尺寸示例

◆ 【基准点】选项用于设置新的标注点。

◆ 【编辑】选项用于添加或删除标注点。

6.3 设置尺寸标注样式

一般情况下，尺寸由标注文字、尺寸线、尺寸界线和箭头四部分元素组成，如图 6-36 所示。【标注样式】命令则用于控制这些尺寸元素的外观形式，它是所有尺寸变量的集合，这些变量决定了尺寸中各元素的外观，只要用户调整尺寸样式中某些尺寸变量，就能灵活修改尺寸标注的外观。

图 6-36 尺寸的组成元素

执行【标注样式】命令主要有以下几种方式：

(1) 单击菜单【标注】或【格式】/【标注样式】命令。

(2) 单击【标注】工具栏或面板上的按钮。

(3) 在命令行输入 Dimstyle 后按 Enter 键。

(4) 使用快捷键 D。

执行【标注样式】命令后，可打开如图 6-37 所示的【标注样式管理器】对话框，在此对话框中用户不仅可以设置标注样式，还可以修改、替代和比较标注样式。各选项按钮含义如下所述。

(1) 置为当前(U) 按钮用于把选定的标注样式设置为当前标注样式。

(2) 修改(M)... 按钮用于修改当前选择的标注样式。当用户修改了标注样式后，当前图形中的所有标注都会自动更新为当前样式。

(3) 替代(O)... 按钮用于设置当前使用的标注样式的临时替代值。

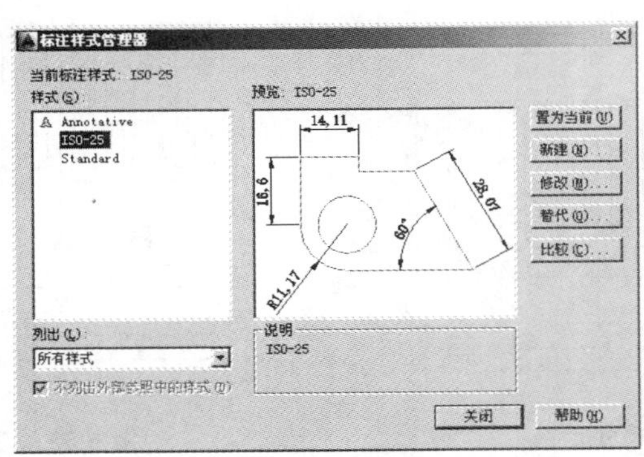

图 6-37 【标注样式管理器】对话框

☞技巧提示

当用户创建了替代样式后，当前标注样式将被应用到以后所有尺寸标注中，直到用户删除替代样式为止，而不会改变替代样式之前的标注样式。

(4) 比较(C)... 按钮用于比较两种标注样式的特性或浏览一种标注样式的全部特性，并将比较结果输出到 Windows 剪贴板上，然后再粘贴到其他 Windows 应用程序中。

(5) 新建(N)... 按钮用于设置新的尺寸样式。

单击 新建(N)... 按钮后可打开如图 6-38 所示的【创建新标注样式】对话框，其中【新样式名】文本框用于为新样式命名；【基础样式】下拉列表框用于设置新样式的基础样式；【注释性】复选项用于为新样式添加注释；【用于】下拉列表框用于设置新样式的适用范围。

单击 继续 按钮后打开如图 6-39 所示的【新建标注样式：副本 ISO-25】对话框，此对话框包括【线】、【符号和箭头】、【文字】、【调整】、【主单位】、【换算单位】和【公差】七个选项卡。

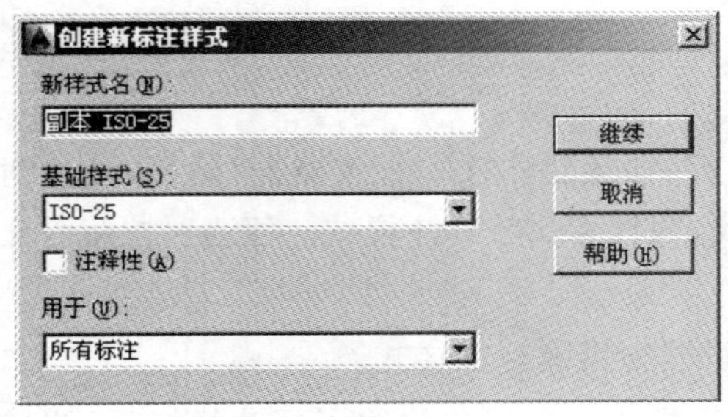

图 6-38 【创建新标注样式】对话框

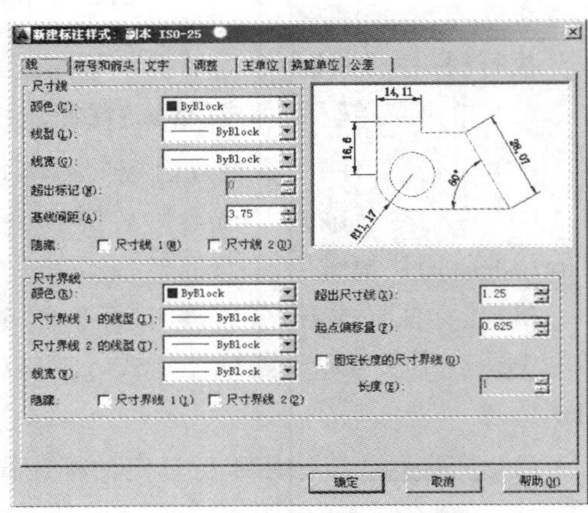

图 6-39 【新建标注样式】对话框

6.3.1 设置线参数

如图 6-39 所示的【线】选项卡主要用于设置尺寸线、尺寸界线的格式和特性等变量，具体参数如下所述。

1.【尺寸线】选项组

(1)【颜色】下拉列表框用于设置尺寸线的颜色。

(2)【线型】下拉列表框用于设置尺寸线的线型。

(3)【线宽】下拉列表框用于设置尺寸线的线宽。

(4)【超出标记】微调按钮用于设置尺寸线超出尺寸界限的长度。

(5)【基线间距】微调按钮用于设置在基线标注时两条尺寸线之间的距离。

2.【尺寸界线】选项组

(1)【颜色】下拉列表框用于设置尺寸界线的颜色。

(2)【线宽】下拉列表框用于设置尺寸界线的线宽。

(3)【尺寸界线 1 的线型】下拉列表框用于设置尺寸界线 1 的线型。

(4)【尺寸界线 2 的线型】下拉列表框用于设置尺寸界线 2 的线型。

(5)【超出尺寸线】微调按钮用于设置尺寸界线超出尺寸线的长度。

(6)【起点偏移量】微调按钮用于设置尺寸界线起点与被标注对象间的距离。

(7) 勾选【固定长度的尺寸界线】复选项后，可在下方的【长度】文本框内设置尺寸界线的固定长度。

6.3.2 设置符号和箭头

如图 6-40 所示的【符号和箭头】选项卡用于设置箭头、圆心标记、弧长符号和半径标注等参数。

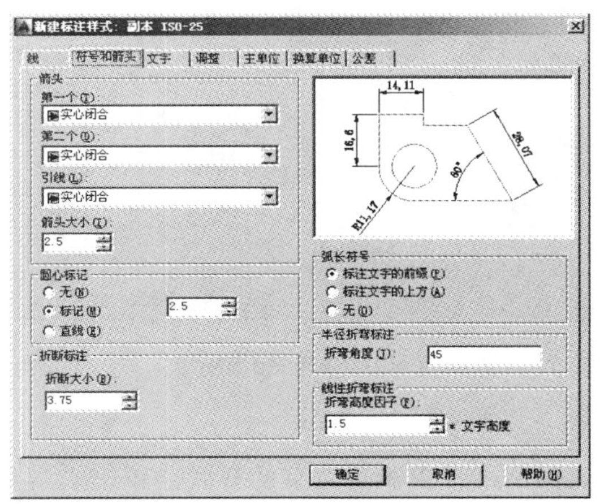

图 6-40 【符号和箭头】选项卡

1.【箭头】选项组

(1)【第一个/第二个】下拉列表框用于设置箭头的形状。

(2)【引线】下拉列表框用于设置引线箭头的形状。

(3)【箭头大小】微调按钮用于设置箭头的大小。

2.【圆心标记】选项组

(1)【无】单选项表示不添加圆心标记。

(2)【标记】单选项用于为圆添加十字型标记。

(3)【直线】单选项用于为圆添加直线型标记。

(4) 2.5 微调按钮用于设置圆心标记的大小。

(5)【折断标注】选项组用于设置打断标注的大小。

3.【弧长符号】选项组

(1)【标注文字的前缀】单选项用于为弧长标注添加前缀。

(2)【标注文字的上方】单选项用于设置标注文字的位置。

(3)【无】单选项表示在弧长标注上不出现弧长符号。

(4)【半径折弯标注】选项组用于设置半径折弯的角度。

(5)【线性折弯标注】选项组用于设置线性折弯的高度因子。

6.3.3 设置文字参数

如图 6-41 所示的【文字】选项卡用于设置标注文字的样式、颜色、位置及对齐方式等变量。

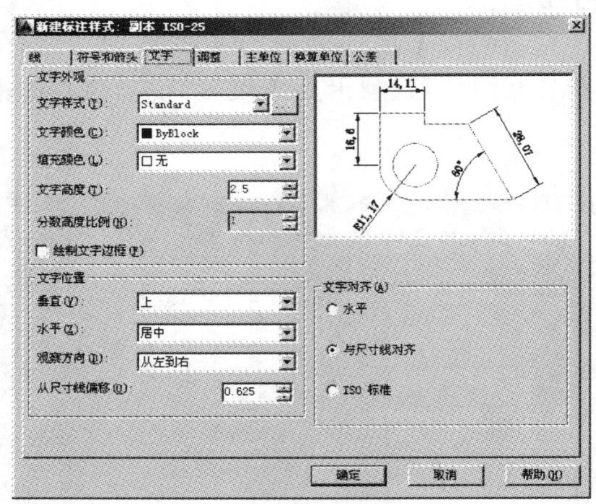

图 6-41 【文字】选项卡

1.【文字外观】选项组

(1)【文字样式】列表框用于设置标注文字的样式。单击右端的 ... 按钮可打开【文字样式】对话框，用于新建或修改文字样式。

(2)【文字颜色】下拉列表框用于设置标注文字的颜色。

(3)【填充颜色】下拉列表框用于设置尺寸文本的背景色。

(4)【文字高度】微调按钮用于设置标注文字的高度。

(5)【分数高度比例】微调按钮用于设置标注分数的高度比例。只有在选择分数标注单位时,此选项才可用。

(6)【绘制文字边框】复选框用于设置是否为标注文字加上边框。

2.【文字位置】选项组

(1)【垂直】列表框用于设置标注文字相对于尺寸线垂直方向的放置位置。

(2)【水平】列表框用于设置标注文字相对于尺寸线水平方向的放置位置。

(3)【观察方向】列表框用于设置标注文字的观察方向。

(4)【从尺寸线偏移】微调按钮用于设置标注文字与尺寸线之间的距离。

3.【文字对齐】选项组

(1)【水平】单选项用于设置标注文字以水平方向放置。

(2)【与尺寸线对齐】单选项用于设置标注文字以与尺寸线平行的方向放置。

(3)【ISO 标准】单选项用于根据 ISO 标准设置标注文字。

☞技巧提示

【ISO 标准】是【水平】与【与尺寸线对齐】两者的综合。当标注文字在尺寸界线中时,就会采用【与尺寸线对齐】对齐方式;当标注文字在尺寸界线外时,就会采用【水平】对齐方式。

6.3.4 设置调整参数

如图 6-42 所示的【调整】选项卡,主要用于设置标注文字与尺寸线、尺寸界线等之间的位置。

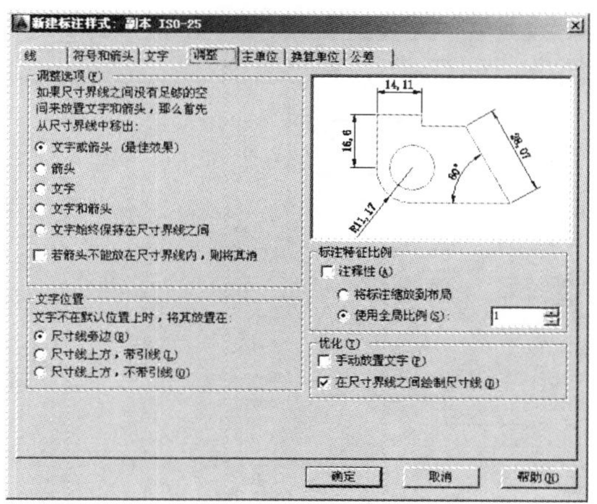

图 6-42 【调整】选项卡

1.【调整选项】选项组

(1)【文字或箭头(最佳效果)】单选项用于自动调整文字与箭头的位置,使二者达到最佳效果。

(2)【箭头】单选项用于将箭头移到尺寸界线外。

(3)【文字】单选项用于将文字移到尺寸界线外。

(4)【文字和箭头】单选项用于将文字与箭头都移到尺寸界线外。

(5)【文字始终保持在尺寸界线之间】单选项用于将文字始终放置在尺寸界线之间。

2.【文字位置】选项组

(1)【尺寸线旁边】单选项用于将文字放置在尺寸线旁边。

(2)【尺寸线上方,带引线】单选项用于将文字放置在尺寸线上方,并加引线。

(3)【尺寸线上方,不带引线】单选项用于将文字放置在尺寸线上方,但不加引线引导。

3.【标注特征比例】选项组

(1)【注释性】复选框用于设置标注为注释性标注。

(2)【使用全局比例】单选项用于设置标注的比例因子。

(3)【将标注缩放到布局】单选项用于根据当前模型空间的视口与布局空间的大小来确定比例因子。

4.【优化】选项组

(1)【手动放置文字】复选框用于手动放置标注文字。

(2)【在尺寸界线之间绘制尺寸线】复选框:在标注圆弧或圆时,尺寸线始终在尺寸界线之间。

6.3.5 设置主单位

如图 6-43 所示的【主单位】选项卡,用于设置线性标注和角度标注的单位格式以及精确度等参数变量。

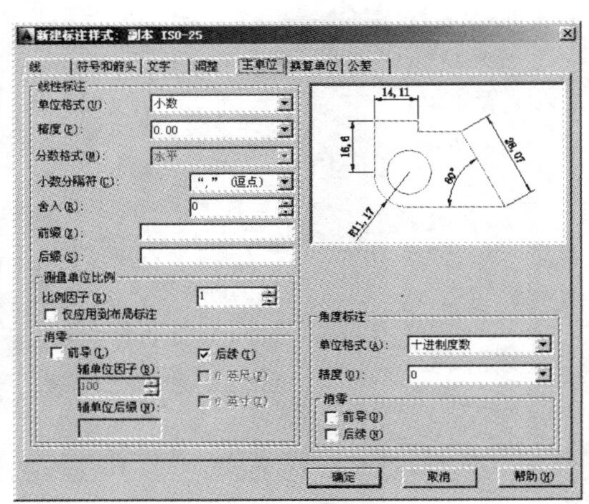

图 6-43 【主单位】选项卡

1.【线性标注】选项组

(1)【单位格式】下拉列表框用于设置线性标注的单位格式,缺省值为小数。

(2)【精度】下拉列表框用于设置尺寸的精度。

(3)【分数格式】下拉列表框用于设置分数的格式。只有当“单位格式”为“分数”时，此下拉列表框才能激活。

(4)【小数分隔符】下拉列表框用于设置小数的分隔符号。

(5)【舍入】微调按钮用于设置除了角度之外的标注测量值的四舍五入规则。

(6)【前缀】文本框用于设置标注文字的前缀，可以为数字、文字、符号。

(7)【后缀】文本框用于设置标注文字的后缀，可以为数字、文字、符号。

(8)【比例因子】微调按钮用于设置除了角度之外的标注比例因子。

(9)【仅应用到布局标注】复选框仅对在布局里创建的标注应用线性比例值。

2.【消零】选项组

(1)【前导】复选框用于消除小数点前面的零。当标注文字小于1时，比如为0.5，勾选此复选框后，此0.5将变为“.5”，前面的零已消除。

(2)【后续】复选框用于消除小数点后面的零。

(3)【0英尺】复选框用于消除零英尺前的零。只有当“单位格式”设为“工程”或“建筑”时，此复选框才可被激活。

(4)【0英寸】复选框用于消除英寸后的零。

3.【角度标注】选项组

(1)【单位格式】下拉列表框用于设置角度标注的单位格式。

(2)【精度】下拉列表框用于设置角度的小数位数。

(3)【前导】复选框用于消除角度标注前面的零。

(4)【后续】复选框用于消除角度标注后面的零。

6.3.6 设置换算单位

如图6-44所示的【换算单位】选项卡用于显示和设置标注文字的换算单位、精度等变量。

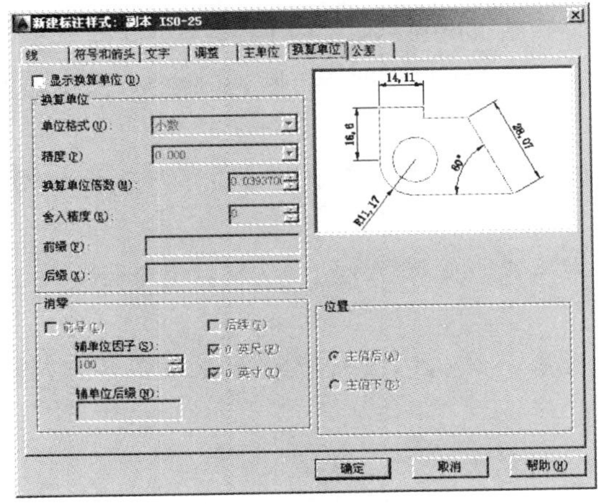

图6-44 【换算单位】选项卡

1.【换算单位】选项组

(1)【单位格式】下拉列表框用于设置换算单位格式。

(2)【精度】下拉列表框用于设置换算单位的小数位数。

(3)【换算单位倍数】按钮用于设置主单位与换算单位间的换算因子的倍数。

(4)【舍入精度】按钮用于设置换算单位的四舍五入规则。

(5)【前缀】文本框输入的值将显示在换算单位的前面。

(6)【后缀】文本框输入的值将显示在换算单位的后面。

2.【消零】选项组

【消零】选项组用于消除换算单位的前导和后续零以及英尺、英寸前后的零。

3.【位置】选项组

(1)【主值后】单选项用于将换算单位放在主单位之后。

(2)【主值下】单选项用于将换算单位放在主单位之下。

6.4 尺寸的编辑与修改

本节主要学习【标注打断】、【折弯线性】、【编辑标注】、【标注更新】和【编辑标注文字】五个命令，以对标注进行编辑和更新。

6.4.1 标注打断

【标注打断】命令用于在尺寸线、尺寸界线与几何对象或其他标注相交的位置将其打断，如图 6-45 所示。

执行【标注打断】命令主要有以下几种方式：

(1) 单击菜单【标注】/【标注打断】命令。

(2) 单击【标注】工具栏或面板上的按钮。

(3) 在命令行输入表达式 Dimbreak 后按 Enter 键。

执行【标注打断】命令，对尺寸对象进行打断，其命令行操作如下。

命令：_DIMBREAK

选择要添加/删除折断的标注或［多个(M)］： //选择如图 6-45(左)所示的三个尺寸

选择要折断标注的对象或［自动(A)/手动(M)/删除(R)］<自动>： //选择最下侧水平轮廓线

选择要折断标注的对象： //↙，结束命令，结果如图 6-45(右)所示

3 个对象已修改

选项解析

◆ 【手动】选项用于手动定位打断位置。

◆ 【删除】选项用于恢复被打断的尺寸对象。

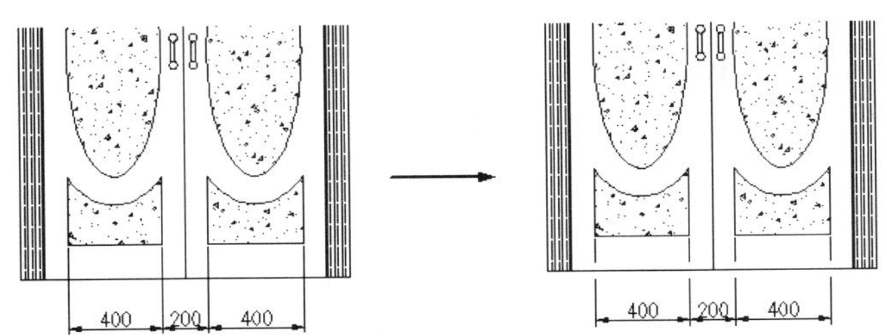

图 6-45 标注打断

6.4.2 折弯线性

【折弯线性】命令用于在线性标注或对齐标注上添加或删除折弯线，如图 6-46 所示。折弯线指的是所标注对象中的折断；标注值代表实际距离，而不是图形中测量的距离。

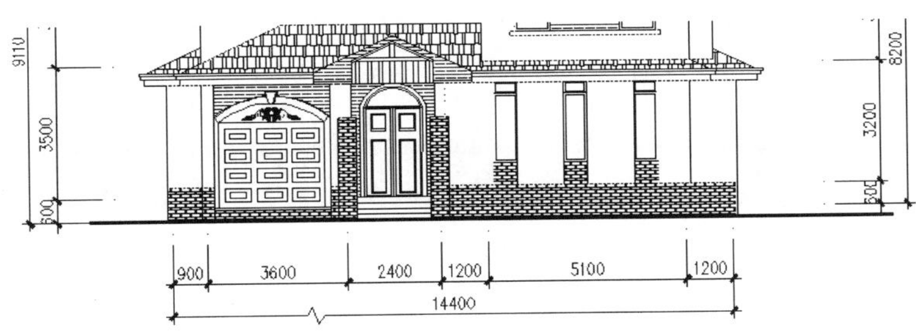

图 6-46 折弯线性

执行【折弯线性】命令主要有以下几种方式：

(1) 执行菜单栏中的【标注】/【折弯线性】命令。

(2) 单击【标注】工具栏中的按钮。

(3) 在命令行输入 DIMJOGLINE 按 Enter 键。

执行【折弯线性】命令后，命令行操作如下。

命令：_DIMJOGLINE

选择要添加折弯的标注或 [删除(R)]： //选择需要添加折弯的标注

指定折弯位置（或按 Enter 键）： //指定折弯线的位置

选项解析

◆ 【删除】选项主要用于删除标注中的折弯线。

6.4.3 编辑标注

【编辑标注】命令主要用于修改标注文字的内容、旋转角度以及尺寸界线的倾斜角度等。

执行【编辑标注】命令主要有以下几种方式：

(1) 单击菜单【标注】/【倾斜】命令。

(2) 单击【标注】工具栏或面板上的按钮。

(3) 在命令行输入表达式 Dimedit 后按 Enter 键。

下面通过简单实例，学习【编辑标注】命令的使用方法和技巧。具体操作步骤如下。

(1) 执行【线性】命令，随意标注一个尺寸，如图 6-47 所示。

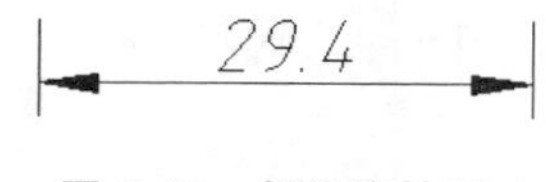

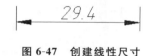

图 6-47　创建线性尺寸

(2) 单击【标注】工具栏上的按钮，激活【编辑标注】命令，根据命令行提示进行编辑标注。命令行操作如下。

命令：_dimedit

输入标注编辑类型［默认(H)/新建(N)/旋转(R)/倾斜(O)］＜默认＞：　//n↙，打开【文字格式】编辑器，然后修改标注文字，如图 6-48 所示

图 6-48　修改标注文字

选择对象：　//选择刚标注的尺寸

选择对象：　//↙，标注结果如图 6-49 所示

(3) 重复执行【编辑标注】命令，对标注文字进行倾斜设置。命令行操作如下。

命令：DIMEDIT　//↙，重复执行命令

输入标注编辑类型［默认(H)/新建(N)/旋转(R)/倾斜(O)］＜默认＞：　//r↙，激活【旋转】选项

指定标注文字的角度：　//30↙

选择对象：　//选择图 6-49 所示的尺寸

选择对象：　//↙，结果如图 6-50 所示

☞技巧提示

【倾斜】选项用于对尺寸界线进行倾斜设置，激活该选项后，系统将按指定的角度调整标注尺寸界线的倾斜角度，如图 6-51 所示。

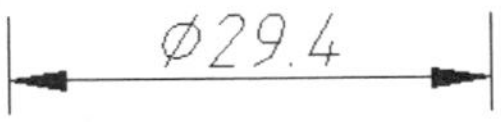

Ø29.4

图 6-49 标注结果

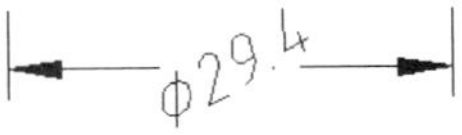

Ø29.4

图 6-50 旋转文字

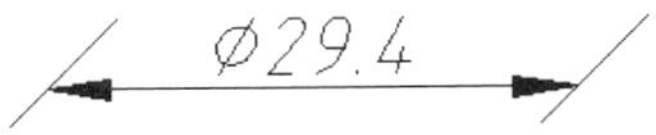

Ø29.4

图 6-51 选项示例

6.4.4 标注更新

【更新】命令用于将尺寸对象的样式更新为当前尺寸标注样式，还可以将当前的标注样式保存起来，以供随时调用。

执行【更新】命令主要有以下几种方式：

(1) 单击菜单【标注】/【更新】命令。

(2) 单击【标注】工具栏或面板上的按钮。

(3) 在命令行输入-Dimstyle 后按 Enter 键。

激活该命令后，仅选择需要更新的尺寸对象即可，命令行操作如下。

命令：_-dimstyle

当前标注样式：NEWSTYLE 注释性：否

输入标注样式选项［注释性(AN)/保存(S)/恢复(R)/状态(ST)/变量(V)/应用(A)/?］<恢复>：

选择对象： //选择需要更新的尺寸

选择对象： //↙，结束命令

选项解析

- 【状态】选项用于以文本窗口的形式显示当前标注样式的数据。
- 【应用】选项将选择的标注对象自动更换为当前标注样式。
- 【保存】选项用于将当前标注样式存储为用户定义的样式。
- 【恢复】选项用于恢复已定义的标注样式。

6.4.5 编辑标注文字

【编辑标注文字】命令主要用于重新调整标注文字的放置位置以及标注文字的旋转角度等。

执行【编辑标注文字】命令主要有以下几种方式：

(1) 单击【标注】菜单中的【对齐文字】级联菜单中的各命令。

(2) 单击【标注】工具栏或面板上的按钮。

(3) 在命令行输入 Dimtedit 后按 Enter 键。

下面通过简单实例，学习【编辑标注文字】命令的使用方法和技巧。具体操作步骤如下：

(1) 执行【线性】命令，随意标注如图 6-52 所示的尺寸。

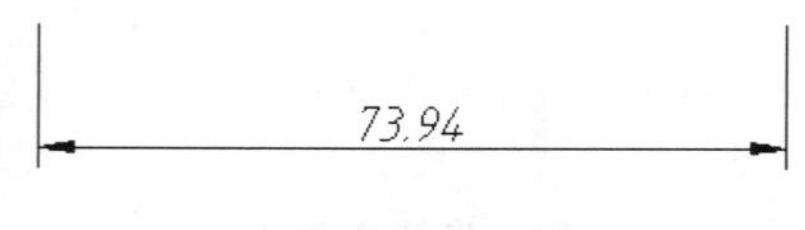

图 6-52　标注尺寸

(2) 单击【标注】工具栏上的按钮，激活【编辑标注文字】命令，调整标注文字的角度。命令行操作如下。

命令：_dimtedit

选择标注：　//选择刚标注的尺寸对象

为标注文字指定新位置或［左对齐(L)/右对齐(R)/居中(C)/默认(H)/角度(A)]：//a ↙，激活【角度】选项

指定标注文字的角度：　//45 ↙，编辑结果如图 6-53 所示

(3) 重复执行【编辑标注文字】命令，调整标注文字的位置。命令行操作如下。

命令：_dimtedit

选择标注：　//选择图 6-53 所示的尺寸

为标注文字指定新位置或［左对齐(L)/右对齐(R)/居中(C)/默认(H)/角度(A)]：// R ↙，修改结果如图 6-54 所示

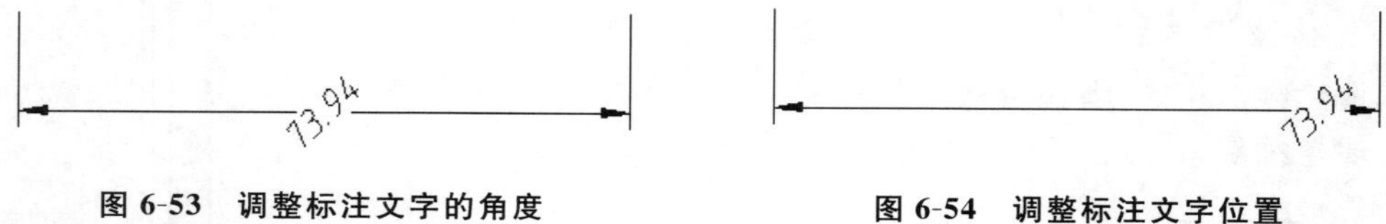

图 6-53　调整标注文字的角度　　　图 6-54　调整标注文字位置

选项解析

- 【左对齐】选项用于沿尺寸线左端放置标注文字。
- 【右对齐】选项用于沿尺寸线右端放置标注文字。
- 【居中】选项用于把标注文字放在尺寸线的中心。
- 【默认】选项用于将标注文字移回默认位置。
- 【角度】选项用于旋转标注文字。

6.5 实例指导——标注户型装修布置图尺寸

本例通过为户型装修布置图标注尺寸，主要对本章所讲知识进行综合练习和巩固应用。户型装修布置图尺寸的最终标注效果，如图 6-55 所示。

操作步骤如下所述。

(1) 执行【打开】命令，打开随书光盘中的“\效果文件\第 5 章\实例指导一. dwg”文件，如图 6-56 所示。

(2) 启用状态栏上的【对象捕捉】和【对象追踪】功能，并设置捕捉模式为端点捕捉、交点捕捉和延伸捕捉。

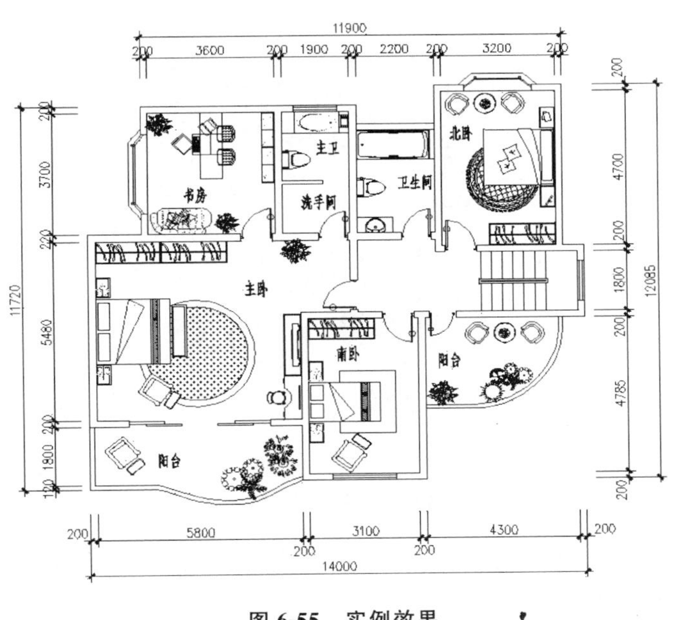

图 6-55 实例效果

(3) 使用快捷键 D 激活【标注样式】命令，将“建筑标注”设置为当前标注样式，并修改标注比例，如图 6-57 所示。

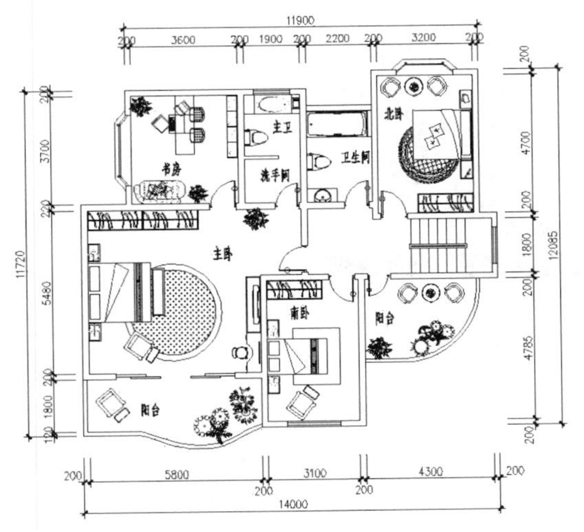

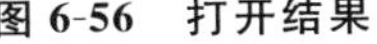
图 6-56 打开结果

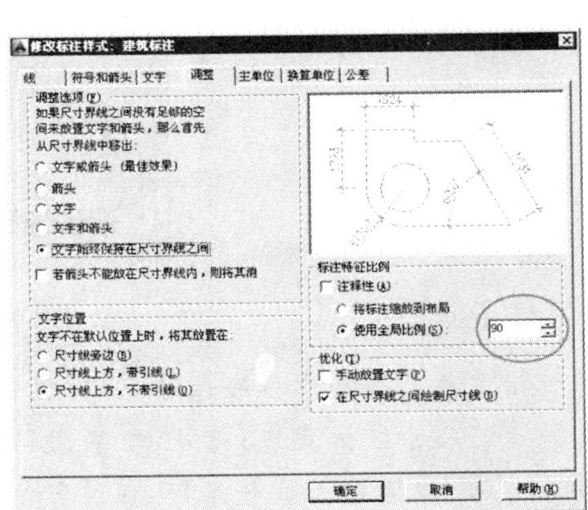

图 6-57 设置当前样式与比例

(4) 单击菜单【绘图】/【构造线】命令，在户型图的四侧绘制如图 6-58 所示的构造线作为定位辅助线。

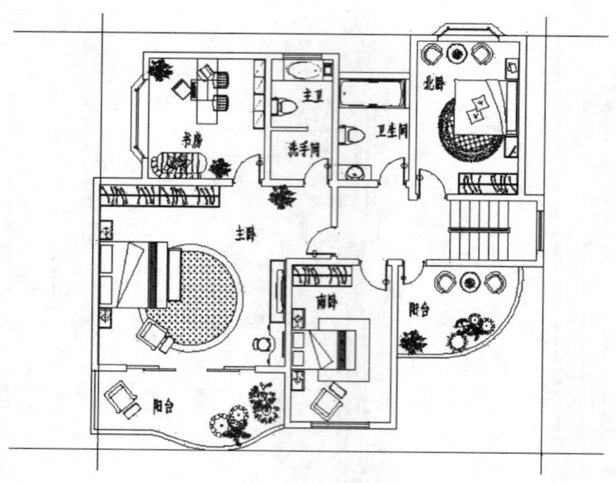

图 6-58　绘制构造线

(5) 单击菜单【修改】/【线性】命令，配合捕捉与追踪功能标注细部尺寸的第一个尺寸对象。命令行操作如下。

命令：_dimlinear

指定第一个尺寸界线原点或 ＜选择对象＞：　//捕捉如图 6-59 所示的交点

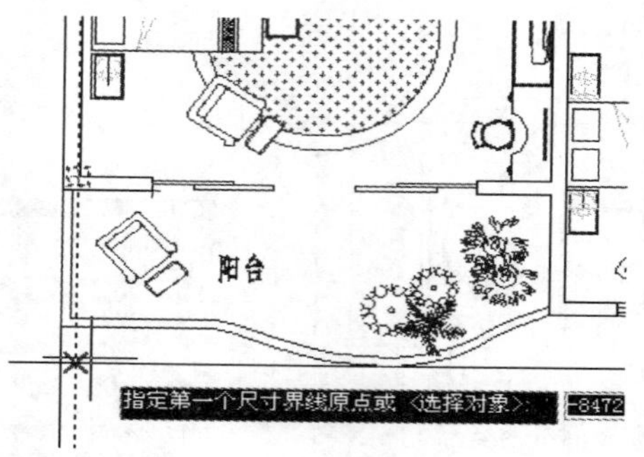

图 6-59　捕捉交点

指定第二条尺寸界线原点：　//配合捕捉与追踪功能，捕捉如图 6-60 所示的交点

指定尺寸线位置或[多行文字(M)/文字(T)/角度(A)/水平(H)/垂直(V)/旋转(R)]：　//垂直向下引导光标，在适当位置拾取一点，结果如图 6-61 所示

标注文字＝5800

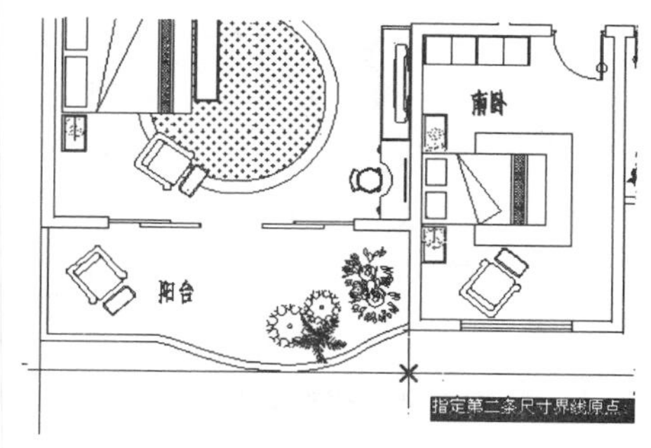

图 6-60　定位第二原点

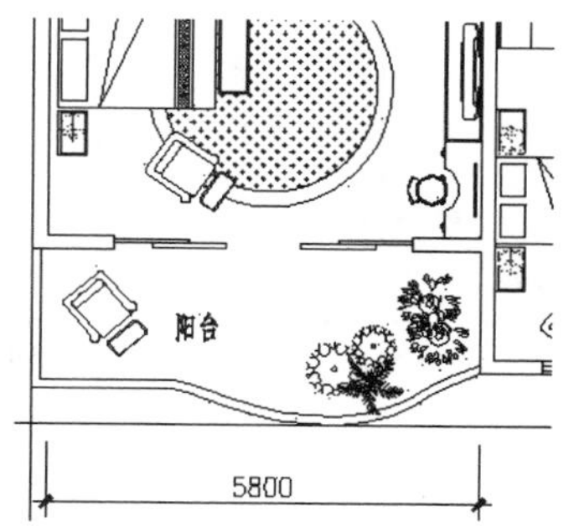

图 6-61　标注结果

(6) 单击菜单【标注】/【连续】命令，继续配合捕捉与追踪功能标注户型图下方的细部尺寸。命令行操作如下。

命令：_dimcontinue

指定第二条尺寸界线原点或［放弃(U)/选择(S)］＜选择＞：　//捕捉如图 6-62 所示的交点

标注文字＝200

指定第二条尺寸界线原点或［放弃(U)/选择(S)］＜选择＞：　//捕捉如图 6-63 所示的交点

标注文字＝3100

指定第二条尺寸界线原点或［放弃(U)/选择(S)］＜选择＞：　//捕捉如图 6-64 所示的交点

标注文字＝200

指定第二条尺寸界线原点或［放弃(U)/选择(S)］＜选择＞：　//捕捉如图 6-65 所示的交点

标注文字＝4300

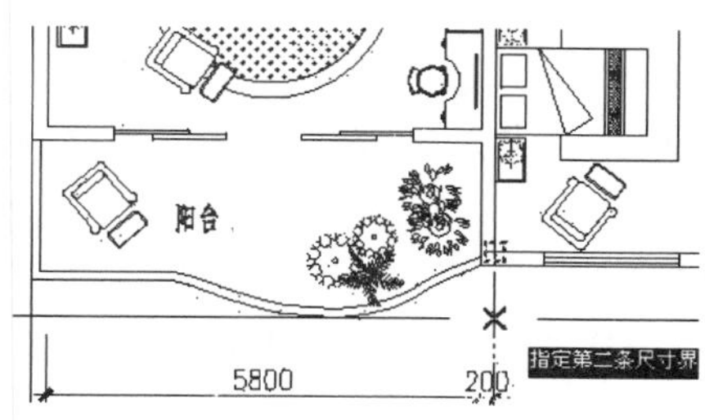

图 6-62　捕捉交点 1

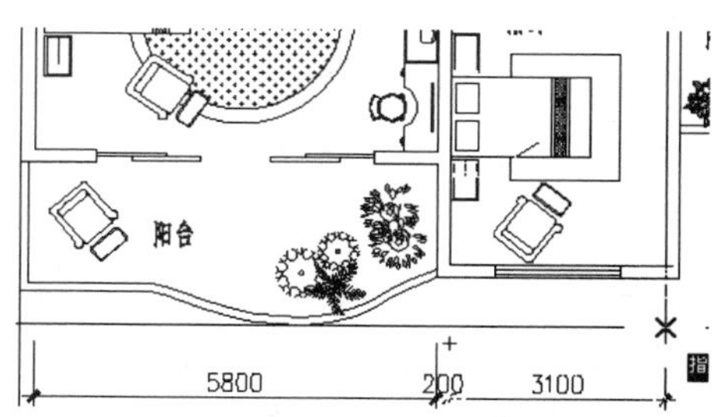

图 6-63　捕捉交点 2

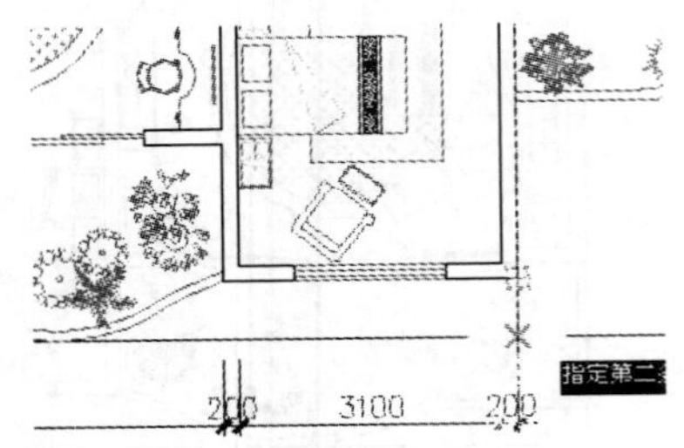

图 6-64 捕捉交点 3

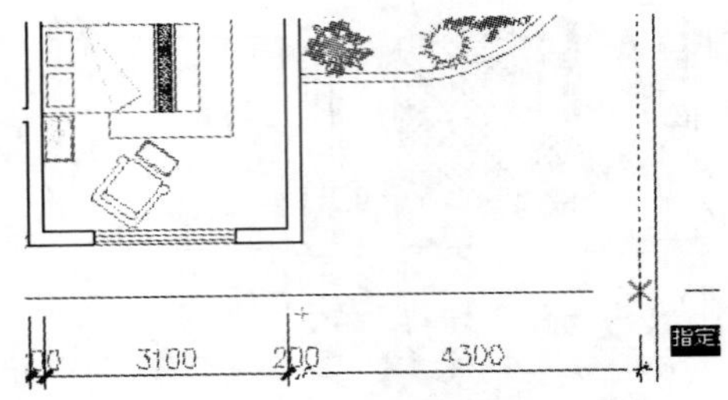

图 6-65 捕捉交点 4

指定第二条尺寸界线原点或［放弃(U)/选择(S)］＜选择＞： //捕捉如图 6-66 所示的交点

标注文字＝200

指定第二条尺寸界线原点或［放弃(U)/选择(S)］＜选择＞： //↙,退出连续标注状态

选择连续标注： //选择如图 6-67 所示的标注

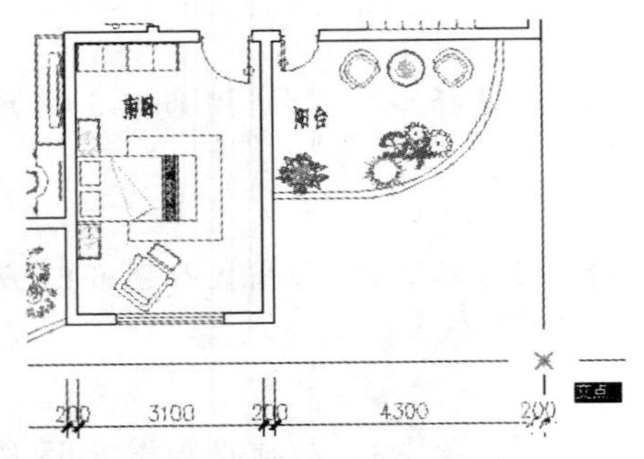

图 6-66 捕捉交点 5

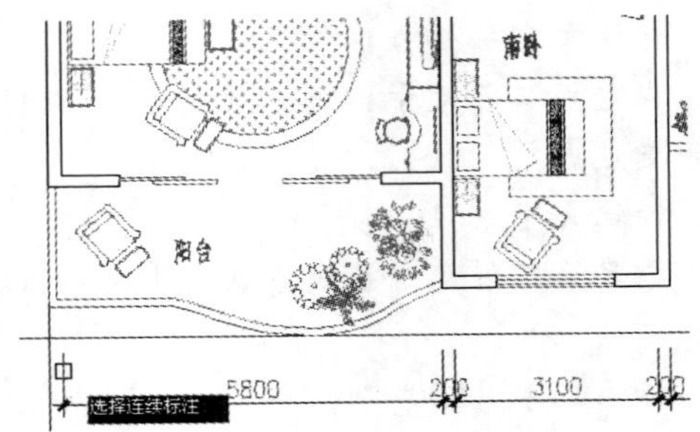

图 6-67 选择基准标注

指定第二条尺寸界线原点或［放弃(U)/选择(S)］＜选择＞： //捕捉如图 6-68 所示的交点

标注文字＝200

指定第二条尺寸界线原点或［放弃(U)/选择(S)］＜选择＞： //↙,退出连续标注状态

选择连续标注： //↙,退出命令,标注结果如图 6-69 所示

(7) 单击【标注】工具栏上的按钮,激活【编辑标注文字】命令,调整标注文字的位置。命令行操作如下。

命令：_dimtedit

选择标注： //选择如图 6-70 所示的对象

为标注文字指定新位置或［左对齐(L)/右对齐(R)/居中(C)/默认(H)/角度(A)］： //在适当位置指定点,调整标注文字的位置,结果如图 6-71 所示

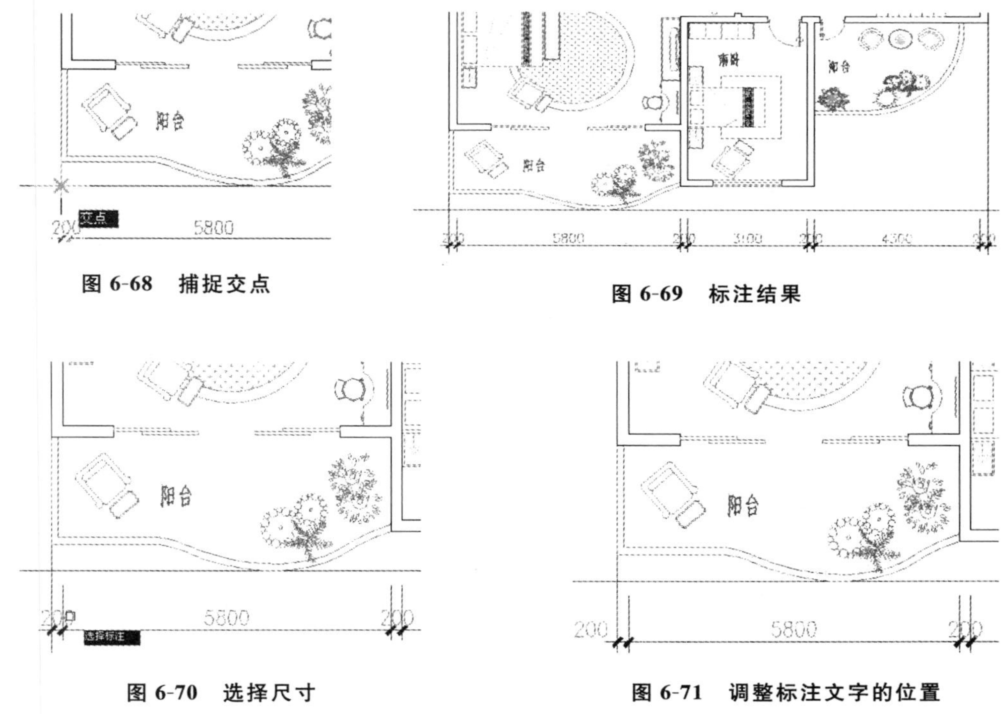

图 6-68 捕捉交点

图 6-69 标注结果

图 6-70 选择尺寸

图 6-71 调整标注文字的位置

(8) 重复执行【编辑标注文字】命令，分别调整其他位置的标注文字，结果如图 6-72 所示。

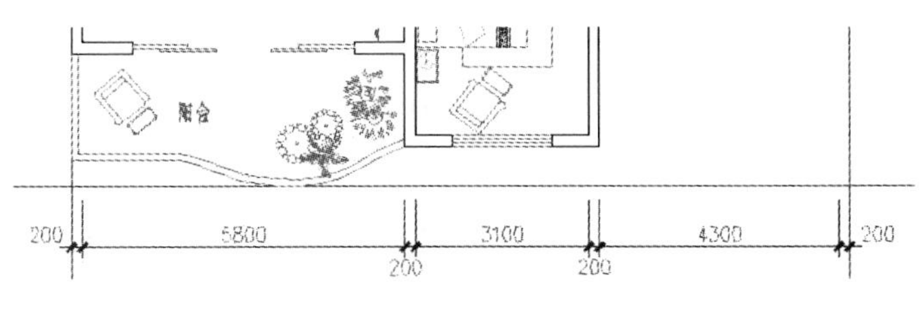

图 6-72 操作结果

(9) 单击【标注】菜单中的【线性】命令，配合捕捉与追踪功能标注平面图下方的总尺寸，结果如图 6-73 所示。

(10) 参照(5)～(9)步骤，综合使用【线性】、【连续】、【编辑标注文字】等命令，分别标注平面图其他侧的细部尺寸和总尺寸，标注结果如图 6-74 所示。

(11) 使用快捷键 E 激活【删除】命令，删除四条构造线，最终结果如图 6-55 所示。

(12) 最后执行【另存为】命令，将图形另名存储为“实例指导. dwg”。

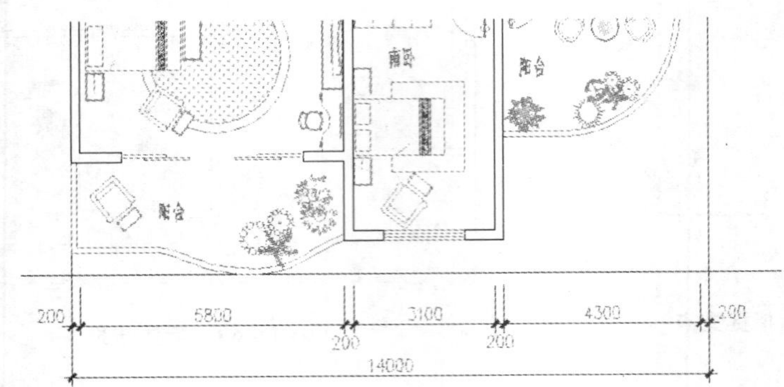

图 6-73　标注结果

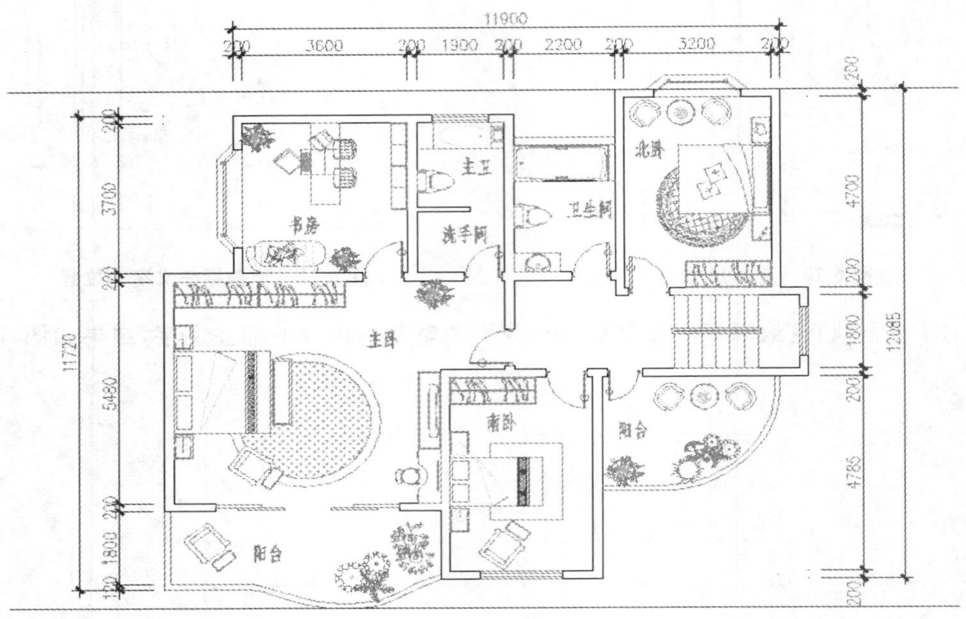

图 6-74　标注其他尺寸

6.6　本章小结

尺寸是施工图参数化的最直接表现，本章集中讲述了各类常用基本型尺寸和复合型尺寸等的具体标注方法和技巧，通过本章的学习，需要重点掌握如下知识：

（1）标注直线型尺寸时，要了解和掌握【线性】、【对齐】、【点坐标】和【角度】等命令；

（2）标注曲线型尺寸时，要了解和掌握【半径】、【直径】、【弧长】等命令；

（3）在标注复合尺寸时，要了解和掌握【基线】、【连续】和【快速标注】三个命令；

（4）在编辑尺寸时，具体需要掌握【标注打断】、【折弯线性】、【编辑标注】、【标注更新】和【编辑标注文字】等命令；

（5）另外，还需要掌握标注样式的设置与修改，以及各类标注元素的相互协调技能。

第二部分

技能提高篇

本篇内容如下：

- ◆ 第 7 章　块、属性与参照
- ◆ 第 8 章　资源规划与管理
- ◆ 第 9 章　资源共享与查询
- ◆ 第 10 章　三维辅助功能
- ◆ 第 11 章　三维建模功能
- ◆ 第 12 章　三维编辑功能

2

第7章 块、属性与参照

图块是一个综合性的概念，也是一种重要的制图功能，它通过将多个图形或文字组合起来，形成单个对象的集合。在文件中引用了块后，不仅可以很大程度地提高绘图速度、节省存储空间，还可以使绘制的图形更加标准化和规范化。本章学习内容如下：

◎ 定义图块
◎ 插入图块
◎ 实例指导一——为户型图快速布置门构件
◎ 属性
◎ 块的编辑与更新
◎ DWG参照的引用
◎ 实例指导二——标注别墅外墙面标高
◎ 本章小结

7.1 定义图块

图块指的是将多个图形集合起来，形成一个单一的组合图元，以方便用户对其进行选择、应用和编辑等。图形被定义成块前后的夹点效果，如图7-1所示。

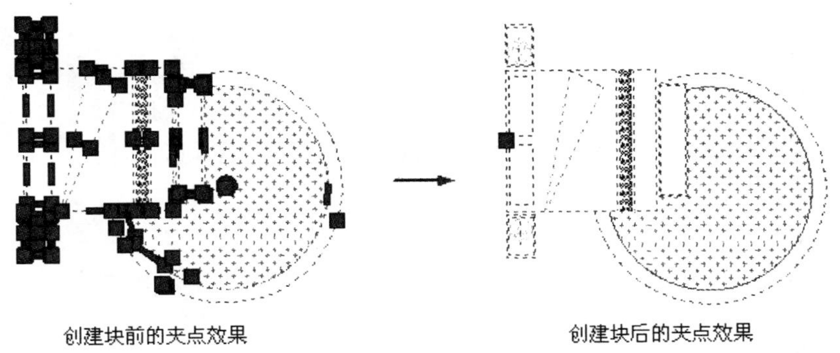

图7-1 图形与图块的夹点显示

7.1.1 创建块

【创建块】命令主要用于将单个或多个图形集合成为一个整体图形单元，保存于当前图形文件内，以供当前文件重复使用。使用此命令创建的图块被称为内部块。

执行【创建块】命令主要有以下几种方式：

（1）单击菜单【绘图】/【块】/【创建】命令。

（2）单击【绘图】工具栏或【块】面板上的按钮。

（3）在命令行输入 Block 或 Bmake 后按 Enter 键。

（4）使用快捷键 B。

下面通过典型的实例，学习【创建块】命令的使用方法和操作技巧。具体操作步骤如下。

（1）打开随书光盘中的“\素材文件\双人床.dwg”文件，如图 7-2 所示。

（2）单击【绘图】工具栏上的按钮，激活【创建块】命令，打开如图 7-3 所示的【块定义】对话框。

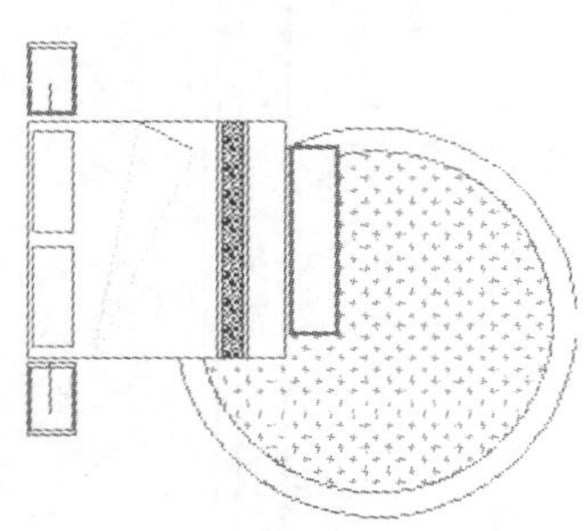

图 7-2　打开结果

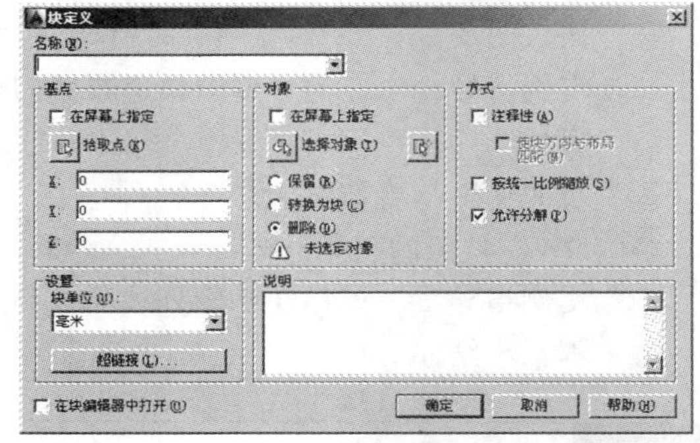

图 7-3　【块定义】对话框

（3）定义块名。在【名称】文本列表框内输入“双人床”作为块的名称，在【对象】选项组内激活【保留】单选项，其他参数采用默认设置。

☞技巧提示

图块名是一个不超过 255 个字符的字符串，可包含字母、数字、“$”、“-”及“_”等符号。

（4）定义基点。在【基点】选项组中，单击【拾取点】按钮，返回绘图区捕捉如图 7-4 所示的中点作为块的基点。

☞技巧提示

在定位图块的基点时，一般是在图形上的特征点中进行捕捉。

（5）选择块对象。单击【选择对象】按钮，返回绘图区选择双人床图形。

（6）预览效果。敲击 Enter 键返回【块定义】对话框，则在此对话框内出现图块的预览图标，如图 7-5 所示。

☞技巧提示

如果在定义块时，勾选了【按统一比例缩放】复选项，那么在插入块时，仅可以对块进行等比缩放。

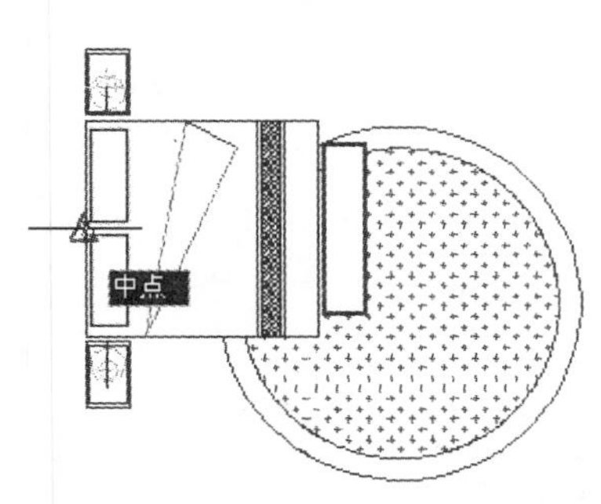

图 7-4 捕捉中点

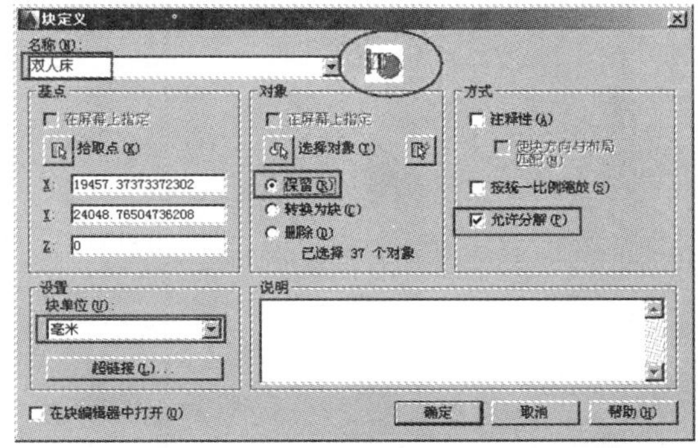

图 7-5 参数设置

(7) 单击 确定 按钮关闭【块定义】对话框，结果所创建的图块保存在当前文件内，此块将会与文件一起存盘。

选项解析

◆ 【名称】下拉列表框用于为新块赋名。

◆ 【基点】选项组主要用于确定图块的插入基点。在定义基点时，用户可以直接在【X】、【Y】、【Z】文本框中键入基点坐标值，也可以在绘图区直接捕捉图形上的特征点。AutoCAD 默认基点为原点。

◆ 单击按钮【快速选择】，将弹出【快速选择】对话框，用户可以按照一定的条件定义一个选择集。

◆ 【转换为块】单选项用于将创建块的源图形转化为图块。

◆ 【删除】单选项用于将组成图块的图形对象从当前绘图区中删除。

◆ 【在块编辑器中打开】复选项用于定义完块后自动进入块编辑器窗口，以便对图块进行编辑管理。

7.1.2 写块

内部块仅供当前文件所引用，为了弥补内部块的这一缺陷，AutoCAD 为用户提供了【写块】命令，使用此命令创建的图块不但可以被当前文件所使用，还可以供其他文件重复引用，下面学习外部块的具体创建过程。

(1) 继续上例操作。

(2) 在命令行输入 Wblock 或 W 后敲击 Enter 键，激活【写块】命令，打开【写块】对话框。

(3) 在【源】选项组内激活【块】选项，然后展开【块】下拉列表框，选择“双人床”内部块，如图 7-6 所示。

(4) 在【文件名和路径】文本列表框内，设置外部块的存盘路径、名称和单位，如图 7-7 所示。

(5) 单击 确定 按钮，结果“双人床”内部块被转化为外部图块，以独立文件形式存盘。

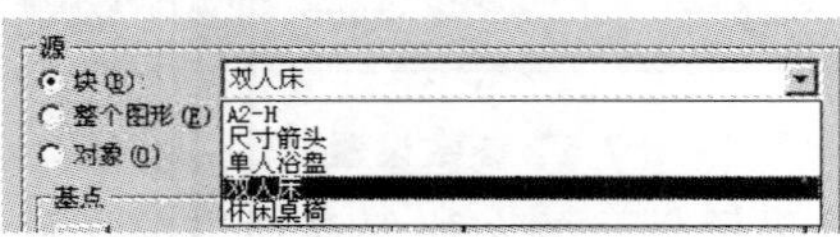

图 7-6　选择块

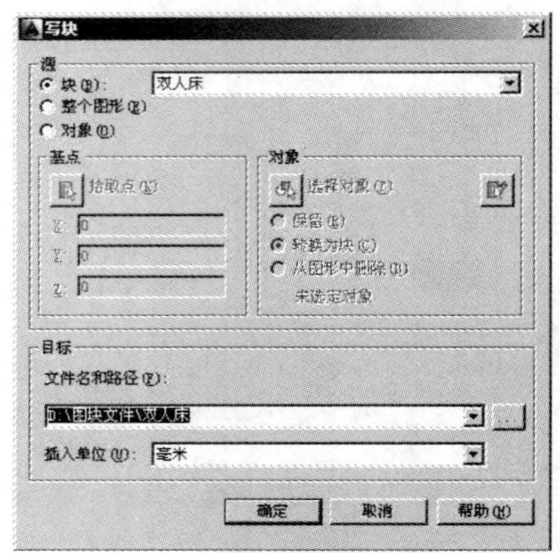

图 7-7　创建外部块

☞技巧提示

在默认状态下，系统将继续使用源内部块的名称作为外部图块的新名称进行存盘。

选项解析

◆ 【块】单选项用于将当前文件中的内部图块转换为外部块，进行存盘。当激活该选项时，其右侧的下拉文本框被激活，可从中选择需要被写入块文件的内部图块。

◆ 【整个图形】单选项用于将当前文件中的所有图形对象，创建为一个整体图块进行存盘。

◆ 【对象】单选项用于有选择性地，将当前文件中的部分图形或全部图形创建为一个独立的外部图块。具体操作与创建内部块相同。

7.1.3 嵌套块

用户可以在一个图块中引用其他图块，称之为嵌套块，如：可以将厨房作为插入每一个房间的图块，而在厨房块中，又包含水池、冰箱、炉具等其他图块。

使用嵌套块需要注意以下两点：

(1) 块的嵌套深度没有限制；

(2) 块定义不能嵌套自身，即不能使用嵌套块的名称作为将要定义的新块名称。

总之一句话，AutoCAD 对嵌套块的复杂程度没有限制，只是不可以引用自身。

7.1.4 动态块

所谓动态块，是建立在块基础之上的，是事先预设好数据，在使用时可以随设置的数值进行非常方便的操作的块。例如，在图形中插入一个门的图块，则在编辑图形时可能需要更改门的大小。如果该块是动态的，并且定义为可调整大小，那么只需拖动自定义夹点或在【特性】选项板中指定不同的大小就可以修改门的大小。

动态块是在块编辑器中创建的，块编辑器是一个专门的编写区域，如图 7-8 所示。通过添加参数和动作等元素，使块升级为动态块。用户可以从头创建块，也可以向现有的块定义中添加动态行为。

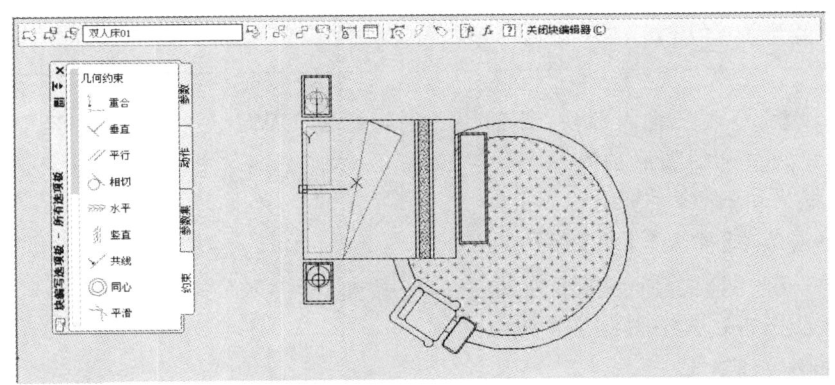

图 7-8　块编辑器窗口

参数和动作是实现动态块动态功能的两个内部因素，如果将参数比作“原材料”，那么动作则可以比为“加工工艺”，块编辑器则可以形象地比作“生产车间”，动态块则是“产品”。原材料在生产车间里按照某种加工工艺就可以形成产品，即动态块。

1. 参数

参数的实质是指定其关联对象的变化方式，比如，点参数的关联对象可以向任意方向发生变化；线性参数和 XY 参数的关联对象只能延参数所指定的方向发生改变；极轴参数的关联对象可以按照极轴方式发生旋转、拉伸或移动；翻转、可见性、对齐参数的关联对象可以发生翻转、隐藏与显示、自动对齐等。

参数添加到动态块定义中后，系统会自动向块中添加自定义夹点和特性，使用这些自定义夹点和特性可以操作图形中的块参照。而夹点将添加到该参数的关键点中，关键点是用于操作块参照的参数部分。例如，线性参数在其基点和端点具有关键点，可以从任一关键点操作参数距离。添加到动态块中的参数类型决定了添加的夹点类型。每种参数类型仅支持特定类型的动作。

2. 动作

动作定义了在图形中操作动态块时，该块参照中的几何图形将如何移动或更改。所有的动作必须与参数配对才能发挥作用，参数只是指定对象变化的方式，而动作则可以指定变化的对象。

向块中添加动作后，必须将这些动作与参数相关联，并且通常情况下要与几何图形相关联；当向块中添加了参数和动作这些元素后，也就为块几何图形增添了灵活性和智能性，通过参数和动作的配合，动态块才可以轻松地实现旋转、翻转、查询等各种各样的动态功能。

☞技巧提示

参数和动作仅显示在块编辑器中，将动态块插入图形中时，将不会显示动态块定义中包含的参数和动作。

7.2 插入图块

【插入块】命令用于将内部块、外部块和已存盘的 DWG 文件，引用到当前图形文件中，以组合更为复杂的图形结构。

执行【插入块】命令主要有以下几种方式：

(1) 单击菜单【插入】/【块】命令。

(2) 单击【绘图】工具栏或【块】面板上的按钮。

(3) 在命令行输入 Insert 后按 Enter 键。

(4) 使用快捷键 I。

下面通过典型的实例，学习【插入块】命令的使用方法和操作技巧。具体操作步骤如下。

(1) 继续上例操作。

(2) 单击【绘图】工具栏上的按钮，打开【插入】对话框。

(3) 展开【名称】下拉列表，选择"双人床"内部块作为需要插入块的图块。

(4) 在【比例】选项组中勾选下方的【统一比例】复选项，同时设置图块的缩放比例为 0.8，并设置旋转角度等参数，如图 7-9 所示。

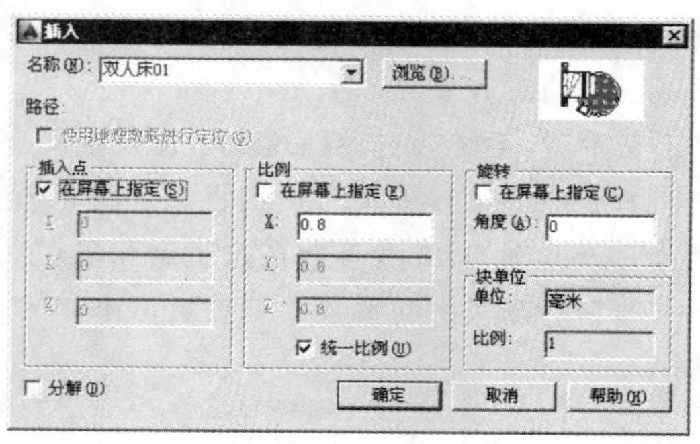

图 7-9 设置插入参数

(5) 其他参数采用默认设置，单击 确定 按钮返回绘图区，在命令行"指定插入点或[基点(B)/比例(S)/旋转(R)]："提示下，拾取一点作为块的插入点，结果如图 7-10 所示。

☞技巧提示

如果勾选了【分解】选项，那么插入的图块则不是一个独立的对象，而是被还原成一个个单独的图形对象。

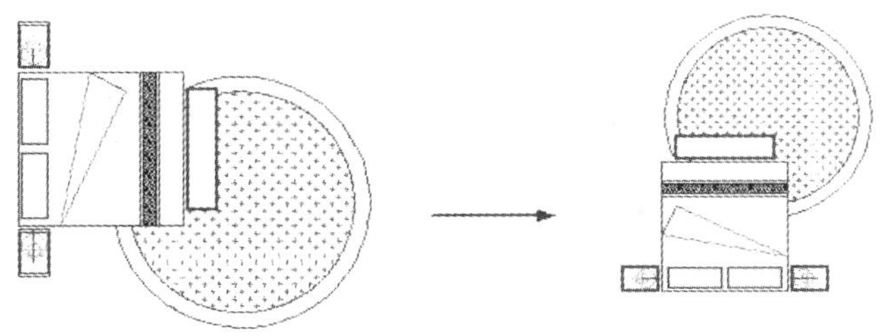

图 7-10 图块插入前后的效果

选项解析

◆ 【名称】下拉文本框用于设置需要插入的内部块。

◆ 如果需要插入外部块或已存盘的图形文件，可以单击 浏览(B)... 按钮，从打开的【选择图形文件】对话框中选择相应外部块或文件。

◆ 【插入点】选项组用于确定图块插入点的坐标。用户可以勾选【在屏幕上指定】选项，直接在屏幕绘图区拾取一点，也可以在【X】、【Y】、【Z】三个文本框中输入插入点的坐标值。

◆ 【比例】选项组用于确定图块的插入比例。

◆ 【旋转】选项组用于确定图块插入时的旋转角度。用户可以勾选【在屏幕上指定】选项，直接在绘图区指定旋转的角度，也可以在【角度】文本框中输入图块的旋转角度。

7.3 实例指导——为户型图快速布置门构件

本例通过为某户型图布置单开门图例，主要对图块的创建与应用功能进行综合练习和巩固应用。户型图单开门构件的最终布置效果，如图 7-11 所示。

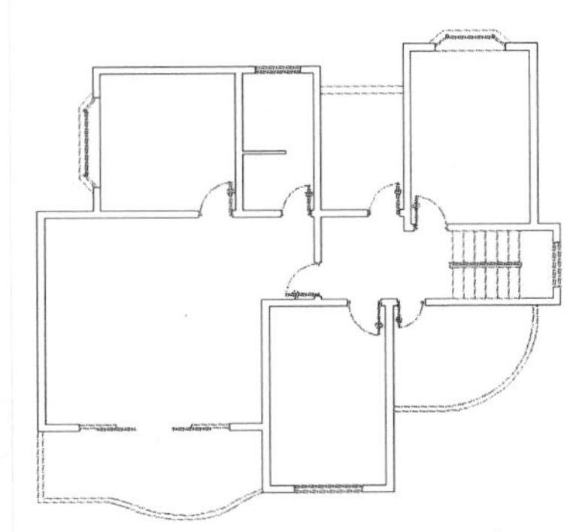

图 7-11 实例效果

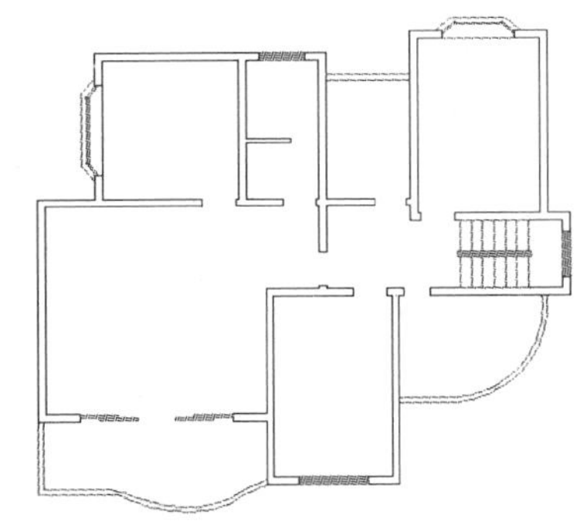

图 7-12 打开结果

操作步骤如下所述。

(1) 执行【打开】命令，打开随书光盘中的“\素材文件\户型墙体结构图.dwg”，如图 7-12 所示。

(2) 使用快捷键 LA 激活【图层】命令，在打开的【图层特性管理器】对话框中设置“0图层”为当前图层。

(3) 综合使用【直线】、【矩形】和【圆弧】命令，根据图示尺寸绘制如图 7-13 所示的单开门图形。

(4) 单击菜单【绘图】/【块】/【创建】命令，打开【块定义】对话框，在此对话框内设置块名及创建方式等参数，如图 7-14 所示。

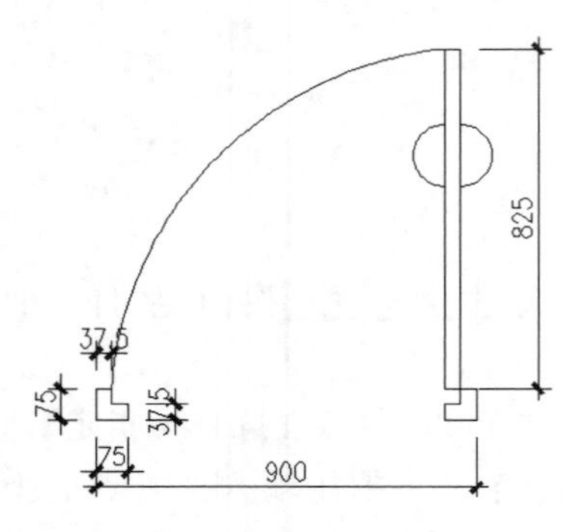

图 7-13　绘制单开门

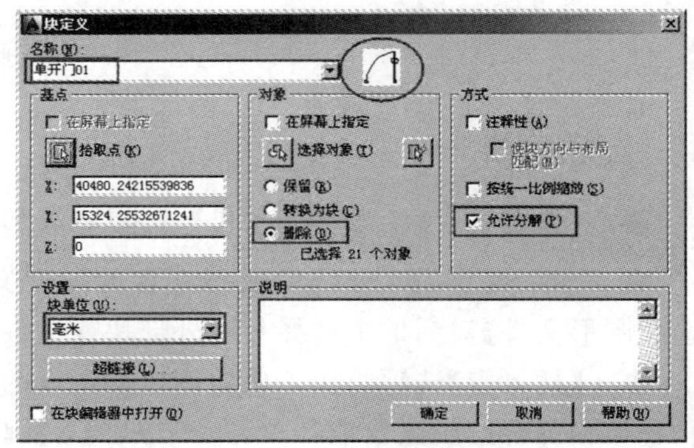

图 7-14　【块定义】对话框

(5) 单击【拾取点】按钮，返回绘图区拾取单开门右侧门垛中点作为基点，如图 7-15 所示。

(6) 敲击 Enter 键返回【块定义】对话框，单击【选择对象】按钮，框选如图 7-16 所示的单开门图形。

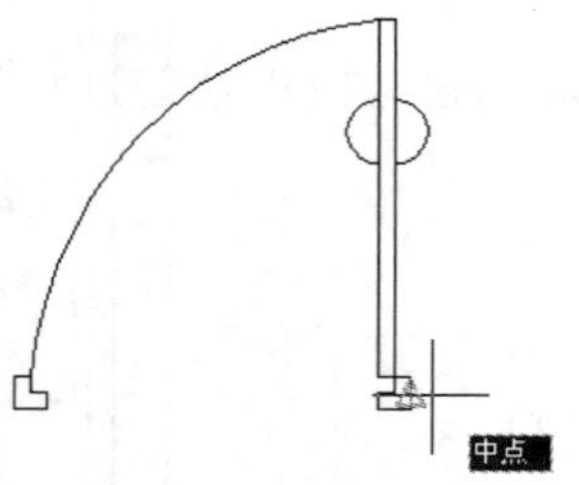

图 7-15　定义块的基点

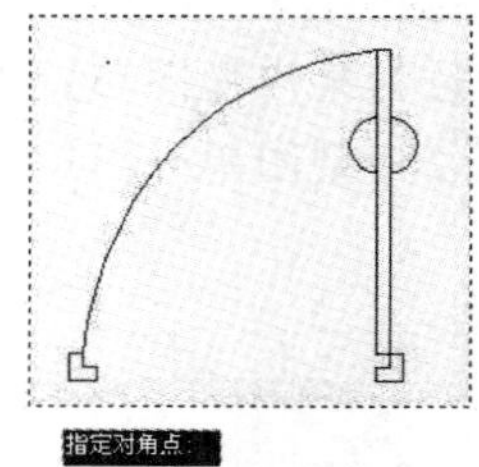

图 7-16　窗交选择对象

(7) 敲击 Enter 键返回【块定义】对话框，单击 确定 按钮结束命令。

(8) 使用快捷键 W 激活【写块】命令，将刚创建的“单开门 01”内部块转化为外部块。

(9) 单击【图层】工具栏上的【图层控制】列表，在展开的下拉列表中单击“门窗层”，将此图层设置为当前图层，如图 7-17 所示。

(10) 单击【绘图】工具栏上的按钮，激活【插入】对话框，选择“单开门 1”内部块，块参数为默认设置。

(11) 单击 确定 按钮返回绘图区，在“指定插入点或［基点(B)/比例(S)/旋转(R)］:”提示下捕捉图 7-18 所示中点作为插入点。

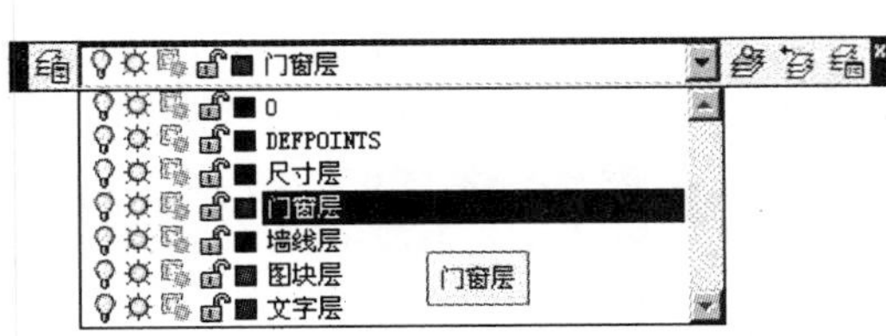

图 7-17 【图层控制】下拉列表

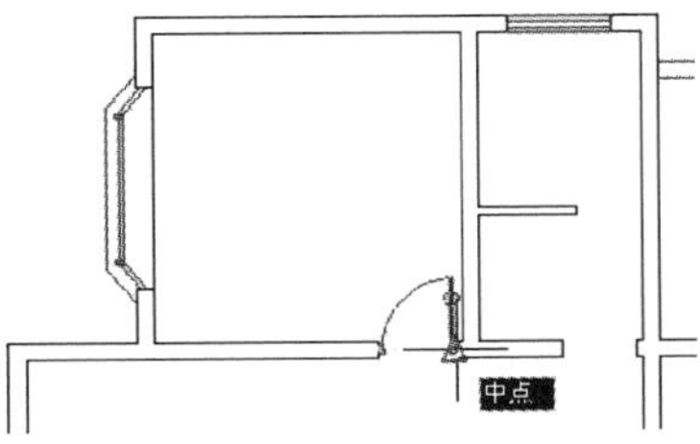

图 7-18 定位插入点

(12) 重复执行【插入块】命令，设置参数如图 7-19 所示，配合【中点捕捉】功能，以图 7-20 所示的墙线中点作为插入点，插入单开门。

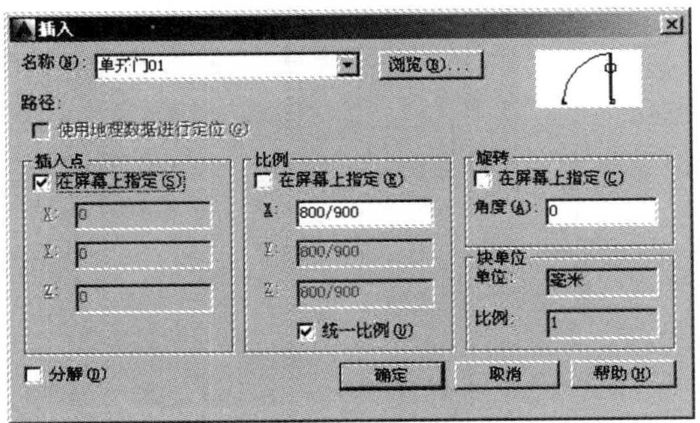

图 7-19 设置参数

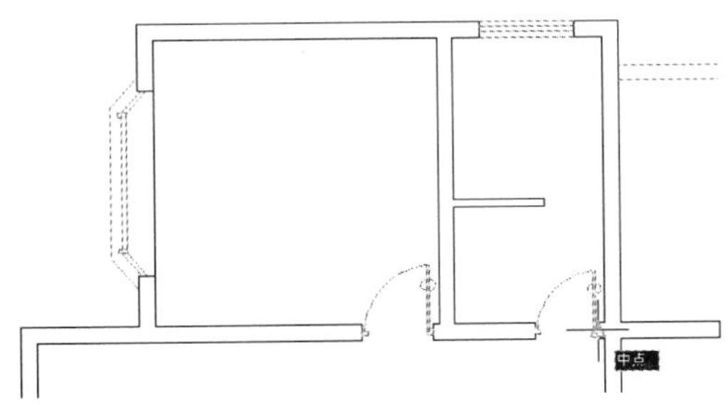

图 7-20 定位插入点

(13) 重复执行【插入块】命令，设置块参数如图 7-21 所示，插入点如图 7-22 所示。

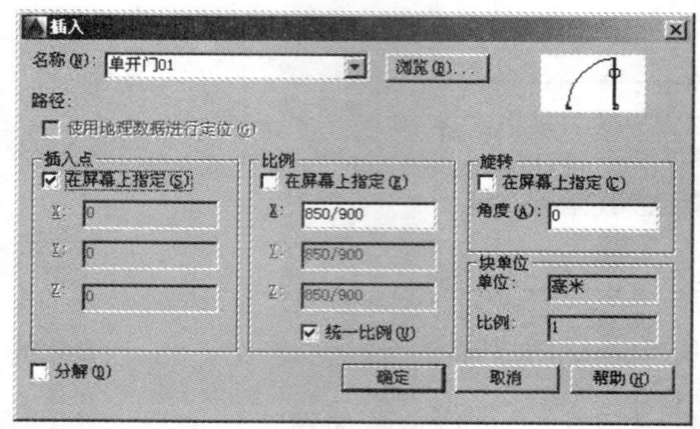

图 7-21　设置参数

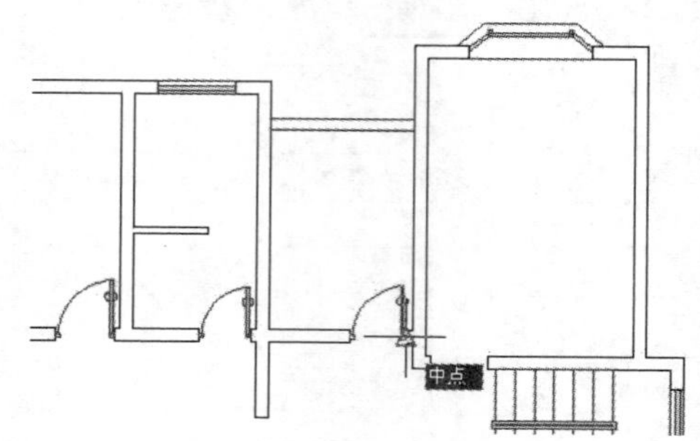

图 7-22　定位插入点

(14) 重复执行【插入块】命令，设置插入参数如图 7-23 所示，插入点如图 7-24 所示。

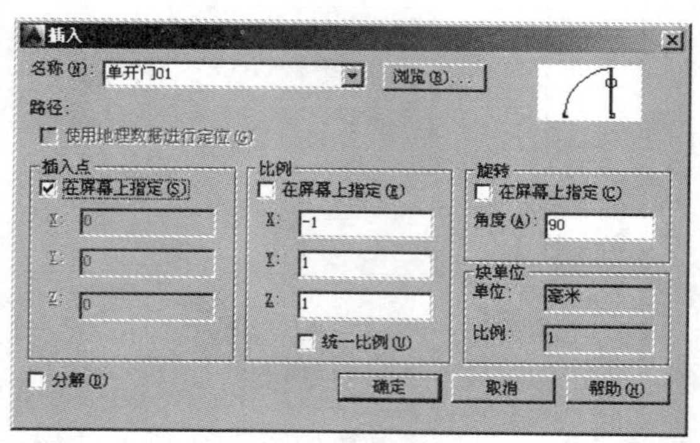

图 7-23　设置参数

(15) 重复执行【插入块】命令，设置插入参数如图 7-25 所示，插入点如图 7-26 所示。

(16) 重复执行【插入块】命令，设置插入参数如图 7-27 所示，插入点如图 7-28 所示。

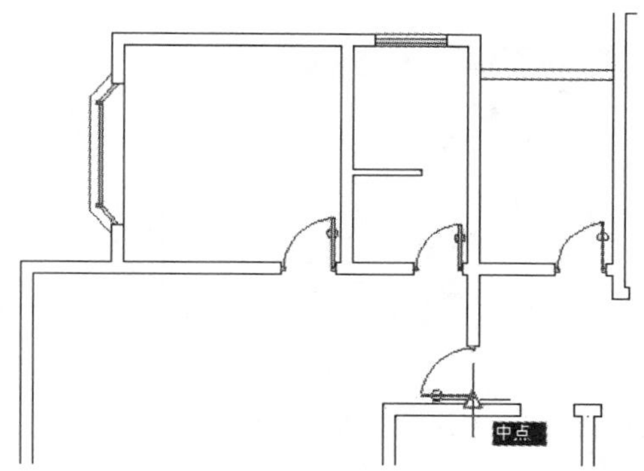

图 7-24 定位插入点

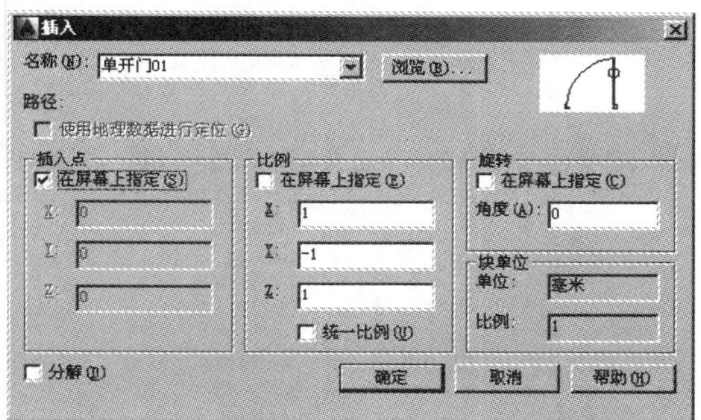

图 7-25 设置参数

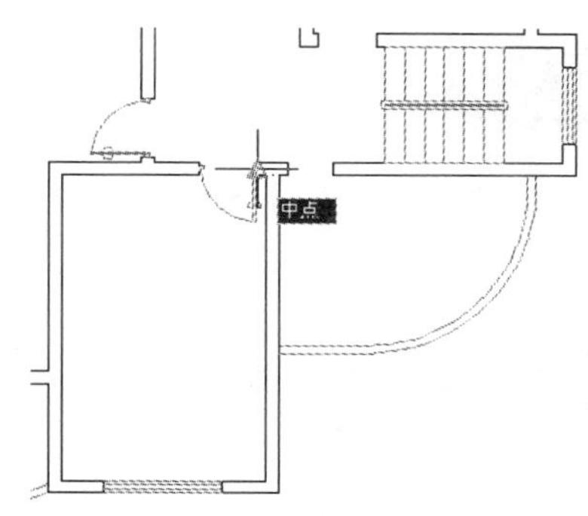

图 7-26 定位插入点

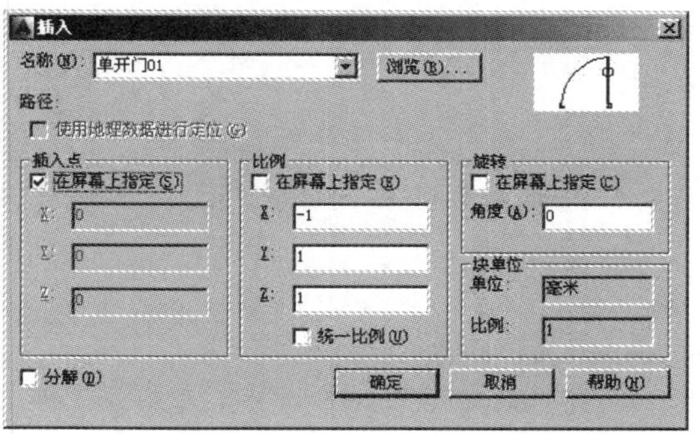

图 7-27 设置参数

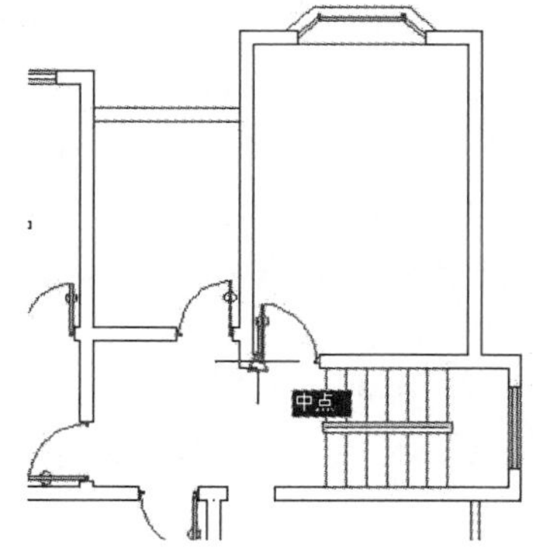

图 7-28 定位插入点

(17) 重复执行【插入块】命令，设置插入参数如图 7-29 所示，插入点如图 7-30 所示。

(18) 最后执行【另存为】命令，将图形另名存储为“实例指导一.dwg”。

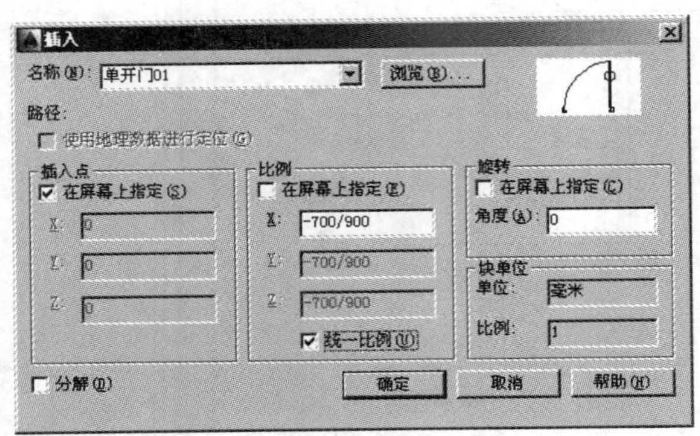

图 7-29　设置参数

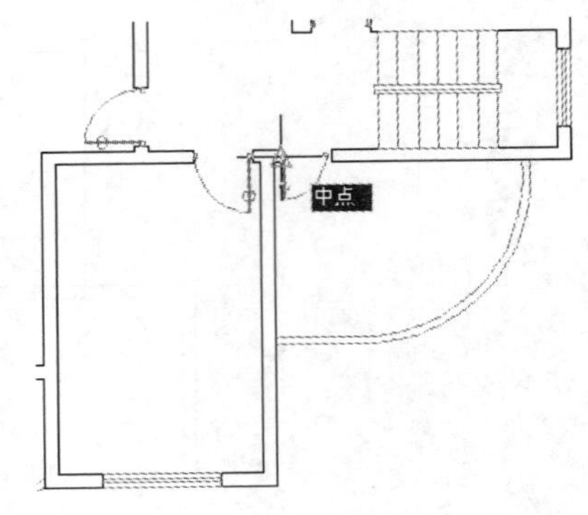

图 7-30　定位插入点

7.4 属性

属性实际上是一种块的文字信息，属性不能独立存在，它是附属于图块的一种非图形信息，用于对图块进行文字说明。

7.4.1 定义属性

【定义属性】命令用于为几何图形定制文字属性，以表达几何图形无法表达的一些内容。

执行【定义属性】命令主要有以下几种方式：

(1) 单击菜单【绘图】/【块】/【定义属性】命令。

(2) 单击【常用】选项卡/【块】面板上的按钮。

(3) 在命令行输入 Attdef 后按 Enter 键。

(4) 使用快捷键 ATT。

下面通过典型实例，学习【定义属性】命令的使用方法和操作技巧。具体操作步骤如下。

(1) 新建绘图文件并设置捕捉模式为圆心捕捉。

(2) 执行【圆】命令绘制直径为 8 的圆，如图 7-31 所示。

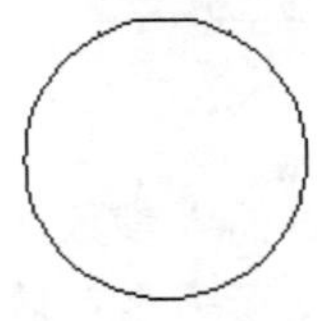

图 7-31　绘制结果

(3) 打开状态栏上的【对象捕捉】功能，并将捕捉模式设为圆心捕捉。

(4) 单击菜单【绘图】/【块】/【定义属性】命令，打开【属性定义】对话框，然后设置属性的标记名、提示说明、默认值、对正方式以及文字高度等参数，如图 7-32 所示。

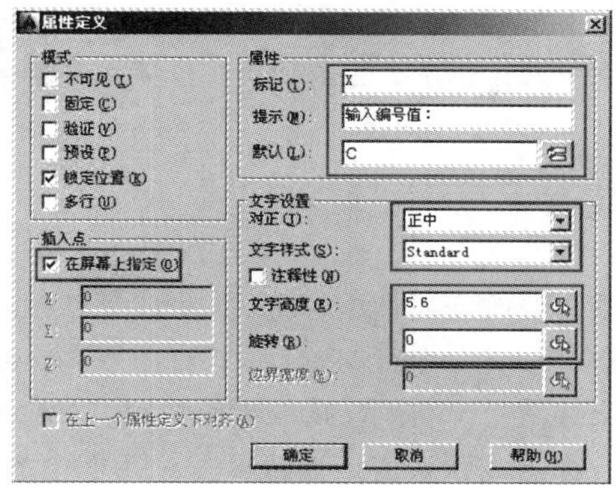

图 7-32 【属性定义】对话框

☞技巧提示

当用户为几何图形定义了文字属性后,所定义的文字属性暂时以属性标记名显示。

(5) 单击 确定 按钮返回绘图区,在命令行“指定起点:”提示下捕捉如图 7-33 所示的圆心作为属性插入点,插入结果如图 7-34 所示。

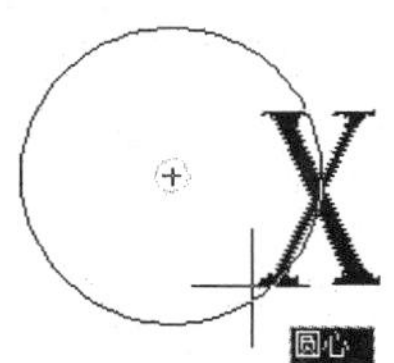

图 7-33 捕捉圆心

图 7-34 插入属性

☞技巧提示

当用户需要重复定义对象的属性时,可以勾选【在上一个属性定义下对齐】选项,系统将自动沿用上次设置的各属性的文字样式、对正方式以及高度等参数。

7.4.2 属性模式

【模式】选项组主要用于控制属性的显示模式,具体功能如下:

(1)【不可见】复选项用于设置插入属性块后是否显示属性值。

(2)【固定】复选项用于设置属性是否为固定值。

(3)【验证】复选项用于设置在插入块时提示确认属性值是否正确。

(4)【预设】复选项用于将属性值定为默认值。

(5)【锁定位置】复选项用于将属性位置进行固定。

(6)【多行】复选项用于设置多行的属性文本。

☞技巧提示

用户可以运用系统变量 Attdisp 直接在命令行设置或修改属性的显示状态。

7.4.3 更改属性定义

当定义了属性后，如果需要改变属性的标记、提示或默认值，可以单击【修改】菜单中的【对象】/【文字】/【编辑】命令，在命令行“选择注释对象或［放弃(U)］:”提示下，选择需要编辑的属性，系统可弹出如图 7-35 所示的【编辑属性定义】对话框，通过此对话框，用户可以修改属性定义的标记、提示或默认值。最后单击对话框中的 确定 按钮，属性将按照修改后的标记、提示或默认值进行显示。

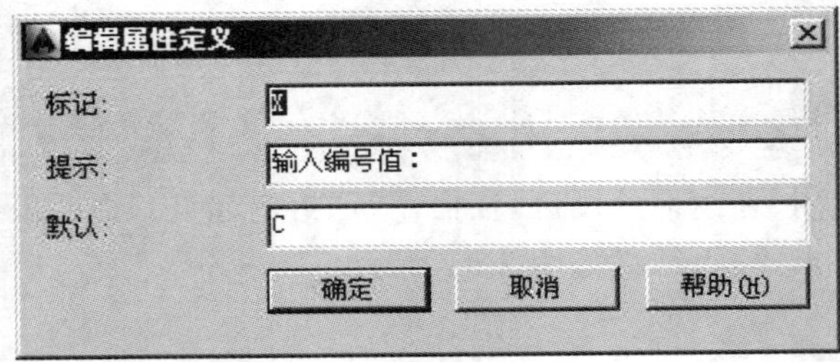

图 7-35 【编辑属性定义】对话框

7.4.4 编辑属性

【编辑属性】命令主要用于对含有属性的图块进行编辑和管理，比如更改属性的值、特性等。

执行【编辑属性】命令主要有以下几种方式：

(1) 单击菜单【修改】/【对象】/【属性】/【单个】命令。

(2) 单击【修改Ⅱ】工具栏或【块】面板上的按钮。

(3) 在命令行输入 Eattedit 后按 Enter 键。

下面通过典型的实例，学习【编辑属性】命令的使用方法和操作技巧。具体操作步骤如下。

(1) 继续上例操作。

(2) 执行【创建块】命令，将上例绘制的圆及其属性一起创建为属性块，基点为如图 7-36所示的圆心，其他参数设置如图 7-37 所示。

图 7-36 捕捉圆心

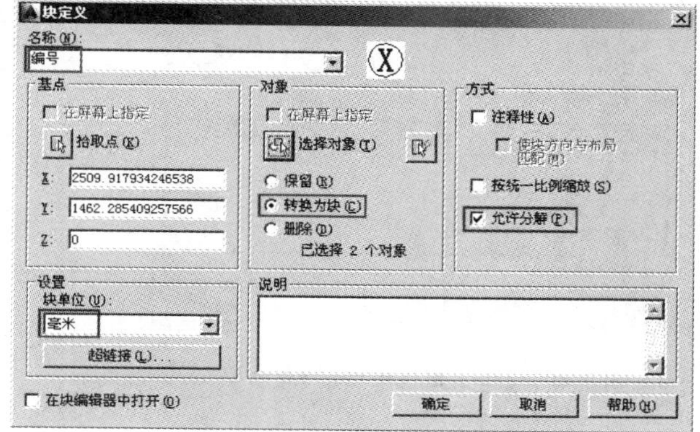

图 7-37 设置块参数

(3) 单击确定按钮,打开如图 7-38 所示的【编辑属性】对话框,在此对话框中即可定义正确的文字属性值。

(4) 将序号属性值设置为“C”,然后单击确定按钮,结果创建了一个属性值为 C 的属性块,如图 7-39 所示。

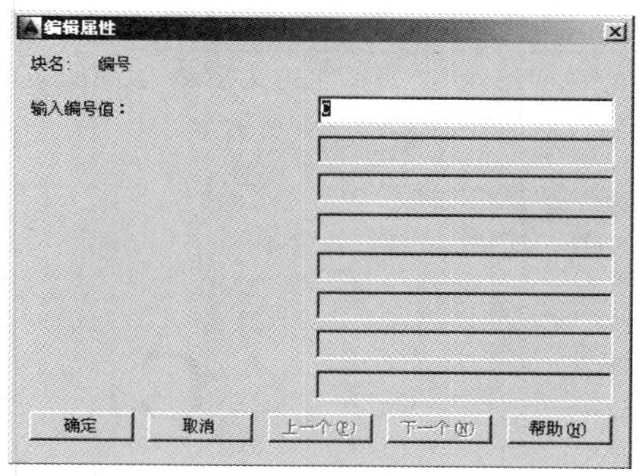

图 7-38 【编辑属性】对话框

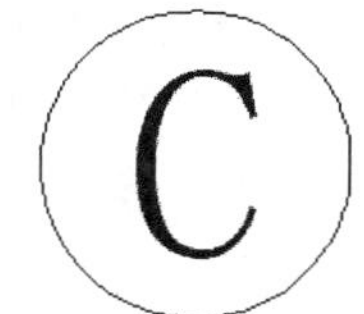

图 7-39 定义属性块

(5) 单击菜单【修改】/【对象】/【属性】/【单个】命令,在命令行“选择块:”提示下,选择属性块,打开【增强属性编辑器】对话框,然后修改属性值为“G”,如图 7-40 所示。

(6) 单击确定按钮关闭【增强属性编辑器】对话框,结果属性值被修改,如图 7-41 所示。

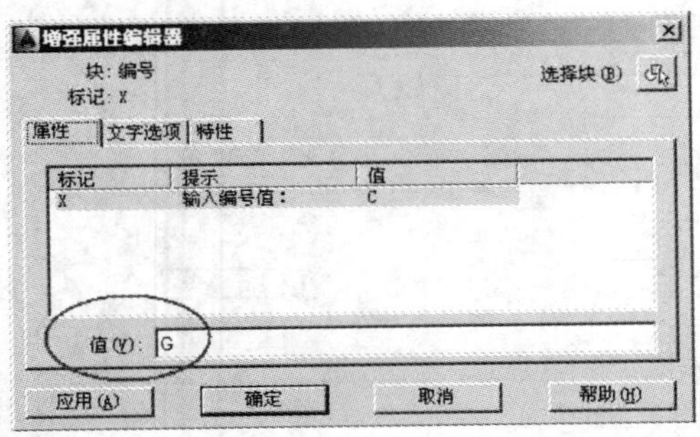

图 7-40 【增强属性编辑器】对话框

图 7-41 修改结果

选项解析

◆ 【属性】选项卡用于显示当前文件中所有属性块的属性标记、提示和默认值,还可以修改属性块的属性值。

☞技巧提示

通过单击右上角的【选择块】按钮,可以连续对图形中的其他属性块进行修改。

◆ 在【特性】选项卡中可以修改属性的图层、线型、颜色和线宽等特性。

◆ 【文字选项】选项卡用于修改属性的文字特性,比如属性的文字样式、对正方式、高度和宽度比例等。修改属性高度及宽度特性后的效果如图 7-42 所示。

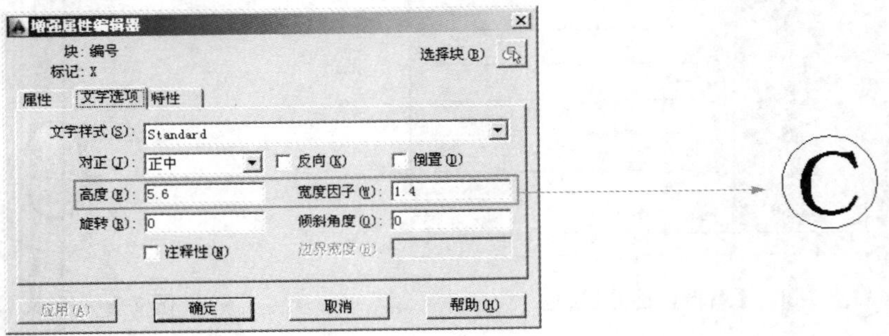

图 7-42 修改属性的文字特性

7.5 块的编辑与更新

当创建图块或属性块后,用户还可以对块或属性块进行编辑管理,本节重点学习块的编辑管理功能。

7.5.1 块属性管理器

【块属性管理器】命令用于对当前文件中的众多属性块进行编辑管理,是一个综合性的属性块管理工具。使用此工具，不但可以修改属性的标记、提示以及属性默认值等属性的定义，还可以修改属性所在的图层、颜色、宽度及重新定义属性文字如何在图形中的显示等。

执行【块属性管理器】命令主要有以下几种方式：

(1) 单击【修改】菜单中的【对象】/【属性】/【块属性管理器】命令。

(2) 单击【修改Ⅱ】工具栏或面板上的按钮。

(3) 在命令行输入 Battman 后按 Enter 键。

执行【块属性管理器】命令后，系统将弹出如图 7-43 所示的【块属性管理器】对话框，用于对当前图形文件中的所有属性块进行管理。在执行【块属性管理器】命令时，必须在当前图形文件中含有带有属性的图块。

📖 选项解析

◆ 【块】下拉列表框 粗糙度：此列表用于显示当前正在编辑的属性块的名称，在此下拉列表中列出了当前图形中所有带有属性的图块的名称，用户可以选择其中的一个属性块将其设置为当前需要编辑的属性块。

◆ 在属性文本框内列出了当前选择块的所有属性定义，包括属性的标记、提示、默认和模式等。在属性文本框下方，标有选择的属性块在当前图形和在当前模型空间(和布局空间)中相应块的总数目。

◆ 同步(Y) 按钮用于更新已修改的属性特性，它不会影响在每个块中指定给属性的任何值。

◆ 上移(U) 和 下移(D) 按钮用于修改属性值的显示顺序。

◆ 编辑(E)... 按钮用于修改属性块的各属性的特性。

◆ 删除(R) 按钮用于删除在属性列表框中选中的属性定义。对于仅具有一个属性的块，此按钮不可使用。

◆ 单击 设置(S)... 按钮，可打开如图 7-44 所示的【块属性设置】对话框，此对话框用于控制属性列表框中具体显示的内容。其中，【在列表中显示】组合框用于设置在【块属性管理器】中属性的具体显示内容；【将修改应用到现有参照】复选项用于将修改的属性应用到现有的属性块。

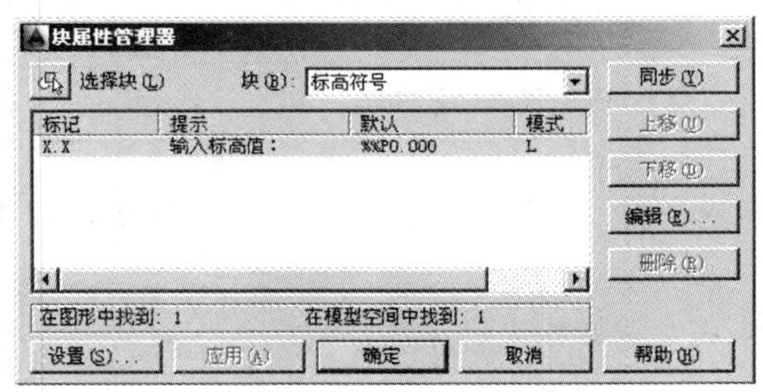

图 7-43 【块属性管理器】对话框

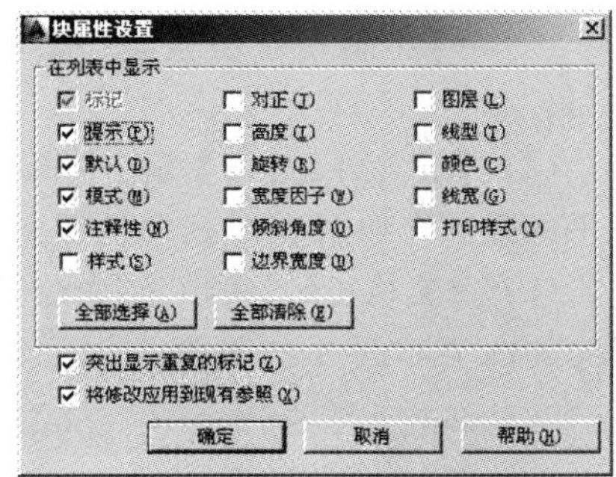

图 7-44 【块属性设置】对话框

☞技巧提示

默认情况下所做的属性更改将应用到当前图形中现有的所有块参照。如果在对属性块进行编辑修改时,当前文件中的固定属性或嵌套属性块受到一定影响,此时可使用【重生成】命令更新这些块的显示。

7.5.2 块编辑器

【块编辑器】命令用于为图形创建和更改块的定义,还可以使用【块编辑器】命令向现有块中添加动态行为。

执行【块编辑器】命令主要有以下几种方式:

(1) 单击【工具】菜单中的【块编辑器】命令。

(2) 单击【块】面板上的 按钮。

(3) 在命令行输入 Bedit 后按 Enter 键。

(4) 使用快捷键 BE。

下面通过典型的实例,学习【块编辑器】命令的使用方法和操作技巧。具体操作步骤如下。

(1) 打开随书光盘中的"\素材文件\会议桌与会议椅.dwg",如图 7-45 所示。

(2) 单击菜单【工具】/【块编辑器】命令,打开如图 7-46 所示的【编辑块定义】对话框。

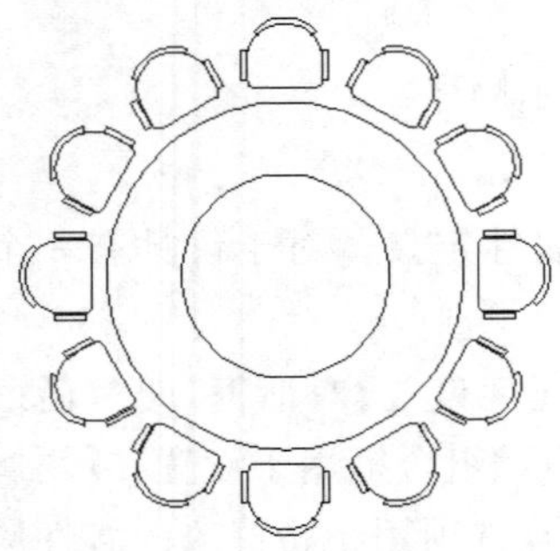

图 7-45 打开结果

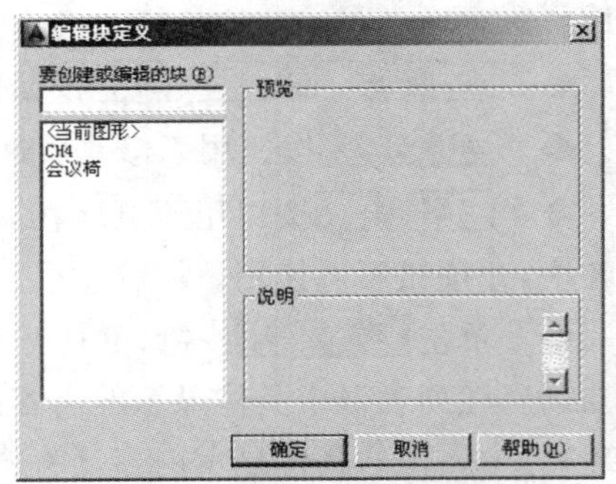

图 7-46 【编辑块定义】对话框

(3) 在【编辑块定义】对话框中双击"会议椅"图块,打开如图 7-47 所示的块编辑窗口。

(4) 单击菜单【绘图】/【图案填充】命令,设置填充图案及参数,如图 7-48 所示,为椅子平面图填充如图 7-49 所示的图案。

(5) 重复执行【图案填充】命令,设置填充图案及参数,如图 7-50 所示,为椅子平面图填充如图 7-51 所示的图案。

(6) 单击上方的【保存块定义】按钮 ,将上述操作进行保存。

(7) 单击 关闭块编辑器(C) 按钮,结果所有会议椅图块被更新,如图 7-52 所示。

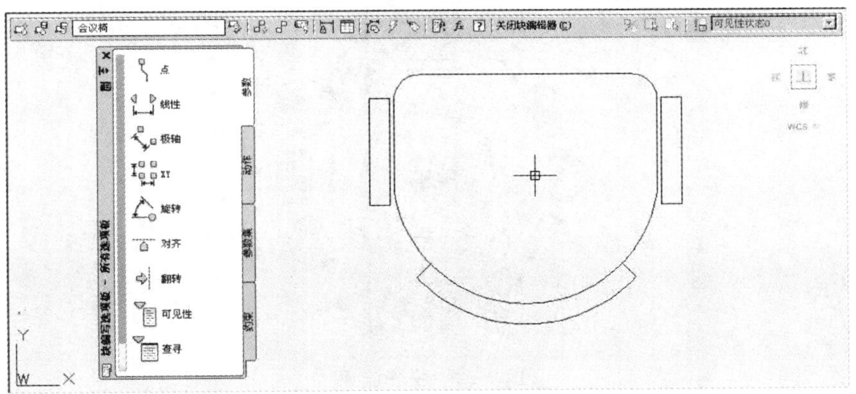

图 7-47　块编辑窗口

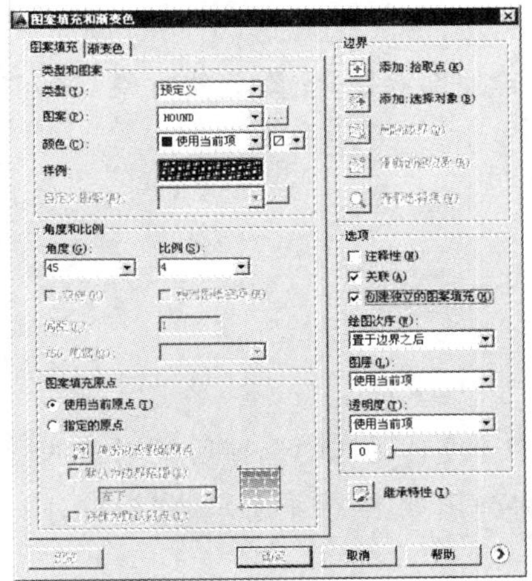

图 7-48　设置填充图案及参数

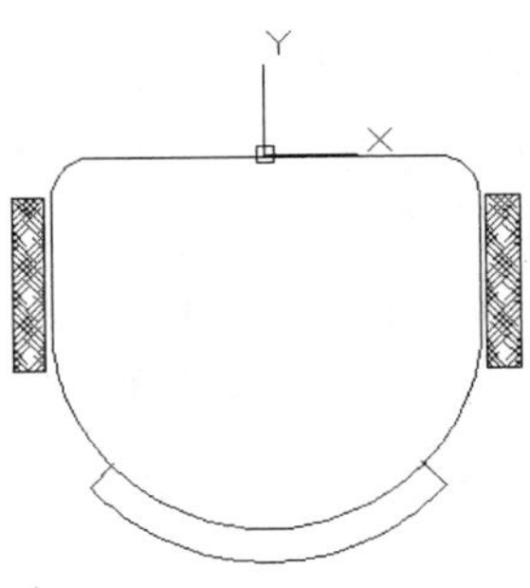

图 7-49　填充结果

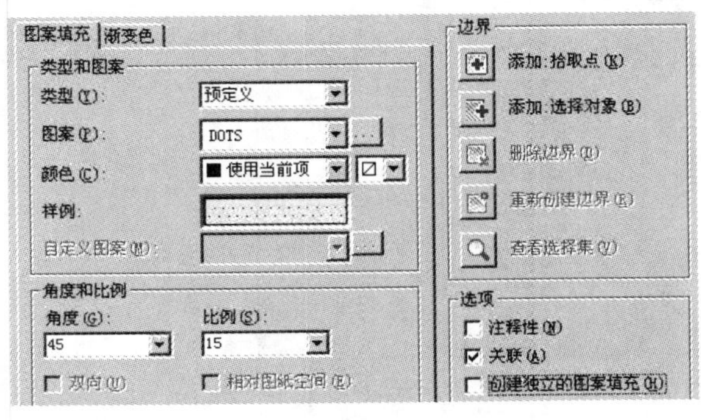

图 7-50　设置填充图案及参数

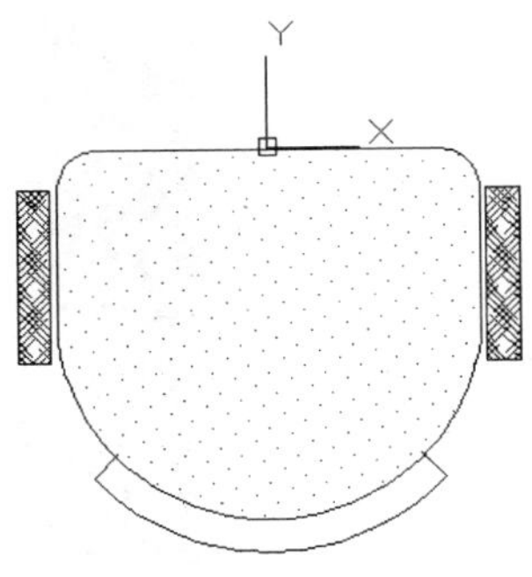

图 7-51　填充结果

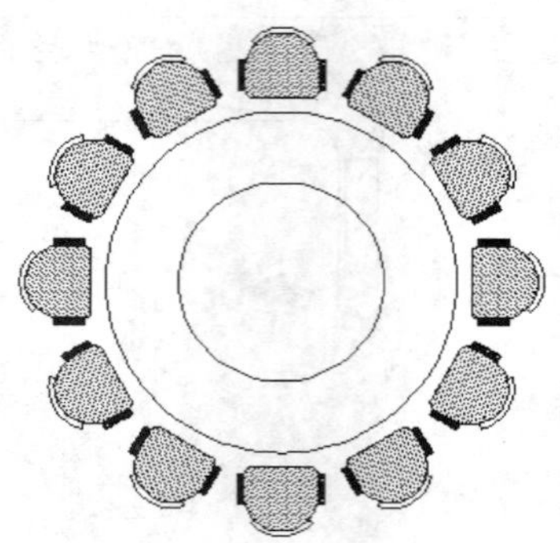

图 7-52 操作结果

7.6 DWG 参照的引用

【DWG 参照】命令用于为当前文件中的图形附着外部参照，使附着的对象与当前图形文件存在一种参照关系。

执行【DWG 参照】命令主要有以下几种方式：

(1) 单击【插入】菜单栏中的【DWG 参照】命令。

(2) 单击【参照】工具栏中的 按钮。

(3) 在命令行输入 Xattach 后按 Enter 键。

(4) 使用快捷键 XA。

执行【DWG 参照】命令后，从打开的【选择参照文件】对话框中选择所要附着的图形文件，如图 7-53 所示，然后单击 打开(O) 按钮，系统将弹出如图 7-54 所示的【附着外部参照】对话框。

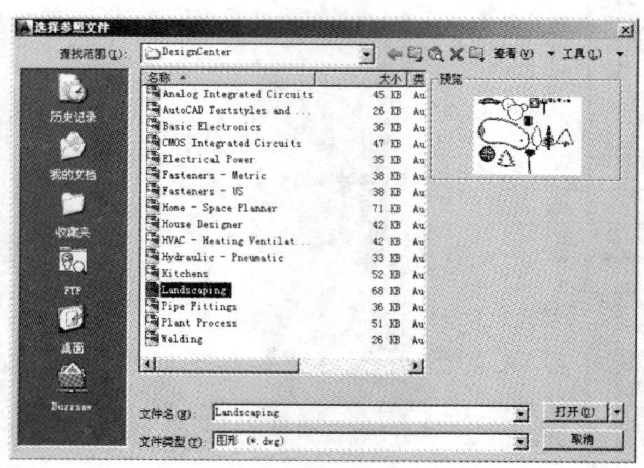

图 7-53 【选择参照文件】对话框

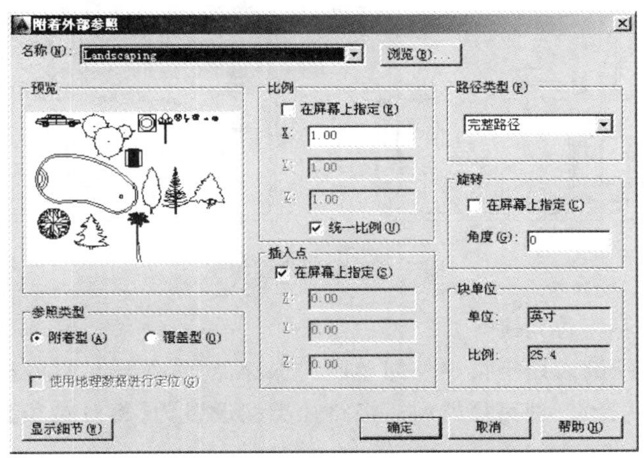

图 7-54 【附着外部参照】对话框

选项解析

● 【名称】文本框

当用户附着了一个外部参照后，该外部参照的名称将出现在此文本框内，并且此外部参照文件所在的位置及路径都显示在文本框的下部。如果在当前图形文件中含有多个参照时，这些参照的文件名都排列在此下拉文本框中。单击【名称】文本框右侧的 浏览(B)... 按钮，可以打开【选择参照文件】对话框，用户可以从中为当前图形选择新的外部参照。

● 【参照类型】选项组

【参照类型】选项组用于指定外部参照图形文件的引用类型。引用的类型主要影响嵌套参照图形的显示。系统提供了【附着型】和【覆盖型】两种参照类型。如果在一个图形文件中以“附着型”的方式引用了外部参照图形，当这个图形文件又被参照在另一个图形文件中时，AutoCAD 仍显示这个图形文件中的嵌套的参照图形；如果在一个图形文件中以“覆盖型”的方式引用了外部参照图形，当这个图形文件又被参照在另一个图形文件中时，AutoCAD 将不再显示这个图形文件中的嵌套的参照图形。

如图 7-55(左)所示的图形中，平面门图形都是以“附着型”的方式参照在图形文件中，所有家具图形都是以“覆盖型”的方式参照在图形中，当含有这两种参照类型的图形作为外部参照被引用到其他的图形文件中时，“附着型”的平面门嵌套参照图形仍然被显示，而“覆盖型”的家具嵌套参照图形不被显示，如图 7-55(右)所示。

技巧提示

当 A 图形以外部参照的形式被引用到 B 图形，而 B 图形又以外部参照的形式被引用到 C 图形，则相对于 C 图形来说，A 图形就是一个嵌套参照图形，它在 C 图形中的显示与否，取决于它被引用到 B 图形时的参照类型。

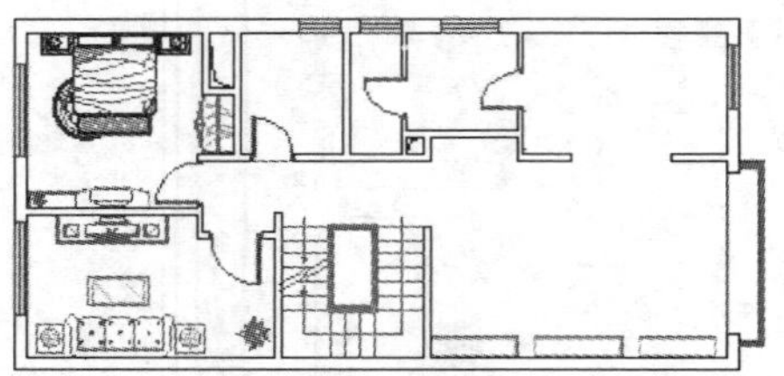 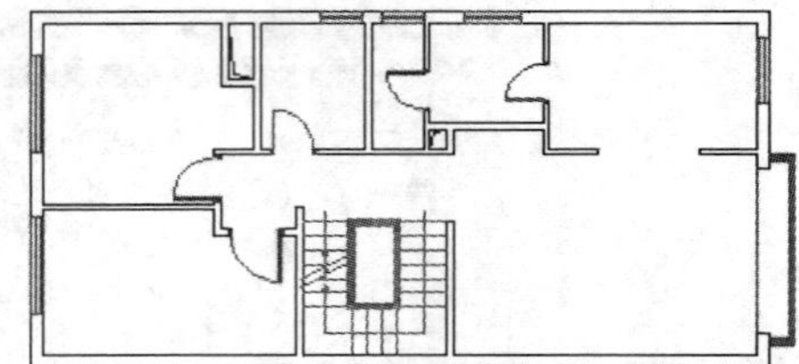

图 7-55　参照类型示例

● 【路径类型】下拉列表

【路径类型】下拉列表用于指定外部参照的保存路径，AutoCAD 提供了【完整路径】、【相对路径】和【无路径】三种路径类型。将路径类型设置为【相对路径】之前，必须保存当前图形。

对于嵌套的外部参照，相对路径通常是指其直接宿主的位置，而不一定是当前打开的图形的位置。如果参照的图形位于另一个本地磁盘驱动器或网络服务器上，【相对路径】选项不可用。

☞技巧提示

一个图形可以作为外部参照同时附着到多个图形中。同样，也可以将多个图形作为外部参照附着到单个图形中。如果一个被定义属性的图形以外部参照的形式引用到另一个图形中，那么 AutoCAD 将把参照的属性忽略掉，仅显示参照图形，不显示图形的属性。

7.7 实例指导二——标注别墅外墙面标高

本例通过为联体别墅平面图标注标高尺寸，对本章重点知识进行综合练习和巩固应用。联体别墅平面图标高尺寸的最终标注效果，如图 7-56 所示。

操作步骤如下所述。

(1) 执行【打开】命令，打开随书光盘中的“\素材文件\别墅立面图. dwg”文件。

(2) 使用快捷键 LA 激活【图层】命令，设置“0 图层”为当前图层。

(3) 激活状态栏上的【对象捕捉】和【极轴追踪】功能，并设置极轴角为 45°。

(4) 使用快捷键 PL 激活【多段线】命令，参照图示尺寸绘制出标高符号，如图 7-57 所示。

(5) 单击菜单栏【绘图】/【块】/【定义属性】命令，打开【属性定义】对话框，为标高符号定义文字属性，如图 7-58 所示。

(6) 单击对话框中的 确定 按钮，在命令行“指定起点:”提示下捕捉标高符号最右侧的端点，为标高符号定义属性，结果如图 7-59 所示。

(7) 使用快捷键 B 激活【创建块】命令，将标高符号和属性一起创建为内部块，图块的基点为图 7-60 所示的端点，并删除源图形。

图 7-56 实例效果

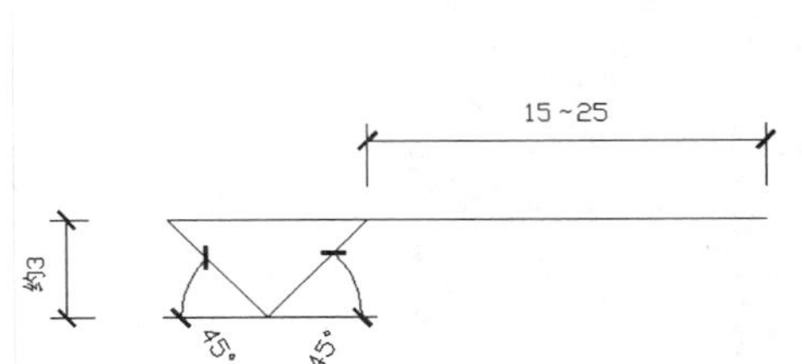

图 7-57 绘制标高符号

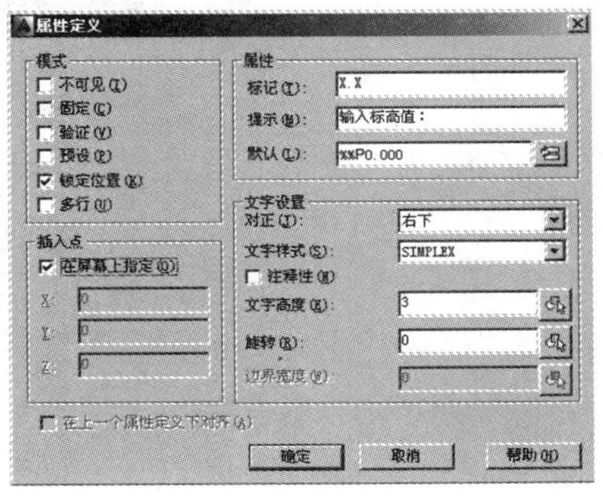

图 7-58 设置属性参数

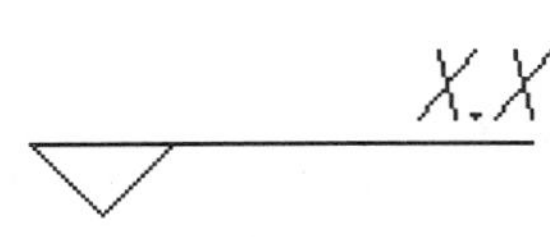

图 7-59 定义属性

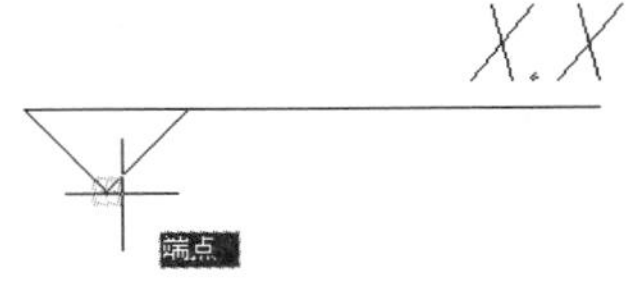

图 7-60 捕捉端点

(8) 使用快捷键 W 激活【写块】命令，将刚创建的标高符号转化为同名的外部块。

(9) 展开【图层控制】下拉列表，将“其他层”设置为当前图层。

(10) 使用快捷键 L 激活【直线】命令，配合【端点捕捉】功能绘制长度为 600 的水平直线，作为标高指示线，如图 7-61 所示。

图 7-61　绘制指示线

(11) 单击【绘图】工具栏上的按钮，插入刚定义的“标高符号”属性块，块参数设置如图 7-62 所示。命令行操作如下。

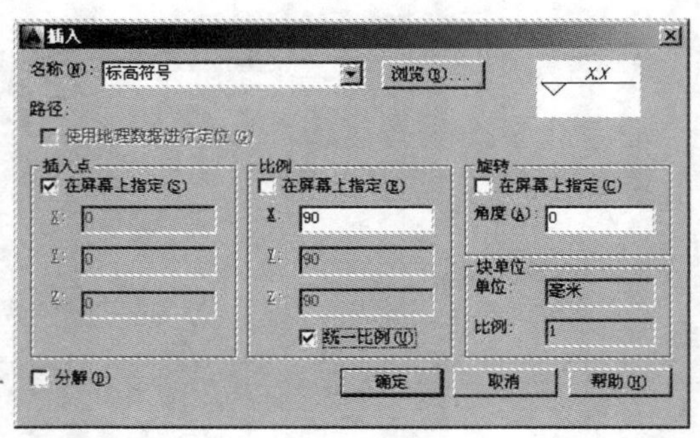

图 7-62　设置参数

命令：_insert

指定插入点或［基点(B)/比例(S)/旋转(R)］： //捕捉如图 7-63 所示的端点

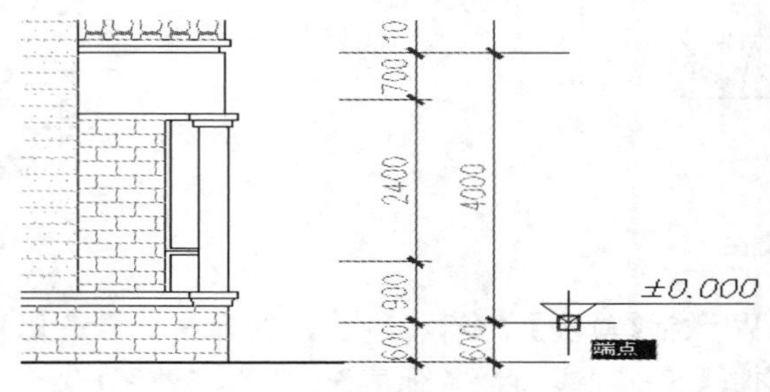

图 7-63　捕捉端点

输入属性值

输入标高值：<±0.000>： //↙，插入结果如图 7-64 所示

(12) 使用快捷键 CO 激活【复制】命令，将刚插入的标高分别复制到其他指示线的末端，如图 7-65 所示。

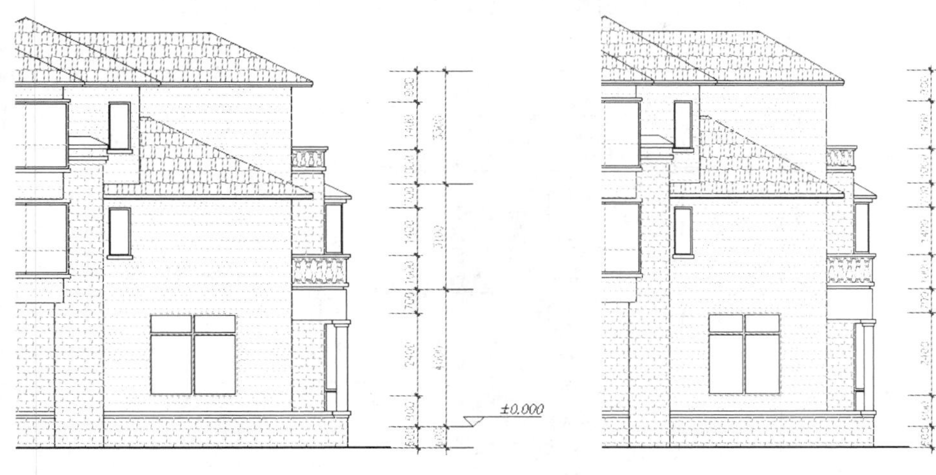

图 7-64 插入结果　　　　图 7-65 复制结果

(13) 单击菜单【修改】/【对象】/【属性】/【单个】命令，在“选择块：”提示下，选择最下方的标高符号，修改其属性值，如图 7-66 所示。

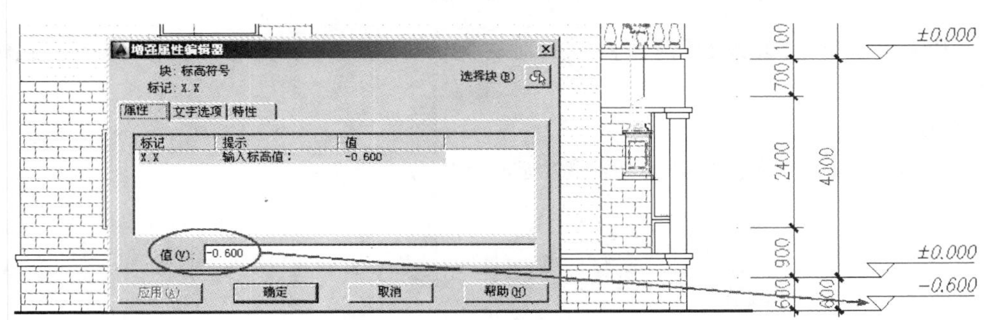

图 7-66 修改属性值

(14) 在【增强属性编辑器】对话框中单击 应用(A) 按钮，标高被修改。

(15) 在【增强属性编辑器】对话框中单击按钮，返回绘图区选择上方的标高符号属性块，修改其属性值，如图 7-67 所示。

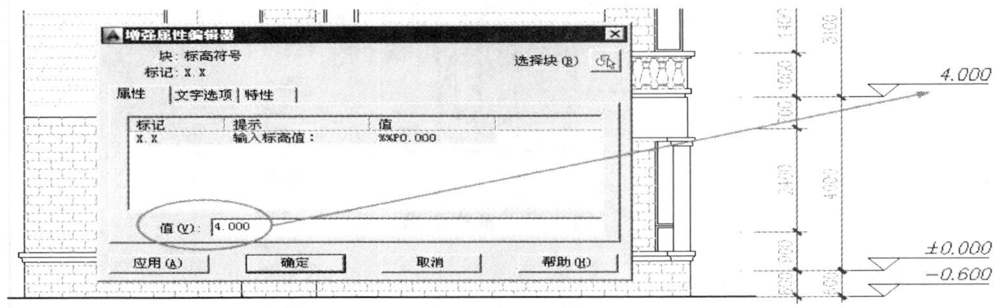

图 7-67 修改属性值

(16) 重复执行上一步操作,分别修改其他位置的标高值,修改后的结果如图 7-68 所示。

图 7-68 修改结果

(17) 单击菜单【修改】/【镜像】命令,对右侧的标高和指示线进行镜像。命令行操作如下。

命令:_mirror

选择对象: //窗交选择如图 7-69 所示的标高及指示线

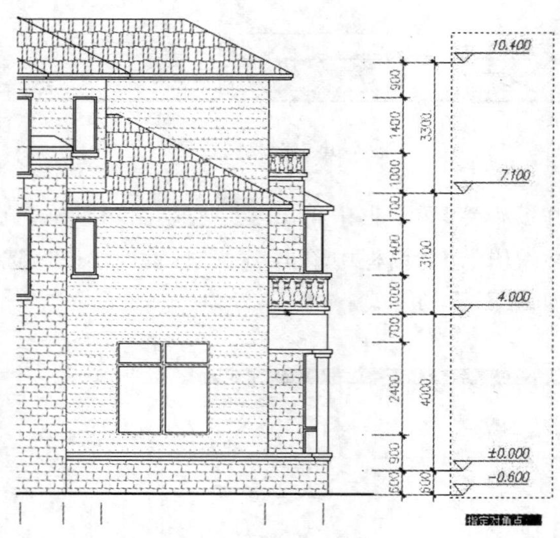

图 7-69 窗交选择

选择对象: //↙,结束选择

指定镜像线的第一点: //激活【两点之间的中点】功能

_m2p 中点的第一点: //捕捉如图 7-70 所示的端点

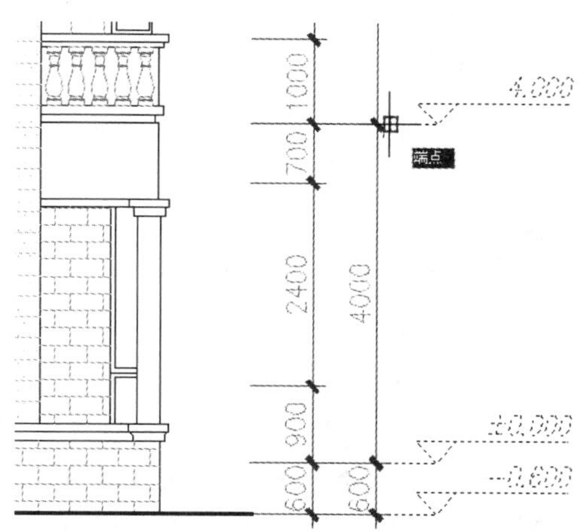

图 7-70　捕捉端点

中点的第二点：　//捕捉如图 7-71 所示的端点
指定镜像线的第二点：　//@0,1 ↙
要删除源对象吗？[是(Y)/否(N)] <N>：　//Y ↙，镜像结果如图 7-56 所示

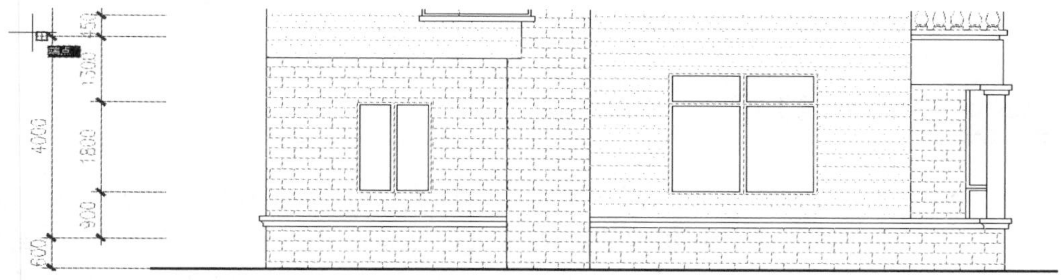

图 7-71　捕捉端点

(18) 最后执行【另存为】命令，将图形另名存储为"实例指导二.dwg"。

7.8 本章小结

为了方便读者快速组合和引用 AutoCAD 图形资源，提高绘图的效率和质量，本章集中讲述了几个 AutoCAD 高效制图工具，即块、属性和参照。通过本章的学习，需要重点掌握以下知识：

(1) 在定义图块时要理解和掌握内部块、外部块的区别及具体定义过程；

(2) 在插入图块时要注意块的缩放比例、旋转角度等参数的具体设置技巧；

(3) 在定义属性时要了解属性标记与默认值的区别，掌握属性模式及属性文字选项的具体设置过程；

(4) 在编辑属性时要掌握属性值的修改和属性文字特性的修改技能；

(5) 最后要了解参照与图块的概念及区别，掌握参照的具体附着技能。

第8章 资源规划与管理

为了提高绘图的效率和质量，本章将学习 AutoCAD 的另一种重要功能，即图层，以方便用户对图形资源进行管理、规划和控制等。图层的概念比较抽象，用户可以把图层想象为一张张透明的电子纸，在不同的电子纸上绘制不同的图形对象，最后将这些透明的电子纸叠加起来，得到最终的复杂图形。本章具体学习内容如下：

◎ 图层的设置

◎ 图层的特性

◎ 图层的控制

◎ 图层状态管理器

◎ 图层的规划管理

◎ 本章小结

8.1 图层的设置

在 AutoCAD 绘图软件中，图层是一个综合性的制图工具，主要用于规划管理复杂的图形资源，通过将不同性质、不同类型的对象（如几何图形、尺寸标注、文本注释等）放置在不同的图层上，可以很方便地通过图层的状态控制功能来显示和管理复制图形，以便对其观察和编辑。

执行【图层】命令主要有以下几种方式：

(1) 单击菜单【格式】/【图层】命令。

(2) 单击【图层】工具栏或面板上的按钮。

(3) 在命令行输入 Layer 后按 Enter 键。

(4) 使用快捷键 LA。

8.1.1 新建图层

在开始绘图之前，一般需要根据图形的表达内容等因素设置不同类型的图层，并且为各图层命名。下面通过创建轴线层、轮廓线、填充层三个图层，学习图层的具体创建过程。操作步骤如下。

(1) 首先新建绘图文件。

(2) 单击【图层】工具栏上的按钮，激活【图层】命令，打开图 8-1 所示的【图层特性管理器】对话框。

☞技巧提示

在默认状态下，AutoCAD 仅为用户提供了 0 图层，以前所绘制的图形都位于这个 0 图层上。

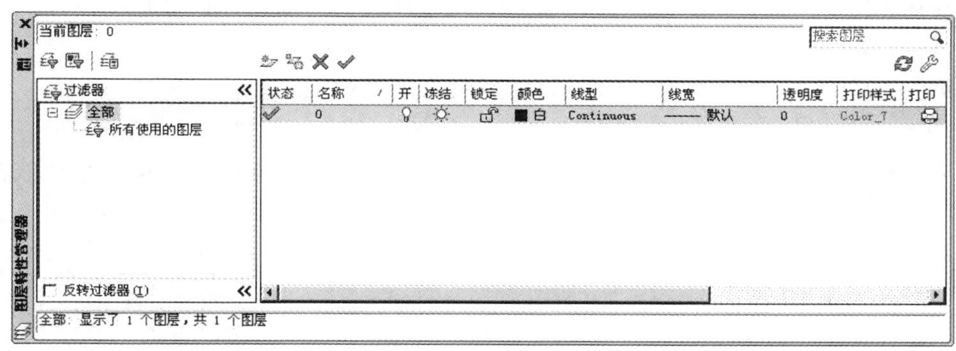

图 8-1 【图层特性管理器】对话框

(3) 单击【图层特性管理器】对话框中的按钮，新图层将以临时名称“图层 1”显示在列表中，如图 8-2 所示。

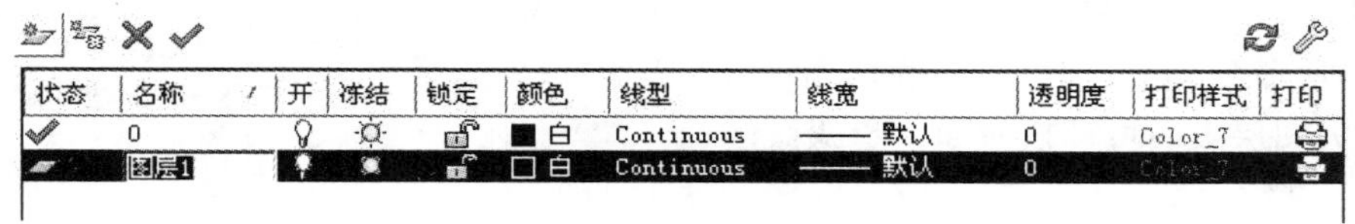

图 8-2 新建图层

(4) 用户在反白显示的“图层 1”区域输入新图层的名称，如图 8-3 所示，创建第一个新图层。

图 8-3 输入图层名

(5) 按组合键 Alt+N，或再次单击按钮，创建另外两个图层，结果如图 8-4 所示。

状态	名称	开	冻结	锁定	颜色	线型	线宽	透明度	打印样式	打印	新视口冻结	说明
✓	0				白	Continuous	默认	0	Color_7			
	轴线层				白	Continuous	默认	0	Color_7			
	轮廓线				白	Continuous	默认	0	Color_7			
	填充层				白	Continuous	默认	0	Color_7			

图 8-4 新建其他图层

☞技巧提示

如果在创建新图层时选择了一个现有图层，或为新建图层指定了图层特性，那么以下创建的新图层将继承先前图层的一切特性(如颜色、线型等)。

使用相同的方式可以新建多个图层，新图层的默认特性与当前 0 图层的特性相同。另外，用户也可以通过以下三种方式快速新建多个图层。

第一种方式：在刚创建了一个图层后，连续按下键盘上的 Enter 键，可以新建多个图层。

第二种方式：通过按下 Alt＋N 组合键，也可以创建多个图层。

第三种方式：在【图层特性管理器】对话框中单击右键，选择右键菜单中的【新建图层】选项，如图 8-5 所示。

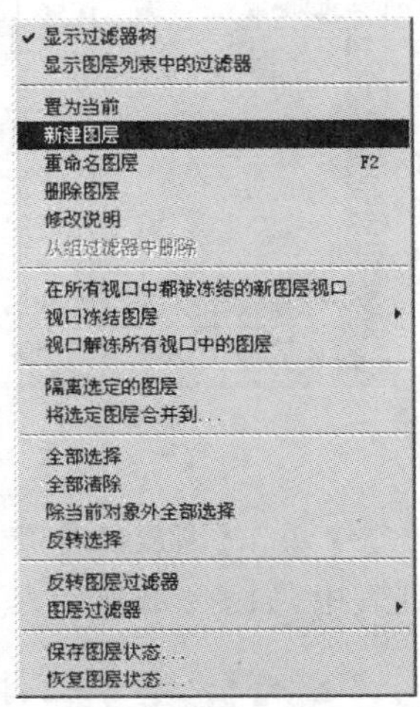

图 8-5 右键菜单

8.1.2 更名图层

在为图层命名或更名时，图层名最长可达 255 个字符，可以是数字、字母或其他字符；图层名中不允许含有大于号(>)、小于号(<)、斜杠(/)、反斜杠(\)以及标点等符号；另外，为图层命名或更名时，必须确保当前文件中图层名的唯一性。为图层更名可以按照如下步骤操作。

(1) 继续上节操作。

(2) 在【图层特性管理器】对话框中选择需要更名的图层，使其反白显示，如图 8-6 所示。

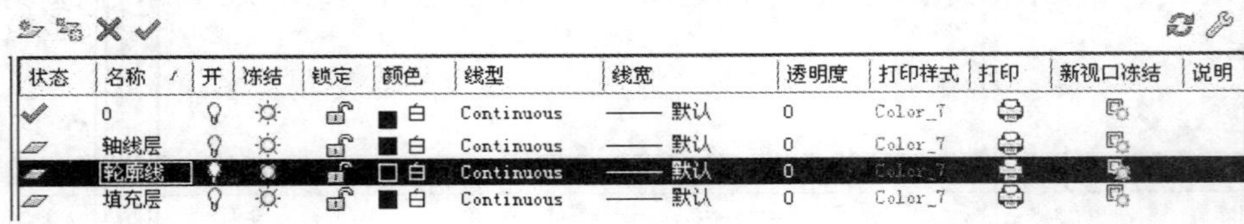

图 8-6 选择图层

(3) 在【图层特性管理器】对话框中单击右键，选择右键菜单中的【重命名图层】选项。

(4) 此时图层名区域切换为浮动式的文本框形式，如图 8-7 所示。

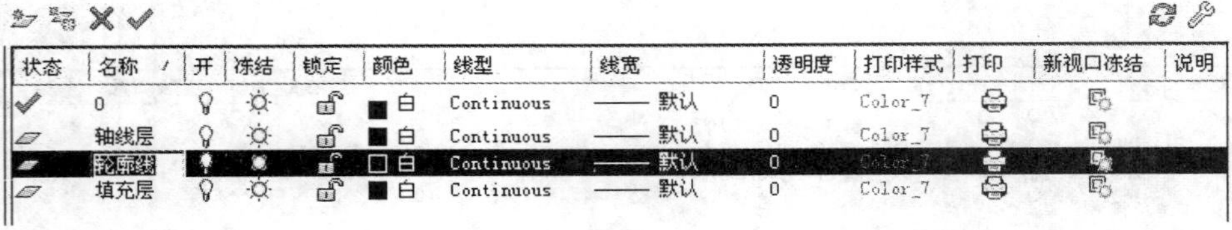

图 8-7 重命名图层

(5) 接下来在“轮廓线”文本框中输入新的图层名，如“文字层”，如图 8-8 所示。

状态	名称	开	冻结	锁定	颜色	线型	线宽	透明度	打印样式	打印	新视口冻结	说明
	0				白	Continuous	—— 默认	0	Color_7			
	轴线层				白	Continuous	—— 默认	0	Color_7			
	文字层				白	Continuous	—— 默认	0	Color_7			
	填充层				白	Continuous	—— 默认	0	Color_7			

图 8-8　输入新图层名

(6) 按 Enter 键,即可为原图层更名,结果如图 8-9 所示。

状态	名称	开	冻结	锁定	颜色	线型	线宽	透明度	打印样式	打印	新视口冻结	说明
	0				白	Continuous	—— 默认	0	Color_7			
	填充层				白	Continuous	—— 默认	0	Color_7			
	文字层				白	Continuous	—— 默认	0	Color_7			
	轴线层				白	Continuous	—— 默认	0	Color_7			

图 8-9　操作结果

8.1.3　删除图层

在实际绘图过程中,经常会遇到一些无用的图层,使用 AutoCAD 的【删除图层】功能可以将无用图层删除。在删除图层时,要注意以下几点。

第一:0 图层和 Defpoints 图层不能被删除。

第二:当前图层不能被删除。

第三:包含对象的图层或依赖外部参照的图层不能被删除。

删除图层的具体操作步骤如下。

(1) 继续上节操作。

(2) 打开【图层特性管理器】对话框,选择需要删除的图层,如图 8-10 所示。

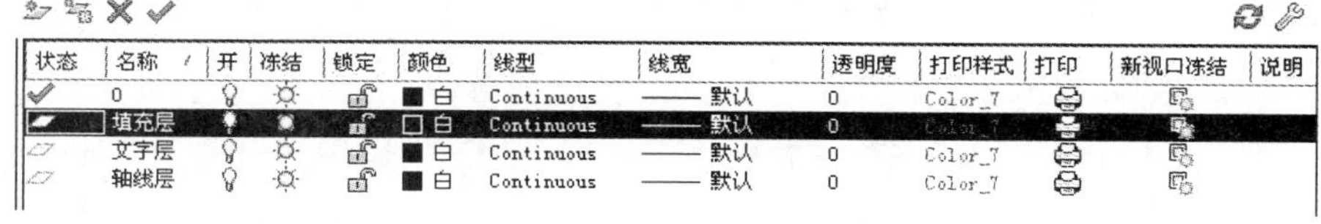

状态	名称	开	冻结	锁定	颜色	线型	线宽	透明度	打印样式	打印	新视口冻结	说明
	0				白	Continuous	—— 默认	0	Color_7			
	填充层				白	Continuous	—— 默认	0	Color_7			
	文字层				白	Continuous	—— 默认	0	Color_7			
	轴线层				白	Continuous	—— 默认	0	Color_7			

图 8-10　选择图层

(3) 单击【图层特性管理器】对话框中的【删除图层】按钮,即可将无用图层删除,结果如图 8-11 所示。

状态	名称	开	冻结	锁定	颜色	线型	线宽	透明度	打印样式	打印	新视口冻结	说明
✓	0				白	Continuous	—— 默认	0	Color_7			
	文字层				白	Continuous	—— 默认	0	Color_7			
	轴线层				白	Continuous	—— 默认	0	Color_7			

图 8-11　删除图层后的效果

（4）另外，也可以在选择图层后单击右键，选择右键菜单中的【删除图层】选项，也可将图层删除。

☞技巧提示

使用【清理】命令也可以快速删除当前文件中的无用图层。

8.1.4　切换图层

在绘图过程中会经常切换图层，以分别在不同的图层上绘制不同的图形对象，切换图层时可以按照如下步骤操作。

（1）首先打开【图层特性管理器】对话框，然后选择需要切换的图层，使其反白显示，如图 8-12 所示。

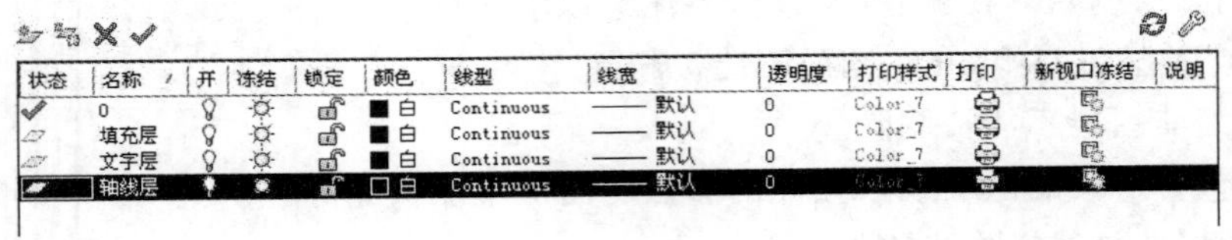

状态	名称	开	冻结	锁定	颜色	线型	线宽	透明度	打印样式	打印	新视口冻结	说明
✓	0				白	Continuous	—— 默认	0	Color_7			
	填充层				白	Continuous	—— 默认	0	Color_7			
	文字层				白	Continuous	—— 默认	0	Color_7			
	轴线层				白	Continuous	—— 默认	0	Color_7			

图 8-12　选择图层

（2）单击【图层特性管理器】对话框中的【置为当前】按钮✓，即可将选择的图层切换为当前图层，此时图层前面的状态图标显示对号"✓"，如图 8-13 所示。

状态	名称	开	冻结	锁定	颜色	线型	线宽	透明度	打印样式	打印	新视口冻结	说明
	0				白	Continuous	—— 默认	0	Color_7			
	填充层				白	Continuous	—— 默认	0	Color_7			
	文字层				白	Continuous	—— 默认	0	Color_7			
✓	轴线层				白	Continuous	—— 默认	0	Color_7			

图 8-13　切换图层

另外，还可以通过以下三种方式切换图层。

第一：选择图层后单击右键，选择右键菜单中的【置为当前】选项。

第二：选择图层后按下键盘上的 Alt+C 组合键，也可以切换图层。

第三：展开【图层】工具栏中的【图层控制】下拉列表，快速切换当前图层。

8.2 图层的特性

在绘图过程中，为了区分不同图层上的图形对象，为每个图层设置不同的颜色、线型和线宽，这样就可以通过设置的图层特性区分和控制不同性质的图形对象。本节主要学习图层常用特性的设置技能。

8.2.1 图层颜色

在创建图层后，一般还需要为图层指定不同的图层特性，本节主要学习图层颜色特性的设置过程，具体操作步骤如下。

(1) 执行【图层】命令，快速创建图 8-14 所示的三个图层。

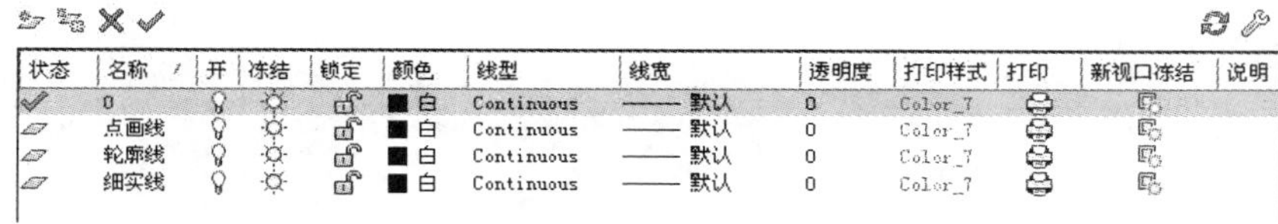

图 8-14　新建图层

(2) 在【图层特性管理器】对话框中单击名为“点画线”的图层，使其处于激活状态，如图 8-15 所示。

(3) 在图 8-15 所示的颜色区域上单击左键，打开【选择颜色】对话框，然后选择图8-16所示的颜色。

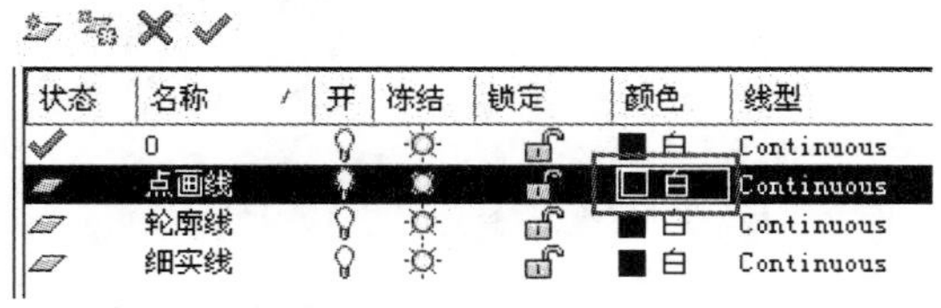

图 8-15　修改图层颜色

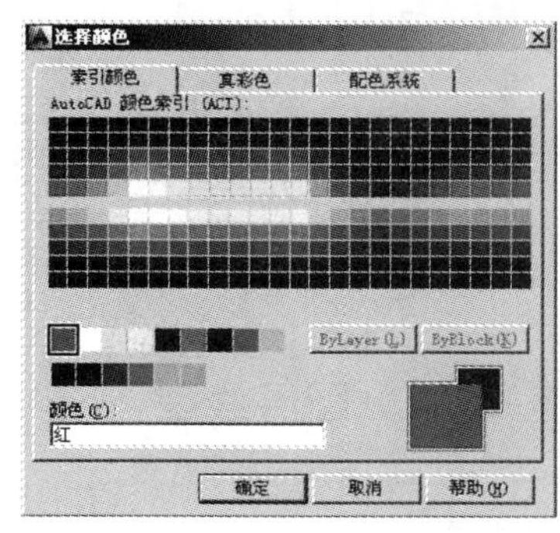

图 8-16　【选择颜色】对话框

(4) 单击【选择颜色】对话框中的 确定 按钮，即可将图层的颜色设置为红色，结果如图 8-17 所示。

(5) 参照上述操作，将“细实线”图层的颜色设置为 102 号色，结果如图 8-18 所示。

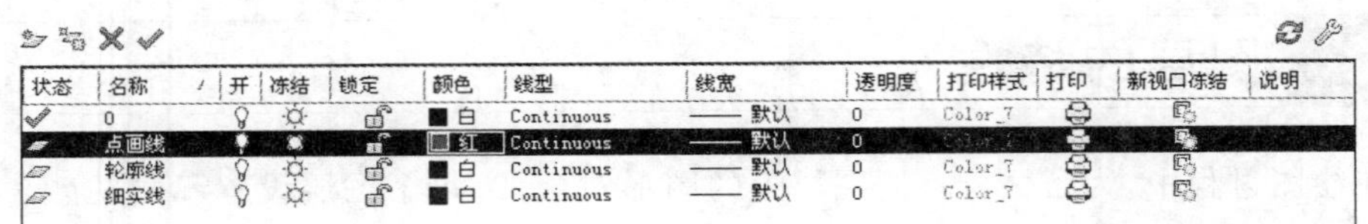

状态	名称	开	冻结	锁定	颜色	线型	线宽	透明度	打印样式	打印	新视口冻结	说明
✓	0				白	Continuous	—— 默认	0	Color_7			
	点画线				红	Continuous	—— 默认	0	Color_1			
	轮廓线				白	Continuous	—— 默认	0	Color_7			
	细实线				白	Continuous	—— 默认	0	Color_7			

图 8-17　设置颜色后的图层

状态	名称	开	冻结	锁定	颜色	线型	线宽	透明度	打印样式	打印	新视口冻结	说明
✓	0				白	Continuous	—— 默认	0	Color_7			
	点画线				红	Continuous	—— 默认	0	Color_1			
	轮廓线				白	Continuous	—— 默认	0	Color_7			
	细实线				102	Continuous	—— 默认	0	Color...			

图 8-18　设置结果

☞技巧提示

用户也可以单击对话框中的【真彩色】和【配色系统】两个选项卡，如图 8-19 和图 8-20 所示，定义自己需要的色彩。

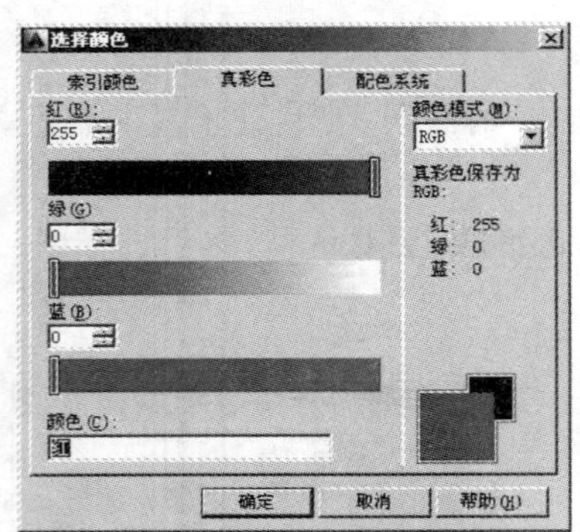

图 8-19　【真彩色】选项卡

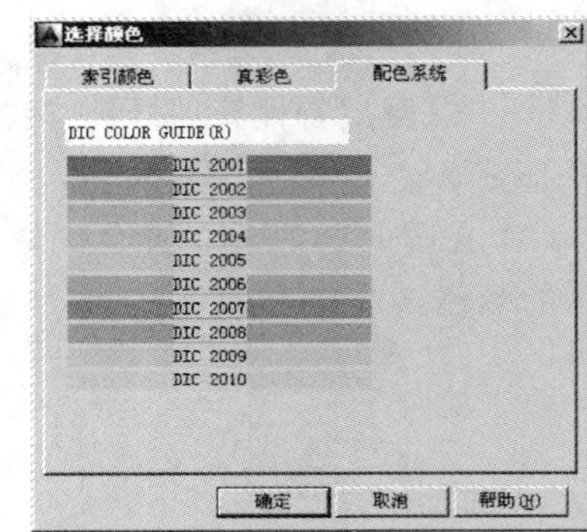

图 8-20　【配色系统】选项卡

8.2.2　图层线型

在默认设置时，系统为用户提供一种“Continuous”线型，用户如果需要使用其他的线型，必须进行加载。本小节主要学习线型的加载和图层线型的设置过程，具体操作步骤如下。

(1) 继续上例操作。

(2) 在【图层特性管理器】对话框中单击名为“点画线”的图层，使其处于激活状态，如图 8-21 所示。

(3) 在如图 8-21 所示的图层位置上单击左键，打开如图 8-22 所示的【选择线型】对话框。

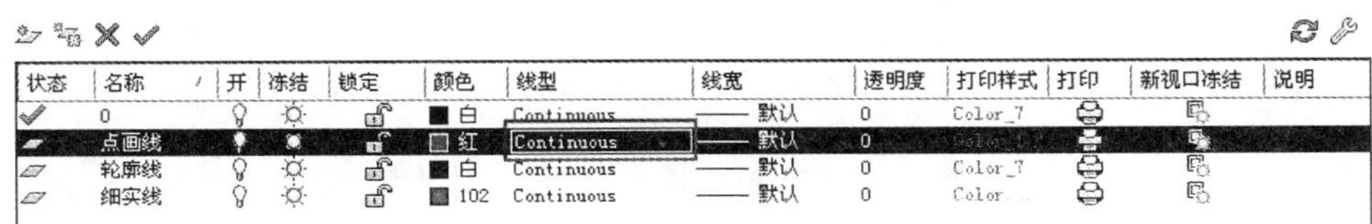

图 8-21　指定单击位置

(4) 在【选择线型】对话框中单击 加载(L)... 按钮，打开【加载或重载线型】对话框，选择"ACAD_IS004W100"线型，如图 8-23 所示。

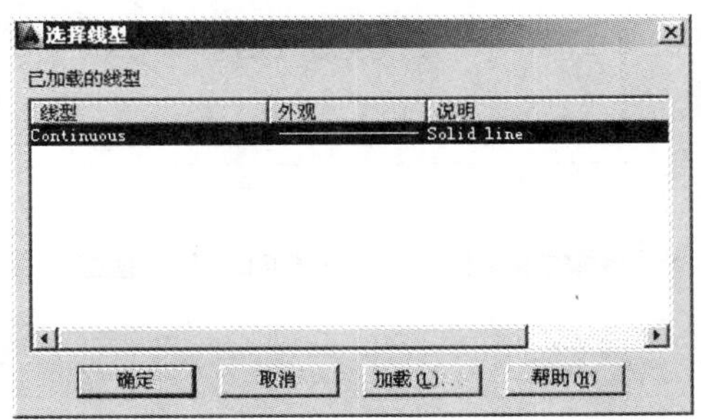

图 8-22　【选择线型】对话框

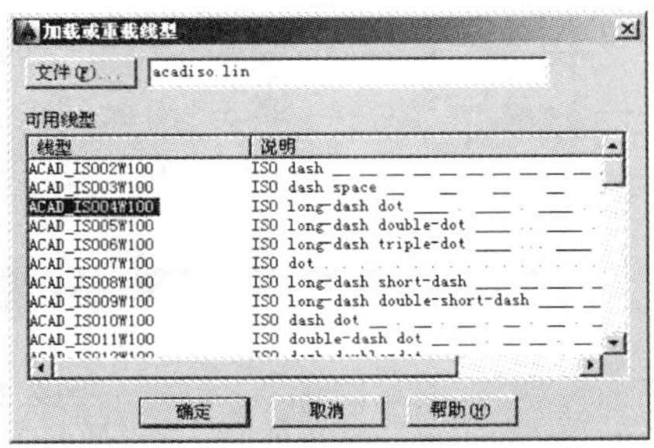

图 8-23　【加载或重载线型】对话框

(5) 单击 确定 按钮，结果选择的线型被加载到【选择线型】对话框内，如图 8-24 所示。

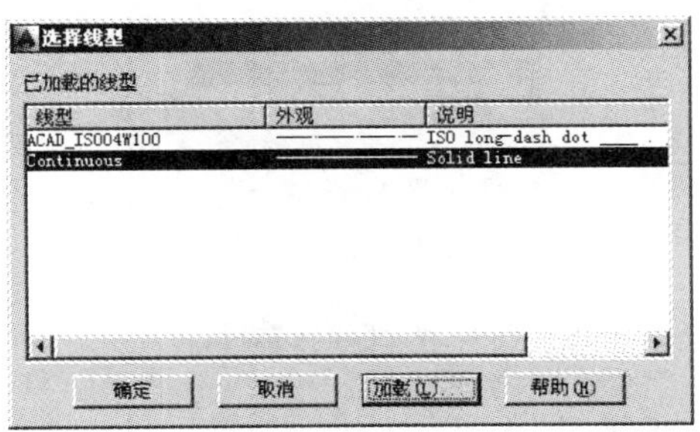

图 8-24　加载线型

(6) 选择刚加载的线型单击 确定 按钮，即将此线型附给当前被选择的图层，结果如图 8-25 所示。

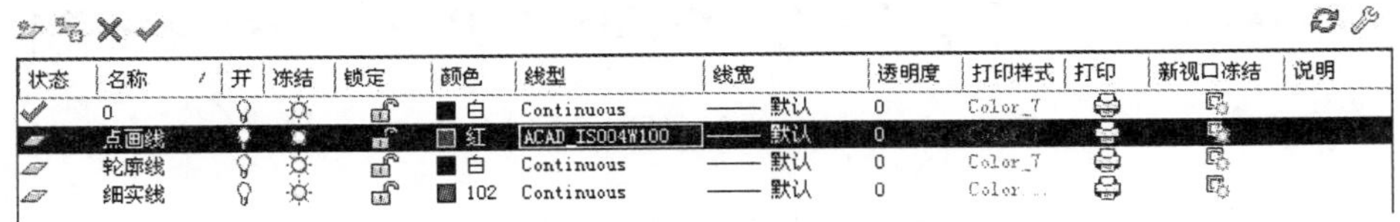

图 8-25　设置线型

8.2.3 图层线宽

在默认设置下图层的线宽为 0.25 mm，用户如果需要使用其他的线宽，必须进行设置。下面通过将“轮廓线”的线宽特性设置为“0.50 mm”，学习图层线宽特性的设置过程。具体操作步骤如下。

（1）继续上节操作。

（2）在【图层特性管理器】对话框中单击“轮廓线”的图层，使其处于激活状态，如图 8-26 所示。

（3）在图 8-26 所示位置单击左键，打开如图 8-27 所示的【线宽】对话框。

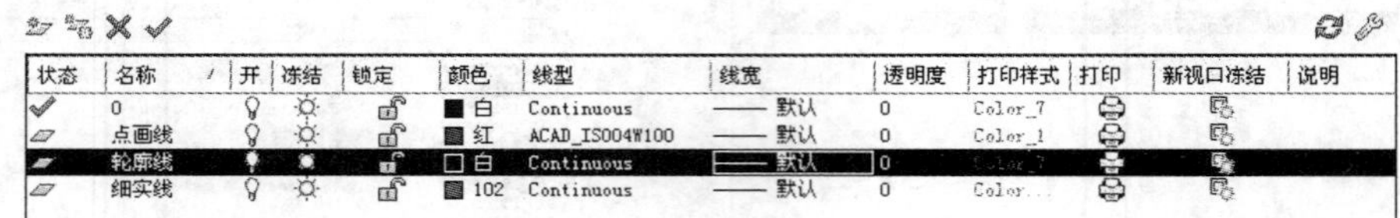

状态	名称	开	冻结	锁定	颜色	线型	线宽	透明度	打印样式	打印	新视口冻结	说明
	0				白	Continuous	默认	0	Color_7			
	点画线				红	ACAD_ISO04W100	默认	0	Color_1			
	轮廓线				白	Continuous	默认	0	Color_7			
	细实线				102	Continuous	默认	0	Color...			

图 8-26　修改图层的线宽

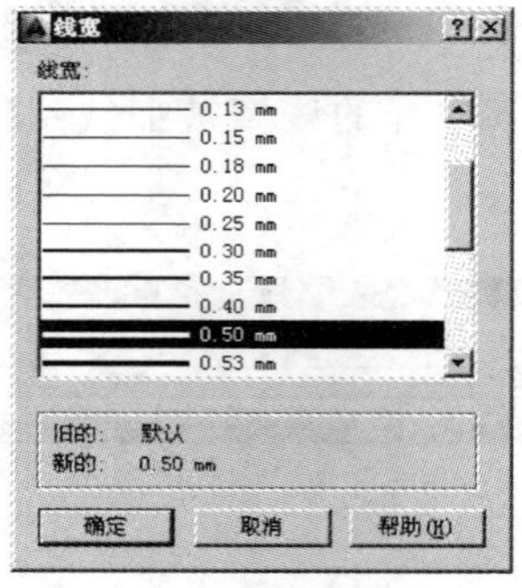

图 8-27　【线宽】对话框

（4）在【线宽】对话框中选择“0.50mm”线宽，然后单击 确定 按钮返回【图层特性管理器】对话框，“轮廓线”图层的线宽被设置为“0.50 mm”，结果如图 8-28 所示。

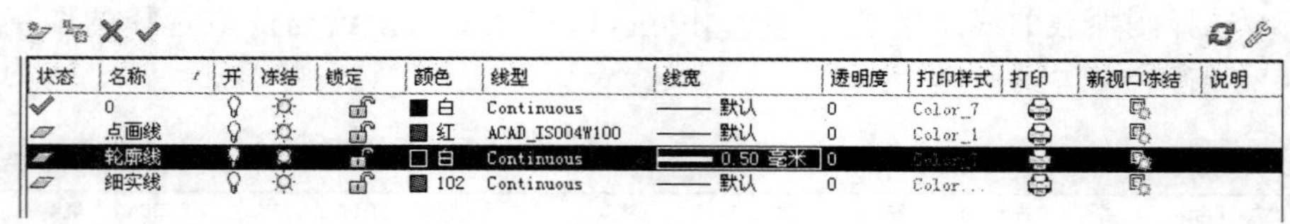

状态	名称	开	冻结	锁定	颜色	线型	线宽	透明度	打印样式	打印	新视口冻结	说明
	0				白	Continuous	默认	0	Color_7			
	点画线				红	ACAD_ISO04W100	默认	0	Color_1			
	轮廓线				白	Continuous	0.50 毫米	0	Color_7			
	细实线				102	Continuous	默认	0	Color...			

图 8-28　设置结果

（5）单击 确定 按钮关闭【图层特性管理器】对话框。

另外，当为图层设置了线宽特性后，还需要打开状态栏上的线宽显示功能，方可显示出图层中图形对象的线宽特性。

8.2.4 图层透明度

默认设置下，图层的透明度值为0，下面通过将“点画线”的透明度设置为80，学习图层透明度的设置过程，具体操作步骤如下。

（1）继续上节操作。

（2）在【图层特性管理器】对话框中选择需要设置透明度特性的“点画线”，使其反白显示。

（3）在“点画线”的透明度区域单击左键，如图8-29所示，打开【图层透明度】对话框。

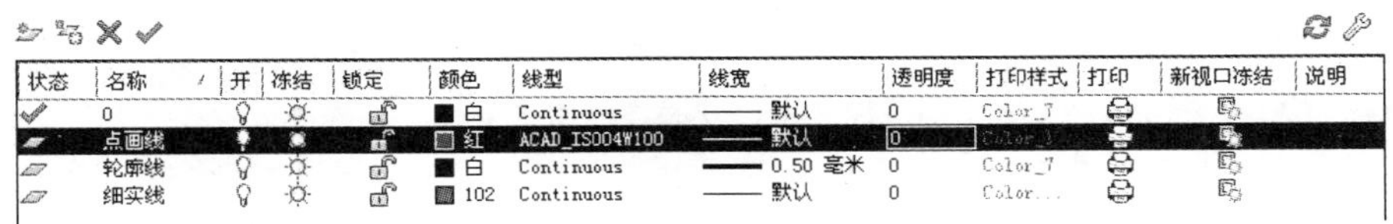

状态	名称	开	冻结	锁定	颜色	线型	线宽	透明度	打印样式	打印	新视口冻结	说明
	0				白	Continuous	默认	0	Color_7			
	点画线				红	ACAD_ISO04W100	默认	0	Color_1			
	轮廓线				白	Continuous	0.50 毫米	0	Color_7			
	细实线				102	Continuous	默认	0	Color...			

图8-29 指定单击位置

（4）在【图层透明度】对话框中设置图层的透明度值为80，如图8-30所示。

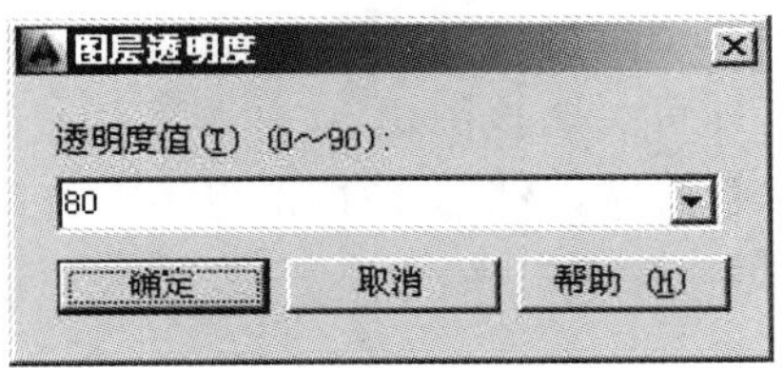

图8-30 设置透明度值

（5）单击 确定 按钮返回【图层特性管理器】对话框，透明度的设置效果如图8-31所示。

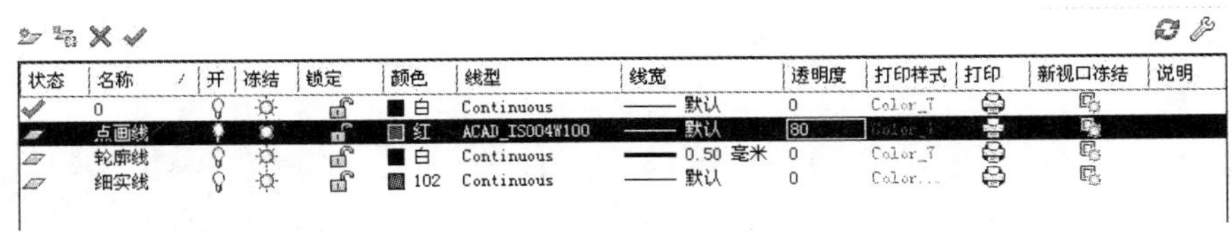

状态	名称	开	冻结	锁定	颜色	线型	线宽	透明度	打印样式	打印	新视口冻结	说明
	0				白	Continuous	默认	0	Color_7			
	点画线				红	ACAD_ISO04W100	默认	80	Color_1			
	轮廓线				白	Continuous	0.50 毫米	0	Color_7			
	细实线				102	Continuous	默认	0	Color...			

图8-31 设置透明度后的效果

另外，当为图层设置了透明度特性后，还需要打开状态栏上的透明度显示功能，方可显示出图层中对象的透明效果。

8.2.5 图层其他特性

除上述的颜色、线型、线宽和透明度特性外，AutoCAD还为用户指定了图层的打印样式特性、图层的打印特性以及图层在新视口的冻结特性等。使用图层的打印样式特性可以控制图层中图形对象的打印样式效果；使用图层的打印效果可以控制图层中图形对象的打印；使用新视口冻结特性则可以控制新建图层在新视口内的冻结状态。

在新建了图层并为图层指定了相应的内部特性后，那么位于图层上的所有图形对象，都会具备该层上的一切特性。

8.3 图层的控制

为了便于对图形资源进行规划和状态控制，AutoCAD 为用户提供了几种图层控制功能，具体有开关、冻结与解冻、锁定与解锁等，如图 8-32 所示。

图 8-32 状态控制图标

8.3.1 开关控制功能

按钮用于控制图层的开关状态。默认状态下的图层都为打开的图层，按钮显示为。当按钮显示为时，位于图层上的对象都是可见的，并且可在该层上进行绘图和修改操作；在按钮上单击左键，即可关闭该图层，按钮显示为（按钮变暗），图层被关闭后，位于图层上的所有图形对象被隐藏，该层上的图形也不能被打印或由绘图仪输出，但重新生成图形时，图层上的实体仍将重新生成。

8.3.2 冻结与解冻

按钮用于在所有视图窗口中冻结或解冻图层。默认状态下图层是被解冻的，按钮显示为；在该按钮上单击左键，按钮显示为，位于该层上的内容不能在屏幕上显示或由绘图仪输出，不能进行重生成、消隐、渲染和打印等操作。

☞技巧提示

关闭与冻结的图层都是不可见和不可以输出的。但被冻结图层不参加运算处理，可以加快视窗缩放、视窗平移和许多其他操作的处理速度，增强对象选择的性能并减少复杂图形的重生成时间。建议冻结长时间不用看到的图层。

8.3.3 在视口中冻结

按钮用于冻结或解冻当前视口中的图形对象，不过它在模型空间内是不可用的，只能在图纸空间内使用此功能。

8.3.4 锁定与解锁

按钮用于锁定图层或解锁图层。默认状态下图层是解锁的，按钮显示为，在此按钮上单击，图层被锁定，按钮显示为，用户只能观察该层上的图形，不能对其编辑和修改，但该层上的图形仍可以显示和输出。

☞技巧提示

当前图层不能被冻结，但可以被关闭和锁定。

8.3.5 图层控制功能的启用

图层控制功能的启用，主要有以下两种方式：

(1) 展开【图层控制】列表，然后单击各图层左端的控制按钮。

(2) 在【图层特性管理器】对话框中选择图层，然后单击相应的控制按钮。

8.4 图层状态管理器

使用【图层状态管理器】命令可以保存图层的状态和特性，一旦保存了图层的状态和特性，可以随时调用和恢复，还可以将图层的状态和特性输出到文件中，然后在另一个图形文件中使用这些设置。

执行【图层状态管理器】命令主要有以下几种方式：

(1) 单击【格式】菜单中的【图层状态管理器】命令。

(2) 单击【图层】工具栏中的按钮。

(3) 在命令行输入 Layerstate 后按 Enter 键。

(4) 在【图层特性管理器】对话框中单击【图层状态管理器】按钮。

使用上述四种方式中的任何一种，都可以打开【图层状态管理器】对话框，如图 8-33 所示。

选项解析

◆ 【图层状态】文本框用于保存当前图形中命名图层的状态、保存它们的空间(模型空间、布局或外部参照)以及说明等。

◆ 【不列出外部参照中的图层状态】复选项用于控制是否显示外部参照中的图层状态。

◆ 新建(N)... 按钮用于定义要保存的新图层状态的名称和说明，单击该按钮，可打开如图 8-34 所示的【要保存的新图层状态】对话框。

◆ 保存(V) 按钮用于保存选定的图层状态。

◆ 编辑(I)... 按钮用于修改选定的图层状态。

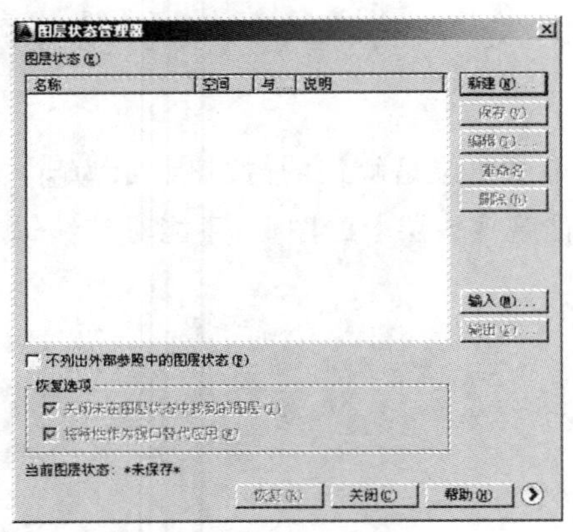

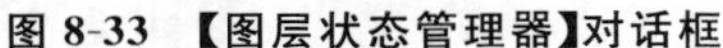

图 8-33 【图层状态管理器】对话框

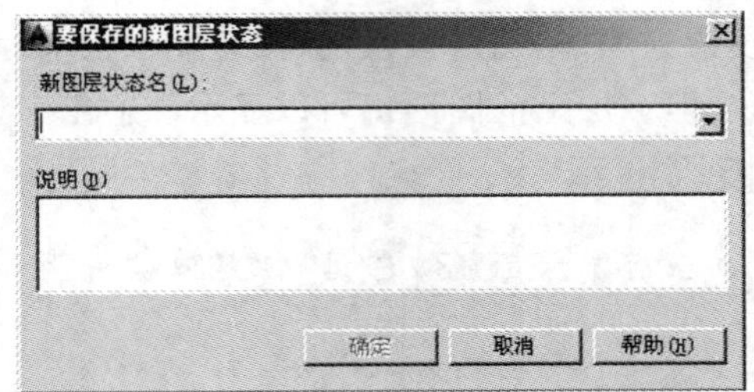

图 8-34 【要保存的新图层状态】对话框

◆ 重命名 按钮用于为选定的图层状态更名。

◆ 删除(D) 按钮用于删除选定的图层状态。

◆ 输入(M)... 按钮用于将先前输出的图层状态“.las”文件加载到当前图形文件中。

◆ 输出(X)... 按钮用于将选定的图层状态保存到图层状态“.las”文件中。

◆ 【恢复选项】选项组用于指定要恢复的图层状态和图层特性设置。

◆ 恢复(R) 按钮用于将图形中所有图层的状态和特性设置恢复为先前保存的设置，仅恢复使用复选框指定的图层状态和特性设置。

8.5 图层的规划管理

在 AutoCAD 中，利用图层可以很方便地管理各种图形对象，本节主要学习图层的匹配、隔离、漫游以及状态控制等功能，以便对图层进行管理、控制和切换。

8.5.1 图层的匹配

【图层匹配】命令用于将选定对象的图层更改为目标图层上。执行此命令主要有以下几种方式：

(1) 单击菜单【格式】/【图层工具】/【图层匹配】命令。

(2) 单击【图层Ⅱ】工具栏或【图层】面板上的按钮。

(3) 在命令行输入 Laymch 后按 Enter 键。

下面通过简单实例学习【图层匹配】命令的使用方法和技巧，具体操作步骤如下。

(1) 执行【图层】命令，设置图 8-35 所示的三个图层。

(2) 在“中心线”图层上绘制一个长度为 240、宽度为 120 的矩形，如图 8-36 所示。

状态	名称	开	冻结	锁定	颜色	线型	线宽	透明度	打印样式	打印	新视口冻结	说明
✓	0				白	Continuous	—— 默认	0	Color_7			
	中心线				红	CENTER	—— 默认	0	Color_1			
	隐藏线				洋红	DASHED	—— 默认	0	Color_6			
	轮廓线				白	Continuous	—— 0.30 毫米	0	Color_7			

图 8-35 设置新图层

图 8-36 绘制矩形

(3) 执行【图层匹配】命令，将矩形所在层更改为“隐藏线”。命令行操作如下。

命令：_laymch

选择要更改的对象： //选择矩形

选择对象： //↙，结束选择

选择目标图层上的对象或[名称(N)]： //n↙，打开如图 8-37 所示的【更改到图层】对话框

(4) 在【更改到图层】对话框中双击“隐藏线”，结果矩形被更改到图层“隐藏线”上，此时图形的显示效果如图 8-38 所示。

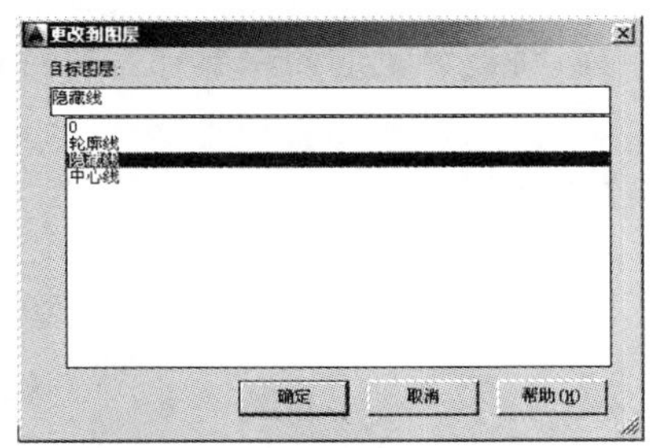

图 8-37 【更改到图层】对话框

图 8-38 图层更改后的效果

☞技巧提示

如果单击【更改为当前图层】按钮，可以将选定对象的图层更改为当前图层；如果单击【将对象复制到新图层】按钮，可以将选定的对象复制到其他图层。

8.5.2 图层的隔离

【图层隔离】命令用于将选定对象的图层之外的所有图层都锁定，如图 8-39 所示。执行此命令主要有以下几种方式：

（1）单击菜单【格式】/【图层工具】/【图层隔离】命令。

（2）单击【图层Ⅱ】工具栏或【图层】面板上的按钮。

（3）在命令行输入 Layiso 后按 Enter 键。

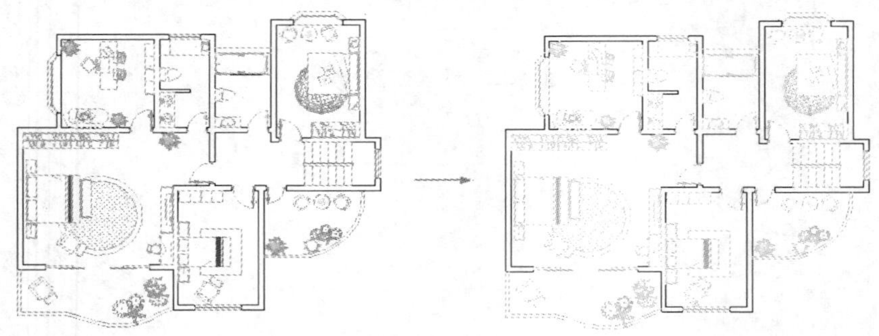

图 8-39　隔离墙线所在的图层

激活【图层隔离】命令后，其命令行操作如下。

命令：_layiso

当前设置：锁定图层，Fade=50

选择要隔离的图层上的对象或［设置(S)］：//选择任一位置的墙线，将墙线所在的图层进行隔离

选择要隔离的图层上的对象或［设置(S)］：//↙，结果除墙线层外的所有图层均被锁定，如图 8-39（右）所示

隔离图层墙线层

另外，使用【取消图层隔离】命令可以取消图层的隔离，将被锁定的图层解锁。执行此命令主要有以下几种方式：

（1）单击菜单【格式】/【图层工具】/【取消图层隔离】命令。

（2）单击【图层Ⅱ】工具栏上的按钮。

（3）在命令行输入 Layuniso 后按 Enter 键。

8.5.3　图层的漫游

【图层漫游…】命令用于将选定对象的图层之外的所有图层都关闭。执行此命令主要有以下几种方式：

（1）单击菜单【格式】/【图层工具】/【图层漫游…】命令。

（2）单击【图层Ⅱ】工具栏或【图层】面板上的按钮。

（3）在命令行输入 Laywalk 后按 Enter 键。

下面通过典型实例学习【图层漫游…】命令的使用方法和操作技巧。具体操作步骤如下。

（1）打开随书光盘中的“\素材文件\图层漫游.dwg”文件，如图 8-40 所示。

（2）单击菜单【格式】/【图层工具】/【图层漫游…】命令，打开如图 8-41 所示的【图层

漫游】对话框。

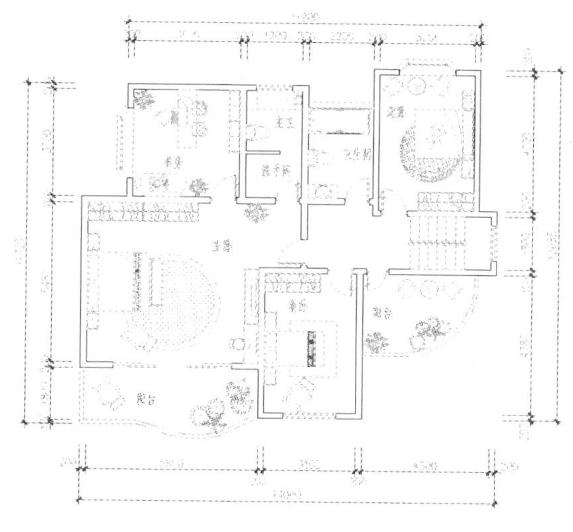

图 8-40　打开结果

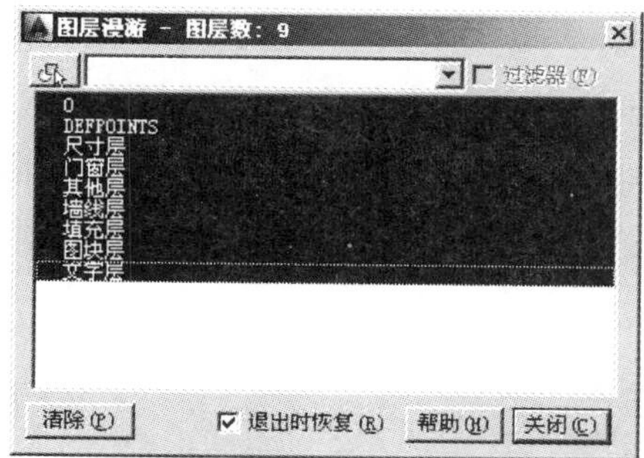

图 8-41　【图层漫游】对话框

☞技巧提示

【图层漫游】对话框列表中反白显示的图层，表示当前被打开的图层；反之，则表示当前被关闭的图层。

（3）在【图层漫游】对话框中单击“墙线层”，结果除“墙线层”外的所有图层都被关闭，如图 8-42 所示。

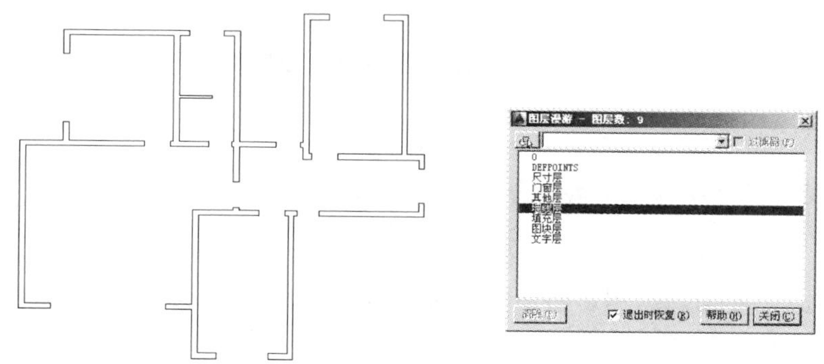

图 8-42　图层漫游的预览效果 1

☞技巧提示

在【图层漫游】对话框列表中的图层上双击左键后，结果此图层被视为“总图层”，在图层前端自动添加一个星号。

（4）在“墙线层”和“门窗层”两个图层上分别双击左键，结果除这两个图层之外的所有图层都被关闭，如图 8-43 所示。

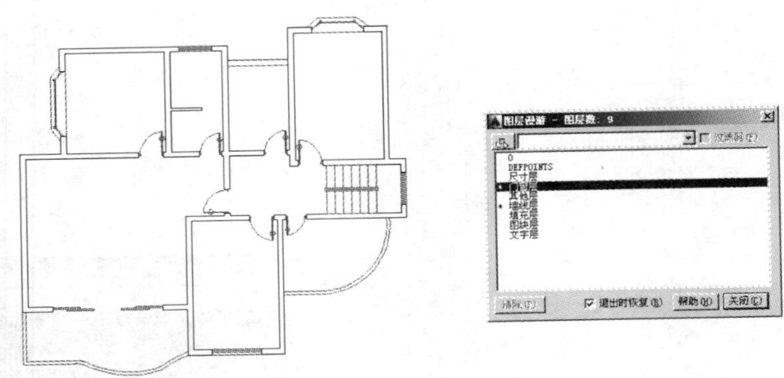

图 8-43　图层漫游的预览效果 2

(5) 在"图块层"上双击左键，结果除这三个图层之外的所有图层都被关闭，如图 8-44 所示。

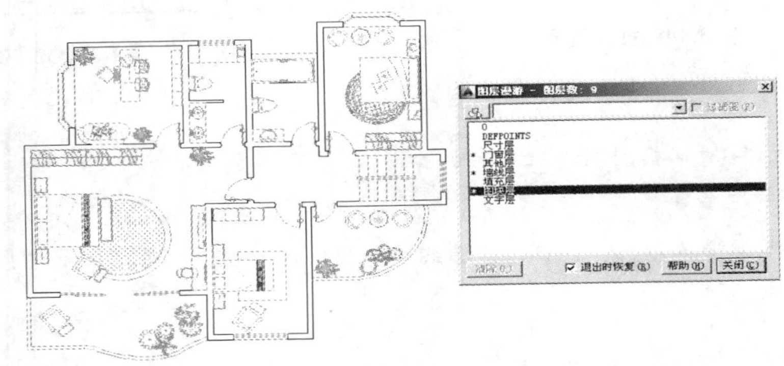

图 8-44　图层漫游的预览效果 3

☞技巧提示

在【图层漫游】对话框中的图层列表内单击右键，从右键菜单中可以进行更多的操作。

(6) 单击 关闭(C) 按钮，图形将恢复原来的显示状态；如果选中"退出时恢复"复选项，那么图形将显示漫游时的显示状态。

8.5.4 更改为当前图层

【更改为当前图层】命令用于将选定对象的图层特性更改为当前图层。使用此命令可以将在错误的图层上创建的对象更改到当前图层上，并保持当前图层的一切特性。执行【更改为当前图层】命令主要有以下几种方式：

(1) 单击菜单【格式】/【图层工具】/【更改为当前图层】命令。

(2) 单击【图层 Ⅱ】工具栏或【图层】面板上的按钮。

(3) 在命令行输入 Laycur 后按 Enter 键。

8.6 本章小结

图层是 AutoCAD 中广泛使用的一种重要功能，充分利用图层可以规划管理图形资源，提高制图的速度以及修改的灵活性。通过本章的学习，应重点掌握以下知识：

(1) 图层是规划和组织复杂图形的便捷工具，在理解图层概念及功能的前提下，重点掌握图层的具体设置、更名、删除以及切换等技能。

(2) 掌握图层的开关、冻结与解冻、锁定与解锁等控制功能；

(3) 掌握图层内部特性的设置技能以及图层的过滤功能；

(4) 掌握图层的匹配、隔离、漫游等综合管理技能，以更加方便灵活地规划、控制和管理图形资源。

第9章 资源共享与查询

为了方便读者快速、高效地绘制设计图样，还需要了解和掌握一些高级制图功能，如设计中心、工具选项板、特性、快速选择等，灵活掌握这些高级制图功能，能使读者更加方便地对图形资源进行查看、共享、组合和完善等。本章学习内容如下：

◎ 设计中心
◎ 工具选项板
◎ 特性与特性匹配
◎ 查询图形信息
◎ 快速选择
◎ 实例指导——图形的规划管理与特性编辑
◎ 本章小结

9.1 设计中心

【设计中心】命令与 Windows 的资源管理器界面功能相似，其窗口如图 9-1 所示。此命令主要用于对 AutoCAD 的图形资源进行管理、查看与共享等，是一个直观、高效的制图工具。

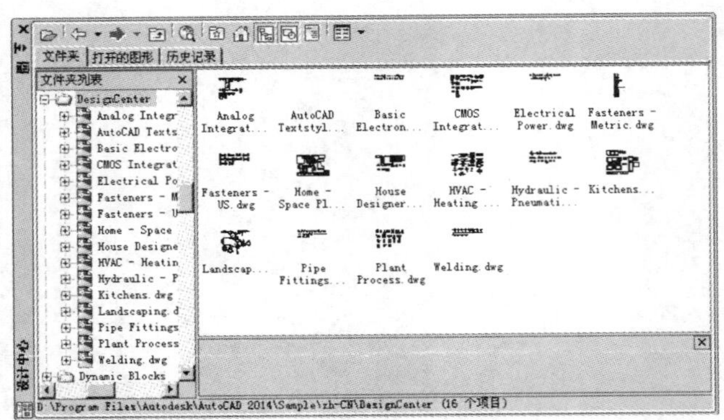

图 9-1 【设计中心】窗口

执行【设计中心】命令主要有以下几种方式：

(1) 单击菜单【工具】/【选项板】/【设计中心】命令。

(2) 单击【标准】工具栏或【选项板】面板上的按钮。

（3）在命令行输入 Adcenter 后按 Enter 键。

（4）使用快捷键 ADC 键。

（5）按组合键 Ctrl＋2。

9.1.1 设计中心窗口概述

如图 9-1 所示的【设计中心】窗口，共包括【文件夹】、【打开的图形】、【历史记录】三个选项卡，分别用于显示计算机和网络驱动器上的文件与文件夹的层次结构、打开图形的列表、历史记录等，具体如下。

（1）在【文件夹】选项卡中，左侧为树状管理视窗，用于显示计算机或网络驱动器中文件和文件夹的层次关系；右侧为控制面板，用于显示在左侧树状视窗中选定文件的内容。

（2）【打开的图形】选项卡用于显示 AutoCAD 任务中当前所有打开的图形，包括最小化的图形。

（3）【历史记录】选项卡用于显示最近在设计中心打开的文件的列表。它可以显示【浏览 Web】对话框最近连接过的 20 条地址的记录。

选项解析

◆ 单击【加载】按钮，将弹出【加载】对话框，以方便浏览本地和网络驱动器或 Web 上的文件，然后选择内容加载到内容区域。

◆ 单击【上一级】按钮，将显示活动容器的上一级容器的内容。容器可以是文件夹，也可以是一个图形文件。

◆ 单击【搜索】按钮，可弹出【搜索】对话框，用于指定搜索条件，查找图形、块以及图形中的非图形对象，如线型、图层等，还可以将搜索到的对象添加到当前文件中，为当前图形文件所使用。

◆ 单击【收藏夹】按钮，将在设计中心右侧窗口中显示“Autodesk Favorites”文件夹内容。

◆ 单击【主页】按钮，系统将从设计中心返回到默认文件夹。安装时，默认文件夹被设置为“...\Sample\DesignCenter”。

◆ 单击【树状图切换】按钮，设计中心左侧将显示或隐藏树状管理视窗。如果在绘图区域中需要更多空间，可以单击该按钮隐藏树状管理视窗。

◆ 【预览】按钮用于显示和隐藏图像的预览框。当预览框被打开时，在上部的面板中选择一个项目，则在预览框内将显示出该项目的预览图像。如果选定项目没有保存的预览图像，则该预览框为空。

◆ 【说明】按钮用于显示和隐藏选定项目的文字信息。

9.1.2 设计中心的资源查看功能

通过【设计中心】窗口，不但可以方便地查看本机或网络机上的 AutoCAD 资源，还可以单独将选择的 CAD 文件打开。具体操作步骤如下。

(1) 执行【设计中心】命令,打开【设计中心】窗口。

(2) 查看文件夹资源。在左侧的树状窗口中定位并展开需要查看的文件夹,那么在设计中心右侧的窗口中,即可查看该文件夹中的所有图形资源,如图 9-1 所示。

(3) 查看文件内部资源。在左侧树状窗口中定位需要查看的文件,在右侧窗口中即可显示出文件内部的所有资源,如图 9-2 所示。

图 9-2 查看文件内部资源

(4) 如果用户需要进一步查看某一类内部资源,如文件内部的所有图块,可以在右侧窗口中双击块的图标,即可显示出所有的图块,如图 9-3 所示。

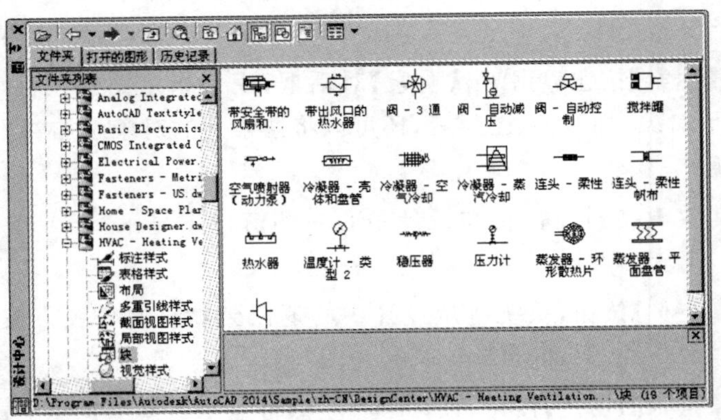

图 9-3 查看块资源

(5) 打开 CAD 文件。如果用户需要打开某 CAD 文件,可以在该文件图标上单击右键,然后选择右键菜单上的【在应用程序窗口中打开】选项,即可打开此文件,如图 9-4 所示。

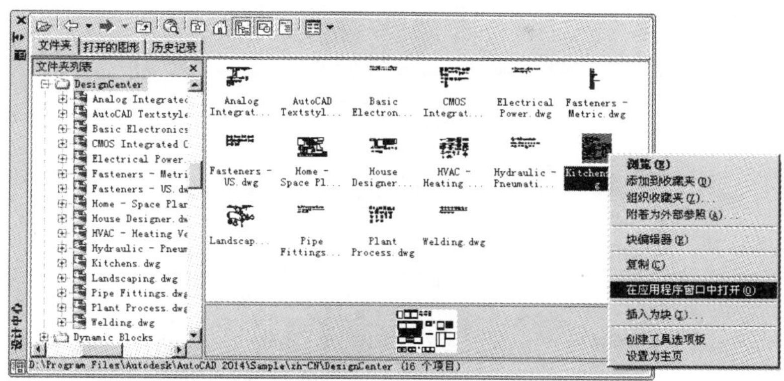

图 9-4 图标右键菜单

☞技巧提示

在窗口中按住Ctrl键定位文件，按住左键不动将其拖动到绘图区域，即可打开此图形文件；第二，将图形图标从设计中心直接拖拽到应用程序窗口，或绘图区域以外的任何位置，即可打开此图形文件。

9.1.3 设计中心的资源共享功能

在【设计中心】窗口中不但可以查看本机上的所有设计资源，还可以将有用的图形资源以及图形的一些内部资源应用到自己的图纸中。具体操作步骤如下。

(1) 在左侧树状窗口中查找并定位所需文件的上一级文件夹，然后在右侧窗口中定位所需文件。

(2) 此时在此文件图标上单击右键，从弹出的右键菜单中选择【插入为块】选项，如图9-5所示。

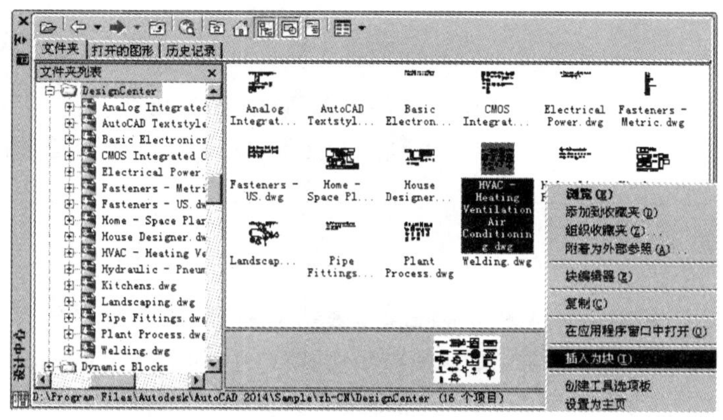

图 9-5 图标右键菜单

(3) 此时打开如图9-6所示的【插入】对话框，根据实际需要设置参数，然后单击

确定 按钮，即可将选择的图形以块的形式共享到当前文件中。

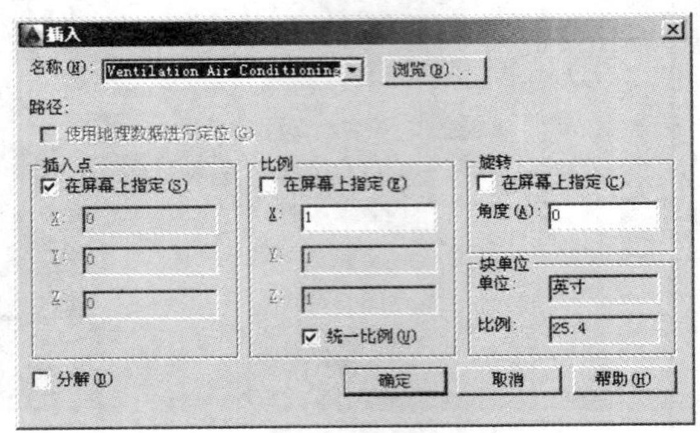

图 9-6 【插入】对话框

（4）共享文件内部资源。定位并打开所需文件的内部资源，打开如图 9-7 所示文件内部的图块资源。

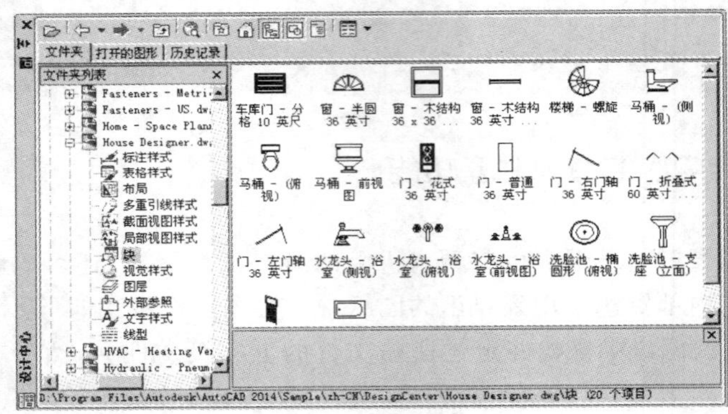

图 9-7 浏览图块资源

☞技巧提示

另外，用户也可以共享图形文件内部的文字样式、尺寸样式、图层以及线型等资源。

（5）在设计中心右侧窗口中选择文件的内部资源，如图块，然后单击右键，从弹出的右键菜单中选择如图 9-8 所示的【插入块】选项，就可以将此图块插入当前图形文件中。

9.2 工具选项板

工具选项板用于组织、共享图形资源和高效执行命令等，其窗口包含一系列选项板，这些选项板以选项卡的形式分布在【工具选项板】窗口中，如图 9-9 所示。

执行【工具选项板】命令主要有以下几种方式：

（1）单击菜单【工具】/【选项板】/【工具选项板】命令。

（2）单击【标准】工具栏或【选项板】面板上的 按钮。

（3）在命令行输入 Toolpalettes 后按 Enter 键。

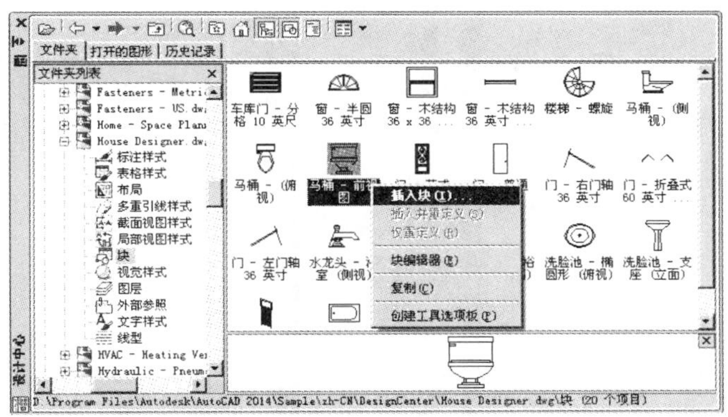

图 9-8　选择内部资源

(4) 按组合键 Ctrl+3。

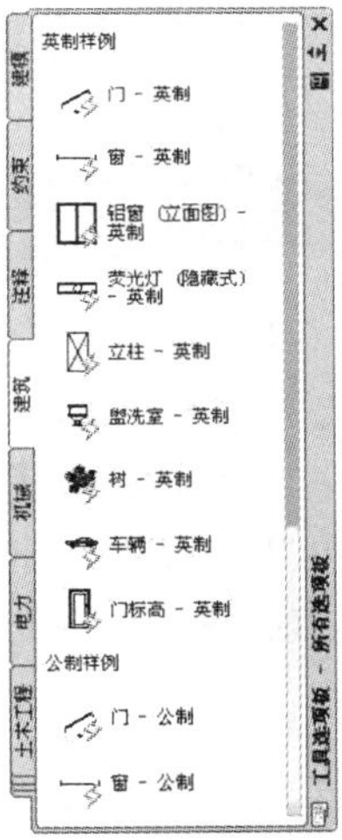

9.2.1　工具选项板概述

执行【工具选项板】命令后，可打开图 9-9 所示的【工具选项板】窗口，该窗口主要由各选项卡和标题栏两部分组成，在窗口标题栏上单击右键，可打开标题栏菜单以控制窗口及工具选项卡的显示状态等。

在选项板中单击右键，可打开如图 9-10 所示的右键菜单，通过此右键菜单，也可以控制工具面板的显示状态、透明度，还可以很方便地创建、删除和重命名工具面板等。

图 9-9　【工具选项板】窗口

9.2.2　工具选项板的应用

下面以向图形中插入图块及填充图案为例，学习【工具选项板】命令的使用方法。

(1) 单击【标准】工具栏或【选项板】面板上的按钮，打开【工具选项板】窗口，然后展开【建筑】选项卡，选择如图 9-11 所示图例。

(2) 在选择的图例上单击左键，然后在命令行“指定插入点或［基点(B)/比例(S)/X/Y/Z/旋转(R)］:”提示下，在绘图区拾取一点，将此图例插入当前文件内，结果如图 9-12 所示。

☞技巧提示

用户也可以将光标定位到所需图例上，然后按住左键不放，将其拖入当前图形中。

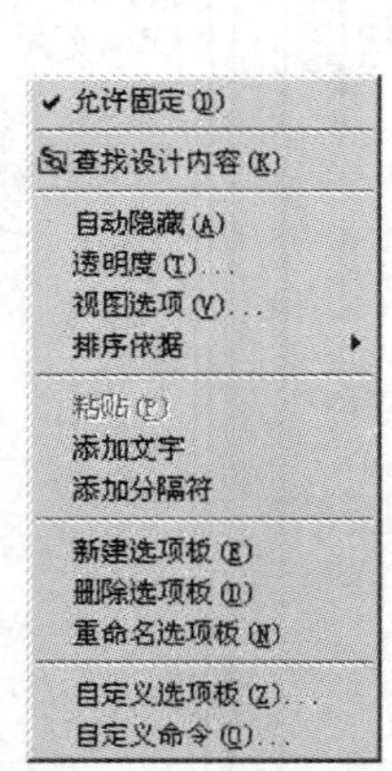

图 9-10　面板右键菜单

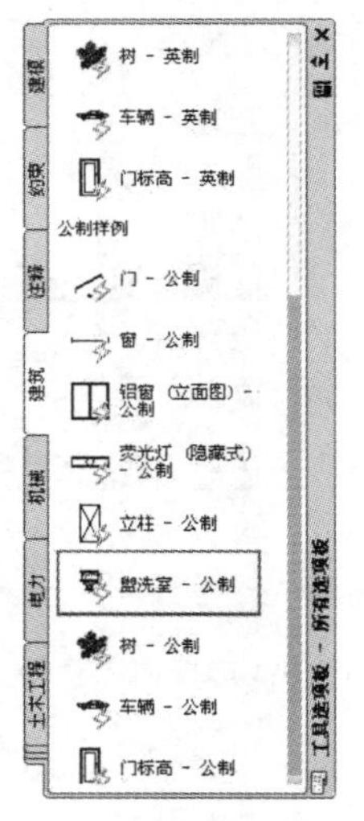

图 9-11　【建筑】选项卡

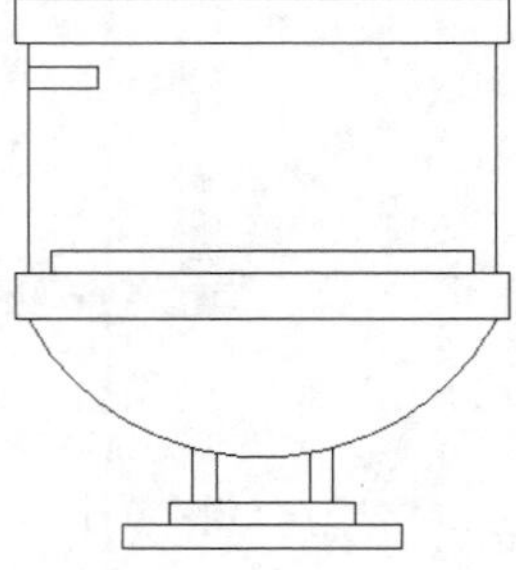

图 9-12　插入结果

9.2.3　工具选项板的定义

用户可以根据需要自定义选项板中的内容以及创建新的工具选项板，下面将通过具体实例学习此功能。具体操作步骤如下。

（1）首先打开【设计中心】窗口和【工具选项板】窗口。

（2）在【设计中心】窗口中定位需要添加到选项板中的图形，然后按住左键将选择的内容直接拖到选项板中，即可添加这些项目，如图 9-13 所示，添加结果如图 9-14 所示。

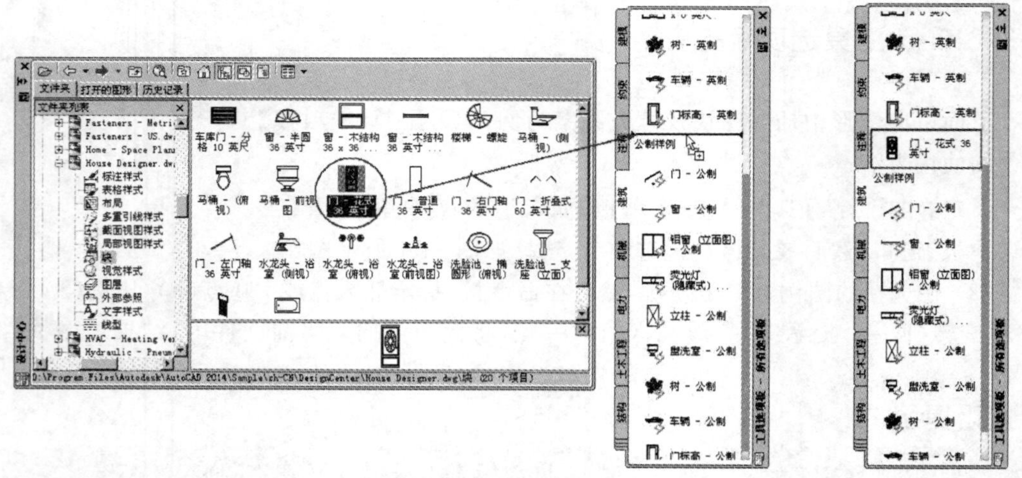

图 9-13　向工具选项板中添加内容

图 9-14　添加结果

（3）定义选项板。在【设计中心】左侧窗口中选择文件夹，然后单击右键，选择如图 9-15所示的【创建块的工具选项板】选项。

(4) 系统将此文件夹中的所有图形文件创建为新的工具选项板，选项板名称为文件的名称，如图 9-16 所示。

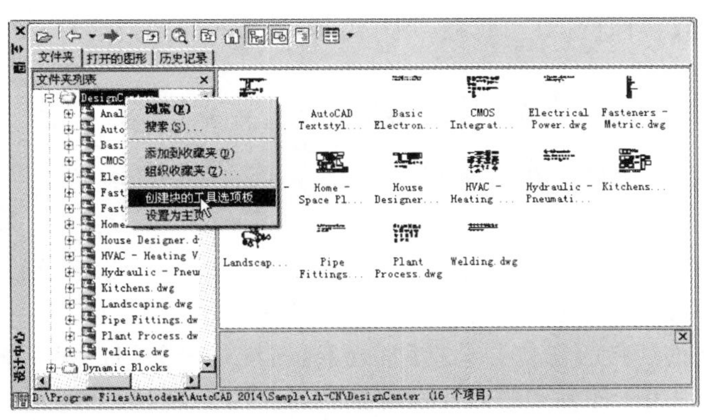

图 9-15 定位文件

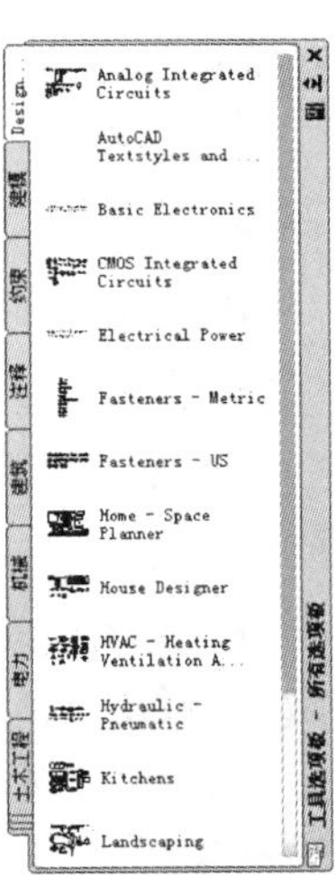

图 9-16 定义选项板

9.3 特性与特性匹配

本节学习【特性】和【特性匹配】两个命令，以方便用户查看和修改图形对象的内部特性，达到快速修整和完善图形的目的。如图 9-17 所示的窗口为【特性】窗口，此窗口可以显示出每一种 CAD 图元的基本特性、几何特性以及其他特性等，用户可以通过此窗口，查看和修改图形对象的内部特性。

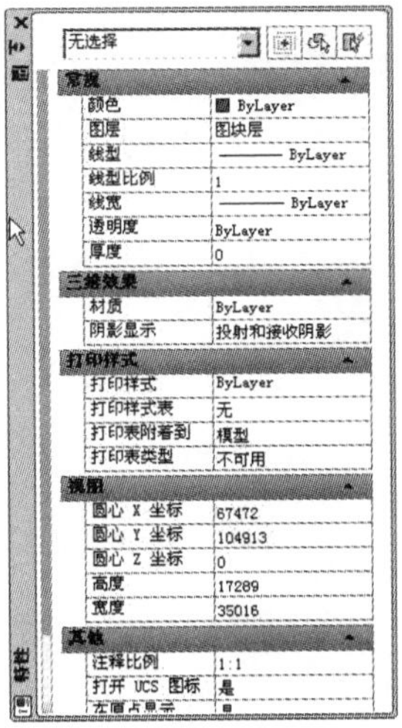

执行【特性】命令主要有以下几种方式：

(1) 单击菜单【工具】/【选项板】/【特性】命令。

(2) 单击菜单【修改】/【特性】命令。

(3) 单击【标准】工具栏上的按钮。

(4) 在命令行输入 Properties 后按 Enter 键。

(5) 使用快捷键 PR。

(6) 按组合键 Ctrl+1。

图 9-17 【特性】窗口

9.3.1 特性面板

1. 标题栏

标题栏位于窗口的一侧，其中按钮用于控制特性窗口的显示与隐藏状态；单击标题栏底端的按钮，可弹出一个按钮菜单，用于改变特性窗口的尺寸大小、位置以及窗口的显示与否等。

☞技巧提示

在标题栏上按住左键不放，可以将【特性】窗口拖至绘图区的任意位置；双击左键，可以将此窗口固定在绘图区的一端。

2. 工具栏

无选择 为【特性】窗口工具栏，用于显示被选择的图形名称，以及用于构建新的选择集。其中：

(1) 无选择 下拉列表框用于显示当前绘图窗口中所有被选择的图形名称。

(2) 按钮用于切换系统变量 PICKADD 的参数值。

(3)【快速选择】按钮用于快速构造选择集。

(4)【选择对象】按钮用于在绘图区选择一个或多个对象，敲击 Enter 键，选择的图形对象名称及所包含的实体特性都显示在【特性】窗口内，以便对其进行编辑。

(5)【特性】窗口。系统默认的【特性】窗口共包括【常规】、【三维效果】、【打印样式】、【视图】和【其他】五个组合框，分别用于控制和修改所选对象的各种特性。

9.3.2 编辑特性

下面通过典型的实例学习【特性】命令的使用方法和编辑技巧。具体操作步骤如下。

(1) 新建绘图文件，并绘制长度为 200、宽度为 120 的矩形。

(2) 单击【视图】菜单中的【三维视图】/【东南等轴测】命令，将视图切换为东南视图，如图 9-18 所示。

(3) 在无命令执行的前提下单击刚绘制的矩形，使其夹点显示，如图 9-19 所示。

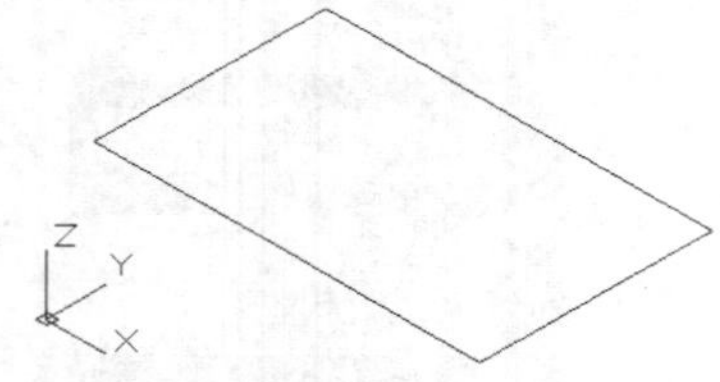

图 9-18 切换视图

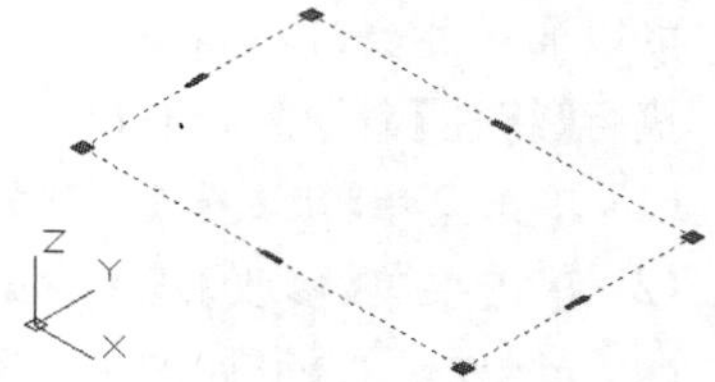

图 9-19 夹点效果

(4) 打开【特性】窗口，然后在【厚度】选项上单击左键，此时该选项以输入框形式显示，然后输入厚度值 100，如图 9-20 所示。

(5) 敲击 Enter 键，矩形的厚度被修改为 100，如图 9-21 所示。

(6) 在【全局宽度】选项框内单击左键，输入 25，修改边的宽度参数，如图 9-22 所示。

(7) 关闭【特性】窗口，取消图形夹点，修改结果如图 9-23 所示。

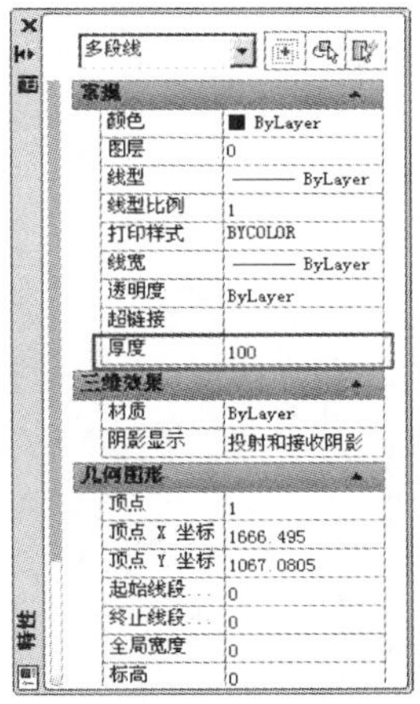

图 9-20 修改厚度特性

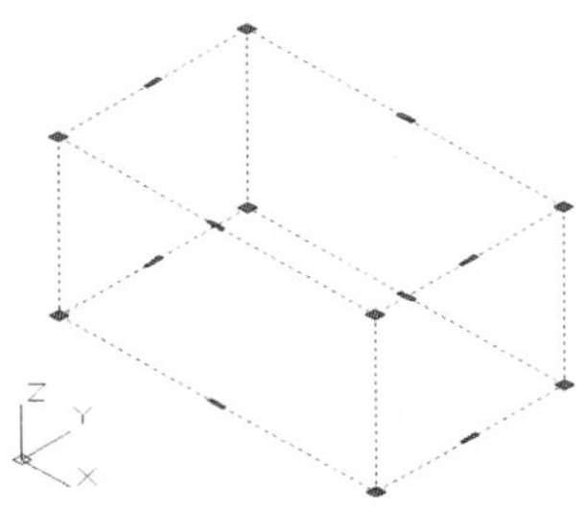

图 9-21 修改后的效果

图 9-22 修改宽度特性

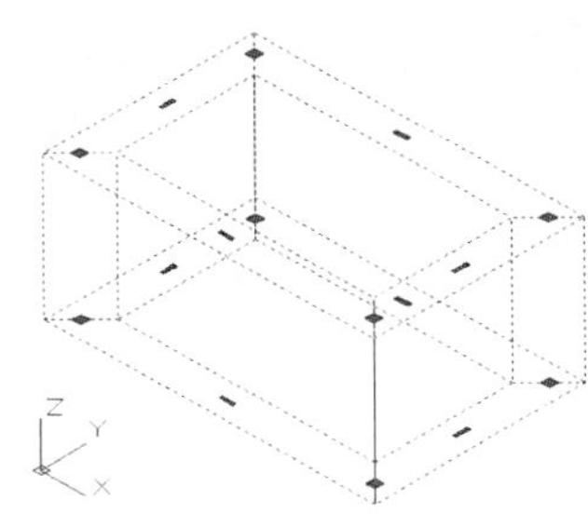

图 9-23 消隐效果

9.3.3 特性匹配

【特性匹配】命令主要用于将图形对象的某些内部特性匹配给其他图形，使这些图形拥有相同的内部特性。

执行【特性匹配】命令主要有以下几种方式：

(1) 单击菜单【修改】/【特性匹配】命令。

(2) 单击【标准】工具栏或【特性】面板上的按钮。

(3) 在命令行输入 Matchprop 后按 Enter 键。

(4) 使用快捷键 MA。

下面通过匹配尺寸的内部特性，学习【特性匹配】命令的使用方法和操作技巧。命令行操作如下。

命令：ma

MATCHPROP 选择源对象： //选择如图 9-24 所示的尺寸

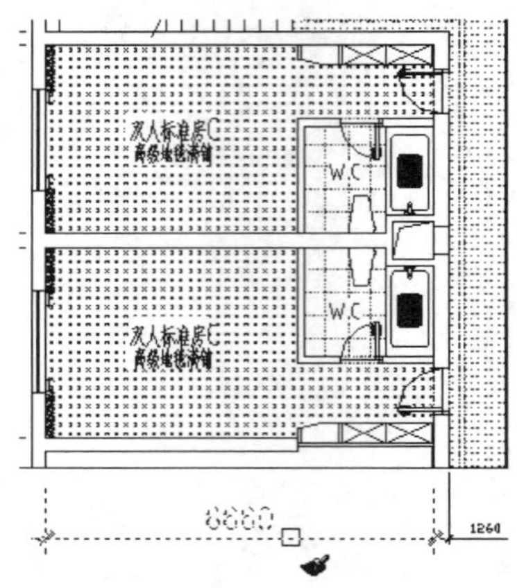

图 9-24　选择源对象

当前活动设置：颜色 图层 线型 线型比例 线宽 透明度 厚度 打印样式 标注 文字 图案填充 多段线 视口 表格 材质 阴影显示 多重引线

选择目标对象或 [设置(S)]： //窗交选择如图 9-25 所示的尺寸

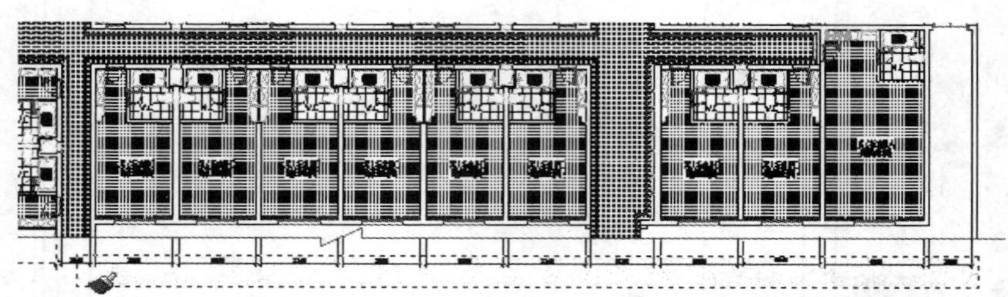

图 9-25　选择目标对象

选择目标对象或 [设置(S)]： //窗交选择如图 9-26 所示的尺寸

选择目标对象或 [设置(S)]： //↙，匹配结果如图 9-27 所示

选项解析

◆ 【设置】选项用于设置需要匹配的对象特性。在命令行“选择目标对象或 [设置(S)]：”提示下，输入 S 并敲击 Enter 键，可打开如图 9-28 所示的【特性设置】对话框，用户可以根据自己的需要选择需要匹配的基本特性和特殊特性。在默认设置下，AutoCAD 将匹配此对话框中的所有特性，如果用户需要有选择性地匹配某些特性，可以在此对话框内进行设置。

◆ 【颜色】和【图层】选项适用于除 OLE(对象链接嵌入)对象之外的所有对象；【线型】选项适用于除了属性、图案填充、多行文字、OLE 对象、点和视口之外的所有对象；【线型比例】选项适用于除了属性、图案填充、多行文字、OLE 对象、点和视口之外的所有对象。

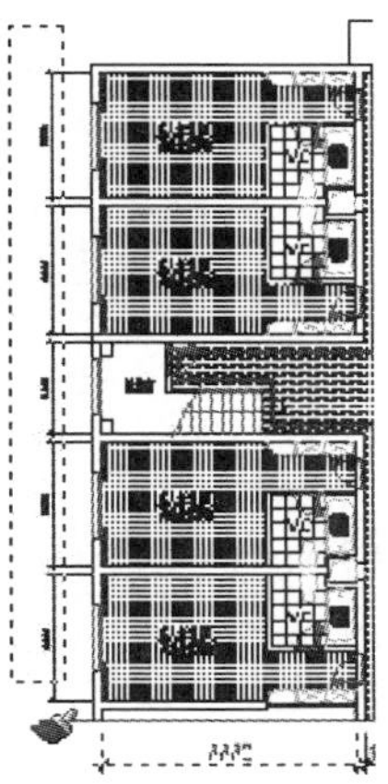

图 9-26　窗交选择

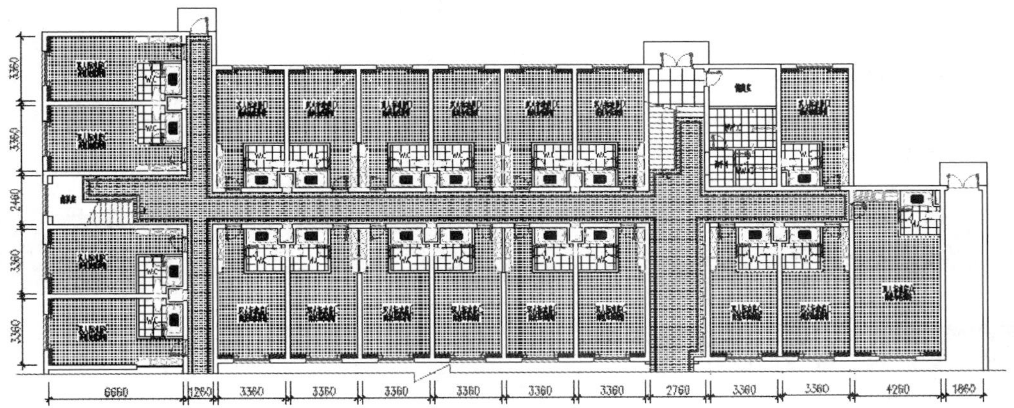

图 9-27　匹配结果

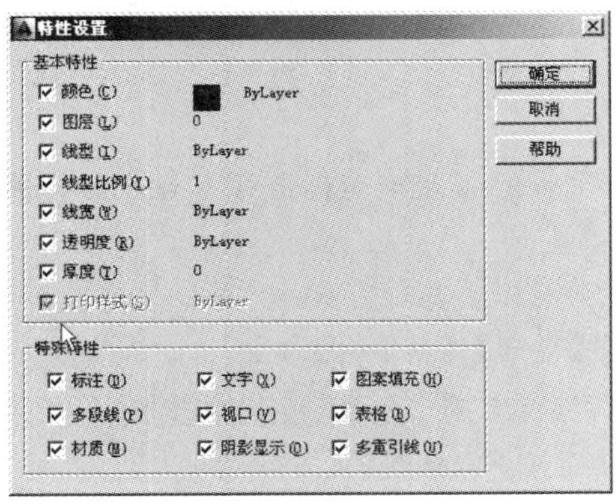

图 9-28　【特性设置】对话框

9.3.4 快捷特性

使用【快捷特性】命令可以非常方便地查看和修改对象的内部特性。在此功能开启的前提下，用户只需选择一个对象，它的内部特性便会以面板的形式显示出来，以供查看和编辑，如图 9-29 所示。

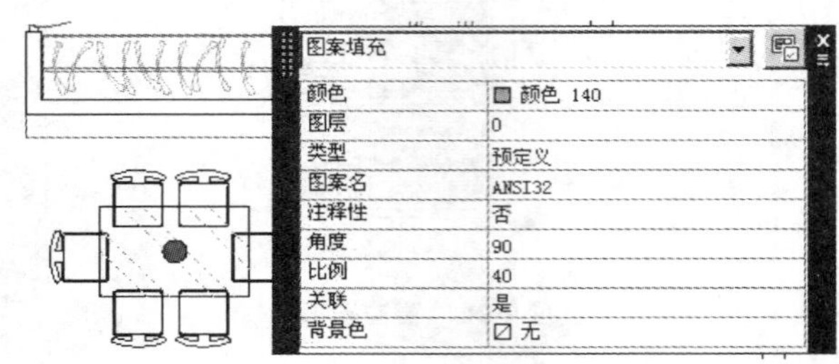

图 9-29 【快捷特性】面板

用户只需单击状态栏上的按钮，或按下组合键 Ctrl＋Shift＋P，就可以激活【快捷特性】命令，一旦选择了图形对象之后，便会打开【快捷特性】面板。

☞**技巧提示**

用户如果需要在【快捷特性】面板中查看和修改对象更多的特性，可以通过【CUI】命令在【自定义用户界面】面板内重新定义。

9.4 查询图形信息

本节主要学习图形信息的几个查询工具，具体有【点坐标】、【距离】、【面积】和【列表】四个命令。

9.4.1 点坐标

【点坐标】命令用于查询点的 X 轴向坐标值和 Y 轴向坐标值，所查询出的坐标值为点的绝对坐标值。

执行【点坐标】命令主要有以下几种方式：

(1) 单击菜单【工具】/【查询】/【点坐标】命令。

(2) 单击【查询】工具栏或【实用工具】面板上的按钮。

(3) 在命令行输入 Id 后按 Enter 键。

【点坐标】命令的命令行提示如下。

命令：_Id

指定点： //捕捉需要查询的坐标点

AutoCAD 报告如下信息：

X = <X 坐标值>　　Y = <Y 坐标值>　　Z = <Z 坐标值>

9.4.2 距离

【距离】命令用于查询任意两点之间的距离，还可以查询两点的连线与 X 轴或 XY 平面的夹角等参数信息。

执行【距离】命令主要有以下几种方式：

(1) 单击菜单【工具】/【查询】/【距离】命令。

(2) 单击【查询】工具栏或【实用工具】面板上的按钮。

(3) 在命令行输入 Dist 或 Measuregeom 后按 Enter 键。

(4) 使用快捷键 DI。

绘制长度为 200、角度为 30 的线段，然后执行【距离】命令，即可查询出线段的相关几何信息。命令行操作如下。

命令：_MEASUREGEOM

输入选项 [距离(D)/半径(R)/角度(A)/面积(AR)/体积(V)] <距离>：_distance

指定第一点：　//捕捉线段的下端点

指定第二个点或 [多个点(M)]：　//捕捉线段的上端点

查询结果：

距离=200.0000，　XY 平面中的倾角=30，　与 XY 平面的夹角=0

X 增量=173.2051，　Y 增量=100.0000，　Z 增量=0.0000

输入选项 [距离(D)/半径(R)/角度(A)/面积(AR)/体积(V)/退出(X)] <距离>：//X↙，退出命令

其中："距离"表示所拾取的两点之间的实际长度；

"XY 平面中的倾角"表示所拾取的两点连线与 X 轴正方向的夹角；

"与 XY 平面的夹角"表示所拾取的两点连线与当前坐标系 XY 平面的夹角；

"X 增量"表示所拾取的两点在 X 轴方向上的坐标差；

"Y 增量"表示所拾取的两点在 Y 轴方向上的坐标差。

选项解析

- 【半径】选项用于查询圆弧或圆的半径、直径等。
- 【角度】选项用于查询圆弧、圆或直线等对象的角度。
- 【面积】选项用于查询单个封闭对象或由若干点围成区域的面积及周长等。
- 【体积】选项用于查询对象的体积。

9.4.3 面积

【面积】命令主要用于查询单个对象或由多个对象所围成的闭合区域的面积以及周长等。

执行【面积】命令主要有以下几种方式：

(1) 单击菜单【工具】/【查询】/【面积】命令。

(2) 单击【查询】工具栏或【实用工具】面板上的按钮。

(3) 在命令行输入 Measuregeom 或 Area 后按 Enter 键。

下面通过查询正六边形的面积和周长,学习【面积】命令的使用方法和操作技巧。具体操作步骤如下。

(1) 新建文件,并绘制边长为 150 的正六边形。

(2) 单击【查询】工具栏按钮,激活【面积】命令,查询正六边形的面积和周长。操作过程如下。

命令:_MEASUREGEOM

输入选项[距离(D)/半径(R)/角度(A)/面积(AR)/体积(V)]<距离>:_area

指定第一个角点或[对象(O)/增加面积(A)/减少面积(S)/退出(X)]<对象(O)>: //捕捉正六边形左上角点

指定下一个点或[圆弧(A)/长度(L)/放弃(U)]: //捕捉正六边形左角点

指定下一个点或[圆弧(A)/长度(L)/放弃(U)]: //捕捉正六边形左下角点

指定下一个点或[圆弧(A)/长度(L)/放弃(U)/总计(T)]<总计>: //捕捉正六边形右下角点

指定下一个点或[圆弧(A)/长度(L)/放弃(U)/总计(T)]<总计>: //捕捉正六边形右角点

指定下一个点或[圆弧(A)/长度(L)/放弃(U)/总计(T)]<总计>: //捕捉正六边形右上角点

指定下一个点或[圆弧(A)/长度(L)/放弃(U)/总计(T)]<总计>: //↙,结束面积的查询过程

查询结果:

面积=58456.7148, 周长=900.0000

(3) 最后在命令行"输入选项[距离(D)/半径(R)/角度(A)/面积(AR)/体积(V)/退出(X)]<面积>:"提示下,输入 x 并按 Enter 键,结束命令。

选项解析

◆ 【对象】选项用于查询单个闭合图形的面积和周长,如圆、椭圆、矩形、多边形、面域等。另外,使用此选项也可以查询由多段线或样条曲线所围成的区域的面积和周长。

◆ 【增加面积】选项主要用于将新选图形实体的面积加入总面积中,此功能属于面积的加法运算。另外,如果用户需要执行面积的加法运算,必须先要将当前的操作模式转换为加法运算模式。

◆ 【减少面积】选项用于将所选实体的面积从总面积中减去,此功能属于面积的减法运算。另外,如果用户需要执行面积的减法运算,必须先要将当前的操作模式转换为减法运算模式。

☞技巧提示

对于具有宽度的多段线或样条曲线，AutoCAD将按其中心线计算面积和周长；对于非封闭的多段线或样条曲线，AutoCAD将假想已有一条直线连接多段线或样条曲线的首尾，然后计算该封闭框架的面积，但周长并不包括那条假想的连线，即周长是多段线的实际长度。

9.4.4 列表

【列表】命令用于查询图形所包含的众多的内部信息，如图层、面积、点坐标以及其他的空间等特性参数。

执行【列表】命令主要有以下几种方式：

(1) 单击菜单【工具】/【查询】/【列表】命令。

(2) 单击【查询】工具栏或【实用工具】面板上的按钮。

(3) 在命令行输入 List 后按 Enter 键。

(4) 使用快捷键 LI 或 LS。

当执行【列表】命令后，选择需要查询信息的图形对象，AutoCAD会自动切换到文本窗口，并滚动显示所有选择对象的有关特性参数。下面学习使用【列表】命令，具体操作步骤如下。

(1) 新建文件并绘制半径为100的圆。

(2) 单击【查询】工具栏上的按钮，激活【列表】命令。

(3) 在命令行"选择对象："提示下，选择刚绘制的圆。

(4) 继续在命令行"选择对象："提示下，敲击 Enter 键，系统将以文本窗口的形式直观地显示所查询出的信息，如图 9-30 所示。

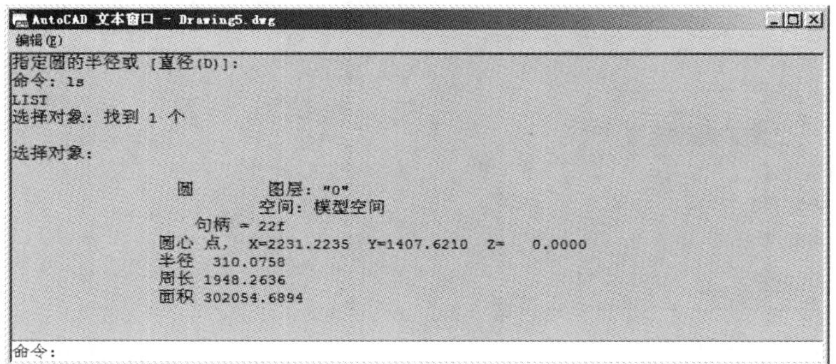

图 9-30 查询结果

9.5 快速选择

【快速选择】命令是一个快速构造选择集的高效制图工具，此工具用于根据图形的类型、图层、颜色、线型、线宽等属性设定过滤条件，AutoCAD 将自动进行筛选，最终过滤出符合设定条件的所有图形对象。

执行【快速选择】命令主要有以下几种方式：

(1) 单击菜单【工具】/【快速选择】命令。

(2) 在命令行输入 Qselect 后按 Enter 键。

(3) 在绘图区单击右键，选择右键菜单中的【快速选择】选项。

(4) 单击【常用】选项卡/【实用工具】面板上的按钮。

9.5.1 快速选择实例

下面通过典型的实例，学习【快速选择】命令的使用方法和操作技巧。具体操作步骤如下。

(1) 打开随书光盘中的"\效果文件\第 6 章\实例指导.dwg"。

(2) 单击【常用】选项卡/【实用工具】面板上的按钮，打开【快速选择】对话框。

(3)【特性】文本框属于三级过滤功能，用于按照目标对象的内部特性设定过滤参数，在此选择"图层"。

(4) 单击【值】下拉列表，在展开的下拉列表中选择"尺寸层"，其他参数使用默认设置，如图 9-31 所示。

(5) 单击 确定 按钮，结果所有符合过滤条件的图形都被选择，如图 9-32 所示。

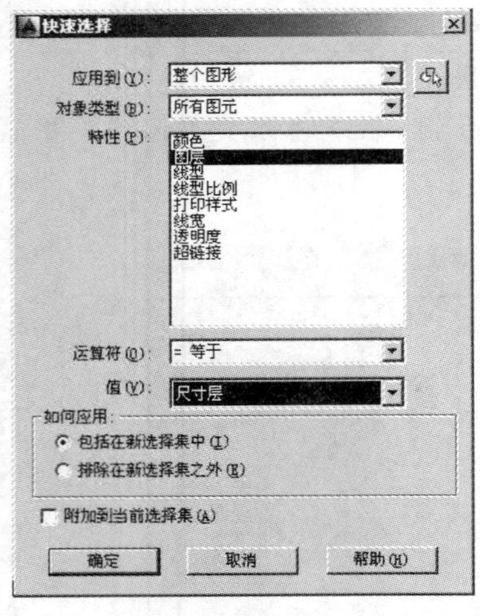

图 9-31 设置过滤条件

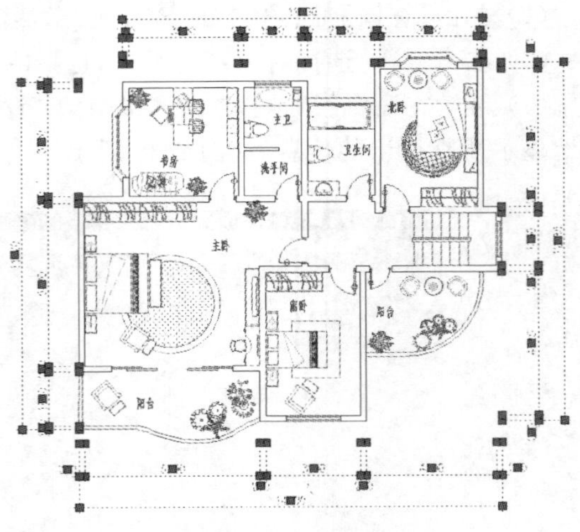

图 9-32 选择结果

(6) 按下 Delete 键，将选择的对象删除。

(7) 重复执行【快速选择】命令，设置过滤参数如图 9-33 所示，选择当前图形中的块参照，选择结果如图 9-34 所示。

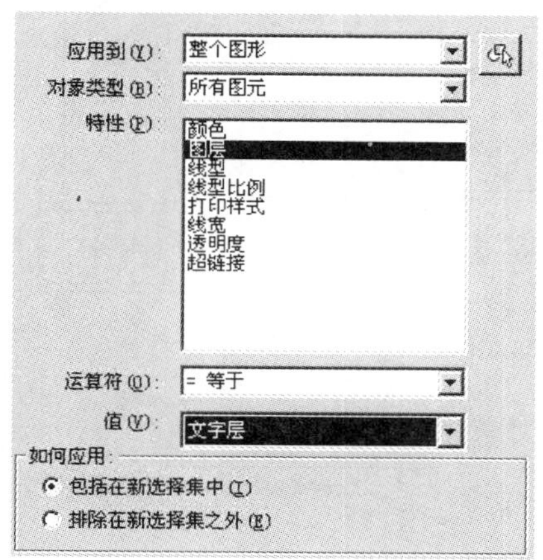

图 9-33　设置过滤条件

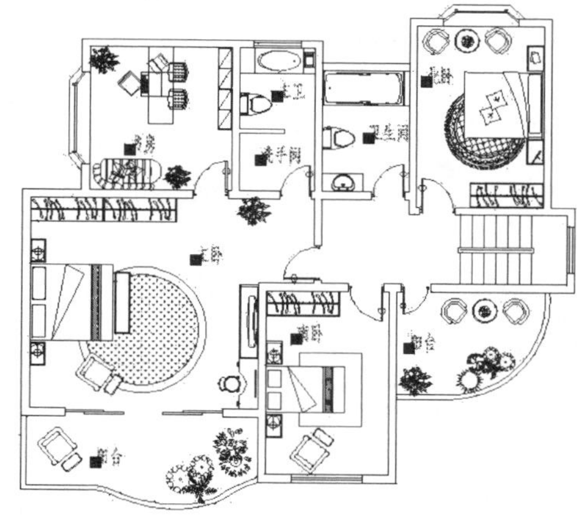

图 9-34　选择结果

(8) 按下 Delete 键,将选择的对象删除,也可以使用快捷键 E 激活【删除】命令,删除夹点显示的对象,结果如图 9-35 所示。

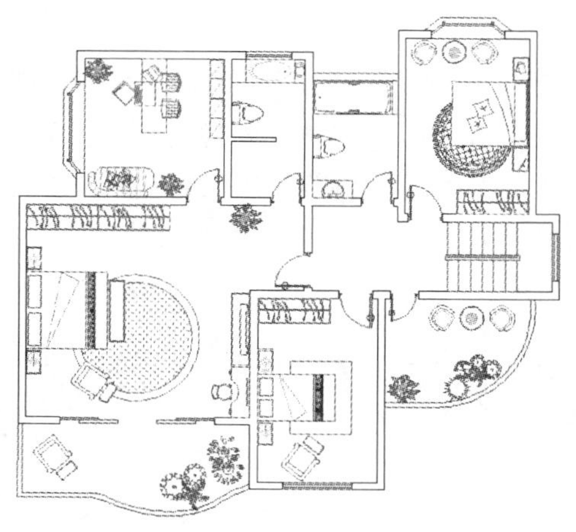

图 9-35　删除结果

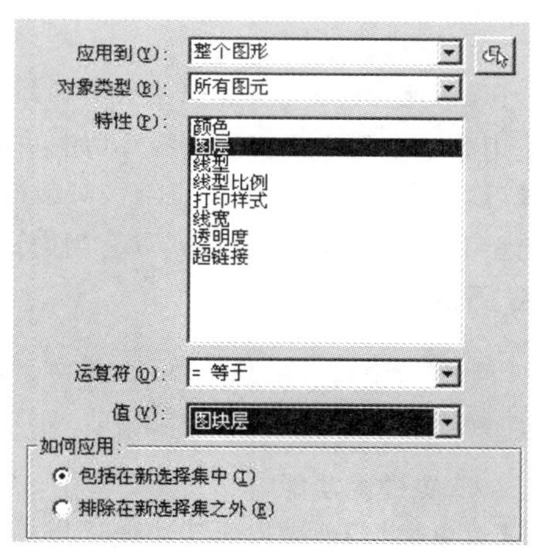

图 9-36　设置过滤条件

(9) 重复执行【快速选择】命令,设置过滤参数如图 9-36 所示,选择当前图形中的块参照,选择结果如图 9-37 所示。

(10) 按下 Delete 键,将选择的对象删除,也可以使用快捷键 E 激活【删除】命令,删除夹点显示的对象,结果如图 9-38 所示。

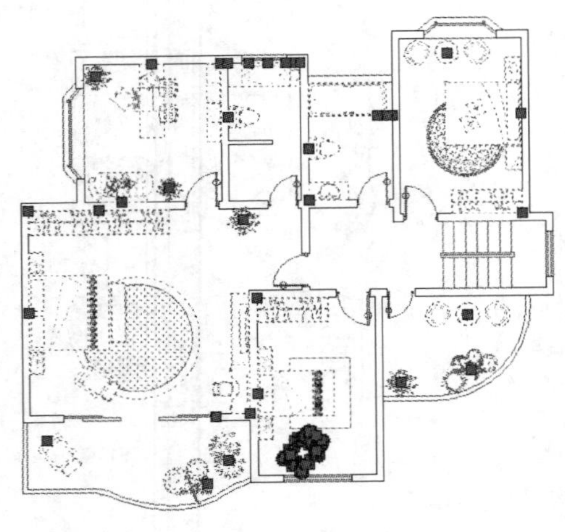

图 9-37 选择结果

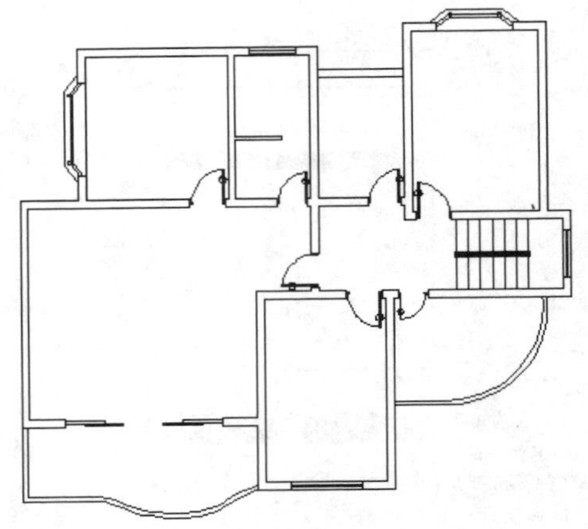

图 9-38 删除结果

9.5.2 过滤参数解析

1. **一级过滤功能**

在【快速选择】对话框中，【应用到】列表框属于一级过滤功能，用于指定是否将过滤条件应用到整个图形或当前选择集(如果存在的话)，此时使用【选择对象】按钮完成对象选择后，敲击 Enter 键重新显示该对话框。AutoCAD 将【应用到】设置为【当前选择】，对当前已有的选择集进行过滤，只有当前选择集中符合过滤条件的对象才能被选择。

技巧提示

如果已选定对话框下方的【附加到当前选择集】，那么 AutoCAD 会将该过滤条件应用到整个图形，并将符合过滤条件的对象添加到当前选择集中。

2. **二级过滤功能**

【对象类型】列表框属于快速选择的二级过滤功能，用于指定要包含在过滤条件中的对象类型。如果过滤条件正应用于整个图形，那么【对象类型】列表包含全部的对象类型，包括自定义；否则，该列表只包含选定对象的对象类型。

技巧提示

默认时指整个图形或当前选择集的"所有图元"，用户也可以选择某一特定的对象类型，如"直线"或"圆"等，系统将根据选择的对象类型来确定选择集。

3. **三级过滤功能**

【特性】文本框属于快速选择的三级过滤功能，三级过滤功能共包括【特性】、【运算符】和【值】三个选项，分别如下。

(1)【特性】选项用于指定过滤器的对象特性。在此文本框内包括选定对象类型的所有可搜索特性，选定的特性确定【运算符】和【值】中的可用选项。例如在【对象类型】下拉文本框中选择圆，【特性】窗口的列表框中就列出了圆的所有特性，从中选择一种用户需要的对象的共同特性。

(2)【运算符】下拉列表用于控制过滤器值的范围。根据选定的对象属性,其过滤的值的范围分别是"＝等于"、"＜＞不等于"、"＞大于"、"＜小于"和"＊通配符匹配"。对于某些特性"大于"和"小于"选项不可用。

☞技巧提示

"＊通配符匹配"只能用于可编辑的文字字段。

(3)【值】列表框用于指定过滤器的特性值。如果选定对象的已知值可用,那么"值"成为一个列表,可以从中选择一个值;如果选定对象的已知值不存在或者没有达到绘图的要求,就可以在【值】文本框中输入一个值。

4.【如何应用】选项组

(1)【包括在新选择集中】单选项用于指定是否将符合过滤条件的对象包括在新选择集内或是排除在新选择集之外。

(2)【附加到当前选择集】复选项用于指定创建的选择集是替换当前选择集还是附加到当前选择集。

(3)【排除在新选择集之外】单选项用于将符合过滤条件的对象排除在新选择集之外。

9.6 实例指导——图形的规划管理与特性编辑

本例通过对某复杂工程图进行规划管理与修改完善,主要对【图层】、【设计中心】、【特性】、【特性匹配】、【快速选择】等多种高效制图工具进行综合练习和巩固应用。本例效果如图9-39所示。

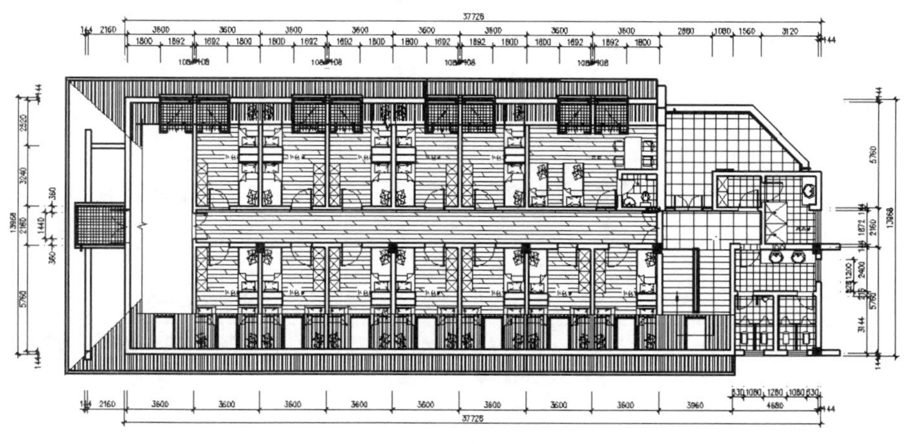

图9-39 实例效果

操作步骤如下所述。

(1) 打开随书光盘中的"\素材文件\临海大酒店装修布置图.dwg"文件。

(2) 使用快捷键LA激活【图层】命令,创建如图9-40所示的新图层,以分别对各类图形资源进行规划。

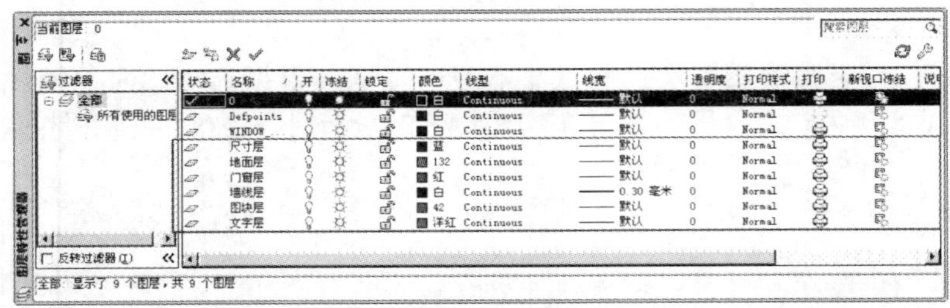

图 9-40　创建新图层

(3) 执行【设计中心】命令，在打开的【设计中心】窗口内定位并展开光盘中的“样板文件”文件夹。

(4) 在右侧窗口中双击“建筑装饰装潢样板.dwt”文件，展开此文件的内部资源，如图 9-41 所示。

(5) 在右侧窗口中双击“标注样式”图标，展开文件内部的所有标注样式，如图 9-42 所示。

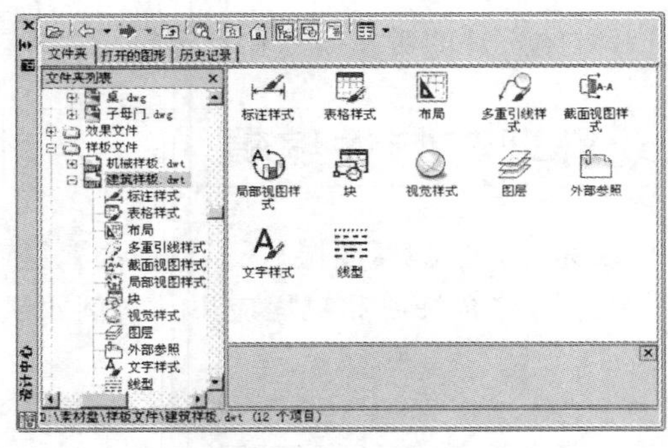

图 9-41　展开文件内部资源

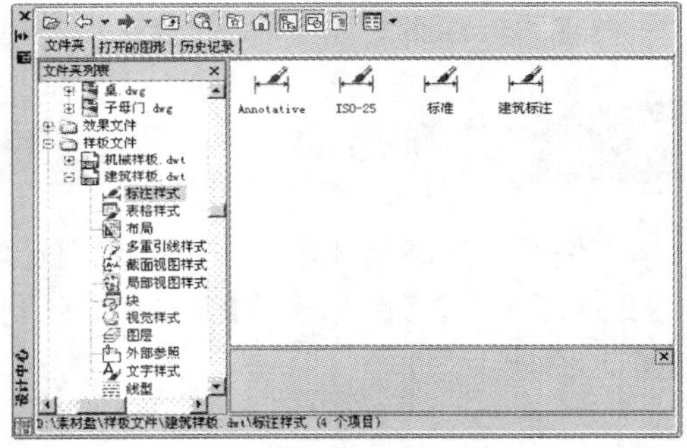

图 9-42　展开标注样式

(6) 在“建筑标注”样式图标上单击右键，选择【添加标注样式】选项，将此标注样式添加到当前文件内，如图 9-43 所示。

(7) 在右侧窗口中双击“文字样式”图标，展开文件内部的所有文字样式，如图 9-44 所示。

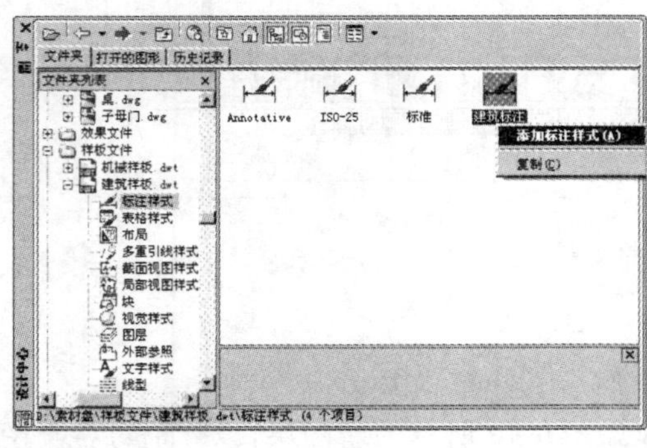

图 9-43　添加标注样式

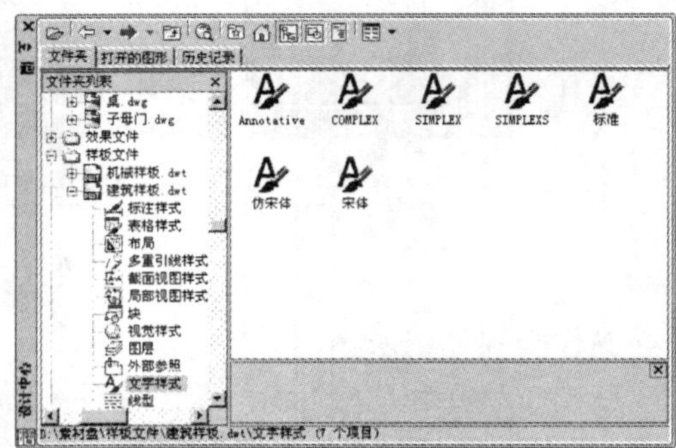

图 9-44　展开文字样式

(8) 在“仿宋体”样式图标上单击右键，选择【添加文字样式】选项，将此样式添加到当前文件内。

(9) 在无命令执行的前提下，夹点显示所有的尺寸标注，如图 9-45 所示。

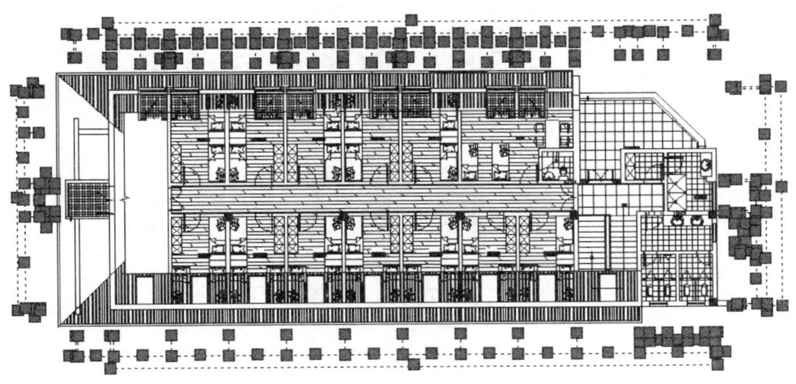

图 9-45　尺寸的夹点显示

(10) 单击【工具】菜单中的【选项板】/【特性】命令，打开【特性】窗口，然后修改尺寸标注的图层为“尺寸层”，如图 9-46 所示。

(11) 在【特性】窗口中向下拖动滑块，然后修改尺寸的标注样式为“建筑标注”，如图 9-47 所示。

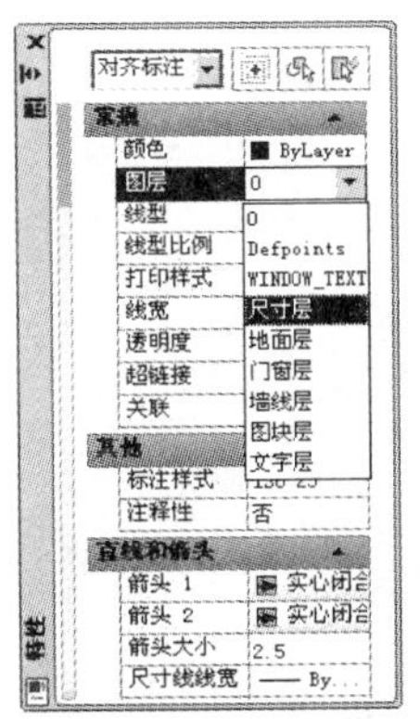

图 9-46　修改尺寸所在层

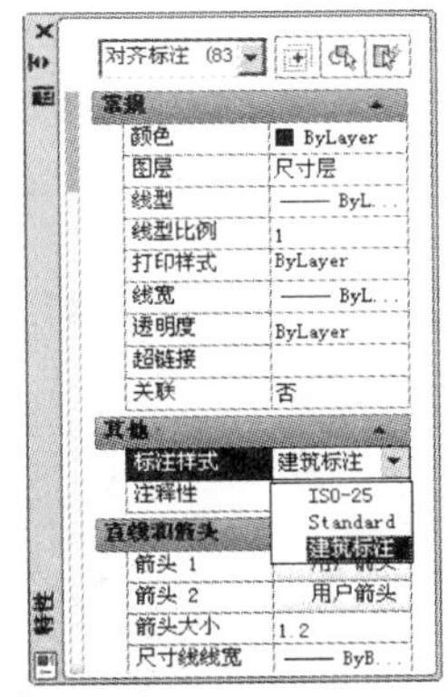

图 9-47　修改尺寸的标注样式

(12) 返回绘图区，取消尺寸的夹点显示，观看修改后的结果，如图 9-48 所示。

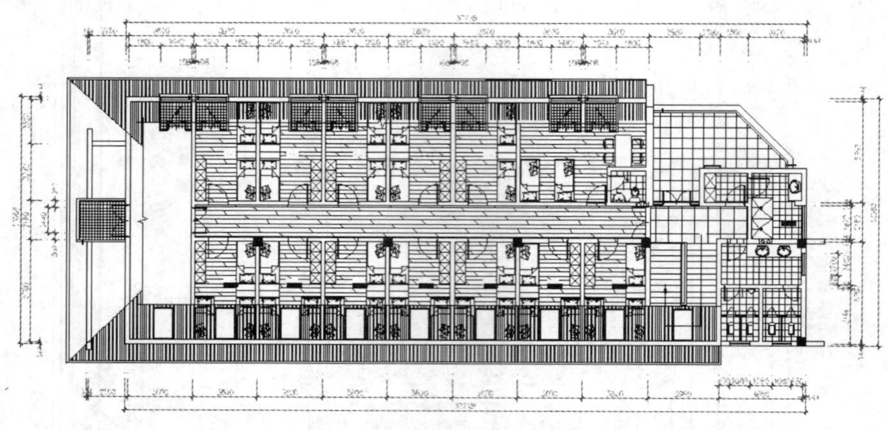

图 9-48　修改结果

(13) 执行【图层】命令，在打开的【图层特性管理器】对话框中暂时关闭“尺寸层”，如图 9-49 所示，此时平面图的显示效果如图 9-50 所示。

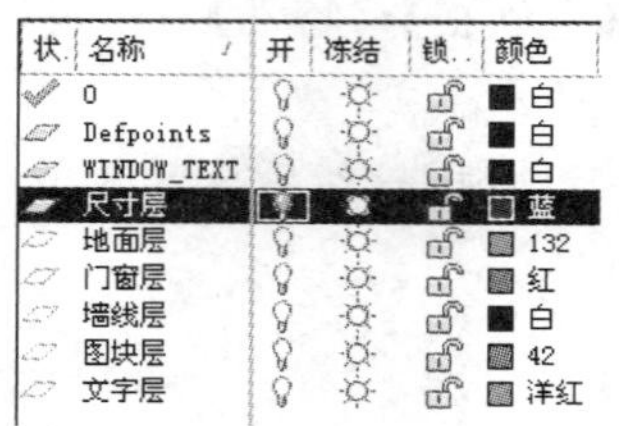

图 9-49　关闭“尺寸层”

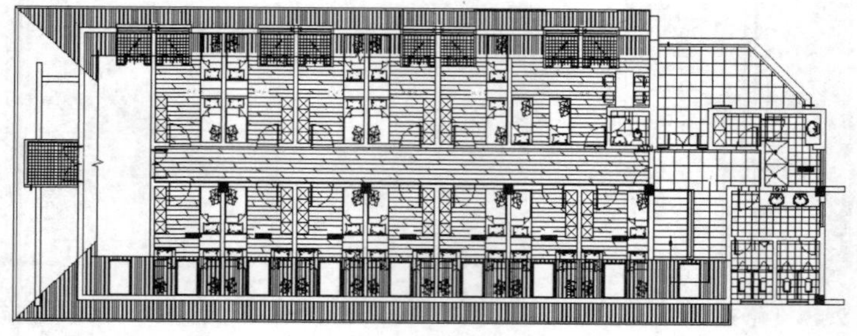

图 9-50　平面图的显示效果

(14) 单击菜单【工具】/【快速选择】命令，在打开的【快速选择】对话框中设置过滤参数如图 9-51 所示，选择所有的填充图案，选择结果如图 9-52 所示。

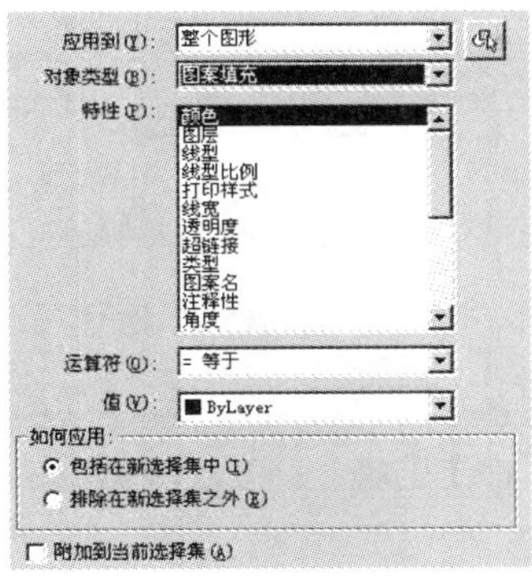

图 9-51 【快速选择】对话框

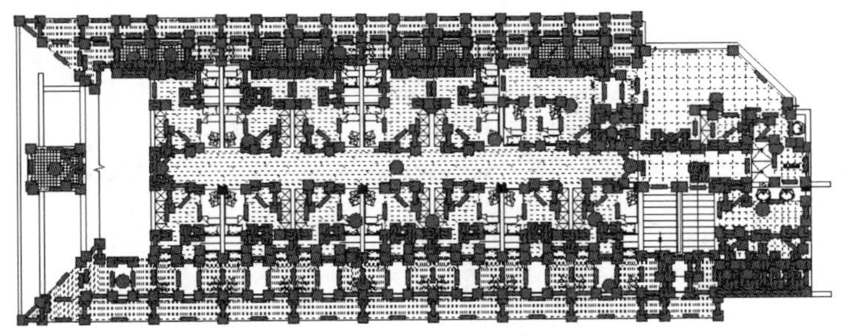

图 9-52 选择结果

(15) 展开【特性】窗口,修改夹点对象的图层为“地面层”,如图 9-53 所示。

(16) 展开【图层控制】下拉列表,将“地面层”冻结,如图 9-54 所示,此时平面图的显示效果如图 9-55 所示。

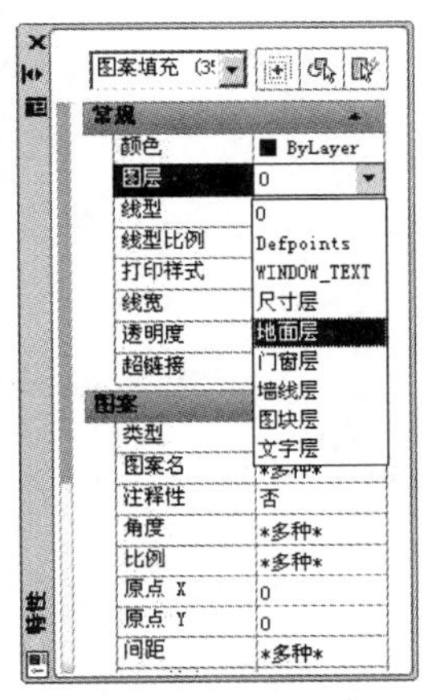

图 9-53 更改图层

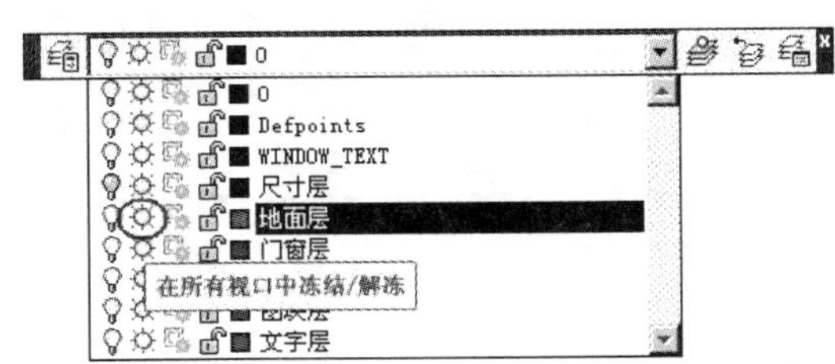

图 9-54 冻结图层

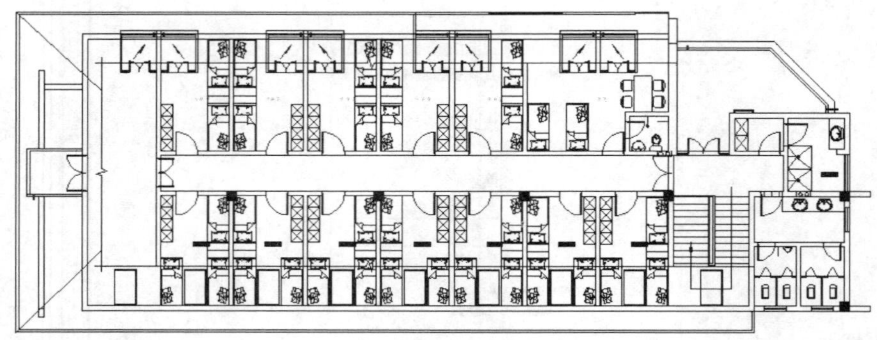

图 9-55　冻结后的显示效果

(17) 单击菜单【工具】/【快速选择】命令，设置过滤参数如图 9-56 所示，选择所有的块参数，选择结果如图 9-57 所示。

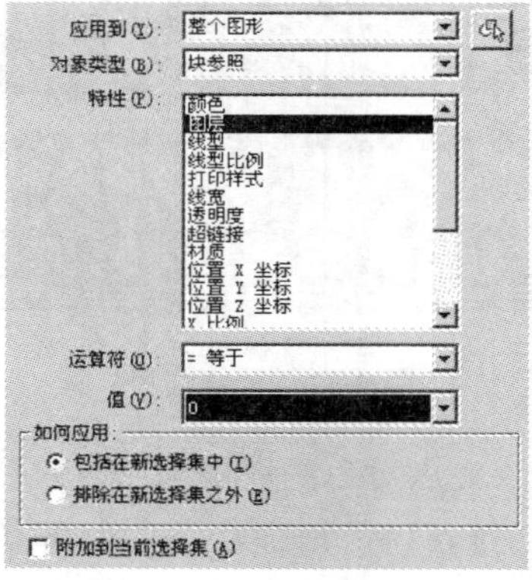

图 9-56　【快速选择】对话框

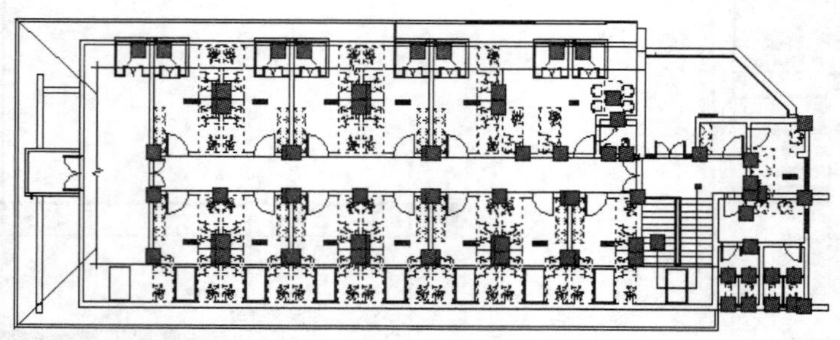

图 9-57　选择结果

(18) 展开【特性】窗口，修改夹点对象的图层为"图块层"。

(19) 展开【图层控制】下拉列表，将"图块层"冻结，此时平面图的显示效果如图 9-58 所示。

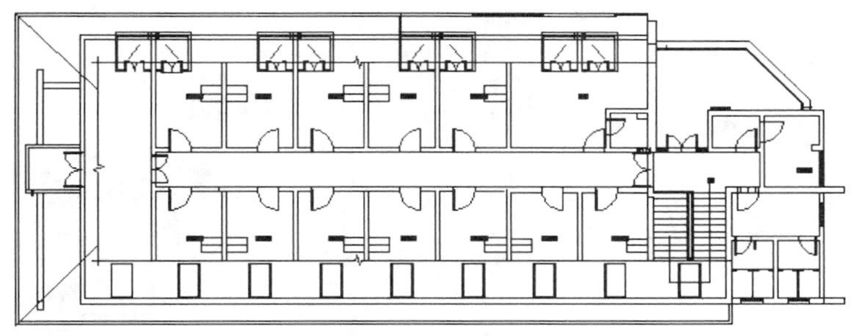

图 9-58 冻结后的显示效果

(20) 单击菜单【工具】/【快速选择】命令，设置过滤参数如图 9-59 所示，选择所有的文字对象，选择结果如图 9-60 所示。

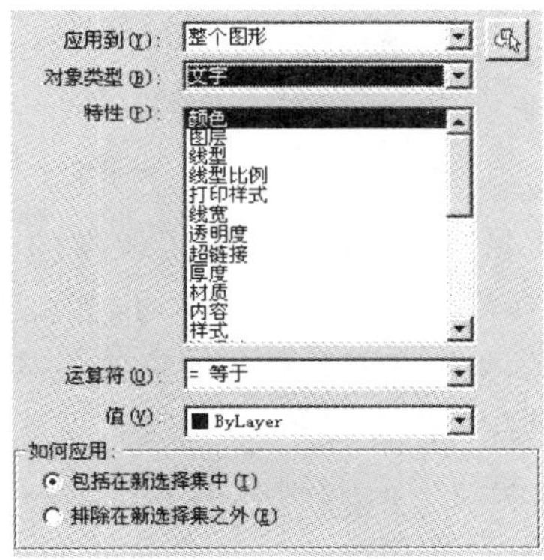

图 9-59 【快速选择】对话框

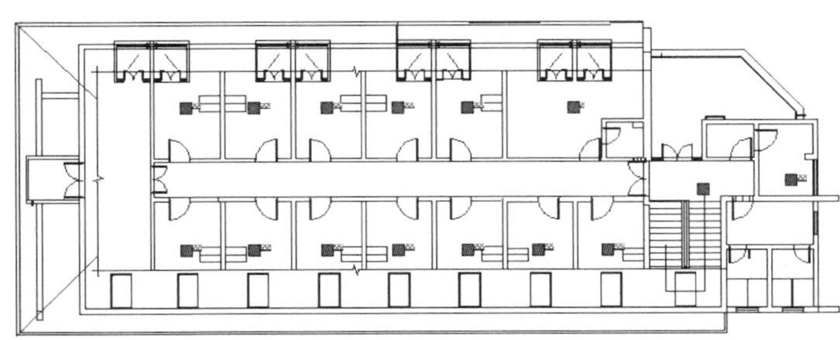

图 9-60 选择结果

(21) 展开【特性】窗口，修改夹点对象的图层为“文字层”。

(22) 展开【图层控制】下拉列表，将“图块层”关闭。

(23) 夹点显示所有位置的平面门和窗，然后更改其图层为“门窗层”，如图 9-61 所示。

(24) 关闭“门窗层”，然后夹点显示所有图线(折断线、方向线及楼梯除外)，更改其图层为“墙线层”。

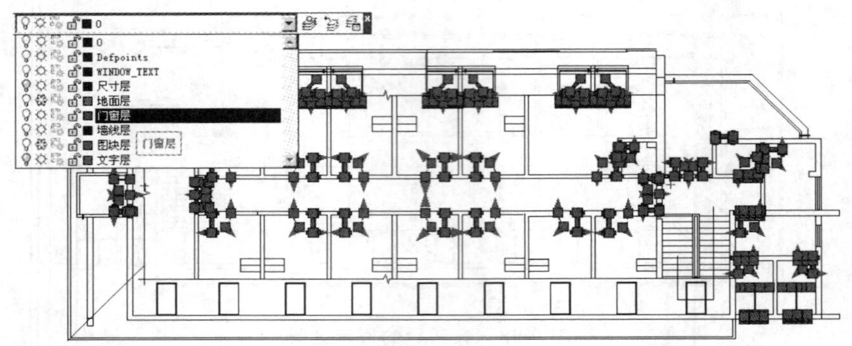

图 9-61　更改图层

(25) 打开和解冻所有的图层,平面图的最终结果如图 9-39 所示。

(26) 最后执行【另存为】命令,将图形另名存储为"实例指导.dwg"。

9.7 本章小结

为了提高绘图的效率和质量,本章集中讲述了软件的一些高效制图功能,如设计中心、工具选项板、特性、快速选择等。通过本章的学习,需要重点掌握以下知识:

(1) 设计中心是组织、查看和共享图形资源的高效工具,要重点掌握图形资源的查看和共享功能,以快速、方便地组合复杂图形;

(2) 工具选项板也是一种便捷的高效制图工具,读者不但要掌握该工具的具体使用方法,还需要掌握工具选项板的定义功能;

(3) 特性主要用于组织、管理和修改图形的内部特性,以达到修改完善图形的目的,读者需要熟练掌握该工具的具体使用方法。

(4) 快速选择是一种高效的图形选择工具,使用此工具可以一次选择具有某一共同特性的所有对象。

第10章 三维辅助功能

AutoCAD 2014 为用户提供了比较完善的三维制图功能，使用三维制图功能可以创建物体的三维模型，此种模型包含的信息更多、更完整，也更利于与计算机辅助工程、制造等系统相结合。本章主要讲述 AutoCAD 的三维辅助功能，为后续章节的学习打下基础，具体学习内容如下：

◎ 三维观察功能
◎ 创建与分割视口
◎ 三维显示功能
◎ UCS 坐标系
◎ 实例指导——三维辅助功能的综合应用
◎ 本章小结

10.1 三维观察功能

本节学习三维模型的观察功能，具体有视点、视图、视口、3D 导航立方体等内容。

10.1.1 设置视点

在 AutoCAD 绘图空间中可以在不同的位置观察图形，这些位置就称为视点。而【视点】命令主要是通过输入观察点的坐标或角度来确定视点。

执行【视点】命令主要有以下几种方式：

(1) 单击菜单【视图】/【三维视图】/【视点】命令。

(2) 在命令行输入 Vpoint 后按 Enter 键。

执行【视点】命令后，其命令行操作如下。

命令：Vpoint

当前视图方向：VIEWDIR＝0.0000,0.0000,1.0000

指定视点或［旋转(R)］<显示指南针和三轴架>： //直接输入观察点的坐标来确定视点

如果用户没有输入视点坐标，而是直接按 Enter 键，那么绘图区会显示如图 10-1 所示的指南针和三轴架，其中三轴架代表 X、Y、Z 轴的方向，当用户相对于指南针移动十字线时，三轴架会自动进行调整，以显示 X、Y、Z 轴对应的方向。

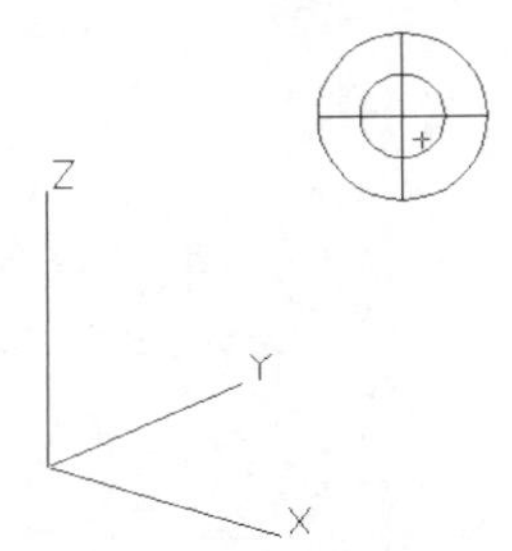

图 10-1　指南针和三轴架

📖 选项解析

◆ 【旋转】选项主要用于通过指定与 X 轴的夹角以及与 XY 平面的夹角来确定视点。

10.1.2 视点预置

【视点预置】命令主要用于设置三维观察方向，具体是相对于世界坐标系和用户坐标系设置观察方向。另外还可以设置查看角度及平面视图等。

执行【视点预置】命令主要有以下几种方式：

(1) 单击菜单【视图】/【三维视图】/【视点预置】命令。

(2) 在命令行输入 DDVpoint 后按 Enter 键。

(3) 使用快捷键 VP。

执行【视点预置】命令，可打开如图 10-2 所示的【视点预置】对话框，从中可以进行如下设置：

(1) 设置视点、原点的连线与 XY 平面的夹角。具体操作就是在右侧半圆图形上选择相应的点，或直接在【XY 平面】文本框内输入角度值。

(2) 设置视点、原点的连线在 XOY 面上的投影与 X 轴的夹角。具体操作就是在左侧图形上选择相应点，或在【X 轴】文本框内输入角度值。

(3) 设置观察角度。系统将设置的角度默认为是相对于当前 WCS，如果选择了【相对于 UCS】单选项，设置的角度值就是相对于 UCS 的。

(4) 设置为平面视图。单击 设置为平面视图(V) 按钮，系统将重新设置为平面视图。

☞技巧提示

平面视图的观察方向是与 X 轴的夹角为 270°，与 XY 平面的夹角是 90°。

10.1.3 切换视图

为了便于观察和编辑三维模型，AutoCAD 为用户提供了一些标准视图，具体有六个正交视图和四个等轴测视图，如图 10-3 所示，其工具按钮都排列在如图 10-4 所示的【视

(16) 单击【绘图】菜单栏中的【矩形】命令，以图 11-95 所示的端点作为矩形对角点，绘制如图 11-96 所示的矩形。

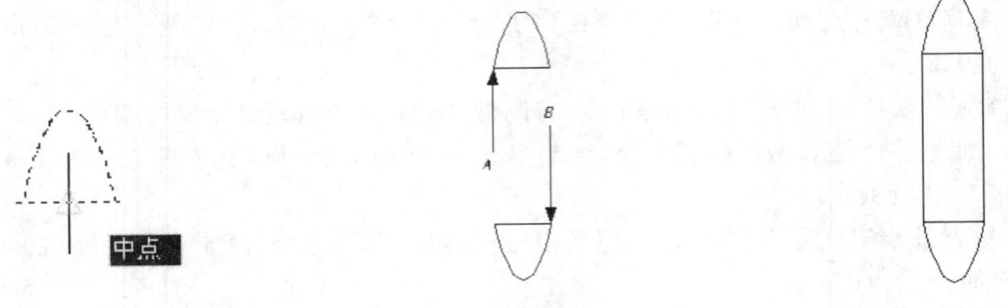

图 11-94 修剪结果　　图 11-95 镜像结果　　图 11-96 绘制矩形

(17) 使用快捷键 EXT 激活【拉伸】命令，将图 11-96 沿 Z 轴正方向拉伸 695 个绘图单位。

(18) 单击【视图】菜单中的【三维视图】/【左视】命令，将当前视图切换为左视图。

(19) 单击【绘图】菜单中的【多段线】命令，配合点的坐标输入功能，绘制桌脚轮廓线。命令行操作如下。

命令：_pline

指定起点： //在绘图区单击左键

当前线宽为 0.0000

指定下一个点或［圆弧(A)/半宽(H)/长度(L)/放弃(U)/宽度(W)］： //@－240，0↙

指定下一点或［圆弧(A)/闭合(C)/半宽(H)/长度(L)/放弃(U)/宽度(W)］： //@－70，－30↙

指定下一点或［圆弧(A)/闭合(C)/半宽(H)/长度(L)/放弃(U)/宽度(W)］： //@0，－10↙

指定下一点或［圆弧(A)/闭合(C)/半宽(H)/长度(L)/放弃(U)/宽度(W)］： //@600，0↙

指定下一点或［圆弧(A)/闭合(C)/半宽(H)/长度(L)/放弃(U)/宽度(W)］： //@0，10↙

指定下一点或［圆弧(A)/闭合(C)/半宽(H)/长度(L)/放弃(U)/宽度(W)］： //@－120，20↙

指定下一点或［圆弧(A)/闭合(C)/半宽(H)/长度(L)/放弃(U)/宽度(W)］： //c↙，闭合图形，结果如图 11-97 所示

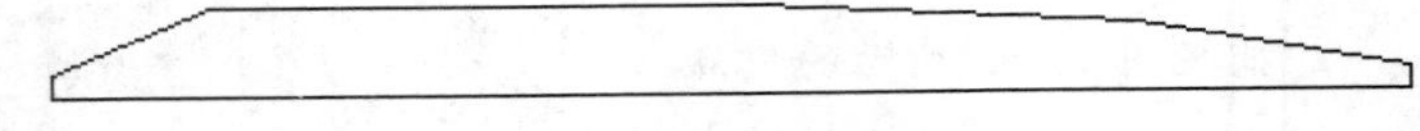

图 11-97 绘制多段线

④【UCS 与视口一起保存】复选项用于将坐标系设置与视口一起保存。如果清除此选项，视口将反映当前视口的 UCS。

⑤【修改 UCS 时更新平面视图】复选项用于修改视口中的坐标系时恢复平面视图。当对话框关闭时，平面视图和选定的 UCS 设置被恢复。

10.5 实例指导——三维辅助功能的综合应用

本例将以不同视口、不同着色方式显示双人床的三维模型，对本章所讲述的三维观察、三维显示和 UCS 坐标系等功能进行综合应用和巩固。本例最终效果如图 10-47 所示。

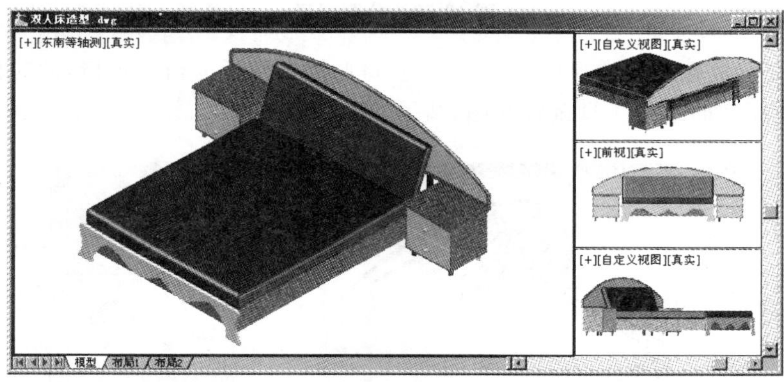

图 10-47　实例效果

操作步骤如下所述。

(1) 打开【打开】命令，打开随书光盘中的“\素材文件\双人床造型.dwg”文件，如图 10-48 所示。

(2) 单击菜单【视图】/【视口】/【新建视口】命令，打开【视口】对话框，然后选择如图 10-49 所示的视口模式。

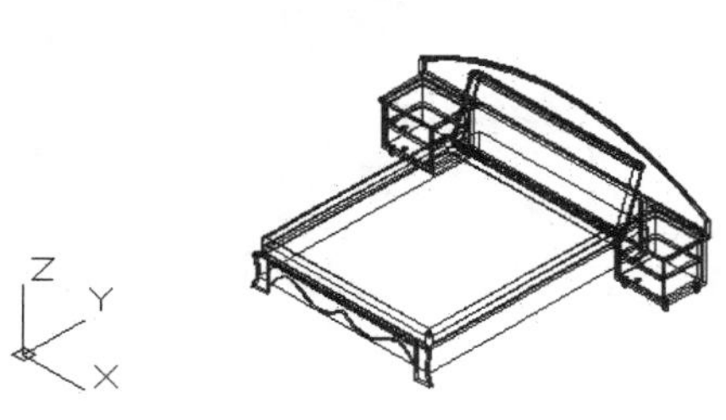

图 10-48　打开结果

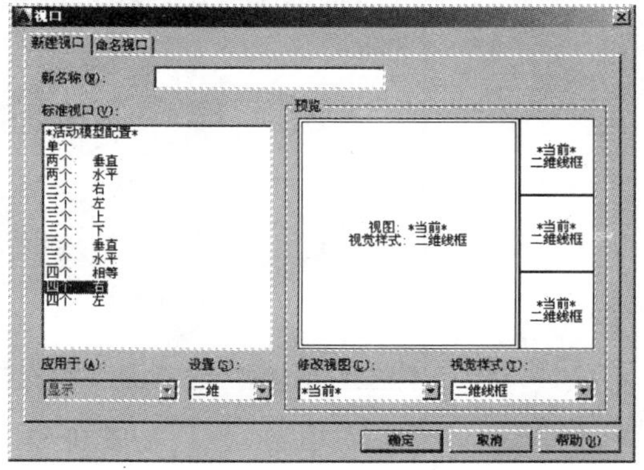

图 10-49　【视口】对话框

（3）单击 确定 按钮，系统将当前单个视口分割为四个视口，如图 10-50 所示。

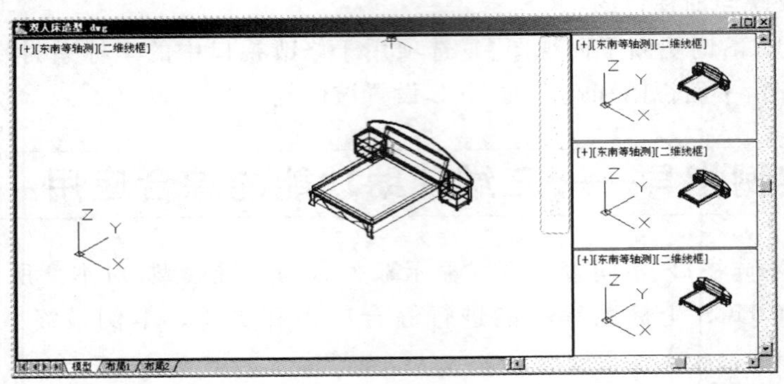

图 10-50　分割视口

（4）将光标放在左侧的视口内单击左键，将此视口激活为当前视口，此时该视口边框变粗，然后使用实时缩放工具调整视图，结果如图 10-51 所示。

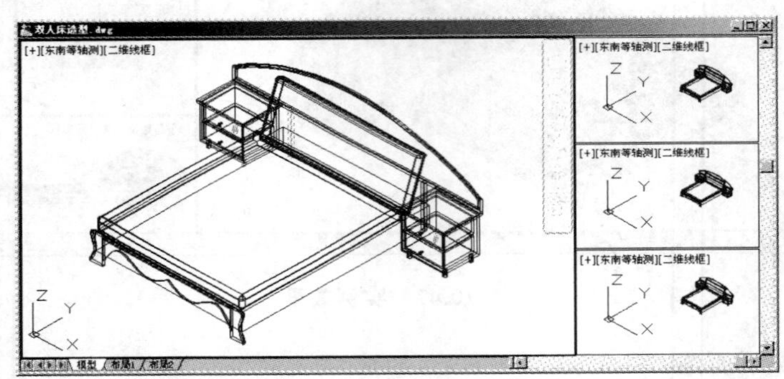

图 10-51　调整视图

（5）使用快捷键 VS 激活【视觉样式】命令，对模型进行灰度着色显示，结果如图10-52 所示。

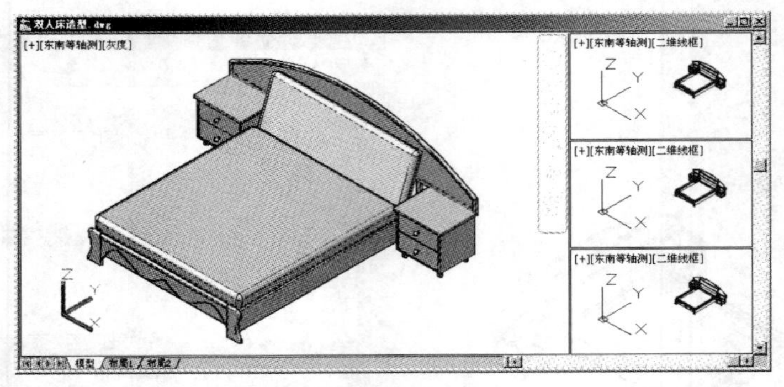

图 10-52　灰度着色

（6）将着色方式恢复为二维线框着色，然后单击菜单【视图】/【消隐】命令，结果如图 10-53 所示。

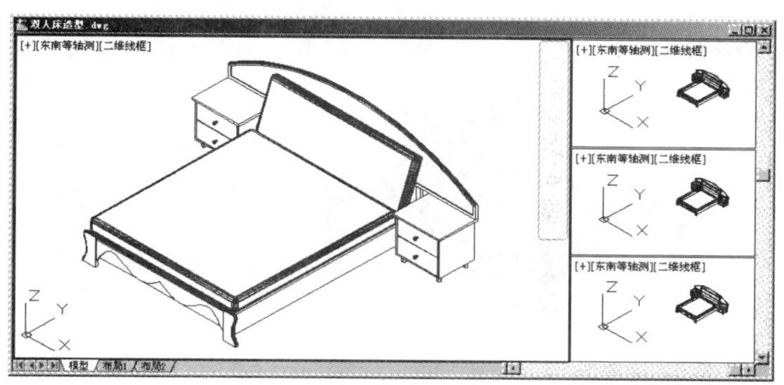

图 10-53　消隐效果

(7) 使用快捷键 VS 激活【视觉样式】命令，对模型进行着色显示，结果如图 10-54 所示。

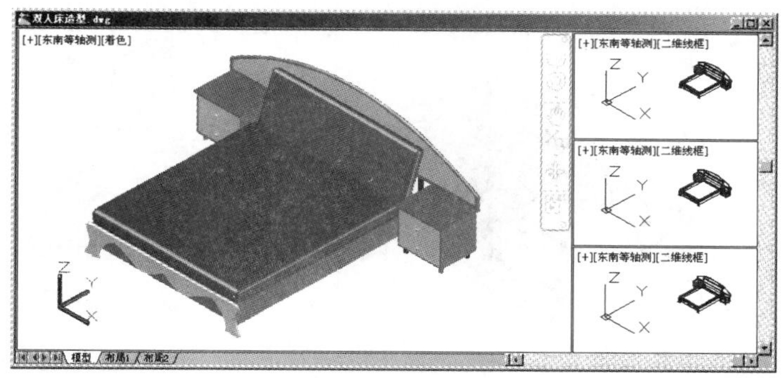

图 10-54　着色显示

(8) 使用快捷键 VS 激活【视觉样式】命令，对模型进行真实着色显示，结果如图10-55 所示。

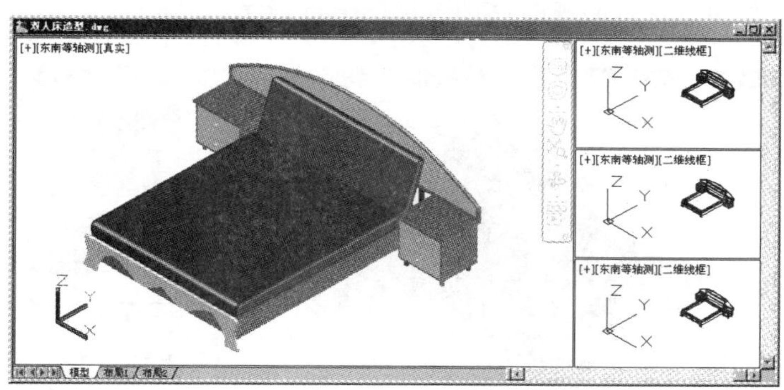

图 10-55　真实着色显示

(9) 在右上方的矩形视口内单击左键，将此矩形视口激活。

(10) 单击菜单【视图】/【三维视图】/【俯视】命令，将当前视图切换为俯视图，并使用视图缩放功能调整视口内的视图，结果如图 10-56 所示。

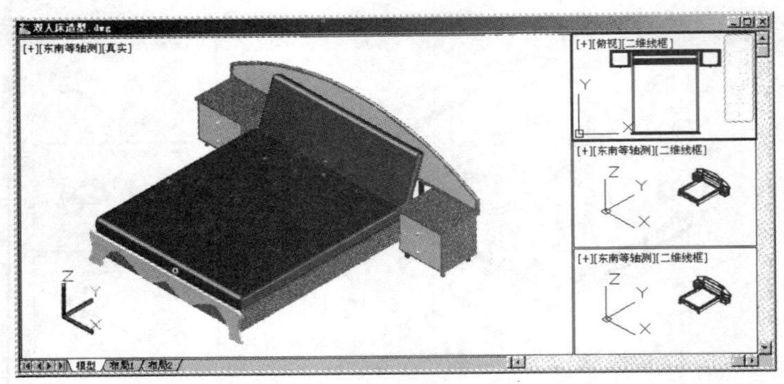

图 10-56　切换俯视图

(11) 使用快捷键 VS 激活【视觉样式】命令，对模型进行真实着色显示，结果如图10-57所示。

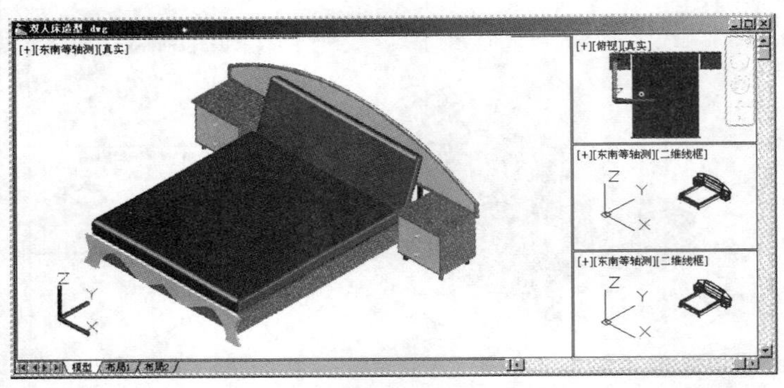

图 10-57　真实着色显示

(12) 将光标放在右侧中间的视口内单击左键，将此视口激活为当前视口。

(13) 单击【视图】菜单中的【三维视图】/【前视】命令，将当前视图切换为前视图，并使用视图缩放功能调整视口内的视图，结果如图 10-58 所示。

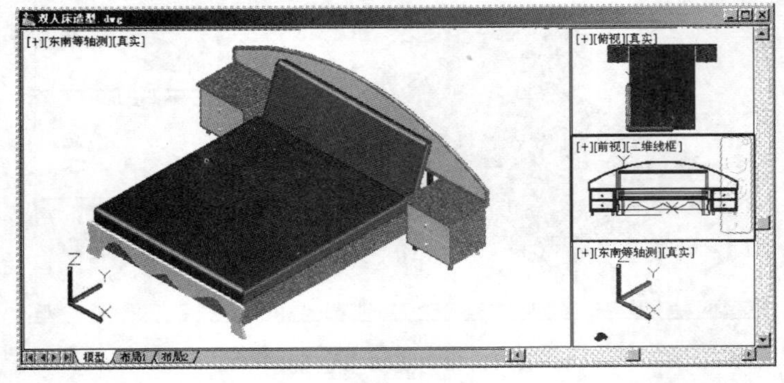

图 10-58　切换前视图

(14) 使用快捷键 VS 激活【视觉样式】命令，对模型进行真实着色显示，结果如图10-59所示。

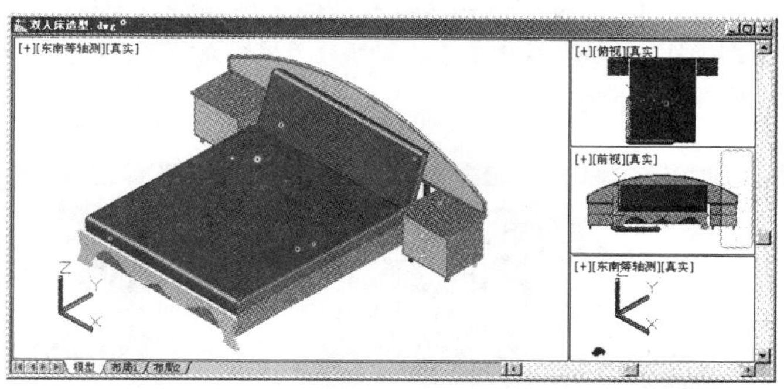

图 10-59 真实着色显示

(15) 将光标放在右下侧的视口内单击左键，将此视口激活为当前视口。

(16) 单击【视图】菜单中的【三维视图】/【左视】命令，将当前视图切换为左视图，并使用视图缩放功能调整视口内的视图，结果如图 10-60 所示。

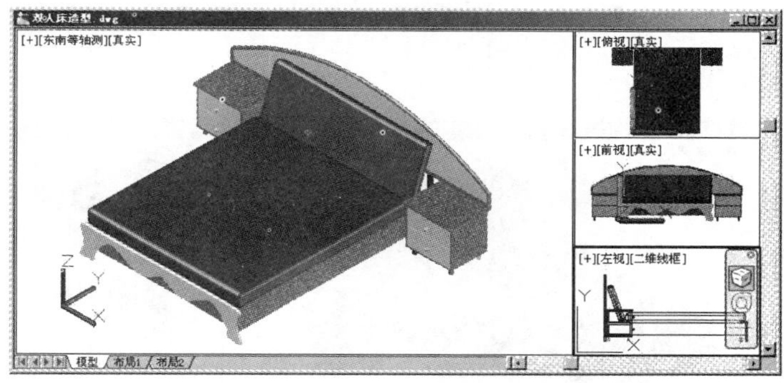

图 10-60 切换左视图

(17) 使用快捷键 VS 激活【视觉样式】命令，对模型进行真实着色显示，结果如图 10-61所示。

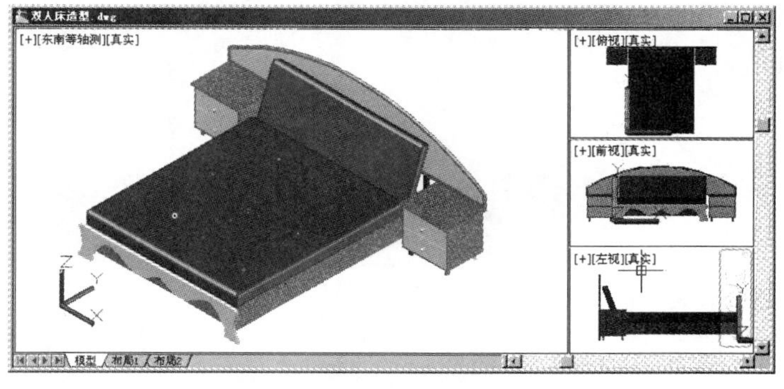

图 10-61 真实着色显示

(18) 在命令行输入 UCS 后按 Enter 键，将当前坐标系绕 Y 轴旋转 30°。

(19) 单击菜单【视图】/【三维视图】/【平面视图】/【当前 UCS】命令，将视图切换为当前坐标系的平面视图，结果如图 10-62 所示。

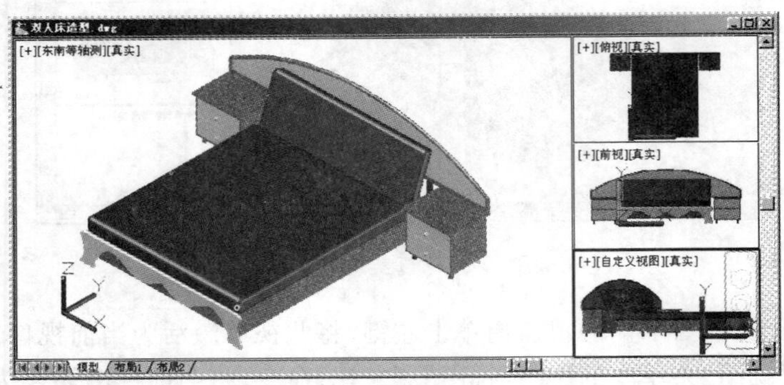

图 10-62　切换平面视图

(20) 单击菜单【视图】/【动态观察】/【受约束的动态观察】命令，调整右上方视口内的模型的观察视点，结果如图 10-63 所示。

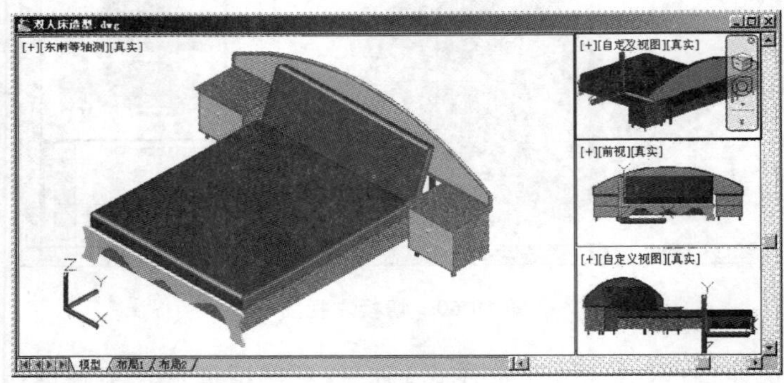

图 10-63　动态观察

(21) 执行【选项】命令，取消如图 10-64 所示的四个复选项，以关闭坐标系图标等，结果如图 10-47 所示。

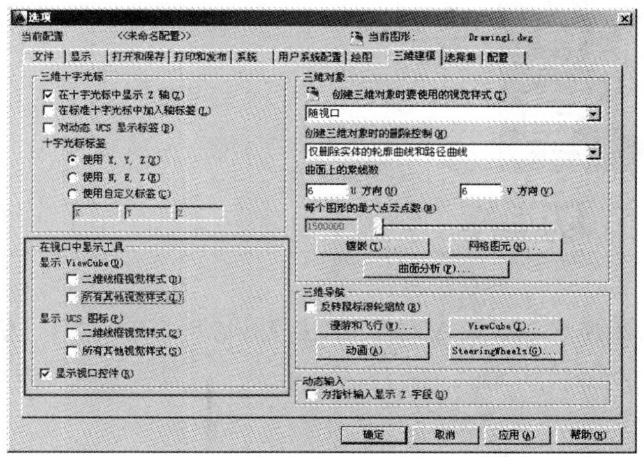

图 10-64 【选项】对话框

(22) 最后执行【另存为】命令,将图形另名存储为“实例指导.dwg”。

10.6 本章小结

本章主要简单讲述了 AutoCAD 的三维辅助功能,具体包括视点的设置、视图的切换、视口的分割、坐标系的设置管理以及三维对象的视觉显示等辅助功能。通过本章的学习,应理解和掌握以下知识:

(1) 三维观察功能,具体有视点、动态观察器、导航立方体、控制盘等;

(2) 理解世界坐标系和用户坐标系的概念及功能,掌握用户坐标系的各种设置方式以及坐标系的管理、切换和应用等重要操作知识;

(3) 三维显示功能,具体有视觉样式、管理视觉样式和渲染;

(4) 视图与视口中,具体包括六个正交视图、四个等轴测视图、平面视图以及视口的创建与合并。

第11章 三维建模功能

随着版本的升级换代，AutoCAD 的三维建模功能也日趋完善，这些功能主要体现在实体建模、曲面建模和网格建模三个方面，本章主要学习这三种模型的建模方法和相关技巧，以快速构建物体的三维模型，具体学习内容如下：

◎ 了解三维模型
◎ 创建基本几何体
◎ 创建组合几何体
◎ 实例指导一——制作移动柜立体造型
◎ 创建复杂实体和曲面
◎ 创建基本几何体网格
◎ 实例指导二——制作办公桌立体造型
◎ 本章小结

11.1 了解三维模型

AutoCAD 为用户提供了实体模型、曲面模型和网格模型三类模型，通过这三类模型，不仅能让非专业人员对物体的外形有一个感性的认识，还能使一些在二维平面图中无法表达的东西清晰而形象地显示在屏幕上。

(1) 实体模型。实体模型是实实在在的物体，它不仅包含面边信息，而且还具备实物的一切特性，用户不仅可以对其进行着色和渲染，还可以对其进行打孔、切槽、倒角等布尔运算。

(2) 曲面模型。曲面的概念比较抽象，可以将其理解为实体的面，此种面模型不仅能着色渲染，还可以进行修剪、延伸、圆角、偏移等编辑。

(3) 网格模型。网格模型是由一系列规则的格子线围绕而成的网状表面，再由网状表面的集合来定义三维物体。此种模型仅含有面边信息，能着色和渲染，但是不能表达出真实实物的属性。

11.2 创建基本几何体

本节主要学习各类基本几何实体的创建功能，这些实体建模工具按钮位于【建模】工具栏和【建模】面板上，其菜单位于【绘图】/【建模】子菜单上。

11.2.1 多段体

【多段体】命令主要用于创建具有一定宽度和高度的三维直线段和曲线段的墙状多段体，如图 11-1 所示。

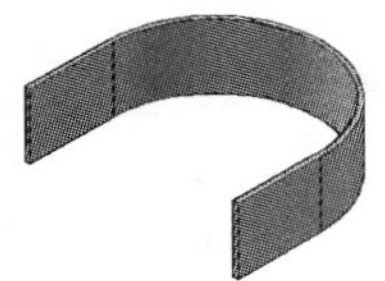

图 11-1 多段体示例

执行【多段体】命令主要有以下几种方式：

(1) 单击菜单【绘图】/【建模】/【多段体】命令。

(2) 单击【建模】工具栏或面板上的按钮。

(3) 在命令行输入 Polysolid 后按 Enter 键。

执行【多段体】命令后，其命令行操作如下。

命令：_Polysolid

高度=80.0000，宽度=5.0000，对正=居中

指定起点或［对象(O)/高度(H)/宽度(W)/对正(J)］<对象>：

指定下一个点或［圆弧(A)/放弃(U)］： //@100,0 ↙

指定下一个点或［圆弧(A)/放弃(U)］： //@0,−60 ↙

指定下一个点或［圆弧(A)/闭合(C)/放弃(U)］： //@100,0 ↙

指定下一个点或［圆弧(A)/闭合(C)/放弃(U)］： //a ↙

指定圆弧的端点或［闭合(C)/方向(D)/直线(L)/第二个点(S)/放弃(U)］： //@0,−150 ↙

指定下一个点或［圆弧(A)/闭合(C)/放弃(U)］： //在绘图区拾取一点

指定圆弧的端点或［闭合(C)/方向(D)/直线(L)/第二个点(S)/放弃(U)］： // ↙，结束命令，绘制结果如图 11-2 所示

选项解析

◆ 【对象】选项可以将现有的直线、圆弧、圆、矩形以及样条曲线等二维对象，转化为具有一定宽度和高度的三维实心体。

◆ 【高度】选项用于设置多段体的高度。

◆ 【宽度】选项用于设置多段体的宽度。

◆ 【对正】选项用于设置多段体的对正方式，具体有“左对正”、“居中”和“右对正”三种方式。

11.2.2 长方体

【长方体】命令用于创建三维实心长方体模型或三维实心立方体模型，如图 11-3

所示。

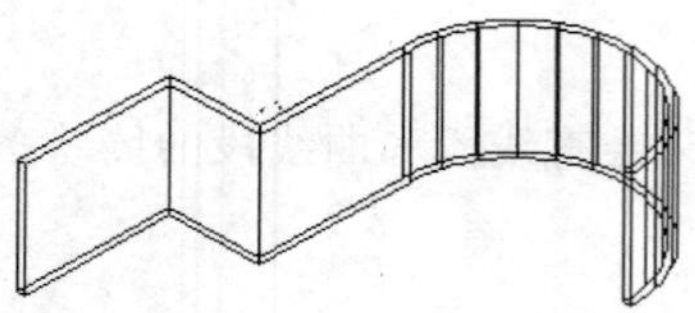

图 11-2　绘制结果

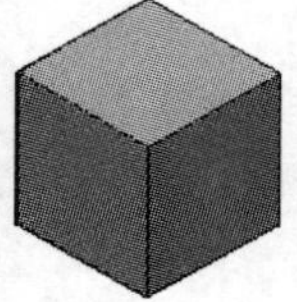

图 11-3　长方体和立方体示例

执行【长方体】命令主要有以下几种方式：

(1) 单击菜单【绘图】/【建模】/【长方体】命令。

(2) 单击【建模】工具栏或面板上的□按钮。

(3) 在命令行输入 Box 后按 Enter 键。

执行【长方体】命令后，其命令行操作如下。

命令：_box

指定第一个角点或［中心(C)］：　//在绘图区拾取一点

指定其他角点或［立方体(C)/长度(L)］：　//@200,150 ↙

指定高度或［两点(2P)］：　//45 ↙，创建结果如图 11-4 所示

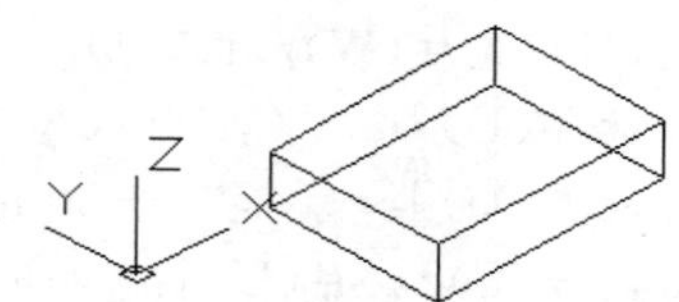

图 11-4　创建结果

选项解析

◆ 【立方体】选项用于创建长、宽、高都相等的正立方体。

◆ 【中心】选项用于根据长方体的正中心点位置创建长方体，即首先定位长方体的中心点位置。

◆ 【长度】选项用于直接输入长方体的长度、宽度和高度等参数，即可生成相应尺寸的长方体模型。

11.2.3　楔体

【楔体】命令主要用于创建三维实心楔形体模型，如图 11-5 所示。

执行【楔体】命令主要有以下几种方式：

(1) 单击菜单【绘图】/【建模】/【楔体】命令。

(2) 单击【建模】工具栏或面板上的⊿按钮。

(3) 在命令行输入 Wedge 后按 Enter 键。

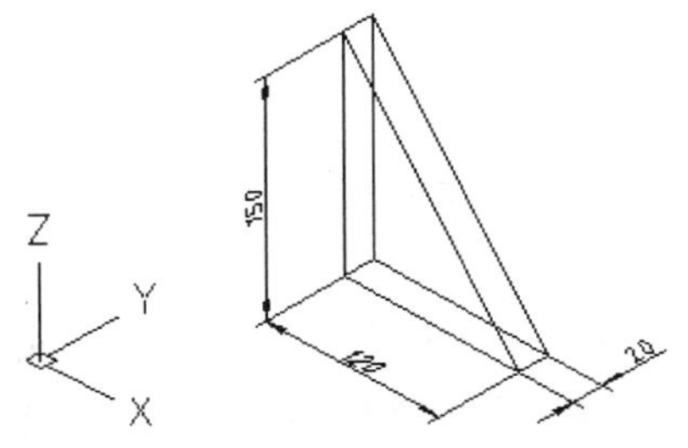

图 11-5　创建楔体

执行【楔体】命令后，其命令行操作步骤如下。

命令：_wedge

指定第一个角点或［中心(C)］：　//在绘图区拾取一点

指定其他角点或［立方体(C)/长度(L)］：　//@120,20 ↙

指定高度或［两点(2P)］<10.52>：　//150 ↙，创建结果如图 11-5 所示

选项解析

- 【中心】选项用于定位楔体的中心点，其中心点为斜面正中心点。
- 【立方体】选项用于创建长、宽、高都相等的楔体。

11.2.4 球体

【球体】命令主要用于创建三维实心球体模型，如图 11-6 所示。

执行【球体】命令主要有以下几种方式：

(1) 单击菜单【绘图】/【实体】/【球体】命令。

(2) 单击【建模】工具栏或面板上的按钮。

(3) 在命令行输入 Sphere 后按 Enter 键。

执行【球体】命令后，其命令行操作如下。

命令：_sphere

指定中心点或［三点(3P)/两点(2P)/切点、切点、半径(T)］：　//拾取一点作为球体的中心点

指定半径或［直径(D)］<10.36>：　//100 ↙，创建结果如图 11-6 所示，概念着色效果如图 11-7 所示

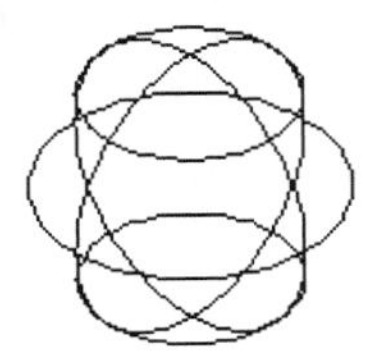

图 11-6　创建球体

图 11-7　概念着色

11.2.5 圆柱体

【圆柱体】命令主要用于创建三维实心圆柱体或三维实心椭圆柱体模型，如图 11-8 所示。

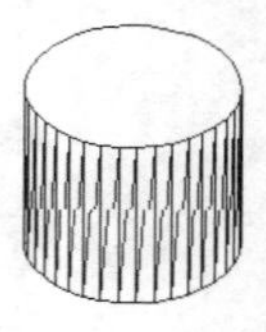
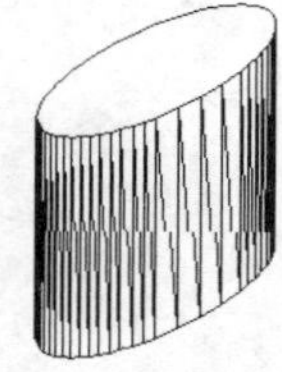

图 11-8 圆柱体示例

执行【圆柱体】命令主要有以下几种方式：

(1) 单击菜单【绘图】/【建模】/【圆柱体】命令。

(2) 单击【建模】工具栏或面板上的按钮。

(3) 在命令行输入 Cylinder 后按 Enter 键。

执行【圆柱体】命令，其命令行操作如下。

命令：_cylinder

指定底面的中心点或［三点(3P)/两点(2P)/切点、切点、半径(T)/椭圆(E)］ //在绘图区拾取一点

指定底面半径或［直径(D)］>： //120 ↙，输入底面半径

指定高度或［两点(2P)/轴端点(A)］<100.0000>： //250 ↙，结果如图 11-9 所示，消隐效果如图 11-10 所示

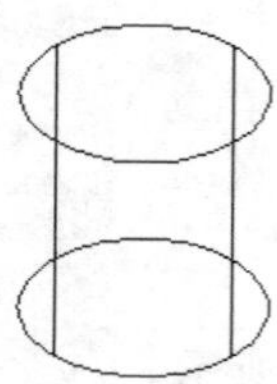

图 11-9 创建结果

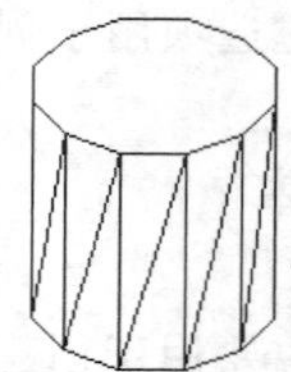

图 11-10 消隐效果

☞技巧提示

系统变量 FACETRES 用于设置实体消隐或渲染后表面的光滑度，值越大表面越光滑，如图 11-11 所示；变量 ISOLINES 用于设置实体线框的表面密度，值越大网格线就越密集，如图 11-12 所示。

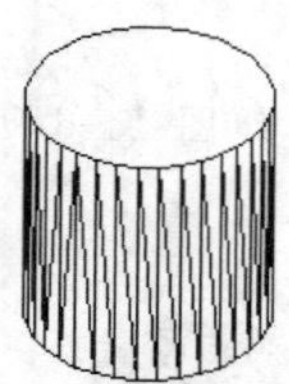

图 11-11 FACETRES=5 的消隐效果

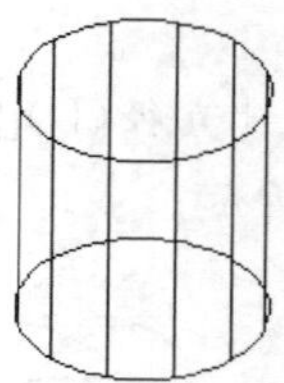

图 11-12 ISOLINES=12 的线框效果

📖 选项解析

◆ 【三点】选项用于指定圆上的三个点定位圆柱体的底面。

◆ 【两点】选项用于指定圆直径的两个端点定位圆柱体的底面。

◆ 【切点、切点、半径】选项用于绘制与已知两对象相切的圆柱体。

◆ 【椭圆】选项用于绘制底面为椭圆的椭圆柱体。

11.2.6 圆环体

【圆环体】命令用于创建圆环形三维实心体模型，如图 11-13 所示。可以通过指定圆环体的圆心、半径围绕圆环体的圆管半径创建圆环体。

执行【圆环体】命令主要有以下几种方式：

(1) 单击菜单【绘图】/【建模】/【圆环体】命令。

(2) 单击【建模】工具栏或面板上的按钮。

(3) 在命令行输入 Torus 后按 Enter 键。

执行【圆环体】命令后，其命令行操作如下。

命令：_torus

指定中心点或［三点(3P)/两点(2P)/切点、切点、半径(T)］： //定位圆环体的中心点

指定半径或［直径(D)］<120.0000>： //200 ↙

指定圆管半径或［两点(2P)/直径(D)］： //20 ↙，输入圆管半径，结果如图 11-14 所示

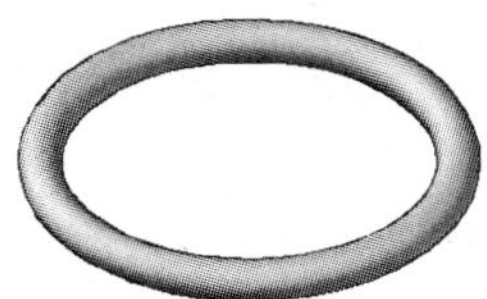

图 11-13 圆环体示例

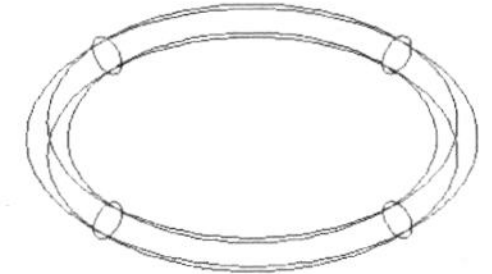

图 11-14 创建圆环体

11.2.7 圆锥体

【圆锥体】命令主要用于创建三维实心圆锥体或三维实心椭圆锥体模型，如图 11-15 所示。

执行【圆锥体】命令主要有以下几种方式：

(1) 单击菜单【绘图】/【建模】/【圆锥体】命令。

(2) 单击【建模】工具栏或面板上的按钮。

(3) 在命令行输入 Cone 后按 Enter 键。

执行【圆锥体】命令后，其命令行操作如下。

命令：_cone

指定底面的中心点或［三点(3P)/两点(2P)/切点、切点、半径(T)/椭圆(E)］： //拾取一点作为底面中心点

指定底面半径或［直径(D)］＜261.0244＞： //100 ↙，输入底面半径

指定高度或［两点(2P)/轴端点(A)/顶面半径(T)］＜120.0000＞： //150 ↙，输入锥体的高度，结果如图 11-16 所示

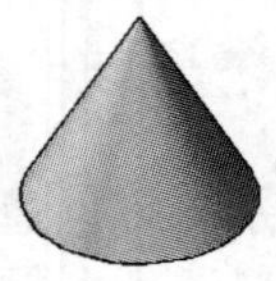
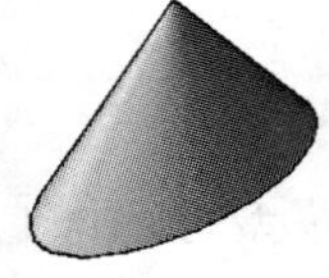

图 11-15 圆锥体示例

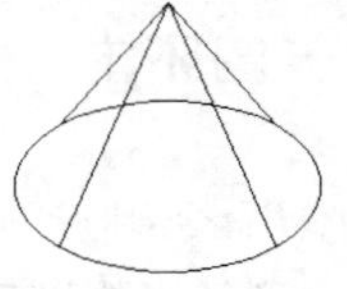

图 11-16 创建圆锥体

☞技巧提示

【椭圆】选项用于创建底面为椭圆的椭圆锥体，如图 11-15(右)所示。

11.2.8 棱锥体

【棱锥体】命令用于创建三维实体棱锥，如底面为四边形、五边形、六边形等的多面棱锥，如图 11-17 所示。

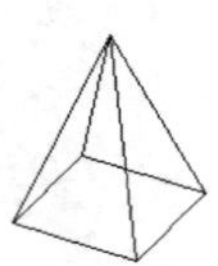
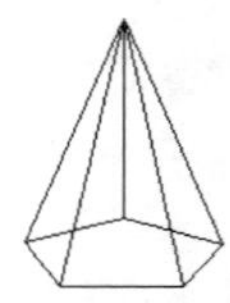
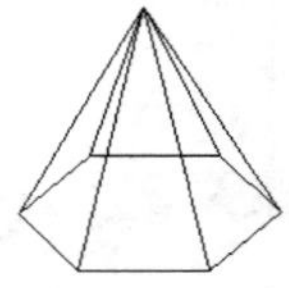

图 11-17 棱锥体示例

执行【棱锥体】命令主要有以下几种方式：

(1) 单击菜单【绘图】/【建模】/【棱锥体】命令。

(2) 单击【建模】工具栏或面板上的按钮。

(3) 在命令行输入 Pyramid 后按 Enter 键。

执行【棱锥体】命令后，其命令行操作如下。

命令：_pyramid

4 个侧面 外切

指定底面的中心点或［边(E)/侧面(S)］： //s ↙，激活【侧面】选项

输入侧面数 ＜4＞： //6 ↙，设置侧面数

指定底面的中心点或［边(E)/侧面(S)］： //在绘图区拾取一点

指定底面半径或［内接(I)］＜72.0000＞： //120 ↙

指定高度或［两点(2P)/轴端点(A)/顶面半径(T)］＜10.0000＞： //450 ↙，结果如图 11-18 所示，其灰度着色效果如图 11-19 所示

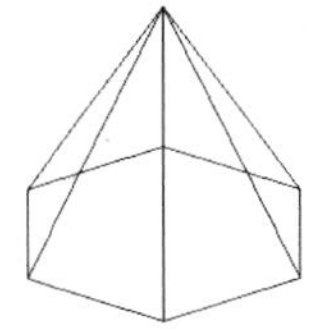
图 11-18　创建结果

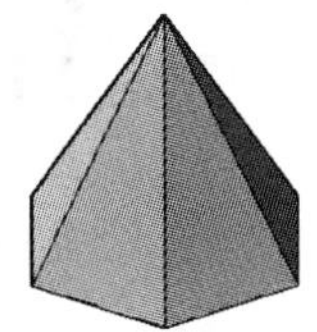
图 11-19　灰度着色

11.3 创建组合几何体

本节主要学习【并集】、【差集】和【交集】三个命令，以快速创建并集、差集和交集组合体等。

11.3.1 并集

【并集】命令用于将多个实体、面域或曲面组合成一个实体、面域或曲面。

执行【并集】命令主要有以下几种方式：

(1) 单击菜单【修改】/【实体编辑】/【并集】命令。

(2) 单击【建模】工具栏或【实体编辑】面板上的按钮。

(3) 在命令行输入 Union 后按 Enter 键。

(4) 使用快捷键 UNI。

创建图 11-20(左)所示的圆锥体和圆柱体，然后执行【并集】命令，对两个实体进行并集。命令行操作如下。

命令：_union

选择对象：　//选择圆锥体

选择对象：　//选择圆柱体

选择对象：　//↙，结果如图 11-20(右)所示

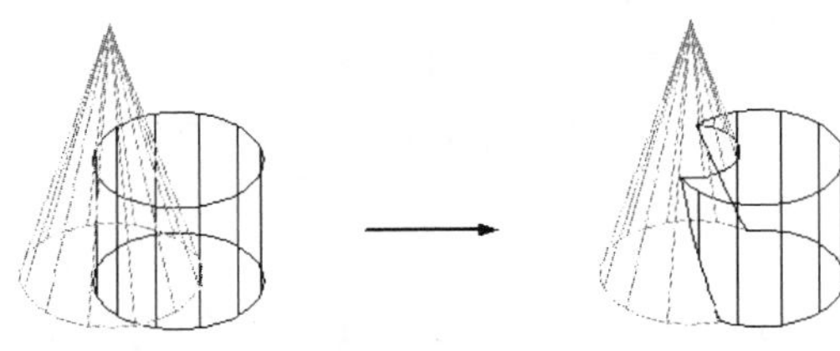
图 11-20　并集示例

11.3.2 差集

【差集】命令用于从一个实体(或面域)中移去与其相交的实体(或面域)，从而生成新的实体(或面域、曲面)。

执行【差集】命令主要有以下几种方式：

(1) 单击菜单【修改】/【实体编辑】/【差集】命令。

(2) 单击【建模】工具栏或【实体编辑】面板上的按钮。

(3) 在命令行输入 Subtract 后按 Enter 键。

(4) 使用快捷键 SU。

创建图 11-21(左)所示的圆锥体和圆柱体，然后执行【差集】命令，对两个实体进行差集。命令行操作如下。

命令：_subtract

选择要从中减去的实体、曲面和面域...

选择对象： //选择圆锥体

选择对象： //↙，结束选择

选择要减去的实体、曲面和面域...

选择对象： //选择圆柱体

选择对象： //↙，差集结果如图 11-21(右)所示

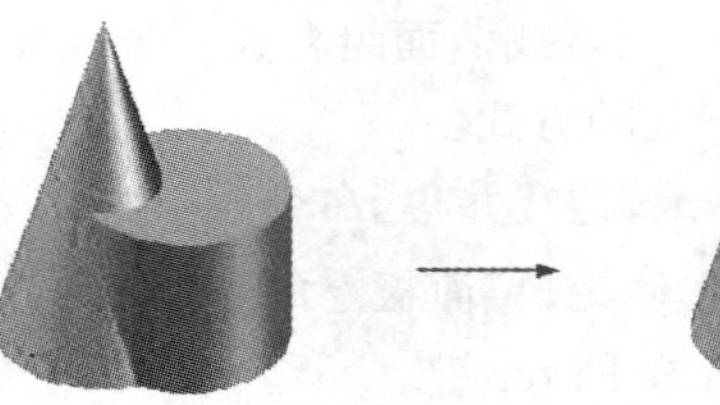

图 11-21 差集示例

11.3.3 交集

【交集】命令用于将多个实体(或面域、曲面)的公有部分提取出来，形成一个新的实体(或面域、曲面)，同时删除公共部分以外的部分。

执行【交集】命令主要有以下几种方式：

(1) 单击菜单【修改】/【实体编辑】/【交集】命令。

(2) 单击【建模】工具栏或【实体编辑】面板上的按钮。

(3) 在命令行输入 Intersect 后按 Enter 键。

(4) 使用快捷键 IN。

创建图 11-22(左)所示的圆锥体和圆柱体，然后执行【交集】命令，对两个实体进行交集。命令行操作如下。

命令：_intersect

选择对象： //选择圆锥体

选择对象： //选择圆柱体

选择对象： //↙，交集结果如图 11-22(右)所示

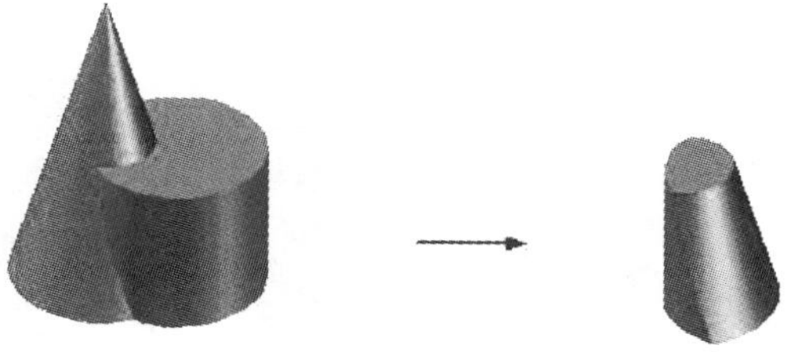

图 11-22　交集示例

11.4 实例指导——制作移动柜立体造型

本例通过制作移动矮柜的立体造型，主要对本章所讲知识进行综合练习和巩固应用。移动矮柜立体造型的最终制作效果，如图 11-23 所示。

操作步骤如下所述。

(1) 新建文件并将视图切换到西南等轴测视图。

(2) 打开状态栏上的【对象捕捉】和【对象捕捉追踪】功能。

(3) 单击【建模】工具栏上的按钮，激活【长方体】命令，创建底板模型。命令行操作如下。

命令：_box
指定第一个角点或[中心(C)]：　//在绘图区拾取一点
指定其他角点或[立方体(C)/长度(L)]：　//@500,350,25 ↙

(4) 重复执行【长方体】命令，配合【端点捕捉】功能，创建侧板造型和后挡板造型。命令行操作如下。

命令：_box
指定第一个角点或[中心(C)]：　//捕捉如图 11-24 所示的端点

图 11-23　实例效果

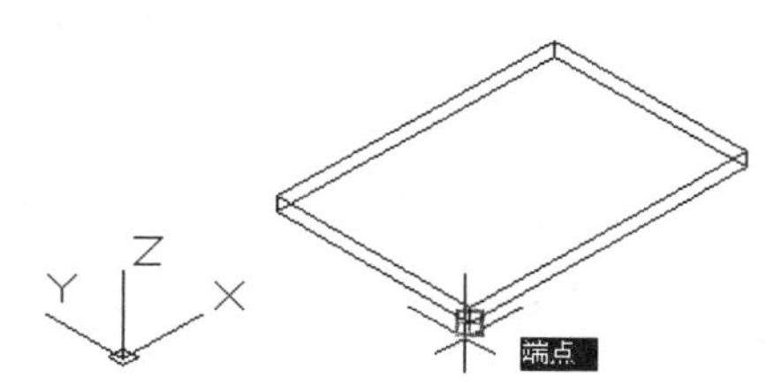

图 11-24　捕捉端点

指定其他角点或[立方体(C)/长度(L)]：　//@−25,350,600 ↙
命令：_box
指定第一个角点或[中心(C)]：　//捕捉如图 11-25 所示的端点
指定其他角点或[立方体(C)/长度(L)]：　//@550,25,600 ↙，结果如图 11-26

所示

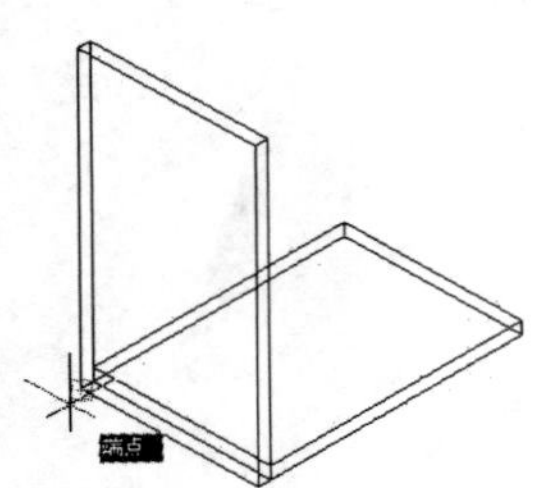

图 11-25　捕捉端点

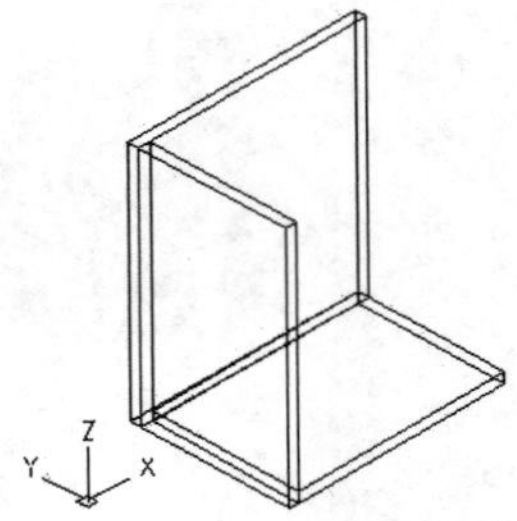

图 11-26　创建结果

(5) 使用快捷键 CO 激活【复制】命令，将侧板和底板造型进行复制。命令行操作如下。

命令：co　// ↙
COPY
选择对象：　//选择侧板造型
选择对象：　// ↙
当前设置：　复制模式＝多个
指定基点或［位移(D)/模式(O)］＜位移＞：　//拾取任一点
指定第二个点或［阵列(A)］＜使用第一个点作为位移＞：　//@525,0 ↙
指定第二个点或［阵列(A)/退出(E)/放弃(U)］＜退出＞：　// ↙，结果如图 11-27 所示

命令:COPY　// ↙，激活命令
选择对象：　//选择底板造型
选择对象：　// ↙
当前设置：　复制模式＝多个
指定基点或［位移(D)/模式(O)］＜位移＞：　//拾取任一点
指定第二个点或［阵列(A)］＜使用第一个点作为位移＞：　//@0,0,200 ↙
指定第二个点或［阵列(A)/退出(E)/放弃(U)］＜退出＞：　//@0,0,400 ↙
指定第二个点或［阵列(A)/退出(E)/放弃(U)］＜退出＞：　// ↙，结果如图 11-28 所示

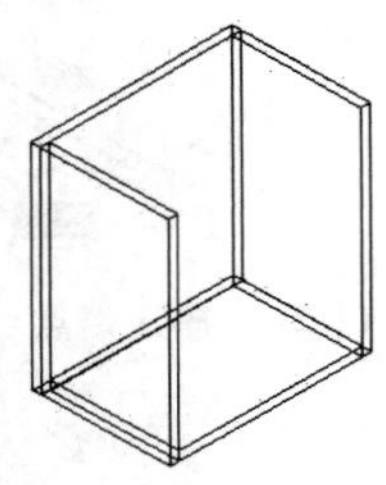

图 11-27　复制侧板

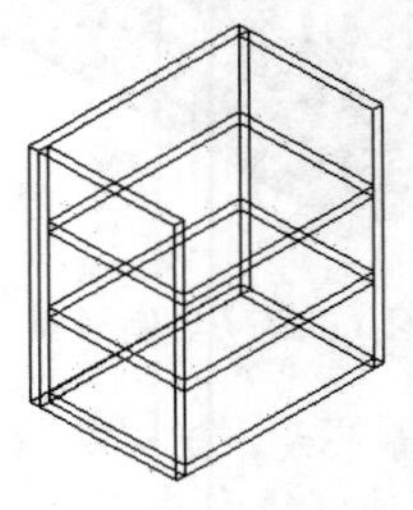

图 11-28　复制底板

(6) 单击【建模】工具栏上的按钮，激活【长方体】命令，创建顶板模型。命令行操作如下。

命令：_box

指定第一个角点或［中心(C)］： //捕捉如图 11-29 所示的端点

指定其他角点或［立方体(C)/长度(L)］： //捕捉如图 11-30 所示的端点

指定高度或［两点(2P)］<600.0000>： //@0,0,25 ↙，创建结果如图 11-31 所示

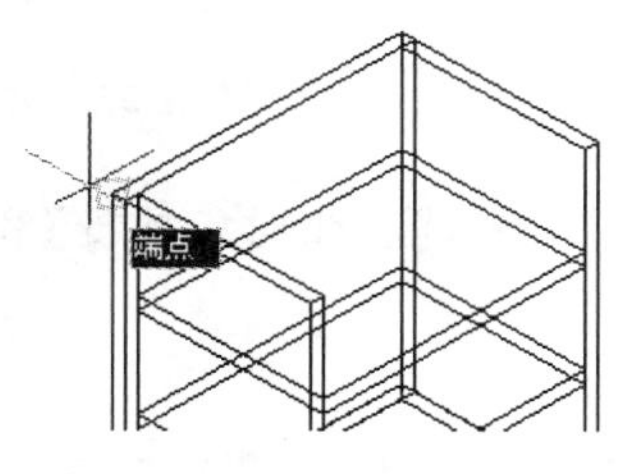

图 11-29 捕捉端点

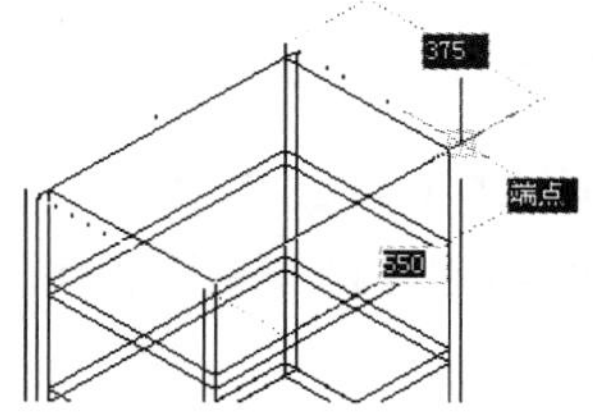

图 11-30 捕捉端点

(7) 单击【工具】菜单中的【创建 UCS】/【X】命令，将当前坐标系进行旋转，命令行操作如下。

命令：ucs //↙

指定 UCS 的原点或［面(F)/命名(NA)/对象(OB)/上一个(P)/视图(V)/世界(W)/X/Y/Z/Z 轴(ZA)］<世界>： //x ↙

指定绕 X 轴的旋转角度 <90>： //↙，旋转结果如图 11-32 所示

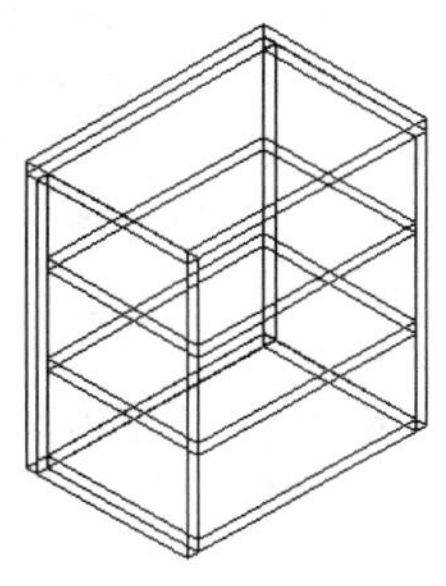

图 11-31 创建结果

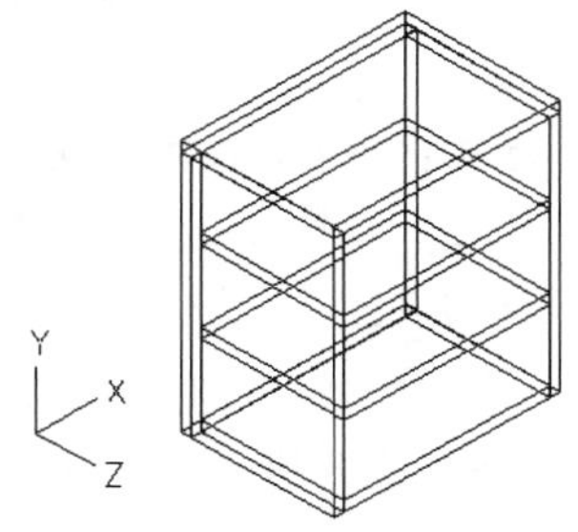

图 11-32 旋转 UCS

(8) 单击【建模】工具栏上的按钮，激活【长方体】命令，创建抽屉板模型。命令行操作如下。

命令：_box

指定第一个角点或［中心(C)］： //捕捉如图 11-33 所示的端点

指定其他角点或［立方体(C)/长度(L)］： //捕捉如图 11-34 所示的端点

指定高度或［两点(2P)］<25.0000>： //@0,0,25 ↙，创建结果如图 11-35 所示

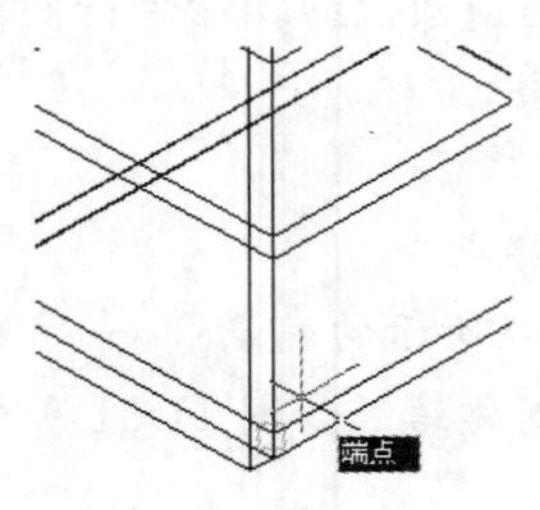

图 11-33　捕捉端点

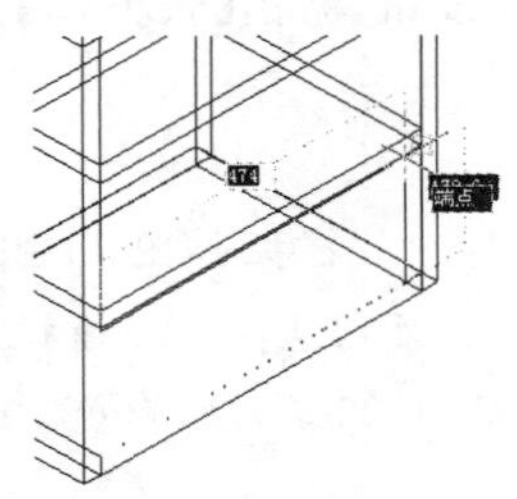

图 11-34　捕捉端点

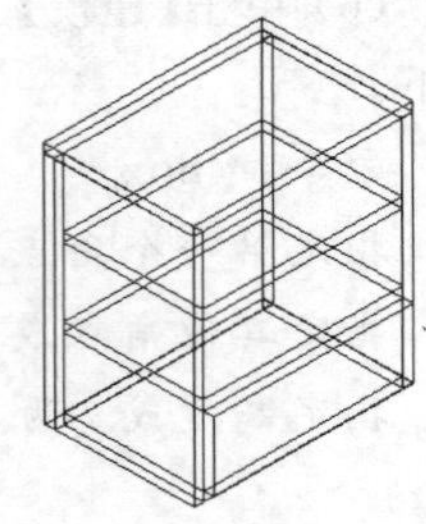

图 11-35　创建结果

(9) 单击【建模】工具栏上的△按钮，激活【圆锥体】命令，配合【对象捕捉】和【对象捕捉追踪】功能，创建椭圆锥形拉手造型。命令行操作如下。

命令：_cone

指定底面的中心点或［三点(3P)/两点(2P)/切点、切点、半径(T)/椭圆(E)］：//E↙

指定第一个轴的端点或［中心(C)］：//C↙

指定中心点：//捕捉如图 11-36 所示的中点追踪虚线的交点

指定到第一个轴的距离 <30.0>：//@45,0↙

指定第二个轴的端点：//@0,25↙

指定高度或［两点(2P)/轴端点(A)/顶面半径(T)］<25.0>：//@0,0,−30↙，创建结果如图 11-37 所示

(10) 使用快捷键 M 激活【移动】命令，将锥形拉手进行外移。命令行操作如下。

命令：m　//↙

MOVE 选择对象：//拾取任一点

选择对象：//↙

指定基点或［位移(D)］<位移>：//↙

指定第二个点或［阵列(A)］<使用第一个点作为位移>：//@0,0,20↙，位移后的概念着色效果如图 11-38 所示

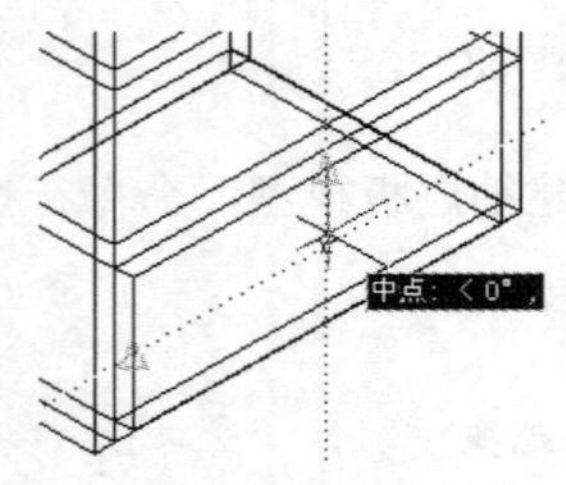

图 11-36　捕捉追踪虚线交点

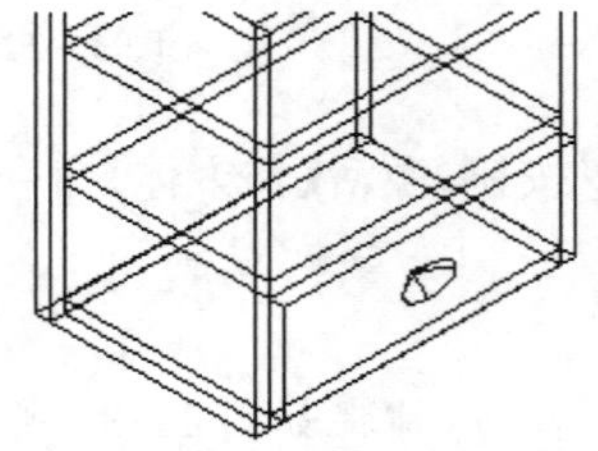

图 11-37　创建结果

图 11-38　概念着色

(11) 使用快捷键 F 激活【圆角】命令，对椭圆锥形拉手进行圆角。命令行操作如下。

命令：F　//↙

FILLET 当前设置：模式＝修剪，半径＝0.0

选择第一个对象或［放弃(U)/多段线(P)/半径(R)/修剪(T)/多个(M)］：//在图

11-39 所示的位置单击圆锥体

输入圆角半径 ＜0.0＞： //5 ↙

选择边或［链(C)/半径(R)］： //↙，圆角结果如图 11-40 所示

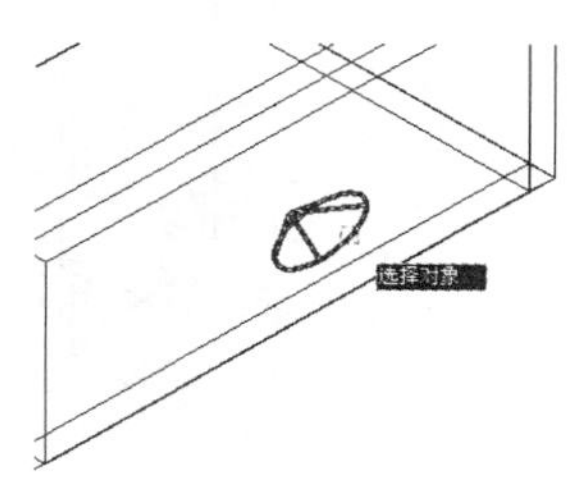

图 11-39 选择对象

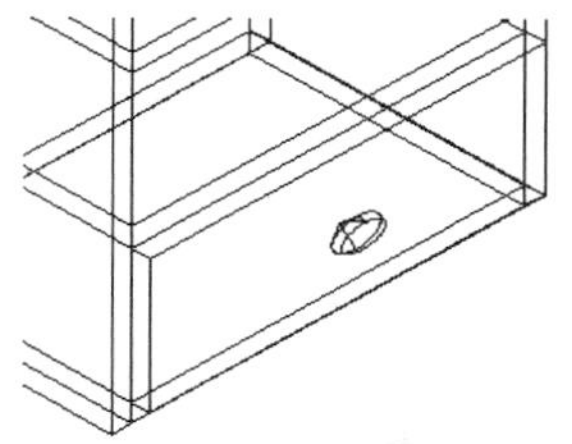

图 11-40 圆角结果

(12) 单击菜单【修改】/【复制】命令，选择拉手和抽屉板模型进行复制。命令行操作如下。

命令：_copy

选择对象： //选择如图 11-41 所示的拉手和抽屉板

选择对象： //↙

当前设置： 复制模式＝多个

指定基点或［位移(D)/模式(O)］＜位移＞： //↙

指定第二个点或［阵列(A)］＜使用第一个点作为位移＞： //@0,200,0 ↙

指定第二个点或［阵列(A)/退出(E)/放弃(U)］＜退出＞： //↙，结果如图 11-42 所示

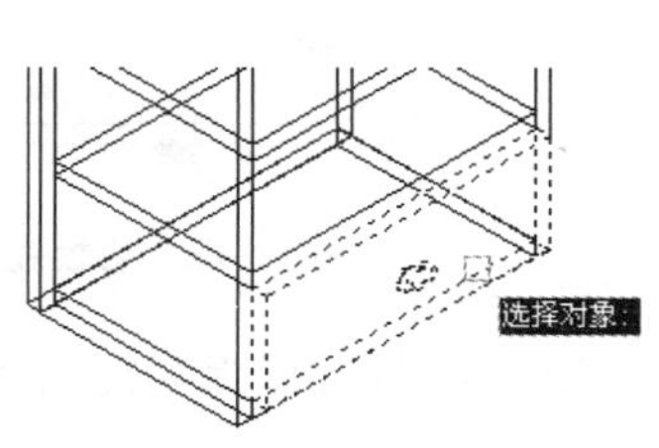

图 11-41 选择对象

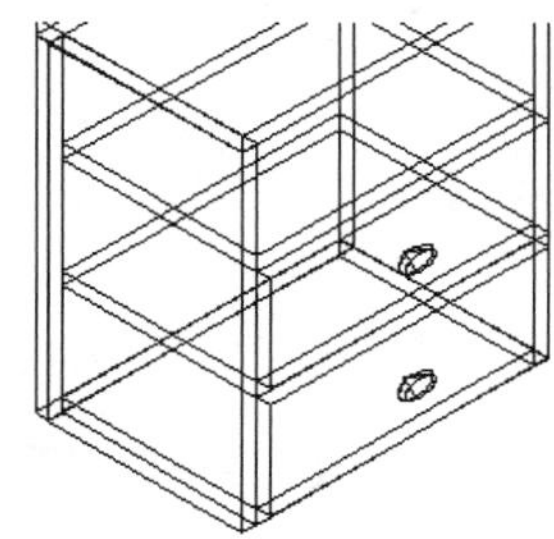

图 11-42 复制结果

(13) 在命令行激活【UCS】命令，将当前坐标系恢复为世界坐标系。

(14) 单击【建模】工具栏上的按钮，激活【圆柱体】命令，配合【捕捉自】功能创建圆柱体。命令行操作如下。

命令：_cylinder

指定底面的中心点或［三点(3P)/两点(2P)/切点、切点、半径(T)/椭圆(E)］： //激活【捕捉自】功能

_from 基点： //捕捉如图 11-43 所示的端点

＜偏移＞： //@75,60,0 ↙

指定底面半径或［直径(D)］＜30.0＞： //45 ↙

指定高度或［两点(2P)/轴端点(A)］<-30.0>： //@0,0,－45 ↙，结果如图11-44所示

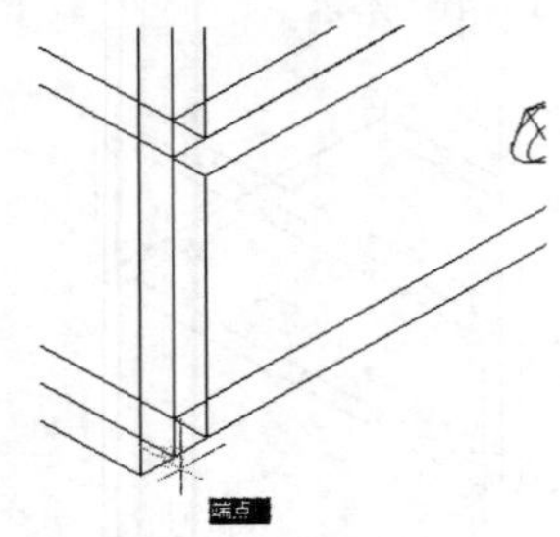

图 11-43 捕捉端点

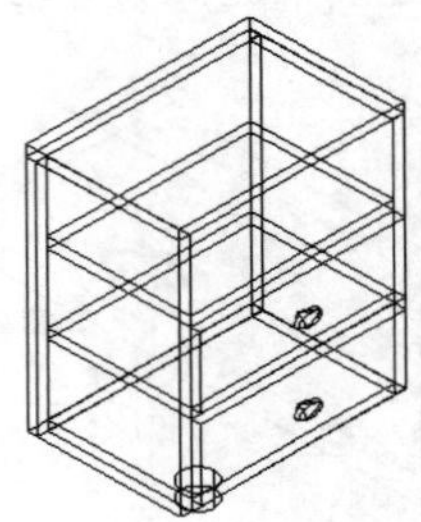

图 11-44 创建柱体

(15) 单击【建模】工具栏上的按钮，激活【球体】命令，创建滚动球。命令行操作如下。

命令：_sphere

指定中心点或［三点(3P)/两点(2P)/切点、切点、半径(T)］： //捕捉如图 11-45 所示的圆心

指定半径或［直径(D)］<40.0>： //30 ↙，结果如图 11-46 所示

(16) 单击菜单【视图】/【三维视图】/【俯视】命令，将当前视图切换为俯视图，结果如图 11-47 所示。

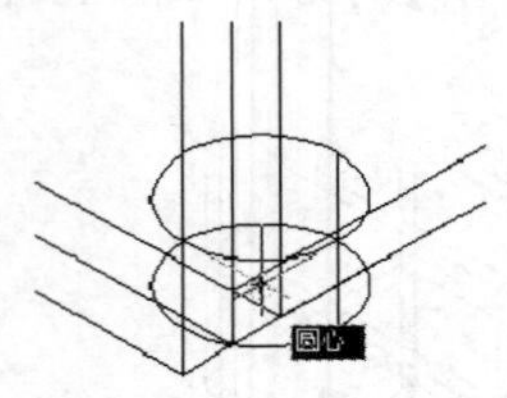

图 11-45 捕捉圆心

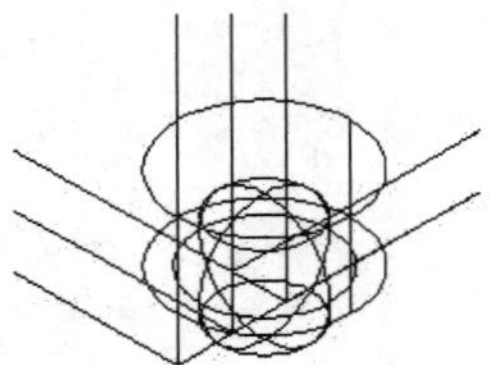

图 11-46 创建球体

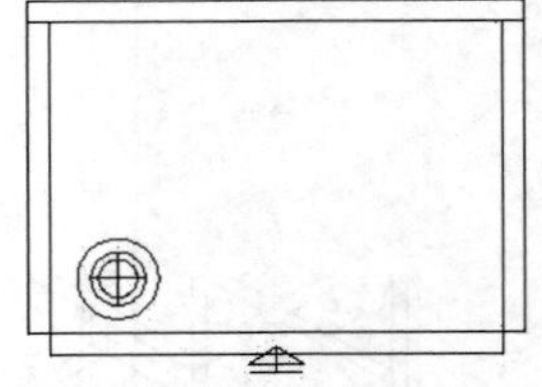

图 11-47 切换视图

(17) 单击【修改】菜单中的【镜像】命令，配合【两点之间的中点】捕捉功能对模型进行镜像。命令行操作如下。

命令：_mirror

选择对象： //选择图 11-47 所示的模型

选择对象： // ↙

指定镜像线的第一点： //激活【两点之间的中点】功能

_m2p 中点的第一点： //捕捉如图 11-48 所示的端点

中点的第二点： //捕捉如图 11-49 所示的端点

指定镜像线的第二点： //@0,1 ↙

要删除源对象吗？［是(Y)/否(N)］<N>： // ↙，镜像结果如图 11-50 所示

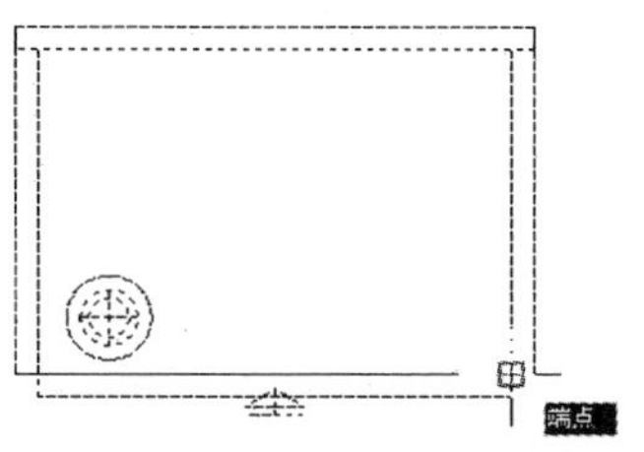

图 11-48 捕捉端点

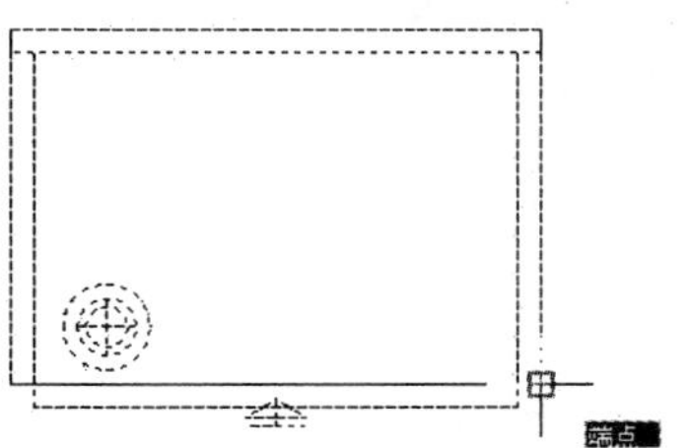

图 11-49 捕捉端点

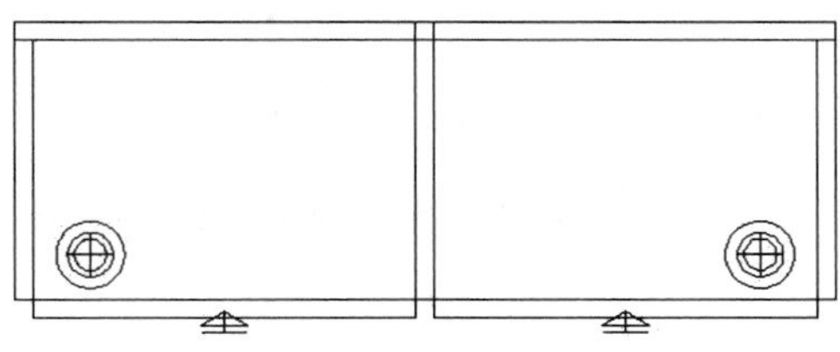

图 11-50 镜像结果

(18) 重复执行【镜像】命令，配合【中点捕捉】功能窗口选择如图 11-51 所示的模型进行镜像。命令行操作如下。

命令：_mirror

选择对象： //选择图 11-51 所示的模型

选择对象： //↙

指定镜像线的第一点： //捕捉如图 11-52 所示的中点

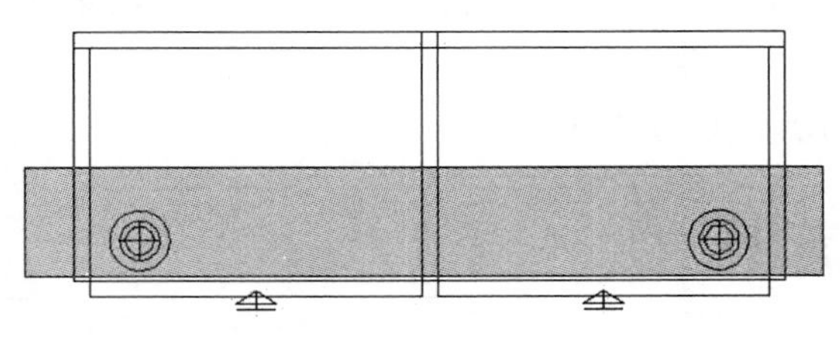

图 11-51 窗口选择

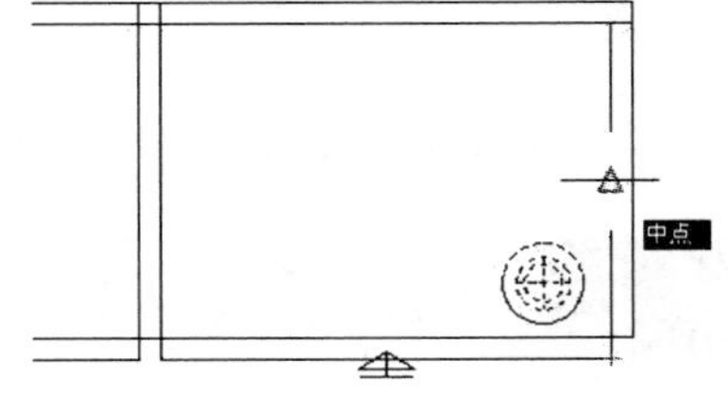

图 11-52 捕捉中点

指定镜像线的第二点： //@0,1↙

要删除源对象吗？[是(Y)/否(N)] <N>： //↙，镜像结果如图 11-53 所示

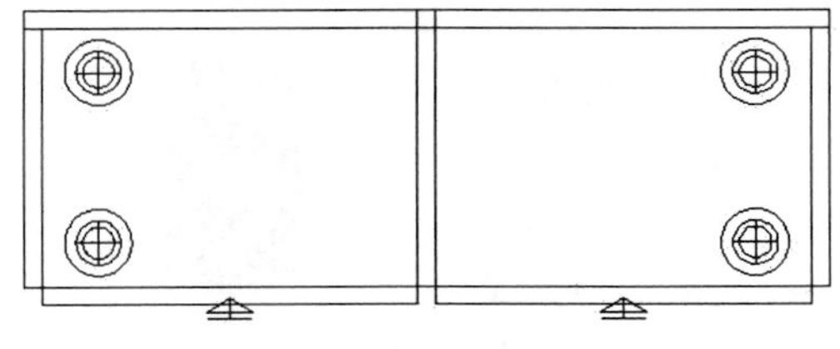

图 11-53 镜像结果

（19）使用快捷键 UNI 激活【并集】命令，选择所有模型进行并集，结果如图 11-54 所示。

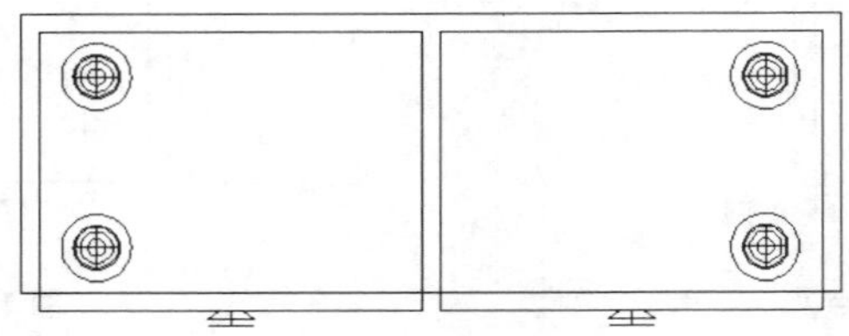

图 11-54　并集结果

（20）单击绘图区左上角的视图控件，将当前视图切换到西南等轴测视图，结果如图 11-55 所示。

（21）使用快捷键 HI 激活【消隐】命令，对模型进行消隐显示，结果如图 11-56 所示。

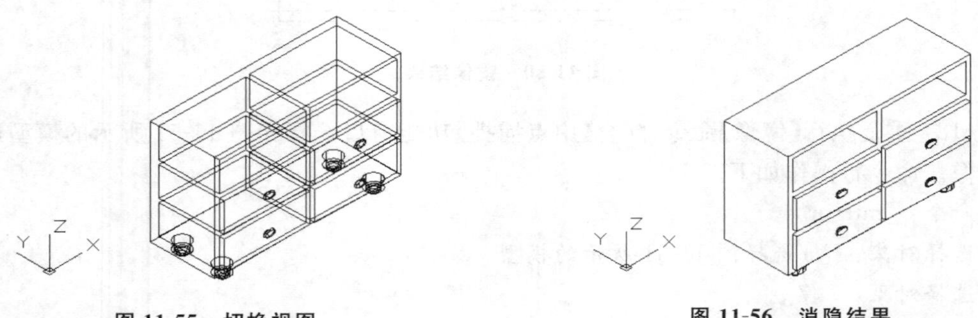

图 11-55　切换视图　　　图 11-56　消隐结果

（22）使用快捷键 VS 激活【视觉样式】命令，对模型进行灰度着色，最终结果如图 11-23所示。

（23）最后执行【保存】命令，将图形命名存储为“实例指导一. dwg”。

11.5 创建复杂实体和曲面

本节主要学习【拉伸】、【旋转】、【剖切】、【扫掠】、【抽壳】等几个命令，通过将二维线框图形转化为三维实心体或曲面模型，以创建较为复杂的几何体及曲面。

11.5.1 拉伸

【拉伸】命令用于将闭合的二维图形按照指定的高度拉伸成三维实心体或曲面，将非闭合的二维图线拉伸为曲面，如图 11-57 所示。

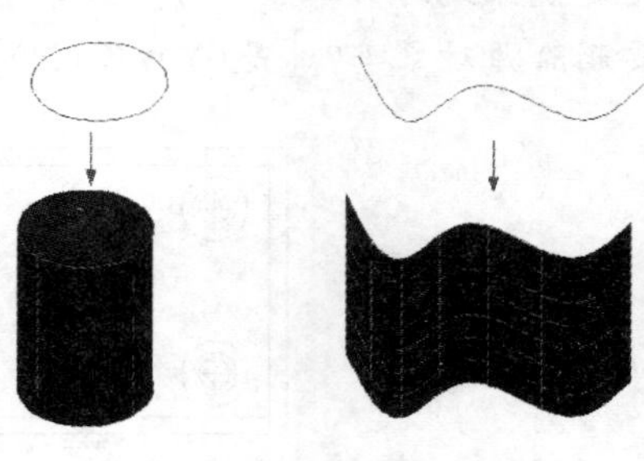

图 11-57　拉伸示例

执行【拉伸】命令主要有以下几种方式：

（1）单击菜单【绘图】/【建模】/【拉伸】命令。

(2) 单击【建模】工具栏或面板上的按钮。

(3) 在命令行输入 Extrude 后按 Enter 键。

(4) 使用快捷键 EXT。

下面通过将矩形拉伸为三维实心体，学习【拉伸】命令的操作过程和相关技巧。具体操作步骤如下。

(1) 新建文件并将视图切换到西南等轴测视图。

(2) 执行【矩形】命令，绘制长度为 300、宽度为 200 的矩形。

(3) 单击【建模】工具栏或面板上的按钮，激活【拉伸】命令，将矩形拉伸为三维实体。其命令行操作如下。

命令：_extrude

当前线框密度： ISOLINES＝12，闭合轮廓创建模式＝实体

选择要拉伸的对象或［模式(MO)］：_MO 闭合轮廓创建模式［实体(SO)/曲面(SU)］＜实体＞：_SO

选择要拉伸的对象或［模式(MO)］： //选择矩形

选择要拉伸的对象或［模式(MO)］： //↙

指定拉伸的高度或［方向(D)/路径(P)/倾斜角(T)/表达式(E)］＜240.0000＞： //t↙

指定拉伸的倾斜角度或［表达式(E)］＜30＞： //15↙

指定拉伸的高度或［方向(D)/路径(P)/倾斜角(T)/表达式(E)］＜240.0000＞： //240↙

(4) 拉伸结果如图 11-58(右)所示。

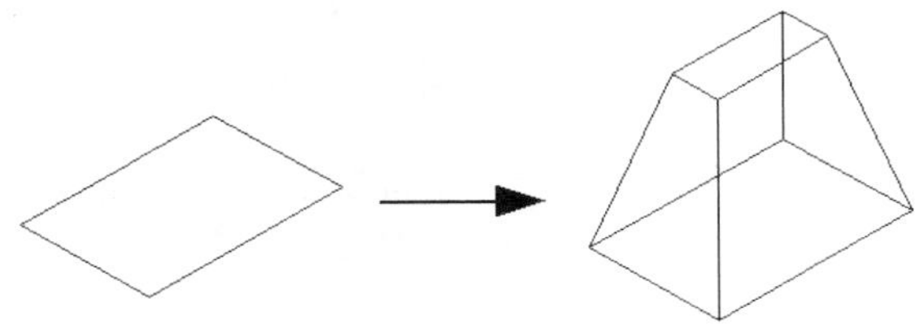

图 11-58 拉伸示例

选项解析

◆ 【模式】选项用于设置拉伸对象是生成实体还是生成曲面。图 11-59(右)所示图形，则是在曲面模式下拉伸而成的。

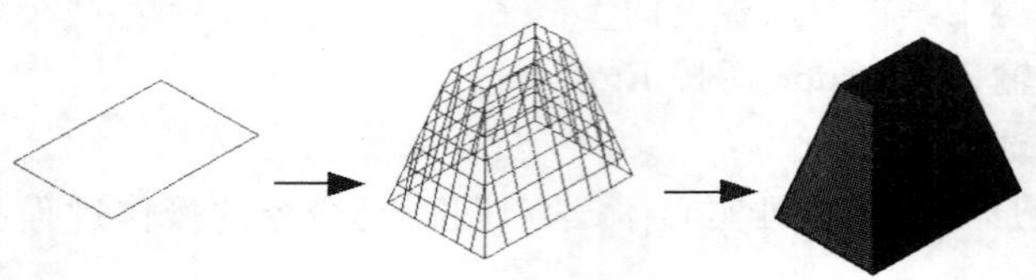

图 11-59　曲面拉伸

◆ 【倾斜角】选项用于将闭合或非闭合对象按照一定的角度进行拉伸，如图 11-60 所示。

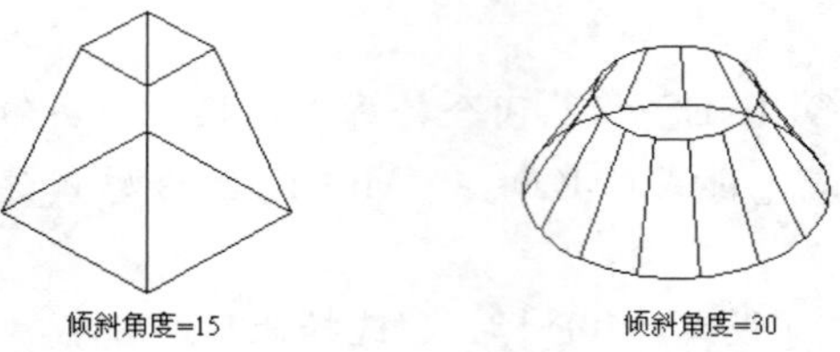

图 11-60　角度拉伸示例

◆ 【方向】选项用于将闭合或非闭合对象按光标引的方向进行拉伸，如图 11-61 所示。

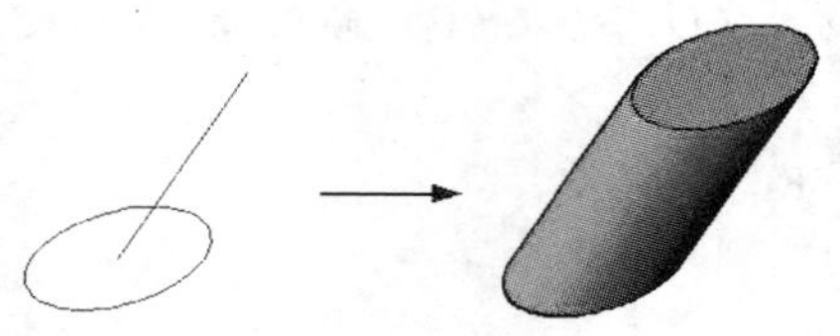

图 11-61　方向拉伸示例

◆ 【路径】选项用于将闭合或非闭合对象按照指定的直线或曲线路径进行拉伸，如图 11-62 所示。

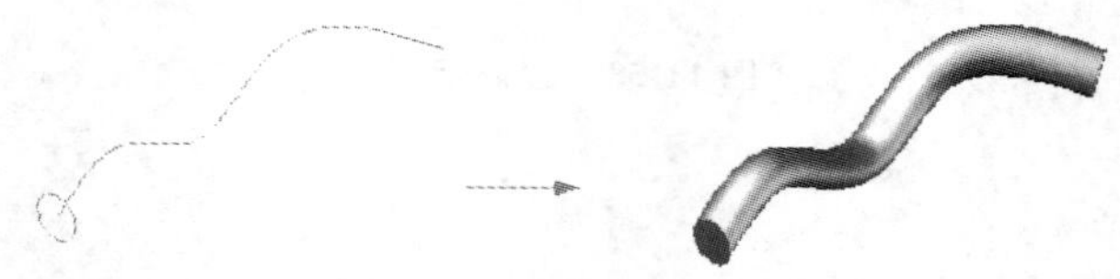

图 11-62　路径拉伸示例

◆ 【表达式】选项用于输入公式或方程式以指定拉伸高度。

11.5.2 旋转

【旋转】命令用于将闭合二维图形绕坐标轴旋转为三维实心体或曲面，将非闭合图形绕轴旋转为曲面。此命令常用于创建一些回转体结构的模型，如图 11-63 所示。

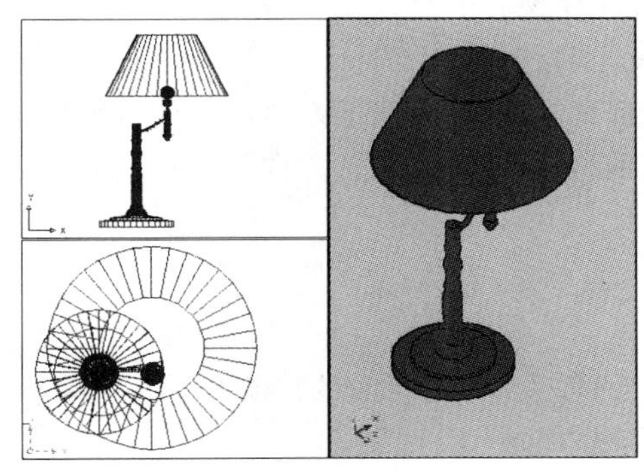

图 11-63　回转体示例

执行【旋转】命令主要有以下几种方式：

(1) 单击菜单【绘图】/【建模】/【旋转】命令。

(2) 单击【建模】工具栏或面板上的按钮。

(3) 在命令行输入 Revolve 后按 Enter 键。

执行【旋转】命令，根据命令行创建回转实体。命令行操作过程如下。

命令：_revolve

当前线框密度： ISOLINES＝12，闭合轮廓创建模式＝实体

选择要旋转的对象或［模式(MO)］：_MO 闭合轮廓创建模式［实体(SO)/曲面(SU)］＜实体＞：_SO

选择要旋转的对象或［模式(MO)］： //选择图 11-64(左)的边界

选择要旋转的对象或［模式(MO)］： //↙

指定轴起点或根据以下选项之一定义轴［对象(O)/X/Y/Z］＜对象＞： //捕捉边界右上角点

指定轴端点： //捕捉边界右下角点

指定旋转角度或［起点角度(ST)/反转(R)/表达式(EX)］＜360＞： //↙，旋转结果如图 11-64(右)所示

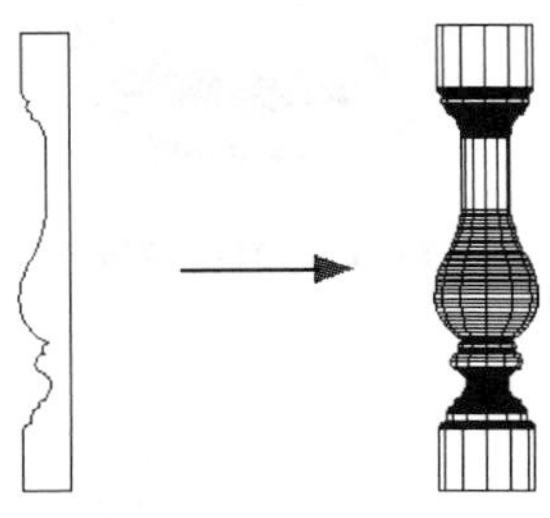

图 11-64　旋转示例

选项解析

◆ 【模式】选项用于设置旋转对象是生成实体还是曲面。

◆ 【对象】选项用于选择现有的直线或多段线等作为旋转轴，轴的正方向是从这条直线上的最近端点指向最远端点。

◆ 【X】选项使用当前坐标系的 X 轴正方向作为旋转轴的正方向。

◆ 【Y】选项使用当前坐标系的 Y 轴正方向作为旋转轴的正方向。

11.5.3 剖切

【剖切】命令用于切开现有实体或曲面，然后移去不需要的部分，保留指定的部分。使用此命令也可以将剖切后的两部分都保留。

执行【剖切】命令主要有以下几种方式：

(1) 单击菜单【绘图】/【三维操作】/【剖切】命令。

(2) 单击【常用】选项卡/【实体编辑】面板上的按钮。

(3) 在命令行中输入 Slice 后按 Enter 键。

(4) 使用快捷键 SL。

执行【剖切】命令后，命令行操作如下。

命令：_slice

选择要剖切的对象： //选择图 11-65 所示的实体

选择要剖切的对象： //↙，结束选择

指定切面的起点或［平面对象(O)/曲面(S)/Z 轴(Z)/视图(V)/XY(XY)/YZ(YZ)/ZX(ZX)/三点(3)］<三点>： //ZX↙，激活【ZX 平面】选项

指定 XY 平面上的点 <0,0,0>： //捕捉如图 11-65 所示的端点

在所需的侧面上指定点或［保留两个侧面(B)］<保留两个侧面>： //捕捉如图 11-66 所示的象限点，剖切结果如图 11-67 所示

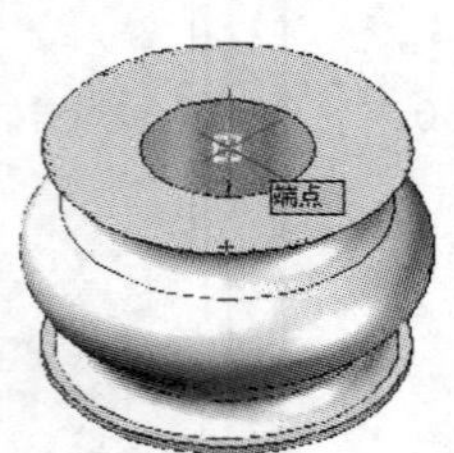

图 11-65 捕捉端点

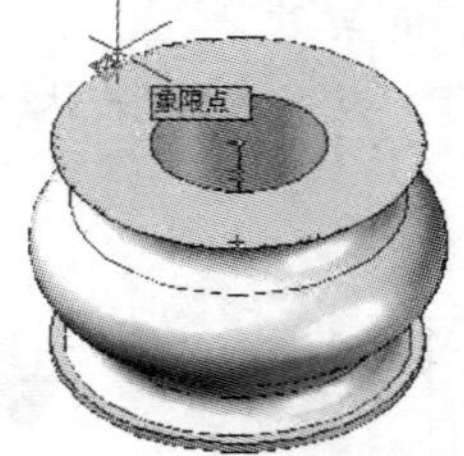

图 11-66 捕捉象限点

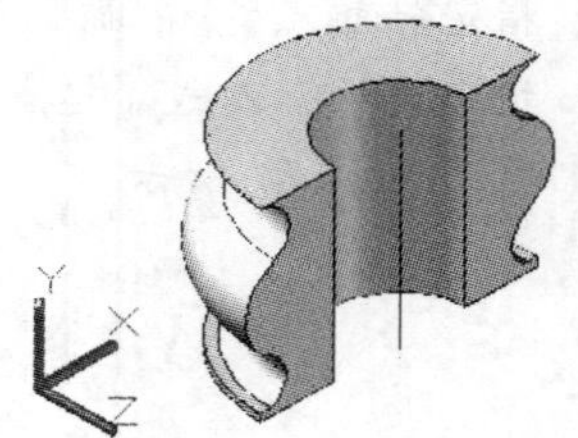

图 11-67 剖切结果

选项解析

◆ 【三点】选项是系统默认的一种剖切方式，用于通过指定三个点，以确定剖切平面。

◆ 【平面对象】选项用于选择一个目标对象，如以圆、椭圆、圆弧、样条曲线或多段线等，作为实体的剖切面，进行剖切实体。

◆ 【曲面】选项用于选择现有的曲面作为剖切平面进行剖切对象。

◆ 【Z 轴】选项用于通过指定剖切平面的法线方向来确定剖切平面，即 Z 轴(法线)上指定点定义剖切面。

◆ 【视图】选项也是一种剖切方式，该选项所确定的剖切面与当前视口的视图平面平行，用户只需指定一点，即可确定剖切平面的位置。

◆ 【XY】/【YZ】/【ZX】三个选项分别代表三种剖切方式，分别用于将剖切平面与当前用户坐标系的 XY 平面/YZ 平面/ZX 平面对齐，用户只需指定点即可定义剖切面的位置。XY 平面、YZ 平面、ZX 平面位置，是根据屏幕当前的 UCS 坐标系情况而定的。

11.5.4 扫掠

【扫掠】命令用于沿路径扫掠闭合(或非闭合)的二维(或三维)曲线，以创建新的实体(或曲面)。

执行【扫掠】命令主要有以下几种方式：

(1) 单击菜单【绘图】/【建模】/【扫掠】命令。

(2) 单击【建模】工具栏或面板上的按钮。

(3) 在命令行输入 Sweep 后按 Enter 键。

下面通过简单的小实例学习【扫掠】命令的操作过程和相关技巧。具体操作步骤如下。

(1) 新建文件并将视图切换到西南视图。

(2) 使用【圆】和【样条曲线】命令绘制图 11-68(左)所示的圆和样条曲线。

(3) 单击【建模】工具栏或面板上的按钮，激活【扫掠】命令，将圆沿着样条曲线扫掠为三维实体。命令行操作如下。

命令：_sweep

当前线框密度： ISOLINES=12，闭合轮廓创建模式=实体

选择要扫掠的对象或［模式(MO)］：_MO

闭合轮廓创建模式［实体(SO)/曲面(SU)］<实体>：_SO

选择要扫掠的对象或［模式(MO)］： //选择图 11-68 所示的圆

选择要扫掠的对象或［模式(MO)］： //↙

选择扫掠路径或［对齐(A)/基点(B)/比例(S)/扭曲(T)］： //选择样条曲线，扫掠结果如图 11-68(右)所示

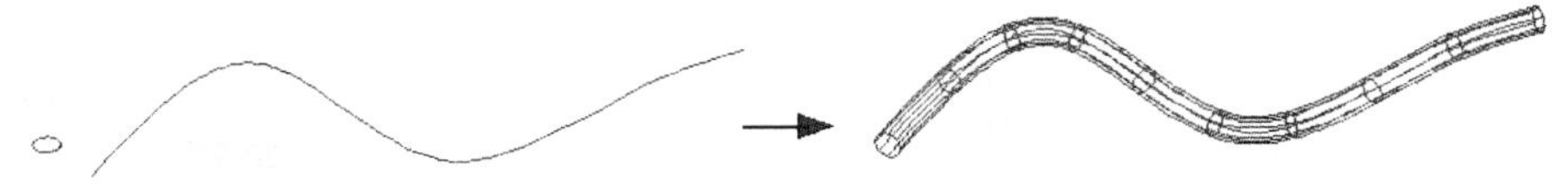

图 11-68 扫掠示例

(4) 使用快捷键 VS 激活【视觉样式】命令，对扫掠体进行着色，效果如图 11-69 所示。

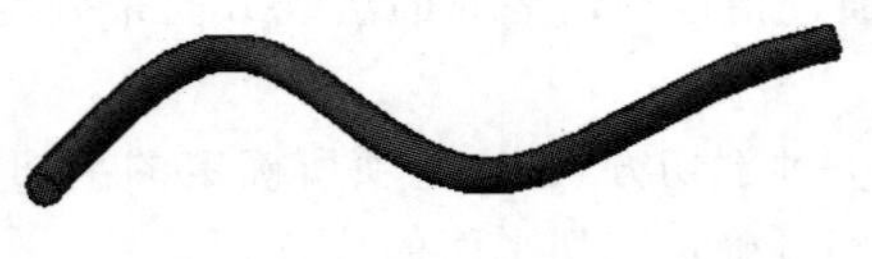

图 11-69　着色效果

11.5.5 抽壳

【抽壳】命令用于将三维实心体按照指定的厚度，创建为一个空心的薄壳体，或将实体的某些面删除，以形成薄壳体的开口，如图 11-70 所示。

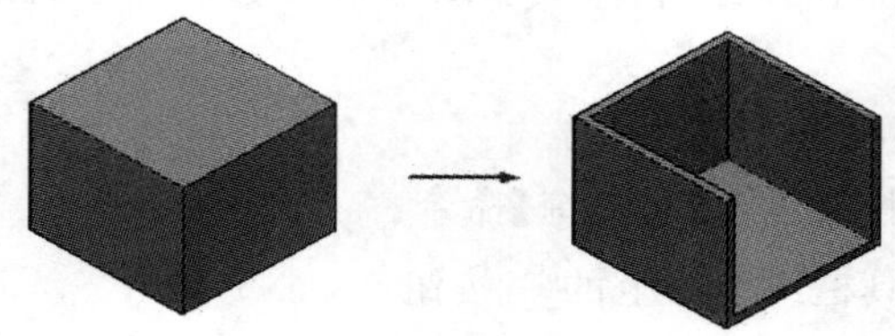

图 11-70　抽壳示例

执行【抽壳】命令主要有以下几种方式：

(1) 单击菜单【修改】/【实体编辑】/【抽壳】命令。

(2) 单击【实体编辑】工具栏上的按钮。

(3) 在命令行输入 Solidedit 后按 Enter 键。

下面通过对长方体进行抽壳编辑，学习抽壳命令。首先创建长度和宽度都为 200、高度为 150 的长方体，然后执行【抽壳】命令，对长方体进行抽壳。命令行操作如下。

命令：_solidedit

实体编辑自动检查：　SOLIDCHECK＝1

输入实体编辑选项［面(F)/边(E)/体(B)/放弃(U)/退出(X)］＜退出＞：_body

输入体编辑选项［压印(I)/分割实体(P)/抽壳(S)/清除(L)/检查(C)/放弃(U)/退出(X)］＜退出＞：_shell

选择三维实体：　//选择图 11-71 所示的长方体

删除面或［放弃(U)/添加(A)/全部(ALL)］：　//在如图 11-72 所示的位置单击

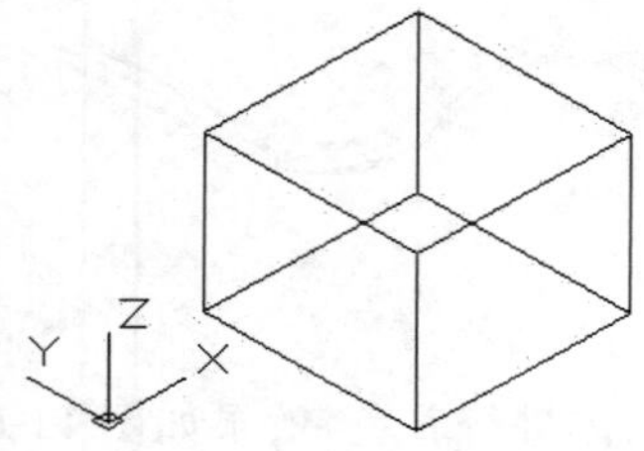

图 11-71　创建长方体

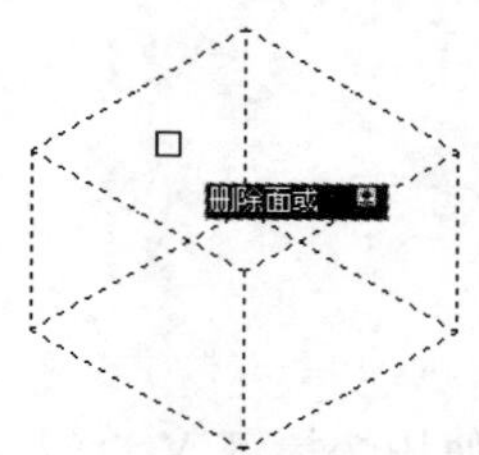

图 11-72　指定单击位置

删除面或[放弃(U)/添加(A)/全部(ALL)]： //在如图 11-73 所示的位置单击

删除面或 [放弃(U)/添加(A)/全部(ALL)]： // ↙,结束面的选择

输入抽壳偏移距离： //10 ↙,设置抽壳距离

已开始实体校验。

已完成实体校验。

输入体编辑选项[压印(I)/分割实体(P)/抽壳(S)/清除(L)/检查(C)/放弃(U)/退出(X)] <退出>： // X ↙,退出实体编辑模式

输入实体编辑选项 [面(F)/边(E)/体(B)/放弃(U)/退出(X)] <退出>： // X ↙,结束命令,抽壳后的效果如图 11-74 所示

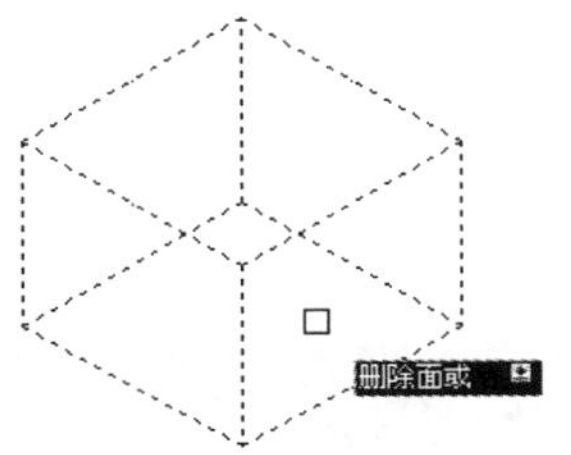

图 11-73 指定单击位置

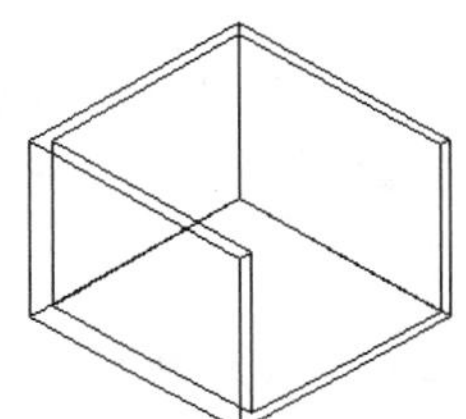

图 11-74 抽壳结果

11.6 创建基本几何体网格

本节学习基本几何体网格和复杂几何体网格的创建功能,具体有【网格图元】、【旋转网格】、【平移网格】、【直纹网格】和【边界网格】等。

11.6.1 网格图元

如图 11-75 所示的各类基本几何体网格图元,与各类基本几何实体的结构一样,只不过网格图元是由网状格子线连接而成。网格图元包括网格长方体、网格楔体、网格圆锥体、网格球体、网格圆柱体、网格圆环体、网格棱锥体等基本网格图元。

图 11-75 基本网格图元

执行【网格图元】命令主要有以下几种方式:

(1) 单击菜单【绘图】/【建模】/【网格】/【图元】级联菜单中的各命令选项,如图 11-76

所示。

(2) 单击【平滑网格图元】工具栏上的各按钮,如图 11-77 所示。

图 11-76 【网格图元】级联菜单

图 11-77 【平滑网格图元】工具栏

(3) 在命令行输入 Mesh 后按 Enter 键。

(4) 单击【网格建模】选项卡/【图元】面板上的各按钮。

☞技巧提示

基本几何体网格的创建方法与基本几何实体创建的方法相同,在此不再细述。默认情况下,可以创建无平滑度的网格图元,然后再根据需要应用平滑度。

11.6.2 旋转网格

【旋转网格】命令用于将轨迹线绕一指定的轴进行空间旋转,生成回转体空间网格,此命令常用于创建具有回转体特征的空间形体,如酒杯、茶壶、花瓶、灯罩、轮、环等三维模型。

☞技巧提示

用于旋转的轨迹线可以是直线、圆、圆弧、样条曲线、二维或三维多段线,旋转轴则可以是直线或非封闭的多段线。

执行【旋转网格】命令主要有以下几种方式:

(1) 单击菜单【绘图】/【建模】/【网格】/【旋转网格】命令。

(2) 在命令行输入 Revsurf 后按 Enter 键。

(3) 单击【常用】选项卡/【图元】面板上的按钮。

执行【旋转网格】命令后,其命令行操作如下。

命令:_revsurf

当前线框密度:SURFTAB1=24　SURFTAB2=24

选择要旋转的对象: //选择图 11-78 所示的多段线

选择定义旋转轴的对象: //选择垂直直线

指定起点角度 ＜0＞: //↙,采用当前设置

指定包含角(+=逆时针,-=顺时针)＜360＞: //↙,旋转结果如图 11-79 所示,消隐效果如图 11-80 所示

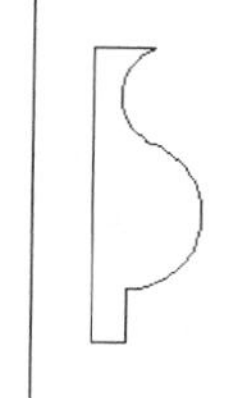

图 11-78 绘制结果

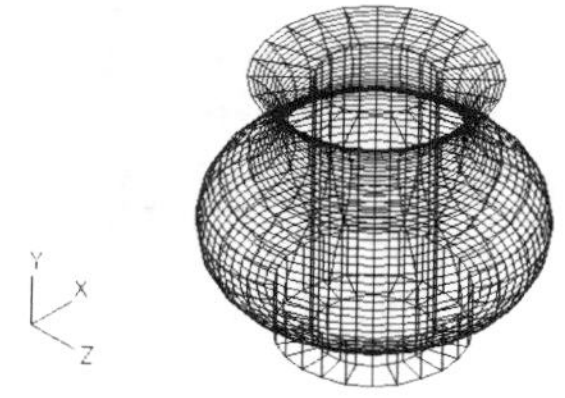

图 11-79 旋转结果

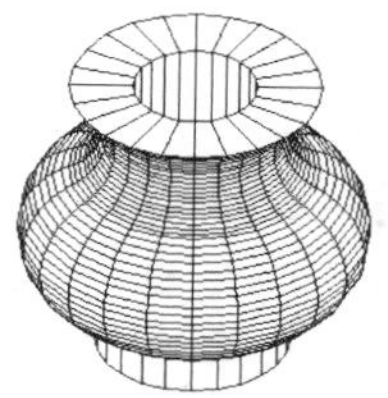

图 11-80 消隐效果

☞技巧提示

起始角为轨迹线开始旋转时的角度，旋转角表示轨迹线旋转的角度，如果输入的角度为正，则按逆时针方向构造旋转网格，否则按顺时针方向构造旋转网格。

11.6.3 平移网格

【平移网格】命令用于将轨迹线沿着指定方向矢量平移延伸而形成三维网格。轨迹线可以是直线、圆(圆弧)、椭圆、样条曲线、二维或三维多段线；方向矢量用于指明拉伸方向和长度，可以是直线或非封闭多段线，不能使用圆或圆弧来指定拉伸的方向。

执行【平移网格】命令主要有以下几种方式：

(1) 单击菜单【绘图】/【建模】/【网格】/【平移网格】命令。

(2) 在命令行输入 Tabsurf 后按 Enter 键。

(3) 单击【常用】选项卡/【图元】面板上的按钮。

执行【平移网格】命令后，其命令行操作如下。

命令：_tabsurf

当前线框密度：SURFTAB1=24

选择用作轮廓曲线的对象： //选择如图 11-81 所示的闭合边界

选择用作方向矢量的对象： //单击直线，创建结果如图 11-81(右)所示

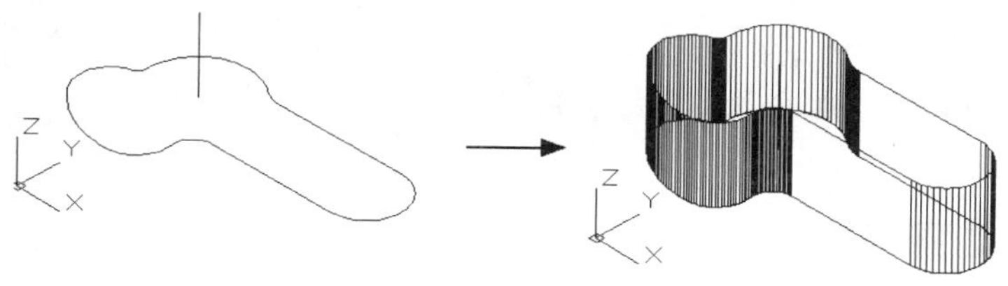

图 11-81 平移网格示例

☞技巧提示

创建平移网格时，用于拉伸的轨迹线和方向矢量不能位于同一平面内，在指定拉伸的方向矢量时，选择点的位置不同，结果也不同。

11.6.4 直纹网格

【直纹网格】命令用于在指定的两个对象之间创建直纹网格，所指定的两条边界可以是直线、样条曲线、多段线等。

☞技巧提示

如果一条边界是闭合的，那么另一条边界也必须是闭合的；另外，在选择第二条定义曲线时，如果单击的位置与第一条曲线位置相反，那么创建的网格也不相同。

执行【直纹网格】命令主要有以下几种方式：

(1) 单击菜单【绘图】/【建模】/【网格】/【直纹网格】命令。

(2) 在命令行输入 Rulesurf 后按 Enter 键。

(3) 单击【常用】选项卡/【图元】面板上的按钮。

执行【直纹网格】命令后，其命令行操作如下。

命令：_rulesurf

当前线框密度：SURFTAB1＝36

选择第一条定义曲线： //在左侧样条曲线的下端单击

选择第二条定义曲线： //在右侧样条曲线的下端单击，创建结果如图 11-82(右)所示

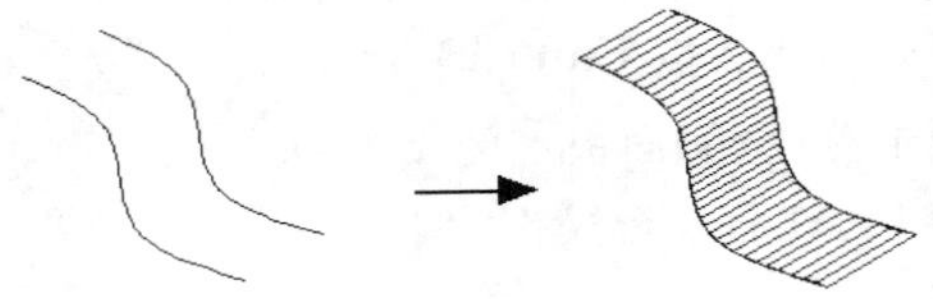

图 11-82 直纹网格示例

☞技巧提示

在选择对象时，选择的对象必须同时闭合或同时打开。如果一个对象为点，那么另一个对象可以是闭合状态的，也可以是打开的。另外，当边界曲线不是封闭状态时，选择点的位置不同，结果生成的图形也不同。

11.6.5 边界网格

【边界网格】命令用于将四条首尾相连的空间直线或曲线作为边界，创建空间曲面模型。

执行【边界网格】命令主要有以下几种方式：

(1) 单击菜单【绘图】/【建模】/【网格】/【边界网格】命令。

(2) 在命令行输入 Edgesurf 后按 Enter 键。

(3) 单击【常用】选项卡/【图元】面板上的按钮。

【边界网格】命令行的操作提示如下。

命令：_edgesurf

当前线框密度：SURFTAB1=24　SURFTAB2=24

选择用作曲面边界的对象 1：　//单击图 11-83 所示的轮廓线 1

选择用作曲面边界的对象 2：　//单击轮廓线 2

选择用作曲面边界的对象 3：　//单击轮廓线 3

选择用作曲面边界的对象 4：　//单击轮廓线 4，创建结果如图 11-83(右)所示

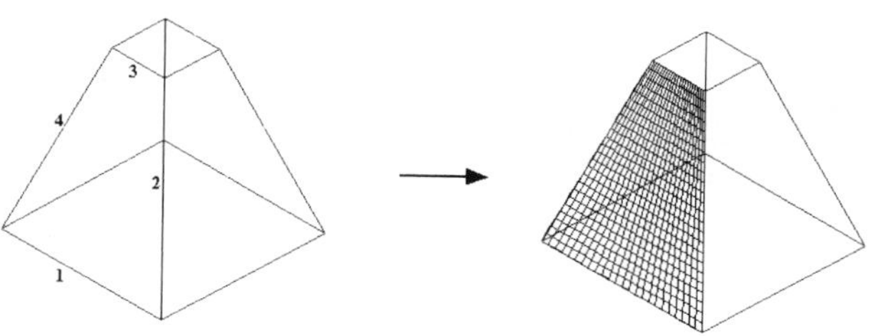

图 11-83　边界网格示例

☞技巧提示

每条边选择的顺序不同，生成的曲面形状也不一样。用户选择的第一条边确定曲面网格的 M 方向，第二条边确定网格的 N 方向。

11.7　实例指导二——制作办公桌立体造型

本例通过制作办公桌的立体造型，对本章所讲知识进行综合练习和巩固应用。办公桌立体造型的最终制作效果，如图 11-84 所示。

操作步骤如下所述。

(1) 新建文件并打开状态栏上的【对象捕捉】功能。

(2) 使用快捷键 PL 激活【多段线】命令，配合坐标点的输入功能，绘制如图 11-85 所示的轮廓线。

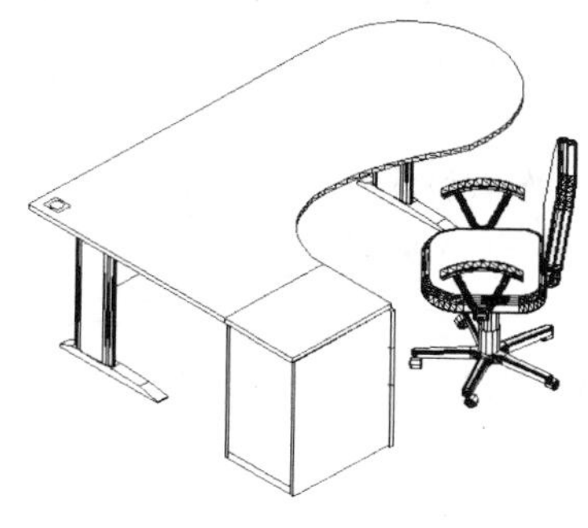

图 11-84　实例效果

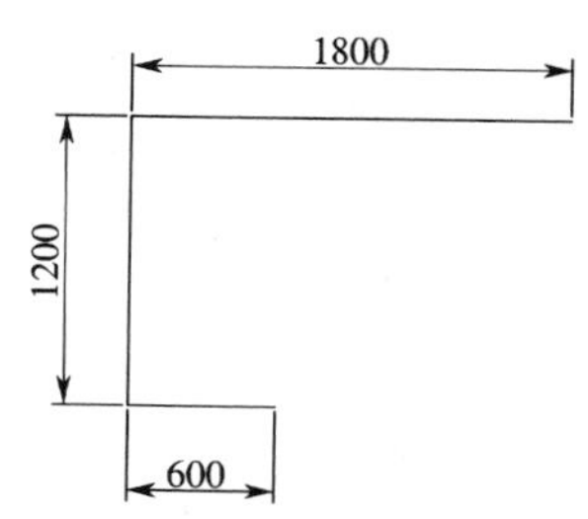

图 11-85　绘制结果

(3) 使用快捷键 C 激活【圆】命令，配合【捕捉自】功能，绘制如图 11-86 所示的三

个圆。

（4）使用快捷键 TR 激活【修剪】命令，对圆图形进行修剪，编辑出如图 11-87 所示的桌面板轮廓线。

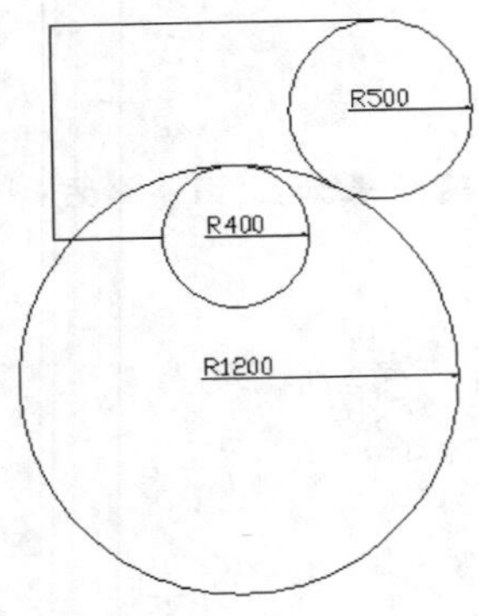

图 11-86　绘制圆

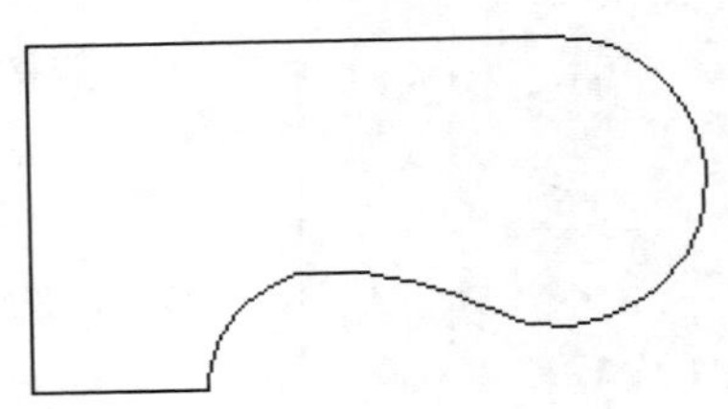

图 11-87　编辑结果

（5）使用快捷键 BO 激活【边界】命令，设置参数如图 11-88 所示，将桌面板轮廓线编辑为一条闭合的多段线，并删除源对象。

（6）使用【矩形】和【圆】命令，根据图示尺寸，绘制如图 11-89 所示的走线孔轮廓线。

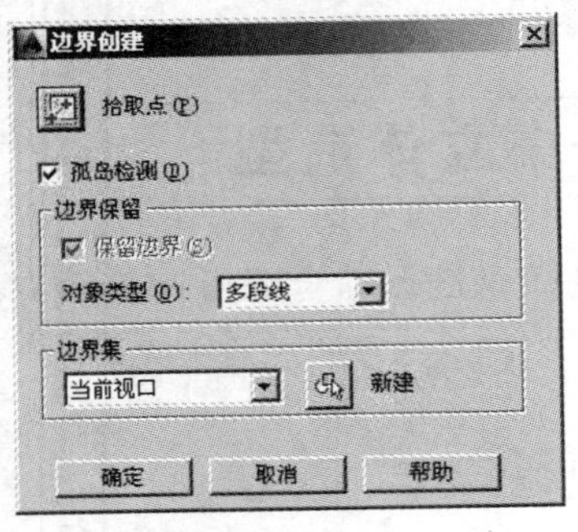

图 11-88　设置边界类型

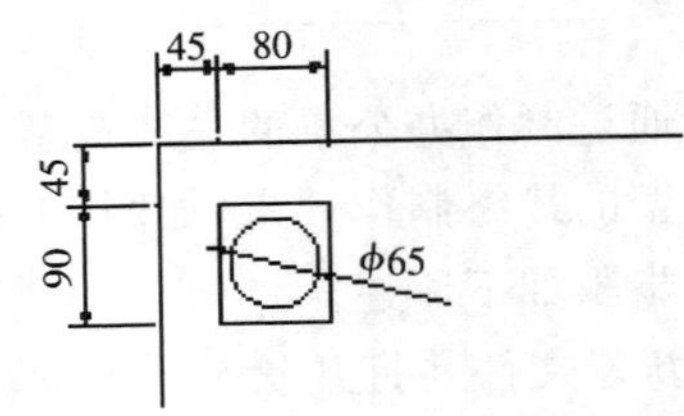

图 11-89　绘制结果

（7）使用快捷键 EXT 激活【拉伸】命令，将桌面板沿 Z 轴负方向拉伸 26 个绘图单位，将矩形走线孔沿 Z 轴正方向拉伸 2 个绘图单位。命令行操作如下。

命令：ext　　//↙

EXTRUDE 当前线框密度：　ISOLINES＝12，闭合轮廓创建模式＝曲面

选择要拉伸的对象或［模式(MO)］：_MO 闭合轮廓创建模式［实体(SO)/曲面(SU)］＜实体＞：_SO

选择要拉伸的对象或［模式(MO)］：　//选择桌面板轮廓线

选择要拉伸的对象或［模式(MO)］：　//↙

指定拉伸的高度或［方向(D)/路径(P)/倾斜角(T)/表达式(E)］＜240.0000＞：//@0,0,－26↙

命令：EXTRUDE

当前线框密度： ISOLINES＝12，闭合轮廓创建模式＝实体

选择要拉伸的对象或［模式(MO)］： //选择矩形

选择要拉伸的对象或［模式(MO)］： //↙

指定拉伸的高度或［方向(D)/路径(P)/倾斜角(T)/表达式(E)］＜-26.0000＞：//@0,0,2↙

(8) 使用快捷键 M 激活【移动】命令，将圆沿 Z 轴正方向移动 2 个绘图单位。

(9) 使用快捷键 C 激活【圆】命令，绘制半径为 110 的两个圆，其中圆心距为 170，结果如图 11-90 所示。

(10) 单击【绘图】菜单栏中的【圆】/【相切、相切、半径】命令，绘制半径为 10 的相切圆，结果如图 11-91 所示。

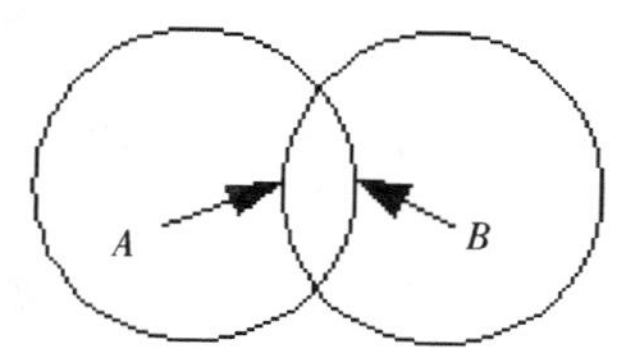

图 11-90 绘制结果

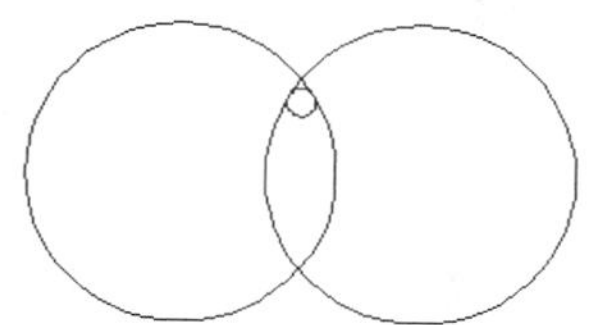

图 11-91 绘制结果

(11) 以相切圆的上象限点作为起点，绘制长度为 50 的垂直直线，如图 11-92 所示。

(12) 重复执行【直线】命令，绘制一条经过垂直直线下端点的水平直线，结果如图 11-93所示。

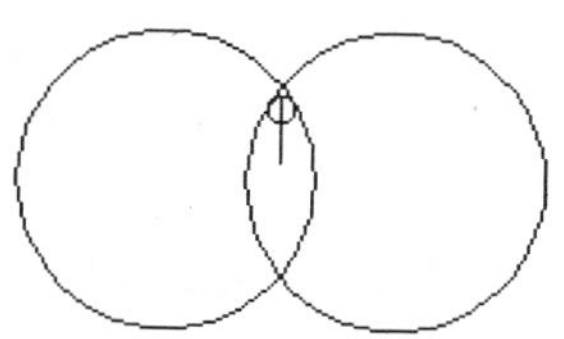

图 11-92 绘制直线

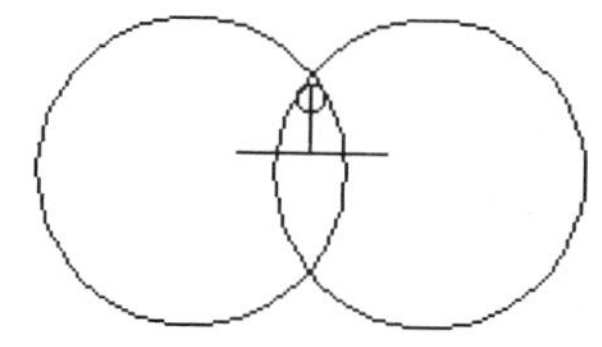

图 11-93 绘制直线

(13) 单击【修改】菜单中的【修剪】命令，将多余的线修剪掉，结果如图 11-94 所示。

(14) 使用快捷键 REG 激活【面域】命令，将修剪后的图形创建为面域。

(15) 单击【修改】菜单栏中的【镜像】命令，对刚创建的面域进行镜像，命令行操作如下。

命令：_mirror

选择对象： //选择刚创建的面域

选择对象： //↙

指定镜像线的第一点： //激活【捕捉自】功能

_from 基点： //捕捉图 11-94 所示的中点

＜偏移＞： //@0，－70↙，输入起点坐标

指定镜像线的第二点： //沿 X 轴方向上的一点

要删除源对象吗？［是(Y)/否(N)］＜N＞： //↙，结束命令，结果如图 11-95 所示

(16) 单击【绘图】菜单栏中的【矩形】命令，以图 11-95 所示的端点作为矩形对角点，绘制如图 11-96 所示的矩形。

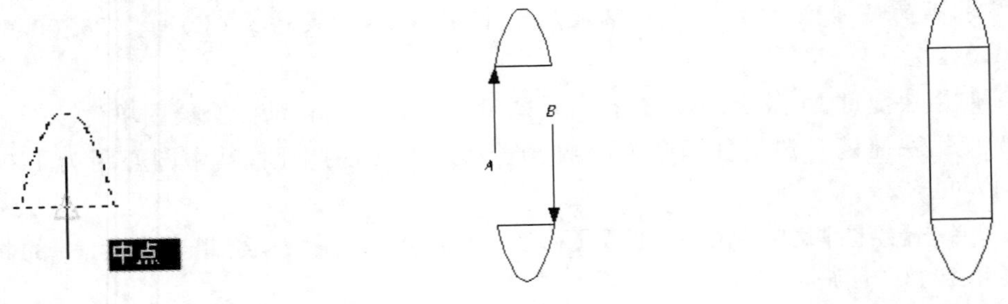

图 11-94 修剪结果　　图 11-95 镜像结果　　图 11-96 绘制矩形

(17) 使用快捷键 EXT 激活【拉伸】命令，将图 11-96 沿 Z 轴正方向拉伸 695 个绘图单位。

(18) 单击【视图】菜单中的【三维视图】/【左视】命令，将当前视图切换为左视图。

(19) 单击【绘图】菜单中的【多段线】命令，配合点的坐标输入功能，绘制桌脚轮廓线。命令行操作如下。

命令：_pline

指定起点： //在绘图区单击左键

当前线宽为 0.0000

指定下一个点或［圆弧(A)/半宽(H)/长度(L)/放弃(U)/宽度(W)］： //@－240,0↙

指定下一点或［圆弧(A)/闭合(C)/半宽(H)/长度(L)/放弃(U)/宽度(W)］： //@－70,－30↙

指定下一点或［圆弧(A)/闭合(C)/半宽(H)/长度(L)/放弃(U)/宽度(W)］： //@0,－10↙

指定下一点或［圆弧(A)/闭合(C)/半宽(H)/长度(L)/放弃(U)/宽度(W)］： //@600,0↙

指定下一点或［圆弧(A)/闭合(C)/半宽(H)/长度(L)/放弃(U)/宽度(W)］： //@0,10↙

指定下一点或［圆弧(A)/闭合(C)/半宽(H)/长度(L)/放弃(U)/宽度(W)］： //@－120,20↙

指定下一点或［圆弧(A)/闭合(C)/半宽(H)/长度(L)/放弃(U)/宽度(W)］： //c↙，闭合图形，结果如图 11-97 所示

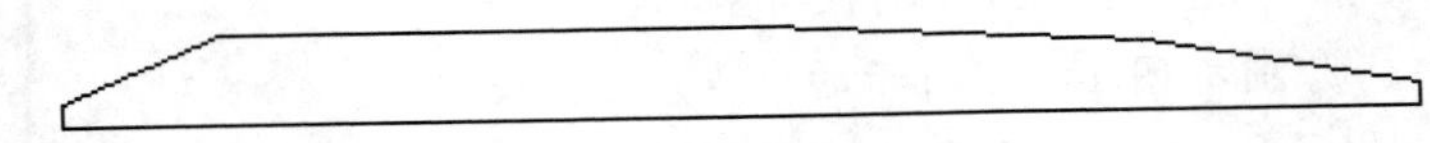

图 11-97 绘制多段线

(20) 将当前视图切换为西南等轴测视图,单击【绘图】菜单中的【建模】/【拉伸】命令,将桌脚轮廓线沿 Z 轴正方向拉伸 60 个单位,然后配合【中点捕捉】功能将桌脚与桌腿拉伸体移动到一起,结果如图 11-98 所示。

(21) 将坐标系恢复为世界坐标系,然后单击【修改】菜单栏中的【移动】命令,配合【捕捉自】和【对象捕捉】功能,将桌腿与桌面板移动到一起。命令行操作如下。

命令:_move

选择对象: //选择桌腿与桌脚造型

选择对象: //↙

指定基点或[位移(D)]<位移>: //捕捉如图 11-98 所示的中点

指定第二个点或 <使用第一个点作为位移>: //激活【捕捉自】功能

_from 基点: //捕捉桌面板下侧面的角点 A

<偏移>: //@98,−294 ↙,移动结果如图 11-99 所示

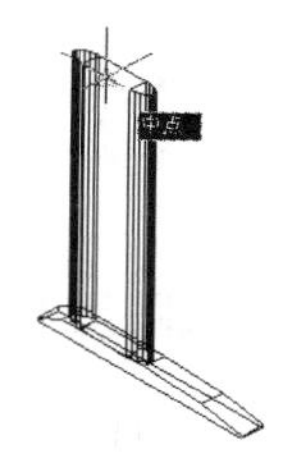

图 11-98 操作结果

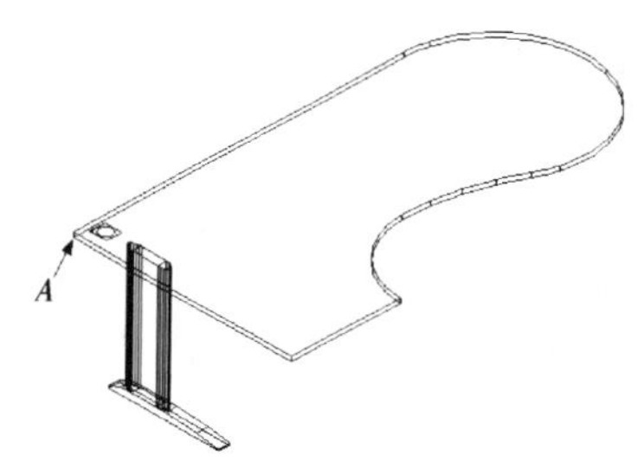

图 11-99 移动结果

(22) 单击【修改】菜单中的【复制】命令,选择桌腿造型沿 X 轴正方向复制 1800 个绘图单位,结果如图 11-100 所示。

(23) 单击【建模】工具栏中的□按钮,激活【长方体】命令,绘制前挡板,命令行操作如下。

命令:_box

指定第一个角点或[中心(C)]: //激活【捕捉自】功能

_from 基点: //捕捉图 11-99 所示的角点 A

<偏移>: // @140,−160,0 ↙

指定其他角点或[立方体(C)/长度(L)]: //@1770,−18,−500 ↙,结果如图 11-101所示

(24) 绘制落地柜。单击【绘图】菜单中的【建模】/【长方体】命令,绘制长 600、宽 420、高 25 的长方体,命令行操作如下。

命令:_box

指定第一个角点或[中心(C)]: //拾取任一点

指定其他角点或[立方体(C)/长度(L)]: //@600,420,25 ↙,结果如图 11-102 所示

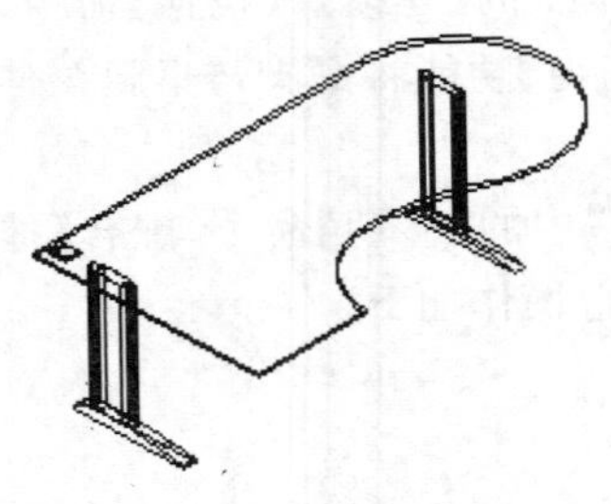
图 11-100 复制结果

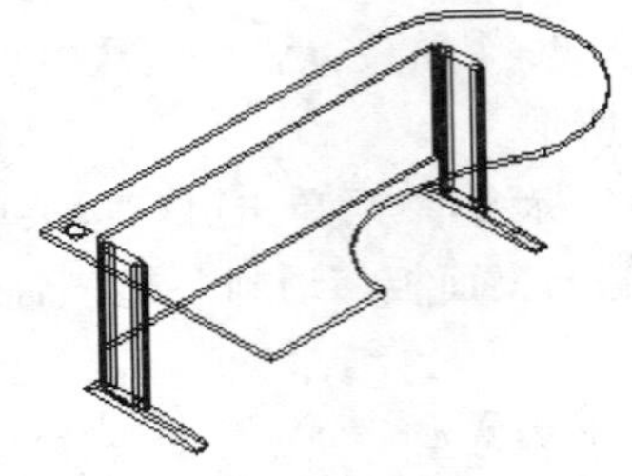
图 11-101 绘制长方体

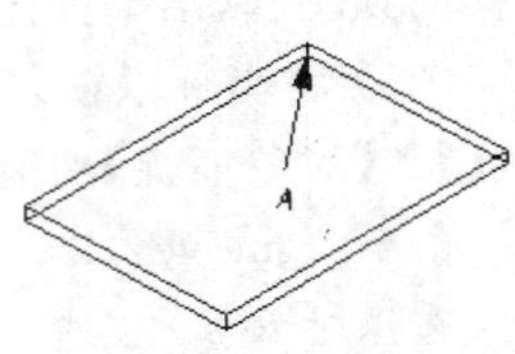

图 11-102 绘制长方体

(25) 重复执行【长方体】命令,配合【端点捕捉】功能绘制落地柜的侧板,命令行操作如下。

命令: _box

指定第一个角点或 [中心(C)]: //选择图 11-102 所示的 A 点

指定其他角点或 [立方体(C)/长度(L)]: //@－582,－18,－735 ↙,结果如图 11-103所示

(26) 单击【修改】菜单中的【复制】命令,选择刚绘制的侧板,沿 Y 轴负方向复制 402 个绘图单位,结果如图 11-104 所示。

(27) 单击【建模】工具栏中的按钮,激活【长方体】命令,绘制踢脚板,命令行操作如下。

命令: _box

指定第一个角点或 [中心(C)]: //捕捉图 11-104 所示的 A 点

指定其他角点或 [立方体(C)/长度(L)]: //捕捉 B 点

指定高度或 [两点(2P)]: //40 ↙,结束命令,结果如图 11-105 所示

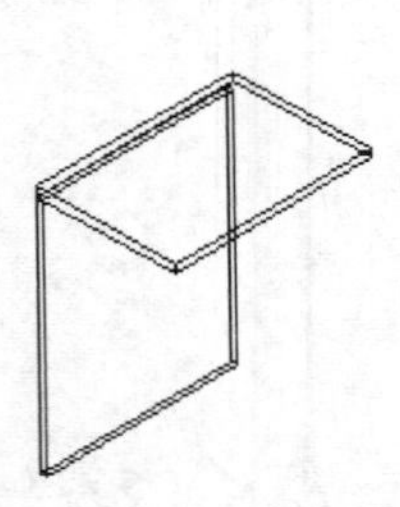
图 11-103 绘制结果

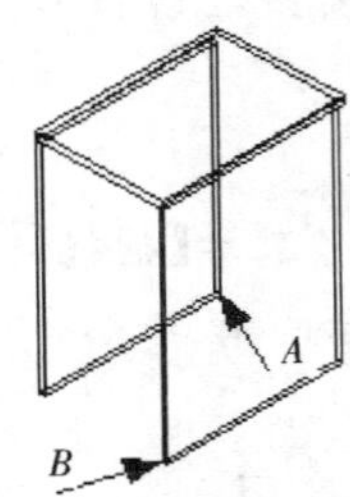

图 11-104 复制结果

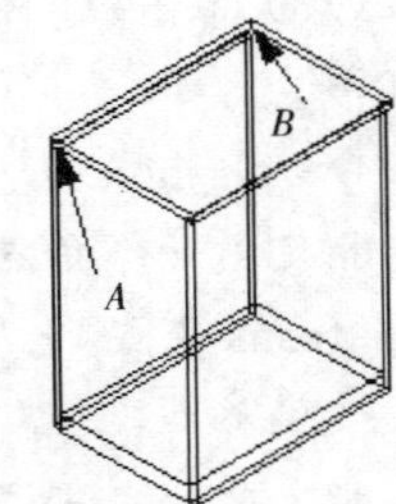

图 11-105 绘制长方体

(28) 重复执行【长方体】命令,配合【端点捕捉】功能绘制落地柜的后挡板,命令行操作如下。

命令: _box

指定第一个角点或 [中心(C)]: //捕捉图 11-105 所示的 A 点

指定其他角点或 [立方体(C)/长度(L)]: // @18,－384,－695 ↙

(29) 重复执行【长方体】命令,配合【端点捕捉】功能绘制落地柜的抽屉门,命令行操作如下。

命令：_box

指定第一个角点或［中心(C)］： //捕捉图 11-105 所示的 B 点

指定其他角点或［立方体(C)/长度(L)］： // @18，－420，－200 ↙，结果如图 11-106 所示

(30) 单击【修改】菜单中的【复制】命令，选择刚绘制的抽屉，沿 Z 轴负方向复制 200 个绘图单位，结果如图 11-107 所示。

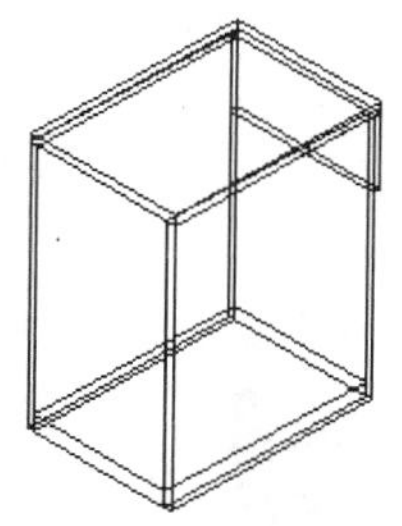

图 11-106 绘制结果

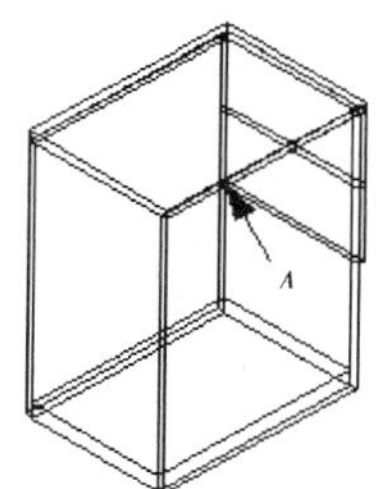

图 11-107 复制结果

(31) 单击【建模】工具栏中的按钮，激活【长方体】命令，绘制第三个抽屉门，命令行操作如下。

命令：_box

指定第一个角点或［中心(C)］： //捕捉图 11-107 所示的 A 点

指定其他角点或［立方体(C)/长度(L)］： // @18，－420，－335 ↙，结果如图 11-108所示

(32) 单击【视图】菜单中的【三维视图】/【西南等轴测】命令，将当前视图切换为西南等轴测视图。

(33) 使用快捷键 M 激活【移动】命令，将侧柜模型移动到如图 11-109 所示的位置。

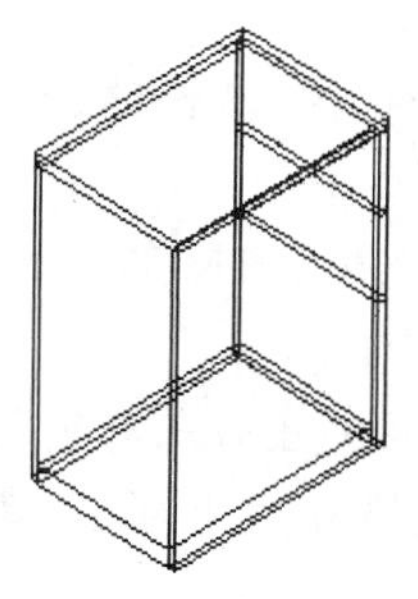

图 11-108 绘制长方体

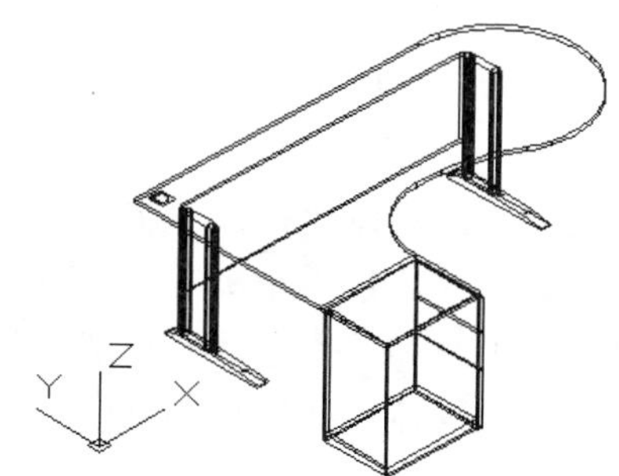

图 11-109 移动结果

(34) 使用快捷键 UNI 激活【并集】命令，选择办公桌立体造型进行并集。

(35) 使用快捷键 I 激活【插入块】命令，设置块参数如图 11-110 所示，插入随书光盘中的"\图块文件\办公椅. dwg"文件，插入结果如图 11-111 所示。

(36) 使用快捷键 HI 激活【消隐】命令，对办公桌立体造型进行消隐显示，最终结果如图 11-84 所示。

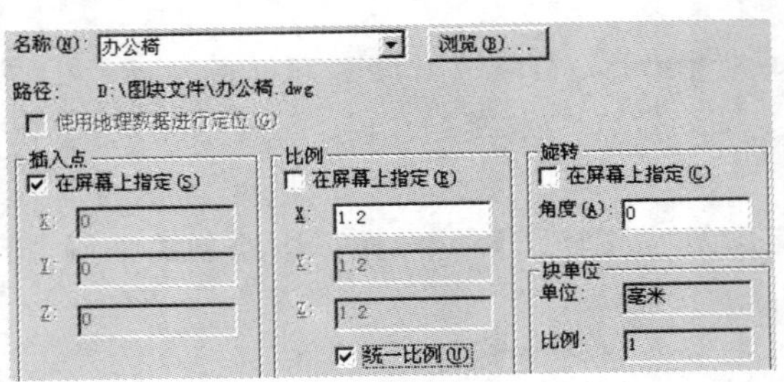

图 11-110　设置参数

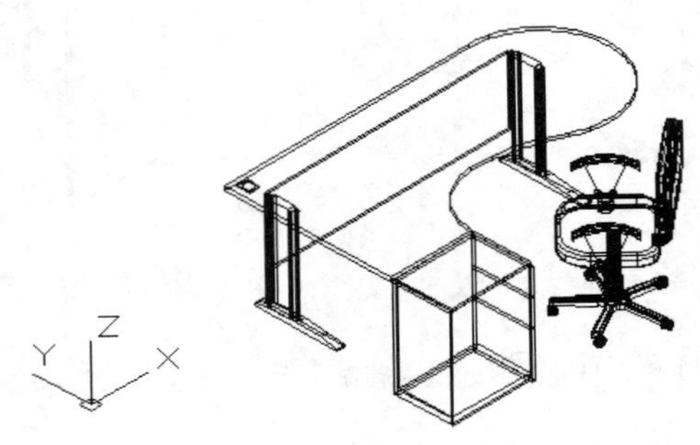

图 11-111　插入结果

(37) 最后执行【保存】命令,将办公桌立体造型命名存储为“实例指导二.dwg”。

11.8 本章小结

本章主要详细讲述了各种基本几何实体和复杂几何实体的创建方法和编辑技巧,除此之外还讲述了三维面以及网格面的创建方法和技巧。通过本章的学习,应熟练掌握如下知识:

(1) 基本几何体。具体包括多段体、长方体、圆柱体、圆锥体、棱锥体、圆环体、球体和楔体。

(2) 复杂几何体。具体包括拉伸实体、旋转实体、剖切实体、扫掠实体和抽壳实体。

(3) 组合实体。具体包括并集实体、差集实体和交集实体。

(4) 三维面。了解和掌握三维面和网格曲面的区别以及创建方法和技巧。

(5) 复杂网格。具体包括平移网格、旋转网格、直纹网格和边界网格,掌握各种网格的特点、线框密度的设置及各自的创建方法。

第12章 三维编辑功能

上一章学习了三维建模功能，使用这些建模功能仅能创建一些形体简单的三维模型，如果要创建结构较为复杂的三维模型，还需要配合使用三维编辑功能以及模型的面边细化等功能。本章学习内容如下：

◎ 三维基本操作
◎ 编辑曲面与网格
◎ 编辑实体边
◎ 编辑实体面
◎ 实例指导——制作资料柜立体造型
◎ 本章小结

12.1 三维基本操作

本节主要学习【三维镜像】、【三维对齐】、【三维旋转】、【三维阵列】、【三维移动】五个命令。

12.1.1 三维镜像

【三维镜像】命令用于将选择的三维模型，在三维空间中按照指定的对称面进行镜像复制。

执行【三维镜像】命令主要有以下几种方式：

(1) 单击菜单【修改】/【三维操作】/【三维镜像】命令。

(2) 在命令行输入 Mirror3D 后按 Enter 键。

(3) 单击【常用】选项卡/【修改】面板上的%按钮。

下面通过具体实例学习【三维镜像】命令的使用方法和操作技巧。具体操作过程如下。

(1) 打开随书光盘中的"\效果文件\第 11 章\实例指导二. dwg"，如图 12-1 所示。

(2) 单击【常用】选项卡/【修改】面板上的%按钮，对桌椅模型进行镜像。命令行操作如下。

命令：_mirror3d
选择对象： //选择桌椅模型
选择对象： //↙

指定镜像平面（三点）的第一个点或 ［对象(O)/最近的(L)/Z 轴(Z)/视图(V)/XY 平面(XY)/YZ 平面(YZ)/ZX 平面(ZX)/三点(3)］＜三点＞： //ZX ↙，激活【ZX 平面】选项

指定 ZX 平面上的点 ＜0,0,0＞： //捕捉如图 12-2 所示的端点

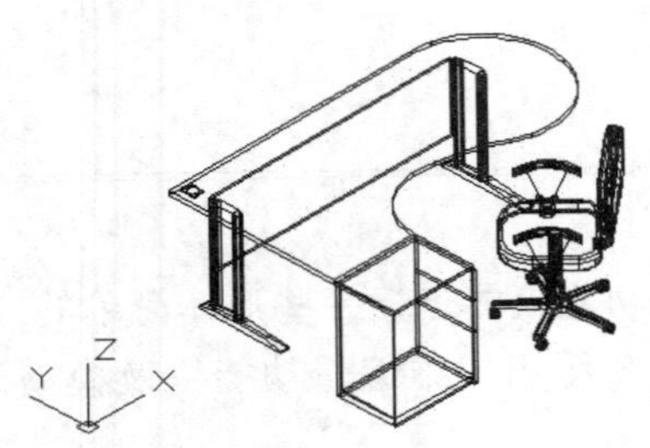

图 12-1　打开结果

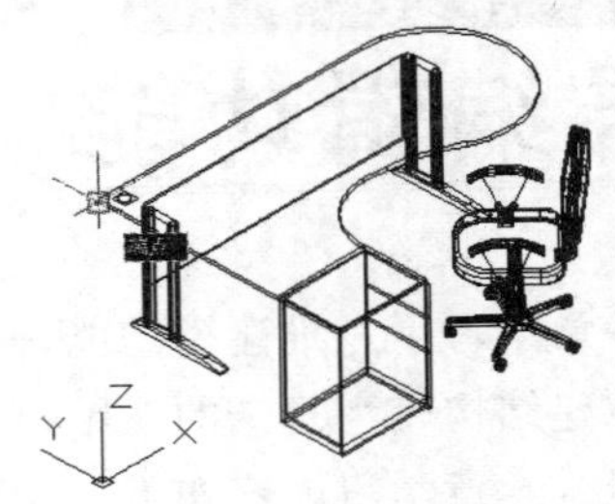

图 12-2　捕捉端点

是否删除源对象？［是(Y)/否(N)］＜否＞： //↙，镜像结果如图 12-3 所示

(3) 重复执行【三维镜像】命令，配合【中点捕捉】功能继续对模型进行镜像。命令行操作如下。

命令：_mirror3d

选择对象： //选择所有的模型对象

选择对象： //↙

指定镜像平面（三点）的第一个点或 ［对象(O)/最近的(L)/Z 轴(Z)/视图(V)/XY 平面(XY)/YZ 平面(YZ)/ZX 平面(ZX)/三点(3)］＜三点＞： //ZX ↙

指定 ZX 平面上的点 ＜0,0,0＞： //捕捉如图 12-4 所示的中点

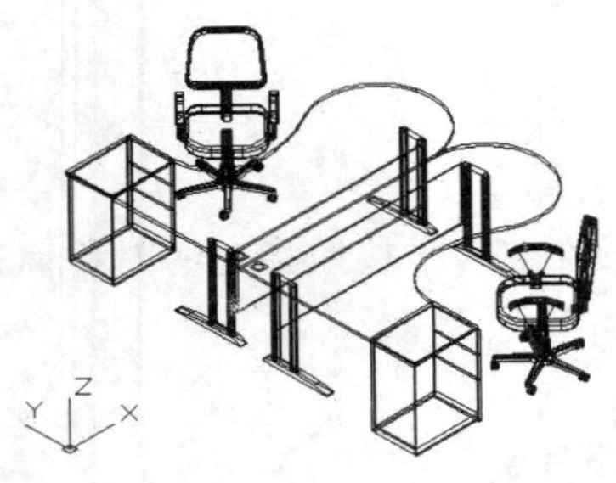

图 12-3　镜像结果

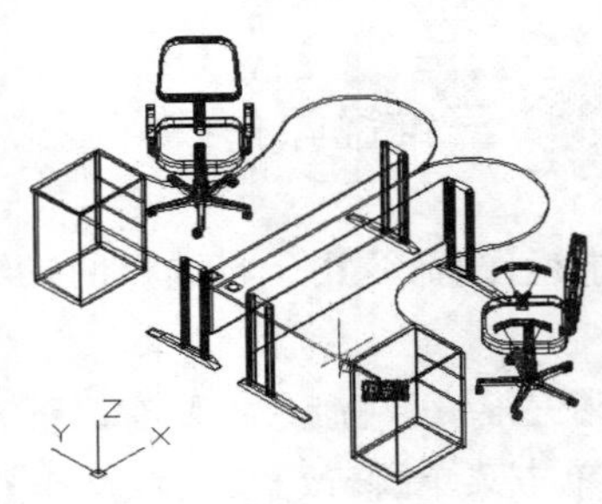

图 12-4　捕捉中点

是否删除源对象？［是(Y)/否(N)］＜否＞： //↙，镜像结果如图 12-5 所示

(4) 使用快捷键 HI 激活【消隐】命令，对模型进行视图消隐，结果如图 12-6 所示。

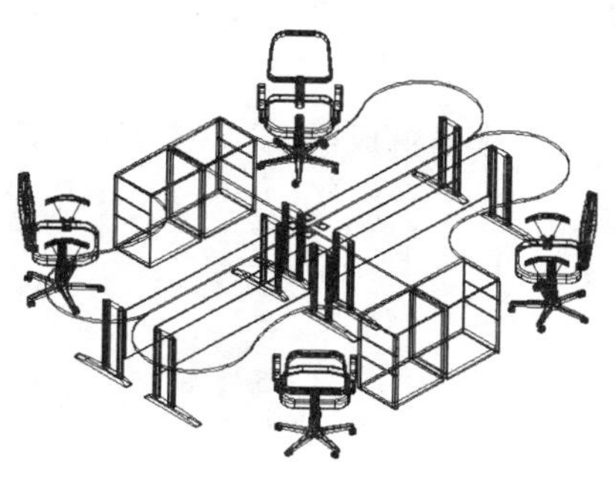
图 12-5　镜像结果

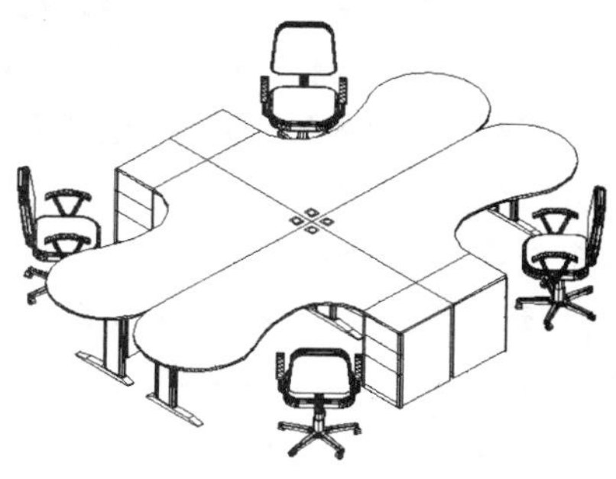
图 12-6　消隐着色

📖 选项解析

◆ 【对象】选项主要用于选定某一对象所在的平面作为镜像平面，该对象可以是圆弧或二维多段线。

◆ 【最近的】选项用于以上次镜像使用的镜像平面作为当前镜像平面。

◆ 【Z 轴】选项用于在镜像平面及镜像平面的 Z 轴法线上指定定点。

◆ 【视图】选项用于在视图平面上指定点，进行空间镜像。

◆ 【XY 平面】选项用于以当前坐标系的 XY 平面作为镜像平面。

◆ 【YZ 平面】选项用于以当前坐标系的 YZ 平面作为镜像平面。

◆ 【ZX 平面】选项用于以当前坐标系的 ZX 平面作为镜像平面。

◆ 【三点】选项用于指定三个点，以定位镜像平面。

12.1.2 三维对齐

【三维对齐】命令主要以定位源平面和目标平面的形式，将两个三维对象在三维操作空间中对齐，如图 12-7 所示。

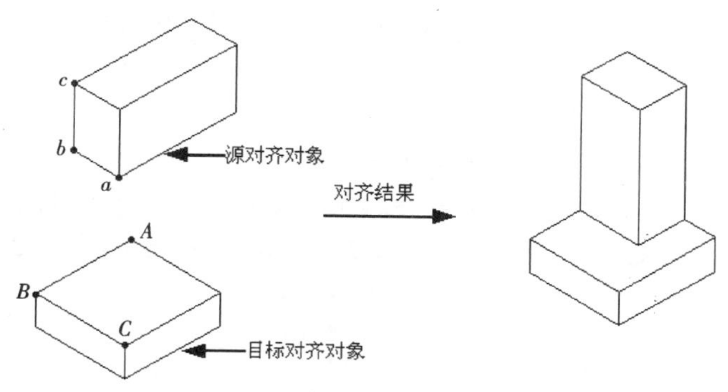

图 12-7　三维对齐示例

执行【三维对齐】命令主要有以下几种方式：

(1) 单击菜单【修改】/【三维操作】/【三维对齐】命令。

(2) 单击【建模】工具栏或【修改】面板上的按钮。

(3) 在命令行输入 3dalign 后按 Enter 键。

执行【三维对齐】命令，将图 12-7(左)所示的两个长方体编辑成图 12-7(右)所示的状态，其命令行操作如下。

命令：_3dalign

选择对象： //选择上方的长方体

选择对象： //↙，结束选择

指定源平面和方向 ...

指定基点或［复制(C)］： //定位第一源点 *a*

指定第二个点或［继续(C)］<C>： //定位第二源点 *b*

指定第三个点或［继续(C)］<C>： //定位第三源点 *c*

指定目标平面和方向 ...

指定第一个目标点： //定位第一目标点 *A*

指定第二个目标点或［退出(X)］<X>： //定位第二目标点 *B*

指定第三个目标点或［退出(X)］<X>： //定位第三目标点 *C*，对齐结果如图 12-7(右)所示

12.1.3 三维旋转

【三维旋转】命令用于在三维视图中显示旋转夹点工具，并围绕基点，旋转三维对象。

执行【三维旋转】命令主要有以下几种方式：

(1) 单击菜单【修改】/【三维操作】/【三维旋转】命令。

(2) 单击【建模】工具栏或【修改】面板上的按钮。

(3) 在命令行输入 3drotate 后按 Enter 键。

执行【三维旋转】命令后，其命令行操作如下。

命令：_3drotate

UCS 当前的正角方向： ANGDIR＝逆时针 ANGBASE＝0

选择对象： //选择长方体

选择对象： //↙，结束选择

指定基点： //捕捉如图 12-8 所示的中点

拾取旋转轴： //在如图 12-9 所示方向上单击左键，定位旋转轴

指定角的起点或键入角度： //90↙，结束命令，旋转结果如图 12-10 所示

正在重生成模型

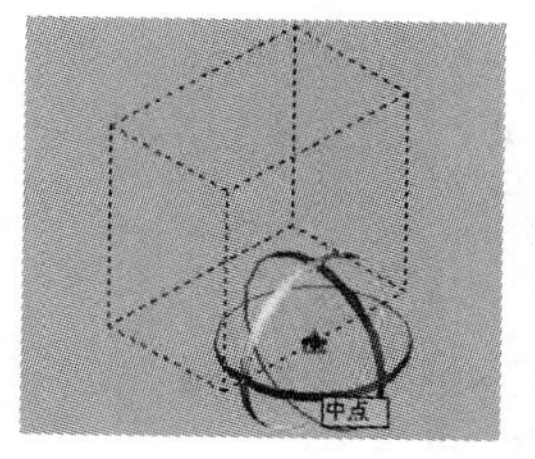

图 12-8 定位基点

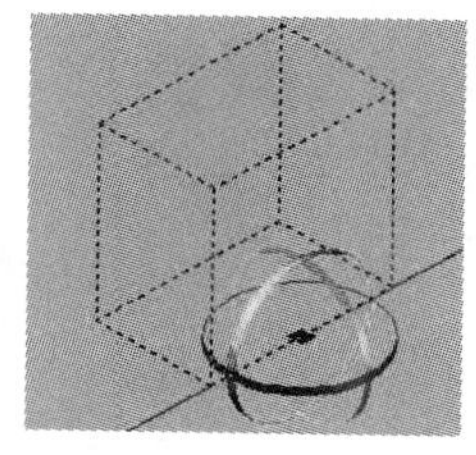
图 12-9 定位旋转轴

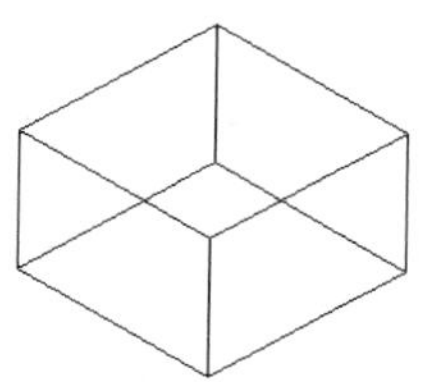
图 12-10 旋转结果

12.1.4 三维阵列

【三维阵列】命令用于将三维物体按照环形或矩形的方式，在三维空间中进行规则的多重复制。

1.【三维阵列】命令的执行方式

执行【三维阵列】命令有以下几种方式：

(1) 单击菜单【修改】/【三维操作】/【三维阵列】命令。

(2) 单击【建模】工具栏上或【修改】面板上的按钮。

(3) 在命令行输入 3Darray 后按 Enter 键。

2. 三维矩形阵列

下面通过创建如图 12-17 所示的柜子造型，主要学习三维操作空间内创建均布结构造型的方法和技巧。

(1) 打开随书光盘中的“\素材文件\三维矩形阵列.dwg”，如图 12-11 所示。

(2) 单击菜单【修改】/【三维操作】/【三维阵列】命令，对抽屉造型进行阵列。命令行操作如下。

命令：_3darray

选择对象： //选择图 12-12 所示的抽屉造型

选择对象： //↙，结束选择

输入阵列类型 [矩形(R)/环形(P)] <矩形>： //R↙

输入行数 (---) <1>： //↙

输入列数 (|||) <1>： //2↙

输入层数 (...) <1>： //2↙

指定列间距 (|||)： //387.5↙

指定层间距 (...)： //295↙，阵列结果如图 12-13 所示

(3) 使用快捷键 HI 激活【消隐】命令，对阵列后的模型进行消隐显示，结果如图 12-14 所示。

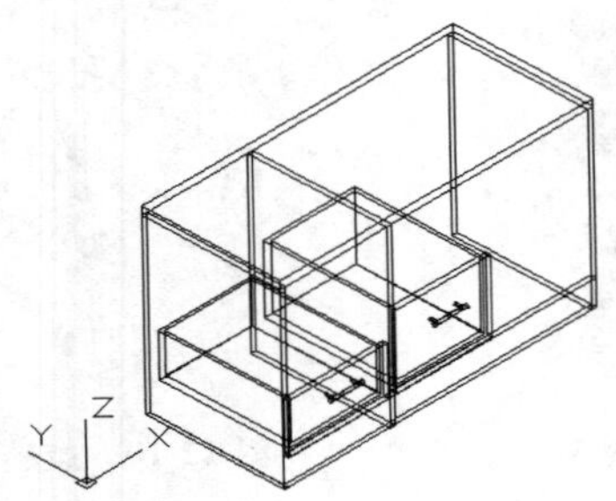

图 12-11 打开结果

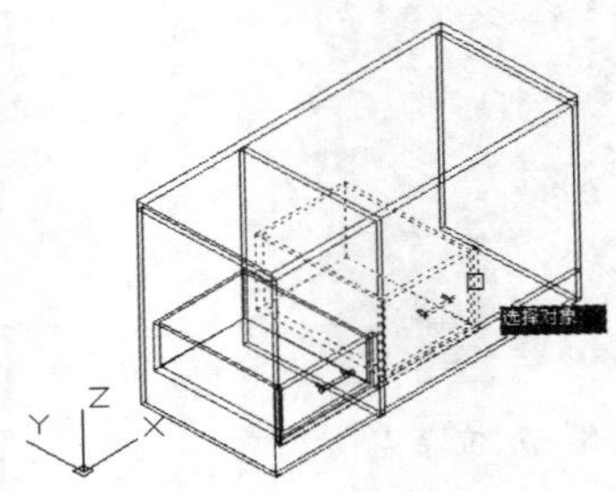

图 12-12 选择结果

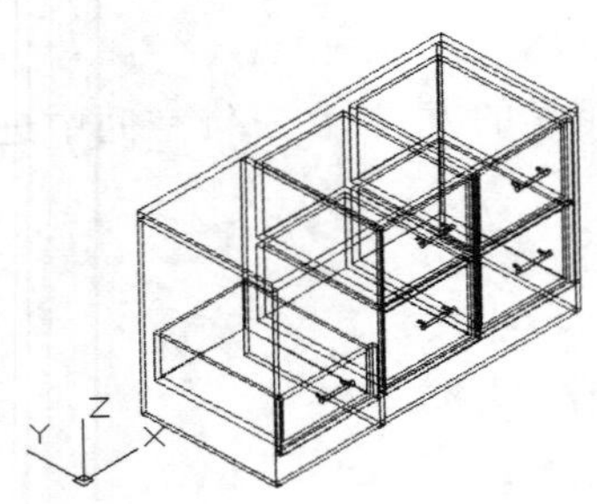

图 12-13 阵列结果

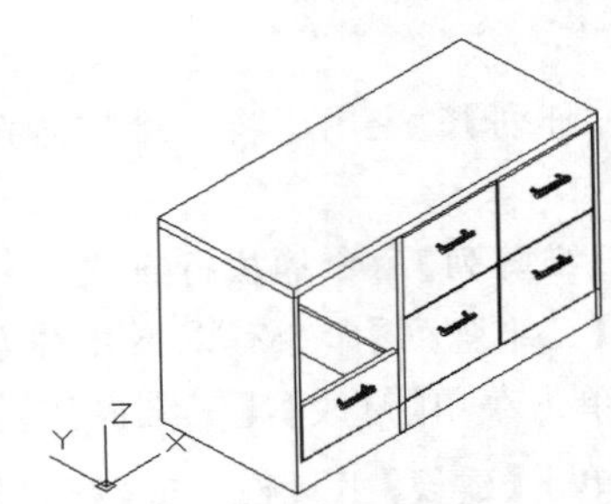

图 12-14 消隐效果

(4) 重复执行【三维阵列】命令，对左侧的抽屉造型进行矩形阵列。命令行操作如下。

命令：_3darray

选择对象：//选择图 12-15 所示的抽屉造型

选择对象：//↙，结束选择

输入阵列类型［矩形(R)/环形(P)］＜矩形＞：//R↙

输入行数 (---) ＜1＞：//↙

输入列数 (|||) ＜1＞：//↙

输入层数 (...) ＜1＞：//3↙

指定层间距 (...)：//198↙，阵列结果如图 12-16 所示

(5) 使用快捷键 HI 激活【消隐】命令，结果如图 12-17 所示。

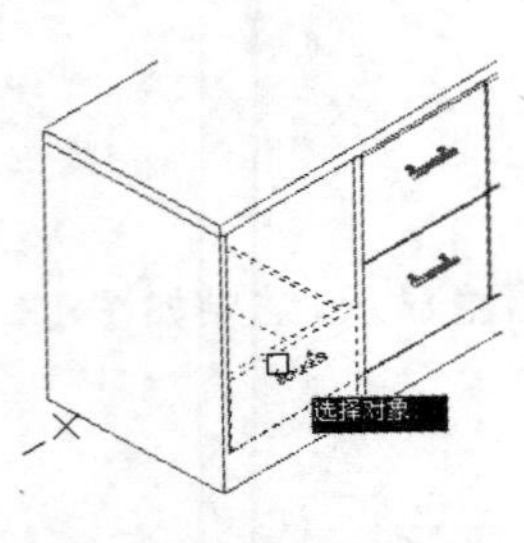

图 12-15 选择结果

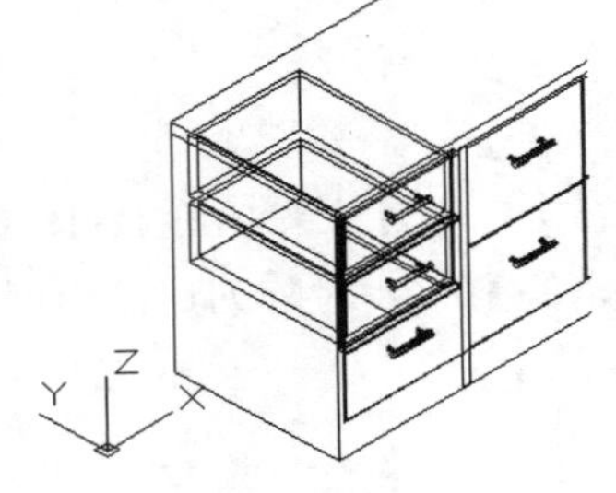

图 12-16 阵列结果

图 12-17 消隐效果

☞技巧提示

> 三维阵列工具是用于在三维操作空间内复制对象的，当将三维轴测视图切换为正交视图或平面视图，就可以使用二维阵列工具，对二维图形或三维图形进行阵列复制。

3. 三维环形阵列

下面通过典型实例主要学习三维操作空间内创建聚心结构造型的方法和技巧，具体操作步骤如下。

(1) 打开随书光盘中的“\素材文件\三维环形阵列.dwg”文件，如图 12-18 所示。

(2) 单击菜单【修改】/【三维操作】/【三维阵列】命令，使用命令中的【环形阵列】功能对造型进行阵列。命令行操作如下。

命令：_3darray

选择对象： //选择如图 12-19 所示对象

选择对象： //↙

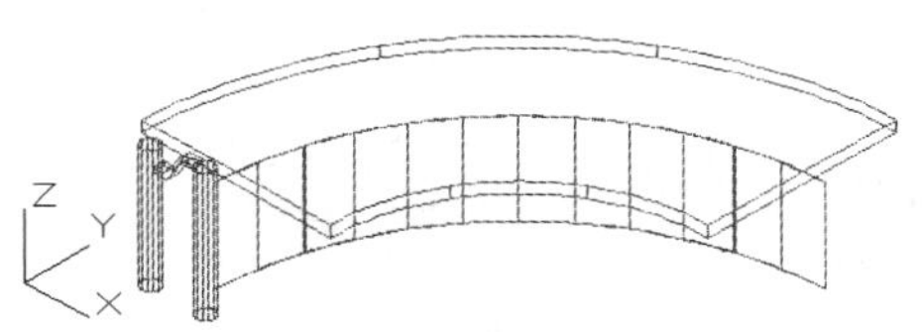

图 12-18 打开结果

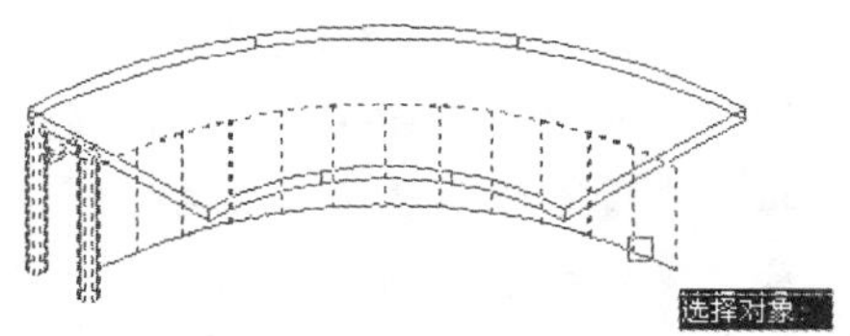

图 12-19 选择结果

输入阵列类型［矩形(R)/环形(P)］<矩形>： //P↙

输入阵列中的项目数目： //4↙

指定要填充的角度（+＝逆时针，－＝顺时针）<360>： //↙

旋转阵列对象？［是(Y)/否(N)］<Y>： //Y↙

指定阵列的中心点： //捕捉如图 12-20 所示的桌面板上方圆心

指定旋转轴上的第二点： //捕捉如图 12-21 所示的桌面板下方圆心，阵列结果如图 12-22 所示

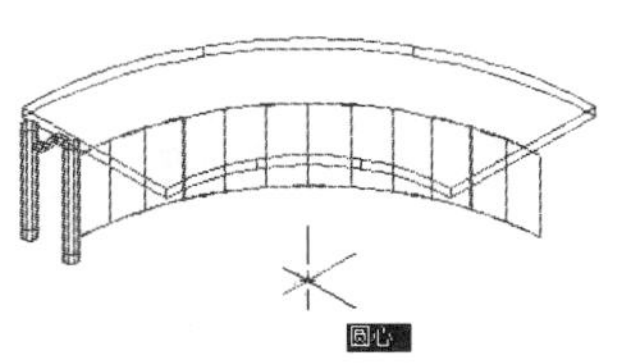

图 12-20 捕捉桌面板上方圆心

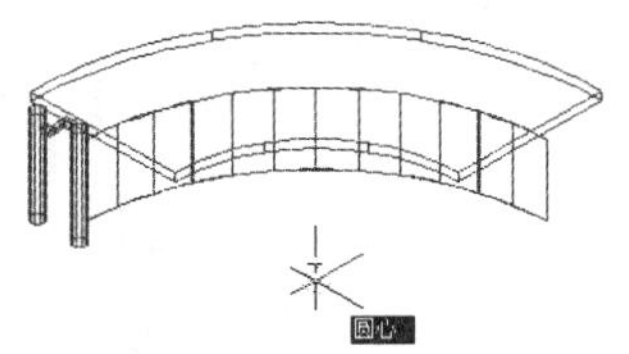

图 12-21 捕捉桌面板下方圆心

(3) 使用快捷键 HI 激活【消隐】命令，对阵列后的模型进行消隐显示，结果如图 12-23 所示。

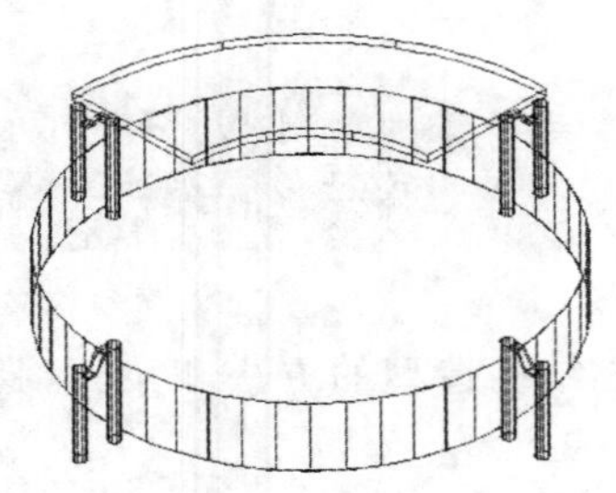

图 12-22 阵列结果

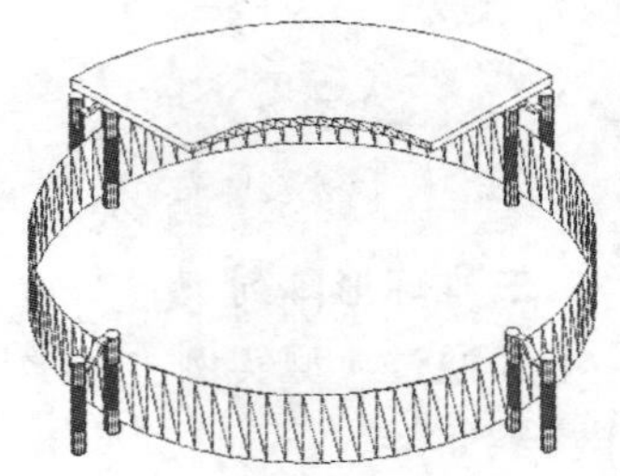

图 12-23 消隐结果

(4) 重复执行【三维阵列】命令，对上方的桌面板造型进行环形阵列。命令行操作如下。

命令：_3darray

选择对象： //选择如图 12-24 所示的桌面板造型

选择对象： //↙

输入阵列类型［矩形(R)/环形(P)］＜矩形＞： //P↙

输入阵列中的项目数目： //4↙

指定要填充的角度（＋＝逆时针，－＝顺时针）＜360＞： //↙

旋转阵列对象?［是(Y)/否(N)］＜Y＞： //Y↙

指定阵列的中心点： //捕捉如图 12-25 所示的桌面板上方圆心

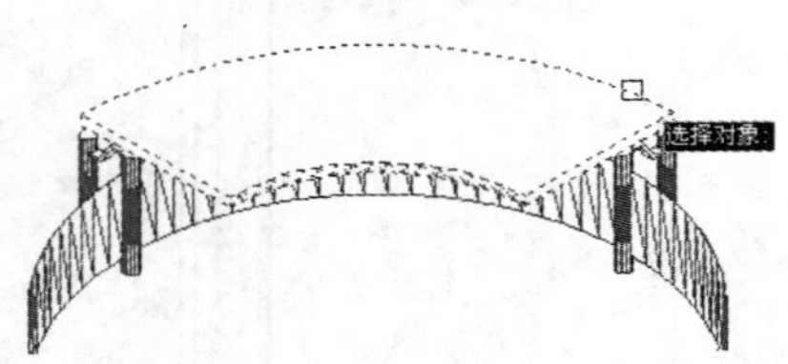

图 12-24 选择结果

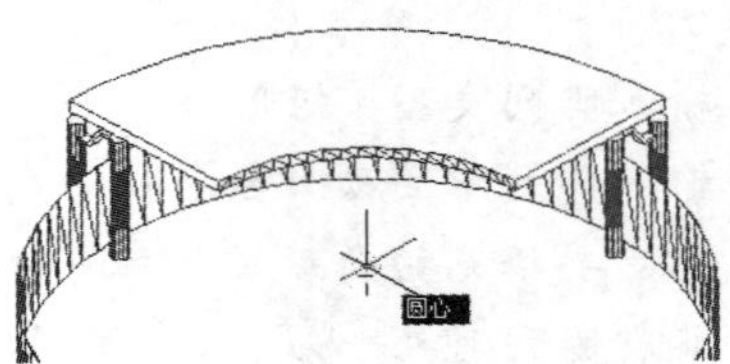

图 12-25 捕捉桌面板上方圆心

指定旋转轴上的第二点： //捕捉如图 12-26 所示的圆心，阵列结果如图 12-27 所示

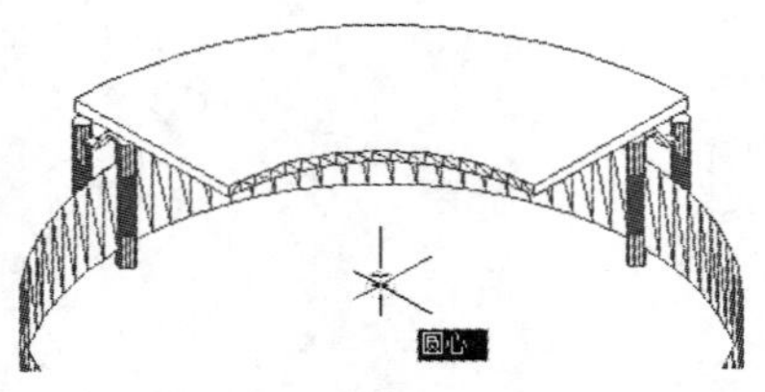

图 12-26 捕捉桌面板下方圆心

(5) 使用快捷键 HI 激活【消隐】命令，对阵列后的模型进行消隐显示，结果如图 12-28 所示。

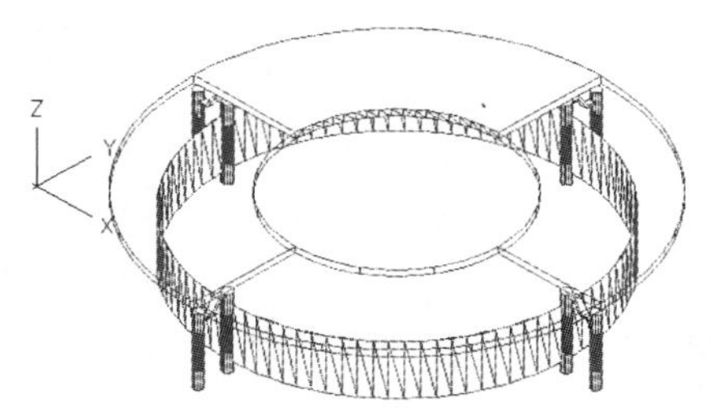

图 12-27 阵列结果

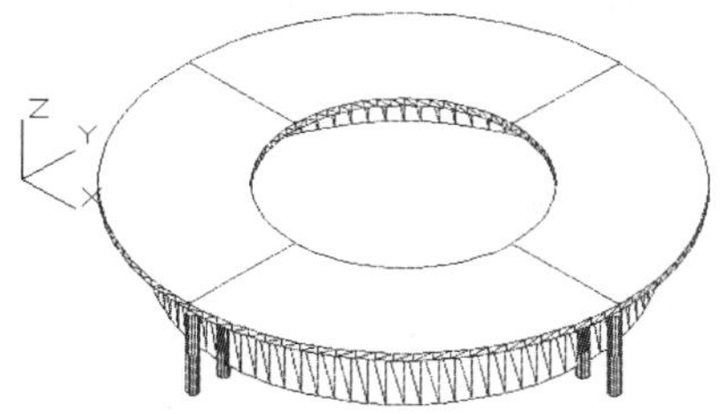

图 12-28 消隐效果

12.1.5 三维移动

【三维移动】命令主要用于将选择的对象在三维操作空间内进行位移，位移的结果是相对源对象位置上的改变，而对象结构尺寸等保持不变。

执行【三维移动】命令主要有以下几种方式：

(1) 单击菜单【修改】/【三维操作】/【三维移动】命令。

(2) 单击【建模】工具栏或【修改】面板上的按钮。

(3) 在命令行输入 3dmove 后按 Enter 键。

(4) 使用快捷键 3m。

执行【三维移动】命令后，命令行操作过程如下。

命令：_3dmove

选择对象： //选择对象

选择对象： //结束选择

指定基点或［位移(D)］＜位移＞： //定位基点

指定第二个点或 ＜使用第一个点作为位移＞： //定位目标点

12.2 编辑曲面与网格

本节主要学习曲面与网格的编辑优化功能，具体有【曲面圆角】、【曲面修补】、【拉伸网格】和【优化网格】等。

12.2.1 曲面圆角

【曲面圆角】命令主要用于对空间曲面进行圆角编辑，以创建新的圆角曲面，如图12-29所示。

执行【曲面圆角】命令主要有以下几种方式：

(1) 单击菜单【绘图】/【建模】/【曲面】/【圆角】命令。

(2) 单击【曲面创建】工具栏或【创建】面板上的按钮。

(3) 在命令行输入 Surffillet 后按 Enter 键。

【曲面圆角】命令的命令行操作如下。

命令：_SURFFILLET

半径＝25.0，修剪曲面＝是

选择要圆角化的第一个曲面或面域或者［半径(R)/修剪曲面(T)］：//选择曲面

选择要圆角化的第二个曲面或面域或者［半径(R)/修剪曲面(T)］：//选择曲面

按 Enter 键接受圆角曲面或［半径(R)/修剪曲面(T)］：//结束命令

☞技巧提示

其中【半径】选项用于设置圆角曲面的圆角半径，【修剪曲面】选项用于设置曲面的修剪模式，非修剪模式下的圆角效果如图 12-30 所示。

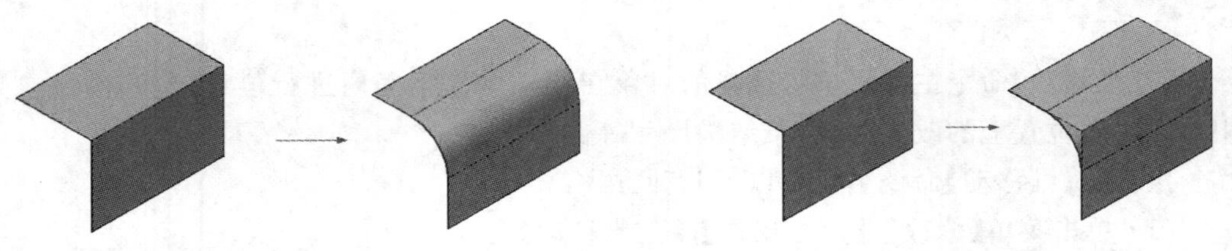

图 12-29　曲面圆角示例

图 12-30　非修剪模式下的圆角

12.2.2　曲面修补

【曲面修补】命令主要修补现有的曲面，以创建新的曲面，还可以添加其他曲线以约束和引导修补曲面。

执行【曲面修补】命令主要有以下几种方式：

(1) 单击菜单【绘图】/【建模】/【曲面】/【修补】命令。

(2) 单击【曲面创建】工具栏或【创建】面板上的按钮。

(3) 在命令行输入 Surfpatch 后按 Enter 键。

下面通过典型实例，主要学习【曲面修补】命令的使用方法和技巧。具体操作步骤如下。

(1) 在东南视图内随意绘制闭合的样条曲线，如图 12-31 所示。

(2) 使用快捷键 EXT 激活【拉伸】命令，将闭合样条曲线拉伸为曲面，灰度着色后的效果如图 12-32 所示。

(3) 单击【曲面创建】工具栏或【创建】面板上的按钮，激活【曲面修补】命令，对拉伸曲面的边进行修补。命令行操作如下。

命令：_SURFPATCH

连续性＝G0 - 位置，凸度幅值＝0.5

选择要修补的曲面边或＜选择曲线＞：//选择曲面边

选择要修补的曲面边或＜选择曲线＞：//↙

按 Enter 键接受修补曲面或［连续性(CON)/凸度幅值(B)/约束几何图形(CONS)］：//↙，结束命令，修补结果如图 12-33 所示

图 12-31 绘制样条曲线

图 12-32 拉伸曲面

图 12-33 修补曲面

12.2.3 拉伸网格

【拉伸面】命令用于将网格模型上的网格面按照指定的距离或路径进行拉伸，如图 12-34 所示。

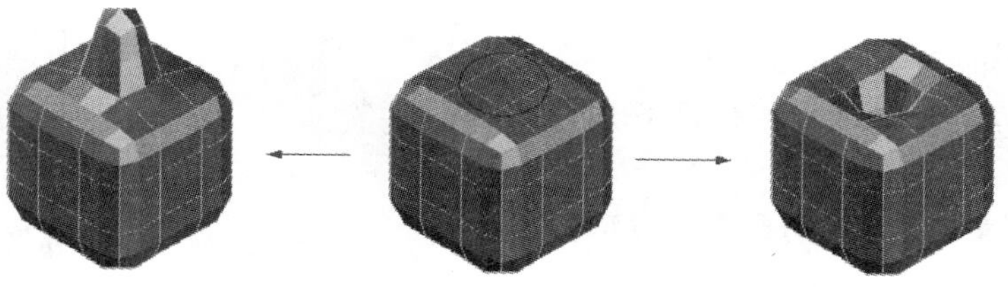
图 12-34 拉伸网格示例

执行【拉伸面】命令主要有以下几种方式：

(1) 单击菜单【修改】/【网格编辑】/【拉伸面】命令。

(2) 单击【网格】选项卡/【网格编辑】面板上的按钮。

(3) 在命令行输入 Meshextrude 后按 Enter 键。

【拉伸面】命令的命令行操作提示如下。

命令：_MESHEXTRUDE

相邻拉伸面设置为：合并

选择要拉伸的网格面或 [设置(S)]： //选择需要拉伸的网格面

选择要拉伸的网格面或 [设置(S)]： //↙

指定拉伸的高度或 [方向(D)/路径(P)/倾斜角(T)] <-0.0>： //指定拉伸高度

技巧提示

【方向】选项用于指定方向的起点和端点，以定位拉伸的距离和方向；【路径】选项用于按照选择的路径进行拉伸；【倾斜角】选项用于按照指定的角度进行拉伸。

12.2.4 优化网格

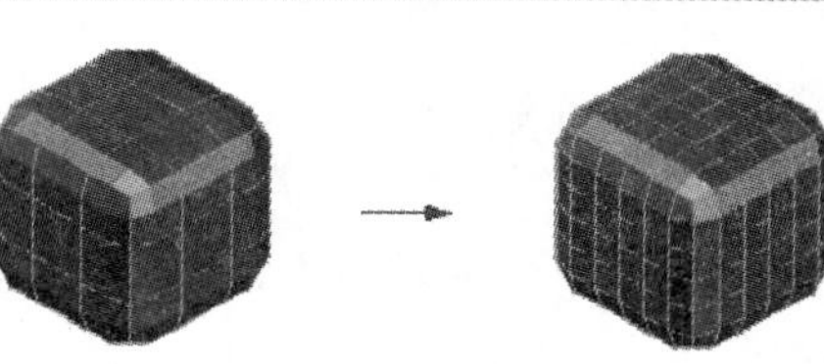
图 12-35 优化网格示例

【优化网格】命令用于对网格进行优化，以成倍地增加网格模型或网格面中的面数，如图 12-35 所示。单击菜单【修改】/【网格编辑】/【优化网格】命令，或单击【平滑网格】工具栏上的按钮，都可激活【优化网格】命令。

12.3 编辑实体边

AutoCAD 为用户提供了较为完善的实体面边的编辑功能，这些功能位于菜单【修改】/【实体编辑】菜单栏上，其工具按钮位于【实体编辑】工具栏或面板上。本节主要学习实体边常用编辑功能。

12.3.1 倒角边

【倒角边】命令主要用于将实体的棱边按照指定的距离进行倒角编辑，以创建一定程度的抹角结构，如图 12-36 所示。

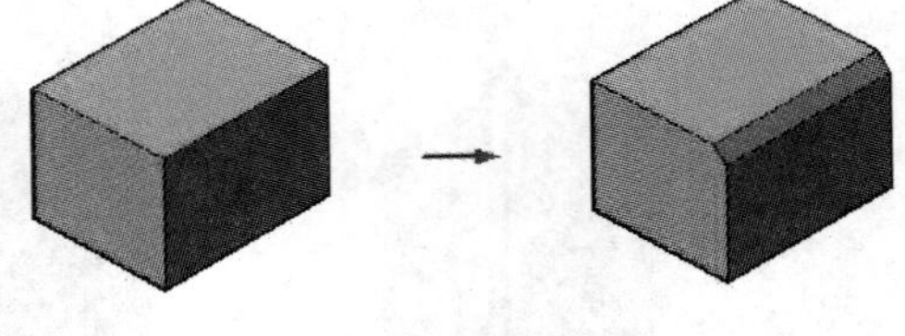

图 12-36 倒角边示例

执行【倒角边】命令主要有以下几种方式：

(1) 单击菜单【修改】/【实体编辑】/【倒角边】命令。

(2) 单击【实体编辑】工具栏或面板上的按钮。

(3) 在命令行输入 Chamferedge 后按 Enter 键。

执行【倒角边】命令后，命令行操作如下。

命令：_CHAMFEREDGE 距离 1=1.0000，距离 2=1.0000
选择一条边或［环(L)/距离(D)］： //选择倒角边
选择属于同一个面的边或［环(L)/距离(D)］： //D
指定距离 1 或［表达式(E)］<1.0000>： //输入第一倒角距离
指定距离 2 或［表达式(E)］<1.0000>： //输入第二倒角距离
选择属于同一个面的边或［环(L)/距离(D)］： //↙
按 Enter 键接受倒角或［距离(D)］： //↙，结束命令

选项解析

- 【环】选项用于一次选中倒角基面内的所有棱边。
- 【距离】选项用于设置倒角边的倒角距离。
- 【表达式】选项用于输入倒角距离的表达式，系统会自动计算出倒角距离值。

12.3.2 圆角边

【圆角边】命令主要用于将实体的棱边按照指定的半径进行圆角编辑，以创建一定程度的圆角结果，如图 12-37 所示。

执行【圆角边】命令主要有以下几种方式：

(1) 单击菜单【修改】/【实体编辑】/【圆角边】命令。

(2) 单击【实体编辑】工具栏或面板上的按钮。

(3) 在命令行输入 Filletedge 后按 Enter 键。

执行【圆角边】命令，命令行操作如下。

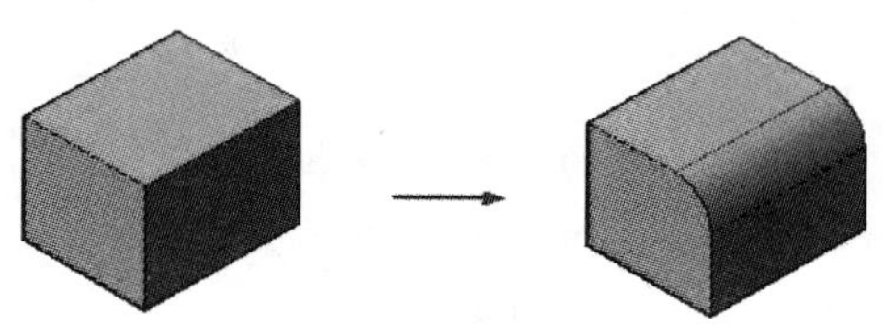

图 12-37　圆角边示例

命令：_FILLETEDGE

半径＝1.0000

选择边或［链(C)/半径(R)］：　//选择圆角边

选择边或［链(C)/半径(R)］：　// r↙

输入圆角半径或［表达式(E)］<1.0000>：　//设置圆角半径

选择边或［链(C)/半径(R)］：　//↙

已选定 1 个边用于圆角。

按 Enter 键接受圆角或［半径(R)］：　//↙，结束命令

选项解析

◆ 【链】选项：如果各棱边是相切的关系，则选择其中的一个边，所有棱边都将被选中，同时进行圆角。

◆ 【半径】选项用于为随后选择的棱边重新设定圆角半径。

◆ 【表达式】选项用于输入圆角半径的表达式，系统会自动计算出圆角半径。

12.3.3 压印边

【压印边】命令用于将圆、圆弧、直线、多段线、样条曲线或实体等对象，压印到三维实体上，使其成为实体的一部分，如图 12-38 所示。

图 12-38　压印边示例

执行【压印边】命令主要有以下几种方式：

(1) 单击菜单【修改】/【实体编辑】/【压印边】命令。

(2) 单击【实体编辑】工具栏或面板上的按钮。

(3) 在命令行输入 Imprint 后按 Enter 键。

下面通过典型实例，学习【压印边】命令的操作方法和操作技巧。具体操作过程如下。

(1) 新建文件并将当前视图切换为西南视图。

(2) 使用【长方体】和【圆】命令，绘制图 12-39(左)所示的长方体和圆，其中圆的圆心为长方体上表面的一个角点。

(3) 单击【实体编辑】工具栏上的按钮，执行【压印边】命令，将圆图形压印到长方体上表面上。命令行操作如下。

命令：_imprint
选择三维实体或曲面： //选择长方体
选择要压印的对象： //选择圆
是否删除源对象 [是(Y)/否(N)] <N>： //y ↙，激活【是】选项
选择要压印的对象： // ↙

(4) 压印效果如图 12-39(右)所示。

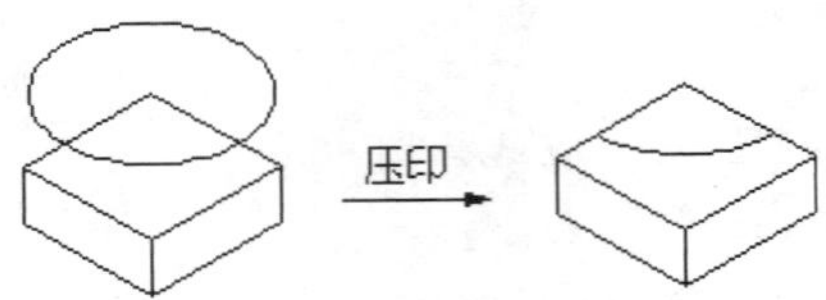

图 12-39 压印示例

☞技巧提示

压印实体时，AutoCAD 会创建新的表面，该表面是以被压印的几何图形和实体的棱边作为边界，用户可以对生成的新面进行拉伸、偏移、复制、移动等操作，如图 12-40 所示。

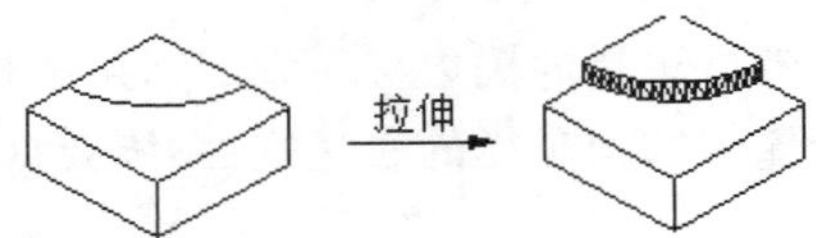

图 12-40 压印拉伸示例

12.3.4 复制边

【复制边】命令用于对实体的棱边进行复制，以创建二维图线。

执行【复制边】命令主要有以下几种方式：

(1) 单击菜单【修改】/【实体编辑】/【复制边】命令。

(2) 单击【实体编辑】工具栏或面板上的按钮。

(3) 在命令行输入 Solidedit 后按 Enter 键。

12.4 编辑实体面

本节主要学习实体面的编辑细化功能，具体有【拉伸面】、【移动面】、【偏移面】、【倾斜面】和【复制面】等。

12.4.1 拉伸面

【拉伸面】命令用于对实心体的表面进行编辑，将实体面按照指定的高度或路径进行拉伸，以创建出新的形体。

1.【拉伸面】命令的执行方式

执行【拉伸面】命令主要有以下几种方式：

(1) 单击菜单【修改】/【实体编辑】/【拉伸面】命令。

(2) 单击【实体编辑】工具栏或面板上的按钮。

(3) 在命令行输入 Solidedit 后按 Enter 键。

2. 高度拉伸

此种拉伸方式是将实体的表面沿着输入的高度和倾斜角度进行拉伸。当指定拉伸的高度以后，AutoCAD 会提示面的倾斜角度，如果输入的角度值为正值，实体面将向实体的内部倾斜(锥化)；如果输入的角度值为负值，实体面将向实体的外部倾斜(锥化)，如图 12-41 所示。

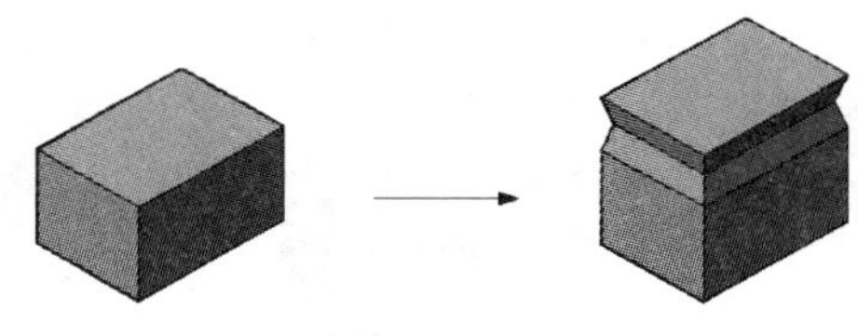

图 12-41　面拉伸

高度拉伸的命令行操作过程如下。

命令：_solidedit

实体编辑自动检查：　SOLIDCHECK＝1

输入实体编辑选项 [面(F)/边(E)/体(B)/放弃(U)/退出(X)] ＜退出＞：_face

输入面编辑选项[拉伸(E)/移动(M)/旋转(R)/偏移(O)/倾斜(T)/删除(D)/复制(C)/颜色(L)/材质(A)/放弃(U)/退出(X)] ＜退出＞：_extrude

选择面或 [放弃(U)/删除(R)]：　//选择实体面

选择面或 [放弃(U)/删除(R)/全部(ALL)]：　// ↙，结束选择

指定拉伸高度或 [路径(P)]：　// 8 ↙

指定拉伸的倾斜角度 ＜30＞：　//15 ↙

已开始实体校验。

已完成实体校验。

输入面编辑选项[拉伸(E)/移动(M)/旋转(R)/偏移(O)/倾斜(T)/删除(D)/复制(C)/颜色(L)/材质(A)/放弃(U)/退出(X)] ＜退出＞：　//E ↙

选择面或 [放弃(U)/删除(R)]：　//选择拉伸面

选择面或 [放弃(U)/删除(R)/全部(ALL)]：　// ↙

指定拉伸高度或 [路径(P)]：　//8 ↙

指定拉伸的倾斜角度 ＜15＞：　//－15 ↙

已开始实体校验。

已完成实体校验。

输入面编辑选项[拉伸(E)/移动(M)/旋转(R)/偏移(O)/倾斜(T)/删除(D)/复制

(C)/颜色(L)/材质(A)/放弃(U)/退出(X)] <退出>： //X ↙

实体编辑自动检查： SOLIDCHECK=1

输入实体编辑选项 [面(F)/边(E)/体(B)/放弃(U)/退出(X)]<退出>： //X ↙

☞技巧提示

AutoCAD 对于每个面规定其外法线方向为正方向，当输入的高度值为正值时，实体面将沿其外法线方向移动；如果输入的高度值为负值时，实体面将沿着外法线的负方向移动。在具体的面拉伸过程中，如果用户输入的高度值和锥角值都较大，可能会使实体面到达所指定的高度之前，就已缩小成为一个点，此时 AutoCAD 将会提示拉伸操作失败。

3. 路径拉伸

此种拉伸方式是将实体表面沿着指定的路径进行拉伸，拉伸路径可以是直线、圆弧、多段线或二维样条曲线等，如图 12-42 所示。

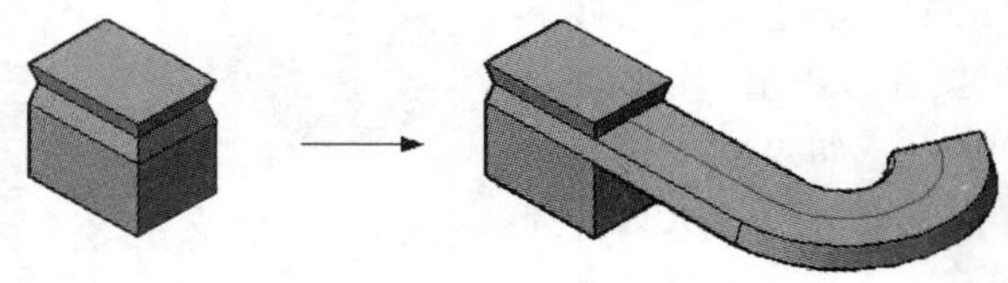

图 12-42 路径拉伸

路径拉伸的命令行操作过程如下。

命令：_solidedit

实体编辑自动检查： SOLIDCHECK=1

输入实体编辑选项 [面(F)/边(E)/体(B)/放弃(U)/退出(X)] <退出>：_face

输入面编辑选项[拉伸(E)/移动(M)/旋转(R)/偏移(O)/倾斜(T)/删除(D)/复制(C)/颜色(L)/材质(A)/放弃(U)/退出(X)] <退出>：_extrude

选择面或 [放弃(U)/删除(R)]： //选择拉伸面

选择面或 [放弃(U)/删除(R)/全部(ALL)]： //↙ ，结束选择

指定拉伸高度或 [路径(P)]： // p ↙

选择拉伸路径： //选择拉伸路径

☞技巧提示

拉伸路径的一个端点一般定位在拉伸的面内，否则，AutoCAD 将把路径移到面轮廓的中心。在拉伸面时，面从初始位置开始沿路径拉伸，直至路径的终点结束。

已开始实体校验。

已完成实体校验。

输入面编辑选项[拉伸(E)/移动(M)/旋转(R)/偏移(O)/倾斜(T)/删除(D)/复制(C)/颜色(L)/材质(A)/放弃(U)/退出(X)] <退出>： //X ↙

实体编辑自动检查： SOLIDCHECK=1

输入实体编辑选项 [面(F)/边(E)/体(B)/放弃(U)/退出(X)]<退出>： //X ↙

☞技巧提示

如果作为拉伸路径的二维对象不与要拉伸的表面共面，也需要避免路径曲线的某些局部区域有较高的曲率，否则可能会使拉伸的新实体在路径曲率较高处出现自交，从而导致拉伸失败。

12.4.2 移动面

【移动面】命令是通过移动三维实体的表面，修改实体的尺寸或改变孔或槽的位置等，如图 12-43 所示。

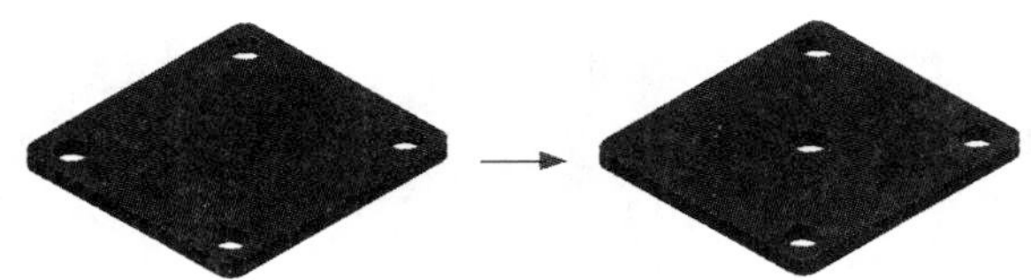

图 12-43 移动面示例

执行【移动面】命令主要有以下几种方式：

(1) 单击菜单【修改】/【实体编辑】/【移动面】命令。

(2) 单击【实体编辑】工具栏或面板上的按钮。

(3) 在命令行输入 Solidedit 后按 Enter 键。

执行【移动面】命令后，其命令行操作过程如下。

命令：_solidedit

实体编辑自动检查： SOLIDCHECK＝1

输入实体编辑选项 [面(F)/边(E)/体(B)/放弃(U)/退出(X)] ＜退出＞：_face

输入面编辑选项[拉伸(E)/移动(M)/旋转(R)/偏移(O)/倾斜(T)/删除(D)/复制(C)/颜色(L)/材质(A)/放弃(U)/退出(X)] ＜退出＞：_move

选择面或 [放弃(U)/删除(R)]： //选择圆柱体表面，如图 12-44 所示

选择面或 [放弃(U)/删除(R)/全部(ALL)]： //↙

指定基点或位移： //捕捉圆柱体顶面圆心

指定位移的第二点： //捕捉如图 12-45 所示的两条中点追踪矢量的交点

已开始实体校验。

已完成实体校验。

输入面编辑选项[拉伸(E)/移动(M)/旋转(R)/偏移(O)/倾斜(T)/删除(D)/复制(C)/颜色(L)/材质(A)/放弃(U)/退出(X)]＜退出＞： //↙

实体编辑自动检查： SOLIDCHECK＝1

输入实体编辑选项 [面(F)/边(E)/体(B)/放弃(U)/退出(X)] ＜退出＞： //↙，移动结果如图 12-43(右)所示

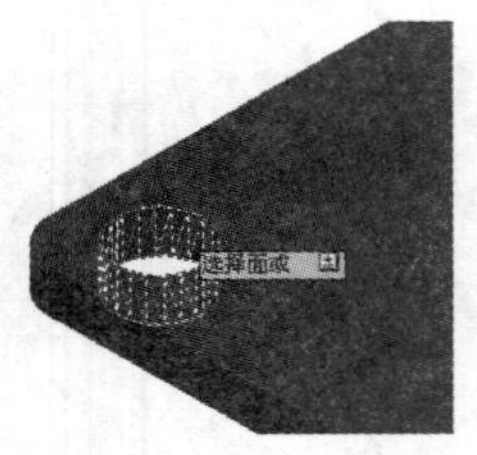

图 12-44　选择结果

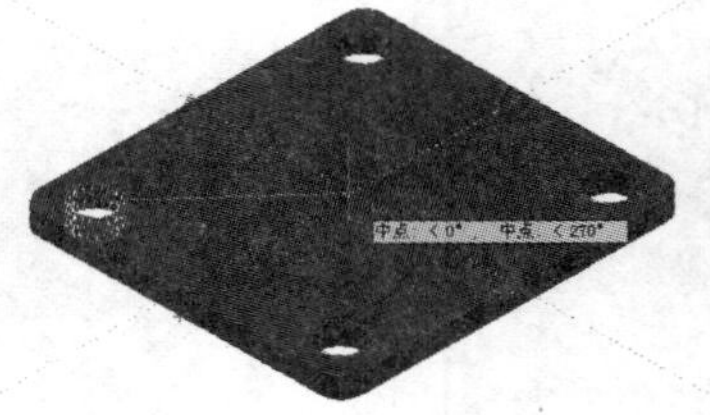

图 12-45　定位目标点

12.4.3　偏移面

【偏移面】命令主要用于通过偏移实体的表面，改变实体模型的形状、尺寸以及模型表面孔、槽等结构特征的大小。

执行【偏移面】命令主要有以下几种方式：

(1) 单击菜单【修改】/【实体编辑】/【偏移面】命令。

(2) 单击【实体编辑】工具栏或面板上的按钮。

(3) 在命令行输入 Solidedit 后按 Enter 键。

执行【偏移面】命令后，其命令行操作过程如下。

命令：_solidedit

实体编辑自动检查：　SOLIDCHECK=1

输入实体编辑选项［面(F)/边(E)/体(B)/放弃(U)/退出(X)］＜退出＞：_face

输入面编辑选项［拉伸(E)/移动(M)/旋转(R)/偏移(O)/倾斜(T)/删除(D)/复制(C)/颜色(L)/材质(A)/放弃(U)/退出(X)］＜退出＞：

_offset

选择面或［放弃(U)/删除(R)］：　//选择如图 12-46 所示的圆孔内侧面

选择面或［放弃(U)/删除(R)/全部(ALL)］：　//↙

指定偏移距离：　//－6↙

已开始实体校验。

输入面编辑选项［拉伸(E)/移动(M)/旋转(R)/偏移(O)/倾斜(T)/删除(D)/复制(C)/颜色(L)/材质(A)/放弃(U)/退出(X)］＜退出＞：　//X↙

实体编辑自动检查：　SOLIDCHECK=1

输入实体编辑选项［面(F)/边(E)/体(B)/放弃(U)/退出(X)］＜退出＞：　//X↙，偏移结果如图 12-47 所示

☞技巧提示

在偏移实体面时，当输入的偏移距离为正值时，AutoCAD 将使表面向其外法线方向偏移；若输入的距离为负值时，被编辑的表面将向相反的方向偏移。

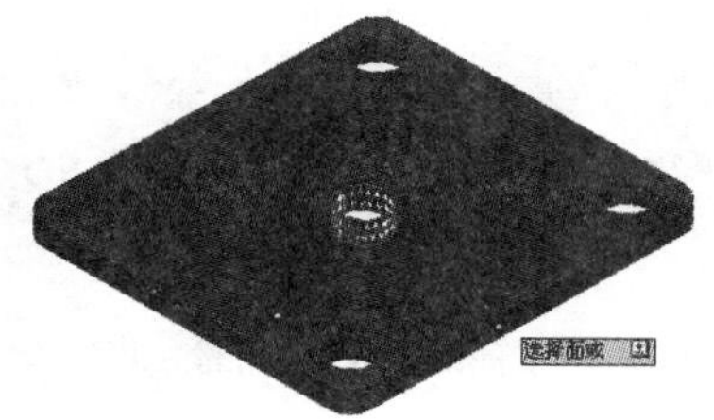

图 12-46　选择面

图 12-47　偏移面

12.4.4　倾斜面

【倾斜面】命令主要用于通过倾斜实体的表面，使实体表面产生一定的锥度。在倾斜面时，倾斜的方向是由锥角的正负号及定义矢量时的基点决定的。

执行【倾斜面】命令主要有以下几种方式：

(1) 单击菜单【修改】/【实体编辑】/【倾斜面】命令。

(2) 单击【实体编辑】工具栏或面板上的按钮。

(3) 在命令行输入 Solidedit 后按 Enter 键。

下面通过典型实例，学习【倾斜面】命令的使用方法和技巧。具体操作步骤如下。

(1) 在西南视图内创建高度为 21、半径为 25 和 10 的同心圆柱体，如图 12-48 所示。

(2) 对两个柱体进行差集，然后单击【实体编辑】工具栏上的按钮，对内部的柱孔表面进行倾斜。命令行操作如下。

命令：_solidedit

实体编辑自动检查： SOLIDCHECK＝1

输入实体编辑选项 [面(F)/边(E)/体(B)/放弃(U)/退出(X)] ＜退出＞：_face

输入面编辑选项[拉伸(E)/移动(M)/旋转(R)/偏移(O)/倾斜(T)/删除(D)/复制(C)/颜色(L)/材质(A)/放弃(U)/退出(X)] ＜退出＞：_taper

选择面或 [放弃(U)/删除(R)]： //选择如图 12-49 所示的柱孔表面

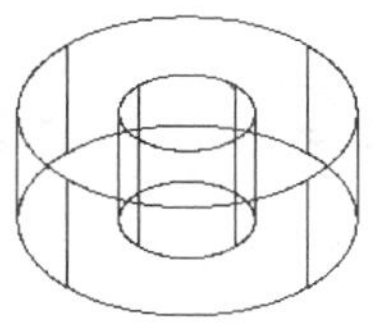

图 12-48　创建结果

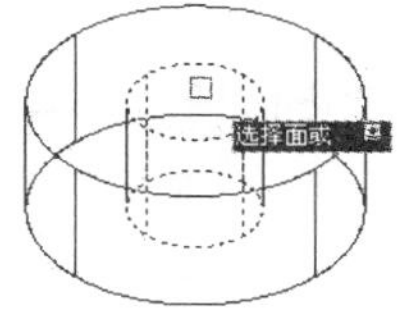

图 12-49　选择面

选择面或 [放弃(U)/删除(R)/全部(ALL)]： //↙，结束选择

指定基点： //捕捉下底面圆心

指定沿倾斜轴的另一个点： //捕捉顶面圆心

指定倾斜角度： //30↙

☞技巧提示

如果输入的倾角为正值，则 AutoCAD 将已定义的矢量绕基点向实体内部倾斜，否则向实体外部倾斜。

已完成实体校验。

输入面编辑选项[拉伸(E)/移动(M)/旋转(R)/偏移(O)/倾斜(T)/删除(D)/复制(C)/颜色(L)/材质(A)/放弃(U)/退出(X)] <退出>： //X↙

实体编辑自动检查： SOLIDCHECK=1

输入实体编辑选项[面(F)/边(E)/体(B)/放弃(U)/退出(X)] <退出>： //X↙，退出命令

(3) 实体面的倾斜结果如图 12-50 所示。

(4) 对模型进行灰度着色，结果如图 12-51 所示。

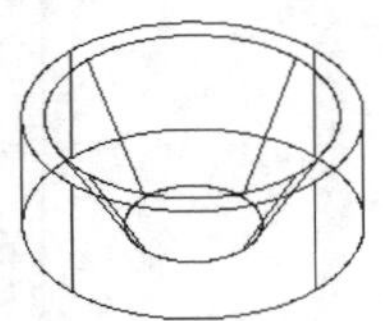

图 12-50 倾斜面

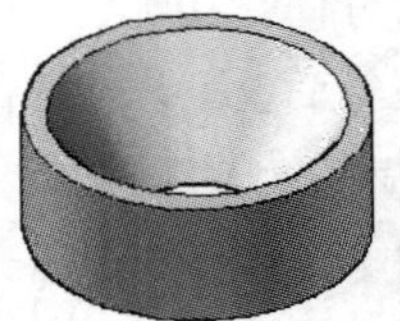

图 12-51 灰度着色

12.4.5 复制面

【复制面】命令用于将实体的表面复制成新的图形对象，所复制出的新对象是面域或实体，如图 12-52 所示。

执行【复制面】命令主要有以下几种方式：

(1) 单击菜单【修改】/【实体编辑】/【复制面】命令。

(2) 单击【实体编辑】工具栏或面板上的按钮。

(3) 在命令行输入 Solidedit 后按 Enter 键。

12.5 实例指导——制作资料柜立体造型

本例通过制作资料柜立体造型，对所学三维知识进行综合练习和巩固应用。资料柜立体造型的最终制作效果，如图 12-53 所示。

操作步骤如下所述。

(1) 新建文件并将视图切换为东南视图。

(2) 单击【绘图】菜单中的【建模】/【长方体】命令，绘制一个长 400、宽 2760、高 65 的长方体，命令行操作如下。

命令：_box

指定第一个角点或[中心(C)]： //0,0↙

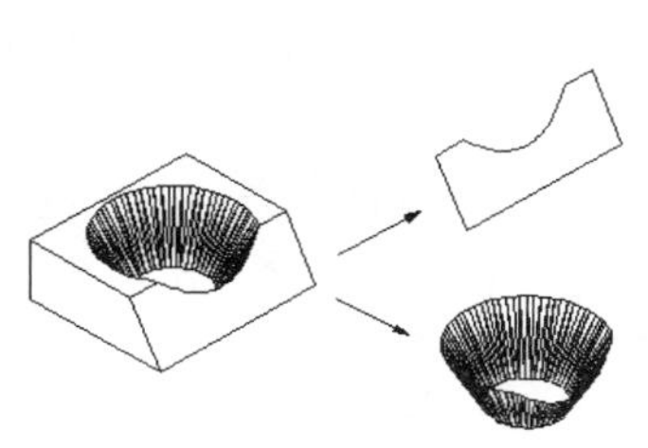

图 12-52　复制面

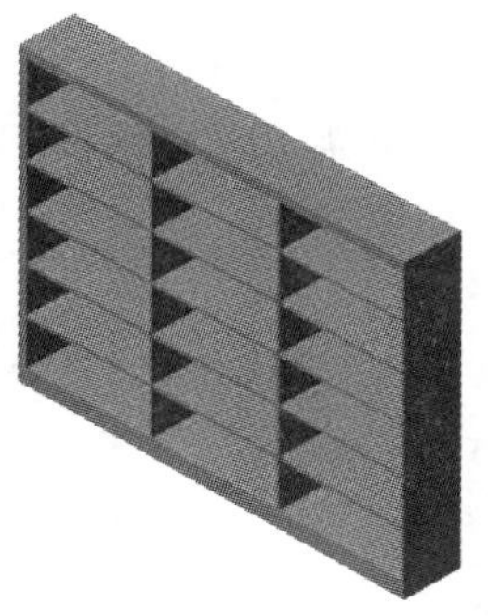

图 12-53　实例效果

指定其他角点或 [立方体(C)/长度(L)]：　//@400,2760,65 ↙,创建结果如图 12-54所示

(3) 重复执行【长方体】命令,配合坐标输入功能创建两侧的长方体侧板。命令行操作如下。

命令：_box

指定第一个角点或 [中心(C)]：　//25,0 ↙

指定其他角点或 [立方体(C)/长度(L)]：　//@375,60,－1965 ↙,结果如图 12-55 所示

命令：_box

指定第一个角点或 [中心(C)]：　//　25,2742 ↙

指定其他角点或 [立方体(C)/长度(L)]：　//@375,18,－1965 ↙,创建结果如图 12-56 所示

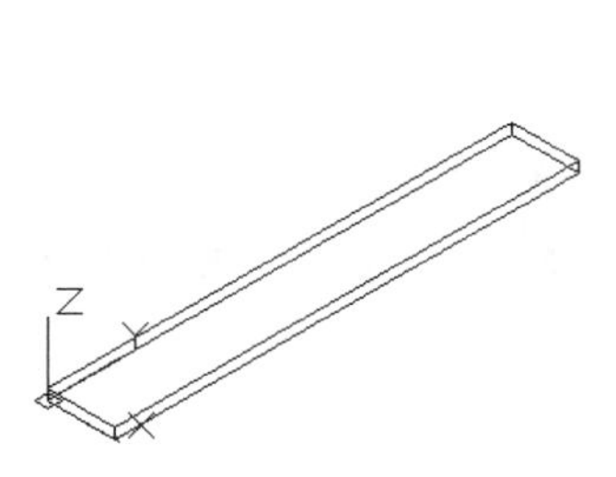

图 12-54　创建结果

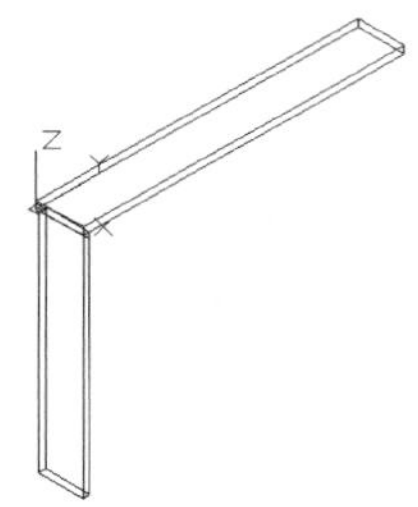

图 12-55　创建侧板

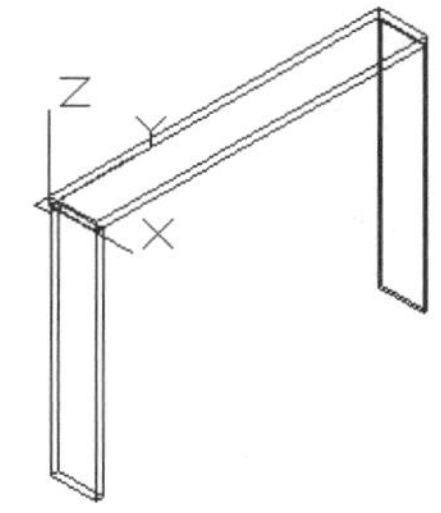

图 12-56　创建侧板

(4) 重复执行【长方体】命令,创建长度为 25、宽度为 2760、高度为－1965 的长方体后挡板。命令行操作如下。

命令：_box

指定第一个角点或 [中心(C)]：　//0,0 ↙

指定其他角点或 [立方体(C)/长度(L)]：　//@25,2760,－1965 ↙,创建结果如图 12-57 所示

(5) 重复执行【长方体】命令,创建长度为 400、宽度为 2760、高度为－120 的长方体底

板。命令行操作如下。

命令：_box

指定第一个角点或［中心(C)］：//0,0,－1965 ↙

指定其他角点或［立方体(C)/长度(L)］：//@400,2760,－120 ↙，结果如图 12-58 所示

(6) 重复执行【长方体】命令，创建长度为 375、宽度为 18、高度为－1965 的长方体隔板。命令行操作如下。

命令：_box

指定第一个角点或［中心(C)］：// 25,942 ↙

指定其他角点或［立方体(C)/长度(L)］：//@375,18,－1965 ↙，创建结果如图 12-59 所示

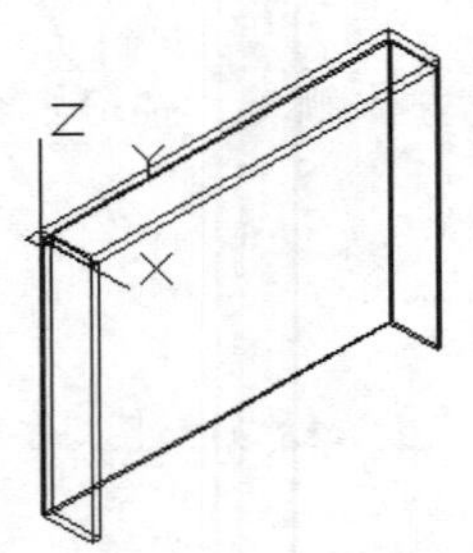

图 12-57 创建后挡板

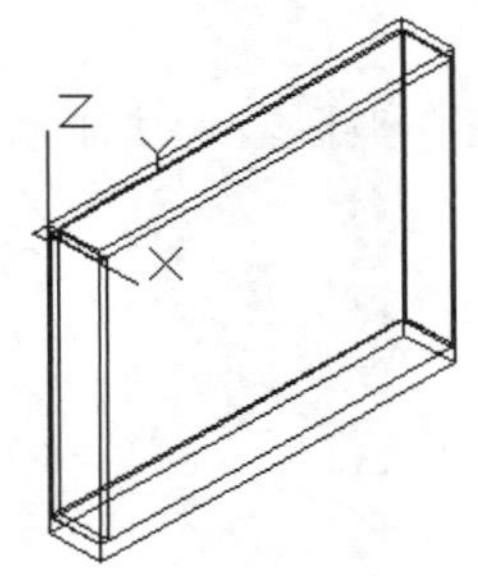

图 12-58 创建底板

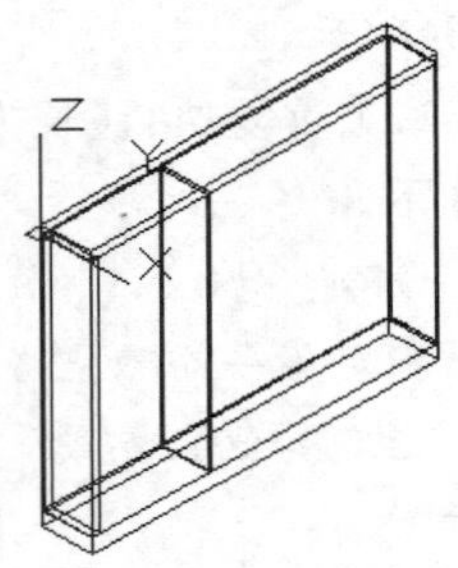

图 12-59 创建隔板

(7) 单击【修改】菜单中的【复制】命令，将刚创建的隔板沿 Y 轴正方向复制 900 个单位，结果如图 12-60 所示。

(8) 重复执行【长方体】命令，创建长度为 375、宽度为 882、高度为 25 的层板。命令行操作如下。

命令：_box

指定第一个角点或［中心(C)］：//25,60,－305 ↙

指定其他角点或［立方体(C)/长度(L)］：//@375,882,25 ↙，结果如图 12-61 所示

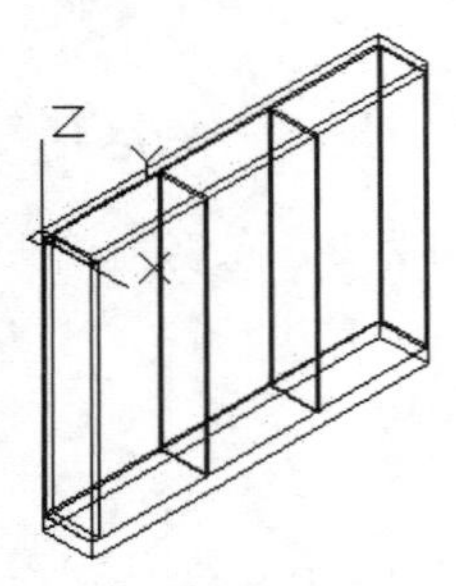

图 12-60 复制结果

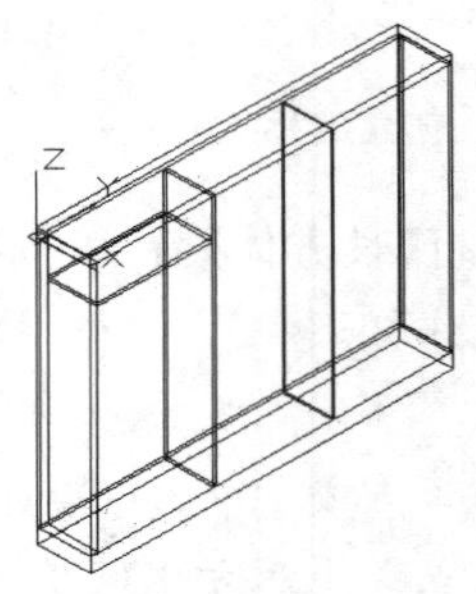

图 12-61 创建层板

(9) 单击【修改】菜单栏中的【三维操作】/【三维阵列】命令，激活【三维阵列】命令，具

体操作如下。

命令： _3DARRAY

选择对象： //选择如图 12-62 所示的层板

选择对象： // ↙

输入阵列类型 [矩形(R)/环形(P)] <矩形>： // ↙

输入行数 (---) <1>： //3 ↙，输入行数

输入列数 (|||) <1>： // ↙

输入层数 (...) <1>： //5 ↙，输入层数

指定行间距 (---)： //900 ↙，输入行间距

指定层间距 (...)： //－330 ↙，结束命令，结果如图 12-63 所示

(10) 将视图切换到东北视图。

(11) 单击【视图】菜单栏中的【消隐】命令，对当前视图进行消隐显示，结果如图 12-64 所示。

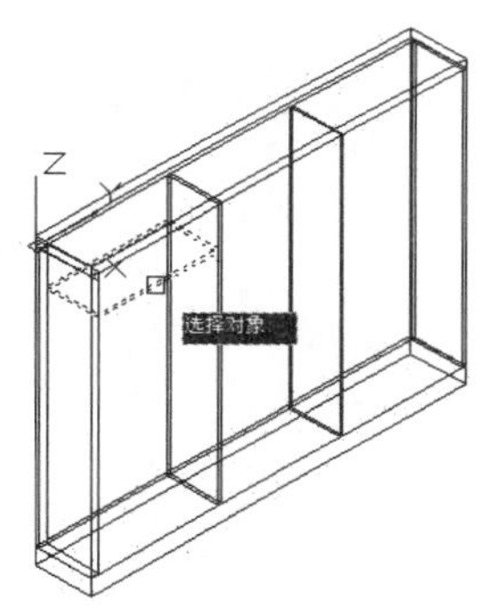

图 12-62　选择结果

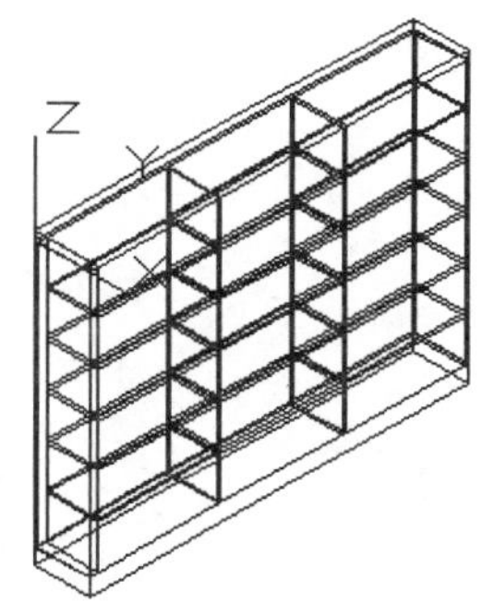

图 12-63　阵列结果

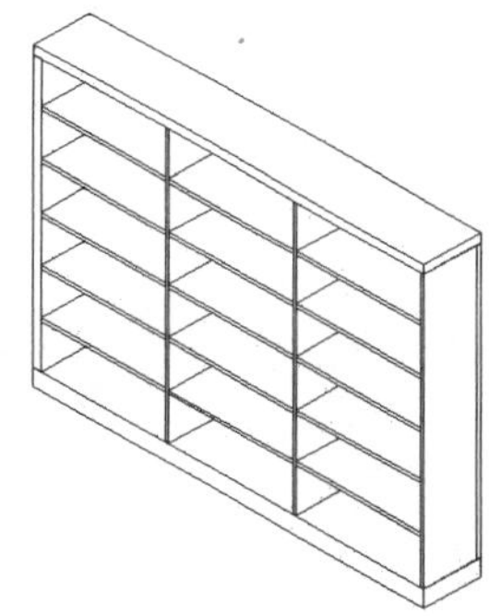

图 12-64　消隐效果

(12) 使用快捷键 VS 激活【视觉样式】命令，对模型进行概念着色，最终结果如图 12-53所示。

(13) 最后执行【保存】命令，将图形命名存储为“制作资料柜立体造型.dwg”。

12.6 本章小结

本章主要学习了三维模型的基本操作功能、曲面与网格的编辑功能和实体面边的细化功能。通过本章的学习，应了解和掌握以下知识：

(1) 了解和掌握模型的空间旋转、镜像、阵列、对齐、移动等重要操作功能；

(2) 了解和掌握曲面的修补、圆角、修剪功能；

(3) 了解和掌握网格的优化、锐化和拉伸功能；

(4) 了解和掌握实体棱边的倒角、圆角和压印功能；

(5) 了解和掌握实体面的拉伸、倾斜和复制功能。

第三部分

案例精通篇

本篇内容如下：

第13章 室内设计理论与绘图样板的制作

本章在简单叙述室内装饰装潢设计理论知识的前提下，重点学习室内装饰装潢绘图样板的具体制作过程。那么什么是绘图样板呢？所谓绘图样板，指的就是包含一定的绘图环境、参数变量、绘图样式、页面设置等内容，但并未绘制图形的空白文件。用户在样板文件的基础上绘图，可以避免许多参数的重复性设置，不仅大大节省绘图时间，提高绘图效率，还可以使图纸更符合规范、更标准，从而保证图面和质量的完美统一。

本章具体学习内容如下：

◎ 室内装饰装潢概述
◎ 室内装饰装潢设计内容
◎ 室内装饰装潢设计风格
◎ 室内装饰装潢设计尺寸
◎ AutoCAD 装饰装潢制图规范
◎ 制作建筑装饰装潢工程样板文件
◎ 本章小结

13.1 室内装饰装潢概述

本节主要概述室内装饰装潢的设计概念、设计步骤、设计原则以及设计范围等内容，使无专业基础的读者对其有一个快速的了解和认识。

13.1.1 室内装饰装潢设计概念

从广义上讲，室内装饰装潢设计是指包含人们一切生活空间的内部装饰装潢设计；从狭义上讲，室内装饰装潢设计可以理解为满足人们不同行为需求的建筑内部空间的装饰装潢设计，又或者在建筑环境中实现某些功能而进行的内部空间组织和创造性的活动。

具体来说，室内装饰装潢设计就是根据建筑物的使用性质、所处环境、相应标准以及使用者需求，运用一定的物质技术手段和建筑美学原理，根据使用对象的特殊性以及他们所处的特定环境，对建筑内部空间进行的规划、组织和空间再造，从而营造出功能合理、舒适优雅、满足人们物质生活和精神生活需要的室内环境。

13.1.2 室内装饰装潢设计程序

室内装饰装潢设计一般可以分为设计准备阶段、方案设计阶段、施工图设计阶段和设计实施阶段，具体内容如下。

1. 设计准备阶段

设计准备阶段主要是接受委托任务书，明确设计期限并制定设计计划进度安排，明确设计任务和要求，熟悉设计有关的规范和定额标准，收集分析必要的资料和信息，包括对现场的调查踏勘以及对同类型实例的参观等。在签订合同或制定投标文件时，还包括设计进度安排，设计费率标准。

2. 方案设计阶段

方案设计阶段是在设计准备阶段的基础上，进一步收集、分析、运用与设计任务有关的资料与信息，构思立意，进行初步方案设计以及方案的分析与比较，确定初步设计方案，提供设计文件。室内初步方案的文件通常包括：

(1) 平面图，常用比例 1:50、1:100；

(2) 室内立面展开图，常用比例 1:20、1:50；

(3) 天花图或吊顶图，常用比例 1:50、1:100；

(4) 室内详图或节点大样图；

(5) 室内透视图或立体效果图；

(6) 室内装饰材料实样版面；

(7) 设计意图说明和造价概算。

初步设计方案需经审定后，方可进行施工图设计。

3. 施工图设计阶段

施工图设计阶段需要补充施工所必要的有关平面布置、室内立面和顶棚平面图等图纸，还需构造节点详图、细部大样图以及设备管线图，编制施工说明和造价预算。

4. 设计实施阶段

设计实施阶段也是工程的施工阶段。工程在施工前，设计人员应向施工单位进行设计意图说明及图纸的技术交底；施工期间需按图纸要求核对施工实况，有时还需根据现场实况对图纸的局部进行修改或补充；施工结束时，会同质检部门和建设单位进行工程验收。

13.1.3 室内装饰装潢设计分类

室内装饰装潢设计可分为三大类：

第一，人居环境空间设计。具体包括公寓住宅、别墅住宅、集合式住宅等。

第二，限定性空间设计。具体包括学校、幼儿园、办公楼、教堂等。

第三，非限定性公共空间室内设计。具体包括旅馆、酒店、娱乐厅、图书馆、火车站、综合商业设施等。

各类建筑中不同类型的建筑之间，还有一些使用功能相同的室内空间，如门厅、过厅、电梯厅、中庭、盥洗间、浴厕，以及一般功能的门卫室、办公室、会议室、接待室等。当然，在具体工程项目的设计任务中，这些室内空间的规模、标准和相应的使用要求还会有不少差异，需要具体分析。

13.2 室内装饰装潢设计内容

室内装饰装潢设计主要包括室内空间的再造与界面处理、室内家具、室内织物、室内陈设、室内照明、室内色彩以及室内绿化设计等。

13.2.1 室内建筑

室内建筑主要包括室内空间的组织和建筑界面的处理，它是确定室内环境基本形体和线形的设计，设计时以物质功能和精神功能为依据，考虑相关的客观环境因素和主观的身心感受。

室内空间组织，包括平面布置，首先需要对原有建筑设计的意图充分理解，对建筑物的总体布局、功能分析、人流动向以及结构体系等有深入的了解，在室内设计时对室内空间和平面布置予以完善、调整或再创造。

室内界面处理，是指对室内空间的各个围合，包括地面、墙面、隔断、平顶等各界面的使用功能和特点的设计，界面的形状、图形线脚、肌理构成的设计，以及界面和结构的连接构造，界面和风、水、电等管线设施的协调配合等方面的设计。界面设计应从物质和人的精神审美方面来综合考虑。

13.2.2 室内家具

家具是室内设计中的一个重要组成部分，与室内环境形成一个有机的统一整体。家具在室内设计中具体有以下作用：

(1) 为人们的日常起居、生活行为提供必要的支持和方便；

(2) 通过家具组织限定空间；

(3) 家具能装饰营造气氛，提高审美情趣；

(4) 反映文化传统，表达个人信息。

在设计家具时需要考虑人的行为方式、人体工效学、功能性、形态、工艺与技术、经济等多方面的因素。

13.2.3 室内织物与陈设

当代织物已渗透到室内设计的各个方面，其种类主要有地毯、窗帘、家具的蒙面织物、陈设覆盖织物、靠垫、壁挂等。由于织物在室内的覆盖面积较大，所以对室内的气氛、格调、意境等起很大的作用，主要体现在实用性、分隔性、装饰性三方面。

室内陈设也是室内设计中不可缺少的一项内容，室内陈设品的放置方式主要有壁面装饰陈设、台面摆放陈设、橱架展示陈设、空中悬吊陈设四种。室内陈设品的布置原则主要有以下几个方面：

(1) 满足布景要求(在适当的必要的位置摆放)；

(2) 构图要求(规则式与不规则式)；

(3) 功能要求(如茶具等)；

(4) 动态要求(视季节性或具体情况增减和调整)。

13.2.4 室内照明

室内照明是指室内环境的自然光和人工照明,光照除了能满足正常的工作生活环境的采光、照明要求外,光照和光影效果还能有效地起到烘托室内环境气氛的作用。没有光也就没有空间、没有色彩、没有造型了,光可以使室内的环境得以显现和突出。

自然光可以向人们提供室内环境中时空变化的信息,可以消除人们在六面体内的室息感,它随着季节、昼夜的不断变化,使室内生机勃勃;人工照明可以恒定地描述室内环境和随心所欲地变换光色明暗,光影给室内带来了生命力,加强了空间的容量和感觉,同时,光影的质和量也对空间环境和人的心理产生影响。

人工照明在室内设计中主要有光源组织空间、塑造光影效果、利用光突出重点、光源演绎色彩等作用,其照明方式主要有整体(普通)照明、局部(重点)照明、装饰照明、综合(混合)照明,其安装方式可分为台灯、落地灯、吊灯、吸顶灯、壁灯、嵌入式灯具、投射灯等。

13.2.5 室内色彩

色彩是室内设计中最为生动、最为活跃的因素,室内色彩往往给人们留下室内环境的第一印象。色彩最具表现力,通过人们的视觉感受产生生理、心理和类似物理的效应,形成丰富的联想、深刻的寓意和象征意义。色彩对人们的视觉生理特性的作用是第一位的。不同的色彩色相会使人在心理上产生不同的联想。不同的色彩在人的心理上会产生不同的物理效应,如冷热、远近、轻重、大小等;感情刺激,如兴奋、消沉、热情、抑郁、镇静等;象征意义,如庄严、轻快、刚柔、富丽、简朴等。

室内色彩除对视觉环境产生影响外,还直接影响人们的情绪、心理。科学地运用色彩有利于工作,有助于健康,色彩处理得当既能符合功能要求又能取得美的效果。室内色彩除了必须遵守一般的色彩规律外,还随着时代审美观的变化而有所不同。色彩在室内设计中的作用主要有以下几方面：

(1) 为人们创造适宜的心理感受；

(2) 调整室内空间；

(3) 调节室内光线；

(4) 营造空间环境的气氛。

13.2.6 室内环境的绿化

室内设计中绿化已成为改善室内环境的重要手段，在室内设计中具有不能代替的特殊作用。室内绿化可以吸附粉尘，改善室内环境条件，满足精神心理需求，美化室内环境，组织室内空间。更为重要的是，室内绿化使室内环境生机勃勃，带来自然气息，令人赏心悦目，起到柔化室内人工环境，在高节奏的现代生活中协调人们心理使之平衡的作用。

在运用室内绿化时，首先应考虑室内空间主题、气氛等的要求，通过室内绿化的布置，充分发挥其强烈的艺术感染力，加强和深化室内空间所要表达的主要思想；其次还要充分考虑使用者的生活习惯和审美情趣。

13.3 室内装饰装潢设计风格

室内设计的风格主要分为传统风格、现代风格、后现代风格、自然风格以及混合型风格等。

1. 传统风格

传统风格的室内设计，是在室内布置、线型、色调以及家具、陈设的造型等方面，吸取传统装饰“形”、“神”的特征。例如吸取我国传统木构架建筑的藻井天棚、挂落、雀替的构成和装饰，明、清家具造型和款式特征，又如西方传统风格中仿罗马风、哥特式、文艺复兴式、巴洛克、洛可可、古典主义等，传统风格常给人们以历史延续和地域文脉的感受，它使室内环境突出了民族文化渊源的形象特征。

2. 现代风格

现代风格起源于 1919 年成立的鲍豪斯学派，该学派处于当时的历史背景，强调突破旧传统，创造新建筑，重视功能和空间组织，注意发挥结构构成本身的形式美，造型简洁，反对多余装饰，崇尚合理的构成工艺，讲究材料自身的质地和色彩的配置效果，发展了非传统的以功能布局为依据的不对称的构图手法。现时，广义的现代风格也可泛指造型简洁新颖，具有当今时代感的建筑形象和室内环境。

3. 后现代风格

后现代风格是对现代风格中纯理性主义倾向的批判，后现代风格强调建筑及室内装潢应具有历史的延续性，但又不拘泥于传统的逻辑思维方式，探索创新造型手法，讲究人情味，常在室内设置夸张、变形的柱式和断裂的拱券，或把古典构件的抽象形式以新的手法组合在一起，即采用非传统的混合、叠加、错位、裂变等手法和象征、隐喻等手段，以期创造一种融感性与理性、集传统与现代、揉大众与行家于一体的“亦此亦彼”的建筑形象与室内环境。

4. 自然风格

自然风格倡导回归自然，美学上推崇自然、结合自然，才能在当今高科技、高节奏的社会生活中，使人们取得生理和心理的平衡，因此室内多用木料、织物、石材等天然材料，显示材料的纹理，清新淡雅。

此外，由于其宗旨和手法的类同，也可把田园风格归入自然风格一类。田园风格在室内环境中力求表现悠闲、舒畅、自然的田园生活情趣，也常运用天然木、石、藤、竹等材质质朴的纹理。巧于设置室内绿化，创造自然、简朴、高雅的氛围。

5. **混合型风格**

近年来，建筑设计和室内设计在总体上呈现多元化、兼容并蓄的状态。室内布置中也有既趋于现代实用，又颇具传统风格的特征，在装潢与陈设中融古今中西于一体，例如传统的屏风、摆设和茶几，配以现代风格的墙面及门窗装修、新型的沙发；欧式古典的琉璃灯具和壁面装饰，配以东方传统的家具和埃及的陈设、小品等。

混合型风格虽然在设计中不拘一格，运用多种体例，但设计中仍然是匠心独具，深入推敲形体、色彩、材质等方面的总体构图和视觉效果。

13.4 室内装饰装潢设计尺寸

以下列举了室内设计中一些常用的基本尺寸，单位为毫米(mm)。

1. **餐厅**

(1) 餐桌高：750～790 mm。

(2) 餐椅高：450～500 mm。

(3) 圆桌直径：二人 500 mm、三人 800 mm、四人 900 mm、五人 1100 mm、六人 1100～1250 mm、八人 1300 mm、十人 1500 mm、十二人 1800 mm。

(4) 方餐桌尺寸：二人 700×850 mm、四人 1350×850 mm、八人 2250×850 mm，

(5) 餐桌转盘直径：700～800 mm。

(6) 餐桌间距：大于 500 mm(其中座椅占 500 mm)。

(7) 主通道宽：1200～1300 mm。

(8) 内部工作道宽：600～900 mm。

(9) 酒吧台：高 900～1050 mm、宽 500 mm。

(10) 酒吧凳高：600～750 mm。

2. **商场营业厅**

(1) 单边双人走道宽：1600 mm。

(2) 双边双人走道宽：2000 mm。

(3) 双边三人走道宽：2300 mm。

(4) 双边四人走道宽：3000 mm。

(5) 营业员柜台走道宽：800 mm。

(6) 营业员货柜台：厚 600 mm、高 800～1000 mm。

(7) 单背立货架：厚 300～500 mm、高 1800～2300 mm。

(8) 双背立货架：厚 600～800 mm、高 1800～2300 mm

(9) 小商品橱窗：厚 500～800 mm、高 400～1200 mm。

(10) 陈列地台高：400～800 mm。

(11) 敞开式货架：400～600 mm。

(12) 放射式售货架：直径 2000 mm。

(13) 收款台：长 1600 mm、宽 600 mm。

3. **饭店客房**

(1) 标准面积:大型客房 25 m^2、中型客房 16～18 m^2、小型客房 16 m^2。

(2) 床高:400～450 mm。

(3) 床头高:850～950 mm。

(4) 床头柜:高 500～700 mm、宽 500～800 mm。

(5) 写字台:长 1100～1500 mm、宽 450～600 mm、高 700～750 mm。

(6) 行李台:长 910～1070 mm、宽 500 mm、高 400 mm。

(7) 衣柜:宽 800～1200 mm、高 1600～2000 mm、深 500 mm。

(8) 沙发:宽 600～800 mm、高 350～400 mm、背高 1000 mm。

(9) 衣架高:1700～1900 mm。

4. **墙面**

(1) 踢脚板高:80～200 mm。

(2) 墙裙高:800～1500 mm。

(3) 挂镜线高:1600～1800 mm(画中心距地面高度)。

5. **卫生间**

(1) 卫生间面积:3～5 m^2。

(2) 浴缸:长度一般有 1220、1520、1680 mm,宽 720 mm,高 450 mm。

(3) 坐便器:750×350 mm。

(4) 冲洗器:690×350 mm。

(5) 盥洗盆:550×410 mm。

(6) 淋浴器高:2100 mm。

(7) 化妆台:长 1350 mm、宽 450 mm。

6. **会议室**

(1) 中心会议室客容量:会议桌边长 600 mm。

(2) 环式高级会议室客容量:环形内线长 700～1000 mm。

(3) 环式会议室服务通道宽:600～800 mm。

7. **交通空间**

(1) 楼梯间休息平台净空:大于或等于 2100 mm。

(2) 楼梯跑道净空:大于或等于 2300 mm。

(3) 客房走廊高:大于或等于 2400 mm。

(4) 两侧设座的综合式走廊宽:大于或等于 2500 mm。

(5) 楼梯扶手高:850～1100 mm。

(6) 门的常用尺寸:宽 850～1000 mm。

(7) 窗的常用尺寸:宽 400～1800 mm(不包括组合式窗子)。

(8) 窗台高:800～1200 mm。

8. **灯具**

(1) 大吊灯最小高度:2400 mm。

(2) 壁灯高:1500～1800 mm。

(3) 反光灯槽最小直径:大于或等于两倍灯管直径。

(4) 壁式床头灯高:1200～1400 mm。

(5) 照明开关高:1000 mm。

9. **办公空间**

(1) 办公桌:长 1200～1600 mm、宽 500～650 mm 、高 700～800 mm。

(2) 办公椅:高 400～450 mm、长×宽为 450×450 mm。

(3) 沙发:宽 600～800 mm、高 350～400 mm、背面 1000 mm。

(4) 茶几:前置型 900 mm×400 mm×400 mm、中心型 900 mm×900 mm×400 mm、左右型 600 mm×400 mm×400 mm。

(5) 书柜:高 1800 mm、宽 1200～1500 mm、深 450～500 mm。

(6) 书架:高 1800 mm 、宽 1000～1300 mm 、深 350～450 mm。

10. **室内家具**

(1) 衣橱:深度 600～650 mm,推拉门 700 mm,衣橱门宽度 400～650 mm。

(2) 推拉门:宽 750～1500 mm、高 1900～2400 mm。

(3) 矮柜: 深度 350～450 mm、柜门宽 300～600 mm。

(4) 电视柜:深度 450～600 mm、高 600～700 mm。

(5) 单人床:宽度有 900 mm、1050 mm、1200 mm 三种;长度有 1800 mm、1860 mm、2000 mm、2100 mm。

(6) 双人床:宽度有 1350 mm、1500 mm、1800 mm 三种;长度有 1800 mm、1860 mm、2000 mm、2100 mm。

(7) 圆床: 直径 1860 mm、2125 mm、2424 mm(常用)。

(8) 室内门: 宽 800 ～ 950 mm; 高度有 1900 mm、2000 mm、2100 mm、2200 mm、2400 mm。

(9) 厕所、厨房门:宽 800 mm、900 mm;高度有 1900 mm、2000 mm、2100 mm 三种。

(10) 窗帘盒:高 120～180 mm;深度为单层布 120 mm、双层布 160～180 mm(实际尺寸)。

(11) 单人沙发:长度 800～950 mm、深度为 850～900 mm、坐垫高 350～420 mm、背高 700～900 mm。

(12) 双人沙发:长 1260～1500 mm、深度 800～900 mm。

(13) 三人沙发:长 1750～1960 mm、深度 800～900 mm。

(14) 四人沙发:长 2320～2520 mm、深度 800～900 mm。

(15) 小型茶几(长方形):长度 600～750 mm、宽度 450～600 mm、高度 380～500 mm (380 mm 最佳)。

(16) 中型茶几(长方形):长度 1200～1350 mm、宽度 380～500 mm 或者 600～750 mm。

(17) 中型茶几(正方形):长度 750～900 mm、高度 430～500 mm。

(18) 大型茶几(长方形):长度 1500～1800 mm、宽度 600～800 mm、高度 330～420 mm(330 mm 最佳)。

(19) 大型茶几(圆形):直径 750 mm、900 mm、1050 mm、1200 mm;高度 330～420 mm。

(20) 大型茶几(正方形):宽度 900 mm、1050 mm、1200 mm、1350 mm、1500 mm;高度 330～420 mm。

(21) 书桌(固定式):深度 450～700 mm(600 mm 最佳)、高度 750 mm。

(22) 书桌(活动式):深度 650～800 mm、高度 750～780 mm。

(23) 书桌下缘离地至少 580 mm;长度最少 900 mm(1500～1800 mm 最佳)。

(24) 餐桌:高度 750～780 mm(一般)、西式高度 680～720 mm,一般方桌宽度 1200 mm、900 mm、750 mm。

(25) 长方桌:宽度 800 mm、900 mm、1050 mm、1200 mm;长度 1500 mm、1650 mm、1800 mm、2100 mm、2400 mm。

(26) 圆桌:直径 900 mm、1200 mm、1350 mm、1500 mm、1800 mm。

(27) 书架:深度 250～400 mm(每一格)、长度 600～1200 mm,下大上小型下方深度 350～450 mm、高度 800～900 mm。

(28) 活动未及顶高柜:深度 450 mm、高度 1800～2000 mm。

13.5 AutoCAD 装饰装潢制图规范

建筑装饰装潢施工图与建筑施工图一样,一般都是按照正投影原理以及视图、剖视和断面等的基本图示方法绘制的,其制图规范也应遵循建筑制图和家具制图中的图标规定,具体如下。

13.5.1 图纸与图框尺寸

AutoCAD 工程图要求图纸的大小必须按照规定图纸幅面和图框尺寸裁剪。经常用到的图纸幅面如表 13-1 所示。

表 13-1 图纸幅面和图框尺寸 (单位:mm)

尺寸代号	A0	A1	A2	A3	A4
$L \times B$	1188×840	840×594	594×420	420×297	297×210
c	10			5	
a	25				
e	20			10	

表 13-1 中的 L 表示图纸的长边尺寸,B 为图纸的短边尺寸,图纸的长边尺寸 L 等于短边尺寸 B 的根下 2 倍。当图纸带有装订边时,a 为图纸的装订边,尺寸为 25 mm;c 为非装订边,A0～A2 号图纸的非装订边边宽为 10 mm,A3、A4 号图纸的非装订边边宽为 5 mm;当图纸为无装订边图纸时,e 为图纸的非装订边,A0～A2 号图纸边宽尺寸为 20 mm,A3、A4 号图纸边宽为 10 mm,各种图纸图框尺寸如图 13-1 所示。

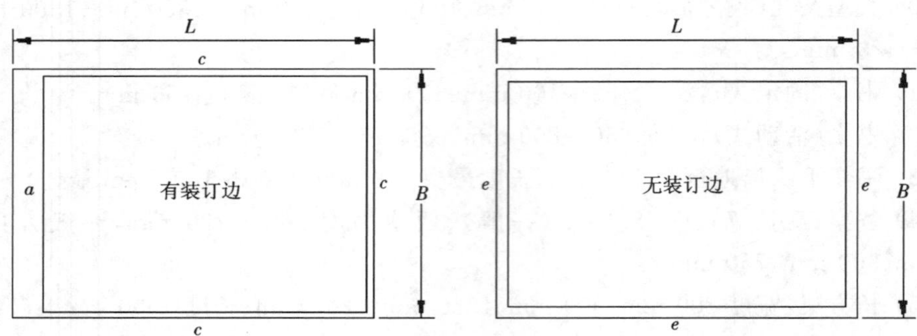

图 13-1　图纸图框尺寸

13.5.2　标题栏与会签栏

在一张标准的工程图纸上，总有一个特定的位置用来记录该图纸的有关信息资料，这个特定的位置就是标题栏。标题栏的尺寸是有规定的，但是各行各业却可以有自已的规定和特色。一般来说，常见的 CAD 工程图纸标题栏有四种形式，如图 13-2 所示。

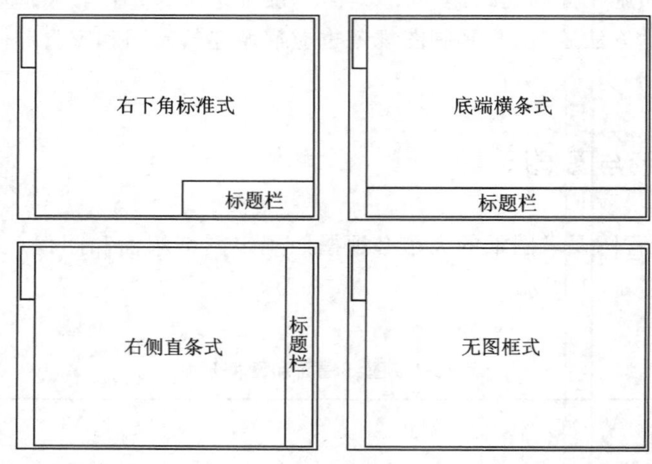

图 13-2　图纸标题栏格式

一般来讲，从零号图纸到四号图纸的标题栏尺寸均为 40 mm×180 mm，也可以是 30 mm×180 mm 或 40 mm×180 mm。另外，需要会签栏的图纸要在图纸规定的位置绘制出会签栏，作为图纸会审后签名使用，会签栏的尺寸一般为 20 mm×75 mm，如图 13-3 所示。

☞技巧提示

图纸的长边可以加长，短边不可以加长，但长边加长时须符合标准：对于 A0、A2 和 A4 幅面可按 A0 长边的 1/8 的倍数加长，对于 A1 和 A3 幅面可按 A0 短边的 1/4 的整数倍进行加长。

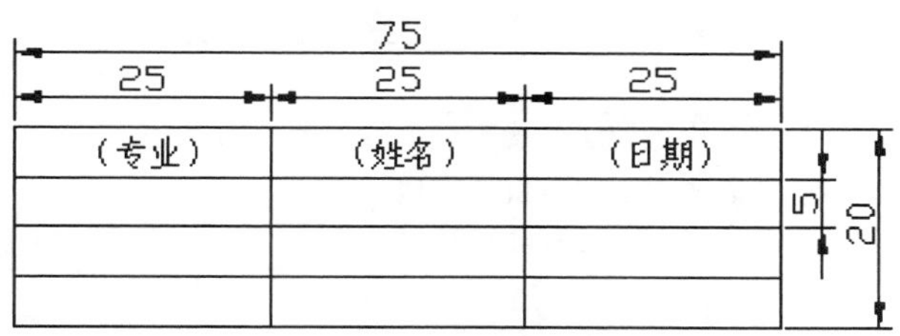

图 13-3 会签栏

13.5.3 比例与图线

建筑物形体庞大，必须采用不同的比例来绘制。对于整幢建筑物、构筑物的局部和细部结构都分别予以缩小绘出，特殊细小的线脚等有时不缩小，甚至需要放大绘出。建筑施工图中，各种图样常用的比例如表 13-2 所示。

表 13-2 施工图比例

图名	常用比例	备注
总平面图	1:500、1:1000、1:2000	
平面图 立面图 剖视图	1:50、1:100、1:200	
次要平面图	1:300、1:400	次要平面图指屋面平面图、工具建筑的地面平面图等
详图	1:1、1:2、1:5、1:10、1:20、1:25、1:50	1:25 仅适用于结构构件详图

在建筑施工图中，为了表明不同的内容并使层次分明，须采用不同线型和线宽的图线绘制。每个图样，应根据复杂程度与比例大小，首先要确定基本线宽 b，然后再根据制图需要，确定各种线型的线宽。图线的线型和线宽按表 13-3 的说明来选用。

表 13-3 图线的线型、线宽及用途

名称	线宽	用途
粗实线	b	(1) 平面图、剖视图中被剖切的主要建筑构造(包括构配件的轮廓线)； (2) 建筑立面图的外轮廓线； (3) 建筑构造详图中被剖切的主要部分的轮廓线； (4) 建筑构配件详图中的构配件的外轮廓线
中实线	$0.5b$	(1) 平面图、剖视图中被剖切的次要建筑构造(包括构配件的轮廓线)； (2) 建筑平面图、立面图、剖视图中建筑构配件的轮廓线； (3) 建筑构造详图及建筑构配件详图中的一般轮廓线
细实线	$0.35b$	小于 $0.5b$ 的图形线、尺寸线、尺寸界线、图例线、索引符号、标高符号等

续表

名称	线宽	用途
中虚线	0.5b	(1) 建筑构造及建筑构配件不可见的轮廓线； (2) 平面图中的起重机轮廓线； (3) 拟扩建的建筑物轮廓线
细实线	0.35b	图例线、小于 0.5b 的不可见轮廓线
粗点画线	b	起重机轨道线
细点画线	0.35b	中心线、对称线、定位轴线
折断线	0.35b	不需绘制全的断开界线
波浪线	0.35b	不需绘制全的断开界线、构造层次的断开界线

13.5.4 字体

图纸上所标注的文字、字符和数字等，应做到排列整齐、清楚正确，尺寸大小要协调一致。当汉字、字符和数字并列书写时，汉字的字高要略高于字符和数字；汉字应采用国家标准规定的矢量汉字，汉字的高度应不小于 2.5 mm，字母与数字的高度应不小于 1.8 mm；图纸及说明中汉字的字体应采用长仿宋体，图名、大标题、标题栏等可选用长仿宋体、宋体、楷体或黑体等；汉字的最小行距应不小于 2 mm，字符与数字的最小行距应不小于 1 mm，当汉字与字符数字混合时，最小行距应根据汉字的规定使用。

13.5.5 尺寸

图纸上的尺寸应包括尺寸界线、尺寸线、尺寸起止符号和尺寸数字等。尺寸界线是表示所度量图形尺寸的范围边线，应用细实线标注；尺寸线是表示图形尺寸度量方向的直线，它与被标注的对象之间的距离不宜小于 10 mm，且互相平行的尺寸线之间的距离要保持一致，一般为 7～10 mm；尺寸数字一律使用阿拉伯数字注写，在打印出图后的图纸上，字高一般为 2.5～3.5 mm，同一张图纸上的尺寸数字大小应一致，并且图样上的尺寸单位，除建筑标高和总平面图等建筑图纸以“m”为单位外，均应以“mm”为单位。

13.6 制作建筑装饰装潢工程样板文件

样板图是扩展名为“*.dwt”的文件，下面通过制作一个 A2 幅面的建筑工程制图样板文件，学习样板图的具体制作过程。

13.6.1 实例指导一——设置装饰装潢绘图环境

在具体绘图时一般要先设置所需绘图单位、单位精度、图形界限、捕捉模式以及一些常用变量等。本实例将学习这些参数的具体设置过程。

操作步骤如下所述。

(1) 单击【快速访问】工具栏或【标准】工具栏中的按钮,打开【选择样板】对话框。

(2) 在【选择样板】对话框中选择“acadISO -Named Plot Styles”作为基础样板,新建空白文件。

(3) 设置绘图单位。单击【格式】菜单中的【单位】命令,在打开的【图形单位】对话框中设置长度、角度等参数,如图 13-4 所示。

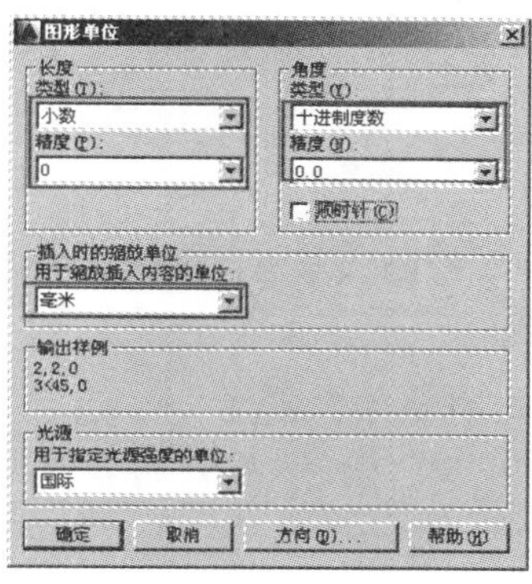

图 13-4　设置参数

☞技巧提示

默认设置下以逆时针作为角的旋转方向,其基准角度为“东”,也就是以坐标系 X 轴正方向作为起始方向。

(4) 设置图形界限。单击【格式】菜单中的【图形界限】命令,设置作图区域为 59400×42000。命令行操作如下。

命令:'_limits

重新设置模型空间界限:

指定左下角点或[开(ON)/关(OFF)]<0.0,0.0>:　//↙,以原点作为左下角点

指定右上角点 <420.0,297.0>:　//59400,42000↙,输入右上角点坐标

(5) 单击【视图】菜单中的【缩放】/【全部】命令,将设置的图形界限最大化显示。

☞技巧提示

如果用户想直观地观察设置的图形界限,可按下 F7 功能键,打开【栅格】功能,通过坐标的栅格点,直观形象地显示出图形界限。

(6) 设置捕捉模式。执行菜单栏中的【工具】/【草图设置】命令,或使用快捷键 DS 激活【草图设置】命令,打开【草图设置】对话框。

(7) 在【草图设置】对话框中激活【对象捕捉】选项卡,启用和设置一些常用的对象捕捉功能,如图 13-5 所示。

(8) 展开【极轴追踪】选项卡,启用并设置极轴追踪模式,如图 13-6 所示。

(9) 按下 12 功能键,打开状态栏上的【动态输入】功能。

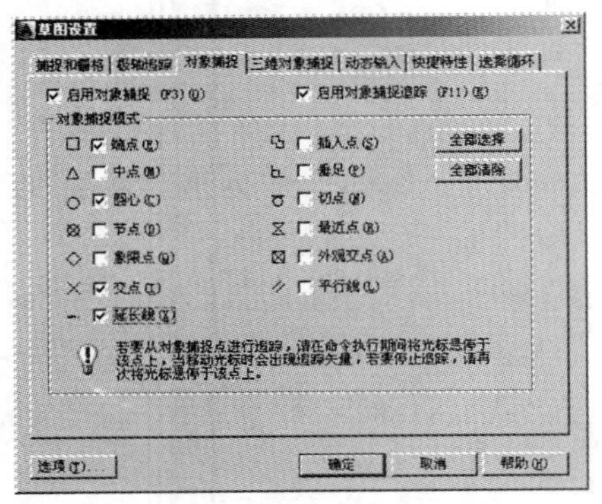

图 13-5　设置捕捉模式

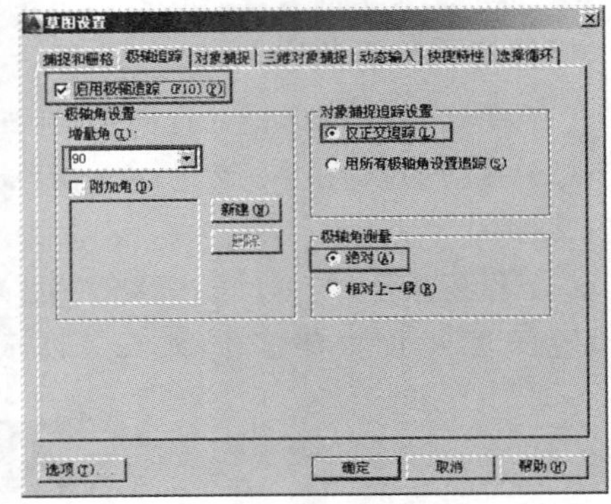

图 13-6　设置极轴追踪模式

(10) 设置常用变量。在命令行输入系统变量“LTSCALE”，调整线型的显示比例。命令行操作如下。

命令：LTSCALE　// ↙ 激活系统变量

输入新线型比例因子 <1.0000>：　// 输入线型的比例，如 100 ↙

正在重生成模型。

(11) 在命令行输入系统变量“DIMSCALE”，设置和调整标注比例。命令行操作如下。

命令：DIMSCALE　// ↙激活此系统变量

输入 DIMSCALE 的新值 <1>：　//100 ↙，将标注比例放大 100 倍

☞技巧提示

将比例调整为 100，并不是一个绝对的参数值，用户也可根据实际情况修改此变量值。

(12) 在命令行输入系统变量“MIRRTEXT”，设置镜像文字的可读性。命令行操作如下。

命令：MIRRTEXT　// ↙激活此系统变量

输入 MIRRTEXT 的新值 <1>：　// 0 ↙，将变量值设置为 0

(13) 在绘图过程中经常需要引用一些属性块，属性值的输入一般有“对话框”和“命令行”两种方式，而用于控制这两种方式的变量为“ATTDIA”。命令行操作如下。

命令：ATTDIA　// ↙激活此系统变量

输入 ATTDIA 的新值 <0>：　//1 ↙，将此变量值设置为 1

☞技巧提示

当变量 ATTDIA=0 时，系统将以“命令行”形式提示输入属性值；为 1 时，以“对话框”形式提示输入属性值。

(14) 执行【保存】命令，将文件命名存储为“实例指导一.dwg”。

13.6.2 实例指导二——设置装饰装潢图层与特性

在绘制图形时通常要用到多种图层以及图层的线型特性、线宽特性和颜色特性等，以方便将同一类型的图形对象放置到同一图层中，便于规划和管理。本实例则学习建筑装饰装潢样板图中图层与特性的具体设置过程。

操作步骤如下所述。

(1) 打开随书光盘中的“\效果文件\第 13 章\实例指导一.dwg”文件。

(2) 单击【图层】工具栏上的按钮，激活【图层】命令，打开【图层特性管理器】对话框。

(3) 单击【图层特性管理器】对话框上的【新建图层】按钮，在如图 13-7 所示的“图层 1”位置上输入“轴线层”，创建一个名为“轴线层”的新图层。

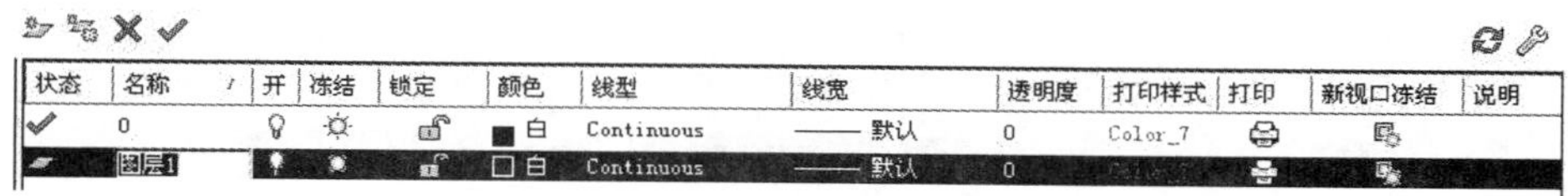

图 13-7 新建图层

(4) 连续按 Enter 键，分别创建“墙线层”、“门窗层”、“楼梯层”、“文本层”、“尺寸层”、“其他层”等图层，如图 13-8 所示。

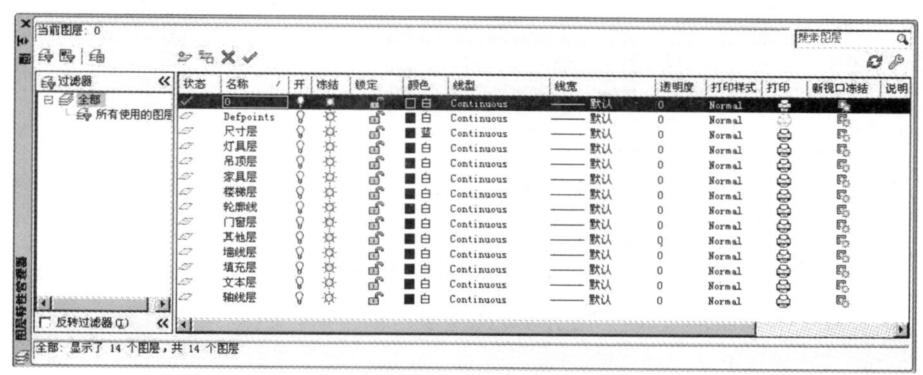

图 13-8 设置图层

☞技巧提示

连续两次敲击键盘上的 Enter 键，也可以创建多个图层。在创建新图层时，所创建出的新图层将继承先前图层的一切特性(如颜色、线型等)。

(5) 设置工程样板颜色特性。选择“轴线层”，在如图 13-9 所示的颜色图标上单击左键，打开【选择颜色】对话框。

(6) 在【选择颜色】对话框中的【颜色】文本框中输入 124，为所选图层设置颜色值，如图 13-10 所示。

状态	名称	开	冻结	锁定	颜色	线型	线宽
✔	0				白	Continuous	—— 默认
	Defpoints				白	Continuous	—— 默认
	尺寸层				蓝	Continuous	—— 默认
	灯具层				白	Continuous	—— 默认
	吊顶层				白	Continuous	—— 默认
	家具层				白	Continuous	—— 默认
	楼梯层				白	Continuous	—— 默认
	轮廓线				白	Continuous	—— 默认
	门窗层				白	Continuous	—— 默认
	其他层				白	Continuous	—— 默认
	墙线层				白	Continuous	—— 默认
	填充层				白	Continuous	—— 默认
	文本层				白	Continuous	—— 默认
	轴线层				白	Continuous	—— 默认

图 13-9　修改图层颜色

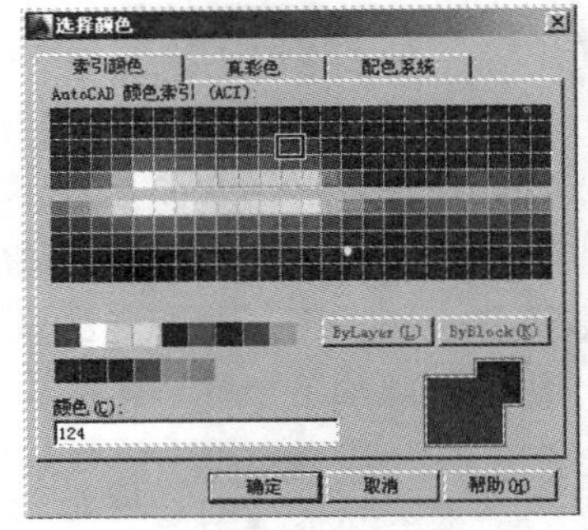

图 13-10　【选择颜色】对话框

(7) 单击 确定 按钮返回【图层特性管理器】对话框，“轴线层”的颜色被设置为 124 号色，如图 13-11 所示。

	墙线层				白	Continuous	—— 默认	0	Normal
	填充层				白	Continuous	—— 默认	0	Normal
	文本层				白	Continuous	—— 默认	0	Normal
	轴线层				124	Continuous	—— 默认	0	Normal

图 13-11　设置结果

(8) 参照(5)～(7)操作步骤，分别为其他图层设置颜色特性，设置结果如图 13-12 所示。

状态	名称	开	冻结	锁定	颜色	线型	线宽	透明度	打印样式	打印	新视口冻结	说明
✔	0				白	Continuous	—— 默认	0	Normal			
	Defpoints				白	Continuous	—— 默认	0	Normal			
	尺寸层				蓝	Continuous	—— 默认	0	Normal			
	灯具层				200	Continuous	—— 默认	0	Normal			
	吊顶层				102	Continuous	—— 默认	0	Normal			
	家具层				42	Continuous	—— 默认	0	Normal			
	楼梯层				92	Continuous	—— 默认	0	Normal			
	轮廓线				白	Continuous	—— 默认	0	Normal			
	门窗层				红	Continuous	—— 默认	0	Normal			
	其他层				白	Continuous	—— 默认	0	Normal			
	墙线层				白	Continuous	—— 默认	0	Normal			
	填充层				132	Continuous	—— 默认	0	Normal			
	文本层				洋红	Continuous	—— 默认	0	Normal			
	轴线层				124	Continuous	—— 默认	0	Normal			

图 13-12　设置颜色特性

(9) 设置工程样板线型特性。选择“轴线层”，在如图 13-13 所示的“Continuous”位置上单击左键，打开【选择线型】对话框。

	其他层				白	Continuous	—— 默认	0	Normal
	墙线层				白	Continuous	—— 默认	0	Normal
	填充层				132	Continuous	—— 默认	0	Normal
	文本层				洋红	Continuous	—— 默认	0	Normal
	轴线层				124	Continuous	—— 默认	0	Normal

图 13-13　指定位置

(10) 在【选择线型】对话框中单击 加载... 按钮，从打开的【加载或重载线型】对话框中选择如图 13-14 所示的“ACAD_IS004W100”线型。

(11) 单击 确定 按钮，结果选择的线型被加载到【选择线型】对话框中，如图 13-15

所示。

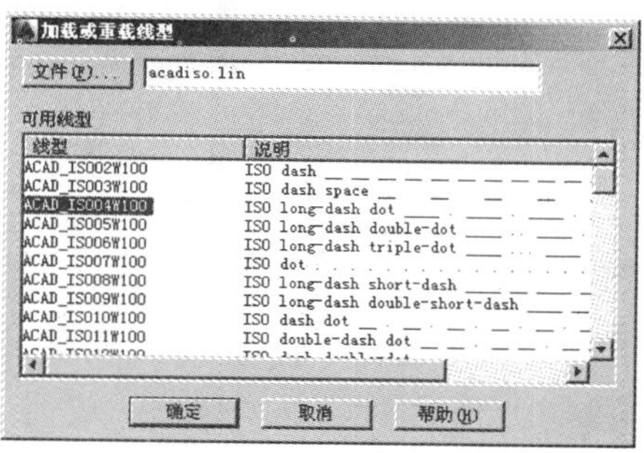

图 13-14　选择线型

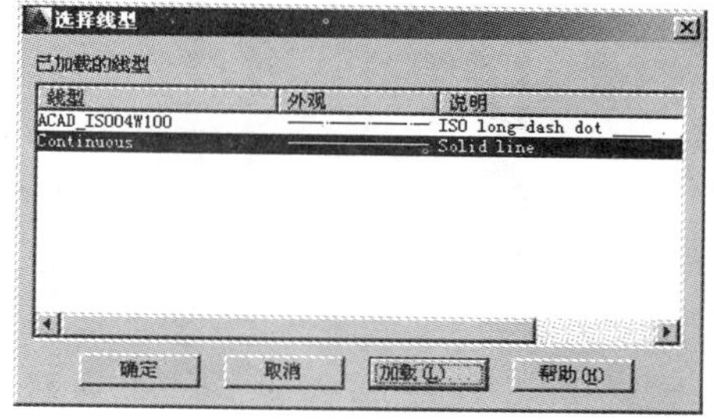

图 13-15　加载线型

(12) 选择刚加载的线型单击 确定 按钮，将加载的线型赋给当前被选择的“轴线层”，结果如图 13-16 所示。

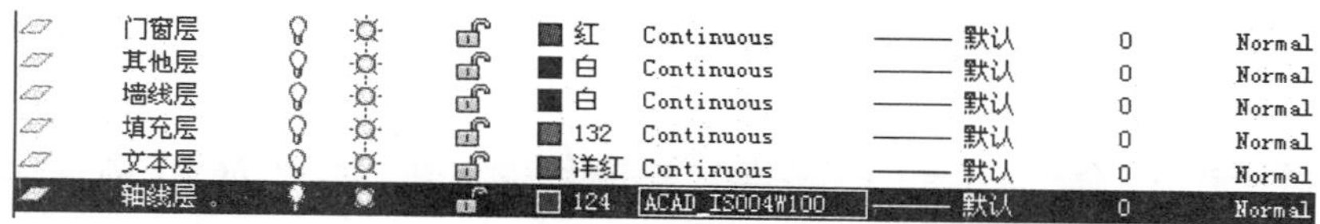

图 13-16　设置图层线型

(13) 设置工程样板线宽特性。选择“墙线层”，在如图 13-17 所示的位置上单击左键，对其设置线宽。

(14) 此时打开【线宽】对话框，然后选择 1.00 mm 的线宽，如图 13-18 所示。

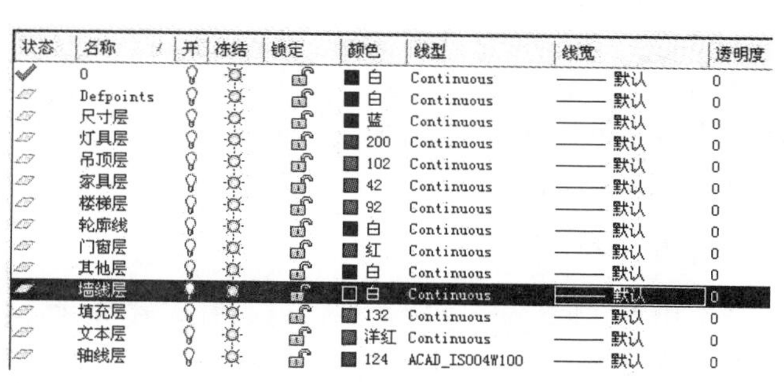

图 13-17　指定单击位置

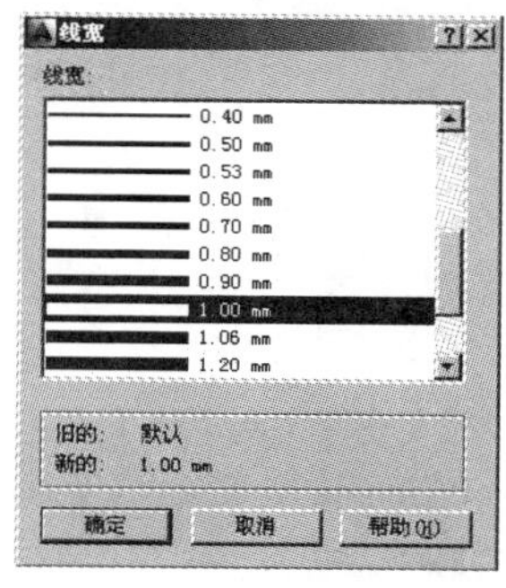

图 13-18　选择线宽

(15) 单击 确定 按钮返回【图层特性管理器】对话框，结果“墙线层”的线宽被设置为 1.00 mm，如图 13-19 所示。

(16) 在【图层特性管理器】对话框中单击 ✖ 按钮，关闭对话框。

(17) 最后执行【另存为】命令，将文件另名存储为“实例指导二. dwg”。

状态	名称	开	冻结	锁定	颜色	线型	线宽	透明度	打印样式	打印	新视口冻结	说明
	0				白	Continuous	默认	0	Normal			
	Defpoints				白	Continuous	默认	0	Normal			
	尺寸层				蓝	Continuous	默认	0	Normal			
	灯具层				200	Continuous	默认	0	Normal			
	吊顶层				102	Continuous	默认	0	Normal			
	家具层				42	Continuous	默认	0	Normal			
	楼梯层				92	Continuous	默认	0	Normal			
	轮廓线				白	Continuous	默认	0	Normal			
	门窗层				红	Continuous	默认	0	Normal			
	其他层				白	Continuous	默认	0	Normal			
	墙线层				白	Continuous	1.00 毫米	0	Normal			
	填充层				132	Continuous	默认	0	Normal			
	文本层				洋红	Continuous	默认	0	Normal			
	轴线层				124	ACAD_ISO04W100	默认	0	Normal			

图 13-19　设置线宽

13.6.3 实例指导三——设置装饰装潢墙窗线样式

本实例主要学习建筑装饰装潢样板图墙线样式和窗线样式的具体设置过程和相关的操作技巧，以方便用户绘制建筑墙体和阳台构件。

操作步骤如下所述。

(1) 执行【打开】命令，打开随书光盘中的“\效果文件\第 13 章\实例指导二. dwg”文件。

(2) 单击【格式】菜单中的【多线样式】命令，打开【多线样式】对话框。

(3) 在【多线样式】对话框中单击 新建(N)... 按钮，打开【创建新的多线样式】对话框，然后为新样式赋名，如图 13-20 所示。

图 13-20　为新样式赋名

(4) 在【创建新的多线样式】对话框中单击 继续 按钮，打开【新建多线样式：墙线样式】对话框，然后在此对话框内设置多线样式的封口形式，如图 13-21 所示。

(5) 单击 确定 按钮返回【多线样式】对话框，结果设置的新样式显示在预览框内，如图 13-22 所示。

(6) 参照上述操作步骤，设置窗线样式，其参数设置和效果预览分别如图 13-23 和图 13-24 所示。

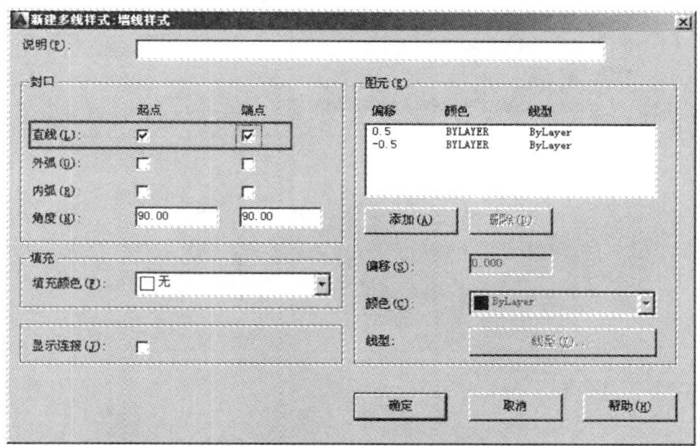

图 13-21　设置封口形式

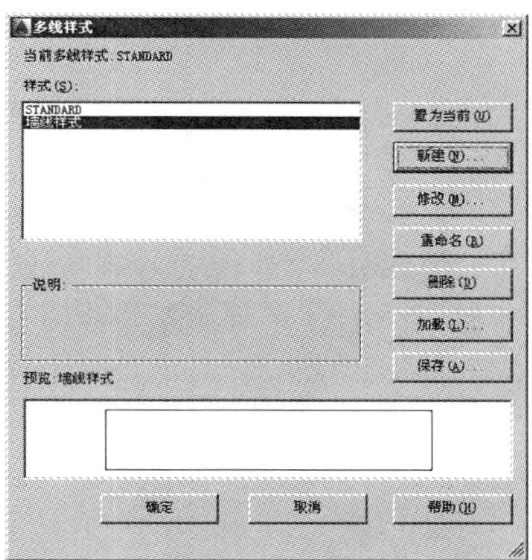

图 13-22　设置墙线样式

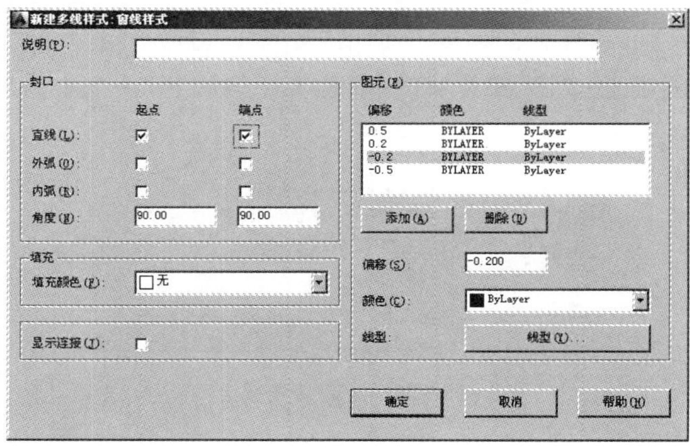

图 13-23　设置参数

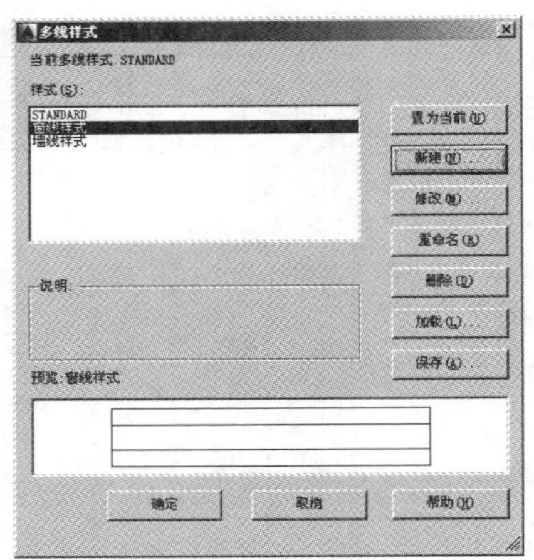

图 13-24 新样式的预览效果

☞技巧提示

如果用户需要将新设置的样式应用到其他图形文件中,可以单击 保存... 按钮,在弹出的对话框中以“*.mln”的格式进行保存,在其他文件中使用时,仅需要加载即可。

(7) 选择“墙线样式”单击 置为当前(U) 按钮,将其设为当前样式,并关闭对话框。

(8) 最后执行【另存为】命令,将文件另名存储为“实例指导三.dwg”。

13.6.4 实例指导四——设置装饰装潢注释样式

本实例主要学习工程样板图中的数字、字母、汉字、轴号等文字样式的具体设置过程和相关的操作技巧,以方便用户为建筑装饰装潢工程图标注尺寸、文字和轴号等。

操作步骤如下所述。

(1) 打开随书光盘中的“\效果文件\第 13 章\实例指导三.dwg”文件。

(2) 单击【样式】工具栏中的 A 按钮,激活【文字样式】命令,打开【文字样式】对话框。

(3) 单击 新建(N) 按钮,在弹出的【新建文字样式】对话框中为新样式赋名,如图 13-25 所示。

图 13-25 为新样式赋名

(4) 单击 确定 按钮返回【文字样式】对话框,设置新样式的字体、字高以及宽度比例等参数,如图 13-26 所示。

(5) 接下来单击 应用(A) 按钮,至此创建了一种名为“仿宋”的文字样式。

(6) 参照(3)～(5)操作步骤,设置一种名为"宋体"的文字样式,其参数设置如图13-27所示。

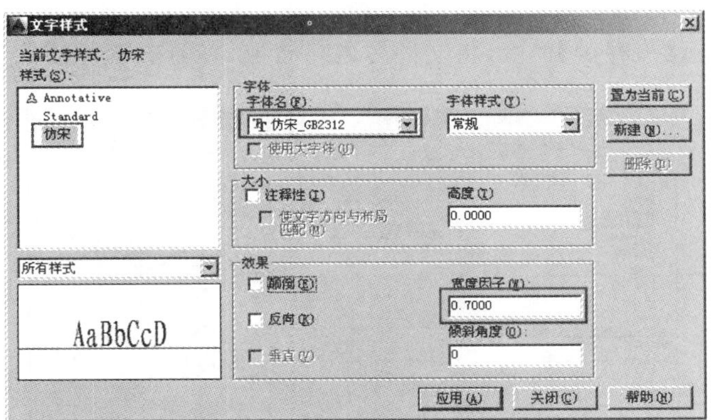

图 13-26 设置"仿宋"样式

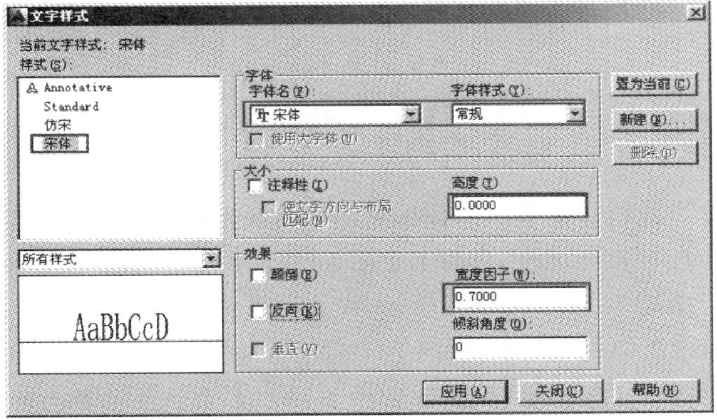

图 13-27 设置"宋体"样式

(7) 参照上述汉字样式的设置过程,重复使用【文字样式】命令,设置一种名为"COMPLEX"的轴号字体样式,其参数设置如图13-28所示。

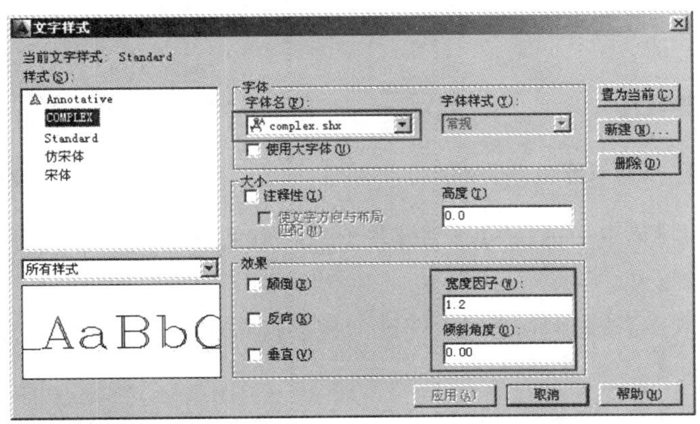

图 13-28 设置"COMPLEX"样式

(8) 单击 应用(A) 按钮，结束文字样式的设置过程。

(9) 参照上述汉字样式的设置过程，重复使用【文字样式】命令，设置一种名为“SIMPLEX”的文字样式，其参数设置如图 13-29 所示。

(10) 最后执行【另存为】命令，将文件另名存储为“实例指导四.dwg”。

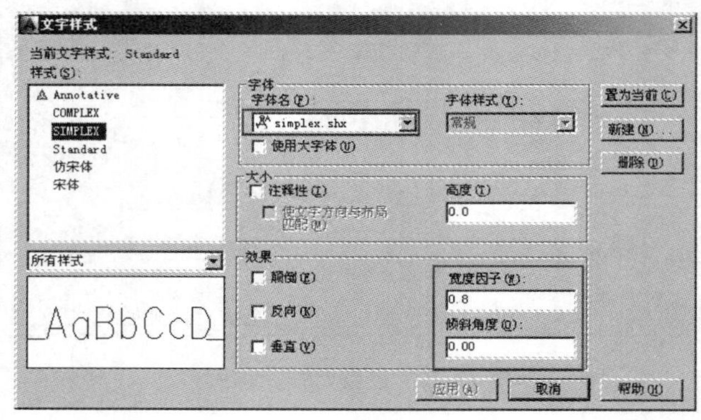

图 13-29　设置“SIMPLEX”样式

13.6.5 实例指导五——设置装饰装潢标注样式

本实例主要学习建筑装饰装潢工程样板图中的尺寸箭头和尺寸标注样式的具体设置过程和相关的操作技巧，以方便用户为工程图标注尺寸。

操作步骤如下所述。

(1) 打开随书光盘中的“\效果文件\第 13 章\实例指导四.dwg”文件。

(2) 单击【绘图】工具栏按钮，绘制宽度为 0.5、长度为 2 的多段线，作为尺寸箭头。

(3) 使用【窗口缩放】功能将绘制的多段线放大显示。

(4) 使用快捷键 L 激活【直线】命令，绘制长度为 3 的水平线段，并使直线段的中点与多段线的中点对齐，如图 13-30 所示。

(5) 执行【旋转】命令，将箭头旋转 45°，如图 13-31 所示。

图 13-30　绘制细线

图 13-31　旋转结果

(6) 单击【绘图】菜单中的【块】/【创建块】命令，在打开的【块定义】对话框中设置块参数，如图 13-32 所示。

(7) 单击【拾取点】按钮，返回绘图区捕捉多段线中点作为块的基点，然后将其创建为图块。

(8) 单击【样式】工具栏按钮，在打开的【标注样式管理器】对话框中单击 新建(N)... 按钮，为新样式赋名，如图 13-33 所示。

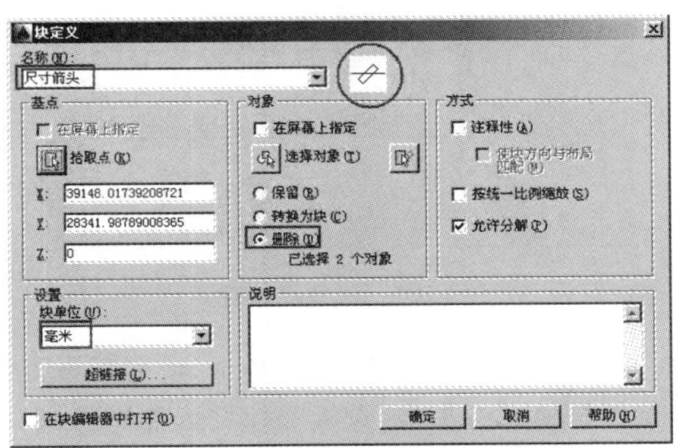

图 13-32　设置块参数

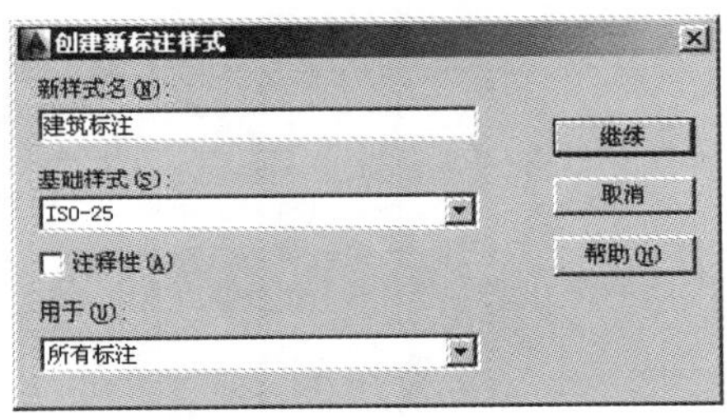

图 13-33　【创建新标注样式】对话框

(9) 单击 继续 按钮，打开【新建标注样式：建筑标注】对话框，设置基线间距、起点偏移量等参数，如图 13-34 所示。

(10) 展开【符号和箭头】选项卡，然后单击【箭头】组合框中的【第一项】列表框，选择列表中的【用户箭头】选项，如图 13-35 所示。

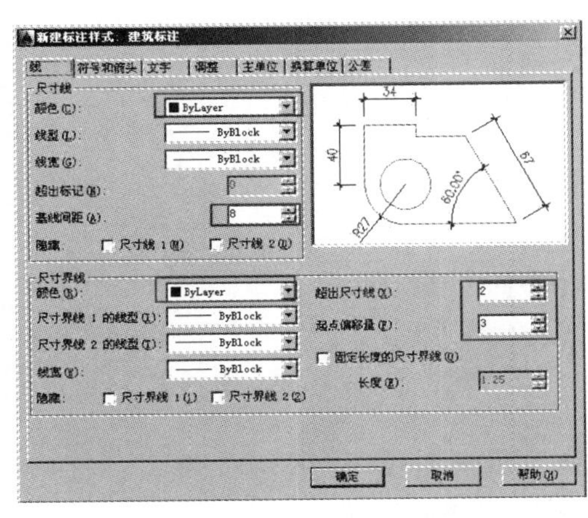

图 13-34　设置“线”参数

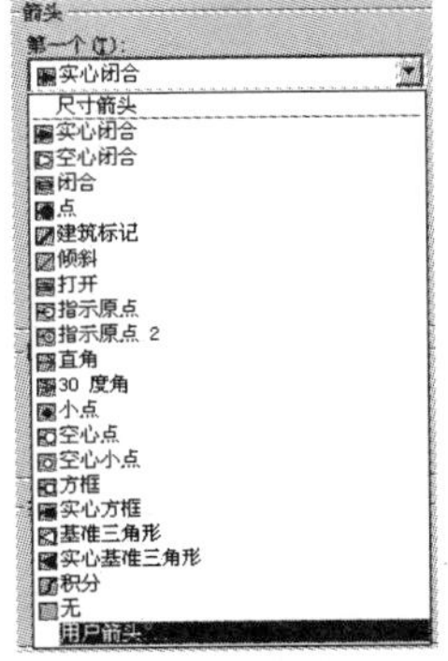

图 13-35　【箭头】下拉列表框

(11) 此时系统弹出【选择自定义箭头块】对话框，然后选择“尺寸箭头”块作为尺寸箭头，如图 13-36 所示。

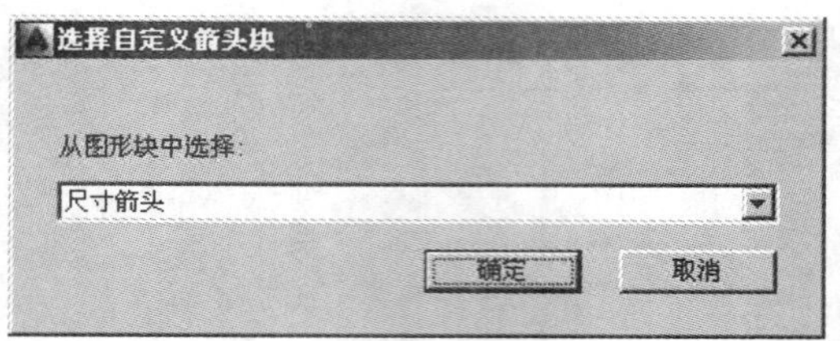

图 13-36　设置尺寸箭头

(12) 单击 确定 按钮返回【符号和箭头】选项卡，设置参数如图 13-37 所示。

(13) 在对话框中展开【文字】选项卡，设置尺寸文本的样式、颜色、大小等参数，如图 13-38 所示。

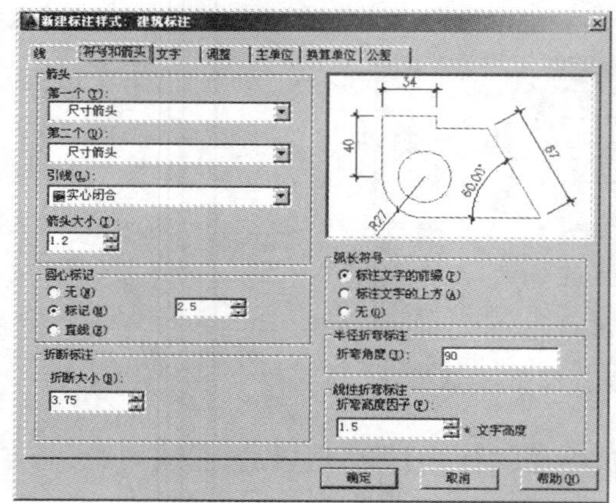

图 13-37　设置直线和箭头参数

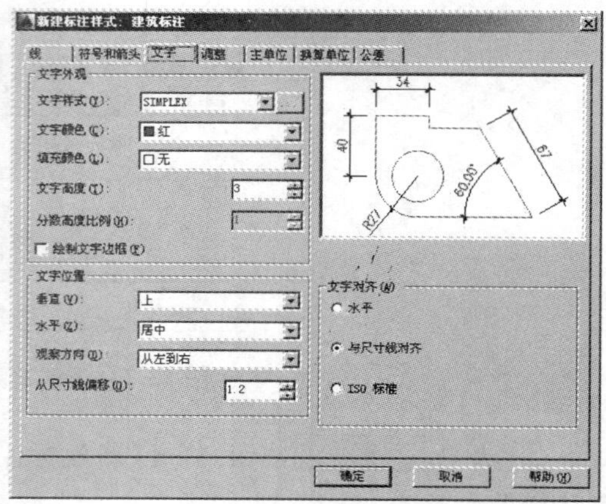

图 13-38　设置文字参数

(14) 展开【调整】选项卡，调整文字、箭头与尺寸线等位置，如图 13-39 所示。

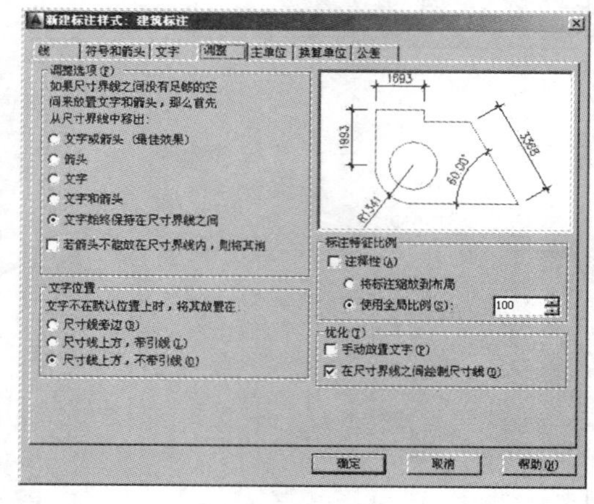

图 13-39　【调整】选项卡

(15) 展开【主单位】选项卡，设置线型参数和角度标注参数，如图 13-40 所示。

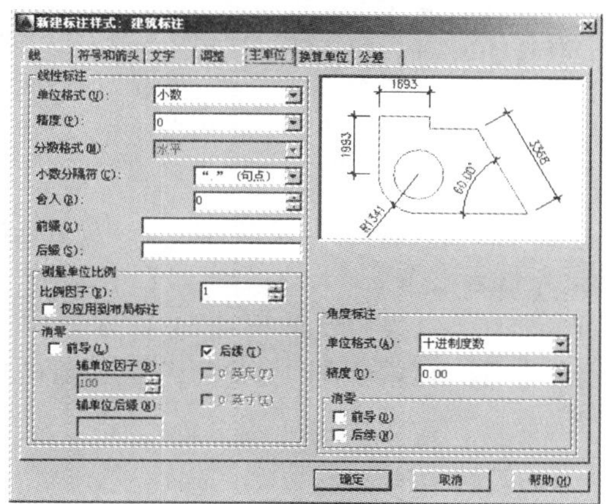

图 13-40 【主单位】选项卡

(16) 单击 确定 按钮返回【标注样式管理器】对话框，结果新设置的尺寸样式出现在此对话框中，如图 13-41 所示。

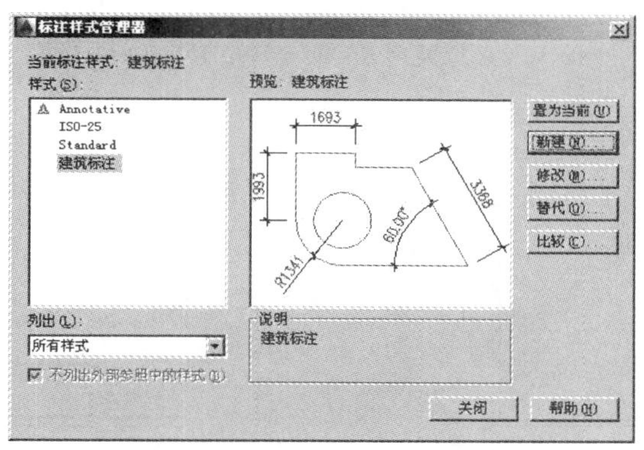

图 13-41 【标注样式管理器】对话框

(17) 单击 置为当前(U) 按钮，将"建筑标注"设置为当前样式，同时结束命令。

(18) 最后执行【另存为】命令，将文件另名存储为"实例指导五.dwg"。

13.6.6 实例指导六——制作装饰装潢图纸边框

本实例主要学习 2 号标准图框的具体绘制过程以及标题栏文字的填充技巧，以方便用户为施工图配置图框。

操作步骤如下所述。

(1) 打开随书光盘中的"\效果文件\第 13 章\实例指导五.dwg"文件。

(2) 单击【绘图】工具栏中的 按钮，绘制长度为 594、宽度为 420 的矩形，作为 2 号图纸的外边框。

(3) 重复执行【矩形】命令，配合【捕捉自】功能绘制内框。命令行操作如下。

命令：RECTANG// ↙

指定第一个角点或 [倒角(C)/标高(E)/圆角(F)/厚度(T)/宽度(W)]： //w ↙

指定矩形的线宽＜0＞： //2↙，设置线宽

指定第一个角点或［倒角(C)/标高(E)/圆角(F)/厚度(T)/宽度(W)］： //激活【捕捉自】功能

_from 基点： //捕捉外框的左下角点

＜偏移＞： //@25,10↙

指定另一个角点或［面积(A)/尺寸(D)/旋转(R)］： //激活【捕捉自】功能

_from 基点： //捕捉外框右上角点

＜偏移＞： //@－10，－10↙，绘制结果如图 13-42 所示

(4) 重复执行【矩形】命令，配合【端点捕捉】功能绘制标题栏外框。命令行操作过程如下。

命令：_rectang

当前矩形模式： 宽度＝2.0

指定第一个角点或［倒角(C)/标高(E)/圆角(F)/厚度(T)/宽度(W)］： // w↙

指定矩形的线宽＜2.0＞： //1.5↙，设置线宽

指定第一个角点或［倒角(C)/标高(E)/圆角(F)/厚度(T)/宽度(W)］： //捕捉内框右下角点

指定另一个角点或［面积(A)/尺寸(D)/旋转(R)］： //@－240，50↙，结果如图 13-43 所示

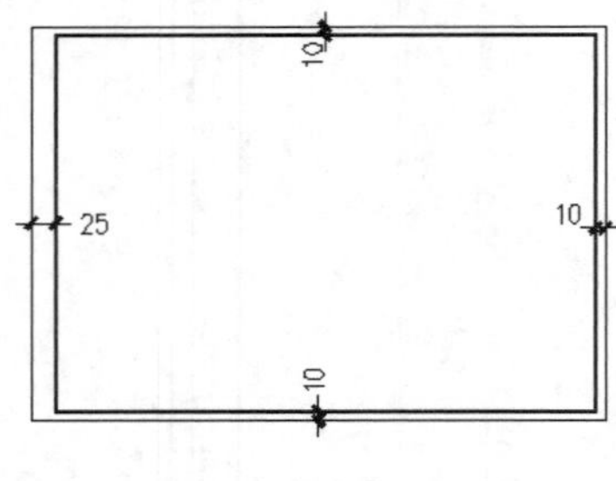

图 13-42 绘制内框

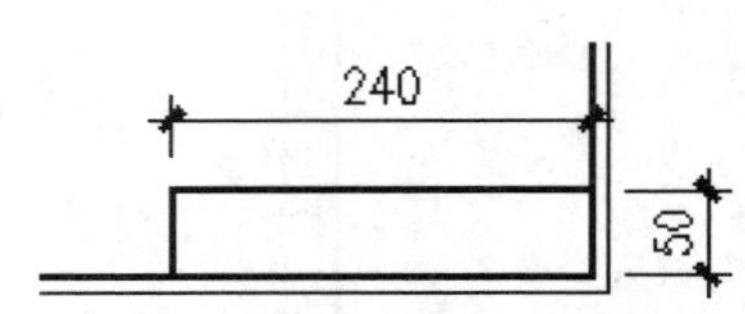

图 13-43 标题栏外框

(5) 重复执行【矩形】命令，配合【端点捕捉】功能绘制会签栏的外框。命令行操作过程如下。

命令：_rectang

当前矩形模式： 宽度＝1.5

指定第一个角点或［倒角(C)/标高(E)/圆角(F)/厚度(T)/宽度(W)］： //捕捉内框的左上角点

指定另一个角点或［面积(A)/尺寸(D)/旋转(R)］： //@－20，－100↙，绘制结果如图 13-44 所示

(6) 单击菜单【绘图】/【直线】命令，配合【捕捉】与【追踪】功能，参照所示尺寸，绘制标题栏和会签栏内部的分格线，如图 13-45 和图 13-46 所示。

(7) 执行【多行文字】命令，根据命令行的提示分别捕捉如图 13-47 所示的方格对角点 A 和 B，打开【文字格式】编辑器，然后设置文字的对正方式，如图 13-48 所示。

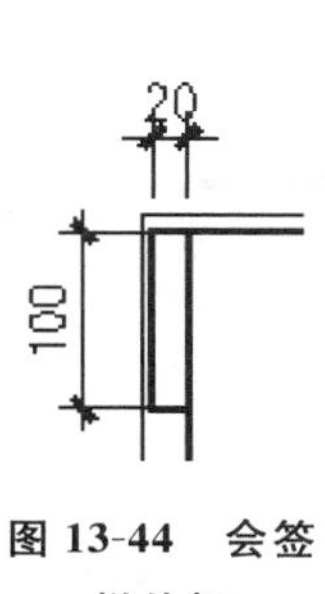

图 13-44 会签栏外框

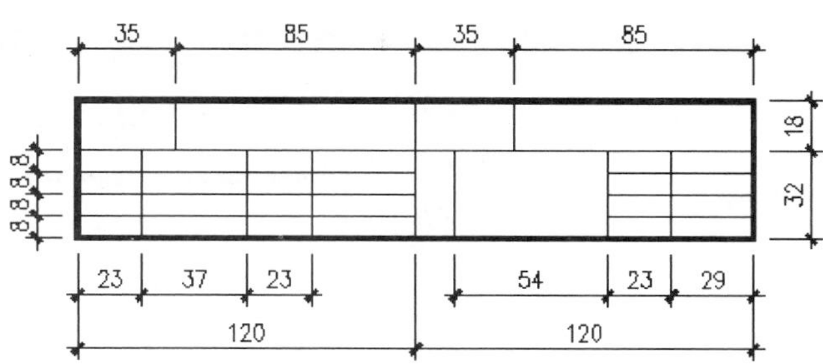

图 13-45 标题栏

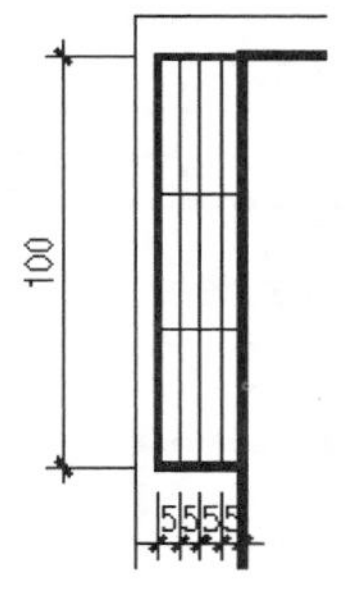

图 13-46 会签栏

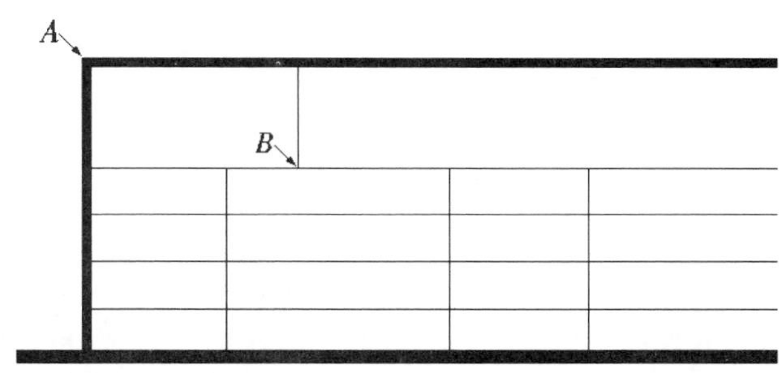

图 13-47 定位捕捉点

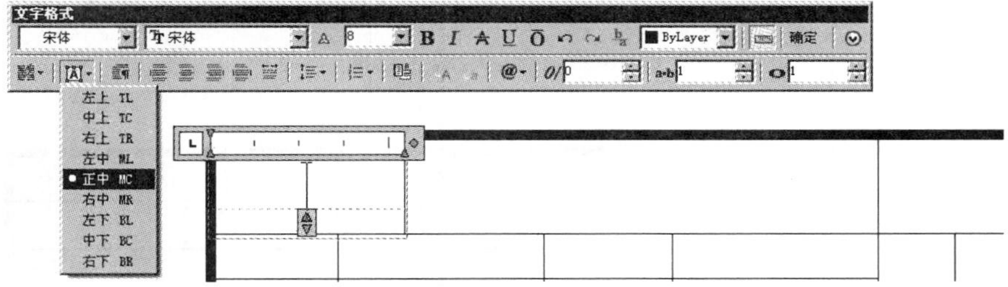

图 13-48 设置对正方式

(8) 在文字编辑器中设置文字样式为“宋体”、字体高度为“8”，然后在输入框内输入“设计单位”，如图 13-49 所示。

(9) 单击 确定 按钮，关闭【文字格式】编辑器，文字的填充结果如图 13-50 所示。

(10) 重复使用【多行文字】命令，设置文字样式、高度和对正方式不变，填充如图 13-51所示的文字。

(11) 重复执行【多行文字】命令，设置文字样式为“宋体”、字体高度为“4.6”、对正方式为“正中”，填充标题栏其他文字，如图 13-52 所示。

(12) 单击【修改】工具栏中的 按钮，将会签栏旋转－90°，然后使用【多行文字】命令，设置文字样式为“宋体”、字体高度为“2.5”、对正方式为“正中”，为会签栏填充文字，结果如图 13-53 所示。

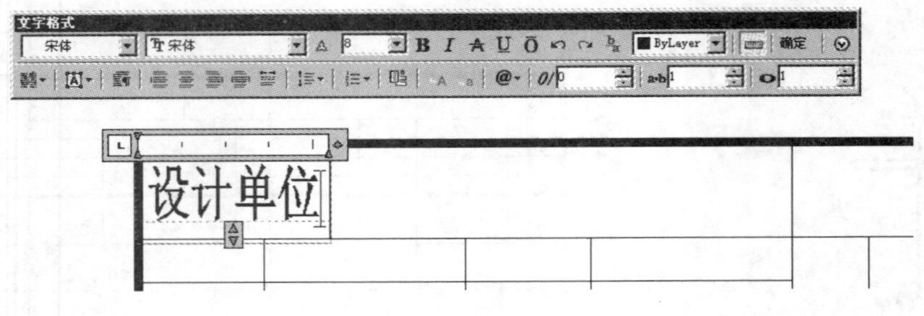

文字格式
宋体
宋体
8
ByLayer
确定
设计单位

图 13-49　输入文字

设计单位

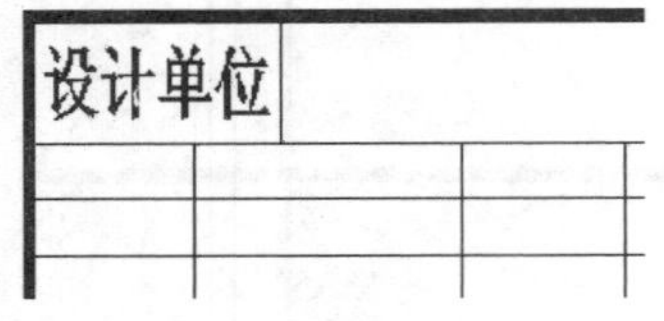

图 13-50　填充结果 1

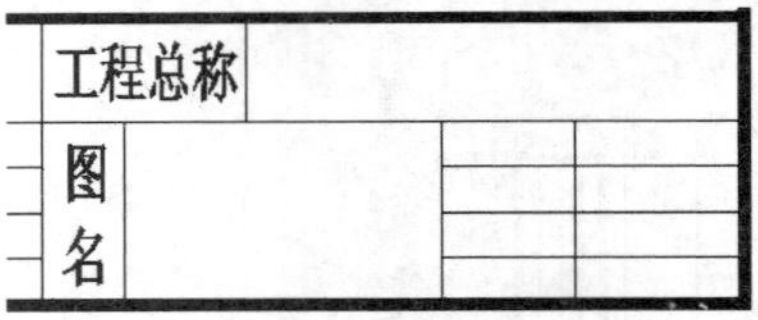

工程总称
图
名

图 13-51　填充结果 2

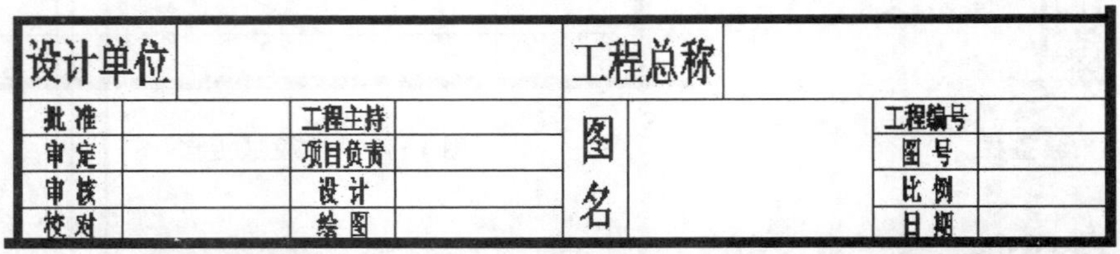

设计单位
工程总称
批准
审定
审核
校对
工程主持
项目负责
设计
绘图
图
名
工程编号
图号
比例
日期

图 13-52　标题栏填充结果

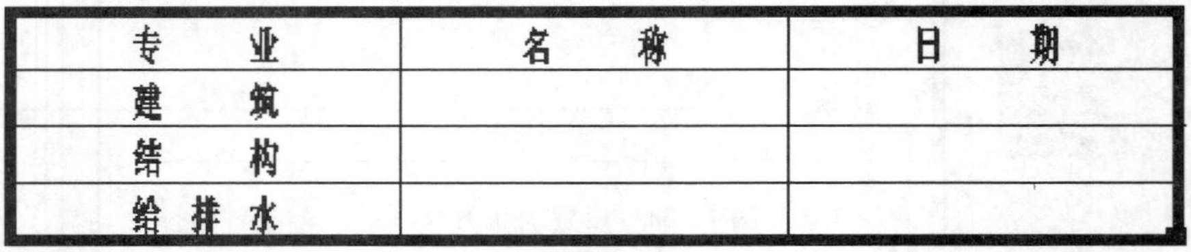

专　业
名　称
日　期
建　筑
结　构
给 排 水

图 13-53　填充文字

(13) 重复执行【旋转】命令，将会签栏及文字旋转－90°，基点不变。

(14) 单击【绘图】工具栏中的按钮，激活【创建块】命令，设置块名为“A2-H”，基点为外框左下角点，其他块参数如图 13-54 所示，将图框及填充文字创建为内部块。

(15) 最后执行【另存为】命令，将文件另名存储为“实例指导六. dwg”。

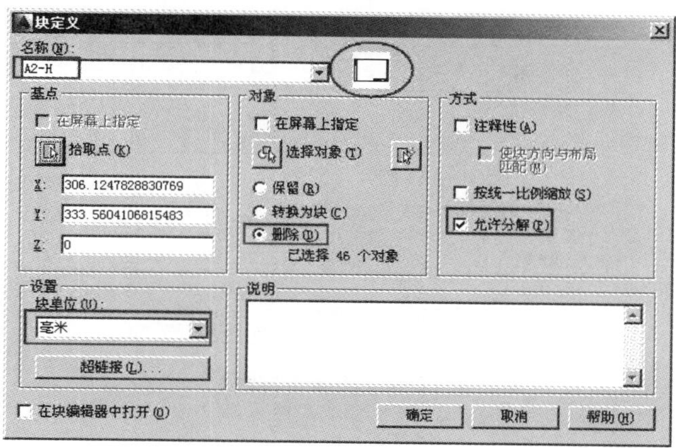

图 13-54　设置参数

13.6.7　实例指导七——装饰装潢样板的页面布局

为了便于在图纸上相互交流，一般情况下，还需要将绘制好的施工图打印输出到相应图号的图纸上，本例主要学习建筑装饰装潢工程图纸打印页面的合理布局与图纸边框的配置技能。

操作步骤如下所述。

(1) 打开随书光盘中的"\效果文件\第 13 章\实例指导六.dwg"文件。

(2) 单击绘图区底部的"布局 1"标签，进入如图 13-55 所示的布局空间。

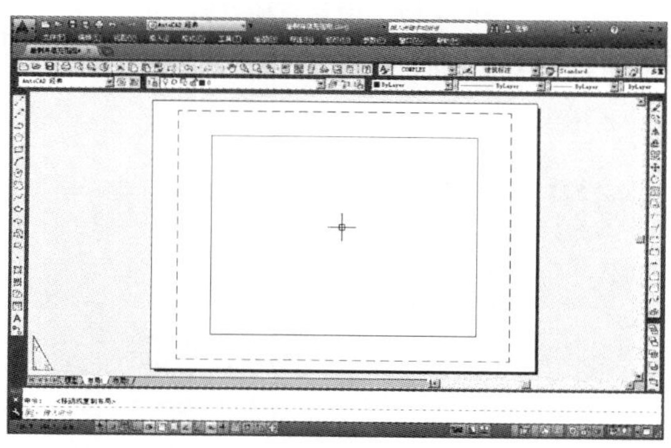

图 13-55　布局空间

(3) 使用快捷键 E 激活【删除】命令，选择布局内的矩形视口将其删除。

(4) 单击【文件】菜单中的【页面设置管理器】命令，在打开的对话框中单击 新建(N)... 按钮，打开【新建页面设置】对话框，为新页面赋名，如图 13-56 所示。

(5) 单击 确定(O) 按钮进入【页面设置-布局 1】对话框，然后设置打印设备、图纸尺寸、打印样式、打印比例等页面参数，如图 13-57 所示。

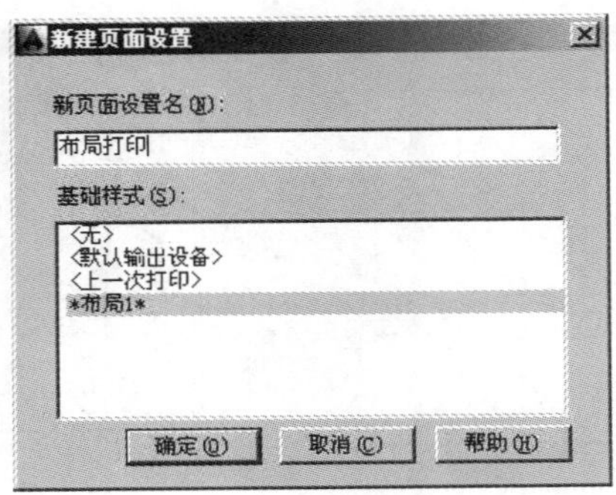

图 13-56　为新页面赋名

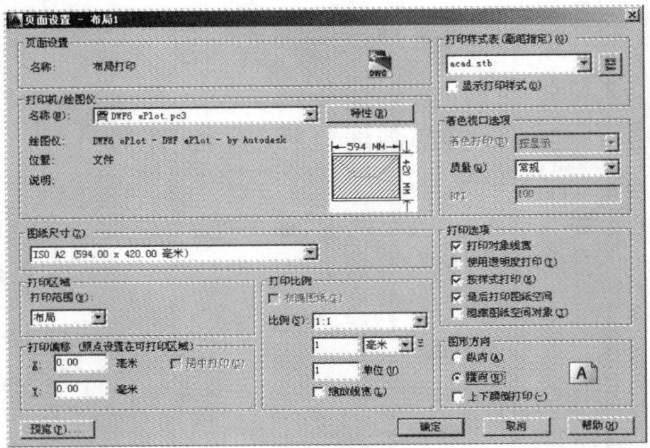

图 13-57　设置页面参数

（6）单击 确定(O) 按钮返回【页面设置管理器】对话框，将刚设置的新页面设置为当前，如图 13-58 所示。

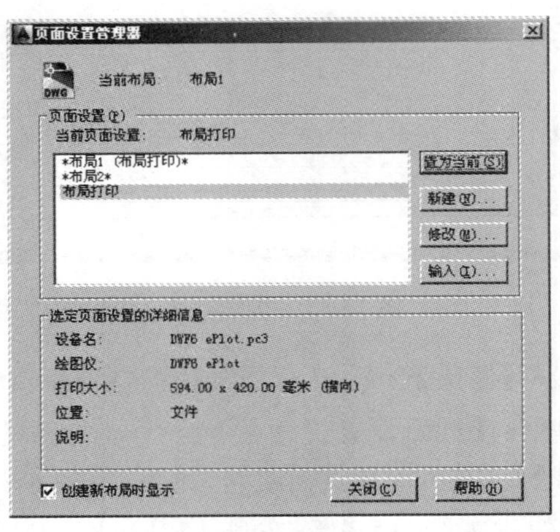

图 13-58　【页面设置管理器】对话框

（7）单击 关闭(C) 按钮，结束命令，新布局的页面设置效果如图 13-59 所示。

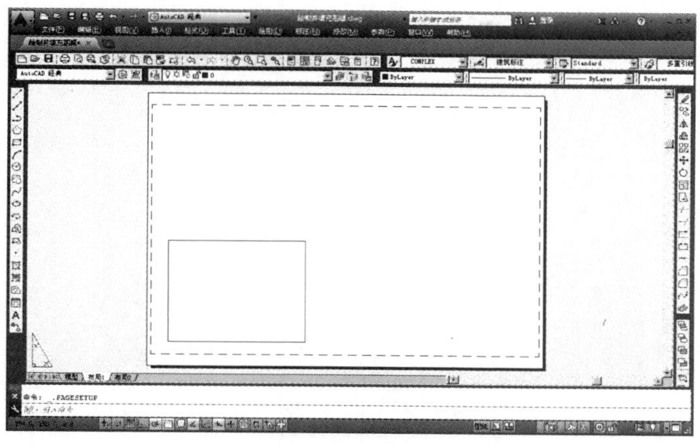

图 13-59　页面设置效果

(8) 删除系统默认的矩形视口。然后单击【绘图】工具栏中的按钮，或使用快捷键I激活【插入块】命令，打开【插入】对话框。

(9) 在【插入】对话框中设置插入点、轴向比例等参数，如图 13-60 所示。

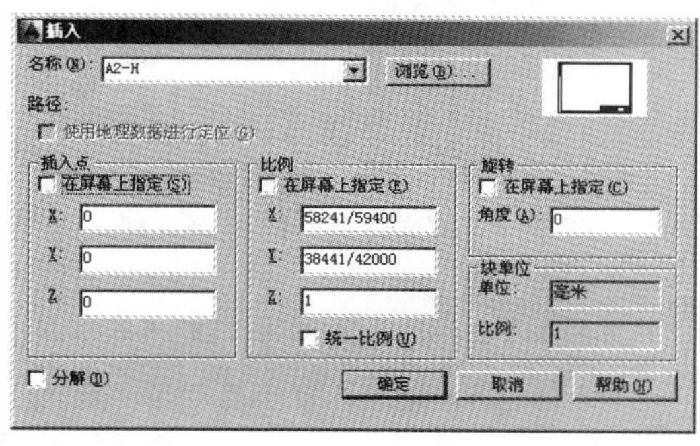

图 13-60　设置块参数

(10) 单击确定(O)按钮，结果 A2-H 图表框被插入当前布局中的原点位置上，如图 13-61 所示。

(11) 单击状态栏上的图纸按钮，返回模型空间。

(12) 执行菜单栏中的【文件】/【另存为】命令，或按 Ctrl+Shift+S 组合键，打开【图形另存为】对话框。

(13) 在【图形另存为】对话框中设置文件的存储类型为"AutoCAD 图形样板(*.dwt)"，如图 13-62 所示。

(14) 在【图形另存为】对话框下部的【文件名】文本框内输入"建筑装饰装潢样板"，如图 13-63 所示。

(15) 单击保存...按钮，打开【样板选项】对话框，输入"A2-H 幅面公制单位的样板文件，使用命名打印样式"，如图 13-64 所示。

(16) 单击确定按钮，创建完成制图样板文件，保存于 AutoCAD 安装目录下的

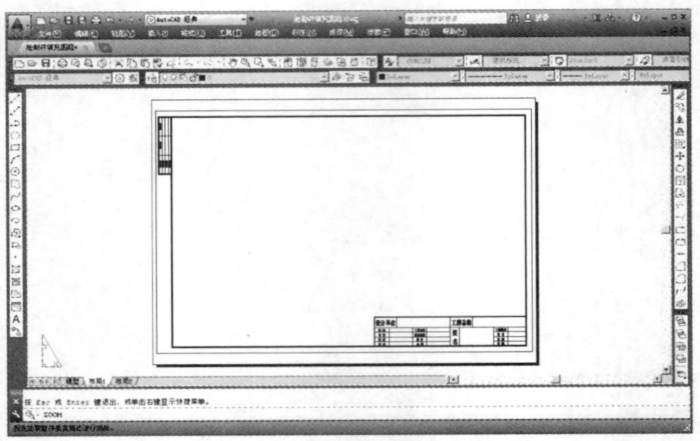

图 13-61 插入结果

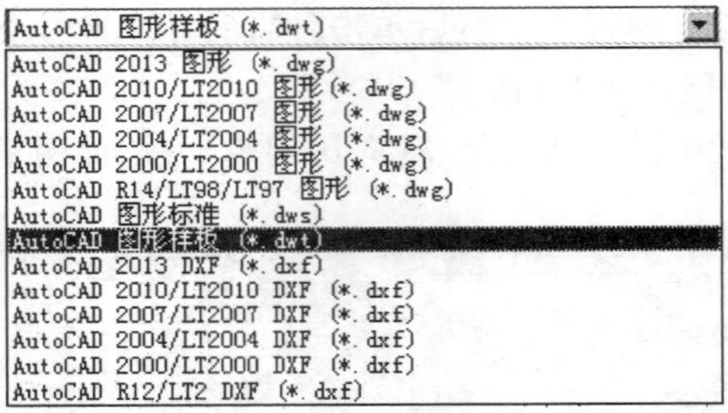

AutoCAD 图形样板 (*.dwt)

AutoCAD 2013 图形 (*.dwg)
AutoCAD 2010/LT2010 图形 (*.dwg)
AutoCAD 2007/LT2007 图形 (*.dwg)
AutoCAD 2004/LT2004 图形 (*.dwg)
AutoCAD 2000/LT2000 图形 (*.dwg)
AutoCAD R14/LT98/LT97 图形 (*.dwg)
AutoCAD 图形标准 (*.dws)
AutoCAD 图形样板 (*.dwt)
AutoCAD 2013 DXF (*.dxf)
AutoCAD 2010/LT2010 DXF (*.dxf)
AutoCAD 2007/LT2007 DXF (*.dxf)
AutoCAD 2004/LT2004 DXF (*.dxf)
AutoCAD 2000/LT2000 DXF (*.dxf)
AutoCAD R12/LT2 DXF (*.dxf)

图 13-62 【文件类型】下拉列表框

图 13-63 样板文件的创建

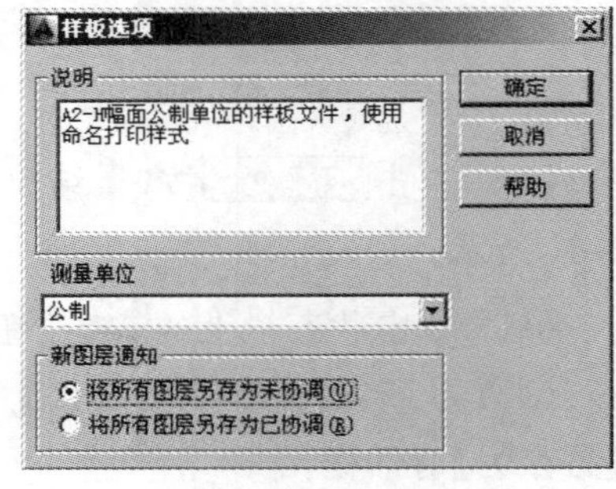

图 13-64 【样板选项】对话框

“Template”文件夹目录下。

(17) 最后执行【另存为】命令，将文件另名存储为“实例指导七.dwg”。

13.7 本章小结

本章在简单介绍装饰装潢设计基础理论知识和相关的制图规范等内容的基础上，主要学习了建筑装饰装潢制图样板的具体制作过程和相关技巧，具体包括绘图环境的设置、图层及特性的设置、各类绘图样式的设置以及打印页面的布局、图框的合理配置等技能，为以后绘制施工图纸做好了充分的准备。

第14章 御景苑2号楼室内装饰装潢设计

本章通过绘制御景苑小区2号楼户型装修布置图，在了解和掌握布置图的形成、功能、表达内容、绘图思路等的前提下，详细学习住宅建筑装修布置图的具体绘制过程和相关绘图技巧。

本章具体学习内容如下：

◎ 建筑装饰装潢布置图概述
◎ 建筑装饰装潢布置图绘图思路
◎ 实例指导一——绘制御景苑2号楼户型墙体结构图
◎ 实例指导二——绘制御景苑2号楼户型家具布置图
◎ 实例指导三——绘制御景苑2号楼户型地面材质图
◎ 实例指导四——标注御景苑2号楼户型装修布置图
◎ 实例指导五——绘制御景苑2号楼主卧室立面图
◎ 本章小结

14.1 建筑装饰装潢布置图概述

在绘制布置图之前，首先简单介绍相关的设计理念及设计内容，使不具备理论知识的读者对布置图有一个大致的认识和了解。

14.1.1 布置图的形成

布置图是假想用一个水平的剖切平面，在窗台上方位置，将经过室内外装修的房屋整个剖开，移去以上部分向下所作的水平投影图。要绘制平面布置图，除了要表明楼地面、门窗、楼梯、隔断、装饰柱、护壁板或墙裙等装饰结构的平面形式和位置外，还要表明室内家具、陈设、绿化和室外水池、装饰小品等配套设施的平面形状、数量和位置等。

14.1.2 布置图的功能

平面布置图是建筑装饰装潢行业中的一种重要的图纸，主要用于表明建筑室内外种种装修布置的平面形状、位置、大小和所用材料，表明这些布置与建筑主体结构之间，以及这些布置与布置之间的相互关系等。

另外，室内装修布置图还控制了水平向纵横两轴的尺寸数据，其他视图又多数是由它引出的，因而平面布置图是绘制和识读建筑装修施工图的重点和基础，是装修施工的首要图纸。

14.1.3 布置图表达内容

住宅室内环境在建筑设计时只提供了最基本的空间条件，如面积大小、平面关系、结构位置等，还需要设计师在这一特定的室内空间中进行再创造，探讨更深、更广的空间内涵。为此，在具体设计时，需要兼顾到以下几点。

1. 功能布局

住宅室内空间的合理利用，在于不同功能区域的合理分割、巧妙布局，充分发挥居室的使用功能。例如：卧室、书房要求安静，可设置在靠里面一些的位置以不被其他室内活动干扰；起居室、客厅是对外接待、交流的场所，可设置在靠近入口的位置；卧室、书房与起居室、客厅相连处又可设置过渡空间或共享空间，起间隔调节作用。此外，厨房应紧靠餐厅，卧室与卫生间贴近。

2. 空间设计

平面空间设计主要包括区域划分和交通流线两个内容。区域划分是指室内空间的组成。交通流线是指室内各活动区域之间以及室内外环境之间的联系，包括有形和无形两种，有形的指门厅、走廊、楼梯、户外的道路等，无形的指其他可能供作交通联系的空间。设计时应尽量减少有形的交通区域，增加无形的交通区域，以达到空间充分利用且自由、灵活和缩短距离的效果。

另外，区域划分与交通流线是居室空间整体组合的要素，区域划分是整体空间的合理分配，交通流线寻求的是个别空间的有效连接。唯有两者相互协调作用，才能取得理想的效果。

3. 内含物的布置

室内内含物主要包括家具、陈设、灯具、绿化等设计内容，这些室内内含物通常要处于视觉中显著的位置，它可以脱离界面布置于室内空间内，不仅具有实用和观赏的作用，对烘托室内环境气氛，形成室内设计风格等方面也起到举足轻重的作用。

4. 整体上的统一

整体上的统一指的是将同一空间的许多细部，以一个共同的有机因素统一起来，使其变成一个完整而和谐的视觉系统。设计构思时，需要根据业主的职业特点、文化层次、个人爱好、家庭成员构成、经济条件等做综合的设计定位。

14.2 建筑装饰装潢布置图绘图思路

在设计并绘制平面布置图时，具体可以参照如下思路：

第一，首先根据测量出的数据绘制出墙体平面结构图；

第二，根据墙体平面图进行室内内含物的合理布置，如家具与陈设的布局以及室内环境的绿化等；

第三，对室内地面、柱等进行装饰设计，分别以线条图案和文字注解的形式，表达出设计的内容；

第四，为布置图标注必要的文字注解，以体现出所选材料及装修要求等内容；

第五，最后为布置图标注必要的尺寸及室内投影符号等；

第六，根据装修布置图，分别绘制吊顶图及各墙面装饰立面图。

14.3 实例指导——绘制御景苑2号楼户型墙体结构图

本例主要学习御景苑小区2号楼户型墙体结构平面图的具体绘制过程和相关绘图技巧。御景苑小区2号楼户型墙体结构平面图的最终绘制效果，如图14-1所示。

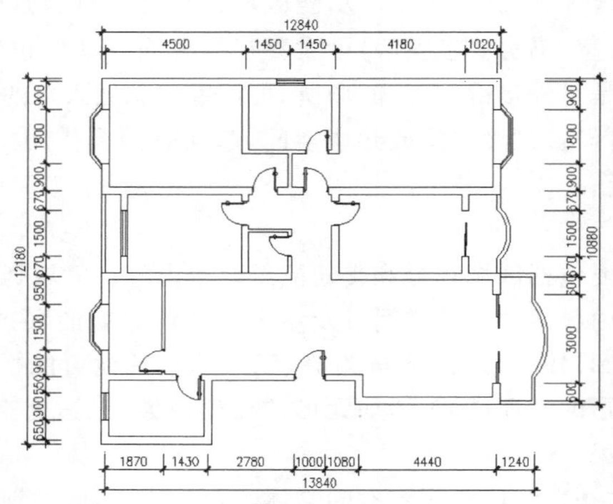

图14-1　实例效果

在绘制墙体结构平面图时，具体可以参照如下绘图思路：

(1) 使用【直线】、【偏移】、【修剪】、【夹点编辑】等命令绘制墙体定位轴线。

(2) 使用【打断】、【修剪】、【删除】等命令创建门洞和窗洞。

(3) 使用【多线】、【多线样式】命令绘制主墙线和次墙线。

(4) 使用【多线编辑工具】编辑主次墙体平面图。

(5) 使用【多线】、【多段线】与【偏移】命令绘制平面窗、凸窗和阳台构件。

(6) 使用【插入块】、【矩形】、【镜像】命令绘制单开门和推拉门构件。

14.3.1 绘制墙体纵横轴线

(1) 执行【新建】命令，在打开的【选择样板】对话框中调用“建筑装饰装潢样板.dwt”文件，如图14-2所示，新建空白文件。

图 14-2　选择基础样板

☞技巧提示

为了方便以后调用该样板文件，用户可以直接将随书光盘中的"建筑装饰装潢样板.dwt"拷贝至 AutoCAD 安装目录下的"Template"文件夹下。

(2) 在命令行输入"Ltscale"，将线型比例暂时设置为 1，命令行操作过程如下。

命令：ltscale　// ↙，激活命令

输入新线型比例因子 <100.0000>：　//1 ↙

(3) 单击状态栏上的按钮或按下 F8 功能键，打开【正交】功能。

☞技巧提示

【正交】是一个辅助绘图工具，用于将光标强制定位在水平位置或垂直位置上。

(4) 单击【格式】菜单中的【图层】命令，在打开的【图层特性管理器】对话框中双击"轴线层"，将其设置为当前图层，如图 14-3 所示。

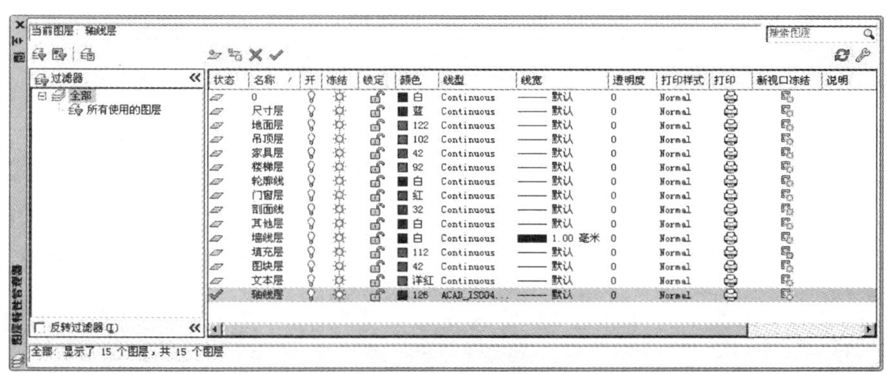

图 14-3　设置当前层

(5) 单击【绘图】工具栏按钮，激活【直线】命令，绘制两条垂直相交的直线作为基准轴线，命令行操作如下。

命令：_line

指定第一点：　//在绘图区指定起点

指定下一点或［放弃(U)］：//向上引导光标，输入 11940 ↙

指定下一点或［放弃(U)］：//向右引导光标，输入 12600 ↙

指定下一点或［闭合(C)/放弃(U)］：// ↙，绘制结果如图 14-4 所示

(6) 单击【修改】工具栏上的按钮，激活【偏移】命令，将水平基准轴线向下偏移，结果如图 14-5 所示。

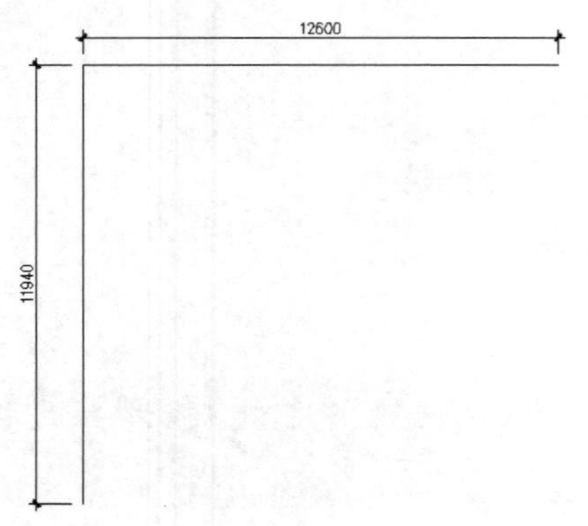

图 14-4　绘制定位轴线

图 14-5　偏移水平轴线

(7) 重复执行【偏移】命令，将最下方的水平轴线向上偏移 2100、7020 和 9620 个单位，然后再将垂直基准轴线向右进行多次偏移，偏移结果如图 14-6 所示。

(8) 在无命令执行的前提下，选择最下方的水平轴线，使其呈现夹点显示状态，如图 14-7 所示。

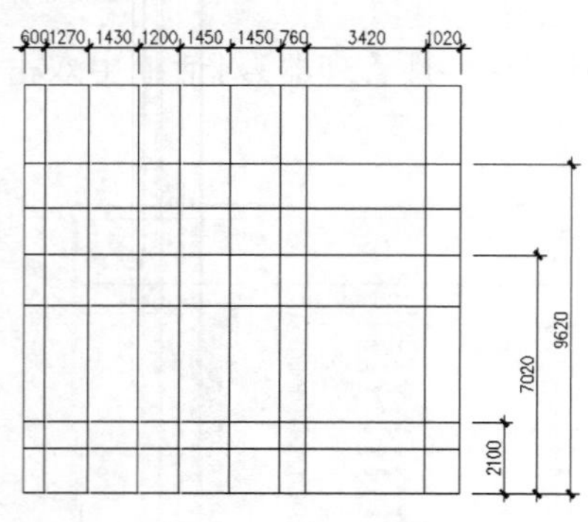

图 14-6　偏移结果

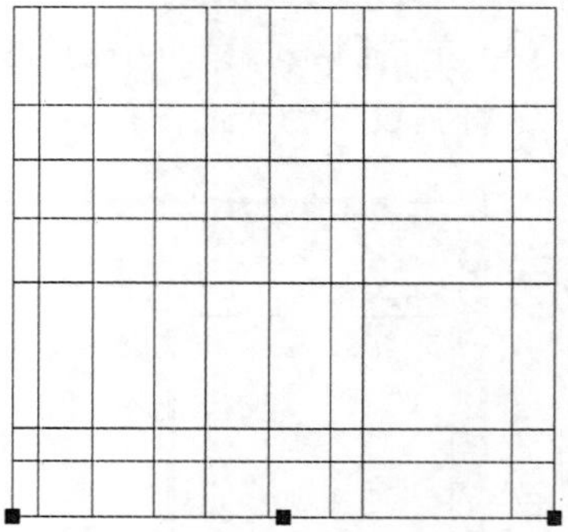

图 14-7　夹点显示轴线

(9) 在最右侧的夹点上单击左键，使其变为夹基点（也称热点），此时该点变为红色。

(10) 在命令行"＊＊ 拉伸 ＊＊ 指定拉伸点或［基点(B)/复制(C)/放弃(U)/退出(X)］："提示下捕捉如图 14-8 所示的端点，对其进行夹点拉伸，结果如图 14-9 所示。

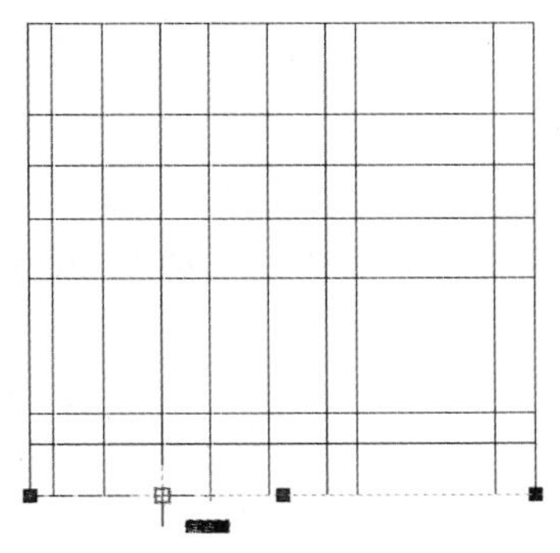

图 14-8　捕捉端点

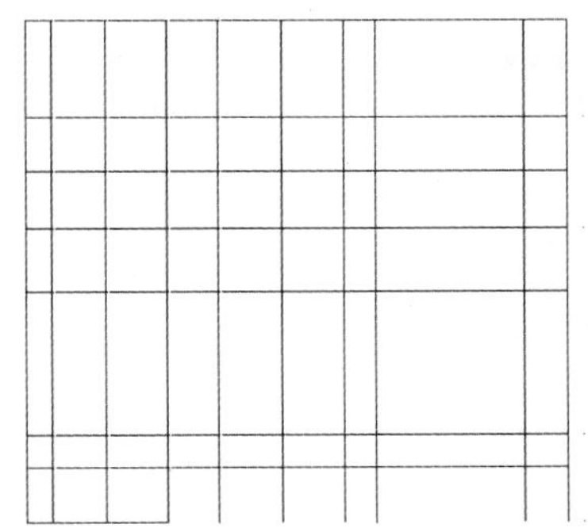

图 14-9　拉伸结果

(11) 按 Esc 键,取消对象的夹点显示状态。

(12) 参照(8)～(11)操作步骤,配合【端点捕捉】和【交点捕捉】功能,分别对其他轴线进行夹点拉伸,编辑结果如图 14-10 所示。

(13) 使用快捷键 TR 激活【偏移】命令,以图 14-10 所示的水平轴线 1 和 2 作为边界,对两侧的垂直轴线进行修剪,结果如图 14-11 所示。

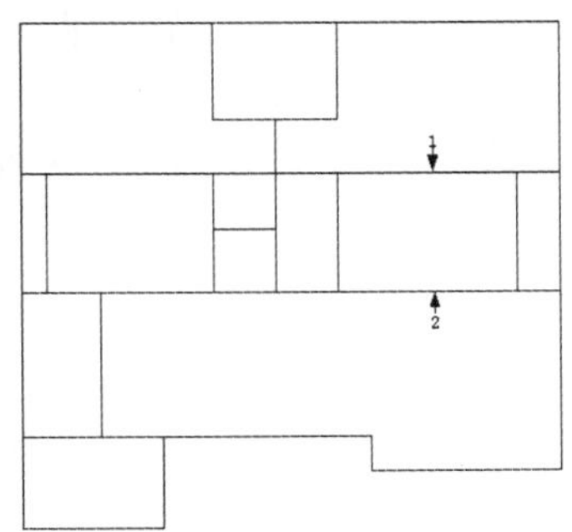

图 14-10　夹点编辑结果

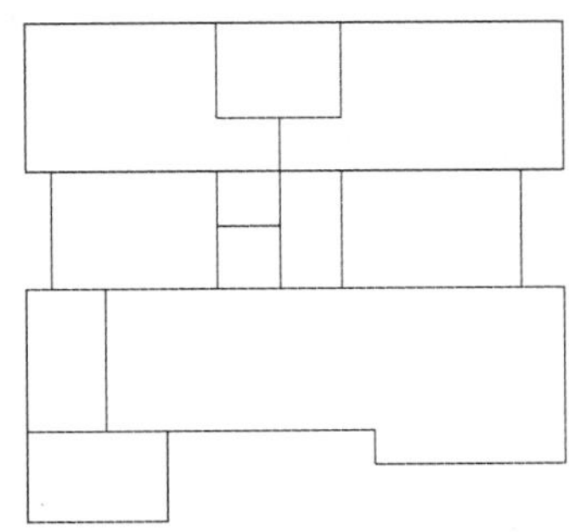

图 14-11　修剪结果

(14) 重复执行【修剪】命令,对其他位置的轴线进行修剪,修剪结果如图 14-12 所示。

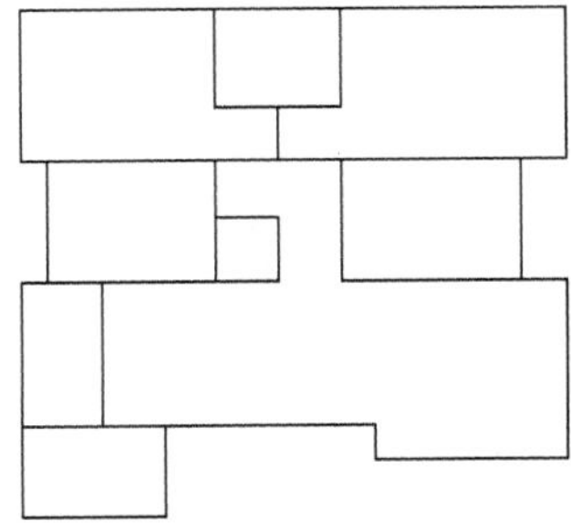

图 14-12　修剪结果

至此,户型图墙体定位轴线绘制完毕,下一小节将学习门窗洞口的开洞方法和开洞技巧。

14.3.2 绘制户型图门窗洞口

(1) 继续上节操作。

(2) 单击菜单【修改】/【偏移】命令，将最上方的水平轴线向下偏移 900 和 2700 个单位，以创建辅助线，结果如图 14-13 所示。

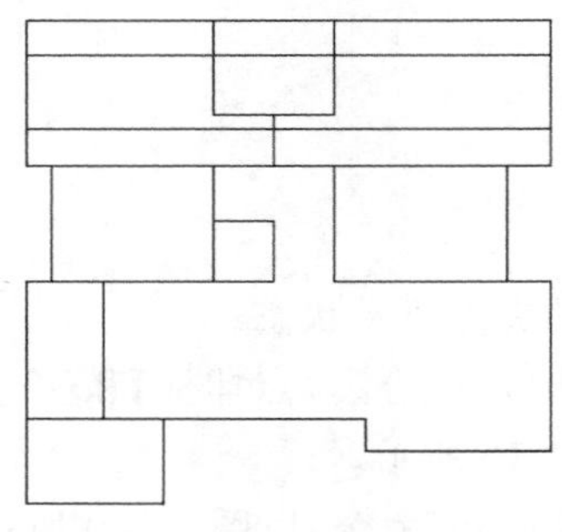

图 14-13 偏移结果

(3) 单击【修改】工具栏上的按钮，以刚偏移出的两条辅助轴线作为边界，对两侧的垂直轴线进行修剪，以创建宽度为 1800 的窗洞，修剪结果如图 14-14 所示。

(4) 单击【修改】菜单中的【删除】命令，删除刚偏移出的两条水平辅助线，结果如图 14-15 所示。

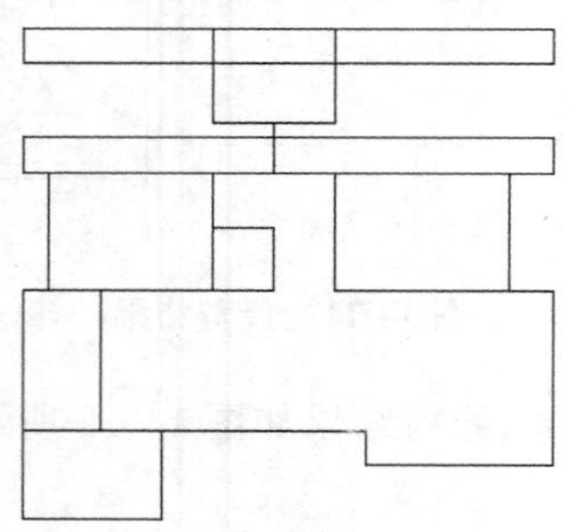

图 14-14 修剪结果

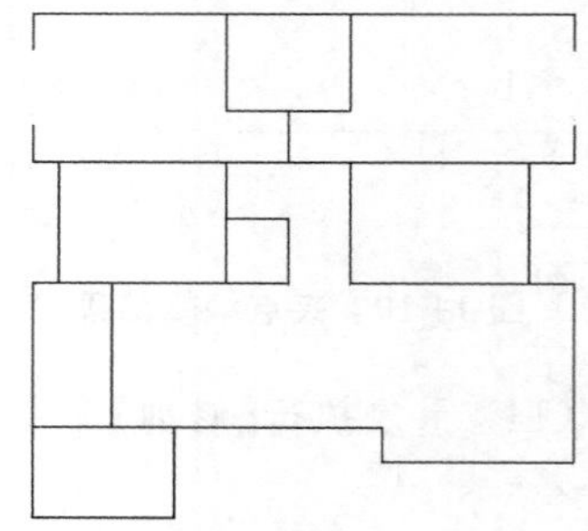

图 14-15 删除结果

(5) 单击【修改】工具栏上的按钮，激活【打断】命令，在最上方的水平轴线上创建宽度为 900 的窗洞。命令行操作如下。

命令：_break

选择对象： //选择最上方的水平轴线

指定第二个打断点 或 [第一点(F)]： //F ↙，重新指定第一断点

指定第一个打断点： //激活【捕捉自】功能

_from 基点： //捕捉如图 14-16 所示的端点

<偏移>： //@5500,0 ↙

指定第二个打断点： //@900,0 ↙，结果如图 14-17 所示

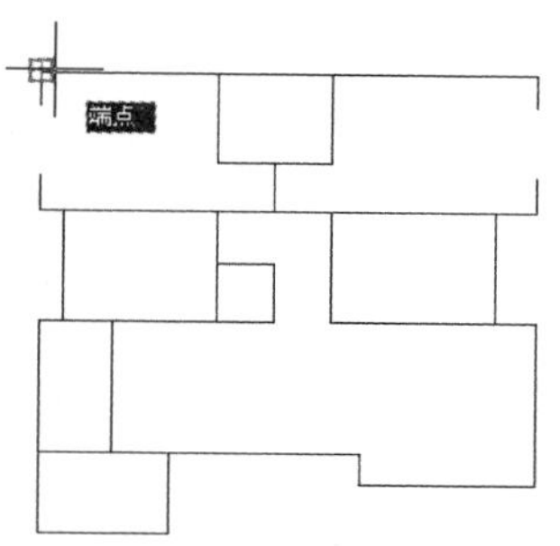

图 14-16 捕捉端点

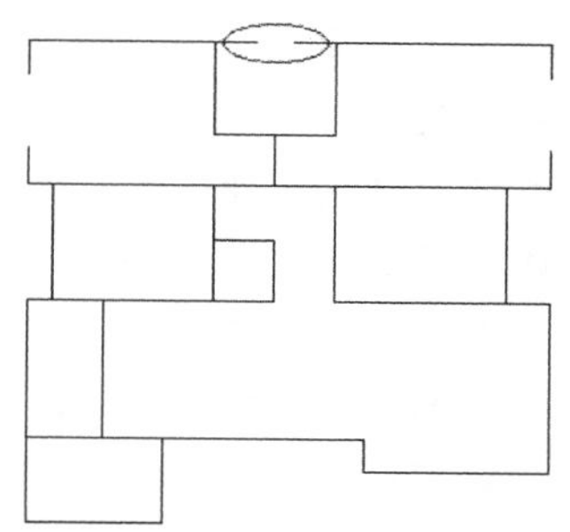

图 14-17 打断结果

(6) 参照上述打洞方法，综合使用【偏移】、【修剪】和【打断】命令，分别创建其他位置的门洞和窗洞，结果如图 14-18 所示。

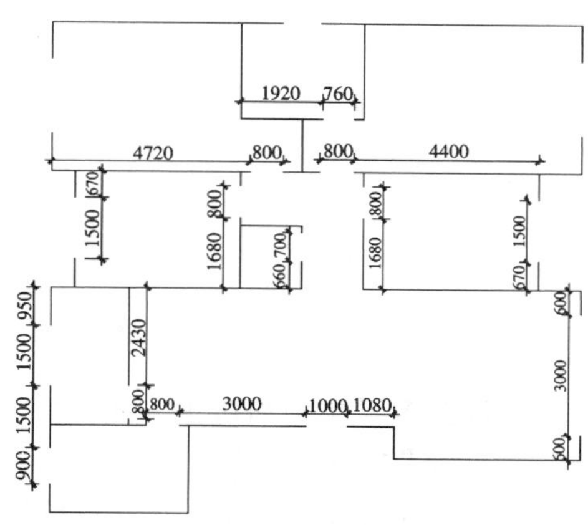

图 14-18 创建其他位置的洞口

至此，门窗洞口创建完毕，下一小节将学习主墙线和次墙线的快速绘制过程和绘制技巧。

14.3.3 绘制主次墙体结构图

(1) 继续上节操作。

(2) 展开【图层】工具栏上的【图层控制】下拉列表，将“墙线层”设为当前图层，如图 14-19 所示。

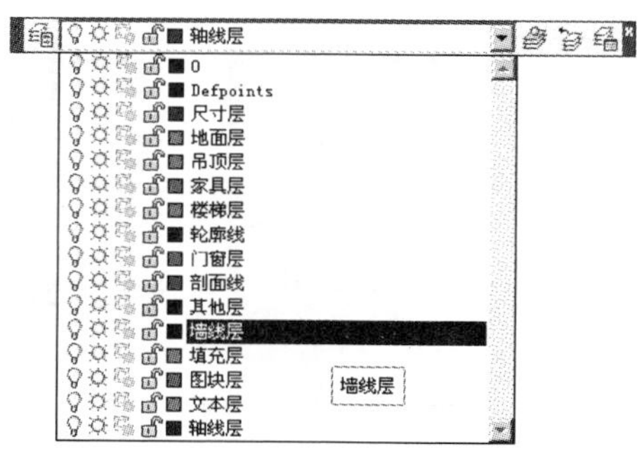

图 14-19 设置当前层

(3) 单击【绘图】菜单中的【多线】命令，配合【端点捕捉】功能绘制主墙线，命令行操作如下。

命令：_mline

当前设置：对正 = 上，比例 = 20.00，样式 = 墙线样式

指定起点或 [对正(J)/比例(S)/样式(ST)]： //s↙

输入多线比例 ＜20.00＞： //240 ↙

当前设置：对正＝上，比例＝240.00，样式＝墙线样式

指定起点或［对正(J)/比例(S)/样式(ST)］： //j ↙

输入对正类型［上(T)/无(Z)/下(B)］＜上＞： //z ↙

当前设置：对正＝无，比例＝240.00，样式＝墙线样式

指定起点或［对正(J)/比例(S)/样式(ST)］： //捕捉如图 14-20 所示的端点 1

指定下一点： //捕捉如图 14-20 所示的端点 2

指定下一点或［闭合(C)/放弃(U)］： //捕捉如图 14-20 所示的端点 3

指定下一点或［放弃(U)］： // ↙，绘制结果如图 14-21 所示

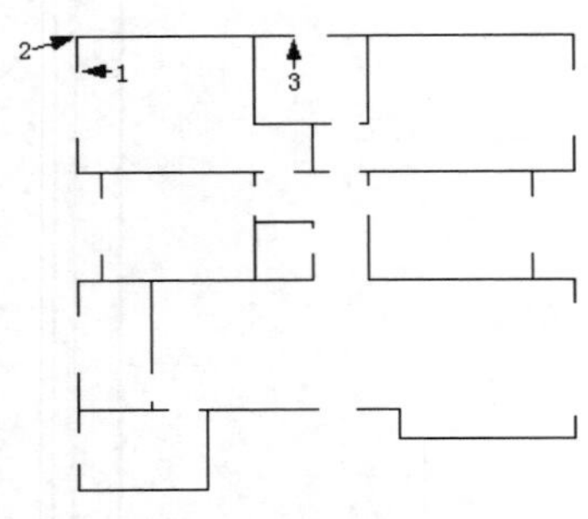

图 14-20　定位端点

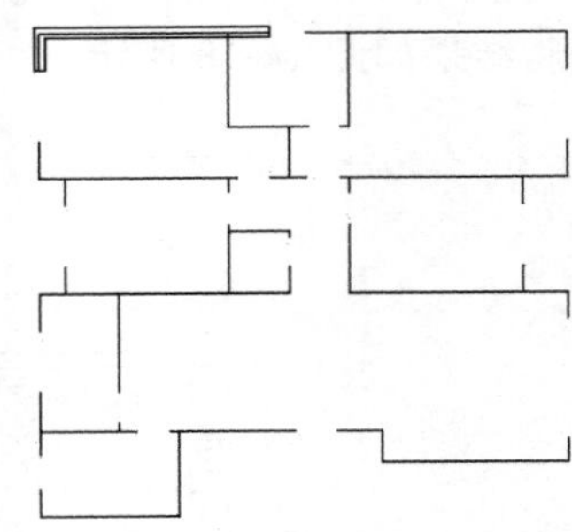

图 14-21　绘制结果

(4) 重复执行【多线】命令，设置多线比例和对正方式保持不变，配合【端点捕捉】和【交点捕捉】功能绘制其他主墙线，结果如图 14-22 所示。

(5) 重复执行【多线】命令，设置多线对正方式不变，绘制宽度为 120 的非承重墙线。命令行操作如下。

命令：ML // ↙，激活命令

MLINE 当前设置：对正＝无，比例＝240.00，样式＝墙线样式

指定起点或［对正(J)/比例(S)/样式(ST)］： //S ↙

输入多线比例 ＜240.00＞： //120 ↙

指定起点或［对正(J)/比例(S)/样式(ST)］： //捕捉如图 14-23 所示的端点

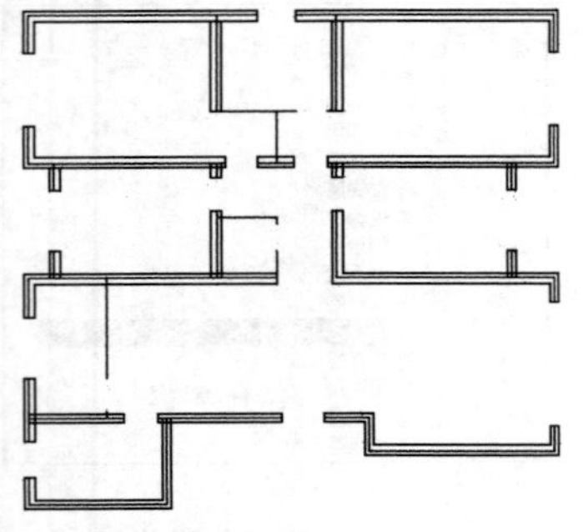

图 14-22　绘制其他主墙线

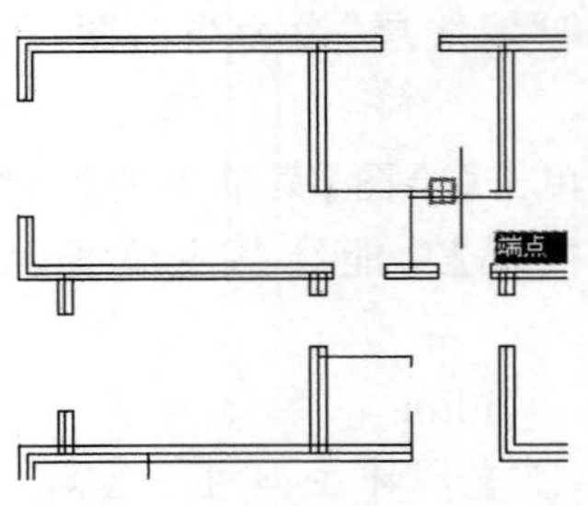

图 14-23　捕捉端点

指定下一点： //捕捉如图 14-24 所示的端点

指定下一点或［放弃(U)］： //↙，结果如图 14-25 所示

(6) 重复执行【多线】命令，设置多线比例与对正方式不变，配合【对象捕捉】功能分别绘制其他位置的非承重墙线，结果如图 14-26 所示。

(7) 展开【图层】工具栏上的【图层控制】下拉列表，关闭“轴线层”，结果如图 14-27 所示。

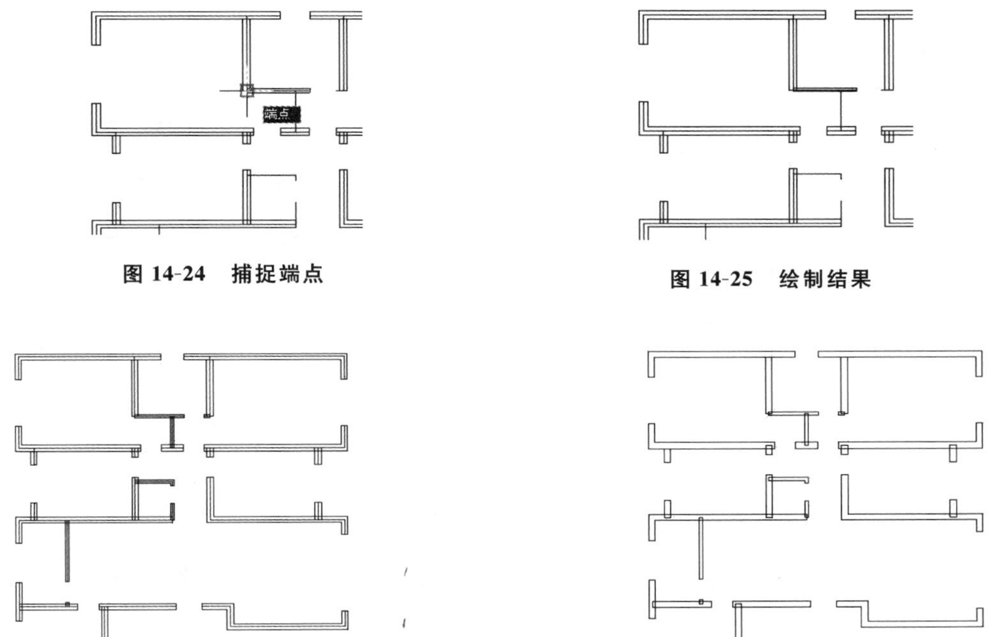

图 14-24 捕捉端点

图 14-25 绘制结果

图 14-26 绘制其他非承重墙线

图 14-27 关闭“轴线层”后的显示

至此，户型图主次墙线绘制完毕，下面将学习主墙线和次墙线的快速编辑过程和编辑技巧。

14.3.4 编辑户型纵横墙体图

(1) 继续上节操作。

(2) 单击【修改】菜单栏中的【对象】/【多线】命令，在打开的【多线编辑工具】对话框内单击按钮，激活【T 形合并】功能，如图 14-28 所示。

(3) 返回绘图区，在命令行的“选择第一条多线：”提示下，选择如图 14-29 所示的墙线。

(4) 在“选择第二条多线：”提示下，选择如图 14-30 所示的墙线，结果这两条 T 形相交的多线被合并，如图 14-31 所示。

(5) 继续在“选择第一条多线或［放弃(U)］：”提示下，分别选择其他位置 T 形墙线进行合并；合并结果如图 14-32 所示。

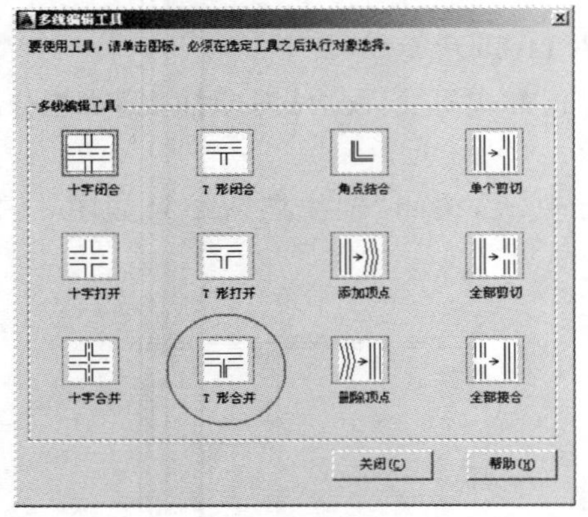

图 14-28 【多线编辑工具】对话框

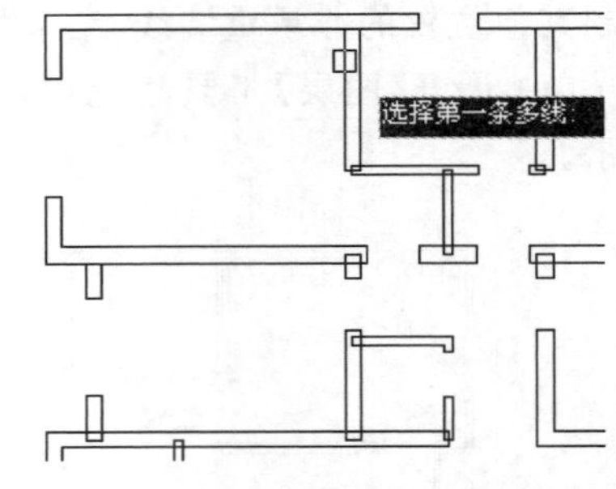

图 14-29 选择第一条多线

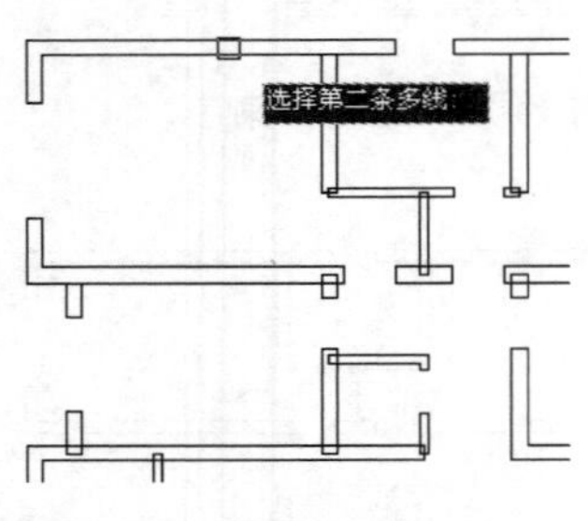

图 14-30 选择第二条多线

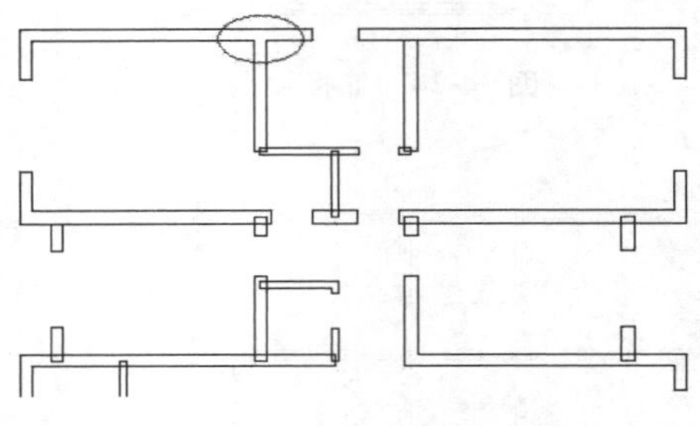

图 14-31 合并结果

(6) 在任一墙线上双击左键，在打开的【多线编辑工具】对话框中激活【角点结合】功能，如图 14-33 所示。

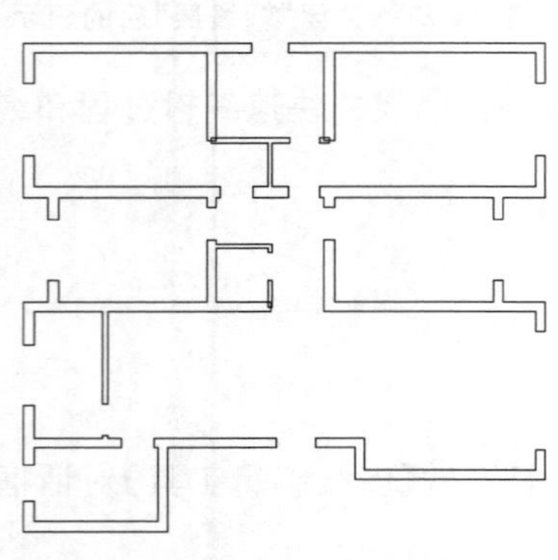

图 14-32 T 形合并其他墙线

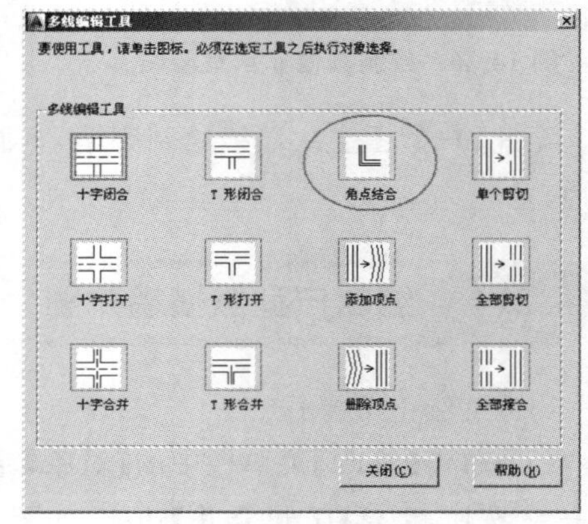

图 14-33 【多线编辑工具】对话框

(7) 返回绘图区，在"选择第一条多线或［放弃(U)］:"提示下，单击如图 14-34 所示的墙线。

(8) 在"选择第二条多线:"提示下，选择如图 14-35 所示的墙线，结果这两条 T 形相交的多线被合并，如图 14-36 所示。

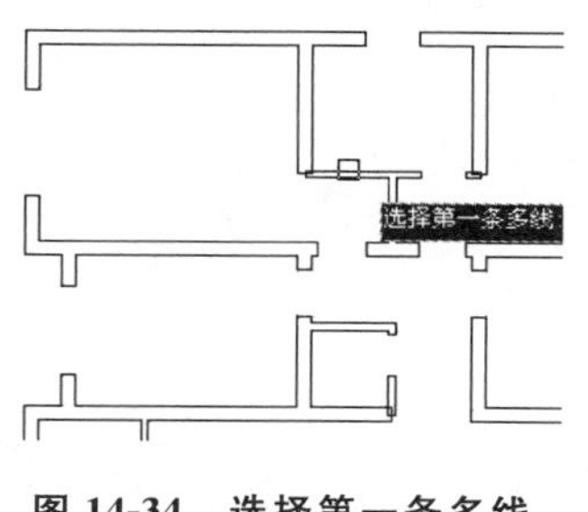

图 14-34 选择第一条多线

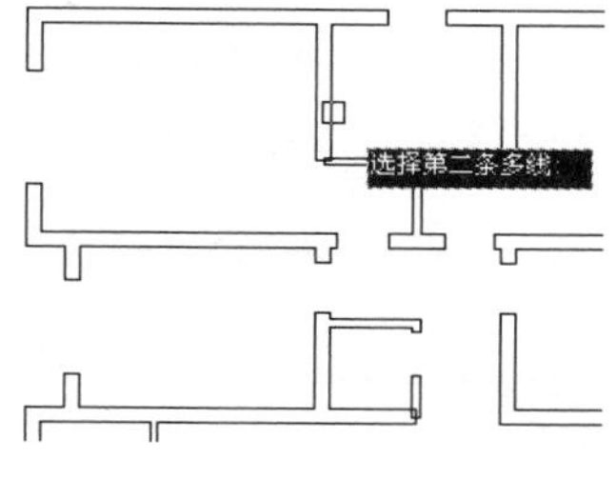

图 14-35 选择第二条多线

(9) 继续根据命令行的提示，分别对其他位置的拐角墙线进行编辑，编辑结果如图 14-37 所示。

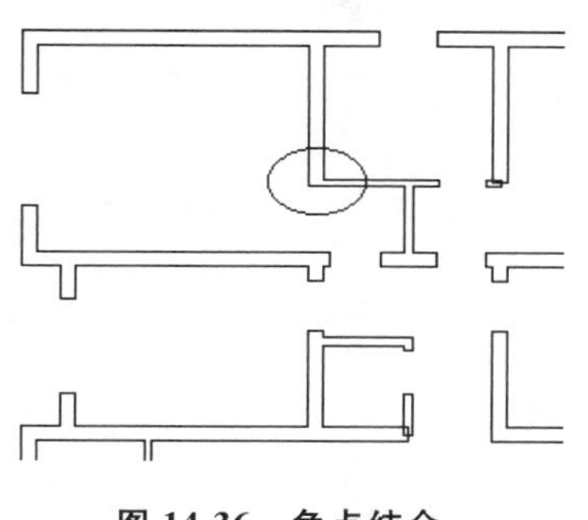

图 14-36 角点结合

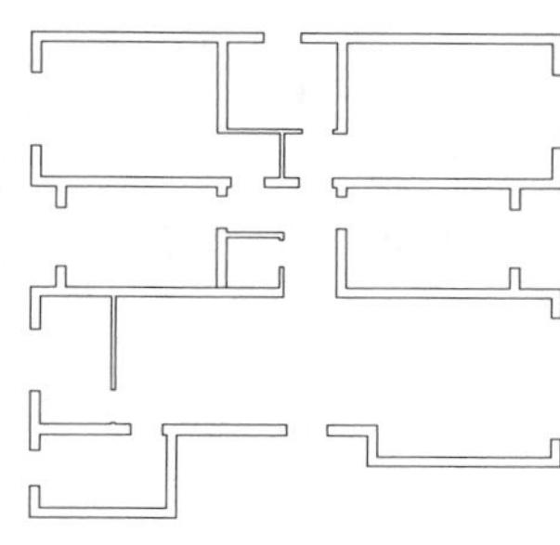

图 14-37 编辑结果

至此，户型图主次墙线编辑完毕，下一小节将学习户型图平面窗、凸窗和阳台等建筑构件的绘制过程和绘图技巧。

14.3.5 绘制凸窗、平面窗与阳台

(1) 继续上节操作。

(2) 展开【图层控制】下拉列表，将“门窗层”设置为当前图层。

(3) 单击【格式】菜单中的【多线样式】命令，在打开的【多线样式】对话框中设置“窗线样式”为当前样式，如图 14-38 所示。

(4) 单击菜单【绘图】/【多线】命令，配合【中点捕捉】功能绘制窗线，命令行操作如下。

命令：_mline

当前设置：对正＝上，比例＝20.00，样式＝窗线样式

指定起点或［对正(J)/比例(S)/样式(ST)］： //s ↙

输入多线比例 <20.00>： //240 ↙

当前设置：对正＝上，比例＝240.00，样式＝窗线样式

指定起点或［对正(J)/比例(S)/样式(ST)］： //j ↙

输入对正类型［上(T)/无(Z)/下(B)］<上>： //z ↙

当前设置：对正＝无，比例＝240.00，样式＝窗线样式

指定起点或［对正(J)/比例(S)/样式(ST)］： //捕捉如图 14-39 所示的中点

指定下一点： //捕捉如图 14-40 所示的中点

指定下一点或［放弃(U)］： //↙,绘制结果如图 14-41 所示

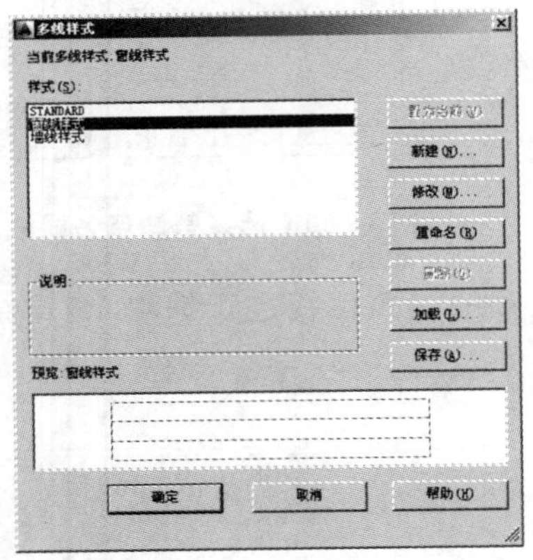

图 14-38　设置当前多线样式

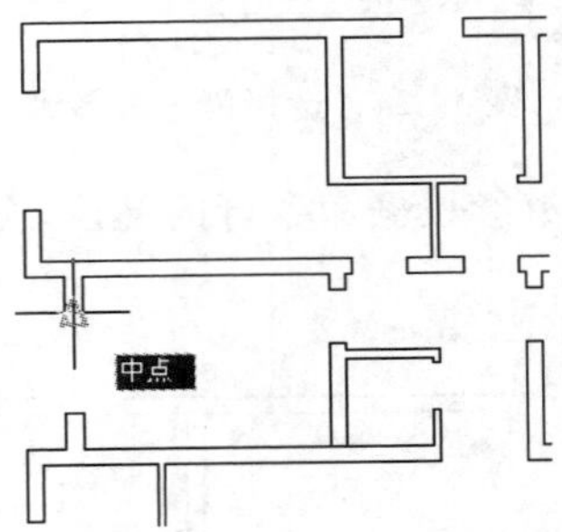

图 14-39　捕捉中点

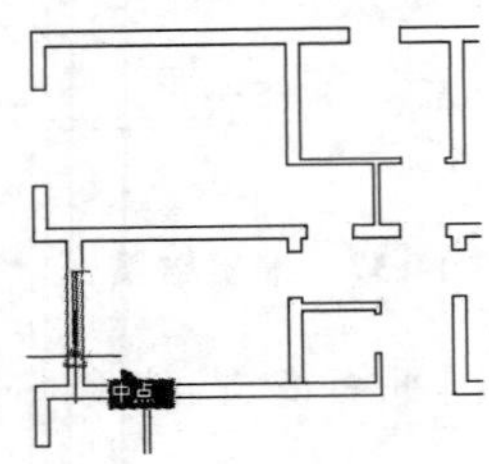

图 14-40　捕捉中点

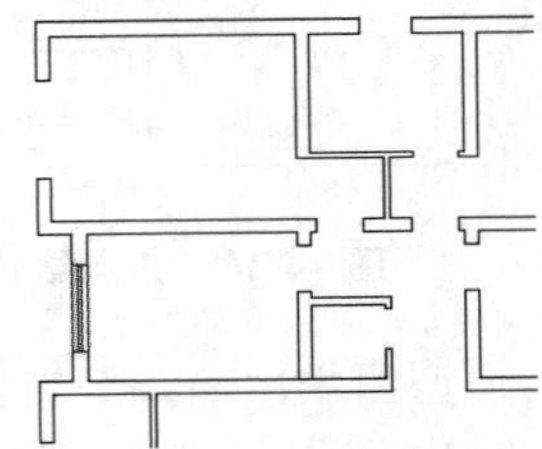

图 14-41　绘制结果

(5) 重复上一步骤,设置多线比例和对正方式保持不变,配合【中点捕捉】功能绘制其他窗线,结果如图 14-42 所示。

(6) 单击【绘图】菜单中的【多段线】命令,配合点的坐标输入功能绘制左侧的凸窗轮廓线。命令行操作如下。

命令：_pline

指定起点： //捕捉如图 14-43 所示的端点

当前线宽为 0

指定下一个点或［圆弧(A)/半宽(H)/长度(L)/放弃(U)/宽度(W)］： //@−250,−300↙

指定下一点或［圆弧(A)/闭合(C)/半宽(H)/长度(L)/放弃(U)/宽度(W)］： //@0,−1200↙

指定下一点或［圆弧(A)/闭合(C)/半宽(H)/长度(L)/放弃(U)/宽度(W)］： //@250,−300↙

指定下一点或［圆弧(A)/闭合(C)/半宽(H)/长度(L)/放弃(U)/宽度(W)］： //↙,绘制结果如图 14-44 所示

(7) 将多段线向左偏移 40 和 120,然后单击【修改】菜单中的【延伸】命令,以外墙线作

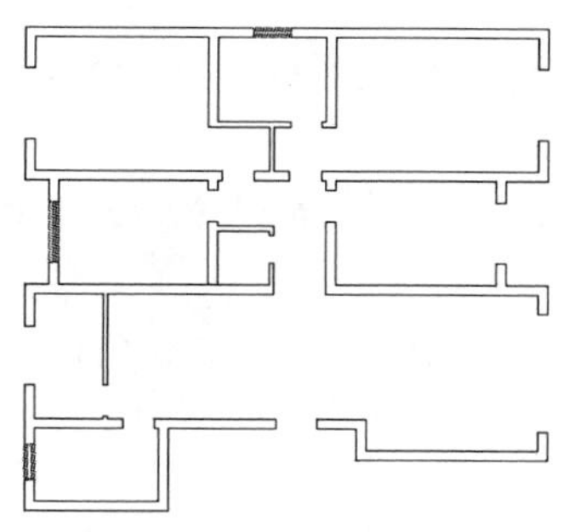

图 14-42 绘制其他窗线

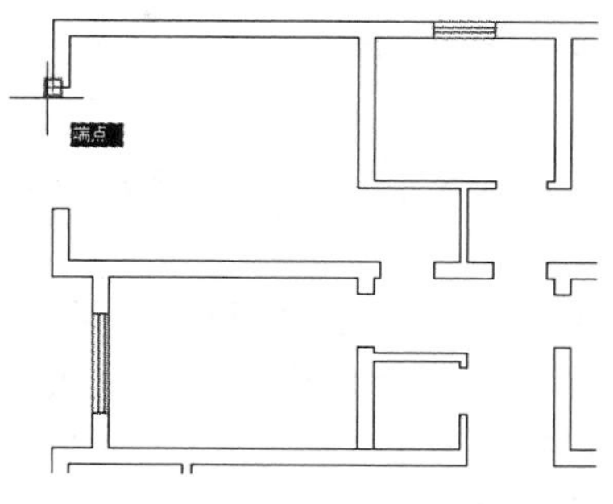

图 14-43 捕捉端点

为延伸边界，对偏移出的窗线进行延伸，结果如图 14-45 所示。

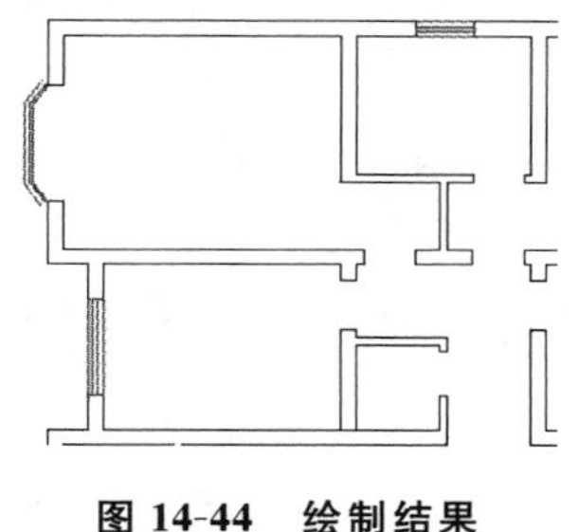

图 14-44 绘制结果

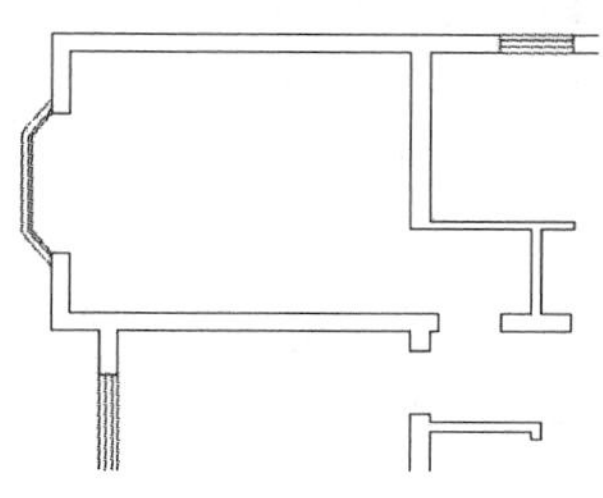

图 14-45 延伸结果

(8) 重复执行【多段线】命令，配合【端点捕捉】功能绘制内部的轮廓线，结果如图 14-46所示。

(9) 参照(6)～(8)操作步骤，综合使用【多段线】、【延伸】和【偏移】命令，绘制其他位置的凸窗，结果如图 14-47 所示。

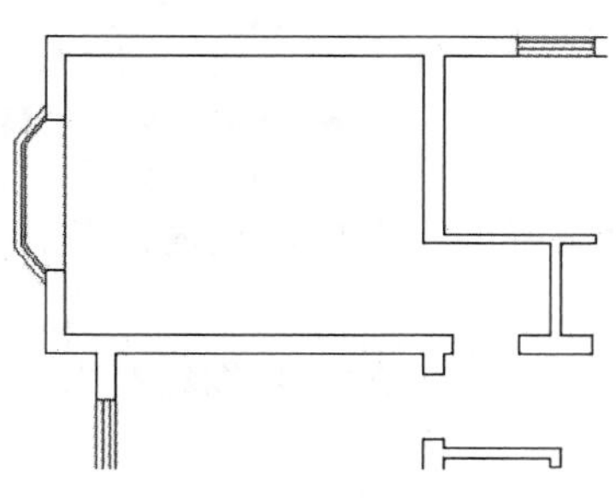

图 14-46 绘制结果

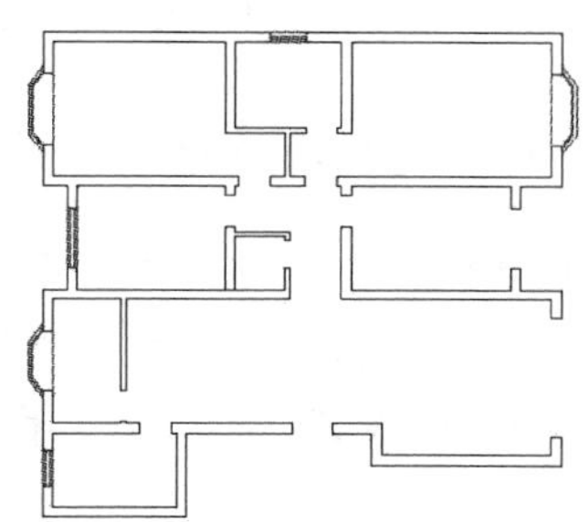

图 14-47 绘制其他凸窗

(10) 单击【绘图】菜单中的【多段线】命令，配合点的坐标输入功能绘制右侧的阳台轮廓线。命令行操作如下。

命令：_pline

指定起点： //捕捉如图 14-48 所示的端点

当前线宽为 0

指定下一个点或［圆弧(A)/半宽(H)/长度(L)/放弃(U)/宽度(W)］： //@1120，

0 ↙

指定下一点或［圆弧(A)/闭合(C)/半宽(H)/长度(L)/放弃(U)/宽度(W)］： //@0,－920 ↙

指定下一点或［圆弧(A)/闭合(C)/半宽(H)/长度(L)/放弃(U)/宽度(W)］： //a ↙

指定圆弧的端点或［角度(A)/圆心(CE)/闭合(CL)/方向(D)/半宽(H)/直线(L)/半径(R)/第二个点(S)/放弃(U)/宽度(W)］： //s ↙

指定圆弧上的第二个点： //@405,－1300 ↙

指定圆弧的端点： //@－405,－1300 ↙

指定圆弧的端点或［角度(A)/圆心(CE)/闭合(CL)/方向(D)/半宽(H)/直线(L)/半径(R)/第二个点(S)/放弃(U)/宽度(W)］： //l ↙

指定下一点或［圆弧(A)/闭合(C)/半宽(H)/长度(L)/放弃(U)/宽度(W)］： //@0,－920 ↙

指定下一点或［圆弧(A)/闭合(C)/半宽(H)/长度(L)/放弃(U)/宽度(W)］： //@－1120,0 ↙

指定下一点或［圆弧(A)/闭合(C)/半宽(H)/长度(L)/放弃(U)/宽度(W)］： //↙,结束命令,绘制结果如图 14-49 所示

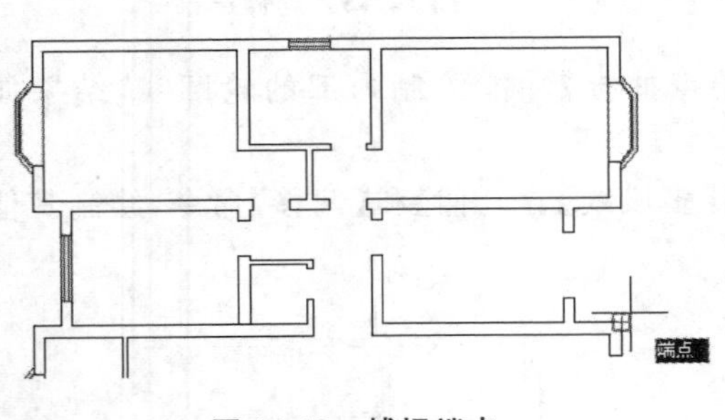

图 14-48　捕捉端点

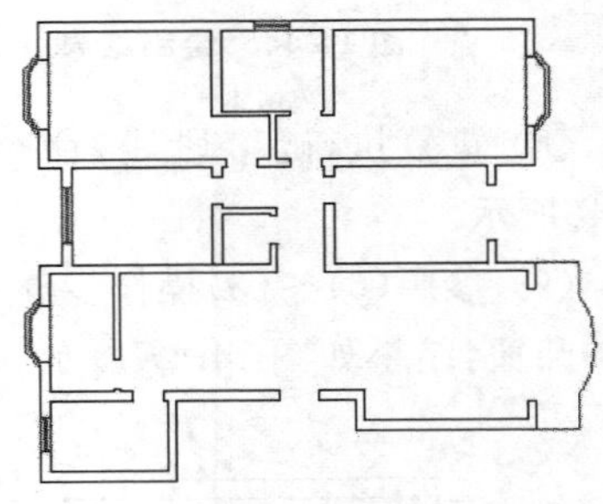

图 14-49　绘制结果

(11) 使用快捷键 O 激活【偏移】命令,将刚绘制好的阳台轮廓线向内偏移 120 个单位,结果如图 14-50 所示。

(12) 单击【绘图】菜单中的【多段线】命令,配合点的坐标输入功能绘制右上方的阳台轮廓线。命令行操作如下。

命令：_pline

指定起点： //捕捉如图 14-51 所示的端点

当前线宽为 0

指定下一个点或［圆弧(A)/半宽(H)/长度(L)/放弃(U)/宽度(W)］： //@0,－450 ↙

指定下一点或［圆弧(A)/闭合(C)/半宽(H)/长度(L)/放弃(U)/宽度(W)］： //a ↙

指定圆弧的端点或［角度(A)/圆心(CE)/闭合(CL)/方向(D)/半宽(H)/直线(L)/

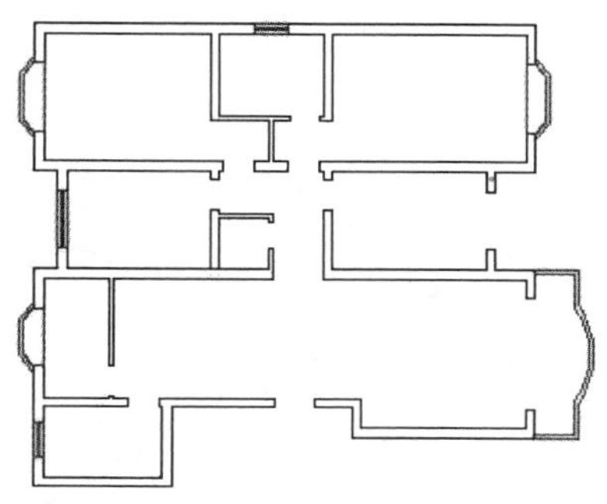

图 14-50 偏移结果

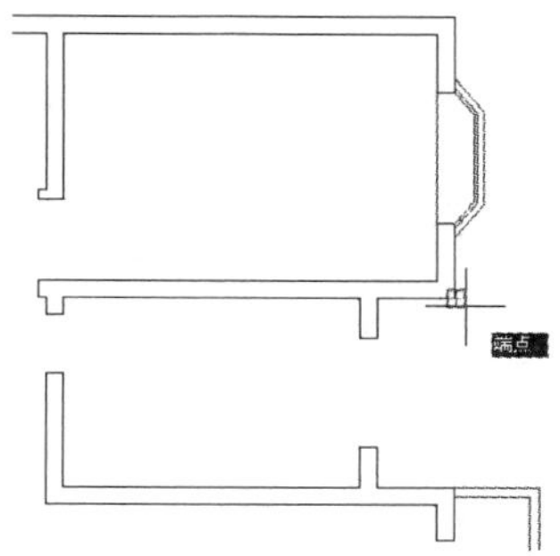

图 14-51 捕捉端点

半径(R)/第二个点(S)/放弃(U)/宽度(W)]： //s↙

指定圆弧上的第二个点： //@315,−850↙

指定圆弧的端点： //@−315,−850↙

指定圆弧的端点或[角度(A)/圆心(CE)/闭合(CL)/方向(D)/半宽(H)/直线(L)/半径(R)/第二个点(S)/放弃(U)/宽度(W)]： //l↙

指定下一点或[圆弧(A)/闭合(C)/半宽(H)/长度(L)/放弃(U)/宽度(W)]： //@0,−450↙

指定下一点或[圆弧(A)/闭合(C)/半宽(H)/长度(L)/放弃(U)/宽度(W)]： //↙,结束命令,绘制结果如图 14-52 所示

(13) 使用快捷键 O 激活【偏移】命令,将刚绘制好的阳台轮廓线向内偏移 120 个单位,结果如图 14-53 所示。

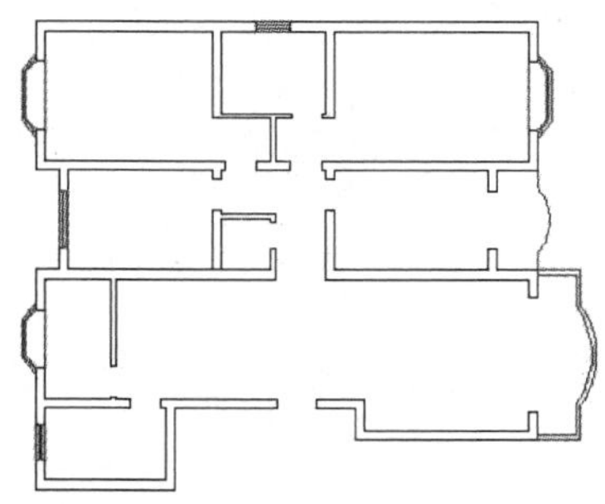

图 14-52 绘制结果

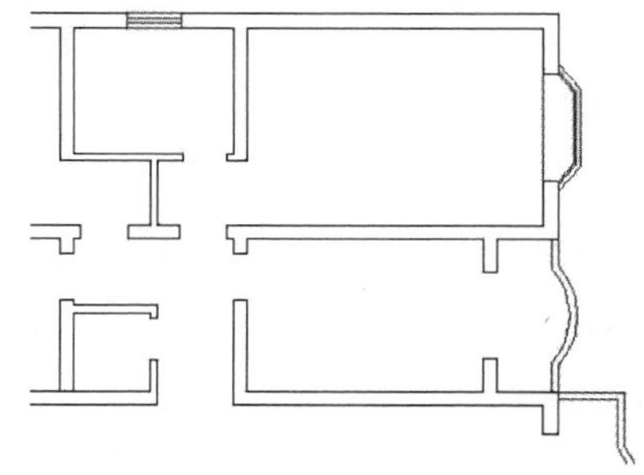

图 14-53 偏移结果

(14) 接下来重复执行【多段线】命令,绘制左侧的两条垂直轮廓线,结果如图 14-54 所示。

至此,户型图凸窗、平面窗和阳台等建筑构件绘制完毕,下一小节将学习推拉门和单开门构件的快速绘制技巧。

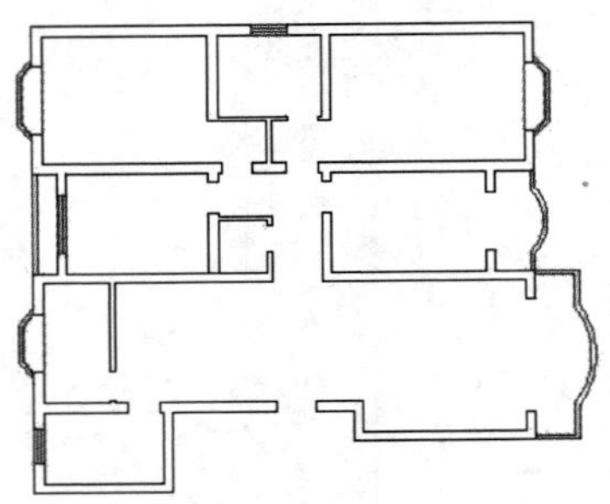

图 14-54 绘制结果

14.3.6 绘制推拉门和单开门

(1) 继续上节操作。

(2) 单击【绘图】菜单中的【矩形】命令，配合【中点捕捉】功能绘制推拉门轮廓线。命令行操作如下。

命令：_rectang

指定第一个角点或［倒角(C)/标高(E)/圆角(F)/厚度(T)/宽度(W)］： //激活【捕捉自】功能

_from 基点： //捕捉如图 14-55 所示的中点

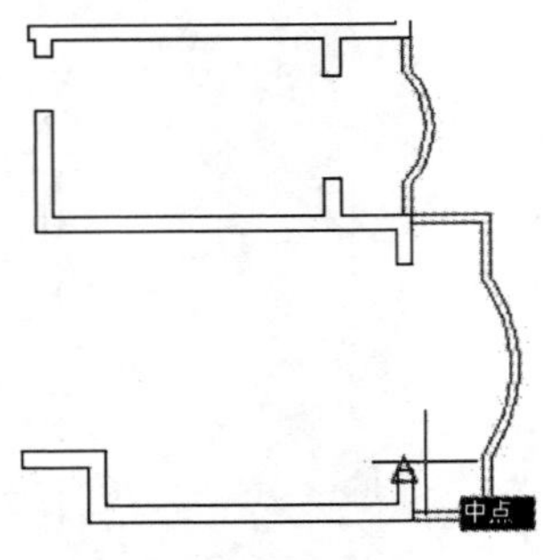

图 14-55 捕捉中点

<偏移>： //@－20,0

指定另一个角点或［面积(A)/尺寸(D)/旋转(R)］： //@40,750 ↙

命令：_rectang

指定第一个角点或［倒角(C)/标高(E)/圆角(F)/厚度(T)/宽度(W)］： //捕捉刚绘制的矩形右侧垂直边中点

指定另一个角点或［面积(A)/尺寸(D)/旋转(R)］： //@40,750 ↙，绘制结果如图 14-56 所示

(3) 单击【修改】工具栏上的按钮，激活【镜像】命令，配合【中点捕捉】功能对推拉门轮廓线进行镜像。命令行操作如下。

命令：_mirror
选择对象： //选择两个矩形推拉门
选择对象： //↙，结束选择
指定镜像线的第一点： //捕捉如图14-57所示的中点
指定镜像线的第二点： //@1,0↙
要删除源对象吗？[是(Y)/否(N)]＜N＞： //↙，镜像结果如图14-58所示

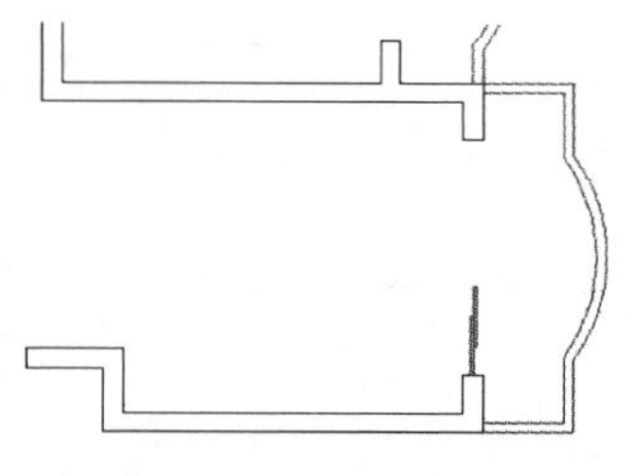

图14-56 绘制结果

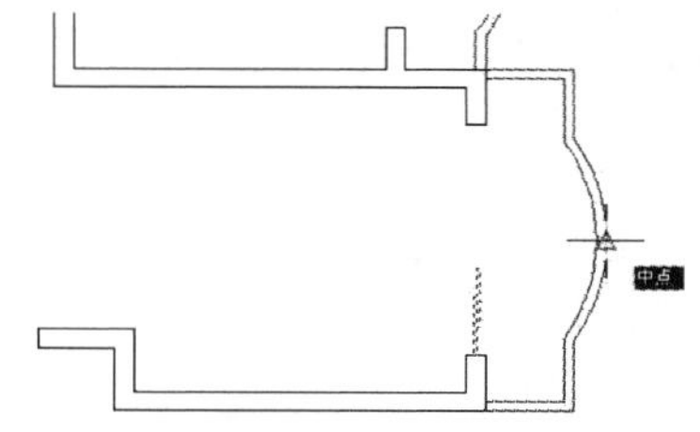

图14-57 捕捉中点

(4) 参照第(2)操作步骤，绘制上方房间的推拉门，绘制结果如图14-59所示，门的尺寸不变。

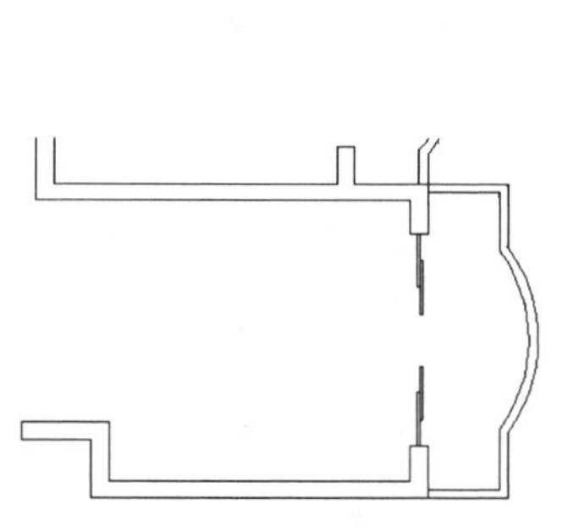

图14-58 镜像结果

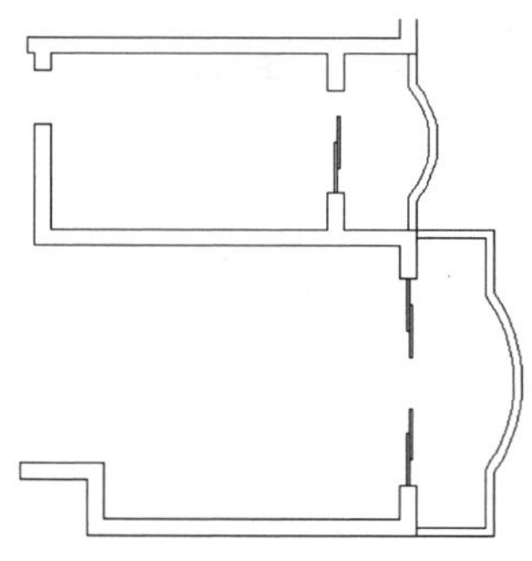

图14-59 绘制结果

☞技巧提示

在此也可以使用【复制】命令对下方的推拉门进行复制。

(5) 单击【绘图】工具栏按钮，插入随书光盘中的"\图块文件\单开门.dwg"，块参数设置如图14-60所示，插入点如图14-61所示，插入结果如图14-62所示。

(6) 重复执行【插入块】命令，设置插入参数如图14-63所示，插入点如图14-64所示，插入结果如图14-65所示。

(7) 使用快捷键MI激活【镜像】命令，选择两个单开门块进行镜像，镜像线上的点为图14-66所示的中点，镜像结果如图14-67所示。

(8) 重复执行【插入块】命令，设置插入参数如图14-68所示，插入结果如图14-69所示。

(9) 重复执行【插入块】命令，设置插入参数如图14-70所示，插入结果如图14-71所示。

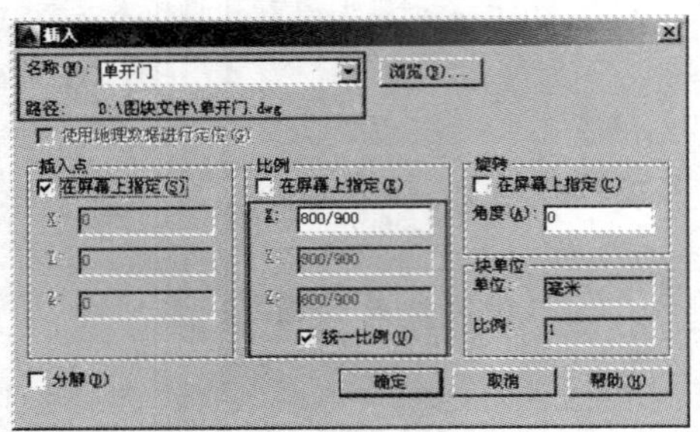

图 14-60 设置参数

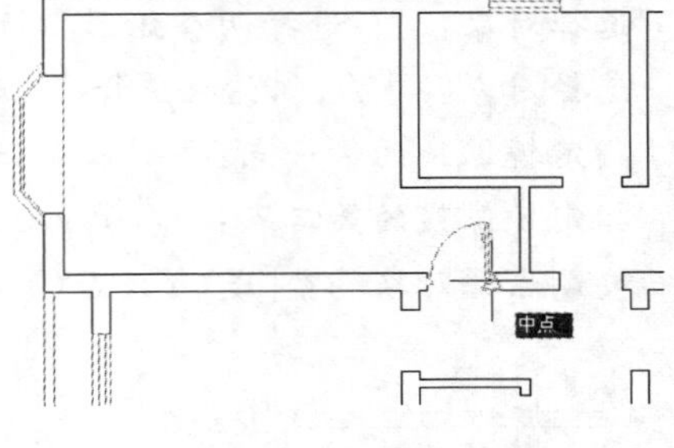

图 14-61 定位插入点

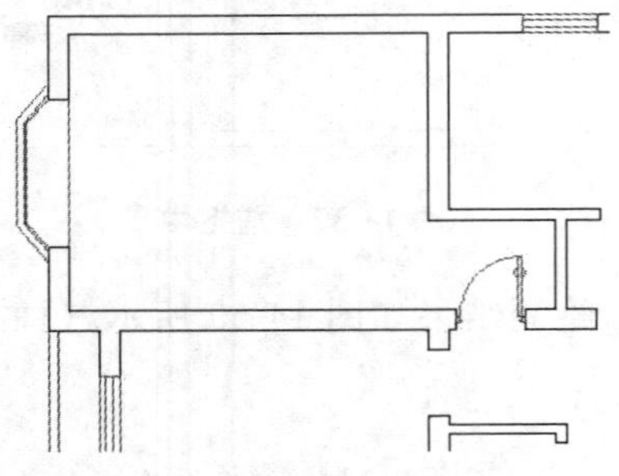

图 14-62 设置参数

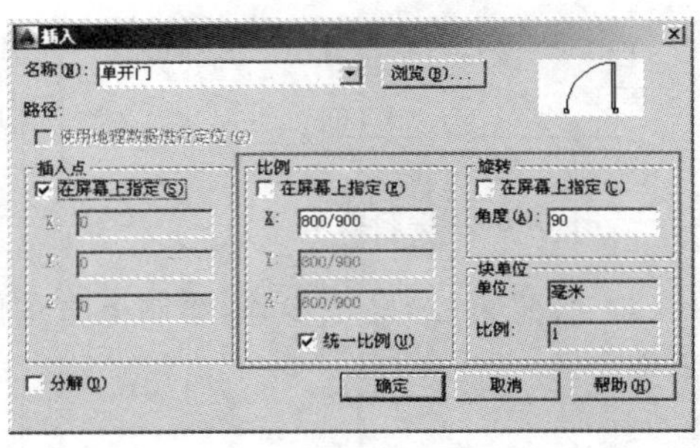

图 14-63 定位插入点

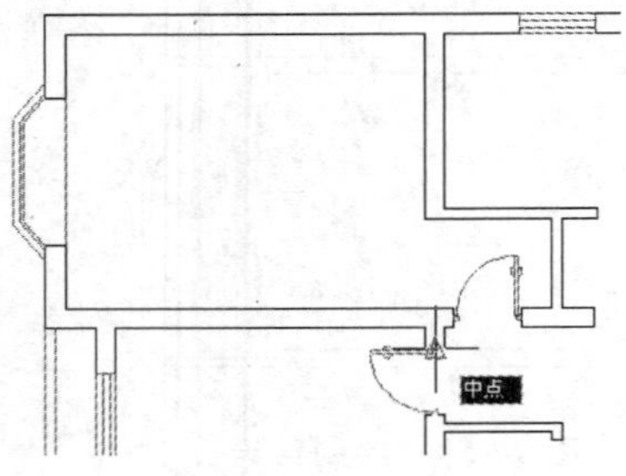

图 14-64 设置参数

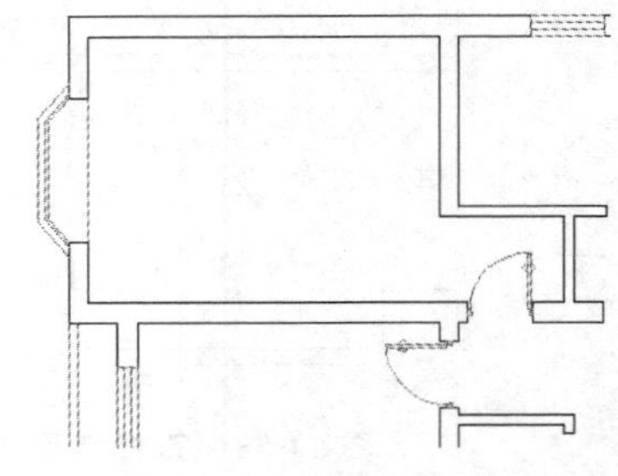

图 14-65 定位插入点

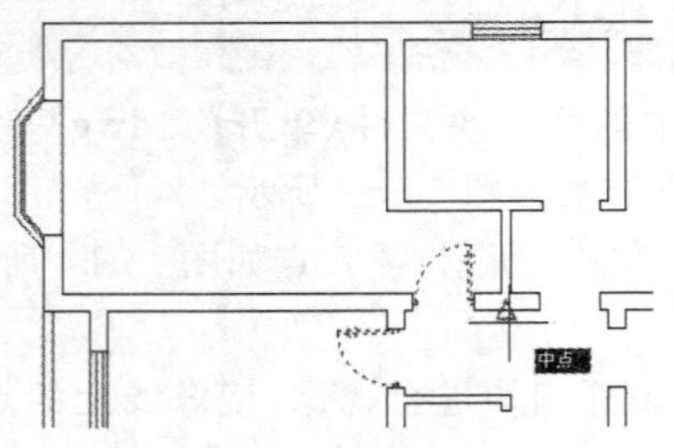

图 14-66 捕捉中点

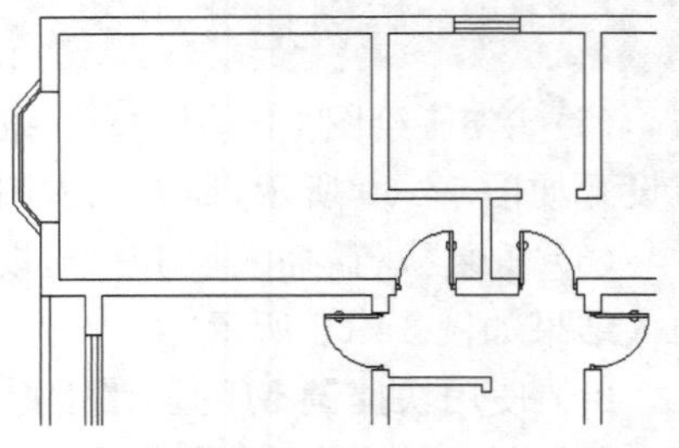

图 14-67 镜像结果

(10) 重复执行【插入块】命令，设置插入参数如图 14-72 所示，插入结果如图 14-73 所示。

(11) 重复执行【插入块】命令，设置插入参数如图 14-74 所示，插入结果如图 14-75

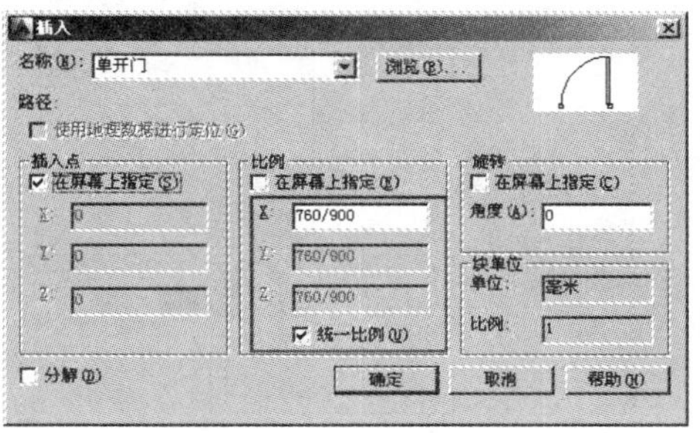

图 14-68 设置参数

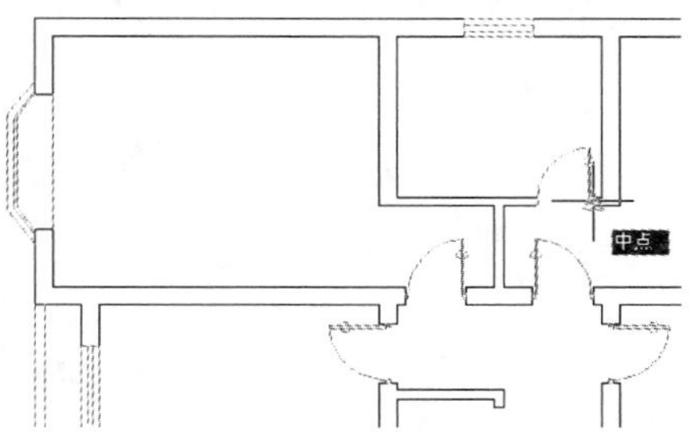

图 14-69 定位插入点

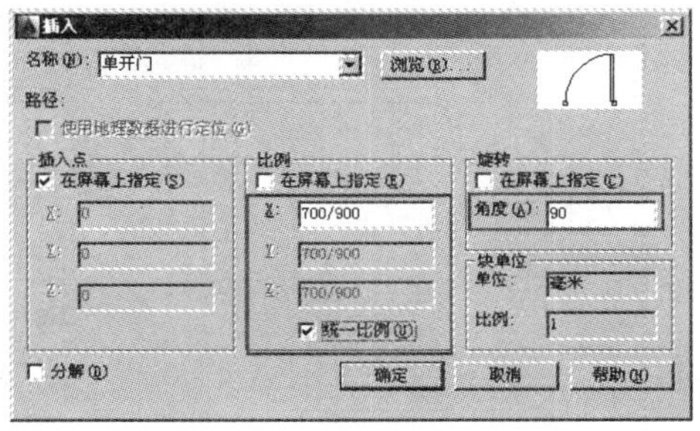

图 14-70 设置参数

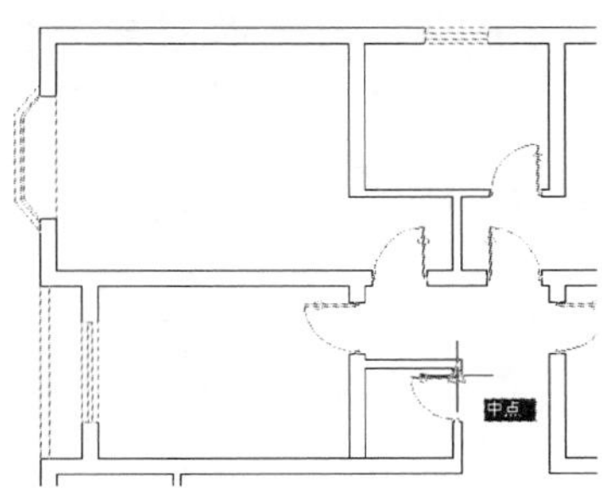

图 14-71 定位插入点

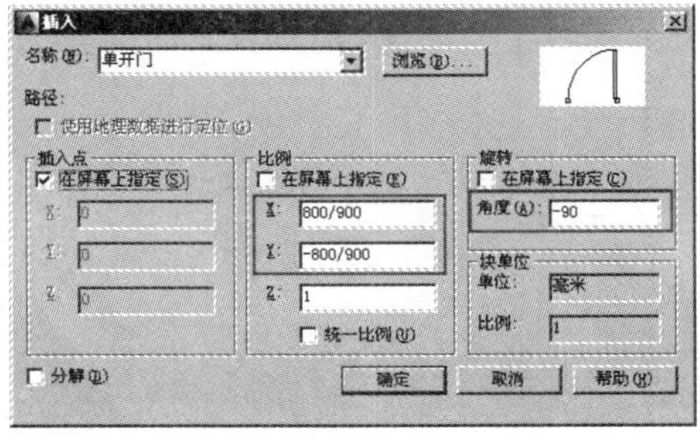

图 14-72 设置参数

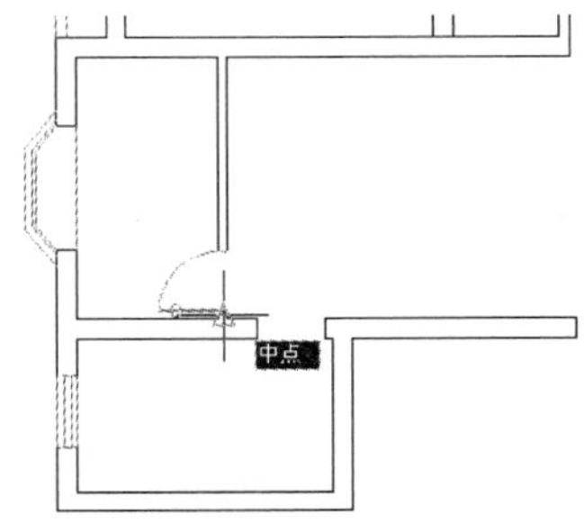

图 14-73 定位插入点

所示。

(12) 重复执行【插入块】命令，设置插入参数如图 14-76 所示，插入结果如图 14-77 所示。

(13) 调整视图，使图形全部显示，最终效果如图 14-78 所示。

(14) 最后执行【保存】命令，将图形命名存储为“绘制御景苑小区 2 号楼户型墙体结构图.dwg”。

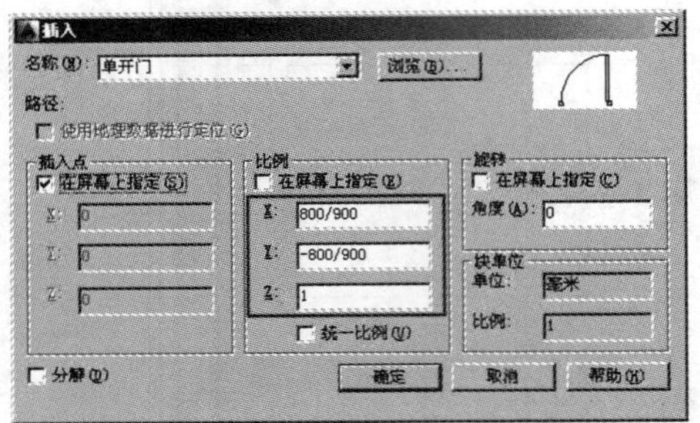

图 14-74　设置参数

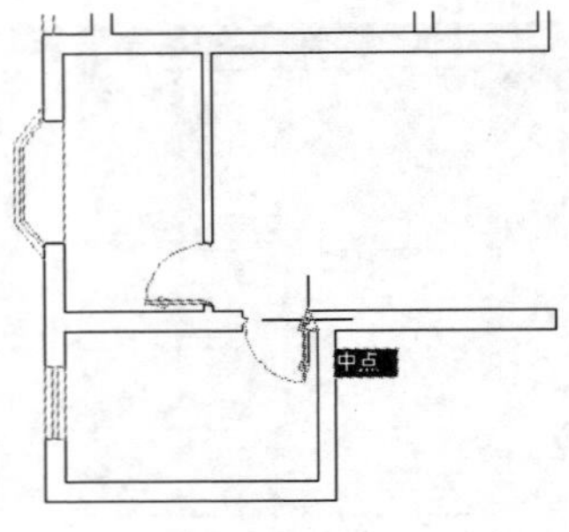

图 14-75　定位插入点

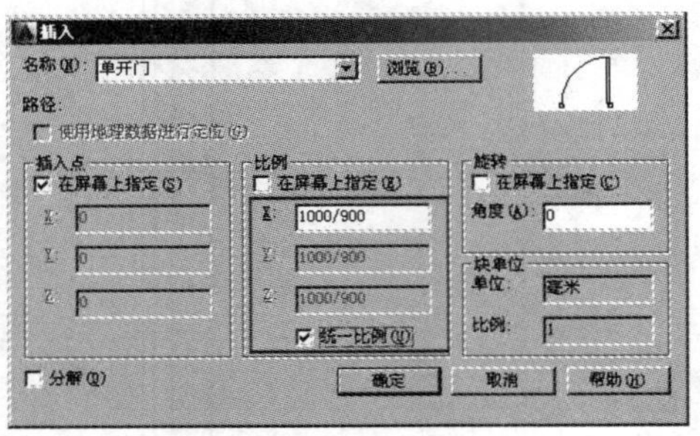

图 14-76　设置参数

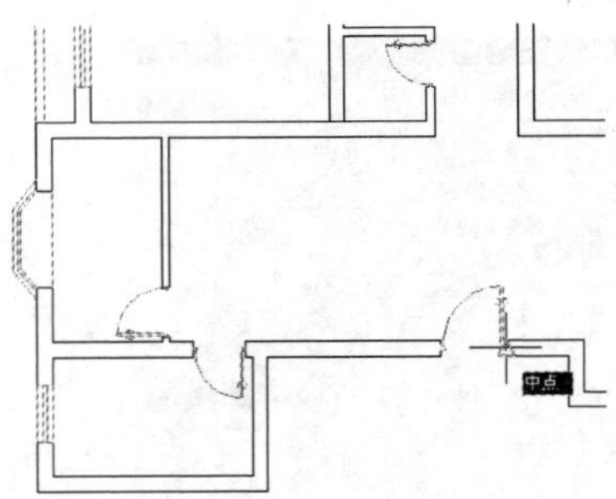

图 14-77　定位插入点

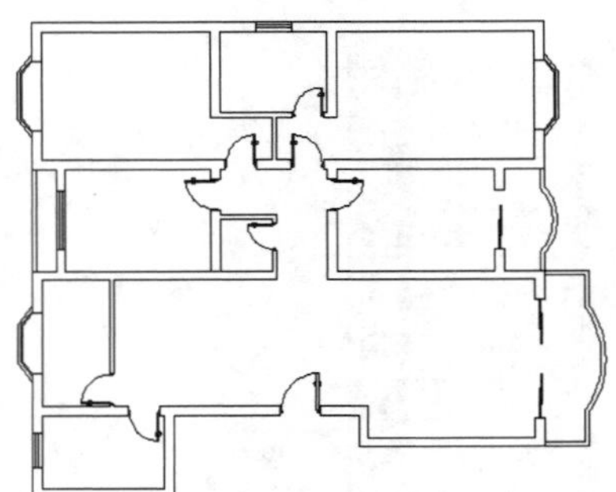

图 14-78　调整视图后的效果

14.4　实例指导二——绘制御景苑 2 号楼户型家具布置图

本例主要学习御景苑小区 2 号楼户型装修家具布置图的具体绘制过程和相关绘图技巧。御景苑小区 2 号楼户型装修家具布置图的最终绘制效果，如图 14-79 所示。

在绘制户型家具布置图时，具体可以参照如下绘图思路：

(1) 使用【插入块】命令为客厅布置电视、电视柜、沙发、茶几、绿化植物等。

(2) 使用【设计中心】命令为书房布置书桌、书架、沙发、装饰柜及绿化植物等。

(3) 使用【工具选项板】命令为卫生间布置马桶、洗脸池、淋浴房等构件。

(4) 综合使用【插入块】、【设计中心】、【工具选项板】等命令绘制其他房间内的布置图。

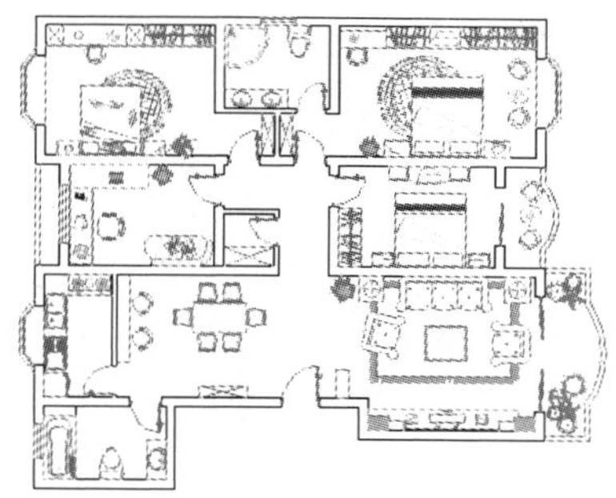

图 14-79　实例效果

(5) 使用【多段线】、【矩形】命令绘制装饰柜、厨房操作台等，对室内布置图进行完善。

14.4.1　绘制客厅家具布置图

(1) 执行【打开】命令，打开随书光盘中的"\效果文件\第 14 章\绘制御景苑小区 2 号楼户型墙体结构图.dwg"文件。

(2) 打开状态栏上的【对象捕捉】和【对象追踪】功能。

(3) 单击【格式】菜单中的【图层】命令，在打开的【图层特性管理器】对话框中双击"家具层"，将此图层设置为当前图层。

(4) 单击【绘图】工具栏上的 按钮，在打开的【插入】对话框中单击 浏览(B)... 按钮，然后选择随书光盘中的"\图块文件\客厅柜.dwg"文件，如图 14-80 所示。

(5) 返回【插入】对话框，设置块的插入参数，如图 14-81 所示。

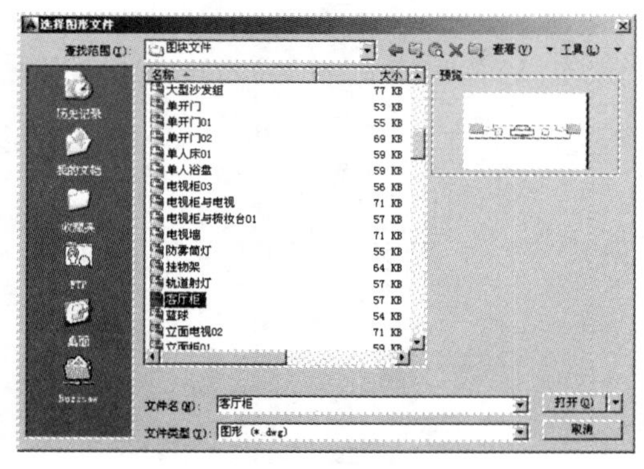

图 14-80　选择文件

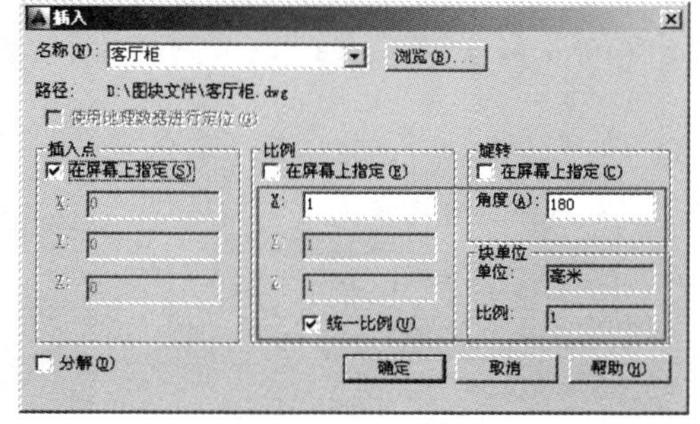

图 14-81　设置参数

(6) 返回绘图区，在命令行"指定插入点或 [基点(B)/比例(S)/旋转(R)]:"提示下，捕捉如图 14-82 所示的端点作为插入点，将其插入到客厅房间内，插入结果如图 14-83 所示。

(7) 重复执行【插入块】命令，在打开的【插入】对话框中单击 浏览(B)... 按钮，选择随书光盘中的"\图块文件\沙发组合 02.dwg"文件，如图 14-84 所示。

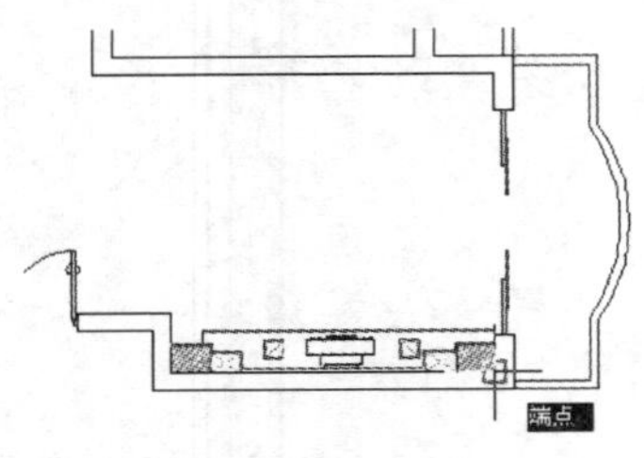

图 14-82　捕捉端点

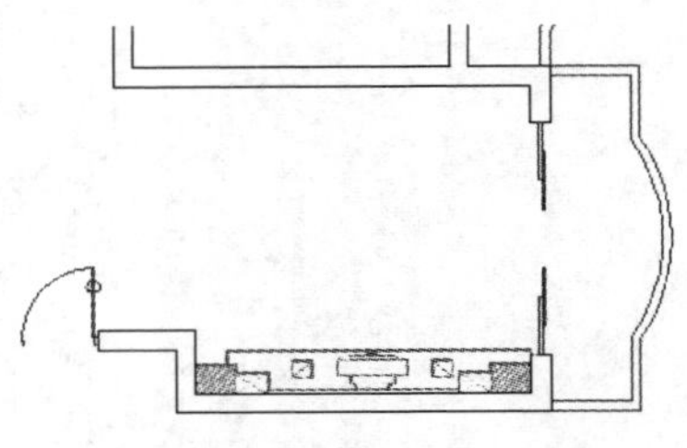

图 14-83　插入结果

(8) 返回【插入】对话框，设置块的插入参数，如图 14-85 所示。

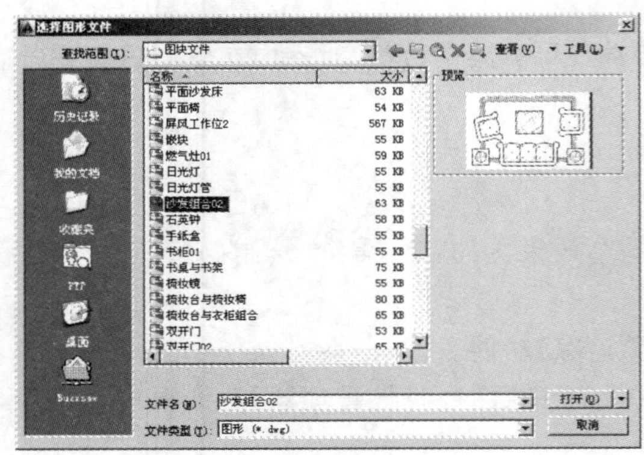

图 14-84　选择对象

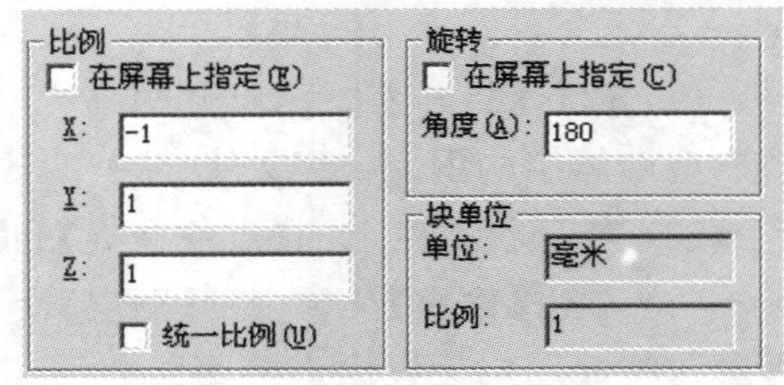

图 14-85　设置参数

(9) 返回绘图区，配合【对象追踪】功能，将沙发组合图块插入到平面图中。命令行操作如下。

命令：i

INSERT 指定插入点或［基点(B)/比例(S)/X/Y/Z/旋转(R)］：　//向左引出如图 14-86 所示的对象追踪虚线，然后输入 2900 后按 Enter 键，插入结果如图 14-87 所示

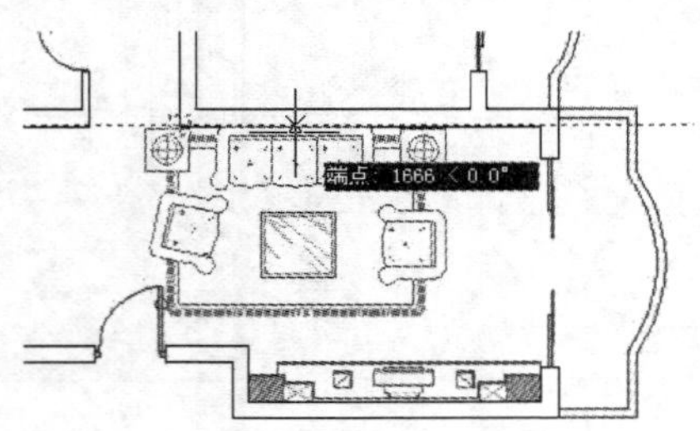

图 14-86　引出对象追踪虚线

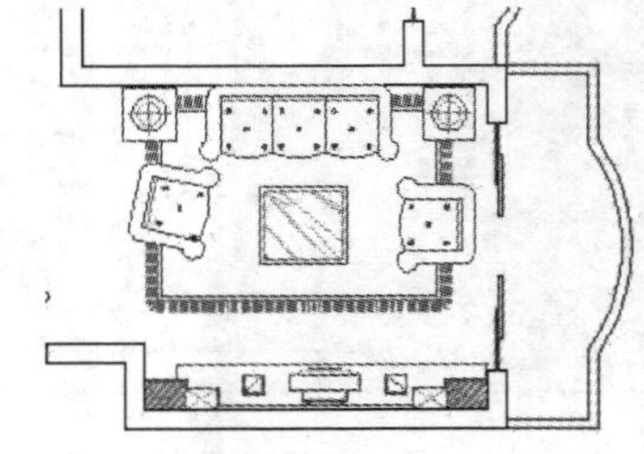

图 14-87　插入结果

(10) 重复执行【插入块】命令，选择随书光盘中的"\图块文件\绿化植物 07. dwg"，如图 14-88 所示，然后将其以默认参数插入到平面图中，并适当调整其位置，结果如图 14-89 所示。

(11) 重复执行【插入块】命令，分别以默认参数插入随书光盘"\图块文件\"目录下的"绿化植物 02. dwg"和"绿化植物 03. dwg"，结果如图 14-90 所示。

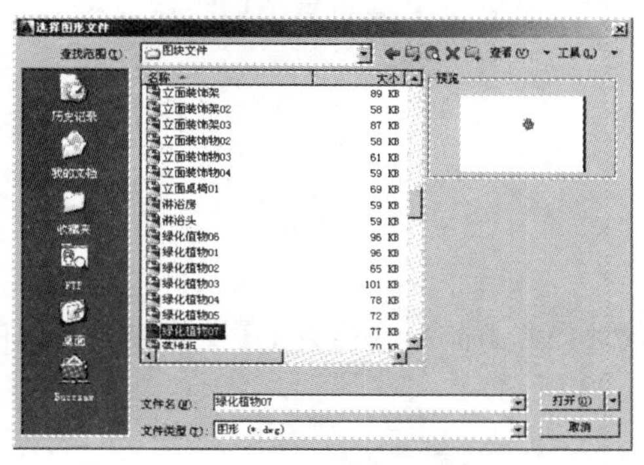

图 14-88　选择文件

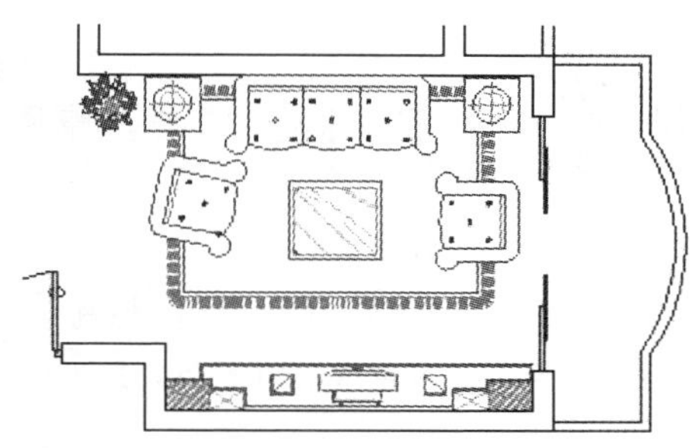

图 14-89　插入结果

(12) 使用快捷键 REC 激活【矩形】命令，绘制宽度为 300 的矩形作为玄关外轮廓线，命令行操作如下。

命令：_rectang

指定第一个角点或[倒角(C)/标高(E)/圆角(F)/厚度(T)/宽度(W)]：　//激活【捕捉自】功能

_from 基点：　//捕捉如图 14-91 所示的端点

<偏移>：　//@－500,0 ↙

指定另一个角点或[面积(A)/尺寸(D)/旋转(R)]：　//@－300,750 ↙，结果如图 14-92 所示

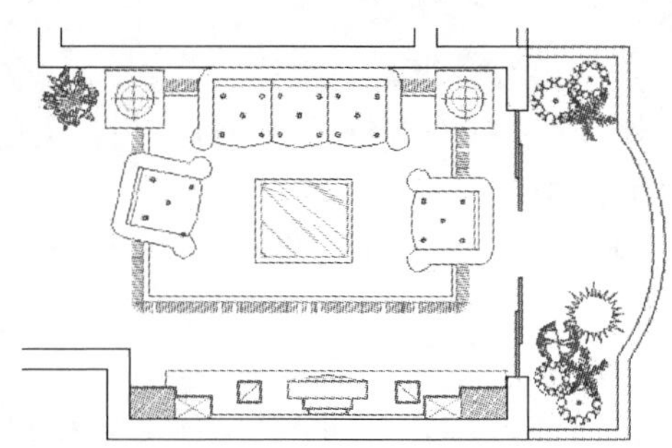

图 14-90　插入结果

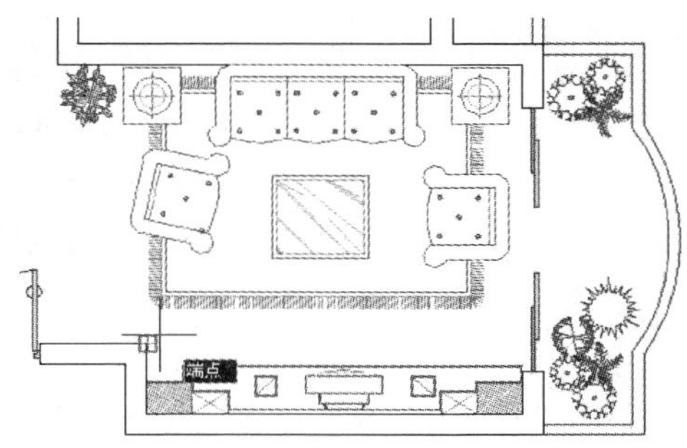

图 14-91　捕捉端点

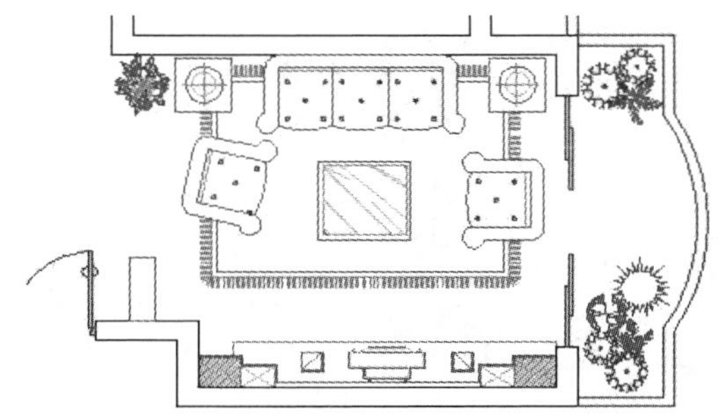

图 14-92　绘制结果

至此，客厅家具布置图绘制完毕，下一小节将学习主卧室家具布置图的绘制过程和绘制技巧。

14.4.2 绘制主卧室家具布置图

(1) 继续上节操作。

(2) 单击【标准】工具栏上的按钮，激活【设计中心】命令，在打开的【设计中心】窗口中定位随书光盘中的“图块文件”文件夹，如图 14-93 所示。

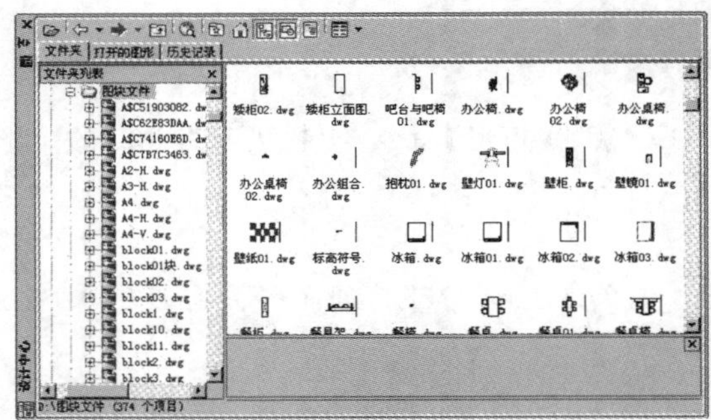

图 14-93 定位目标文件夹

☞技巧提示

用户可以事先将随书光盘中的“图块文件”拷贝至用户机上，然后通过【设计中心】工具进行定位。

(3) 在右侧的窗口中选择“双人床 03. dwg”文件，然后单击右键选择【插入为块】选项，如图 14-94 所示，将此图形以块的形式共享到平面图中。

(4) 此时系统打开【插入】对话框，以默认参数将此图块插入到主卧室房间内，命令行操作如下。

命令：i

INSERT 指定插入点或［基点(B)/比例(S)/X/Y/Z/旋转(R)］： //向左引出图 14-95所示的追踪虚线，输入 2250 后按 Enter 键，插入结果如图 14-96 所示

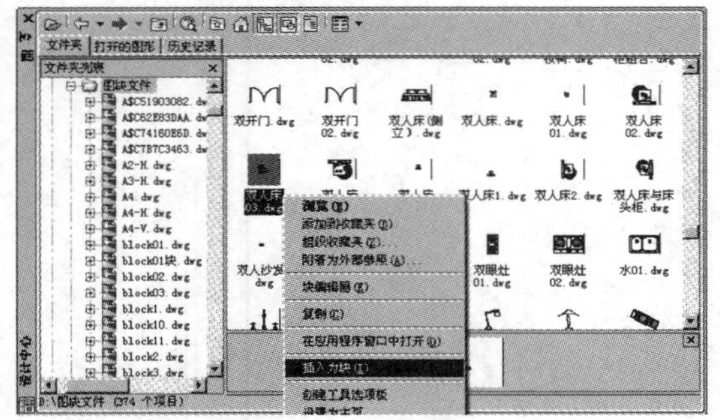

图 14-94 选择【插入为块】功能

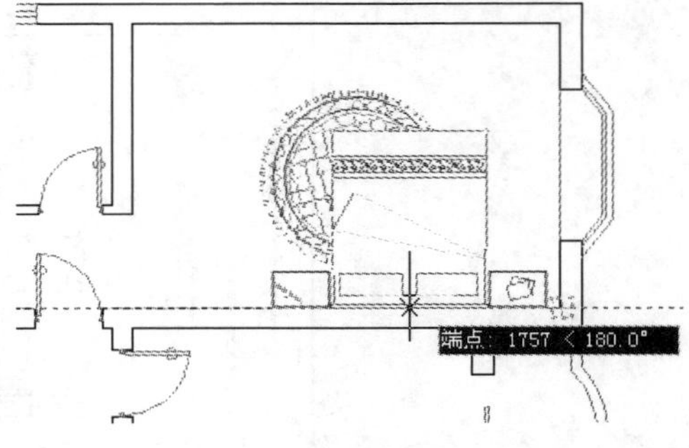

图 14-95 引出对象追踪虚线

(5) 在【设计中心】右侧的窗口中向下移动滑块，找到"梳妆台与衣柜组合.dwg"文件并选择，如图 14-97 所示。

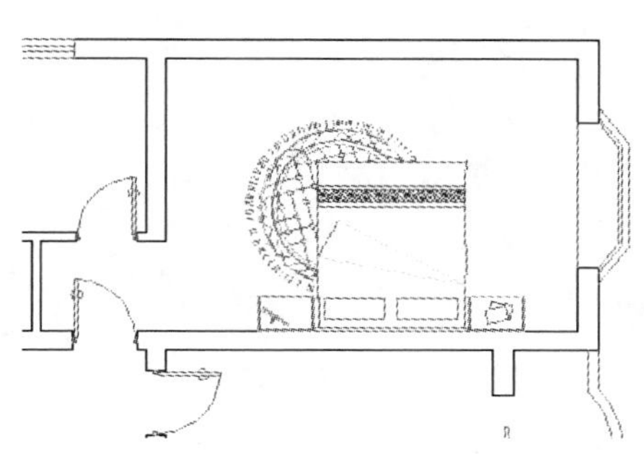

图 14-96　插入结果

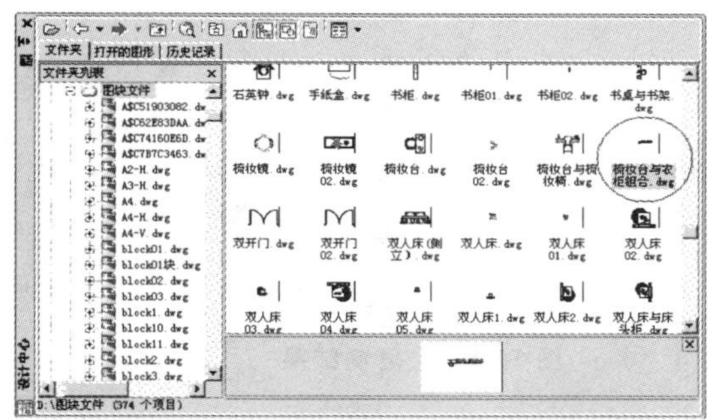

图 14-97　定位文件

(6) 按住左键不放，将其拖拽至平面图中，配合【捕捉】与【追踪】功能，将平面沙发床插入到平面图中。命令行操作如下。

命令：_-INSERT 输入块名或［?］："D:\图块文件\梳妆台与衣柜组合.dwg "

单位：毫米　转换：　　1.0

指定插入点或［基点(B)/比例(S)/X/Y/Z/旋转(R)］：　//捕捉如图 14-98 所示的端点

输入 X 比例因子，指定对角点，或［角点(C)/XYZ(XYZ)］<1>：　//↙

输入 Y 比例因子或<使用 X 比例因子>：　//↙，插入结果如图 14-99 所示

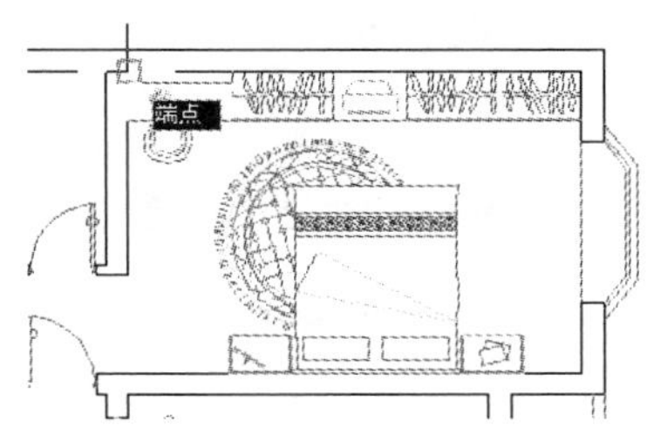

图 14-98　捕捉端点

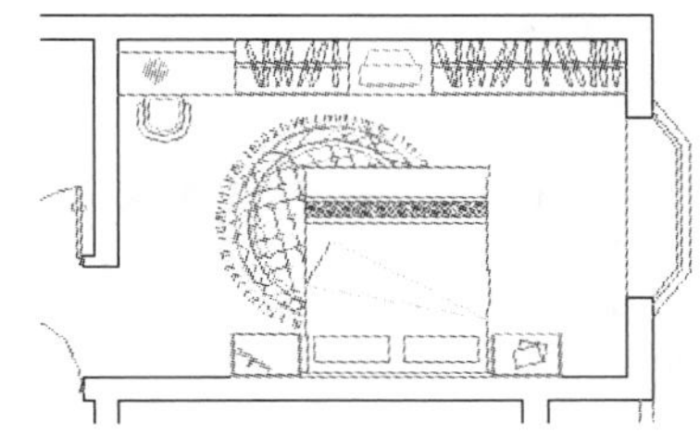

图 14-99　插入结果

(7) 单击【修改】菜单中的【复制】命令，将客厅位置的绿化植物图块复制到书房内，如图 14-100 所示。

(8) 在【设计中心】右侧窗口中定位"休闲桌椅.dwg"图块，然后单击右键，选择如图 14-101 所示的【复制】命令。

(9) 返回绘图区，然后执行【粘贴】命令，将此图块粘贴到主卧室房间内。命令行操作如下。

命令：_pasteclip

命令：_-INSERT 输入块名或［?］<梳妆台与衣柜组合>："E:\图块文件\休闲桌椅.dwg"

单位：毫米　转换：　　1

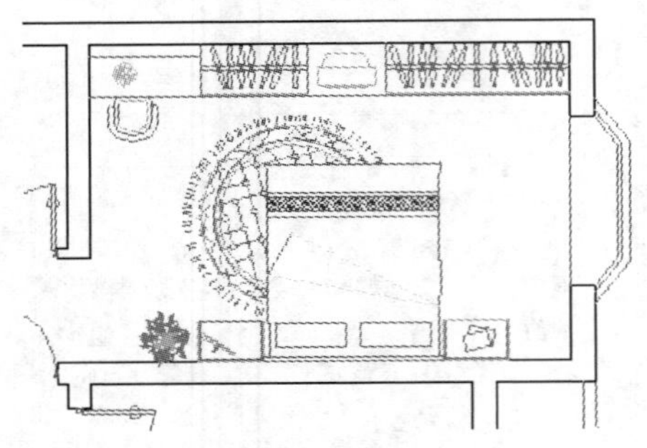

图 14-100　复制结果

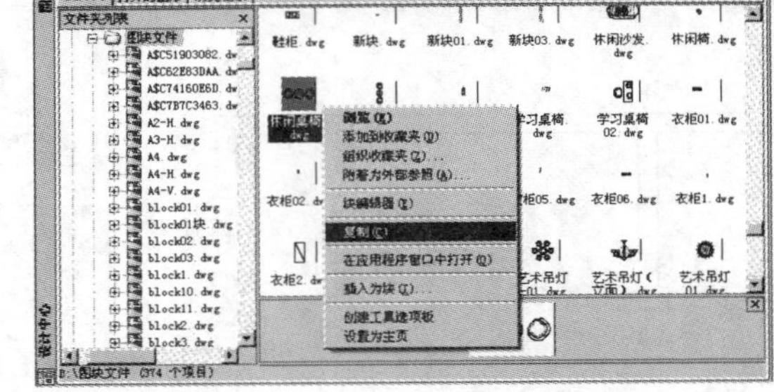

图 14-101　定位文件并复制

指定插入点或 [基点(B)/比例(S)/X/Y/Z/旋转(R)]：　//s↙

指定 XYZ 轴的比例因子 <1>：　//0.8↙

指定插入点或 [基点(B)/比例(S)/X/Y/Z/旋转(R)]：　//r↙

指定旋转角度 <0.0>：　//90↙

指定插入点或 [基点(B)/比例(S)/X/Y/Z/旋转(R)]：　//在图 14-102 所示的位置单击，粘贴结果如图 14-103 所示

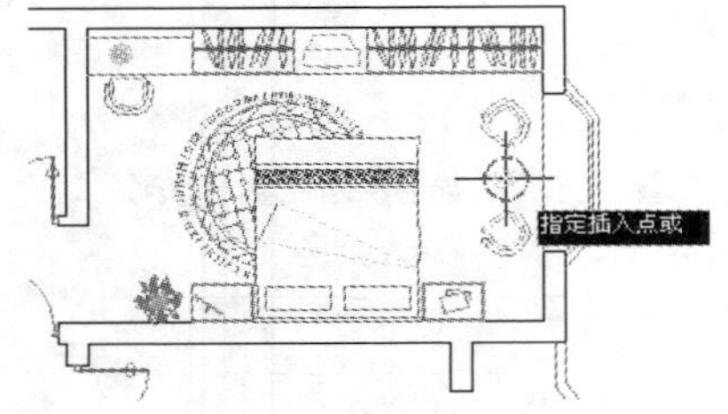

图 14-102　指定单击位置

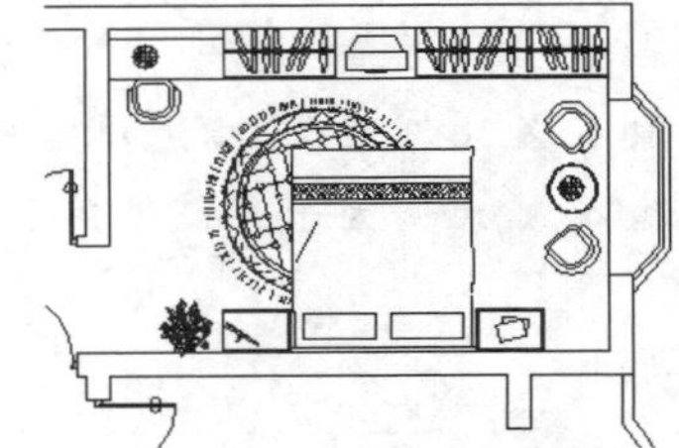

图 14-103　粘贴结果

至此，主卧室家具布置图绘制完毕，下一小节将学习卫生间洁具布置图的绘制过程和绘制技巧。

14.4.3　绘制卫生间洁具布置图

(1) 继续上节操作。

(2) 展开【图层】工具栏上的【图层控制】下拉列表，设置“图块层”为当前图层。

(3) 在【设计中心】左侧窗口中定位“图块文件”文件夹，然后单击右键，选择【创建块的工具选项板】选项，将“图块文件”文件夹创建为选项板，如图 14-104 所示，创建结果如图 14-105 所示。

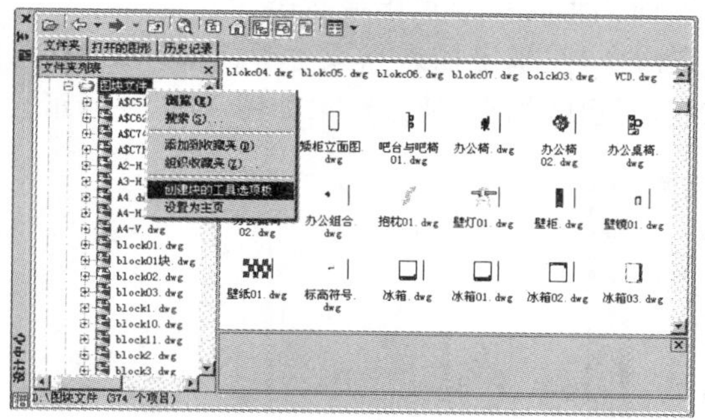

图 14-104 【设计中心】窗口

(4) 在【工具选项板】窗口中向下拖动滑块,然后定位"淋浴房.dwg"文件,如图14-106所示。

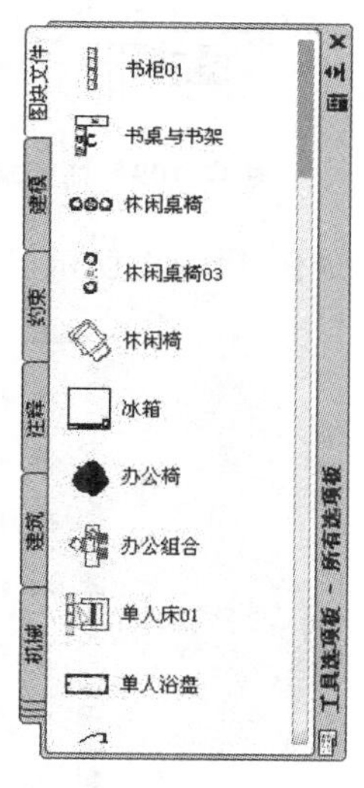

图 14-105 创建结果

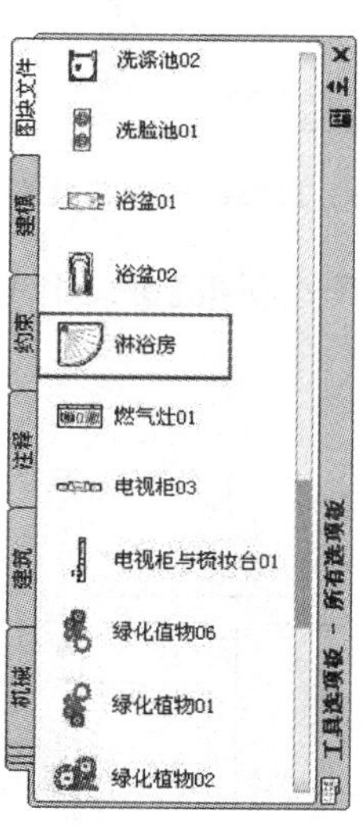

图 14-106 定位文件

(5) 在"淋浴房.dwg"文件上按住鼠标左键不放,将其拖拽至墙线角点处,以块的形式共享此图形,结果如图 14-107 所示。

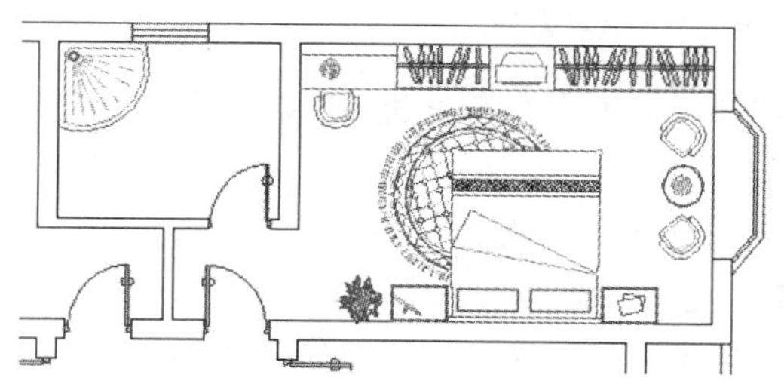

图 14-107 以"拖拽"方式共享

(6) 在【工具选项板】窗口中单击"双人洗脸盆.dwg"文件图标,如图 14-108 所示,然后将光标移至绘图区，此时图形将会呈现虚显状态。

(7) 返回绘图区，在命令行"指定插入点或［基点(B)/比例(S)/X/Y/Z/旋转(R)］："提示下，捕捉如图 14-109 所示的端点，插入结果如图 14-110 所示。

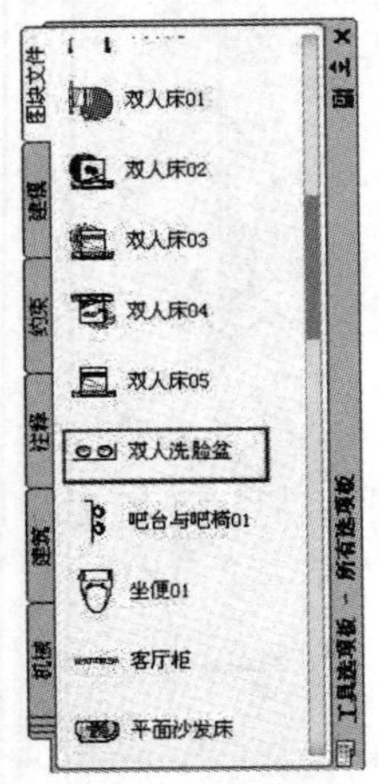

图 14-108　以"单击"方式共享

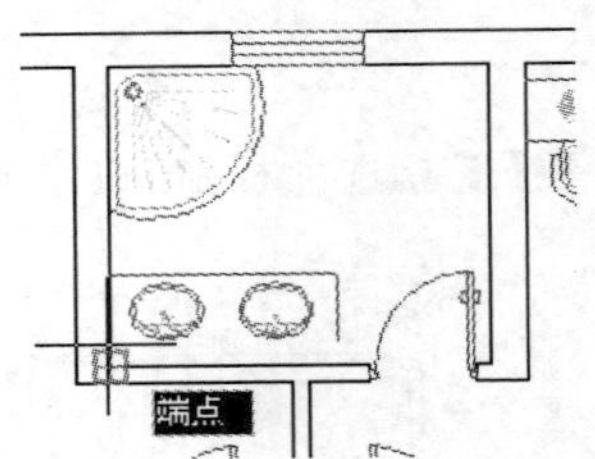

图 14-109　捕捉端点

(8) 在【工具选项板】窗口中单击"马桶"文件图标，如图 14-111 所示。

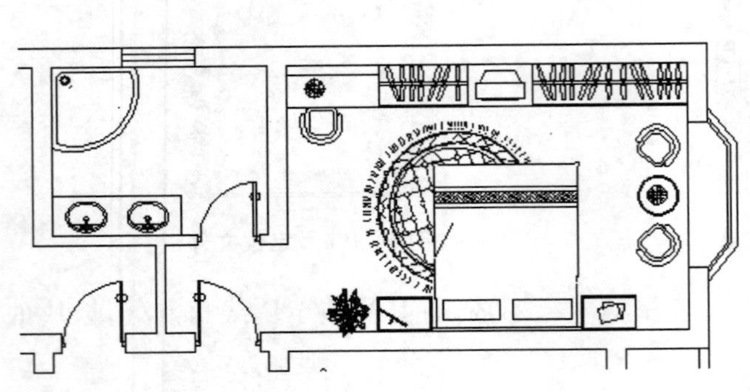

图 14-110　插入结果

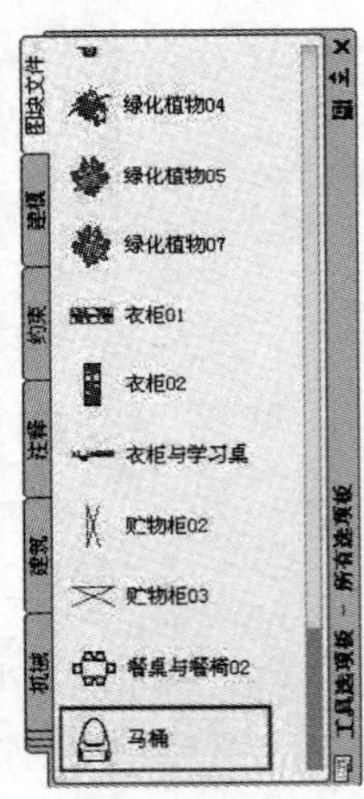

图 14-111　定位马桶文件

(9) 将光标移至绘图区，根据命令行的提示，将此图块插入到卫生间内。命令行操作如下。

命令：　忽略块尺寸箭头的重复定义。

忽略块马桶的重复定义。

指定插入点或［基点(B)/比例(S)/X/Y/Z/旋转(R)］：　//r

指定旋转角度 <0.0>：　//180

指定插入点或［基点(B)/比例(S)/X/Y/Z/旋转(R)］：　//向左引出如图 14-112 所示的对象追踪虚线，然后输入 800 并按 Enter 键，插入结果如图 14-113 所示至此，主卧卫生间洁具布置图绘制完毕。

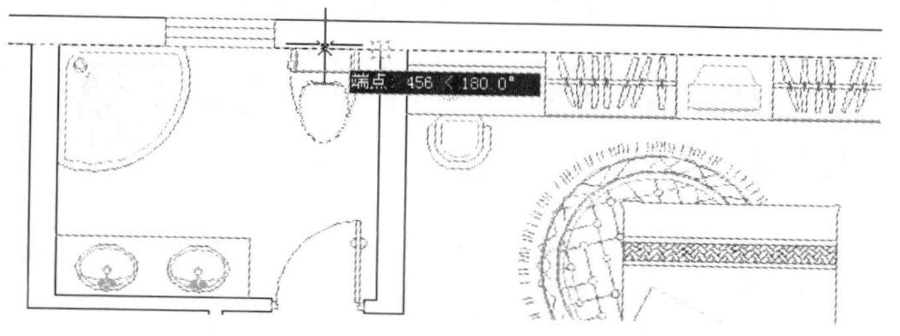

图 14-112　引出端点追踪虚线

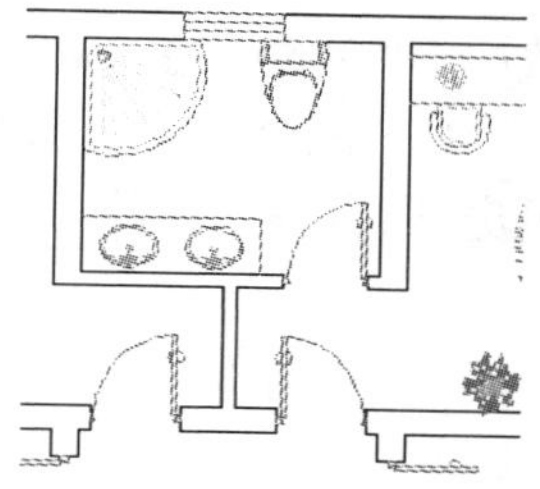

图 14-113　插入结果

14.4.4 绘制其他房间家具布置图

参照第 14.4.1、14.4.2 和 14.4.3 小节中的三种操作方法，综合使用【插入块】、【设计中心】和【工具选项板】命令，分别为餐厅、厨房、卫生间、儿童房和次卧室等布置各种室内用具图例，布置后的结果如图 14-114 所示。

接下来使用【多段线】、【矩形】等命令，绘制鞋柜、装饰柜、储藏柜和厨房操作台轮廓线，结果如图 14-115 所示。

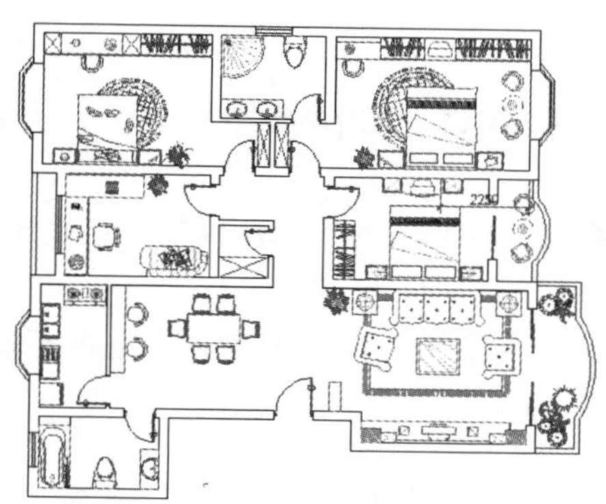

图 14-114　布置其他图例

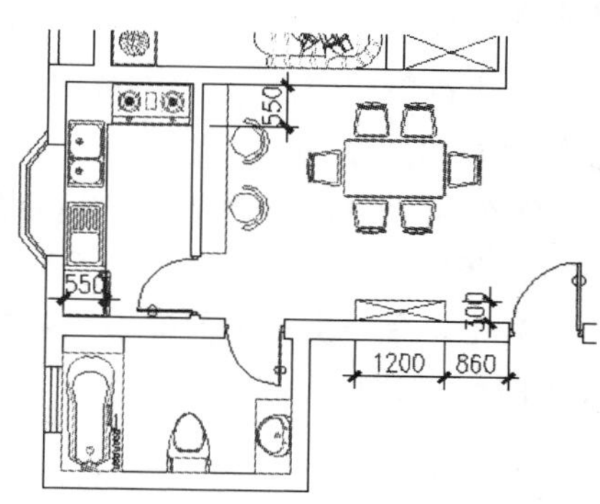

图 14-115　绘制结果

14.5 实例指导三——绘制御景苑2号楼户型地面材质图

本例主要学习御景苑小区 2 号楼户型装修地面材质图的具体绘制过程和相关绘图技巧。御景苑小区 2 号楼户型装修地面材质图的最终绘制效果，如图 14-116 所示。

在绘制御景苑户型装修地面材质图时，具体可以参照如下绘图思路：

(1) 使用【直线】命令封闭各房间位置的门洞。

(2) 使用【多段线】命令绘制某些图块的边缘轮廓线。

(3) 配合层的状态控制功能，使用【图案填充】命令中的“预定义”图案，绘制卧室、书房、儿童房等的地板填充图案。

(4) 配合层的状态控制功能,使用【图案填充】命令中的“用户定义”图案,绘制客厅和餐厅 600×600 抛光地砖填充图案。

(5) 配合层的状态控制功能,使用【图案填充】命令中的“预定义”图案,绘制卫生间、厨房、阳台等位置的 300×300 防滑地砖图案。

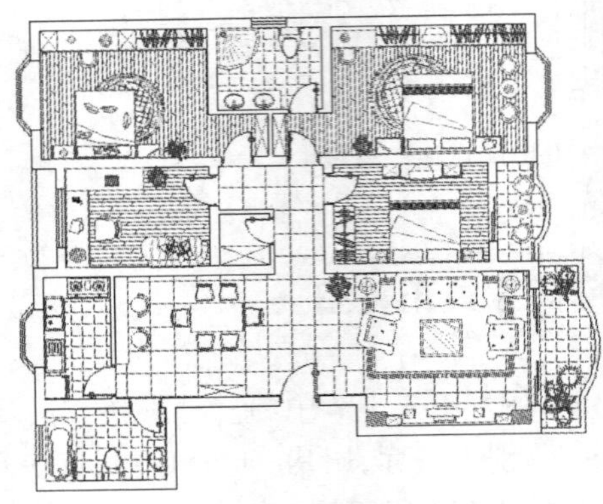

图 14-116 实例效果

14.5.1 绘制书房和次卧地面材质图

(1) 执行【打开】命令,打开光盘中的“\效果文件\第 14 章\绘制御景苑小区 2 号楼户型装修家具布置图. dwg”文件。

(2) 使用快捷键 L 激活【直线】命令,配合捕捉功能分别将各房间两侧门洞连接起来,以形成封闭区域,如图 14-117 所示。

(3) 在无命令执行的前提下,夹点显示书房和次卧室房间内的床、衣柜、电视柜以及书桌等图例,如图 14-118 所示。

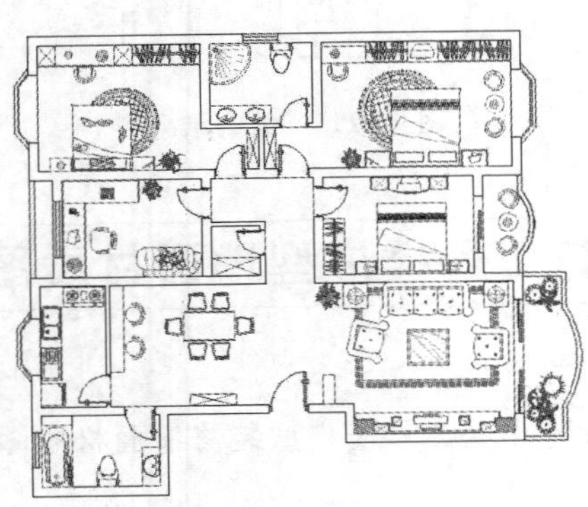

图 14-117 绘制结果

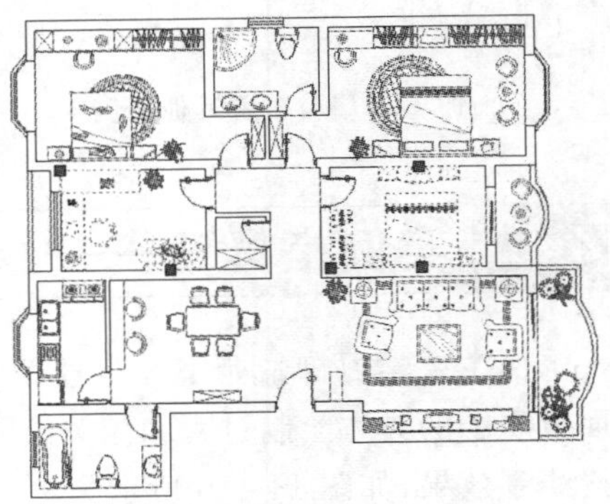

图 14-118 夹点效果

(4) 执行【图层】命令,在打开的【图层特性管理器】对话框中,双击“地面层”,将其设置为当前图层。

(5) 展开【图层控制】下拉列表，将夹点显示的图形暂时放置在“0 图层”上。

(6) 取消对象的夹点显示，然后暂时冻结“家具层”和“图块层”，此时平面图的显示效果如图 14-119 所示。

(7) 单击【绘图】工具栏上的按钮，激活【图案填充】命令，选择如图 14-120 所示的图案。

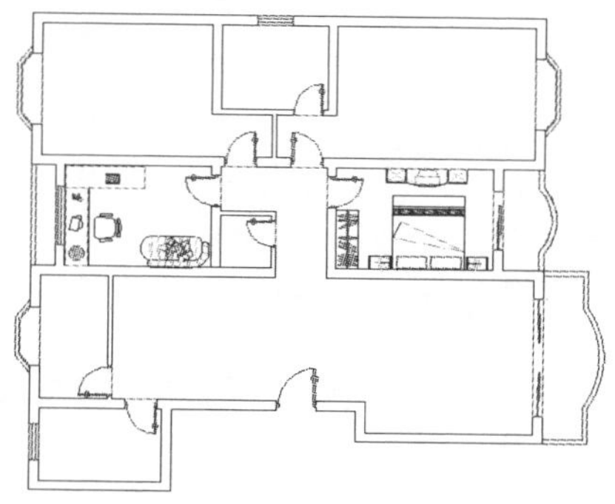

图 14-119　冻结图层后的显示

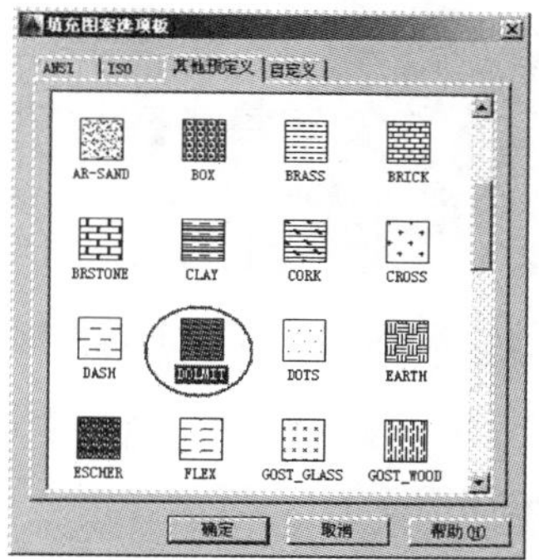

图 14-120　选择填充图案

☞技巧提示

更改图层及冻结“家具层”的目的就是为了方便地面图案的填充，如果不关闭“图块层”，由于图块太多，会大大影响图案的填充速度。

(8) 返回【图案填充和渐变色】对话框，设置填充比例和填充类型等参数，如图 14-121 所示。

(9) 在对话框中单击【添加：拾取点】按钮，返回绘图区，分别在书房和次卧房间空白区域上单击左键，填充如图 14-122 所示图案。

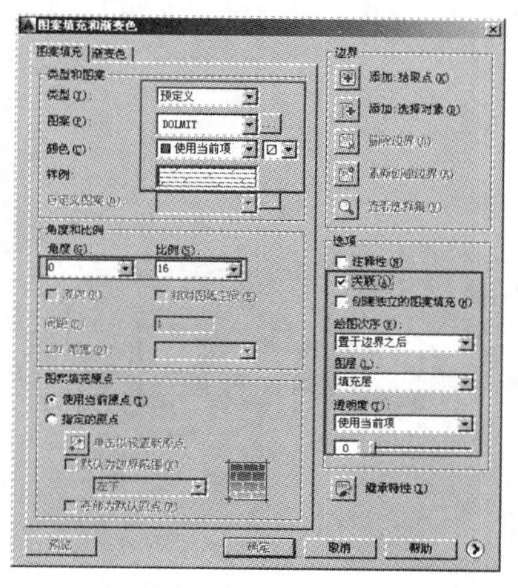

图 14-121　设置填充参数

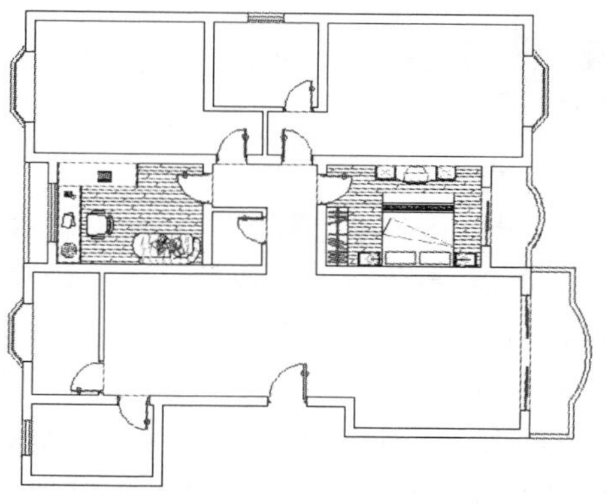

图 14-122　填充结果

(10) 单击【工具】菜单中的【快速选择】命令，设置过滤参数，如图 14-123 所示，选择“0 图层”上的所有对象，选择结果如图 14-124 所示。

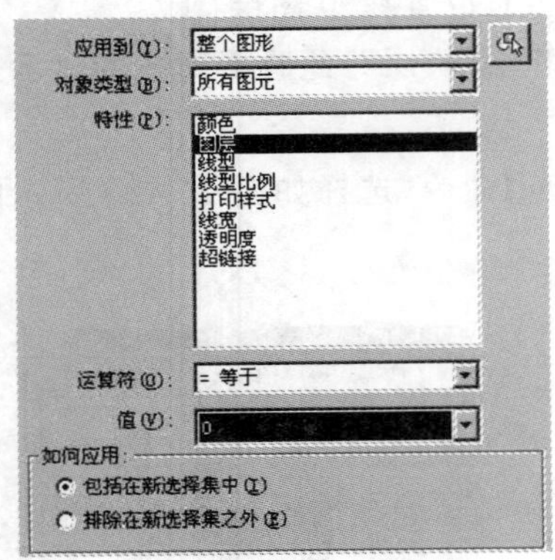

图 14-123　设置过滤参数

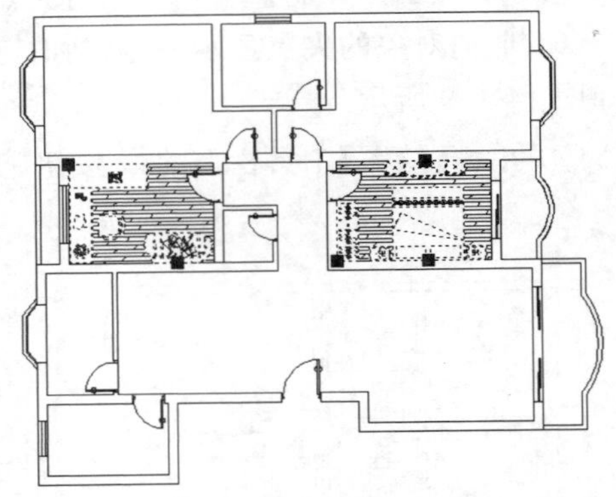

图 14-124　选择结果

(11) 展开【图层控制】下拉列表，将选择的对象放到“家具层”上，然后解冻“家具层”，结果如图 14-125 所示。

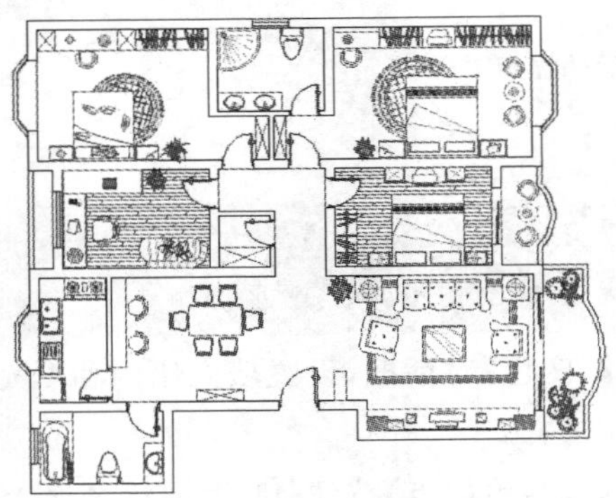

图 14-125　解冻图层的效果

至此，书房和次卧室地面装修材质图绘制完毕，下一小节将学习主卧和儿童房地面材质图的绘制过程和相关技巧。

14.5.2　绘制主卧和儿童房地面材质图

(1) 继续上节操作。

(2) 执行【多段线】命令，分别绘制双人床、墙面装饰柜、梳妆台等图块的外边缘轮廓，然后夹点显示所绘制外轮廓以及其他对象，如图 14-126 所示。

(3) 展开【图层控制】下拉列表，将夹点对象暂时放到“0 图层”上，并冻结“家具层”和“图块层”，此时平面图效果如图 14-127 所示。

(4) 使用快捷键 H 激活【图案填充】命令，设置填充图案及填充参数，如图 14-128 所示。

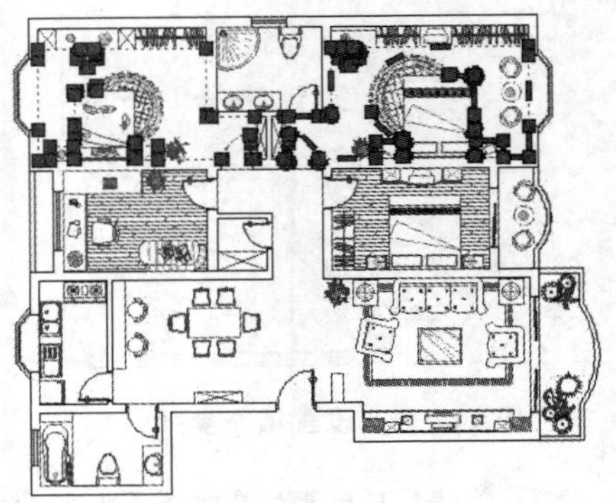

图 14-126　夹点效果

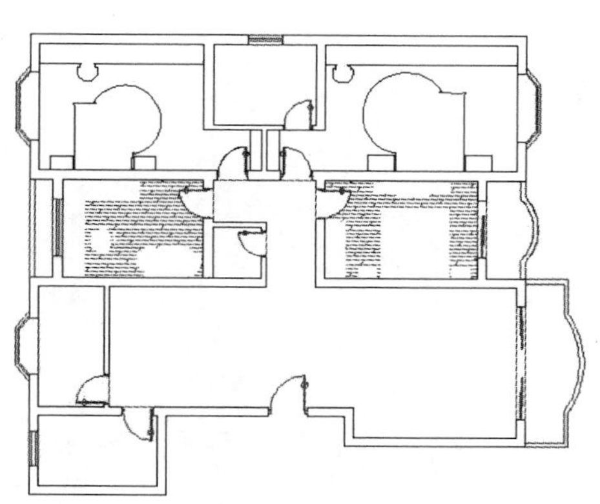

图 14-127　平面图的显示效果

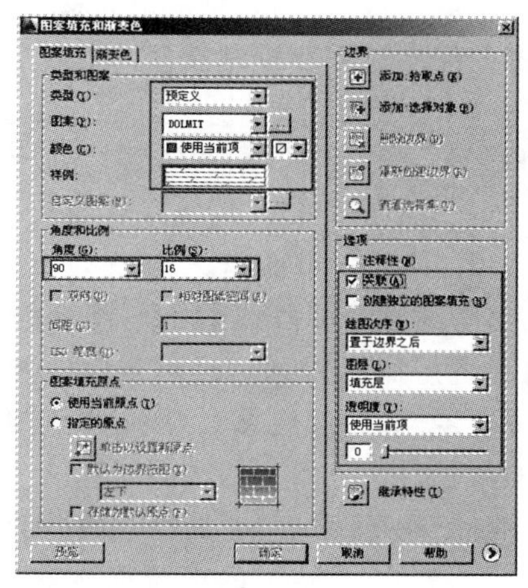

图 14-128　设置填充图案与参数

(5) 返回绘图区拾取如图 14-129 所示的虚线区域，为其填充图案，填充结果如图 14-130所示。

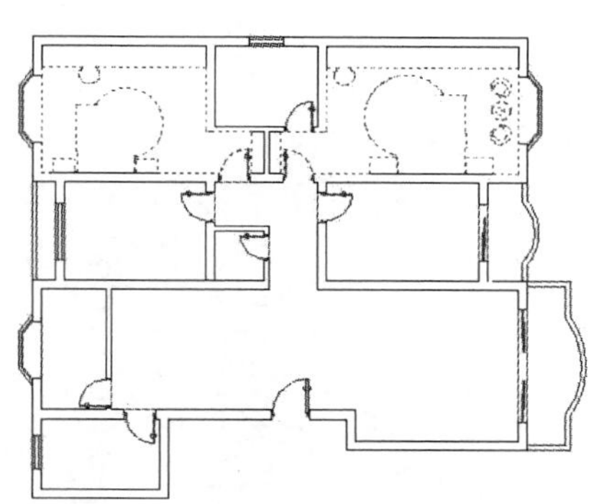

图 14-129　拾取填充区域

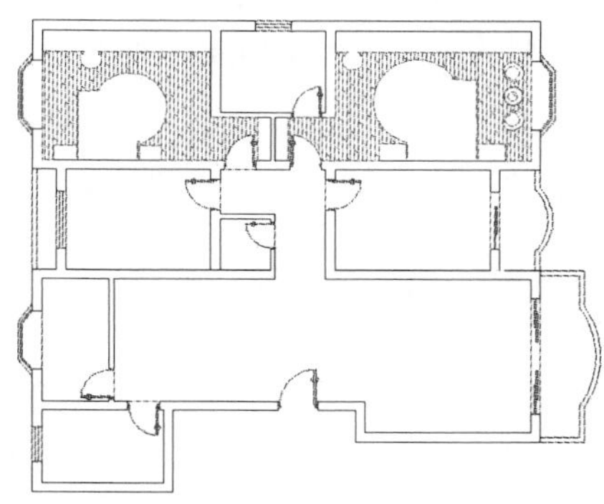

图 14-130　填充结果

(6) 展开【图层控制】下拉列表，解冻“家具层”和“图块层”，此时平面图的显示效果如图 14-131 所示。

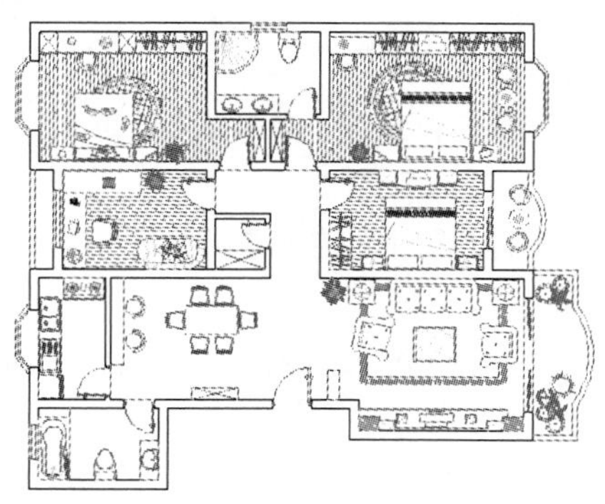

图 14-131　平面图的显示效果

至此，主卧室和儿童房地面材质图绘制完毕，下一小节将学习客厅与餐厅抛光地砖材质图的绘制过程和绘制技巧。

14.5.3 绘制客厅与餐厅抛光砖材质图

(1) 继续上节操作。

(2) 执行【多段线】命令，配合【端点捕捉】和【最近点捕捉】功能，绘制客厅沙发组合图例的外边缘轮廓，然后夹点显示如图 14-132 所示的对象。

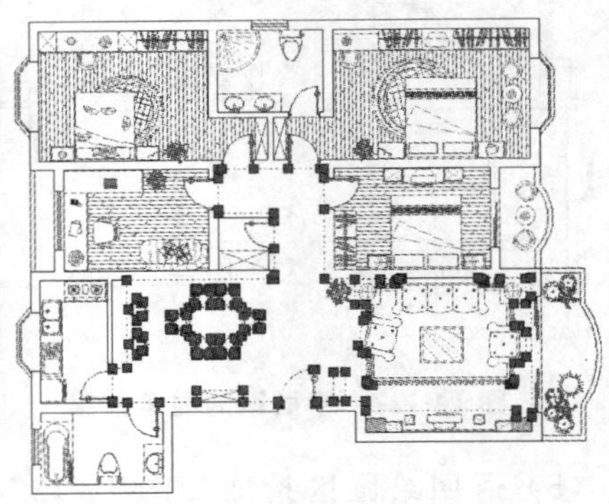

图 14-132 夹点效果

(3) 展开【图层】工具栏上的【图层控制】下拉列表，将夹点显示的图形暂时放置在“0 图层”上，并冻结“家具层”和“图块层”，平面图的显示效果如图 14-133 所示。

(4) 单击【绘图】工具栏上的按钮，打开【图案填充和渐变色】对话框，设置填充比例和填充类型等参数，如图 14-134 所示。

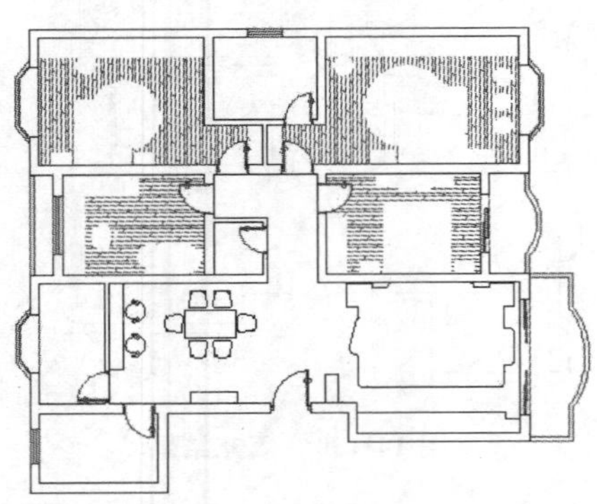

图 14-133 冻结图层后的显示

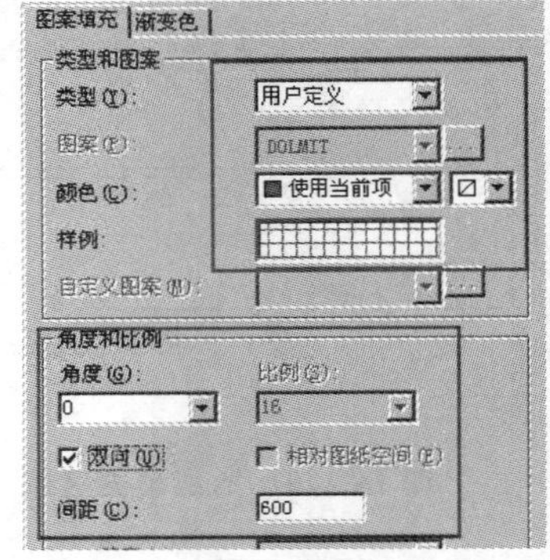

图 14-134 设置填充参数

(5) 在【图案填充和渐变色】对话框中单击【添加：拾取点】按钮，在客厅内部的空白区域上单击左键，系统会自动分析出填充区域，如图 14-135 所示。

(6) 按 Enter 键返回【图案填充和渐变色】对话框，单击 确定 按钮，填充后的效果如图 14-136 所示。

(7) 删除绘制的边界，然后展开【图层控制】下拉列表，解冻“家具层”和“图块层”，平面图的显示效果如图 14-137 所示。

(8) 在填充的地砖图案上单击右键，选择【设定原点】功能，重新调整图案的填充原点，结果如图 14-138 所示。

至此，客厅和餐厅地面材质图绘制完毕，下一小节将学习厨房、卫生间、阳台等地砖材质图的绘制过程。

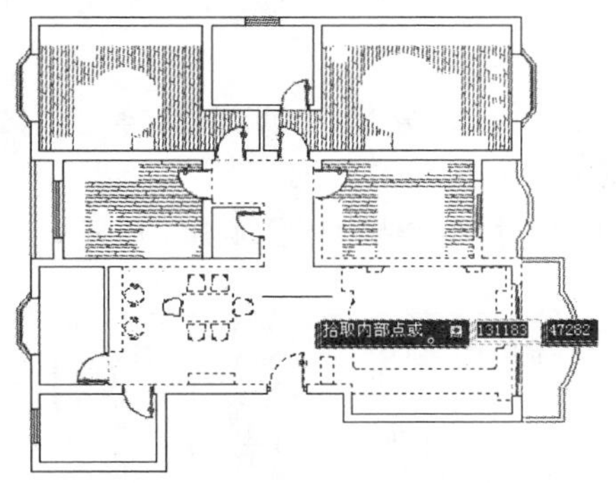

图 14-135 拾取填充边界

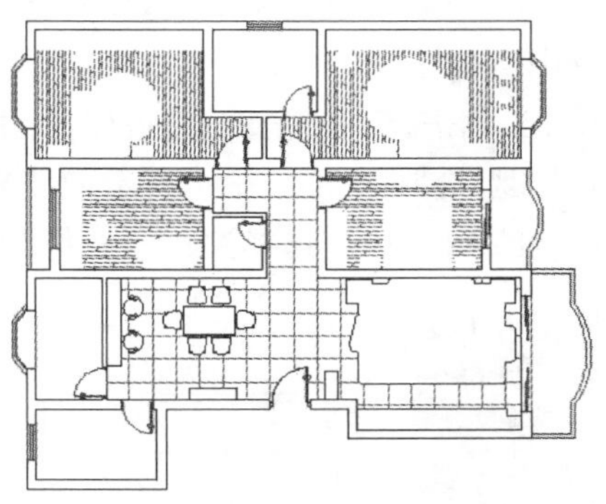

图 14-136 填充结果

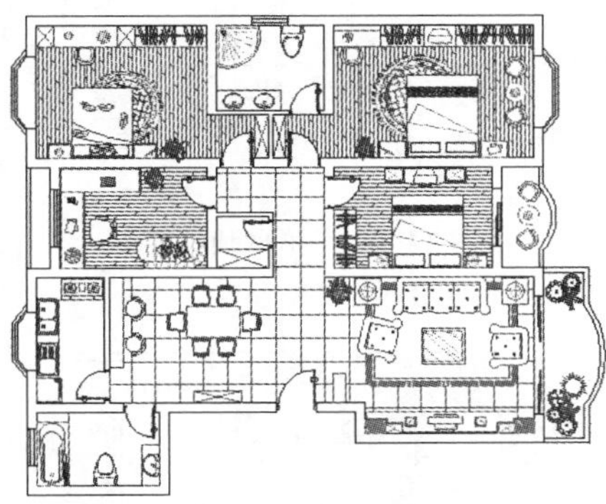

图 14-137 操作结果

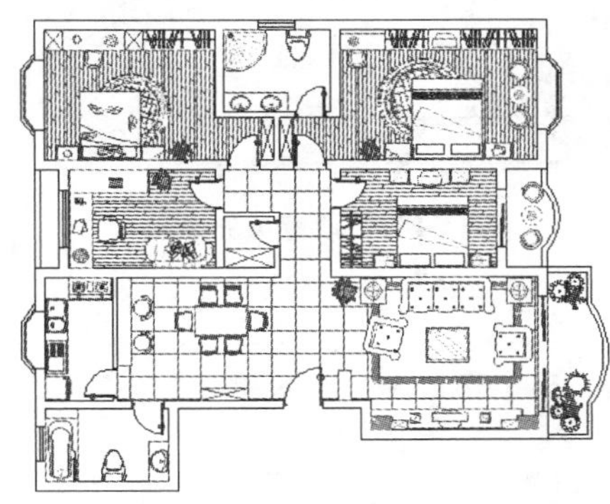

图 14-138 调整填充原点

14.5.4 绘制厨房、卫生间与阳台防滑砖材质图

(1) 继续上节操作。

(2) 在无命令执行的前提下,夹点显示如图 14-139 所示的对象。

(3) 展开【图层控制】下拉列表,将夹点对象放到“0 图层”上,并冻结“家具层”和“图块层”,此时平面图的显示效果如图 14-140 所示。

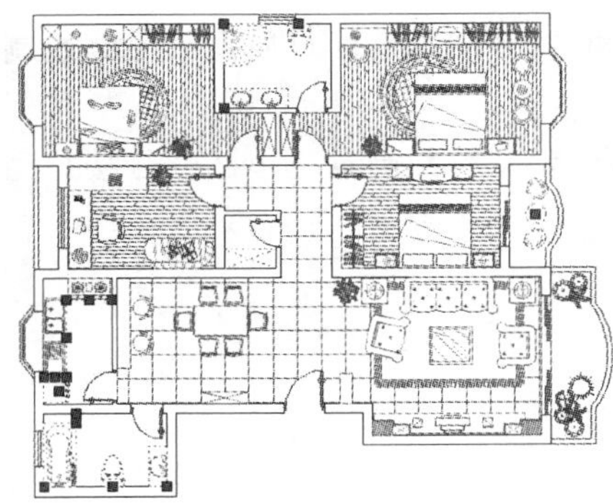

图 14-139 夹点效果

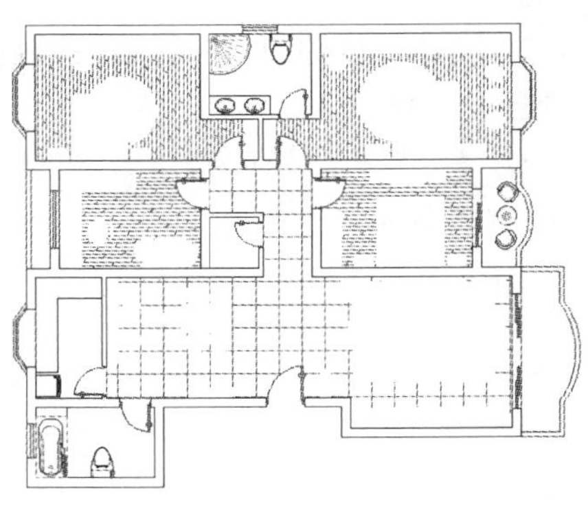

图 14-140 平面图的显示效果

（4）使用快捷键 H 激活【图案填充】命令，设置填充图案的类型以及填充比例等参数，如图 14-141 所示。

（5）单击【添加：拾取点】按钮，返回绘图区，分别在厨房、卫生间、阳台等空白区域单击左键，拾取如图 14-142 所示的填充区域，填充结果如图 14-143 所示。

（6）执行【快速选择】命令，选择“0 图层”上的所有对象，结果如图 14-144 所示。

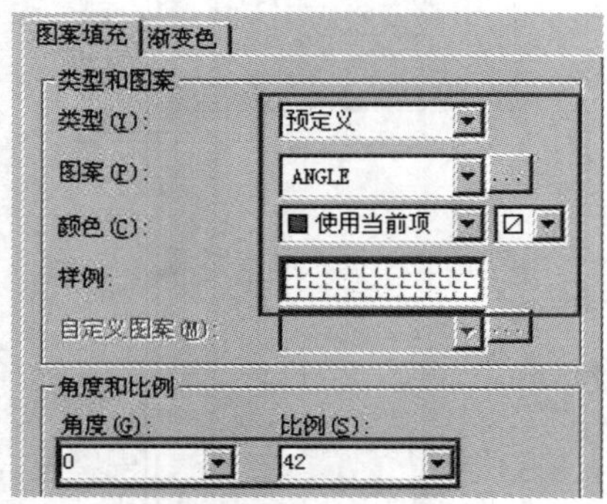

图 14-141　设置填充参数

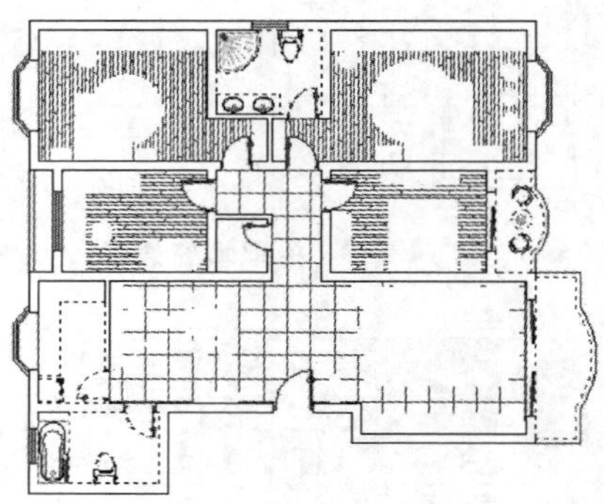

图 14-142　拾取填充区域

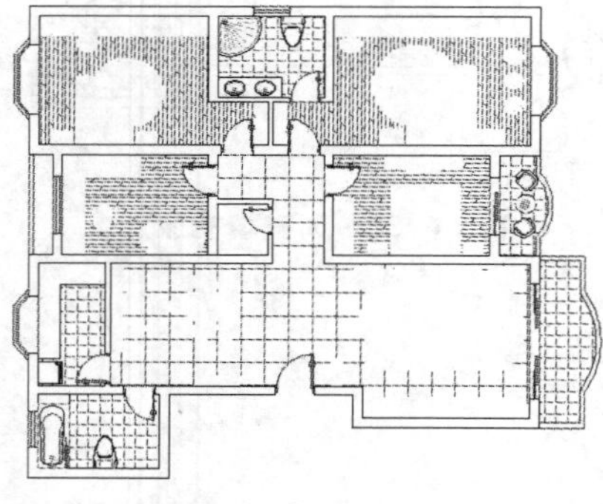

图 14-143　填充结果

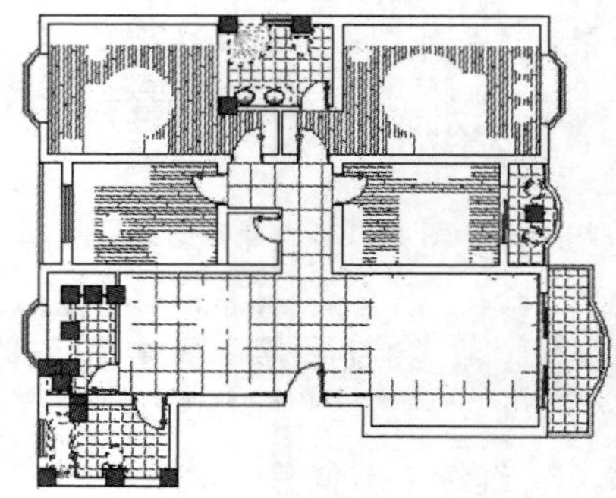

图 14-144　选择结果

（7）展开【图层控制】下拉列表，将夹点对象放到“图块层”上，此时平面图的显示效果如图 14-145 所示。

（8）展开【图层控制】下拉列表，解冻“家具层”和“图块层”，地面材质图的最终绘制效果，如图 14-116 所示。

（9）最后执行【另存为】命令，将当前图形另名存储为“绘制御景苑小区 2 号楼户型装修地面材质图. dwg”。

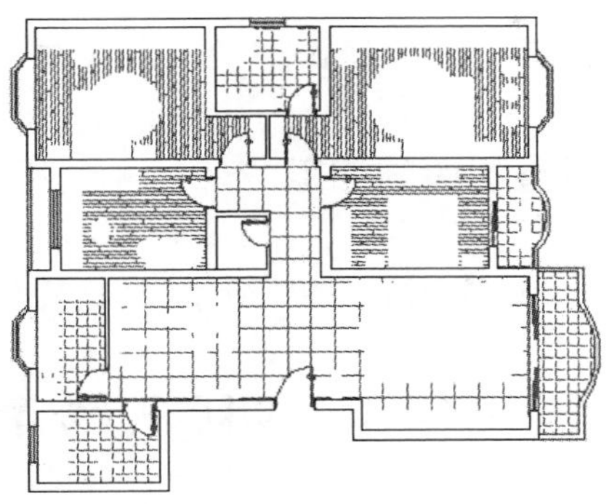

图 14-145　平面图的显示效果

14.6 实例指导四——标注御景苑 2 号楼户型装修布置图

本例主要学习标注御景苑小区 2 号楼户型装修布置图房间功能、地面材质注解、墙面投影以及施工尺寸，以及室内布置图的后期标注过程和标注技巧。本例最终标注效果如图 14-146 所示。

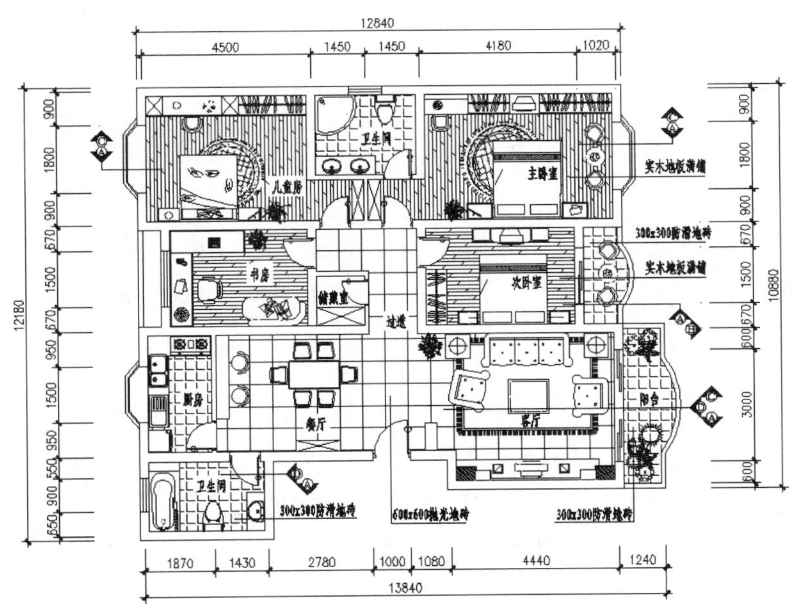

图 14-146　实例效果

在标注御景苑小区 2 号楼户型装修布置图时，可以参照如下绘图思路：

(1) 首先使用【单行文字】、【编辑图案填充】命令标注布置图房间功能。

(2) 使用【复制】、【直线】、【编辑文字】命令标注布置图地面材质注解。

(3) 使用【圆】、【定义属性】、【创建块】命令绘制布置图墙面投影符号。

(4) 使用【插入块】、【编辑属性】、【复制】、【移动】、【镜像】等命令标注并编辑墙面投影。

(5) 最后使用【线性】、【连续】、【标注样式】等命令标注布置图尺寸。

14.6.1 标注御景苑布置图房间功能

(1) 执行【打开】命令，打开随书光盘中的"\效果文件\第 14 章\绘制御景苑小区 2 号楼户型装修地面材质图.dwg"文件。

(2) 单击菜单【格式】/【图层】命令，在打开的【图层特性管理器】对话框中双击"文本层"，将其设置为当前图层。

(3) 单击【样式】工具栏上的 按钮，在打开的【文字样式】对话框中设置"仿宋体"为当前文字样式。

(4) 单击菜单【绘图】/【文字】/【单行文字】命令，在命令行"指定文字的起点或 [对正(J)/样式(S)]:"的提示下，在左上方房间内的适当位置上单击左键，拾取一点作为文字的起点。

(5) 继续在命令行"指定高度 <2.5>:"提示下，输入 280 并按 Enter 键，将当前文字的高度设置为 280 个绘图单位。

(6) 在"指定文字的旋转角度<0.00>:"提示下，直接按 Enter 键，表示不旋转文字。此时绘图区会出现一个单行文字输入框，如图 14-147 所示。

(7) 在单行文字输入框内输入"儿童房"，此时所输入的文字会出现在单行文字输入框内，如图 14-148 所示。

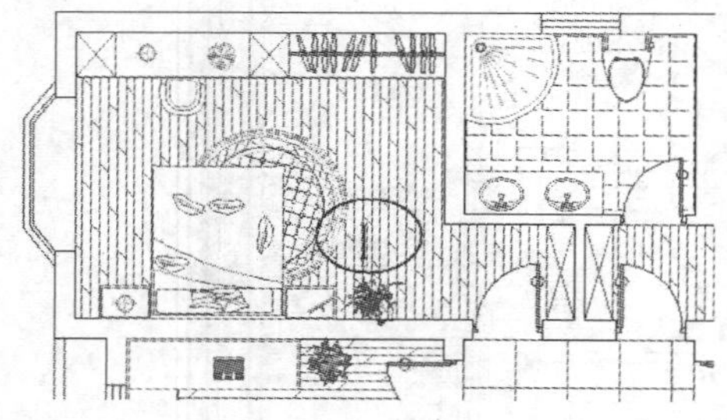

图 14-147 单行文字输入框

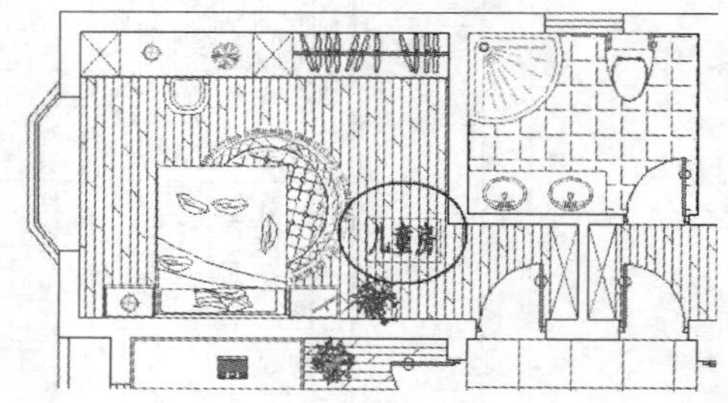

图 14-148 输入文字

(8) 分别将光标移至其他房间内，标注各房间的功能性文字注释，然后连续两次按 Enter 键，结束【单行文字】命令，标注结果如图 14-149 所示。

(9) 夹点显示书房内的地板填充图案，然后单击右键，选择右键菜单中的【图案填充编辑】命令，如图 14-150 所示。

(10) 此时系统打开了【图案填充编辑】对话框，单击"添加:选择对象"按钮 ，如图 14-151 所示。

(11) 返回绘图区，在命令行"选择对象或 [拾取内部点(K)/删除边界(B)]:"提示下，选择"儿童房"文字对象，如图 14-152 所示。

(12) 敲击 Enter 键，结果被选择文字对象区域的图案被删除，如图 14-153 所示。

(13) 参照(9)～(11)操作步骤，分别修改阳台、卫生间内的地砖填充图案，结果如图 14-154 所示。

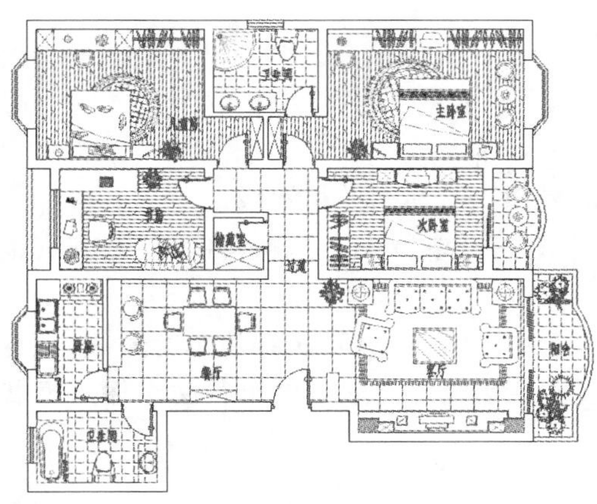

图 14-149　标注其他房间功能

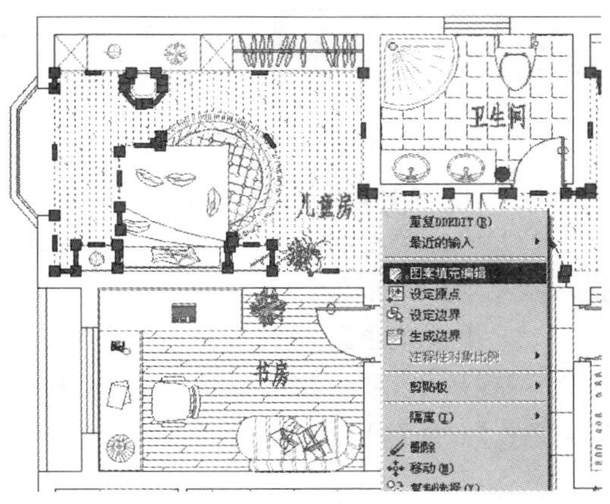

图 14-150　图案右键菜单

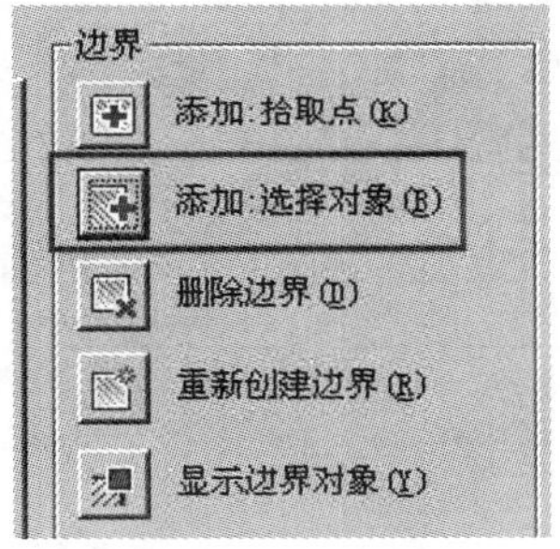

图 14-151　【图案填充编辑】对话框

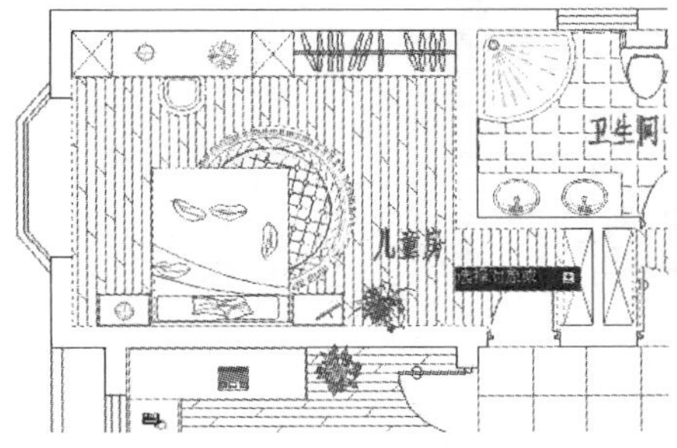

图 14-152　选择文字对象

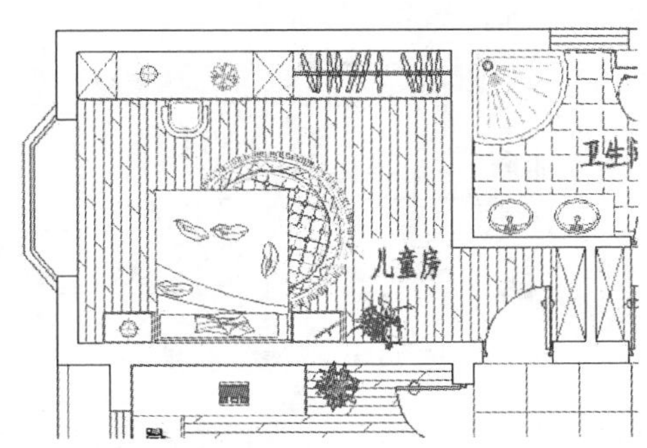

图 14-153　修改书房地砖图案

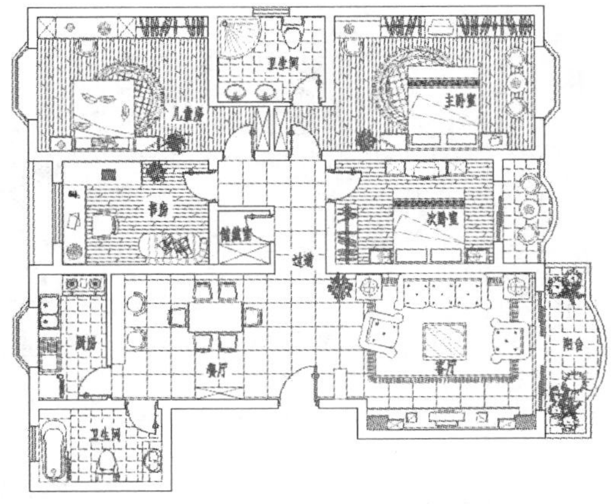

图 14-154　修改其他填充图案

至此，普通住宅布置图的房间功能性注释标注完毕，下一小节将学习地面材质注解的标注过程。

14.6.2 标注御景苑地面材质图注解

(1) 继续上节操作。

(2) 使用快捷键 L 激活【直线】命令，绘制如图 14-155 所示的指示线。

(3) 单击菜单【修改】/【复制】命令，选择其中的一个单行文字注释，将其复制到其他指示线上，结果如图 14-156 所示。

(4) 单击菜单【修改】/【对象】/【文字】/【编辑】命令，在命令行“选择注释对象或[放弃(U)]:”提示下，单击复制出的文字对象，此时该文字呈现反白显示的单行文字输入框状态，如图 14-157 所示。

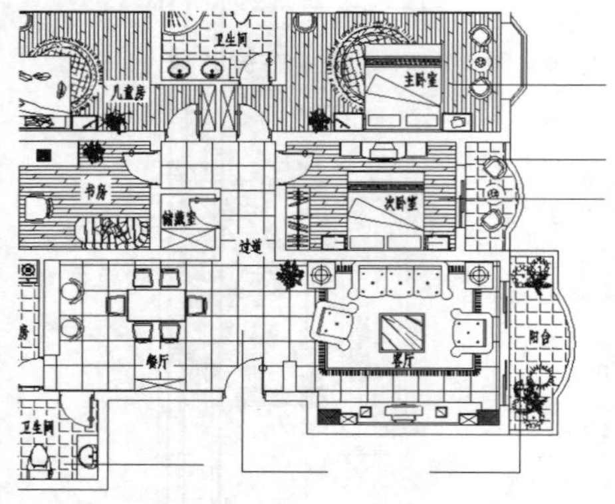

图 14-155 绘制文字指示线

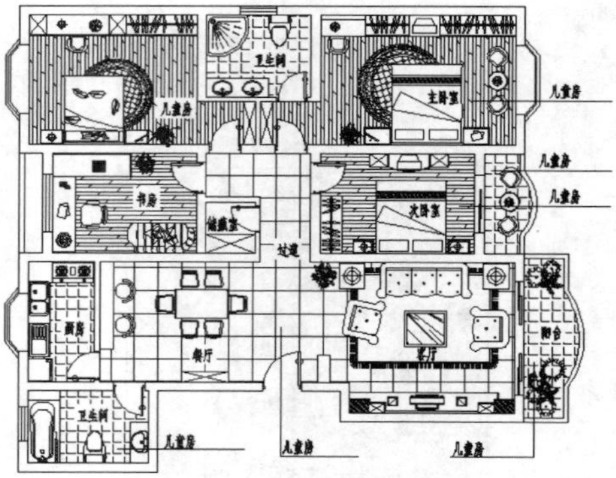

图 14-156 复制结果

(5) 在反白显示的单行文字输入框内输入正确的文字注释，并适当调整文字的位置，结果如图 14-158 所示。

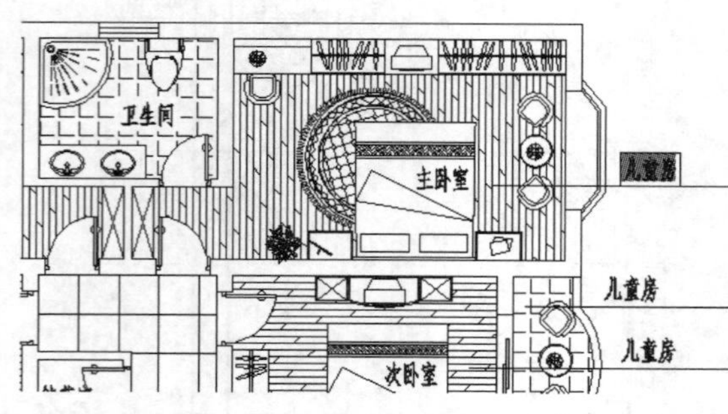

图 14-157 选择文字对象

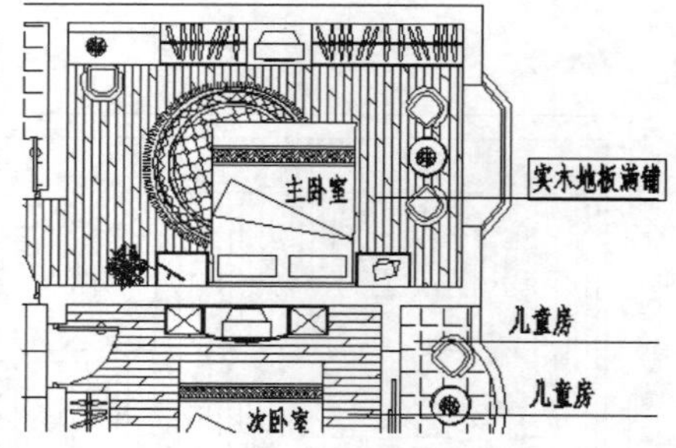

图 14-158 修改结果

(6) 继续在命令行“选择文字注释对象或[放弃(U)]:”的提示下，分别单击其他文字对象进行编辑，输入正确的文字注释，并适当调整文字的位置，结果如图 14-159 所示。

至此，御景苑小区户型装修布置图地面材质注解标注完毕，下一小节将学习布置图墙面投影符号的绘制过程。

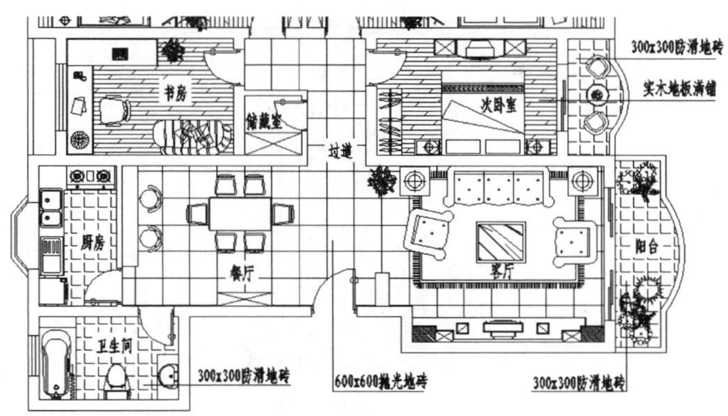

图 14-159　编辑其他文字

14.6.3　绘制御景苑平面布置图投影

(1) 继续上节操作，并设置“0 图层”为当前图层。

(2) 使用快捷键 PL 激活【多段线】命令，绘制直角三角形，命令行操作如下。

命令：_pline

指定起点：　//在绘图区单击左键，指定起点

当前线宽为 0

指定下一个点或［圆弧(A)/半宽(H)/长度(L)/放弃(U)/宽度(W)］：　//@10<45 ↙

指定下一点或［圆弧(A)/闭合(C)/半宽(H)/长度(L)/放弃(U)/宽度(W)］：　//@10<315 ↙

指定下一点或［圆弧(A)/闭合(C)/半宽(H)/长度(L)/放弃(U)/宽度(W)］：　//C ↙，结果如图 14-160 所示

(3) 使用快捷键 C 激活【圆】命令，以三角形的斜边中点作为圆心，绘制一个半径为 3.5 的圆。

(4) 使用快捷键 TR 激活【修剪】命令，以圆作为边界，将位于圆内的界线修剪掉，结果如图 14-161 所示。

(5) 使用快捷键 H 激活【图案填充】命令，为投影符号填充如图 14-162 所示的“SOLID”实体图案。

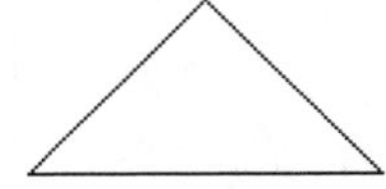

图 14-160　绘制三角形

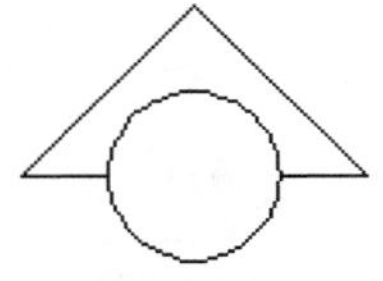

图 14-161　投影符号

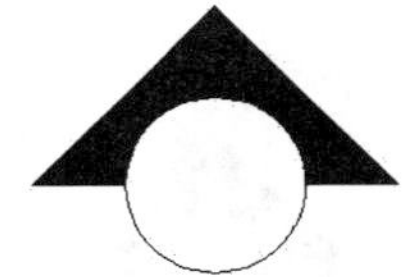

图 14-162　填充实体图案

(6) 使用快捷键 ST 激活【文字样式】命令，在打开的对话框中设置 “COMPLEX”为当前样式，如图 14-163 所示。

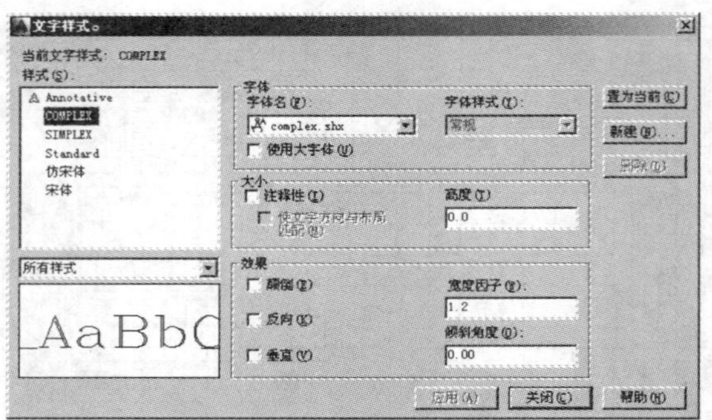

图 14-163　设置当前样式

(7) 单击【绘图】菜单栏中的【块】/【定义属性】命令，打开【属性定义】对话框，为投影符号定义文字属性，如图 14-164 所示。

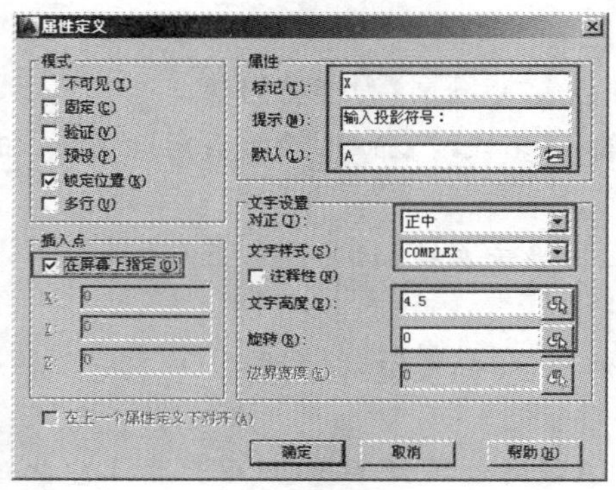

图 14-164　设置属性参数

(8) 单击【确定】按钮返回绘图区，在命令行"指定起点："提示下，捕捉投影符号的圆心作为属性的插入点，为其定义属性，如图 14-165 所示。

(9) 使用快捷键 B 激活【创建块】命令，将投影符号和定义的文字属性一起创建为属性块，参数设置如图 14-166 所示，块的基点为投影符号最上端的端点。

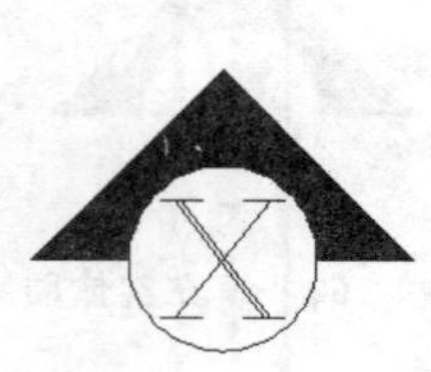

图 14-165　定义属性

图 14-166　【块定义】对话框

至此，御景苑小区户型装修布置图投影符号绘制完毕，下一小节将学习布置图墙面投影符号的具体标注过程和相关技巧。

14.6.4 标注御景苑平面布置图投影

(1) 继续上节操作。

(2) 使用快捷键 LA 激活【图层】命令，将“其他层”设置为当前图层。

(3) 使用快捷键 L 激活【直线】命令，分别在卧室、客厅以及厨房房间内引出如图 14-167所示的指示线。

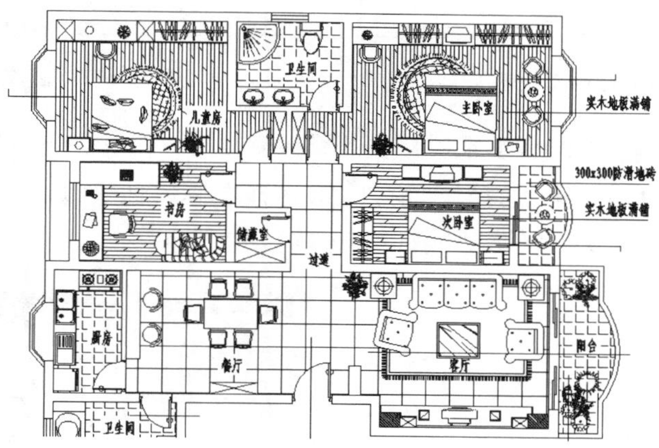

图 14-167　绘制指示线

(4) 使用快捷键 I 激活【插入块】命令，插入刚定义的投影符号属性块，设置块参数如图 14-168 所示，插入结果如图 14-169 所示。

(5) 综合使用【复制】、【镜像】、【移动】等命令，将刚插入的投影符号编辑为图 14-170 所示的状态。

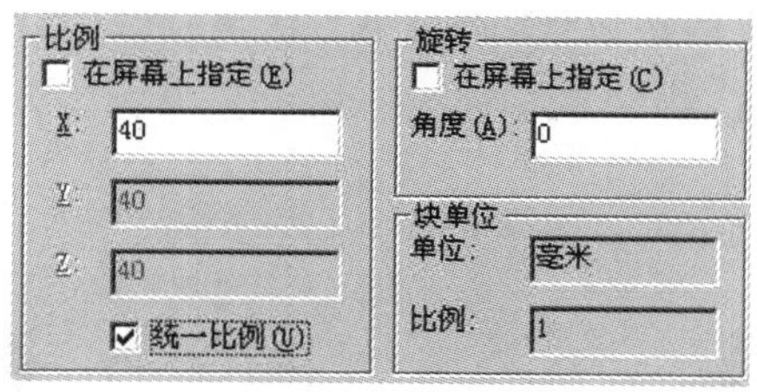

图 14-168　设置参数

图 14-169　插入结果

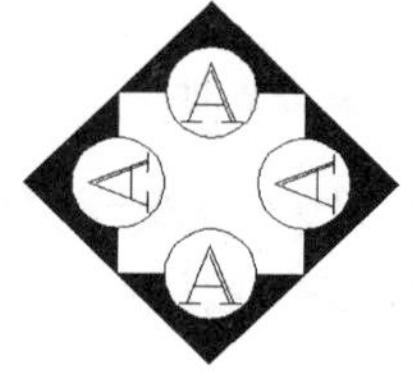

图 14-170　编辑投影符号

(6) 双击右侧的投影符号，在弹出的【增强属性编辑器】对话框内修改属性值，如图 14-171 所示，修改属性文本的旋转角度参数，如图 14-172 所示。

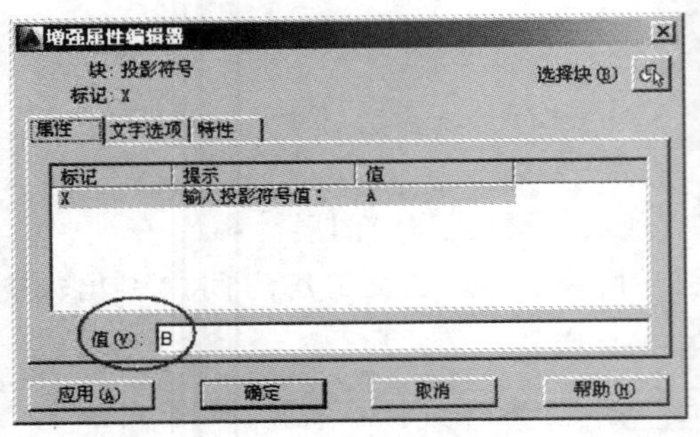

图 14-171　修改属性值

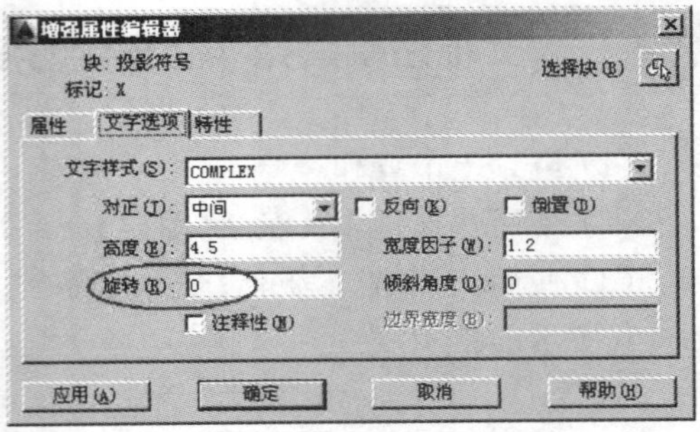

图 14-172　修改属性角度

(7) 单击 应用(A) 按钮，结果属性块的属性值被更改，如图 14-173 所示。

(8) 单击对话框右上角“选择块”按钮，选择左侧属性块，修改属性值如图 14-174 所示，属性的旋转角度为 0，修改结果如图 14-175 所示。

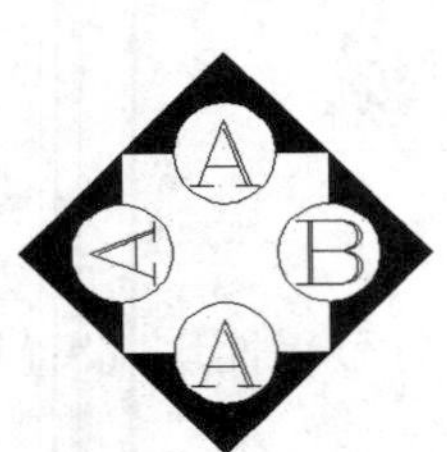

图 14-173　修改属性块

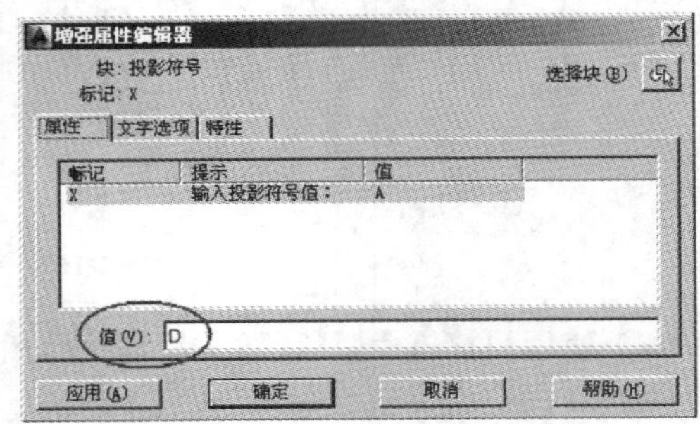

图 14-174　修改属性值

(9) 再次单击对话框中的按钮，选择下方的属性块，修改此块的属性值为 C，并单击对话框中的 确定 按钮，结果如图 14-176 所示。

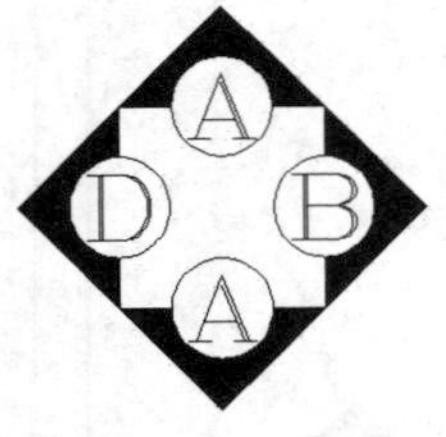

图 14-175　修改属性块 1

图 14-176　修改属性块 2

(10) 使用快捷键 CO 激活【复制】命令，选择投影值为 A、C 的两个投影符号，将其复制到主人房和儿童房指示线的端点上，复制结果如图 14-177 所示。

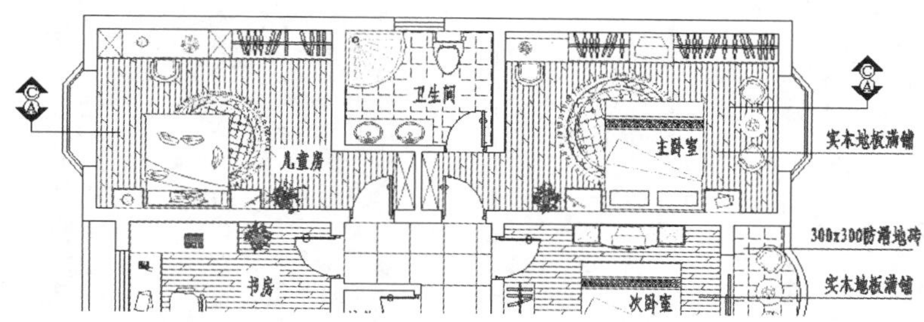

图 14-177 复制结果

(11) 重复执行【复制】命令，继续将投影符号复制到指示线端点处，并调整符号的位置，结果如图 14-178 所示。

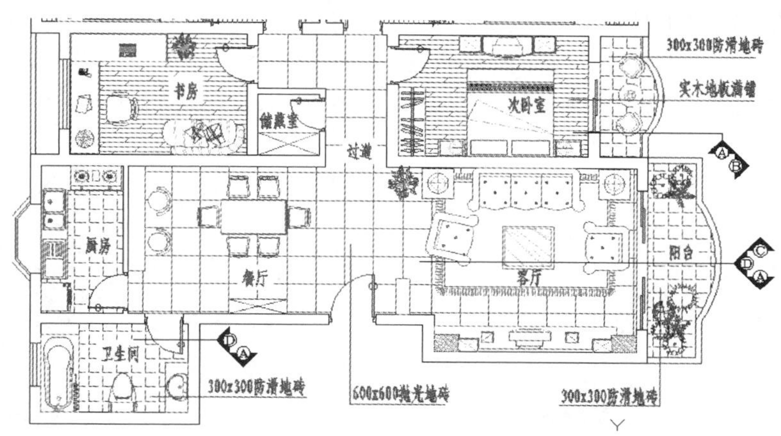

图 14-178 复制结果

(12) 接下来使用快捷键 E 激活【删除】命令，删除多余的投影符号。

至此，御景苑小区布置图的墙面投影符号标注完毕，下一小节将学习御景苑小区布置图尺寸的标注过程及技巧。

14.6.5 标注御景苑布置图施工尺寸

(1) 继续上节操作。

(2) 单击【图层】工具栏中的【图层控制】列表，打开“轴线层”，冻结“其他层”和“文本层”，然后设置“尺寸层”为当前图层。

(3) 单击【绘图】菜单栏中的【构造线】命令，配合【捕捉】与【追踪】功能绘制如图 14-179所示的构造线作为尺寸定位线。

(4) 单击【标注】菜单栏中的【标注样式】命令，将“建筑标注”设为当前样式，同时修改标注比例如图 14-180 所示。

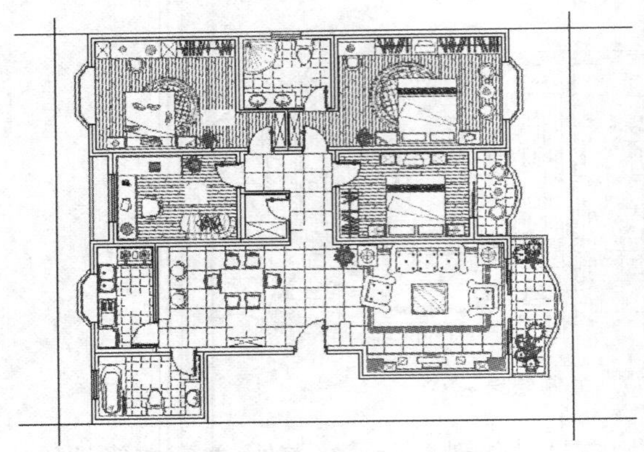

图 14-179　绘制构造线

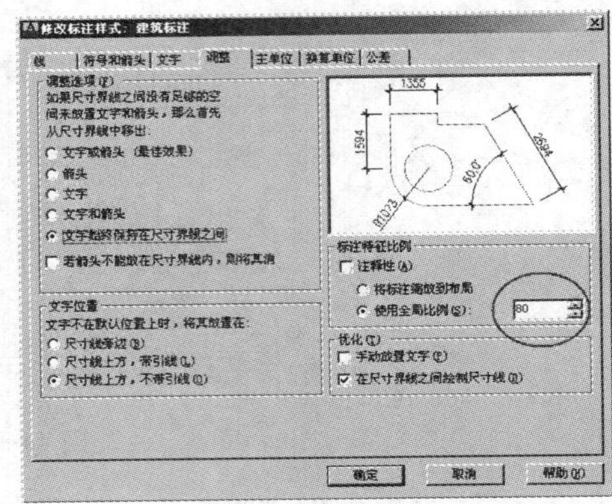

图 14-180　修改标注比例

(5) 单击【标注】工具栏上的按钮，在命令行"指定第一条尺寸界线原点或 <选择对象>:"提示下，捕捉如图 14-181 所示的交点作为第一条标注界线的起点。

(6) 在"指定第二条尺寸界线原点:"提示下，捕捉追踪虚线与辅助线的交点作为第二条标注界线的起点，如图 14-182 所示。

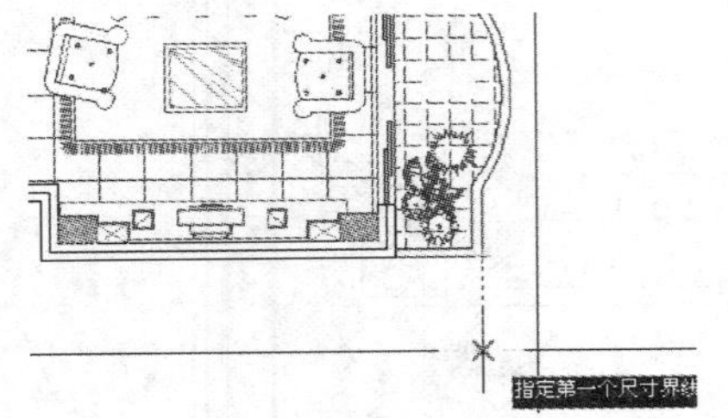

图 14-181　定位第一原点

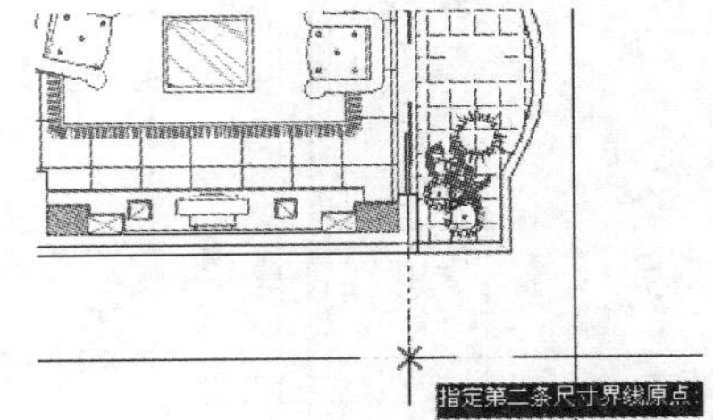

图 14-182　定位第二原点

(7) 在"指定尺寸线位置或[多行文字(M)/文字(T)/角度(A)/水平(H)/垂直(V)/旋转(R)]:"提示下，向下移动光标定位尺寸位置，如图 14-183 所示。

(8) 单击【标注】工具栏上的按钮，激活【连续】命令，在"指定第二条尺寸界线原点或[放弃(U)/选择(S)] <选择>:"提示下，捕捉如图 14-184 所示的交点，标注连续尺寸。

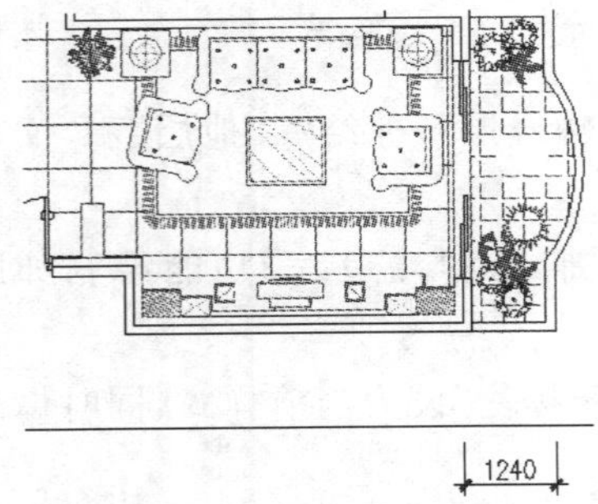

图 14-183　标注结果

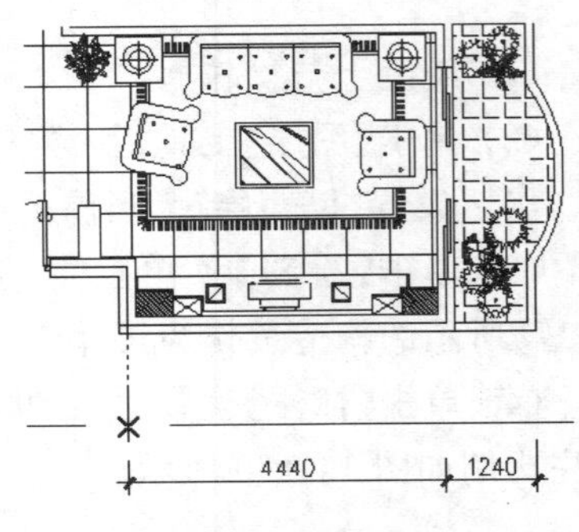

图 14-184　捕捉交点

(9) 继续在命令行“指定第二条尺寸界线原点或[放弃(U)/选择(S)]<选择>:”提示下,捕捉如图14-185所示的交点,继续标注连续尺寸。

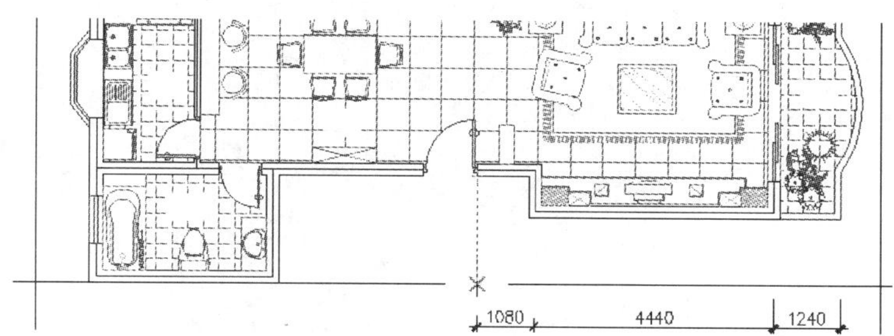

图14-185 捕捉交点

(10) 继续在“指定第二条尺寸界线原点或[放弃(U)/选择(S)]<选择>:”提示下,配合【捕捉】与【追踪】功能,标注下方连续尺寸,结果如图14-186所示。

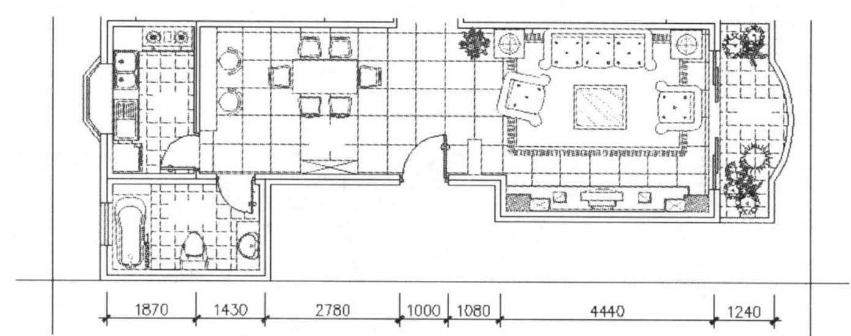

图14-186 标注结果

(11) 结束【连续】命令,然后执行【线性】命令,配合【捕捉】与【追踪】功能标注平面图下方的总尺寸,结果如图14-187所示。

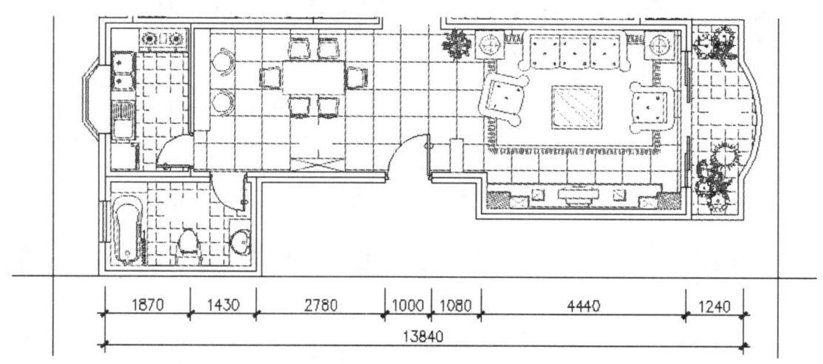

图14-187 标注总尺寸

(12) 参照上述操作,综合使用【线性】和【连续】命令,并配合【捕捉】与【追踪】功能,分别标注平面图其他侧的尺寸,结果如图14-188所示。

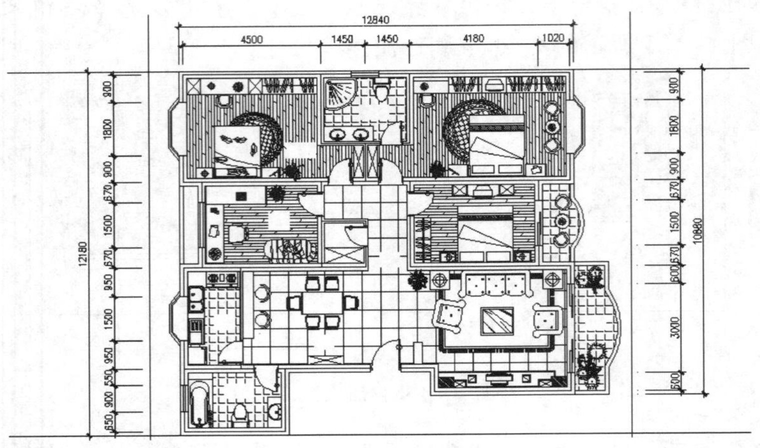

图 14-188 标注其他侧尺寸

(13) 使用快捷键 E 激活【删除】命令,删除尺寸定位辅助线,结果如图 14-189 所示。

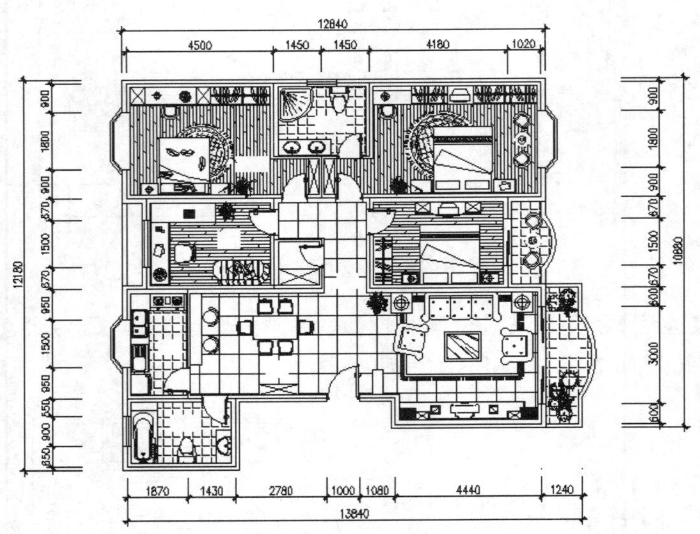

图 14-189 删除结果

(14) 展开【图层控制】下拉列表,关闭“轴线层”,解冻“文本层”和“其他层”,最终结果如图 14-146 所示。

(15) 最后使用【另存为】命令,将当前图形另名存储为“标注御景苑 2 号楼户型装修布置图. dwg”。

14.7 实例指导五——绘制御景苑 2 号楼主卧室立面图

本例主要学习主卧室 A 向装饰立面图的具体绘制过程和绘制技巧。主卧室 A 向装饰立面图的最终绘制效果,如图 14-190 所示。

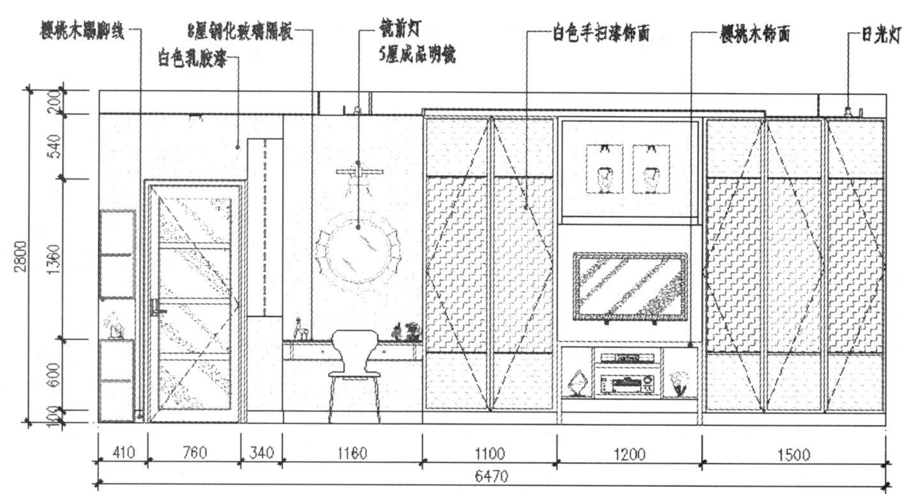

图 14-190　实例效果

在绘制主卧室 A 向立面图时，具体可以参照如下思路：

(1) 首先使用【新建】命令调用制图样板。

(2) 使用【矩形】、【分解】、【偏移】、【修剪】命令绘制主体轮廓线。

(3) 使用【多段线】、【镜像】命令并配合【捕捉自】功能绘制吊顶轮廓线。

(4) 使用【插入块】、【镜像】等命令布置立面图内部构件及装饰图块。

(5) 使用【分解】、【修剪】和【删除】命令对立面轮廓图进行编辑完善。

(6) 使用【图案填充】命令绘制立面图墙面材质。

(7) 使用【线性】、【连续】和【编辑标注文字】命令标注立面图尺寸。

(8) 最后使用【多段线】、【单行文字】、【复制】、【编辑文字】命令为立面图标注文本注释。

14.7.1 绘制主卧室 A 向墙面轮廓图

(1) 调用随书光盘中的“\样板文件\建筑装饰装潢样板.dwt”文件。

(2) 使用快捷键 LT 激活【线型】命令，在打开的【线型管理器】对话框中将线型比例设置为 1。

(3) 单击【图层】工具栏上的【图层控制】下拉列表，在展开的下拉列表中选择“轮廓线”，将其设置为当前图层。

(4) 单击【绘图】菜单中的【矩形】命令，绘制长度为 6470、宽度为 2800 的矩形作为主卧室 A 向墙面外轮廓线，如图 14-191 所示。

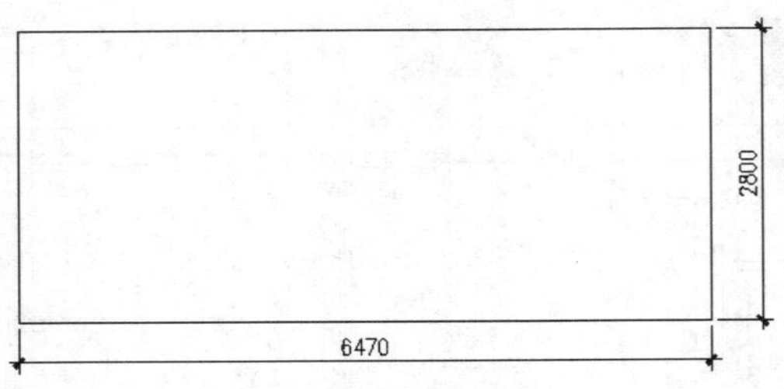

图 14-191 绘制结果

(5) 使用快捷键 X 激活【分解】命令，将刚绘制的矩形分解为四条独立的线段。

(6) 单击【修改】菜单中的【偏移】命令，将右侧的垂直边向左偏移，偏移间距分别为 1500、1200、1100、1150，偏移结果如图 14-192 所示。

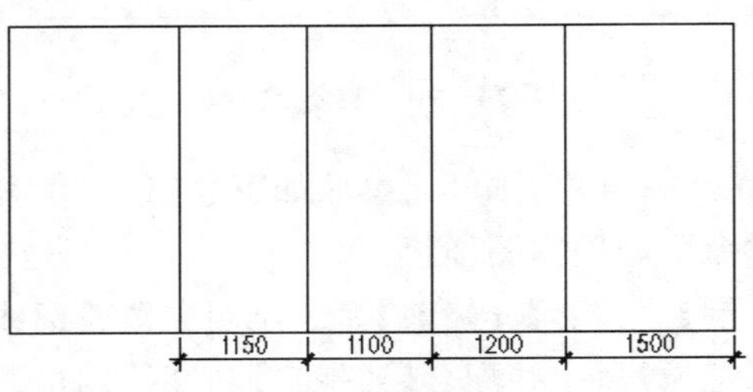

图 14-192 偏移结果

(7) 重复执行【偏移】命令，将上方的水平边向下偏移 200 个单位，如图 14-193 所示。

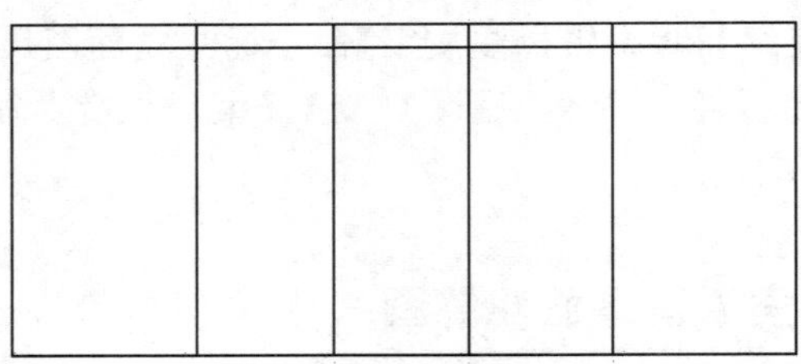

图 14-193 创建横向轮廓线

(8) 使用快捷键 TR 激活【修剪】命令，对偏移出的垂直轮廓线进行修剪编辑，修剪掉多余的轮廓线，结果如图 14-194 所示。

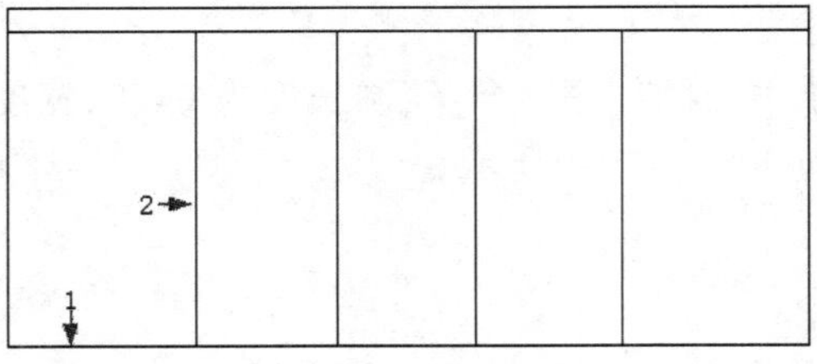

图 14-194 修剪结果

☞技巧提示

修剪多个无规则对象时，可以不指定修剪的边界，而是按 Enter 键，然后直接在需要修剪掉的部分上单击左键，即可快速将其修剪掉。

(9) 使用快捷键 O 激活【偏移】命令，将图 14-194 所示的水平轮廓线 1 向上偏移 100 个单位，将垂直轮廓线 2 向右偏移 10 个单位，结果如图 14-195 所示。

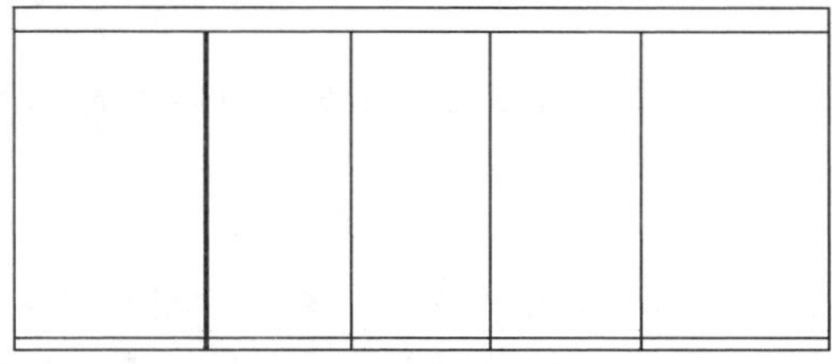

图 14-195　偏移结果

(10) 使用快捷键 TR 激活【修剪】命令，对垂直轮廓线进行修剪，结果如图 14-196 所示。

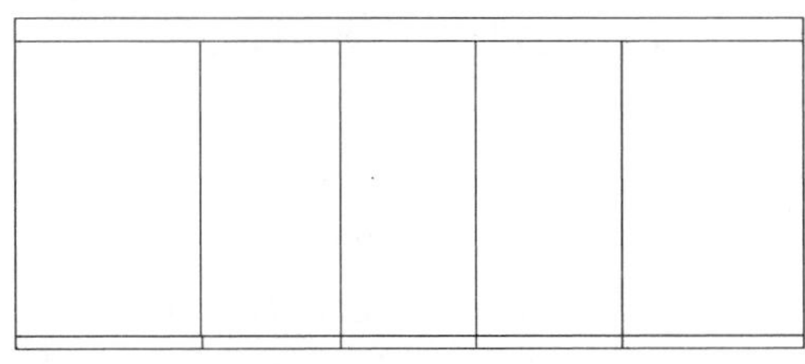

图 14-196　修剪结果

(11) 使用快捷键 ML 激活【多线】命令，配合【捕捉自】功能绘制内部的轮廓线。命令行操作如下。

命令：ml　//↙
MLINE 当前设置：对正＝上，比例＝20.00，样式＝墙线样式
指定起点或［对正(J)/比例(S)/样式(ST)］：　//s↙
输入多线比例＜20.00＞：　//12↙
当前设置：对正＝上，比例＝12.00，样式＝墙线样式
指定起点或［对正(J)/比例(S)/样式(ST)］：　//j↙
输入对正类型［上(T)/无(Z)/下(B)］＜上＞：　//b↙
当前设置：对正＝下，比例＝12.00，样式＝墙线样式
指定起点或［对正(J)/比例(S)/样式(ST)］：　//激活【捕捉自】功能
_from 基点：　//捕捉如图 14-197 所示的端点
＜偏移＞：　//@0，－200↙
指定下一点：　//@1810，0↙
指定下一点或［放弃(U)］：　//@0，200↙

指定下一点或［闭合(C)/放弃(U)］： //↙，绘制结果如图 14-198 所示

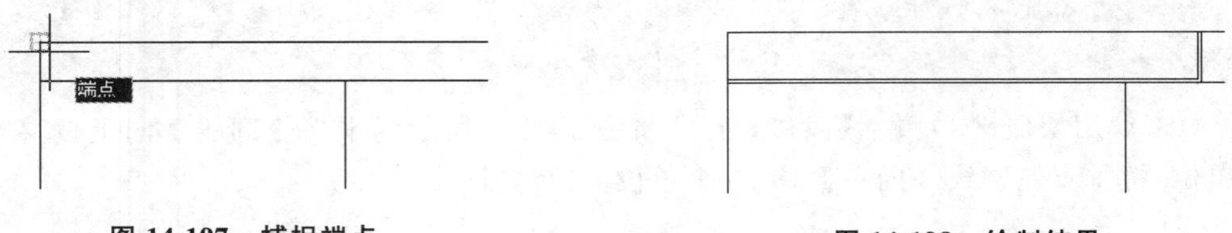

图 14-197　捕捉端点

图 14-198　绘制结果

(12) 重复执行【多线】命令，配合【捕捉自】功能和坐标输入功能继续绘制内部轮廓线。命令行操作如下。

命令：ml //↙

MLINE 当前设置：对正＝下，比例＝12.00，样式＝墙线样式

指定起点或［对正(J)/比例(S)/样式(ST)］： //激活【捕捉自】功能

_from 基点： //捕捉上图 14-197 所示的端点

<偏移>： //@2010，－125↙

指定下一点： //@0，－75↙

指定下一点或［放弃(U)］： //@662，0↙

指定下一点或［闭合(C)/放弃(U)］： //@0，50↙

指定下一点或［闭合(C)/放弃(U)］： //@2798，0↙

指定下一点或［闭合(C)/放弃(U)］： //@0，－50↙

指定下一点或［闭合(C)/放弃(U)］： //@800，0↙

指定下一点或［闭合(C)/放弃(U)］： //@0，75↙

指定下一点或［闭合(C)/放弃(U)］： //↙，绘制结果如图 14-199 所示

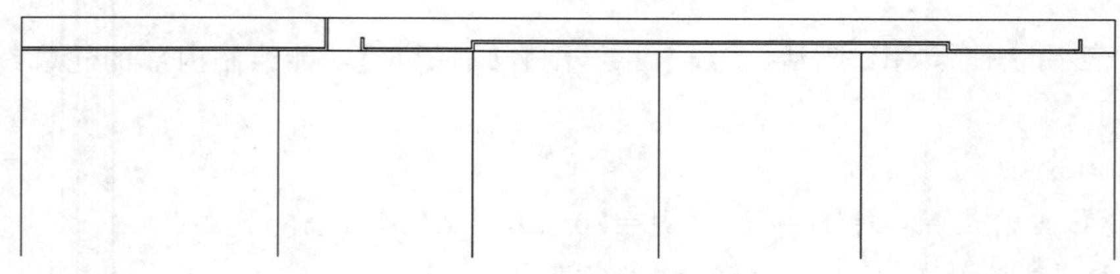

图 14-199　绘制结果

(13) 重复执行【多线】命令，配合【捕捉自】功能和坐标输入功能继续绘制内部轮廓线。命令行操作如下。

命令：ml //↙

MLINE 当前设置：对正＝下，比例＝12.00，样式＝墙线样式

指定起点或［对正(J)/比例(S)/样式(ST)］： //激活【捕捉自】功能

_from 基点： //捕捉图 14-197 所示的端点

<偏移>： //@2222，0↙

指定下一点： //@0，－188↙

指定下一点或［放弃(U)］： //↙，绘制结果如图 14-200 所示

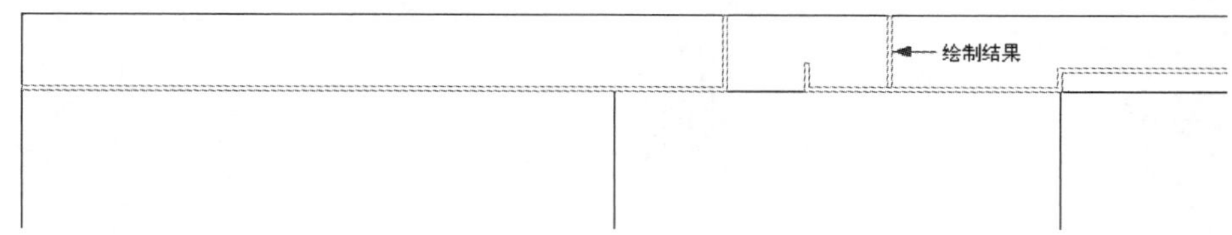

图 14-200　绘制结果

(14) 单击【修改】菜单中的【镜像】命令，将刚绘制的垂直轮廓线进行镜像。命令行操作如下。

命令：_mirror
选择对象：　//选择刚绘制的垂直轮廓线
选择对象：　//↙
指定镜像线的第一点：　//捕捉如图 14-201 所示的中点

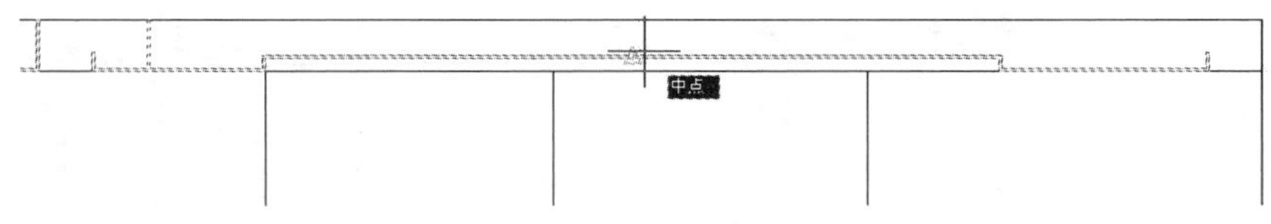

图 14-201　捕捉中点

指定镜像线的第二点：　//@0,1 ↙
要删除源对象吗？[是(Y)/否(N)] <N>：　// ↙，镜像结果如图 14-202 所示

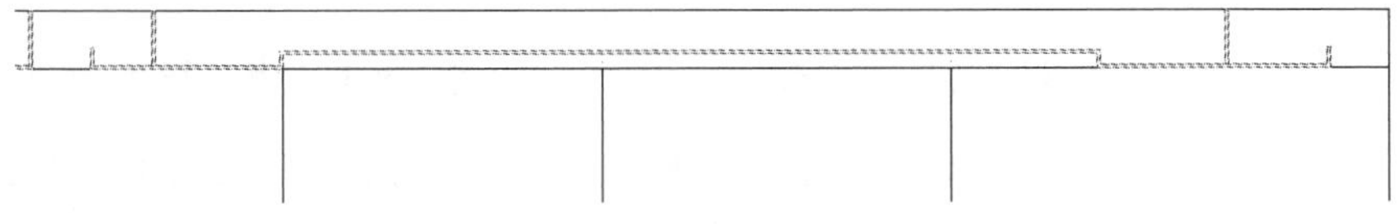

图 14-202　镜像结果

至此，主卧室 A 向立面轮廓线绘制完毕，下一小节将学习 A 向立面构件的表达技巧，具体包括立面门、立面柜、梳妆台与梳妆镜、电视柜、日光灯等立面构件。

14.7.2 绘制主卧室 A 向立面构件图

(1) 继续上节操作。

(2) 展开【图层控制】下拉列表，将“家具层”设置为当前图层。

(3) 单击【插入】菜单中的【块】命令，或使用快捷键 I 激活【插入块】命令，打开【插入】对话框。

(4) 在对话框中单击 浏览(B)... 按钮，从弹出的【选择图形文件】对话框中打开随书光盘中的“\图块文件\立面柜 04.dwg”文件，如图 14-203 所示。

(5) 采用系统的默认设置，将其插入到立面图中，插入结果如图 14-204 所示。

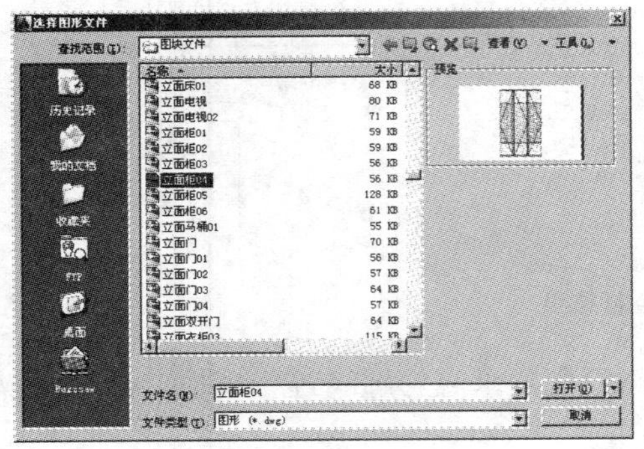

图 14-203　选择文件

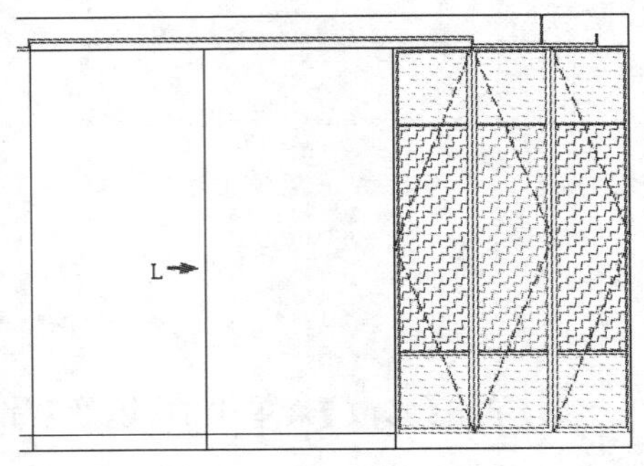

图 14-204　插入结果

(6) 重复执行【插入块】命令，选择随书光盘中的“\图块文件\电视柜与电视.dwg”文件，如图 14-205 所示，插入点为图 14-204 所示轮廓线 L 的下端点，插入结果如图 14-206 所示。

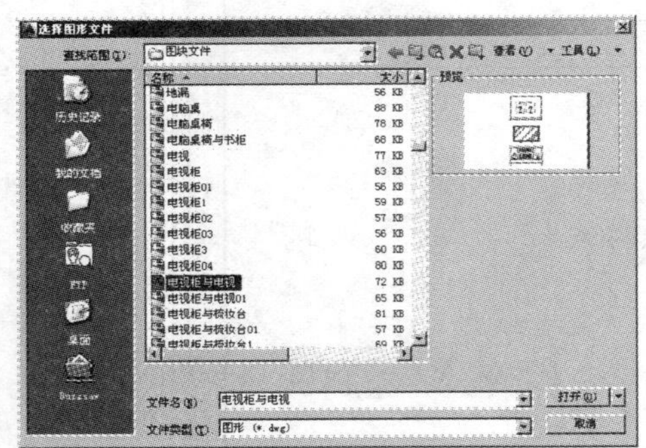

图 14-205　选择文件

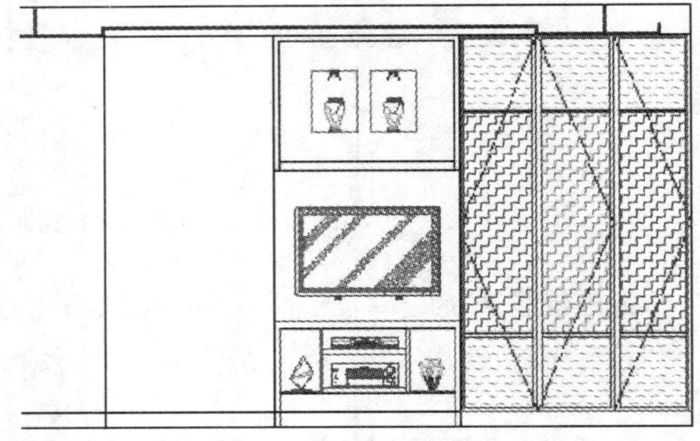

图 14-206　插入结果 1

(7) 重复执行【插入块】命令，以默认参数插入光盘中的“\图块文件\立面门 04.dwg”，插入结果如图 14-207 所示。

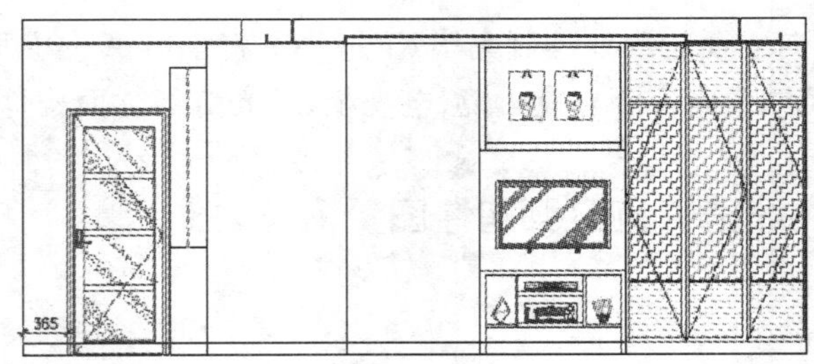

图 14-207　插入结果 2

(8) 插入随书光盘中的“\图块文件\”目录下的“立面柜 02.dwg”、“梳妆台与梳妆椅.dwg”、“梳妆镜.dwg”、“壁灯 01.dwg”、“立面柜 03.dwg”、“筒灯 01.dwg”、“block02.dwg”和“日光灯.dwg”等构件，如图 14-208 所示。

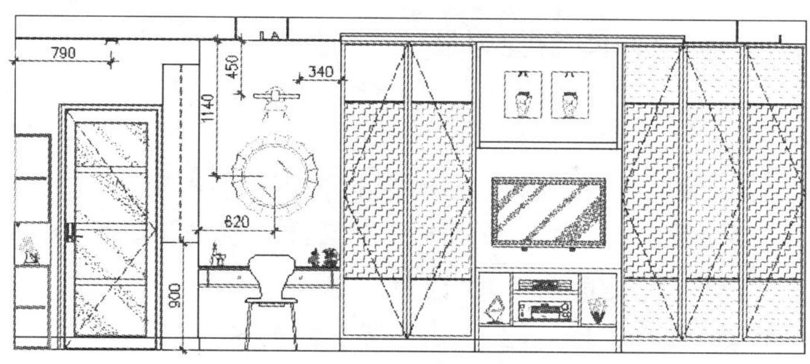

图 14-208 插入结果 3

(9) 单击【修改】菜单中的【镜像】命令，配合【两点之间的中点】捕捉功能对日光灯图块进行镜像，结果如图 14-209 所示。

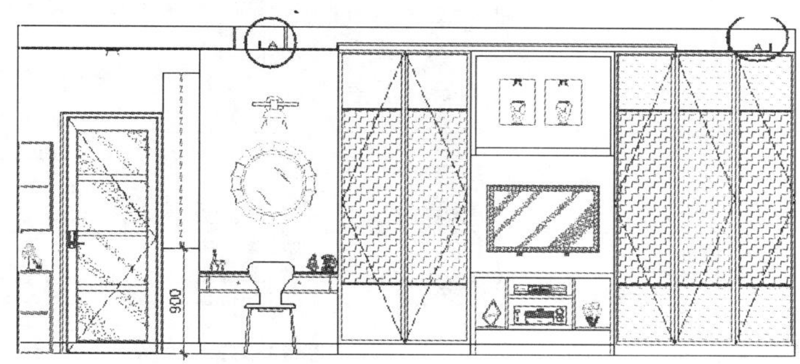

图 14-209 镜像结果

(10) 综合使用【分解】、【修剪】和【删除】等命令，将被遮挡住的轮廓线删除，结果如图 14-210 所示。

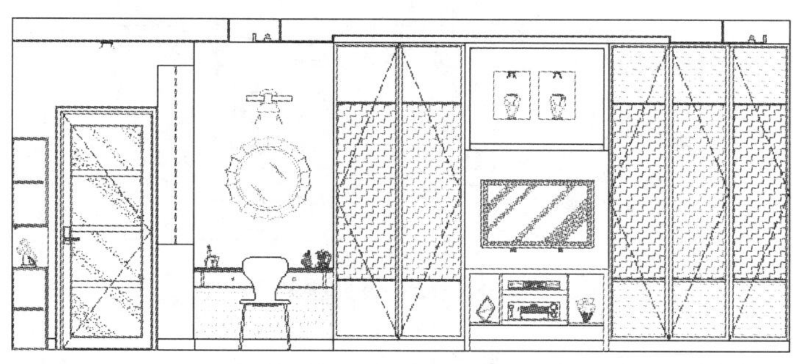

图 14-210 修剪结果

至此，主卧室 A 向立面构件绘制完毕，下一小节将学习 A 向墙面材质图案的快速绘制过程。

14.7.3 绘制主卧室A向墙面材质

（1）继续上节操作。

（2）展开【图层控制】下拉列表，将“填充层”设置为当前图层。

（3）执行【图案填充】命令，在打开的【填充图案和渐变色】对话框中单击【图案】列表右侧的...按钮，打开【填充图案选项板】对话框。

（4）向下拖动滑块，然后选择如图14-211所示的图案。

（5）单击 确定 按钮返回【图案填充和渐变色】对话框，设置填充参数如图14-212所示。

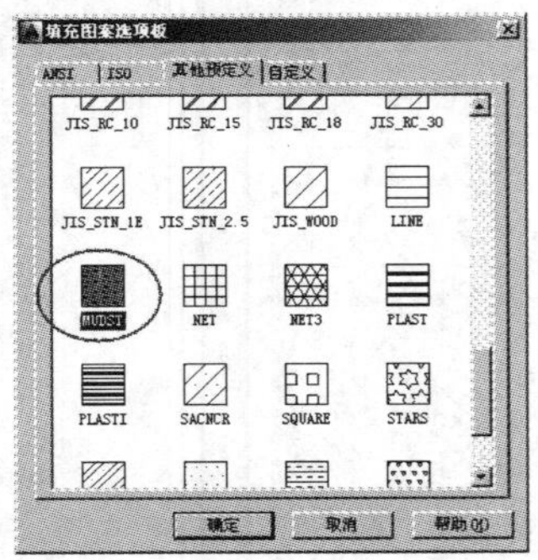

图14-211 选择填充图案

图14-212 设置填充参数

（6）返回绘图区，根据命令行的提示拾取填充区域，为立面图填充如图14-213所示的图案。

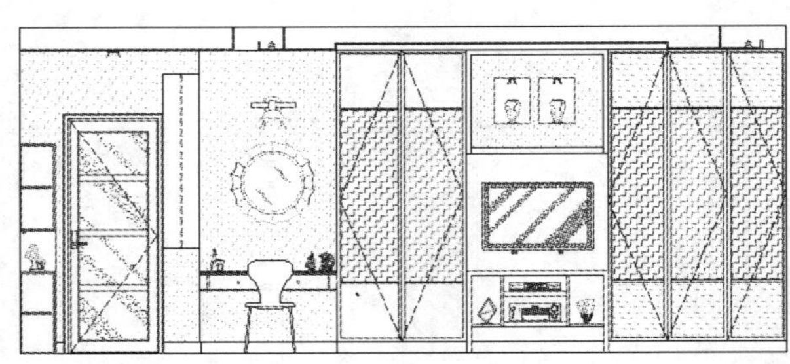

图14-213 填充结果

至此，主卧室A向墙面材质图绘制完毕，下一小节将学习A向墙面尺寸的快速标注过程。

14.7.4 标注主卧室A向立面尺寸

（1）继续上节操作。

（2）展开【样式】工具栏上的【标注样式控制】下拉列表，将“建筑标注”设置为当前样式，如图 14-214 所示。

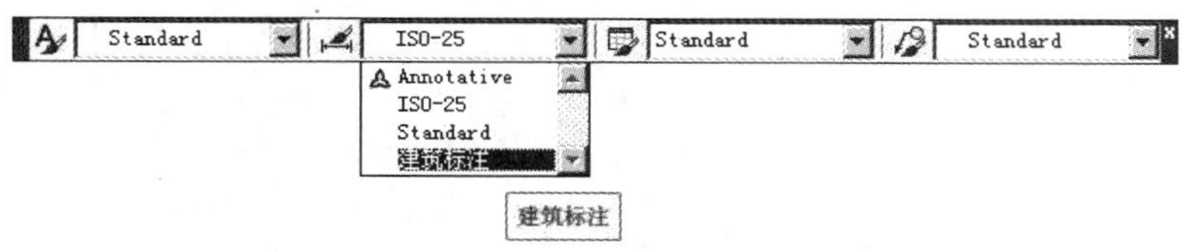

图 14-214　设置当前样式

(3) 单击菜单【标注】/【标注样式】命令，修改当前标注比例为 30。

(4) 单击【标注】菜单中的【线性】命令，标注如图 14-215 所示的线性尺寸作为基准尺寸。

(5) 单击【标注】菜单中的【连续】命令，配合【捕捉】与【追踪】功能，标注如图 14-216 所示的连续尺寸。

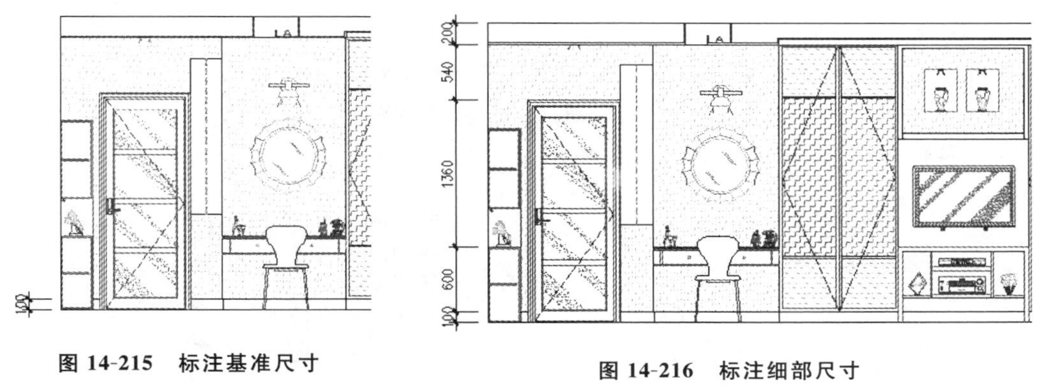

图 14-215　标注基准尺寸

图 14-216　标注细部尺寸

(6) 重复执行【线性】命令，配合【端点捕捉】功能标注如图 14-217 所示的立面图左侧的总尺寸。

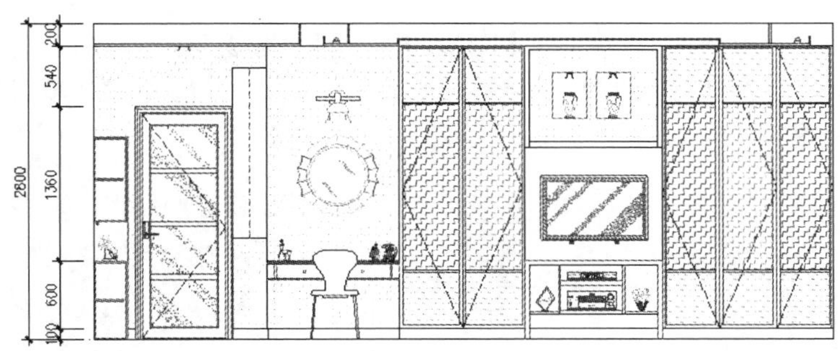

图 14-217　标注总尺寸

(7) 参照上述操作，综合使用【线性】和【连续】命令，配合【捕捉】与【追踪】功能，标注立面图下侧的细部尺寸和总尺寸，结果如图 14-218 所示。

至此，主卧室 A 向立面图尺寸标注完毕，下一小节将为主卧室 A 向立面图标注墙面装修材质。

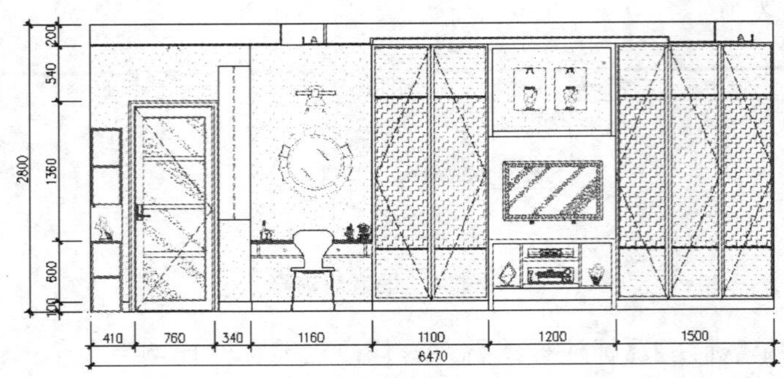

图 14-218　标注结果

14.7.5　标注主卧室 A 向墙面材质

(1) 继续上节操作。

(2) 展开【图层控制】下拉列表，将“文本层”设置为当前图层。

(3) 执行【标注样式】命令，替代当前尺寸样式，并修改引线箭头、大小以及尺寸文字样式等参数，如图 14-219 和图 14-220 所示。

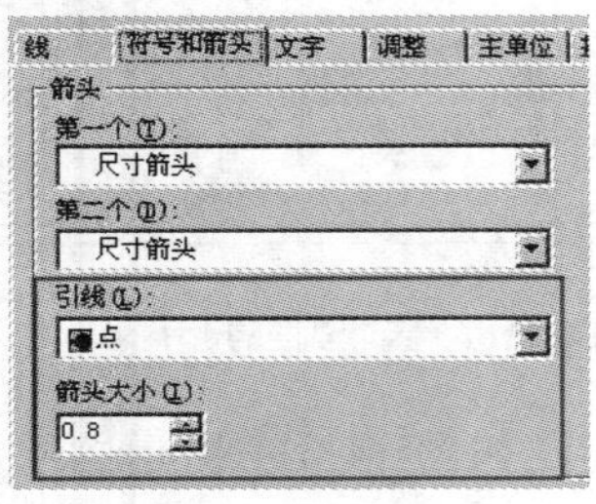

图 14-219　修改箭头和大小

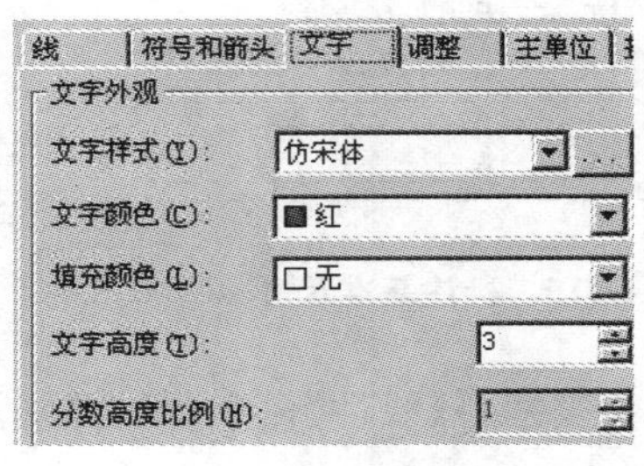

图 14-220　修改文字样式

(4) 在【替代当前样式：建筑标注】对话框中展开【调整】选项卡，设置标注比例为 40。

(5) 使用快捷键 LE 激活【快速引线】命令，使用命令中的【设置】选项，设置引线参数如图 14-221 和图 14-222 所示。

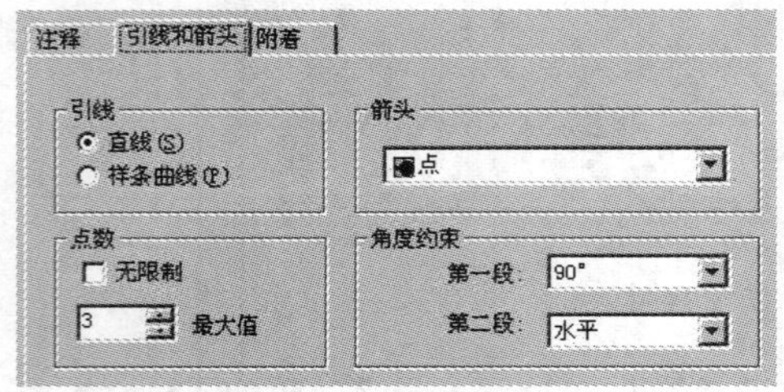

图 14-221　【引线和箭头】选项卡

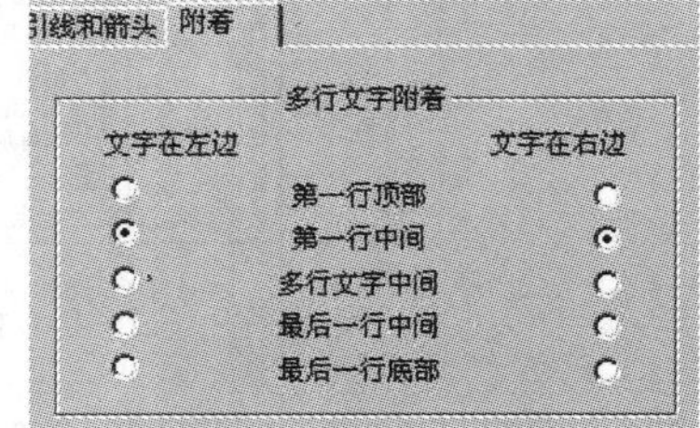

图 14-222　【附着】选项卡

(6) 单击【引线设置】对话框中的 确定 按钮，返回绘图区，根据命令行的提示，指定三个引线点，绘制引线，并输入引线注释，标注结果如图 14-223 所示。

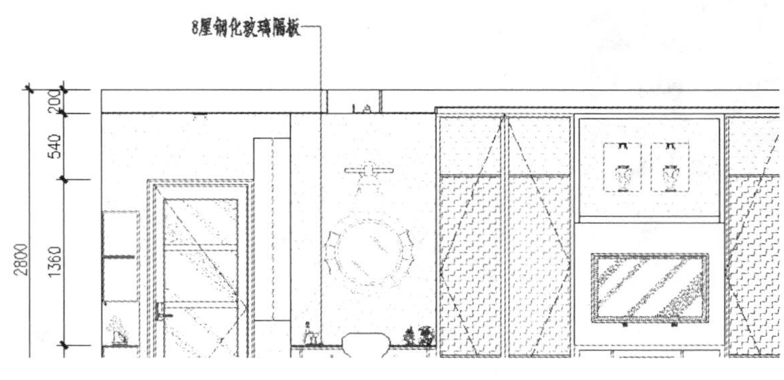

图 14-223　标注结果

(7) 重复执行【快速引线】命令，按照当前的引线参数设置，分别标注其他位置的引线注释，标注结果如图 14-224 所示。

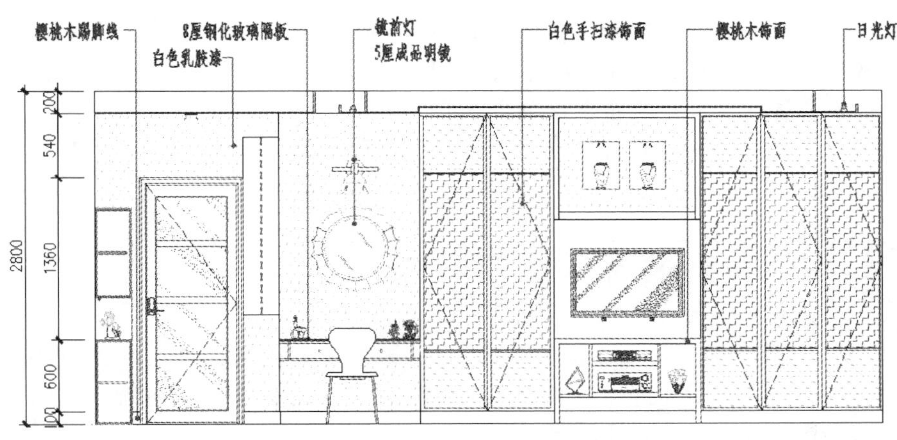

图 14-224　标注其他注释

(8) 调整视图，将图形全部显示，最终效果如图 14-190 所示。

(9) 最后执行【保存】命令，将图形命名存储为“主卧室装修立面图.dwg”。

14.8　本章小结

由于建筑装饰装潢布置图控制着水平向纵横轴的尺寸数据，而其他视图又多数是由平面布置图中引出的，因而布置图是绘制和识读室内装修施工图的重点和基础，是建筑装饰装潢施工的首要图纸。本章在简述布置图相关理论以及绘图思路的前提下，通过绘制御景苑小区户型墙体结构图、室内家具布置图、地面装修材质图，标注布置图房间功能、材质注解、墙面投影以及布置图尺寸等典型实例，详细学习了建筑装饰装潢布置图的设计方法、具体绘图过程和绘制技巧。

希望读者通过本章的学习，在理解和掌握布置图的形成、功能等知识的前提下，掌握平面布置图方案的表达内容、完整的绘图过程和相关图纸的表达技巧。

第15章 帝皇夜总会 KTV 装饰装潢设计

本章在了解和掌握 KTV 包厢设计理念和绘图思路等的前提下，主要学习帝皇夜总会 KTV 包厢装饰装潢施工图的具体绘制过程和相关绘图技巧。本章具体学习内容如下：

◎ KTV 包厢装饰装潢设计理念

◎ KTV 包厢装饰装潢设计思路

◎ 实例指导一——绘制帝皇夜总会 KTV 包厢布置图

◎ 实例指导二——绘制帝皇夜总会 KTV 包厢天花图

◎ 实例指导三——绘制帝皇夜总会 KTV 包厢 B 向立面图

◎ 实例指导四——绘制帝皇夜总会 KTV 包厢 D 向立面图

◎ 本章小结

15.1 KTV 包厢装饰装潢设计理念

KTV 装饰装潢设计是一个十分复杂的问题，不仅涉及建筑、结构、声学、通风、暖气、照明、音响、视频等多个方面，而且涉及安全、实用、环保、文化等多方面问题。在进行 KTV 装饰装潢设计时，一般要兼顾以下几点。

1. KTV **包厢的空间**

KTV 包厢的布置，应为客人提供一个以围为主，围中有透的空间，此种空间应以 KTV 经营内容为基础，一般可分为小包厢、中包厢、大包厢三种类型，必要时可提供特大包厢。

小包厢设计面积一般在 8～12 m^2，中包厢设计一般在 15～20 m^2，大包厢一般在 24～30 m^2，特大包厢一般在 55 m^2 以上为宜。

2. KTV **包厢的结构**

根据建筑学和声学原理，人体工程学和舒适度来考虑，KTV 房间的长和宽的黄金比例为 0.618，即是说如果设计长度为 1 米，宽度至少应考虑在 0.6 米偏上。

3. KTV **包厢的家具**

在 KTV 包厢内除包含电视、电视柜、点歌器、麦克风等视听设备外，还应配置沙发、茶几等基本家具，若 KTV 包厢内设有舞池，还应提供舞台和灯光空间。除此之外，在家具本身上面需要放置的东西有点歌本、摆放的花瓶和花、话筒托盘、宣传广告等。这些东西有些是吸音的，有些是反射的，而有些又是扩散的，这种不规则的东西对于声音而言起到了很好的帮助作用。

在装修设计 KTV 时，还应考虑客人座位与电视荧幕的最短距离，一般最小不得小于 3～4 m。总之，KTV 的空间应具有封闭、隐秘、温馨的特征。

4. **KTV 包厢的隔音**

隔音是解决“串音”的最好办法，从理论上讲材料的硬度越高隔音效果就越好。最常见的装修方法是做轻钢龙骨石膏板隔断墙，在石膏板的外面附加一层硬度比较高的水泥板，或者 2/4 红砖墙，两边做水泥墙面。

除此之外，在装修 KTV 时，还要兼顾到房间的混响、房间的装修材料以及房间的声学要求等。

15.2 KTV 包厢装饰装潢设计思路

在绘制并设计 KTV 包厢装潢方案图时，可以参照如下思路：

第一，首先根据原有建筑平面图或测量数据，绘制并规划 KTV 包厢墙体平面图。

第二，根据绘制出的 KTV 包厢墙体平面图，绘制 KTV 包厢布置图和地面材质图。

第三，根据 KTV 包厢布置图绘制 KTV 包厢的吊顶方案图，要注意吊顶轮廓线的表达以及吊顶各灯具的布局。

第四，根据 KTV 包厢的平面布置图，绘制包厢墙面的投影图，重点是 KTV 包厢墙面装饰轮廓图案的表达以及装修材料的说明等。

15.3 实例指导——绘制帝皇夜总会 KTV 包厢布置图

本例主要学习帝皇夜总会 KTV 包厢布置图的具体绘制过程和相关技巧。KTV 包厢布置图的最终绘制效果，如图 15-1 所示。

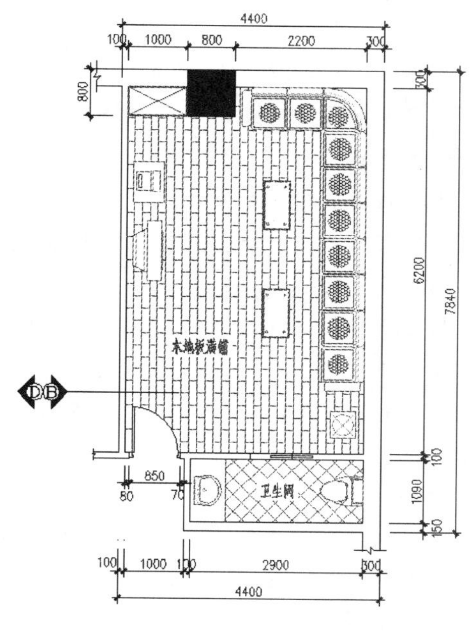

图 15-1　实例效果

在绘制 KTV 包厢布置图时，可以参照如下绘图思路：

(1) 首先调用样板并设置绘图环境。

(2) 使用【多线】、【多线编辑工具】命令并配合【捕捉自】功能绘制包厢主次外墙线。

(3) 使用【偏移】、【直线】、【矩形】、【图案填充】、【插入块】等命令绘制墙体平面图内部构件。

(4) 使用【插入块】、【矩形阵列】、【复制】等命令绘制室内布置图。

(5) 使用【图案填充】和【图案填充编辑】命令绘制地面材质图。

(6) 使用【线性】、【连续】和【编辑标注文字】命令标注 KTV 包厢布置图尺寸。

(7) 使用【单行文字】命令标注 KTV 包

厢布置图材质注解。

(8) 最后使用【插入块】、【镜像】和【编辑属性】等命令为布置图标注墙面投影符号。

15.3.1 绘制KTV包厢墙体结构图

(1) 执行【新建】命令,调用随书光盘"\样板文件\建筑装饰装潢样板.dwt"文件。

(2) 单击【格式】菜单中的【图层】命令,在打开的【图层特性管理器】对话框中双击"墙线层",将其设置为当前图层,如图15-2所示。

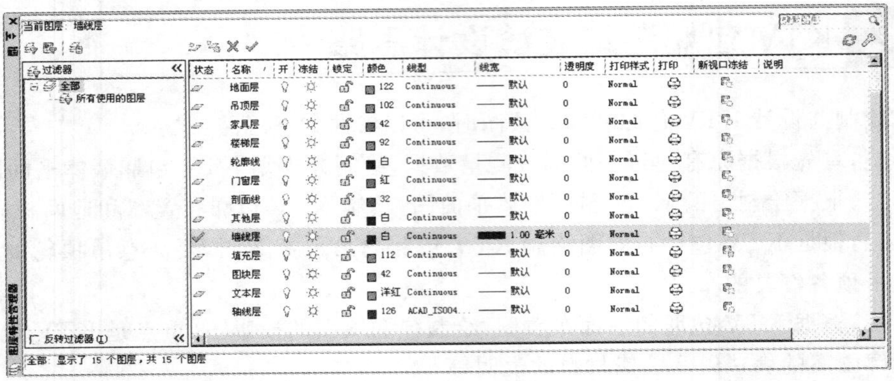

图15-2 【图层特性管理器】对话框

(3) 单击【绘图】菜单中的【多线】命令,绘制宽度为120的KTV包间的外墙线。命令行操作如下。

命令:_mline
当前设置:对正=上,比例=20.00,样式=墙线样式
指定起点或[对正(J)/比例(S)/样式(ST)]: //s↙
输入多线比例 <20.00>: //300↙
当前设置:对正=上,比例=300.00,样式=墙线样式
指定起点或[对正(J)/比例(S)/样式(ST)]: //在绘图区拾取一点
指定下一点: //@4820,0↙
指定下一点或[放弃(U)]: //@0,-8150↙
指定下一点或[闭合(C)/放弃(U)]: //↙,结束命令,绘制结果如图15-3所示

(4) 重复执行【多线】命令,配合【捕捉自】功能,绘制宽度为100的垂直墙线。命令行操作如下。

命令:_mline
当前设置:对正=上,比例=300.00,样式=墙线样式
指定起点或[对正(J)/比例(S)/样式(ST)]: //s↙
输入多线比例 <300.00>: //100↙
当前设置:对正=上,比例=100.00,样式=墙线样式
指定起点或[对正(J)/比例(S)/样式(ST)]: //激活【捕捉自】功能

_from 基点： //捕捉如图 15-4 所示的端点
＜偏移＞： //@－4000,0 ↙
指定下一点： //@0,－6200 ↙
指定下一点或［放弃(U)］： // ↙,结束命令,绘制结果如图 15-5 所示

图 15-3 绘制结果　　图 15-4 捕捉端点　　图 15-5 绘制结果

(5) 重复执行【多线】命令,配合【捕捉自】功能,绘制宽度为 100 的水平墙线。命令行操作如下。

命令：_mline
当前设置：对正＝上,比例＝100.00,样式＝墙线样式
指定起点或［对正(J)/比例(S)/样式(ST)］： //激活【捕捉自】功能
_from 基点： //捕捉如图 15-6 所示的端点
＜偏移＞： //@0,－6300 ↙
指定下一点： //@－3070,0 ↙
指定下一点或［放弃(U)］： // ↙,结束命令
命令:MLINE
当前设置：对正＝上,比例＝100.00,样式＝墙线样式
指定起点或［对正(J)/比例(S)/样式(ST)］： //激活【捕捉自】功能
_from 基点： //捕捉如图 15-7 所示的端点
＜偏移＞： //@－850,0 ↙
指定下一点： //@－600,0 ↙
指定下一点或［放弃(U)］： // ↙,结束命令,绘制结果如图 15-8 所示

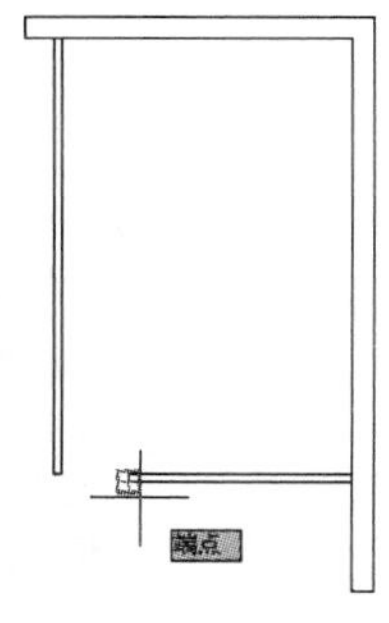

图 15-6 捕捉端点

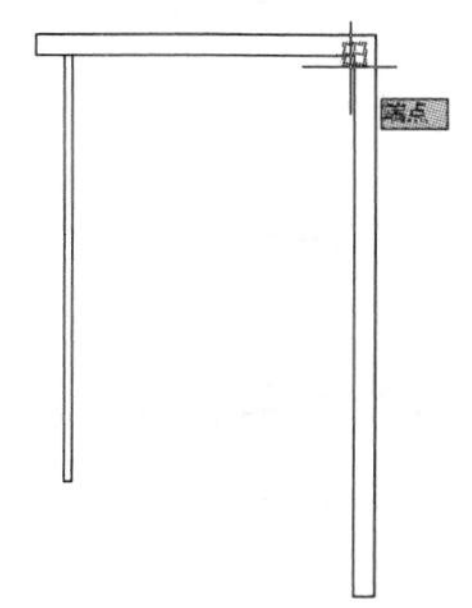

图 15-7 捕捉端点

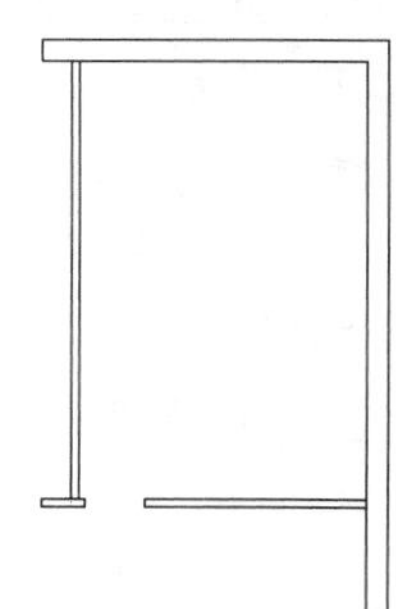

图 15-8 绘制结果

(6) 重复执行【多线】命令,配合【捕捉自】功能,绘制卫生间墙线。命令行操作如下。

命令:_mline

当前设置:对正=上,比例=100.00,样式=墙线样式

指定起点或[对正(J)/比例(S)/样式(ST)]: //s↙

输入多线比例 <100.00>: 150↙

当前设置:对正=上,比例=150.00,样式=墙线样式

指定起点或[对正(J)/比例(S)/样式(ST)]: //激活【捕捉自】功能

_from 基点: //捕捉如图 15-9 所示的端点

<偏移>: //@0,-1240↙

指定下一点: //@-3000,0↙

指定下一点或[放弃(U)]: //↙,结束命令

命令:MLINE

当前设置:对正=上,比例=150.00,样式=墙线样式

指定起点或[对正(J)/比例(S)/样式(ST)]: //s↙

输入多线比例 <150.00>: //100↙

当前设置:对正=上,比例=100.00,样式=墙线样式

指定起点或[对正(J)/比例(S)/样式(ST)]: //捕捉如图 15-10 所示的端点

指定下一点: //@0,1090↙

指定下一点或[放弃(U)]: //↙,结束命令,绘制结果如图 15-11 所示

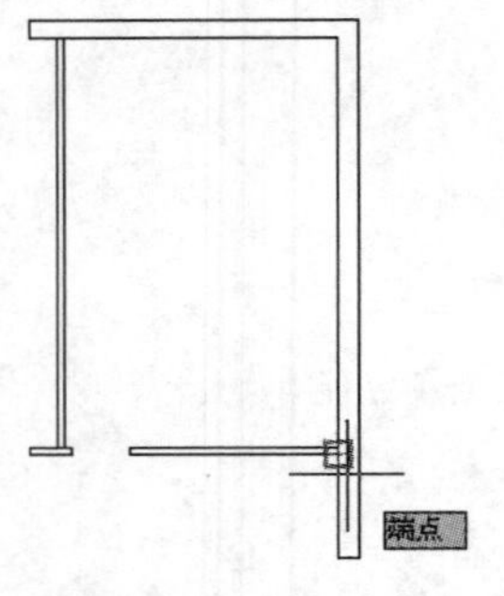

图 15-9 捕捉端点

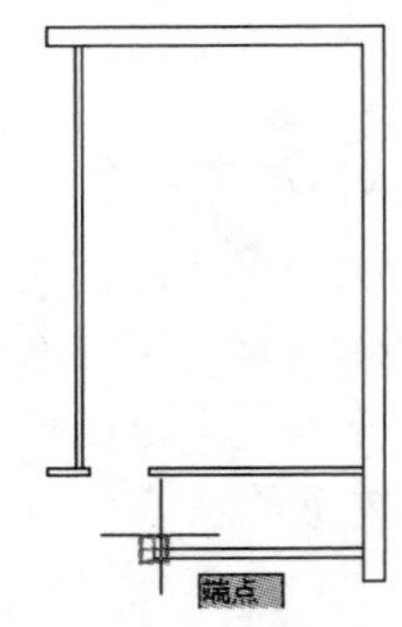

图 15-10 捕捉端点

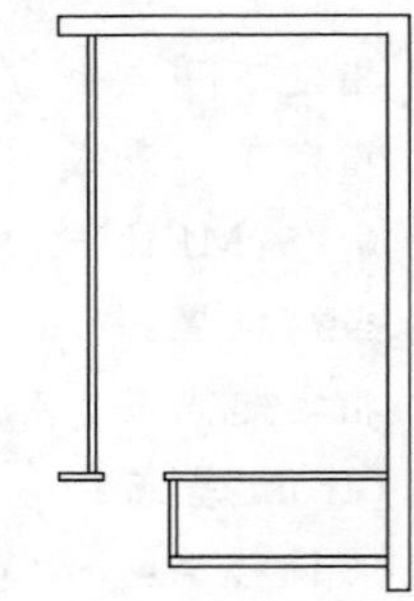
图 15-11 绘制结果

(7) 单击【绘图】菜单中的【矩形】命令,绘制长宽都为 800 的柱子轮廓线。命令行操作如下。

命令:_rectang

指定第一个角点或[倒角(C)/标高(E)/圆角(F)/厚度(T)/宽度(W)]: //激活【捕捉自】功能

_from 基点: //捕捉如图 15-12 所示的端点

<偏移>: //@-2500,0↙

指定另一个角点或[面积(A)/尺寸(D)/旋转(R)]: //@-800,-800↙,绘制结果如图 15-13 所示

(8) 使用快捷键 H 激活【图案填充】命令,为矩形柱填充如图 15-14 所示的实体图案。

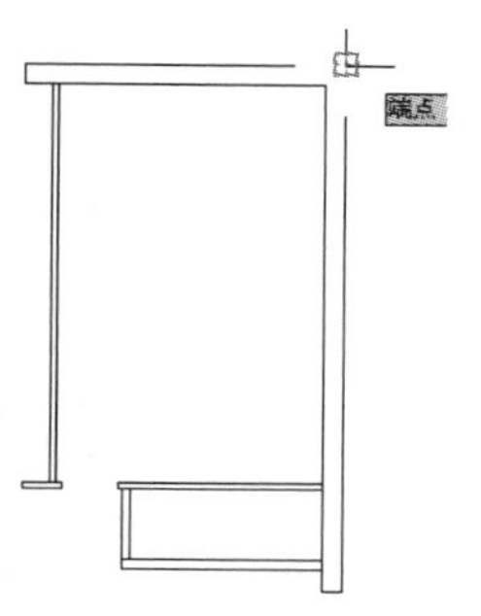

图 15-12　捕捉端点

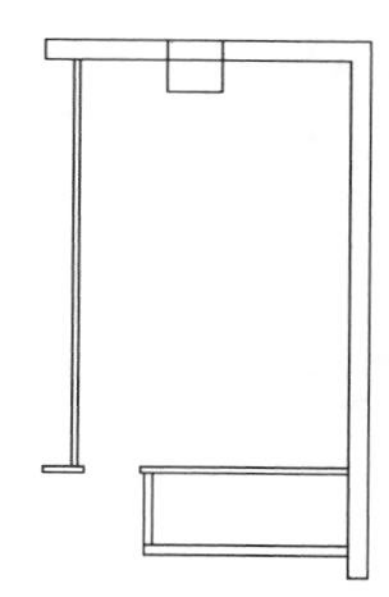
图 15-13　绘制结果

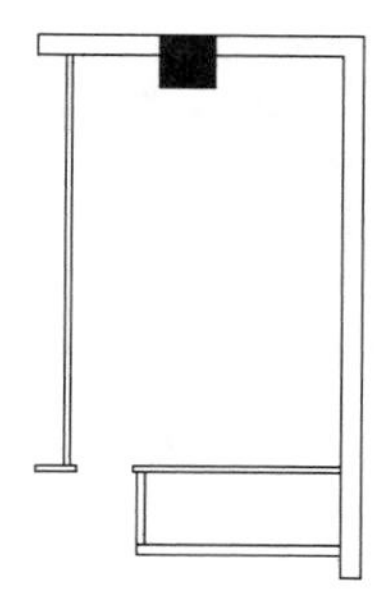
图 15-14　填充结果

(9) 在绘制的多线上双击左键，打开【多线编辑工具】对话框，选择如图 15-15 所示的【T 形合并】功能，对墙线进行编辑，编辑结果如图 15-16 所示。

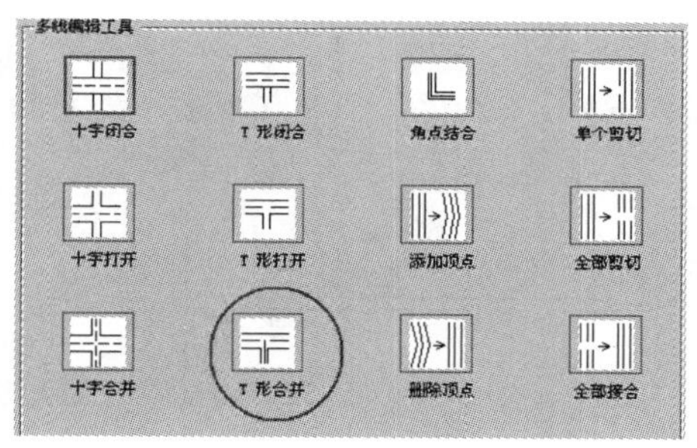

图 15-15　选择工具

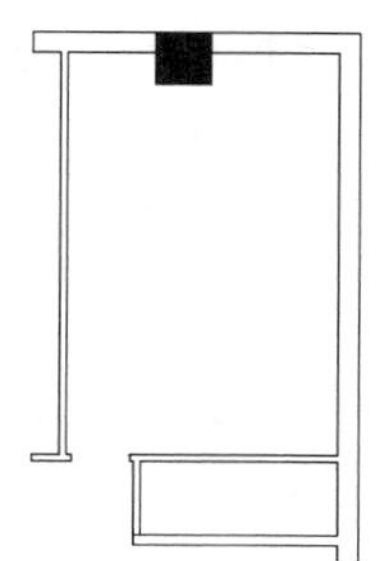
图 15-16　编辑结果

(10) 再次打开【多线编辑工具】对话框，选择如图 15-17 所示的功能，继续对墙线进行编辑，编辑结果如图 15-18 所示。

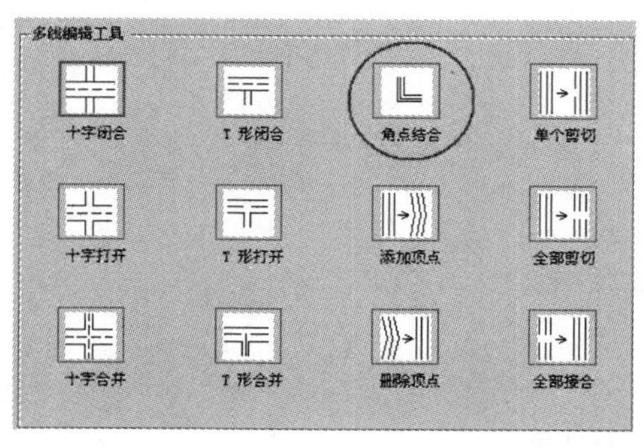

图 15-17　选择工具

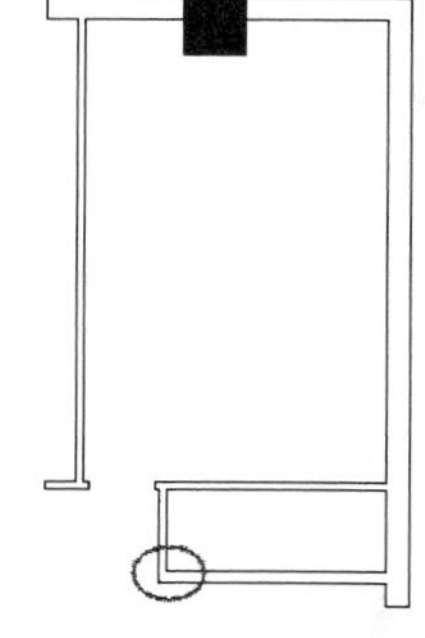
图 15-18　编辑结果

(11) 展开【图层控制】下拉列表，将“门窗层”设置为当前图层。

(12) 单击【插入】菜单中的【块】命令，插入随书光盘“\图块文件\单开门 02.dwg”，设置参数如图 15-19 所示，插入结果如图 15-20 所示。

(13) 单击【绘图】菜单中的【矩形】命令，配合【捕捉自】功能绘制卫生间门洞。命令行操作如下。

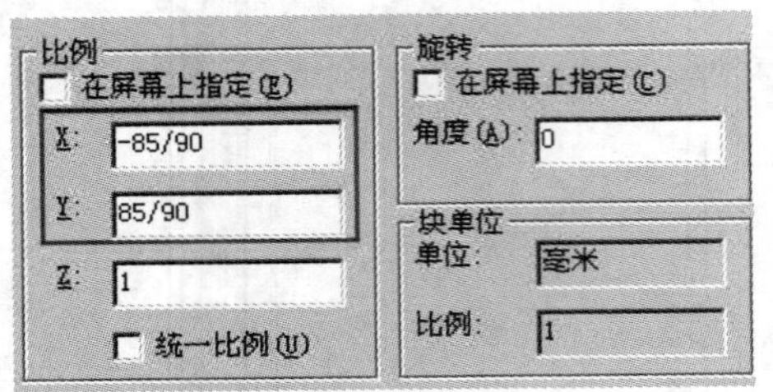

图 15-19　设置参数

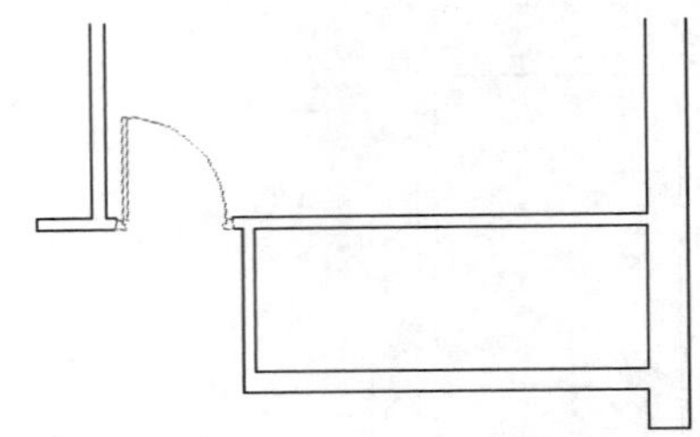

图 15-20　插入单开门

命令：_rectang

指定第一个角点或［倒角(C)/标高(E)/圆角(F)/厚度(T)/宽度(W)］： //激活【捕捉自】功能

_from 基点： //捕捉如图 15-21 所示的端点

<偏移>： //@－1190 ,0 ↙

指定另一个角点或［面积(A)/尺寸(D)/旋转(R)］： //@－700,100 ↙,绘制结果如图 15-22 所示

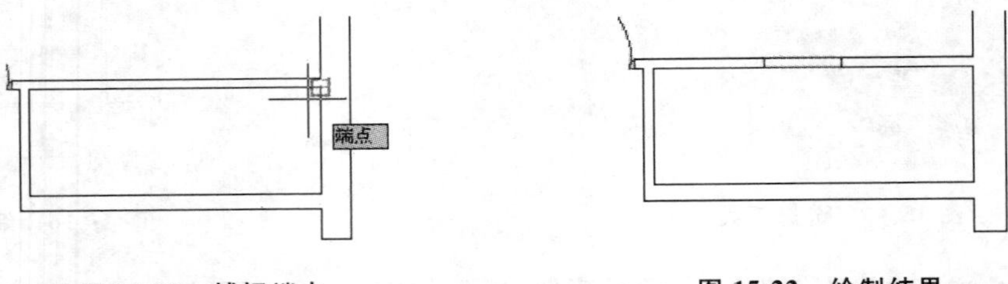

图 15-21　捕捉端点　　图 15-22　绘制结果

(14) 重复执行【矩形】命令,绘制长度为 700、宽度为 40 的矩形,作为推拉门轮廓线,并对其进行位移,结果如图 15-23 所示。

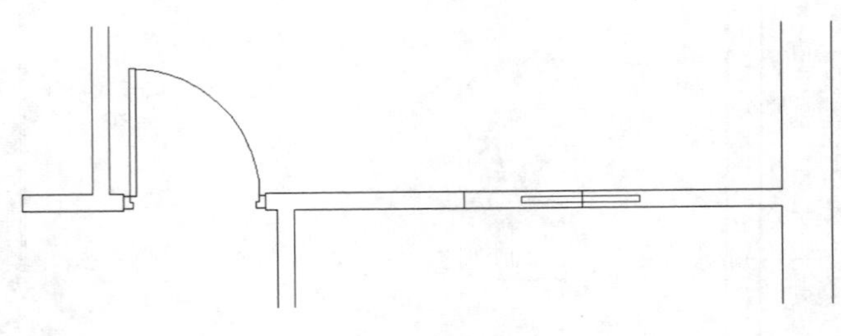

图 15-23　绘制结果

(15) 夹点显示图 15-24 所示的墙线,然后执行【修改】菜单中的【分解】命令,将其分解。

(16) 使用快捷键 E 激活【删除】命令,删除前端墙线,结果如图 15-25 所示。

(17) 使用快捷键 L 激活【直线】命令,配合【捕捉】和【追踪】功能绘制如图 15-26 所示的折断线。

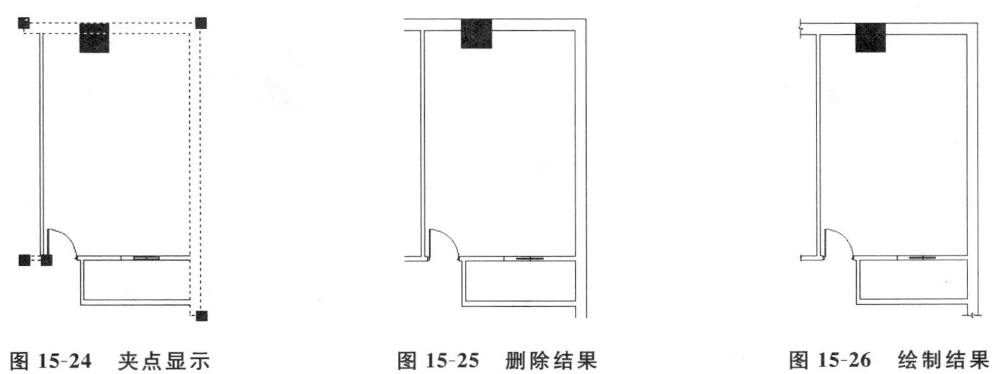

图 15-24 夹点显示　　图 15-25 删除结果　　图 15-26 绘制结果

至此，帝皇夜总会 KTV 包厢墙体结构图绘制完毕，下一小节将学习 KTV 包厢平面布置图的具体绘制过程。

15.3.2 绘制 KTV 包厢平面布置图

(1) 继续上节操作。

(2) 展开【图层控制】下拉列表，将“家具层”设置为当前图层。

(3) 单击【绘图】工具栏上的按钮，在打开的对话框中单击 浏览(B)... 按钮，选择随书光盘中的“\图块文件\block06. dwg”，如图 15-27 所示。

(4) 采用默认设置，将其插入到平面图中，插入结果如图 15-28 所示。

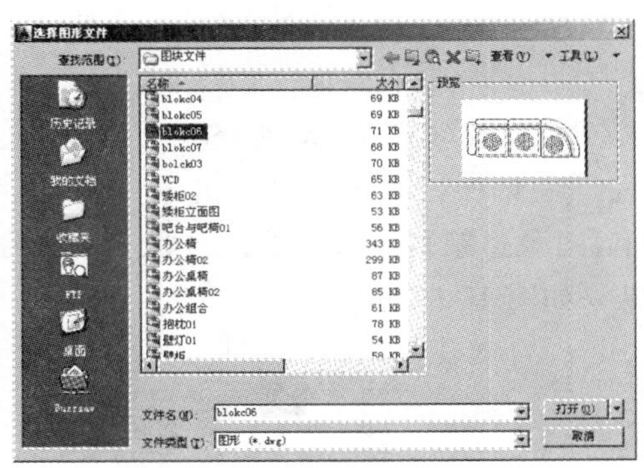

图 15-27 选择文件

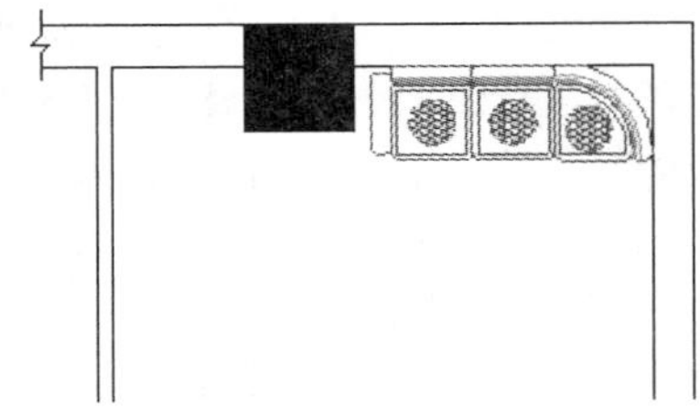

图 15-28 插入结果

(5) 重复执行【插入块】命令，以默认参数插入随书光盘中的“\图块文件\block04. dwg”文件，在命令行的提示下，垂直向下引出如图 15-29 所示的中点追踪虚线，输入 10 后按 Enter 键，插入结果如图 15-30 所示。

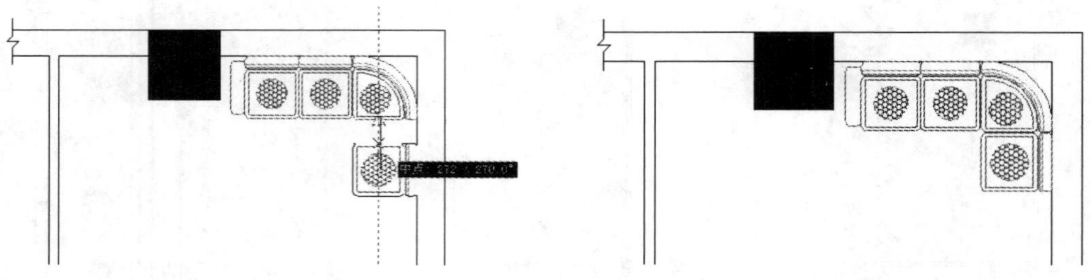

图 15-29 引出中点追踪虚线　　图 15-30 插入结果

(6) 单击【修改】菜单中的【阵列】/【矩形阵列】命令，对刚插入的沙发图块进行阵列，命令行操作如下。

命令：_arrayrect

选择对象： //选择最后插入的沙发图块

选择对象： //↙

类型＝矩形　关联＝否

选择夹点以编辑阵列或［关联(AS)/基点(B)/计数(COU)/间距(S)/列数(COL)/行数(R)/层数(L)/退出(X)］＜退出＞： //COU↙

输入列数数或［表达式(E)］＜4＞： //1↙

输入行数数或［表达式(E)］＜3＞： //6↙

选择夹点以编辑阵列或［关联(AS)/基点(B)/计数(COU)/间距(S)/列数(COL)/行数(R)/层数(L)/退出(X)］＜退出＞： //s↙

指定列之间的距离或［单位单元(U)］＜1071＞： //1↙

指定行之间的距离 ＜900＞： //－610↙

选择夹点以编辑阵列或［关联(AS)/基点(B)/计数(COU)/间距(S)/列数(COL)/行数(R)/层数(L)/退出(X)］＜退出＞： //↙，结束命令，阵列结果如图 15-31 所示

(7) 执行【插入块】命令，配合【中点捕捉】和【对象追踪】功能，以默认参数插入随书光盘中的"\图块文件\block05. dwg"文件，插入结果如图 15-32 所示。

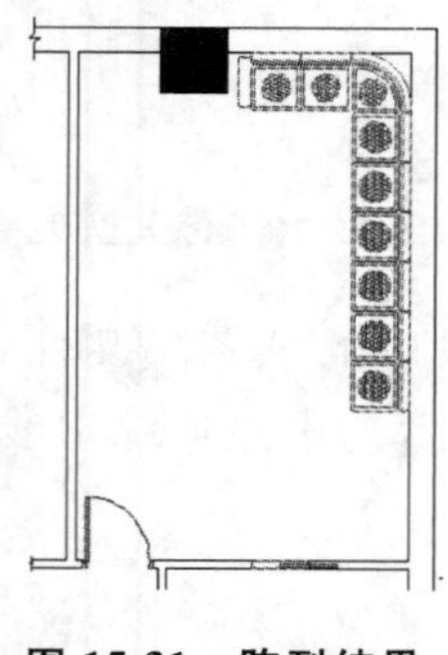

图 15-31 阵列结果

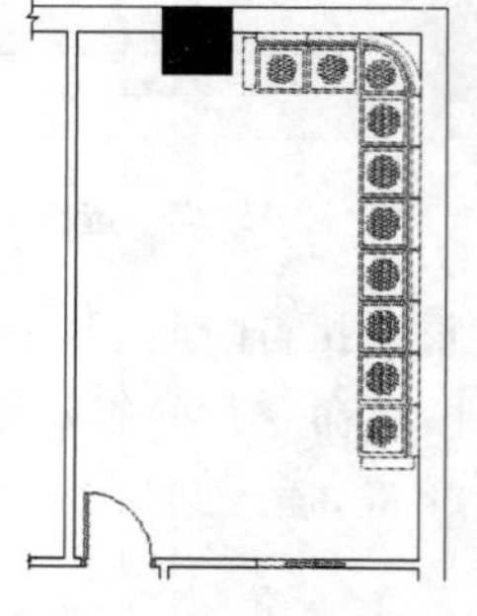

图 15-32 插入结果

(8) 重复执行【插入块】命令，插入随书光盘中的"\图块文件\面盆 01. dwg"文件，块参数设置如图 15-33 所示，插入点为图 15-34 所示的中点。

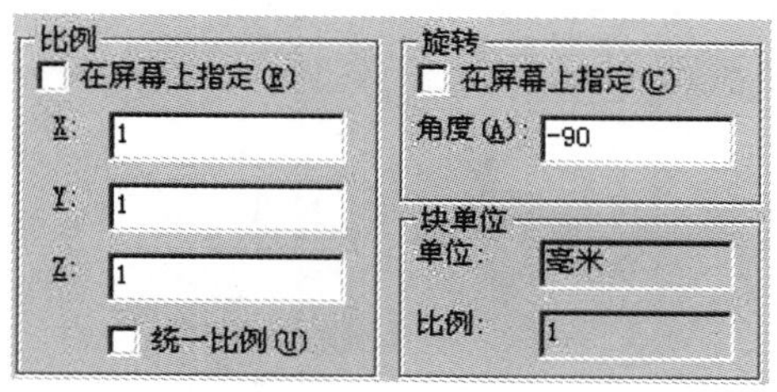

图 15-33　设置参数

(9) 重复执行【插入块】命令，插入随书光盘中的“\图块文件\坐便 01. dwg”文件，块参数设置如图 15-33 所示，插入点为图 15-35 所示的中点。

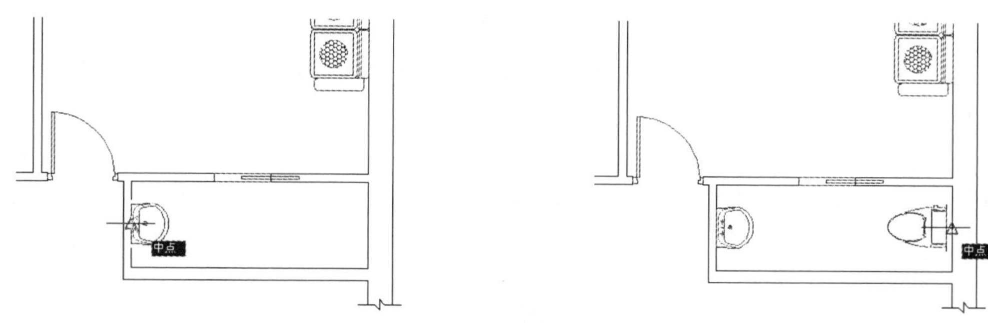

图 15-34　捕捉中点 1　　　图 15-35　捕捉中点 2

(10) 重复执行【插入块】命令，插入随书光盘“\图块文件\”目录下的“block1. dwg”、“block2. dwg”、“block03. dwg”、“block07. dwg”文件，插入结果如图 15-36 所示。

(11) 使用快捷键 CO 激活【复制】命令，将插入的茶几图块沿 Z 轴负方向复制 1840 个单位，结果如图 15-37 所示。

(12) 使用【直线】和【矩形】命令，配合【端点捕捉】和【延伸捕捉】功能，绘制如图 15-38 所示的洗手池台面轮廓线和上方的柜子轮廓线。

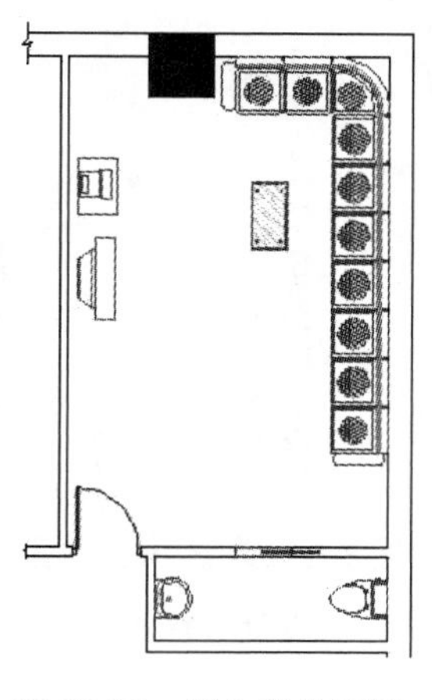

图 15-36　插入其他图例

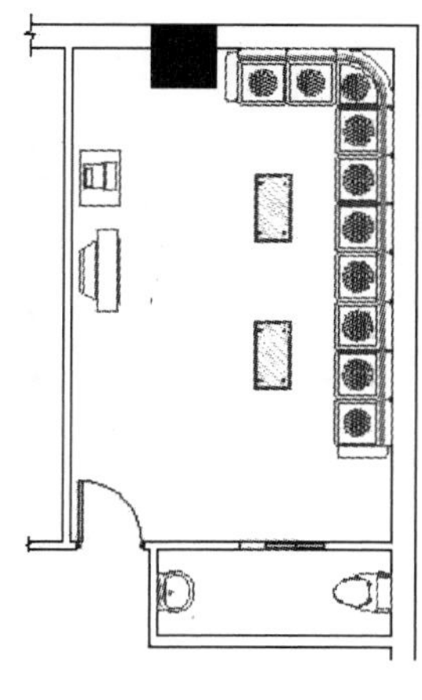

图 15-37　复制结果

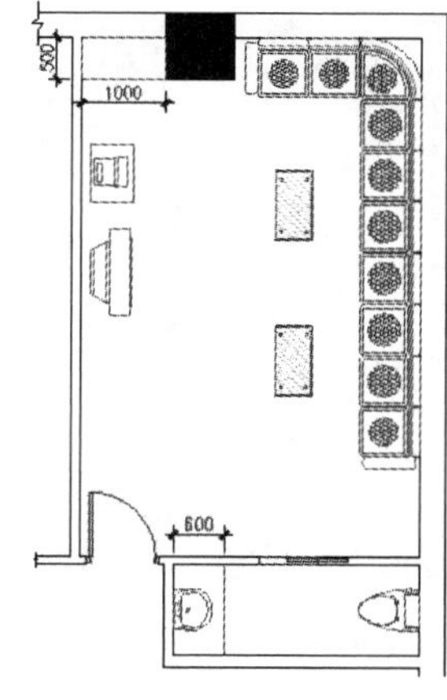

图 15-38　绘制结果

(13) 将绘制的矩形柜子轮廓线向内侧偏移 20 个单位，然后执行【直线】命令绘制对角示意线，结果如图 15-39 所示。

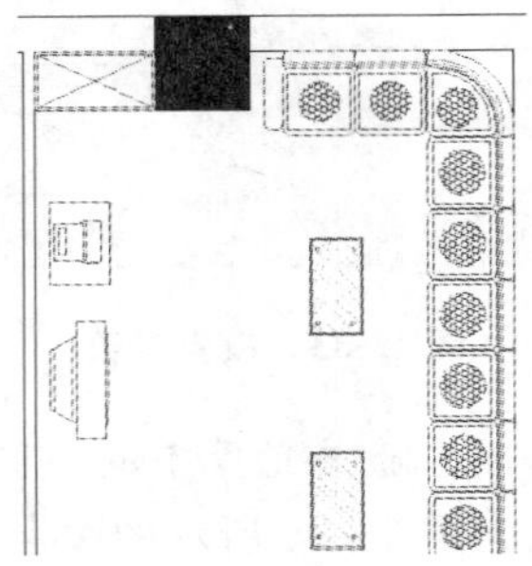

图 15-39　绘制结果

至此，KTV 包厢平面布置图绘制完毕，下一小节将学习包厢地面材质图的具体绘制过程和相关技巧。

15.3.3　绘制 KTV 包厢地面材质图

(1) 继续上节操作。

(2) 展开【图层控制】下拉列表，将“地面层”设置为当前图层。

(3) 执行【图案填充】命令，在打开的【图案填充和渐变色】对话框中单击【图案】列表右侧的按钮，打开【填充图案选项板】对话框。

(4) 在【填充图案选项板】对话框中向下拖动滑块，选择图 15-40 所示的图案。

(5) 单击 确定 按钮返回【图案填充和渐变色】对话框，设置填充参数如图 15-41 所示。

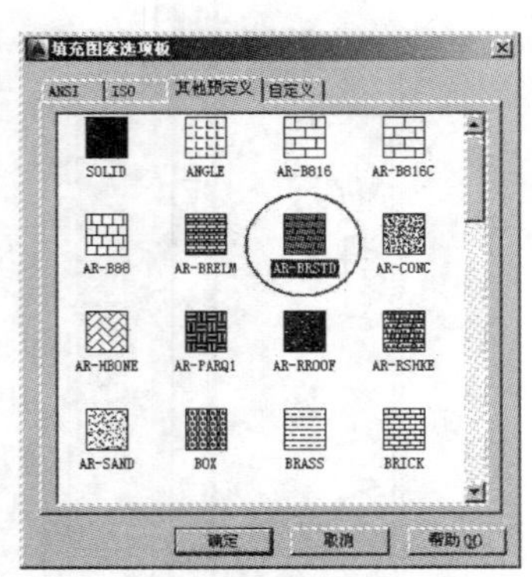

图 15-40　选择填充图案

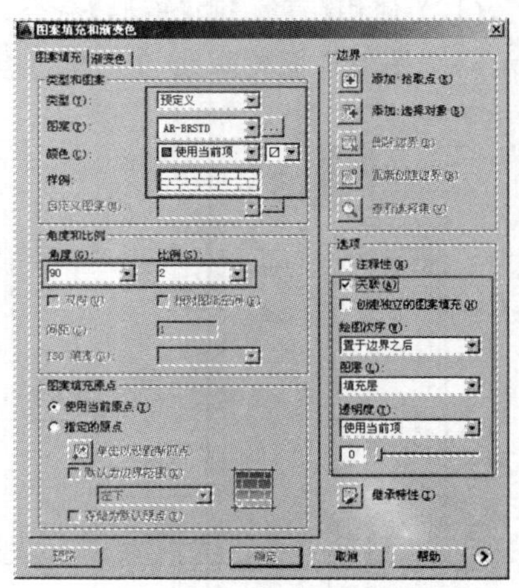

图 15-41　设置填充参数

(6) 返回绘图区，根据命令行的提示拾取如图 15-42 所示的填充边界，填充如图15-43 所示的图案。

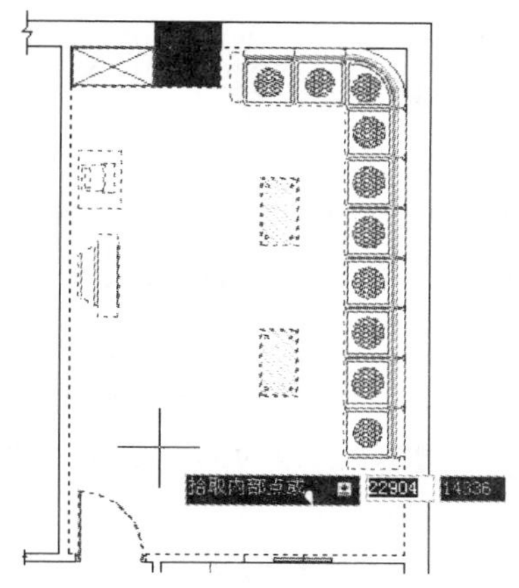

图 15-42 拾取填充边界

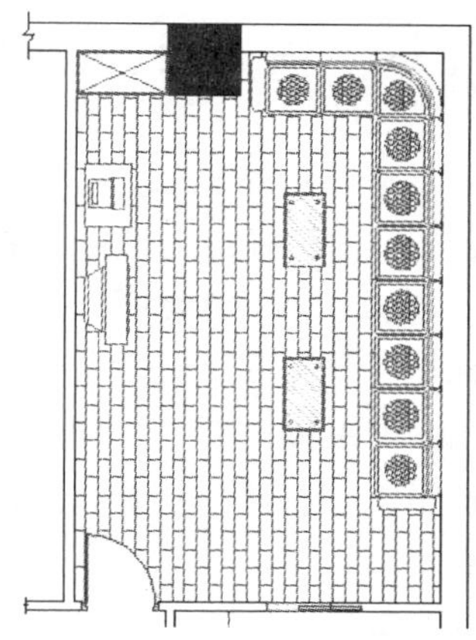

图 15-43 填充结果

(7) 重复执行【图案填充】命令，设置填充图案及参数如图 15-44 所示，拾取如图15-45所示的填充区域，为卫生间填充如图 15-46 所示的图案。

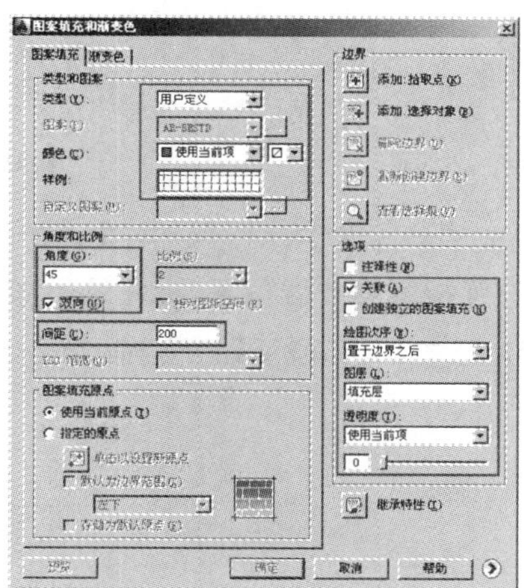

图 15-44 设置填充参数

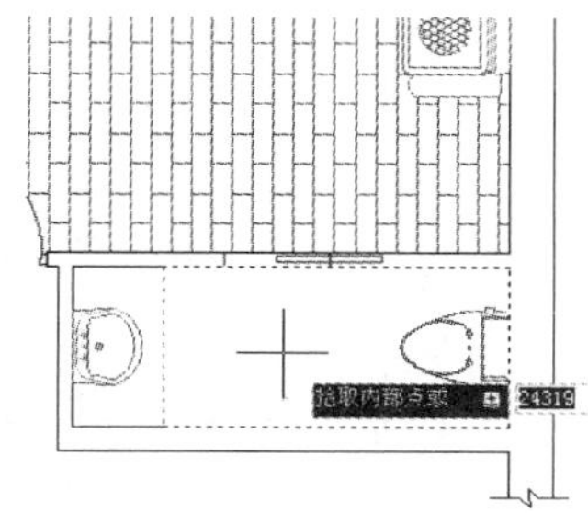

图 15-45 拾取填充区域

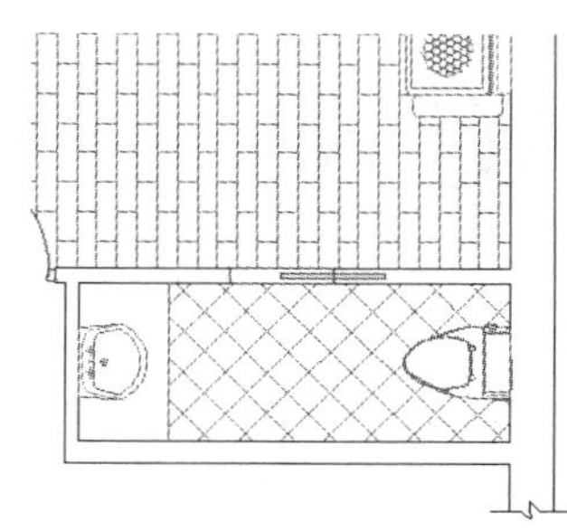

图 15-46 填充结果

至此，帝皇夜总会 KTV 包厢地面材质图绘制完毕，下一小节将为 KTV 包厢布置图标注尺寸。

15.3.4 标注 KTV 包厢布置图尺寸

(1) 继续上节操作。

(2) 单击【图层】工具栏中的【图层控制】列表，选择“尺寸层”，将其设置为当前图层。

(3) 单击【标注】菜单栏中的【标注样式】命令，将“建筑标注”设置为当前标注样式，并修改标注比例为 50。

(4) 单击【标注】工具栏上的按钮，在“指定第一条尺寸界线原点或 <选择对象>:”提示下，配合【捕捉】与【追踪】功能，捕捉如图 15-47 所示的端点作为第一条尺寸界线的起点。

(5) 在“指定第二条尺寸界线原点:”提示下，捕捉如图 15-48 所示的交点。

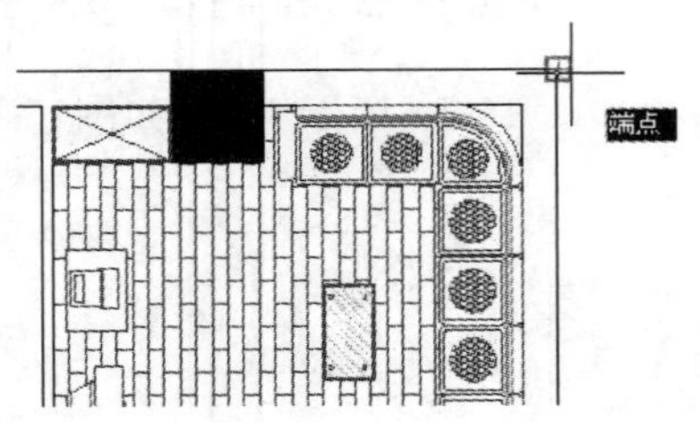

图 15-47 定位第一原点

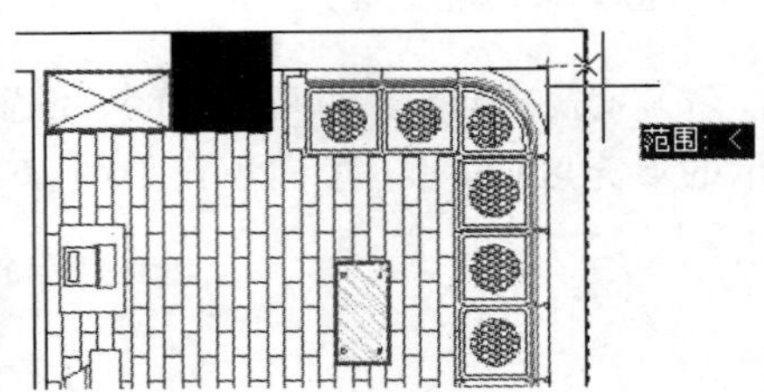

图 15-48 定位第二原点

(6) 在“指定尺寸线位置或 [多行文字(M)/文字(T)/角度(A)/水平(H)/垂直(V)/旋转(R)]:”提示下，在适当位置指定尺寸线位置，标注结果如图 15-49 所示。

(7) 单击【标注】工具栏上的按钮，激活【连续】命令，标注如图 15-50 所示的连续尺寸作为细部尺寸。

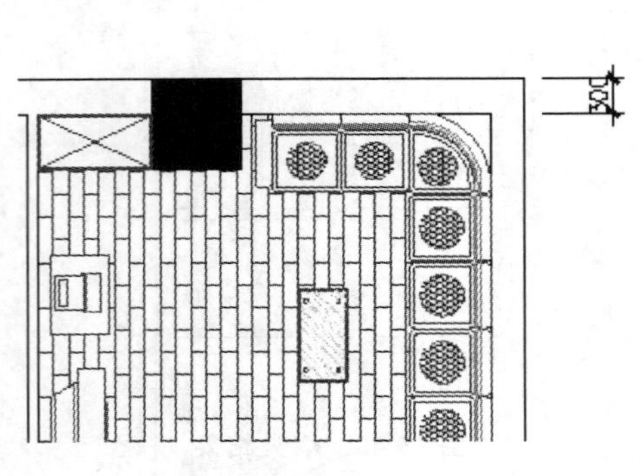

图 15-49 标注结果

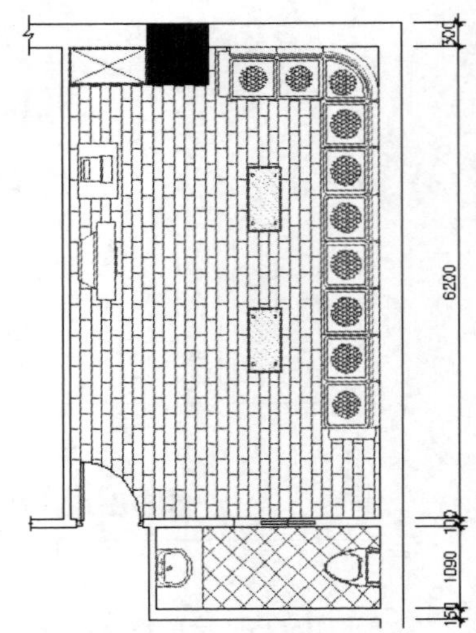

图 15-50 标注连续尺寸

(8) 执行【编辑标注文字】命令，对标注文字位置进行协调，结果如图 15-51 所示。

（9）单击【标注】工具栏上的按钮，标注右侧的总尺寸，标注结果如图 15-52 所示。

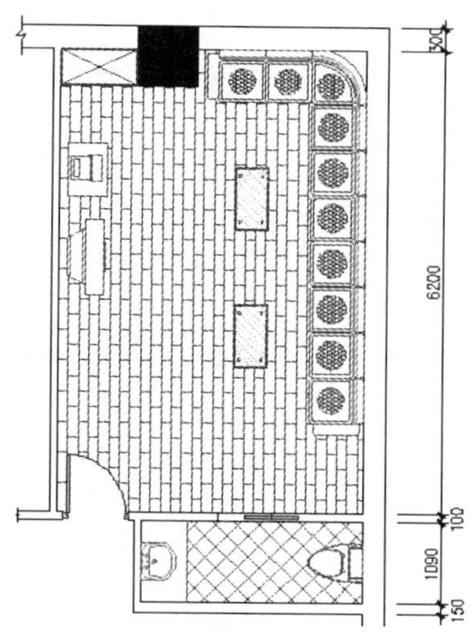

图 15-51　协调标注文字位置

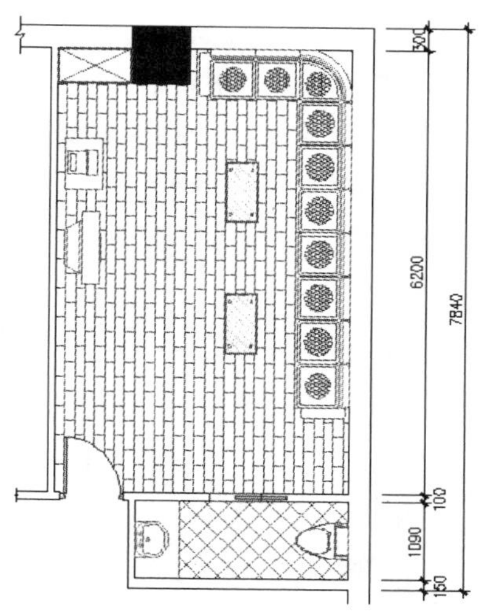

图 15-52　标注总尺寸

（10）参照上述操作，重复使用【线性】和【连续】命令，标注其他侧的尺寸，标注结果如图 15-53 所示。

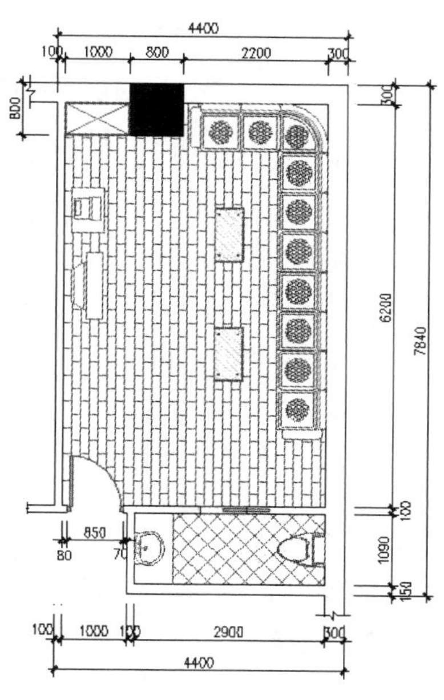

图 15-53　标注其他侧尺寸

至此，夜总会 KTV 包厢布置图尺寸标注完毕，下一小节将为布置图标注文字。

15.3.5 标注 KTV 包厢布置图文字

(1) 继续上节操作。

(2) 展开【文字样式控制】下拉列表，将“仿宋体”设置为当前样式。

(3) 展开【图层控制】下拉列表，将“文本层”设置为当前图层。

(4) 使用快捷键 DT 激活【单行文字】命令，设置字高为 200，标注如图 15-54 所示的文字注释。

(5) 重复执行【单行文字】命令，按照当前的参数设置，标注卫生间位置的文字注释，结果如图 15-55 所示。

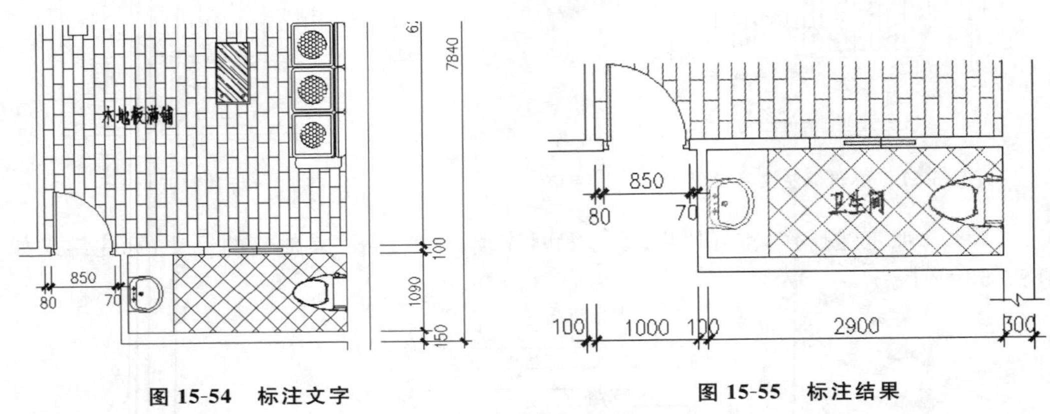

图 15-54 标注文字　　图 15-55 标注结果

(6) 在卫生间填充图案上单击右键，选择如图 15-56 所示的【图案填充编辑】命令。

(7) 在打开的【图案填充编辑】对话框中单击“添加：选择对象”按钮，返回绘图区，在“选择对象或［拾取内部点(K)/删除边界(B)］:”提示下，选择如图 15-57 所示的文字对象。

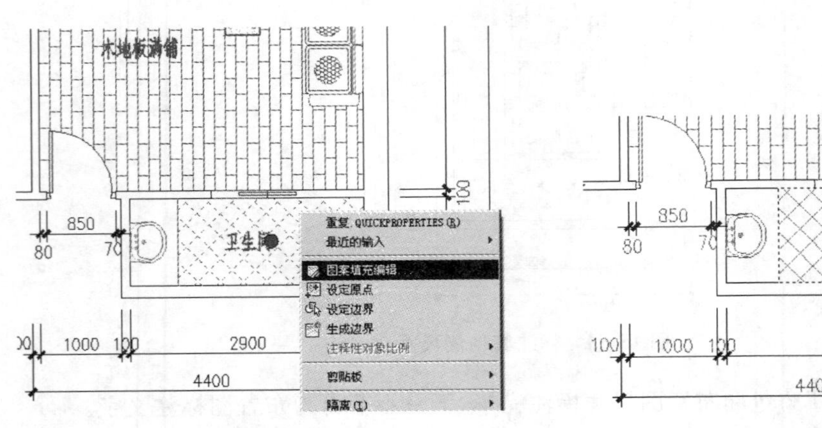

图 15-56 图案填充右键菜单　　图 15-57 选择对象

(8) 敲击 Enter 键，结果被选择的文字以孤岛的形式排除在填充区域外，结果如图 15-58 所示。

(9) 参照(6)～(8)操作步骤，修改 KTV 包厢房间内的填充图案，修改结果如图 15-59 所示。

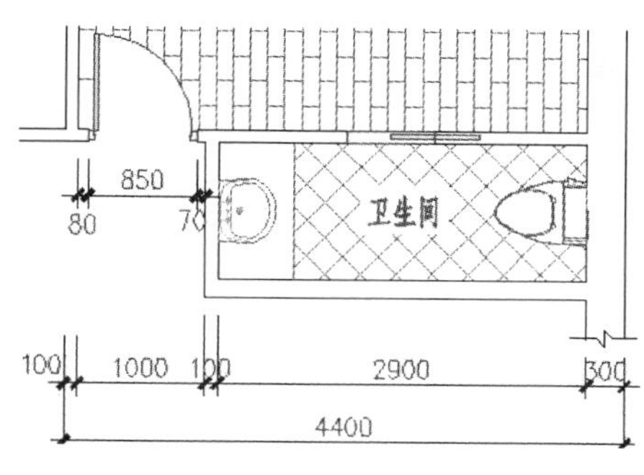

图 15-58 编辑结果

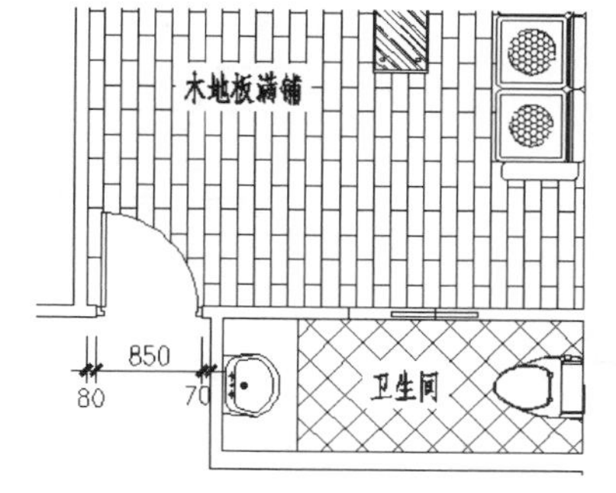

图 15-59 修改结果

至此，KTV 包厢布置图文字标注完毕，下一小节将学习 KTV 包厢布置图投影的具体标注过程和标注技巧。

15.3.6 标注 KTV 包厢布置图投影

(1) 继续上节操作。

(2) 展开【图层控制】下拉列表，将"其他层"设置为当前图层。

(3) 使用快捷键 L 激活【直线】命令，绘制如图 15-60 所示的墙面投影指示线。

(4) 使用快捷键 I 激活【插入块】命令，插入随书光盘中的"\图块文件\投影符号.dwg"，块参数设置如图 15-61 所示。

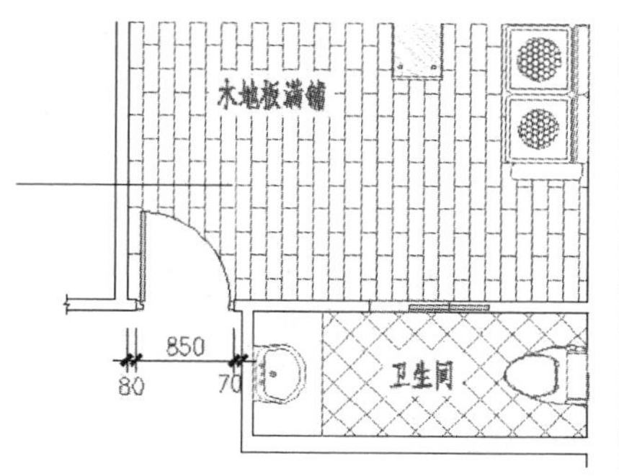

图 15-60 绘制结果

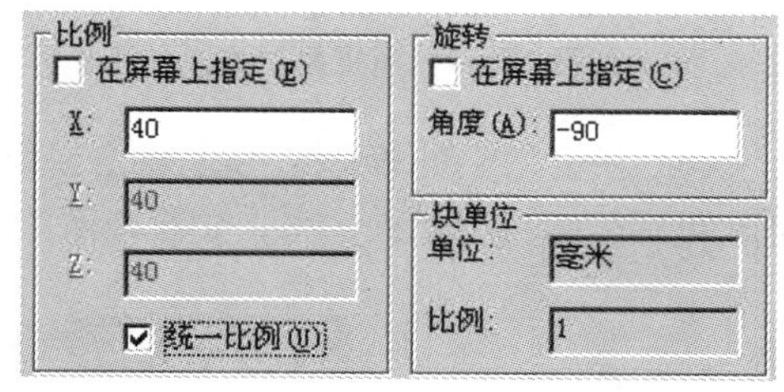

图 15-61 设置参数

(5) 返回绘图区在命令行"指定插入点或［基点(B)/比例(S)/旋转(R)］:"提示下，捕捉指示线的左端点作为插入点。

(6) 此时在打开的【编辑属性】对话框内输入正确的属性值，如图 15-62 所示，观看属性块的插入结果，如图 15-63 所示。

(7) 使用快捷键 MI 激活【镜像】命令，配合象限点捕捉和坐标输入功能，对插入的投影符号属性块进行镜像。命令行操作如下。

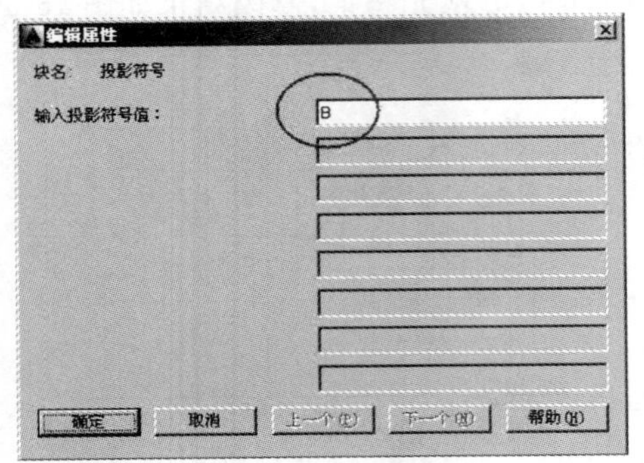

图 15-62　输入属性值

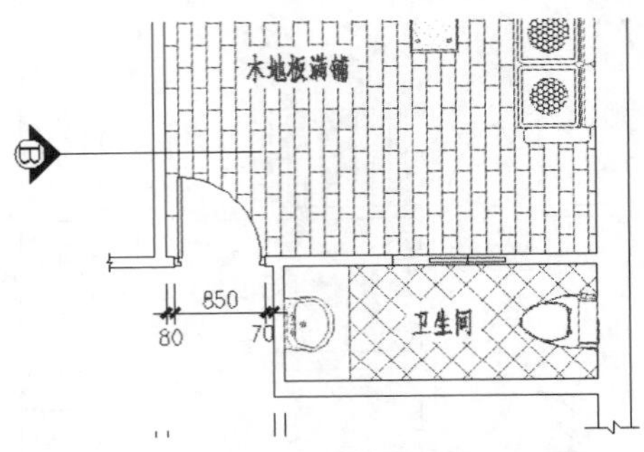

图 15-63　插入结果

命令：mi

MIRROR 选择对象： //选择刚插入的投影符号

选择对象： // ↙

指定镜像线的第一点： //捕捉如图 15-64 所示的象限点

指定镜像线的第二点： //@0,1 ↙

要删除源对象吗？[是(Y)/否(N)] <N>： // ↙,镜像结果如图 15-65 所示

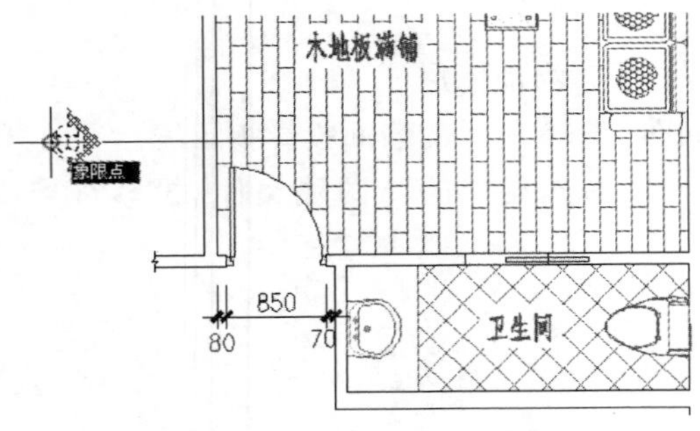

图 15-64　捕捉象限点

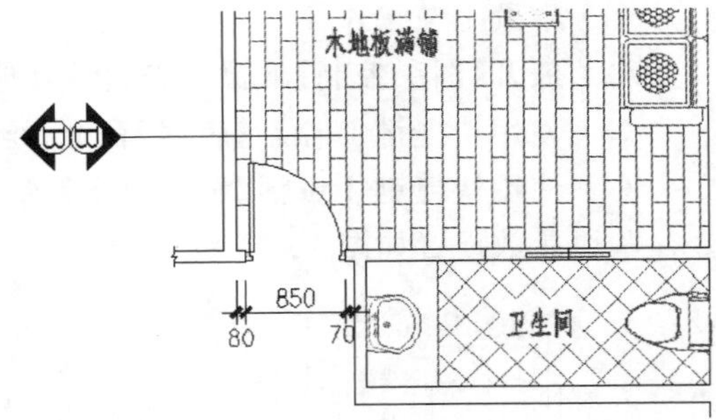

图 15-65　镜像结果

(8) 在镜像出的投影符号上双击左键,打开【增强属性编辑器】对话框,然后修改属性的值和旋转角度,如图 15-66 和图 15-67 所示,修改的效果如图 15-68 所示。

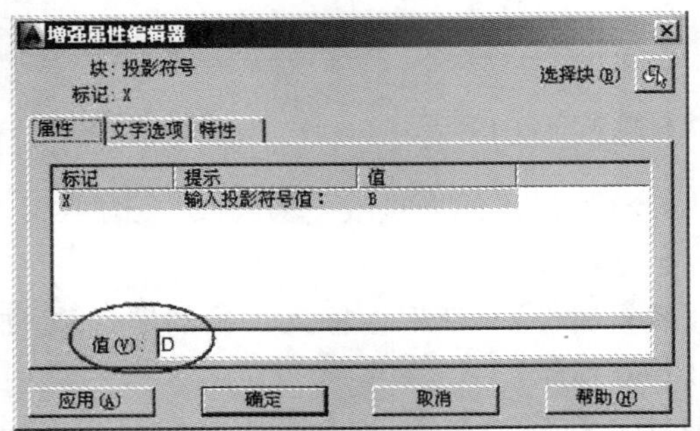

图 15-66　修改属性值

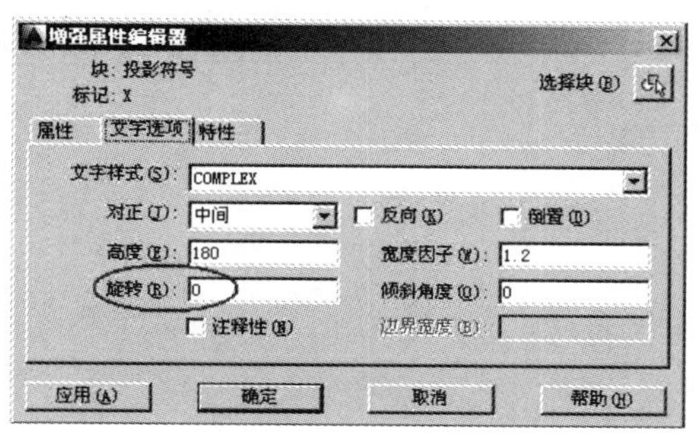

图 15-67 修改旋转角度

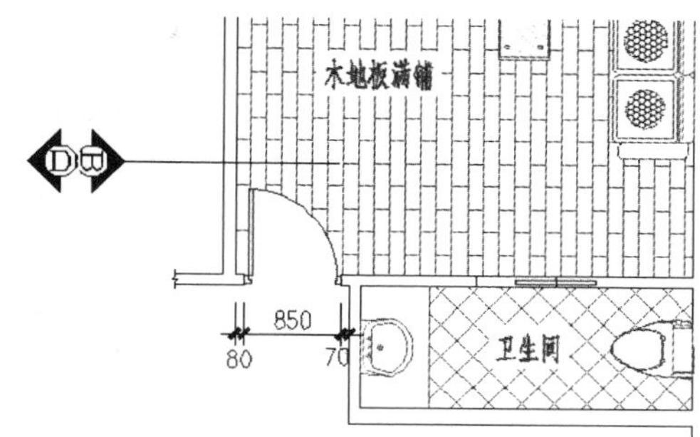

图 15-68 修改结果

(9) 重复执行上一步骤,对另一投影符号进行编辑,修改其旋转角度为 0,修改后效果如图 15-69 所示。

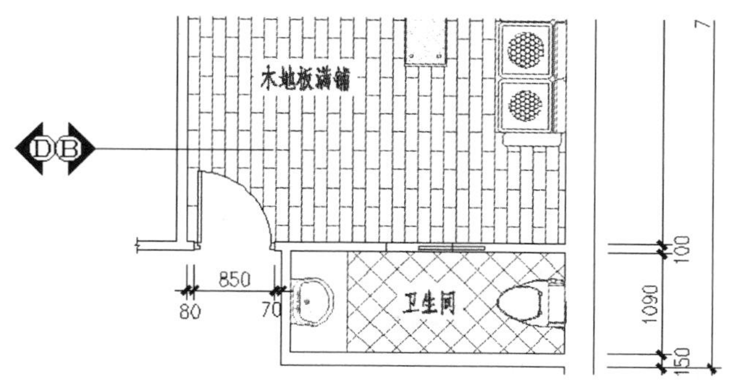

图 15-69 修改结果

(10) 调整视图,使图形完全显示,最终结果如图 15-1 所示。

(11) 最后执行【保存】命令,将当前图形命名存储为"绘制帝皇夜总会 KTV 包厢布置图. dwg"。

15.4 实例指导二——绘制帝皇夜总会 KTV 包厢天花图

本例主要学习帝皇夜总会 KTV 包厢天花装修图的具体绘制过程和绘图技巧。帝皇夜总会 KTV 包厢天花图的最终绘制效果,如图 15-70 所示。

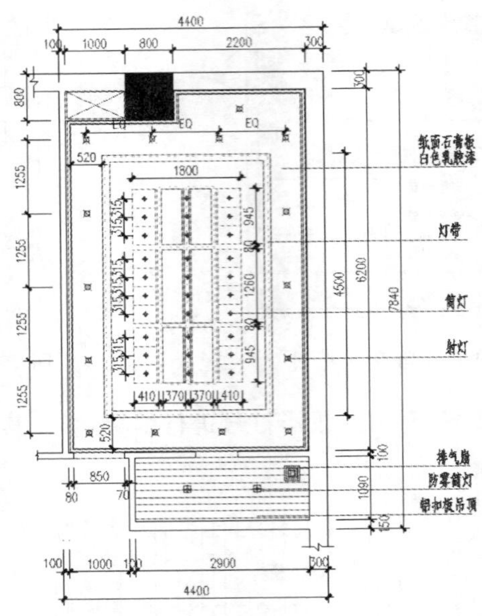

图 15-70　实例效果

在绘制 KTV 包厢天花图时，具体可以参照如下思路：

(1) 使用【图层】、【直线】、【删除】等命令初步绘制天花轮廓图。

(2) 使用【多段线】、【偏移】和【图案填充】等命令绘制 KTV 吊顶轮廓图。

(3) 使用【矩形】、【分解】、【偏移】、【矩形阵列】命令绘制吊顶灯池轮廓图。

(4) 使用【偏移】、【圆角】、【延伸】、【特性】和【特性匹配】命令绘制灯带图。

(5) 使用【插入块】、【复制】、【镜像】、【矩形阵列】命令绘制天花灯具图。

(6) 使用【插入块】、【偏移】、【直线】、【点样式】、【多点】、【定数等分】等命令绘制天花辅助灯具图。

(7) 使用【线性】、【连续】命令标注天花图定位尺寸。

(8) 最后使用【单行文字】、【直线】命令标注天花图文字注释。

15.4.1　绘制 KTV 包厢吊顶轮廓图

(1) 打开随书光盘中的"\效果文件\第 15 章\绘制帝皇夜总会 KTV 包厢布置图.dwg"文件。

(2) 单击【格式】菜单中的【图层】命令，在打开的对话框中双击"吊顶层"，将此图层设置为当前图层，然后冻结"尺寸层"，此时平面图的显示效果如图 15-71 所示。

(3) 单击【修改】菜单中的【删除】命令，删除不需要的图形对象，结果如图 15-72 所示。

(4) 夹点显示如图 15-73 所示的图形对象，将其放置到"吊顶层"上，然后使用【直线】命令封闭门洞，结果如图 15-74 所示。

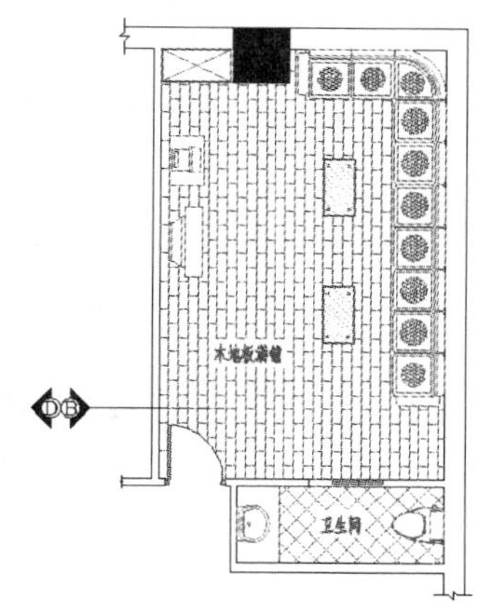

图 15-71 图形的显示

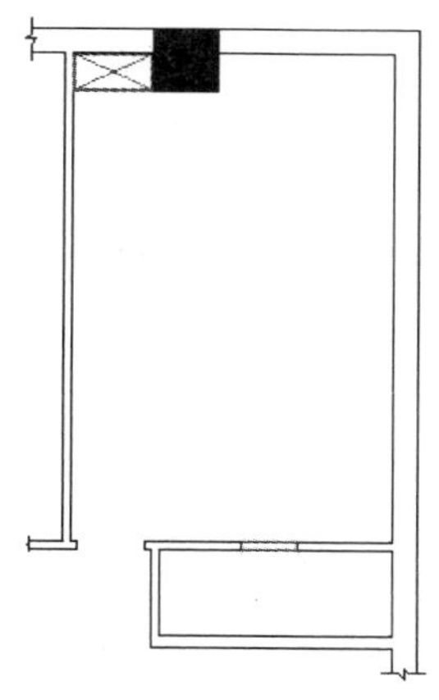

图 15-72 删除结果

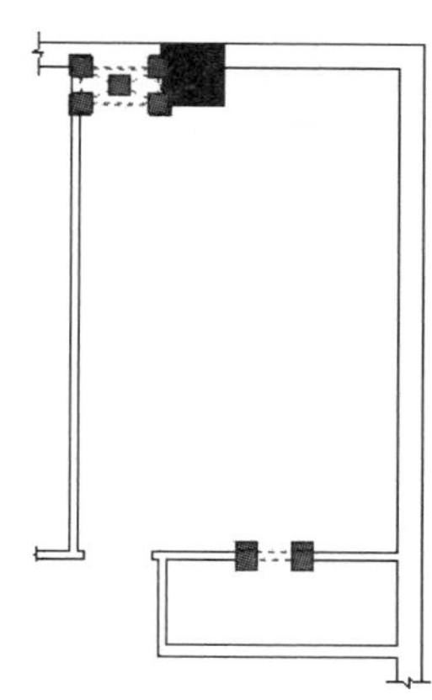

图 15-73 夹点显示

(5) 单击【绘图】菜单中的【多段线】命令，配合【端点捕捉】功能，分别沿着内墙线角点绘制一条闭合的多段线。

(6) 单击【修改】菜单中的【偏移】命令，对绘制的多段线进行偏移，命令行操作如下。

命令：_offset

当前设置：删除源＝否　图层＝源　OFFSETGAPTYPE＝0

指定偏移距离或［通过(T)/删除(E)/图层(L)］＜20.0＞：　//e↙

要在偏移后删除源对象吗？［是(Y)/否(N)］＜否＞：　//y↙

指定偏移距离或［通过(T)/删除(E)/图层(L)］＜20.0＞：　//18↙

选择要偏移的对象，或［退出(E)/放弃(U)］＜退出＞：　//选择刚绘制的多段线

指定要偏移的那一侧上的点，或［退出(E)/多个(M)/放弃(U)］＜退出＞：　//在多段线内侧拾取点

选择要偏移的对象，或［退出(E)/放弃(U)］＜退出＞：　//↙

命令：OFFSET

当前设置：删除源＝是　图层＝源　OFFSETGAPTYPE＝0

指定偏移距离或［通过(T)/删除(E)/图层(L)］＜18.0＞：　//e↙

要在偏移后删除源对象吗？［是(Y)/否(N)］＜是＞：　//n↙

指定偏移距离或［通过(T)/删除(E)/图层(L)］＜18.0＞：　//44↙

选择要偏移的对象，或［退出(E)/放弃(U)］＜退出＞：　//选择偏移出的多段线

指定要偏移的那一侧上的点，或［退出(E)/多个(M)/放弃(U)］＜退出＞：　//在多段线内侧拾取点

选择要偏移的对象，或［退出(E)/放弃(U)］＜退出＞：　//↙

命令：OFFSET

当前设置：删除源＝否　图层＝源　OFFSETGAPTYPE＝0

指定偏移距离或［通过(T)/删除(E)/图层(L)］＜44.0＞：　//18↙

选择要偏移的对象，或［退出(E)/放弃(U)］＜退出＞：　//选择最后一次偏移出的多段线

指定要偏移的那一侧上的点，或［退出(E)/多个(M)/放弃(U)］＜退出＞： //在多段线内侧拾取点

选择要偏移的对象，或［退出(E)/放弃(U)］＜退出＞： //↙，结果如图 15-75 所示

(7) 单击【绘图】菜单中的【矩形】命令，配合【捕捉自】功能绘制长度为 2800、宽度为 4500 的矩形吊顶，命令行操作如下。

命令：_rectang

指定第一个角点或［倒角(C)/标高(E)/圆角(F)/厚度(T)/宽度(W)］： //激活【捕捉自】功能

_from 基点： //捕捉如图 15-76 所示的端点

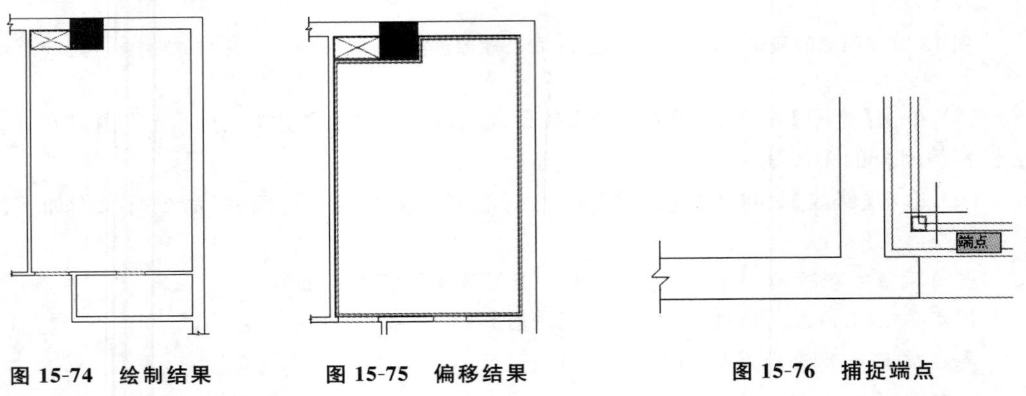

图 15-74　绘制结果　　图 15-75　偏移结果　　图 15-76　捕捉端点

＜偏移＞： //@520,520 ↙

指定另一个角点或［面积(A)/尺寸(D)/旋转(R)］： //@2800,4500 ↙，结果如图 15-77 所示

(8) 单击【修改】菜单中的【偏移】命令，将绘制的矩形向内偏移 40 和 120 个单位，结果如图 15-78 所示。

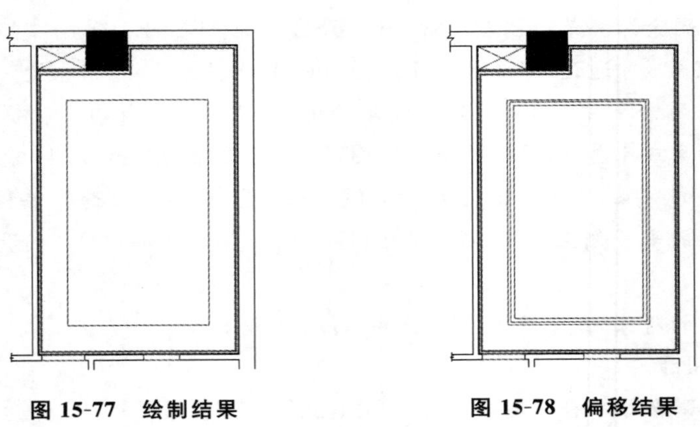

图 15-77　绘制结果　　图 15-78　偏移结果

(9) 使用快捷键 H 激活【图案填充】命令，设置填充图案及填充参数如图 15-79 所示，为卫生间填充如图 15-80 所示的吊顶图案。

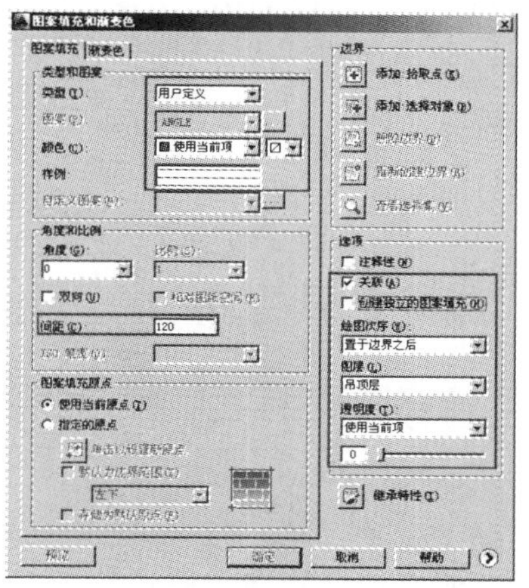

图 15-79 设置图案及参数

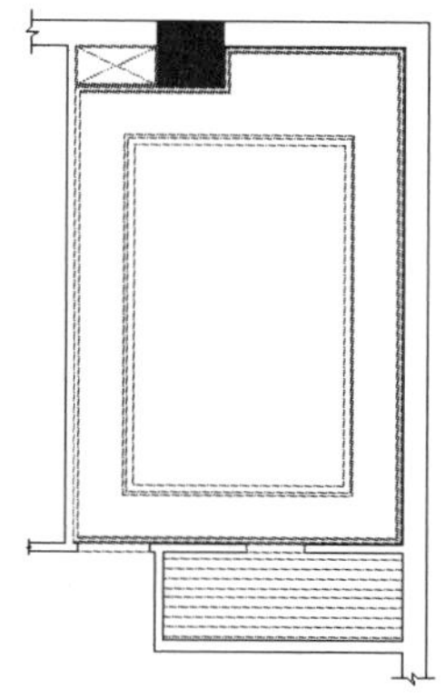

图 15-80 填充结果

至此，帝皇夜总会 KTV 包厢天花吊顶轮廓图绘制完毕，下一小节将学习 KTV 包厢吊顶灯池轮廓图的绘制过程。

15.4.2 绘制 KTV 包厢灯池轮廓图

（1）继续上节操作。

（2）单击【格式】菜单中的【颜色】命令，设置当前颜色为 30 号色，如图 15-81 所示。

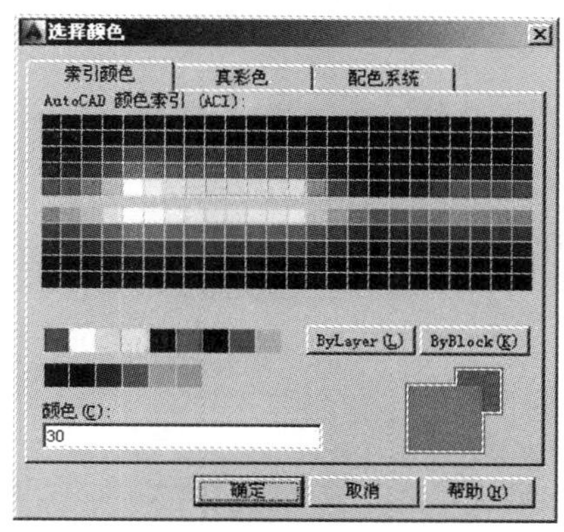

图 15-81 设置颜色

（3）单击【绘图】菜单中的【矩形】命令，配合【捕捉自】功能绘制矩形灯池。命令行操作如下。

命令：_rectang

指定第一个角点或［倒角(C)/标高(E)/圆角(F)/厚度(T)/宽度(W)］： //激活【捕捉自】功能

_from 基点： //捕捉如图 15-82 所示的端点

＜偏移＞： //@380,475↙

指定另一个角点或［面积(A)/尺寸(D)/旋转(R)］： //@410,945 ↙，绘制结果如图 15-83 所示

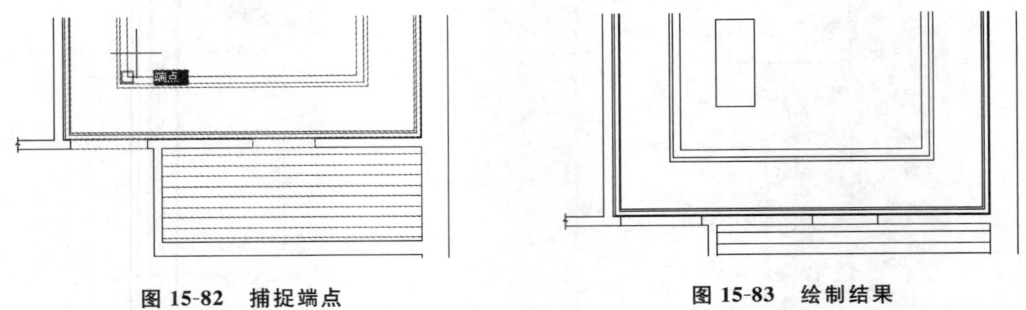

图 15-82 捕捉端点　　图 15-83 绘制结果

(4) 将刚绘制的矩形分解，然后将分解后的两条水平边分别向内侧偏移 315 个单位，将右侧垂直边向左偏移 30 个单位，结果如图 15-84 所示。

(5) 使用快捷键 TR 激活【修剪】命令，对偏移出的水平图线进行修剪，结果如图15-85 所示。

(6) 将当前颜色设置为随层，然后执行【矩形】命令，配合【捕捉自】功能绘制内部的矩形结构。命令行操作如下。

命令：_rectang

指定第一个角点或［倒角(C)/标高(E)/圆角(F)/厚度(T)/宽度(W)］： //激活【捕捉自】功能

_from 基点： //捕捉如图 15-86 所示的端点

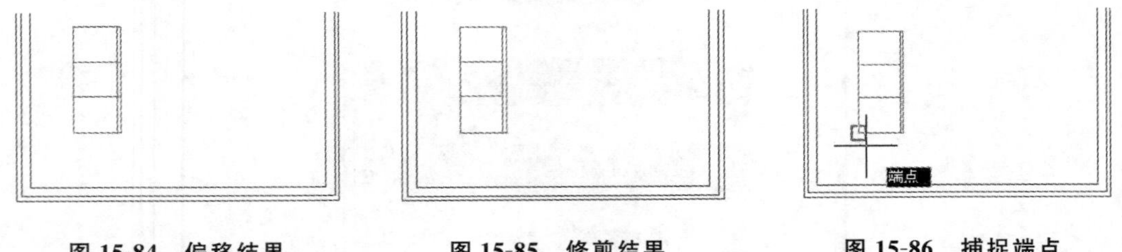

图 15-84 偏移结果　　图 15-85 修剪结果　　图 15-86 捕捉端点

<偏移>： //@490,0 ↙

指定另一个角点或［面积(A)/尺寸(D)/旋转(R)］： //@370,945 ↙，绘制结果如图 15-87 所示

(7) 将绘制的矩形分解，然后执行【偏移】命令，将矩形右侧的垂直边向左偏移 30 个单位，结果如图 15-88 所示。

(8) 单击【修改】菜单中的【镜像】命令，配合【对象追踪】功能对刚绘制的结构进行镜像。命令行操作如下。

命令：_mirror

选择对象： //窗交选择如图 15-89 所示的对象

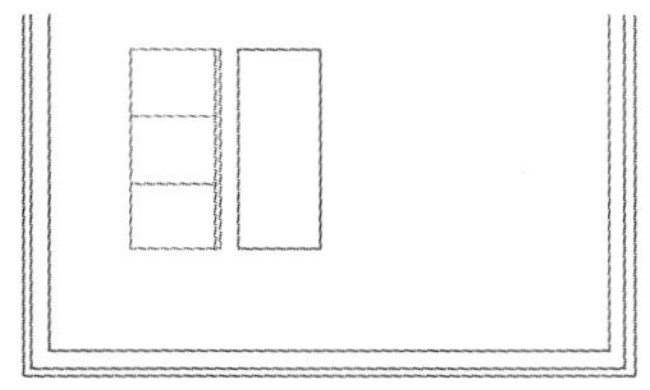

图 15-87 绘制结果

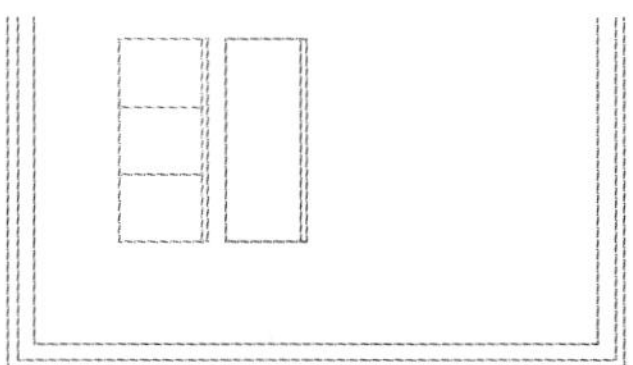

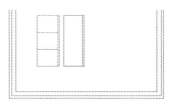

图 15-88 偏移结果

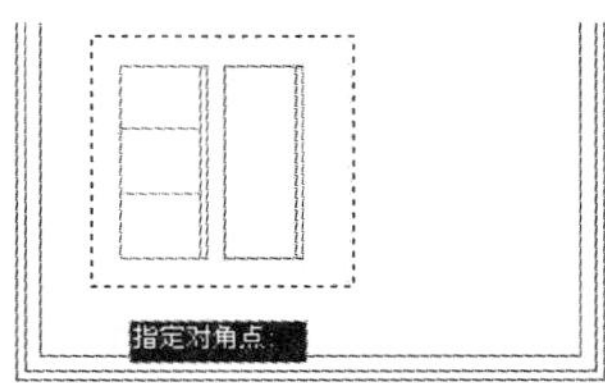

图 15-89 窗交选择

选择对象： //↙

指定镜像线的第一点： //向右引出如图 15-90 所示的端点追踪虚线，输入 40↙

指定镜像线的第二点： //@0,1↙

要删除源对象吗？[是(Y)/否(N)]<N>： //↙，镜像结果如图 15-91 所示

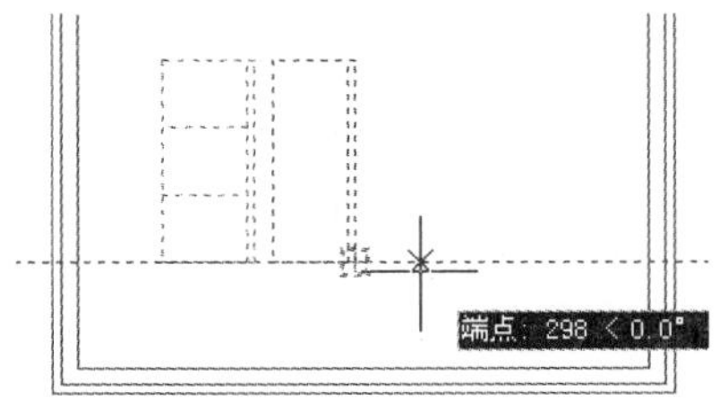

图 15-90 向右引出端点追踪虚线

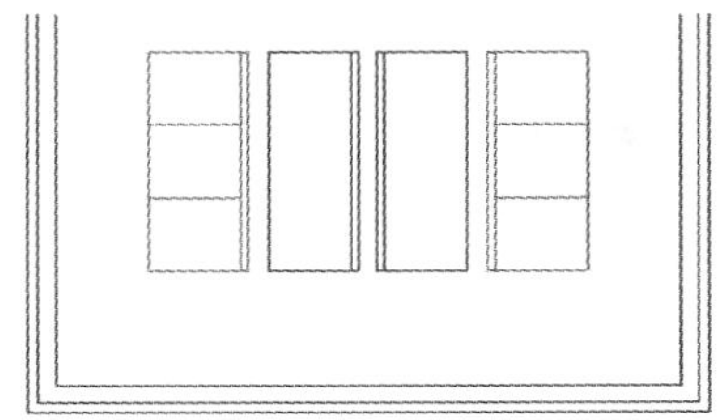

图 15-91 镜像结果

(9) 单击【修改】菜单中的【阵列】/【矩形阵列】命令，对镜像后的图形进行阵列。命令行操作如下。

命令：_arrayrect

选择对象： //窗交选择如图 15-92 所示的对象

选择对象： //↙

类型＝矩形 关联＝否

选择夹点以编辑阵列或[关联(AS)/基点(B)/计数(COU)/间距(S)/列数(COL)/行数(R)/层数(L)/退出(X)]<退出>： //COU↙

输入列数数或[表达式(E)]<4>： //1↙

输入行数数或[表达式(E)]<3>： //3↙

选择夹点以编辑阵列或[关联(AS)/基点(B)/计数(COU)/间距(S)/列数(COL)/行数(R)/层数(L)/退出(X)]<退出>： //s↙

指定列之间的距离或[单位单元(U)]<2700>： //1↙

指定行之间的距离<1418>： //1025↙

选择夹点以编辑阵列或[关联(AS)/基点(B)/计数(COU)/间距(S)/列数(COL)/行数(R)/层数(L)/退出(X)]<退出>： //AS↙

创建关联阵列[是(Y)/否(N)]<否>： //N↙

选择夹点以编辑阵列或[关联(AS)/基点(B)/计数(COU)/间距(S)/列数(COL)/行数(R)/层数(L)/退出(X)]<退出>： //↙，阵列结果如图 15-93 所示

(10) 使用快捷键 S 激活【拉伸】命令，对阵列出的图形进行拉伸。命令行操作如下。

命令：s

STRETCH 以交叉窗口或交叉多边形

选择要拉伸的对象...

选择对象： //窗交选择如图 15-94 所示的对象

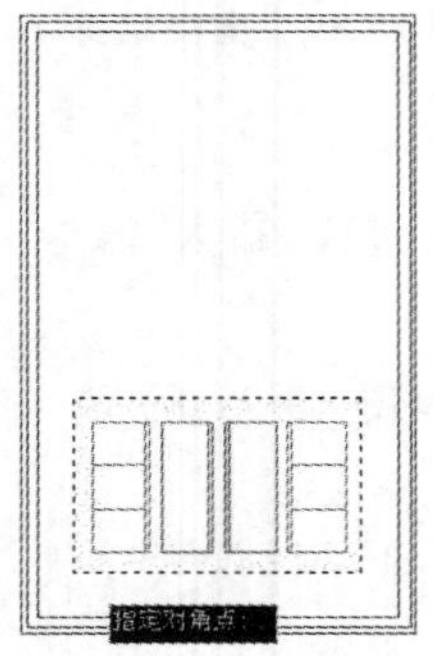

图 15-92 窗交选择

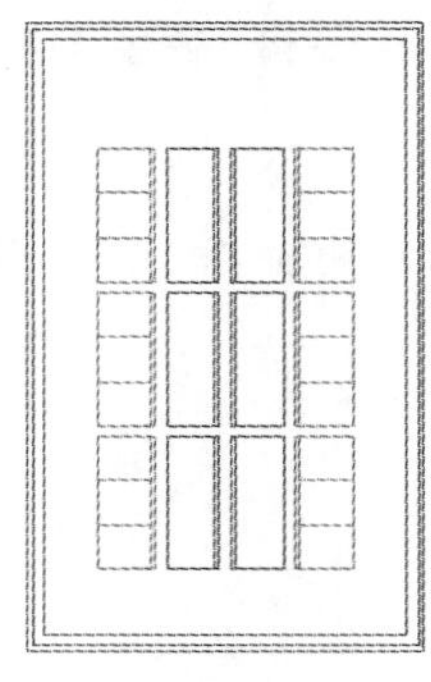

图 15-93 阵列结果

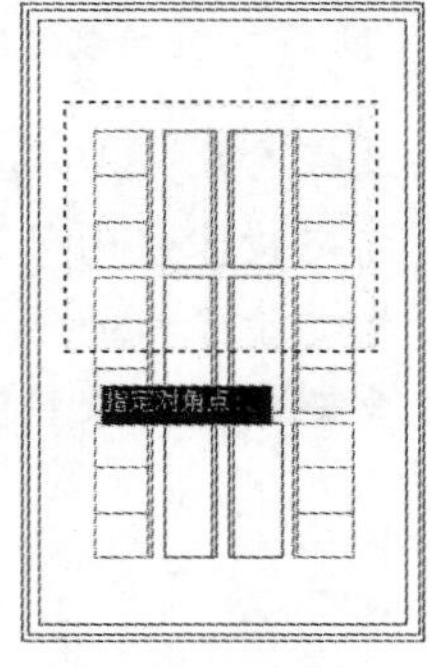

图 15-94 窗交选择

选择对象： //↙

指定基点或 [位移(D)] <位移>： //↙

指定第二个点或 <使用第一个点作为位移>： //@0,315↙，结果如图 15-95 所示

(11) 夹点显示如图 15-96 所示的两条水平直线，然后执行【复制】命令，沿 Y 轴正方向复制 315 个单位，结果如图 15-97 所示。

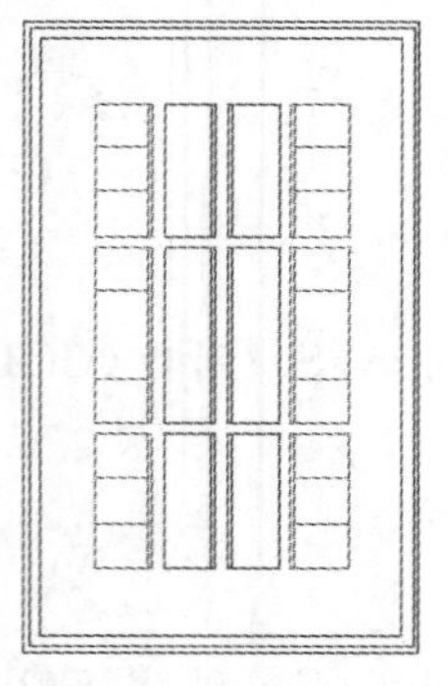

图 15-95 拉伸结果

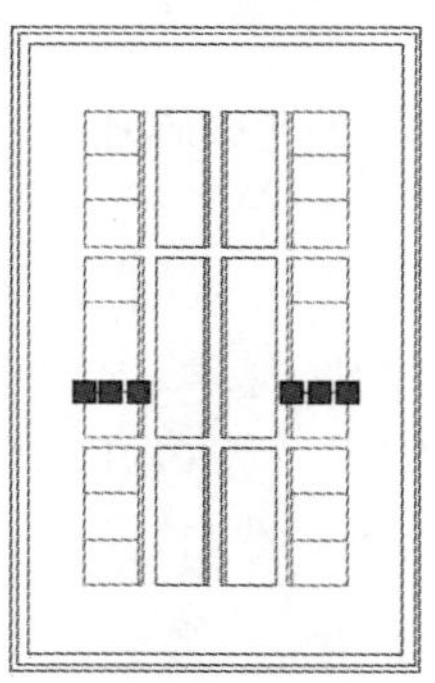

图 15-96 夹点显示

图 15-97 复制结果

至此，KTV 包厢吊顶灯池轮廓图绘制完毕，下一小节将学习 KTV 包厢天花灯带图的具体绘制过程和相关技巧。

15.4.3 绘制 KTV 包厢天花灯带图

(1) 继续上节操作。

(2) 单击【修改】菜单中的【偏移】命令，将图 15-98 所示的轮廓线 1 向上偏移 40，将轮廓线2向左偏移40，将轮廓线3、5、6向下偏移40，将轮廓线4向右偏移40，结果如图15-99所示。

（3）使用快捷键F激活【圆角】命令，设置圆角半径为0，对偏移出的各图线进行编辑，结果如图15-100所示。

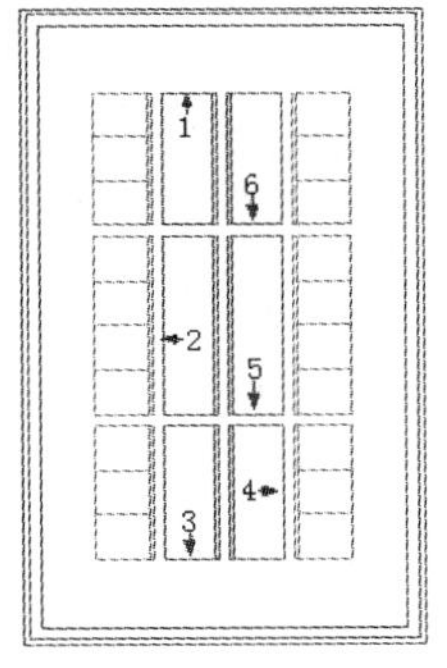

图15-98 指定偏移对象

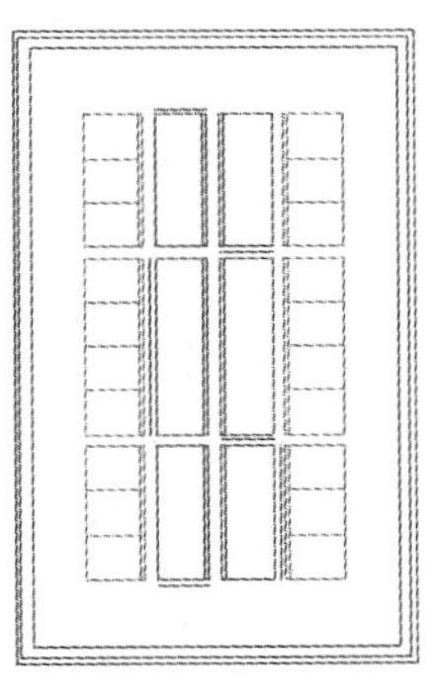
图15-99 偏移结果

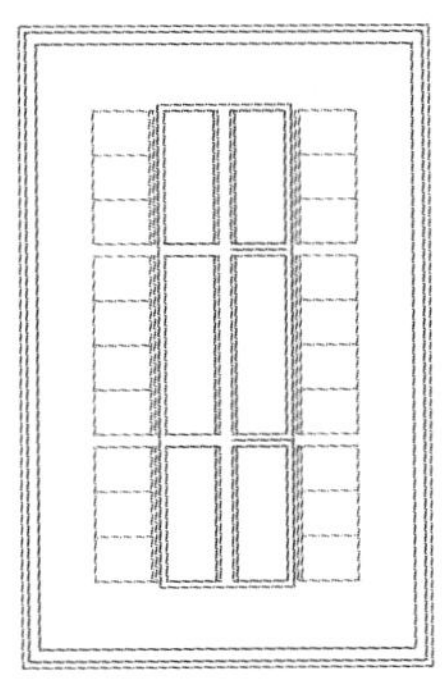
图15-100 圆角结果

（4）单击【修改】菜单中的【延伸】命令，以圆角后的两条垂直图线作为边界，如图15-101所示，对内部的两条水平图线进行延伸，结果如图15-102所示。

（5）夹点显示如图15-103所示的垂直灯带轮廓线，然后执行【偏移】命令，将其向右偏移450个单位，结果如图15-104所示。

（6）使用快捷键LT激活【线型】命令，加载名为DASHED的线型，并设置线型比例，如图15-105所示。

（7）在无命令执行的前提下夹点显示如图15-106所示的灯带轮廓线。

（8）执行【特性】命令，打开【特性】窗口，修改夹点对象的颜色和线型，如图15-107所示。

（9）关闭【特性】窗口，并取消对象的夹点显示，修改结果如图15-108所示。

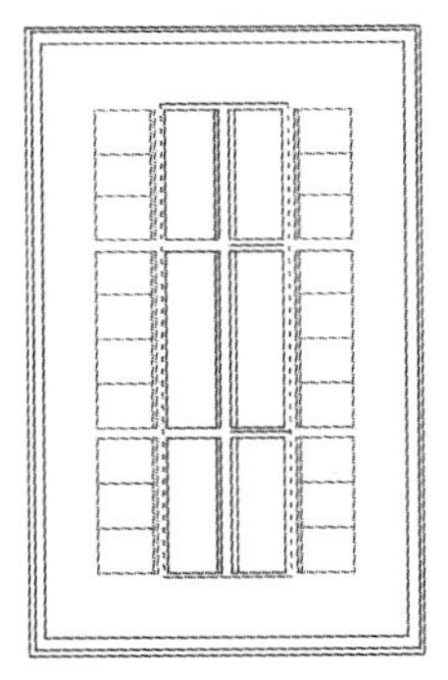
图15-101 选择延伸边界

图15-102 延伸结果

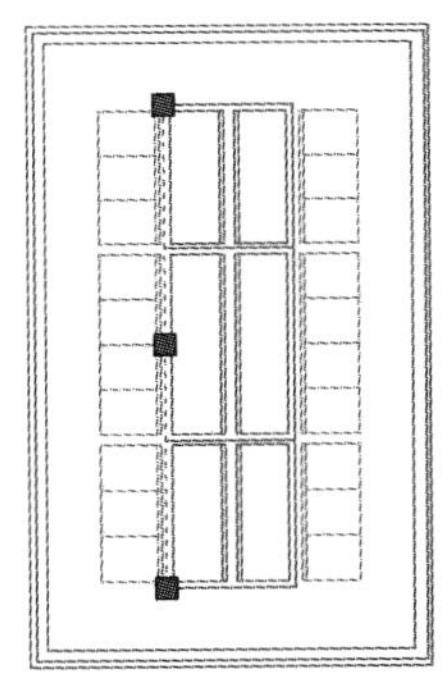
图15-103 夹点效果

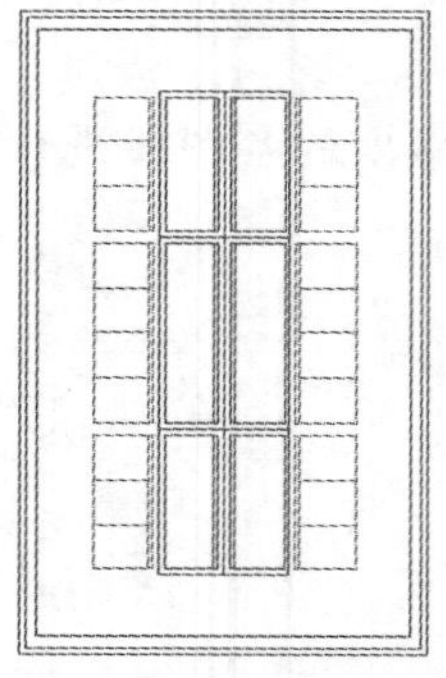

图 15-104　偏移结果

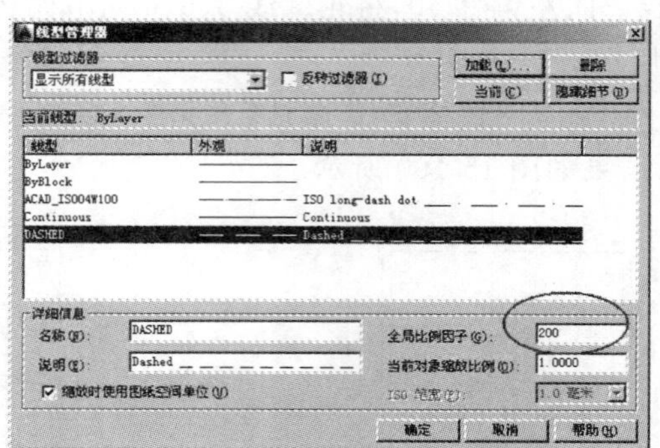

图 15-105　加载线型

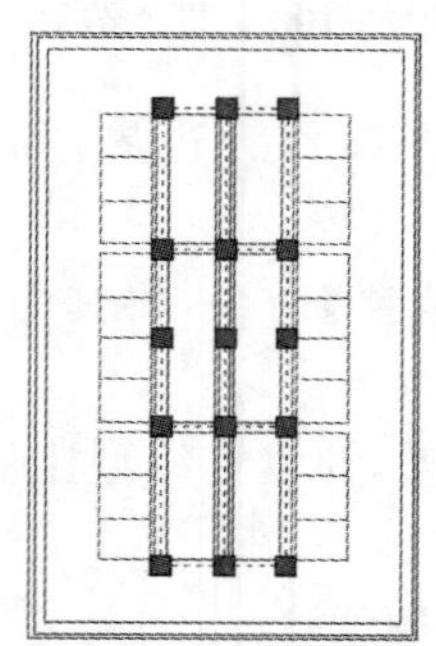

图 15-106　夹点效果

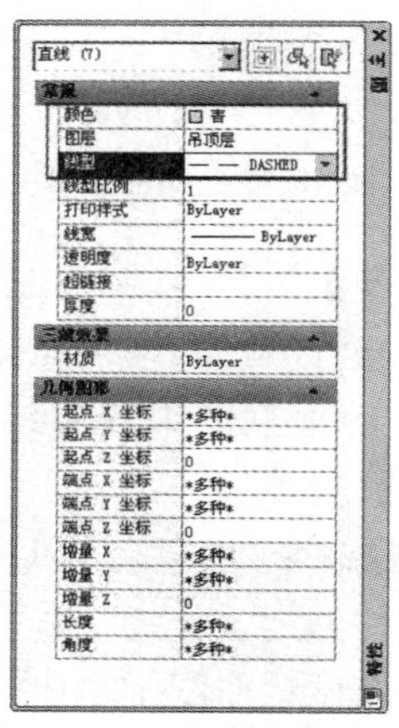

图 15-107　【特性】窗口

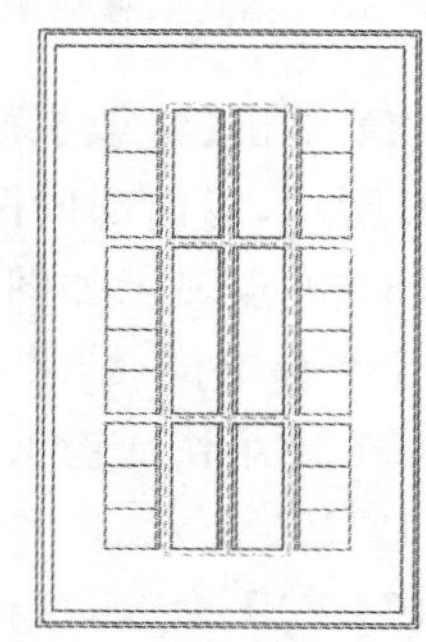

图 15-108　修改后的效果

(10) 使用快捷键 MA 激活【特性匹配】命令,对灯带轮廓线的颜色特性和线型特性进行匹配。命令行操作如下。

命令:'_matchprop

选择源对象：　//选择如图 15-109 所示的灯带轮廓线

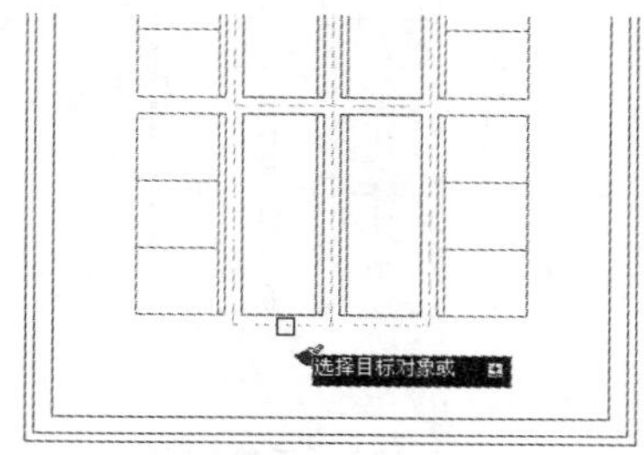

图 15-109　选择源对象

当前活动设置：　颜色 图层 线型 线型比例 线宽 透明度 厚度 打印样式 标注 文字 图案填充 多段线 视口 表格材质 阴影显示 多重引线

选择目标对象或［设置(S)］： //选择如图 15-110 所示的矩形灯带

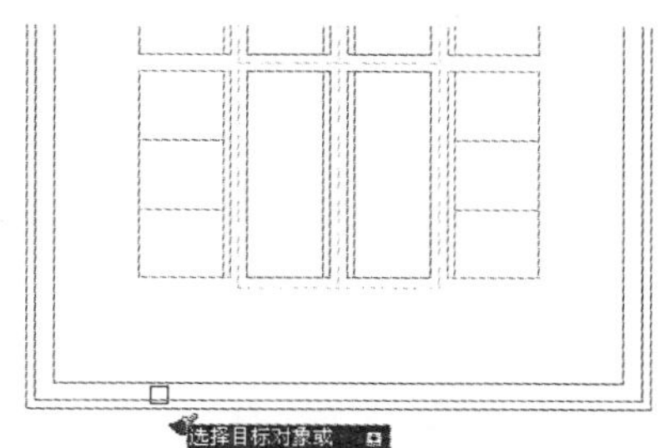

图 15-110　选择目标对象

选择目标对象或［设置(S)］： //↙，结束命令，匹配结果如图 15-111 所示

至此，KTV 包厢天花灯带轮廓图绘制完毕，下一小节将学习 KTV 包厢天花灯具图的具体绘制过程和相关技巧。

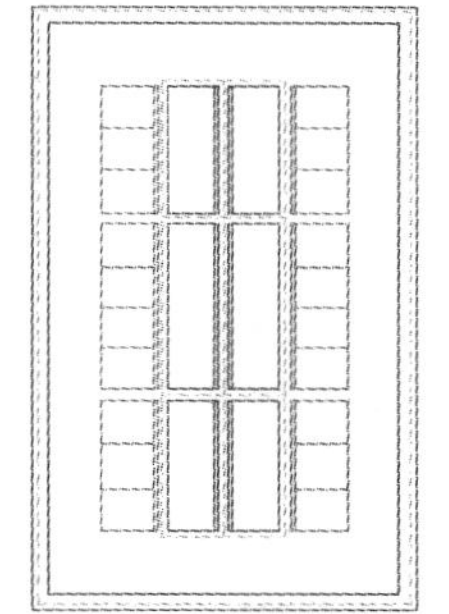

图 15-111　匹配结果

15.4.4　绘制 KTV 包厢天花灯具图

(1) 继续上节操作。

(2) 展开【图层控制】下拉列表，将“灯具层”设置为当前图层。

(3) 使用快捷键 I 激活【插入块】命令，以默认参数插入随书光盘中的“\图块文件\筒灯.dwg”文件，命令行操作如下。

命令：I　//↙

INSERT 指定插入点或［基点(B)/比例(S)/旋转(R)］： //激活【两点之间的中点】功能

_m2p 中点的第一点： //捕捉如图 15-112 所示的中点

中点的第二点： //捕捉如图 15-113 所示的追踪交点，插入结果如图 15-114 所示

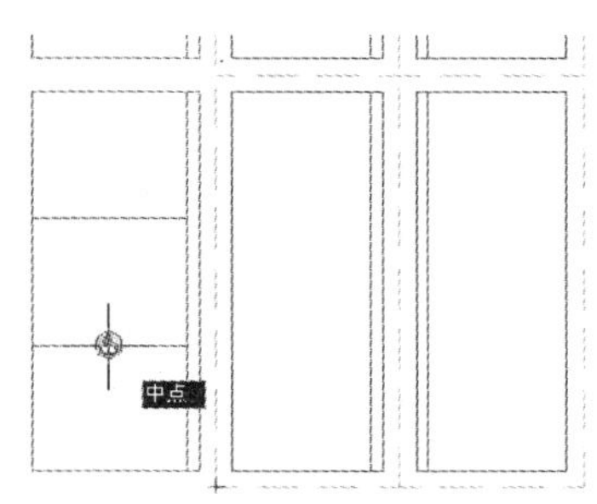

图 15-112　捕捉中点

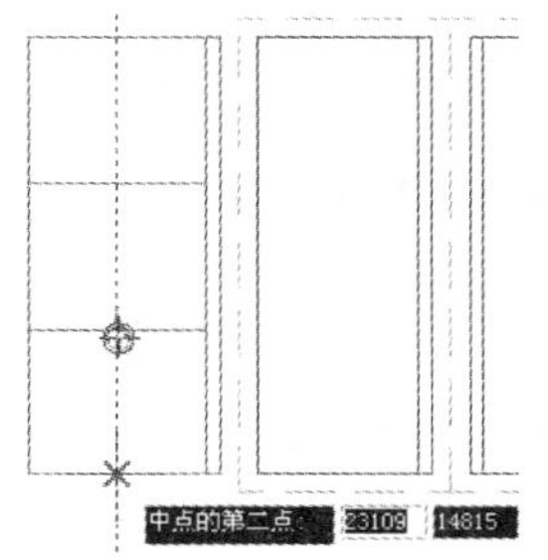

图 15-113　捕捉追踪交点

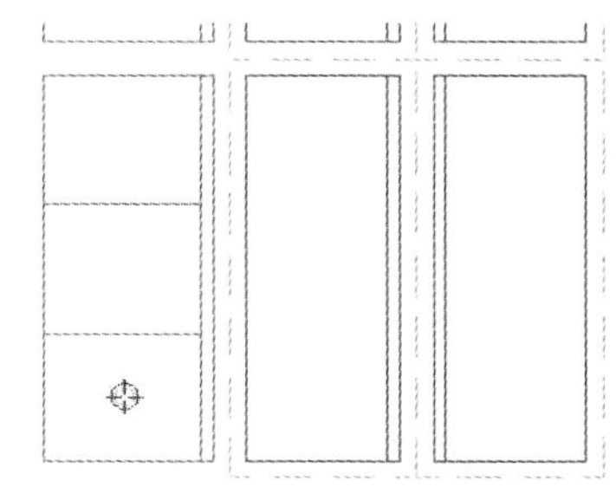

图 15-114　插入结果

(4) 单击【修改】菜单中的【阵列】/【矩形阵列】命令，对插入的灯具图块进行阵列。命令行操作如下。

命令：_arrayrect

选择对象： //选择刚插入的灯具图块

选择对象： //↙

类型＝矩形　关联＝否

选择夹点以编辑阵列或［关联(AS)/基点(B)/计数(COU)/间距(S)/列数(COL)/行数(R)/层数(L)/退出(X)］＜退出＞： //COU↙

输入列数数或［表达式(E)］＜4＞： //3↙

输入行数数或［表达式(E)］＜3＞： //3↙

选择夹点以编辑阵列或［关联(AS)/基点(B)/计数(COU)/间距(S)/列数(COL)/行数(R)/层数(L)/退出(X)］＜退出＞： //s↙

指定列之间的距离或［单位单元(U)］＜2700＞： //710↙

指定行之间的距离＜1418＞： //315↙

选择夹点以编辑阵列或［关联(AS)/基点(B)/计数(COU)/间距(S)/列数(COL)/行数(R)/层数(L)/退出(X)］＜退出＞： //AS↙

创建关联阵列［是(Y)/否(N)］＜否＞： //N↙

选择夹点以编辑阵列或［关联(AS)/基点(B)/计数(COU)/间距(S)/列数(COL)/行数(R)/层数(L)/退出(X)］＜退出＞： //↙，阵列结果如图 15-115 所示

(5) 使用快捷键 CO 激活【复制】命令，窗口选择如图 15-116 所示的三个灯具图块，沿 Y 轴正方向复制 395 个单位，结果如图 15-117 所示。

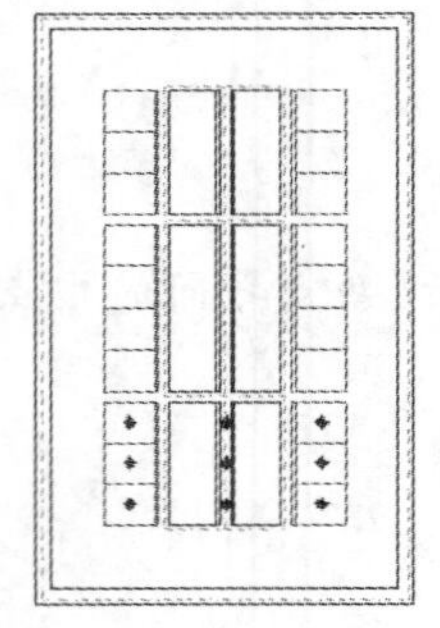

图 15-115　阵列结果

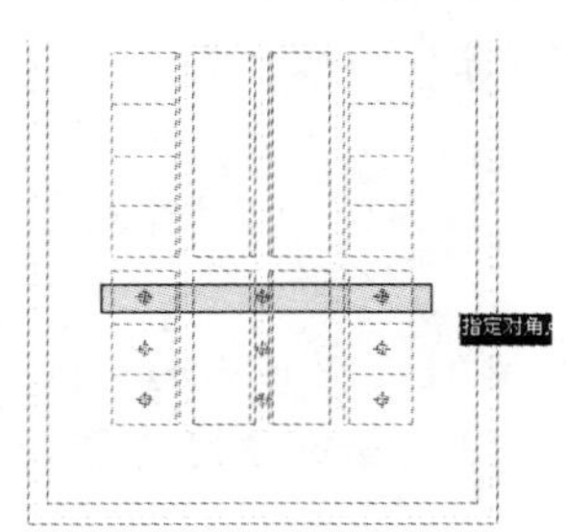

图 15-116　窗口选择

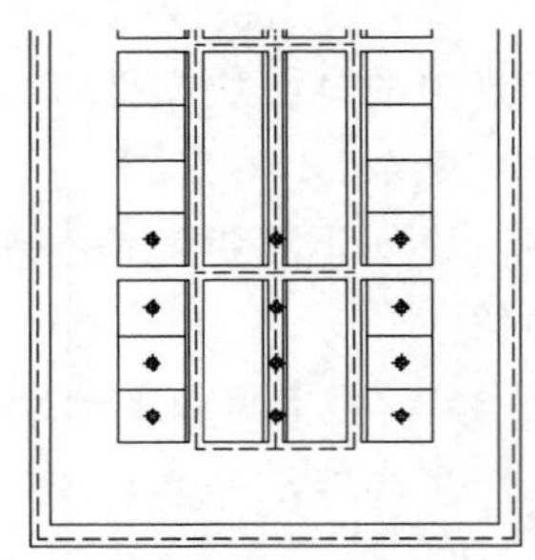

图 15-117　复制结果

(6) 单击【修改】菜单中的【阵列】/【矩形阵列】命令，对复制出的三个灯具图块进行阵列。命令行操作如下。

命令：_arrayrect

选择对象： //窗口选择刚复制出的三个灯具图块，如图 15-118 所示

选择对象： //↙

类型＝矩形　关联＝否

选择夹点以编辑阵列或［关联(AS)/基点(B)/计数(COU)/间距(S)/列数(COL)/行数(R)/层数(L)/退出(X)］＜退出＞： //COU↙

输入列数数或［表达式(E)］＜4＞： //1↙

输入行数数或［表达式(E)］＜3＞： //4↙

选择夹点以编辑阵列或［关联(AS)/基点(B)/计数(COU)/间距(S)/列数(COL)/行数(R)/层数(L)/退出(X)］<退出>： //s ↙

指定列之间的距离或［单位单元(U)］<2700>： //1 ↙

指定行之间的距离 <1418>： //315 ↙

选择夹点以编辑阵列或［关联(AS)/基点(B)/计数(COU)/间距(S)/列数(COL)/行数(R)/层数(L)/退出(X)］<退出>： //AS ↙

创建关联阵列［是(Y)/否(N)］<否>： //N ↙

选择夹点以编辑阵列或［关联(AS)/基点(B)/计数(COU)/间距(S)/列数(COL)/行数(R)/层数(L)/退出(X)］<退出>： // ↙，阵列结果如图 15-119 所示

(7) 单击【修改】菜单中的【镜像】命令，配合【端点捕捉】功能选择下方的 9 个灯具图块进行镜像，结果如图 15-120 所示。

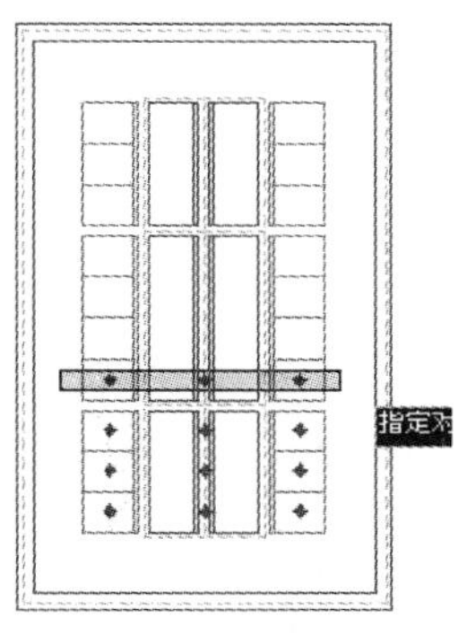

图 15-118 窗口选择

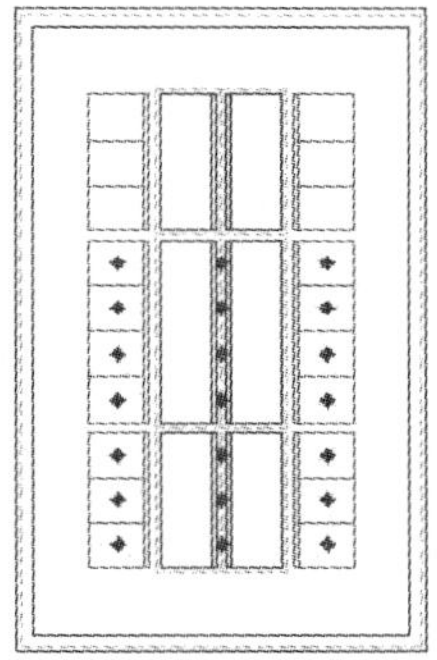

图 15-119 阵列结果

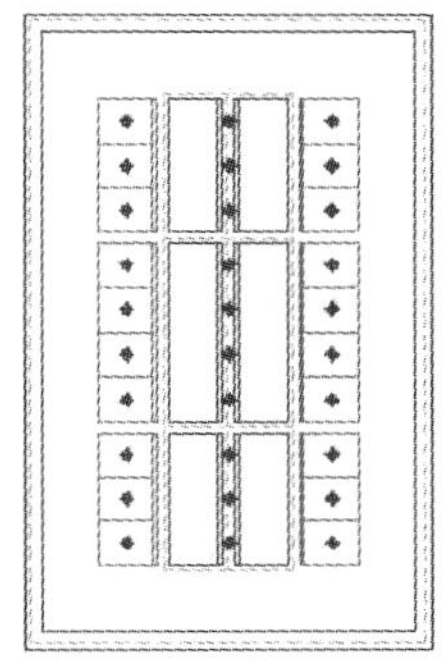

图 15-120 镜像结果

至此，KTV 包厢天花灯具图绘制完毕，下一小节将学习 KTV 包厢辅助灯具图的绘制过程和相关技巧。

15.4.5 绘制 KTV 包厢辅助灯具图

(1) 继续上节操作。

(2) 使用快捷键 L 激活【直线】命令，配合【中点捕捉】功能，在吊顶平面图的上侧和卫生间吊顶内绘制如图 15-121 所示的两条水平定位辅助线 1 和 2。

(3) 单击【格式】菜单中的【点样式】命令，在打开的【点样式】对话框中，设置当前点的样式和点的大小，如图 15-122 所示。

(4) 使用快捷键 O 激活【偏移】命令，将图 15-121 所示的矩形向外侧偏移 260，并将偏移出的矩形分解，结果如图 15-123 所示。

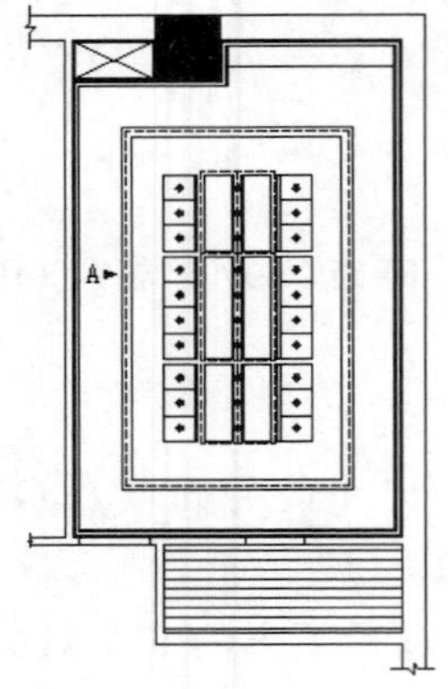

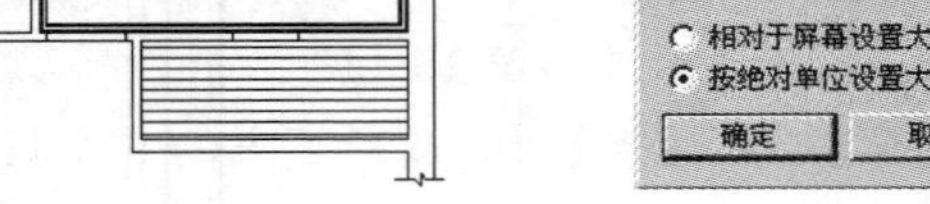

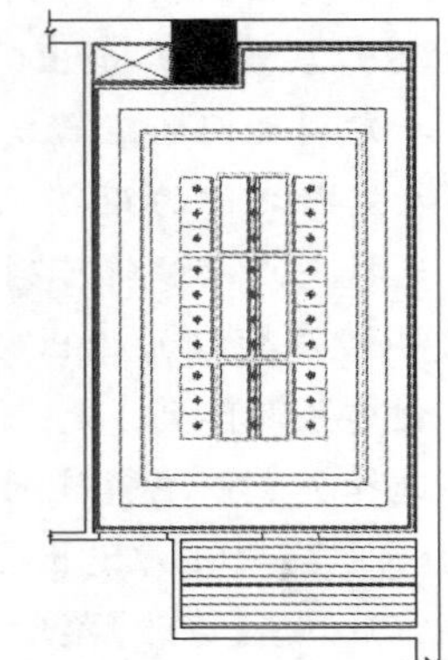

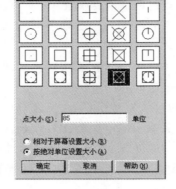

图 15-121 绘制辅助线　　图 15-122 【点样式】对话框　　图 15-123 偏移结果

(5) 使用快捷键 DIV 激活【定数等分】命令，将两条水平边等分为三份，将两条垂直边等分为四份，结果如图 15-124 所示。

(6) 使用【多点】命令，配合【中点捕捉】和【端点捕捉】功能，绘制如图 15-125 所示的五个点作为射灯。

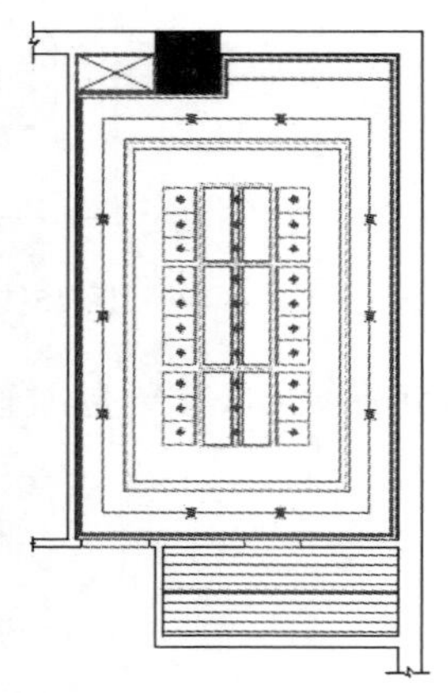

图 15-124 等分结果

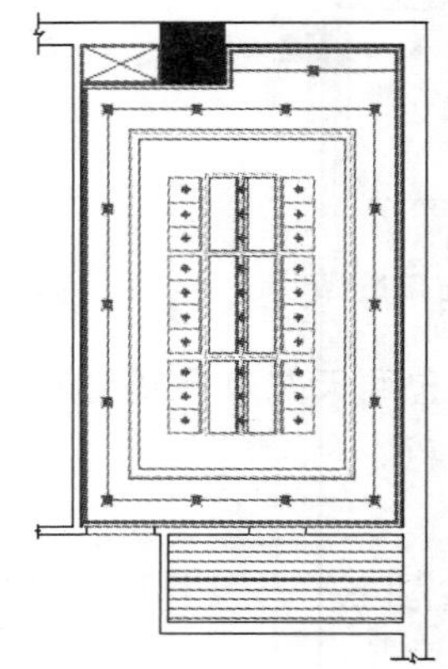

图 15-125 绘制结果

(7) 使用快捷键 I 激活【插入块】命令，插入随书光盘中“\图块文件\”目录下的“防雾筒灯. dwg”和“排气扇 01. dwg”，结果如图 15-126 所示。

(8) 执行【图案填充编辑】命令，对卫生间内的吊顶图案进行编辑，编辑结果如图 15-127所示。

(9) 使用快捷键 CO 激活【复制】命令，将卫生间筒灯向左右对称复制 575 个单位，并删除源对象，结果如图 15-128 所示。

(10) 在无命令执行的前提下夹点显示如图 15-129 所示的灯具定位辅助线。

(11) 使用快捷键 E 激活【删除】命令，删除定位辅助线，结果如图 15-130 所示。

至此，KTV 包厢天花辅助灯具图绘制完毕，下一小节将为 KTV 包厢天花图标注尺寸及文字。

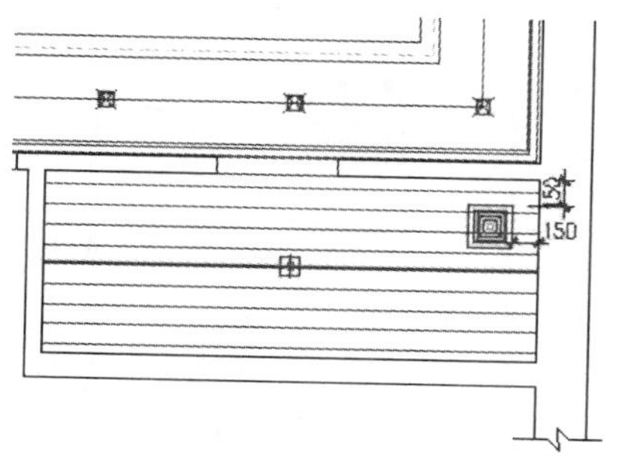

图 15-126　插入结果

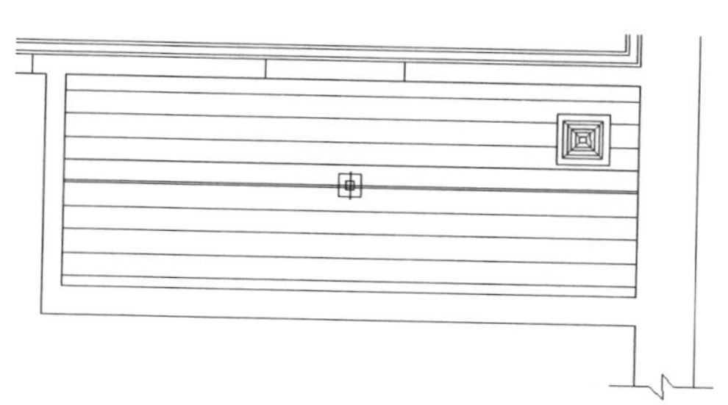

图 15-127　编辑结果

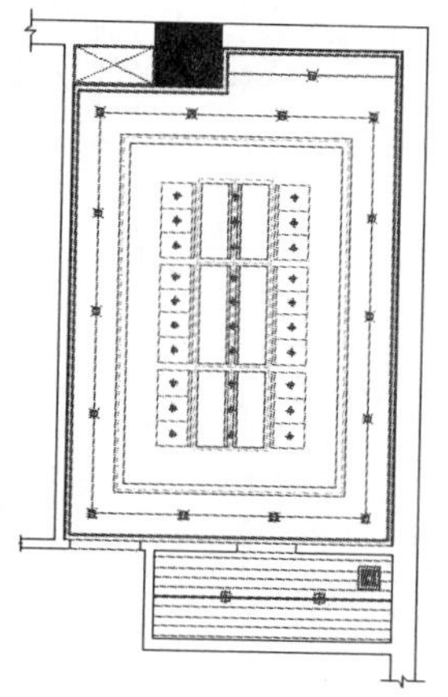

图 15-128　复制结果

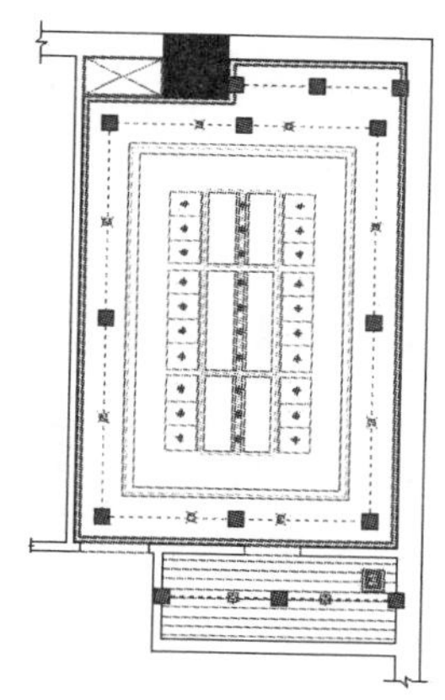

图 15-129　夹点效果

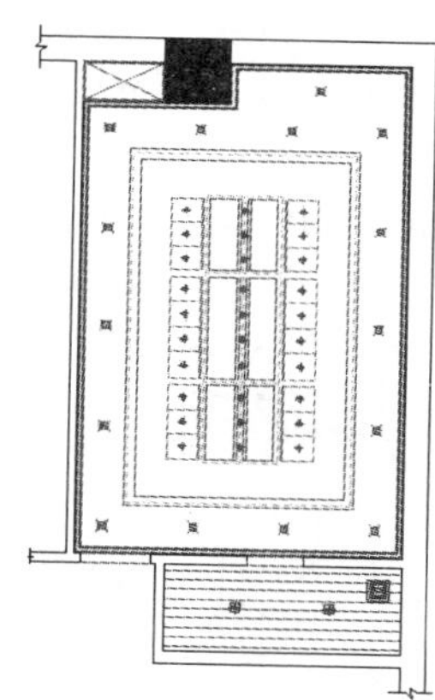

图 15-130　删除结果

15.4.6 标注 KTV 天花尺寸与文字

(1) 继续上节操作。

(2) 单击【图层控制】列表，解冻“尺寸层”，并将其设置为当前图层，此时图形的显示结果如图 15-131 所示。

(3) 展开【颜色控制】下拉列表，将当前颜色设置为随层。

(4) 综合使用【线性】和【连续】命令，配合【节点捕捉】等功能，标注如图 15-132 所示的定位尺寸。

(5) 展开【图层控制】下拉列表，解冻“文本层”，并将“文本层”设置为当前图层。

(6) 展开【图层控制】下拉列表，将“仿宋体”设置为当前文字样式。

(7) 使用快捷键 L 激活【直线】命令，绘制如图 15-133 所示的文字指示线。

(8) 使用快捷键 DT 激活【单行文字】命令，设置字体高度为 200，为天花图标注如图 15-134 所示的文字注释。

(9) 最后执行【另存为】命令，将图形另名存储为“绘制帝皇夜总会 KTV 包厢天花图.dwg”。

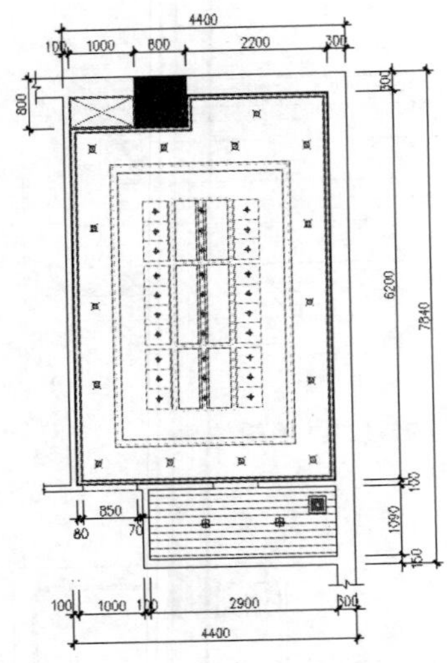

图 15-131　解冻“尺寸层”后的效果

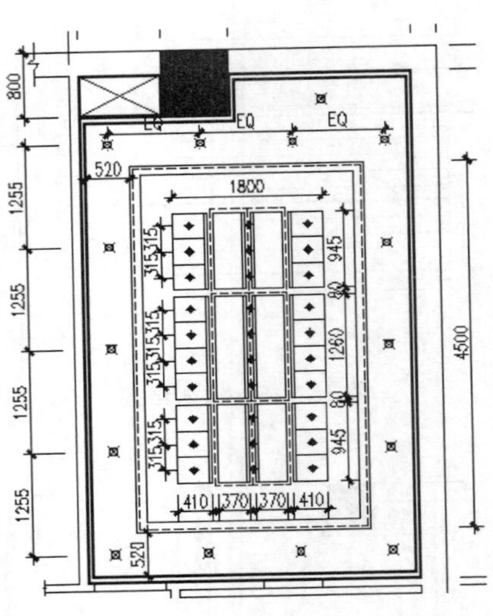

图 15-132　标注定位尺寸

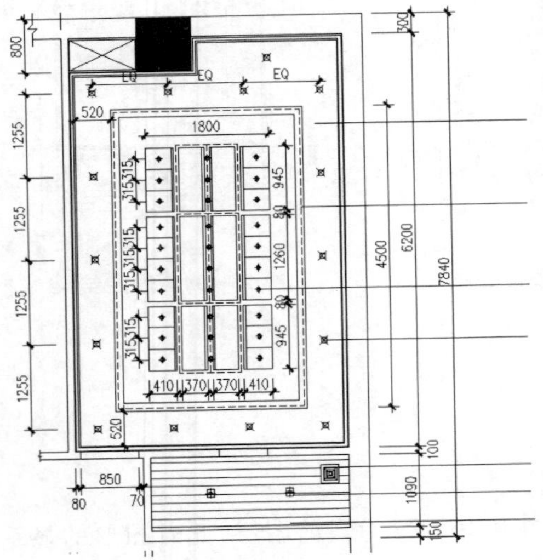

图 15-133　绘制文字指示线

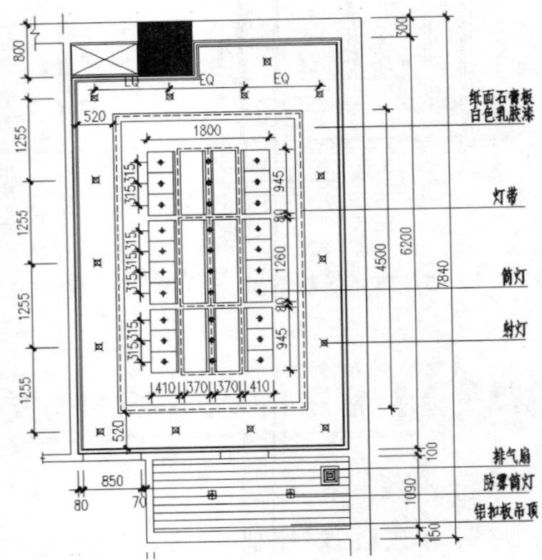

图 15-134　标注文字

15.5 实例指导三——绘制帝皇夜总会 KTV 包厢 B 向立面图

本例主要学习帝皇夜总会 KTV 包厢 B 向装饰装潢立面图的具体绘制过程和绘制技巧。KTV 包厢 B 向立面图的最终绘制效果，如图 15-135 所示。

在绘制 KTV 包厢 B 向立面图时，具体可以参照如下思路：

(1) 首先调用制图样板并设置当前操作层。

(2) 使用【直线】、【矩形阵列】命令绘制墙面分隔线和立面构件。

(3) 使用【插入块】、【修剪】命令绘制立面构件并对分隔线进行修整完善。

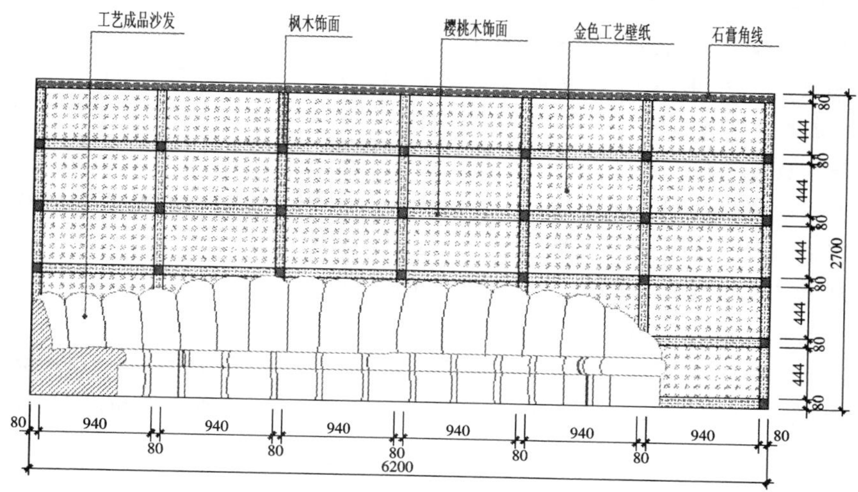

图 15-135　实例效果

(4) 使用【图案填充】、【线型】命令绘制墙面装修材质图。

(5) 使用【线性】、【连续】和【编辑标注文字】命令标注包厢立面图尺寸。

(6) 使用【标注样式】、【快速引线】、【编辑文字】等命令标注 KTV 包厢立面图注释。

15.5.1　绘制 KTV 包厢 B 向轮廓图

(1) 执行【新建】命令，调用随书光盘“\样板文件\建筑装饰装潢样板.dwt”文件。

(2) 展开【图层控制】下拉列表，设置“轮廓线”为当前图层。

(3) 使用快捷键 L 激活【直线】命令，绘制长度为 6200、高度为 2700 的两条垂直相交的直线作为基准线，如图 15-136 所示。

(4) 使用快捷键 O 激活【偏移】命令，将水平基准线向上偏移 80，将垂直基准线向右偏移 80，结果如图 15-137 所示。

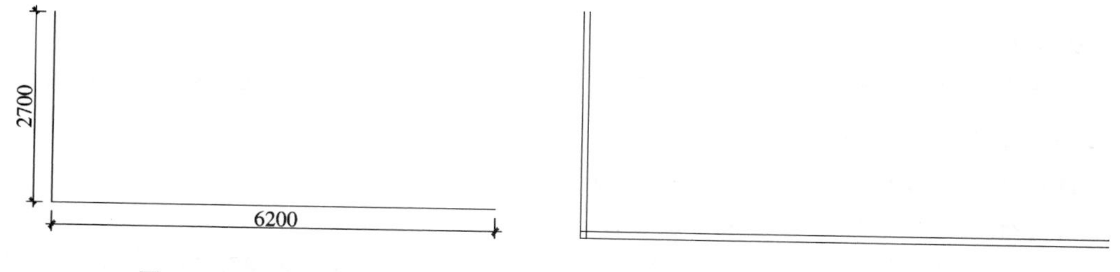

图 15-136　绘制结果

图 15-137　偏移结果

(5) 单击【修改】菜单中的【阵列】/【矩形阵列】命令，对两条水平轮廓线进行阵列，命令行操作如下。

命令：_arrayrect

选择对象：　//选择两条水平轮廓线

选择对象：　//↙

类型＝矩形　关联＝否

选择夹点以编辑阵列或［关联(AS)/基点(B)/计数(COU)/间距(S)/列数(COL)/行数(R)/层数(L)/退出(X)］<退出>：//COU↙

输入列数数或［表达式(E)］<4>：//1↙

输入行数数或［表达式(E)］<3>：//6↙

选择夹点以编辑阵列或［关联(AS)/基点(B)/计数(COU)/间距(S)/列数(COL)/行数(R)/层数(L)/退出(X)］<退出>：//s↙

指定列之间的距离或［单位单元(U)］<1071>：//1↙

指定行之间的距离<900>：//524↙

选择夹点以编辑阵列或［关联(AS)/基点(B)/计数(COU)/间距(S)/列数(COL)/行数(R)/层数(L)/退出(X)］<退出>：//↙，结束命令，阵列结果如图15-138所示

图15-138　阵列水平轮廓线

(6) 重复执行【矩形阵列】命令，对两条垂直轮廓线进行阵列。命令行操作如下。

命令：_arrayrect

选择对象：//选择两条垂直轮廓线

选择对象：//↙

类型＝矩形　关联＝否

选择夹点以编辑阵列或［关联(AS)/基点(B)/计数(COU)/间距(S)/列数(COL)/行数(R)/层数(L)/退出(X)］<退出>：//COU↙

输入列数数或［表达式(E)］<4>：//7↙

输入行数数或［表达式(E)］<3>：//1↙

选择夹点以编辑阵列或［关联(AS)/基点(B)/计数(COU)/间距(S)/列数(COL)/行数(R)/层数(L)/退出(X)］<退出>：//s↙

指定列之间的距离或［单位单元(U)］<1071>：//1020↙

指定行之间的距离<900>：//1↙

选择夹点以编辑阵列或［关联(AS)/基点(B)/计数(COU)/间距(S)/列数(COL)/行数(R)/层数(L)/退出(X)］<退出>：//↙，结束命令，阵列结果如图15-139所示

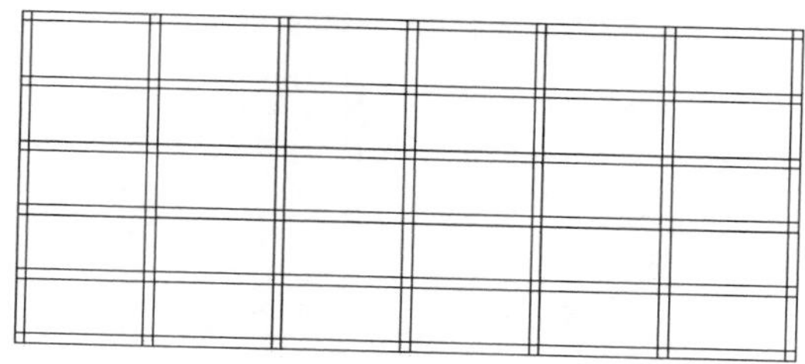

图 15-139　阵列垂直轮廓线

(7) 展开【图层控制】下拉列表，设置“图块层”为当前图层。

(8) 使用快捷键 I 激活【插入块】命令，配合【延伸捕捉】功能，以默认设置插入随书光盘中的“\图块文件\大型沙发组. dwg”文件，插入结果如图 15-140 所示。

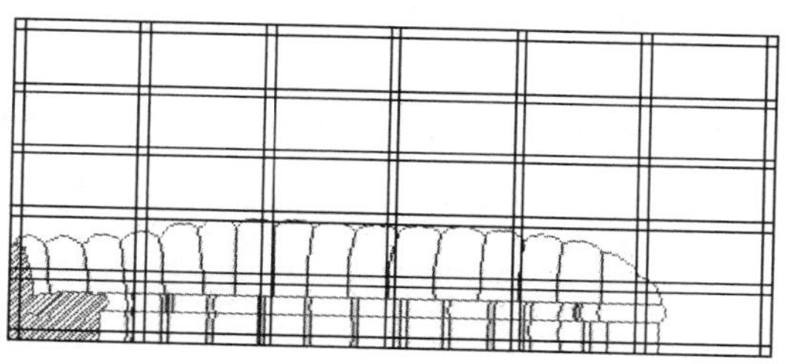

图 15-140　插入结果

(9) 执行【修剪】命令，以立面图块外边缘作为边界，对内部的墙面分隔线进行修剪，结果如图 15-141 所示。

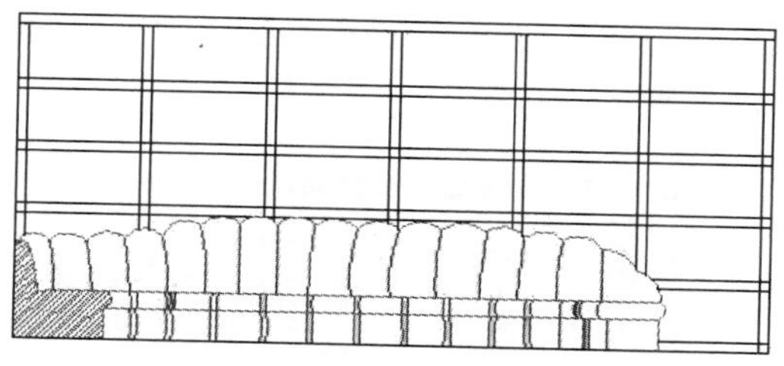

图 15-141　修剪结果

至此，KTV 包厢 B 向立面轮廓图和立面构件绘制完毕，下一小节将绘制 KTV 包厢 B 向墙面材质图。

15. 5. 2　绘制 KTV 包厢 B 向材质图

(1) 继续上节操作。

(2) 执行【图层】命令，将“填充层”设置为当前图层。

(3) 使用快捷键 H 激活【图案填充】命令，设置填充图案及填充参数如图 15-142 所示，为立面图填充如图 15-143 所示的图案。

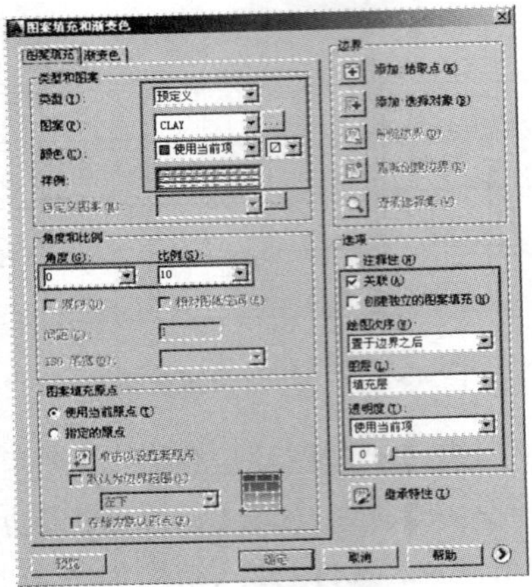

图 15-142　设置填充图案及参数

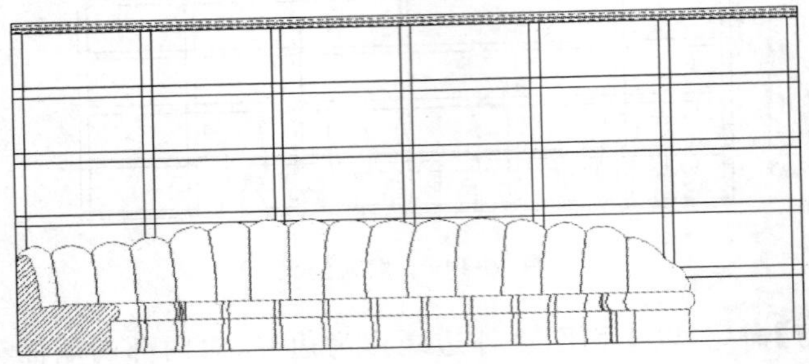

图 15-143　填充结果

(4) 重复执行【图案填充】命令，设置填充图案及填充参数如图 15-144 所示，为立面图填充如图 15-145 所示的图案。

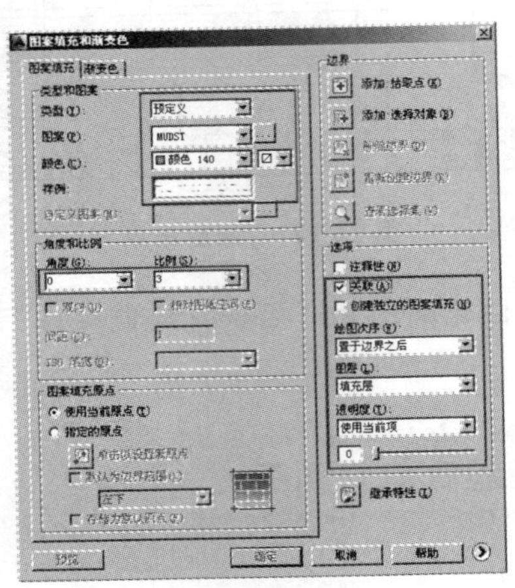

图 15-144　设置填充图案及参数

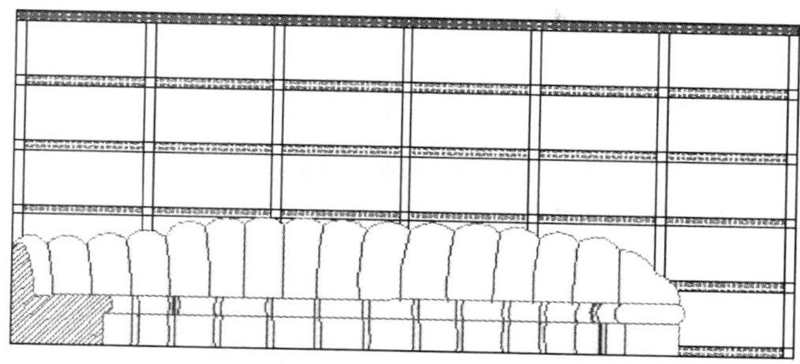

图 15-145　填充结果

（5）重复执行【图案填充】命令，设置填充图案及填充参数如图 15-146 所示，为立面图填充如图 15-147 所示的图案。

（6）重复执行【图案填充】命令，设置填充图案及填充参数如图 15-148 所示，为立面图填充如图 15-149 所示的图案。

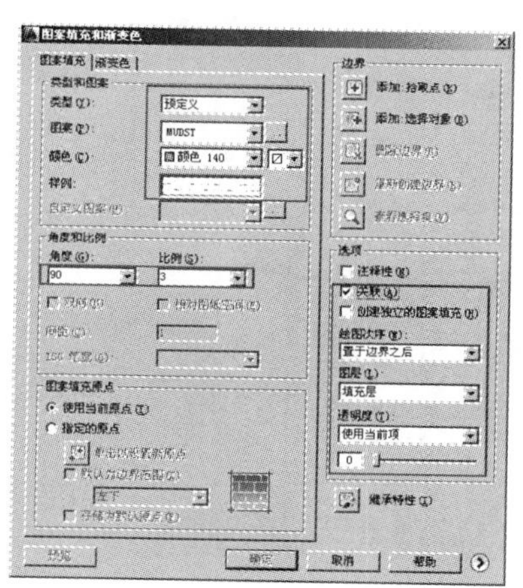

图 15-146　设置填充图案及参数

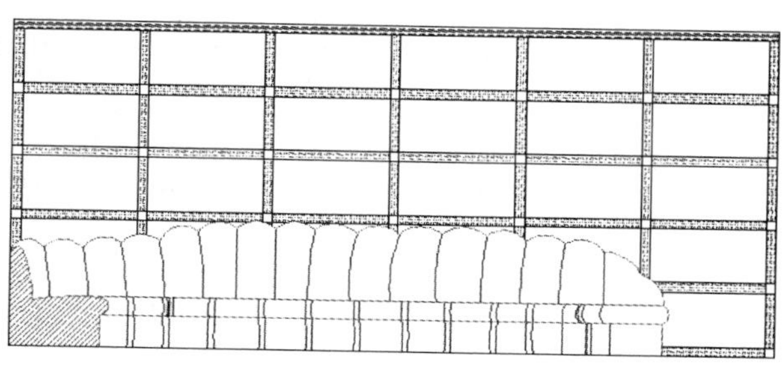

图 15-147　填充结果

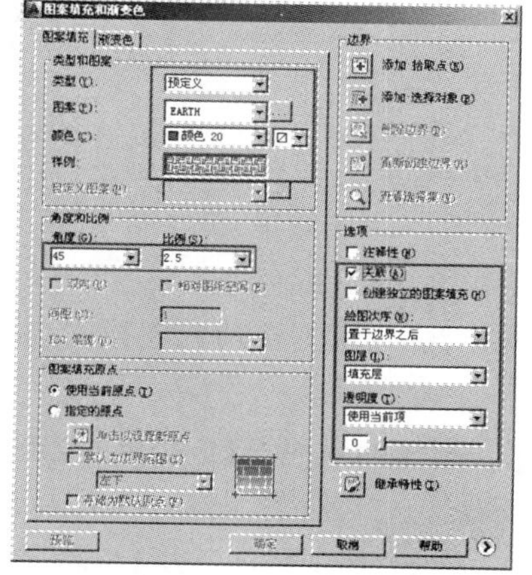

图 15-148　设置填充图案及参数

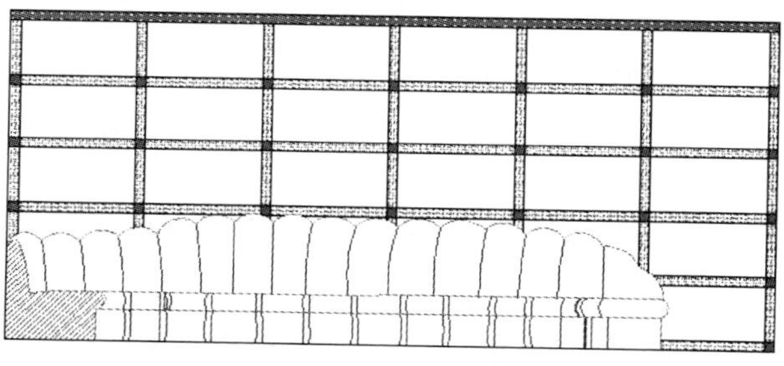

图 15-149　填充结果

(7) 将当前颜色设置为 52 号色，然后加载 DOT 线型，并设置线型比例为 5。

(8) 重复执行【图案填充】命令，设置填充图案及填充参数如图 15-150 所示，为立面图填充如图 15-151 所示的图案。

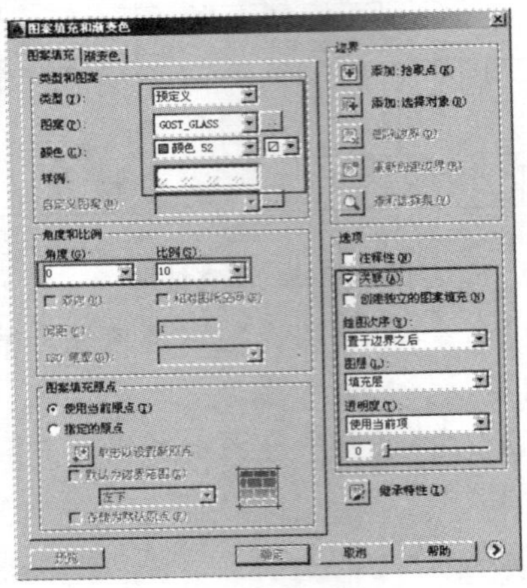

图 15-150 设置填充图案及参数

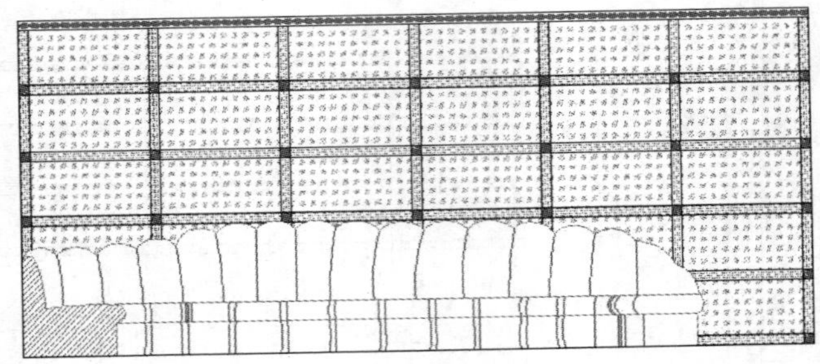

图 15-151 填充结果

至此，KTV 包厢 B 向墙面装饰线绘制完毕，下一小节将学习包厢 B 向立面图尺寸的标注过程。

15.5.3 标注 KTV 包厢 B 向立面尺寸

(1) 继续上节操作。

(2) 单击【标注】菜单栏中的【标注样式】命令，将“建筑标注”设置为当前标注样式，并修改标注比例为 30。

(3) 单击【标注】工具栏上的按钮，激活【线性】命令，配合【端点捕捉】功能标注如图 15-152 所示的线性尺寸作为基准尺寸。

(4) 单击【标注】工具栏上的按钮，激活【连续】命令，配合【捕捉】和【追踪】功能，标注如图 15-153 所示的连续尺寸作为细部尺寸。

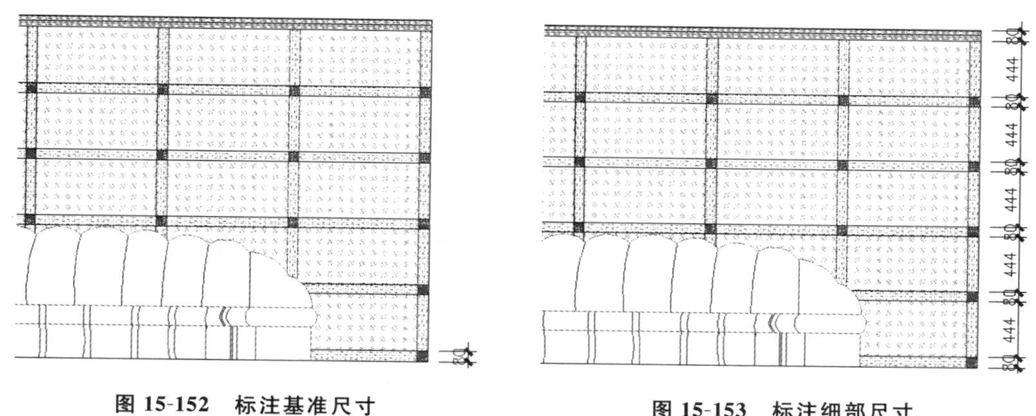

图 15-152　标注基准尺寸　　　　图 15-153　标注细部尺寸

（5）执行【编辑标注文字】命令，对重叠尺寸文字位置进行协调，结果如图 15-154 所示。

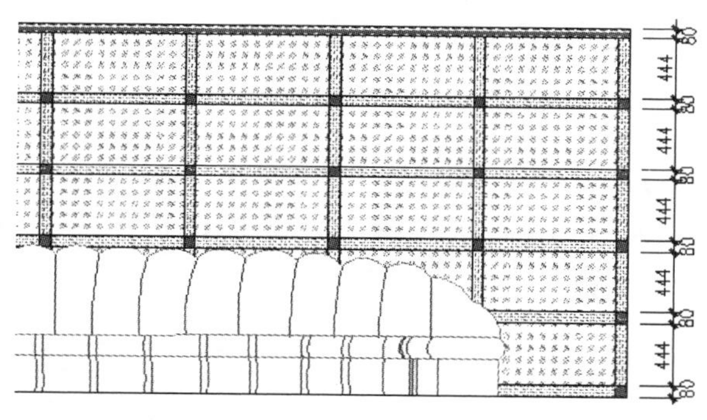

图 15-154　协调尺寸文字

（6）执行【线性】命令，配合【捕捉】功能标注总尺寸，标注结果如图 15-155 所示。

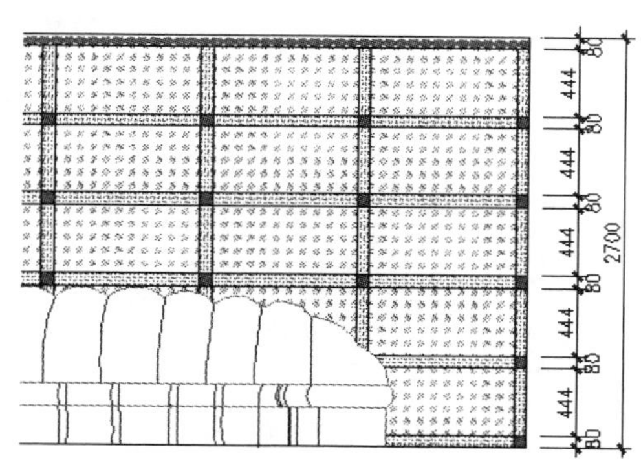

图 15-155　标注总尺寸

（7）参照上述操作，综合使用【线性】和【连续】命令，配合【端点捕捉】功能标注立面图下方的尺寸，标注结果如图 15-156 所示。

至此，KTV 包厢 B 向立面图尺寸标注完毕，下一小节将为包厢 B 向立面图标注墙面材质注解。

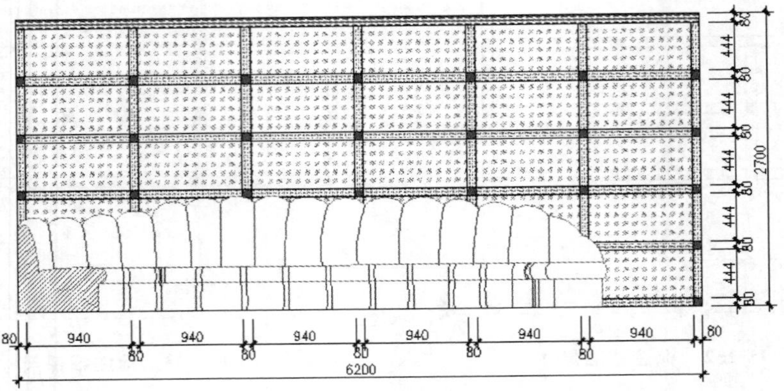

图 15-156 标注结果

15.5.4 标注 KTV 包厢 B 向材质注解

(1) 继续上节操作。

(2) 展开【图层控制】下拉列表，将“文本层”设置为当前图层。

(3) 使用快捷键 D 激活【标注样式】命令，对“建筑标注”样式进行替代，参数设置如图 15-157 和图 15-158 所示，标注比例如图 15-159 所示。

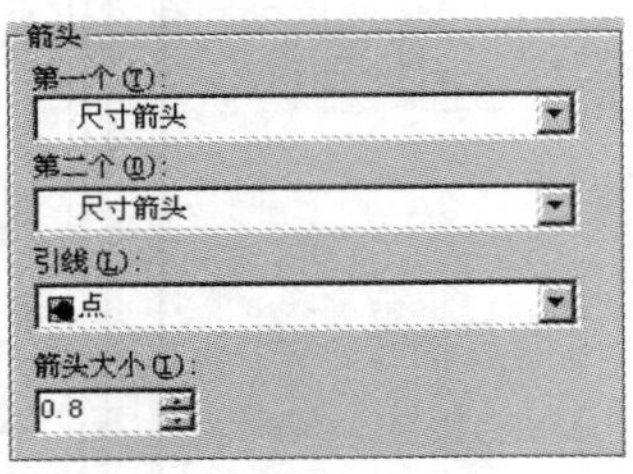

图 15-157 设置箭头

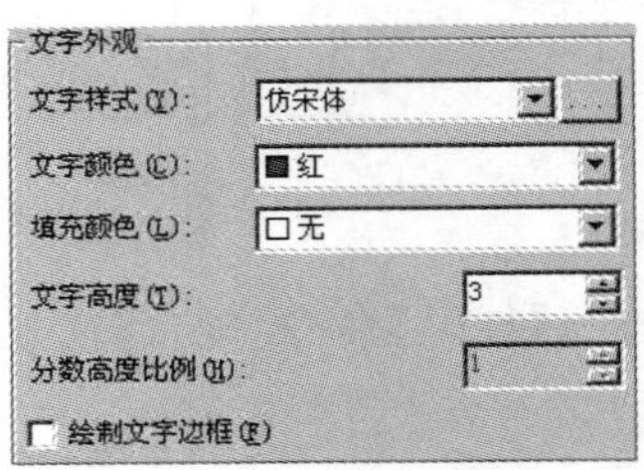

图 15-158 设置文字样式

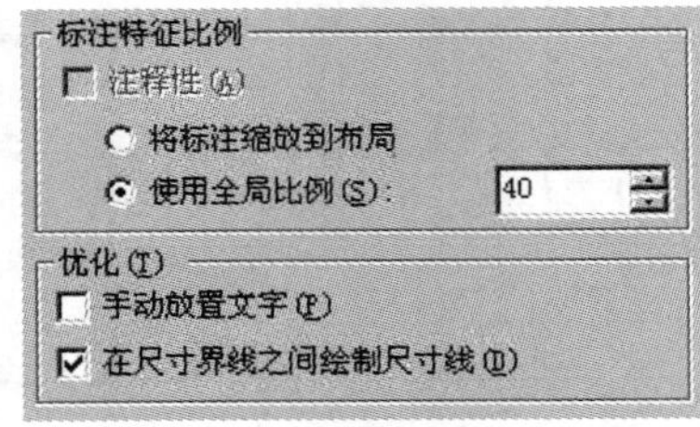

图 15-159 设置标注比例

(4) 使用快捷键 LE 激活【快速引线】命令，设置引线参数如图 15-160、图 15-161 和图 15-162 所示。

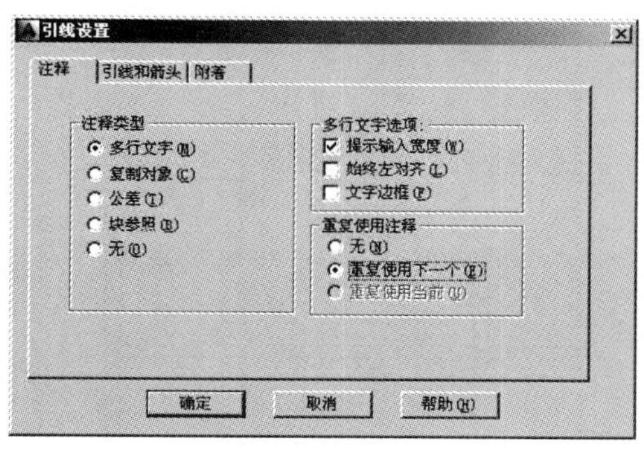

图 15-160 设置注释类型

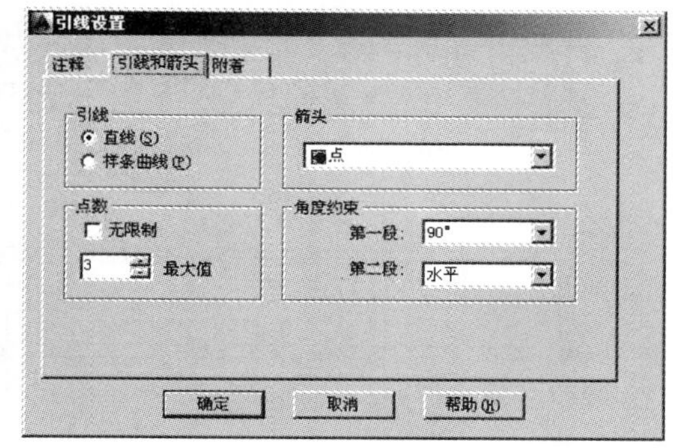

图 15-161 设置引线参数

(5) 单击 确定 按钮，根据命令行的提示指定引线点绘制引线，并输入引线注释，标注结果如图 15-163 所示。

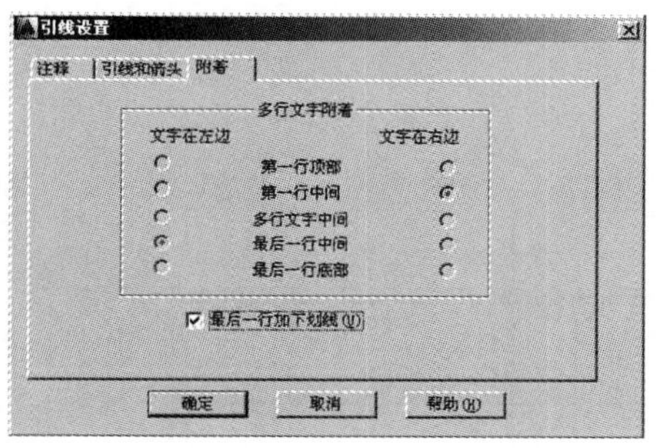

图 15-162 设置附着位置

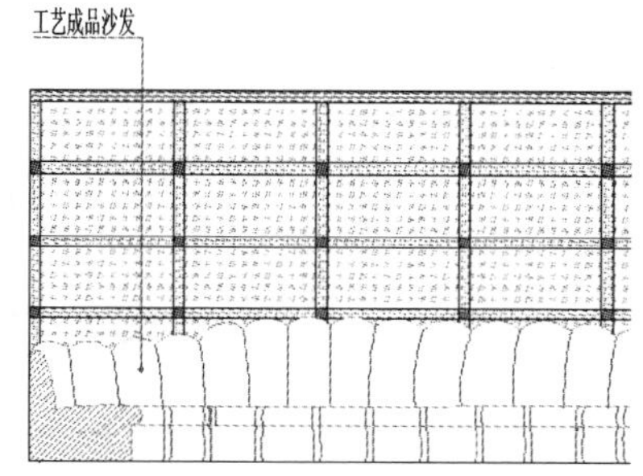

图 15-163 标注结果

(6) 重复执行【快速引线】命令，按照当前的引线参数设置，标注其他位置的引线注释，结果如图 15-164 所示。

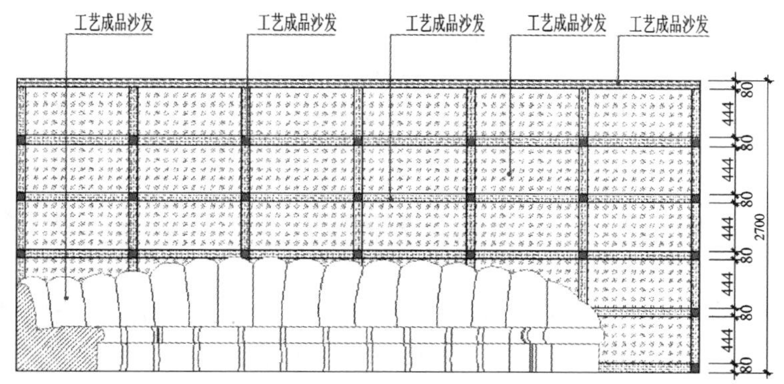

图 15-164 标注其他引线注释

(7) 使用快捷键 ED 激活【编辑文字】命令，根据命令行的提示，选择后续标注的引线注释进行修改，输入正确的内容，如图 15-165 所示。

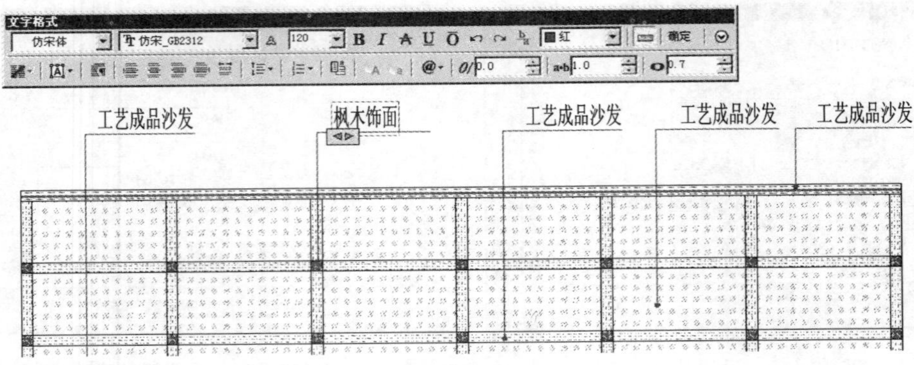

图 15-165　输入正确内容

(8) 单击【文字格式】编辑器中的确定按钮，返回绘图区，分别选择其他位置的引线注释进行修改，修改后的效果如图 15-166 所示。

(9) 最后执行【保存】命令，将图形命名存储为"绘制帝皇夜总会 KTV 包厢 B 向立面图. dwg"。

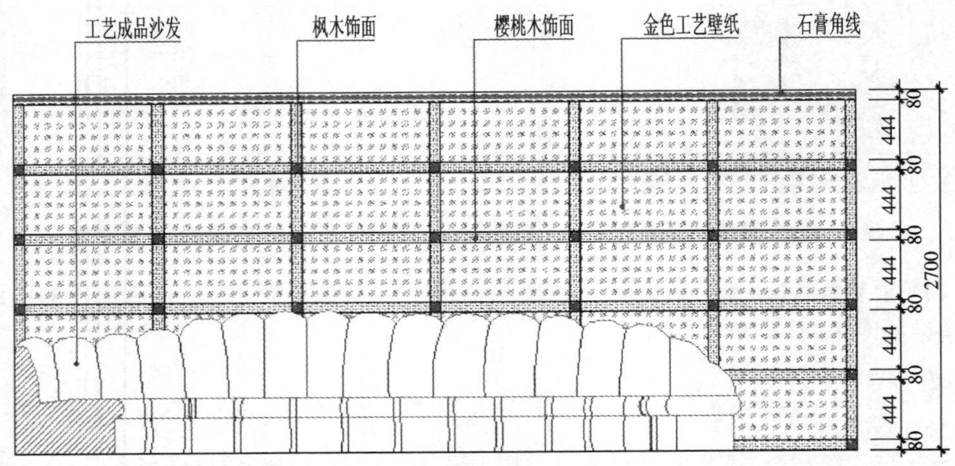

图 15-166　修改结果

15.6　实例指导四——绘制帝皇夜总会 KTV 包厢 D 向立面图

本例主要学习帝皇夜总会 KTV 包厢 D 向装饰装潢立面图的具体绘制过程和绘制技巧。包厢 D 向立面图的最终绘制效果，如图 15-167 所示。

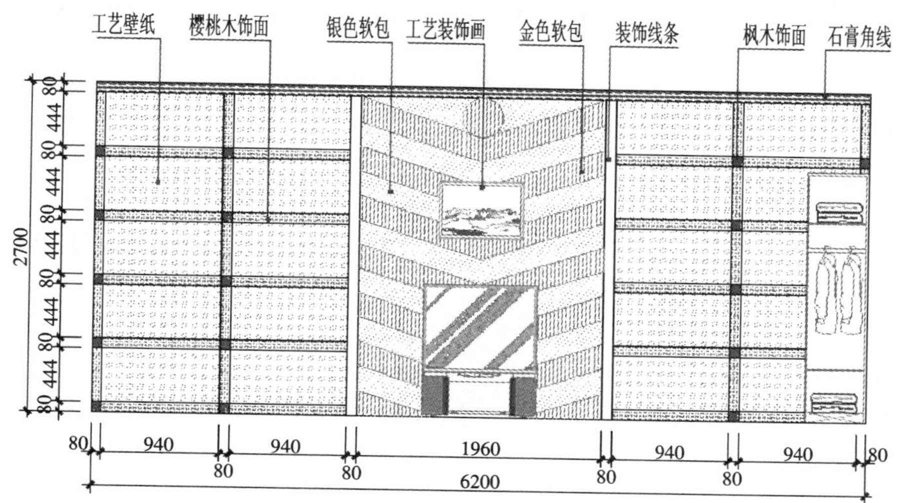

图 15-167 实例效果

在绘制 KTV 包厢 D 向立面图时，具体可以参照如下思路：

(1) 首先调用制图样板并设置当前操作层。

(2) 使用【直线】、【矩形阵列】、【偏移】、【修剪】等命令绘制墙面分隔线。

(3) 使用【插入块】、【修剪】、【矩形阵列】等命令绘制墙面构件及装饰线条。

(4) 使用【图案填充】、【线型】命令绘制墙面装修材质图。

(5) 使用【线性】、【连续】和【编辑标注文字】命令标注包厢立面图尺寸。

(6) 使用【标注样式】、【快速引线】命令标注 KTV 包厢立面图材质注解。

15.6.1 绘制 KTV 包厢 D 向轮廓图

(1) 执行【新建】命令，调用随书光盘"\样板文件\建筑装饰装潢样板.dwt"文件。

(2) 展开【图层控制】下拉列表，设置"轮廓线"为当前图层。

(3) 使用快捷键 L 激活【直线】命令，绘制长度为 6200、高度为 2700 的两条垂直相交的直线作为基准线，如图 15-168 所示。

(4) 使用快捷键 O 激活【偏移】命令，将水平基准线向下偏移 80，将垂直基准线向右偏移 80，结果如图 15-169 所示。

图 15-168 绘制结果

图 15-169 偏移结果

(5) 单击【修改】菜单中的【阵列】/【矩形阵列】命令，对两条水平轮廓线进行阵列，命令行操作如下。

命令：_arrayrect

选择对象：　//选择两条水平轮廓线

选择对象：　//↙

类型＝矩形　关联＝否

选择夹点以编辑阵列或［关联(AS)/基点(B)/计数(COU)/间距(S)/列数(COL)/行数(R)/层数(L)/退出(X)］<退出>：　//COU ↙

输入列数数或［表达式(E)］<4>：　//1 ↙

输入行数数或［表达式(E)］<3>：　//6 ↙

选择夹点以编辑阵列或［关联(AS)/基点(B)/计数(COU)/间距(S)/列数(COL)/行数(R)/层数(L)/退出(X)］<退出>：　//s ↙

指定列之间的距离或［单位单元(U)］<1071>：　//1 ↙

指定行之间的距离 <900>：　//－524 ↙

选择夹点以编辑阵列或［关联(AS)/基点(B)/计数(COU)/间距(S)/列数(COL)/行数(R)/层数(L)/退出(X)］<退出>：　// ↙，结束命令，阵列结果如图 15-170 所示

(6) 重复执行【矩形阵列】命令，对两条垂直轮廓线进行阵列。命令行操作过程如下。

命令：_arrayrect

选择对象：　//选择两条水平轮廓线

选择对象：　//↙

类型＝矩形　关联＝否

选择夹点以编辑阵列或［关联(AS)/基点(B)/计数(COU)/间距(S)/列数(COL)/行数(R)/层数(L)/退出(X)］<退出>：　//COU ↙

输入列数数或［表达式(E)］<4>：　//7 ↙

输入行数数或［表达式(E)］<3>：　//1 ↙

选择夹点以编辑阵列或［关联(AS)/基点(B)/计数(COU)/间距(S)/列数(COL)/行数(R)/层数(L)/退出(X)］<退出>：　//s ↙

指定列之间的距离或［单位单元(U)］<1071>：　//1020 ↙

指定行之间的距离 <900>：　//1 ↙

选择夹点以编辑阵列或［关联(AS)/基点(B)/计数(COU)/间距(S)/列数(COL)/行数(R)/层数(L)/退出(X)］<退出>：　// ↙，结束命令，阵列结果如图 15-171 所示

(7) 单击【修改】菜单中的【修剪】命令，对偏移出的图形进行修剪，结果如图 15-172 所示。

至此，KTV 包厢 D 向墙面主体轮廓图绘制完毕，下一小节将学习 KTV 包厢 D 向构件图的绘制过程。

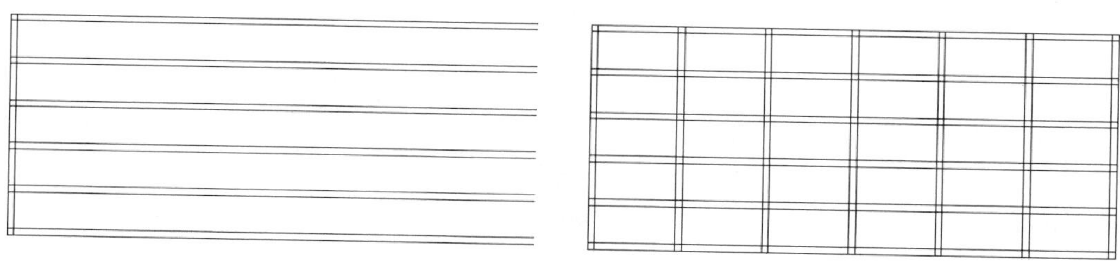

图 15-170　阵列水平轮廓线

图 15-171　阵列垂直轮廓线

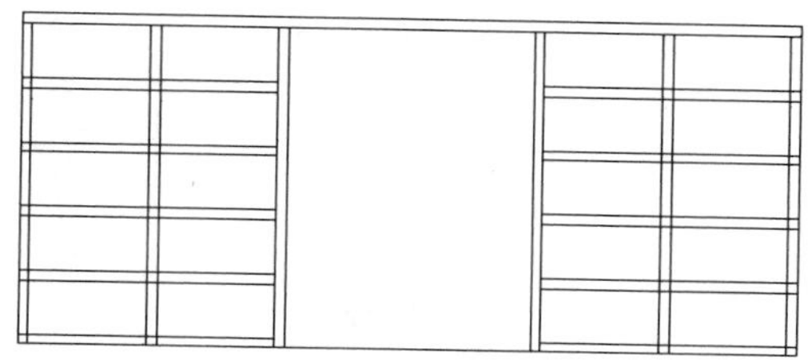

图 15-172　修剪结果

15.6.2 绘制 KTV 包厢 D 向构件图

(1) 继续上节操作。

(2) 展开【图层控制】下拉列表，设置“图块层”为当前图层。

(3) 使用快捷键 I 激活【插入块】命令，配合【延伸捕捉】功能，以默认设置插入随书光盘中的“\图块文件\立面衣柜 03. dwg”，插入结果如图 15-173 所示。

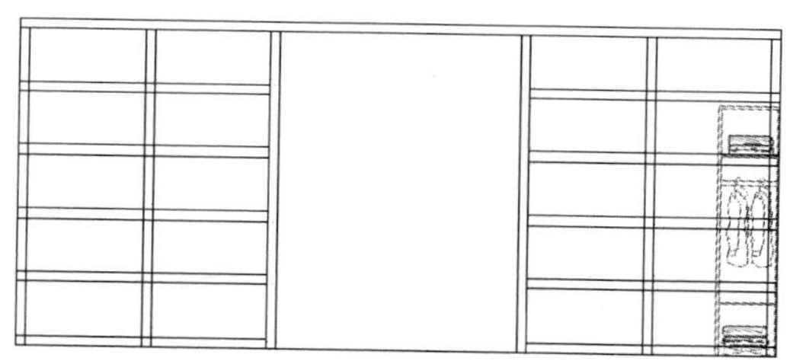

图 15-173　插入结果

(4) 重复执行【插入块】命令，以默认参数插入随书光盘中的“\图块文件\立面电视 02. dwg”文件，插入点为下方水平边的中点，插入结果如图 15-174 所示。

(5) 使用快捷键 I 激活【插入块】命令，以 1.2 倍的缩放比例插入随书光盘中的“\图块文件\装饰画 08. dwg”文件，插入结果如图 15-175 所示。

(6) 单击【格式】菜单中的【颜色】命令，将当前颜色设置为绿色。

(7) 使用快捷键 PL 激活【多段线】命令，配合【端点捕捉】功能绘制墙面分隔线。命令行操作如下。

命令：_pline

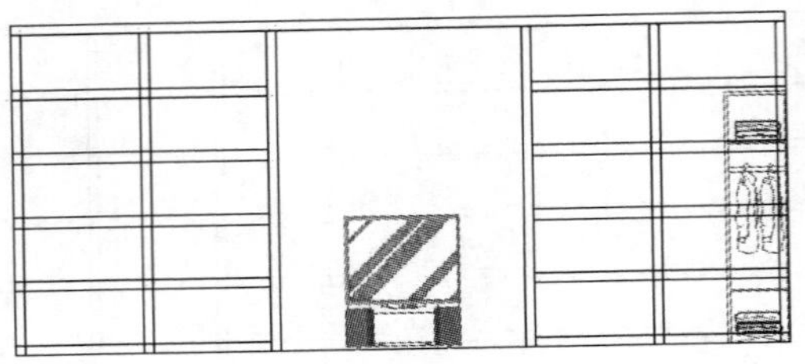

图 15-174　插入电视图块

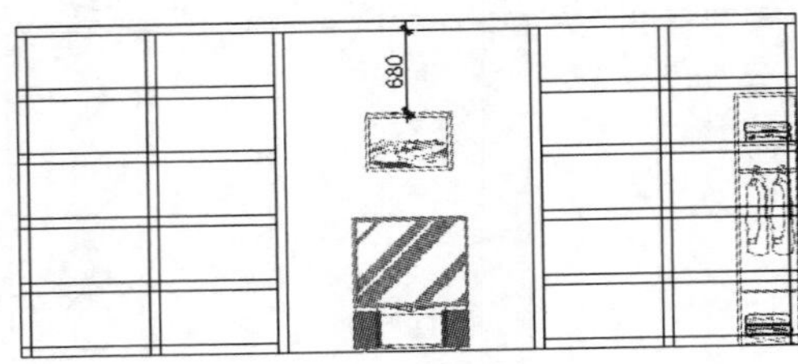

图 15-175　插入装饰画

指定起点：　//捕捉如图 15-176 所示的端点

当前线宽为 0.5

指定下一个点或［圆弧(A)/半宽(H)/长度(L)/放弃(U)/宽度(W)］：　//w↙

指定起点宽度 <0.5>：　//0↙

指定端点宽度 <0>：　//0↙

指定下一个点或［圆弧(A)/半宽(H)/长度(L)/放弃(U)/宽度(W)］：　//@980，－320↙

指定下一点或［圆弧(A)/闭合(C)/半宽(H)/长度(L)/放弃(U)/宽度(W)］：　//@980,320↙

指定下一点或［圆弧(A)/闭合(C)/半宽(H)/长度(L)/放弃(U)/宽度(W)］：　//↙,绘制结果如图 15-177 所示

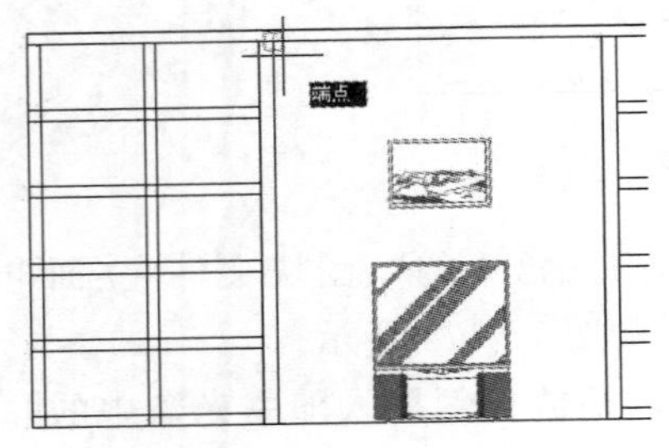

图 15-176　捕捉端点

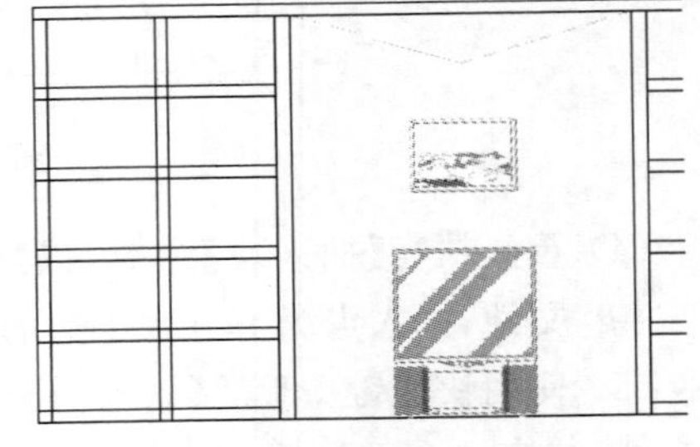

图 15-177　绘制结果

(8) 使用快捷键 M 激活【移动】命令，将刚绘制的多段线沿 Y 轴负方向位移 5 个单位。

(9) 单击【修改】菜单中的【阵列】/【矩形阵列】命令，对位移后的多段线进行阵列，命令行操作如下。

命令：_arrayrect

选择对象： //选择位移后的多段线

选择对象： //↙

类型＝矩形 关联＝否

选择夹点以编辑阵列或［关联(AS)/基点(B)/计数(COU)/间距(S)/列数(COL)/行数(R)/层数(L)/退出(X)］＜退出＞： //COU↙

输入列数数或［表达式(E)］＜4＞： //1↙

输入行数数或［表达式(E)］＜3＞： //13↙

选择夹点以编辑阵列或［关联(AS)/基点(B)/计数(COU)/间距(S)/列数(COL)/行数(R)/层数(L)/退出(X)］＜退出＞： //s↙

指定列之间的距离或［单位单元(U)］＜1071＞： //1↙

指定行之间的距离 ＜900＞： //－200↙

选择夹点以编辑阵列或［关联(AS)/基点(B)/计数(COU)/间距(S)/列数(COL)/行数(R)/层数(L)/退出(X)］＜退出＞： //↙，结束命令，阵列结果如图 15-178 所示

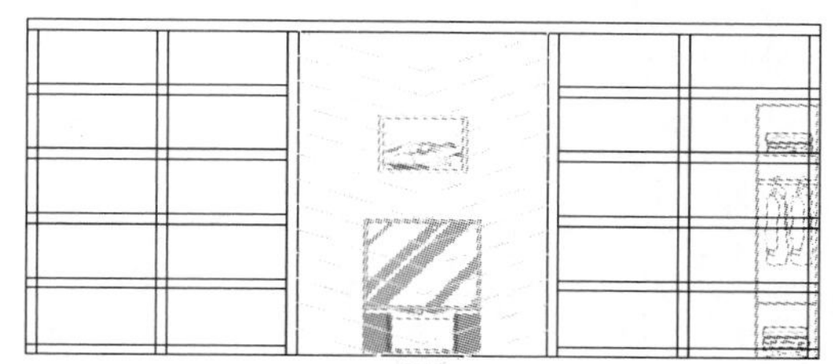

图 15-178 阵列结果

(10) 单击【修改】菜单中的【修剪】命令，对阵列出的多段线和墙面分隔线进行修剪，结果如图 15-179 所示。

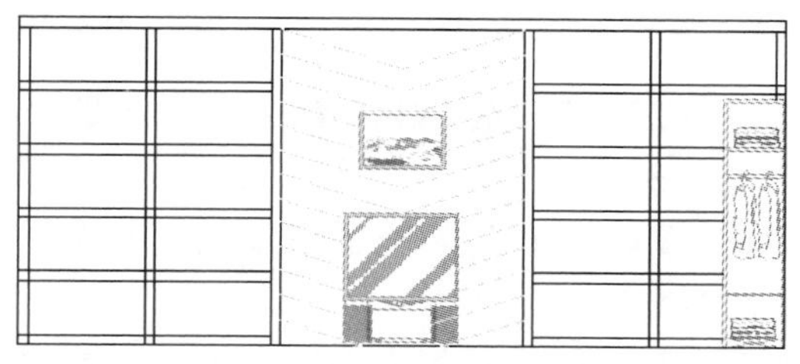

图 15-179 修剪结果

(11) 使用快捷键 C 激活【圆】命令，使用【两点画圆】功能，配合【交点捕捉】和【极轴追踪】功能绘制如图 15-180 所示的圆。

至此，KTV 包厢 D 向墙面构件图绘制完毕，下一小节将学习 D 向墙面装修材质图的具体绘制过程和相关技巧。

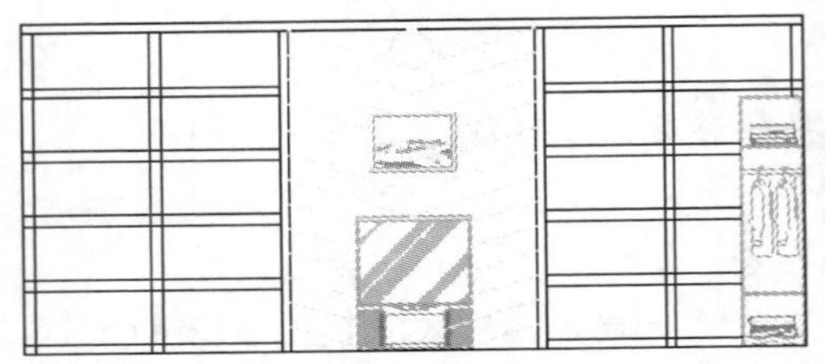

图 15-180　绘制结果

15.6.3 绘制 KTV 包厢 D 向材质图

（1）继续上节操作。

（2）使用快捷键 H 激活【图案填充】命令，设置填充图案及填充参数如图 15-181 所示，为立面图填充如图 15-182 所示的图案。

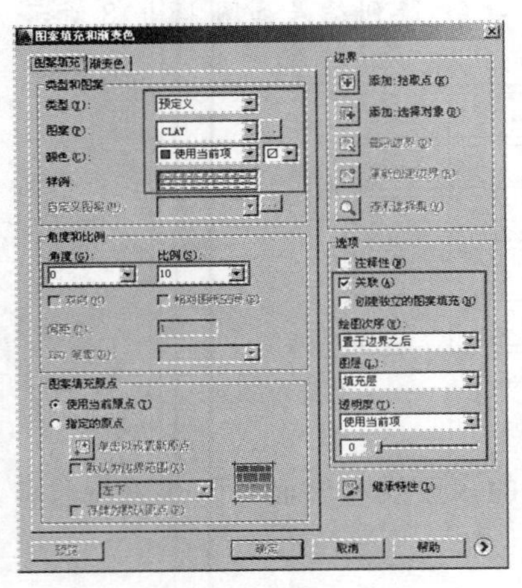

图 15-181　设置填充图案及参数

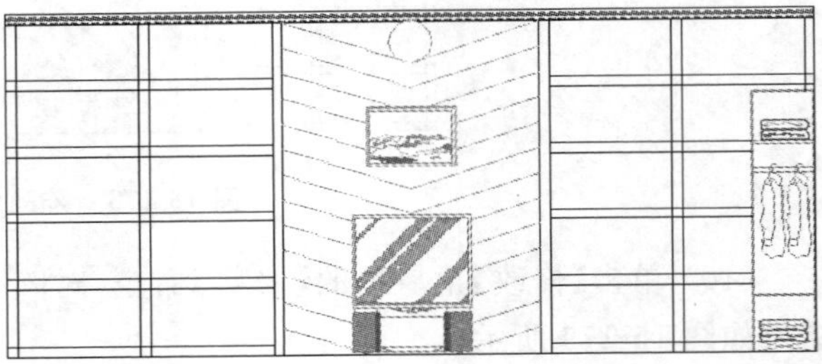

图 15-182　填充结果

（3）重复执行【图案填充】命令，设置填充图案及填充参数如图 15-183 所示，为立面图填充如图 15-184 所示的图案。

（4）重复执行【图案填充】命令，设置填充图案及填充参数如图 15-185 所示，为立面图填充如图 15-186 所示的图案。

（5）重复执行【图案填充】命令，设置填充图案及填充参数如图 15-187 所示，为立面图填充如图 15-188 所示的图案。

（6）将当前颜色设置为 52 号色，然后单击【格式】菜单中的【线型】命令，加载 DOT 线型，并设置线型比例为 5。

（7）重复执行【图案填充】命令，设置填充图案及填充参数如图 15-189 所示，为立面图填充如图 15-190 所示的图案。

（8）将当前线型设置为随层，然后再次执行【图案填充】命令，设置填充图案及填充参数如图 15-191 所示，为立面图填充如图 15-192 所示的图案。

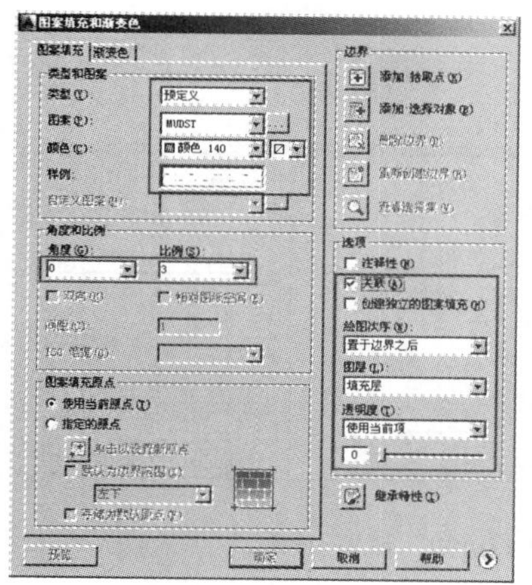
图 15-183　设置填充图案及参数

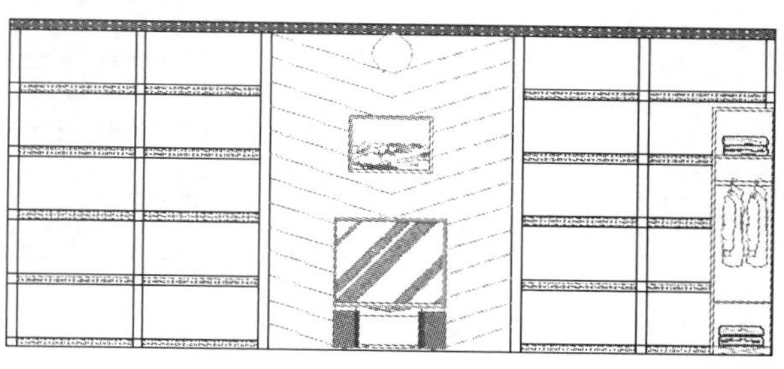
图 15-184　填充结果

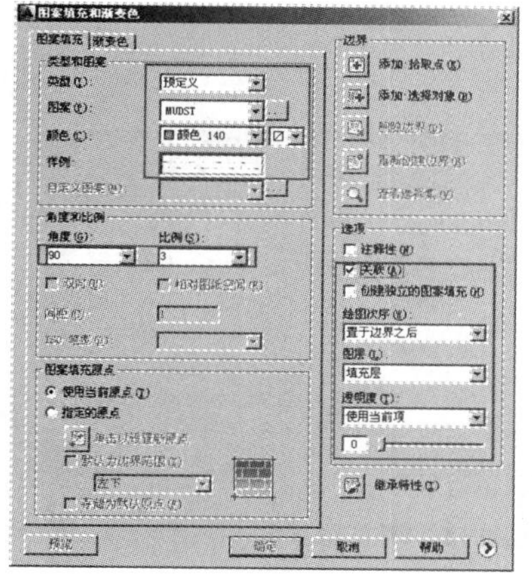
图 15-185　设置填充图案及参数

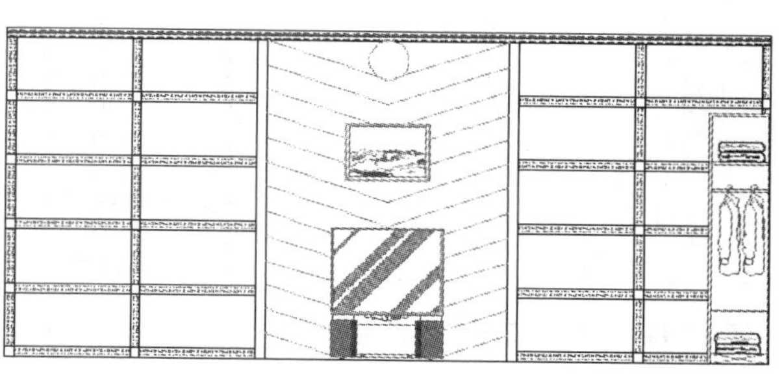
图 15-186　填充结果

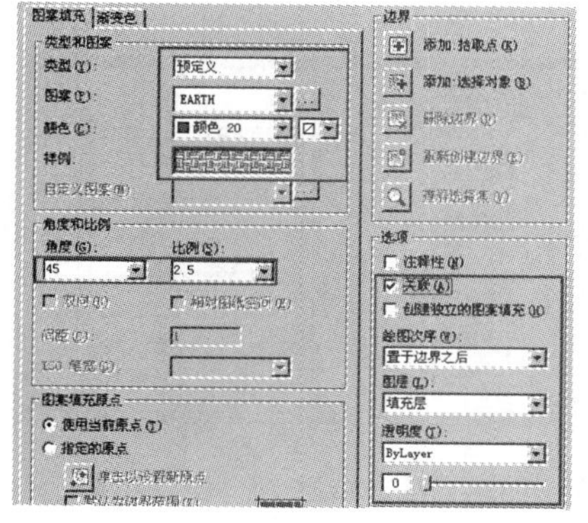
图 15-187　设置填充图案及参数

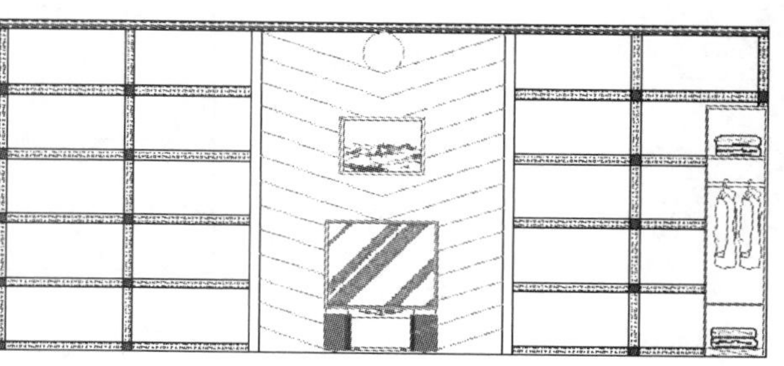
图 15-188　填充结果

(9) 重复执行【图案填充】命令，设置填充图案及填充参数如图 15-193 所示，为立面图填充如图 15-194 所示的图案。

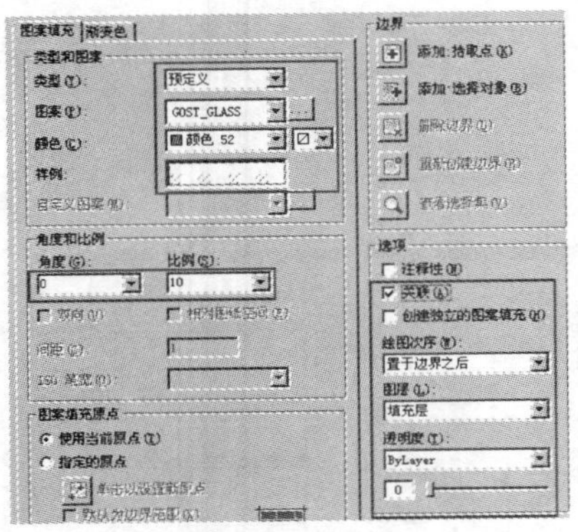

图 15-189　设置填充图案及参数

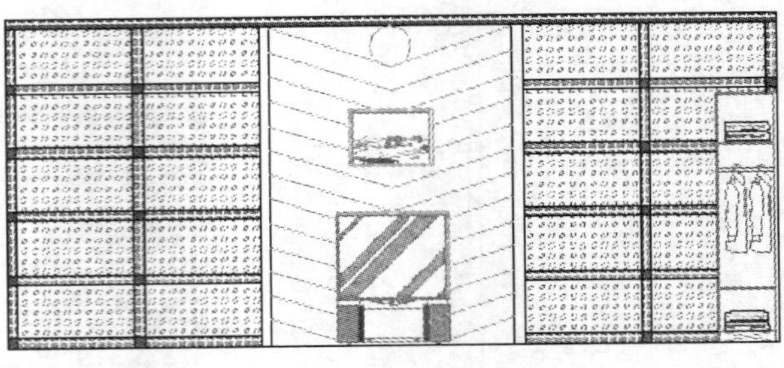

图 15-190　填充结果

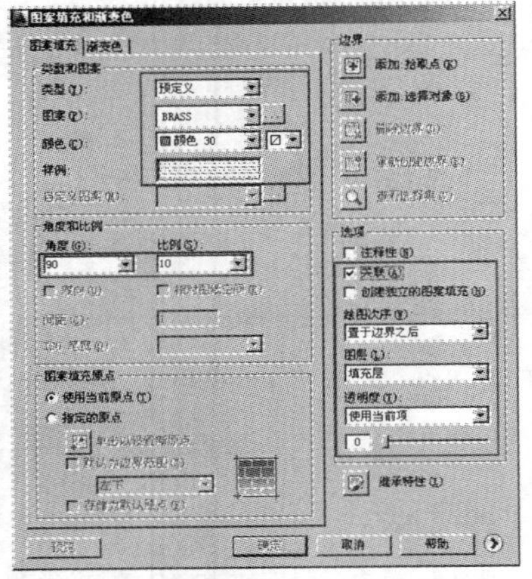

图 15-191　设置填充图案及参数

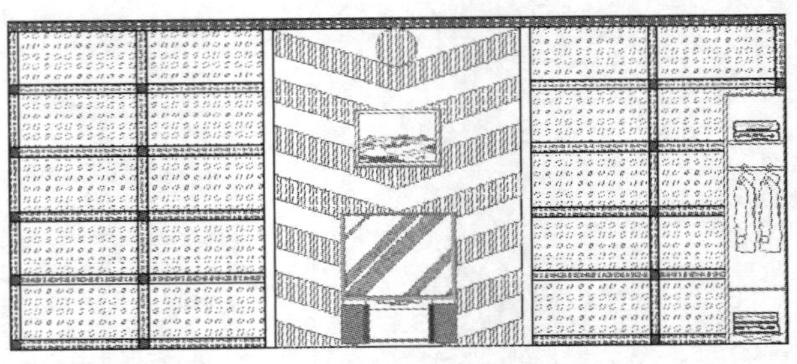

图 15-192　填充结果

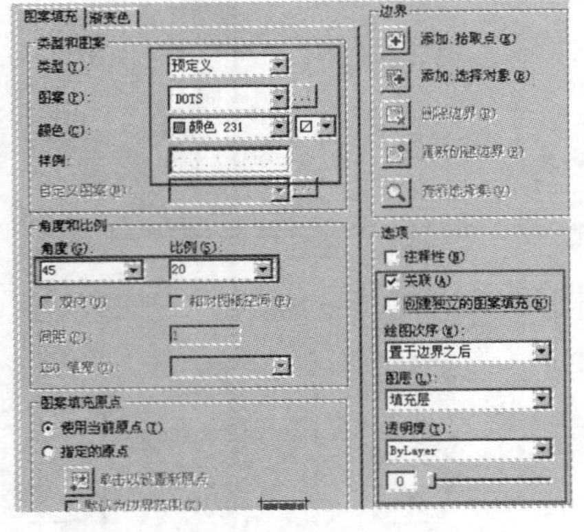

图 15-193　设置填充图案及参数

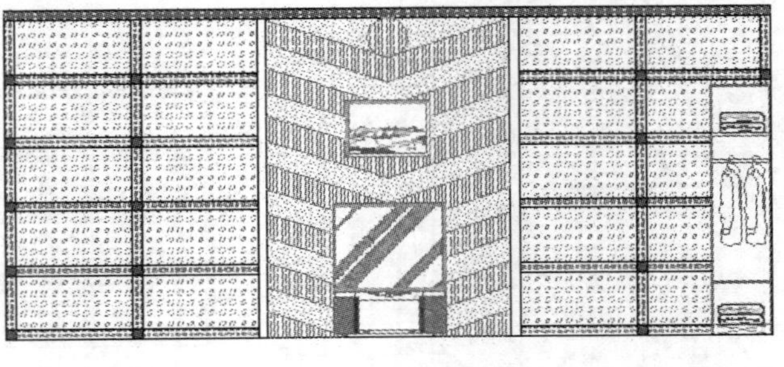

图 15-194　填充结果

至此，KTV 包厢 D 向墙面装修材质图绘制完毕，下一小节将学习包厢 D 向立面尺寸的具体标注过程。

15.6.4 标注 KTV 包厢 D 向立面尺寸

（1）继续上节操作。

（2）单击【图层】工具栏中的【图层控制】列表，将“尺寸层”设置为当前图层。

（3）单击【标注】菜单栏中的【标注样式】命令，将“建筑标注”设置为当前标注样式，并修改标注比例为 30。

（4）单击【标注】工具栏上的按钮，激活【线性】命令，配合【端点捕捉】功能标注如图 15-195 所示的线性尺寸作为基准尺寸。

（5）单击【标注】工具栏上的按钮，激活【连续】命令，配合【捕捉】和【追踪】功能，标注如图 15-196 所示的连续尺寸作为细部尺寸。

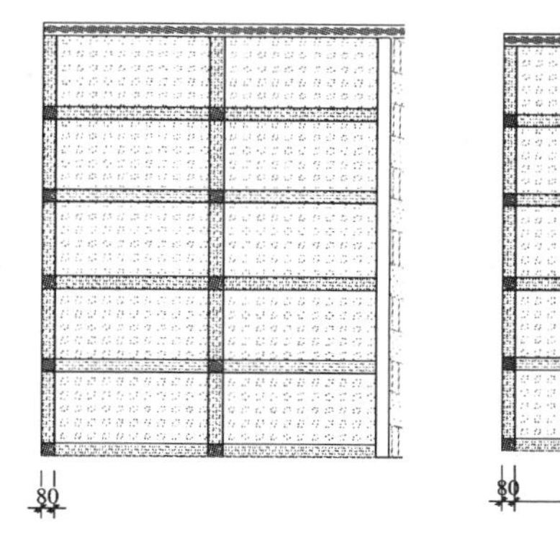

图 15-195　标注结果

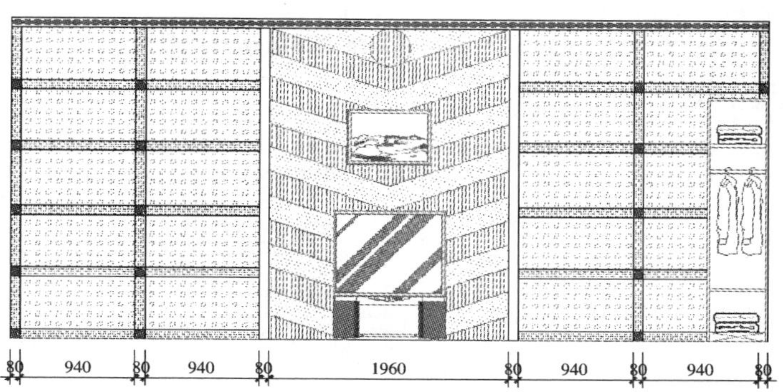

图 15-196　标注细部尺寸

（6）执行【编辑标注文字】命令，对下方的细部尺寸文字位置进行协调，结果如图 15-197所示。

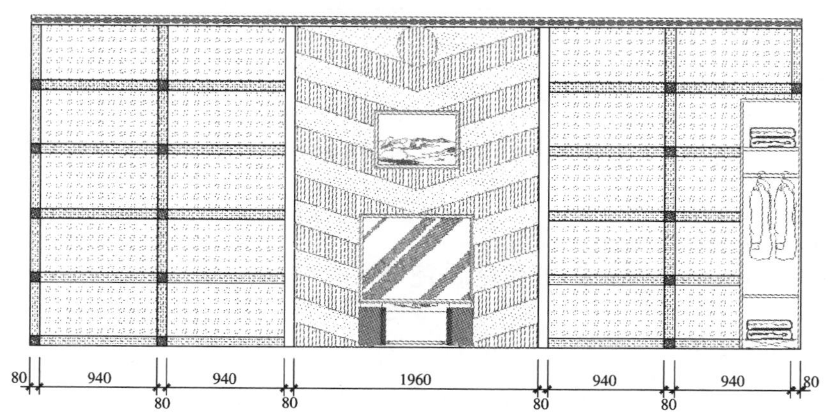

图 15-197　协调尺寸文字

（7）执行【线性】命令，配合【对象捕捉】功能标注总尺寸，标注结果如图 15-198 所示。

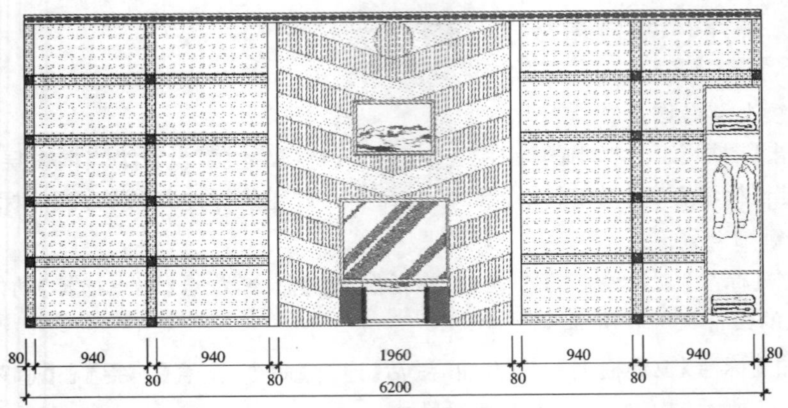

图 15-198　标注总尺寸

(8) 参照上述操作，综合使用【线性】和【连续】命令，配合【端点捕捉】功能标注立面图左侧的尺寸，标注结果如图 15-199 所示。

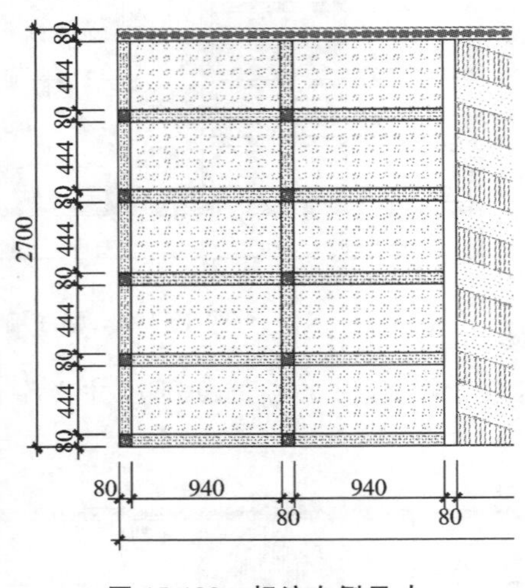

图 15-199　标注左侧尺寸

至此，KTV 包厢 D 向立面图尺寸标注完毕，下一小节将为 D 向立面图标注墙面材质注解。

15.6.5　标注 KTV 包厢 D 向材质注解

(1) 继续上节操作。

(2) 展开【图层控制】下拉列表，将“文本层”设置为当前图层。

(3) 使用快捷键 D 激活【标注样式】命令，对“建筑标注”样式进行替代，参数设置如图 15-200 和图 15-201 所示，标注比例为 40。

(4) 使用快捷键 LE 激活【快速引线】命令，设置引线参数如图 15-202 和图 15-203 所示。

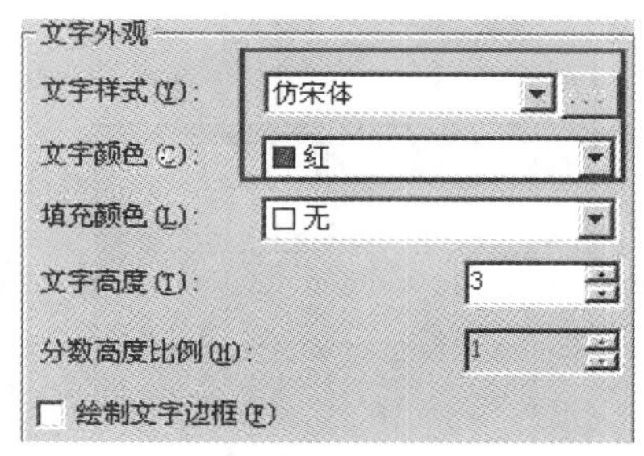

图 15-200　设置箭头

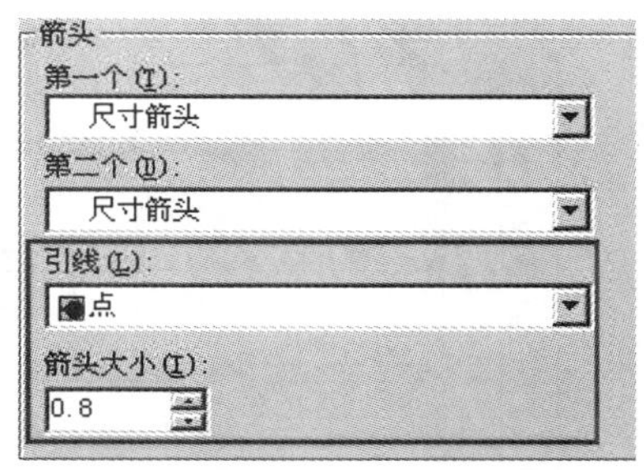

图 15-201　设置文字样式

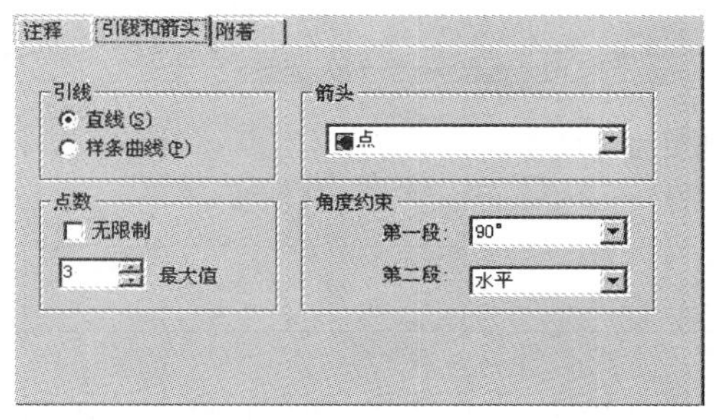

图 15-202　设置引线参数

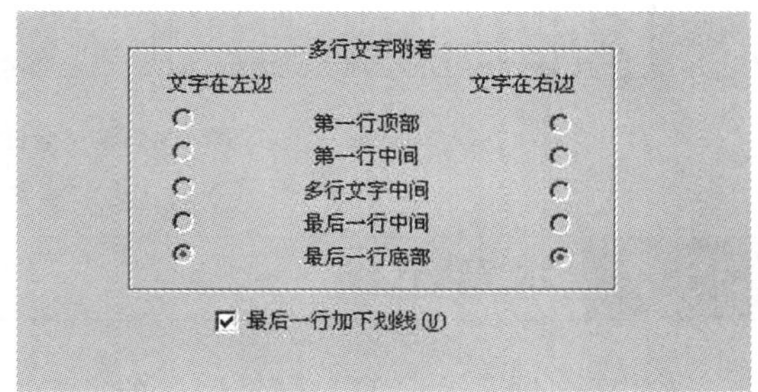

图 15-203　设置附着位置

(5) 单击 确定 按钮，根据命令行的提示指定引线点绘制引线，并输入引线注释，标注结果如图 15-204 所示。

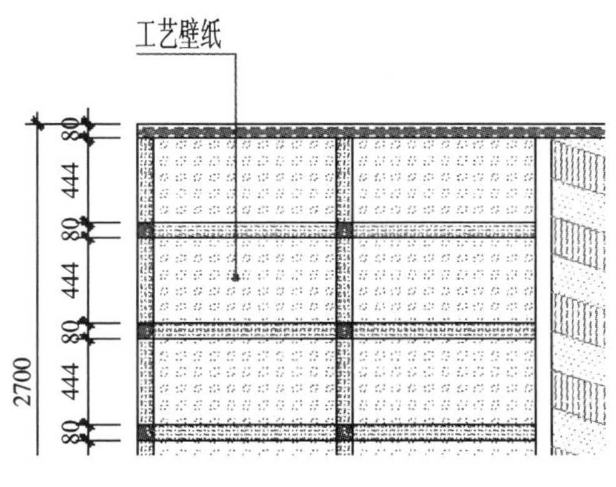

图 15-204　标注结果

(6) 重复执行【快速引线】命令，按照当前的引线参数设置，标注其他位置的引线注释，结果如图 15-205 所示。

(7) 最后执行【保存】命令，将图形命名存储为“绘制帝皇夜总会 KTV 包厢 D 向立面图.dwg”。

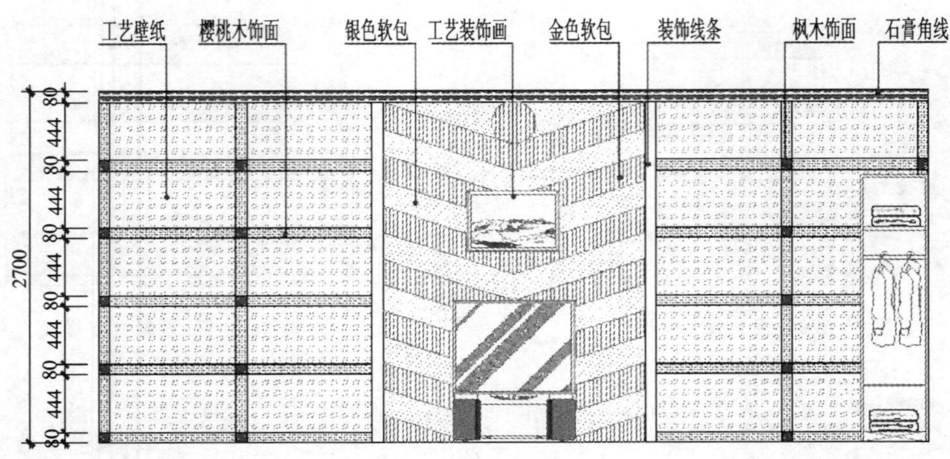

图 15-205　标注其他引线注释

15.7 本章小结

KTV 包厢是为了满足顾客团体的需要，提供相对独立、无拘无束、畅饮畅叙的休闲和娱乐环境。本章在概述 KTV 包厢相关设计理念的前提下，通过绘制某中型 KTV 包厢的平面布置图、KTV 包厢天花装修图、KTV 包厢 B 向装饰装潢立面图和 KTV 包厢 D 向装饰装潢立面图等四个代表性的案例，详细而系统地讲述了 KTV 包厢装饰装潢施工图的绘制思路、具体绘制过程以及绘制技巧。

希望读者通过本章的学习，在理解和掌握相关设计理念和设计技巧的前提下，了解和掌握 KTV 包厢装饰装潢方案的表达内容、表达思路及具体的设计过程等。

第16章 某企业办公空间装饰装潢设计

一个完整、美观、科学的办公空间形象，不仅对置身其中的企业管理人员、行政人员、技术人员等有着直接的影响，而且还会在某种程度上影响着企业决策、管理的效果和工作效率，可以说办公空间的形象也是企业整体形象的体现。本章在了解和掌握办公空间装潢设计理念和绘图思路等的前提下，主要学习某企业办公空间装饰装潢方案的具体设计过程和相关技巧。本章具体学习内容如下：

◎ 办公空间装饰装潢设计概述

◎ 办公空间装饰装潢设计思路

◎ 实例指导一——绘制某企业办公空间墙体图

◎ 实例指导二——制作办公空间屏风工作位

◎ 实例指导三——绘制某企业办公家具布置图

◎ 实例指导四——标注某企业办公家具布置图

◎ 本章小结

16.1 办公空间装饰装潢设计概述

办公的科学化、自动化给人们工作带来了极大方便，在办公设计中应充分利用人机工程学原理，按照特定的功能与尺寸要求进行科学设计和布置。本节主要简单介绍办公空间相关设计理念及设计内容，使读者对办公空间装潢设计有一个大致的认识和了解。

16.1.1 办公空间设计特点

从办公空间的特征和使用功能要求来看，办公空间的装饰装潢设计要具备以下几个基本设计特点。

1. 秩序感

秩序感指的是形的反复、形的节奏、形的完整和形的简洁。办公室设计也正是运用这一特点来创造一种安静、平和与整洁的办公环境的，此种特点在办公室设计中起着关键性的作用。

2. 明快感

办公环境的明快感指的就是办公环境的色调干净明亮、灯光布置合理、有充足的光线等，是办公设计的一种基本要求。在装饰中明快的色调可给人一种愉快的心情，给人一种洁净之感，同时明快的色调也可在白天增加室内的采光度。

3. 现代感

目前,我国许多企业的办公室,为了便于思想交流,加强民主管理,往往采用共享空间——开敞式设计,这种设计已成为现代新型办公室的特征,它形成了现代办公室新空间的概念。

另外,现代办公室设计还注重于办公环境的研究,将自然环境引入室内,绿化室内外的环境,给办公环境带来一派生机,这也是现代办公室的另一特征。

16.1.2 办公空间设计要求

办公室是主要的工作场所,办公空间的装修对置身其中的工作人员从生理到心理都有一定的影响,因此,现代办公装修设计,应符合下述基本要求:

(1) 符合企业实际,不要一味追求办公室的高档豪华气派。

(2) 符合行业特点。例如,五星级饭店和校办科技企业由于分属不同的行业,办公室在家具、用品、装饰品、声光效果等方面都应有显著的不同。

(3) 符合使用要求。例如,总经理办公室在楼层安排、使用面积、室内装修、配套设备等方面都与一般职员的办公室不同,并非总经理、厂长与一般职员身份不同,而是取决于他们的办公室具有不同的使用要求。

(4) 符合工作性质。例如,技术部门的办公室需要配备微机、绘图仪器、书架(柜)等技术工作必需的设备,而公共关系部门则显然更需要电话、传真机、沙发、茶几等与对外联系和接待工作相应的设备和家具。

16.1.3 办公空间设计目标

办公空间设计主要包括办公用房的规划、装修、室内色彩及灯光音响的设计,办公用品及装饰品的配备和摆设等内容,主要有三个层次的目标:

(1) 经济实用,一方面要满足实用要求,给办公人员的工作带来方便,另一方面要尽量低费用,追求最佳的功能费用比;

(2) 美观大方,能够充分满足人的生理和心理需要,创造出一个赏心悦目的良好工作环境;

(3) 独具品位,办公室是企业文化的物质载体,要努力体现企业物质文化和精神文化,反映企业的特色和形象,对置身其中的工作人员产生积极的、和谐的影响。

这三个层次的目标虽然由低到高、由易到难,但它们不是孤立的,而是有着紧密的内在联系,出色的办公室设计应该努力同时实现这三个目标。

16.2 办公空间装饰装潢设计思路

在绘制办公空间装饰装潢方案图纸时,具体可以参照如下思路:

第一,调用事先设置的绘图样板,并简单协调绘图环境。

第二,根据原有建筑平面图或测量数据,绘制办公空间墙体结构图。

第三，在墙体结构平面图的基础上绘制门、窗、柱等建筑构件，进一步完善墙体平面图。

第四，由于办公空间图纸一般需要平面和立体两种表达方式，因此要根据实际需要事先制作出相关的办公家具立体造型。

第五，根据办公空间的结构尺寸，科学合理地进行各类办公家具的布局。常用的制图工具主要有【镜像】、【复制】、【插入块】、【移动】等命令。

第六，标注文字。使用【单行文字】、【多行文字】、【编辑文字】等命令标注文字注释。

第七，标注尺寸。使用【线性】、【连续】命令标注外部尺寸和内部定位尺寸。

第八，最后通过切换视图或分割视口的方式，分别输出办公空间的平面方案和立体方案。

16.3 实例指导——绘制某企业办公空间墙体图

本例主要学习某企业办公空间墙体结构平面图的具体绘制过程和相关技巧。办公空间墙体结构图的最终绘制效果，如图 16-1 所示。

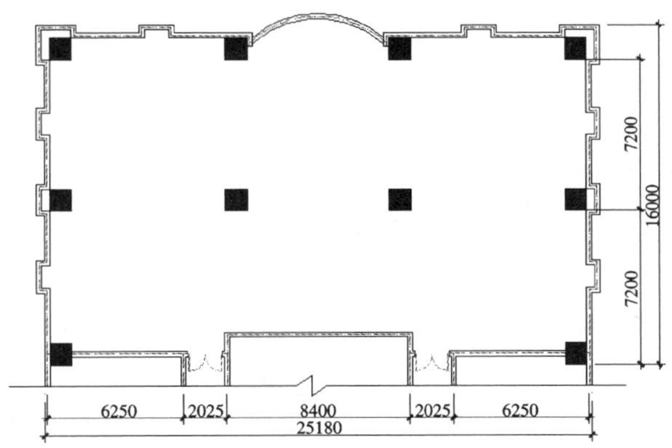

图 16-1　实例效果

在绘制企业办公空间墙体平面图时，可以参照如下思路：

(1) 首先调用样板并设置绘图环境。

(2) 使用【矩形】、【分解】、【偏移】、【修剪】等命令绘制基准轴线网。

(3) 使用【偏移】、【延伸】、【圆弧】、【修剪】等命令绘制编辑轴线网。

(4) 使用【多线】、【多线编辑】命令绘制办公空间纵横墙线。

(5) 使用【插入块】、【矩形】、【矩形阵列】、【镜像】等命令绘制建筑构件。

16.3.1 绘制办公空间定位轴线

(1) 执行【新建】命令，调用随书光盘“\样板文件\建筑装饰装潢样板.dwt”文件。

(2) 展开【图层控制】列表，设置“轴线层”为当前层，如图 16-2 所示。

(3) 使用快捷键 LT 激活【线型】命令，设置线型比例如图 16-3 所示。

（4）单击【绘图】工具栏上的□按钮，激活【矩形】命令，绘制如图 16-4 所示的矩形作为基准轴线。

（5）使用快捷键 X 激活【分解】命令，将矩形分解为四条独立的线段。

（6）单击【修改】工具栏上的▱按钮，将分解后的矩形的两条垂直边分别向内偏移 6250 和 8275 个绘图单位，如图 16-5 所示。

（7）重复执行【偏移】命令，将矩形下方的水平边向上偏移 1500 和 2400 个单位，结果如图 16-6 所示。

（8）使用快捷键 TR 激活【修剪】命令，对偏移出的轴线进行修剪，并删除最下方的水平轴线，结果如图 16-7 所示。

图 16-2　设置当前层

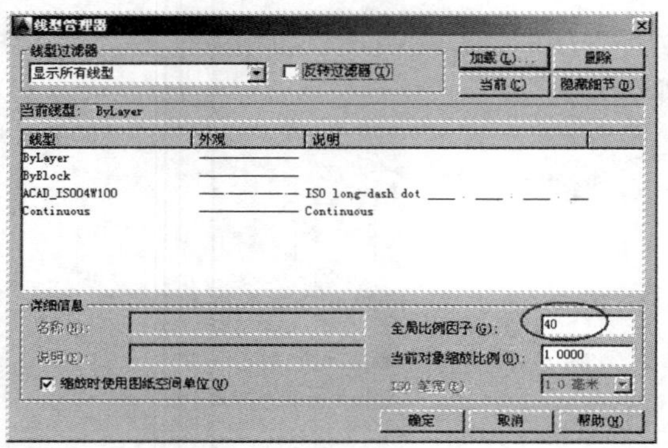

图 16-3　设置线型比例

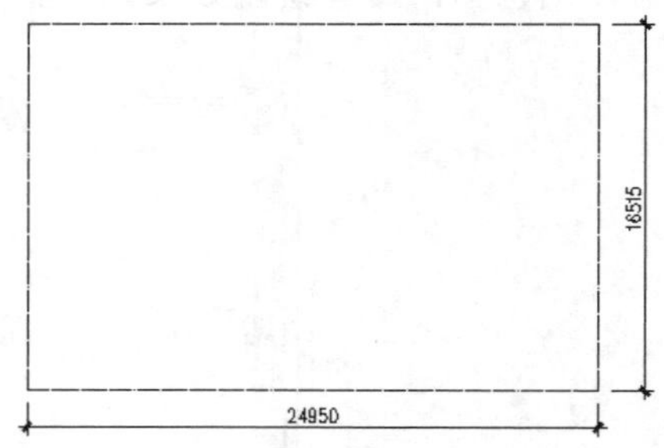

图 16-4　绘制结果

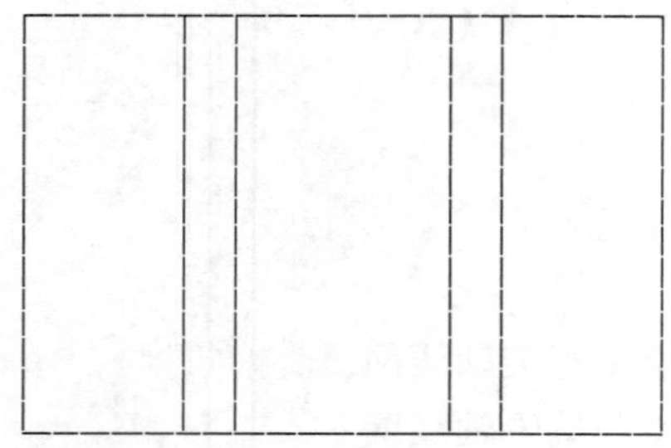

图 16-5　偏移垂直边

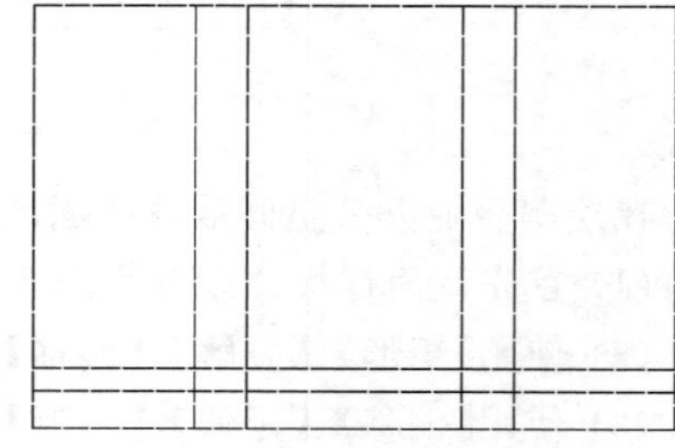

图 16-6　偏移水平边

（9）重复执行【偏移】命令，将两侧的矩形垂直边分别向内偏移 6462.5 和 8062.5 个单位，结果如图 16-8 所示。

（10）使用快捷键 TR 激活【修剪】命令，以偏移出的轴线作为边界，对水平轴线进行修剪，创建宽度为 1600 的门洞，结果如图 16-9 所示。

（11）使用快捷键 E 激活【删除】命令，删除偏移出的四条垂直轴线，结果如图 16-10 所示。

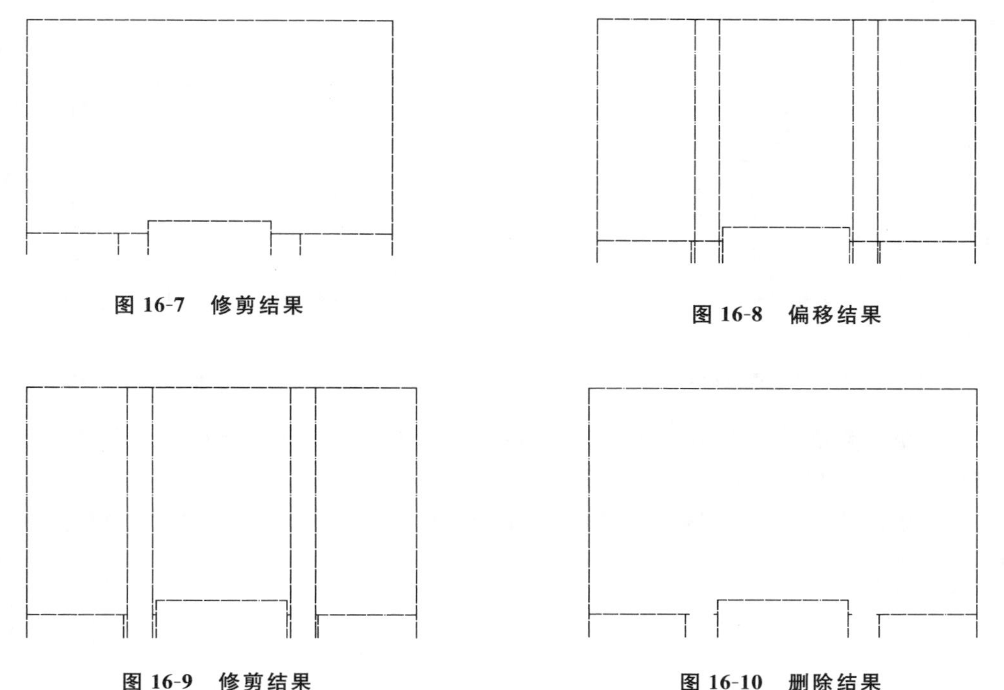

图 16-7　修剪结果

图 16-8　偏移结果

图 16-9　修剪结果

图 16-10　删除结果

至此,墙体定位轴线图绘制完毕,下一小节将学习办公空间细部轴线图的绘制过程和技巧。

16.3.2 完善办公空间定位轴线

(1) 继续上节操作。

(2) 使用快捷键 O 激活【偏移】命令,将上方的水平轴线和两侧的垂直轴线分别向外侧偏移 370 个单位,结果如图 16-11 所示。

(3) 重复执行【偏移】命令,根据图示尺寸,对水平轴线进行多次偏移,结果如图 16-12 所示。

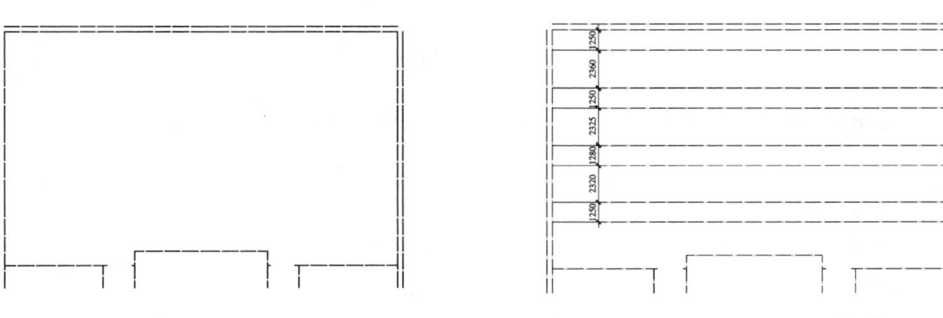

图 16-11　偏移结果

图 16-12　偏移水平轴线

(4) 重复执行【偏移】命令,根据图示尺寸,对两侧的垂直轴线进行多次偏移,结果如

图 16-13 所示。

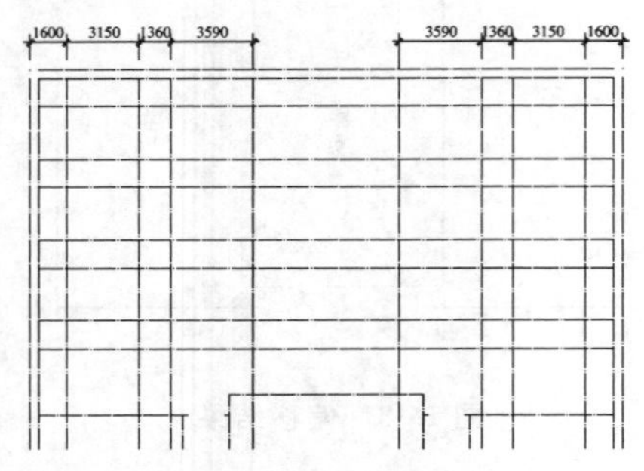

图 16-13　偏移垂直轴线

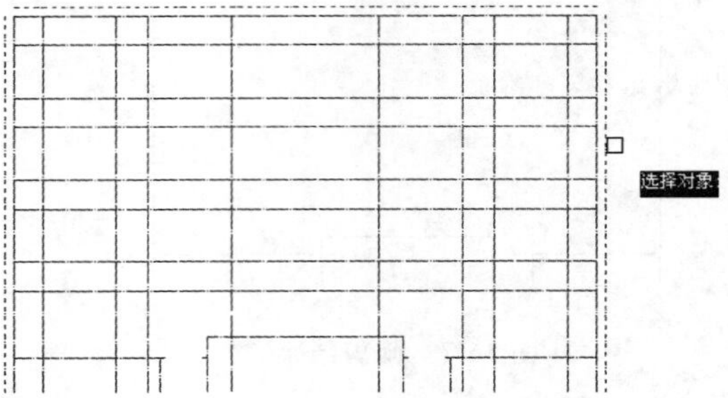

图 16-14　选择边界

(5) 单击菜单栏中的【修改】/【延伸】命令，选择如图 16-14 所示的轴线作为边界，对内部的轴线进行延伸，结果如图 16-15 所示。

(6) 单击菜单栏中的【修改】/【修剪】命令，对纵横轴线进行编辑，结果如图 16-16 所示。

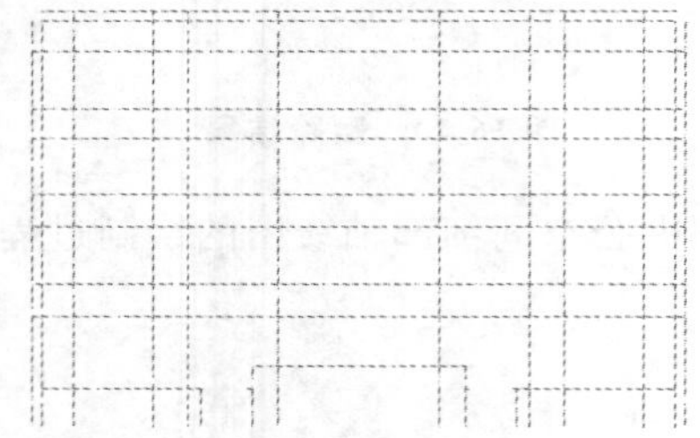

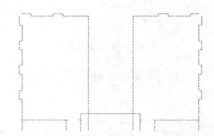

图 16-15　延伸结果

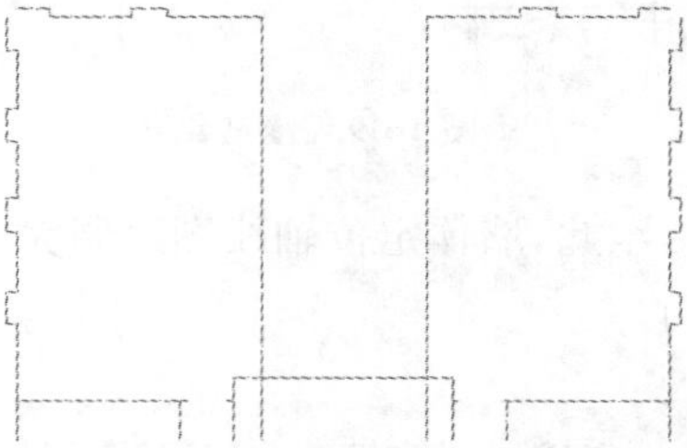

图 16-16　修剪结果

(7) 单击菜单栏中的【修改】/【圆角】命令，将圆角半径设置为 0，创建左上和右上位置的倒直角，结果如图 16-17 所示。

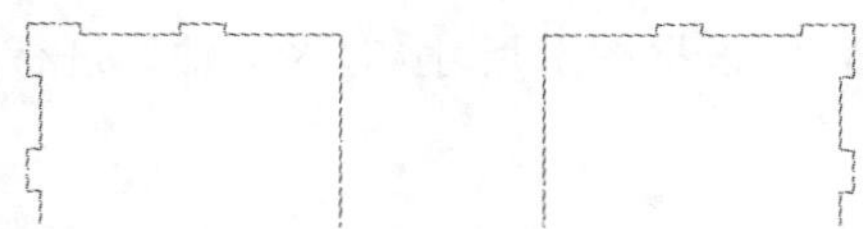

图 16-17　圆角结果

(8) 单击菜单栏中的【修改】/【拉长】命令，将内部的两条垂直轴线缩短为 500，命令行操作如下。

命令：_lengthen

选择对象或［增量(DE)/百分数(P)/全部(T)/动态(DY)］：//t ↙

指定总长度或［角度(A)］<0.0)>：//500 ↙

选择要修改的对象或［放弃(U)］：//在图 16-18 所示轴线 1 的下端单击

选择要修改的对象或［放弃(U)］：//在图 16-18 所示轴线 2 的下端单击

选择要修改的对象或［放弃(U)］：//↙，结束命令，拉长结果如图 16-19 所示

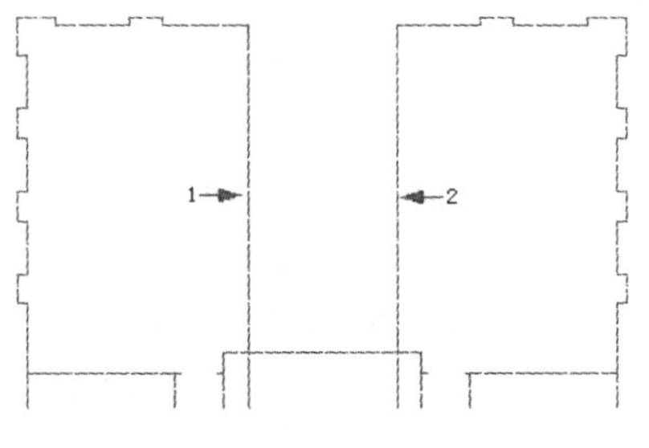

图 16-18 定位拉长对象

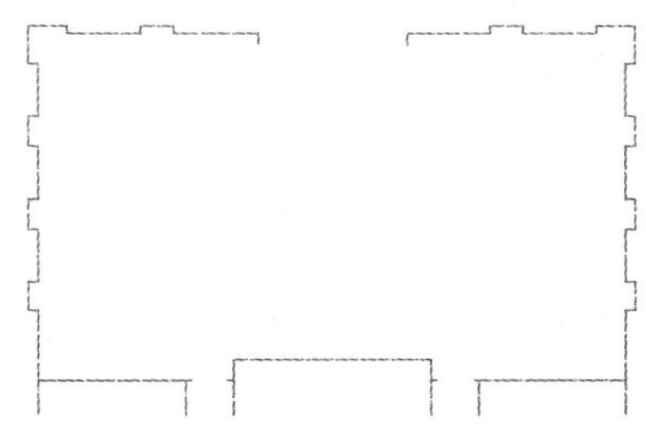

图 16-19 拉长结果

(9) 使用快捷键 A 激活【圆弧】命令，配合【捕捉自】功能绘制弧形轴线。命令行操作如下。

命令：a //↙
ARC 指定圆弧的起点或 [圆心(C)]： //激活【捕捉自】功能
_from 基点： //捕捉图 16-20 所示的轴线 1 的上端点
<偏移>： //@0，−370↙
指定圆弧的第二个点或 [圆心(C)/端点(E)]： //@3145，1250↙
指定圆弧的端点： //@3145，−1250↙，绘制结果如图 16-20 所示

图 16-20 绘制结果

至此，某企业细部墙体定位轴线图绘制完毕，下一小节将学习市场部墙体平面图的绘制过程和技巧。

16.3.3 绘制办公空间纵横墙线

(1) 继续上节操作。

(2) 单击【图层控制】列表，选择“墙线层”，将其设为当前图层。

(3) 单击菜单栏中的【绘图】/【多线】命令，配合【端点捕捉】功能绘制玻璃幕墙墙线，命令行操作如下。

命令：_mline
当前设置：对正＝上，比例＝20.00，样式＝墙线样式
指定起点或 [对正(J)/比例(S)/样式(ST)]： // J↙
输入对正类型 [上(T)/无(Z)/下(B)] <上>： // Z↙
当前设置：对正＝无，比例＝20.00，样式＝墙线样式
指定起点或 [对正(J)/比例(S)/样式(ST)]： // S↙
输入多线比例 <20.00>： //230↙

当前设置：对正＝无，比例＝230.00，样式＝墙线样式

指定起点或［对正(J)/比例(S)/样式(ST)］：//捕捉图 16-21 所示的端点 1

指定下一点：//捕捉图 16-21 所示的端点 2

指定下一点或［放弃(U)］：//捕捉图 16-21 所示的端点 3

指定下一点或［闭合(C)/放弃(U)］：//捕捉图 16-21 所示的端点 4

指定下一点或［闭合(C)/放弃(U)］：// C↙，绘制结果如图 16-22 所示

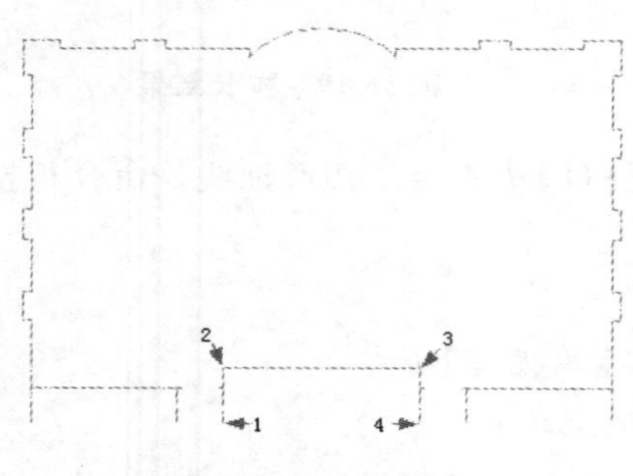

图 16-21　定位端点

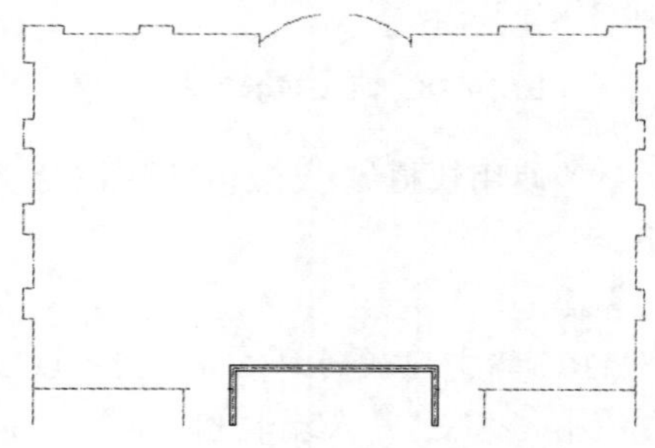

图 16-22　绘制结果

(4) 重复执行【多线】命令，设置多线样式、对正方式和多线比例不变，绘制其他位置的墙线，结果如图 16-23 所示。

(5) 使用快捷键 MI 激活【镜像】命令，对后续绘制的墙线进行镜像，结果如图 16-24 所示。

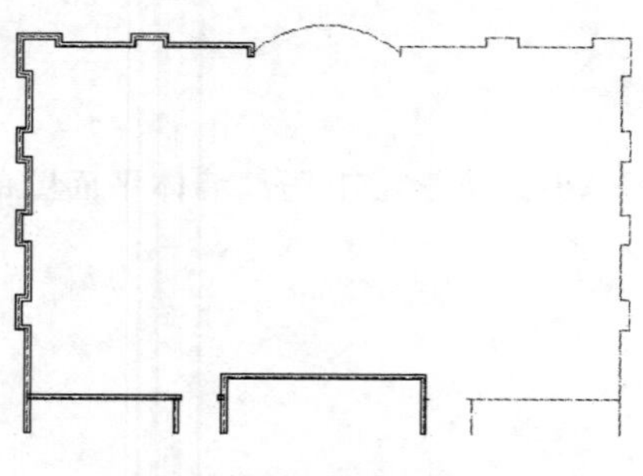

图 16-23　绘制多线

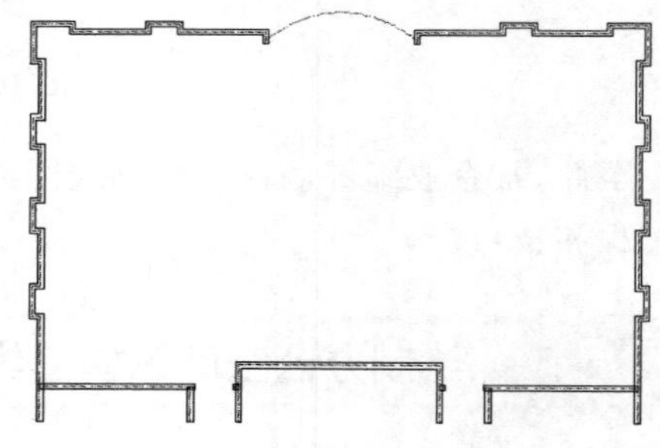

图 16-24　镜像结果

(6) 单击菜单栏中的【修改】/【偏移】命令，创建弧形墙线。命令行操作如下。

命令：_offset

当前设置：删除源＝否　图层＝源　OFFSETGAPTYPE＝0

指定偏移距离或［通过(T)/删除(E)/图层(L)］＜1250.0＞：//l↙

输入偏移对象的图层选项［当前(C)/源(S)］＜源＞：//C↙

指定偏移距离或［通过(T)/删除(E)/图层(L)］＜1250.0＞：//115↙

选择要偏移的对象，或［退出(E)/放弃(U)］＜退出＞：//选择弧形轴线

指定要偏移的那一侧上的点，或［退出(E)/多个(M)/放弃(U)］＜退出＞：//在弧形轴线的上方拾取点

选择要偏移的对象，或［退出(E)/放弃(U)］＜退出＞：//选择弧形轴线

指定要偏移的那一侧上的点，或［退出(E)/多个(M)/放弃(U)］＜退出＞： //在弧形轴线的下方拾取点

选择要偏移的对象，或［退出(E)/放弃(U)］＜退出＞： //↙，结果如图 16-25 所示

(7) 使用快捷键 TR 激活【修剪】命令，对偏移出的墙线进行修剪，结果如图 16-26 所示。

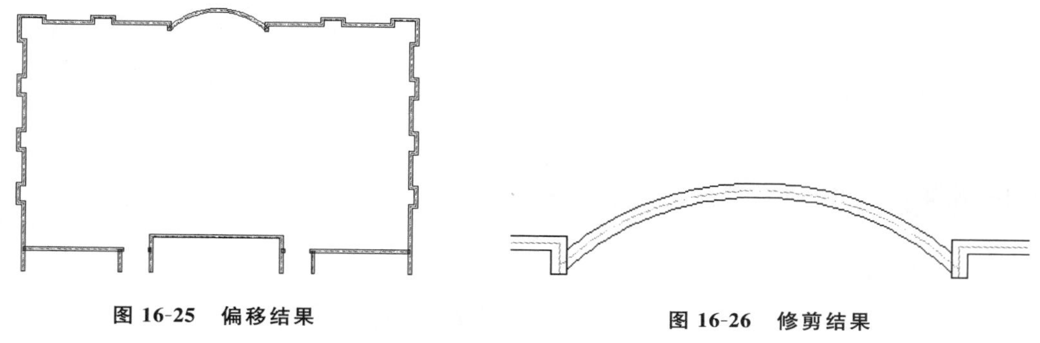

图 16-25　偏移结果

图 16-26　修剪结果

(8) 展开【图层控制】下拉列表，然后关闭“轴线层”，图形的显示结果如图 16-27 所示。

(9) 单击【修改】菜单栏中的【对象】/【多线】命令，在打开的【多线编辑工具】对话框内单击【T 形合并】按钮，如图 16-28 所示。

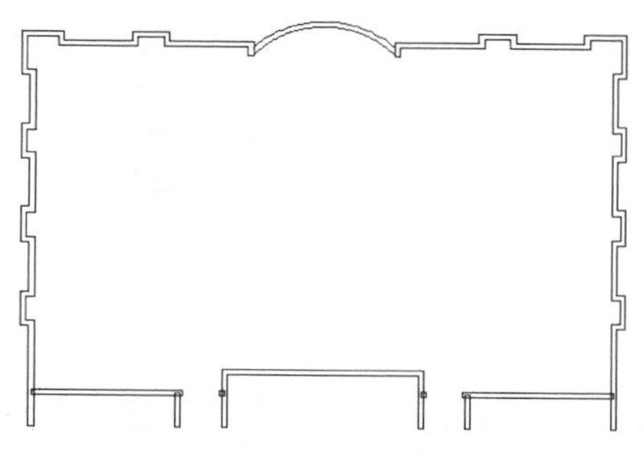

图 16-27　关闭轴线层后的显示

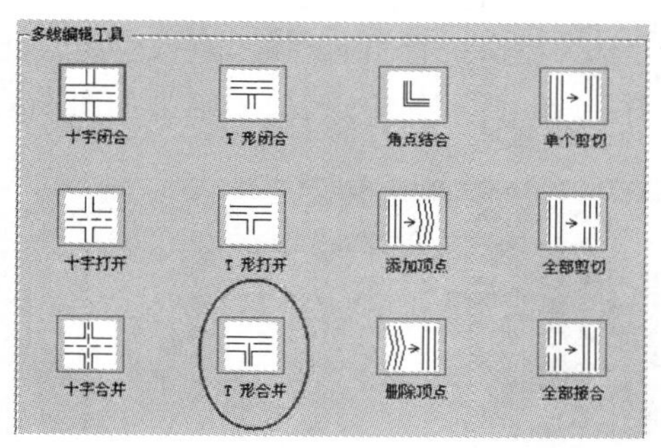

图 16-28　【多线编辑工具】对话框

(10) 返回绘图区，根据命令行的提示对下方的 T 形墙线进行合并，结果如图 16-29 所示。

(11) 使用快捷键 PL 激活【多段线】命令，配合【平行线捕捉】功能或【极轴追踪】功能绘制如图 16-30 所示的折断线。

至此，办公空间纵横墙线绘制完毕，下一小节将学习双开门、柱子等构件的快速绘制过程和技巧。

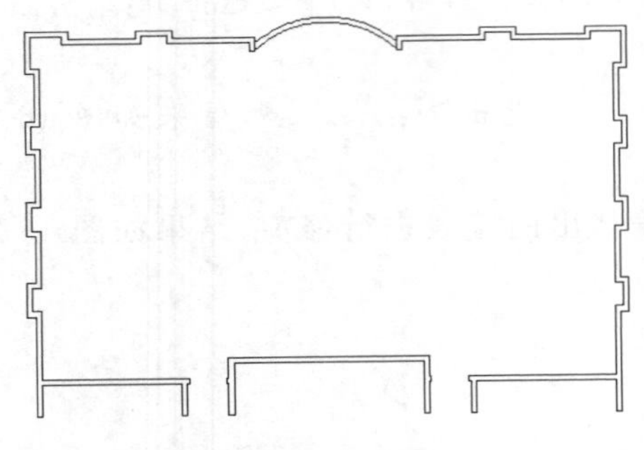

图 16-29　合并结果

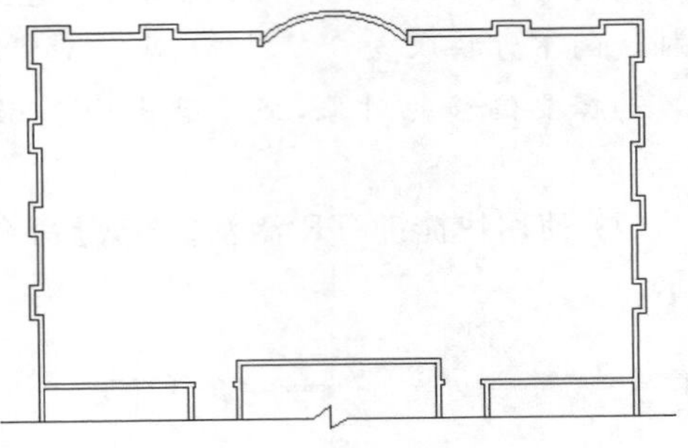

图 16-30　绘制结果

16.3.4　绘制办公空间门窗柱构件

（1）继续上节操作。

（2）展开【图层控制】下拉列表，将“门窗层”设置为当前图层。

（3）单击【绘图】工具栏上的按钮，在打开的【插入】对话框中单击 浏览(B)... 按钮，打开【选择图形文件】对话框。

（4）在【选择图形文件】对话框中选择随书光盘中的“\图块文件\双开门 02. dwg”文件，如图 16-31 所示。

（5）单击 打开(O) 按钮，返回【插入】对话框，然后设置块参数如图 16-32 所示。

（6）在命令行“指定插入点或［基点(B)/比例(S)/X/Y/Z/旋转(R)］：”提示下，捕捉如图 16-33 所示的中点，插入结果如图 16-34 所示。

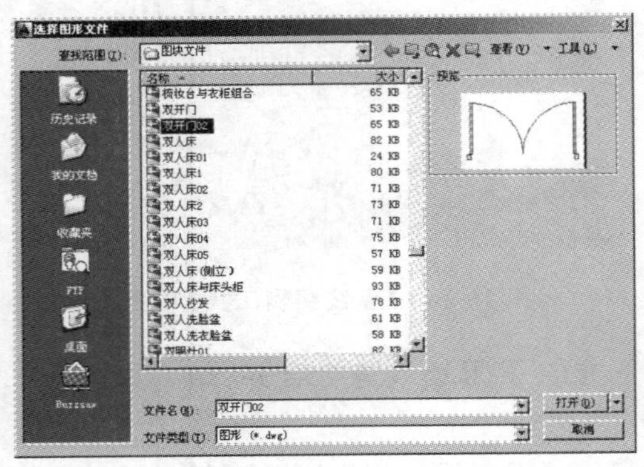

图 16-31　选择文件

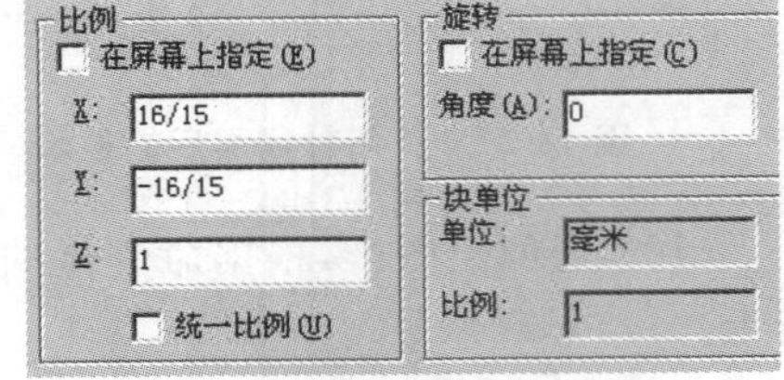

图 16-32　设置块参数

（7）使用快捷键 MI 激活【镜像】命令，配合【中点捕捉】功能将刚插入的双开门镜像到右侧的洞口处，结果如图 16-35 所示。

（8）将“其他层”设置为当前图层，然后执行【矩形】命令，捕捉如图 16-36 所示的端点作为矩形右上角点，绘制边长为 1000 的正四边形作为柱子外轮廓，结果如图 16-37 所示。

（9）单击菜单栏中的【绘图】/【图案填充】命令，设置填充图案，如图 16-38 所示，为正四边形填充如图 16-39 所示的实体图案。

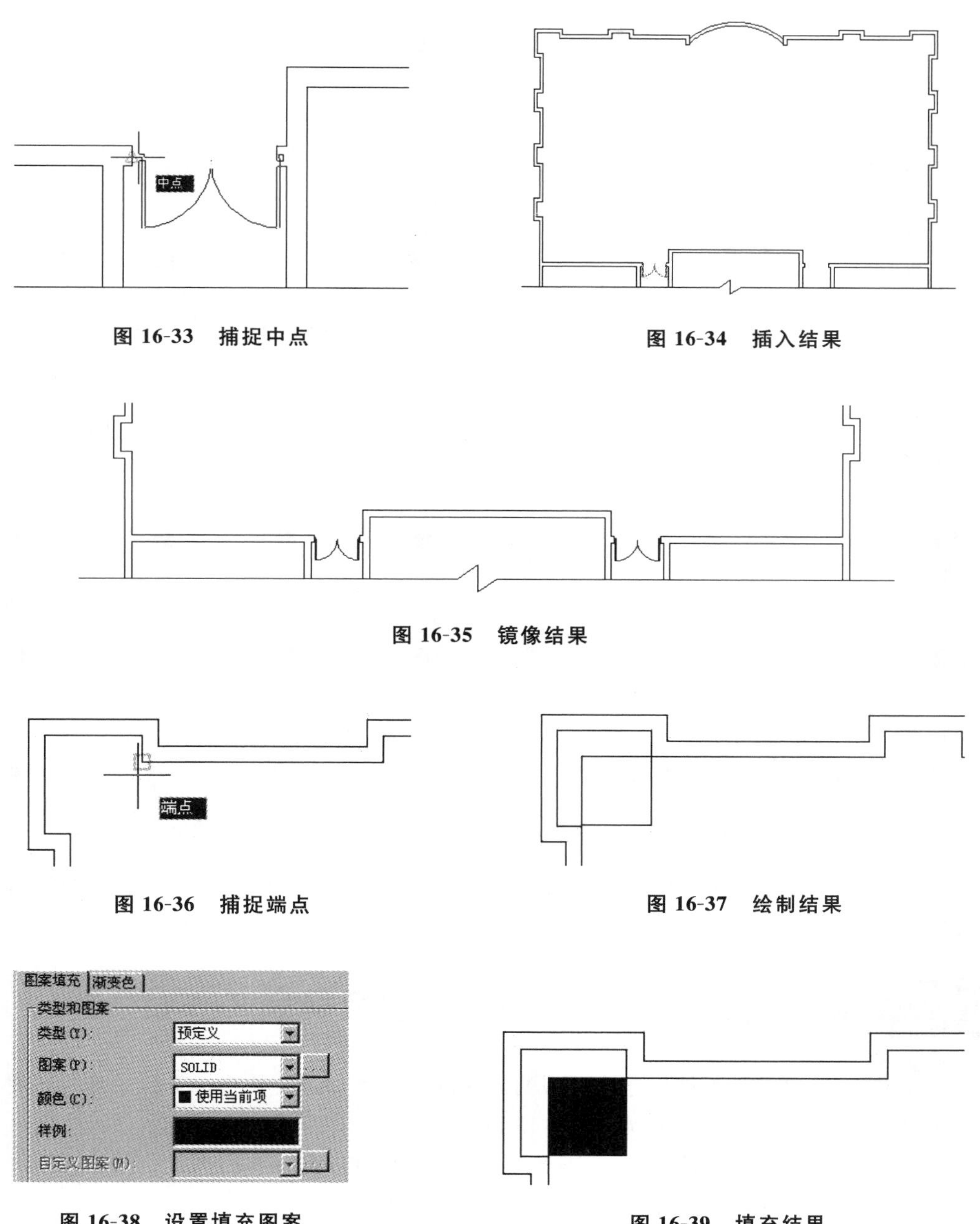

图 16-33　捕捉中点

图 16-34　插入结果

图 16-35　镜像结果

图 16-36　捕捉端点

图 16-37　绘制结果

图 16-38　设置填充图案

图 16-39　填充结果

(10) 单击菜单栏中的【修改】/【阵列】/【矩形阵列】命令，窗口选择如图 16-40 所示的柱子平面图进行阵列，设置为 2 列 3 行，行间距为－7200，列间距为 8100，结果如图 16-41 所示。

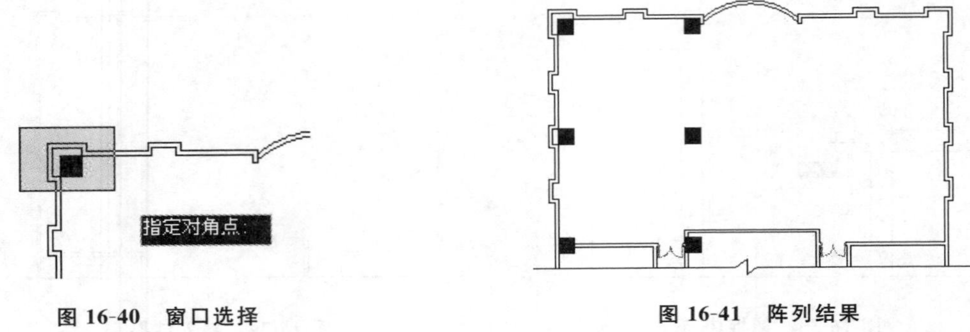

图 16-40　窗口选择　　　　图 16-41　阵列结果

(11) 使用快捷键 E 激活【删除】命令,删除右下侧的柱子,结果如图 16-42 所示。

(12) 使用快捷键 MI 激活【镜像】命令,配合【中点捕捉】功能对其他五个柱子平面图进行镜像,镜像结果如图 16-43 所示。

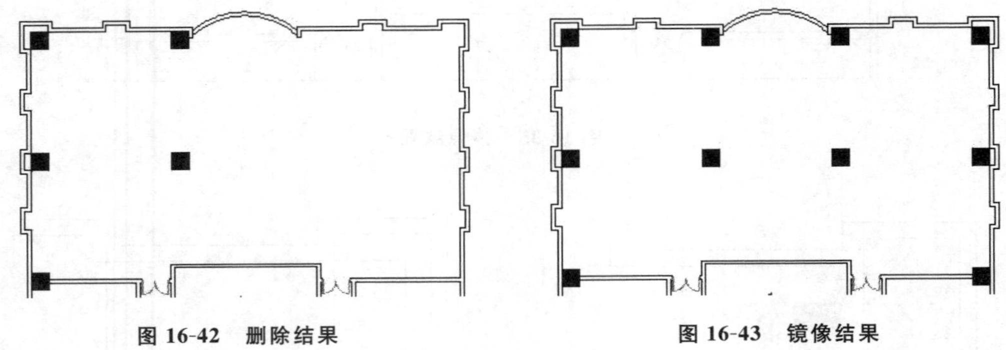

图 16-42　删除结果　　　　图 16-43　镜像结果

(13) 最后执行【另存为】命令,将图形另名存储为"绘制某企业办公空间墙体结构图.dwg"。

16.4 实例指导二——制作办公空间屏风工作位

本例主要学习屏风工作位立体造型的具体制作过程和相关技巧。屏风工作位的平面效果如图 16-44 所示,立体效果如图 16-45 所示。

在绘制屏风工作位立体造型时,具体可以参照如下思路:

(1) 首先使用【长方体】、【三维视图】等命令绘制踢脚板造型。

(2) 使用【拉伸面】、【长方体】、【差集】命令绘制屏风立体造型。

(3) 使用【多段线】、【拉伸】等命令绘制桌面板立体造型。

(4) 使用【矩形】、【圆】、【拉伸】、【三维镜像】等命令绘制走线孔。

(5) 最后使用【插入块】、【消隐】等命令绘制落地柜和办公椅造型。

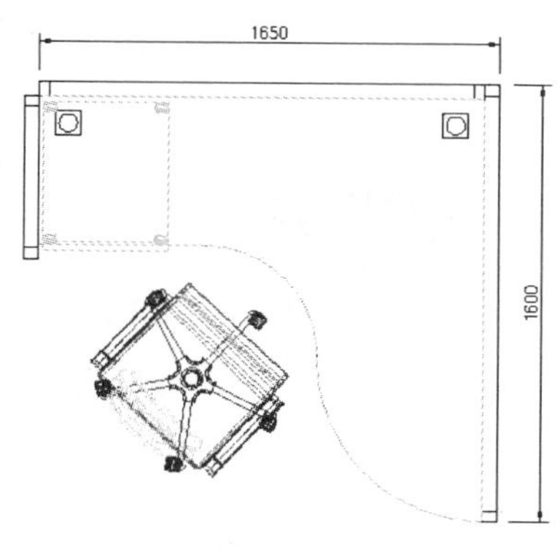

图 16-44　平面效果

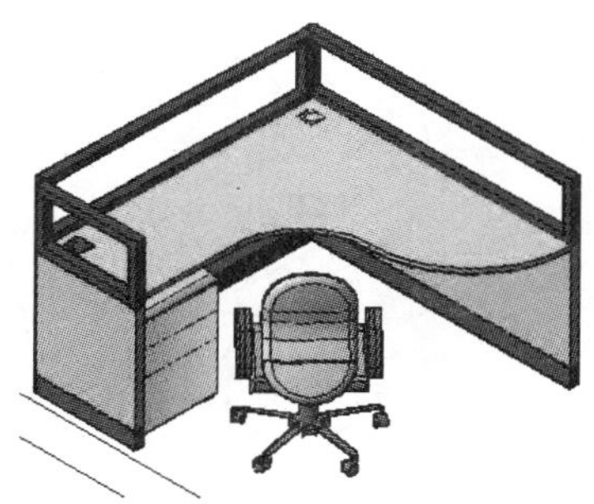

图 16-45　立体效果

16.4.1 绘制踢脚板立体造型

(1) 打开随书光盘中的“\效果文件\第 16 章\绘制某企业办公空间墙体结构图.dwg”文件。

(2) 将“0 图层”设置为当前图层，然后单击【建模】工具栏上的按钮，激活【长方体】命令，制作踢脚板立体造型。命令行操作如下。

命令：_box

指定第一个角点或［中心(C)］：　//激活【捕捉自】功能

_from 基点：　//捕捉如图 16-46 所示的柱子平面图左下角点

＜偏移＞：　//@50,－400 ↙

指定其他角点或［立方体(C)/长度(L)］：　//@50,－600,100 ↙，结果如图 16-47 所示

(3) 单击【视图】工具栏上的按钮，将视图切换为西南视图，结果如图 16-48 所示。

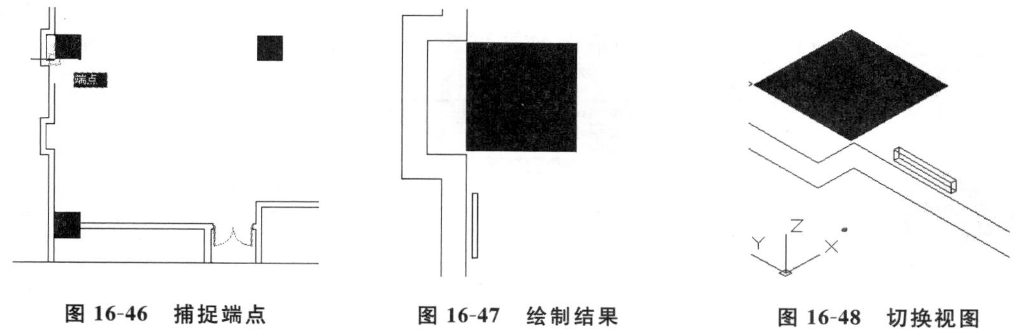

图 16-46　捕捉端点　　图 16-47　绘制结果　　图 16-48　切换视图

(4) 单击【建模】工具栏上的按钮，制作长度为 1600 的踢脚板立体造型。命令行操作如下。

命令：_box

指定第一个角点或［中心(C)］：　//捕捉长方体下底面右上角点，如图 16-49 所示

指定其他角点或［立方体(C)/长度(L)]： //@1600,50,100 ↙，结果如图 16-50 所示

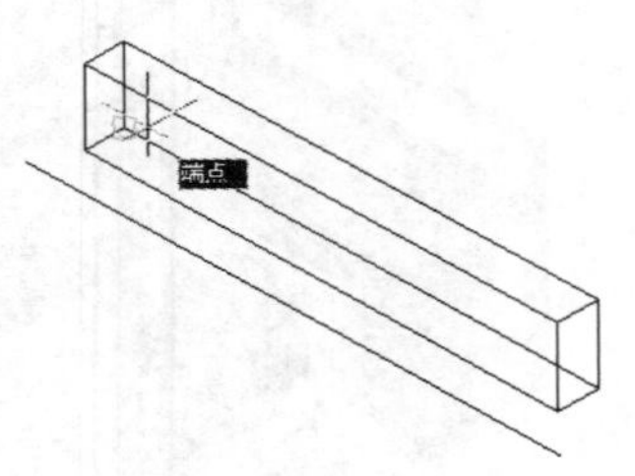

图 16-49 捕捉端点

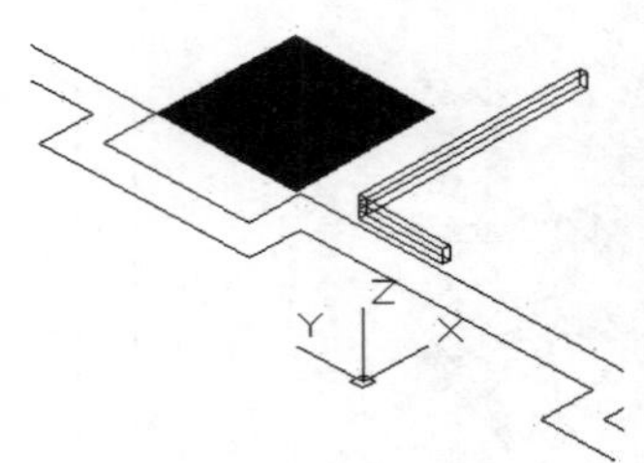

图 16-50 绘制结果

(5) 重复执行【长方体】命令，配合【端点捕捉】和坐标输入功能继续绘制踢脚板立体造型。命令行操作如下。

命令：_box

指定第一个角点或［中心(C)]： //捕捉刚绘制的长方体下底面左上角点，如图 16-51所示

指定其他角点或［立方体(C)/长度(L)]： //@50，−1600，100 ↙，绘制结果如图 16-52 所示

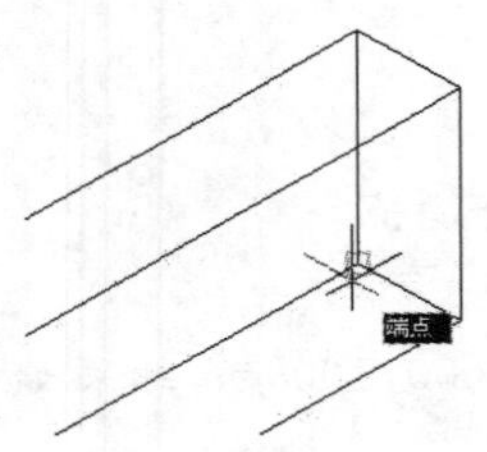

图 16-51 捕捉端点

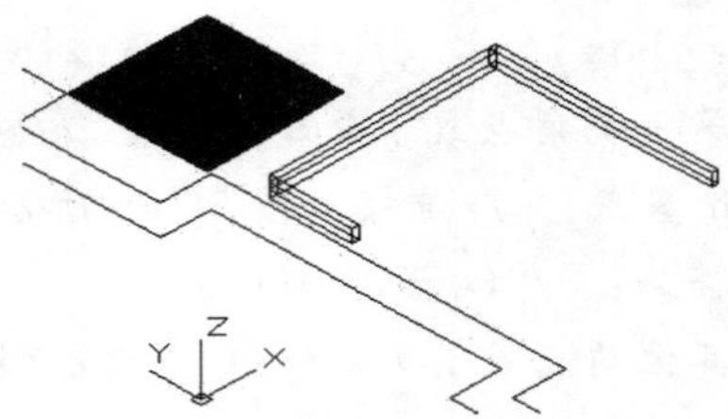

图 16-52 绘制结果

(6) 在无命令执行的前提下夹点显示踢脚板造型，然后展开【颜色控制】下拉列表，修改颜色为红色，如图 16-53 所示，修改后的效果如图 16-54 所示。

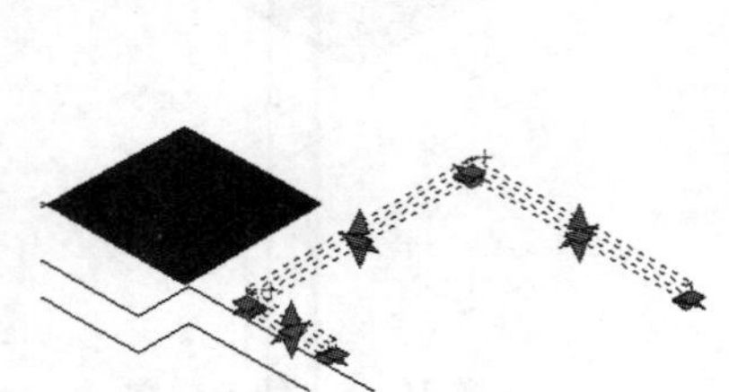

图 16-53 修改颜色特性

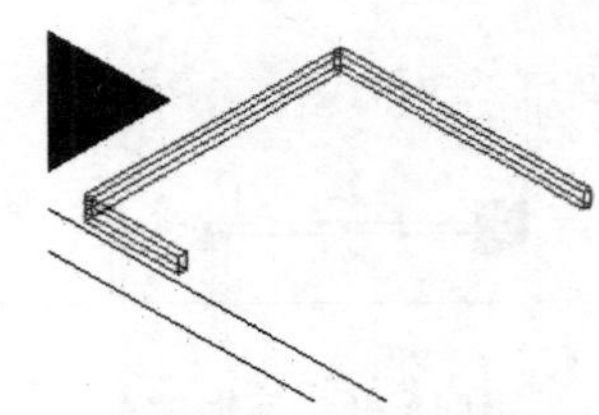

图 16-54 修改后的效果

至此，屏风工作位踢脚板立体造型绘制完毕，下一小节将学习屏风工作位立体造型的绘制过程和技巧。

16.4.2 绘制屏风工作位造型

(1) 继续上节操作。

(2) 单击菜单栏中的【修改】/【复制】命令，将踢脚板造型沿 Z 轴正方向进行复制，作为屏风造型。命令行操作如下。

命令：_copy

选择对象：　//选择如图 16-55 所示的屏风工作位造型

选择对象：　//↙

当前设置：　复制模式＝多个

指定基点或［位移(D)/模式(O)］＜位移＞：　//捕捉任一点

指定第二个点或［阵列(A)］＜使用第一个点作为位移＞：　//@0,0,100 ↙

指定第二个点或［阵列(A)/退出(E)/放弃(U)］＜退出＞：　// ↙，结果如图 16-56 所示

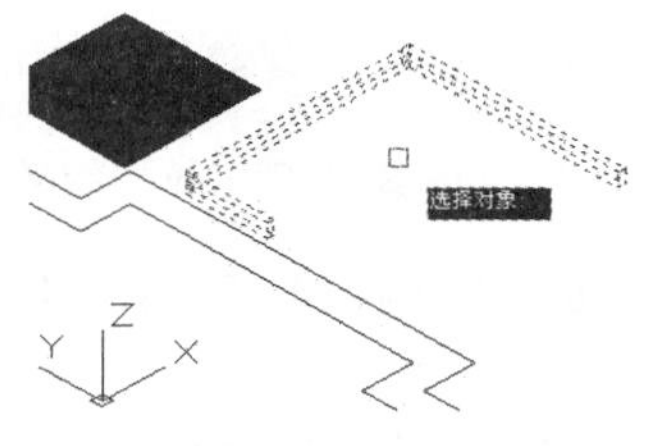

图 16-55　选择结果

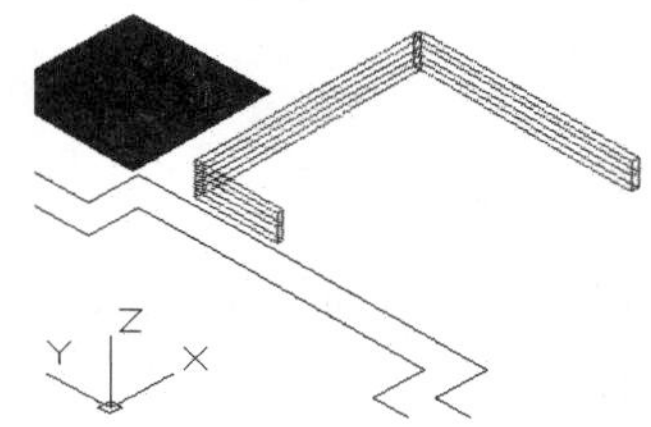

图 16-56　复制结果

(3) 夹点显示复制出的屏风造型，然后展开【颜色控制】下拉列表，修改其颜色为青色，如图 16-57 所示，修改后的效果如图 16-58 所示。

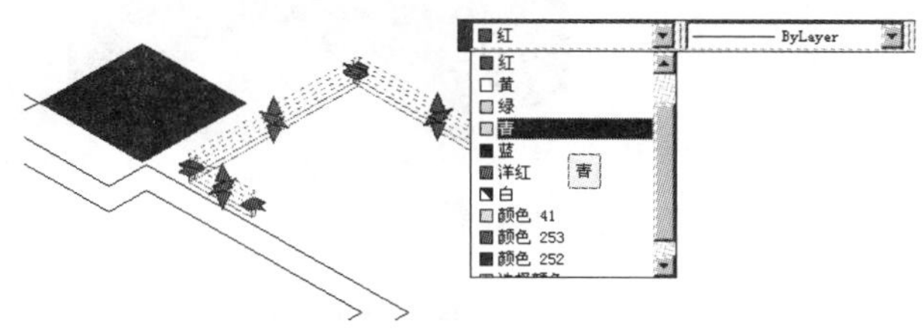

图 16-57　修改颜色特性

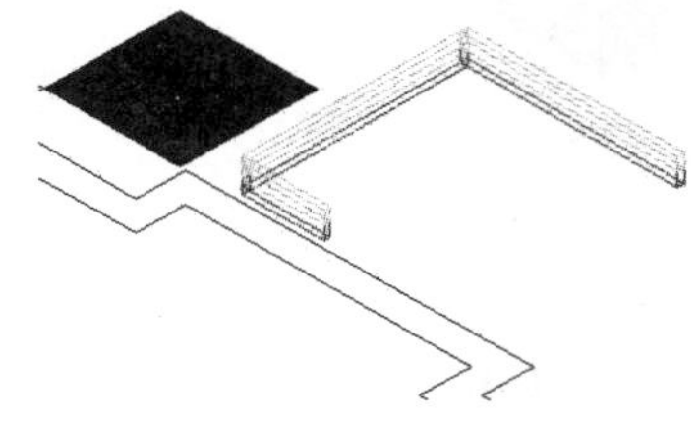

图 16-58　修改结果

(4) 单击【实体编辑】工具栏上的按钮，激活【拉伸面】命令，对屏风上表面进行拉伸。命令行操作如下。

命令：_solidedit

实体编辑自动检查：　SOLIDCHECK＝1

输入实体编辑选项［面(F)/边(E)/体(B)/放弃(U)/退出(X)］＜退出＞：_face

输入面编辑选项［拉伸(E)/移动(M)/旋转(R)/偏移(O)/倾斜(T)/删除(D)/复制(C)/颜色(L)/材质(A)/放弃(U)/退出(X)］＜退出＞：_extrude

选择面或［放弃(U)/删除(R)］：　//选择如图 16-59 所示的屏风上表面

选择面或［放弃(U)/删除(R)/全部(ALL)］：//↙

指定拉伸高度或［路径(P)］：//550↙

指定拉伸的倾斜角度＜0.0＞：//↙

已开始实体校验。

输入面编辑选项[拉伸(E)/移动(M)/旋转(R)/偏移(O)/倾斜(T)/删除(D)/复制(C)/颜色(L)/材质(A)/放弃(U)/退出(X)]＜退出＞：//↙

实体编辑自动检查：SOLIDCHECK＝1

输入实体编辑选项［面(F)/边(E)/体(B)/放弃(U)/退出(X)］＜退出＞：//↙，拉伸结果如图 16-60 所示

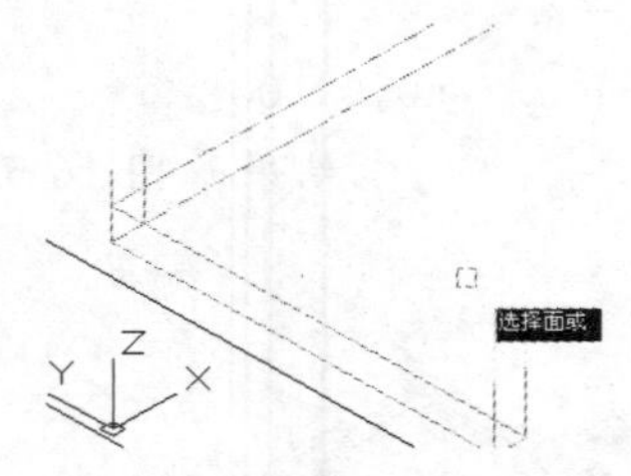

图 16-59　选择拉伸面

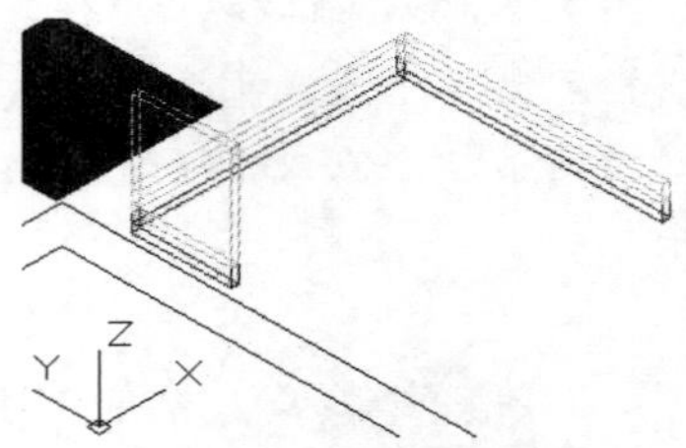

图 16-60　拉伸结果

(5) 重复执行【拉伸面】命令，对另外两个屏风沿 Z 轴正方向拉伸 550 个单位，结果如图 16-61 所示。

(6) 使用快捷键 VS 激活【视觉样式】命令，对拉伸实体进行真实着色，效果如图 16-62 所示。

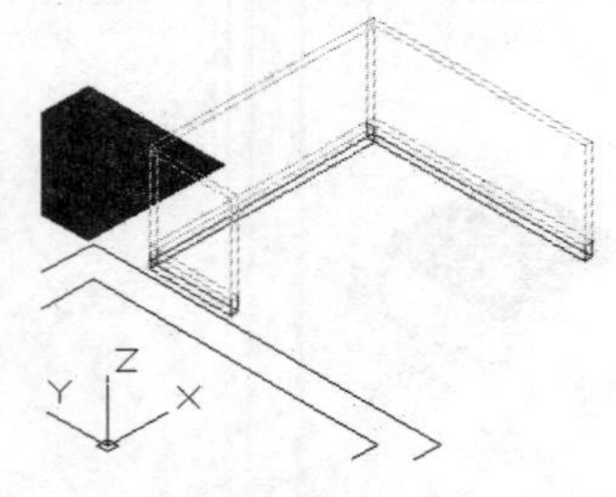

图 16-61　拉伸结果

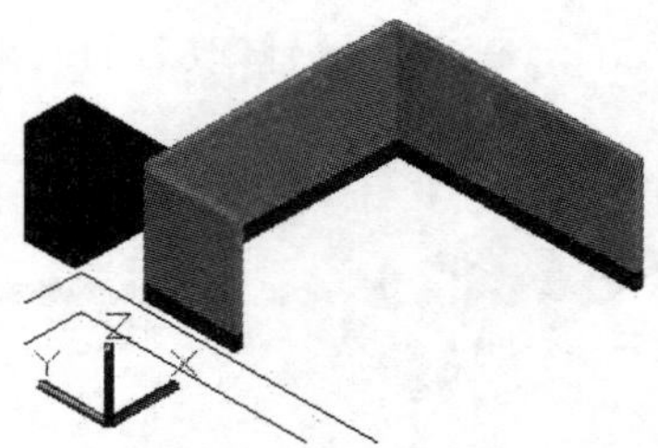

图 16-62　真实着色

(7) 使用快捷键 CO 激活【复制】命令，将屏风造型沿 Z 轴正方向复制 650 个单位，结果如图 16-63 所示。

(8) 单击【实体编辑】工具栏上的按钮，激活【拉伸面】命令，对复制出的屏风造型上表面，沿 Z 轴负方向拉伸 300 个单位，结果如图 16-64 所示。

(9) 夹点显示拉伸后的三个屏风造型，然后展开【颜色控制】下拉列表，修改其颜色如图 16-65 所示，修改后的效果如图 16-66 所示。

(10) 关闭“其他层”，然后执行【长方体】命令，配合【捕捉自】功能绘制辅助长方体造型。命令行操作如下。

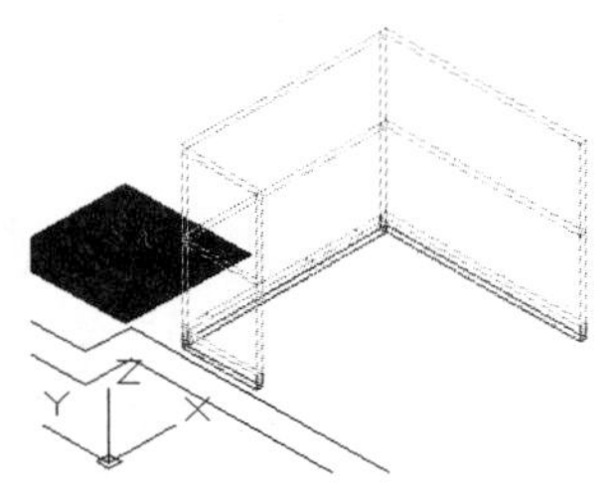

图 16-63　复制结果

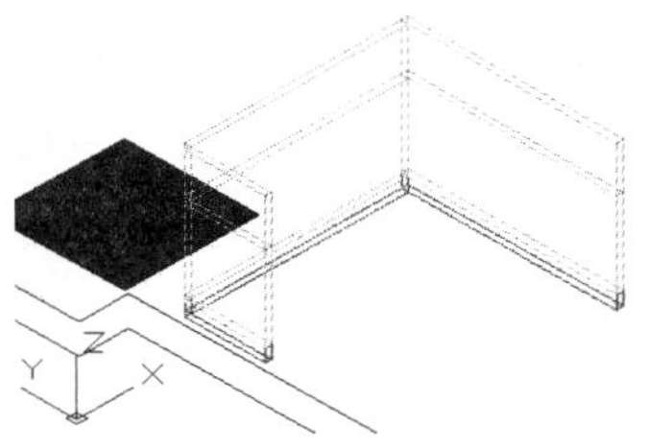

图 16-64　拉伸结果

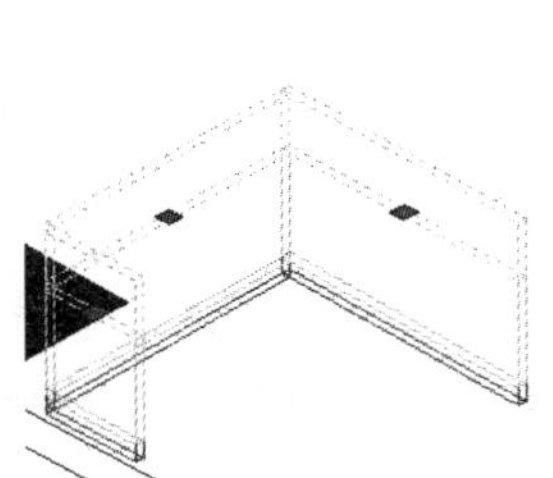

图 16-65　夹点效果

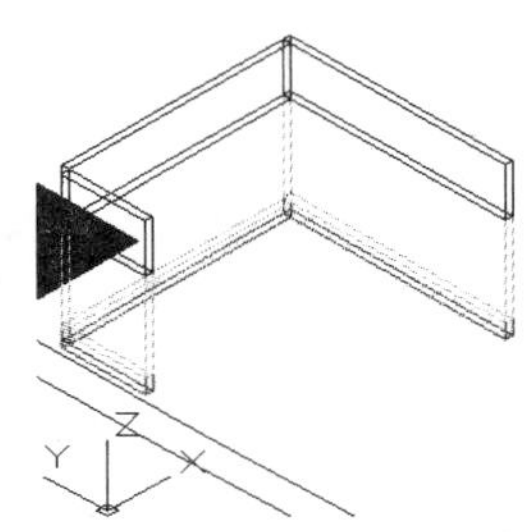

图 16-66　修改结果

命令：_box

指定第一个角点或［中心(C)］：//激活【捕捉自】功能

_from 基点：//捕捉如图 16-67 所示的端点

＜偏移＞：//@－40,0,－40 ↙

指定其他角点或［立方体(C)/长度(L)］：//@－1520,－50,－270 ↙,结果如图 16-68 所示

(11) 重复执行【长方体】命令,配合【捕捉自】功能分别绘制其他位置的长方体。命令行操作如下。

命令：_box

指定第一个角点或［中心(C)］：//激活【捕捉自】功能

_from 基点：//捕捉如图 16-69 所示的端点

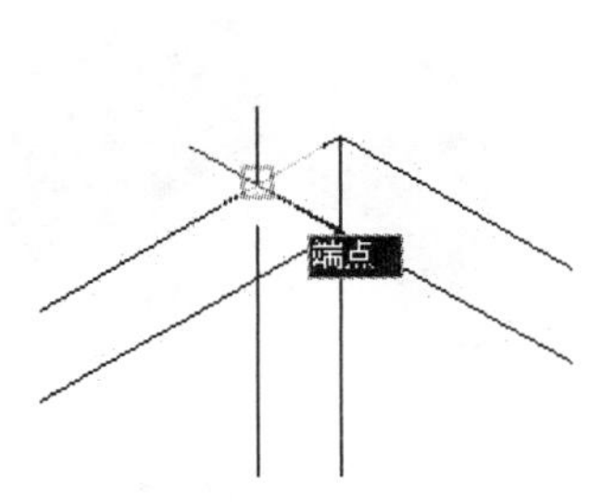

图 16-67　捕捉端点

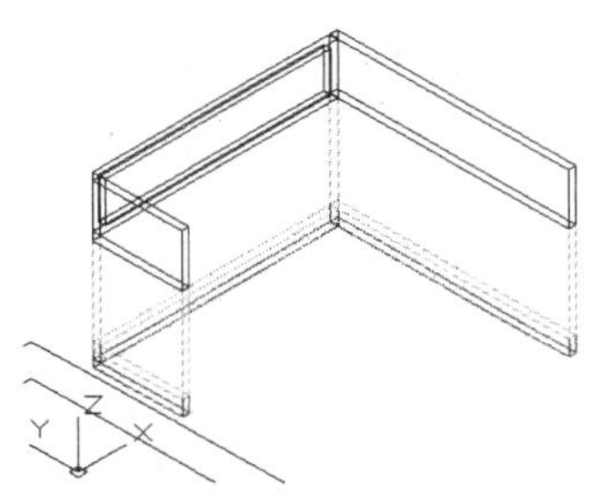

图 16-68　绘制结果

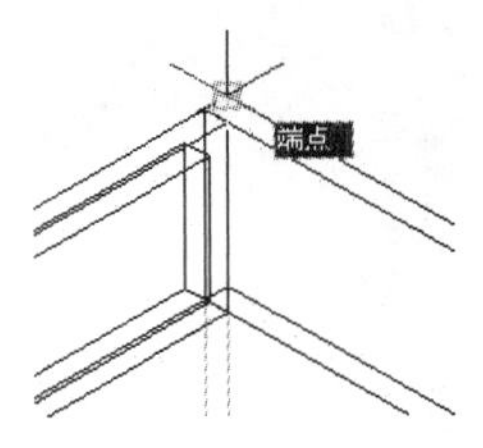

图 16-69　捕捉端点

＜偏移＞：//@0,－40,－40 ↙

指定其他角点或［立方体(C)/长度(L)］：//@－50,－1520,－270 ↙

命令：_box

指定第一个角点或［中心(C)］：//激活【捕捉自】功能

_from 基点：//捕捉如图 16-70 所示的端点

＜偏移＞：//@0,40,－40↙

指定其他角点或［立方体(C)/长度(L)］：//@50,520,－270↙，结果如图 16-71 所示

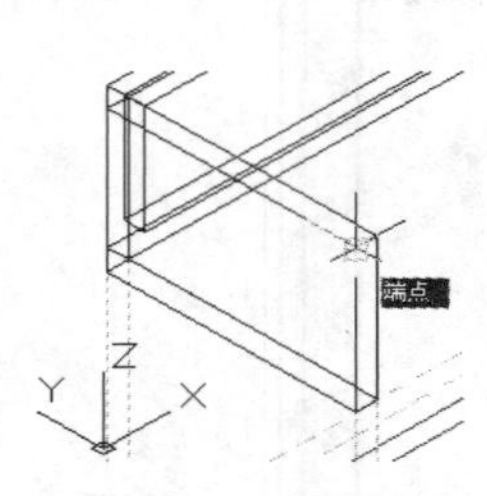

图 16-70 捕捉端点

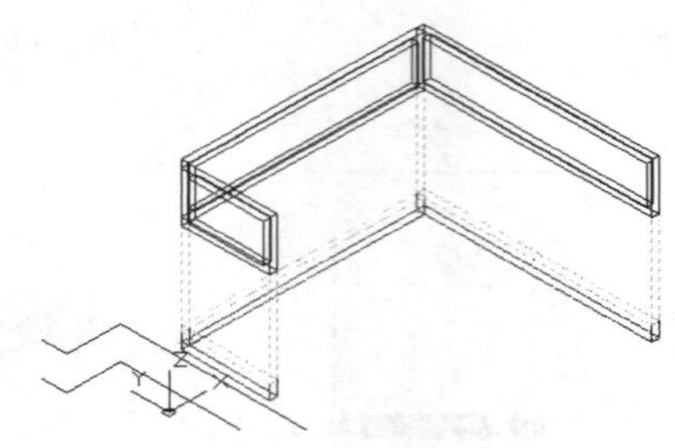

图 16-71 绘制结果

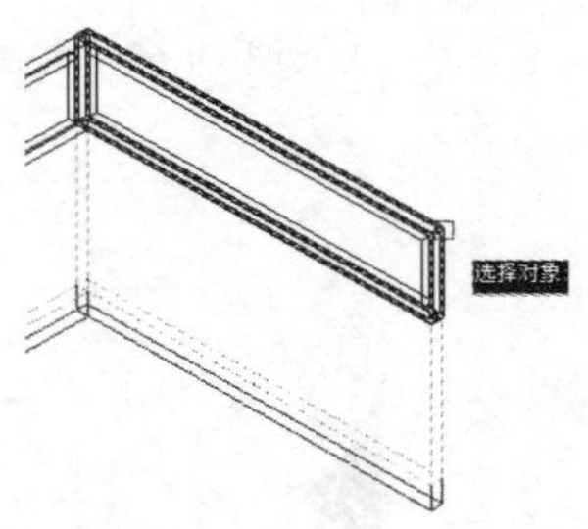

图 16-72 选择被减实体

(12) 使用快捷键 SU 激活【差集】命令，对屏风工作位进行差集。命令行操作如下。

命令：Su

SUBTRACT 选择要从中减去的实体、曲面和面域...

选择对象：//选择如图 16-72 所示的长方体

选择对象：//↙

选择要减去的实体、曲面和面域...

选择对象：//选择如图 16-73 所示的长方体

选择对象：//↙，差集后的灰度着色效果如图 16-74 所示

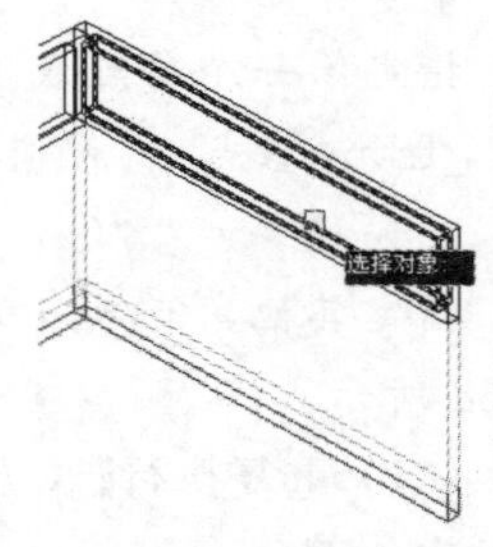

图 16-73 选择减去实体

(13) 接下来重复使用【差集】命令，分别对另外两侧的屏风进行差集，差集后的视图消隐效果如图 16-75 所示，灰度着色效果如图 16-76 所示。

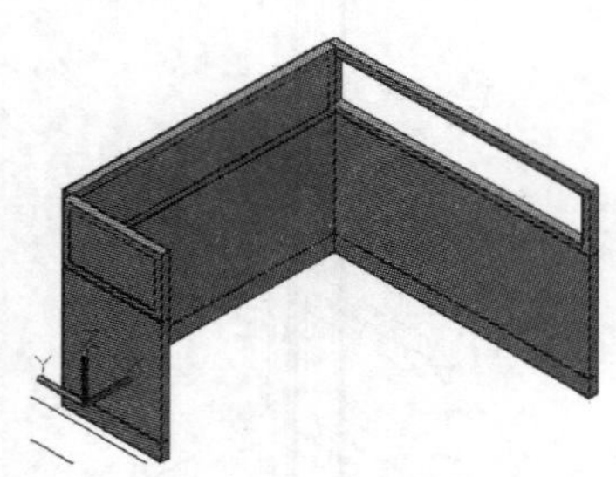

图 16-74 差集后的着色效果

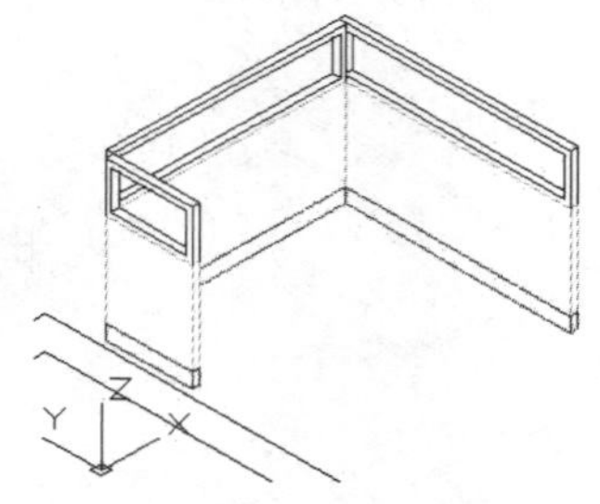

图 16-75 消隐效果

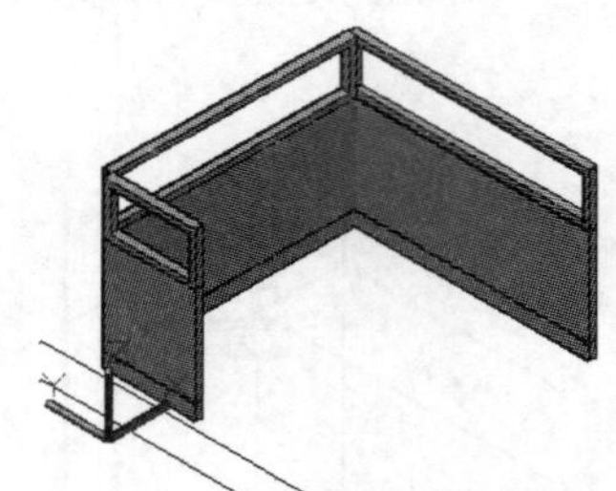

图 16-76 灰度着色

至此，屏风工作位立体造型绘制完毕，下一小节将学习桌面板立体造型的绘制过程和技巧。

16.4.3 绘制桌面板立体造型

(1) 继续上节操作。

(2) 单击菜单栏中的【绘图】/【多段线】命令，配合坐标输入功能，绘制屏风工作位的桌面板轮廓线，命令行操作如下。

命令：_pline

指定起点： //捕捉如图 16-77 所示的端点

当前线宽为 0.0

指定下一个点或［圆弧(A)/半宽(H)/长度(L)/放弃(U)/宽度(W)]： //@0,1600 ↙

指定下一点或［圆弧(A)/闭合(C)/半宽(H)/长度(L)/放弃(U)/宽度(W)]： //@－1600,0 ↙

指定下一点或［圆弧(A)/闭合(C)/半宽(H)/长度(L)/放弃(U)/宽度(W)]： //@0,－600 ↙

指定下一点或［圆弧(A)/闭合(C)/半宽(H)/长度(L)/放弃(U)/宽度(W)]： //@600,0 ↙

指定下一点或［圆弧(A)/闭合(C)/半宽(H)/长度(L)/放弃(U)/宽度(W)]： //a ↙

指定圆弧的端点或[角度(A)/圆心(CE)/闭合(CL)/方向(D)/半宽(H)/直线(L)/半径(R)/第二个点(S)/放弃(U)/宽度(W)]： //@400,－400 ↙

指定圆弧的端点或[角度(A)/圆心(CE)/闭合(CL)/方向(D)/半宽(H)/直线(L)/半径(R)/第二个点(S)/放弃(U)/宽度(W)]： //CL ↙，绘制结果如图 16-78 所示

(3) 在无命令执行的前提下，夹点显示刚绘制的桌面板轮廓线，结果如图 16-79 所示。

(4) 展开【颜色控制】下拉列表，修改轮廓线的颜色为青色，如图 16-80 所示。

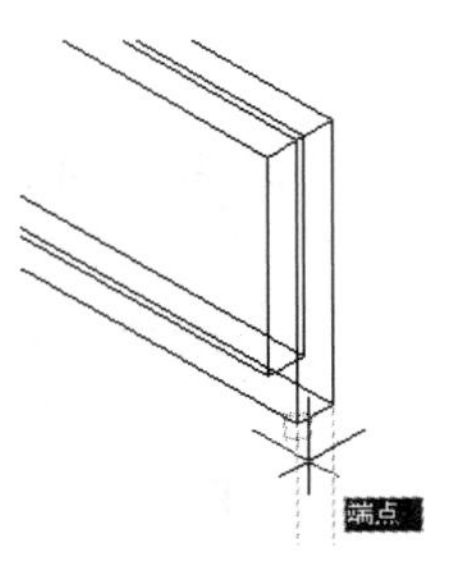

图 16-77 捕捉端点

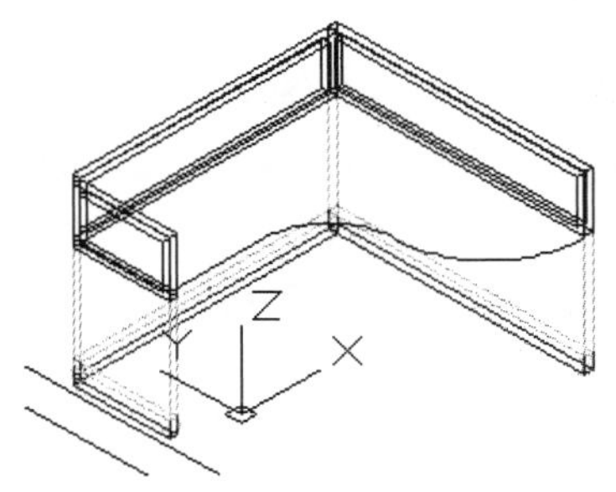

图 16-78 绘制结果

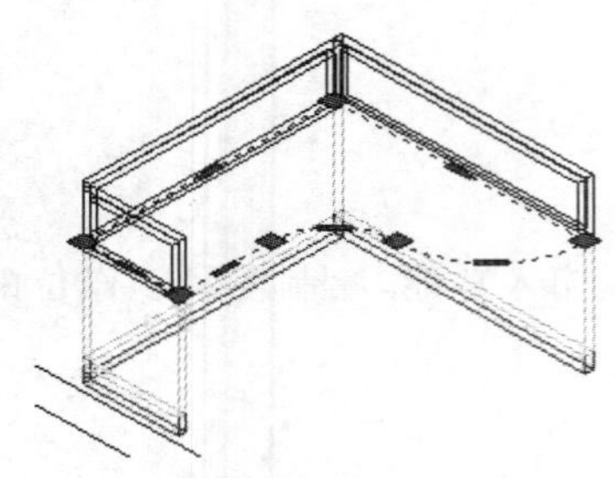

图 16-79　夹点效果

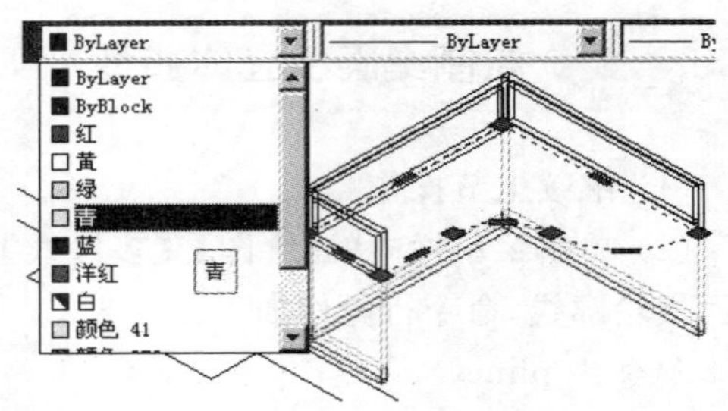

图 16-80　修改颜色特性

(5) 单击【建模】工具栏上的按钮，激活【拉伸】命令，将刚绘制的多段线拉伸为三维实体，命令行操作如下。

命令：_extrude

当前线框密度： ISOLINES＝4，闭合轮廓创建模式＝实体

选择要拉伸的对象或［模式(MO)］：_MO 闭合轮廓创建模式［实体(SO)/曲面(SU)］＜实体＞：_SO

选择要拉伸的对象或［模式(MO)］： //选择桌面板轮廓线，如图 16-81 所示

选择要拉伸的对象或［模式(MO)］： //↙

指定拉伸的高度或［方向(D)/路径(P)/倾斜角(T)/表达式(E)］＜-270.0＞： //@0,0,－25 ↙，拉伸结果如图 16-82 所示

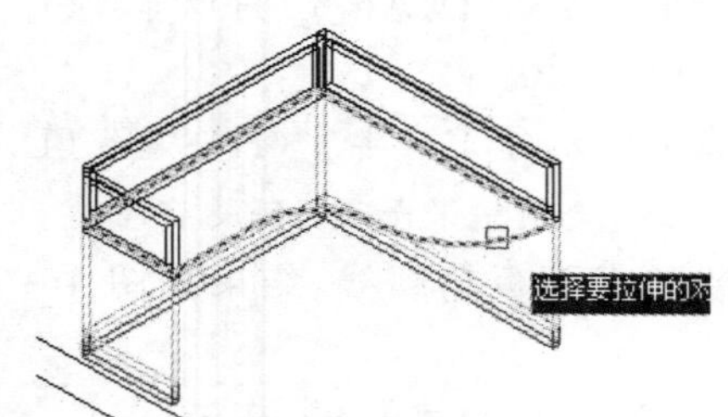

图 16-81　选择对象

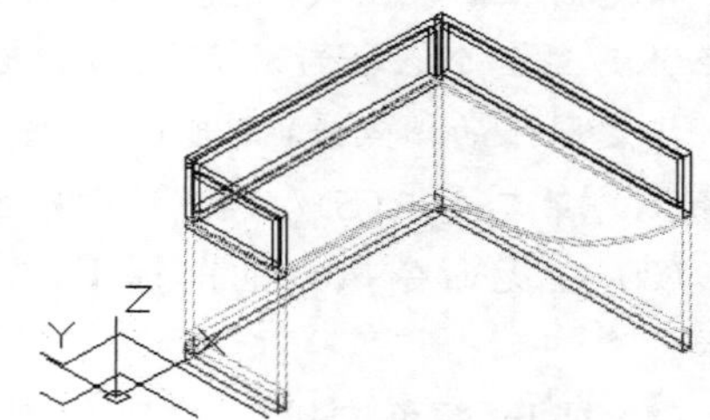

图 16-82　拉伸结果

(6) 在命令行输入系统变量 FACETRES，设置该变量的值为 10。

(7) 单击菜单栏中的【视图】/【消隐】命令，对其进行消隐显示，观看其消隐效果，如图 16-83 所示。

(8) 使用快捷键 VS 激活【视觉样式】命令，对桌面板立体造型进行着色显示，效果如图 16-84 所示。

至此，桌面板立体造型绘制完毕，下一小节将学习走线孔的绘制过程和技巧。

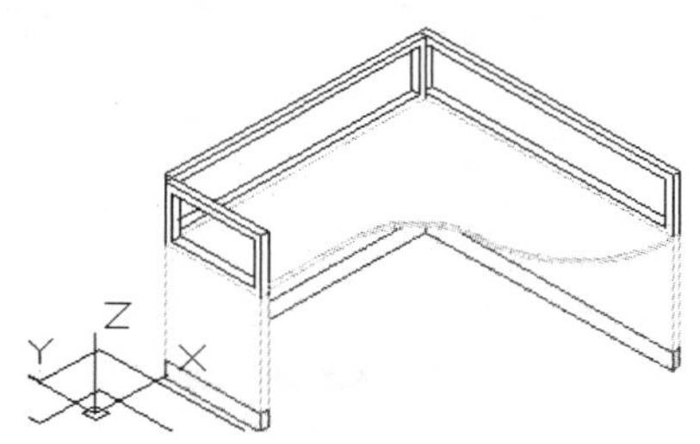

图 16-83 消隐效果

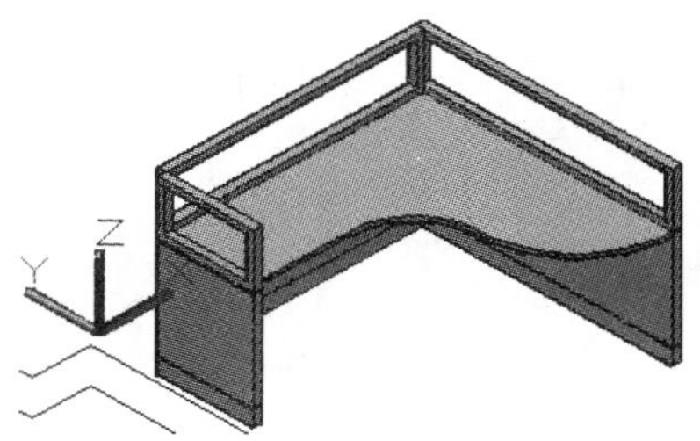

图 16-84 灰度着色

16.4.4 绘制走线孔立体造型

(1) 继续上节操作。

(2) 单击菜单栏中的【绘图】/【矩形】命令，配合【捕捉自】功能绘制走线孔。命令行操作如下。

命令：_rectang

指定第一个角点或［倒角(C)/标高(E)/圆角(F)/厚度(T)/宽度(W)］： //激活【捕捉自】功能

_from 基点： //捕捉如图 16-85 所示的端点

<偏移>： //@－60，－55 ↙

指定另一个角点或［面积(A)/尺寸(D)/旋转(R)］： //@－90，－90 ↙，绘制结果如图 16-86 所示

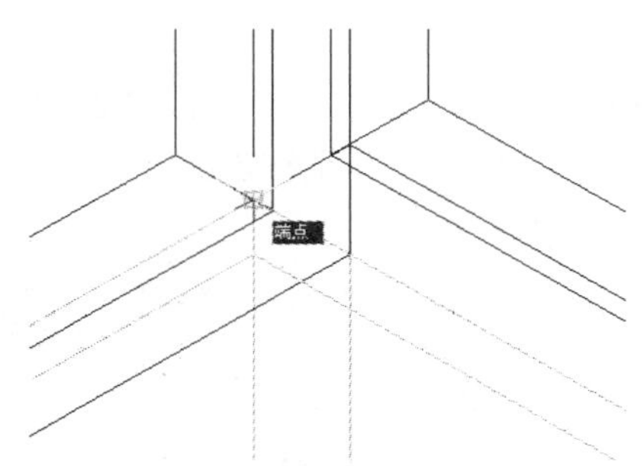

图 16-85 捕捉端点

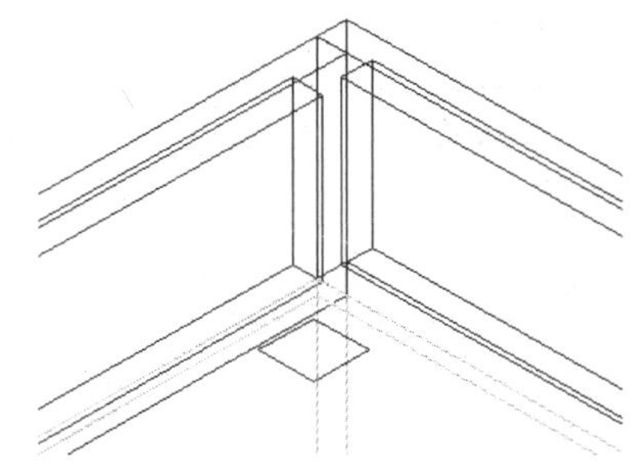

图 16-86 绘制结果

(3) 使用快捷键 EXT 激活【拉伸】命令，将刚绘制的矩形沿 Z 轴正方向拉伸 2 个单位。命令行操作如下。

命令：EXT //↙

EXTRUDE 当前线框密度： ISOLINES＝4，闭合轮廓创建模式＝实体

选择要拉伸的对象或［模式(MO)］： //选择刚绘制的矩形

选择要拉伸的对象或［模式(MO)］： //↙

指定拉伸的高度或［方向(D)/路径(P)/倾斜角(T)/表达式(E)］<-25.0>： //@0,0,2 ↙，拉伸结果如图 16-87 所示

(4) 使用快捷键 C 激活【圆】命令，以如图 16-88 所示的中点追踪虚线的交点作为圆心，绘制半径为 32.5 的圆，结果如图 16-89 所示。

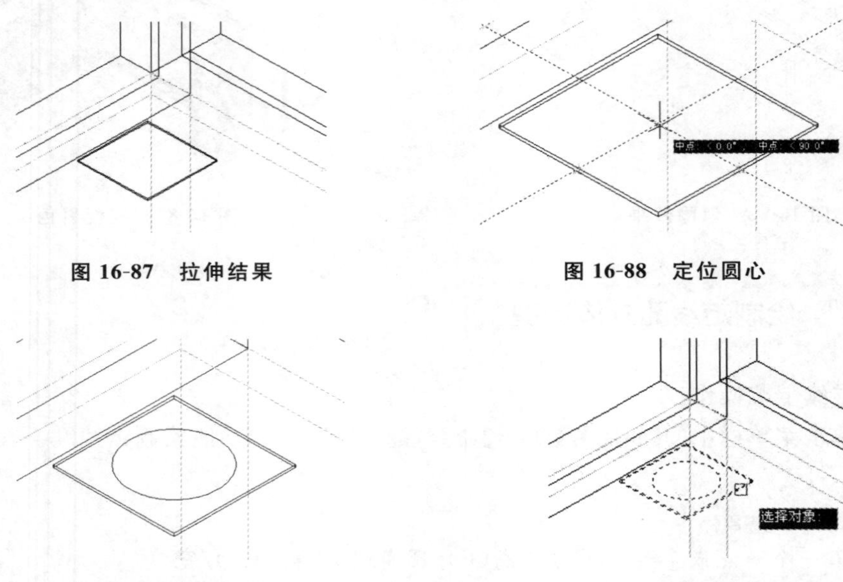

图 16-87　拉伸结果　　图 16-88　定位圆心

图 16-89　绘制结果　　图 16-90　选择结果

(5) 单击菜单栏中的【修改】/【三维操作】/【三维镜像】命令，对走线孔造型进行镜像。命令行操作如下。

命令：_mirror3d

选择对象： //选择如图 16-90 所示的走线孔

选择对象： //↙

指定镜像平面（三点）的第一个点或 ［对象(O)/最近的(L)/Z 轴(Z)/视图(V)/XY 平面(XY)/YZ 平面(YZ)/ZX 平面(ZX)/三点(3)］<三点>： //YZ↙

指定 YZ 平面上的点 <0,0,0>： //捕捉如图 16-91 所示的中点

是否删除源对象？［是(Y)/否(N)］<否>： //↙，镜像结果如图 16-92 所示

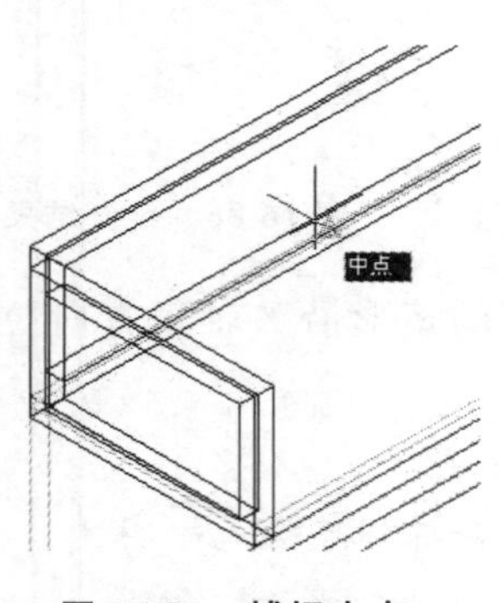

图 16-91　捕捉中点

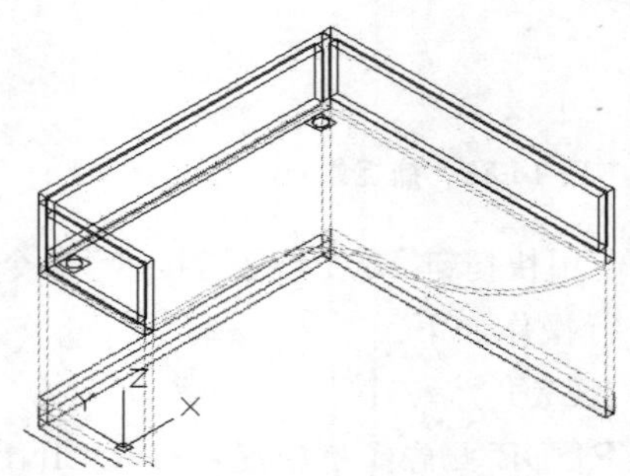

图 16-92　镜像结果

(6) 使用快捷键 M 激活【移动】命令，选择两个走线孔造型，沿 Y 轴负方向位移 50 个单位。命令行操作如下。

命令：m //↙

MOVE 选择对象： //选择两个走线孔造型

选择对象： //↙

指定基点或［位移(D)］＜位移＞： //拾取任一点

指定第二个点或＜使用第一个点作为位移＞： //@0，－50，0↙，移动结果如图 16-93 所示，灰度着色效果如图 16-94 所示

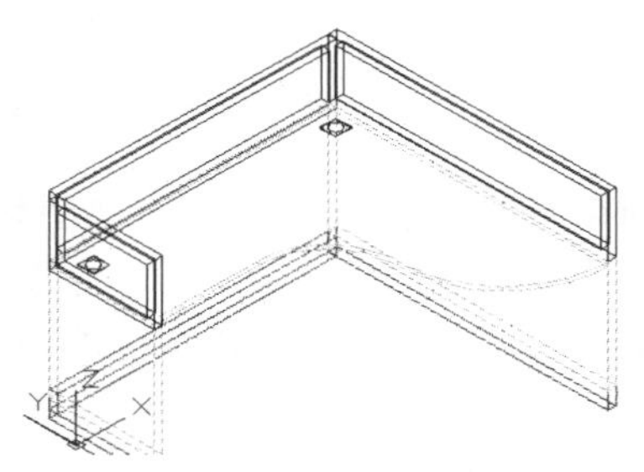

图 16-93 移动结果

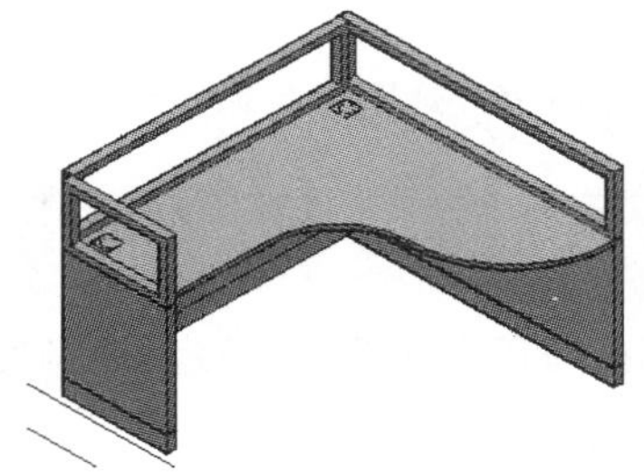

图 16-94 灰度着色效果

(7) 将当前视图切换到西北视图，然后单击菜单栏中的【修改】/【实体编辑】/【拉伸面】命令，对桌面板侧面进行拉伸。命令行操作如下。

命令：_solidedit

实体编辑自动检查： SOLIDCHECK＝1

输入实体编辑选项［面(F)/边(E)/体(B)/放弃(U)/退出(X)］＜退出＞：_face

输入面编辑选项［拉伸(E)/移动(M)/旋转(R)/偏移(O)/倾斜(T)/删除(D)/复制(C)/颜色(L)/材质(A)/放弃(U)/退出(X)］＜退出＞：_extrude

选择面或［放弃(U)/删除(R)］： //选择如图 16-95 所示的表面

选择面或［放弃(U)/删除(R)/全部(ALL)］： //↙

指定拉伸高度或［路径(P)］： //－50↙

指定拉伸的倾斜角度＜0.0＞： //↙

已开始实体校验。

已完成实体校验。

输入面编辑选项［拉伸(E)/移动(M)/旋转(R)/偏移(O)/倾斜(T)/删除(D)/复制(C)/颜色(L)/材质(A)/放弃(U)/退出(X)］＜退出＞： //↙

实体编辑自动检查： SOLIDCHECK＝1

输入实体编辑选项［面(F)/边(E)/体(B)/放弃(U)/退出(X)］＜退出＞：//↙，拉伸结果如图 16-96 所示

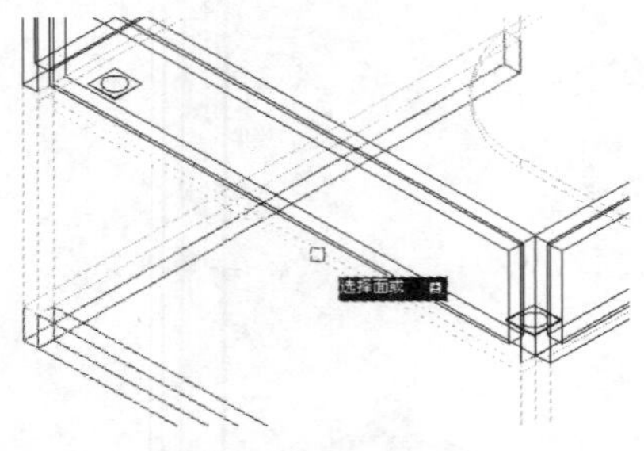

图 16-95　选择拉伸面

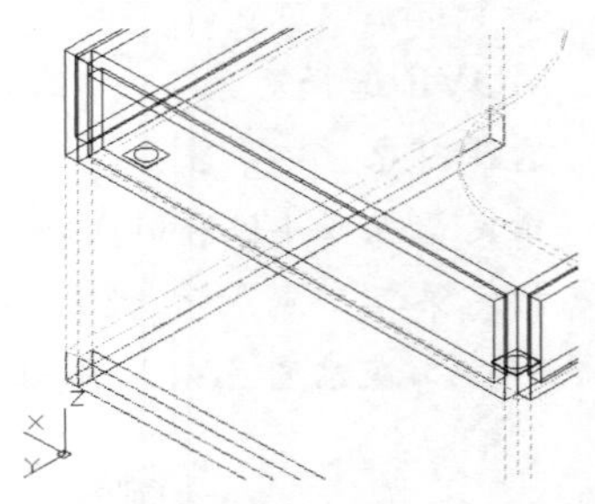

图 16-96　拉伸结果

(8) 单击菜单栏中的【视图】/【三维视图】/【西南等轴测】命令，将当前视图切换到西南视图。

至此，桌面板走线孔立体造型绘制完毕，下一小节将学习屏风工作位办公椅、落地柜等配件的绘制过程和技巧。

16.4.5 绘制办公椅与落地柜

(1) 继续上节操作。

(2) 展开【图层控制】下拉列表，打开被关闭的“其他层”。

(3) 单击【绘图】工具栏上的按钮，在打开的【插入】对话框中单击 浏览(B)... 按钮，打开【选择图形文件】对话框。

(4) 在【选择图形文件】对话框中选择随书光盘中的“\图块文件\落地柜.dwg”文件，如图 16-97 所示。

(5) 单击 打开(O) 按钮，返回【插入】对话框，采用默认参数将其插入平面图中，插入点为图 16-98 所示的端点，插入结果如图 16-99 所示。

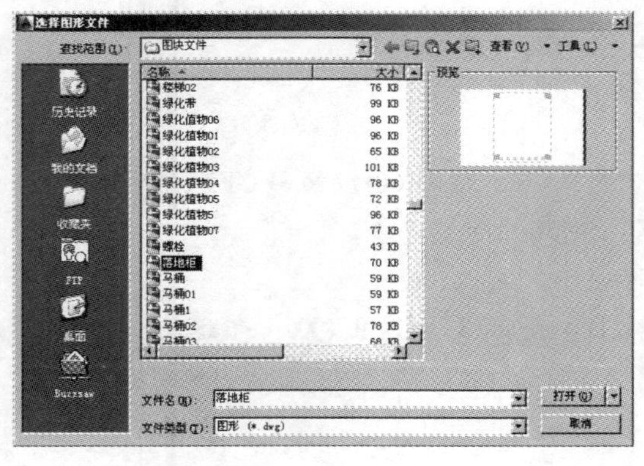

图 16-97　选择文件

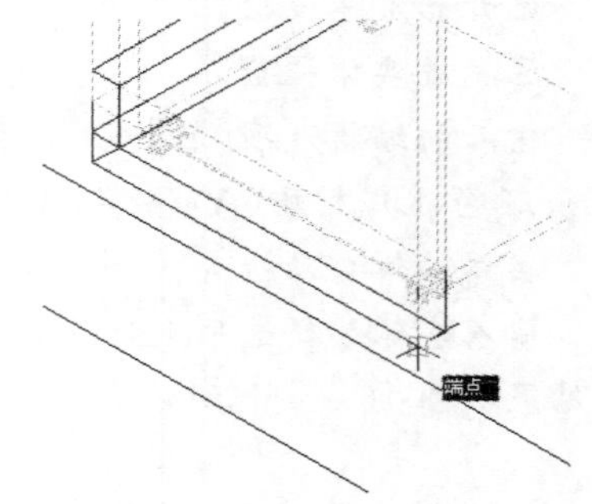

图 16-98　捕捉端点

(6) 重复执行【插入块】命令，以默认参数插入随书光盘中的“\图块文件\办公椅 02.dwg”，如图 16-100 所示，插入点为图 16-98 所示的端点，插入结果如图 16-101 所示。

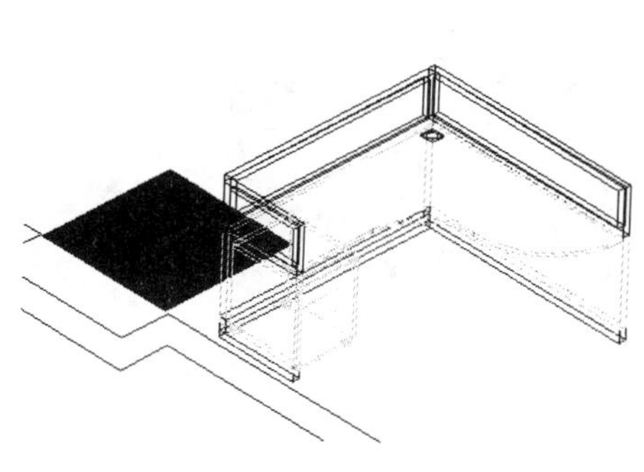

图 16-99 插入结果

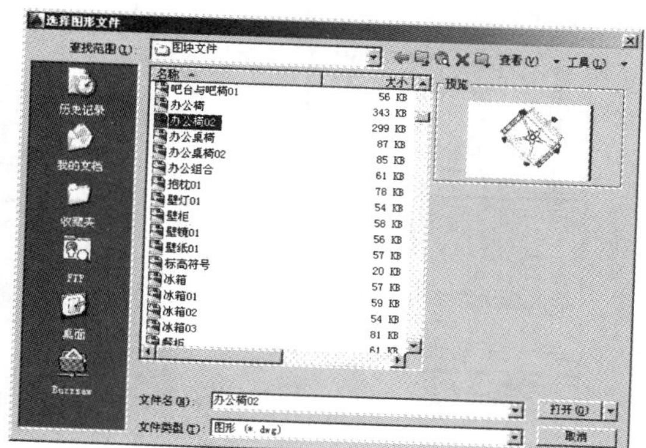

图 16-100 选择文件

(7) 使用快捷键 H 激活【消隐】命令，对视图进行消隐着色，结果如图 16-102 所示。

(8) 最后执行【另存为】命令，将图形另名存储为“制作屏风工作位立体造型.dwg”。

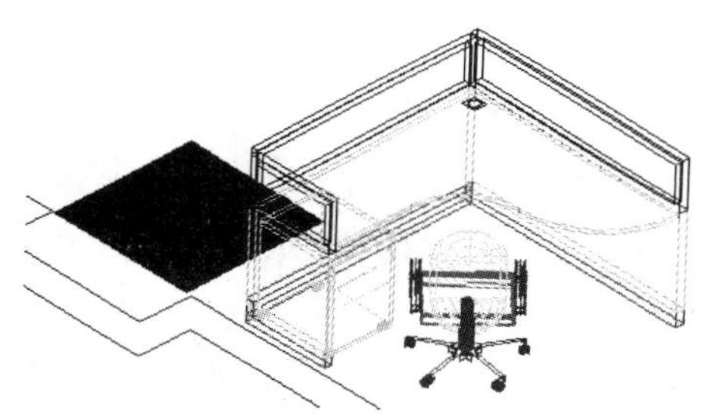

图 16-101 插入结果

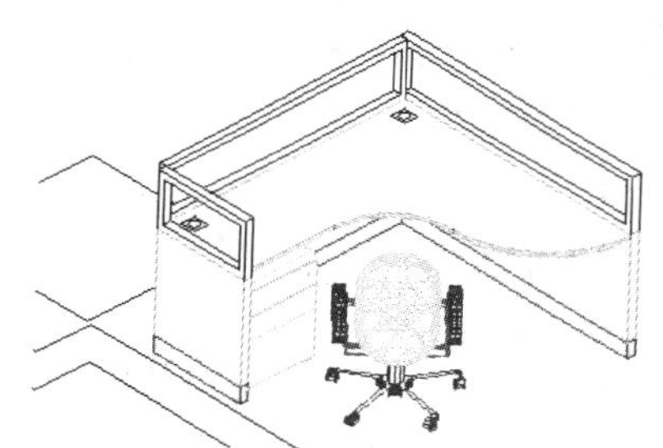

图 16-102 消隐效果

16.5 实例指导三——绘制某企业办公家具布置图

本例主要学习某企业办公家具布置图的绘制过程和绘制技巧。办公空间家具布置图的平面效果和立体效果，如图 16-103 所示。

在绘制某企业办公家具布置图时，具体可以参照如下思路：

(1) 首先使用【复制】、【镜像】、【移动】等命令绘制市场部一区屏风工作位组合布置图。

(2) 使用【构造线】、【镜像】、【三维视图】、【消隐】等命令绘制市场部二区屏风工作位组合布置图。

(3) 使用【复制】、【镜像】命令绘制市场部三区联排屏风工作位组合布置图。

(4) 使用【插入块】、【三维阵列】、【镜像】等命令绘制市场部资料柜布置图。

(5) 最后使用【三维视图】、【新建视口】等命令创建多种视图和多种视口。

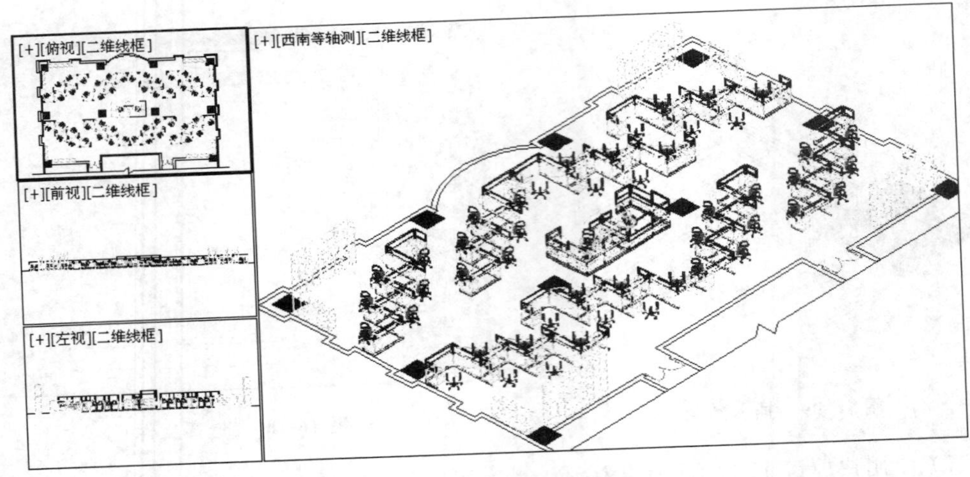

图 16-103　实例效果

16.5.1　绘制波浪形办公家具布置图

（1）打开随书光盘中的“\效果文件\第 16 章\制作屏风工作位立体造型.dwg”文件。

（2）单击菜单栏中的【视图】/【三维视图】/【俯视】命令，将视图切换到俯视图，结果如图 16-104 所示。

（3）单击菜单栏中的【视图】/【缩放】/【窗口】命令，对视图进行窗口缩放，结果如图 16-105 所示。

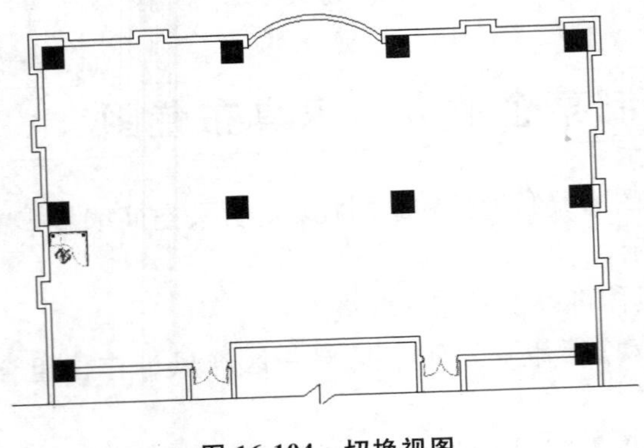

图 16-104　切换视图

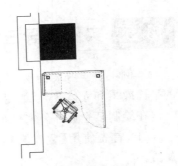

图 16-105　窗口缩放

（4）单击【修改】工具栏上的按钮，激活【镜像】命令，对屏风工作位进行镜像。命令行操作如下。

命令：_mirror
选择对象：　//窗交选择如图 16-106 所示的对象
选择对象 ：　//↙
指定镜像线的第一点：　//捕捉如图 16-107 所示的中点
指定镜像线的第二点：　//@0,1↙

要删除源对象吗？[是(Y)/否(N)] <N>：//↙，镜像结果如图 16-108 所示

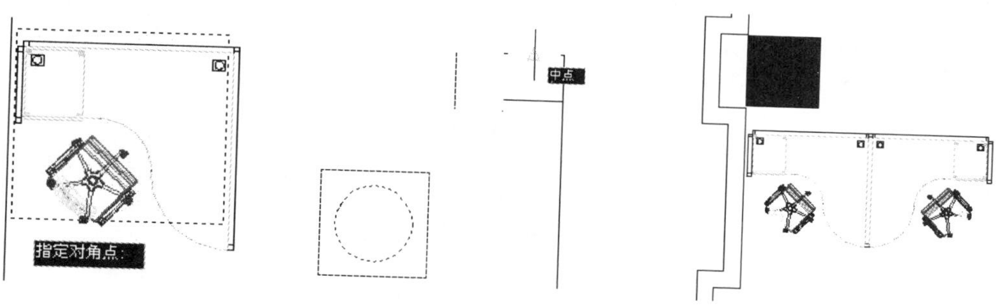

图 16-106　窗交选择　　图 16-107　捕捉中点　　图 16-108　镜像结果

(5) 重复执行【镜像】命令，继续对镜像出的桌椅造型进行镜像，命令行操作如下。

命令：_mirror

选择对象：//窗交选择如图 16-109 所示的对象

选择对象 ：//↙

指定镜像线的第一点：//捕捉如图 16-110 所示的中点

指定镜像线的第二点：//@1,0↙

要删除源对象吗？[是(Y)/否(N)] <N>：//Y↙，镜像结果如图 16-111 所示

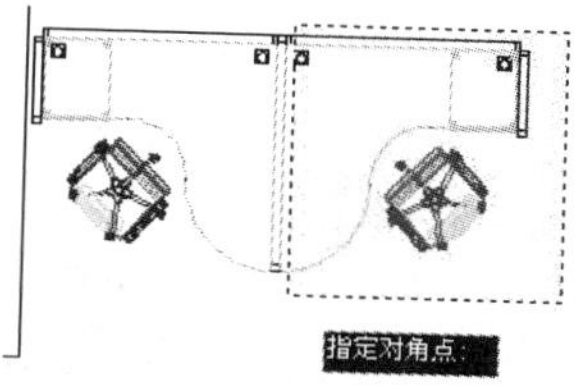

图 16-109　窗交选择对象

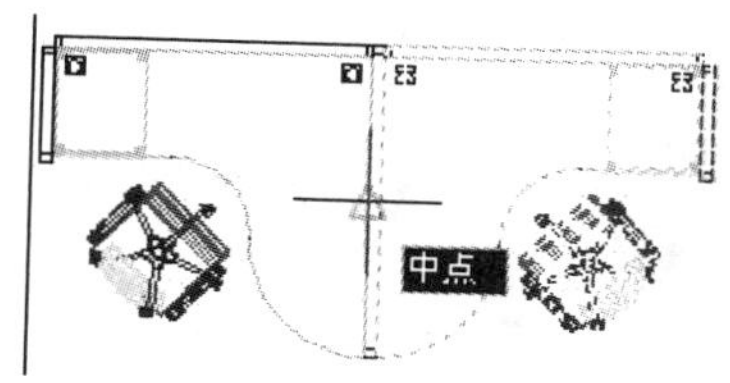

图 16-110　捕捉中点

(6) 单击菜单栏中的【修改】/【复制】命令，对屏风工作位造型进行复制。命令行操作如下。

命令：_copy

选择对象：//窗交选择如图 16-112 所示的对象

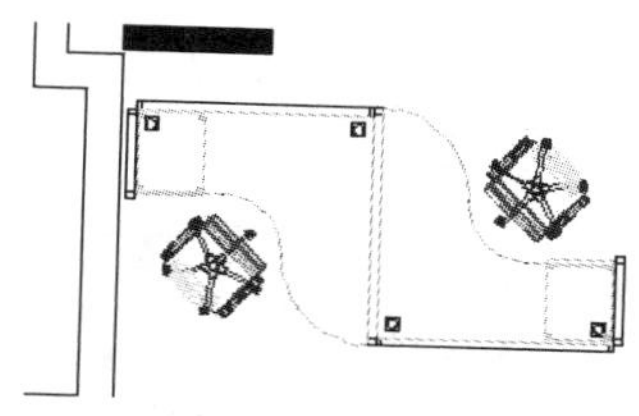

图 16-111　镜像结果

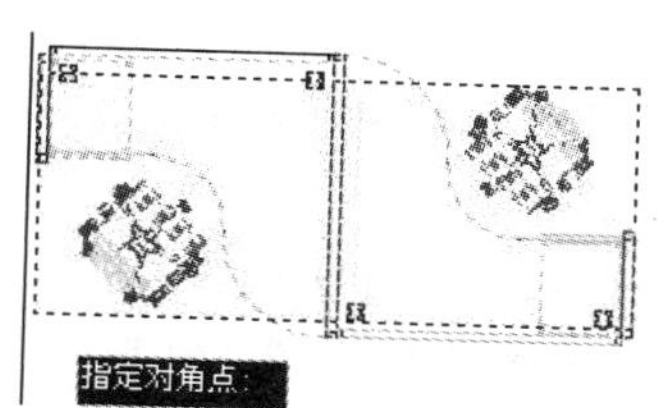

图 16-112　选择对象

选择对象：//↙

当前设置：复制模式＝多个

指定基点或[位移(D)/模式(O)] <位移>：//拾取任一点

指定第二个点或［阵列(A)］＜使用第一个点作为位移＞： //@1650,－1550 ↙

指定第二个点或［阵列(A)/退出(E)/放弃(U)］＜退出＞： // ↙，结果如图16-113所示

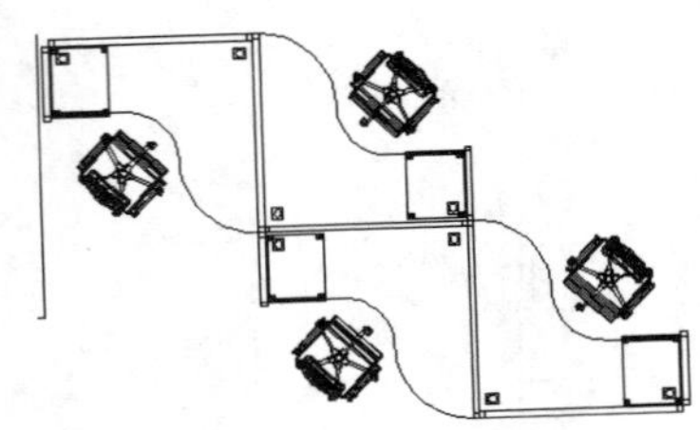

图 16-113 复制结果

(7) 单击菜单栏中的【修改】/【移动】命令，窗交选择图 16-114 所示的对象进行位移。命令行操作如下。

命令：_move

选择对象： //窗交选择如图 16-114 所示的对象

选择对象： // ↙

指定基点或［位移(D)］＜位移＞： //拾取任一点

指定第二个点或 ＜使用第一个点作为位移＞： //@0,600,0 ↙，结果如图 16-115所示

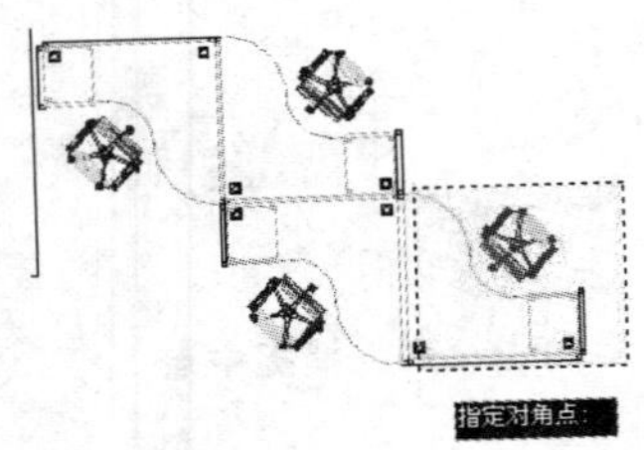

图 16-114 窗交选择

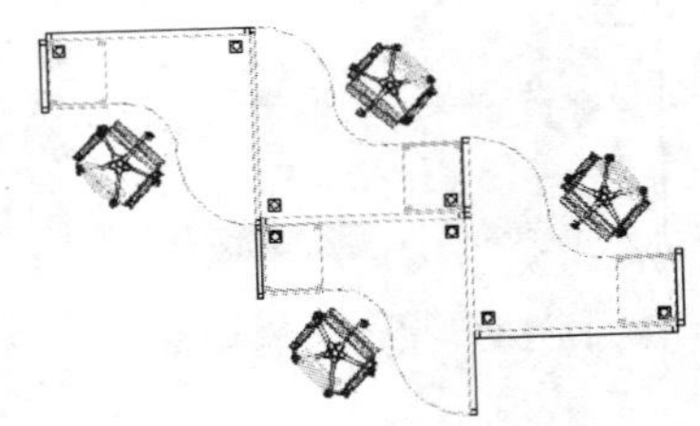

图 16-115 移动结果

(8) 单击菜单栏中的【修改】/【复制】命令，继续对屏风工作位进行复制。命令行操作如下。

命令：_copy

选择对象： //窗交选择如图 16-116 所示的对象

选择对象： // ↙

当前设置： 复制模式＝多个

指定基点或［位移(D)/模式(O)］＜位移＞： //拾取任一点

指定第二个点或［阵列(A)］＜使用第一个点作为位移＞： //@1650,－950 ↙

指定第二个点或［阵列(A)/退出(E)/放弃(U)］＜退出＞： // ↙，结果如图16-117所示

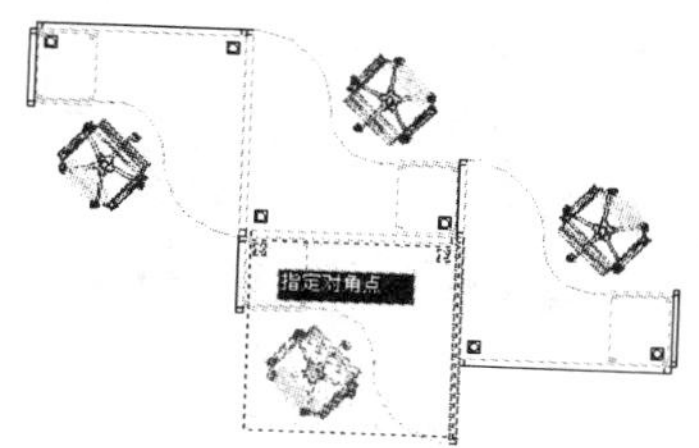

图 16-116 窗交选择

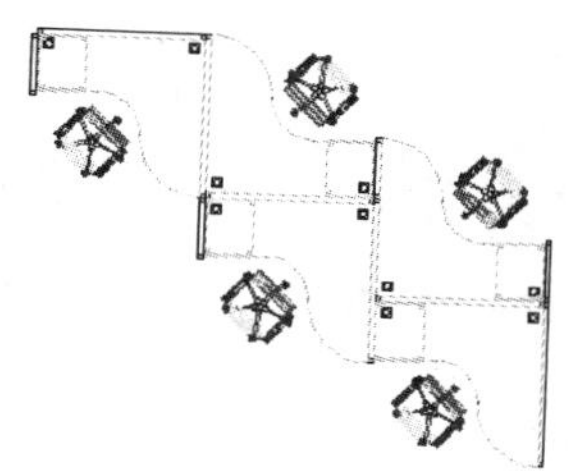

图 16-117 复制结果

(9) 重复执行【复制】命令，配合【窗交选择】功能继续对屏风工作位进行复制。命令行操作如下。

命令：_copy
选择对象： //窗交选择如图 16-118 所示的对象
选择对象： //↙
当前设置： 复制模式＝多个
指定基点或［位移(D)/模式(O)］＜位移＞： //拾取任一点
指定第二个点或［阵列(A)］＜使用第一个点作为位移＞： //@1650，−1550↙
指定第二个点或［阵列(A)/退出(E)/放弃(U)］＜退出＞： //↙，结果如图16-119 所示

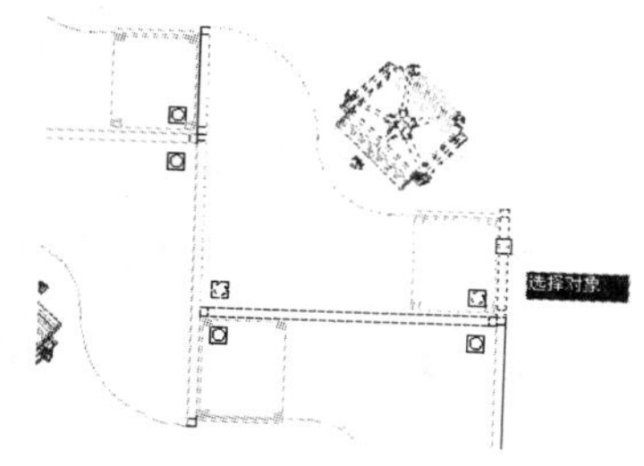

图 16-118 选择对象

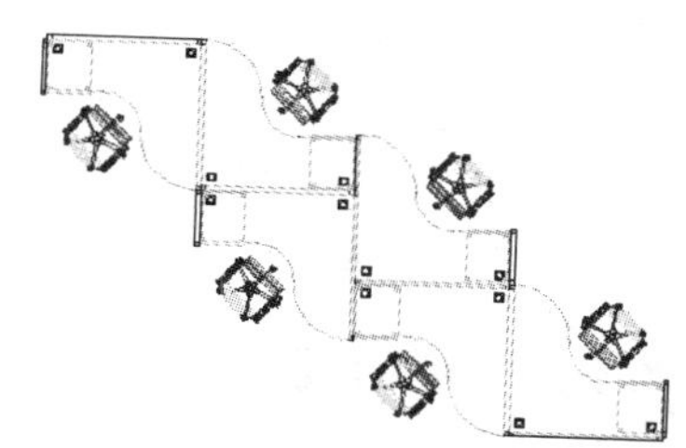

图 16-119 复制结果

(10) 单击菜单栏中的【视图】/【三维视图】/【左视】命令，将视图切换到左视图，结果如图 16-120 所示。

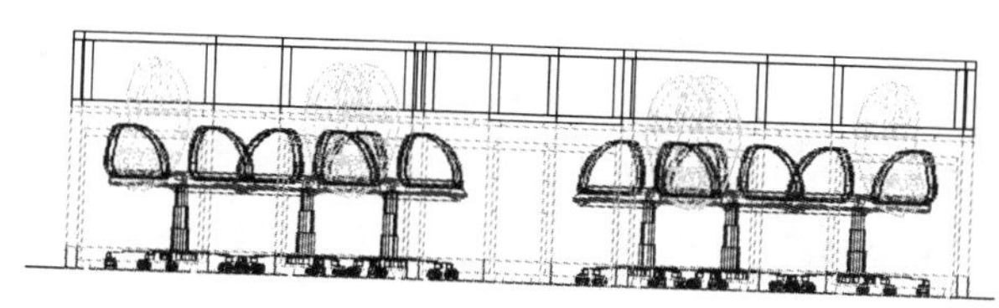

图 16-120 切换左视图

(11) 单击菜单栏中的【视图】/【三维视图】/【前视】命令，将视图切换到前视图，结果如图 16-121 所示。

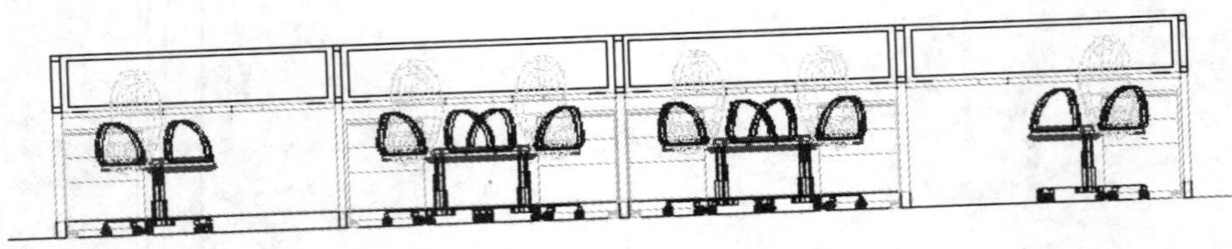

图 16-121　切换前视图

(12) 将视图恢复到俯视图，然后使用快捷键 MI 激活【镜像】命令，对屏风工作位组合进行镜像。命令行操作如下。

命令：_mirror
选择对象：　//选择如图 16-122 所示的屏风工作位组合
选择对象：　//↙
指定镜像线的第一点：　//引出如图 16-123 所示的对象追踪矢量，输入 1400↙
指定镜像线的第二点：　//@1，0↙
要删除源对象吗？[是(Y)/否(N)] <N>：　//↙，镜像结果如图 16-124 所示

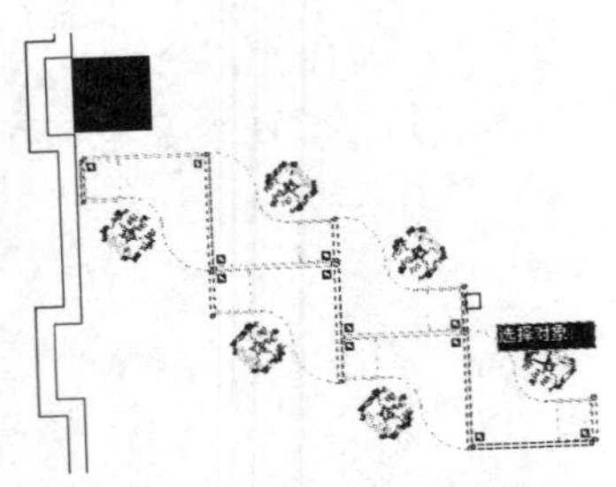

图 16-122　选择对象

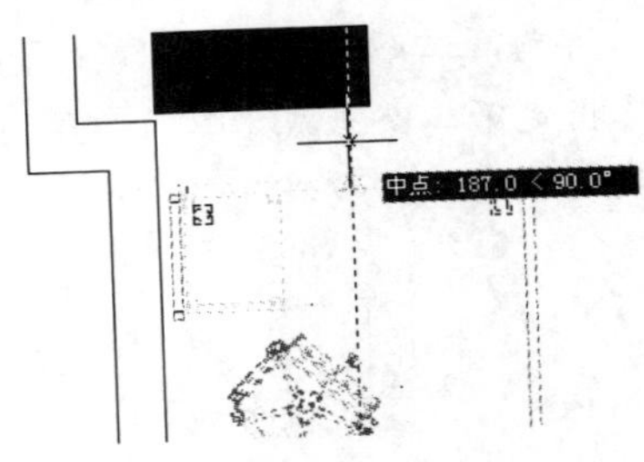

图 16-123　引出对象追踪矢量

(13) 单击菜单栏中的【视图】/【三维视图】/【西南等轴测】命令，将当前视图切换到西南视图，结果如图 16-125 所示。

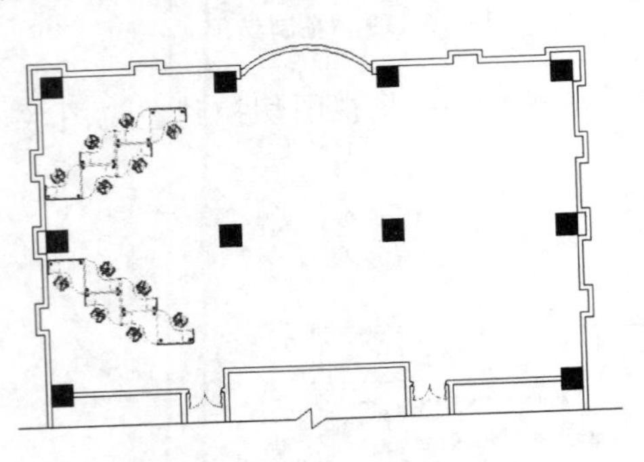

图 16-124　镜像结果

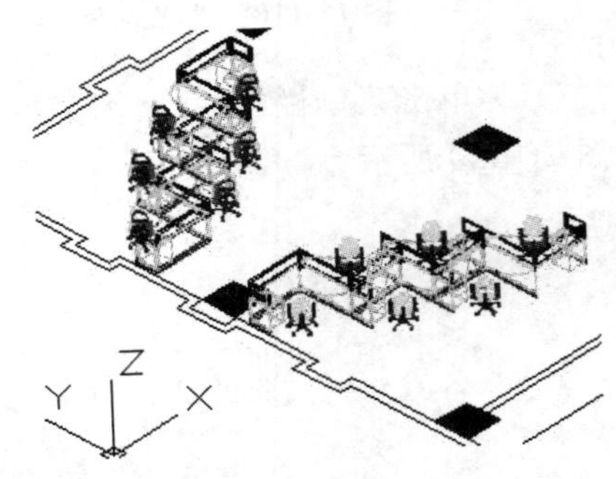

图 16-125　切换视图

(14) 使用快捷键 HI 激活【消隐】命令，效果如图 16-126 所示。

(15) 使用快捷键 VS 激活【视觉样式】命令，对模型进行概念着色，效果如图 16-127 所示。

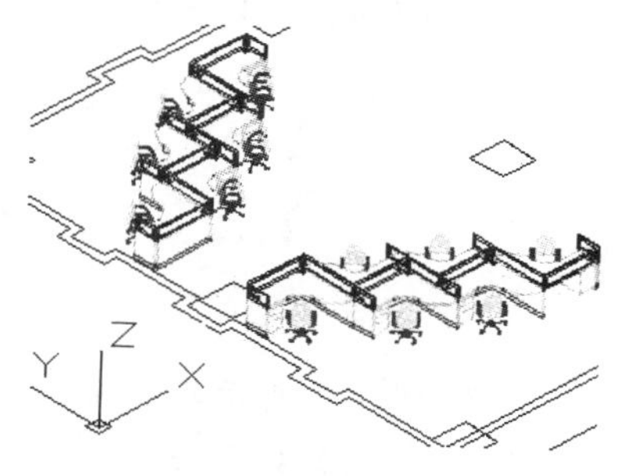

图 16-126 消隐效果

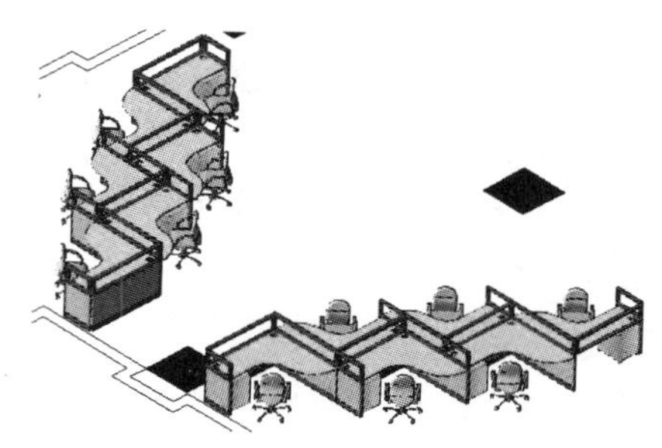
图 16-127 概念着色效果

(16) 单击菜单栏中的【视图】/【三维视图】/【东南等轴测】命令，将当前视图切换到东南视图，结果如图 16-128 所示。

至此，某企业一区波浪形家具布置图绘制完毕，下一小节将学习二区倒 V 形家具布置图的绘制过程和技巧。

16.5.2 绘制倒 V 形办公家具布置图

(1) 继续上节操作。

(2) 将当前视图切换到俯视图，然后使用快捷键 VS 激活【视觉样式】命令，将视图切换到二维线框着色状态。

(3) 使用快捷键 XL 激活【构造线】命令，通过如图 16-129 所示的端点，绘制一条水平的构造线作为定位辅助线，绘制结果如图 16-130 所示。

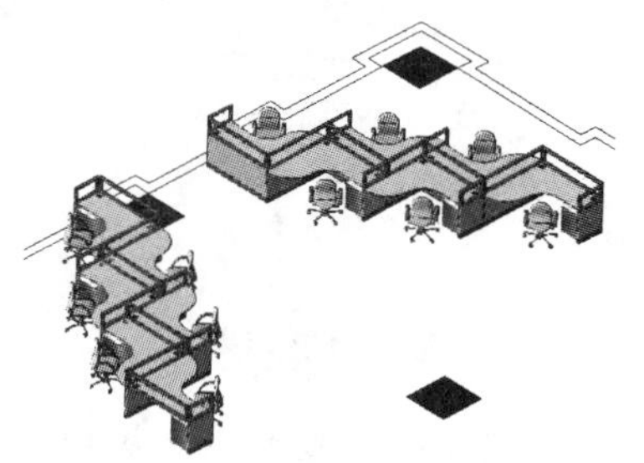
图 16-128 切换东南视图

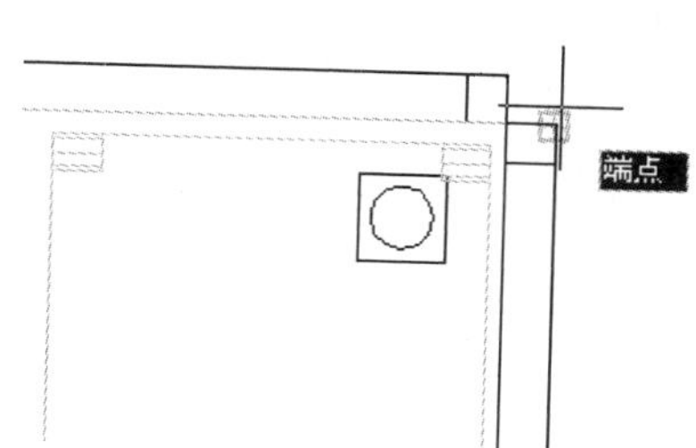

图 16-129 捕捉端点

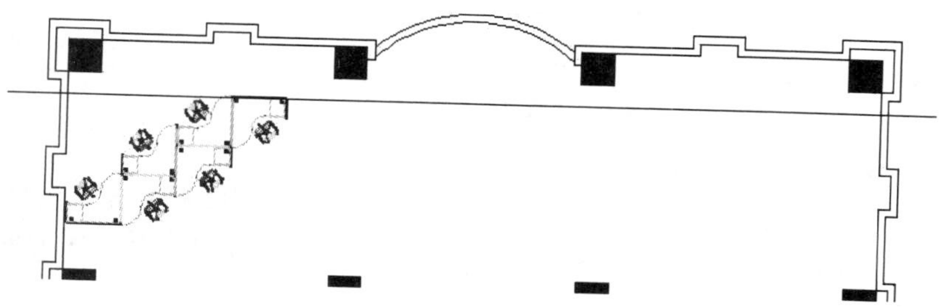
图 16-130 绘制构造线

(4) 单击菜单栏中的【修改】/【复制】命令，配合【中点捕捉】和【对象追踪】功能，对一区屏风工作位组合进行复制。命令行操作如下。

命令：_copy

选择对象：　//窗口选择如图 16-131 所示的屏风工作位

选择对象：　//↙

当前设置：　复制模式＝多个

指定基点或［位移(D)/模式(O)］＜位移＞：　//捕捉如图 16-132 所示的中点

指定第二个点或［阵列(A)］＜使用第一个点作为位移＞：　//捕捉如图 16-133 所示的追踪虚线的交点

指定第二个点或［阵列(A)/退出(E)/放弃(U)］＜退出＞：　//↙，结束命令，复制结果如图 16-134 所示

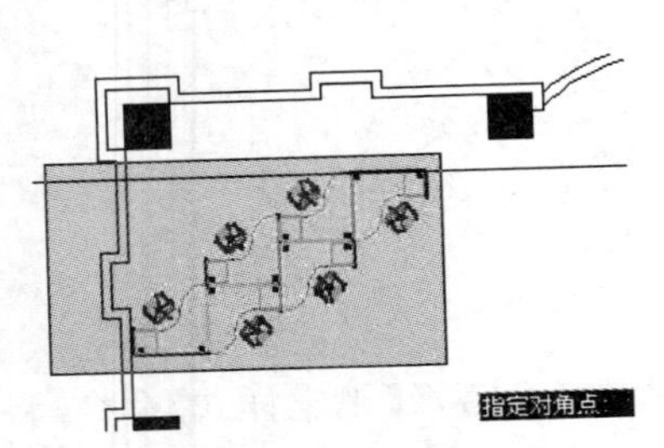

图 16-131　窗口选择对象

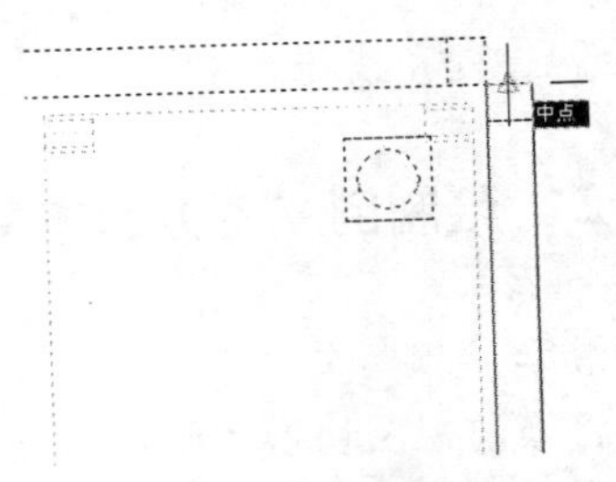

图 16-132　捕捉中点

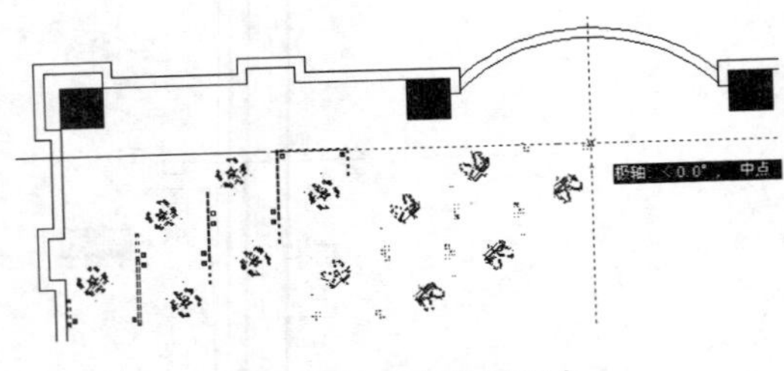
图 16-133　定位目标点

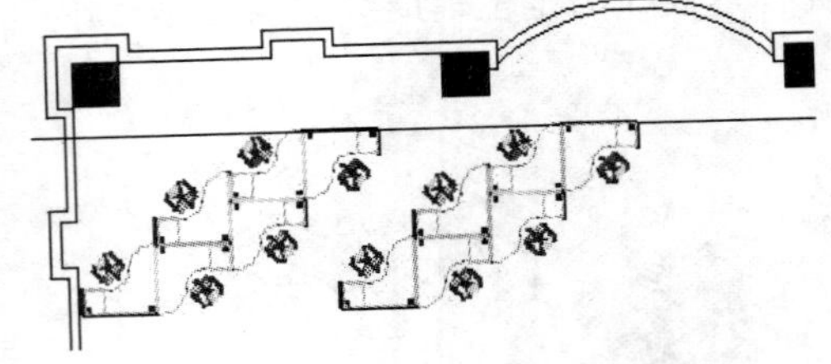
图 16-134　复制结果

(5) 单击菜单栏中的【修改】/【镜像】命令，配合【中点捕捉】功能对复制出的屏风工作位组合进行镜像。命令行操作如下。

命令：_mirror

选择对象：　//选择如图 16-135 所示的屏风工作位组合

选择对象：　//↙

指定镜像线的第一点：　//捕捉如图 16-136 所示的中点

指定镜像线的第二点：　//@0,1↙

要删除源对象吗？［是(Y)/否(N)］＜N＞：　//↙，镜像结果如图 16-137 所示

(6) 重复执行【镜像】命令，配合【中点捕捉】和【对象追踪】功能对二区的屏风工作位组合进行镜像。命令行操作如下。

命令：_mirror

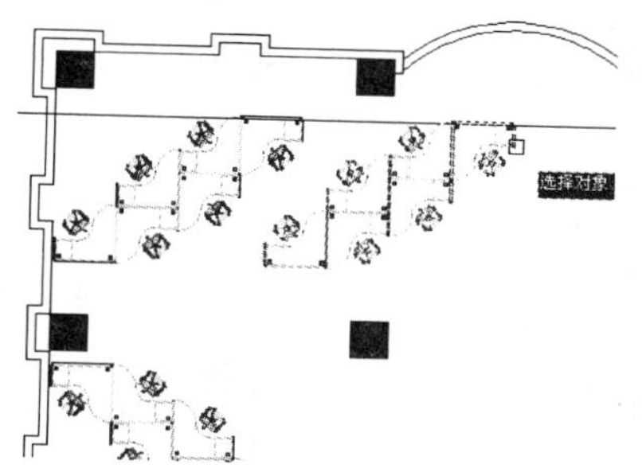

图 16-135 选择结果

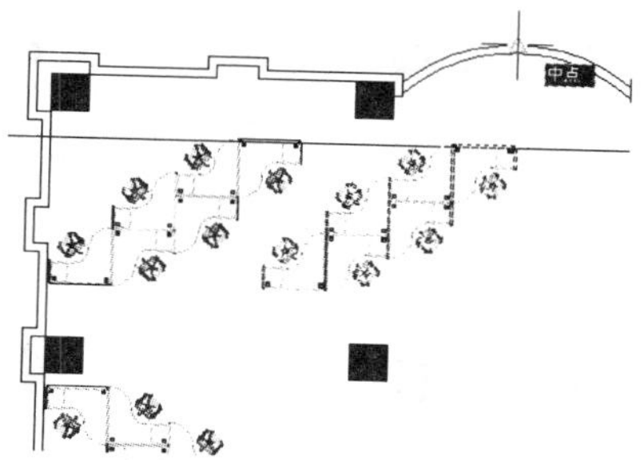

图 16-136 捕捉中点

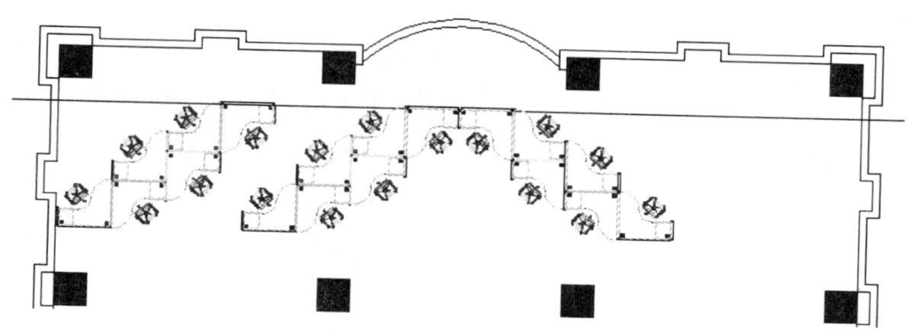

图 16-137 镜像结果

选择对象： //选择二区屏风工作位，如图 16-138 所示

选择对象： //↙

指定镜像线的第一点： //垂直向下引出如图 16-139 所示的对象追踪虚线，然后输入 1400↙，定位镜像线上的点

指定镜像线的第二点： //@1,0↙

要删除源对象吗？[是(Y)/否(N)] <N>： //↙，结束命令，镜像结果如图 16-140 所示

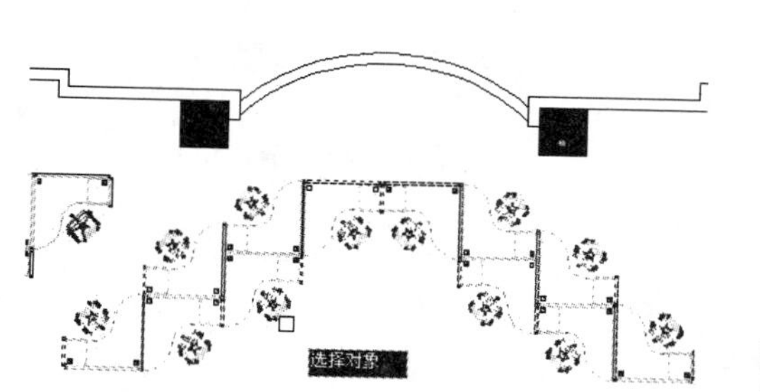

图 16-138 选择对象

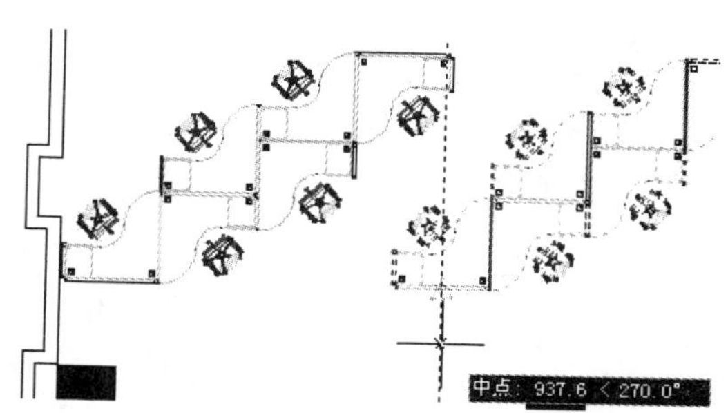

图 16-139 引出垂直追踪矢量

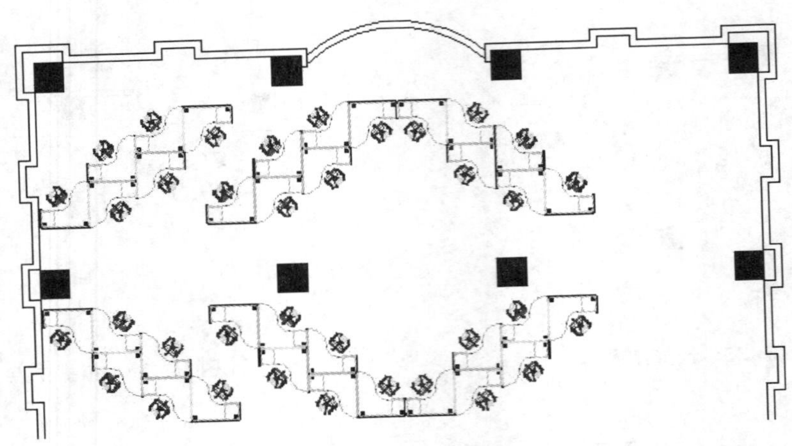

图 16-140　镜像结果

(7) 使用快捷键 XL 激活【构造线】命令，配合【两点之间的中点】功能绘制水平构造线。命令行操作如下。

命令：_xline

指定点或［水平(H)/垂直(V)/角度(A)/二等分(B)/偏移(O)］：　//激活【两点之间的中点】功能

_m2p 中点的第一点：　//捕捉如图 16-141 所示的中点

中点的第二点：　//捕捉如图 16-142 所示的中点

指定通过点：　//@1,0 ↙

指定通过点：　// ↙，绘制结果如图 16-143 所示

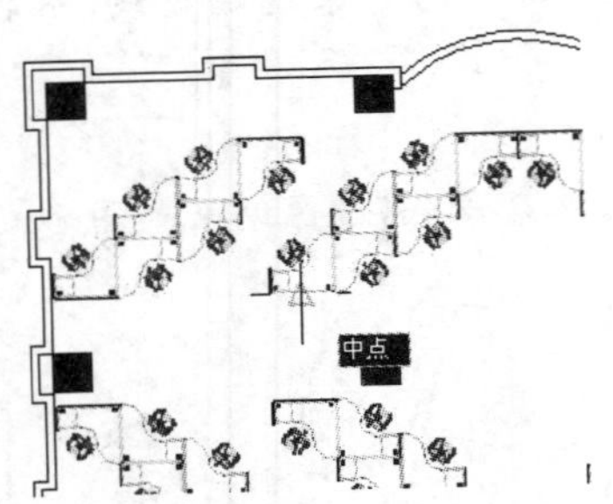

图 16-141　捕捉中点

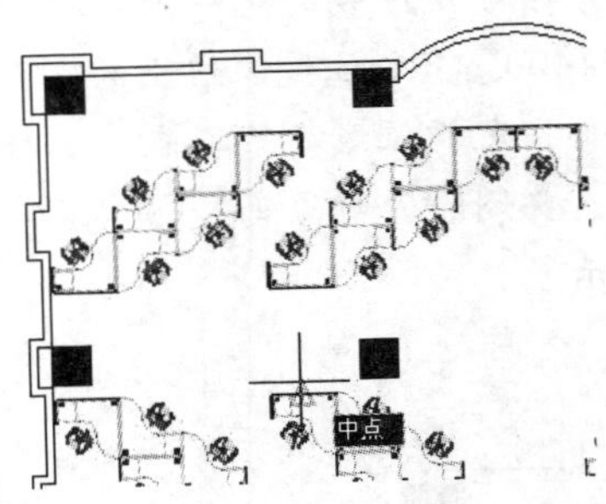

图 16-142　捕捉中点

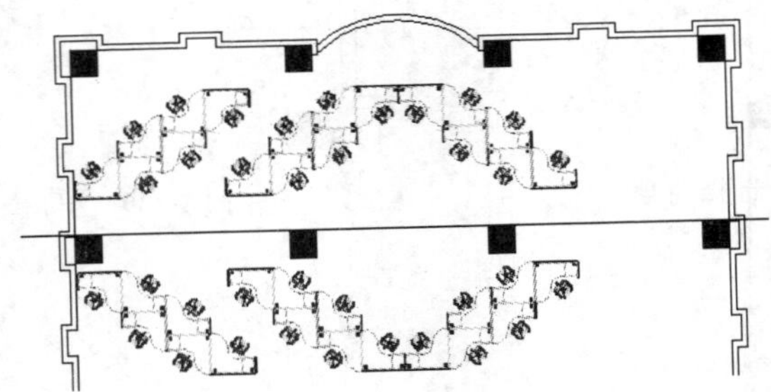

图 16-143　绘制水平构造线

(8) 重复执行【构造线】命令，配合【中点捕捉】功能绘制如图 16-144 所示的垂直构造线。

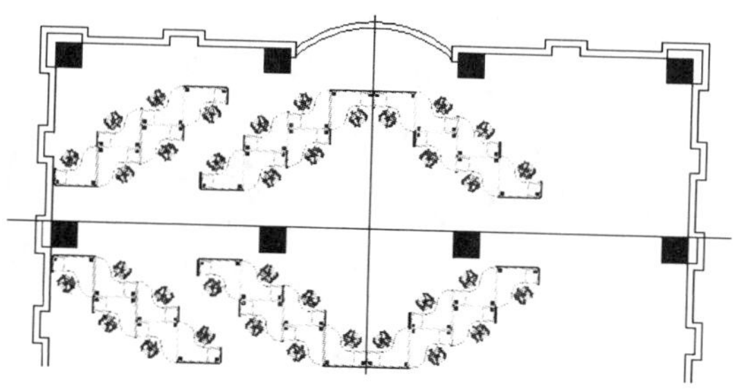

图 16-144 绘制垂直构造线

(9) 使用快捷键 I 激活【插入块】命令，以默认参数插入随书光盘中的"\图块文件\屏风工作位 2.dwg"，如图 16-145 所示，插入点为两条构造线的交点，插入结果如图 16-146 所示。

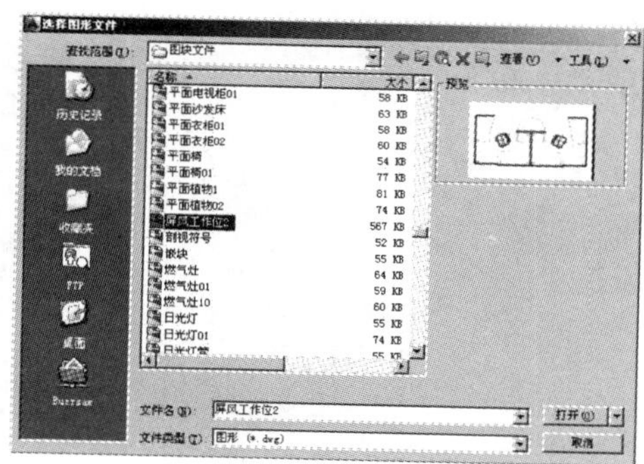

图 16-145 选择文件

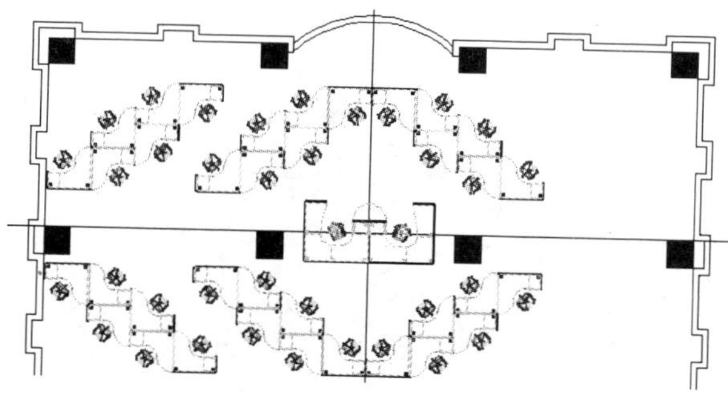

图 16-146 插入结果

(10) 使用快捷键 E 激活【删除】命令，删除两条构造线，结果如图 16-147 所示。

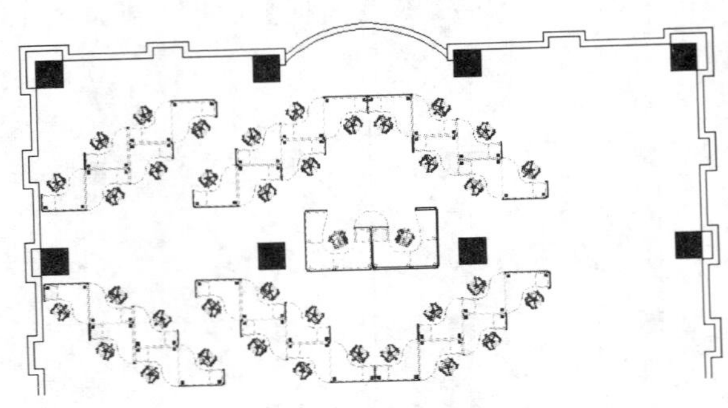

图 16-147　删除结果

(11) 单击菜单栏中的【视图】/【三维视图】/【西南等轴测】命令，将当前视图切换到西南视图，结果如图 16-148 所示。

(12) 单击菜单栏中的【视图】/【三维视图】/【东南等轴测】命令，将当前视图切换到东南视图，结果如图 16-149 所示。

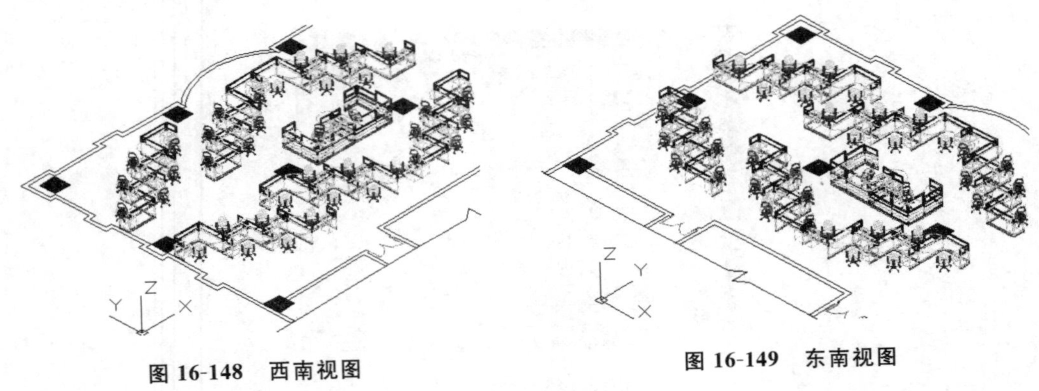

图 16-148　西南视图　　　　图 16-149　东南视图

(13) 使用快捷键 VS 激活【视觉样式】命令，对模型进行概念着色，效果如图 16-150 所示。

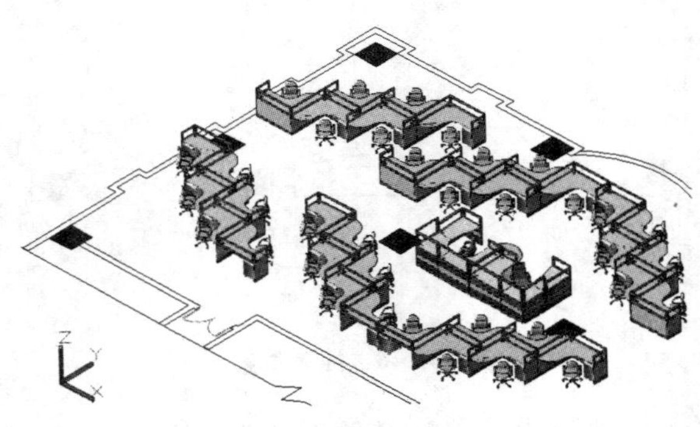

图 16-150　概念着色

(14) 将当前视图切换到俯视图，并将视图切换到二维线框着色状态。

(15) 单击菜单栏中的【修改】/【复制】命令，配合【捕捉自】和【极轴追踪】功能对二区的屏风工作位进行复制。命令行操作如下。

命令：_copy
选择对象： //选择如图16-151所示的屏风工作位
选择对象： //↙
当前设置： 复制模式＝多个
指定基点或［位移(D)/模式(O)］＜位移＞： //捕捉如图16-152所示的中点

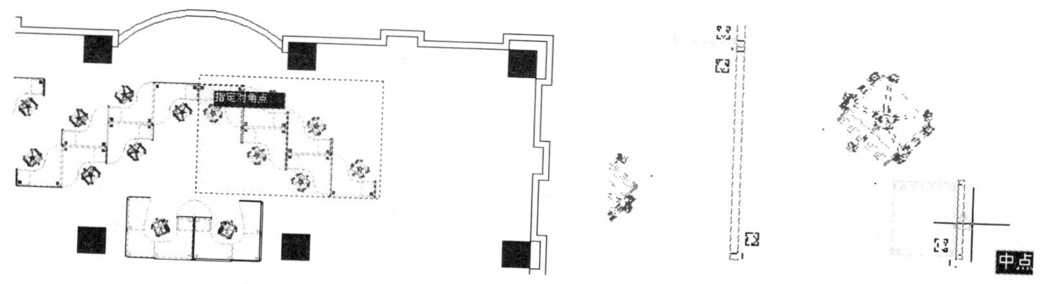

图16-151 窗交选择

图16-152 捕捉中点

指定第二个点或［阵列(A)］＜使用第一个点作为位移＞： //激活【捕捉自】功能
_from 基点： //捕捉如图16-153所示的交点
＜偏移＞： //@－100,0↙
指定第二个点或［阵列(A)/退出(E)/放弃(U)］＜退出＞： //↙，结束命令，复制结果如图16-154所示

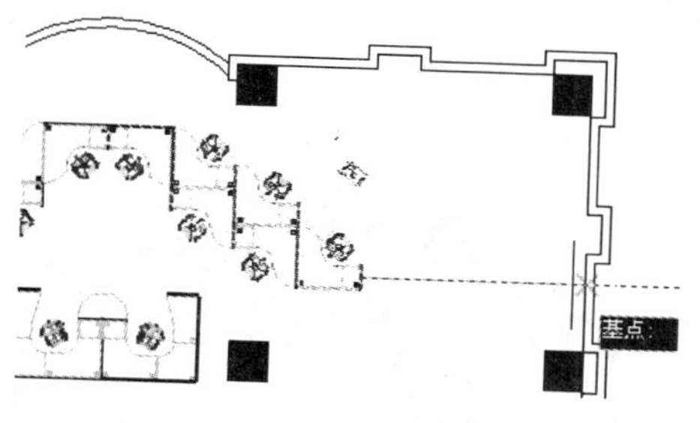

图16-153 捕捉交点

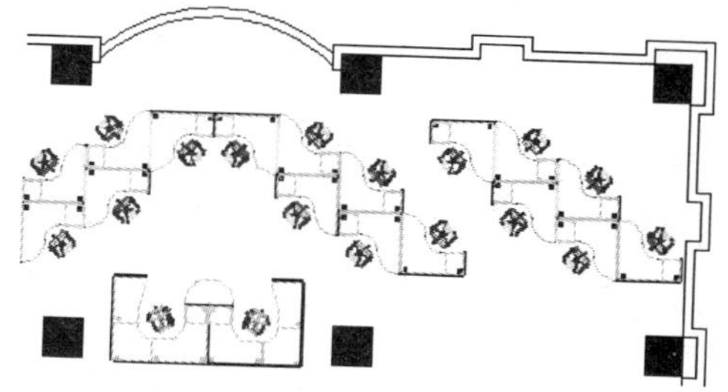

图16-154 复制结果

(16) 单击菜单栏中的【修改】/【镜像】命令，配合中点捕捉功能对一区的屏风工作位进行镜像。命令行操作如下。

命令：_mirror
选择对象： //选择如图16-155所示的屏风工作位
选择对象： //↙
指定镜像线的第一点： //捕捉如图16-156所示的中点
指定镜像线的第二点： //@0,1↙
要删除源对象吗？［是(Y)/否(N)］＜N＞： //↙，镜像结果如图16-157所示

(17) 单击菜单栏中的【视图】/【缩放】/【范围缩放】命令，对视图进行调整，结果如图16-158所示。

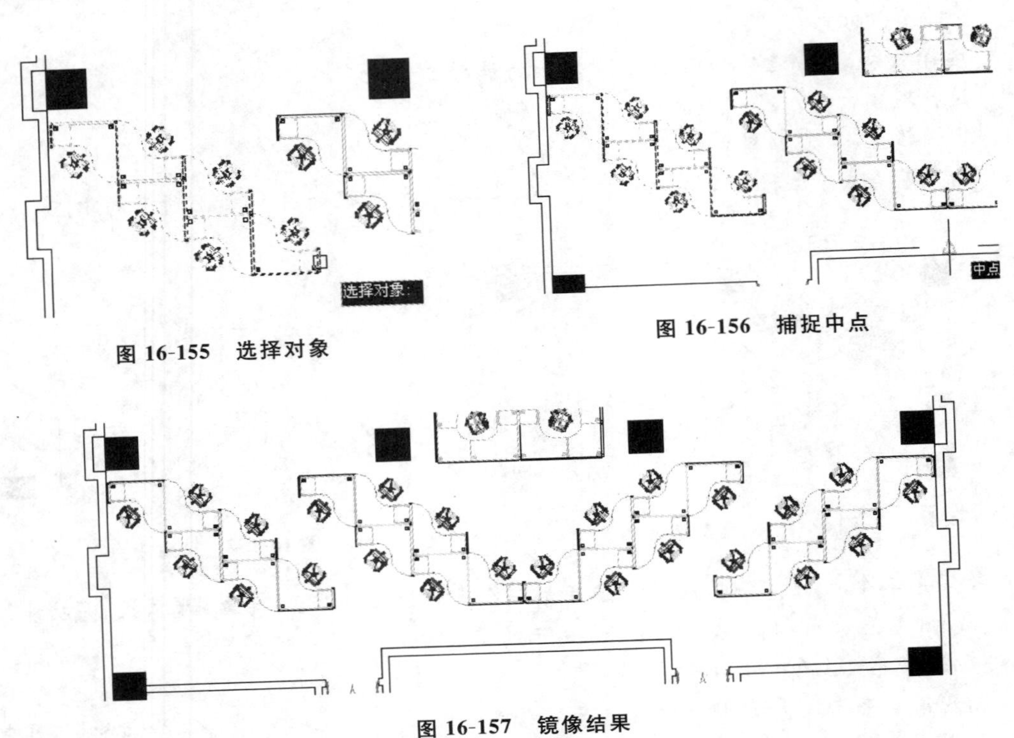

图 16-155 选择对象

图 16-156 捕捉中点

图 16-157 镜像结果

(18) 单击菜单栏中的【视图】/【三维视图】/【西南等轴测】命令，将当前视图切换到西南视图，结果如图 16-159 所示。

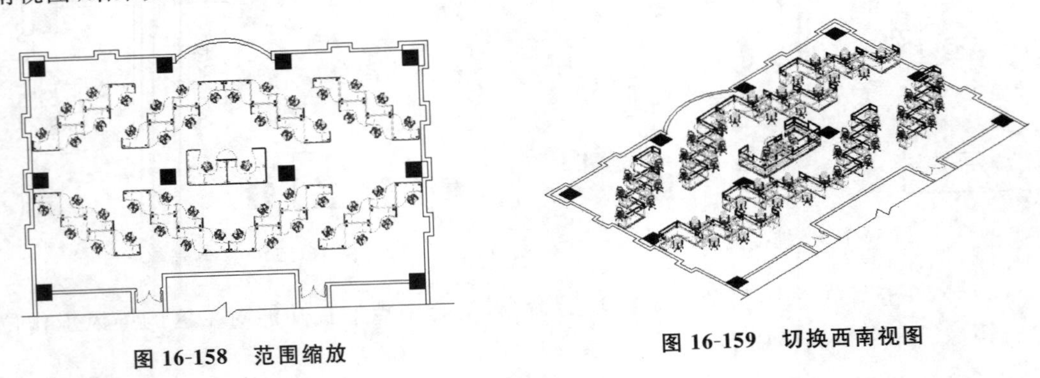

图 16-158 范围缩放

图 16-159 切换西南视图

(19) 将当前视图切换到西北视图，结果如图 16-160 所示。

(20) 使用快捷键 VS 激活【视觉样式】命令，对模型进行概念着色，效果如图 16-161 所示。

至此，某企业二区倒 V 形办公家具布置图绘制完毕，下一小节将学习市场部资料柜布置图的绘制过程和技巧。

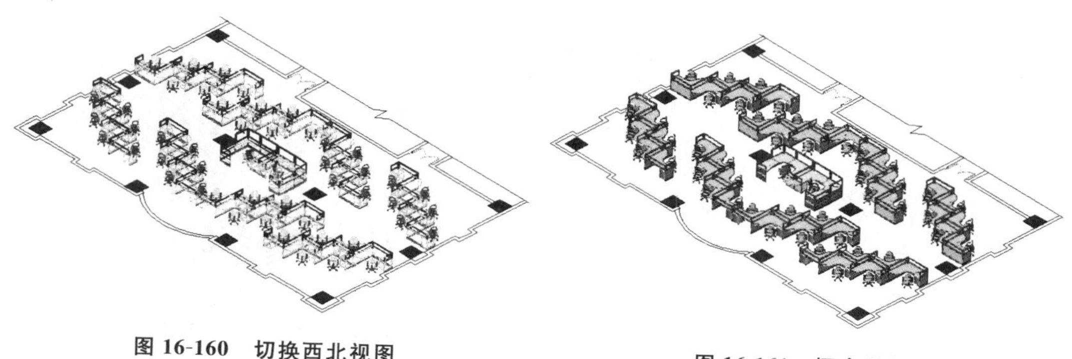

图 16-160 切换西北视图

图 16-161 概念着色

16.5.3 绘制市场部资料柜布置图

(1) 继续上节操作。

(2) 将当前视图切换到西南视图,并将视图切换到二维线框着色状态。

(3) 单击【绘图】工具栏上的按钮,选择如图 16-162 所示的随书光盘"\图块文件\资料柜.dwg"文件。

(4) 返回【插入】对话框,配合【捕捉自】功能,以默认参数将此图块插入到平面图中,命令行操作如下。

命令:I

INSERT 忽略块 尺寸箭头 的重复定义

指定插入点或[基点(B)/比例(S)/X/Y/Z/旋转(R)]: //激活【捕捉自】功能

_from 基点: //捕捉如图 16-163 所示的端点

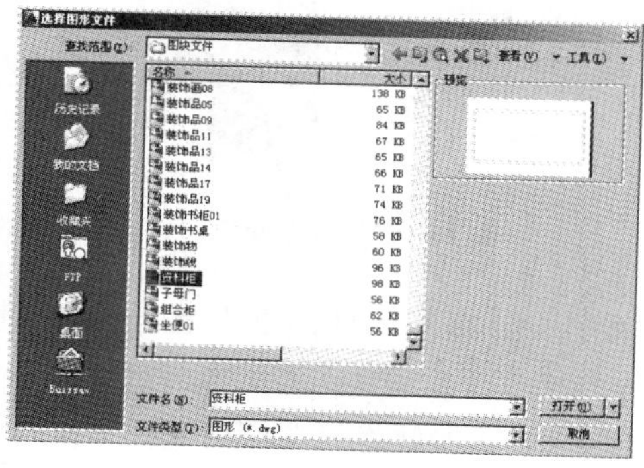

图 16-162 选择文件

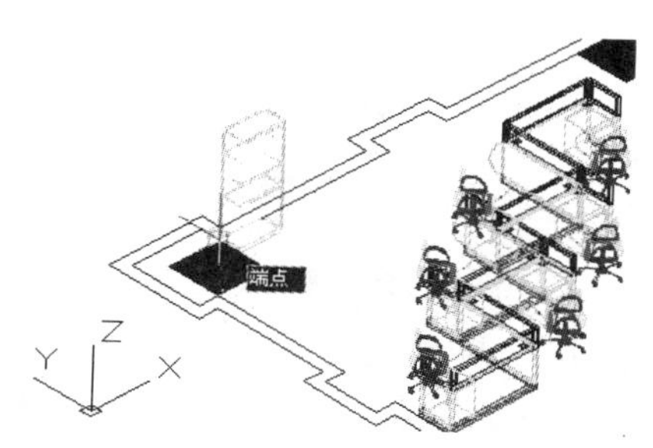

图 16-163 捕捉端点

<偏移>: //@80,-80↙,插入结果如图 16-164 所示,概念着色效果如图 16-165 所示

(5) 单击菜单栏中的【修改】/【三维操作】/【三维阵列】命令,对资料柜立体造型进行阵列。命令行操作如下。

命令:_3darray

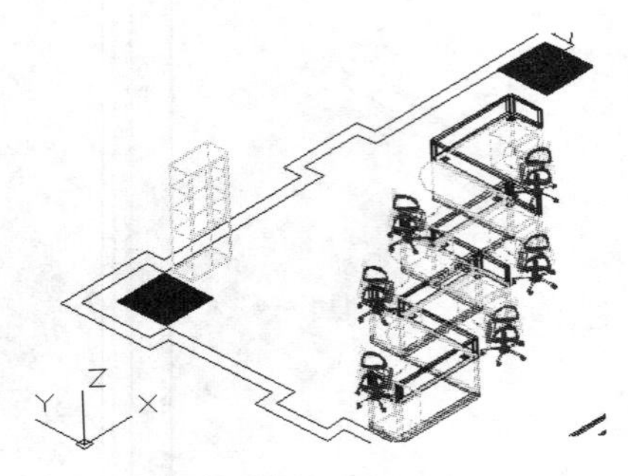

图 16-164 插入结果

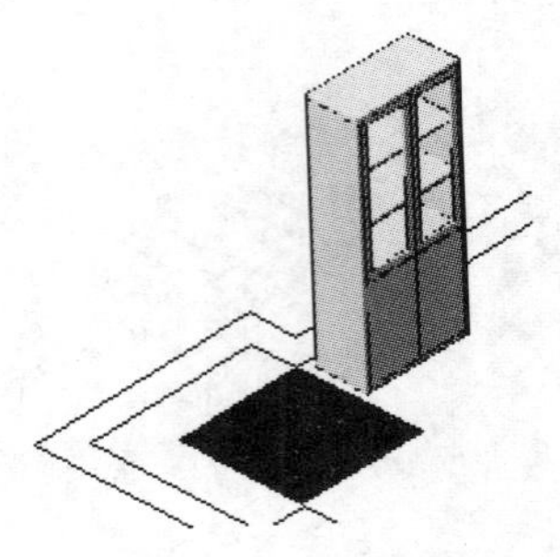
图 16-165 概念着色效果

正在初始化... 已加载 3DARRAY

选择对象: //选择刚插入的资料柜立体造型

选择对象: //↙

输入阵列类型［矩形(R)/环形(P)］<矩形>: //↙

输入行数 (---) <1>: //↙

输入列数 (|||) <1>: //4↙

输入层数 (...) <1>: //↙

指定列间距 (|||): //840↙,阵列结果如图 16-166 所示

(6) 使用快捷键 VS 激活【视觉样式】命令,对模型进行概念着色,效果如图 16-167 所示。

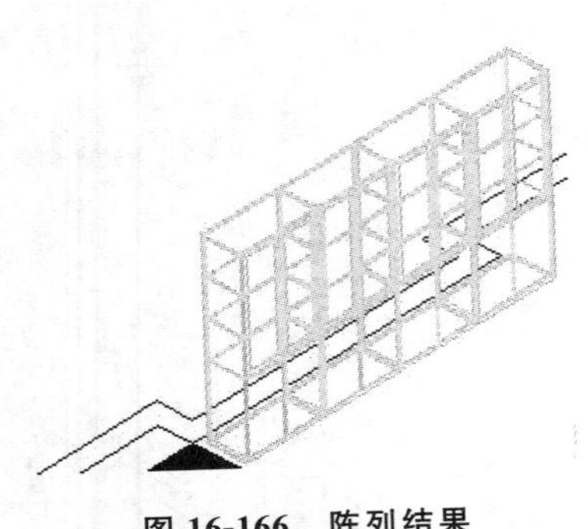
图 16-166 阵列结果

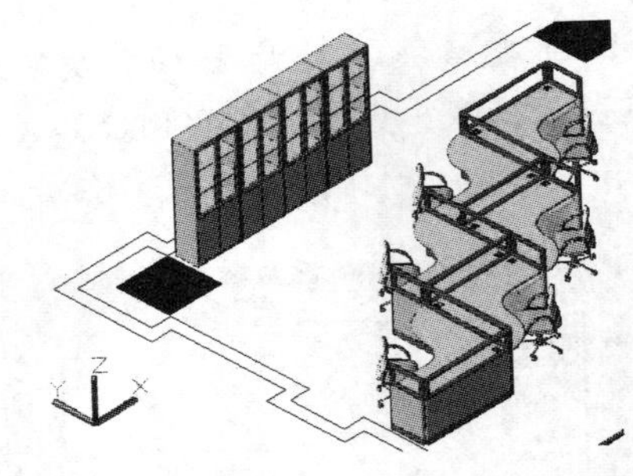

图 16-167 概念着色

(7) 单击【绘图】工具栏上的按钮,选择如图 16-168 所示的随书光盘"\图块文件\资料柜 2.dwg"文件。

(8) 返回【插入】对话框,配合【捕捉自】功能,以默认参数将此图块插入到平面图中,命令行操作如下。

命令: I

INSERT 忽略块 尺寸箭头 的重复定义

指定插入点或［基点(B)/比例(S)/X/Y/Z/旋转(R)］: //激活【捕捉自】功能

_from 基点: //捕捉如图 16-169 所示的端点

<偏移>: //@80,-80↙,插入结果如图 16-170 所示,概念着色效果如图 16-171 所示

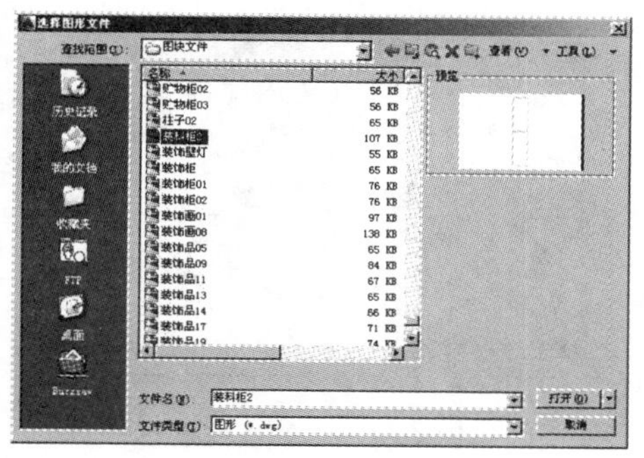

图 16-168　选择文件

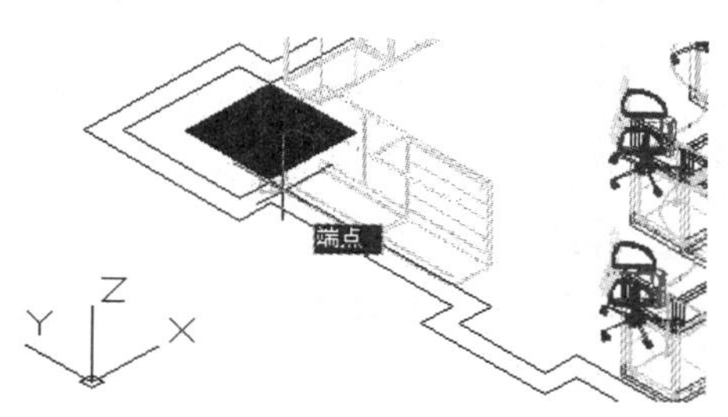

图 16-169　捕捉端点

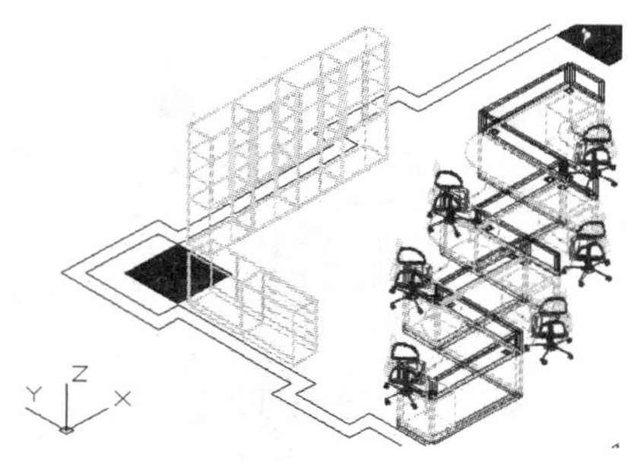

图 16-170　插入结果

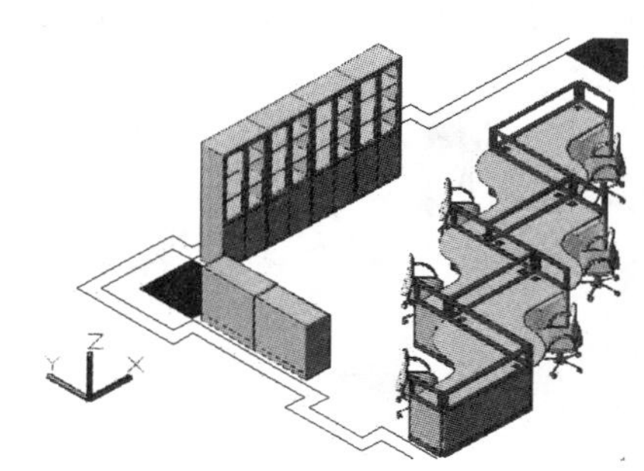

图 16-171　概念着色效果

(9) 将当前视图切换为俯视图，然后执行【镜像】命令，配合【两点之间的中点】功能对资料柜造型进行镜像。命令行操作如下。

命令：_mirror

选择对象：　//选择如图 16-172 所示的资料柜

选择对象：　//↙

指定镜像线的第一点：　//激活【两点之间的中点】功能

_m2p 中点的第一点：　//捕捉如图 16-173 所示的中点

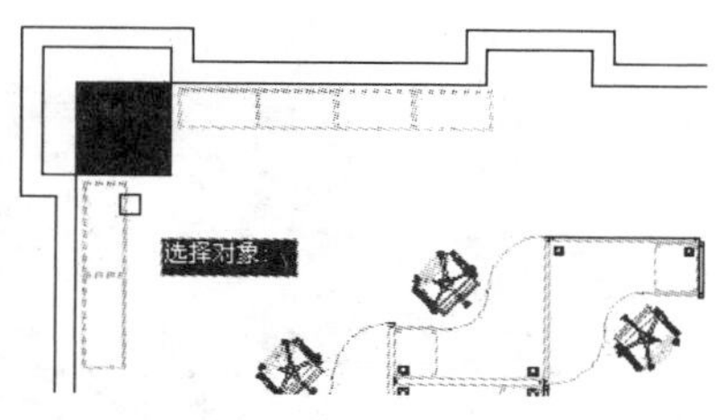

图 16-172　选择对象

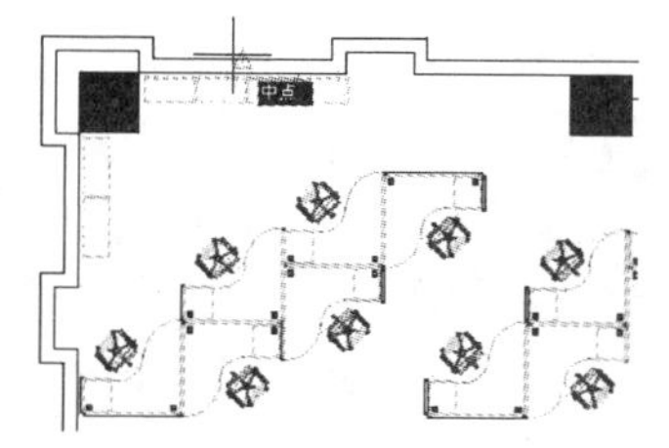

图 16-173　捕捉中点

中点的第二点：　//捕捉如图 16-174 所示的交点

指定镜像线的第二点：　//@1,0 ↙

要删除源对象吗？[是(Y)/否(N)] <N>：　//↙，镜像结果如图 16-175 所示

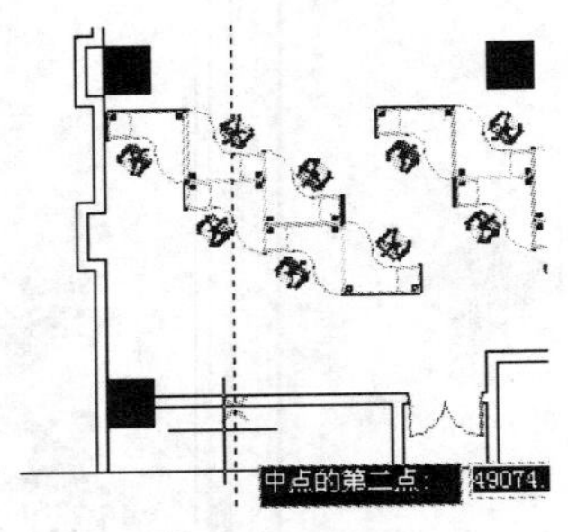

图 16-174　捕捉交点

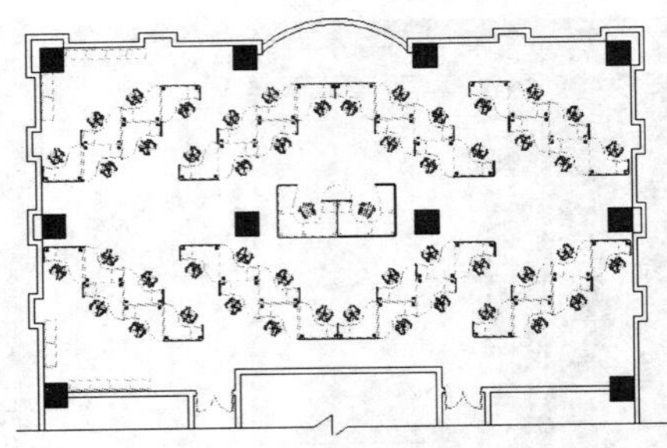
图 16-175　镜像结果

(10) 使用快捷键 M 激活【移动】命令，选择如图 16-176 所示的资料柜沿 Y 轴负方向位移 633 个单位，结果如图 16-177 所示。

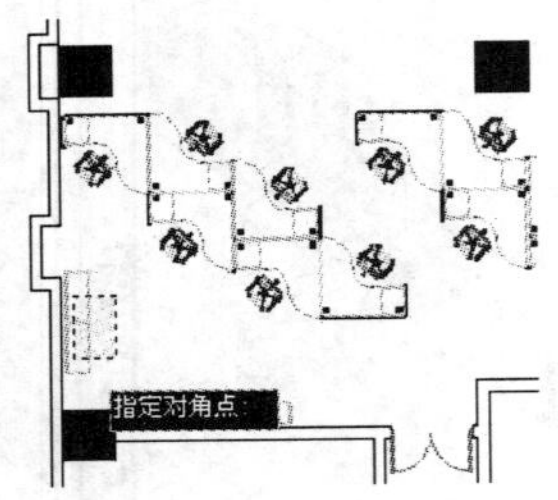

图 16-176　窗交选择

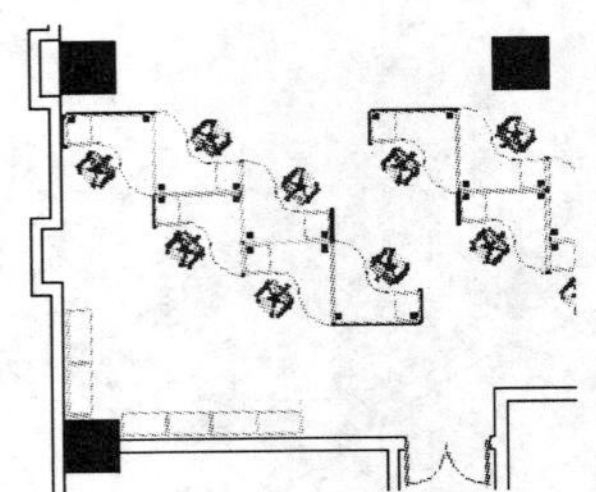
图 16-177　移动结果

(11) 单击菜单栏中的【修改】/【镜像】命令，配合【中点捕捉】功能对所有位置的资料柜进行镜像。命令行操作如下。

命令：_mirror

选择对象：　//选择图 16-178 所示的资料柜 1、2、3 和 4

选择对象：　// ↙

指定镜像线的第一点：　//捕捉如图 16-178 所示的中点

指定镜像线的第二点：　// @0,1 ↙

要删除源对象吗？[是(Y)/否(N)] <N>：　// ↙，镜像结果如图 16-179 所示

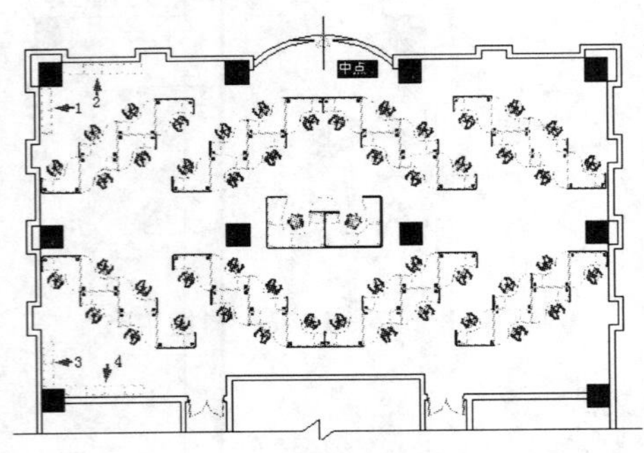

图 16-178　捕捉中点

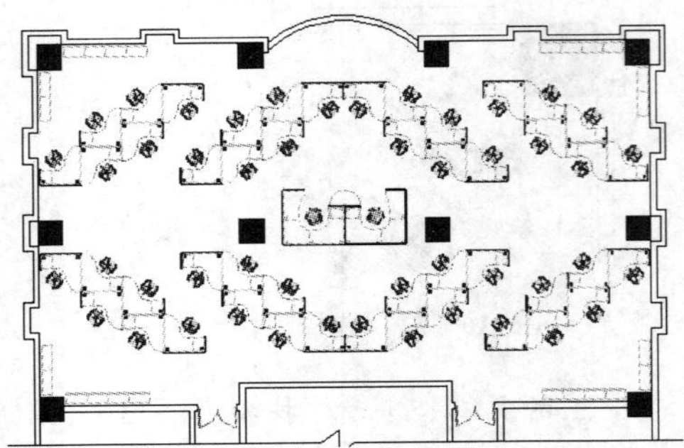
图 16-179　镜像结果

至此，某企业市场部资料柜布置图绘制完毕，下一小节将学习多种视图的切换、着色

以及视口的分割技能。

16.5.4 创建多种视图并分割视口

(1) 继续上节操作。

(2) 单击菜单栏中的【视图】/【三维视图】/【东北等轴测】命令，将当前视图切换到东北视图，结果如图 16-180 所示。

(3) 使用快捷键 HI 激活【消隐】命令，对视图进行消隐显示，结果如图 16-181 所示。

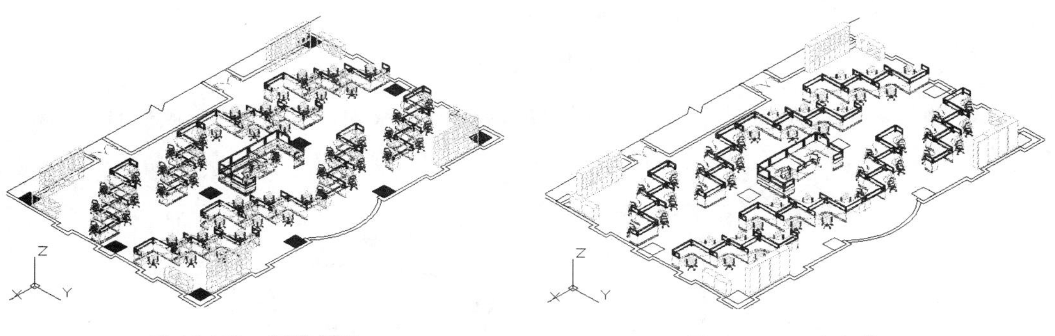

图 16-180　切换视图　　　图 16-181　消隐效果

(4) 使用快捷键 VS 激活【视觉样式】命令，对模型进行概念着色，效果如图 16-182 所示。

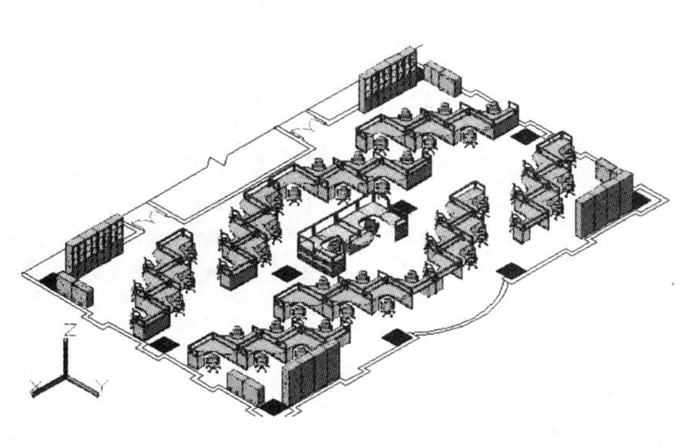

图 16-182　概念着色效果

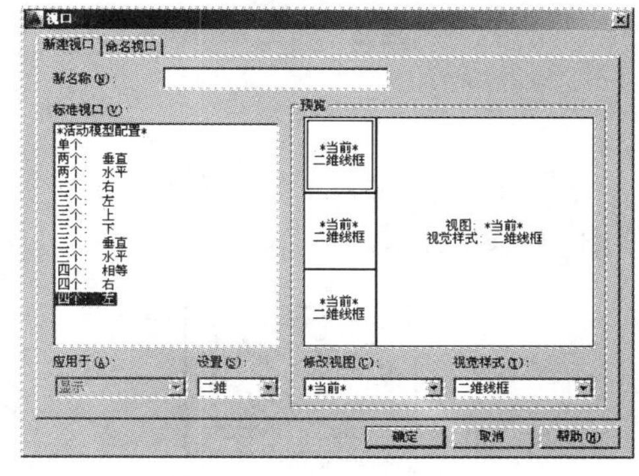

图 16-183　选择视口

(5) 将着色方式切换为线框着色，然后执行【新建视口】命令，选择如图 16-183 所示的视口方式，将当前视口分割为四个视口，如图 16-184 所示。

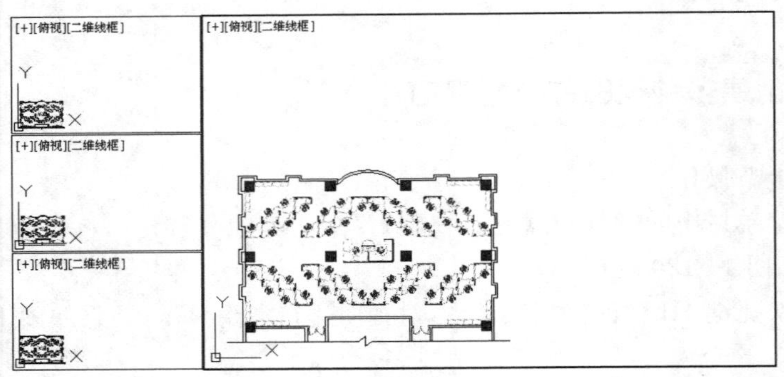

图 16-184　分割视口

(6) 激活右侧的矩形视口,然后将视口内的视图切换为西南视图,并调整视图,操作结果如图 16-185 所示。

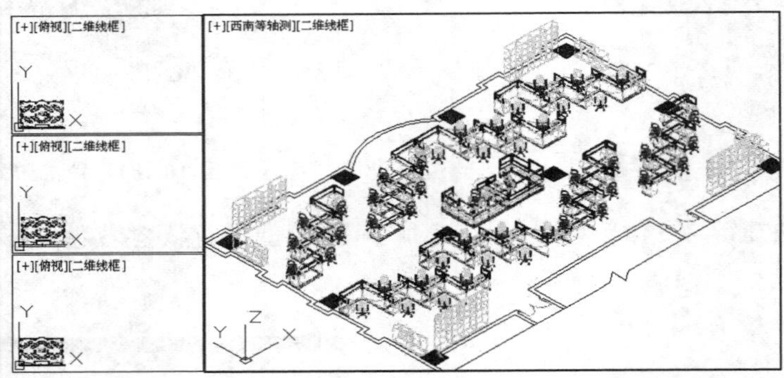

图 16-185　操作结果 1

(7) 激活左上方的矩形视口,然后将视口内的视图切换为俯视图,并调整视图,结果如图 16-186 所示。

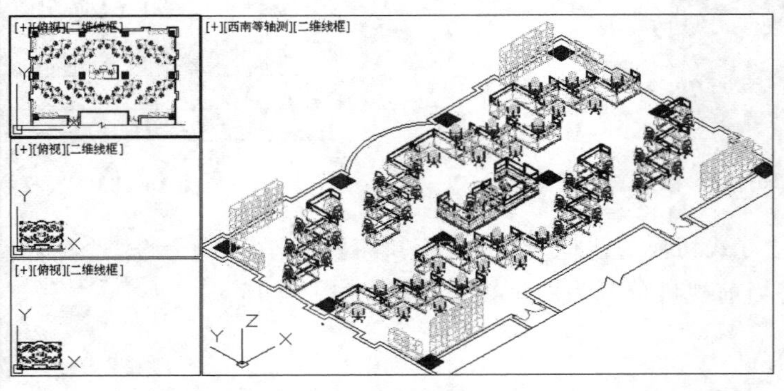

图 16-186　操作结果 2

(8) 激活左侧中间矩形视口,将视口内的视图切换到前视图,然后调整视口内的视图,结果如图 16-187 所示。

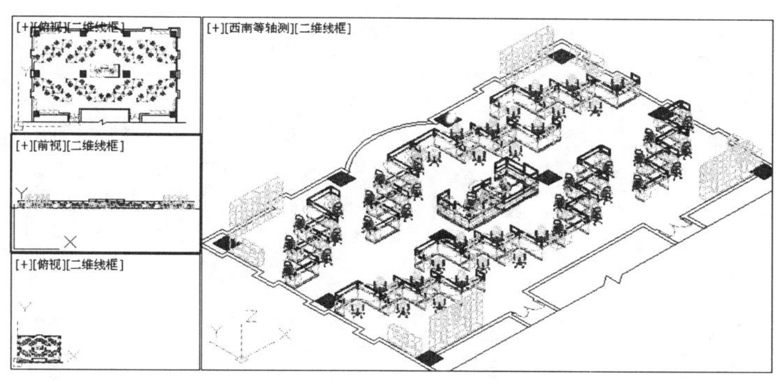

图 16-187　操作结果 3

(9) 激活左下方的矩形视口，将视口内的视图切换到左视图，然后调整视口内的视图，结果如图 16-188 所示。

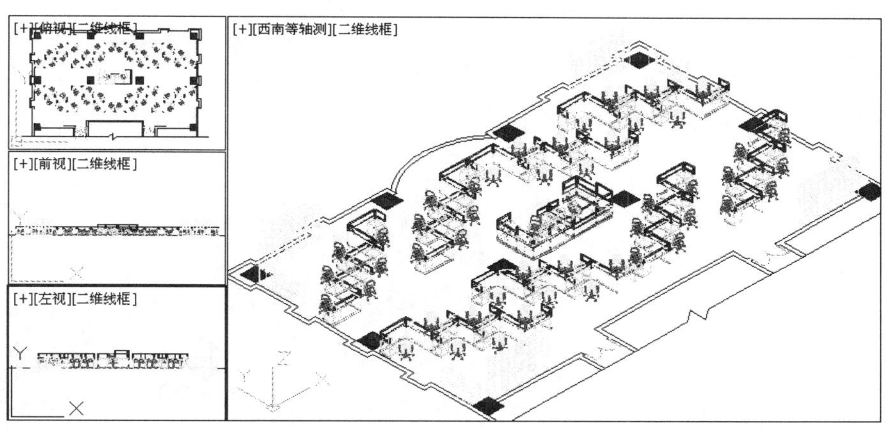

图 16-188　操作结果 4

(10) 隐藏坐标系图标，最后执行【另存为】命令，将图形另名保存为"绘制某企业办公家具布置图.dwg"。

16.6 实例指导四——标注某企业办公家具布置图

本例主要学习办公家具布置图空间功能注解和尺寸的具体标注过程。办公家具布置图的最终标注效果如图 16-189 所示，其立体效果如图 16-190 所示。

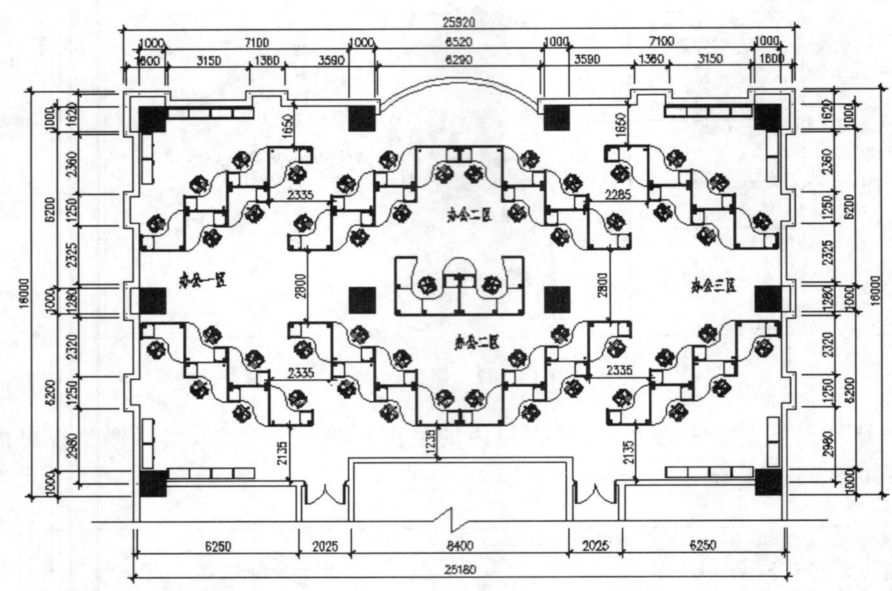

图 16-189　实例效果

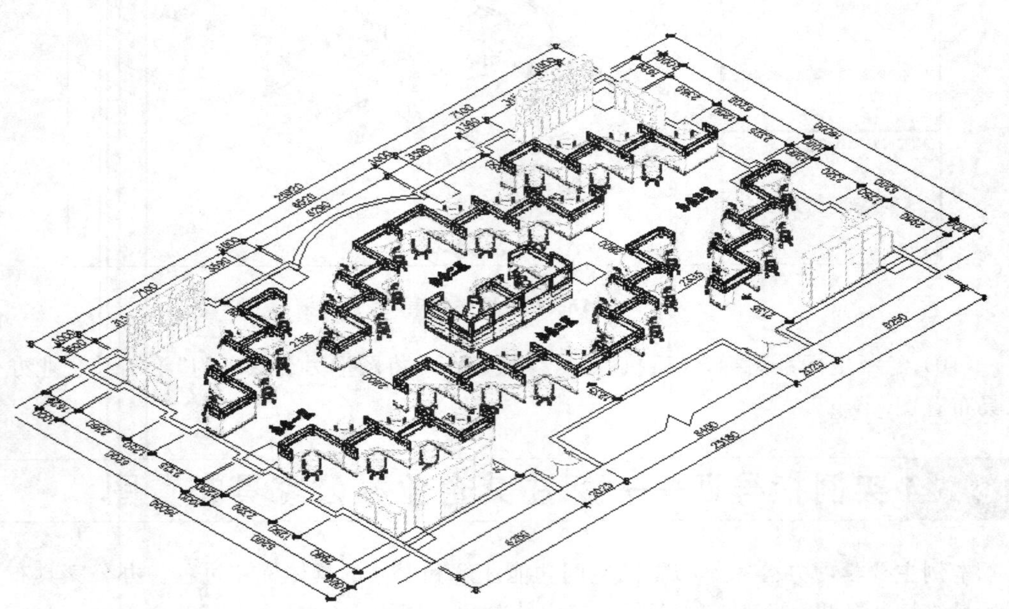

图 16-190　立体轴测图标注效果

在标注办公家具布置图时，可以参照如下思路：

(1) 首先调用文件并设置当前层及文字样式。

(2) 使用【单行文字】命令标注办公空间家具布置图文字注释。

(3) 使用【标注样式】命令设置当前标注样式与比例。

(4) 使用【线性】、【连续】命令标注办公空间家具布置图内外尺寸。

16.6.1 标注办公家具布置图空间功能

(1) 打开随书光盘中的"\效果文件\第 16 章\绘制某企业办公家具布置图.dwg"文件。

(2) 展开【图层控制】下拉列表，将"文本层"设置为当前图层。

(3) 单击【样式】工具栏上的A按钮，在打开的【文字样式】对话框中设置"仿宋体"为当前样式。

(4) 单击【绘图】菜单栏中的【文字】/【单行文字】命令，在命令行"指定文字的起点或[对正(J)/样式(S)]:"提示下，在平面图左侧办公区域单击左键，作为文字的起点。

(5) 在"指定高度 <2.5000>:"提示下输入"480"，表示文字高度为 480 个绘图单位。

(6) 在"指定文字的旋转角度 <0>:"提示下输入"0"，表示文字的旋转角度为 0。

(7) 在"输入文字:"提示下，输入"办公一区"，如图 16-191 所示。

(8) 连续两次敲击 Enter 键，结束【单行文字】命令，文字的创建结果如图 16-192 所示。

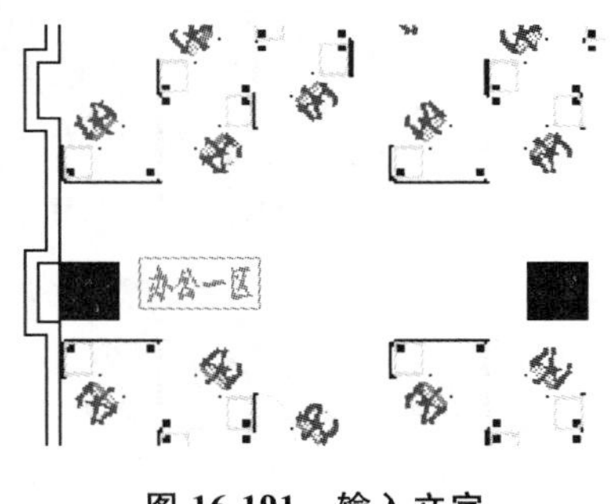

图 16-191 输入文字

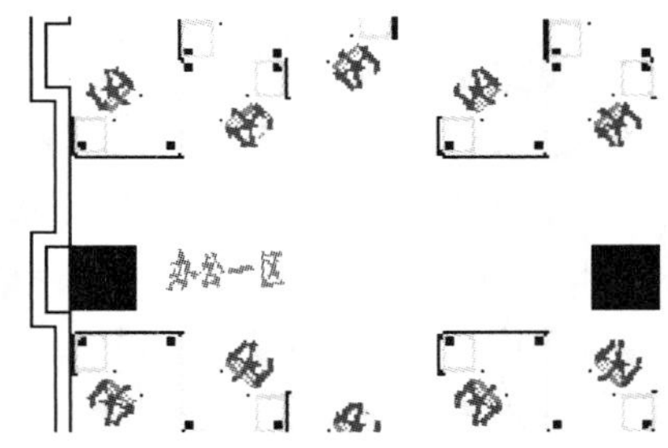

图 16-192 创建结果

(9) 参照上述操作，重复使用【单行文字】命令，分别标注其他位置的文字注释，结果如图 16-193 所示。

(10) 连续两次敲击 Enter 键，结束命令。

至此，某企业办公家具布置图文字注释标注完毕，下一小节将为办公家具布置图标注内外尺寸。

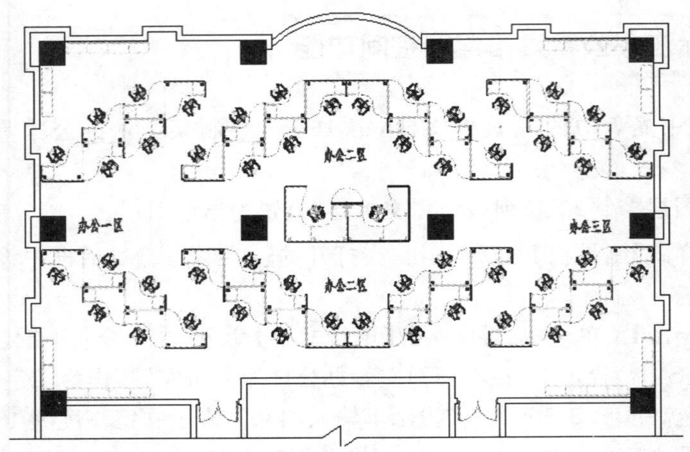

图 16-193　标注结果

16.6.2　标注办公家具布置图内外尺寸

(1) 继续上节操作。

(2) 展开【图层控制】下拉列表，将“尺寸层”设置为当前图层，同时打开“轴线层”。

(3) 使用快捷键 D 激活【标注样式】命令，将“建筑标注”设置为当前标注样式，同时修改标注比例为 110。

(4) 单击菜单栏中的【标注】/【线性】命令，在“指定第一条尺寸界线起点或＜选择对象＞:”提示下捕捉如图 16-194 所示的交点作为第一条标注界线的起点。

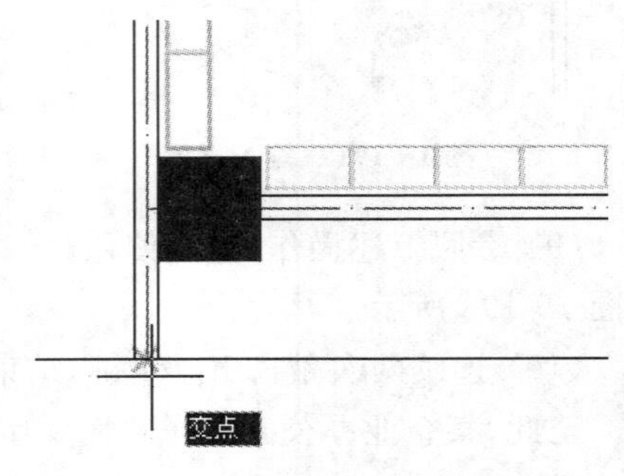

图 16-194　捕捉交点

(5) 在“指定第二条尺寸界线的起点:”提示下捕捉如图 16-195 所示的交点作为第二条标注界线的起点。

(6) 在“指定尺寸线位置或［多行文字(M)/文字(T)/角度(A)/水平(H)/垂直(V)/旋转(R)］:”提示下，向下移动光标指定尺寸线位置，结果如图 16-196 所示。

(7) 单击菜单栏中的【标注】/【连续】命令，配合【捕捉】与【追踪】功能标注如图 16-197 所示的连续尺寸。

(8) 单击菜单栏中的【标注】/【线性】命令，标注平面图下方的总尺寸，结果如图 16-198所示。

(9) 参照上述操作步骤，综合使用【线性】、【连续】等命令，配合【端点捕捉】和【中点捕捉】功能，分别标注平面图其他三侧尺寸和内部尺寸，结果如图 16-199 所示。

(10) 展开【图层控制】下拉列表，关闭“轴线层”。

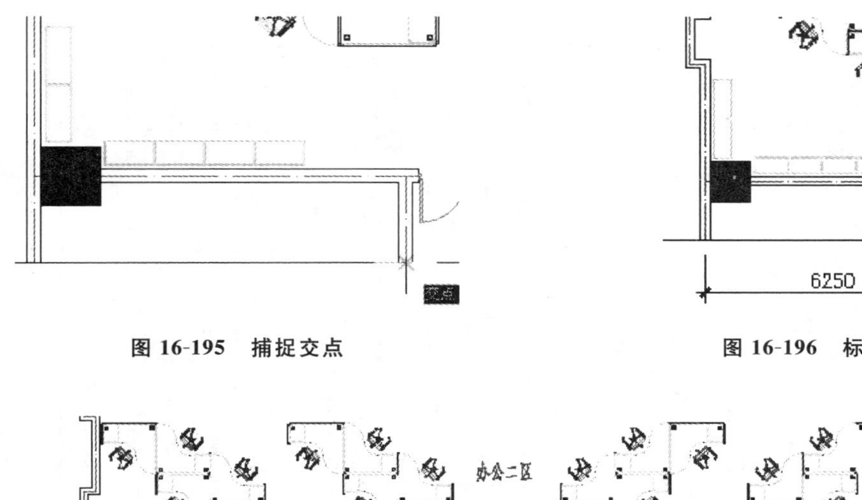

图 16-195　捕捉交点

图 16-196　标注结果

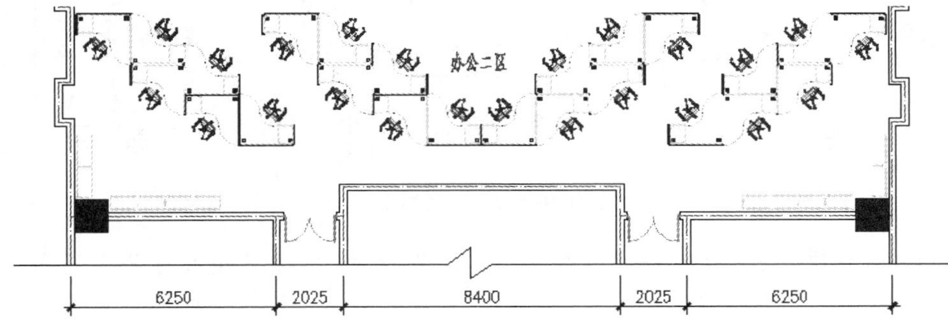

图 16-197　标注连续尺寸

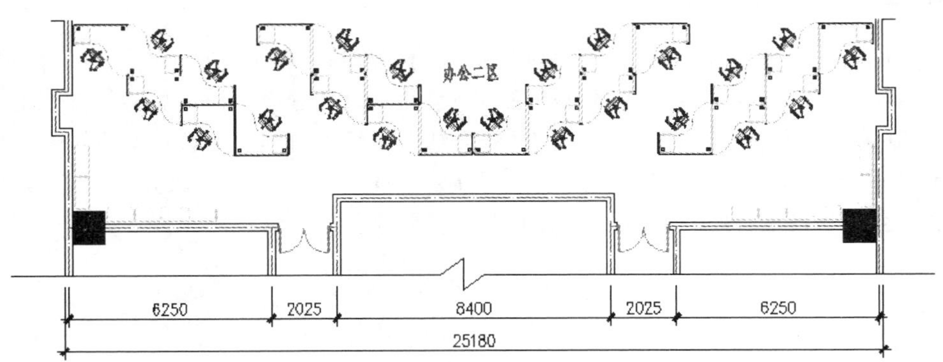

图 16-198　标注总尺寸

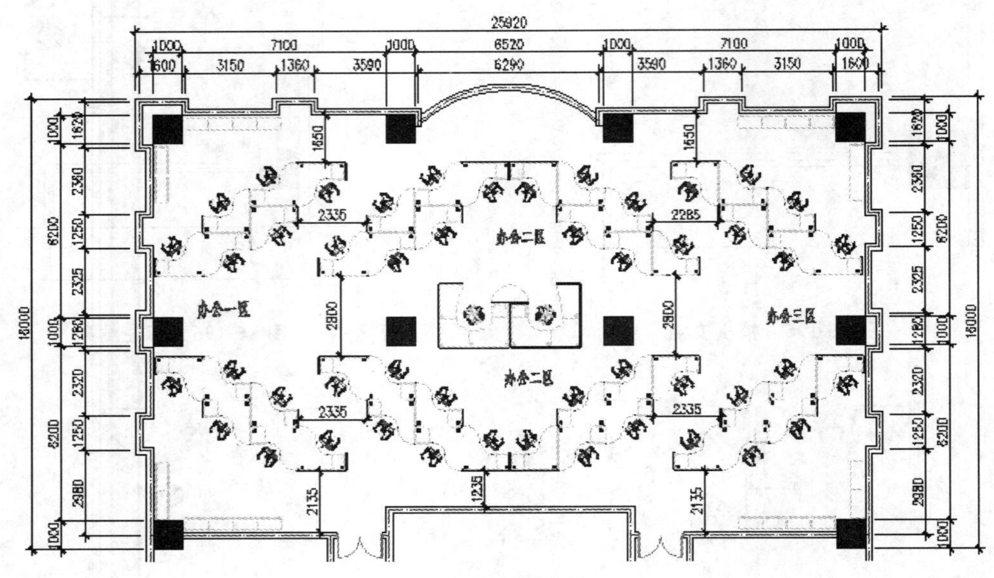

图 16-199　标注结果

(11) 最后执行【另存为】命令，将图形另名保存为“标注某企业办公家具布置图.dwg”。

16.7 本章小结

一个良好的办公设计方案，不仅可以活跃人们的思维，提高员工的工作效率，而且还是企业整体形象的体现。本章在简单概述办公空间的设计理念和设计思路等知识的前提下，以绘制某企业办公空间家具布置图为例，详细而系统地讲述了办公空间设计方案图的绘制流程、具体绘制过程和绘制技巧，学习了办公空间的划分与办公家具的合理布局，以进行室内空间的再造，塑造出科学、美观的办公室形象。

第17章

建筑装饰装潢图纸的后期打印

AutoCAD提供了模型和布局两种空间，模型空间是图形的设计空间，它在打印方面有一定的缺陷，而布局空间是AutoCAD的主要打印空间，打印功能比较完善。本章将学习这两种空间下的图纸打印过程，具体内容如下：

◎ 配置打印设备
◎ 页面设置与预览
◎ 软件间的数据交换
◎ 实例指导一——模型空间内快速出图
◎ 实例指导二——布局空间内精确出图
◎ 实例指导三——以多种比例并列出图
◎ 本章小结

17.1 配置打印设备

在打印图形之前，首先需要配置打印设备，使用【绘图仪管理器】命令，则可以配置绘图仪设备、定义和修改图纸尺寸等。

执行【绘图仪管理器】命令主要有以下几种方式：

(1) 单击菜单【文件】/【绘图仪管理器】命令。

(2) 在命令行输入 Plottermanager 后按 Enter 键。

(3) 单击【输出】选项卡/【打印】面板上的按钮。

17.1.1 添加绘图仪设备

下面通过配置光栅文件格式的打印机，学习【绘图仪管理器】命令的使用方法，具体操作步骤如下。

(1) 执行【绘图仪管理器】命令，打开如图 17-1 所示的【Plotters】窗口。

(2) 双击【添加绘图仪向导】图标，打开如图 17-2 所示的【添加绘图仪-简介】对话框。

(3) 单击下一步(N) >按钮，打开【添加绘图仪-绘图仪型号】对话框，设置绘图仪型号及其生产商，如图 17-3 所示。

(4) 依次单击下一步(N) >按钮，打开如图 17-4 所示的【添加绘图仪-绘图仪名称】对话

图 17-1 【Plotters】窗口

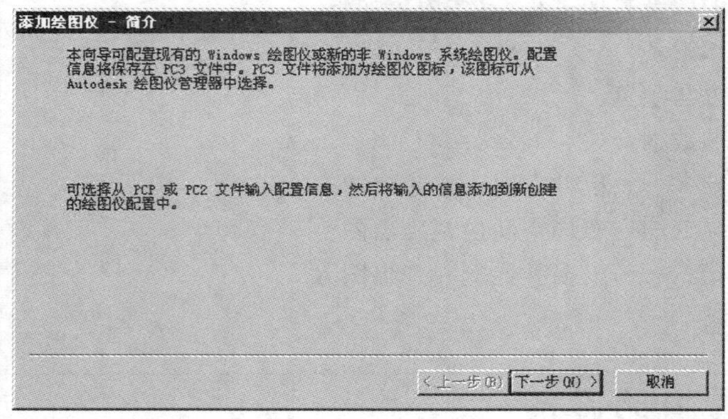

图 17-2 【添加绘图仪-简介】对话框

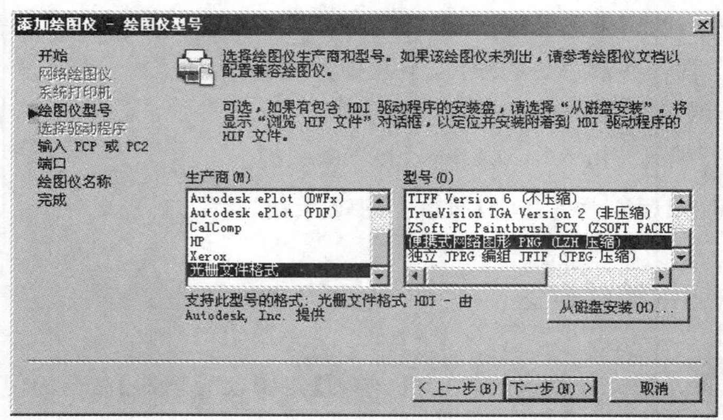

图 17-3 设置绘图仪型号

框，用于为添加的绘图仪命名，在此采用默认设置。

（5）在【添加绘图仪-绘图仪名称】对话框中单击 下一步(N) > 按钮，打开如图 17-5 所示的【添加绘图仪-完成】对话框。

（6）单击 完成(F) 按钮，添加的绘图仪会自动出现在【Plotters】窗口内，如图 17-6 所示。

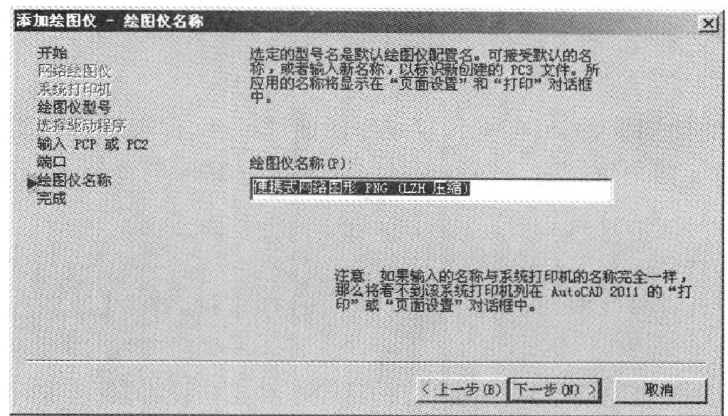

图 17-4 【添加绘图仪-绘图仪名称】对话框

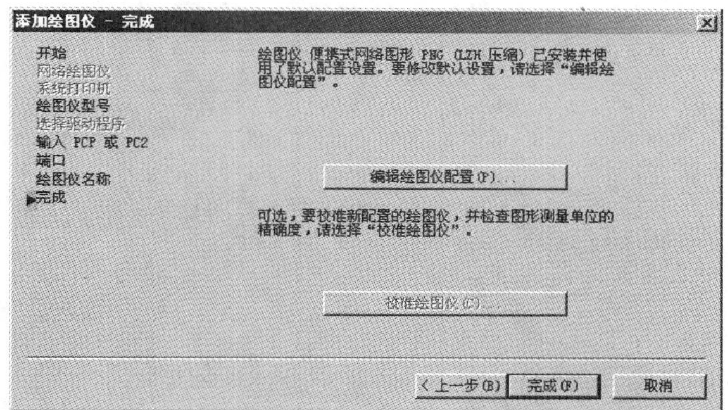

图 17-5 【添加绘图仪-完成】对话框

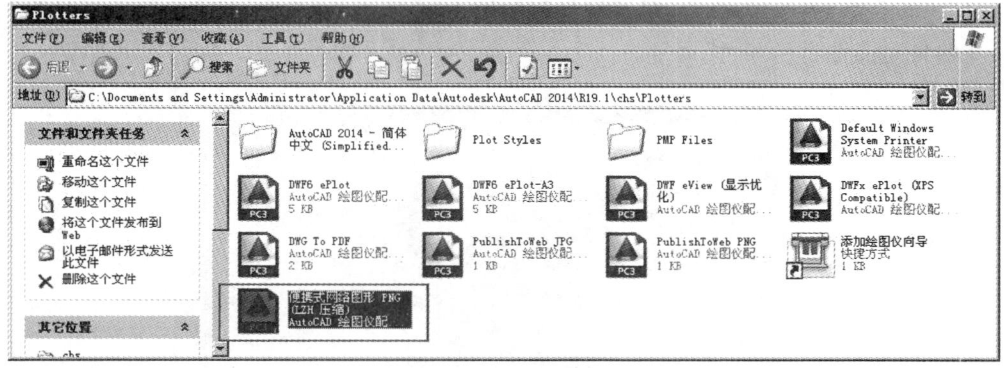

图 17-6 添加绘图仪

17.1.2 定义图纸尺寸

每一款型号的绘图仪，都自配有相应规格的图纸尺寸，但有时这些图纸尺寸与打印图形很难相匹配，需要用户重新定义图纸尺寸。下面通过具体的实例，学习图纸尺寸的定义过程。

（1）继续上例操作。

（2）在【Plotters】窗口中，双击图 17-6 所示的打印机，打开【绘图仪配置编辑器】对话框。

（3）在【绘图仪配置编辑器】对话框中展开【设备和文档设置】选项卡，如图 17-7 所示。

（4）单击【自定义图纸尺寸】选项，打开【自定义图纸尺寸】选项组，如图 17-8 所示。

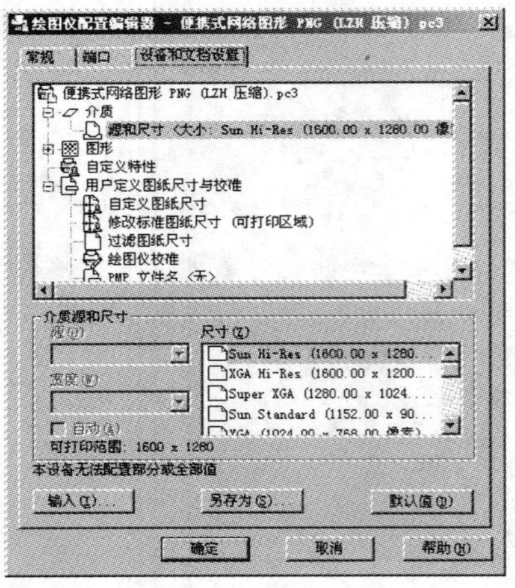

图 17-7 【设备和文档设置】选项卡

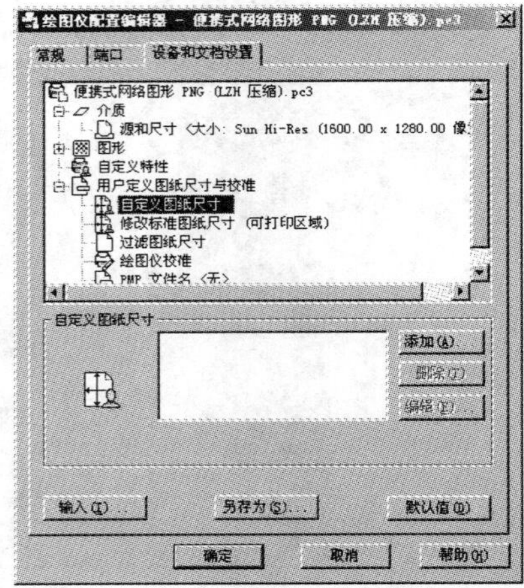

图 17-8 打开【自定义图纸尺寸】选项组

（5）单击 添加(A)... 按钮，此时系统打开如图 17-9 所示的【自定义图纸尺寸-开始】对话框，开始自定义图纸的尺寸。

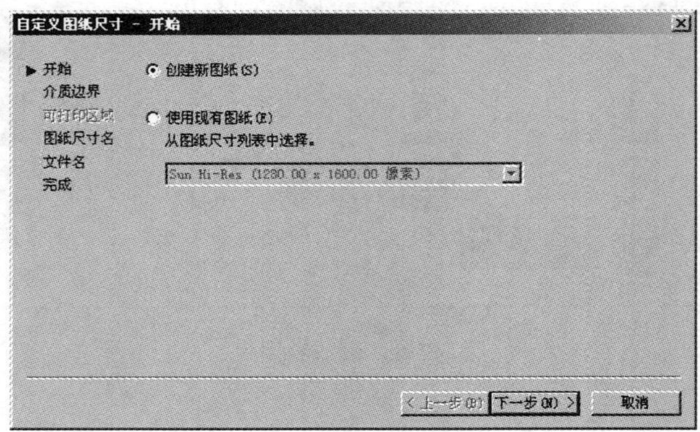

图 17-9 自定义图纸尺寸

(6) 单击 下一步(N) > 按钮,打开【自定义图纸尺寸-介质边界】对话框,然后分别设置图纸的宽度、高度以及单位,如图 17-10 所示。

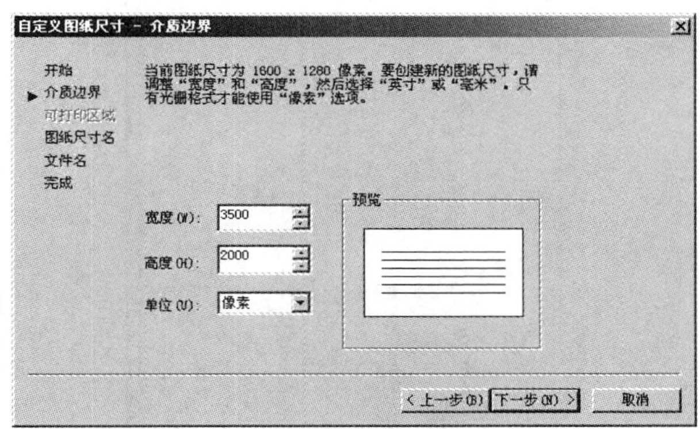

图 17-10 设置图纸尺寸

(7) 依次单击 下一步(N) > 按钮,直至打开如图 17-11 所示的【自定义图纸尺寸-完成】对话框,完成图纸尺寸的自定义过程。

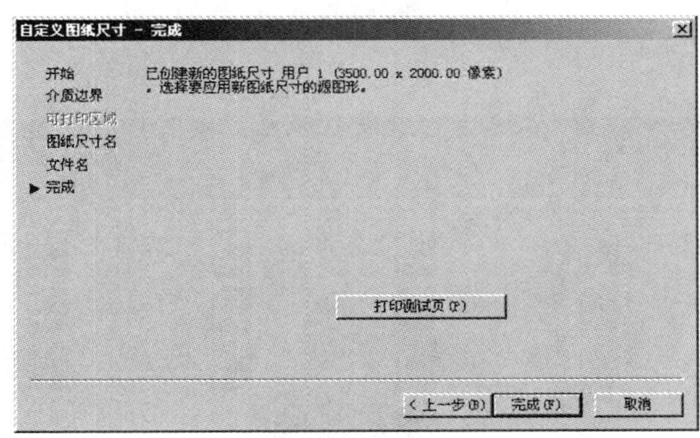

图 17-11 【自定义图纸尺寸-完成】对话框

(8) 单击 完成(F) 按钮,结果新定义的图纸尺寸自动出现在图纸尺寸选项组中,如图 17-12 所示。

(9) 如果用户需要将此图纸尺寸保存,可以单击 另存为(S)... 按钮;如果用户仅在当前使用一次,可以单击 确定 按钮即可。

17.1.3 添加打印样式表

打印样式表其实就是一组打印样式的集合,而打印样式则用于控制图形的打印效果,修改打印图形的外观。使用【打印样式管理器】命令可以创建和管理打印样式表。

执行【打印样式管理器】命令主要有以下几种方式:

(1) 单击菜单【文件】/【打印样式管理器】命令。

(2) 在命令行输入 Stylesmanager 后按 Enter 键。

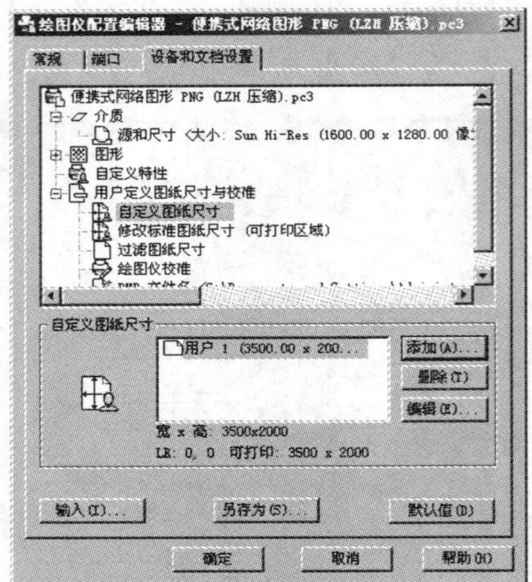

图 17-12　图纸尺寸的定义结果

下面通过添加名为"ctb01"颜色相关打印样式表，学习【打印样式管理器】命令的使用方法和技巧。

(1) 单击菜单【文件】/【打印样式管理器】命令，打开如图 17-13 所示的【Plotte Styles】窗口。

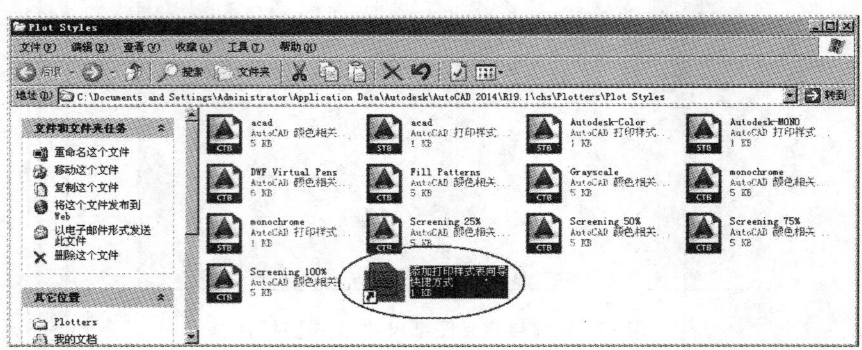

图 17-13　【Plotte Styles】窗口

(2) 双击窗口中的【添加打印样式表向导】图标，打开如图 17-14 所示的【添加打印样式表】对话框。

(3) 单击 下一步(N) > 按钮，打开如图 17-15 所示的【添加打印样式表-开始】对话框，开始配置打印样式表的操作。

(4) 单击 下一步(N) > 按钮，打开【添加打印样式表-选择打印样式表】对话框，选择打印样式表的类型，如图 17-16 所示。

(5) 单击 下一步(N) > 按钮，打开【添加打印样式表-文件名】对话框，为打印样式表命名，如图 17-17 所示。

(6) 单击 下一步(N) > 按钮，打开如图 17-18 所示的【添加打印样式表-完成】对话框，完成打印样式表各参数的设置。

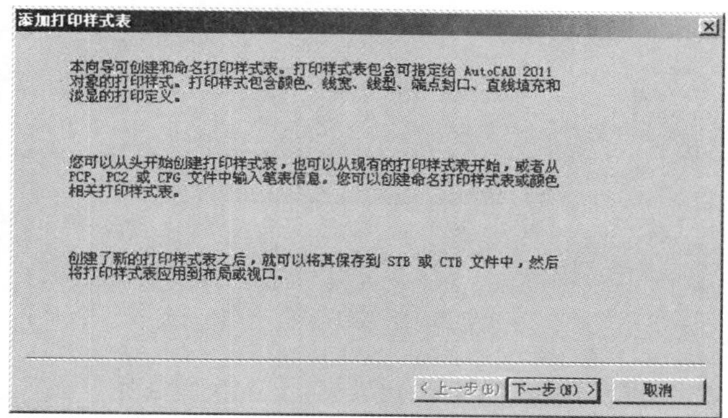

图 17-14 【添加打印样式表】对话框

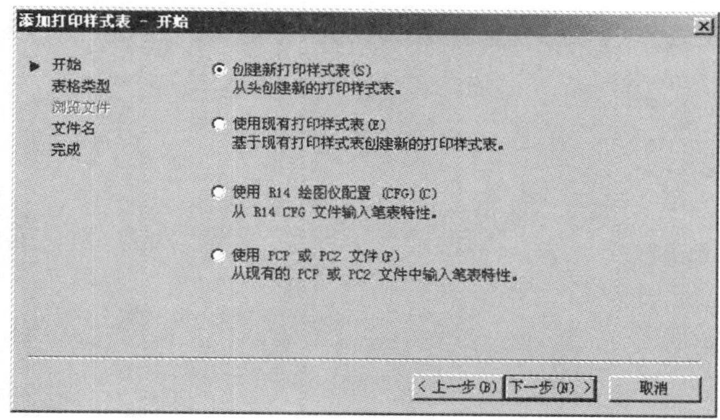

图 17-15 【添加打印样式表-开始】对话框

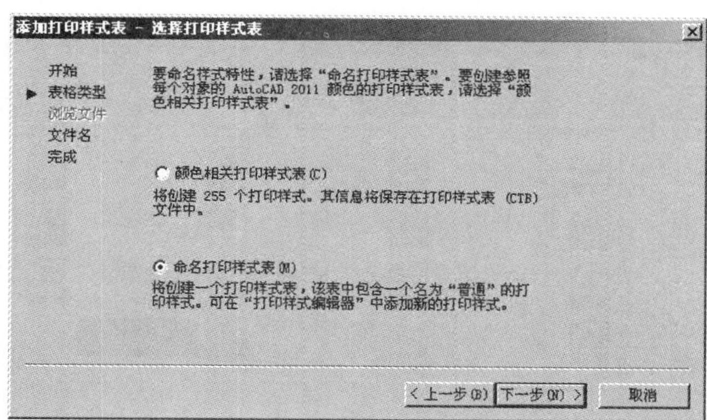

图 17-16 【添加打印样式表-选择打印样式表】对话框

（7）单击 完成 按钮，即可添加设置的打印样式表，新建的打印样式表文件图标显示在【Plot Styles】窗口中，如图 17-19 所示。

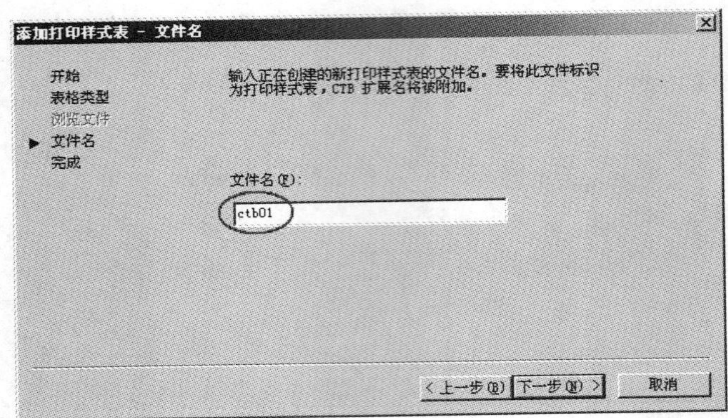

图 17-17 【添加打印样式表-文件名】对话框

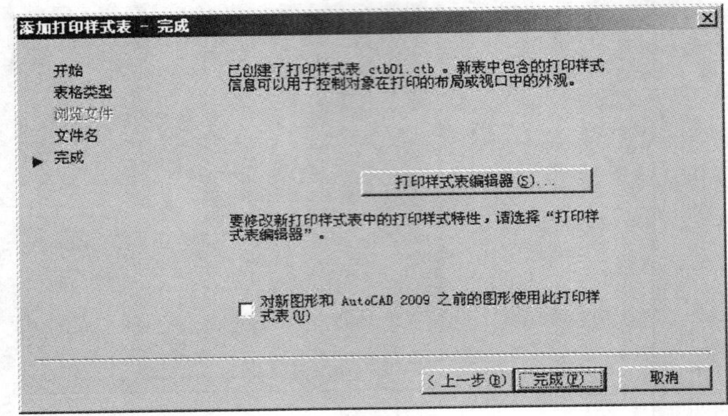

图 17-18 【添加打印样式表-完成】对话框

图 17-19 【Plot Styles】窗口

17.2 页面设置与预览

本节主要学习打印页面的具体设置以及页面的预览和打印技能，具体有【页面设置管理器】、【打印】和【打印预览】三个命令。

17.2.1 页面设置

在配置好打印设备后，下一步就是设置页面参数。使用【页面设置管理器】命令，可以非常方便地设置和管理图形的打印页面。

1.【页面设置管理器】命令的执行方式

执行【页面设置管理器】命令主要有以下几种方式：

(1) 单击菜单【文件】/【页面设置管理器】命令。

(2) 在模型或布局标签上单击右键，选择【页面设置管理器】命令。

(3) 在命令行输入 Pagesetup 后按 Enter 键。

(4) 单击【输出】选项卡/【打印】面板上的按钮。

执行【页面设置管理器】命令后，可打开如图 17-20 所示的【页面设置管理器】对话框。在此对话框中可以设置、修改和管理当前的页面设置。在【页面设置管理器】对话框中单击 新建(N)... 按钮，可打开如图 17-21 所示的【新建页面设置】对话框，用于为新页面命名。

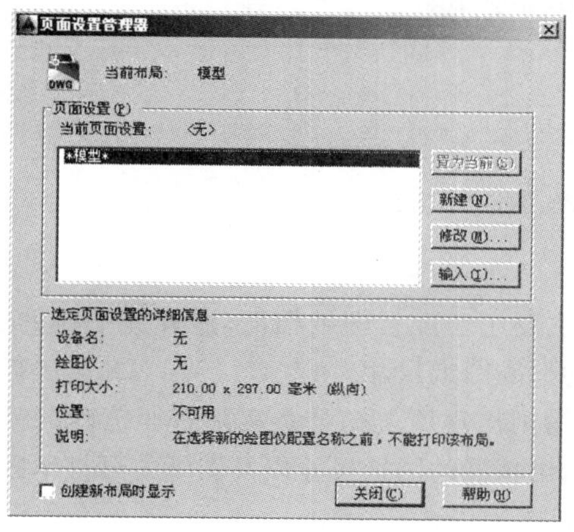

图 17-20 【页面设置管理器】对话框

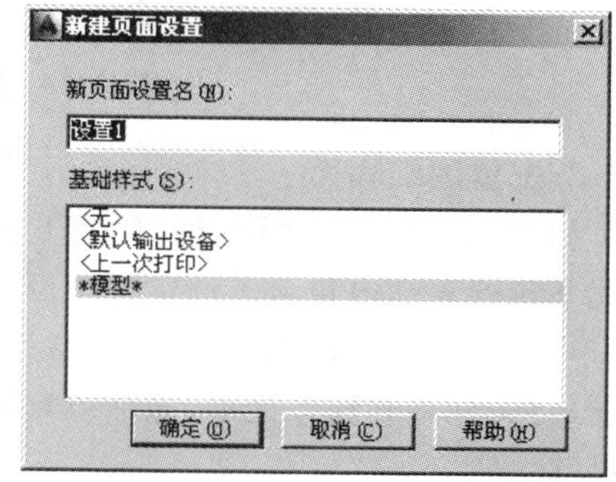

图 17-21 【新建页面设置】对话框

单击 确定(O) 按钮，打开如图 17-22 所示的【页面设置】对话框，在此对话框内可以进行打印设备的配置、图纸尺寸的匹配、打印区域的选择以及打印比例的调整等操作。

2.选择打印设备

【打印机/绘图仪】选项组主要用于配置绘图仪设备，单击【名称】下拉列表，在展开的下拉列表框中可以选择 Windows 系统打印机或 AutoCAD 内部打印机（“.pc3”文件）作为输出设备，如图 17-23 所示。

如果用户在此选择了“.pc3”文件打印设备，AutoCAD 则会创建出电子图纸，即将图形输出并存储为 Web 上可用的“.dwf”格式的文件。AutoCAD 提供了两类用于创建“.dwf”文件的“.pc3”文件，分别是“ePlot.pc3”和“eView.pc3”。前者生成的“.dwf”文件较适合于打印，后者生成的文件则适合于观察。

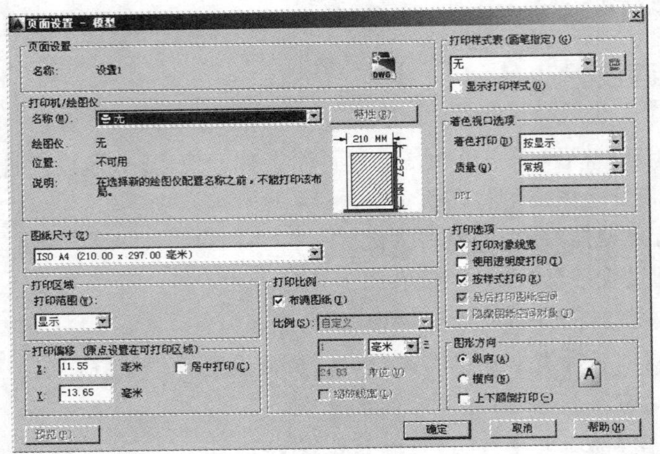

图 17-22 【页面设置】对话框

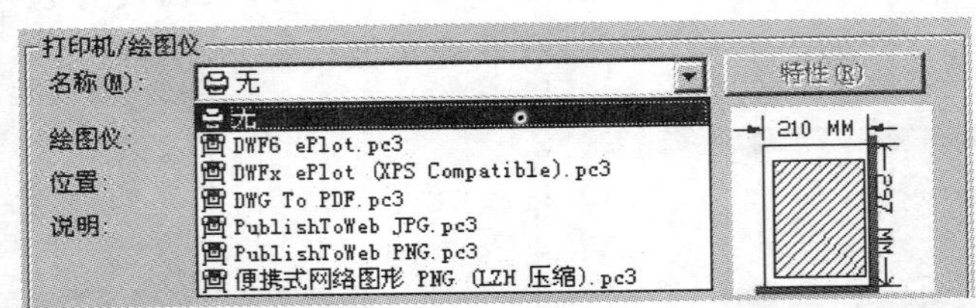

图 17-23 【打印机/绘图仪】选项组

3. 配置图纸幅面

如图 17-24 所示的【图纸尺寸】下拉列表，主要用于配置图纸幅面，展开此下拉列表，在此下拉列表框内包含了选定打印设备可用的标准图纸尺寸。

当选择了某种幅面的图纸时，该列表右上角则出现所选图纸及实际打印范围的预览图像，将光标移到预览区中，光标位置处会显示出精确的图纸尺寸以及图纸的可打印区域的尺寸。

4. 指定打印区域

在【打印区域】选项组中，可以设置需要输出的图形范围。展开【打印范围】下拉列表框，如图 17-25 所示，在此下拉列表中包含四种打印区域的设置方式，具体有显示、窗口、范围和布局。

5. 设置打印比例

【打印比例】选项组用于设置图形的打印比例，如图 17-26 所示。其中，【布满图纸】复选项仅适用于模型空间中的打印，当勾选该复选项后，AutoCAD 将缩放自动调整图形，与打印区域和选定的图纸等相匹配，使图形取得最佳位置和比例。

6. 着色视口

在【着色视口选项】选项组中，可以将需要打印的三维模型设置为着色、线框或以渲染图的方式输出，如图 17-27 所示。

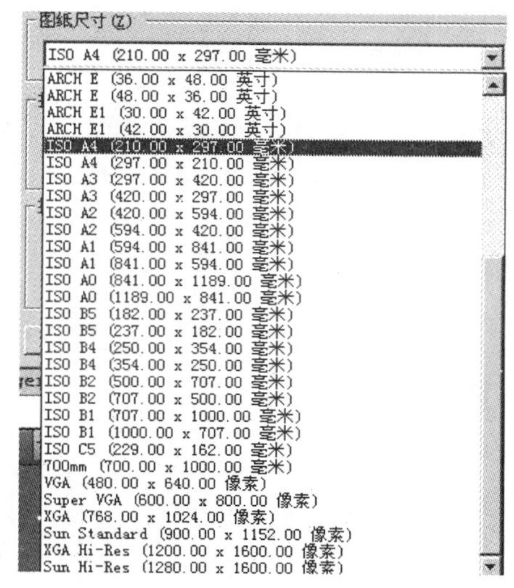

图 17-24 【图纸尺寸】下拉列表

图 17-25 打印范围

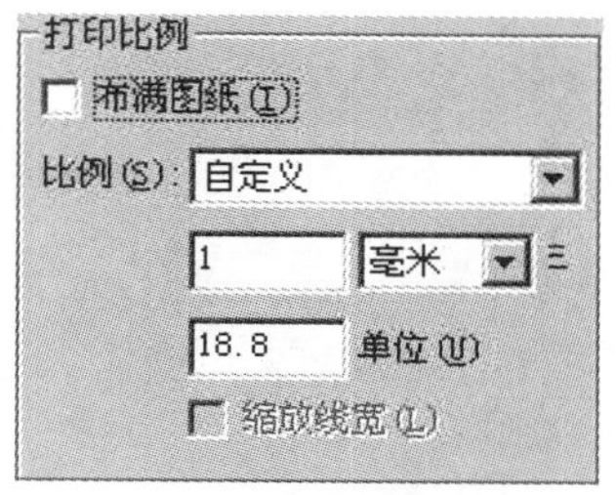

图 17-26 打印比例

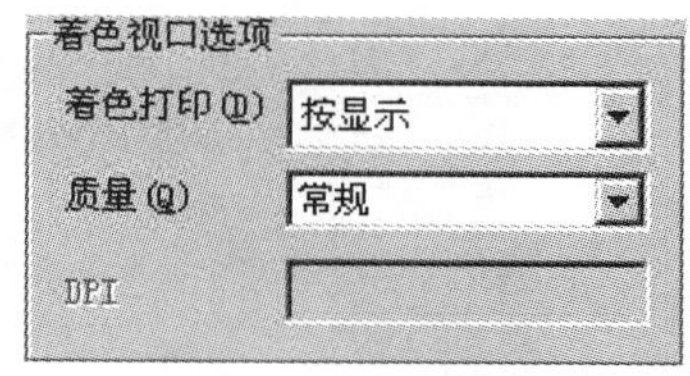

图 17-27 着色视口

7. **调整打印方向**

如图 17-28 所示的【图形方向】选项组，可以调整图形在图纸上的打印方向。在右侧的图纸图标中，图标代表图纸的放置方向，图标中的字母 A 代表图形在图纸上的打印方向。共有纵向、横向两种方式。

在如图 17-29 所示的选项组中，可以设置图形在图纸上的打印位置。默认设置下，AutoCAD 从图纸左下角打印图形。打印原点处在图纸左下角，坐标是(0,0)，用户可以在此选项组中，重新设定新的打印原点，这样图形在图纸上将沿 X 轴和 Y 轴移动。

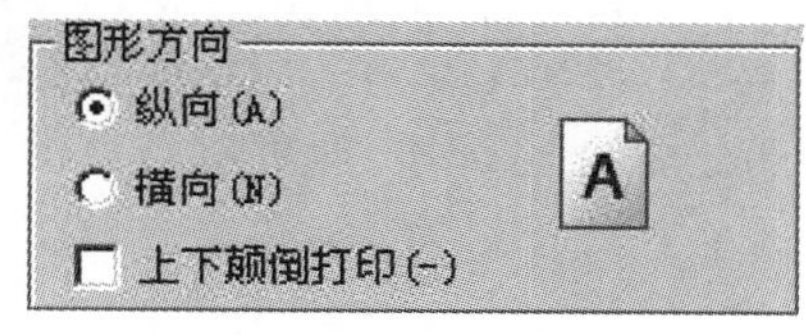

图 17-28 调整出图方向

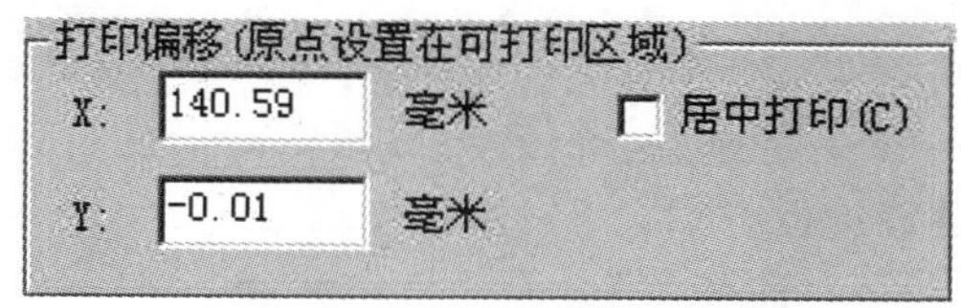

图 17-29 打印偏移

17.2.2 预览与打印

【打印】命令主要用于打印或预览当前已设置好的页面布局，也可直接使用此命令设置图形的打印页面。

1.【打印】命令的执行方式

执行【打印】命令主要有以下几种方式：

(1) 单击菜单【文件】/【打印】命令。

(2) 单击【标准】工具栏或【打印】面板上的按钮。

(3) 在命令行输入 Plot 后按 Enter 键。

(4) 按组合键 Ctrl+P。

(5) 在【模型】选项卡或【布局】选项卡上单击右键，选择【打印】选项。

执行【打印】命令后，可打开如图 17-30 所示的【打印】对话框，此对话框具备【页面设置】对话框中的参数设置功能，用户不仅可以按照已设置好的打印页面预览和打印图形，还可以在对话框中重新设置、修改图形的页面参数。

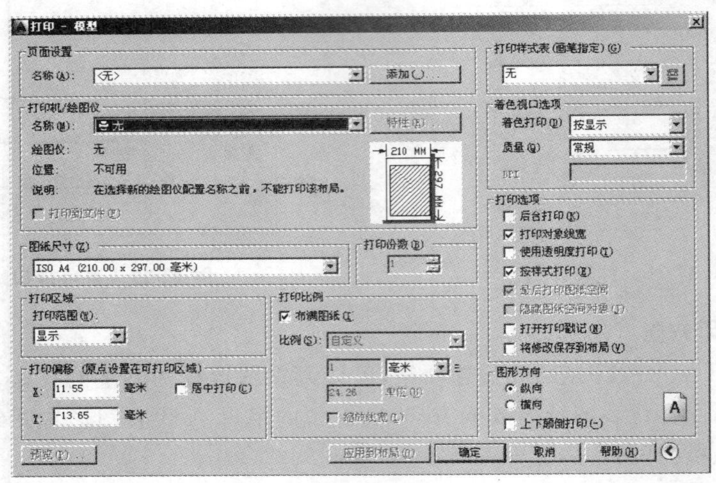

图 17-30 【打印】对话框

☞技巧提示

单击对话框右侧的【扩展/收缩】按钮，可以展开和隐藏右侧的部分选项。

单击 预览(P)... 按钮，可以预览图形的打印结果，单击 确定 按钮，即可对当前的页面设置进行打印。

2.【打印预览】命令的执行方式

【打印预览】命令主要用于对设置好的打印页面进行预览和打印，执行此命令主要有以下几种方式：

(1) 单击菜单【文件】/【打印预览】命令。

(2) 单击【标准】工具栏或【打印】面板上的按钮。

(3) 在命令行输入 Preview 后按 Enter 键。

17.3 软件间的数据交换

本节主要简单介绍 AutoCAD 与 3ds Max 与 Photoshop 软件之间的数据交换功能。

17.3.1 与 3ds Max 间的数据转换

AutoCAD 精确强大的绘图和建模功能,加上 3ds Max 无与伦比的特效处理及动画制作功能,既克服了 AutoCAD 的动画及材质方面的不足,又弥补了 3ds Max 建模的烦琐与不精确。在这两种软件之间存在一条数据互换的通道,用户完全可以综合两者的优点来构造模型。AutoCAD 与 3ds Max 都支持多种图形文件格式,下面学习这两种软件之间进行数据转换时,使用到的三种文件格式。

1. DWG **格式**

此种格式是一种常用的数据交换格式,即在 3ds Max 中可以直接读入该格式的 AutoCAD 图形,而不需要经过第三种文件格式。使用此种格式进行数据交换,可为用户提供图形的组织方式(如图层、图块)上的转换,但是此种格式不能转换材质和贴图信息。

2. DXF **格式**

使用【Dxfout】命令将 CAD 图形输出保存为"Dxf"格式的文件,然后 3ds Max 中也可读入该图形。不过此种格式属于一种文本格式,它是在众多的 CAD 建模程序之间,进行一般数据交换的标准格式。使用此种格式,可以将 AutoCAD 模型转化为 3ds Max 中的网格对象。

3. 3DS **格式**

这是 DOS 环境下的 3ds Studio 的基本文本格式,使用这种格式可以使 3ds Max 转化为 AutoCAD 的材质和贴图信息,并且它是从 AutoCAD 向 3ds Max 输出 ARX 对象的最好办法。用户可以根据自已的实际情况,选择相应的数据交换格式,如果使从 AutoCAD 转换到 3ds Max 中的模型尽可能参数化,则可以选择 DWG 格式;如果在 AutoCAD 和 3ds Max 之间来回交换数据,也可使用 DWG 格式;如果在 3ds Max 中保留 AutoCAD 材质和贴图坐标,则可使用 3DS 格式;如果只需要将 AutoCAD 中的三维模型导入 3ds Max,则可以使用 DXF 格式。

另外,使用 3ds Max 创建的模型也可转化为 DWG 格式的文件,在 AutoCAD 应用软件中打开,进一步细化处理。具体操作方法就是使用【文件】菜单中的【输出】命令,将 3ds Max 模型直接保存为 DWG 格式的图形。

17.3.2 与 Photoshop 间的数据转换

AutoCAD 绘制的图形,除了可以用 3ds Max 处理外,也可以用 Photoshop 对其进行更细腻的光影、色彩等处理。

1. **使用【输出】命令**

单击菜单栏【文件】/【输出】命令，打开【输出数据】对话框，将【文件类型】设置为“Bitmap(*. bmp)”选项，再确定一个合适的路径和文件名，即可将当前 CAD 图形文件输出为位图文件。

2. **打印到文件**

使用“打印到文件”方式输出位图，使用此种方式时，需要事先添加一个位图格式的光栅打印机，然后再进行打印输出位图。虽然 AutoCAD 可以输出 BMP 格式图片，但 Photoshop 却不能输出 AutoCAD 格式图片，不过在 AutoCAD 中可以通过【光栅图像参照】命令插入 BMP、JPG、GIF 等格式的图形文件。单击菜单栏【插入】/【光栅图像参照】命令，打开【选择参照文件】对话框，然后选择所需的图像文件，如图 17-31 所示。

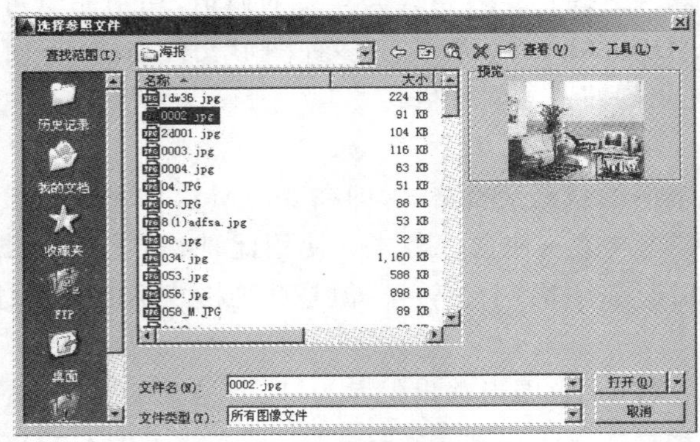

图 17-31 【选择参照文件】对话框

单击【打开(O)】按钮，打开如图 17-32 所示的【附着图像】对话框，根据需要设置图片文件的插入点、插入比例和旋转角度。单击【确定】按钮，指定图片文件的插入点等，按提示完成操作。

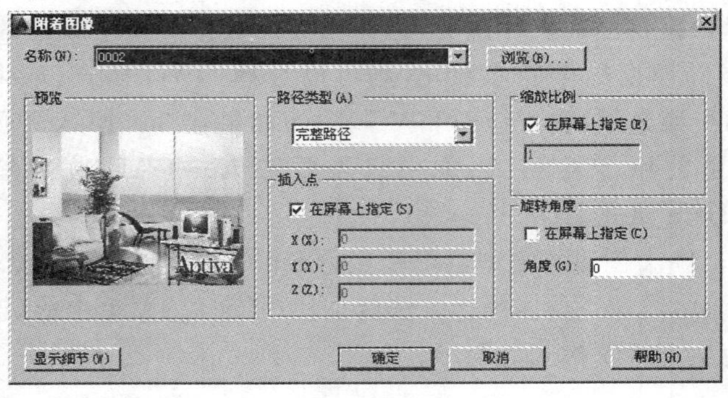

图 17-32 【附着图像】对话框

17.4 实例指导——模型空间内快速出图

本例通过将帝皇夜总会 KTV 包厢 D 向立面图打印输出到 4 号图纸上，主要学习模型空间内图纸的快速打印过程和相关技巧。KTV 包厢 D 向立面图的最终打印效果如图 17-33 所示。

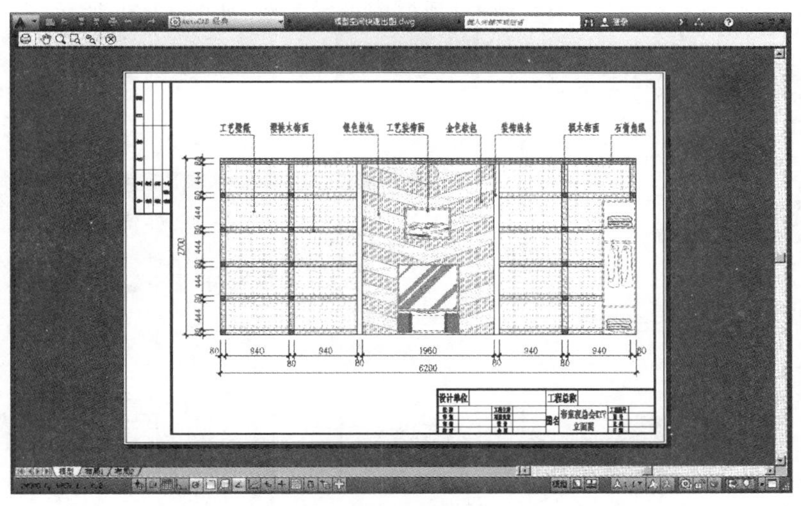

图 17-33　打印效果

操作步骤如下所述。

（1）执行【打开】命令，打开随书光盘“\效果文件\第 15 章\绘制帝皇夜总会包厢 D 向立面图. dwg”文件，将“0 图层”设为当前层，然后执行【插入块】命令，以 27 倍的比例插入随书光盘中的“\图块文件\A4-H. dwg”，插入结果如图 17-34 所示。

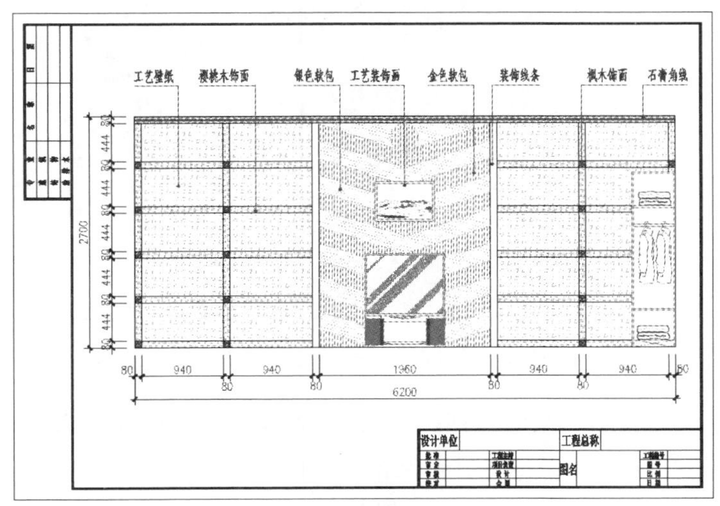

图 17-34　打开结果

(2) 单击菜单栏【文件】/【绘图仪管理器】命令，在打开的对话框中双击“DWF6 ePlot”图标。

(3) 此时系统打开【绘图仪配置编辑器-DWF6 ePlot.pc3】对话框，然后展开【设备和文档设置】选项卡，选择“用户定义图纸尺寸与校准”目录下“修改标准图纸尺寸(可打印区域)”选项，如图 17-35 所示。

(4) 在【修改标准图纸尺寸】组合框内选择“ISO A4 图纸尺寸”，单击 修改(M)... 按钮，在打开的【自定义图纸尺寸-可打印区域】对话框中设置参数，如图 17-36 所示。

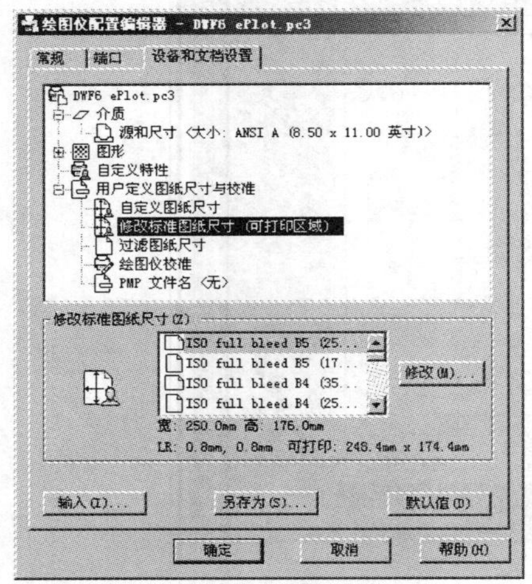

图 17-35 【绘图仪配置编辑器】对话框

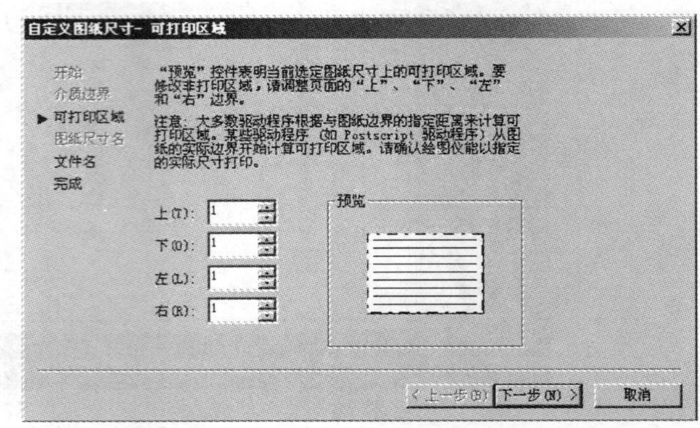

图 17-36 修改图纸打印区域

(5) 单击 下一步(N) > 按钮，在打开的【自定义图纸尺寸-完成】对话框中，列出了所修改后的标准图纸的尺寸，如图 17-37 所示。

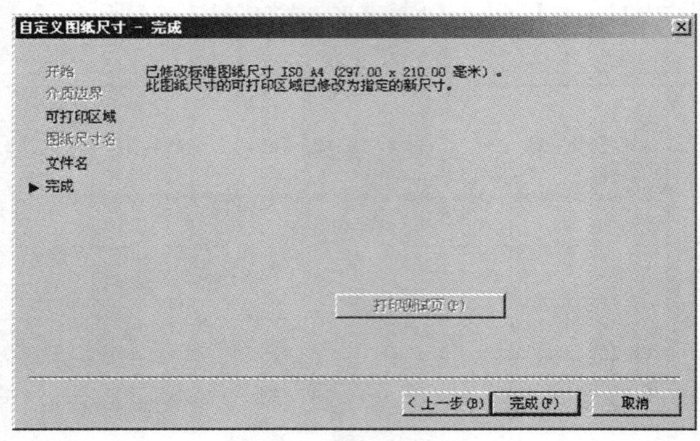

图 17-37 【自定义图纸尺寸-完成】对话框

(6) 单击 完成 按钮，系统返回【绘图仪配置编辑器-DWF6 ePlot.pc3】对话框，然后单击 另存为(S)... 按钮，将当前配置进行保存，如图 17-38 所示。

(7) 单击 保存(S) 按钮，返回【绘图仪配置编辑器-DWF6 ePlot.pc3】对话框，然后单击 确定 按钮，结束命令。

(8) 单击菜单栏【文件】/【页面设置管理器】命令，在打开的对话框中单击 新建(N)... 按钮，为新页面设置赋名，如图 17-39 所示。

(9) 单击 确定 按钮，打开【页面设置-模型打印】对话框，设置打印机的名称、图纸尺寸、打印偏移、打印比例和图形方向等页面参数，如图 17-40 所示。

图 17-38 【另存为】对话框

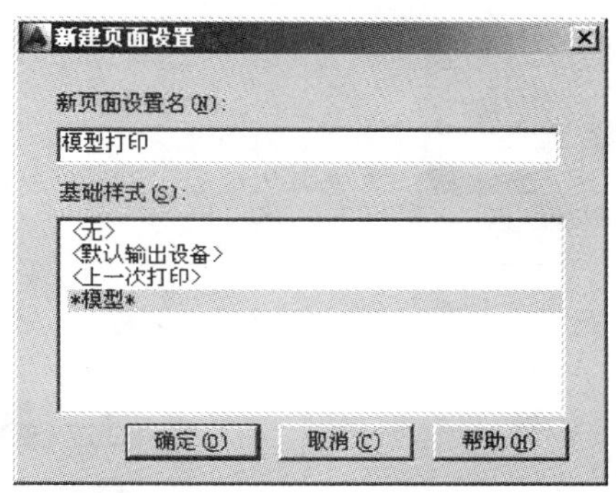

图 17-39 为新页面命名

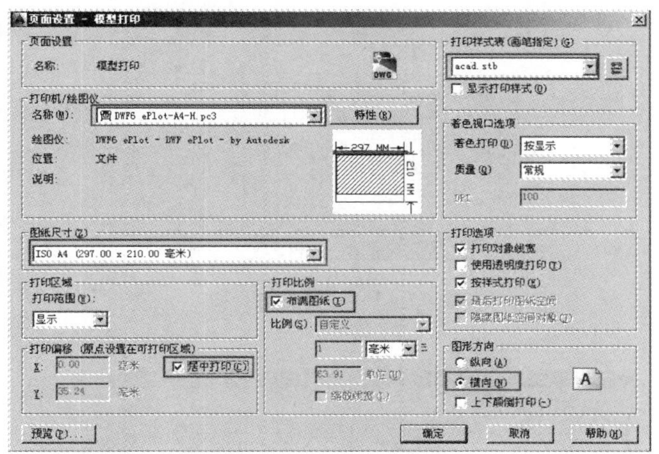

图 17-40 设置页面参数

(10) 单击【打印范围】下拉列表框，在展开的下拉列表内选择【窗口】选项，如图 17-41 所示。

(11) 返回绘图区，根据命令行的操作提示，分别捕捉图框的两个对角点 1 和 2，如图 17-42 所示，指定打印区域。

(12) 此时系统自动返回【页面设置-模型打印】对话框，单击 确定 按钮返回【页面设置管理器】对话框，将刚创建的新页面置为当前，如图 17-43 所示。

(13) 展开【图层控制】下拉列表，将“文本层”设置为当前图层。

(14) 使用快捷键 ST 激活【文字样式】命令，将“宋体”设置为当前样式，同时修改字体高度如图 17-44 所示。

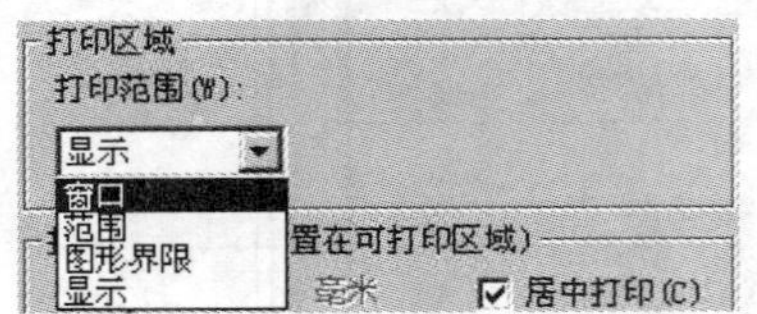

图 17-41 【打印范围】下拉列表框

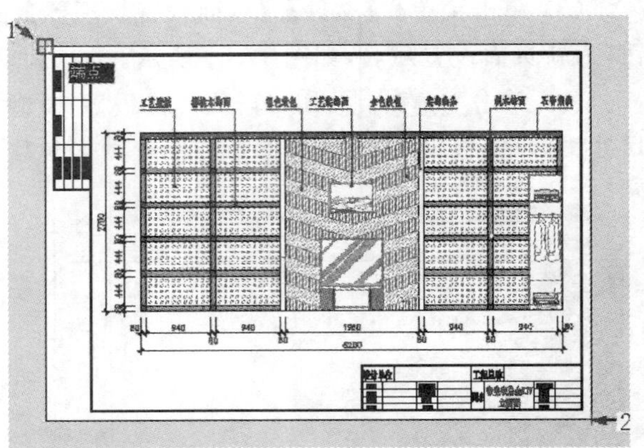

图 17-42 指定打印区域

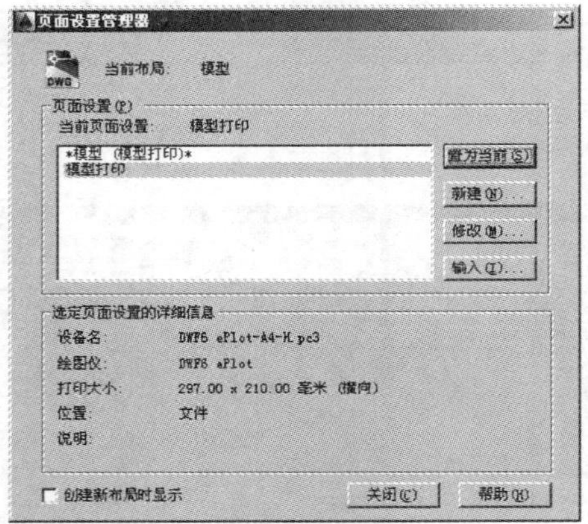

图 17-43 设置当前页面

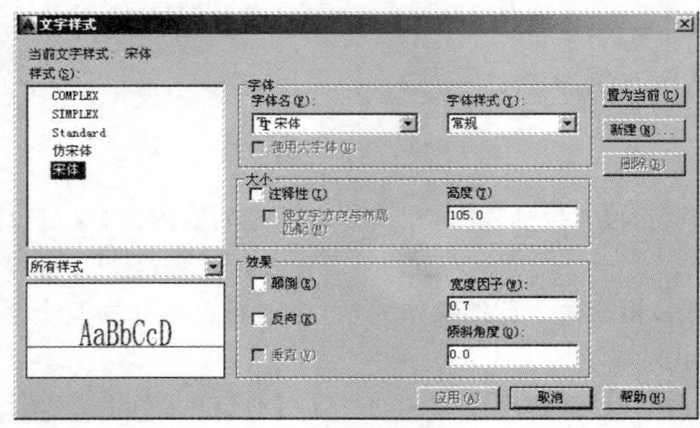

图 17-44 【文字样式】对话框

(15) 使用快捷键 T 激活【多行文字】命令,为标题栏填充图名,如图 17-45 所示。

(16) 调整视图,使立面图全部显示,结果如图 17-46 所示。

(17) 单击菜单【文件】/【打印预览】命令,对图形进行打印预览,预览结果如图 17-33

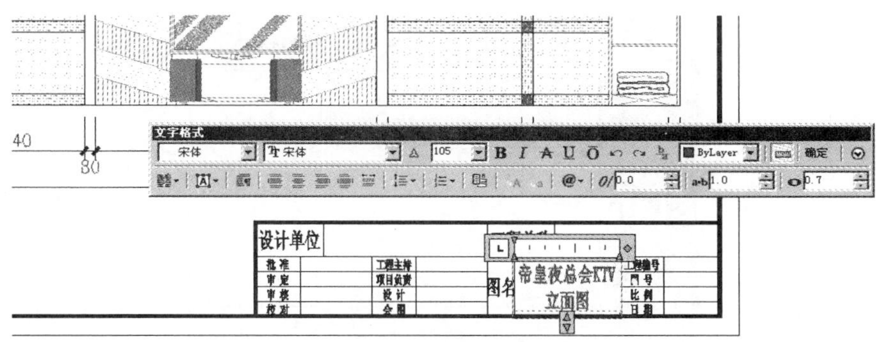

图 17-45　填充图名

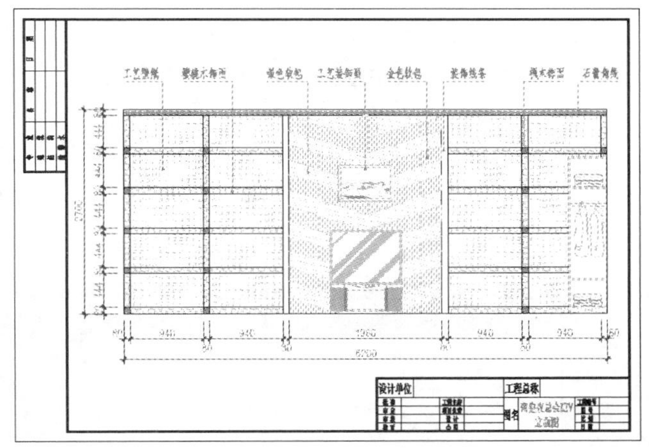

图 17-46　调整视图

所示。

(18) 单击右键，选择【打印】选项，此时系统打开如图 17-47 所示的【浏览打印文件】对话框，设置打印文件的保存路径及文件名。

☞技巧提示

将打印文件保存，可以方便用户网上发布、使用和共享。

(19) 单击 保存... 按钮，系统弹出【打印作业进度】对话框，等此对话框关闭后，打印过程即可结束。

(20) 最后执行【另存为】命令，将图形另名存储为“模型空间内快速出图. dwg”。

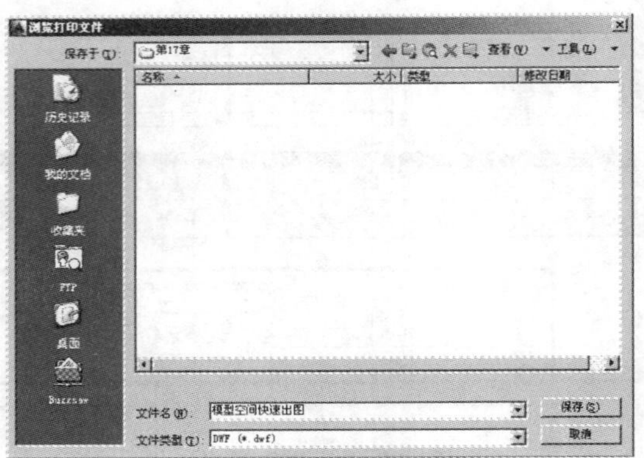

图 17-47 【浏览打印文件】对话框

17.5 实例指导二——布局空间内精确出图

本例将在布局空间内按照 1:40 的精确出图比例，将某学院多功能厅装饰装潢布置图打印输出到 2 号图纸上，主要学习布局空间的精确打印技能。本例最终打印效果如图 17-48所示。

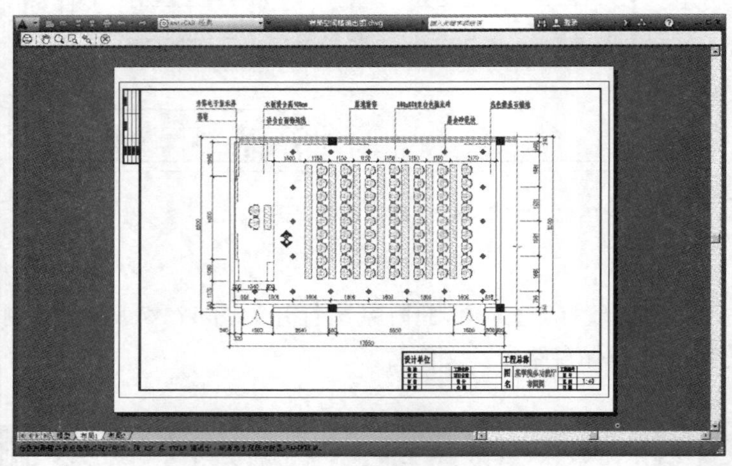

图 17-48 打印效果

操作步骤如下所述。

(1) 打开随书光盘"\素材文件\多功能厅布置图.dwg"文件，如图 17-49 所示。

(2) 单击"布局1"标签，进入"布局 1"空间，如图 17-50 所示。

(3) 展开【图层控制】下拉列表，将"0 图层"设置为当前图层。

(4) 单击菜单【视图】/【视口】/【多边形视口】命令，分别捕捉图框内边框的角点，创建多边形视口，将平面图从模型空间添加到布局空间，如图 17-51 所示。

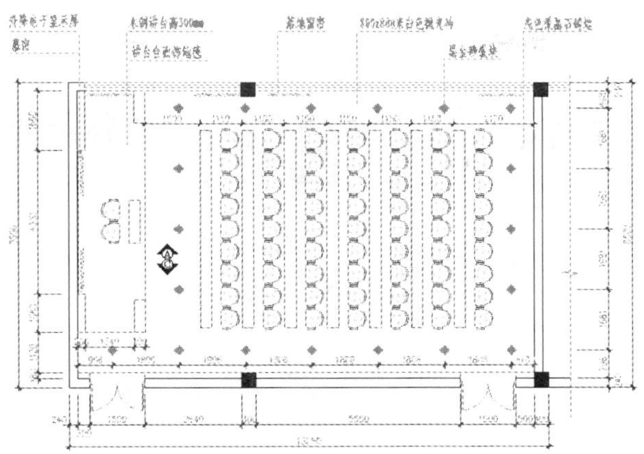

图 17-49　打开结果

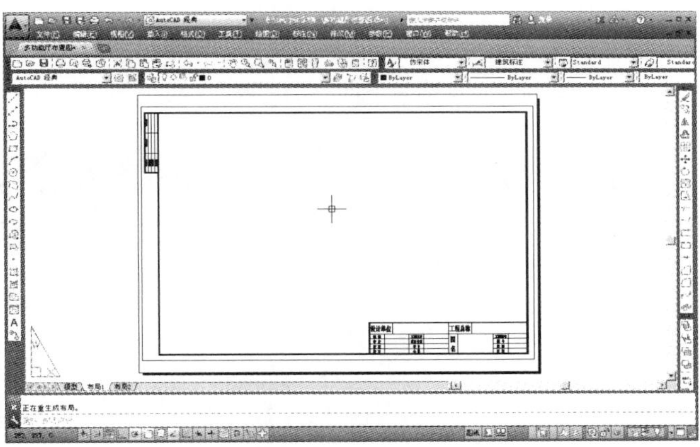

图 17-50　进入布局空间

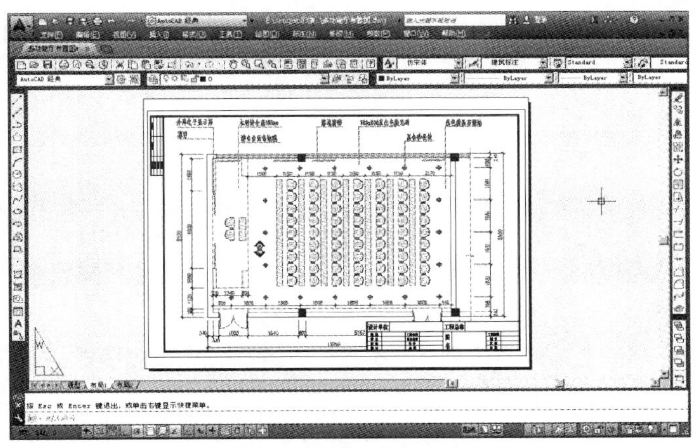

图 17-51　创建多边形视口

(5) 单击状态栏上的图纸按钮，激活刚创建的视口，然后打开【视口】工具栏，调整比例为 1:40，如图 17-52 所示。

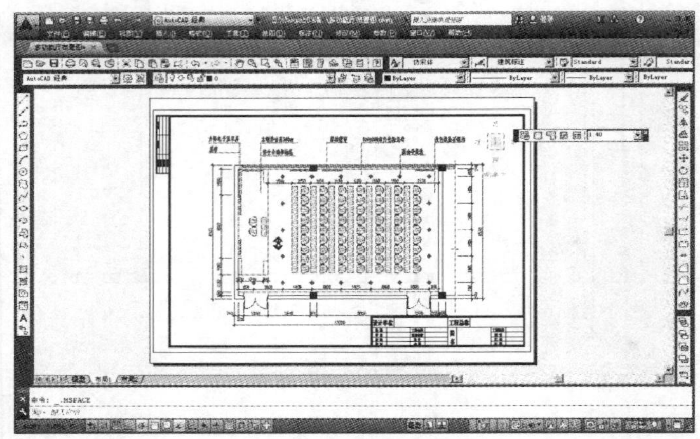

图 17-52　调整比例

(6) 接下来使用【实时平移】工具调整图形的出图位置，调整结果如图 17-53 所示。

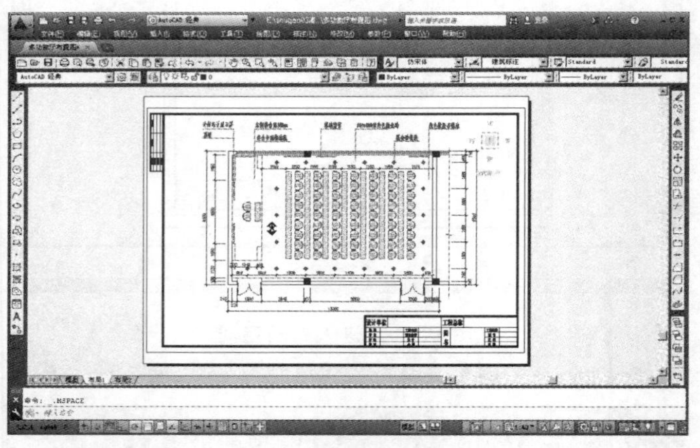

图 17-53　调整出图位置

☞技巧提示

如果状态栏上没有图纸按钮，可以在状态栏上单击右键，选择【图纸/模型】选项。

(7) 单击模型按钮返回图纸空间，然后展开【图层控制】下拉列表，设置“文本层”为当前图层。

(8) 展开【文字样式控制】下拉列表，设置“宋体”为当前文字样式，然后使用【窗口缩放】工具调整视图，如图 17-54 所示。

(9) 使用快捷键 T 激活【多行文字】命令，设置字体高度为 6、对正方式为正中对正，为标题栏填充图名，如图 17-55 所示。

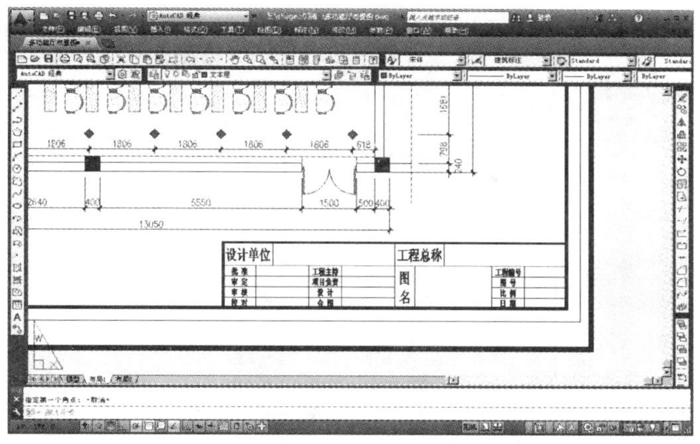

图 17-54　调整视图

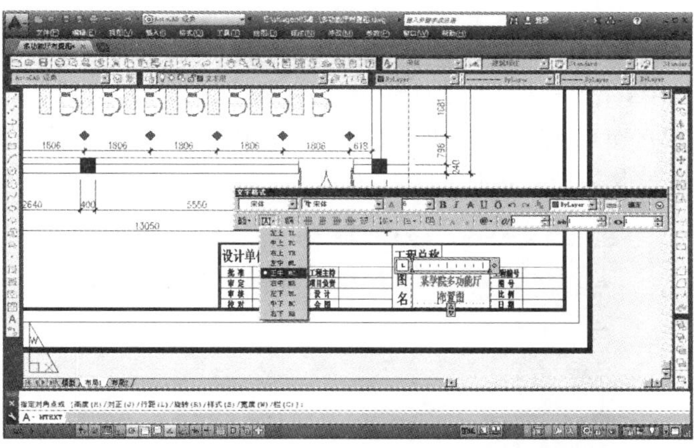

图 17-55　填充图名

（10）重复执行【多行文字】命令，设置文字样式和对正方式不变，填充出图比例，如图 17-56 所示。

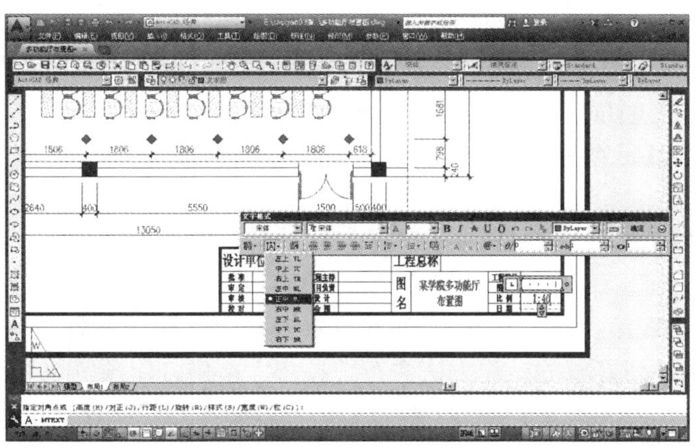

图 17-56　填充比例

(11) 接下来使用【全部缩放】工具调整视图，使图形全部显示，结果如图 17-57 所示。

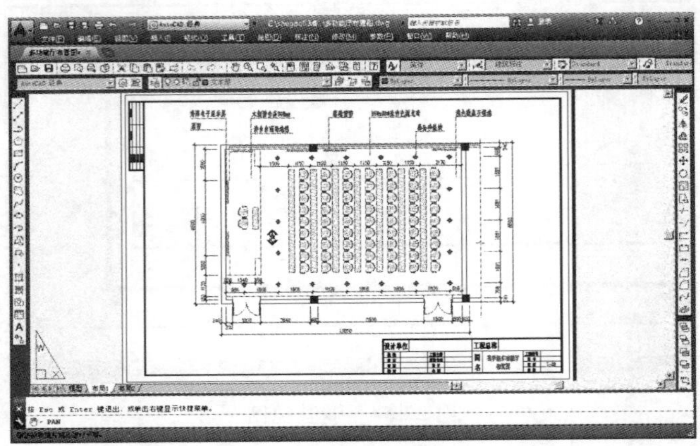

图 17-57　调整视图

(12) 执行【打印】命令，对图形进行打印预览，效果如图 17-48 所示。

(13) 返回【打印-布局 1】对话框单击 确定 按钮，在【浏览打印文件】对话框内设置打印文件的保存路径及文件名，如图 17-58 所示。

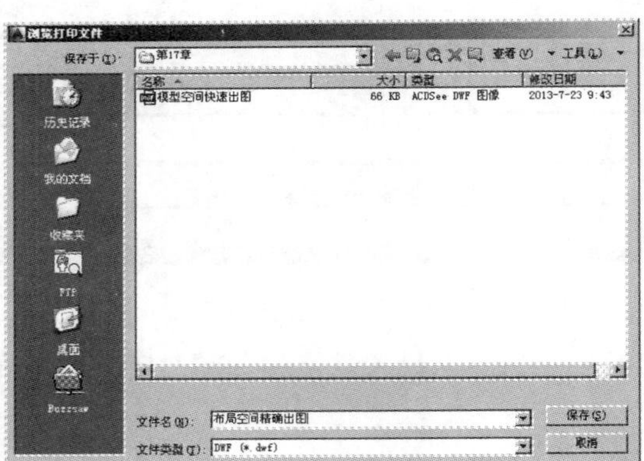

图 17-58　设置文件名及路径

(14) 单击 保存... 按钮，可将此平面图输出到相应图纸上。

(15) 最后执行【另存为】命令，将图形另名存储为“布局空间内精确出图.dwg”。

17.6　实例指导三——以多种比例并列出图

本例通过将某客厅、餐厅、儿童房、卧室等室内空间立面图等打印输出到同一张图纸上，学习多种比例并列打印的操作方法和布图技巧。本例打印预览效果如图 17-59 所示。

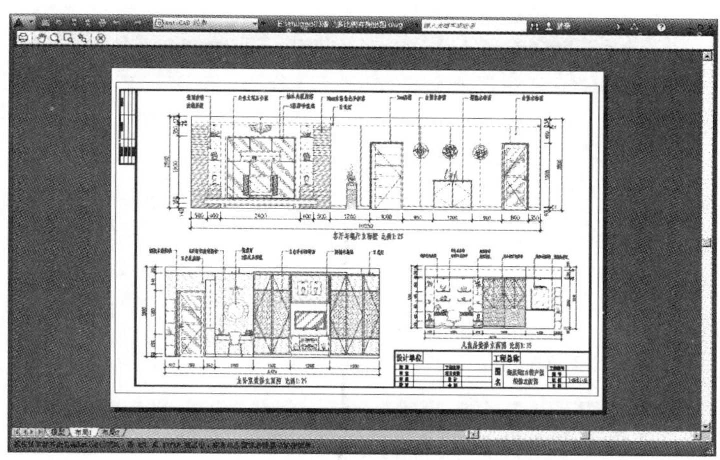

图 17-59 打印效果

操作步骤如下所述。

(1) 打开随书光盘"\素材文件\"目录下的"餐厅与客厅立面图.dwg"、"儿童房装修立面图.dwg"和"主卧室装修立面图.dwg"三个文件。

(2) 单击菜单栏中的【窗口】/【垂直平铺】命令，将各文件进行垂直平铺，如图 17-60 所示。

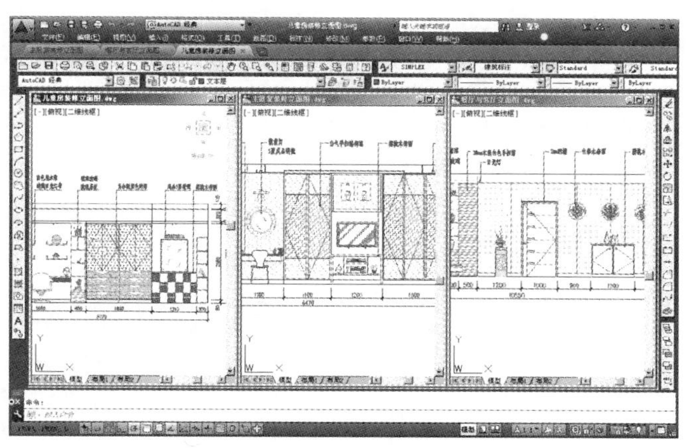

图 17-60 垂直平铺

(3) 使用【实时缩放】和【实时平移】工具，分别调整各文件内的视图，结果如图 17-61 所示。

(4) 使用多文档间的数据共享功能，分别将其他两个文件中的立面图以块的方式共享到一个文件中，并将其最大化显示，结果如图 17-62 所示。

(5) 将"0 图层"设置为当前图层，然后进入布局 1 空间，如图 17-63 所示。

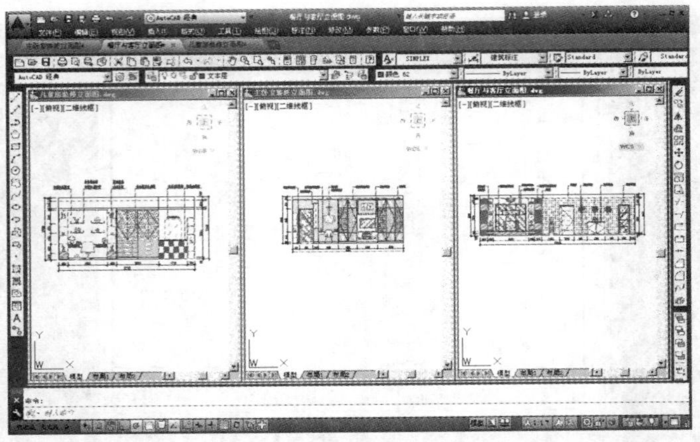

图 17-61　调整结果

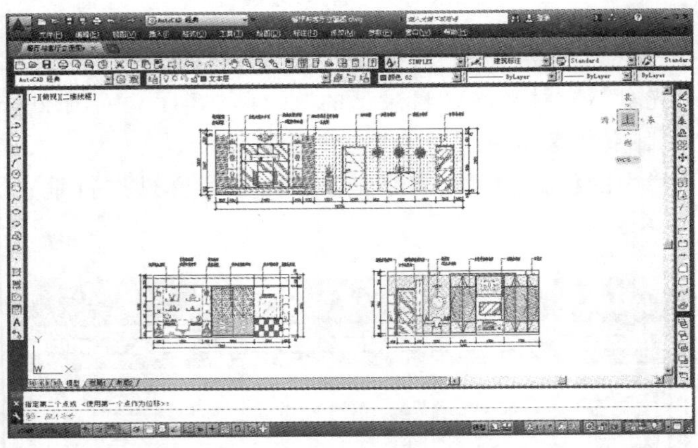

图 17-62　数据共享

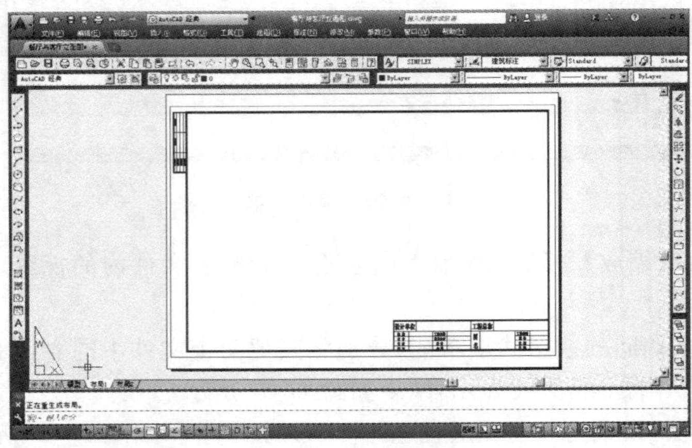

图 17-63　布局空间

(6) 使用快捷键 REC 激活【矩形】命令，配合【端点捕捉】和【中点捕捉】功能，绘制如图 17-64 所示的三个矩形。

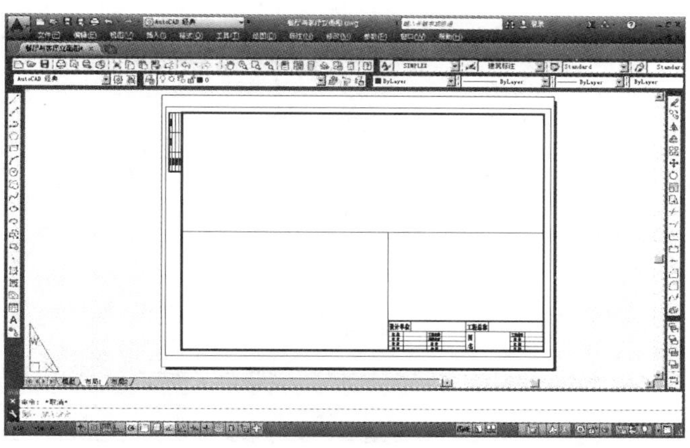

图 17-64 绘制结果

(7) 单击菜单栏【视图】/【视口】/【对象】命令，选择上方的矩形，将其转化为矩形视口，结果如图 17-65 所示。

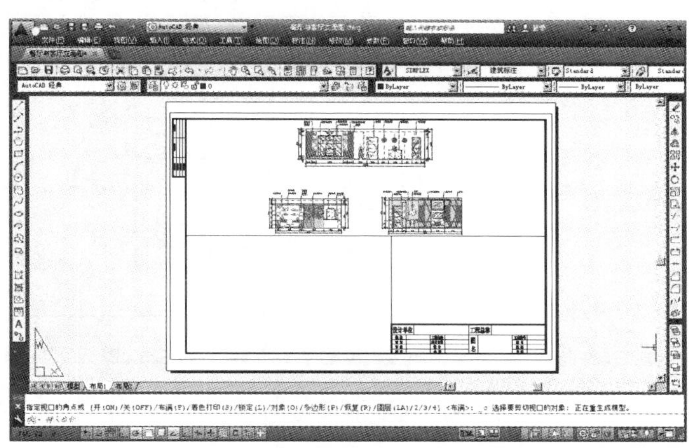

图 17-65 创建对象视口

(8) 重复执行【对象视口】命令，分别将另外两个矩形转化为矩形视口，结果如图 17-66所示。

(9) 单击状态栏中的图纸按钮，激活上方的视口，然后在【视口】工具栏内调整比例为 1:25，如图 17-67 所示。

(10) 单击菜单栏【视图】/【平移】/【实时】命令，调整图形在视口内的位置，结果如图 17-68 所示。

(11) 激活左下方视口，调整比例为 1:25，然后使用【实时平移】工具调整图形的出图位置，如图 17-69 所示。

(12) 激活右下方视口，调整比例为 1:35，然后使用【实时平移】工具调整图形的出图位置，如图 17-70 所示。

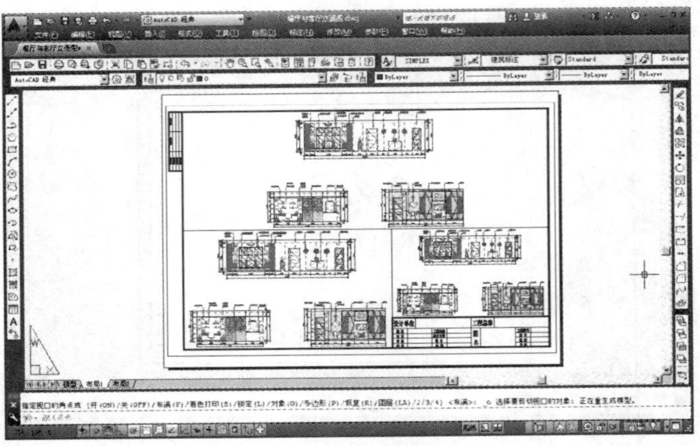

图 17-66　创建其他视口

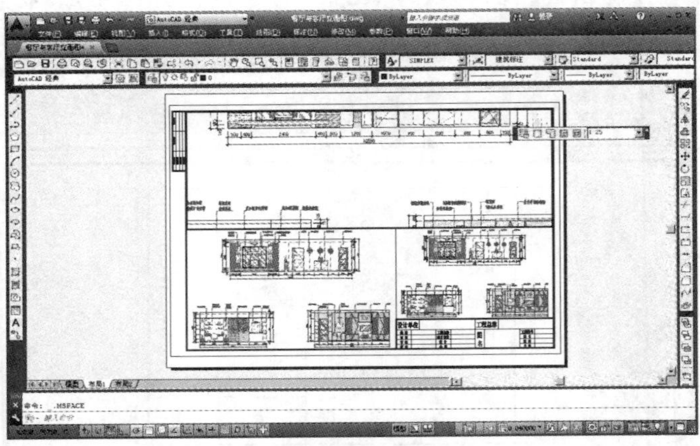

图 17-67　调整视口比例

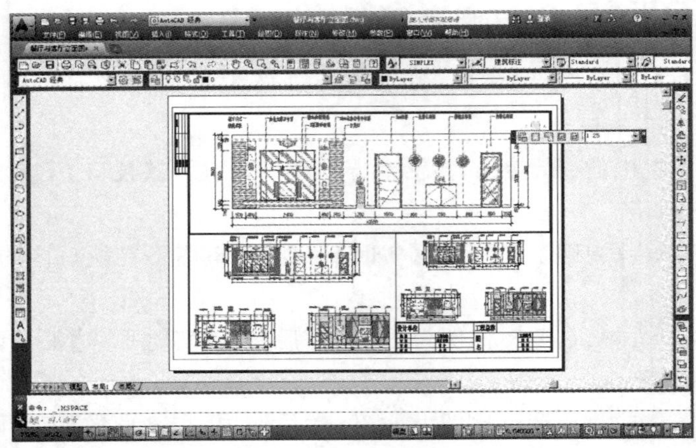

图 17-68　调整出图位置

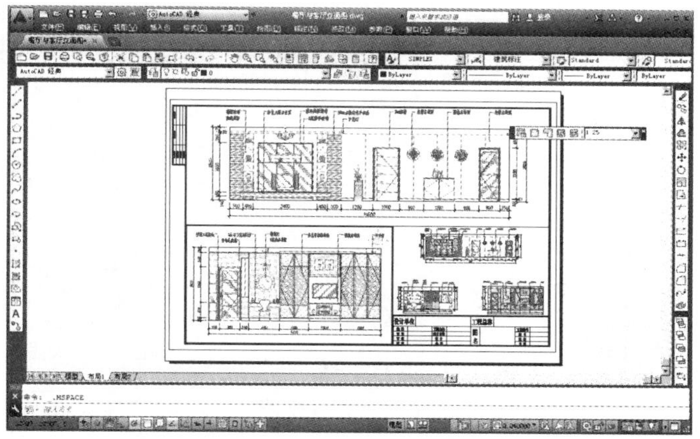

图 17-69 调整左下方视口比例及位置

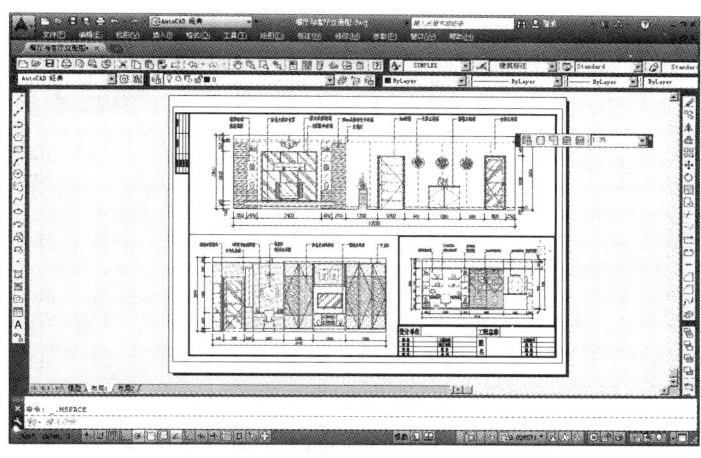

图 17-70 调整右下方视口比例及位置

(13) 返回图纸空间，然后展开【图层控制】下拉列表，将"文本层"设置为当前图层。

(14) 展开【样式】工具栏上的【文字样式控制】下拉列表，将"仿宋体"设置为当前文字样式。

(15) 使用快捷键 DT 激活【单行文字】命令，设置字体高度为 7，标注图 17-71 所示的图名及比例。

(16) 选择三个矩形视口边框线，将其放到其他的 Defpoints 图层上，并将此图层关闭，结果如图 17-72 所示。

(17) 单击菜单栏【视图】/【缩放】/【窗口缩放】命令，调整视图，结果如图 17-73 所示。

(18) 执行【文字样式】命令，将"宋体"设置为当前文字样式。

(19) 使用快捷键 T 激活【多行文字】命令，设置文字样式、字体高度、对正方式如图 17-74 所示，为标题栏填充图名，填充结果如图 17-75 所示 。

(20) 重复执行【多行文字】命令，配合【端点捕捉】或【交点捕捉】功能，为标题栏填充出图比例，结果如图 17-76 所示。

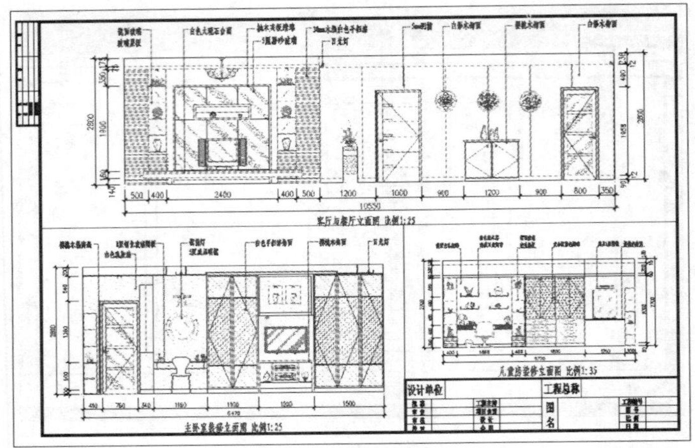

图 17-71　标注图名与比例

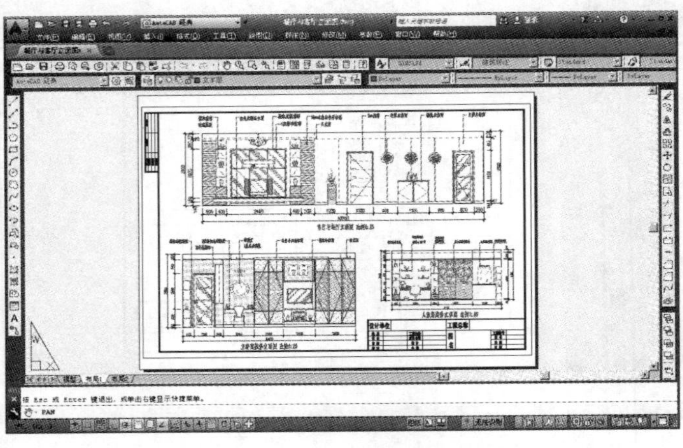

图 17-72　隐藏视口边框

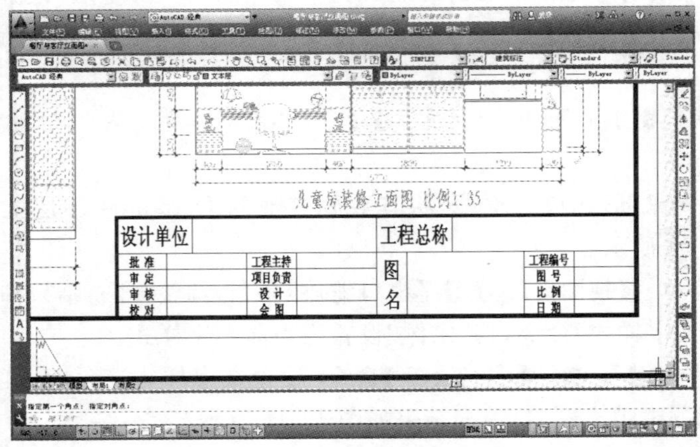

图 17-73　调整视图

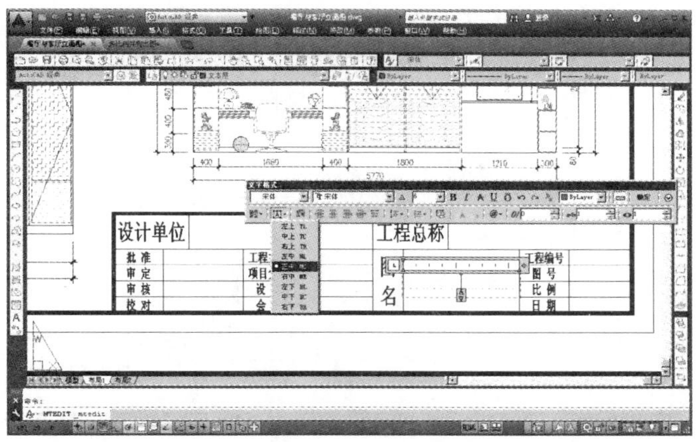

图 17-74　填充标题栏

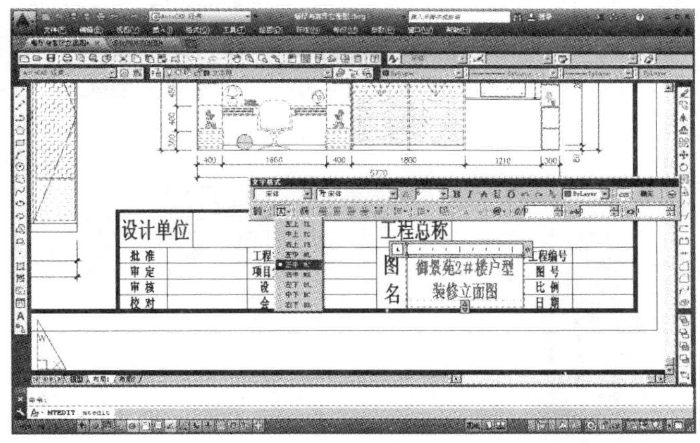

图 17-75　填充结果

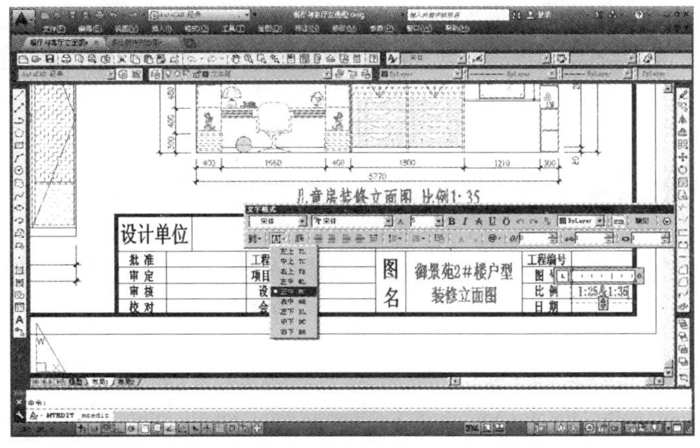

图 17-76　填充标题栏比例

(21) 单击菜单栏【视图】/【缩放】/【范围缩放】命令，调整视图，结果如图 17-77 所示。

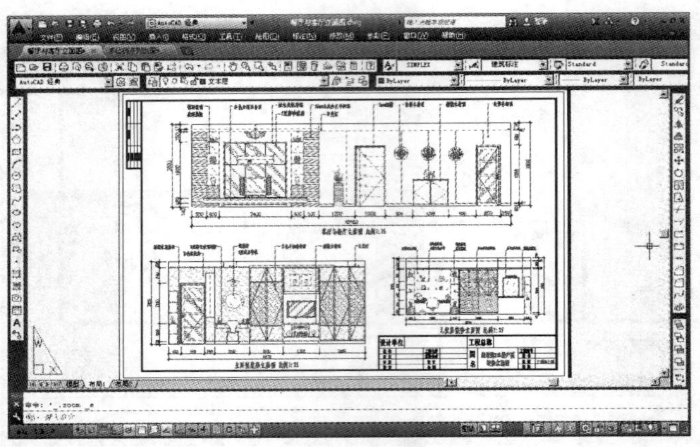

图 17-77　调整视图

(22) 单击【标准】工具栏上的按钮,激活【打印】命令,打开【打印-布局 1】对话框。

(23) 单击 预览(P)... 按钮,对图形进行打印预览,效果如图 17-59 所示。

(24) 退出预览状态,返回【打印-布局 1】对话框,单击 确定 按钮,在打开的【浏览打印文件】对话框中保存打印文件,如图 17-78 所示。

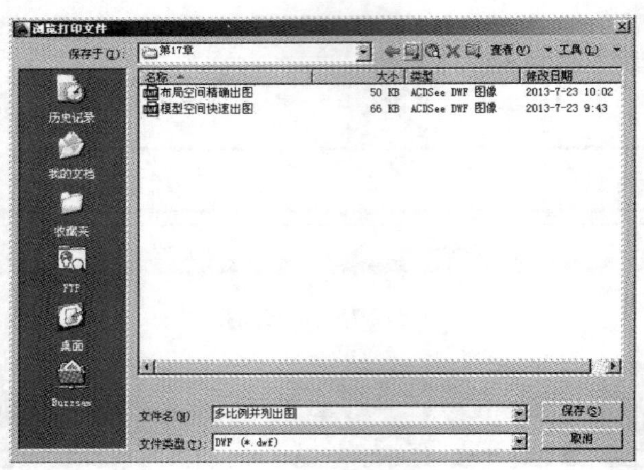

图 17-78　保存打印文件

(25) 单击 保存... 按钮,系统弹出【打印作业进度】对话框,系统将按照所设置的参数进行打印。

(26) 最后使用【另存为】命令,将图形另名存储为“以多种比例并列出图.dwg”。

17.7 本章小结

打印输出是施工图设计的最后一个操作环节,只有将设计成果打印输出到图纸上,才算完成了整个绘图的流程。本章主要针对这一环节,通过模型快速打印、布局精确打印和多比例并列打印三个典型的操作实例,学习了 AutoCAD 的后期打印输出功能以及与其他软件间的数据转换功能,使打印出的图纸能够完整准确地表达出设计结果,让设计与生产实践紧密结合起来。

附录1 常用快捷键

附表 常用快捷键

命令	快捷键(命令简写)	功能
圆弧	A	用于绘制圆弧
三维阵列	3A	将三维模型进行空间阵列
三维旋转	3R	将三维模型进行空间旋转
三维移动	3M	将三维模型进行空间位移
对齐	AL	用于对齐图形对象
设计中心	ADC	设计中心资源管理器
阵列	AR	将对象矩形阵列或环形阵列
定义属性	ATT	以对话框的形式创建属性定义
创建块	B	创建内部图块,以供当前图形文件使用
边界	BO	以对话框的形式创建面域或多段线
打断	BR	删除图形一部分或把图形打断为两部分
倒角	CHA	对图形对象的边进行倒角
特性	CH	特性管理窗口
圆	C	用于绘制圆
颜色	COL	定义图形对象的颜色
复制	CO、CP	用于复制图形对象
编辑文字	ED	用于编辑文本对象和属性定义
对齐标注	DAL	用于创建对齐标注
角度标注	DAN	用于创建角度标注
基线标注	DBA	从上一或选定标注基线处创建基线标注
圆心标注	DCE	创建圆和圆弧的圆心标记或中心线
连续标注	DCO	从基准标注的第二尺寸界线处创建标注
直径标注	DDI	用于创建圆或圆弧的直径标注
编辑标注	DED	用于编辑尺寸标注

续表

命　令	快捷键(命令简写)	功　能
线性标注	DlI	用于创建线性尺寸标注
坐标标注	DOR	创建坐标点标注
半径标注	DRA	创建圆和圆弧的半径标注
标注样式	D	创建或修改标注样式
单行文字	DT	创建单行文字
距离	DI	用于测量两点之间的距离和角度
定数等分	DIV	按照指定的等分数目等分对象
圆环	DO	绘制填充圆或圆环
绘图顺序	DR	修改图像和其他对象的显示顺序
草图设置	DS	用于设置或修改状态栏上的辅助绘图功能
鸟瞰视图	AV	打开【鸟瞰视图】窗口
椭圆	EL	创建椭圆或椭圆弧
删除	E	用于删除图形对象
分解	X	将组合对象分解为独立对象
输出	EXP	以其他文件格式保存对象
延伸	EX	用于根据指定的边界延伸或修剪对象
拉伸	EXT	用于拉伸或放样二维对象以创建三维模型
圆角	F	用于为两对象进行圆角
编组	G	用于为对象编组,以创建选择集
图案填充	H、BH	以对话框的形式为封闭区域填充图案
编辑图案填充	HE	修改现有的图案填充对象
消隐	HI	用于对三维模型进行消隐显示
导入	IMP	向 AutoCAD 输入多种文件格式
插入	I	用于插入已定义的图块或外部文件
交集	IN	用于创建两相交对象的公共部分
图层	LA	用于设置或管理图层及图层特性
拉长	LEN	用于拉长或缩短图形对象
直线	L	创建直线
线型	LT	用于创建、加载或设置线型
列表	LI、LS	显示选定对象的数据库信息
线型比例	LTS	用于设置或修改线型的比例

续表

命　令	快捷键(命令简写)	功　能
线宽	LW	用于设置线宽的类型、显示及单位
特性匹配	MA	把某一对象的特性复制给其他对象
定距等分	ME	按照指定的间距等分对象
镜像	MI	根据指定的镜像轴对图形进行对称复制
多线	ML	用于绘制多线
移动	M	将图形对象从原位置移动到所指定的位置
多行文字	T、MT	创建多行文字
表格	TB	创建表格
表格样式	TS	设置和修改表格样式
偏移	O	按照指定的偏移间距对图形进行偏移复制
选项	OP	自定义 AutoCAD 设置
对象捕捉	OS	设置对象捕捉模式
实时平移	P	用于调整图形在当前视口内的显示位置
编辑多段线	PE	编辑多段线和三维多边形网格
多段线	PL	创建二维多段线
点	PO	创建点对象
正多边形	POL	用于绘制正多边形
特性	CH、PR	控制现有对象的特性
快速引线	LE	快速创建引线和引线注释
矩形	REC	绘制矩形
重画	R	刷新显示当前视口
全部重画	RA	刷新显示所有视口
重生成	RE	重新生成图形并刷新显示当前视口
全部重生成	REA	重新生成图形并刷新所有视口
面域	REG	创建面域
重命名	REN	对象重新命名
渲染	RR	创建具有真实感的着色渲染
旋转实体	REV	绕轴旋转二维对象以创建对象
旋转	RO	绕基点移动对象
比例	SC	在 X、Y 和 Z 方向等比例放大或缩小对象
切割	SEC	用剖切平面和对象的交集创建面域

续表

命　令	快捷键(命令简写)	功　能
剖切	SL	用平面剖切一组实体对象
捕捉	SN	用于设置捕捉模式
二维填充	SO	用于创建二维填充多边形
样条曲线	SPL	创建二次或三次(NURBS)样条曲线
编辑样条曲线	SPE	用于对样条曲线进行编辑
拉伸	S	用于移动或拉伸图形对象
样式	ST	用于设置或修改文字样式
差集	SU	用差集创建组合面域或实体对象
公差	TOL	创建形位公差标注
圆环	TOR	创建圆环形对象
修剪	TR	用其他对象定义的剪切边修剪对象
并集	UNI	用于创建并集对象
单位	UN	用于设置图形的单位及精度
视图	V	保存和恢复或修改视图
写块	W	创建外部块或将内部块转变为外部块
楔体	WE	用于创建三维楔体模型
分解	X	将组合对象分解为组建对象
外部参照管理	XR	控制图形中的外部参照
外部参照	XA	用于向当前图形中附着外部参照
外部参照绑定	XB	将外部参照依赖符号绑定到图形中
构造线	XL	创建无限长的直线(即参照线)
缩放	Z	放大或缩小当前视口对象的显示

附录2

常用CAD变量

附表 常用CAD变量

变 量	注 解
ANGDIR	设置正角度的方向初始值为0,从相对于当前UCS的0角度测量角度值。0逆时针;1顺时针
APBOX	打开或关闭AutoSnap靶框。当捕捉对象时,靶框显示在十字光标的中心。0不显示靶框;1显示靶框
APERTURE	以像素为单位设置靶框显示尺寸。靶框是绘图命令中使用的选择工具。初始值:10
AREA	AREA既是命令又是系统变量。存储由AREA计算的最后一个面积值
ATTDIA	控制INSERT命令是否使用对话框用于属性值的输入。0给出命令行提示;1使用对话框
ATTMODE	控制属性的显示。0关,使所有属性不可见;1普通,保持每个属性当前的可见性;2开,使全部属性可见
ATTREQ	确定INSERT命令在插入块时默认属性设置。0所有属性均采用各自的默认值;1使用对话框获取属性值
AUNITS	设置角度单位。0十进制度数;1度/分/秒;2百分度;3弧度;4勘测单位
AUPREC	设置所有只读角度单位(显示在状态行上)和可编辑角度单位(其精度小于或等于当前AUPREC的值)的小数位数
AUTOSNAP	0关(自动捕捉);1开2开提示4开磁吸8开极轴追踪16开捕捉追踪32开极轴追踪和捕捉追踪提示
BACKZ	以绘图单位存储当前视口后向剪裁平面到目标平面的偏移值。VIEWMODE系统变量中的后向剪裁位打开时才有效
BINDTYPE	控制绑定或在位编辑外部参照时外部参照名称的处理方式。0传统的绑定方式;1类似"插入"方式
BLIPMODE	控制点标记是否可见。BLIPMODE既是命令又是系统变量。使用SETVAR命令访问此变量。0关闭;1打开
CDATE	设置日历的日期和时间,不被保存
CECOLOR	设置新对象的颜色。有效值包括BYLAYER、BYBLOCK以及从1到255的整数
CELTSCALE	设置当前对象的线型比例因子
CELTYPE	设置新对象的线型。初始值"BYLAYER"

续表

变　量	注　解
CELWEIGHT	设置新对象的线宽。1线宽为“BYLAYER”;2线宽为“BYBLOCK”;3线宽为“DEFAULT”
CHAMFERA	设置第一个倒角距离。初始值0.0000
CHAMFERB	设置第二个倒角距离。初始值0.0000
CHAMFERC	设置倒角长度。初始值0.0000
CHAMFERD	设置倒角角度。初始值0.0000
CHAMMODE	设置AutoCAD创建倒角的输入方法。0需要两个倒角距离;1需要一个倒角距离和一个角度
CIRCLERAD	设置默认的圆半径。0表示无默认半径;初始值0.0000
CLAYER	设置当前图层。初始值0
CMDDIA	输入方式的切换。0命令行输入;1对话框输入
CMDNAMES	显示当前活动命令和透明命令的名称。例如LINE'ZOOM指示ZOOM命令在LINE命令执行期间被透明使用
CMLJUST	指定多线对正方式。0上;1中间;2下。初始值0
CMLSCALE	初始值1.0000(英制)或20.0000(公制),控制多线的全局宽度
CMLSTYLE	设置AutoCAD绘制多线的样式。初始值“STANDARD”
COMPASS	控制当前视口中三维指南针的开关状态。0关闭三维指南针;1打开三维指南针
COORDS	0用定点设备指定点时更新坐标显示;1不断地更新绝对坐标的显示;2不断地更新相对坐标的显示
CPLOTSTYLE	控制新对象的当前打印样式
CPROFILE	显示当前配置的名称
CTAB	返回图形中当前(模型或布局)选项卡的名称。通过本系统变量,用户可以确定当前的活动选项卡
CURSORSIZE	按屏幕大小的百分比确定十字光标的大小。初始值5
CVPORT	设置当前视口的标识码
DATE	存储当前日期和时间
DEFLPLSTYLE	指定图层0的默认打印样式
DEFPLSTYLE	为新对象指定默认打印样式
DELOBJ	控制创建其他对象的对象将从图形数据库中删除还是保留在图形数据库中。0保留对象;1删除对象
DIMADEC	1使用DIMDEC设置的小数位数绘制角度标注;2～8使用DIMADEC设置的小数位数绘制角度标注
DIMAPOST	为所有标注类型(角度标注除外)的换算标注测量值指定文字前缀或后缀(或两者都指定)
DIMASO	控制标注对象的关联性

续表

变 量	注 解
DIMASSOC	控制标注对象的关联性
DIMASZ	控制尺寸线、引线箭头的大小，并控制钩线的大小
DIMATFIT	当尺寸界线的空间不足以同时放下标注文字和箭头时，本系统变量将确定这两者的排列方式
DIMAUNIT	设置角度标注的单位格式。0 十进制度数；1 度/分/秒；2 百分度；3 弧度
DIMAZIN	对角度标注做消零处理
DIMBLK	设置尺寸线或引线末端显示的箭头块
DIMBLK1	当 DIMSAH 系统变量打开时，设置尺寸线第一个端点的箭头
DIMBLK2	当 DIMSAH 系统变量打开时，设置尺寸线第二个端点的箭头
DIMCEN	控制由 DIMCENTER、DIMDIAMETER 和 DIMRADIUS 命令绘制的圆或圆弧的圆心标记和中心线图形
DIMCLRD	为尺寸线、箭头和标注引线指定颜色。同时控制由 LEADER 命令创建的引线颜色
DIMCLRE	为尺寸界线指定颜色
DIMCLRT	为标注文字指定颜色
DIMDEC	设置标注主单位显示的小数位位数。精度基于选定的单位或角度格式
DIMDLE	当使用小斜线代替箭头进行标注时，设置尺寸线超出尺寸界线的距离
DIMDLI	控制基线标注中尺寸线的间距
DIMEXE	指定尺寸界线超出尺寸线的距离
DIMEXO	指定尺寸界线偏移原点的距离
DIMJUST	控制标注文字的水平位置
DIMLDRBLK	指定引线箭头的类型。要返回默认值(实心闭合箭头显示)，请输入单个句点(.)
DIMLFAC	设置线性标注测量值的比例因子
DIMLIM	将极限尺寸生成为默认文字
DIMLUNIT	为所有标注类型(除角度标注外)设置单位制
DIMLWD	指定尺寸线的线宽。其值是标准线宽。-3 BYLAYER ；-2 BYBLOCK；整数代表百分之一毫米的倍数
DIMLWE	指定尺寸界线的线宽。其值是标准线宽。-3 BYLAYER ；-2 BYBLOCK；整数代表百分之一毫米的倍数
DIMPOST	指定标注测量值的文字前缀或后缀(或者两者都指定)
DIMRND	将所有标注距离舍入到指定值
DIMSAH	控制尺寸线箭头块的显示
DIMSCALE	为标注变量(指定尺寸、距离或偏移量)设置全局比例因子。同时还影响 LEADER 命令创建的引线对象的比例

续表

变　量	注　解
DIMSD1	控制是否禁止显示第一条尺寸线
DIMSD2	控制是否禁止显示第二条尺寸线
DIMSE1	控制是否禁止显示第一条尺寸界线。关 不禁止显示尺寸界线 ；开 禁止显示尺寸界线
DIMSE2	控制是否禁止显示第二条尺寸界线。关 不禁止显示尺寸界线；开 禁止显示尺寸界线
DIMSOXD	控制是否允许尺寸线绘制到尺寸界线之外。关 不消除尺寸线；开 消除尺寸线
DIMSTYLE	DIMSTYLE 既是命令又是系统变量。作为系统变量，DIMSTYLE 将显示当前标注样式
DIMTAD	控制文字相对尺寸线的垂直位置
DIMTFAC	按照 DIMTXT 系统变量的设置，相对于标注文字高度给分数值和公差值的文字高度指定比例因子
DIMTIH	控制所有标注类型(坐标标注除外)的标注文字在尺寸界线内的位置
DIMTIX	在尺寸界线之间绘制文字
DIMTOFL	控制是否将尺寸线绘制在尺寸界线之间(即使文字放置在尺寸界线之外)
DIMTOH	控制标注文字在尺寸界线外的位置。0 或关 将文字与尺寸线对齐 ；1 或开 水平绘制文字
DIMTOL	将公差附在标注文字之后。将 DIMTOL 设置为“开”，将关闭 DIMLIM 系统变量
DIMTOLJ	设置公差值相对名词性标注文字的垂直对正方式。0 下；1 中间；2 上
DIMTP	在 DIMTOL 或 DIMLIM 系统变量设置为开的情况下，为标注文字设置最大(上)偏差。DIMTP 接受带符号的值
DIMTSZ	指定线性标注、半径标注以及直径标注中替代箭头的小斜线尺寸
DIMTVP	控制尺寸线上方或下方标注文字的垂直位置。当 DIMTAD 设置为关时，AutoCAD 将使用 DIMTVP 的值
DIMTXSTY	指定标注的文字样式
DIMTXT	指定标注文字的高度，除非当前文字样式具有固定的高度
DISTANCE	存储 DIST 命令计算的距离
DONUTID	设置圆环的默认内直径
DWGTITLED	指出当前图形是否已命名。0 图形未命名；1 图形已命名
EDGEMODE	控制 TRIM 和 EXTEND 命令确定边界的边和剪切边的方式
ELEVATION	存储当前空间当前视口中相对当前 UCS 的当前标高值
EXPERT	控制是否显示某些特定提示
EXPLMODE	控制 EXPLODE 命令是否支持比例不一致 (NUS) 的块
EXTMAX	存储图形范围右上角点的值

续表

变　量	注　解
EXTMIN	存储图形范围左下角点的值
FILLETRAD	存储当前的圆角半径
FILLMODE	指定图案填充(包括实体填充和渐变填充)、二维实体和宽多段线是否被填充
FONTALT	在找不到指定的字体文件时指定替换字体
FONTMAP	指定要用到的字体映射文件
FRONTZ	按图形单位存储当前视口中前向剪裁平面到目标平面的偏移量
FULLOPEN	指示当前图形是否被局部打开
GFANG	指定渐变填充的角度。有效值为 0 到 360 度
GFCLR1	为单色渐变填充或双色渐变填充的第一种颜色指定颜色。有效值为"RGB 000，000，000"到"RGB 255，255，255"
GFCLR2	为双色渐变填充的第二种颜色指定颜色。有效值为"RGB 000，000，000"到"RGB 255，255，255"
GFCLRLUM	在单色渐变填充中使颜色变淡(与白色混合)或变深(与黑色混合)。有效值为 0.0(最暗)到 1.0(最亮)
GFCLRSTATE	指定是否在渐变填充中使用单色或者双色。0 双色渐变填充;1 单色渐变填充
GFNAME	指定一个渐变填充图案。有效值为 1 到 9
GFSHIFT	指定在渐变填充中的图案是否是居中或是向左变换移位。0 居中;1 向左上方移动
GRIDMODE	指定打开或关闭栅格。0 关闭栅格;1 打开栅格
GRIDUNIT	指定当前视口的栅格间距(X 和 Y 方向)
GRIPBLOCK	控制块中夹点的指定。0 为块的插入点指定夹点;1 为块中的对象指定夹点
GRIPCOLOR	控制未选定夹点的颜色。有效取值范围为 1 到 255
GRIPHOT	控制选定夹点的颜色。有效取值范围为 1 到 255
GRIPHOVER	控制当光标停在夹点上时其夹点的填充颜色。有效取值范围为 1 到 255
GRIPOBJLIMIT	控制当初始选择集包含的对象超过特定的数量时夹点的显示
GRIPS	控制"拉伸"、"移动"、"旋转"、"缩放"和"镜像夹点"模式中选择集夹点的使用
GRIPSIZE	以像素为单位设置夹点方框的大小。有效的取值范围为 1 到 255
GRIPTIPS	控制当光标在支持夹点提示的自定义对象上面悬停时，其夹点提示的显示
HIDETEXT	指定在执行 HIDE 命令的过程中是否处理由 TEXT、DTEXT 或 MTEXT 命令创建的文字对象
HIGHLIGHT	控制对象的亮显。它并不影响使用夹点选定的对象

续表

变　量	注　解
HPANG	指定填充图案的角度
HPASSOC	控制图案填充和渐变填充是否关联
HPBOUND	控制 BHATCH 和 BOUNDARY 命令创建的对象类型
HPDOUBLE	指定用户定义图案的双向填充图案。双向将指定与原始直线成 90 度角绘制的第二组直线
HPNAME	设置默认填充图案,其名称最多可包含 34 个字符,其中不能有空格
HPSCALE	指定填充图案的比例因子,其值不能为零
HPSPACE	为用户定义的简单图案指定填充图案的线间隔,其值不能为零
INSUNITS	为从设计中心拖动并插入到图形中的块或图像的自动缩放指定图形单位值
INSUNITSDEFSOURCE	设置源内容的单位值。有效范围是从 0 到 20
INSUNITSDEFTARGET	设置目标图形的单位值。有效范围是从 0 到 20
INTERSECTIONCOLOR	指定相交多段线的颜色
INTERSECTIONDISPLA	指定相交多段线的显示
LTSCALE	设置全局线型比例因子。线型比例因子不能为零
LUNITS	设置线性单位。1 科学;2 小数;3 工程;4 建筑;5 分数
LUPREC	设置所有只读线性单位和可编辑线性单位(其精度小于或等于当前 LUPREC 的值)的小数位位数
LWDEFAULT	设置默认线宽的值。默认线宽可以以毫米的百分之一为单位设置为任何有效线宽
LWDISPLAY	控制是否显示线宽。设置随每个选项卡保存在图形中。0 不显示线宽;1 显示线宽
LWUNITS	控制线宽单位以英寸还是毫米显示。0 英寸;1 毫米
MAXACTVP	设置布局中一次最多可以激活多少视口。MAXACTVP 不影响打印视口的数目
MAXSORT	设置列表命令可以排序的符号名或块名的最大数目。如果项目总数超过了本系统变量的值,将不进行排序
MBUTTONPAN	控制定点设备第三按钮或滑轮的动作响应
MEASUREINIT	设置初始图形单位(英制或公制)
MEASUREMENT	仅设置当前图形的图形单位(英制或公制)
MENUCTL	控制屏幕菜单中的页切换
MENUECHO	设置菜单回显和提示控制位
MENUNAME	存储菜单文件名,包括文件名路径
MIRRTEXT	控制 MIRROR 命令影响文字的方式。0 保持文字方向;1 镜像显示文字

续表

变　量	注　解
MTEXTFIXED	控制多行文字编辑器的外观
MTJIGSTRING	设置当 MTEXT 命令使用后，在光标位置处显示样例文字的内容
OFFSETDIST	设置默认的偏移距离
OFFSETGAPTYPE	当偏移多段线时，控制如何处理线段之间的潜在间隙
OSNAPCOORD	控制是否从命令行输入坐标替代对象捕捉
PALETTEOPAQUE	控制窗口透明性
PAPERUPDATE	控制 AutoCAD R14 或更早版本中创建的没有用 AutoCAD 2000 或更高版本格式保存的图形的默认打印设置
PDMODE	控制如何显示点对象
PDSIZE	设置显示的点对象大小
PEDITACCEPT	控制在使用 PEDIT 时，显示“选取的对象不是多段线”的提示
PELLIPSE	控制由 ELLIPSE 命令创建的椭圆类型
PERIMETER	存储由 AREA、DBLIST 或 LIST 命令计算的最后一个周长值
PFACEVMAX	设置每个面顶点的最大数目
PICKADD	控制后续选定对象是替换还是添加到当前选择集
PICKAUTO	控制“选择对象”提示下是否自动显示选择窗口
PICKBOX	以像素为单位设置对象选择目标的高度
PICKDRAG	控制绘制选择窗口的方式
PICKFIRST	控制在发出命令之前(先选择后执行)还是之后选择对象
PICKSTYLE	控制编组选择和关联填充选择的使用
PLATFORM	指示 AutoCAD 工作的操作系统平台
PLINEGEN	设置如何围绕二维多段线的顶点生成线型图案
PLINETYPE	指定 AutoCAD 是否使用优化的二维多段线
PLINEWID	存储多段线的默认宽度
PLOTROTMODE	控制打印方向
PLQUIET	控制显示可选对话框以及脚本和批处理打印的非致命错误
POLARADDANG	包含用户定义的极轴角
POLARANG	设置极轴角增量。值可设置为 90、45、30、22.5、18、15、10 和 5
POLARDIST	当 SNAPTYPE 系统变量设置为 1(极轴捕捉)时，设置捕捉增量
POLARMODE	控制极轴和对象捕捉追踪设置
POLYSIDES	为 POLYGON 命令设置默认边数。取值范围为 3 到 1024
POPUPS	显示当前配置的显示驱动程序状态

续表

变　量	注　解
PROJECTNAME	为当前图形指定工程名称
PROJMODE	设置修剪和延伸的当前“投影”模式
REGENMODE	控制图形的自动重生成
RTDISPLAY	控制实时 ZOOM 或 PAN 时光栅图像的显示。存储当前用于自动保存的文件名
SAVEFILEPATH	指定 AutoCAD 任务的所有自动保存文件目录的路径
SAVENAME	在保存当前图形之后存储图形的文件名和目录路径
SDI	控制 AutoCAD 运行于单文档还是多文档界面
SNAPANG	为当前视口设置捕捉和栅格的旋转角。旋转角相对当前 UCS 指定
SNAPBASE	相对于当前 UCS 为当前视口设置捕捉和栅格的原点
SNAPISOPAIR	控制当前视口的等轴测平面。0 左;1 上;2 右
SNAPMODE	打开或关闭“捕捉”模式
SNAPSTYL	设置当前视口的捕捉样式
SNAPTYPE	设置当前视口的捕捉类型
SNAPUNIT	设置当前视口的捕捉间距
SPLINESEGS	设置每条样条拟合多段线(此多段线通过 PEDIT 命令的【样条曲线】选项生成)的线段数目
SPLINETYPE	设置 PEDIT 命令的【样条曲线】选项生成的曲线类型
TEXTEVAL	控制处理使用 TEXT 或-TEXT 命令输入的字符串的方法
TEXTFILL	控制打印和渲染时 TrueType 字体的填充方式
TEXTQLTY	设置打印和渲染时 TrueType 字体文字轮廓的镶嵌精度
TEXTSIZE	设置以当前文本样式绘制的新文字对象的默认高度(当前文本样式具有固定高度时此设置无效)
TEXTSTYLE	设置当前文本样式的名称
TILEMODE	将【模型】选项卡或最后一个布局选项卡置为当前
TOOLTIPS	控制工具栏提示。0 不显示工具栏提示;1 显示工具栏提示
TRACEWID	设置宽线的默认宽度
TRACKPATH	控制显示极轴和对象捕捉追踪的对齐路径
TRIMMODE	控制 AutoCAD 是否修剪倒角和圆角的选定边
TSPACEFAC	控制多行文字的行间距(按文字高度的比例因子测量)。有效值为 0.25 到 4.0
TSPACETYPE	控制多行文字中使用的行间距类型
TSTACKALIGN	控制堆叠文字的垂直对齐方式

续表

变　量	注　解
TSTACKSIZE	控制堆叠文字分数的高度相对于选定文字的当前高度的百分比。有效值为 25 到 125
VISRETAIN	控制依赖外部参照的图层的可见性、颜色、线型、线宽和打印样式(如果 PSTYLEPOLICY 设置为 0)
XEDIT	控制当前图形被其他图形参照时是否可以在位编辑。0 不能在位编辑参照;1 可以在位编辑参照
XFADECTL	控制正被在位编辑的参照的褪色度百分比。有效值从 0 到 90
XLOADCTL	打开/关闭外部参照的按需加载,并控制是打开参照图形文件还是打开参照图形文件的副本
XCLIPFRAME	控制外部参照剪裁边界的可见性。0 剪裁边界不可见;1 剪裁边界可见